煤矿智能化技术

主编　赵文才　付国军

煤 炭 工 业 出 版 社

·北　京·

内 容 提 要

本书围绕煤矿生产工艺主线脉络，涵盖了井工矿采煤、掘进、运输、提升、供电、防治水、“一通三防”，以及露天开采、煤炭洗选等各部分关键环节的智能化技术，并针对煤矿网络通信、移动目标定位、地理信息系统、安全生产管控平台等专项技术作了重点介绍。其基本特色是构建了煤矿全面智能化技术应用的系统知识，呈现了智能化矿山建设的整体解决方案，系统地阐述了当代互联网、人工智能和大数据等新技术在煤矿的应用。

本书既可作为煤矿企业技术管理人员及从事矿山机电设备管理、信息化建设、自动化控制相关专业人员的学习参考用书，也可作为煤炭设计院、煤炭研究院和非煤矿山相关专业人员的技术参考用书，同时也可作为高等院校相关专业的本科高年级学生、研究生的学习参考书。

编写人员名单

主　　编：赵文才：山西煤矿安全监察局

付国军：山西科达自控股份有限公司，太原理工大学

编写人员：

第 一 章：付国军：山西科达自控股份有限公司，太原理工大学

第 二 章：毛善君：北京大学

张龙生：中煤华晋集团有限公司

杨高峰：西山煤电（集团）有限责任公司

第 三 章：高　波：山西科达自控股份有限公司

靳宝全：太原理工大学

宋文斌：大同煤矿集团有限责任公司

第 四 章：李更新：山西科达自控股份有限公司，太原理工大学

苗艳青：山西科达自控股份有限公司

王瑞锋：山西科达自控股份有限公司

第 五 章：于向东：中国煤炭科工集团太原研究院有限公司

李志海：山西西山晋兴能源有限责任公司

马　昭：中国煤炭科工集团太原研究院有限公司

第 六 章：于建军：西山煤电（集团）有限责任公司

高　波：山西科达自控股份有限公司

贺俊义：山西科达自控股份有限公司

第 七 章：张志峰：山西科达自控股份有限公司

赵瑞峰：山西新富升机器制造有限公司

裴文喜：山西大同大学

第 八 章：于向东：中国煤炭科工集团太原研究院有限公司

马建民：中国煤炭科工集团太原研究院有限公司

牛乃平：山西科达自控股份有限公司

袁晓明：中国煤炭科工集团太原研究院有限公司

第 九 章： 宋建成：太原理工大学

李海英：上海理工大学

耿蒲龙：太原理工大学

第 十 章： 胡志伟：山西西山晋兴能源有限责任公司斜沟煤矿

赵　晶：中国煤炭科工集团煤炭科学技术研究院有限公司

付国恩：山西科达自控股份有限公司

第十一章： 张英梅：太原理工大学

李生定：太原方天煤炭技术咨询有限公司

李晓明：山西科达自控股份有限公司

牛乃平：山西科达自控股份有限公司

第十二章： 高　波：山西科达自控股份有限公司

赵　晶：中国煤炭科工集团煤炭科学技术研究院有限公司

崔世杰：山西科达自控股份有限公司

第十三章： 牛乃平：山西科达自控股份有限公司

亢泽凯：西山煤电（集团）有限责任公司

翟德华：山西科达自控股份有限公司

第十四章： 武　懋：中煤平朔集团有限公司

史灵杰：中煤平朔集团有限公司

郭　凯：山西科达自控股份有限公司

第十五章： 姚海生：山西西山煤电股份有限公司太原选煤厂

王然风：太原理工大学

吕立辉：山西西山煤电股份有限公司太原选煤厂

第十六章： 阎世春：中国（太原）煤炭交易中心

赵文才：山西煤矿安全监察局

芦　江：山西科达自控股份有限公司

王晓明：中煤华利能源控股有限公司

第十七章： 赵文才：山西煤矿安全监察局

前　　言

煤炭是重要的基础能源和工业原料，为保障我国经济社会快速健康发展做出了重要贡献，在国民经济发展中占有重要地位。煤炭工业可持续发展主要依靠科技进步，实现煤炭安全、清洁、绿色、高质量开采。近年来，我国的煤炭开采技术与装备水平取得了长足进步，并取得了举世瞩目的成就。互联网+、人工智能和大数据等智能化技术的发展，推动了传统行业的技术革命，也成为“智慧矿山”建设的重要技术支撑，推广智能化开采技术是煤矿实现少人（无人）化目标的关键环节。鉴于目前市场上关于智能化矿山建设的书籍相对较少，编写一本系统、全面、实用的，能够切实指导煤炭企业建设智能化矿山的参考书具有十分重要的意义。

本书的编写历时3年，凝聚了业内众多编写、审稿专家，以及学者的心血。主要参编人员一直致力于矿山智能化生产领域的建设和研究，在对一批大型矿井智能化生产系统详细调研的基础上，几经议稿，对书稿的提纲、内容进行了反复的审订、修改，力求书中内容准确、全面、实用,能够呈现新型智能化矿山建设的整体解决方案,并对未来矿山智能化发展提出了新的理念和展望。

本着智能化技术服务于矿山生产的目的，本书沿着煤矿生产工艺主线脉络，涵盖了井工矿采煤、掘进、运输、提升、供电、防治水、“一通三防”，以及露天开采、煤炭洗选等各部分关键环节的智能化技术，并对矿山通信网络、煤矿地理信息系统、安全生产信息化管理、煤矿井下移动目标定位、变频驱动等专项技术应用做了详细介绍；系统地阐述了当代互联网、人工智能和大数据等新技术在煤矿中的应用。

本书的编审工作得到了北京大学、太原理工大学、中国煤炭科工集团煤科总院、太原煤科院、西安煤科院、大同煤矿集团、山西焦煤集团、中煤集团、山西大同大学等单位和专家的大力支持与悉心指导。山西科达自控股份有限公司为本书提供了全面的技术支撑和服务。在此对他们深表感谢。

本书内容涵盖煤炭开采、洗选、物流等方面的智能化技术，涉及面广、工作量大，书中不妥之处敬请读者批评指正。

目 录

第一章　煤矿智能化技术概述

一、煤矿智能化技术应用的必要性和重要意义

我国富煤、贫油、少气，煤炭是我国的主体能源，是我国能源工业的基础，在未来较长的一段时期内，煤炭在我国一次能源供应保障中的地位作用难以改变。但由于煤炭开采主要是地下作业，生产环境恶劣多变，并受地质条件及瓦斯、水、火、冲击地压等多种自然灾害的威胁，给煤矿安全生产带来了极大的挑战。此外，由于我国人口老龄化趋势的加快，劳动人口比重开始下降，劳动力资源明显减少，矿山企业面临招工难和人力成本高的突出问题，给煤矿企业未来的发展带来了巨大的影响。随着科技的进步，信息化和智能化建设已成为新一轮科技革命及产业升级的重要着力点。通过应用智能化技术改善煤矿生产环境条件，提升煤矿装备水平，实现少人化、无人化开采，对解决煤矿安全生产问题、提高生产效率、降低人力成本具有十分重要的意义。

当前，我国国民经济已由高速增长阶段转向高质量发展阶段，正处在转变发展方式、优化经济结构、转换增长动力的攻关期。互联网、大数据、人工智能、5G、区块链等新技术的飞速发展，给许多传统行业带来了颠覆性变革。同样，也会推动煤炭产业巨大进步，也将彻底改变煤炭行业的发展进程。通过开发应用矿山物联网、云计算、5G 通信等各类新技术改造煤矿传统的生产方式，应用智能化无人开采技术，大幅度提高生产效率，实现井下无人值守、少人化作业。将高新技术与传统技术装备、管理融合，促使煤炭行业转型升级。

采用新一代智能化技术打造智慧矿山和无人或少人矿山已经成为煤炭企业转型升级发展的重要举措。近年来，国家在推进煤炭企业智能化建设方面做了许多政策性指导。原国家安全生产监督管理总局（2015 年）发布在重点行业领域开展“机械化换人、自动化减人”科技强安专项行动的通知，重点以机械化生产替换人工作业，以自动化控制减少操作人员，大力提高企业安全生产科技保障能力。国家《煤矿安全生产“十三五”规划》也进一步提出“推进煤矿机械化、自动化、信息化、智能化改造”的具体要求。国家煤矿安全监察局（2019）发布了《煤矿机器人重点研发目录》公告等，这些政策措施的制订，为煤炭企业开展智能化建设指明了方向，将进一步促进智能化技术在煤矿的应用，实现产业技术升级，减少井下作业人员，对保障煤矿安全并提高生产效率有着重要作用。

二、煤矿智能化技术应用现状

煤炭开采受地质环境条件和其他因素的制约，其智能化技术的应用与电力行业、汽车制造业等行业相比相对滞后。但近年来随着煤炭工业的快速发展，智能化技术也取得了长

足进步。国外一些发达国家主要以煤层地质探测、智能制造和智能开采为研究重点，并在生产装备制造、智能采矿技术方面走在前列。较突出的是澳大利亚、美国等发达国家的煤炭开采领先技术，包括澳大利亚联邦科学院的 LASC 技术（长壁工作面自动化系统）和美国 Joy 公司的 IMSC 技术（远程智能增值服务系统）。澳大利亚综采长壁工作面自动控制委员会开展了煤矿综采自动化和智能化技术的研究，取得了采煤机三维精确定位、工作面矫直系统和工作面水平控制 3 项技术成果。美国 JOY 公司推出了一种适用于长壁工作面的远程智能增值产品/服务系统，利用物联网技术实现煤机装备远程分析，可实时监控煤矿设备运行，对矿井生产给予指导，取得了提高产能、减人提效的经济效益。我国煤炭行业通过引进先进的技术和装备，在消化、吸收相关技术的基础上，实现了自主创新，形成了新的煤炭工业装备技术体系，研究开发了各类智能化新技术，如矿山地理信息系统、矿山通信技术、移动目标定位技术等的开发与应用，以及煤矿生产过程各工艺环节的智能化技术应用。

地理信息系统（Geographic Information System，GIS）是矿山智能化技术的重要组成部分，是数字化矿山建设的基础，经过多年的研究，目前可通过空间地理坐标组织构建矿山信息模型，对矿山资源、地质勘探、矿山开采、地下水资源实现三维建模和可视化展示，可将井下人员定位、视频监控、辅助运输、带式输送机运输、提升设备、安全监测、瓦斯抽采、供电、排水、大型机电设备等大量监控系统放在统一的平台上集中展示，为实现煤矿生产与安全管理、灾害分析与防治、应急救援、无人开采多业务的协同与信息透明共享打下了基础。

矿山通信技术的发展与矿山智能化技术的应用息息相关，矿山智能化技术需要依托矿山通信网络发挥作用。目前煤矿冗余工业以太网已普遍应用，达到千兆级或万兆级网络带宽，解决了井下大量视频数据传输。井下无线通信也由小灵通、3G 通信，发展到了 LTE－4G 通信技术，LTE－4G 正在推广应用，5G 已进入井下研究与应用测试状态。LTE－4G 通信技术开启了煤矿智能化技术应用发展的新阶段。

除上述技术外，在其他关键共性技术方面也获得了较大进步，主要有井下移动目标精确定位技术、地质探测技术、智能控制技术、变频传动技术等，已应用到了煤矿各生产工艺环节，提升了其智能化技术水平。

综采工作面是煤矿生产的关键环节，设备多、环境复杂，其智能化技术是行业内研究的难点和热点。近 10 年来，我国许多煤矿进行了各种无人开采技术的研究与示范性应用，综采智能化无人开采技术已应用于大采高、中厚煤层、薄煤层及放顶煤工作面。目前，我国攻克了部分综采成套装备感知、信息传输、动态决策、协调执行、高可靠性等关键技术，特别是智能开采控制技术打破了传统的以单机智能化为主的研发思路，建立了以“主采机组”为整体控制对象的系统概念，把工作面所有设备看作一个大型“采煤机器人”，其中各种设备如采煤机、支架、刮板输送机等，只是其中的一个单机设备，所有单机设备由控制中心联络、控制，使其形成一个整体。整个回采过程就是这个“采煤机器人”整体移动的作业过程，实现自动落煤、自动装煤、自动运煤、自动支护、自动行走等功能，从而实现对综采成套装备的协调管理与集中控制。在地质条件较好的煤矿实现了综采成套装备井下及地面的智能化远程控制，其技术和实际应用达到国际领先水平，引领了我国煤炭科学开采的发展方向。

掘进是煤炭开采的重要工序，提高掘进效率对煤炭开采具有重要意义。目前，我国大型煤矿已普遍采用综合机械化掘进方式，但大部分工作面存在掘支不平衡，采掘衔接失调等问题。高效、快速掘进是近年来研究的主要方向，其研究内容有：新的截割技术、快掘系统成套装备集成技术，以及掘进装备智能控制技术（包括智能导航、全功能遥控、智能监测、故障诊断与预警、数据远程传输等技术）等。近年来，我国煤炭企业通过不断的努力研究，也取得了多种成果。所开发的“掘支运三位一体高效快速掘进系统”，打造了协调、连续、高效作业的掘进工作面，实现了减人增效，推动了煤矿生产技术与工艺的变革。机组中的核心单机装备已实现了远程控制、自动及半自动化运行，通过多功能集成、智能控制，达到平行作业，提高了掘进进尺。

煤矿带式输送机、提升机、主排水泵、压风机、主要通风机等是煤矿生产的主要设备，随着我国企业生产规模的不断提升，固定装备朝着大功率、智能化、节能环保的方向发展，目前在装备制造、电气传动、智能控制等方面也取得了较大进步。带式输送机控制，通过采用输送机智能保护技术、智能调速技术、煤流监测技术、顺起顺停技术，实现了主运输系统的远程集中控制，达到减人增效、节能降耗的目标。同时通过利用多机分组功率平衡控制技术，解决了长距离带式输送机运行振荡问题，满足了长距离带式输送机通常要求的重载起动、动态张力均衡控制、速度同步及功率平衡等工况要求。矿井提升机控制，采用数字调速装置，实现了全数字、网络化控制，实现了精确的位置速度调节，部分主井提升机已经达到自动装卸载及无人操作的自动化控制水平。矿井主要通风机、压风机控制，采用先进的监测控制技术，实现了自动调速、节能控制、远程在线监测，在技术上达到无人值守的控制水平。井下主排水泵控制，采用了视频监视与图像识别技术，对水泵房设备进行远程可视化操控，实现了水泵自动轮换，根据水仓水位自动起停泵，根据用电峰谷实现避峰填谷运行。各系统利用远程数据监控平台，可实现设备故障诊断、智能分析、故障应急处置、远程管理等功能，减少了井下现场值守人员，提升了煤矿固定设备智能化水平。

煤矿辅助运输是煤矿运输系统的重要组成部分，它的技术装备水平直接关系到辅助运输的效率和生产安全。目前，我国辅助运输装备技术发展较快，不仅总装机功率在增加，智能化水平也得到了较大提高。例如，研制开发了防爆电喷柴油发动机、防爆蓄电池动力车、车载智能终端等，同时对辅助运输系统的智能化管理也取得了重要成果，研制开发了“基于物联网的井下智能交通管理系统”，集成了井下巷道信号管理、车辆精确定位、车辆防撞预警、车辆测速管理、车辆智能调度等功能，采用地理信息平台、宽带无线通信技术对车辆实现集中调度与管理，推动了煤矿井下辅助运输智能化进程，为煤矿安全高效生产起到了重要作用。

我国煤矿安全监控系统在通风、防尘、防火、防瓦斯、防治水及地测等领域，经过多年的研究与开发，从专用设备到安全监测仪器都取到了全面发展，形成了一些适用于全国煤矿生产及灾害防治的技术体系，为安全生产提供了重要保障。在安全监测传感器方面，激光甲烷传感器、光纤温度传感器，具有结构简单、无源、防干扰、体积小、阻燃防爆、稳定、可靠的特点，能够实现长距离在线测量和分布式测量。在安全监测信息化方面，形成了网络化、智能化的监测体系。例如瓦斯流量智能化监测系统，它为评价煤矿瓦斯抽采效果，预防煤矿瓦斯突出、爆炸等恶性事故的发生提供了可靠的监测数据和预警手段；瓦斯动力灾害实时在线监测系统，可实现对煤岩瓦斯动力灾害的连续预测预警。在井下防火方面，开发了束管监测系统与采空区防自然发火综合预警系统。在井下通风系统方面，开发了基于 GIS 的矿井通风网络化智能管理系统，利用通风网络动态解算与瓦斯涌出分析模型，对通风设施与设备进行联动控制，实现了全矿井通风网络的实时在线智能化监测，达到对所有巷道通风参数实时显示及网络稳定性判定。对于煤矿防治水，在矿井物探仪器研制、水害事故诊断治理和技术数据处理智能软件等方面已得到进一步的开发和应用，对我国煤矿水害防治起到了重要的支撑作用。目前开发的基于物联网的水文监测系统和基于大数据的水害预警系统，将进一步提高我国的水害防治水平。

我国露天煤矿开采技术，经历了从人力开采、运输到全部机械化开采的过程，目前全面向智能化方向发展。在车辆采场调度管理方面，采用 GPS、北斗定位技术和 WiFi，以及 LTE－4G 宽带无线专网技术等，实现了车辆的智能调度、自动计量、运行监视与安全管理。在安全生产过程控制与管理方面，采用智能化管理平台，对生产过程进行全面监控，集边坡监测、采空区探测及防灭火、疏干排水系统、车辆运行安全预警系统与决策分析于一体，将露天煤矿的生产经营与安全管理有机地结合起来，对露天煤矿的安全生产产生了巨大变化。此外，露天煤矿无人驾驶技术也取得了成功试验。

煤矿智能化技术应用不仅体现在上述煤矿生产各个工艺环节及装备的智能控制与监测上，还体现在对各环节的综合管理上，我国煤炭工业经过多年的两化融合推进发展，综合自动化与信息化系统在一些大型矿井得到了应用，实现了煤矿各子系统在调度中心的数据集成，并建立了煤炭运销、财务、人力资源等信息化管理平台，提高了煤矿生产经营管理能力。目前正向全面数字化、网络化、智能化方向发展。

此外，随着智能化技术的不断发展与全面应用，专业的智能化技术服务已成为智能矿山不可或缺的重要组成部分，是智能矿山高效、可靠运行的重要保障。目前，专业（新兴）的智能化技术服务模式已经开始涌现。如，基于互联网的“矿山装备远程运维服务”已经列入国家工信部智能制造试点示范，在全国矿山推广使用。其运用“装备云”平台、ITSS 运维服务管理体系，实现线上线下服务相结合，对矿山装备的远程运行维护、高效管理起到重要作用。

近年来，我国在煤炭智能化开发领域通过不断加大政策扶持、资金支持和科技创新的力度，煤炭智能化技术的研究与应用取得了较大成果。但是当前我国煤炭智能化开采水平，整体上仍处于起步阶段，应用上还存在许多不足。第一，煤矿信息孤岛依然存在，信息不能共享。各子系统独立组网，传感网络、无线宽带网络相互独立没有融合，部分矿井虽然使用了基于 LTE－4G 宽带的无线通信网络，但仅用于语音通信，功能单一，没有与生产数据相结合，未能实现数据高度融合，制约了矿山整体智能化技术的应用。第二，煤炭开采技术装备、智能化控制在可靠性、稳定性、适应性等方面仍有许多未解决的问题，需要加大研发力度，充分应用现代新技术进一步提升智能化水平，在实践中不断取得应用与发展。第三，煤矿智能化缺乏顶层设计，需要系统性规划。

三、煤矿智能化建设总体思路

煤矿智能化技术已由单项应用走向综合集成，消除信息弧岛，实现数据融合，最终与安全、生产管理相结合，推动智慧矿山建设。智慧矿山建设包括煤矿诸多子系统的智能化建设和融合应用，系统庞大而且复杂，不是简单的子系统叠加，是典型的信息物理系统CPS（Cyber Physical Systerns）在矿山领域的具体应用。需要进行总体设计、系统性规划。

（一）智慧矿山建设顶层设计

做好顶层设计是保证智慧矿山建设沿着正确方向发展的首要条件。智慧矿山顶层设计如图1-1所示，通过构建全面感知与高速传输网络（一张网）、矿山地理信息系统（一张图）、安全生产管控一体化平台（一个平台）、统一计算存储管理（一个库）、统一数据接口与编码标准（一个标准），以及诸多智能化子系统与设备（一系列智能化设备）“六个一”工程，实现安全生产的统一管控。通过建立智慧矿山运营管理中心（一个运营管理中心），实现全面的生产经营决策管理。通过开发部署矿山云服务平台（一朵云），实现面向不同业务部门的上云服务。总体上概括为：“6+1+1”智慧矿山顶层设计。

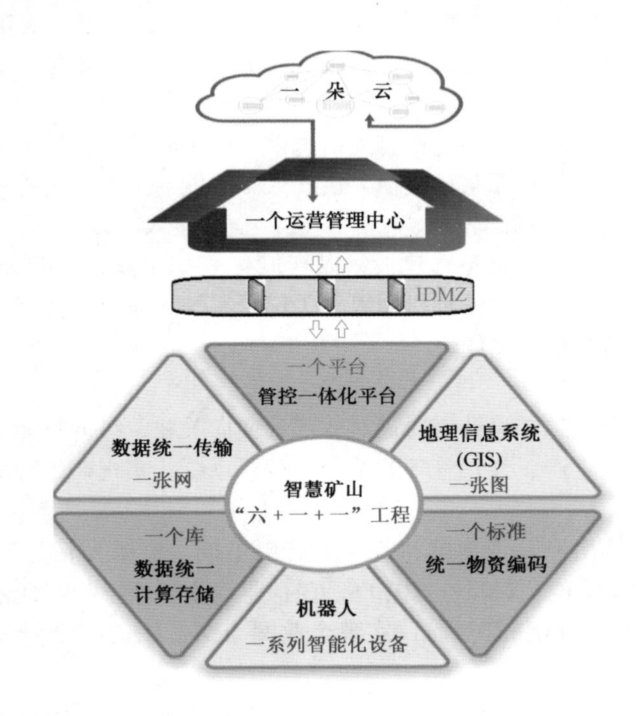

图1-1 智慧矿山顶层设计

“一张网”是基于“万兆工业环网+无线宽带网络（4G/5G）+窄带物联网”通信网络，融合有线宽带与无线宽带，以及窄带传输技术，建立矿山通信多源异构网，承载煤矿所有智能化系统的应用，解决煤矿移动设备、传感器网络数据接入问题，达到数据传输的实时、可靠性要求。

“一张图”是以矿山地理信息系统（GIS）为基础，为智能化子系统及各类应用提供精准的空间地理坐标。

“一个平台”是面向智慧矿山安全生产管理一体化信息感知、控制、展示、应用的平台，实时、透明、清晰地展示矿山日常生产景象，实现矿山生产无人值守、系统联动、数据融合、统一管理。

“一个库”是指统一数据存储，实现数据统一管理、调用，支持数据统一接入、全维度数据管理、跨业务数据融合，可构建面向业务的数据仓库，实现面向矿山主题的数据分析与挖掘。

“一个标准”是指构建“数据采集规范”“数据共享规范”“数据接口规范”等统一标准，进行数据交换、存储，实现互联互通，从而实现全面的数据标准化。

“一系列智能化设备”是指构成矿山安全生产各环节“采、掘、运、提、排、通”等的诸多智能化子系统与智能化设备，如无人值守监控子系统、矿山特种机器人等。

“一个运营管理中心”是指经营管理平台，是决策管理驾驶舱，集成了基于大数据的矿山精细化管理、决策分析软件，为实现矿井高效运营提供了技术支撑。

“一朵云”是指全矿基于云平台技术构建的矿山私有云，也可以应用集团云来完成信息的上云和云计算业务，为集团或矿山提供动态、灵活、弹性、虚拟、共享和高效的业务云平台服务。

在智慧矿山顶层设计和建设中遵循打通信息壁垒、铲除信息烟囱、消除信息孤岛、避免重复建设的技术方法，要遵循采矿规律，实现人工智能与采矿工艺技术深度融合。其建设基本原则为：顶层设计、基础先行、重点突破、全面接入。以“一张网”“一张图”为基础，“一个平台”为核心，应先行建设；以智能化采掘工作面、智能化主煤流运输系统、智能化辅助运输系统、矿山特种机器人等关键子系统为重点，要将各智能化子系统全面接入，形成完整的智慧矿山系统。

（二）智慧矿山系统架构

智慧矿山是依据上述顶层设计，通过对各部分横向关联、纵向贯通、综合集成、信息融合，形成企业安全、生产、经营管理的综合性智慧系统，实现矿山智能化管控。其系统架构如图 1－2 所示。

智慧矿山系统架构由经营管理层和安全生产层组成。根据《信息安全技术　网络安全等级保护基本要求》（GB/T 22239—2019），在企业经营管理层与安全生产层之间设有工业非军事隔离区（IDMZ 安全隔离区），实现企业网与工控网的安全隔离，提升工业控制系统的网络安全水平。

经营管理层集成了企业资源管理、协同办公平台和决策支持系统，主要实现矿山经营过程的财务管理、运销管理、物资管理、人力资源管理、设备管理、项目管理、预算管理等业务功能，通过大数据应用、云计算服务对企业生产经营活动进行决策指导和智慧化管理，包括“一个运营管理中心”与“一朵云”。

安全生产层主要由若干智能化子系统与智能化设备、通信网络、安全生产管控一体化平台组成。安全生产层集成了煤矿安全生产采、掘、运、提、排、通等几十种智能化监测控制子系统与各类智能化设备，包括各类矿山特种机器人。安全生产层主要实现煤矿各类

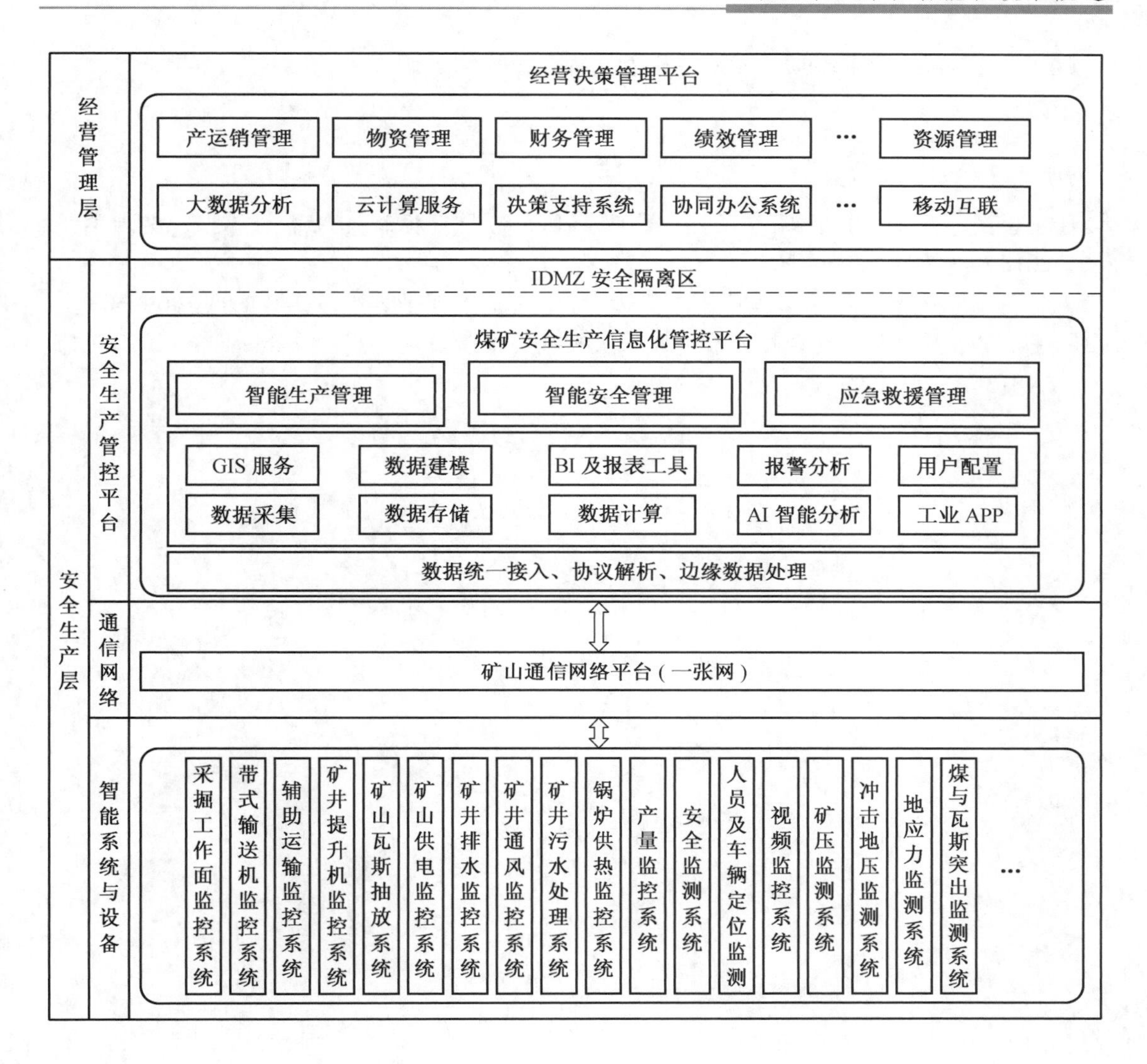

图 1－2　智慧矿山系统架构

设备在复杂环境下能自我感知、自适应控制、故障智能诊断与应急处置等功能，从而实现智能化开采与现场无人值守控制或少人化作业。安全生产层面向矿井安全、生产与调度管理，通过建立统一的接口标准、统一的编码规范、统一的存储管理、统一的地理信息系统，将矿山各种信息系统、应用资源有效地整合在一起，对煤矿生产全过程动态跟踪、统一调度、信息共享，实现智能生产管理、智能安全管理、应急救援管理等业务功能。利用先进的数据仓库及信息融合等技术进行综合统计与智能分析，为企业管理层提供决策依据。安全生产层重点围绕“六个一”工程建设。

综上所述，智能化技术在煤矿生产作业环节广泛应用，将构建信息融合的智慧矿山，能对各类灾害进行全面监测与超前预警，避免发生安全事故，并实现生产智能化决策和自动化协同运行，使矿井生产绿色、清洁、安全、高效，最终达到无人少人开采的目标。智慧矿山建设是煤炭企业高质量发展的必然选择。

参 考 文 献

[1] 王国法，王虹，任怀伟，等．智慧煤矿 2025 情景目标和发展路径［J］．煤炭学报，2018，43（2）：295－305．
[2] 付国军．自动化综采工作面概念探讨［J］．工矿自动化，2014，40（6）：26－30．
[3] 王金华，黄曾华．我国煤矿智能化采煤技术的最新发展［J］．Engineering，2017（4）：24－35．

第二章　煤矿地理信息系统

第一节　我国煤矿地理信息系统的发展现状和趋势

煤层是分布于三维地理空间的地质实体，矿山生产的一切过程都与三维空间密切相关，从资源勘探到矿井生产的专题图形和安全生产数据都与（x，y，z）坐标有关。所以，利用地理信息系统（GIS）技术实现煤矿空间数据的一体化管理是建设智能煤矿的重要基础。1963 年，加拿大学者 Tomlinson R. F. 博士首先提出了地理信息系统的概念，并开发出世界上第一个地理信息系统（Canada Geographic Information System，CGIS），相关技术和软件系统开始应用于自然资源、环境规划管理、城市和土地调查等领域。随着研究和技术的不断进步，GIS 的理论和技术有了长足进步。目前，对 GIS 的研究和应用已经不局限于地表土地、军事和环境领域，而是逐渐延伸到地表以下的地质勘探、矿山开采、地下水资源、石油天然气等领域，而且实现了三维可视化的分析和操作。

煤矿是典型的多部门、多专业管理的行业，涉及“采、掘、机、运、通”和“水、火、瓦斯、顶板”等专业方向，如何将分散、孤立的业务系统和数据资源整合到一个集成、统一的管理平台，是科学采矿和智能煤矿建设的关键问题。我国的煤炭工业经过多年发展，对空间信息的管理已经从数字矿山向智能矿山方向迈进，取得了较大成果，但还存在如下几个问题：

（1）建立的信息化系统数据孤岛现象严重，数据共享和交换多数仍是人工方式，缺乏空间数据处理系统之间的业务协同，时效性差，数据仍以分散和弱关联方式存在，系统效率低下，无法满足智慧矿山的建设需求。

（2）采用的信息化技术较为落后，主要是基于传统手工管理模式下的事务处理。近年来，Internet 和 GIS 等信息技术飞速发展，在国家一系列政策引导下，整个社会正快速向信息化过程迈进。反观煤炭行业，由于历史原因，整体信息化水平相对落后，生产和管理架构都基于传统的人工管理模式。而且对空间数据的处理，仍有不少企业和业务部门采用不适合处理空间信息的 AutoCAD 作为数据处理平台，无法适应信息化社会对数字煤矿、智慧煤矿、少人或无人煤矿的管理需求。AutoCAD 是一个计算机辅助设计系统，无论是数据模型、数据结构，还是数据处理方法，都与 GIS 有很大区别。它主要应用在建筑设计和机械设计等领域，不太适合处理空间信息。

（3）目前大部分还是二维系统的应用，缺乏对三维或透明化矿山关键技术的攻关和工程建设的实践，表现形式单一，而且与在线监测等系统的结合不紧密。更为关键的是，现有系统动态数据处理的功能弱，无法适应煤矿动态生产的需求。

（4）近年来，煤矿分布式协同“一张图”（以下简称“一张图”）的概念已经在我国国土资源管理，甚至在煤炭空间信息管理领域得到应用，取得了阶段性成果，但并不完善，主要表现为：①只是基于统一空间数据库的管理，缺乏实时的业务协同，更缺乏煤炭行业生产矿井、二级公司到集团公司的高度一体化和协同化，不能满足煤炭工业信息化的要求；②关于 GIS 数据的协同更新，国内外很多学者也进行了相关研究，给出了一些概念性的理论框架和多用户协作原型系统，但离实用还有一定距离。这些原型系统，也同样不适合煤炭工业智能矿山建设的需要。

煤矿生产环境复杂多变，为了实现安全生产的目标，需要地测、一通三防、机电、生产等业务部门紧密协同，实时处理，并结合井下人员定位、视频、轨道运输、提升、安全监测、瓦斯抽采、供电、排水、大型机电设备等监控系统对井下信息全方位掌控，以保证安全生产。目前，我国煤炭工业智能矿山建设关键技术之一就是利用 GIS 技术实现煤矿空间信息管理的一体化、协同化。

因此，结合煤炭工业信息化存在的问题和实际需求，基于 Internet、最新的空间信息技术，提出了“一张图”的管理理念，为智能矿山顺利建设提供了技术保证。

第二节　煤矿地理信息系统的理论和关键技术

一、灰色地理信息系统的理论

在地质勘探阶段，只能通过有限的采样数据（如钻探数据）获取对诸如煤层等三维地质体的预测和控制，这种预测和控制是对真实三维地质体的近似和模拟。随着勘探或开采的不断深入，获取的准确数据越来越多，三维地质模型的真实状态也逐渐被揭示出来，专家或生产技术人员对地下矿体的认识也越来越清晰。在生产的最后阶段，因开采过程中巷道的掘进或工作面的回采，对煤层等地质体的三维表达将达到真实状态。显然，随着煤矿开采的进行，对煤层的表达伴随着由灰变白的过程，传统 GIS 软件无法很好地分析和处理这些灰色信息。针对这一问题，提出了利用灰色地理信息系统处理煤矿空间信息的思路，并阐述了相关理论、数据模型及其应用。灰色地理信息系统属于智能地理信息系统的范畴，其核心就是时空数据模型的构建和煤矿地测工作（基于三维地质模型）动态数据的处理。

（一）灰色地理信息系统的概念和特点

1. 概念

灰色地理信息系统（Gray Geographic Information System，GGIS）是指现实世界中真实存在的，其空间形态等参数不会发生变化，但由于控制数据或认知的缺陷，造成并不完全已知的各类空间实体的空间数据，在计算机软件和硬件的支持下，以一定的格式输入、存储、检索、显示、动态修正、综合分析和应用的技术系统。

GGIS 的本质就是已知信息不断加入，使空间对象由灰色状态不断向白色状态转移，这种变化引起了三维地质模型的局部或全部重构。与现有或商业化的 GIS 相比，GGIS 的数据模型、数据结构和数据处理算法有其特殊性，能够处理灰色空间对象随着时间和数据的增加由灰到白的动态变化过程。形象地讲，这种变化过程是由“黑色”“深灰”变为

"中灰""浅灰"，无限接近而不能完全达到"白色"。GGIS 和传统 GIS 的区别在于：研究对象的信息是否满足需要，或者认为是完全的信息。如果信息完全，可划归为白色或近白色 GIS；如果信息不完全，则划归为 GGIS。从严格意义上讲，灰色是绝对的，白色是相对的，GGIS 的概念涵盖了 GIS 系统的概念。

2. 特点

1）对研究对象的动态修正

时空变化是指空间对象随时间发生的变化。一般情况下，根据时空对象的空间特征（如位置、边界、形状等），可以有两种时空数据变化类型，即连续变化和离散变化。连续变化是指研究对象时刻处于变化状态，其属性、形状、空间位置等处于不断变化中，如疾病的蔓延、城市的扩张、车辆轨迹等。离散变化是指空间对象处于静止状态，当某一事件发生时所引起状态的突变，其属性、形状、空间位置等都发生了状态转移，如城市区划、突发灾害等。

GGIS 涉及的时空变化可以认为是离散变化。GGIS 所描述的三维地质模型变化是从一个状态到另一个状态的过程，若干研究对象的空间和属性特征都产生了或多或少的变化，其结果是对整个空间实体的位置、属性和形态等的控制更加准确，这种变化过程称为动态修正。图 2－1 是 GGIS 数据动态修正示意图。

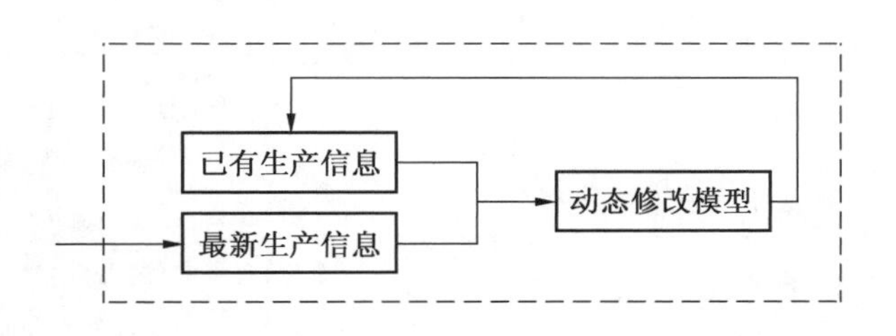

图 2－1　GGIS 数据动态修正示意图

2）对研究对象的智能分析

GGIS 的最大特点是能根据专家知识对空间和属性数据进行自适应动态修改。因此，GGIS 又属于智能地理信息系统的范畴。智能地理信息系统是指在传统的 GIS 平台中建立智能化时空数据处理和分析模型，结合具体的地学知识和信息，通过数学分析、人工智能、神经网络、知识处理和决策支持等智能技术，获得更加精确的以反映实际地学规律的分析结果。GGIS 就是根据不断获取的最新时空数据，结合地学分析、专家知识模型，对三维地质模型进行动态修正，从而获得更加精确的三维地质模型。

（二）灰色地理信息时空数据模型

根据 GGIS 的理论和煤矿安全生产的实际需求，设计了灰色地理时空数据模型，以提高 GGIS 处理灰色数据和自适应解决地学问题的能力。

时空数据模型是指存储时空对象的数据模型，大致分为三类：序列快照数据模型、面向事件的数据模型和面向对象的数据模型。序列快照数据模型侧重记录实体时态变化，相对简单，但是数据冗余量很大；面向事件的数据模型侧重于描述实体变化语义关系的事件与活动；面向对象的数据模型侧重于表达实体变化前后关系的对象变化。本文提出了面向灰色地理信息的时空数据模型，属于第三类面向对象的数据模型。

图 2－2 为 GGIS 数据处理的概念模型，研究对象包括：地质模型、巷道模型、积水区、采空区、陷落柱、断层、钻孔和揭露点等。数据处理和分析的基础是三维动态地质模型，二维剖面、二维平面和三维模型数据都是地质模型的不同表现形式。最新精确数据（如回风巷、运输巷的实测点）的加入，结合系统的智能分析，实现平面、剖面和三维模型数据的动态更新。由于数据结构中的点、线、面和体加入了灰度和状态标识，因此将能够确保被预测或推断的数据再次被交互修改，而已知的数据点不被修改，GGIS 的研究对象始终保持为当前最新状态。

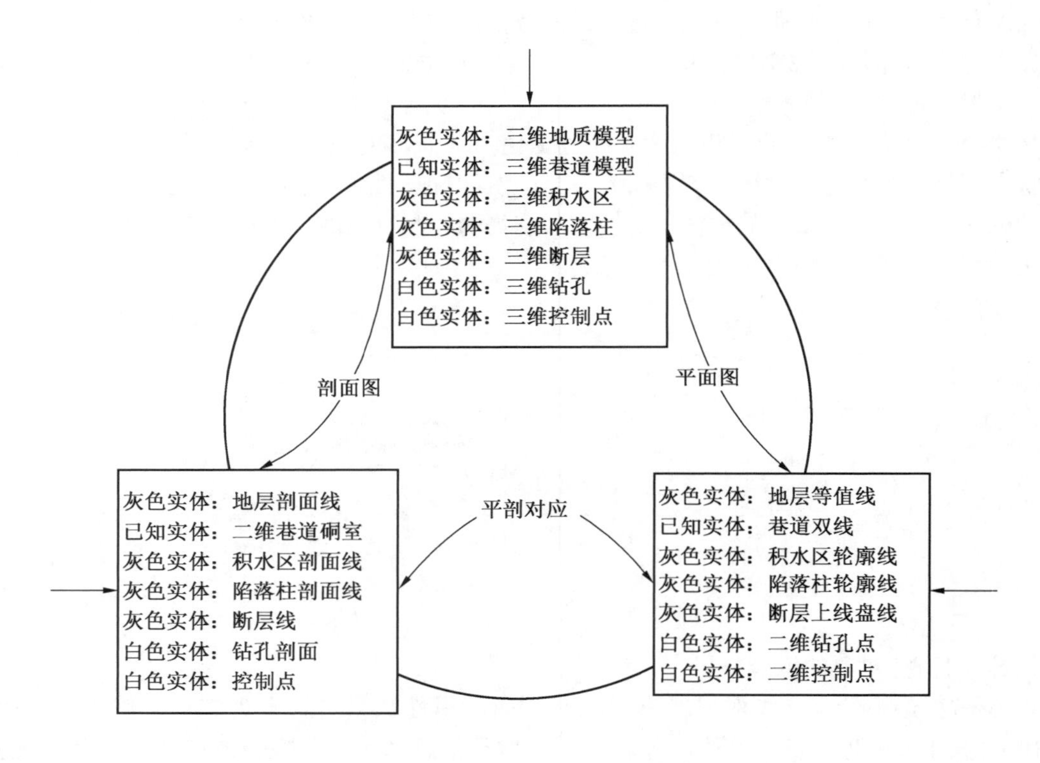

图 2－2　GGIS 数据处理的概念模型

概念模型中的灰色空间实体具有如下特点：

（1）控制空间实体的数据是不完全的，它们只是控制空间实体数据的一部分，无法精确地描述空间实体的真实状态。

（2）在获取空间实体数据的任一时刻，真实的空间数据及其属性为新老原始数据的并集。

（3）在任一时刻，部分图形实体（点、线、面、体）的数据是推断的，并非实际控制数据，故这些数据可能是错误的。

（4）系统能够根据最新的数据自适应地动态修改已有的三维模型、二维平面图形、二维剖面图形，使之尽可能地反映地质体在空间的真实状态。

（5）随着空间数据的增多，系统所表达的空间实体将更加精确，即空间实体的状态（包括形态等参数）将更加接近于它在自然界中的真实状态（图2－3）。由图2－3可以看出，某一个灰度状态实际上是由若干地理实体表达组合而成的。这些实体中除了几何位置，还需要有属性信息、拓扑信息、语义信息等。灰度信息描述实体的精确或准确度，它们当前状态的信息都是推断的，默认为正确。当已知信息加入，推断信息向确定信息转化，模型中的确定信息增加，不确定信息减少。

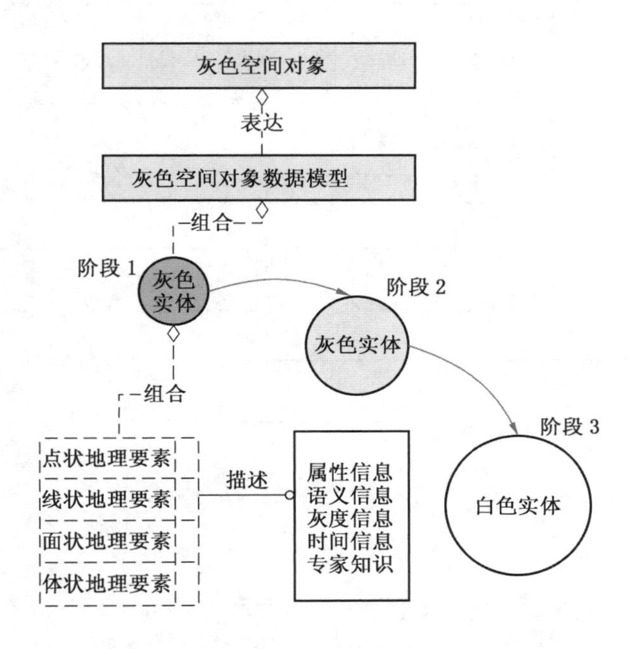

图2－3　基于灰色实体的对象状态变化

针对上述特点，图2－4给出了实体模型的UML图。一个空间实体模型可能包含了点、线、面、体，以及复合体等对象的几何属性，同时包含了属性状态，用来记录该状态的属性信息、语义信息、灰度信息、时间信息，以及专家知识等。

二、煤矿专用GGIS关键技术

（一）“一张图”协同服务技术

煤矿地理数据是煤矿生产、安全管理、灾害分析与防治、应急救援、无人开采等的重要技术资料。这些数据涉及煤矿地质、测量、采掘、设计、机电、运输、通风等各业务部门，种类繁多，数据更新快，且业务部门之间的数据交互频繁。煤矿地理数据的采集、处理、管理、表达具有特殊的行业背景。煤矿用于生产、安全管理等的专题图形多达几十种，具有不同的用途或适用于不同的业务，需要极高的准确度。传统上，这些图件以地质、测量图件作为底图，不同业务部门在其上添加各自业务的专题内容，而地质、测量部门则会将一些与生产密切相关的专题内容添加到地质、测量图件中（图2－5）。

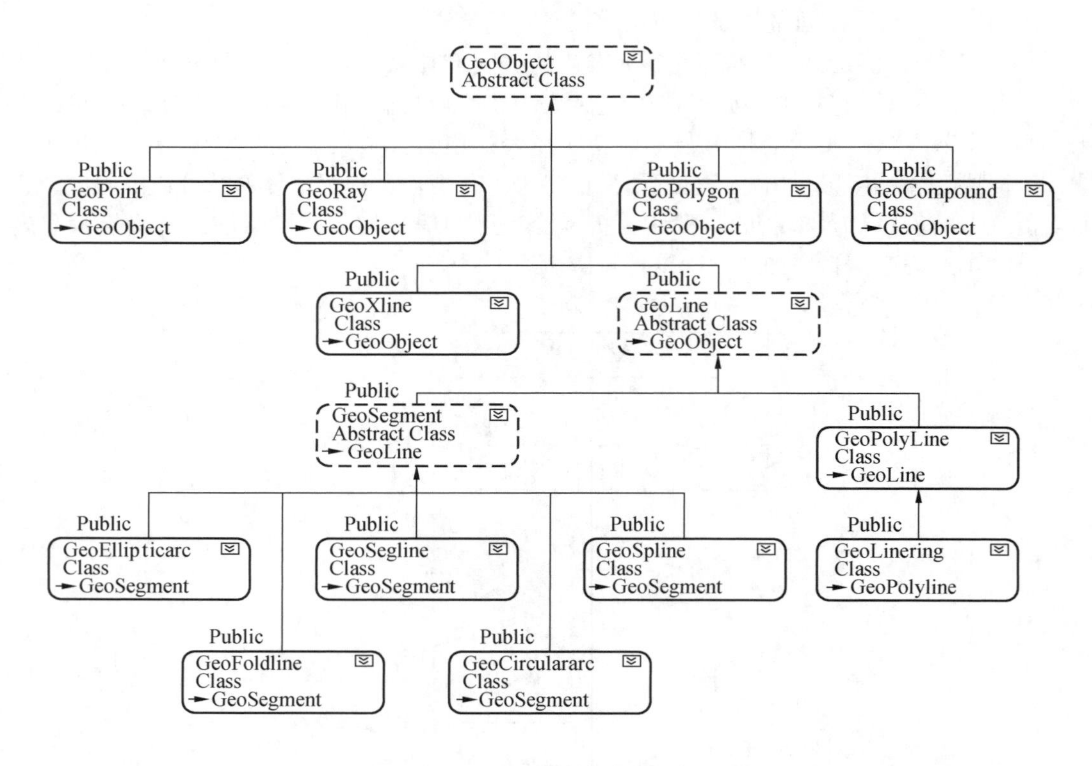

图 2-4　GGIS 数据模型的 UML 图

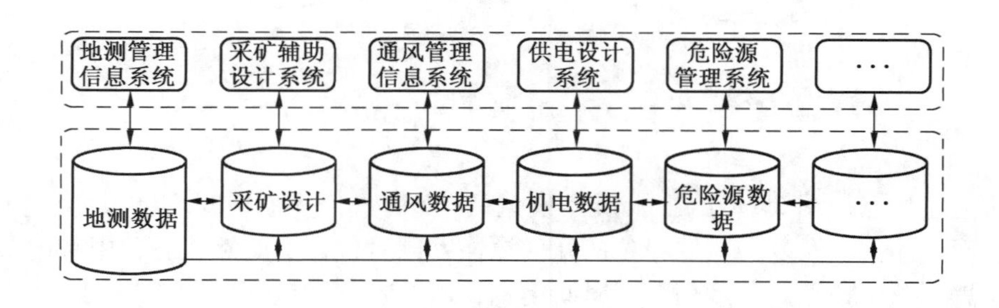

图 2-5　煤矿专题数据传统共享方式

这个过程中的数据交换由人工完成，交换的数据不包括煤矿地理要素的属性数据，具有显著的滞后性。由于煤矿生产涉及的业务部门多，数据类型复杂，且缺乏统一的标准和管理，使得在生产过程中各专业（业务部门）间的信息共享困难，难以保证各专业（业务部门）使用的煤矿地理数据的一致性、共享性、现势性和完整性。

针对以上问题，基于 GIS 的煤矿“一张图”解决方案是以云计算、大数据为技术架构，充分发挥成熟的互联网基础设施，以 GIS 的图层为单位，将矿井各类专业图形集中为“一张图”管理，将地质、测量、水文、储量，以及通风、机电、生产管理等多部门的图件，集中、统一管理，减少数据冗余，实现数据共享和动态更新。通过统一平台和数据库，实现各个专业共同的“一张图”。同时在线编辑各自的图形内容，实现在线协同工作。通过计算机、移动设备、Web 在线等多种方式实现“一张图”数据的维护，多种设备终端的随时、随地浏览及查询。系统基于统一绘图平台的矿图制图系统，统一符号库，规范的图层分层及命名标准，提高了信息化系统的实用性和便利性。

（二）煤矿“一张图”管理

针对矿图多专业分离的现状，实现在线协同工作的“一张图”管理模式。基于大数据集中存储及网络服务模式创新，完成多终端、多人在线的矿图数据录入及编辑。安全、稳定的数据提交，可以满足煤矿地质、测量、通风、机电、生产管理等专业同时在线协同编辑、多部门协同办公等应用，从而实现各专业、各部门之间矿图的即时动态更新，加快了矿图数据的更新周期。最终实现了多矿井、多专业的“一张图”协同集中管理（图 2－6）。

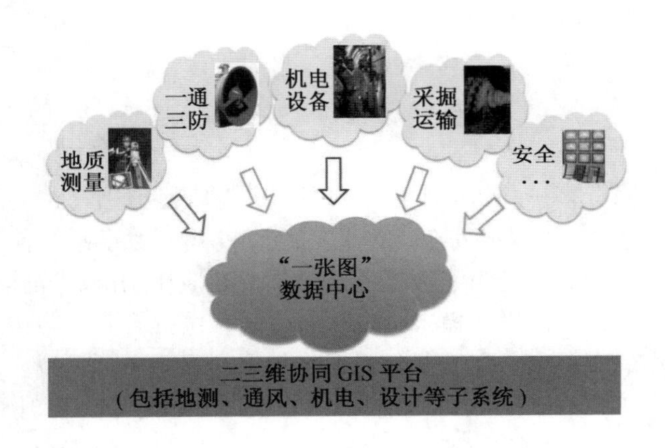

图 2－6　矿井“一张图”协同管理系统

基于统一的地理信息系统平台，对各类矿井图形信息，以及设施、设备等属性信息进行一体化管理。用户可以在一个视图下查询巷道、工作面、安全监测、通风设备设施、工业视频、人员定位、调度通信、供配电设备、运输设备、供排水设备、监测点等与地理图形有关的信息，也可以通过 GIS 网络协同平台分专业录入、修改、更新及输出系统中的元素信息，从而可以协同、实时地更新矿井数据。同时，本着开放性和标准化的原则，支持多种格式的图形数据格式转换，所提供的 WMS 服务遵循 OGC 标准，可供外部调用作为矿图底图使用，还可以根据用户需求提供预留数据接口（图 2－7）。

煤矿“一张图”管理是将地质、测量、防治水、通风、机电、生产采掘等不同部门的矿图进行统一处理，存储在统一的空间数据库服务器中，建设基于“统一存储、协同工作”模式的矿区矿图管理服务平台。通过对多专业、多部门的矿图的统一管理、整合，制定矿图编辑、图层分层的标准与规范，整合和建立地测、通风、机电、生产设计等多专业协同的空间数据库，建立统一平台的煤矿地理信息系统平台，支持协同工作的矿图生产及应用系统，支持矿图相关数据的集中管理及动态更新，实现基础矿图的集中统一管理和

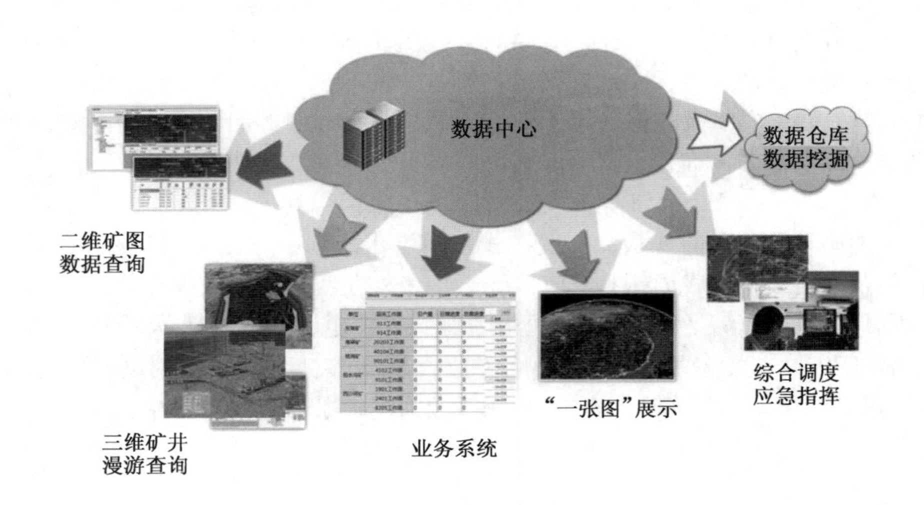

图2-7 基于"一张图"的业务集成及应用接口

开发利用，构建全集团、多矿井协同化的"一张图"协同服务平台。

"一张图"协同化的新型煤矿安全生产业务管理模式，对于系统使用者来说，最大的区别是将数据管理方式从文件变为了数据库，各类专业应用功能和操作仍和用户传统的使用习惯及专业规范相一致。但平台模式的变化将 GIS 系统提升到了集中式部署和管理、网络化、多人协同工作的新层次。基于服务式架构的全新 GIS 平台可以实现矿井空间数据的即时更新和共享，将矿图数据的更新周期从传统的"按月更新"提升到"按小时更新甚至按秒更新"的层次，从而提高了矿井数字化水平和效率，为安全管理提供了更强大、更有效的技术支撑。

(三) 煤矿"一张图"协同服务

基于统一的矿图标准规范体系和集中存储管理的"一张图"空间数据库，采用面向服务的架构（SOA）实现了符合 OGC 国际标准的地理空间数据共享接口，为生产技术数据的深度挖掘和与现有业务系统的集成提供了坚实基础。

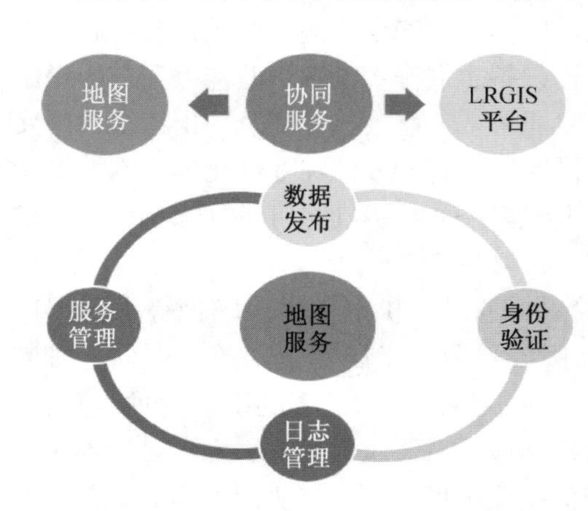

图2-8 "一张图"协同服务结构

煤矿"一张图"协同提供的服务主要包括：空间数据版本管理服务、"一张图"网络地图服务、"一张图"在线编辑服务和"一张图"统一身份验证服务（图2-8）。

1. 空间数据版本管理服务

基于煤矿数据协同的特征和类型，采用 Web Service 技术对煤矿数据进行封装，以空间数据服务的形式实现，从而将生产过程中基于数据的协同制图转换为空间数据服务之间的协作。在煤矿协同制图过程中，地图编辑数据量往往较大，基于现实需求以及提高整体效率，不同部门技术人员之间通过异步消息机制实现数据同步和协同。对于多用户并发访问的情况，采用控制级冲突解决方案，避免产生协同编辑冲突。利用对象锁模式对不同粒度对象（实体、实体集合、图层）的可见性、可操作性进行加锁处理，防止多个事务对同一对象的写操作（图2－9）。

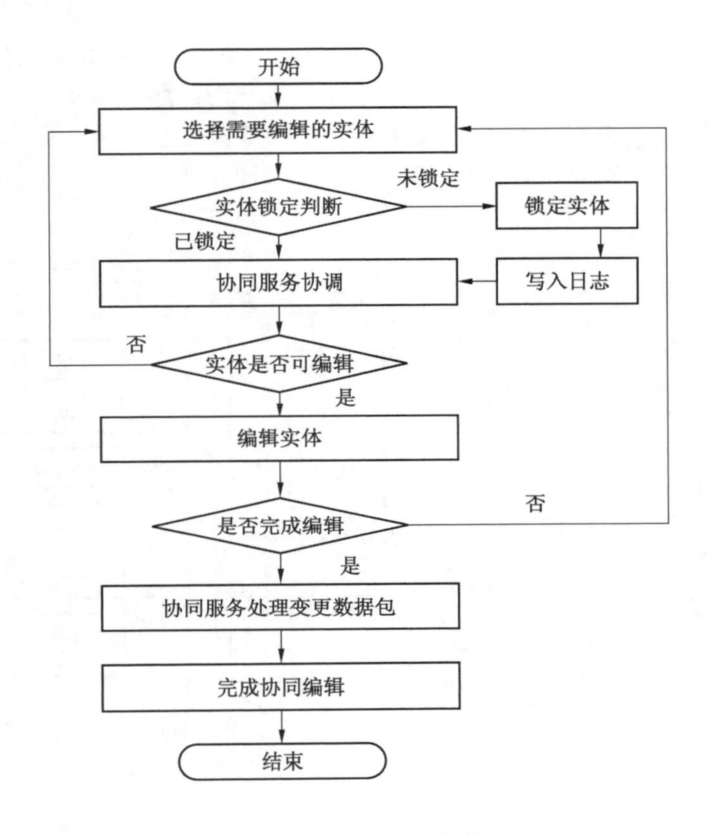

图2－9　同步协同地图编辑流程

2.“一张图”网络地图服务

煤矿“一张图”服务体系结构总体是基于网络服务技术来实现的，其核心是提供网络服务，包括空间数据 Web 服务、WMS 地图服务、WMTS 地图服务。

空间数据 Web 服务位于数据使用者和生产者之间，是连接前端各种具体应用系统和后端数据服务的桥梁。Web 服务负责接受各种数据需求，对数据需求作初步处理，包括权限判断、数据打包等。Web 服务采用 http 协议和 soap 协议，其中负载均衡和各服务通信协议是 Web 服务设计与实现的关键。Web 服务应支撑大流量的请求，负载均衡服务器能够感知 Web 服务状态，如果某个 Web 服务器故障，则请求不会转发到故障服务器上，重新修复故障服务器之后，则又会重新向该服务器上转发请求。

WMS 地图服务将数据封装为网络地图服务，它是当前常用的数据共享方法。煤矿协同制图体系也采用该方法，同时考虑煤矿数据不同的应用场景、设计动态和静态网络地图服务模式。其中，静态网络地图适合用于地图更新缓慢或基本不更新，但是使用频率比较高的场景，如矿区地形图和一些不需要经常更新的图层。而像采掘工程平面图等需要经常编辑更新的图层，则采用动态网络地图服务，以保证数据的实时性。

三、“采、掘、机、运、通”图形处理技术

GIS 作为安全生产管控平台建设的基础信息平台，在实现煤矿信息化管理和行业信息共享方面发挥着重要作用。煤矿空间数据具有动态变化的特点，而且地下的大部分数据还具有“灰色”特性，因此相比通用 GIS，煤矿 GIS 还涉及与采、掘、机、运、通业务相关的专业图形处理及协同处理关键技术问题，其基本协同处理关系如图 2－10 所示。

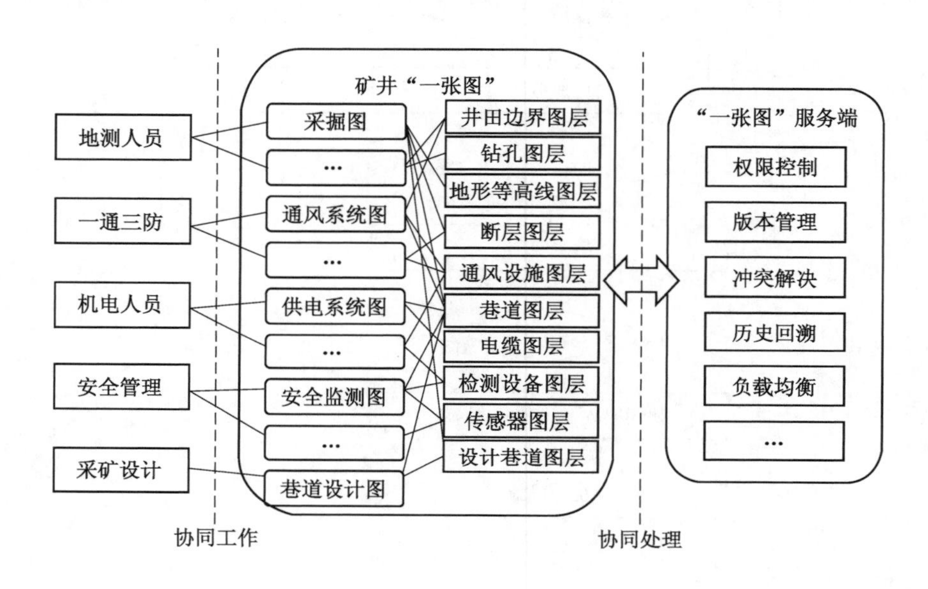

图 2－10　采、掘、机、运、通图形协同处理关系

（一）地测空间管理技术

地质、测量数据是整个数字矿山地理空间的基础，同时也是采、掘、机、运、通等专业的重要支撑，因此地测空间管理是整个系统建设的核心内容之一。

地测空间管理信息系统涉及大量核心算法，主要内容如下：

（1）空间变量插值算法。

（2）含逆断层的复杂 TIN 模型和煤层底板等高线自动生成算法。

（3）任意比例尺局部图形的自动生成算法。

（4）采掘工程平面图、综合水文地质图的自动生成算法。

（5）剖面地层线的拟合、交互处理和编辑。

（6）栅格矢量化算法。

（7）切割预想剖面图算法。

（8）素描图巷道线的自动延伸算法。

（9）掘进、回采地质说明书的自动生成算法。

（二）“一通三防”管理技术

“一通三防”管理信息系统是在 GIS 平台的基础上，建立的集通风专业、图形绘制和计算于一体的计算机信息化管理系统。该系统一方面提供专业的通风图形制图工具，完成通风系统图、防尘系统图、矿井避灾路线图、通风安全监测监控系统图、抽放瓦斯系统图、通风网络图、压能图等图形的交互或自动绘制；另一方面，完成通风网络模拟解算、阻力测定计算等数值计算，从而提供相关决策支持。

“一通三防”管理信息系统主要完成两部分工作：一部分是通风专业图形的绘制和浏览；另一部分是通风专业数值的计算分析。

“一通三防”管理信息系统涉及大量核心算法，主要内容如下：

（1）通风网络图绘制及拓扑联动算法。

（2）自动生成通风网络图算法。

（3）通风网络模拟解算算法。

（4）通风阻力计算算法。

（5）瓦斯涌出预测模型。

（6）事故树分析及其计算模型。

（三）生产辅助设计技术

采矿设计的内容涵盖了矿井生产的各个方面，每年矿井在设计方面都要耗费大量的人力和物力。矿井投产后，矿井设计部门主要担负维持矿井正常生产的设计工作。按照功能划分，其业务可以分为掘进设计和回采设计，统称为采掘设计；按照类型划分，可以分为方案设计、工程设计与专业设计。

生产辅助设计系统涉及大量算法，主要内容如下：

（1）单元体模型算法（几何模型、参数模型和机制模型）。

（2）基于 GIS 的可扩展数据结构。

（3）开放的计算参数设计方法。

下文重点介绍单元体模型算法及基于 GIS 的可扩展数据结构。

1. 单元体模型算法

采矿设计涉及多种空间实体，最基本的是巷道、各种硐室，以及支护（锚杆）、机电设备等。锚杆、设备等独立存在，具有固有的结构和组成（几何特征），同时作为巷道的一部分，又有位置信息、摆放方式等属性特征。当巷道宽度或形式发生变化时，锚杆及设备等位置信息不可避免地进行调整，即空间实体发生改变后会对相关的（拓扑关系）其他空间实体造成影响，且其相关空间实体需要做出相对应的变化。

以对象的方式对空间实体的几何特征、属性特征和功能特征等进行描述的一种数据模型，称为单元体模型。单元体模型与真实世界的实物或现象对应，不仅描述了空间体的几何特点，还描述了空间体的属性特点和功能特点。单元体模型既具有空间体的几何特征，同时具有对象的全部特征，即具有属性、方法和事件等。单元体模型如图 2－11 所示。

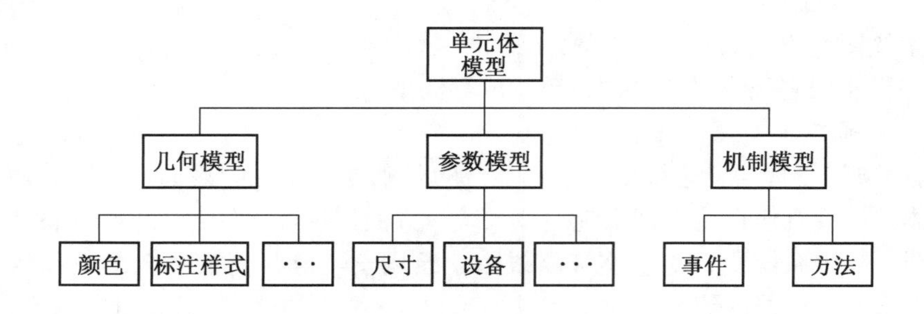

图2-11 单元体模型

单元体模型包括几何模型、参数模型、机制模型。几何模型包含单元体的形状、颜色、几何信息等；参数模型包含单元体的属性，如宽度、高度、形状等；机制模型定义了一组事件和方法，能够在单元体发生改变时及时给其相关的单元体发送消息，或接收消息并及时响应。

1）单元体模型——几何模型

几何模型主要定义了单元体的几何属性，包括颜色、线形、线宽、标注样式等控制单元体外观的属性。对于复杂的单元体，可以定义多种样式，统一保存于几何模型中，通过修改存储于几何模型中的样式，使单元体相关个体的几何属性自动改变。

2）单元体模型——参数模型

参数模型记录单元体的各种设计参数。采用参数化制图机制，与用户的交互是在设计参数的层面上进行的，所以在单元体中必须存储设计参数，这样在后期修改等环节可以直观地显示当初的设计参数，而不用根据标注尺寸等重新回忆和计算。采矿辅助设计系统采用参数模型与用户交流，直接与设计人员的设计思维相契合，更符合用户的工作习惯。采用单元体模型的采矿辅助设计，实现了参数化制图，同时在图形个体之间建立了拓扑关系。如果设计参数发生改变，整体的业务逻辑就会自动运算，自顶层开始单元体逐级变化与自动调整，最终匹配所做的修改。

3）单元体模型——机制模型

每个单元体内部可能包含多个子单元体。在单元体发生变化时，如何通知单元体的各部分，每部分如何响应发生的变化，这是机制模型需要解决的问题。机制模型主要解决两件事：发送和接收消息，以及对接收的消息做出响应。

采矿设计涉及的内容较多，涵盖多种单元体。各个单元体之间并不是孤立存在的，它们互相影响。机制模型中的事件，可以让单元体及时发出消息，同时接收的消息可以触发单元体的响应机制。机制模型包含的方法则定义了如何响应消息。

2. 基于GIS的可扩展数据结构

传统的数据结构，一般是结构体或者二维表，无法满足采矿设计中数据量过大及数据量不确定的情况。具体表现为在需求发生变化时，需要设计新的数据结构。一般情况下，这种新的数据结构不能被旧系统所识别，而与新结构所对应的新系统不一定兼容旧的数据结构，这就造成了两个系统之间的兼容问题，使系统的开发和维护变得极为困难。

采用可扩展数据结构的系统则显得灵活，可以解决需求变化的问题。由于新结构是在旧结构的基础上扩展而来的，所以旧系统可以安全地采用新结构，而不会出现程序崩溃的问题；同时新系统访问旧系统时，也完全可以采信旧数据结构，并对新扩展的数据采用默认值，实现新系统对旧结构的兼容。

为了保证系统良好的兼容性，可扩展的数据结构必须遵循下列规则：

（1）参考 COM 接口规范，新结构在旧结构的基础上扩展，数据成员只能增加，不能删除原有数据成员。

（2）新增数据成员必须有默认值，方便新系统兼容旧结构。

（3）旧系统访问新结构时不能截断新结构而使数据结构发生改变。

可扩展的数据结构采用树状结构，这种结构最明显的特点是层次更加丰富，可以容纳更多的数据。树状结构的节点之间采用链表的方式关联数据，同时给每个节点命名，方便按照名称查找节点。这样既能采用链表灵活的组织结构，增强数据结构的扩展性，同时用节点名称查找节点，解决了链表循环查找速度慢的问题。每个节点又可以挂接子节点，子节点继续挂接子节点，形成丰富的层状结构，这样足以装载采矿设计中的大量数据，并能保证数据结构清晰。目前实现了这种数据结构，程序代码命名为 DocNode。可扩展的数据结构如图 2－12 所示。

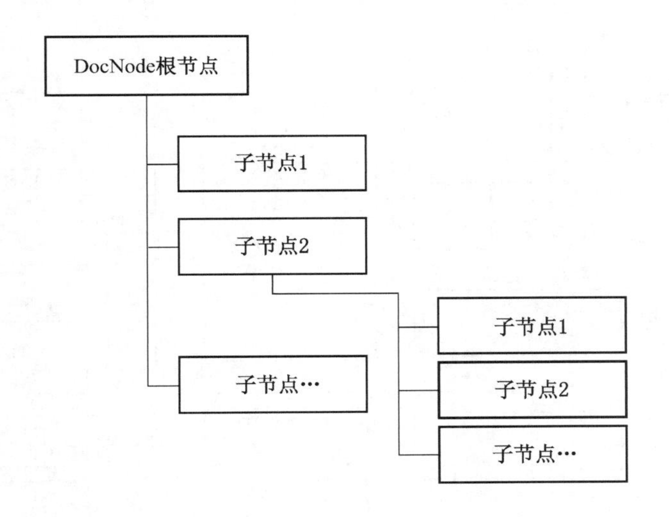

图 2－12　可扩展的数据结构

可扩展的数据结构不仅能记录参数和属性，同时可以记录子单元体之间的关联关系——同级之间的关联关系或父单元体与子单元体的关联关系。单元体可以用图 2－13 所示的方式在可扩展数据结构中表示。

如前所述，在程序应用过程中，如果遇到新的参数（增加或改变需求），只需在原有数据结构的根节点或其他子节点下继续扩展即可，不影响原有的数据结构和程序，达到扩展数据结构，满足新的应用同时新旧系统相互兼容的目的。以巷道断面设计为例，其设计参数在 DocNode 方式下的表现形式如图 2－14 所示。

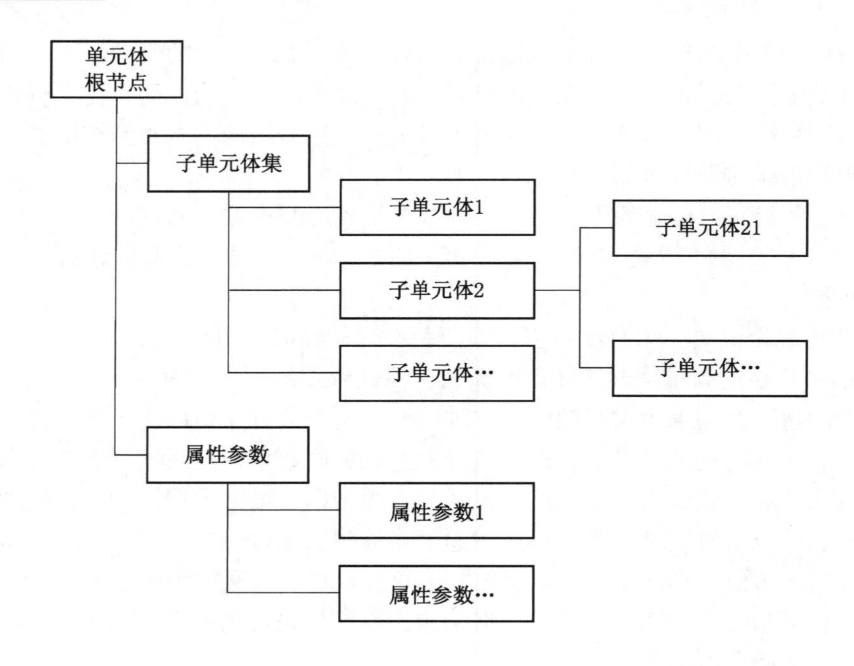

图 2-13　可扩展数据结构下的单元体

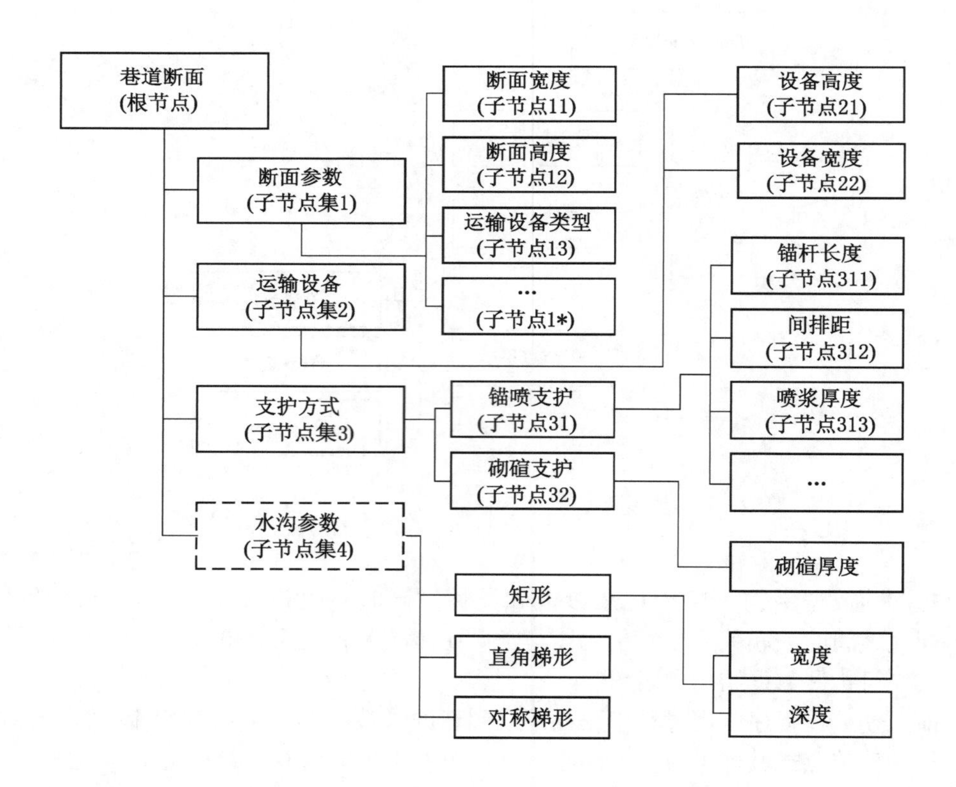

图 2-14　DocNode 方式存储的巷道断面设计参数

随着项目的推进，用户提出了新的需求——增加水沟项，包含的参数如图2－15所示。一般的开发模式需要重新设计数据结构，满足用户新的需求。旧的程序无法识别新的数据格式，而新程序读取旧的数据格式也会出错。按照可扩展数据结构的设计原则，在可扩展数据结构中增加一个AttDocNode型子节点spParaRaceWayAtt即可满足要求，同时可以避免新旧系统不兼容的问题。

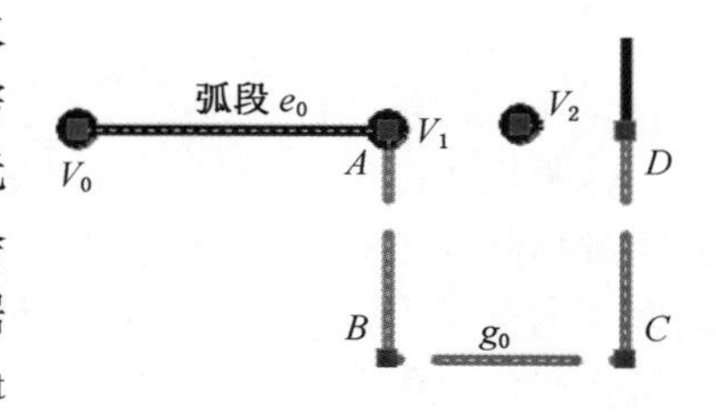

图2－15　单元体示例

可扩展数据结构的高伸缩性和单元体中机制模型的驱动，给单元体模型带来了强大的自我更新能力。图2－15是由一条弧段 e_0、一段虚折线 g_0 和一个点 V_2 组成的单元体，其中，虚线 g_0 包含4个点（A、B、C、D），点 A、B、C、D 构成矩形，点 V_2 始终位于 AD 的中点。

在单元体中改变某一结点时，可以通过消息的方式使与之关联的图元完成自动更新。在图2－15中，当结点 V_1 改变时，通过消息通知与之关联的实体 e_0、g_0，弧段 e_0 和折线 g_0，收到消息后响应并根据关联实体继续向下发送消息，直至处理终点，实现单元体自我更新。其中，g_0 更新结点 V_1，根据消息解套处理方法，V_1 不能继续向下发送消息，防止进入死循环，终止此处消息传递。

由以上的应用分析可以看出，单元体模型把离散的图元或多个单元体有机地组合成一个整体，并建立了基于业务的关联关系。这些都极大地方便了采矿设计人员的后期编辑操作，将工作效率提升到新的高度。

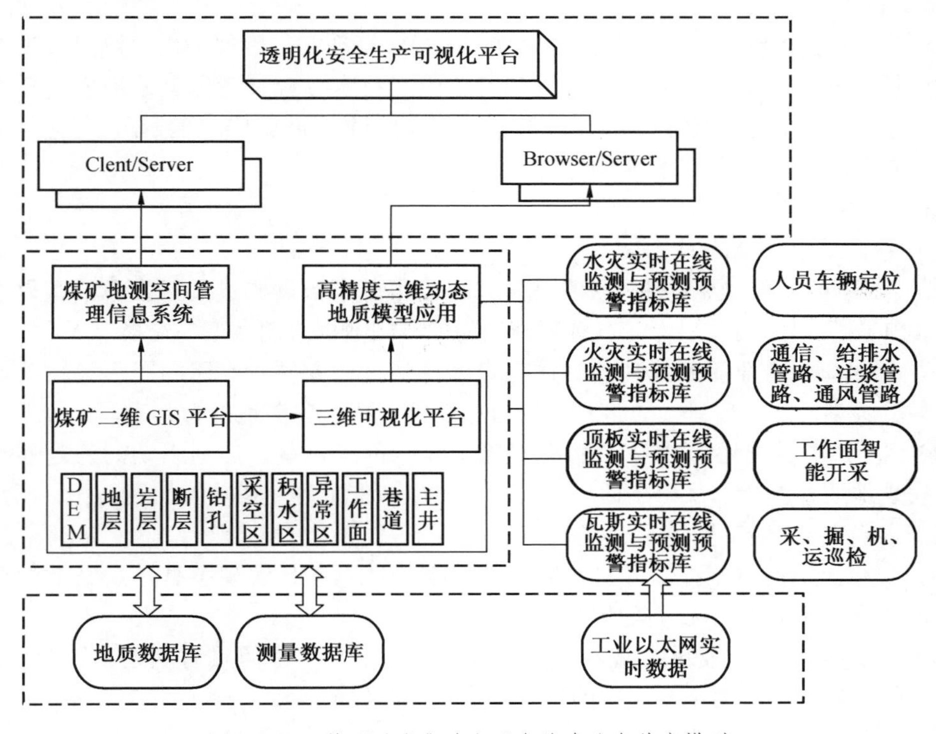

图2－16　基于透明化矿山平台的多业务共享模型

四、基于透明化矿山的煤矿多业务数据共享集成

透明化矿山的三维环境可以集成利用矿井实际数据，构建矿井上下可视化环境，并能够通过与其他系统的接口（如瓦斯监测系统、人员定位系统等），显示监测、供电等实时数据，浏览、查询井下设备的各种参数和实时状态信息，从而达到无须下井亦可掌握矿井最新生产信息的目的。三维环境主要包括工业广场三维可视化、巷道三维可视化、煤层三维可视化、三维井上下对照、供电信息实时显示、基于三维巷道三维动画显示、基于三维巷道井下设备三维可视化与管理、三维漫游、三维剖切、三维线路展示、综合自动化系统、监测监控系统、人员定位系统等，其架构如图 2－16 所示。

第三节　系统功能模块及实现

一、系统平台的构建

（一）系统平台构建目标

GIS 平台数据是煤矿空间数据，如地质、测量、水文、储量、采矿、通风、机电、安全、设计等生产环节的信息，这些信息具有数据量大，更新快的特点。系统需要解决以地测空间数据为核心的海量煤矿空间数据一体化管理，使各系统之间信息共享，构建结构先进的专业 GIS 平台，有效简化煤矿专业应用系统的开发，为空间数据提供 Web 发布功能。

（二）系统平台体系结构

GIS 平台系统是典型的多部门、多专业、多层次管理的，围绕地质、测量数据变化的煤矿空间信息共享与 Web 协作平台。煤矿安全生产技术综合管理信息系统要依托煤矿空间管理信息系统，先进的煤矿空间管理信息系统需要对海量煤矿空间数据进行高效管理和分析，并在此基础上实现信息共享与 Web 协同。

（三）系统平台的功能优势与特点

（1）紧密结合最新的 IT 技术。

（2）采用 SOA 架构及组件式技术开发，提出了基于数据集成的开发思路，以方便实现“智能矿山”多部门、多专业、多管理层面的空间数据应用共享与交换。

（3）针对煤炭专业业务处理的具体特点，将强大、方便、实用的图形编辑功能与直观、高效、灵活的数据管理、查询和空间分析功能有机、完美地结合起来。

（4）采用空间数据引擎技术，将减轻系统维护的工作量、增强系统的稳定性与可扩展性，实现地质、测量、采矿、通风、设计、供电、安全等专业功能的组件化，用户可依据功能需求实现灵活定制。

（5）提供灵活的数据存储方式，完全支持空间数据库，实现了真正意义上的煤炭各专业数据共享与多源数据无缝集成。

（6）具有强大的二次开发能力，二次开发接口丰富：不但具有底层 API 开发接口，还支持控件开发，可以为不同层次的用户提供二次开发支持。

（7）提供全自动、交互式等地图矢量化功能，并且提出了面向地质对象的矢量化方

法，完美地解决了煤炭信息化中数据采集的瓶颈问题。

（8）建立完善的、符合煤炭行业规范的标准岩性编码与专业符号库，同时为用户提供方便的图例制作和管理工具。

（9）具有精美的地图显示效果，提供强大的地图排版布局环境，支持打印预览和裁剪打印输出，并支持各种型号的打印机和绘图仪。

（10）利用“一张图”技术，实现了远程监测监控（如综合自动化、人员定位、矿压监测等）的数据集成。

（11）能够实现工业广场三维可视化、巷道三维可视化、煤层和地层的一体化三维建模和可视化、基于三维巷道的井下监测监控信息展示、三维动画显示、基于三维巷道的井下设备三维可视化与管理、三维漫游、三维剖切、三维线路展示等。

（12）支持与 AutoCAD、MapGIS、MapInfo 等系统的数据转换，也提供明码交换格式。

二、地测空间管理信息系统的实现

（一）地质数据库管理信息系统

地质数据库管理信息系统是根据矿山地质数据的基本特点及矿井生产特点，采用模块化层次型结构系统设计，其中包括文件操作、数据管理、数据初始化、用户管理和报表管理5部分，所有数据后台基于表的管理，实现了矿井地形地质图、煤层底板等高线及储量计算图、矿井地质剖面图、煤岩层对比图、地层综合柱状图、井巷地质素描图、回采工作面巷道预想剖面图、任意等值线图等图件自动绘制基础数据的管理，以及各种报表的打印输出。该系统包括勘探线数据管理、地震勘探线数据管理、钻孔数据管理、煤层管理和断层数据管理，同时还包括剖面数据提取、煤岩层对比图数据提取、钻孔综合柱状图数据提取、层间距数据提取，以及钻孔查询等功能。其中基础数据管理均包括数据录入、定位查询、追加、插入、删除及返回等命令。

（二）测量数据库管理信息系统

测量数据库管理信息系统主要有定点交会数据管理与计算、导线测量数据管理与计算、导线成果数据管理、贯通误差预计、坐标正反算，以及相关报表数据管理。

（1）定点交会数据管理：主要包括后方交会和方向交会。

（2）导线测量数据管理：主要包括支导线、闭合导线、附合导线、复测支导线、罗盘支导线等数据的管理与计算。它能自动进行边长改正，包括钢尺与测距仪测距边长的各项改正；能自动计算观测数据；能将观测数据（包括角度与边长）自动计算成导线计算的输入数据；导线计算台账输出。

（3）导线成果数据管理：主要是各类导线测量数据计算成果的汇总。它能直接人工输入成果数据；能从计算台账中进行导线数据操作，从而自动实现导线数据由计算台账直接转化为成果台账。

（4）贯通误差预计：根据图上量取的实际坐标及贯通水平方向（假定坐标系）与真坐标系的夹角（假定坐标系相对于真坐标系的旋转角），预计贯通水平方向上的误差。改变不同的夹角，可以预计不同方向上的误差。同时，改变贯通方案，只需改变旋转角。

（5）其他工具与管理：主要有导入全站仪坐标成果、陀螺定向观测、四等及碎部水准测量、坐标正反算、高斯投影正反算、坐标换带计算、导线查询管理。

（6）数据查询：主要针对基础数据，采用导航检索方式查询数据，形成成果表。

（7）系统管理：主要有数据导入、导出，用户管理，系统设置和数据提取等。

系统实现效果如图 2－17 所示。

基本资料 成果数据 素描数据 绘制草图

	后视点名	仪器点名	前视点名	水平角	方位角	前视平距	前视X	前视Y	前视H	顶板高程	底板高程	左帮距	右帮距	高斯及零水面改正后边
1			J9-0				4397621.200	519817.980	1004.434	1004.434		3.520	1.480	
2			J9-1				4395520.720	519818.248	999.694	999.694		3.252	1.748	
3			J9-2				4397295.258	519817.980	999.883	999.883		3.520	1.480	
4			J9-4				4397116.292	519818.375	1006.465	1006.465		3.125	1.875	
5			J9-5				4396873.759	519818.196	1013.027	1013.027		3.304	1.696	
6			J9-7				4396776.012	519818.062	1014.067	1014.067		3.438	1.562	
7			J9-9				4396713.457	519818.066	1009.367	1009.367		3.434	1.566	
8			J9-10				4396508.273	519818.290	1012.814	1012.814		3.210	1.790	
9			J9-13				4396422.071	519818.447	1014.135	1014.135		3.053	1.947	
10			J9-14				4396332.429	519818.180	1010.748	1010.748		3.320	1.680	
11			J9-16				4396029.833	519818.209	1020.564	1020.564		3.291	1.709	
12			J9-17				4395879.520	519818.319	1022.387	1022.387		3.181	1.819	
13			J9-18				4395807.626	519818.253	1019.118	1019.118		3.247	1.753	

新增记录 插入记录 删除记录 保存记录 数据库导入 文件导入 打印预览 上移 下移 成果处理

图 2－17 测量数据库管理系统－成果资料数据管理界面

（三）地质图形子系统

地质图形子系统主要包括钻孔柱状图、综合柱状图、煤岩层对比图、勘探线剖面图、底板等高线及储量计算图、巷道素描图、地形地质图、损失量图、综合水文地质图、瓦斯地质图等图形的处理，主要实现以下功能：

（1）自动获取地质数据库内容，展布钻孔数据与相关信息。

（2）建立矩形网和三角网地质模型，快速生成满足要求并符合地质规律的煤层底板等高线图与各种等值线图，能解决含逆断层在内的所有复杂构造，应用相关地质模型实现等值线生成。

（3）自动计算封闭区域的面积，完成储量计算、储量块段图例符号绘制。可以任意构造储量块段符号，能够自动处理储量块段边界的颜色。

（4）依据数据库内容自动快速生成任意比例尺的勘探线剖面图、煤岩层对比图、综合水文地质图、单孔柱状图与水文相关曲线图。

（5）动态实现平剖对应，完成相互的动态修改；能够同时读入多层煤的底板等高线，以方便图形的对照修改；能够同时读入平面图和剖面图，以实现图形的动态修改。

（6）方便、快速地把钻孔小柱状注记到钻孔所在位置或图形边界，并实现底板标高、煤层厚度和煤化学表等信息的自动标记。

（7）快速实现剖面图断层的追加、删除、移动、旋转，自动处理相关断层。

（8）依据数据库的数据自动注记地层、煤层结构、勘探线方位等。

（9）在剖面绘制中，能够在煤层中处理顶煤、底煤及采空区，处理推断煤层，处理不整合地层界线等，并依据钻探资料或综合资料自动充填钻孔柱状岩性。

（10）具有单孔柱状图自动生成的功能，并且可以根据需要自定义柱状图的表头。

（11）依据测量数据库实现巷道素描的自动绘制。

（12）通过基准线方式或仰俯角方式实现巷道素描导线点加密。

（13）方便处理探煤层数据，自动生成地层界线、煤层厚度探测线等。

（14）处理巷道断层时，注记参数可以任意选择，真倾角和伪倾角可以相互转换。

（15）自动充填巷道岩性、自动绘制巷道断面形态。

（16）依据数据自动生成小柱状。

（17）自动获取巷道、煤层顶底板的数据，以自动生成煤层底板等高线图。

（18）依据地质数据库自动生成工作面综合柱状图。

（19）自动获取任意目录的巷道素描并生成巷道素描图。

（四）测量图形子系统

测量图形子系统主要包括采掘工程平面图、井田区域地形图、井上下对照图、工业广场平面图、井底车场平面图等图形的处理，主要实现以下功能：

（1）方便地实现任意比例尺（1：1000、1：2000、1：5000）填图参数的配置。

（2）依据极坐标和实际坐标方式实现任意比例尺采掘工程平面图的自动绘制。实际坐标数据来源于测量导线成果库，并实现交互式与自动填图，也可以实现分阶段填图。

（3）方便地处理各种数据形式的硐室（如硐口、硐中、硐尾、极坐标）、贯通巷道与探煤巷道等。

（4）自动处理巷道的空间和平面相交。

（5）方便、快速地填绘断层、月末工作面位置，规则或不规则采空区边界颜色，采空区延伸等。

（6）处理任意比例尺的工作面小柱状。

三、“一通三防”管理信息系统的实现

“一通三防”管理信息系统主要包括“一通三防”数据库管理系统、专题图形处理子系统、数值计算子系统。该系统实现通风图形的数字化管理，利用专业制图命令绘制相关图形，并能够实现基于通风图形的通风相关计算功能。通过通风图形计算机绘制和通风计算机解算提高了通风专业工作效率和工作质量，保障了煤矿通风系统的正常运行。

（一）“一通三防”数据库管理子系统

“一通三防”数据库管理子系统包括通风管理模块、防瓦斯管理模块、防尘管理模块、防灭火管理模块。

通风管理模块主要管理通风调度日报、通风设施检查记录、局部通风机通风管理台账、测风记录表、矿井通风旬报、矿井通风月报、矿井通风季报和瓦斯抽放管理报表。

防瓦斯管理模块主要管理排放瓦斯工作记录表、矿井逐月瓦斯涌出量、矿井瓦斯涌出及分析情况表、年度矿井瓦斯鉴定结果、年度矿井瓦斯等级鉴定汇总表、矿井瓦斯等级鉴

定基本情况统计表、矿井瓦斯等级鉴定月份通风情况表、矿井逐月瓦斯涌出量、矿井瓦斯等级鉴定工作记录表。

防尘管理模块主要管理粉尘浓度测定原始记录、半月粉尘测定报表、全月粉尘测定报表、月份粉尘浓度测定汇总表、矿井防尘情况表（季报表）。

防灭火管理模块主要管理防火密闭台账、灭火材料登记表、防灭火检测记录表等。

（二）专题图形处理子系统

一通三防专题图形处理子系统包括通防图形系统处理模块、通风网络图形处理模块、通风立体图形处理模块、通风图例库管理模块。其中，通防图形系统处理模块主要处理通风系统图、避灾路线图、注浆系统图、瓦斯抽放系统图、瓦斯抽放曲线图、防尘系统图、防火系统图、监测监控系统图等，通风网络图形处理模块主要处理通风网络图的自动生成与编辑，通风立体图形处理模块主要处理通风立体示意图的生成与编辑。

一通三防专题图形处理子系统的具体功能如下：

（1）系统基于 GIS 理念设计，具有空间拓扑关系，实现图形动态互动。

（2）基于采掘工程平面图的巷道布置绘制通风系统图。

（3）在通风系统图上交互式或自动标注节点。

（4）通风网络解算结果可以自动标注在通风系统图的相应位置。

（5）根据通风网路解算结果可以标注巷道的风流方向、风量、风阻和风压。

（6）基于通风系统图可以实时显示监测监控系统数据（如通风机开停等开关量数据和瓦斯、风速等模拟量数据）。

（7）根据通风网络解算结果生成压能图。

（8）在通风系统图的基础上生成通风系统立体图。

（9）在通风系统立体图上标注通风设施、通风参数等。

（10）由通风系统图生成通风网络图。

（11）生成的通风网络图具有美化、简化、修改、编辑功能。

（12）通风网络解算结果可以标注在通风系统图的相应位置。

（13）根据通风网络解算结果可以标注分支的风流方向、风量、风阻和风压。

（14）根据主要通风机的特性点绘制特性曲线。

（15）各类图形具有巷道、一通三防设施等的属性标注功能。

（16）标注内容可以修改、查询。

（17）对图中任意区域内各类一通三防设施参数进行统计、查询。

（18）建立一通三防基本图例库，如建立永久风门、临时风门、永久调节风门（窗）、临时调节风门（窗）、永久密闭、临时密闭、风桥、测风站、进风（新风）、回风（乏风）、主要通风机、局部通风机、供水管路、灌浆管路、安全监测传感器等的图例库。图例必须符合煤炭行业规范。

（三）数值计算子系统

数值计算子系统根据阻力测定所采用的方法（气压计法、压差计法）进行通风阻力测定结果计算，计算时可对风阻及风量数据进行最优平差，从而得到误差较小的值。该系统可以自动处理通风系统阻力测定的各种实测值并建立风网风阻数据库。

四、采矿辅助设计系统

采矿辅助设计系统提供参数化驱动的设计工具，对于常规设计能够自动生成设计图、施工图、工程量表和设备材料表等。

（一）工程设计

工程设计是采矿设计部门日常工作的重要内容，各种工程施工前必须有设计部门审核合格的设计图形。工程设计要求精度比较高，出图一般都是施工图级别。根据功能设计分类，这一部分主要包括巷道断面设计、交岔点设计、炮眼布置设计及端头支护等。

巷道断面图主要针对各种巷道断面（半圆拱、圆弧拱、三心拱、缺圆拱、梯形、矩形、异型、U 型钢支护的半圆拱），并根据参数及用户选择的运输设备等自动成图，成果达到施工图级别。

交岔点设计主要采用参数化设计方式，根据《采矿工程设计手册》要求，通过复杂计算，完成设计中最常用的单开道岔设计，并能自动绘制平面图、最大断面图及变断面特征表，成果同样达到施工图级别。

根据参数自动完成炮眼布置图的绘制（三视图，断面形状包括半圆拱、矩形、异形等），并能手动调整炮眼编号等，极大地减少了工程制图的工作量，提高了工作效率。

（二）方案设计

方案设计包括采区车场设计、采区煤仓设计、采区水仓设计、综采面相关设计、采区变电所设计、工作面设计等。

采区车场设计针对单道起坡甩车场和双道起坡甩车场（道岔连接、二次回转）完成平面线路连接计算、角度计算及高程闭合计算，并能自动完成平面图、线路坡度图的自动绘制。

综采面相关设计包括综采面回风巷和运输巷设计、综采面巷道布置等。

采区设计中涉及的采区煤仓、采区水仓及采区变电所等，采用参数绘制的方式，完成计算和绘图等。

工作面设计能够根据采矿设计习惯和煤矿日常工作习惯圈出工作面。例如，可以直接用方位角、转角等的描述语言直接绘制相关巷道，而不必转换为各种角度，从而提高了工作效率。

（三）图表绘制

对作业规程中涉及的掘进循环作业图表、开拓循环作业图表和回采循环作业图表采用参数化方式自动绘制，避免了手工绘制的烦琐工序。

（四）开放的参数管理

对该系统涉及的各种专业参数，用户能够自由添加和修改，适应新型号和各种参数的更新，如各种断面设计图自动绘制、采区设计图自动生成等。

五、基于 GIS“一张图”的综合监测预警系统

基于 GIS“一张图”进行煤矿在线监测实时数据的综合监测与 GIS 应用展示。

（一）矿井综合自动化监测集成系统

建立集成平台，整合供电、主运输、排水、通风机、综采、洗选等安全生产相关子系

统的数据，在可视化应用门户中进行实时显示与报警。

（二）煤矿安全监测系统接入

基于矿图操作的可视化展示界面，用户可以直观地了解各个安全监测点的具体位置、报警时的地理位置指示、监测点周边的工作面、巷道情况等信息（图2－18）。

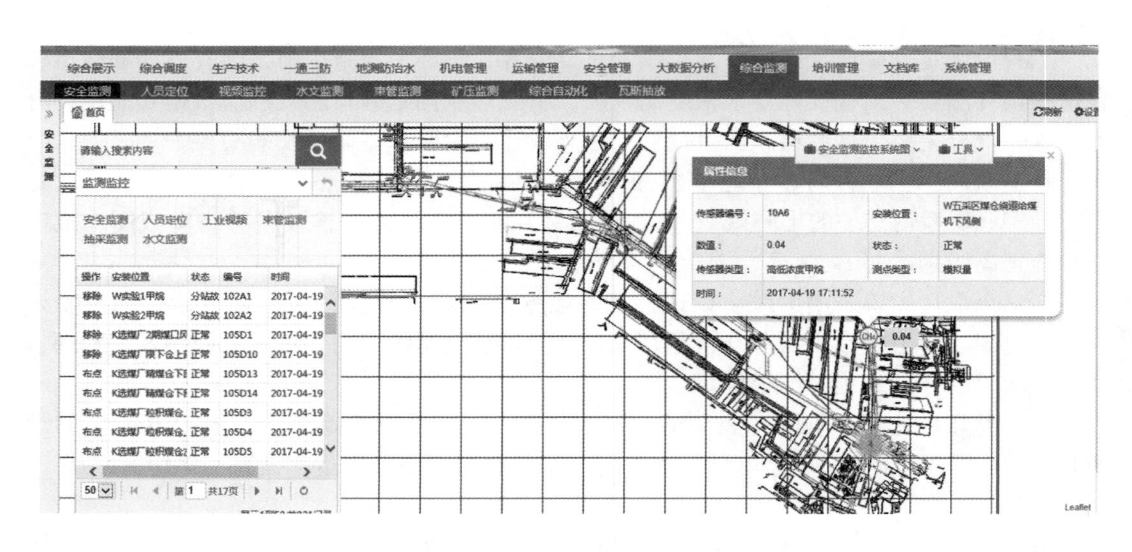

图2－18　基于“一张图”的安全监测实时展示

（三）井下人员定位系统接入

实时读取井下人员定位信息，将数据通过列表和基于GIS图形的方式进行显示，对当前井下人员信息、井下人员超时、重点区域超员、入井考勤、井下人员运动轨迹等状态信息实时统计和分析（图2－19）。

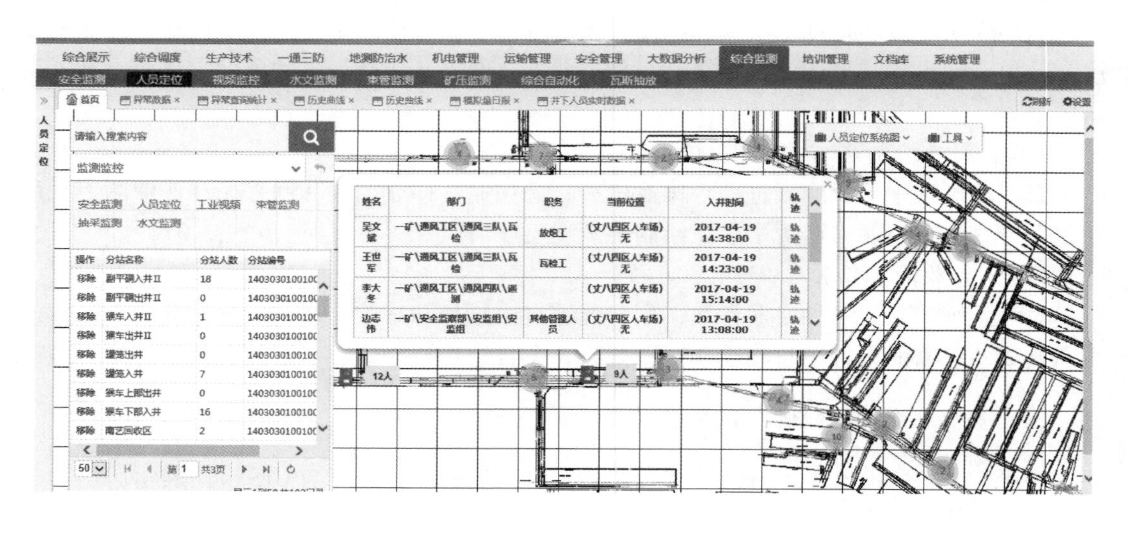

图2－19　基于“一张图”的人员定位实时展示

（四）束管监测系统接入

通过列表与 GIS 图形等方式对束管监测数据进行实时显示（图 2－20）。

图 2－20　基于“一张图”的束管数据实时展示

（五）矿压监测系统接入

实时显示井下的压力监测分站、离层压力传感器分布情况，以及实时监测数据，并以表格或直方图的形式进行展示。根据设定的报警参数进行报警指示，根据压力变化趋势进行预警和分析等；以“一张图”实时显示具体位置的矿压监测数据（图 2－21）。

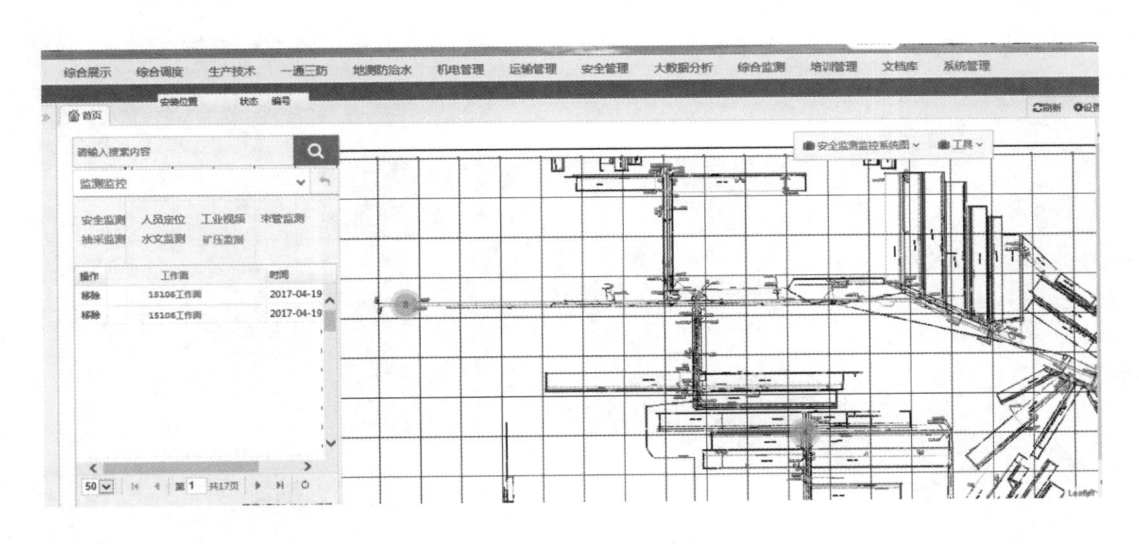

图 2－21　基于“一张图”的矿压数据实时展示

（六）煤与瓦斯突出系统接入

以“一张图”导航定位瓦斯危险区域，实时监测瓦斯涌出量，通过地理空间拓扑关系对瓦斯区域的作业地点进行超前预警（图2－22）。

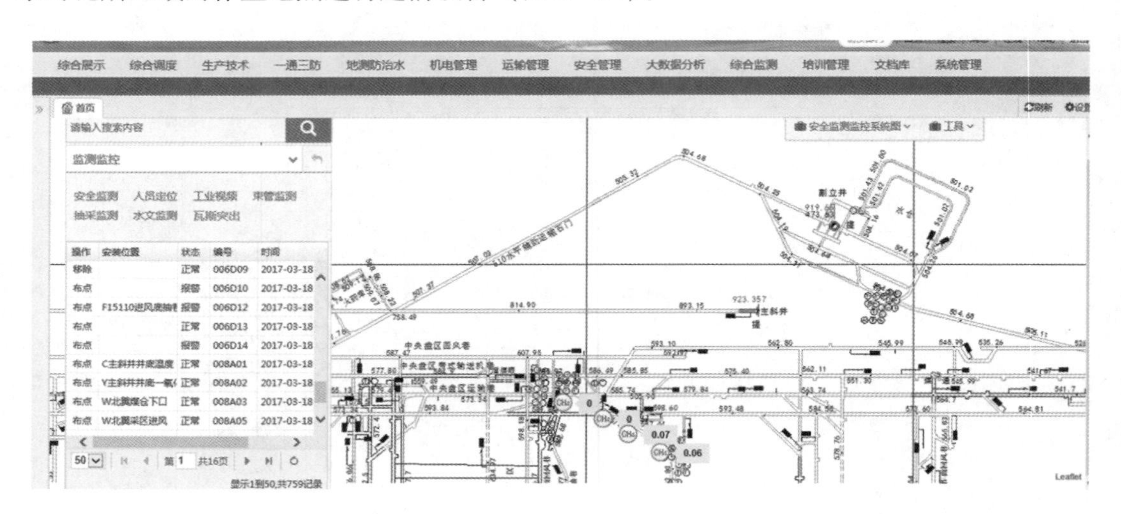

图2－22　基于“一张图”的数据展示

（七）抽放系统接入

集成煤矿已有的抽放监测系统，对抽放站及井下各抽采单元的瓦斯浓度、流量、温度、压力、设备开停状态参数等进行查询和监控；以“一张图”导航定位抽放区域的位置，实时显示抽采数据，对异常情况进行预警。

（八）工业视频系统接入

集成视频监控系统，接入工业视频信号，在“一张图”上集中管理与展示（图2－23）。

图2－23　基于“一张图”的视频监控

（九）水文监测系统接入

基于“一张图”导航定位、空间分析等功能，实现矿井水文监测数据联网，对水文参数等进行直观、实时监测（图2－24）。

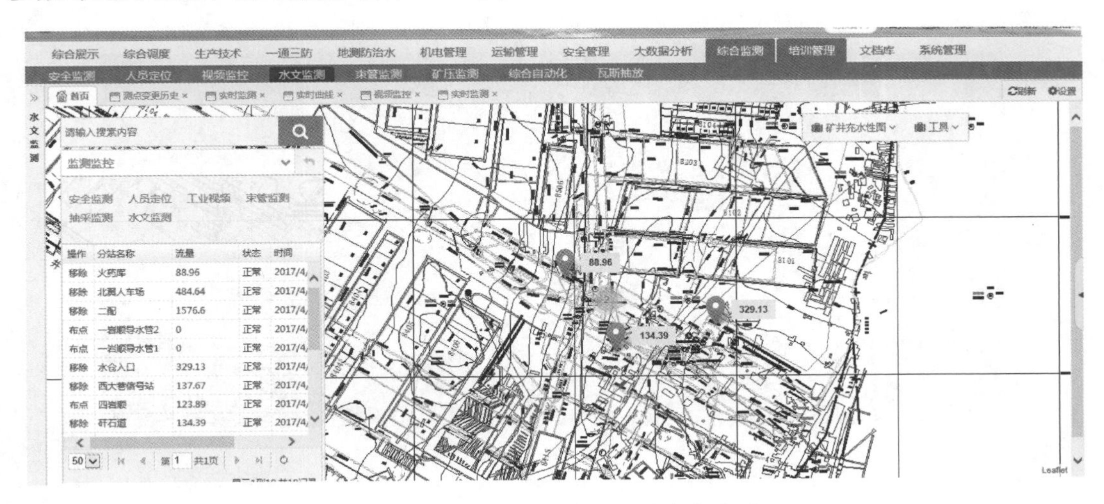

图2－24　基于“一张图”的水文监测

六、基于3DGIS技术的透明化矿山建设

用3DGIS技术全面构建煤矿的“采、掘、机、运、通”各专业子系统的仿真模拟系统，实现全矿井“监测、控制、管理”一体化，最终实现基于3DGIS技术软件系统的网络化与分布式综合管理，为煤矿的安全生产管理提供保障。

（一）地质模型可视化表达

1. 煤层自动建模

利用复杂地质条件下三维地质模型建模技术，利用点数据（如钻孔、探煤点、导线点、实际煤层底板修改数据等）和边界数据（如断层、陷落柱、矿区边界等），能快速生成各个煤层和其他地层的三维模型，效果如图2－25所示。

图2－25　煤层自动建模效果

2. 钻孔自动建模

将地质钻孔、水文观测孔、瓦斯抽放孔、井下疏放水钻孔等数据自动生成三维模型，效果如图2－26所示。

图2－26　钻孔自动建模效果

3. 断层建模

将断层、陷落柱、向斜轴、背斜轴、逆转轴、岩浆侵入等数据自动生成三维模型，效果如图2－27所示。

图2－27　断层自动建模效果

4. 积水区建模

基于现有的采掘工程平面图，实现积水区自动建模，效果如图2－28所示。

5. 陷落柱建模

基于现有的采掘工程平面图、水文地质图、瓦斯地质图等图上圈定的区域，实现陷落柱自动建模，效果如图2－29所示。

图 2－28　积水区自动建模效果

图 2－29　陷落柱自动建模效果

（二）生产辅助管理

通过矿山三维漫游查看、三维地质模型剖切和辅助设计等功能实现生产辅助管理。

1. 矿山三维漫游查看

从宏观和微观两个角度，分层次实时展现生产与安全综合动态工况，实现工业广场主要建筑物、道路、绿地、树木等的漫游；实现井口、井下主要巷道、掘进、回采动态信息管理；实现采煤设备、运输设备的动画显示（包括工业广场、重点硐室建模）。

2. 工作面辅助设计

用户可以在需要设计工作面的地方用线圈定区域，系统则自动生成设计工作面，并计算工作面的面积、容重、平均厚度、体积、储量等，同时给出工作面周围给定范围内的地质元素和工作面上的相关地质元素信息，效果如图 2－30 所示。

图 2-30　工作面绘制效果

（三）生产运行系统集成调度

系统接入“采、掘、机、运、通”等生产运行数据，利用三维空间拓扑关系，提供一体化生产运行系统集成调度指挥界面，实现设备参数和设备状态查询。系统将安全监测、水文监测、束管监测、顶板压力监测、顶板离层监测等实时监测数据在三维环境中直观地展示，使生产调度人员快速掌握生产安全运行数据。

（四）分析预警

1. 危险源空间预警

通过高精度地质模型和巷道模型，利用空间距离预警技术，可以动态计算掘进头到相关危险源（包括构造、积水区、采空区、陷落柱等）的垂直距离，为预防瓦斯突出等灾害提供基础数据，效果如图 2-31 所示。

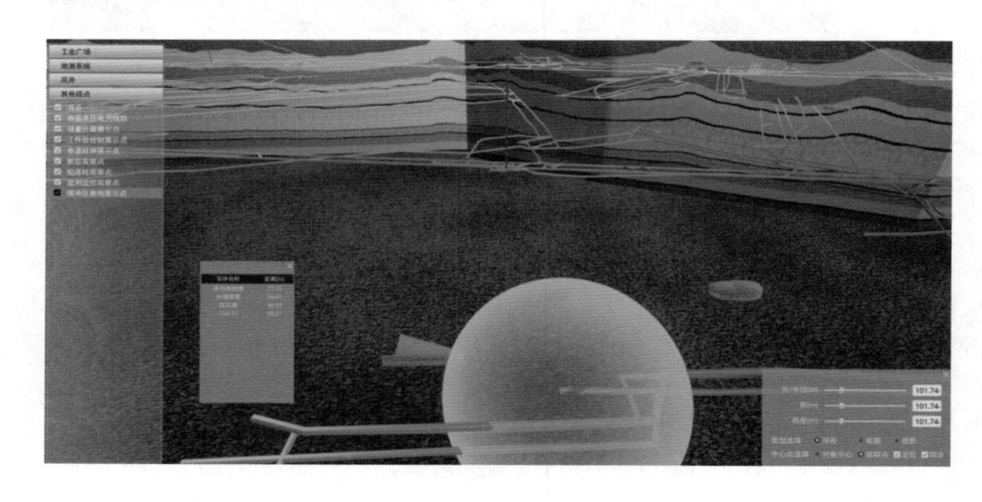

图 2-31　缓冲区查询效果

2. 巷道突水淹没分析

建立煤矿突水三维仿真系统，根据巷道的突水点水量、巷道长度及坡度、断面形状、渗流情况等对突水进行可视化分析，为合理制定水害避灾线路提供科学依据。

3. 透明瓦斯地质模型及预警

利用计算机技术、三维可视化技术等，对瓦斯地质信息进行三维可视化表达，解决瓦斯地质信息表达不直观的问题。它可以为管理瓦斯地质信息、直观分析瓦斯地质规律、及早发现安全隐患、预测和及时处理突发事故提供支撑。

第三章　矿井通信网络技术

通信网络技术的快速发展给社会带来的创新和体验是前所未有的，对人们的生活方式和生产方式带来了颠覆性的变革。通信网络技术在煤矿井下的应用同样会给煤矿生产方式带来巨大变化，在煤矿生产和安全管理中发挥着越来越重要的作用。在物联网、大数据、云计算等众多技术的共同推动作用下，智慧矿山已经成为矿山建设的主要方向，矿井通信网络是智慧矿山建设的重要保障。矿井通信网络技术的发展对煤矿智能化的发展具有重要意义。

第一节　矿井通信网络技术的发展及行业要求

煤矿井下通信技术受井下环境与条件的影响，发展相对滞后。早期煤矿通信依靠管路传导声音到打点电铃传递简明信息，到后来的同线电话、步进制系统，再到无线透地通信，在这一阶段的特点是低频、窄带、抗干扰弱、单工或半双工、基于点或局部通信。20世纪80年代末我国程控电话技术得以发展，这一阶段井下调度电话得到推广、普及，从程控交换到软交换，使矿井基于点或局部通信的方式得到根本改变，基于模拟信号的视频监控得到推广应用。直到2008年以后，工业现场总线RS-485、CAN、百兆工业以太环网、无线通信在煤矿井下开始推广应用，矿井通信技术进入快速发展时期。在无线通信方面，漏泄通信、小灵通、WiFi、3G、4G等在井下开始逐步推广应用，无线带宽快速提升，有线通信和无线通信相互融合，互为补充。在有线通信方面，工业以太环网通信速率从百兆向千兆、万兆逐步提升，从而保障了矿井的安全生产活动。这一阶段的主要特点是技术进步加快、产品更新换代周期短，系统联网、整合、集成是这一阶段的明显特征。井下应急广播系统、无线应急通信系统、网络化视频监控系统等得到推广应用，依托有线无线融合的高速网络，煤矿综合自动化系统得到广泛应用，部分系统实现了调度指挥中心统一通信、远程遥控。

煤矿生产属于高危行业，工作环境特殊，作业条件复杂多变，生产环境中有易燃易爆气体和粉尘，通信系统设计要充分考虑其固有的特殊性，不仅满足防爆、防尘、抗高温潮湿、抗电压波动和电磁干扰的要求，还要满足生产作业、调度指挥与紧急抢险救援的需求，主要体现在以下几个方面。

1. 法律法规的要求

《煤矿安全规程》规定，所有矿井必须装备有线调度通信系统，而且矿用有线调度通信电缆必须专用，有线调度通信系统调度台必须设置在煤矿调度室，矿调度室必须24 h有监控人员值班。由此可见矿井通信网络的重要地位。对于应急广播、视频监控、人员定位、产量监控、矿压监测等系统可就近接入工业以太环网。其中，安全监控系统不得与视频监控系统共用同一芯光缆，对于光缆的布置也做出了相关要求，以上条款要求充分考虑通信网络在煤矿生产与安全管理方面的重要性。

2. 可靠性要求

煤矿生产作业区很多在几百米的地下，由于缺少公用网络，需要根据每个矿井的特点，建设有针对性的专有网络，完成数据的传输与生产的调度作业。随着矿山自动化和信息化水平不断提升，实现无人与少人的智能化矿井是必然的发展趋势。煤矿通信网络的设计不仅要满足语音调度，还要满足远程遥控的需求，通信网络系统必须具有很高的可靠性和可用性。如果通信网络出现异常，与现场作业人员失去联系以及生产设备得不到有效监控等情况，不仅影响生产效率，甚至影响紧急救援，扩大安全事故。建设时要考虑它的冗余性、故障处理和容错能力。设备能适应井下恶劣的工作环境，并满足国家有关行业规范和电磁兼容性的要求。

3. 可扩展性要求

煤矿井下作业随着采煤工作面的开采而不断延伸，范围扩大，对通信能力的要求也不断提高。通信网络系统应能随着矿井建设做到同步扩容建设，在系统容量、节点规模、速率等方面应具有较好的扩展性，满足图像、语音、数据相结合的多媒体业务和高速率数据业务的快速增长。

4. 开放性要求

在矿井生产过程中，集成了多种类型的设备，有不同的数据类型和通信要求，如语音调度信息、视频监控图像信息、人员与车辆位置信息、设备工作状态信息、环境安全监控信息等。对各种不同的信息，采用不同的通信规约，要求不同的速率，通信网络系统作为承载信息传输的统一平台，应具有良好的开放性与兼容性，符合相应的国际标准和协议，并提供开放的硬件和软件接口，满足不同的业务传输需求，方便数据交换、信息共享，成为“信息高速公路”。

5. 可维护性要求

井下粉尘大、空气潮湿，工作环境恶劣，大功率设备受到防爆结构的影响导致散热性能变差，电气元件长期在这种环境中工作，设备故障率提高，给设备的维护和保养带来较大困难。煤矿井下是限定空间，而且巷道空间随地质条件的变化会发生变形，起伏变化加大，对于无线信号传输会产生不同程度的影响，导致需要不断修正最初调试好的工作参数。因此，要求智能化网管系统，具有自诊断功能，并且使用方便、简单有效、快速定位，在设备发生故障时能够方便及时地发现和排除故障，提高设备的利用率。

6. 安全性要求

矿井通信网络系统主要是为矿山生产和安全服务，随着工业由传统生产向数字化、网络化和智能化转型升级，网络安全威胁也日益向工业领域蔓延。由于矿井通信网络系统与企业管理信息系统之间实现了互联、互通、互操作，因此随着无人值守远程遥控能力的不断提升，对信息安全的要求也越来越严，要有效防止非法的网络攻击，避免信息安全事故发生。通信网络系统应具备较高的安全防护能力。

第二节 矿井常用的有线通信技术

随着通信技术的发展，新的技术不断涌现，矿井仅有的电话语音通信已经不能满足安全生产的需求，出现了多种不同的通信方式，如各种工业现场总线通信，电力载波通信、工业以太网通信等，通信介质也逐渐由金属铜导线变为光纤。有线通信可实现固定点设备的数据采集与远程遥控，承担固定岗位人员的电话调度等多种职能。

一、调度电话通信

20 世纪中叶，我国煤矿生产调度通信技术尚处于起步阶段，为实现独立通话功能，部分矿井采用人工磁石电话、共电式矿用人工电话。20 世纪 70 年代以后部分煤矿开始使用本安型矿用自动交换机和具有拨号盘的脉冲拨号话机，经历了模拟步进制、纵横制矿用自动交换机到空分制程控矿用交换机的发展。

进入 20 世纪 90 年代，随着通信网络技术的更新换代，矿用数字程控调度电话开始推广应用，系统由调度机、安全耦合器、本安自动电话机等组成。一般在地面调度室设总机，井上、井下各主要地点设分机。数字程控调度电话功能进一步丰富，除具有一般行政交换机功能外，调度台还具有适应煤矿生产专业特点的无阻塞通话、强插、强拆、群呼、来电声光提示、录音等特殊功能，无中继电缆通信距离可达 10 km，同时还陆续出现了井下抗噪声电话机、井下扩播电话机等多种产品。井下话机起初主要为隔爆型，后来逐渐被本质安全型取代。在本质安全型电话系统中，电话线入井前通过接入安全耦合器，满足了井下线路的本质安全性能。2010 年左右，基于软交换技术的调度电话开始用于煤矿，用 TCP/IP 协议的分组交换代替了传统的电路交换，用通用的服务器代替了专用的交换机架构，符合“三网融合”的技术演进路线，具备了与其他通信网络融合的能力。

二、应急广播通信

20 世纪 80 年代开始，我国就开始研究应急扩音电话，矿井陆续采用工作面扩音电话、选号扩播电话等产品。2010 年，为贯彻国家安全监管总局、国家煤矿安监局《关于建设完善煤矿井下安全避险“六大系统”的通知》(安监总煤装〔2010〕146 号）的要求，煤矿开始普遍安装新一代应急广播通信系统，该系统由地面广播主控设备、功放设备、麦克风、井下广播设备、扩音电话、井下电源等组成。应急广播作为调度电话的有效补充手段，实现了井下全方位广播功能。系统具有全域广播、分区广播、定点音乐播放、定时广播、定时打铃、双向对讲、区域语音告警等功能。

三、RS－485 串行通信

RS－485 总线因其接口简单、组网方便、传输距离远、通过隔离可以实现本质安全等特点在煤矿井下通信中得到广泛应用，美国电子工业协会（EIA）制定并发布了 RS－485 标准，并经通信工业协会（TIA）修订后命名为 TIA/EIA－485－A，习惯上称之为 RS－485 标准。在 RS－485 通信网络中一般采用主从通信方式，即一个主机带多个从机。通信协议采用按照设备地址查询的方式，一般速率不超过 19200 bps，最大传输速率为 10 Mbps。RS－485 采用差分信号负逻辑，因此具有抑制共模干扰的能力。RS－485 有两线制和四线制两种接线，四线制是全双工通信方式，两线制是半双工通信方式。RS－485 总线网络拓扑一般采用终端匹配的总线型结构，即采用一条总线将各个节点串接起来，不支持环形或星型网络。RS－485 通信总线网络结构如图 3－1 所示。

RS－485 的通信特性：

（1） RS－485 的电气特性：逻辑“1”以两线间的电压差为＋(2～6)V 表示；逻辑“0”以两线间的电压差为－(2～6)V 表示。

（2） RS－485 的数据最高传输速率为 10 Mbps。

（3） RS－485 接口采用平衡驱动器和差分接收器的组合，抗共模干扰能力增强，即抗噪声干扰性好。

（4） RS－485 接口的最大传输距离约为 1219 m。

（5） 每段不带中继时连接的节点数为 32 个。

（6） 因为 RS－485 接口组成的半双工网络，一般只需两根连线（称为 AB 线），所以 RS－485 接口均采用屏蔽双绞线传输。

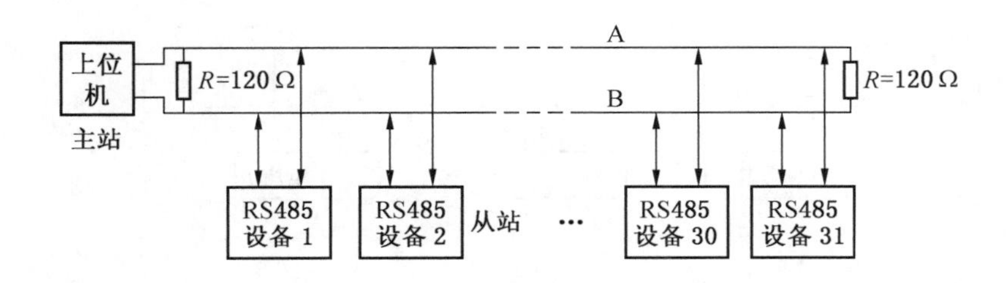

图 3－1　RS－485 通信总线网络结构

四、CAN 总线通信

控制器局域网络（Controller Area Network，CAN）是最早成为国际标准的现场总线技术之一，是国际标准化组织 ISO 确定的串行通信协议。作为有效支持分布式控制或实时控制的串行通信网络，CAN 各节点之间的数据通信实时性强。

CAN 总线采用多主竞争式总线结构，CAN 总线上的节点不分主从，任一节点均可在任意时刻随机向总线上其他节点发起通信。CAN 采用载波监听多路访问、逐位仲裁的非破坏性总线仲裁技术，节点可以根据实时性要求的不同，预先将节点分成不同的优先级。提高了通信的确定性与实时性。最高优先级的数据可在最多 134 μs 内得到传输，多个节点同时发起通信时，低优先级数据避让高优先级数据，不会对通信线路造成拥塞。

CAN 可实现点对点、一点对多点及全局广播等多种数据发送方式。在严重错误的情况下，节点具有自动关闭输出的功能，避免对其他节点产生影响。器件可被置于休眠模式以降低功耗，再通过总线激活或者内部条件唤醒。CAN 具有多种出错检测措施，采用短帧结构，传输时间短，受干扰的概率低，传输可靠性高。

CAN 总线适用于大数据量短距离通信或者小数据量、长距离、实时性要求比较高、多主多从或者各个节点平等的现场。通信速率低于 5 kbps 时距离最远可达 10 km，通信距离小于 40 m 时通信速率可达到 1 Mbps。CAN 总线传输介质可以是双绞线、同轴电缆。

CAN 总线的通信参考模型只有两层，分别为数据链路层与物理层，数据链路层又分为逻辑链路控制子层和媒体访问控制子层。

逻辑链路控制子层主要对总线上发送的报文实行接收过滤；对报文的接收予以确认；为数据传输和远程数据请求提供服务；丢失仲裁或被干扰出错时，自动重发恢复管理；接收器出现超载时，发送超载帧以推迟接收下一个数据帧。

媒体访问控制子层负责执行总线仲裁、报文成帧、出错检测、错误标定等传输控制规则。

物理层规定了节点的全部电气特性，并规定了信号如何发送。CAN 总线具有显性和隐性两种逻辑状态。传输一个显性位时，总线上呈现显性状态；传输一个隐性位时，总线上呈现隐性状态。

为了抑制信号在总线端点的反射，要求在总线两个端点上分别连接终端电阻，阻值为 120 Ω 左右。CAN 总线的双绞线电气连接结构如图 3－2 所示。

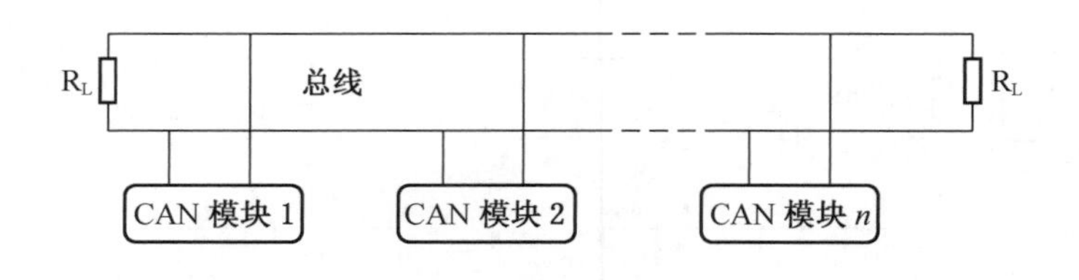

图 3－2　CAN 总线的双绞线电气连接结构

五、工业以太网通信

工业以太网基于 IEEE802.3 标准，主要用于工业通信网络，而工业以太网是由民用以太网发展起来的，工业以太网具有技术发展快、协议简单开放、带宽容量大、与互联网无缝对接等优点。目前民用以太网 400 Gbps 端口已商用，工业以太网 10 Gbps 端口也已商用。在工业以太网领域解决了民用以太网存在的实时性和可靠性差等缺陷后，正在逐步占领工业通信网络领域，作为综合自动化平台的物理传输基础，几乎被所有主流设备厂商采纳和应用。由于井下条件较恶劣，为保证井下信息不会因为线路中断或者某个设备故障而影响整个网络数据的传输，一般按照环型拓扑结构进行组网。

煤矿工业以太网作为整个智慧化矿井的基础支撑平台，一般由地面核心交换机（具备三层以上功能）、井下矿用隔爆兼本安型环网交换机、网管系统等组成。在设计工业交换机时，已经考虑了复杂的工况使用环境，产品具有适用温湿度环境变化，抗电磁干扰能力强等优点。煤矿可根据自身的业务需求建设千兆或万兆速率的工业以太环网。为避免信号干扰和解决传输距离限制，网络传输介质一般选用矿用通信光缆和矿用屏蔽以太网线。万兆环网组网示意如图 3－3 所示。

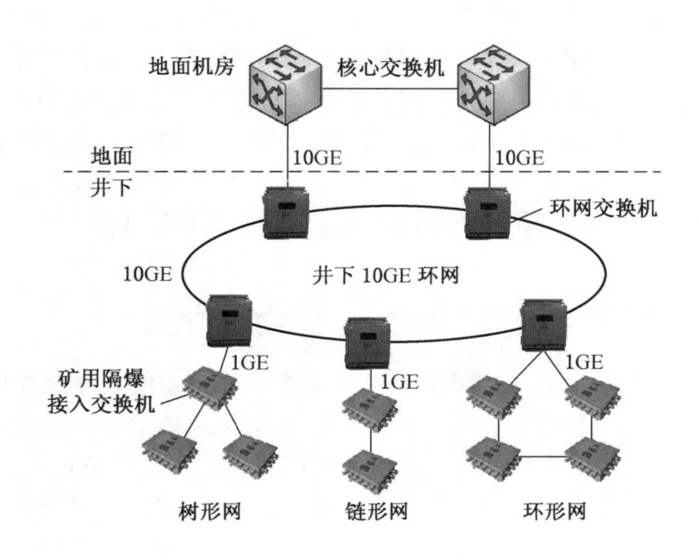

图 3-3　万兆环网组网示意图

井下工业以太环网是煤矿井下的一条“信息高速公路”，承载不同类型的信息传输，能够实现井下各个业务系统数据的接入。它既可以将生产控制系统的关键设备通过交换机的光口、电口接入井下环网，部分设备也可以通过 RS-485 接口接入或者通过串口服务器转换为以太网接口接入环网。

通常井工矿在井下、地面会建设多个千兆或者万兆以太环网，构建快速自愈的环网冗余结构，建成可靠性高的工业网络。机房设计部署两台核心交换机，以双机热备方式运行，实现核心交换机冗余。两台核心交换机分别与地面、井下环网交换机相连接，形成井下和地面多个千兆或万兆冗余环网。当环网中任意一点发生链路故障时，环网可快速重构，自愈时间小于 30 ms，从而保证整个网络中的数据可靠、持续传输。同时应用 VRRP 协议技术，实现路由冗余。在核心机房部署网络管理软件，实现对于各网络节点设备的状态监测、配置及管理，并在工业网核心交换机与外网之间，部署隔离网闸设备，实现两侧双向隔离，提升系统内网络安全。光纤环网建设避免了每个系统独立敷设通信电缆的情况，减少了井下通信线缆的敷设量、降低了施工成本和维护难度。

环网交换机站址规划要根据煤矿井下的具体环境情况综合考虑，不仅要供电方便、位置相对固定，而且是便于维护的场所。煤矿井下巷道通常分为主巷道和支巷道，各个作业面与支巷道相连接。由于主巷道距离长，并且长期使用，并常设有配电硐室。环网交换机可以布置在配电硐室。同时主副井井口和井下输送系统机头位置也是部署环网交换机较为理想的位置，对于环网光纤的敷设要尽量沿着不同的巷道路径敷设，这样可以避免同一个位置的光缆被同时砸断，真正起到冗余的效果，提高网络的可靠性。在支巷道上设置接入交换机，环网交换机通过光纤与接入交换机相连接，根据支巷道情况，接入交换机数量较多时，多台接入交换机之间根据现场情况采用链形、树形或者环形连接。

煤矿井下的骨干网络承载着不同性质的业务，合理规划矿井虚拟局域网（VLAN）可以降低管理成本，减少广播对网络带宽的占用，提高网络传输效率，有效避免广播风暴的产生，提升网络的安全性。不同的业务划分为不同的 VLAN，通常将工业控制系统、人员和车辆定位管理系统、工业视频监控系统、语音扩播系统、普通上网数据业务划分为不同的 VLAN，有效隔离各业务间的二层互访，通过 VLAN ID 可提供业务识别区分，为不同业务制定不同的 QoS 优先级。一般情况下，建议将工业控制系统、人员和车辆定位管理系统定义为较高的优先级，将工业视频监控系统与普通上网数据业务定义为较低的优先级。

第三节　矿井常用的无线通信技术

矿井无线通信技术的发展大致经历了以下几个阶段：超低频透地通信、中频感应通信、VHF 漏泄通信、移动蜂窝通信等。随着公网移动蜂窝通信技术的发展，矿井无线通信技术也在逐步演变。煤矿主要在井下工作面生产作业，工作环境恶劣，不安全因素多。因此矿井无线通信有特殊需求，如井下设备必须经过防爆处理通过煤安认证才可以使用。

一、透地通信

透地通信是采用特低频或甚低频电磁波（几百到几千赫兹，电磁波频率越高，地层介质对其衰减越严重）透过地层来实现地面和井下的通信。无线通信方式分为单工或半双工。

该系统主要由透地通信系统软件、超低频发射机、环形天线等地面设施及超低频接收机等井下设备组成，可作为井下应急救援通信的手段，但存在信道容量小、电磁干扰大等缺点。后期随着技术的发展可实现双向语音通信，透地深度 400 m 左右。

二、感应通信

感应通信借助于矿井巷道内敷设的金属导体作为感应线传输电信号，收发信机的天线与感应线之间通过电磁耦合实现通信，工作在中低频段（一般为几十千赫兹到几兆赫兹）。无线通信方式为半双工。

感应通信系统结构简单，由收发信机和感应线圈、对讲机等组成，井上井下电磁耦合传输介质采用的电话线缆、钢丝绳、电力线等，常用于应急救援、大巷机车、斜井人车等场所。感应通信具有价格较低、感应线敷设简便、无须中继器等优点，是煤矿井下比较受欢迎的一种移动通信方式。缺点是受环境影响，通话噪声和传输损耗较大，稍远离感应体信号不稳定。

三、漏泄通信

漏泄通信利用漏泄电缆径向辐射特性和双向中继放大技术，实现无线电波在屏蔽空间和井下巷道的双向远距离传输。漏泄电缆是一种特殊结构的同轴电缆，通过外导体上的孔或槽、网眼，把电波漏泄出来，可与收发信机实现无线通信，传输特性与同轴电缆相近。其工作在高频段或甚高频段（一般为数兆赫兹到数百兆赫兹），无线通信方式为半双工，信号可覆盖距离漏泄电缆 30 m 以内。

漏泄通信系统由地面主站和井下工作站通过无线收发信机、调制解调器及漏泄电缆进行通信。它受环境影响小，信道稳定，利用功率分配技术可以解决无线电波在巷道内的分岔传输，从而可以建成地下巷道的树形无线通信网。漏泄通信所采用的漏泄电缆造价较高，信号衰减较快，矿井沿途需要不断地接入中继放大器和配套供电设施，从而增加了施工维护难度。漏泄通信最大的缺点是通话质量不好。

我国对漏泄通信的研究开发始于 20 世纪 80 年代末，曾有多种漏泄通信系统被推广应用。

四、无线传感器网络（WSN）Zigbee 通信

Zigbee 通信是一种基于 IEEE802. 15. 4 标准的，近距离、低功耗的无线网络技术。其传输速率范围 10 ~ 250 kbps，理想的连接距离为 10 ~ 75 m，网络节点的能耗非常小，因此非常适合电池供电的模式，可以采用休眠的工作状态，进一步节省电池能量。Zigbee 网络支持的节点数量理论上可以达到 65536 个节点，此外还具有延时短的优点，活动设备的信道接入延时为 15 ms。

Zigbee 通信参考模型包括物理层、媒体访问控制层、网络层、应用层四层架构。物理层定义的 3 个工作频段：868 MHz、915 MHz 和 2. 4 GHz，采用直接序列扩频 DSSS 技术，控制无线收发器的激活与关闭，对当前信道进行能量检测，提供链路质量指示，提供信道空闲评估，选择信道频率，发送和接收数据。媒体访问控制层有两种信道访问机制：无信标网络和信标使能网络，无信标网络是避免冲突的信道访问控制机制，信标使能网络用于设备之间的同步。网络层负责网络管理、路由管理、报文以及网络安全管理；应用层包括应用支持子层、Zigbee 设备对象和设备对象行规以及由应用对象组成的应用框架。

Zigbee 规定了协调器、路由器和终端设备 3 种设备类型，其中协调器、路由器属于全功能设备，终端属于简约功能设备。一个网络有一个协调器、多个路由器和多个终端设备。路由器允许其他路由器或终端设备加入网络，为其分配网络地址，提供多跳路由和数据转发等功能。协调器具有路由器的典型功能，还负责重建一个 Zigbee 网络，进行网络配置、频段选择，并协助完成绑定功能，存储绑定表。终端设备不提供任何网络功能，只实现基本的传感或控制功能。

Zigbee 网络支持星形、树形和网状拓扑结构，如图 3 - 4 所示。

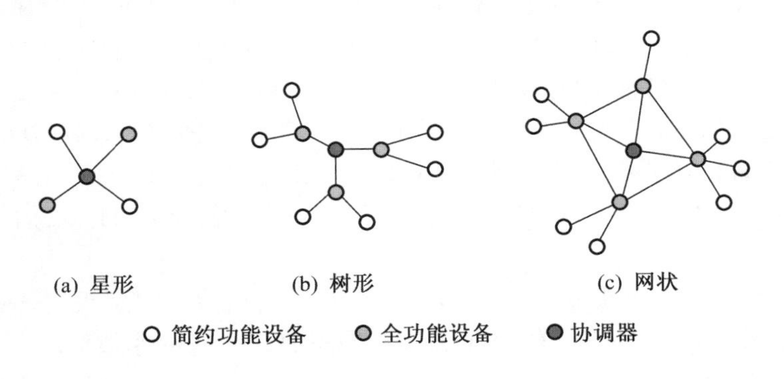

图 3 - 4　Zigbee 网络拓扑结构示意图

由于 Zigbee 网络成本低，协议简单，具有多跳和自组织无线传感器网络特点。结合其功耗低的优势，被广泛应用于煤矿井下人员定位、车辆定位、设备参数检测等。

五、矿用 WiFi 无线通信

随着无线局域网技术的快速推广，IEEE802. 11 系列的 WLAN 应用最为广泛，自 1997 年第一代 IEEE802. 11 标准推出以来，先后推出了 802. 11a、802. 11b、802. 11g、802. 11e、802. 11f、802. 11h、802. 11i、802. 11j、802. 11n、802. 11ac、802. 11ax 等系列化标准。在 802. 11ax 通过 OFDMA 频分复用技术、DL/UL MU - MIMO 技术、更高阶的调制技术（1024 - QAM）、空分复用技术（SR）& BSS Coloring 着色机制、扩展覆盖范围（ER）等多种技术的融合，传输速率由 802. 11a、802. 11g 的 54 Mb/s 基础上得到大幅提升。新的技术兼容 IEEE 802. 11a/b/g/n/ac/ac wave 2/ax 标准，可在 2. 4 GHz 和 5 GHz 双射频同时提供业务，WiFi 6 的最高速率可达 9. 6 Gbps，使得 WLAN 性能得到极大改善。

新一代 WiFi6 核心技术：

（1）OFDMA 正交频分复用多址：它通过将子载波分配给不同用户并在 OFDM 系统中添加多址的方法来实现多用户复用信道资源。OFDMA 与 OFDM 技术相比有 3 方面的优点：①根据信道质量分配发送功率，可更细化的分配信道时频资源，802. 11ax 可根据信道质量选择最优 RU（Resource Unit）资源来进行数据传输；②提供更好的 QoS，802. 11ac 及之前的标准都是占据整个信道传输数据的，如果有一个 QoS 数据包需要发送，要等之前的发送者释放完整个信道才行，会存在较长的时延，在 OFDMA 模式下，由于一个发送者只占据整个信道的部分资源，一次可以发送多个用户的数据，能够减少 QoS 节点接入的时延；③提供更多的用户并发及更高的用户带宽，OFDMA 是通过将整个信道资源划分成多个子载波（也称为子信道），子载波又按不同 RU 类型被分成若干组，每个用户可以占用一组或多组 RU 以满足不同带宽需求的业务。在每个时间段内多个用户同时并行传输，不必排队等待，提升了效率，降低了排队等待时延。

（2）DL/UL MU - MIMO 技术：MU - MIMO 使用信道的空间分集在相同带宽上发送独立的数据流。在 802. 11ax 采用 MU - MIMO 技术，可支持 DL 8 ×8 MU - MIMO，借助 DL OFDMA 技术（下行），可同时进行 MU - MIMO 传输和分配不同 RU 进行多用户多址传输，既增加了系统并发接入量，又均衡了吞吐量。支持 UL MU - MIMO 后，借助 UL OFDMA 技术（上行），可同时进行 MU - MIMO 传输和分配不同 RU 进行多用户多址传输，大大降低了应用时延。同一时刻可实现 AP 与多个终端之间同时传输数据，大大提升了吞吐量。

（3）采用更高阶的调制技术（1024 - QAM）：802. 11ac 采用的 256 - QAM 正交幅度调制，每个符号传输 8 bit 数据（$2^8=256$），802. 11ax 采用 1024 - QAM 正交幅度调制，每个符号位传输 10 bit 数据（$2^{10}=1024$），相对于 802. 11ac 来说，802. 11ax 的单条空间流数据吞吐量提高了 25%。

（4）BSS Coloring 着色机制：802. 11ax 中引入了同频传输识别机制——BSS Coloring 着色机制，为每个 AP“着色”，在 PHY 报文头中添加 BSS color 字段对来自不同 BSS 的数据进行“染色”，为每个通道分配一种颜色，该颜色标识一组不应干扰的基本服务集（BSS），当路由器或设备在发送数据前侦听到信道已被占用时，会首先检查该“占用”的

BSS Color，确定是否是同一 AP 的网络，如果不是，则不用避让，从而允许多个 AP 在同一信道上运行，并智能管理多用户同时并行传输。

（5）扩展覆盖范围（ER）等多种技术：802.11ax 标准采用的是 Long OFDM symbol 发送机制，每次数据发送持续时间从原来的 3.2 μs 提升到 12.8 μs，更长的发送时间可降低终端丢包率；802.11ax 优化了信号上行覆盖，最小仅使用 2 MHz 频宽进行窄带传输，有效降低频段噪声干扰，提升了终端接受灵敏度，增加了覆盖距离。

矿用 WiFi 无线通信系统相对于地面场景的应用相对滞后，WiFi 产品技术性能相对较低，系统以光纤环网为骨干网络，在井下设立多个 WiFi 通信分站，实现对巷道的无线 WiFi 网络覆盖，受井下巷道空间的限制，覆盖距离较小，通常双向基站覆盖距离约为 300 m，采用矿用本质安全型手机能够接入无线网络，实现井下的语音调度通话。工作频段使用 2.4 GHz 自由无线频段，矿井 WiFi 通信系统如图 3－5 所示。

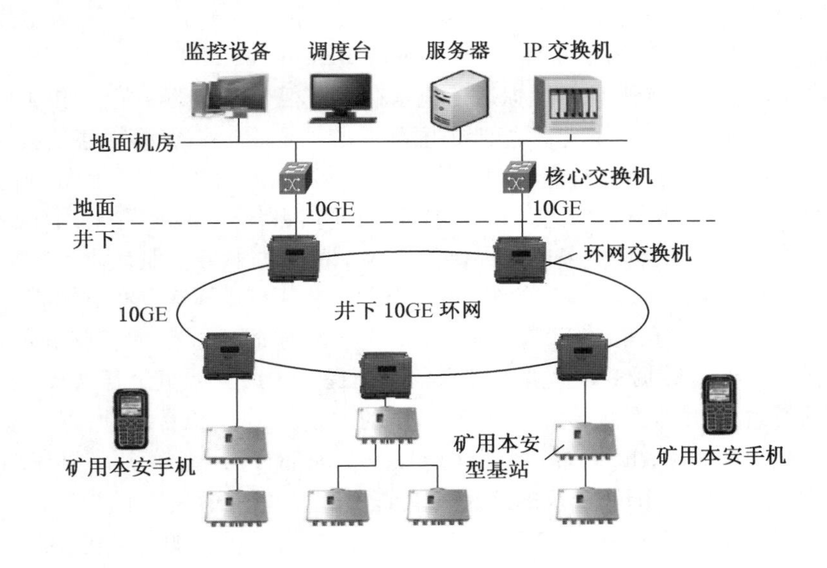

图 3－5 矿井 WiFi 通信系统图

该系统由软交换设备、网关设备、工业以太环网交换机、矿用无线通信基站、WiFi 手机等组成。其具有造价低、语音系统容量大、可以实现综合数据业务的扩展等优点。因此，把它作为煤矿综合自动化监控数据传输、光纤以太环网对接和多网合一的网关设备应用，是目前应用较多的宽带数据通信解决方案。该系统可以实现与矿区固定电话、公众移动通信网的联网，可以根据生产需要对联网用户进行统一编号和混合组网。

1. 矿用本安型无线 WiFi 基站

它是无线网络的接入点，支持 802.11 b/g/n 标准，可提供中继桥接、桥接＋覆盖等多工种工作模式，是移动终端与矿用交换机之间的无线通信传输中转站。

技术规格：

（1）工作电压：DC 18 V。

（2）接口：3 个 10/100M－Base－TX RJ45 以太网口，2 个以太网光口。

（3）WiFi 无线传输参数：协议为 802.11 b/g/n。

（4）无线工作频段：2.4 GHz。

（5）无线调制方式：DSSS 和 OFDM。

（6）安全管理：无线网络支持 64/128 bit WEP/WPA 加密。

2. 矿用本安型 WiFi 手机

它是无线通信系统的终端设备，完成语音或数据信号与无线信号之间的转换。

技术规格：

（1）通信标准：WiFi（802.11 b/g/n）。

（2）工作电压：3.7 V。

六、第三代矿井（3G）移动通信

自 1947 年提出了蜂窝通信的概念，移动通信已经经历了五代的技术演进。第一代（1G）移动通信系统，主要采用 FDMA（Frequency Division Multiple Access）模拟通信技术，所提供的服务基本上是语音通信，模拟通信技术存在着很多固有的缺陷，如频谱利用率低，容量小、成本高、体积大，尤其是不能满足国际漫游的要求。随着移动通信技术的快速发展，20 世纪 90 年代实现了数字蜂窝移动通信系统，使数字通信技术具有良好的抗干扰能力、更大的通信容量和更好的服务质量。第二代移动通信系统（2G）均采用频分双工模式（FDD），不仅能提供语音通信业务还能提供低比特率的数据业务。但是业务还是相对单一，无法实现全球漫游，也没有形成全球的统一标准体系。由于矿山通信技术相对滞后，以及矿井地下环境的特殊性，矿井通信系统没有使用以上 2 个技术的阶段性产品，直接进入了 3G 时代。

随着图像、语音、数据多媒体业务需求的不断提升，用户数量迅猛增长，通信系统需要更强的灵活性和更大的系统容量，第三代移动通信系统定义了 5 个 W 目标：任何人（Whoever）、任何时间（Whenever）、任何地点（Wherever），能够实现与任何人（Whoever）、进行任何形式（Whatever）的通信，真正实现“个人通信”的愿望。第三代移动通信系统主要采用了宽带 CDMA 扩频通信技术，具有抗干扰、加密、抗多径衰减、软切换、系统容量大等多种优点，主要包括 CDMA2000、WCDMA 和我国提出的 TD-SCDMA 系统。2009 年，随着我国 CDMA2000、WCDMA、TD-SCDMA 三个 3G 牌照的颁发，我国移动通信进入了 3G 时代。

第三代移动通信的主要特征体现在一个全球化的系统，能够提供全球漫游；可以提供语音、数据、视频图像的多媒体业务；可以实现用户唯一的个人电信号码在终端上获取电信业务；引入了智能网和软件无线电功能；实现了全球频谱资源的统筹安排，网络构造兼顾了向后兼容、现有网络的发展与今后的拓展。

矿井 3G 移动通信系统，是在第三代移动通信技术的基础上，结合煤矿地面井下特殊的地理空间结构与防尘防爆环境要求而设计的。该系统对井下基站和移动终端等增加了防爆措施，除了提供传统的语音、短消息等业务外，还提供数据接入等 3G 业务。通过智能化调度管理机实现统一的号码管理，一体调度机统一网络管理，通信速率可达到 2 Mbps，单方向可覆盖 500 m，工作在特高频段，实现了全双工语音通信。该系统具有抗干扰性强、语音质量好、业务丰富、安全性高、可靠性高等优点，在部分矿井得到了推广应用。

矿井 3G 无线通信系统如图 3-6 所示。

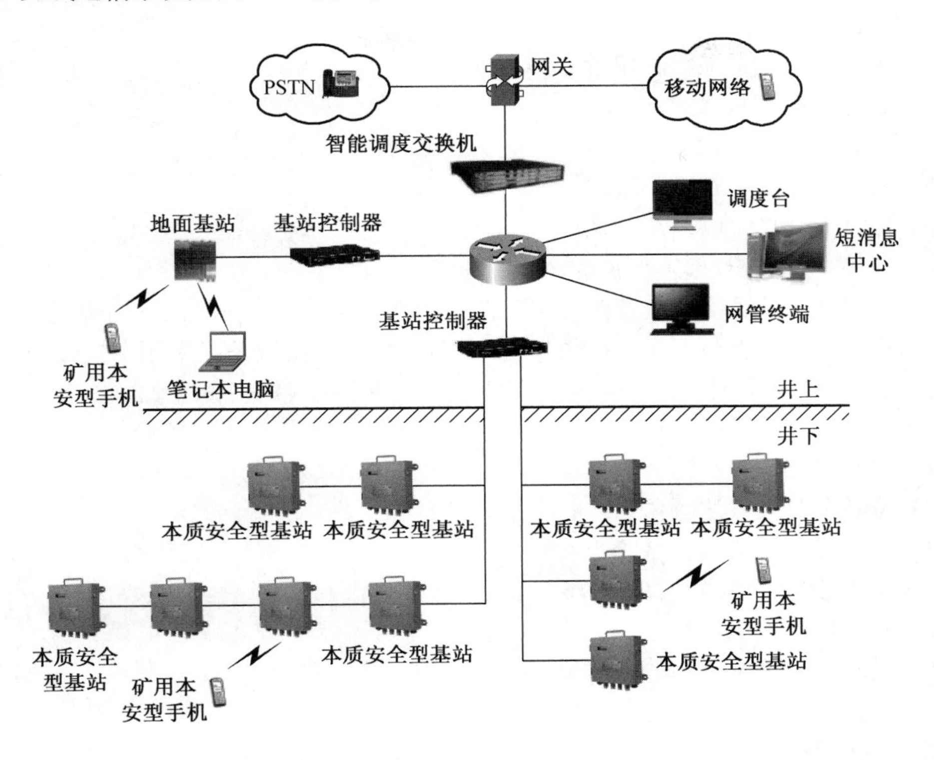

图 3-6　矿井 3G 无线通信系统

1. 系统组成

基于 TD-SCDMA 技术的矿井 3G 移动通信系统主要由调度交换机、基站控制器、地面基站、本安型基站、本安型手机终端、网管终端组成。

2. 调度交换机

采用先进的软硬件技术，模块化插板式设计，支持多种接口板卡，提供多种功能，可以根据容量平滑扩容。该交换机支持 TD-SCDMA、WiFi、PHS 无线系统接入，支持有线、无线终端的统一调度，实现组呼、群呼、强插、强拆、会议、录音、监听等功能。它同时支持上行 PRI \ SS7 \ SIP 等多种信令接入方式，实现了语音、数据和增值业务的融合，是生产调度、通信综合业务的基础平台。

技术规格：

（1）用户容量可达到 5000 个。

（2）中继数量支持 24E1。

（3）VoIP 端口最大可以支持 768 通道。

（4）输入电压 AC 90～260 V。

3. 基站控制器

它是矿井（3G）移动通信系统的综合接入控制设备，集成了核心网分组域、无线网络控制、基站控制等功能，提供了语音、数据的统一接入和处理。

技术规格：

（1）支持最大的载波数：12 个。

（2）分组域数据最大吞吐：24 Mbps。

（3）光接口数量：12 个。

（4）连接基站数：72 个。

（5）输入电压 AC 176～264 V。

4. 矿用本安型（3G）无线基站

提供终端接入无线接口，接收来自终端的射频信号，与本安手机终端构成无线链路，通过基站控制器、智能调度交换机提供终端用户语音/数据通信。采用本安型电路设计，具有防爆、低功耗、低热量、高可靠的特性。用于井下无线网络覆盖。

技术规格：

（1）天线通路数：2 个。

（2）支持的最大载波数：3 个。

（3）单载波工作信道：23 个。

（4）工作频段：1880～1920 MHz。

（5）供电电源：DC 12 V。

（6）功耗：≤10 W。

（7）覆盖距离：平直巷道≥500 m。

（8）防护等级：IP54。

5. 3G 矿用本安型手机

采用本安型设计，它是井下使用的无线通信终端设备，与矿用本安型基站组成无线链路，可在有瓦斯煤尘的环境中使用。它可用于井下与井上的语音通信。

技术规格：

（1）额定工作电压：DC 3.7 V。

（2）最大工作电流：≤600 mA。

（3）工作频率：1880～1920 MHz。

（4）振铃响度：70 dB。

随着矿山通信需求从单一的语音业务向语音、数据及图像传输的转变，传输速率更高、延时更小的业务需求变得更为迫切。由于 3G 通信速率低，难以满足矿山开采远程遥控作业与需求，因此推广范围并不大。虽然部分矿井依然沿用 3G 矿用本安型手机，但是随着 LTE－4G 技术的出现，人们会很快将新技术作为下一代矿井通信的主要发展目标。

七、第四代矿井（4G）专网移动通信

4G 真正开启了宽带移动互联网时代，与 2G/3G 系统相比，TD－LTE 在物理层技术、网络结构、调度算法等方面都有了很大改变。该系统是基于 OFDM/OFDMA 多载波调制技术的系统，原有的 3G 系统主要基于 CDMA 码分多址技术。TD－LTE 通过采用 OFDM、MIMO、链路自适应、小区间干扰控制等多项关键技术，大幅提升了系统性能。

OFDM 正交频分复用可以有效对抗多径及符号间干扰，具有更好的频谱利用效率，适用于煤矿井下多径环境高速数据传输。

MIMO 多输入多输出技术是无线通信领域智能天线技术的重大突破，有效提升了通信系统的容量和频谱利用率。

链路自适应技术包括 AMC、HARQ、动态功率控制等技术。根据无线信道的不断变化，通过调度、自适应调制编码（AMC）、功率控制、混合自动请求重传（HARQ）以适应信道特征，灵活调整系统配置。该技术可以提高系统的整体吞吐量，满足不同业务的需求。

小区间干扰控制目前主要采用干扰协调与避免技术，可以有效控制其他小区的干扰。

移动业务主体不再是人们普遍认为的语音通信，服务主体已从语音完全迁移到数据并介入设备控制，其工业信息安全需要得到保障。目前，我国煤矿的 4G 无线通信系统主要基于 TD－LTE 技术，可在一个网络内同时提供专业级的语音集群、宽带数据传输、高清视频监控及视频调度等丰富的多媒体通信功能。同时在网络的安全性、可靠性、可扩展性等方面具有强大的技术优势。TD－LTE 在 20 MHz 的带宽下可以实现下行 100 Mbps 速率、上行 50 Mbps 速率，井下基站定向天线平直巷道覆盖距离可达 1000 m 以上。利用 4G 数据的带宽优势，可为煤矿提供更丰富的业务，包括语音、视频通话、视频监控、多媒体调度、多方会议（语音、视频）、集群对讲（语音、视频）、数据传输、井下移动安全生产管理等。煤矿 4G 通信系统如图 3－7 所示。

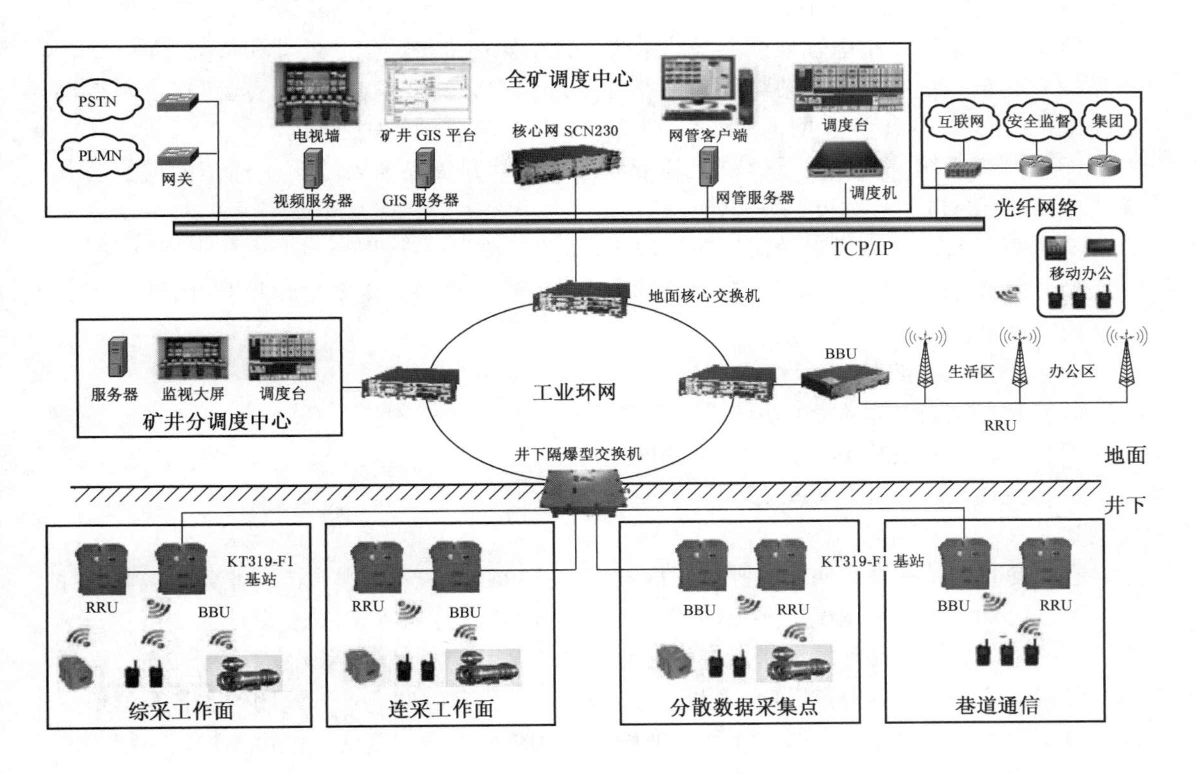

图 3－7　煤矿 4G 通信系统图

（一）系统组成

基于TD－LTE技术的矿井（4G）专网移动通信系统主要有核心交换单元（eSCN）、演进型基站（eNodeB）子系统、本安型手机终端、4G矿用本安型CPE。

1. 核心交换单元（eSCN）

它是无线集群系统的交换网关设备。它在LTE－4G无线集群系统中提供签约数据管理、鉴权管理、移动性管理、会话管理、承载管理及数字集群业务等相关功能，并通过外接行业业务应用软件系统（eAPP）实现集群系统的调度功能。

典型配置参数：

（1）支持的最大注册用户数：4000个。

（2）最大并发群组数：512个。

（3）PS用户吞吐量：2 Gbit/s。

（4）支持的最大在线群组数：1500个。

（5）支持的最大并发语音数：1024个。

（6）支持的最大基站数：100个。

（7）电压：AC 220 V，50 Hz。

（8）最大功率：133.5 W。

2. 演进型基站（eNodeB）子系统

本系统由以下几部分组成：

（1）控制系统：集中管理整个基站系统，包括操作维护、信令处理和系统时钟。

（2）传输系统：提供基站与传输网络的物理接口，完成信息交互，同时提供与专网操作维护中心（eOMC）/专网本地维护终端（eLMT）连接的维护通道。

（3）基带系统：完成上下行数据基带处理功能，并提供与射频模块通信的通用公共无线接口（CPRI）。

（4）射频系统：完成射频信号和基带信号的调制解调、数据处理、合分路等功能。

（5）天馈系统：天馈系统包括天线、馈线、跳线等设备，用于接收和发射射频信号。

技术规格：

（1）单站支持的最大小区数：12个。

（2）单站支持的最大在线用户数：3600个。

（3）单站支持的集群语音组数：240个。

（4）灵敏度：－103 dBm（5 MHz）。

3. 本安型手机终端

它能同时支持私密呼叫、组呼、短信彩信、宽带数据接入、视频调度业务及多业务并发，可以实现专业集群调度、多媒体调度及宽带数据功能。端到端安全设计，支持双向鉴权、空中接口加密、端到端加密。待机时间不少于24 h，持续通话时长不小于2 h，支持视频可视通话。支持点对点呼叫、组呼、广播呼叫、紧急呼叫、遥开遥闭等语音及群组业务，可支持远程自动软件升级，无须更换硬件，无须手工操作终端，就可添加新功能。

技术规格：

（1）群组建立时延小于300 ms。

（2）话权抢占时延小于 150 ms。

（3）高防护等级：IP67。

（4）支持频段：LTE 工作频段：①1.4 G：1447 ~ 1467 MHz；②1.8 G：1785 ~ 1805 MHz。

（5）支持 WiFi 802.11 b/g/n，可作为 WiFi 热点。

（6）视频回传支持 1080 P 高清，支持视频点呼、视频回传、视频监控、视频分发。

（7）后置摄像头：1300 万像素；前置摄像头：500 万像素。

4. 4G 矿用本安型 CPE

它是基于 TD－LTE 宽带接入 CPE 设备，可将各种采集数据、视频监控数据通过网口或 WiFi 接入 TD－LTE 宽带集群网络。它支持接收分集和负载均衡，提供高速路由能力。可接收以太网信号并转换为无线 4G 信号输出的功能，具有 RS－485 信号、无线信号相互转换的功能。

技术规格：

（1）最大传输速率：下行 100 Mbit/s，上行 50 Mbit/s。

（2）额定工作电压：DC 12 V。

（3）工作电流：≤200 mA。

（4）工作频率：1785 ~ 1805 MHz。

（5）发射功率：－40 ~ －10 dBm。

（6）输出信号：RS－485 数据接口 1 路，RJ45 接口 1 路。

（二）网络规划

煤矿 4G 无线网络预规划，初步估计基站数量、容量配置和传输要求，并作为基站选址和详细规划的依据。

（1）煤矿 4G 专网覆盖规划：覆盖区域可以分为矿井地面和煤矿井下，通常用户的数据速率为 1 Mbit/s；地面区域可以参考一般市区的区域类型做面覆盖。井下的覆盖区域主要有巷道、综采工作面、掘进工作面、井下变电所与水泵房等硐室，因此覆盖区域主要是线区域和点区域。

（2）站址的选择：站址的选择需要根据井下的巷道布置图，可以考虑重点区域覆盖和全巷道覆盖两种不同的规划方式。重点区域覆盖主要包括井底车场、运输大巷、综采工作面、掘进工作面等关键作业场所。但是综采工作面的基站站址选择，不仅要结合作业面的设计，还要考虑作业场所不断移动的特点，避免在工作面推移过程中造成线缆挤压、损伤。综采工作面是最主要的井下开采作业场所，数据传输量大，不仅具有其他场景中语音传输、图像监控的需求，还有遥控作业的特殊要求。针对综采工作面的采高、工作面长度、工作面坡度与起伏变化，主要分为 3 种情况：①对于距离小于 150 m、起伏变化不大的工作面，可以在进风巷端头安设一个基站进行工作面覆盖；②对于距离大于 150 m、起伏变化不大的工作面，可以在进风巷和回风巷端头适当位置各安设一个基站进行综采工作面覆盖；③对于距离大于 250 m、起伏变化较大的工作面，也可以考虑在距离工作面端头和端末各 50 ~ 60 m 的位置各安设一个基站进行综采工作面覆盖。由于通信电缆一般需要安装在支架上，受空间限制，安装难度加大，而且增加了基站和通信线缆的维护难度。

(3) 天线选型：煤矿井下要根据场景进行天线选型。由于井下巷道在一个狭长限定的空间内，为了增加单基站的覆盖距离，一般采用高增益定向天线对巷道进行覆盖。而对于井下巷道拐弯处或者起伏变化较大的情况则要考虑通过泄漏电缆进行巷道内均匀覆盖。由于井下巷道空间位置的局限性，天线只能安装在巷道侧壁或者顶部，体积还不能太大，如果太大则对生产业务产生干扰，影响车辆行走和货物搬运。

第四代矿井（4G）移动通信系统，可以实现全矿井的“音频、视频、数据”三网融合。该系统还兼具移动互联宽带功能，可以提供统一的通信平台，井下通信和井上通信一体化、有线无线一体化、通信定位一体化以及语音和数据通信一体化。4G 通信可针对煤矿的实际需求，充分考虑井上下现场的工作特点，通过视频监控、视频调度、宽带接入、语音集群、人员定位、短信/彩信、应急指挥调度等功能，提升煤矿现场信息采集和分发能力、数据交互处理能力、紧急事件应对能力，从而提高矿井的无线移动通信能力。

LTE - Advanced 为 LTE 技术的演进技术，构建在现有的 LTE 技术之上，从 3GPP LTE R8 逐步演进而来，下行和上行分别支持高达 1 Gbit/s 和 500 Mbit/s 的峰值速率。其主要技术特征有：支持高达 100 MHz 的传输带宽，通过载波聚合，最多可以支持 5 个 20 MHz 分量载波的聚合；扩展的多天线配置将下行空间复用最大扩展为 8 层，对于上行空间复用最大扩展为 4 层；多点传输接收协作（CoMP）技术可以有效改善高数据速率的覆盖距离，增加小区边界和/或系统的吞吐量；支持中继功能可以改善高速数据速率的有效性、组移动性，支持网络临时部署，提升小区边界上用户吞吐量，改善新区域的覆盖距离。其关键无线接入目标见表 3 - 1。

表 3 - 1　3GPP 规范的 LTE - Advanced 关键无线接入目标

参　　数	上　　行	下　　行
最大带宽	100 MHz	
峰值数据速率/(Mbit·s^{-1})	1000	500
峰值频谱效率/(bit·s^{-1}·Hz^{-1})	30	15
小区平均频谱效率/(bit·s^{-1}·Hz^{-1})	2.6	2
小区边界用户频谱效率/(bit·s^{-1}·Hz^{-1})	0.09	0.07
用户面延时/ms	10	
控制面延时/ms	50（空闲至激活）	10（休眠至激活）

八、未来 5G 通信对智慧矿山的作用

在 4G 移动通信网络的部署方兴未艾之时，5G 移动通信技术已经拉开帷幕。移动互联网和物联网作为未来移动通信发展的两大主要驱动力，各类新型业务和应用持续涌现，带来数千倍的数据流量增长以及超过百亿量级的终端设备连接。5G 移动通信作为新一代无线移动通信网络，将构建以用户为中心的服务体系，实现任何人和物在任何时间、任何地点信息共享的目标，支撑庞大的业务量和链接数，真正实现“万物互联”。未来 5G 网

络将为用户提供“零”时延的使用体验，百亿设备的连接能力，高流量密度、高连接数密度和高移动性等多个场景的一致服务，最终实现“信息随心至，万物触手及”的总体愿景，形成以人为中心的通信和机器通信共存的时代。到那时，矿山井下所有的固定设备和移动目标都可以承载在这个通信网络平台上，人员不需要下井作业。该系统由于有足够的通信带宽，可以实现所有现场作业设备的远程遥控，现场信息可以实时展现在眼前，将为智慧矿山无人开采提供技术支撑。

第四节　智慧矿山“一张网”融合通信网络

智慧矿山建设必须有通信网络做支撑。通过通信网络技术，实现对矿山各个领域全方位、深度感知，并提取相关信息，安全、稳定、实时地进行数据传输，实现各类数据功能的应用。

一、智慧矿山“一张网”通信网络构成

随着矿山智能化技术应用的不断深入，视频、语音以及各类传感器的数量大量增加，要求矿井通信网络向更高带宽方向发展，同时既要满足固定设施的信息传输，也要满足移动设备的信息传输，如井下车辆、工作面设备的数据传输等，矿井网络应选择有线光纤环网与无线宽带相结合的宽带网络架构，同时要融合各类窄带传输网络，即采用 TCP/IP 协议架构，以千兆/万兆工业以太光纤环网为主干网，通过宽带 LTE－4G（或 5G）无线网络全覆盖，实现宽带光纤环网与宽带无线网络相融合，建成煤矿“信息高速公路”。以 Zigbee 等无线低功耗传感器网络节点、RS－485 与 CAN 总线为延伸，建成智慧矿山“一张网”融合通信网络平台，解决目前煤矿信息传输多系统、多平台、多通道、信息采集速度慢、协议多、结构复杂、设备繁杂、各系统通信传输无标准、不兼容的现状。其主要特点是采用“千兆/万兆宽带光纤环网＋4G（5G）无线宽带网＋低功耗窄带”传输技术，对煤矿井下工业自动化信息、视频监控图像、无线电话通信、语音广播、调度指挥、人员及车辆定位管理、安全监测监控系统实现统一接入承载，通过物联网技术进行数据采集、分析、诊断、预警，实现集中管控、数据共享、移动互联、业务融合。智慧矿山“一张网”通信网络平台如图 3－8 所示。

在统一的“一张网”传输平台上，具备多种通信接口，可将煤矿各子系统的数据进行有机整合，进而实现相关联业务数据的综合分析以及生产状态的实时传输。各类不同接口信号接入如下：

（1）RS－485 接口设备信号接入：通过串口服务器提供的串口转网络功能，能够将 RS－485 串口转换成 TCP/IP 网络接口，实现 RS－485 串口与 TCP/IP 网络接口的数据双向透明传输。连接 RS－485 接口设备接入统一的通信网络平台进行数据传输。

（2）CAN 总线设备信号接入：通过 CAN 转以太网网关所提供的网络转换功能，能够将 CAN 工业现场总线串口转换成 TCP/IP 网络接口，实现 CAN 工业现场总线与以太网（TCP）数据透明传输，连接 CAN 总线接口设备接入统一的通信网络平台进行数据传输。

（3）Zigbee 信号接入：通过 Zigbee 和以太网的无线网关，在无线传感器网络和通信

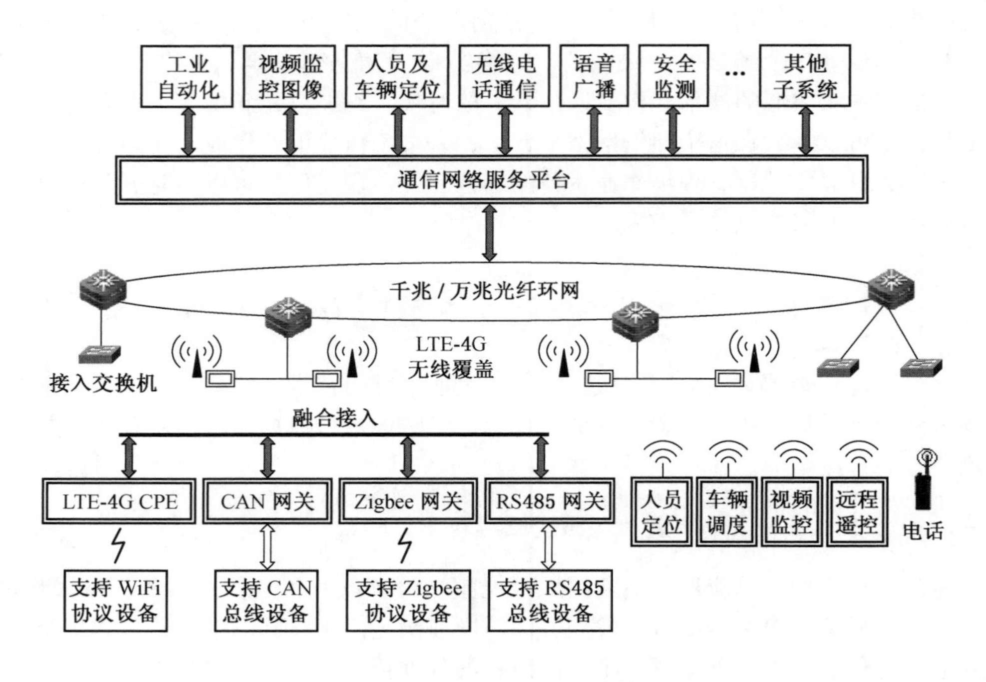

图 3-8　智慧矿山“一张网”通信网络

网络平台之间搭建一条数据传输通道。将 Zigbee 数据包转化为以太网的 TCP/IP 协议的数据包，实现数据在两个协议之间的双向传输，搭建联系二者之间的一条透明传输通道，完成 Zigbee 技术和以太网互通。Zigbee 网络通过网络节点将采集数据以多跳传输方式传送到 Zigbee 汇接点，汇接点将数据发送到网关，网关进行 Zigbee 数据包解析，从数据包中提取有效信息数据，进行协议转换和数据包重新封装打包成 TCP/IP 数据包，经过以太网传输将数据送到控制中心，完成整个网络的数据传输。

（4）WiFi 信号接入：通过矿用本安型无线 WiFi 基站把宽带有线环网信号转换成无线 WiFi 信号；通过矿用本安型 CPE 将 WiFi 接入 TD－LTE 宽带集群网络，实现 WiFi 热点覆盖，支持具有 WiFi 接口的终端以无线方式入网。

智慧矿山“一张网”通信平台兼容了各类标准通信接口，实现不同系统间的信息共享，它融合了矿山“煤流、水流、风流、人流、车流、电流、物流”各生产要素信息，实现了矿山中人与人、人与物、物与物信息互联互通，构成管控一体化的综合自动化网络平台，提高了生产指挥效率。特别是基于 TE－4G（或 5G）的宽带无线网络，满足了移动设备数据传输、采掘工作面远程遥控、人员的移动办公以及其他无线高速通信的需求。

二、智慧矿山“一张网”应用实例

（一）项目基本情况

山西西山晋兴能源有限责任公司斜沟煤矿隶属山西焦煤集团，年设计生产能力 1500 万 t，是焦煤集团重点生产矿井，为了进一步提升矿井智能化建设水平，解决煤矿井下多系统、多平台、通信网络繁杂的问题，实施完成了智慧矿山“一张网”的建设，项目的设计实施单位为山西科达自控股份有限公司。项目采用“光纤万兆网+4G无线宽带+窄带物联网”融合通信网络技术，主要由调度系统、网管系统、矿用隔爆兼本安型交换机、基站组成。完成了全矿“万兆工业环网”的整体升级，提升了主体平台的通信能力。通过4G无线宽带网络的建设，对地面工业场地、辅运大巷、主运大巷、23111综采工作面、18108综采工作面等生产区域进行了无线宽带网络全面覆盖。由于无线通信系统带宽的提高，原有系统中的人员定位系统、车辆管理系统、语音广播系统、调度指挥系统、井下环境监测传感器皆可以采用无线信道接入，大大减少了井下线缆，实现了全矿井的无线覆盖。

（二）项目实施效果

该项目是智慧矿山通信网络平台的典型应用。既满足了斜沟煤矿各类业务（包括视频、语音等）大量增加、要求网络带宽大、实时性高的需求，又满足井下固定设施的信息传输和移动设备的信息传输需求。其4G无线宽带技术的应用解决了矿山行业监控盲区，是有线宽带的延伸和拓展，实现了井下移动设备的数据接入，拓展了“综采工作面智能集控”“井下胶轮车智能管理”“生产系统无人值守及智能巡检”“远程专家会诊”等业务平台。窄带无线网络则为低功耗无线传感器的应用提供了传输平台和数据接口，可实现大量传感器的无线布设，减少了井下线缆，提高了传输可靠性，减少投资时间周期。为矿山物联网的应用提供了技术保证，实现了大规模、低成本、高可靠的监测监控信息采集。

该项目的实施改变了煤炭领域传统的通信方式，对矿山的通信技术带来跨时代的改变。通过“一张网”宽带通信网络建设，建立了智能矿山一体化网络架构，实现矿区地面和井下宽带无线覆盖，有线网络与无线网络的全空间结合，并从根本上解决了信息孤岛和井下布线多的问题，提高了煤矿通信效率，使数据传输更为及时、快捷、准确。其主要优势是提供了一套新型的智慧矿山数据传输系统，满足煤矿物联网、大数据分析应用需求。有效推动物联网、大数据、人工智能等新技术在矿井安全生产监测监控系统中的广泛应用。对于加快现代化矿井的建设，提高矿井智能化水平、减员增效及保障煤矿的安全生产具有重要的意义，具有较大的社会经济价值。该项目已录入了由中国煤炭工业协会信息化分会编辑的2017—2018年度《煤炭行业两化深度融合优秀项目汇编》中。

第五节　矿井通信网络的安全防护

随着煤矿两化融合的不断深入，通信网络系统从封闭走向开放，工业控制系统同样面临日益严峻的信息安全威胁。煤矿不仅有企业信息网，也有工业控制网；既有有线光纤环网，也有无线网络覆盖；既有地面的工业控制系统，也有井下防爆区域的工业控制系统，物理环境有很大差别。煤矿生产环节多，通常一个井工煤矿包含30多个安全生产管理子系统，每个子系统的功能作用不同，资产的重要程度不同，受到网络攻击后造成的后果差别也很大，安全防护要求各不相同，需根据每个子系统的安全等级，确定相应的防护能力，构建纵深的防御系统，在整个通信网络的设计、选型、建设、测试、运行、检修、废弃各阶段做好信息安全的防护工作。

一、网络安全防护技术措施

1. 加强边界安全防护

在煤炭企业的工业控制系统与企业办公与管理系统之间建立工业非军事区（IDMZ），将工业网与企业网进行有效隔离，在矿井重要的安全生产管理子系统前端部署专用工业防火墙，对Modbus、S7、Ethernet/IP、OPC等主流工业控制系统协议进行深度分析，设置过滤的防护设备，阻断不符合协议标准结构的数据包及不符合业务要求的数据内容，禁止任何穿越边界区域的E-Mail、Web、FTP等网络服务，实现安全访问控制，阻断非法网络访问。在工业控制系统内部，采用物理隔离、网络逻辑隔离等将控制系统的开发、测试环境和实际运行环境进行隔离；在煤矿安全生产管理系统中，根据子系统业务特点的不同，划分为不同的安全等级，对主要通风机控制子系统、选煤厂集控子系统等采用较高等级（三级），对压风机控制、排水系统等采用一或二级较低的安全等级，并在不同安全等级子系统之间采用物理隔离或者虚拟局域网（VLAN）等逻辑隔离。但是针对工业控制系统可用性要求较高的特点，在防护过程中不能对系统的基本功能造成影响，避免部署安全措施的延迟对系统的影响和安全设备故障对系统的影响。

无线通信网络在矿井建设中被广泛应用，因没有明确的物理边界隔离，给网络安全带来了新的隐患。移动网络通常由移动终端、移动应用和无线网络组成。系统在有线网络与无线网络之间的访问和数据流应通过无线接入网关，要具访问控制和入侵检测功能，只有符合条件的设备才能通过认证；应能够检测到非授权无线接入设备和非授权移动终端的接入行为，并能阻断链接；应能够检测到针对无线接入设备的网络扫描、DDoS攻击、密钥破解、中间人攻击和欺骗攻击等行为和SSID广播、WPS等高风险功能的开启状态。

2. 物理和环境安全防护

针对矿井生产环境的不同，可将整个系统划分为机房与调度中心区、地面安全生产区、井下安全生产区，分别采用相应的防护措施。在机房与调度中心区配置电子门禁系统，对重要工程师站、数据库、服务器等核心工业控制软硬件所在区域采取访问控制、视频监控、专人值守等物理安全防护措施。USB、光驱、无线等工业主机外设的使用，为病毒、木马、蠕虫等恶意代码入侵提供了途径，拆除或封闭工业主机上不必要的外设接口可减少被入侵的风险。也可采用主机外设统一管理设备、隔离存放有外设接口的工业主机等安全管理技术手段加强防护；对于地面安全生产区设备应选择合适的安装位置，做好防盗、防破坏、防雷击、防火、防潮、防水、防静电以及防电磁干扰的措施。保证供电的可靠性与稳定性，采用冗余供电或者后备电源；井下安全生产区在满足防爆区域特殊环境的情况下，要选择适宜的硐室以保证供电的稳定性与可靠性，对通信主干线做好防护。

3. 身份认证管理

（1）用户在登录工业主机、访问应用服务资源及工业云平台等过程中，应使用口令密码、USB-key、生物指纹、虹膜等身份认证管理手段，必要时可同时采用多种认证手段。

（2）系统应以满足工作要求的最小特权原则来进行系统账户权限分配，确保因事故、错误、篡改等原因造成的损失最小化，并定期审计分配的账户权限是否超出工作需要。

（3）根据资产重要性，为不同子系统设定不同强度的登录账户及密码，并进行定期更新，避免使用默认口令或弱口令。

（4）可采用 USB - key 等安全介质存储身份认证证书信息，建立相关制度对证书的申请、发放、使用、吊销等过程进行严格控制，保证不同系统和网络环境下禁止使用相同的身份认证证书信息。

4. 安全软件选择与管理

（1）系统主机与移动终端应具有软件白名单功能，能根据白名单控制软件安装与运行。

（2）在工业主机如 MES 服务器、OPC 服务器、数据库服务器、工程师站、操作员站等应用的安全软件应事先在离线环境中进行测试与验证。

5. 系统远程运维安全管理

如果矿井工业控制系统开通 HTTP、FTP、Telnet 等网络服务，易导致工业控制系统被入侵、攻击、利用，原则上禁止工业控制系统开通高风险通用网络服务。确需进行远程访问的，可在网络边界使用单向隔离装置、VPN 等方式实现数据单向访问，并控制访问时限，采用加标锁定策略，禁止访问方在远程访问期间实施非法操作；需远程维护的，通过对远程接入通道进行认证、加密等方式保证其安全性，如采用虚拟专用网络（VPN）等方式对接入账户实行专人专号，并定期审计接入账户操作记录；应保留工业控制系统设备、应用等访问日志，并定期进行备份，通过审计人员账户、访问时间、操作内容等日志信息，追踪定位非授权访问行为。

6. 安全监测平台

建设信息安全监控系统平台，对网络中的安全设备或安全组件进行统一管理，集中监测网络链路、安全设备及网络设备和服务器的运行状况，对各个设备上的审计数据进行收集汇总分析，对安全策略、恶意代码、补丁升级等进行集中管理，对网络中发生的各类安全事件进行识别报警和分析，及时发现、报告并处理包括病毒木马、端口扫描、暴力破解、异常流量、异常指令、工业控制系统协议包伪造等网络攻击或异常行为。

二、信息网络安全管理体系

网络安全保护仅仅依靠技术手段是不够的，必须与安全管理相结合，二者缺一不可，网络安全管理主要包括以下 5 个方面：

（1）煤矿企业通过制定网络安全工作的总体方针与安全策略，明确安全总体目标、范围、原则和安全框架。形成由安全策略、管理制度、操作规程、记录表单等构成的全面安全管理制度体系。定期评审与修订，规范各类安全管理活动，通过及时有效的发布，指导相关人员作业。

（2）建立安全管理机构，配备安全管理人员，明确部门与岗位职责，建立审批流程，加强相关职能部门的合作与沟通，通过定期安全检查，总结各项安全制度的执行落地情况以及系统日常运行、系统漏洞和数据备份等情况。

（3）加强安全人员管理，通过培训与考核等多种形式，增强安全意识，提升岗位专业技能。对新入职的人员，认真把关审核，并签署相关的保密协议；对离职的人员，及时收回所有访问权限，严格履行保密义务及相关手续；对外部访问人员，应通过相关审核批准流程，登记备案后由专人全程陪同，分配相应的权限，杜绝非授权的操作，签署相应的保密协议，不得复制和泄露敏感信息，离场后及时收回所有权限。

（4）将安全管理贯穿于安全建设的全过程，在安全管理建设时要根据安全保护等级，进行整体规划与安全方案设计，制定相应的安全措施；选用的产品符合国家相关规定，并进行选型测试，确定合格供方；自行软件开发应将开发环境与实际运行物理环境分开，制定软件开发管理制度与代码编写安全规范，在软件开发过程中对安全性能进行测试，在软件安装前对可能存在的恶意代码进行检测，对程序资源库的修改、更新、发布进行授权和批准，严格进行版本控制，对开发活动进行监视和审查；对外包开发的软件交付前进行检测，审核可能存在的后门、隐蔽信道及恶意代码，留存软件源代码、设计文档和使用指南；在工程实施过程中，要授权专门的部门或人员负责工程实施过程的管理，制定安全工程实施方案，通过第三方监理，控制项目实施过程；在验收前要制定测试验收方案，并根据方案实施测试验收，在上线前进行安全性测试；系统交付时对设备、软件和文档逐一清点，提供建设过程运行维护文档，并对运行维护人员进行技能培训。

（5）对于矿山安全生产管理系统的维护，不是单纯的网络安全的维护，往往和设备的机械故障、电气故障关联在一起，由于专业跨度大，需要多个专业人员相互配合，形成机电网一体化的管理模式。针对网络安全管理需要从以下几个方面入手：

① 建立机房安全管理制度，指定专业管理人员，定期维护机房配套设施，管理好各种敏感信息文档与移动介质。

② 建立资产清单，根据资产的价值选择相应的管理措施，并对信息的使用，传输和存储做出规范化管理。

③ 加强各类介质的安全管理，保证存储安全，对传递过程进行有效管控，建立归档目录清单并进行登记和定期盘点。

④ 制定软硬件及相关配套设施的维护管理制度，对相关设备及线路定期维护，做好设备维护管理。对重要数据进行加密处理，对报废或处置设备中的敏感数据与授权进行彻底清除。

⑤ 加强漏洞与风险管理，定期开展安全测评工作，对发现的安全问题及时采取措施。在离线环境中对补丁进行严格的安全评估和测试验证，对通过安全评估和测试验证的补丁及时升级。

⑥ 建立网络与系统相关的安全管理制度，对安全策略、账户管理、配置管理、日志管理、日常操作、系统升级与打补丁、口令更新周期等做出规定。指定专人进行账户管理，对日志、监测和报警数据进行分析统计，及时发现异常行为。

⑦ 提升防范恶意代码意识，建立防病毒和恶意软件入侵管理机制，对工业控制系统及临时接入的设备采取定期扫描病毒和恶意软件、定期更新病毒库、查杀临时接入设备等安全预防措施，避免智能手机等移动终端在广域网与工控网之间共用。

⑧ 根据矿井工业控制系统情况，记录和保存基本配置信息，建立工业控制系统配置清单，做好工业控制网络、工业主机和工业控制设备的安全配置，定期进行配置审计；对

重大配置变更制定变更计划并进行影响分析，配置变更实施前进行严格安全测试。

⑨ 做好备份与恢复管理，对重要的业务信息、系统数据及软件系统进行定期备份，制定备份策略和备份程序、恢复策略与恢复程序。

⑩ 做好重要安全事件的应急预案，对相关人员进行定期培训，进行应急演练，做好安全事件处置工作。

参考文献

[1] 王平，谢昊飞，向敏，等. 工业以太网技术 [M]. 北京：科学出版社，2007.

[2] 彭木根，王文博. TD－SCDMA 移动通信系统 [M]. 3 版. 北京：机械工业出版社，2009.

[3] 张传福，卢辉斌，彭灿，等. 第三代移动通信：WCDMA 技术、应用及演进 [M]. 北京：电子工业出版社，2009.

[4] 程曦. RFID 应用指南：面向用户的应用模式、标准、编码及软硬件选择 [M]. 北京：电子工业出版社，2011.

[5] 齐淑清. 电力线通信（PLC）技术及应用 [M]. 北京：中国电力出版社，2005.

[6] 全国信息安全标准化技术委员会. GB/T 22239—2019 信息安全技术网络安全等级保护基本要求 [S]. 北京：中国标准出版社，2019.

[7] 夏世雄，于励民，郑丰隆. 煤矿通信与信息化 [M]. 徐州：中国矿业大学出版社，2008.

[8] 赵韶刚，李岳梦. LTE－Advanced 宽带移动通信系统 [M]. 北京：人民邮电出版社，2012.

第四章　煤矿大型设备变频调速技术

第一节　变频调速技术概述

变频调速技术建立在电力电子技术、微电子技术、控制技术和计算机技术基础之上，并且随着这些技术的发展而不断完善。20 世纪 80 年代，变频调速技术开始应用，到 20 世纪 90 年代，由于新型电力电子器件，如 IGBT（绝缘栅双极晶体管）与 IGCT（集成门极换向型晶闸管）等的发展、计算机处理技术的发展、先进控制理论和关键技术的应用（如磁场定向矢量控制、直接转矩控制等技术），促进了变频调速技术进一步发展，使变频器在调速范围、驱动能力、调速精度、动态响应、输出性能、功率因数、运行效率等技术指标方面得到了极大提升。变频调速技术可以与直流调速技术相媲美，一些高性能的变频器调速性能甚至超越了直流调速性能。

相对于传统的交流调速技术，变频调速技术具有许多优点：①调速性能好。变频器可视为频率可调的交流电源，变频调速技术是通过改变电机定子电源，从而改变其同步转速的调速方法。变频器具有调速精度高、调速范围宽、调速平滑、效率高等特点。一般情况下，通用变频器的调速范围大于 1：10；矢量控制高性能的变频器调速范围超过 1：1000。②起动电流小、起动转矩大。对于高性能变频器由于其平滑的起动特性，起动时对电网和机械设备的冲击小，延长了设备的使用寿命。③容易实现自动化控制。变频调速系统可以方便地进行电动机起停控制，电动机正反转切换控制，有灵活的可编程与参数设置功能，同时具有远程通信功能，很容易和其他控制设备构成自动控制系统。④具有较好的节能效果。变频器节能通过降低设备转速，从而降低功耗实现节能，尤其是对水泵、风机类工业负载，利用变频调速技术控制可以替代传统调节阀门和挡板控制流量、风量，节能效果非常明显。

变频调速技术不仅具有上述优点，而且与直流调速技术相比，变频调速技术有结构简单、占地面积小、便于维护等特点，使变频调速技术在各行业得到了快速推广应用，其应用范围也越来越广。在工业生产中如水泵、风机、压缩机等需要进行调速控制的设备应用较为普遍。在电力、冶金、煤炭、化工、造纸、轧钢、水泥、机床等传统工业改造中也发挥了积极作用。在煤炭生产领域，变频调速技术已应用于带式输送机、提升机、主要通风机、空压机、采煤机、煤矿供热、供水、矿井污水处理等各种设备的调速控制。特别是近年来高压防爆变频器与三电平防爆变频器的成功研发，使变频器在煤矿中的应用更为广泛。变频调速技术在煤矿自动化应用过程中，不仅具有很好的节能效果，而且优化了设备运行参数，延长了设备使用寿命，提高了煤矿大型设备控制的安全性和可靠性。

随着现代控制理论的发展，人工智能、自适应控制等控制策略的应用，变频调速技术将更加智能化、网络化，其在智能矿山建设中的应用前景将更为广阔。

第二节　变频器基本原理与构成

迄今为止，在中小容量变频器中应用得最广泛的是“交－直－交”变频器，其原理框图如图4－1所示，变频器内部主体电路主要由整流电路、直流中间电路、逆变电路和控制电路，以及有关的辅助电路组成。

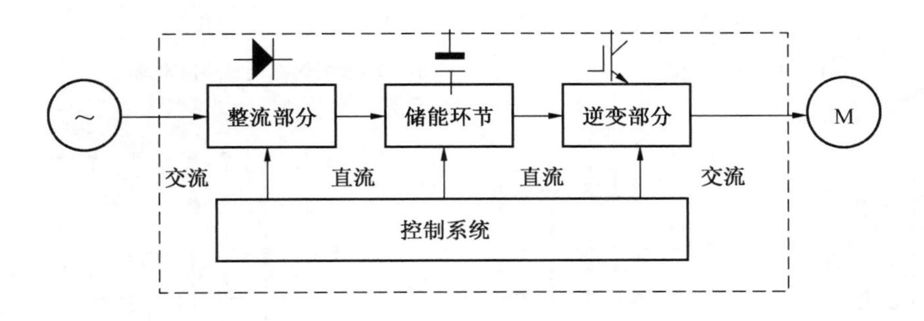

图4－1　变频器原理框图

一、整流电路

整流电路的作用主要是对交流电源进行整流，对控制电路和逆变电路提供所需要的电源。在电压型变频器中，整流电路的作用相当于一个直流电压源；而在电流型变频器中，整流电路的作用相当于一个直流电流源。根据所用整流元器件的不同，变频器中常用的整流电路可分为三相不可控二极管整流电路、带斩波器的二极管整流电路、三相半控型晶闸管整流电路、晶体管和IGBT器件全控型整流电路。其电路结构如图4－2所示。

其中，二极管整流电路主要用于PWM变频器，直流电压经中间电路的电容进行滤波后送至逆变电路。由于二极管不具有开关功能，所以输出电压决定于电源电压幅值；带斩波器的二极管整流电路用于电压型PAM方式的变频器，通过控制斩波器功率三极管的开通时间，达到调节整流电路输出电压的目的。图4－2中斩波电路其他器件用于维持输出直流电压的连续和平稳；晶闸管整流电路通过控制晶闸管的通断角度改变输出电压的幅值，这种整流电路分为单向型和双向型两种。单向型可以用于电压型和电流型变频器，双向型主要用于电流型变频器；晶体管和IGBT器件整流电路主要用于PWM控制电压型变频器，与二极管整流电路相比，具有如下特点：

（1）能够抑制输出直流电压的波动。

（2）输出交流电源的电流高次谐波成分小。

（3）通过控制电流的相位，提高功率因数。

（4）将逆变回馈直流侧的电能还送给交流电网。

上述三相桥式整流电路，输出电压波形的一个周期有6个峰波，其高次谐波分量较大，对于大容量变频器，将导致网侧电压的波形发生畸变，从而对电网形成“污染”。目前，较大容量的变频器大多采用十二脉波整流电路，即输入整流电路交流电源，分别取自

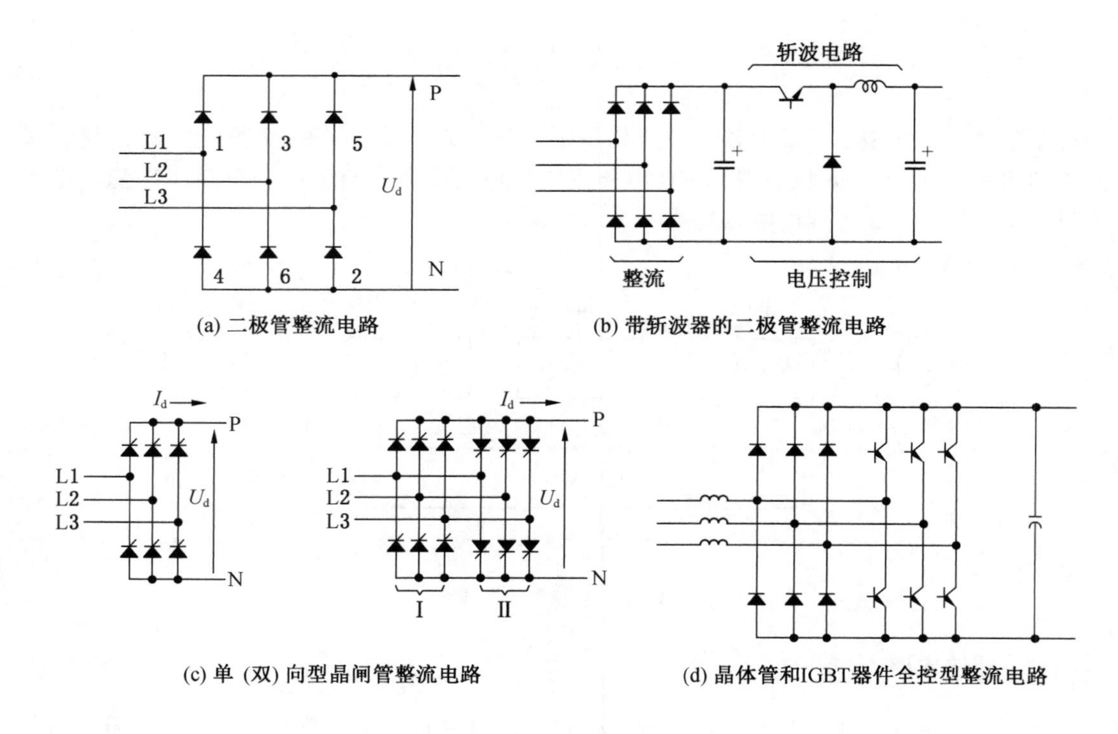

(a) 二极管整流电路

(b) 带斩波器的二极管整流电路

(c) 单（双）向型晶闸管整流电路

(d) 晶体管和IGBT器件全控型整流电路

图 4－2　变频器整流电路结构

整流变压器的二次侧不同绕组，其中一个接成 Y 形，一个接成△形。这样，△形接法的电压相量和 Y 形接法的电压相量之间，互差 30°的电角度，两组交流电源各接入一组桥式整流电路，两组电路合成后输出电压波形为 12 个波峰，对于输入电网电流波形已十分接近正弦波。有关资料显示，六脉波整流时，输入电流的畸变率为 88%，十二脉波整流时，输入电流的畸变率只有 12%。十二脉波整流电路结构如图 4－3 所示。

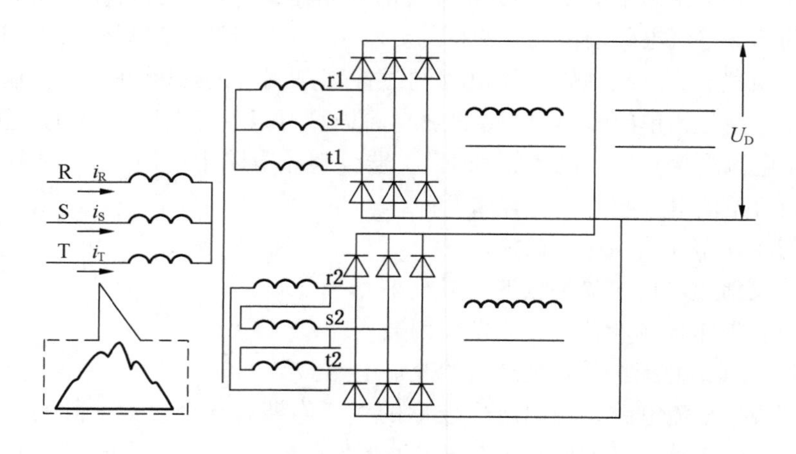

图 4－3　十二脉波整流电路结构

二、直流中间电路

直流中间电路也称为平滑电路。由于整流电路所输出的直流电压或直流电流属于脉冲电压和电流，这种脉冲电压或电流中含有交流电源频率6倍的电压或电流纹波；其次，变频器逆变电路也因为输出和载频等原因而产生纹波电压和电流，并影响直流电压或电流的质量。此外，变频器的负载通常为感性的交流电动机，不论电动机处于电动状态还是发电状态，在直流滤波电路和电动机之间，也会有无功功率交换，这种无功能量靠直流中间电路的储能元件来缓冲。因此，为了减小直流电压和电流的波动，保证逆变电路和控制电源得到较高质量的直流电压或电流，必须对整流电路的输出进行平滑、滤波。通用变频器直流中间电路采用电解电容，且通过并联和串联等方式构成电容器组，得到所需的耐压值和容量值，起到平滑和滤波的作用，这就是直流中间电路的作用，直流中间电路如图4－4所示。

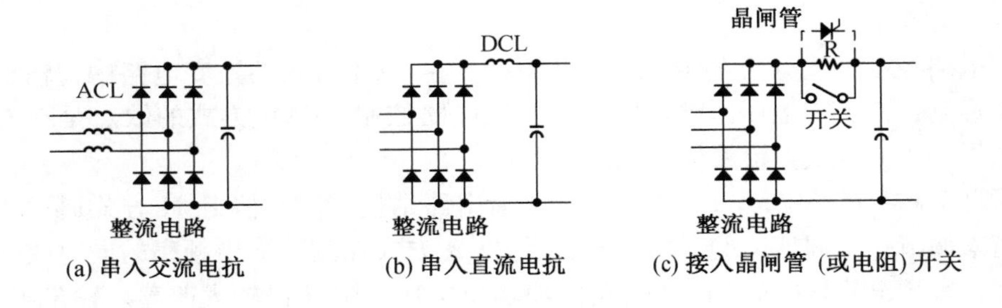

图4－4　直流中间电路

利用电容电压不能突变原理，在电源接通时电容器中流过较大的充电电流（浪涌电流），当采用二极管整流电路时，有烧坏二极管和影响其他装置正常运行的可能，所以必须采取相应措施，通常有以下几种平滑电压、电流波动和滤波方法：

（1）在交流电源和整流电路之间串入交流电抗。

（2）在整流电路和电容器之间串入直流电抗。

（3）在整流电路和电容器之间接入晶闸管或电阻和开关。

由于受到电解电容的容量和耐压能力的限制，滤波电路通常由若干个电容器并联成一组。考虑到电解电容器的电容量有较大的离散性，导致各电容器组承受电压不相等，使承受电压较高一侧电容器组易损坏，在两个电容器组旁并联一个阻值相等的均压电阻。

三、逆变电路

逆变电路是变频器最主要的部分之一，逆变电路的输出就是变频器的输出。它在控制电路的控制下将直流中间电路的直流电压（电流）转换为所需频率的交流电压（电流），实现对交流电动机的调速控制。逆变电路分为电压型和电流型两种，逆变电路因其使用的开关方式和半导体换流器件的种类不同而不同。以下介绍常用的逆变电路基本结构及其特点。

1. 电压型逆变电路

直流侧接入电压源或并接大电容的电路称为电压型逆变电路，如图 4－5 所示。它分为晶体管方式和 GTO 晶闸管方式两种逆变电路，两种逆变电路的工作原理基本相同，主要区别是前者需要基极驱动信号，而后者需要门极驱动信号。

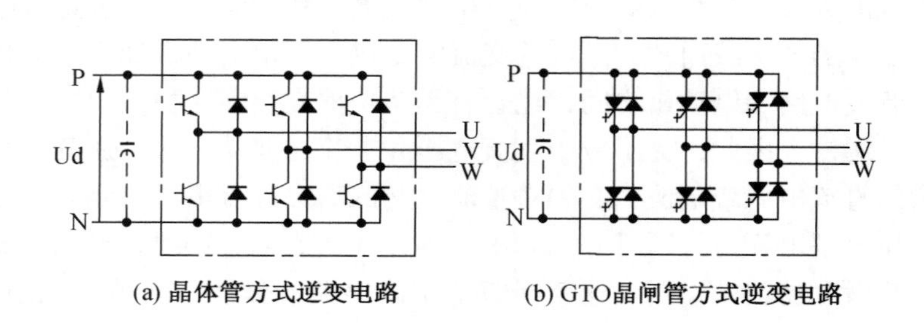

图 4－5　电压型逆变电路

逆变电路控制方式分为 PAM 和 PWM 两种。在 PAM 方式的逆变电路中，输出频率由逆变电路控制，而直流电压由整流电路或斩波电路控制。PAM 方式的缺点是在输出波形的每一个周期中有 6 次电流峰值，电流波形较差。

电压型 PWM 方式与 PAM 方式相比，二者电路结构相同，但 PAM 方式通过改变输出电压幅值来调节一个周期内的平均电压，而 PWM 方式在改变输出频率的同时改变输出电压。因此，采用 PWM 方式的逆变电路能使输出电压波形获得较大改善。输出电压 PWM 波形为二电平，即直流电路正端器件导通，输出电压为高电平，反之为低电平。

2. 电流型逆变电路

直流侧接入电流源或串接有电抗器的电路称为电流型逆变电路。由于晶闸管具有过电流能力强的特点，对于大容量变频器多采用晶闸管的逆变电路，晶闸管换流时必须通过外部电路才能切断晶闸管的通断。为了保证逆变电路可靠换流，在各晶闸管间接有电容器，图 4－6 是一个典型的三相电流型晶闸管逆变电路。

3. 逆变电路特点

尽管不同的变频器的逆变电路及其特性各不相同，但逆变电路具有以下共同点：

（1）中小容量的变频器多采用 PWM 控制方式的逆变电路，换流器件为功率晶体管、MOSFET 或 IGBT。

（2）输出频率高的变频器较多采用带 PAM 斩波方式的逆变电路。

（3）在中大容量的变频器中采用 PWM 控制方式的 GTO 晶闸管逆变电路逐渐成为主流。

（4）对于高速、高精度的矢量控制变频器，多采用 PWM 控制方式的晶体管逆变电路或电流型晶闸管逆变电路。

4. 三电平逆变电路

近年来，有些公司推出了三电平变频器，在改善输出电流波形、减少对外界的干扰方面，都取得了较好效果。

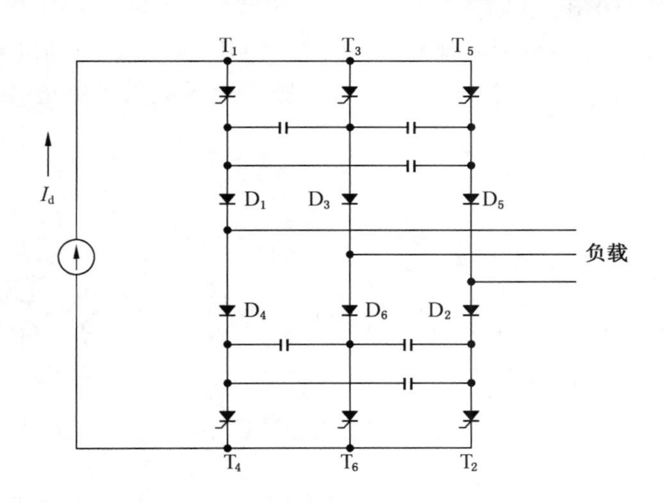

图 4-6 三相电流型晶闸管逆变电路

三电平逆变电路，也称为中心点箝位逆变电路，其构成如图 4-7 所示。其特点为逆变电路由 12 个开关器件 V1 ~ V12 构成，每个桥臂有 4 个开关器件，每个桥臂中间的两个开关器件被二极管箝位于两组电容的中心点（零电平点）。电路工作时，直流电路的正端为高电平（$+U_D/2$），直流电路的负端为低电平（$-U_D/2$）；两组互相串联的滤波电容器的中心点为零电平。

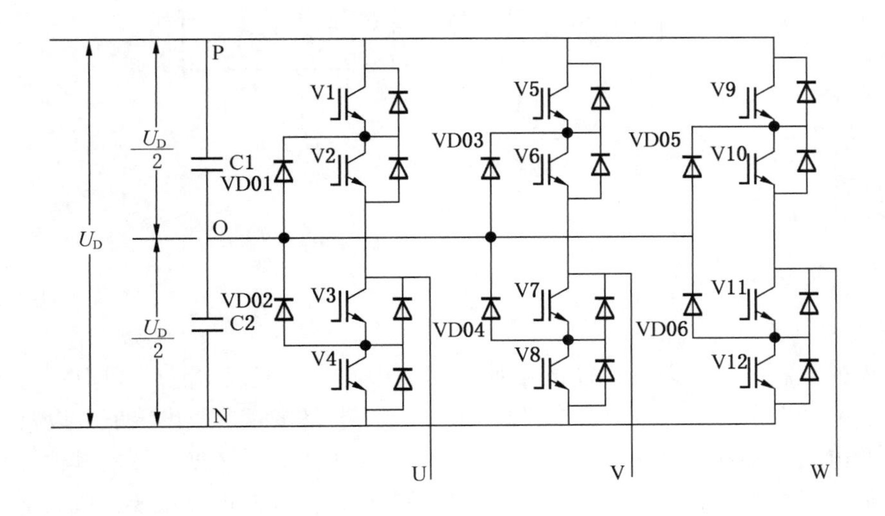

图 4-7 三电平逆变电路

四、控制电路

变频器的控制电路为其主电路中整流、逆变部分的控制器件提供驱动信号。控制电路的作用是根据变频器的控制方式，产生压频（V/f）或电流控制时需要的基极驱动信号或门极驱动信号。另外，变频器的控制电路还包括对电压、电流、电动机速度信号的检测电路，为变频器和电动机提供保护电路，为数字操作面板提供控制电路和对外接口电路（图4－8）。

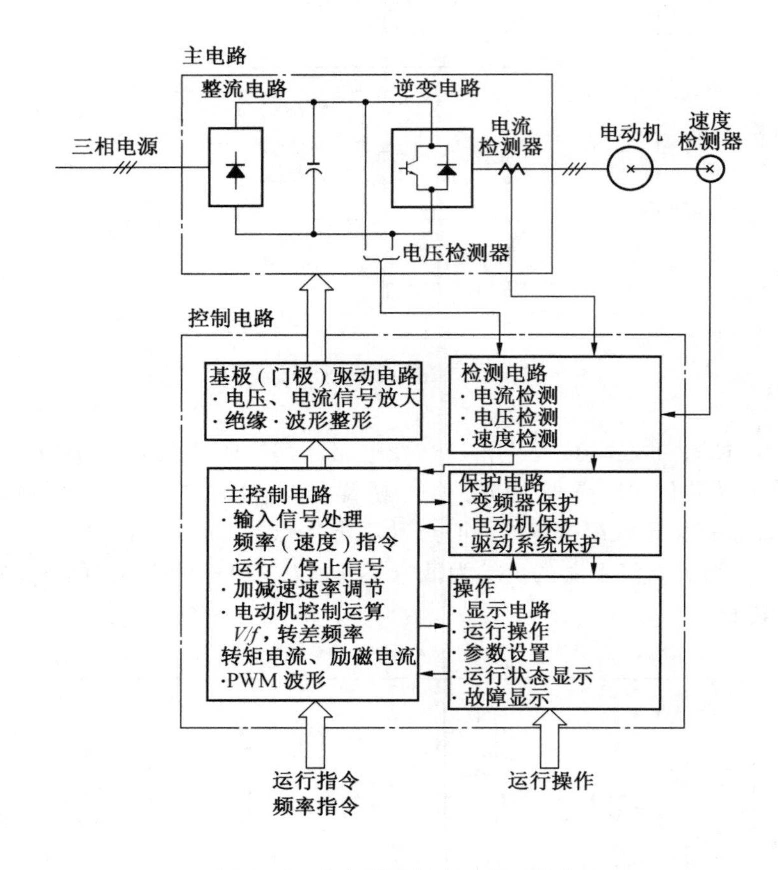

图4－8 变频器控制电路基本结构

1. 主控制电路

变频器的控制电路是以高性能的微处理器为中心，且配以 RAM、PROM、ASIC 芯片及其他必要的辅助电路。它通过 D/A 和 A/D 等接口电路接收参数设定值，以及外部接口电路和检测电路的各种检测信号，通过程序进行必要处理，并为变频器的其他部分提供各种需要的显示信息和控制信号。例如，通用变频器中的主控制电路主要完成以下任务：

（1）运算处理。在变频器中，各种算法已经存储在控制电路的 PROM 中，且在工作过程中可调用。在转差频率控制和矢量控制时，根据相应的控制方式进行必要运算，然后输出相应的电压信号；在进行 V/f 控制时，运算电路将输出与加减速调节器输出信号相对应的电压信号。另外，运算电路还可以进行和保护功能有关的各种计算，并根据需要输出相应的保护信号，为变频器或电动机提供保护。

（2）输入信号处理。变频器的输入信号包括运行、正转、反转、停止和频率（或速度）指令信号。运行、正转、反转、停止，以及保护电路的复位信号等通常采取光耦绝缘方式送入微处理器。另外，模拟量信号经过 A/D 转换为数字信号后也送入微处理器。

（3）加减速调节。变频器加减速外部设定指令一般是阶跃式突变信号。为了使变频器及电机驱动系统能够适应这样的突变信号，在变频器电流突变时减少机械系统所受冲击，这就要求变频器具有自动将阶跃信号类的突变信号转换为变化较小的频率（速度）指令的功能。这就是变频器的加减速速率调节功能。

（4）PWM 波形的生成与计算。在 PWM 控制的变频器中，PWM 波的生成有两种方式：一种是利用 GAL 或 PAL 专用芯片生成，另一种是由 CPU 软件算法生成。随着变频器采用的 CPU 性能的提高，软件算法方式已成为应用中主流。

随着半导体技术的发展，新型变频器的主控制电路以高性能微处理器及 DDC 控制方式为主流，不仅提高了变频器的控制性能，还增强了变频器的功能和可靠性。各大变频器厂家为了使变频器具有特殊功能，以满足各种特殊的需求，都已研制开发出自己专用的 ASIC 芯片。这些芯片将变频器所需要的各种功能都集中在一起，从而达到减小体积，增强功能的目的，提高了变频器的可靠性。此外，有些高性能矢量控制型变频器中还采用了双 CPU 控制，其中一个 CPU 专门用于矢量控制所需的各种计算，进一步提高了变频器的控制能力。

2. 主电路驱动电路

一般情况下，变频器的主电路驱动电路是指逆变器的门极或基极驱动电路，对具有能量回馈功能的变频器来说，主电路驱动电路也包括整流电路的控制电路。驱动电路的主要作用是为逆变器功率模块换流提供驱动信号。当逆变器的功率模块为晶闸管、IGBT 或 GTO 时，驱动电路称为门极驱动电路，而当逆变器的功率模块为晶体管时，驱动电路称为基极驱动电路。门极或基极驱动电路的功能和动作因主电路的换流器件不同而不同，且具有如下特点：

（1）晶闸管电子器件没有自我关断的功能，因此门极驱动电路比较简单。

（2）对于功率 MOSFET、IGBT 和功率晶体管来说，为了快速关断换流器件，需要设置施加反向电压（电流）的回路。

（3）对于 GTO 来说，关断换流器件时需要为门极提供反向电流，所以电路较复杂。

3. 信号检测电路

变频器检测电路的作用主要是将变频器及电动机的工作状况反馈至控制中心微处理器，并由微处理器按事先编写的算法进行计算，然后为各控制保护电路发出相应的控制和保护信号，达到控制变频器输出、为变频器及电动机提供必要的保护的目的。

在通用的变频器中，检测电路包括输出电压检测、输出电流检测、中间直流电压检测，以及对变频器和电动机提供热保护的温度检测等电路。在高精度矢量控制变频器中不仅有上述检测电路，而且还有磁通检测、速度检测等电路。

无论是交流信号还是直流信号，霍尔元件都有线性度很好的检测输出信号，可以提高变频器精度控制，所以在电压和电流检测方面主要使用霍尔元件作为检测器件。

变频器的温度保护检测包括变频器本身的异常温升检测和电动机转子电阻的温度检测。变频器散热片的温升检测主要使用双金属片式的热传感器，可以实现变频器因过载温升异常时对逆变器中的功率模块进行保护。电动机转子电阻的温度变化主要使用热敏电阻进行检测，由于热敏电阻可以检测温度连续变化，所以可以根据检测结果进行相应补偿。

在转速检测方面，主要采用磁码盘或光码盘进行检测，并通过算法处理得到电动机的实际转速。

4. 保护电路

变频器都具有较完善的保护功能，通常包括：

（1）过电流保护功能。对于外部故障引起过电流，如电动机堵转、变频器输出侧短路、接地等。运行过电流，如加减速时间过短引起的过电流，电动机遇到冲击负载引起的过电流等。

（2）过载保护功能。对电动机进行过载保护，主要依据温升不应超过其额定值。利用变频器自配电子热保护装置，通过“电流取用比”设置在不同运行频率下有不同的保护曲线。

（3）过（欠）电压保护功能。变频器利用自身功能对电网电源过电压及对降速过程中产生的过电压进行处理。

变频器产生欠电压的原因大致分为：电源电压过低或缺相、整流桥损坏、整流后的限流电阻未切除。对于电源欠电压利用自身功能进行调整，对于其他情况，则必须跳闸进行保护。

（4）其他保护功能。利用温度检测环节，当变频器内部模块（如逆变模块）过热时，实施跳闸保护；软件自检保护，当软件系统运算出现错误时，立即跳闸。接受外部故障信号的保护，一旦输入控制端中 1 ~ 2 个专门接收外部故障信号的端子接收到故障信号时，立即跳闸。

5. 对外接口电路

对外接口电路的作用是用户能够根据不同控制系统的需要对变频器进行各种操作，并与其他电路构成高性能的自动控制系统。

变频器的对外接口电路主要包括以下内容：

（1）开关信号输入、输出电路。

（2）运行频率输入电路。

（3）状态监测信号电路。

（4）顺序控制指令输入电路。

6. 操作显示面板

操作显示面板的作用是为用户提供一个人机界面，使控制系统和变频器的操作及故障检测等变得更加简单。随着微处理器性能的提高和显示技术的发展，用户可以根据系统运行的需要，利用操作显示面板进行各种参数设定，同时也能对系统进行各种运行和停止操作，监测变频器的运行状态、显示故障及发生顺序等。

操作显示面板的主要功能如下：

（1）设定变频器参数。用户通过操作显示面板来选择所需要的功能和设定系统的各种参数。尽管不同厂家变频器内部参数的定义各不相同，但一般情况下，变频器参数可以分为两大类：

① 与变频器工作方式相关的参数，如 PWM 载频频率的设定和 V/f 模式的设定、加减速时间的设定、转矩提升功能等控制参数的设定。

② 与功能选择和运行环境有关的参数。通过设定这类参数，可以选择是否进行过转矩检测、S 型加减速控制和防失速功能等。

（2）变频器运行操作。变频器运行操作包括点动、正/反转、运行/停止、输出频率设定等内容，这些操作既可以通过变频器的操作显示面板进行，也可以通过外部给定的顺序控制信号进行。

（3）变频器运行状态监测。操作显示面板可以显示变频器的运行/停止、输出电流指令、实际输出电流及输出电压、频率给定指令及实际输出频率等各种信号，实时反映变频器的运行状态。

（4）显示和记录故障内容。当变频器保护功能动作后，用户可以通过操作显示面板查巡故障内容及其发生顺序，并根据这些信息分析和排除故障。

图 4－9 为变频器内部结构原理。

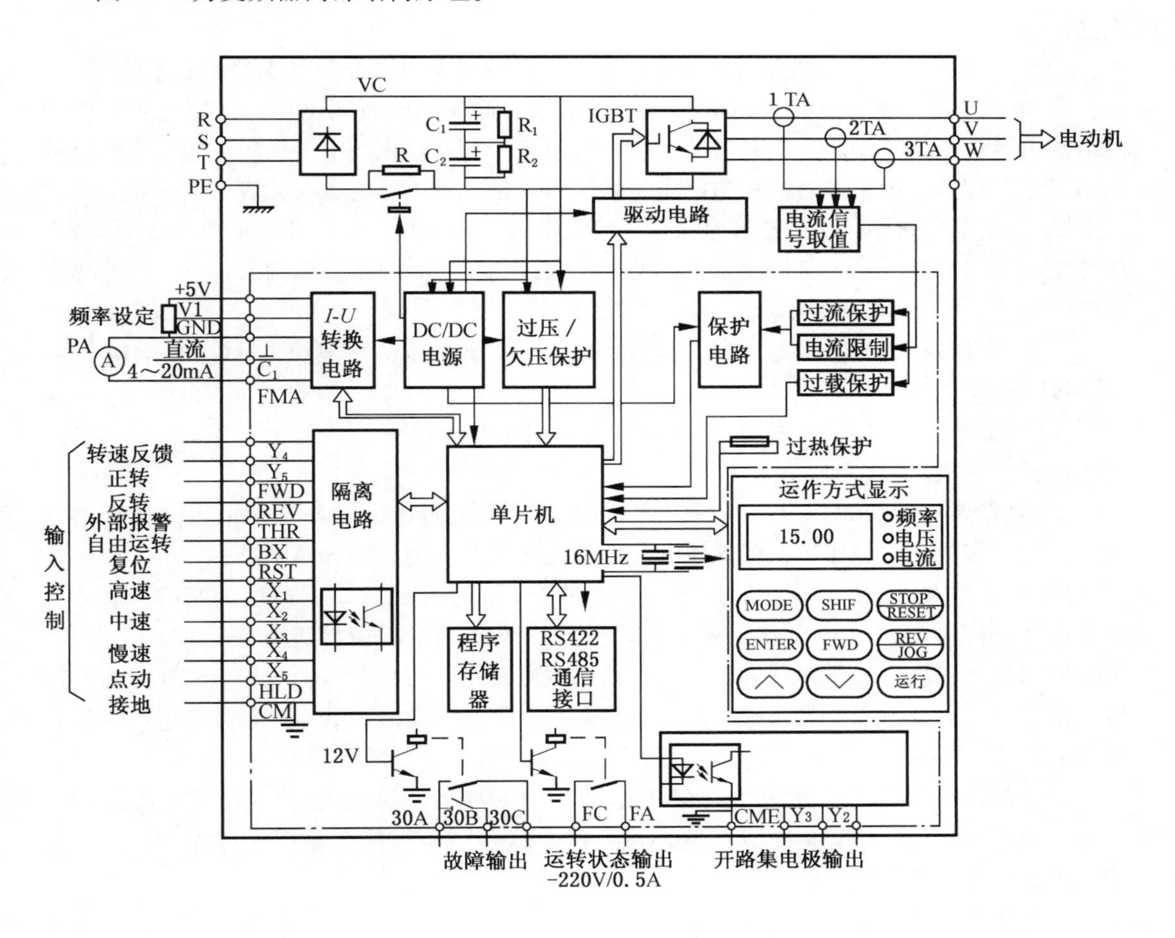

图 4－9　变频器内部结构原理

第三节　变 频 器 分 类

变频器的种类很多，下面根据不同的分类方法对变频器进行简单介绍。

1. 按电路构成分类

按照电路构成，变频器分为交－交变频器和交－直－交变频器。

1）交－交变频器

它是将工频交流电直接变换成频率连续可调的交流，又称为直接变频器。其优点是没有中间环节，变换效率高。但其连续可调的频率范围窄，所用器件多，应用受到限制。

2）交－直－交变频器

它是将工频交流电经整流器后变成直流电，再经过逆变电路变换成频率、电压连续可调的三相交流电，又称为间接式变频器。由于把直流电逆变成交流电较易控制，在频率调节范围及变频后特性改善方面，都具有明显优势，目前应用最多的变频器均属于交－直－交变频器。

（1）按照直流环节的储能方式，交－直－交变频器又可以分为电压型和电流型两种。

① 电压型变频器。通过整流电路产生逆变电路所需要的直流电压，并通过直流中间环节的电容进行滤波储能，负载的无功功率将由它来缓冲。直流电压比较平稳，直流电源内阻较小，相当于电压源，故称为电压型变频器，常用于负载电压变化较大的场合。

② 电流型变频器。通过整流电路产生直流电流，通过直流中间环节的电感进行储能，缓冲无功功率。同时又扼制电流变化，使电压接近正弦波，由于直流内阻较大，故称为电流型变频器，常用于负载电流变化较大的场合。

（2）按照调压方式，交－直－交变频器可以分为脉幅调制（PAM）和脉宽调制（PWM）两种。

① 脉幅调制（PAM）。变频器输出电压的大小是通过改变直流电压来实现的，这种方法现已很少采用。

② 脉宽调制（PWM）。变频器输出电压的大小是通过改变输出脉冲的占空比来实现的。应用最多的是占空比按正弦规律变化的正弦波脉宽调制，即 SPWM 方式。

PWM 控制方式中，逆变电路的半导体器件的开关频率比较高，通过改变输出脉冲的宽度以达到控制电压（或电流）的目的，使输出电压的平均值接近于正弦波。一方面，可以减少高次谐波带来的不良影响，使电动机输出转矩波动小，异步电动机调速运行时能够更加平稳；另一方面，具有可以改变变频器载波频率的功能，从而达到降低电动机运转噪声的目的。除此之外，PWM 控制电路具有结构简单、成本低等特点。

对于高载频 PWM 控制方式，实际上是对 PWM 控制方式的改进，将载频提高到 10～20 kHz 以上，从而达到降低电动机噪声的目的。这种控制方式主要用于低噪声型的变频器，也是今后变频器的发展方向。

2. 按控制方式分类

控制方式，通常就是变频器中逆变电路的控制方式。按照控制方式对变频器进行分类，变频器可以分为变压变频（V/f）、矢量控制（VC）、转差频率和直接转矩控制（DTC）。

1）V/f 控制

V/f 控制又称为变压变频（VVVF）控制，使变频器的输出在改变频率的同时也改变电压。由电机学原理可知，三相异步电动机定子绕组的电压表达式为

$$U_1 \approx E_1 = kf\phi_m$$

式中　$U_1(E_1)$——定子绕组电压（反电势）；

k——与定子绕组结构有关的等效常数；

ϕ_m——电动机每极气隙磁通；

f——工频电源频率。

为了使电动机能保持较好的运行性能，必须保持每极磁通不变。这样，使 V/f 比为常数，保证在较宽的调速范围内，电动机的转矩、效率、功率因数不下降。这种方式称为恒压频比控制，它是一种比较简单的控制方式，多用于对控制精度要求不太高的通用变频器，主要用于风机、空调、泵类机械的节能运转及生产流水线的工作台传动等。

2）转差频率控制

转差频率是施加于电动机的交流频率与电动机速度的差频率，转差频率控制通过控制转差频率来控制转矩和电流。其实现思想是：通过检测电动机的实际转速，根据设定频率与实际频率的差对输出频率进行连续调节，从而使输出频率始终满足电动机设定转速的要求。其基本结构是：转速闭环控制系统。与 V/f 控制方式相比，它具有较高的速度精度和较好的转矩特性，适用于负载变化较大的场合。其缺点是需要在电动机上安装速度传感器，并需要根据电动机的特性调节转差，所以通常用于厂家指定的专用电动机，通用性较差。

3）矢量控制

矢量控制也称为磁场定向控制。它是 20 世纪 70 年代由欧美人提出来的。矢量控制通过控制变频器输出电流的大小、频率及相位，以维持电动机内部的磁通为设定值，产生所需的转矩，即将异步电动机的定子电流分为励磁分量的电流和转矩分量的电流，并分别加以控制。由于这种控制方式必须同时控制异步电动机定子电流的幅值和相位，所以这种控制方式称为矢量控制方式，也是性能较高变频器多采用的控制方式。图 4－10 为矢量控制示意图。图 4－10 中 i_T^*、i_M^* 为等效异步电动机定子电流直流励磁分量和转矩分量；i_α^*、i_β^* 为交/直变换后两相交流信号；i_A^*、i_B^*、i_C^* 为二相/三相变换后三相交流控制信号。

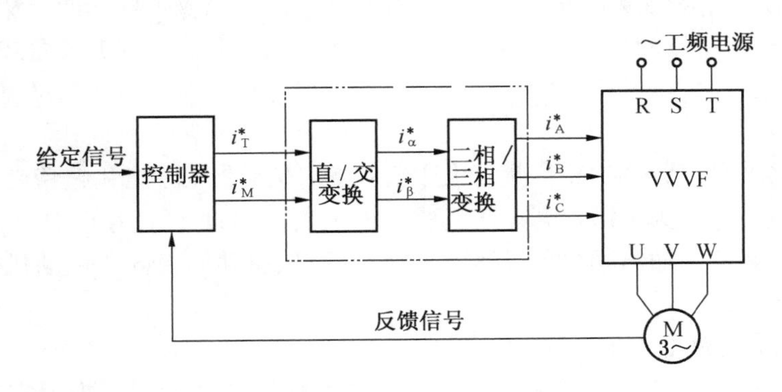

图 4－10　矢量控制示意图

矢量控制时需要准确地掌握电动机的相关参数，过去这种控制方式主要适用于专用变频电动机的场所。随着调速控制理论和技术的发展，以及在变频器中的成功应用，使变频器可以自动地对电动机的参数进行辨识，并根据辨识结果调整控制算法中的相关参数，使得对普通异步电动机进行有效的矢量控制成为可能。在新型矢量控制变频器中还增加了自调整（Auto – tuning）功能，采用这种控制方式的调速系统可以获得直流调速系统的动态性能。

4）直接转矩控制

20 世纪 80 年代 ABB 公司发明的直接转矩控制变频器在很大程度上解决了矢量控制的不足。该设备不需要在电动机轴上安装速度传感器来反馈转子位置信号，它不是通过控制电流、磁通等量间接控制转矩，而是利用空间矢量的分析方法，直接对逆变器的开关状态进行最佳控制，以获得转矩的高动态性能，并能在零转速时产生满载转矩。

3. 按用途分类

按用途分类，变频器可以分为通用变频器、高性能专用变频器、高频变频器及矿用防爆变频器。

1）通用变频器

通用变频器可以对普通的交流电动机进行调速控制。通用变频器又分为简易型和高性能多功能两种。

简易型通用变频器是一种以节能为主要目的而削减了一些功能的变频器。其主要应用于风机、水泵等系统，对调速的性能要求不高，并具有价格低、体积小等优势。

为了满足应用中可能出现的各种需求，高性能多功能通用变频器在系统软件和硬件方面做了相应调整。使用时，用户可以根据需求选择变频器厂家提供的各种选件，也可以根据负载特性对变频器的各种参数进行相应设定和选择相关算法以满足系统的特殊需要。它不仅可以应用于简易型的所有应用领域，还可以广泛应用于升降系统、传送系统，以及各种电动车辆、机床等对调速性能和功能有较高要求的场合。

2）高性能专用变频器

随着电力电子技术、交流调速理论和控制理论的发展，异步电动机的矢量控制也得到了充分发展。例如，在机床驱动专用的高性能变频器中，变频器的主电路、各种接口控制电路和回馈制动电路等被做成一体，便于和数控装置配合完成各种功能，从而达到缩小体积和降低成本的要求。在纤维机械驱动方面，变频器设计成简单的拆装盒式结构，便于大系统的维修、保养。

3）高频变频器

高频变频器就是变频器的输出频率大于工频 50 Hz。在高性能和超精密加工机械驱动中常用于高速电动机，为了满足高速电机驱动的需要，出现了采用 PAM 控制方式的高频变频器。这类变频器的输出频率可以达到 3 kHz，所以驱动两极异步电动机时最高转速可以达到 180000 r/min。

4）矿用防爆变频器

矿用防爆变频器就是应用于煤矿井下具有防爆功能的变频器。为了实现矿山安全生产、提质增率、降低能耗，国家对防爆行业的技术升级改造十分重视。进入 21 世纪以来，防爆行业的技术发展日新月异，矿用防爆变频器的应用也日趋广泛。

第四节　变 频 器 选 型

在工程实际应用中，变频器选型是经常遇到的问题，涉及变频器类型选择、容量选择、外围设备选择等。本节将从工程实用角度对其进行介绍。

一、变频器类型选择

变频器类型选择，主要针对通用型、专用型及防爆型变频器选择。

1. 通用型变频器

通用型变频器一般采用闭环控制方式，动态响应速度相对较慢，电动机高速运转时也可以满足设备恒功率的运行特性，但低速时难以满足。按其应用场所分为简易通用型变频器、多功能通用型变频器和高性能通用型变频器。

（1）简易通用型变频器。一般采用 V/f 控制方式，主要为风机、水泵等负载配套，其节能效果显著，成本较低。另外，为配合真空泵、空调、喷涌等，以低成本、小型化为目的的机电一体化专用变频器也逐渐增多。

（2）多功能通用变频器。随着工业领域自动化的不断发展，升降机、自动仓库、搬运系统等的高效率化、低成本化，以及小型机床、纺织机械、挤压成形机及胶片机等的高效率化、高速化、高精密化已日趋重要，多功能通用变频器主要适用于这些要求的驱动装置。

（3）高性能通用变频器。经过多年的发展，矢量控制的参数自调整及数字化功能的引入，使变频器自适应功能更加完善，特别是无速度传感器矢量控制技术的实用化，使得在通用变频器中采用高性能矢量控制方式成为可能。在挤压成形机、造纸设备、电线、钢铁企业的流水线处理和塑料胶片设备制造等的加工中，矢量控制的变频器已大量取代直流电机驱动。

2. 专用变频器

针对工业某种机械拖动的特点，变频器具有某种特有功能。

3. 防爆变频器

防爆变频器将变频器安装在防爆箱体内组成变频调速装置，主要适用于甲烷和煤尘爆炸环境的煤矿井下，或其他含有爆炸性气体的场所。防爆变频器主要用于井下提升绞车、带式输送机、刮板输送机、风机、水泵等负载。

二、变频器容量选择

变频器容量选定由很多因素决定，如电动机容量、电动机额定电流、加减速时间等，其中最基本的是电动机电流。下面分不同情况，对如何选定通用型变频器容量做简单介绍。

（1）驱动单台电动机。对于连续运行的变频器必须同时满足表 4－1 中相关要求。

表4-1　驱动单台电动机变频器容量选择

要　　求	算　　式
电动机容量	$k\times\sqrt{3}V_EI_E\times10^{-3}\leqslant$变频器容量（kV·A）
负载输出	$\frac{kP_M}{\eta\cos\varphi}\leqslant$变频器容量（kV·A）
电动机电流	$kI_E\leqslant$变频器额定电流（A）

注：V_E—电动机额定电压，V；I_E—电动机额定电流，A；P_M—负载要求的电动机轴输出，kW；η—电动机效率（通常约0.85）；$\cos\varphi$—电动机功率因数（通常约0.75）；k—电流波形修正系数，PWM方式变频器1.05～1.1。

（2）驱动多台电动机。当变频器同时驱动多台电动机时，要保证变频器的额定输出电流大于所有电动机额定电流的总和，要求满足表4-2要求。

表4-2　驱动多台电动机变频器容量选择

要　求	算式（过载能力150%，1 min）	
	电动机加速时间小于1 min	电动机加速时间大于1 min
驱动时容量	$P_{C1}\left[1+\frac{N_s}{N_T}(k_s-1)\right]\leqslant1.5\times$变频器容量（kV·A）	$P_{C1}\left[1+\frac{N_s}{N_T}(k_s-1)\right]\leqslant$变频器容量（kV·A）
电动机电流	$N_TI_E\left[1+\frac{N_s}{N_T}(k_s-1)\right]\leqslant1.5\times$变频器额定电流（A）	$N_TI_E\left[1+\frac{N_s}{N_T}(k_s-1)\right]\leqslant$变频器额定电流（A）

注：P_{C1}—连续容量，kV·A；N_T—并列电动机台数；I_E—电动机额定电流，A；N_s—电动机同时起动台数；k_s—电动机起动电流/电动机额定电流。

（3）指定起动加速时间。一般情况下，在变频器过载能力以内进行加减速。如果对加速有特殊要求，须事先核算变频器的容量是否能够满足所要求的加速时间，如不能应加大一挡变频器容量。在急剧加减速时，利用失速控制功能避免变频器跳闸，这种做法会延长加减速时间。

为了更好地理解变频器驱动系统的加速原理，以恒转矩为例说明电动机采用大容量供电电网时的加速情况。由于大容量供电电网电源容量很大，频率一定，可为电动机提供足够的电流。电动机起动时从转差率为1开始加速，起动电流为额定电流的4～7倍。由于电流与转矩成正比，所以电磁转矩T_M远大于负载转矩T_L，起动时间较短。如果起动电流大，对生产机械冲击和振动都比较大，影响设备的使用寿命。

对于变频器驱动，可通过降低起动频率来减小起动电流。变频器输出的最大电流短时不超过额定电流的2倍，通常超过额定电流的1.5倍时变频器就会进行过流保护或防失速保护而停止加速，并且在低频时会存在散热问题，因此电动机输出的转矩应小于额定转矩。V/f控制的变频器使用转矩补偿功能，其起动转矩也不会超过额定转矩的1.3倍，故加速时间较长。

为了保证加速时不受过流或防失速保护的影响，应适当增大变频器容量。但是，由于起动时输出频率较低，电动机的转矩增大幅度有限，因此，应同时适度加大电动机容量。

三、变频器外围设备选择

变频器外围设备是指配电变压器、控制电气开关、进线电抗器、直流电抗器、制动单元等，可根据变频器相关配套资料说明书选择。

第五节　煤矿防爆变频器

由于煤矿井下有易燃易爆气体和粉尘，环境特殊，通用变频器不能在井下应用，在煤矿井下应用的变频器必须具有防爆、防尘功能。近年来，随着变频技术及防爆散热技术的发展，应用于煤矿井下的防爆变频器技术也在不断完善，矿用防爆变频器在煤矿井下的应用越来越多。

一、煤矿防爆变频器设计要求

（1）防爆要求：防爆变频器整体设计要符合《爆炸性环境　第1部分：设备　通用要求》（GB 3836.1—2010）的要求。

（2）电压等级要求：煤矿井下防爆变频器电压等级要符合煤矿井下电源电压等级要求。目前我国煤矿井下防爆变频器电压等级主要有交流660 V、1140 V、3300 V、6 kV、10 kV。变频器电压等级的选择与受电设备功率大小有关，也与井下供电环境条件有关，在实际选型设计时要考虑多方面因素。

（3）电磁兼容性要求：由于井下空间有限，设备较多，强电、弱电线路不能分开布置，容易产生电磁干扰，所以在防爆变频器设计和应用时必须考虑电磁兼容性设计，应满足《调速电气传动系统　第3部分：电磁兼容性要求及其特定的试验方法》（GB 12668.3—2012）的要求。

（4）其他要求：如防爆变频器的散热、防尘、防震、稳定性与可靠性等要求。

二、矿用隔爆兼本安型变频器常用结构

煤矿防爆变频器结构形式各不相同，但主要由进出线部分、主体部分（主机机芯及其腔体与操控显示部分）、散热部分等组成。图4-11是一种较为典型的低压防爆变频器结构，以此为例进行说明。前门是快开门，有机电闭锁功能，即门被打开时变频器断电；前门安装显示屏及操作按钮，显示变频器的运行状况和操作控制；后门安装变频器机芯，即整流和逆变模块；后门外部是散热器，变频器进出主线及控制线通过接线腔实现；壳体具有防爆功能。

在防爆变频器壳体材料选择、结构、结合面光滑配合程度、螺栓螺母及接线方式等设计方面均要符合《爆炸性环境　第2部分：由隔爆外壳“d”保护的设备》（GB 3836.2—2010）的要求。一般情况下，壳体由钢板焊接成六面体的长方形结构，钢板厚12～25 mm，对于功率较大的变频器，壳体受力也较大，所以钢板较厚，成本较高。为了降低成本，一般采用加强筋结构。门与壳体之间的接触面长度和间隙宽度要符合上述防爆标准要求，壳

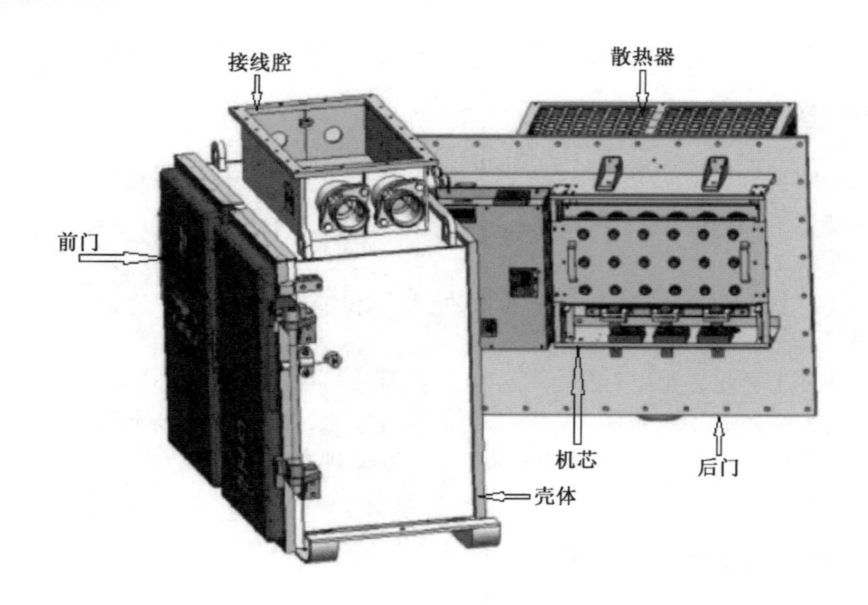

图4－11 矿用防爆变频器结构

体的引线要使用防爆接线腔，引线要经过密封圈进出防爆壳体，防止接线腔内产生的热量或火花蔓延到外界引起爆炸。矿用防爆变频器结构在实际设计过程中，依据不同的功率、电压等级、散热要求具有不同的结构形式。

三、煤矿防爆变频器主电路组成

防爆变频器主电路如图4－12所示，主要分为3部分：进线电源、滤波部分及变频部分。进线电源通常由隔离开关、快速熔断器、真空接触器组成。隔离开关为变频器送电或断电，快速熔断器的主要作用是过流和短路保护，变频部分的作用是为电动机提供调压调频的电源，使电动机能连续平滑地调速。

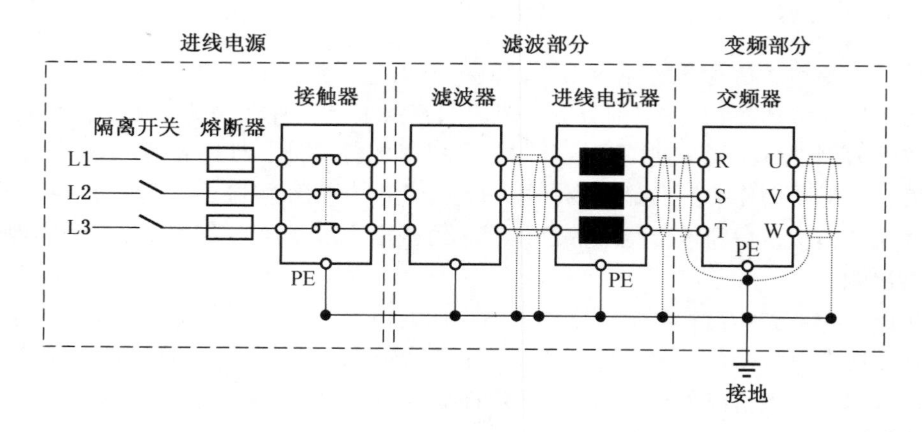

图4－12 防爆变频器主电路

四、煤矿防爆变频器散热方式

变频器正常运行时，产生高热量的元器件有隔离变压器、电抗器、滤波器及整流和逆变电子功率元件。地面上应用的普通型变频器结构是与外界相通的，通过与空气的自然交换，很容易解决其散热问题。矿井防爆变频器的这些器件处于封闭的腔体内，热量在一个固定的小空间内循环，通过防爆外壳与外界热量交换，热量不能及时散出，所以其故障率随腔体温度的上升而增加，使用寿命随温度的升高呈指数下降。所以散热方式是防爆变频器的关键技术。防爆变频器的散热方式大致有3种。

1. 变频器通用散热方式

变频器散热和冷却系统的设计包括冷却介质的选择和散热器结构的设计。冷却介质的选择应考虑化学稳定性、电气绝缘性、对材料的腐蚀性、易燃性和对环境的影响，以及介质成本等。散热器结构的选择应考虑以下因素：体积和重量、辅助设备能耗、操作难易程度和装置的复杂性，以及装置的可靠性、可用性和可维护性等。

根据冷却介质不同，变频器的散热方式可分为空气冷却和液体冷却。

1）空气冷却

空气冷却又分为自然冷却和强迫风冷两种。

自然冷却散热主要用于小功率变频器（功率小于132 kW）、元器件的散热面积大，以及不允许应用风扇的变频器。自然冷却主要通过空气的自然对流及防爆壳体的辐射作用将热量带走。这种散热方式的特点是结构简单、免维护、无噪声、可靠性高等，使用范围很广，尤其适用于断续工作制负载和冲击性负载。其缺点是无法适用于长期工作的大功率变频器。

强迫风冷散热主要用于功率等级相对较大（功率为132 ~ 800 kW）及没有特殊要求的场合。这种散热方式的特点是散热效率高，散热系数是自然冷却散热系数的2 ~ 4倍。其缺点是需要另外配备风机，因此噪声大，容易吹入煤尘，可靠性相对较低。

2）液体冷却

液体冷却分为水冷散热和油冷散热两种。

水冷散热器的散热效率极高，可以提高功率元件的容量。由于未过滤的水中存在杂质离子，这些杂质离子会在高电压下导致电腐蚀和漏电现象，电气绝缘性能极差，并且井下水质较硬，在水道中容易形成水垢妨碍散热效果，并有可能堵塞水道。因此，水冷散热一般用于低电压等级的变频器。如果水冷散热在高电压变频器中使用，必须考虑和解决运行过程中的腐蚀性和可靠性两大问题。

油冷散热的效率虽然没有水冷散热的效率高，但由于具有很高的电绝缘性和电磁屏蔽效果，曾在普通大功率变频器中广泛使用。由于煤矿井下不允许使用充油电气设备，因此，油冷散热无法用于防爆变频器。

2. 防爆型变频器散热器设计

防爆变频器散热最直接的解决方法是增大防爆腔体积，但随之出现了生产成本增加和使用场合的限制。这就要求根据实际情况合理地选择防爆型变频器的散热方式。

变频器中逆变电路功率元件和整流器件是高密度发热体，这就意味着散热片必须有足够的瞬时吸热能力，尽可能迅速地吸收其热量。散热片所选材质不仅与其体积、重量有关，而且会影响散热性能，因此加工工艺及生产成本是散热片的重要设计环节。由于金属与其他固体材料相比，热传导性好，且延展性强，高温下相对稳定等，所以金属成为散热片的主要材料。但随着石墨烯等新材料的出现，会给防爆设备的散热方式带来更多的选择。

对于金属来说，比热和热传导系数是被选作散热材料的重要依据。比热（1 kg 金属温度升高 1 ℃所吸收的热量）是金属的固有特性，铝的比热大于铜的比热，更能满足储热片和吸热底部的要求。不过，铜的密度是铝的密度的 3.3 倍，即在体积相同的情况下，铜散热片的质量是铝散热片的质量的 3.3 倍，所以相同体积的铜散热片比铝散热片多吸收 40% 的热量，具备更大的储热能力。

热传导系数代表金属对热的传导能力，数值越大，热传导性越强，即热传导速度越快。铜的传导系数约为铝的传导系数的 1.7 倍，能迅速带走热量，而银的导热系数虽然高于铜的导热系数，但其成本昂贵，因此铜材质散热底板成为目前变频器散热器的主要材料。

根据发热体的功率，为了能够迅速散出散热片底部所储存的热量，需将热传导至鳍片的每个部分，以增大热变换面积。吸热底部与鳍片间的导热能力取决于连接面积和结合方式，对于空气冷却方式，可以在散热底板上多加鳍片以增大散热交换面积。

对于大功率、大容量的变频器来说，应采用更好的散热方式——热管。热管散热器是以水或其他热流体为冷却介质，密封在具有毛细结构的铜管内的沸腾散热管。功率器件产生的热量通过散热器传导给流体，流体汽化后扩散至整个铜管，以散热片散热，并冷却成液体后流到吸热面。由于热管的传热速度是铜的传热速度的 10 倍，所以热管散热器具有均温能力优良、传热能力强、热密度可变、无外加设备、结构简单、不用维护、工作可靠，以及质量小等优点。根据变频器发热功率的大小合理选择热管尺寸，为了防止碰撞摩擦火花引起的煤矿安全问题，以及防止煤块或其他物件砸坏散热器，影响散热效果，散热器要具有防护装置。防护罩的设计要充分考虑散热器的热量与冷却介质的交换能力，同时可以安装防爆风扇，强迫风冷散热，增强散热效果。

如果现场有可靠的清洁水，可以使用水冷方式。由于水的比热容较大，可以将散热板上的热量迅速吸收，通过循环或排出热水，使之达到冷却效果。水冷变频器可以在防爆腔体较小的情况下，使用大功率变频器，这就解决了煤矿井下限于体积的要求。

目前，水冷式防爆变频器，主要是将大功率元器件安放在光滑的铜板上，铜板再嵌入防爆外壳的内腔上，通过外壳中布置的水道把热量带走。由于材料和加工工艺，热量很难迅速传出，对于中小型变频器，热量不会迅速凝聚，但功率为 200 kW 以上的变频器就很容易出现散热板温度局部过高导致故障频出。为此，可以将大功率元器件安放在铜板上，将水直接引入铜板中间的水道中。这种方式要求散热板完全处于防爆腔体中，或半镶嵌在防爆外壳上。这两种方式对于防爆要求不同，可以根据实际生产和使用环境来设计。采用水冷方式散热，一定要考虑冷却回路（水道）的压力要求，设置合理的水道压力和流量，这对于变频器的正常运行和防爆要求很重要。同时设计初期就要考虑水冷变频器防爆腔体内的冷凝现象，这种现象对于大功率元件和电子线路板伤害很大。现场使用时出现很多次由于冷凝现象使变频器出现故障，导致设备停止工作。所以为了防止凝露产生，水冷变频器内腔一般需用加热元件，在变频器停止不使用时，维持变频器的内腔温度。使用加热元件时需要仔细核实功率和维持温度的关系，防止隔爆外壳局部温度过高。

对于变频器自身的发热量，可以根据各个发热元器件的损耗来计算，从而根据具体情况来考虑用何种散热方式。根据多年的试验结果可以估算出防爆型变频器的损耗为其容量的2.5% ~4%，区别主要在于变频器的运行方式和参数设定，尤其要考虑在相同的腔体内有直流电抗器或交流电抗器时的散热问题。针对发热量大的电抗器要专门考虑其散热情况或选用损耗低、发热量小的超微晶材料的电抗器。

五、防爆变频器的电磁干扰及抑制措施

防爆变频器在工作过程中，与普通变频器一样，由于其功率开关管的高速通断，在电路中造成较大的 dv/dt（电压变化率）和 di/dt（电流变化率），对电源和设备产生较大干扰。特别是煤矿井下，由于受到空间限制，设备布置较密集，电缆在巷道中吊挂敷设，其他电子设备容易受到变频器电磁的干扰。

1. 变频器产生的主要干扰

（1）谐波干扰：整流电路会产生5次、7次和11次等高次谐波电流，这种谐波电流在电源系统上造成电压波形发生畸变，畸变电压对许多电子设备形成干扰。当谐波电流一定时，电压畸变在弱电源下更加严重，会对使用同一个电源的设备形成干扰。

（2）射频传导发射干扰：由于变频器的输出电压为脉冲形式，这种脉冲包含大量的高频成分，对使用同一个电网的设备形成干扰。

（3）射频辐射干扰：射频辐射干扰来自变频器的输入、输出电缆。在上述干扰的情形中，变频器的输入、输出电缆上有射频干扰电流时，由于输入、输出电缆相当于天线，会对电缆周围产生电磁波辐射，形成辐射干扰。辐射干扰的特征是电子设备越靠近输入、输出电缆，干扰越严重。

为了防止干扰，要消除和抑制干扰源、切断系统和干扰的耦合通道、降低系统干扰信号的强度，通常采用隔离、屏蔽、滤波、接地等方法。

2. 抑制干扰的措施

（1）接地方式：正确的接地方式既能降低设备本身对外界的干扰，又能使系统有效地抑制外来干扰，它是解决变频器干扰最有效的措施。

变频器的主回路端子PE(E、G)必须接地，该接地可以和该变频器所带的电机共地，但不能与其他设备共地，必须是单独的接地极，且该接地点尽量远离电子设备的接地点。同时，变频器接地导线的截面积需根据三相动力电缆的截面积来选择，应参考所选变频器的使用说明书。

（2）屏蔽干扰源：屏蔽是抑制干扰很有效的方法。尽管变频器本身安装在防爆金属壳里，能阻止电磁辐射泄漏，但变频器的输出线在巷道侧，具有辐射性。为了防止辐射干扰，输出线最好用钢管屏蔽。变频器用外部信号（4 ~20 mA 信号）控制时，该控制信号线必须采用双绞屏蔽线，且尽可能在20 m以内，并与主电路线完全分离。另外，系统中的电子敏感线路（如压力信号）也要采用双绞屏蔽线，且所有的信号线及控制线不能和主电路线在同一线槽或配管内。为使屏蔽有效，屏蔽层必须可靠接地。

（3）隔离方式：隔离方式就是从电路上将干扰源和易受干扰的部分隔离，使它们不发生电的联系。通常在变送器、控制器及电源等放大器的电源线上采用隔离变压器避免传导干扰。

（4）合理布线：具体方法包括：①弱电设备的信号线、电源线避免和变频器的输入、输出线平行，若平行布置时，要保持一定的安全距离；②弱电设备的信号线和电源线尽量远离变频器的输入、输出线。

（5）在线路中设置滤波器：滤波器是消除干扰的器件，能抑制干扰信号的传导，将输入或输出经过过滤得到纯净的交流电，避免从变频器通过电线传导干扰电源。为避免干扰电源，可以在变频器输入侧设置输入滤波器；为减少电机的电磁噪声和损耗，可在变频器输出侧设置输出滤波器；为避免对敏感电子设备，如变送器和控制器等的干扰，可在此设备的电源上设置电源噪声滤波器。

（6）配置输入电抗器：由于变频器的整流使输入电流中含 5 次、7 次、11 次、13 次等高次谐波成分，高次谐波不仅干扰其他设备的正常运行，还要消耗大量无功功率，使功率因素大为下降。在变频器的输入侧接入电抗器是抑制高次谐波的有效方法。

（7）降低载波频率：通过变频器的参数设置，下调载波频率，把该值调到一个合适的范围。

此外，在变频器选型时，可选用低谐波无污染变频器，如三电平变频器、十二脉波整流变频器等，可以降低对电网和设备的电磁干扰。

六、煤矿常用防爆变频器

目前，煤矿防爆变频器种类很多，有不同电压等级的，有专门用于特定设备驱动的，还有与电机集成一体式的等各种类型。以下介绍具有代表性的几种防爆变频器。

1. BPJ 系列矿用隔爆兼本质安全型交流变频器

BPJ 系列矿用隔爆兼本质安全型交流变频器（以下简称变频器）是全数字交流变频器，目前在井下应用较多，适用于交流 50 Hz、电压 AC660 V/1140 V 供电系统、三相交流异步电动机的调速控制。其典型结构如图 4－13 所示，该变频器采用强制风冷散热。

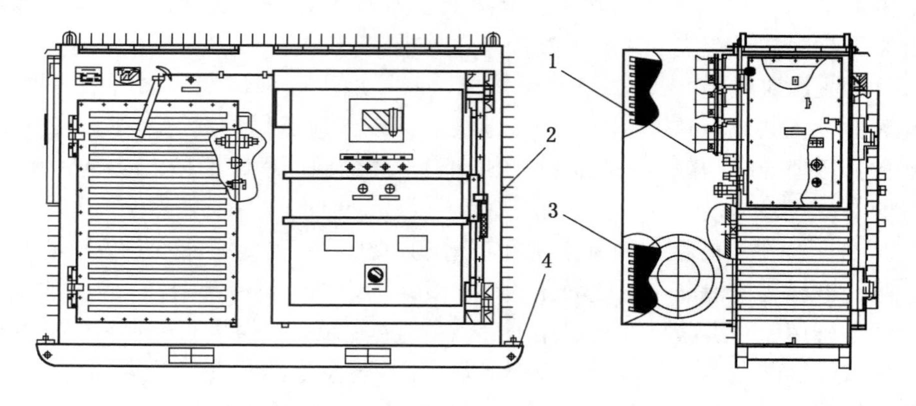

1—进出线部分；2—壳体部分；3—散热部分；4—橇架部分

图 4－13　BPJ 系列矿用隔爆兼本质安全型交流变频器结构

BPJ 系列矿用隔爆兼本质安全型交流变频器主要用于煤矿井下局部通风机、水泵、带式输送机、乳化液泵的控制，具有起动转矩大、起停平稳等特点，能实现交流异步电动机在各种负载下的平滑起动、调速、停车等功能，降低起动时机械及电气冲击，延长设备使用寿命。变频器具有通信功能，使用多台变频器拖动同一负载时，各变频器之间可以自动调节，实现多台变频器之间的动态功率平衡，具有过载、短路、过压、欠压、缺相、过热等保护功能。其主要性能参数见表 4－3，控制功能特性见表 4－4。

表 4－3　变频器主要性能参数

变频器电压等级		3AC/660 V	3AC/1140 V
输入电压	电压波动	－15% ～10%	
	频率波动	47 ～63 Hz	
输出	电流	变频器额定电流（持续）	
		1. 5 倍变频器额定电流（60 s）	
		2. 0 倍变频器额定电流（2 s）	
应用	适用范围	带式输送机、水泵、刮板输送机等	
控制	控制方式	V/f 控制、矢量控制、FOC 控制	
调速范围	V/f 控制	1 : 100	
	速度传感器矢量控制	1 : 1000	
分辨率	端子输入（模拟量输入）	12 bit、0. 1%	
	频率输出	0. 01 Hz	
起动转矩	V/f 控制	150% /1. 0 Hz（电流极限 150%）	
	速度传感器磁场矢量控制	150% /0 Hz（电流极限 150%）	
加速/减速时间	V/f 控制	0 ～3600 s	
	速度传感器磁场矢量控制	0 ～3600 s	
载波频率	频率范围	（1. 0 ～6. 0）kHz	
输出线长度	传输范围	≤150 m	

表 4－4　变频器控制功能特性

运行指令方式	面板控制、端子控制、通信控制
速度给定方式	模拟量给定、面板给定、通信给定
运行速度类型	单一速度、多段速、PID 给定等，可实现给定方式组合或切换
加速方式	直线、S 曲线、半 S 曲线、四组加减速时间
直流制动	起动时直流制动、停机时直流制动
点动运行	点动频率范围：0 Hz ～最大频率输出
	点动加减速时间：0 ～3600 s
多段速给定	最多可实现 16 段速运行
内置 PID 功能	可实现过程量的闭环控制

2. BPJV 系列矿用隔爆兼本质安全型高压变频器

矿用高压防爆变频器适用于井下功率较大的交流调速控制设备。目前国内有 AC 6 kV 和 AC 3.3 kV 电压等级的高压防爆变频器，AC 3.3 kV 电压等级的防爆变频器应用较多，其功率范围为 800 ~ 2200 kW。AC 3.3 kV 高压防爆变频器外形如图 4 - 14 所示。

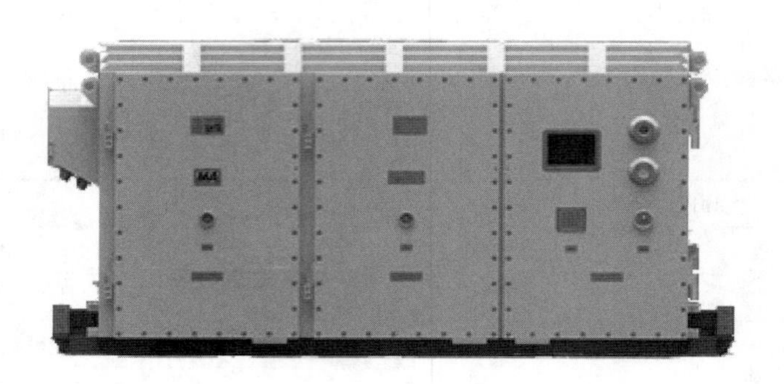

图 4 - 14　AC 3.3 kV 高压防爆变频器外形

BPJV 系列 AC 3.3 kV 防爆变频器主要用于井下刮板输送机、转载机、带式输送机等重载起动与调速的场合，以及乳化液泵站的调速控制。变频器大都采用水冷方式。其主要特点有：①重载平稳起动，消除机械及电气冲击，延长设备使用寿命；②十二脉冲整流，可以有效降低网侧谐波含量；③具有多台电机之间的功率平衡功能；④变频器具有过载、过电压、欠电压、缺相、过热、漏电闭锁、接地、短路、功率器件过热、电机过热等保护功能，具有故障记忆功能。BPJV2 - 2000/3.3 防爆变频器主要技术参数见表 4 - 5。

表 4 - 5　BPJV2 - 2000/3.3 防爆变频器主要技术参数

型　　号	BPJV2 - 2000/3.3
输出电压/V	3300
额定功率/kW	2000
输出频率/Hz	0 ~ 200
过载能力	典型 150%，1 min（120% ~ 300% 可选）
控制模式	标量/矢量模式
I/O 接口	具有数字、模拟 I/O 接口
显示	彩色液晶显示
通信方式	RS - 485、TCP/IP 等多种通信接口
保护功能	过载、短路、缺相、漏电、过压、欠压，以及断链等保护功能
控制方式	近控、远程
冷却方式	水冷

3. 防爆变频一体机

变频一体机是将变频器与电动机集成在一起，使变频器体积相对较小，便于安装调试。国外从21世纪初已开始将交流变频技术应用于矿井刮板输送机驱动，图4－15为国外变频一体机的外形与原理示意图，其基本参数见表4－6。

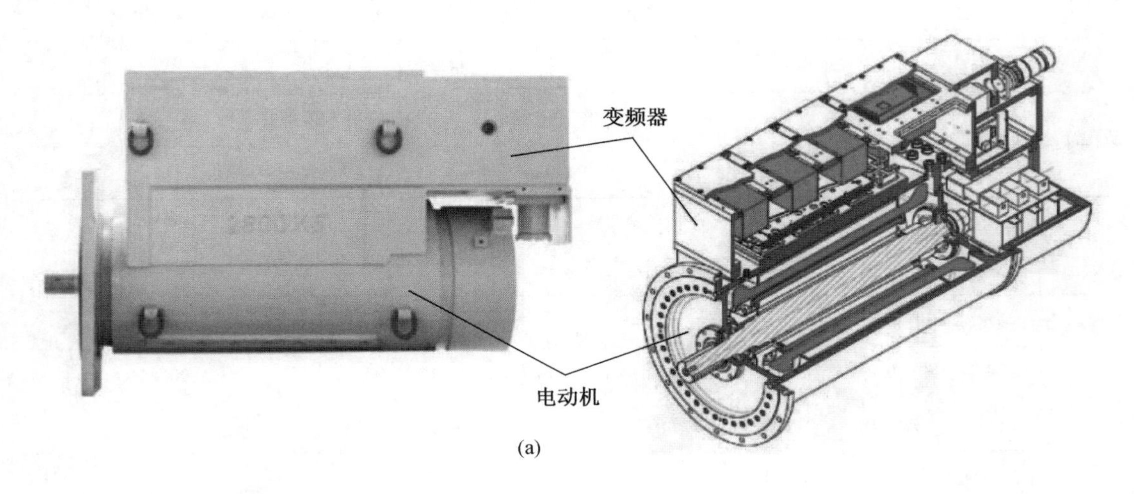

(a)

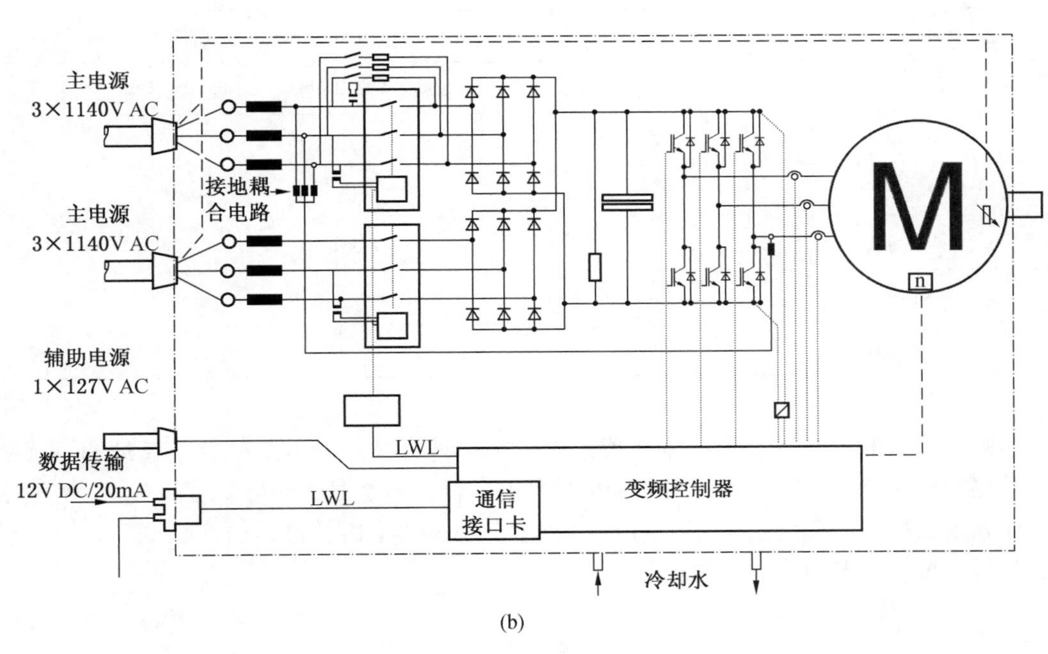

(b)

图4－15　国外变频一体机的外形与原理示意图

我国于2013年研发出1140 V变频一体机，并在井下刮板输送机和转载机上应用。此后又研发出3300 V、1600 kW变频一体机，并应用于井下工作面。国产变频一体机主要参数见表4－7。

表 4-6 国外变频一体机基本参数

电压/V	500、1000、1140、3300、4160
功率范围/kW	90～1600
扭矩	2 倍额定扭矩（0～20% 速度），1.5 倍额定转矩（80%～100% 速度）
设计	防爆保护
冷却	用于电动机与变频器的合并水冷循环
通信	Profibus、20 mA、CANbus、Ethernet

表 4-7 国产变频一体机主要参数

额定输入电压/V	3300	1140	1140/660
额定功率/kW	525～1600	110～1000	90～160
允许电压波动范围	-15% ～ +10%		
额定输入频率/Hz	50		
输出转速/(r·min⁻¹)	0～1800		
保护功能	过压、欠压、过载、缺相、过热、短路、漏电等		
隔爆型式	Exd [ib] Ⅰ Mb		
绝缘等级	H		
防护等级	IP56		
功率因数	≥0.98		
安装方式	IMB5 或 IMB3		

变频一体机的主要特点是：体积较分体机小，具有显著的节能效益、较高的调速精度、较宽的调速范围、完善的电力电子保护功能，以及易于实现的自动通信功能；具有全自动化和远程控制，起动电流小、对电网的冲击小、功率因数高，可靠性高，过流、过压、欠压及过载等多种保护功能。

第六节 变频器在煤矿中的应用

变频调速技术的应用优势在于节能、减少机械冲击、降低设备维护量，以及延长设备使用寿命。随着变频调速技术及市场经济的发展，在煤矿企业进行变频改造对节约社会能源、增加煤矿企业的经济效益都具有非常现实的经济意义和社会意义。

变频调速技术可以应用于煤矿的采掘设备、固定设备、运输设备等；采掘设备，有掘进机、采煤机、刮板输送机、液压泵站、采区水泵、局部通风机等；固定设备，主要有空气压缩机、主要通风机、矿井提升机和主排水泵；运输设备，主要包括带式输送机、矿车、电机车等。

一、变频器在刮板输送机中的应用

刮板输送机一般采用双电机驱动，机头、机尾各一台。总体方案是采用“一拖一”控制方式（2 台变频器控制 2 台电机），变频器构成主从驱动系统，实现机头、机尾电动机功率平衡和外部控制正反向。

通常，刮板输送机电源电压为 1140 V 和 3300 V，由于二电平式变频器输出的$\frac{du}{dt}$较大，容易造成电机的绝缘损坏和周围的干扰，所以优先采用三电平式变频器。另外，刮板输送机起动力矩比较大，同时要实现同步控制，变频器采用高性能矢量控制变频器。采用变频器控制时，系统特点如下：

（1）设定“S”形给定曲线，起停平滑，减少机械冲击，延长设备寿命。

（2）采用三电平变频器技术，输出电流波形接近正波。

（3）采用闭环矢量控制，准确设定转矩。

（4）设备被卡时，可以正反向反复起动。

（5）具有自诊断功能，可在线监控系统状态。

（6）具有功率平衡功能，各变频器之间自动调节，实现多台变频器之间功率平衡。

二、变频器在主要通风机中的应用

主要通风机是煤矿的关键设备。主要通风机属于平方转矩类负载，根据主要通风机电动机的额定参数选用适合于风机水泵的通用型变频器。

主要通风机是根据流体力学原理工作的，轴功率与转速的三次方成正比。当所需风量减少，风机转速降低时，其功率按转速的三次方下降。在矿井生产过程中的不同时间和阶段，对风量的需求不同，为适应这个变化，风量调节是矿井主要通风机正常运行和经济运行所必需的。

根据节能理论可知：

风量与转速的关系：$Q_2/Q_1 = n_2/n_1$；

功率与转速的关系：$P_2/P_1 = (n_2/n_1)^3$；

电动机转速与频率的关系：$n = 60f(1-s)/p$。

从上述公式可以看出，风量减小时电动机的转速成比例减小，功率以转速比的三次方减小，可见，采用变频器控制主要通风机时节能效果非常明显。

如果风量减少 20%，则转速也要减少 20%，功率就变为原来的 0.512 倍，节能接近 50%。主要通风机采用变频控制后，可以根据矿井通风量需求进行风量自动调节，低于电动机额定转速运行，便会创造可观的经济效益。

采用变频控制时主要通风机特点如下：

（1）实现软起软停，减少了机械损失，延长了设备寿命。

（2）取消了起动用的限流电抗器。

（3）起动电流减小，避免了起动电流对电网和电机的冲击。

（4）可以根据风量需求自动调节，实现了自动控制。

（5）优化了电机起停性能，减少了风机倒机切换时间，极大地提高了矿井的安全性。

三、变频器在提升机中的应用

矿井提升机是煤矿生产过程中的重要设备，提升机安全可靠运行，直接关系煤矿的生产状况和经济效益。矿井有竖井提升机和斜井提升机之分，竖井提升系统，提升大重型负载，一般选用高电压、大功率电动机；斜井提升系统，一般应用在中小型矿井。配用功率大于220 kW 的，选用高压电动机；配用功率小于200 kW 的，选用低压电动机。提升驱动系统由电动机经减速器带动卷筒旋转，钢丝绳在卷筒上缠绕数周，其两端分别挂上一个车厢，频繁正反转起动，减速制动。

传统的提升机大多采用交流绕线式异步电动机串电阻调速，该调速系统属于有级调速，调速的平滑性较差；调速过程中交流接触器频繁动作，容易引起触头氧化，引发设备故障。低速时机械特性较软，静差率较大，导致提升机在减速和爬行阶段的速度控制性能差，经常会造成停车位置不准确。另外，提升机频繁起动、调速和制动，在转子上串接的电阻会产生很大的功耗，节能较差；起动和调速换挡过程中机械冲击大，中高速运行时震动大，安全性较差。为此，国家已在 2012 年底淘汰了这种控制系统，现在提升机系统选用变频调速装置控制。变频拖动的提升机系统能频繁起动、停止、正转、反转、调速，并能实现重载起动，在保证提升设备安全可靠的情况下，按照设计的提升速度图工作。

提升机采用重载型高性能矢量控制变频器，变频器容量、电压的选择，要按系统电机的额定电压和额定电流选用。应当注意，变频器的额定电流一般是按 4 极电动机的技术参数设计的，6、8 极同样功率电动机的额定电流比 4 极电动机的额定电流大。另外，提升机有时因车厢内装载超重或斜井中矿车脱轨等原因造成提升机超载。因此，变频器容量选择时要放大一级或两级。

设计变频器控制回路时，不仅要满足提升机安全联锁的条件，也要满足提升速度图的要求，还要考虑司机的操作习惯。利用变频器连续调速功能，可以很方便地实现提升机按给定速度图运行，而且在起动和调速换挡过程中也非常平稳。提升机变频调速控制的优点如下：

（1）实现无级平稳加减速，提高提升机系统的安全性。

（2）司机操作简单方便，可实现自动控制，运行时只需简单地给出松闸和起动命令，起动后提升机自动按运行段加速、高速、减速运行，到终点后自动停车。

（3）用变频器内置的编程软件实现连续调速，提升机加减速时平稳无冲击，减少设备故障，维修量减少，维修费用降低。

（4）节约电能，减少绕线电动机转子外串电阻的能耗，减速或重物下放时电动机处于发电状态，能量可通过变频器回馈到电网，节能效果显著，节能率达 15% ~30% 。

四、变频器在煤矿带式输送系统中的应用

带式输送机是煤矿中应用最广泛的一种设备，也属于大惯性负载之一。带式输送机敷设方式分为水平、上行、下行和混合几种方式，最大长度可达数十千米。带式输送系统是由电动机经减速器带动滚筒旋转，通过滚筒的摩擦力带动输送带运行。带式输送机所选配的电动机，分为高压、低压、单驱动和多驱动等。

带式输送系统选用重载型高性能矢量控制变频器，变频器容量、电压等级按系统电动机的额定电压和额定电流选用；多台驱动时要具有同步功能；由于带式输送机常因超载等原因运行或起动，要求变频器起动转矩为额定转矩的2倍以上，并能在1.5倍额定电流时连续运行；加减速运行曲线为S形，使加减速平滑；具有完善数字控制功能，为以后井上远程控制提供技术支持；另外，刮板输送机上的变频器，大多属于大功率设备，工作时功率大，发热严重，要求散热性能好。此外，运行时会产生大量的高次谐波注入电网，故要求变频器具有一定的滤波功能，在高次谐波下也能正常工作。

变频驱动调速的带式输送系统有如下优点：

(1) 实现带式输送机的软起和软停。起动时，变频器输出频率较低使带式输送机以较低的速度起动，逐渐过渡到正常工作状态，减少了对机械的冲击。停止时，变频器逐步降低频率，使带式输送机平滑地停止运行。

(2) 降低了输送带强度的要求。采用变频器调速驱动之后，由于起动变得平稳，减少了起动过程中对输送带强度的要求，增加了输送带的使用寿命。

(3) 降低了设备的维护量。在起停过程中，由于速度连续可调降低了冲击，系统运行更加平稳，输送设备的损坏也随之降低，减少了设备的维护量，使滚筒和托辊的寿命成倍地延长。

(4) 节能效果明显。一般情况下，煤矿带式输送机设计时留有很大裕量。但装煤时，由于煤的密度或煤量存在差异，使电动机大部分时间内不需要在额定功率下运行，产生大量的无功功率，造成能源浪费。经过变频器调速改造后，可根据负载情况及时调整电动机的工作状态，使电动机处在最佳工况点工作，实现节能运行。

第七节 变频器技术的发展趋势

随着电机驱动技术、电力电子技术、信息技术的不断发展，变频器的性能得到了不断提高，其应用范围越来越广。总体来讲，变频器已经从简单的整流逆变装置发展为集驱动、控制、编程、通信、组网等为一体的综合驱动装置，可以适用于不同场合的过程控制，并在工业自动化生产线和许多领域得到了广泛应用。但同时也存在一些新问题，如电磁干扰问题、电网污染问题等，特别是在煤矿井下还需要考虑占地面积、安装空间与防爆结构问题等。结合这些问题和对变频器实际应用需求的不断提升，从技术发展趋势和市场需求来看，变频调速控制技术将会在以下几个方面得到进一步发展。

(1) 小体积和大容量化。近年来，随着功率模块IGBT（绝缘栅双极型晶体管）、

SIC－IGBT（碳化硅绝缘栅双极晶体管）器件的发展和以IGBT为开关器件的IPM（智能功率模块）、单片IPM、ASIPM（特定用途智能功率模块）等新型功率器件的发展，以及热设计技术的进步，使得变频器的体积越来越小，容量越来越大，而在温升等关键指标上并未下降。许多厂家除了推出大容量、小体积的新型变频器产品以外，还在小功率段推出了所谓的“迷你”型产品，以满足不同用户的实际需要。总之，小体积和大容量化将会随着电力半导体器件的发展而不断得到发展。

（2）多功能和高性能化。随着半导体技术和微电子技术的发展，用于变频器的各种传感器和半导体器件的性能和可靠性越来越高。而随着交流调速理论的不断成熟，以及高性能AISC和DSP在变频器中的应用，各种先进控制算法得以实现，从而为提高变频器的控制性能提供了条件。另外，随着变频器的进一步推广应用和信息技术的发展，用户也在不断提出各种新的要求，希望变频器产品通过与信息技术的进一步融合，而具有更高的性能和更加丰富的功能。这些都将促使变频器的生产厂家不断努力，以满足不同用户的实际需要，并争取在激烈的市场竞争中立于不败之地。

（3）操作简单化。随着电子技术的发展和变频市场的扩大，如何提高变频器的操作方法，使变频器满足不同场合的需求，并使普通技术人员甚至非技术人员也能掌握变频器的使用，是变频器厂家必须考虑的问题。尽管变频器生产厂家提供的变频器在结构上基本满足现场安装要求，且在软件上加了初始设置工具，使用户能根据应用需求设置各种必要的参数和功能。但为了进一步争取新的用户和不断扩大市场，变频器生产厂家仍然在丰富变频器功能的同时，不断提高变频器的操作方法。新型变频器产品将会更加容易操作和更加容易适合应用于各种特殊需求。

（4）可靠性和寿命的提高。随着电力电子和半导体技术的发展，变频器中的各种元器件的可靠性和寿命都在不断提高。随着信息技术的不断发展，变频器产品中远程诊断功能和自我诊断功能进一步充实，实现了免维护功能。随着新的控制方法和调速理论等相关技术的不断发展，使变频器获得更加优化的控制和驱动方式，使得变频器的可靠性和寿命得到进一步提高。

（5）智能化和网络化。变频器作为生产过程中重要的执行单元，具有智能化和网络化运行的能力将成为发展趋势。当前大多数变频器的新产品都具有网络连接功能，根据现场情况通过选配多种现场总线，并且通过参数设置、在线监测、工作状态给定，可以实现系统远程维护、诊断等。此外，变频器具有更多功能供用户选择，只要在变频器预设定功能的基础上进行编程，就可以满足用户的不同需要。

（6）减少对环境的影响。对于较大容量的变频器，应用中均配置滤波器或电抗器，这对变频器产生的谐波干扰起到了重要的抑制作用。随着变频器的普及和推广，如何减少变频器，尤其是大功率变频器对周围环境的干扰成为研究重点。例如：通过新的驱动方式和先进的控制方法减小 di/dt 及 dv/dt 的变化，从而达到减小高次谐波对环境干扰的目的。随着新器件和新技术的应用，将进一步减少变频器对所处环境的干扰。

总之，变频器将朝着多功能、高性能、高可靠、长寿命、智能化、易使用、绿色化的方向发展。变频器的调速技术将不断提高，变频器的应用领域也将不断拓展。

参 考 文 献

[1] 原魁，刘伟强，邹伟，等．变频器基本原理及应用 [M]．北京：冶金工业出版社，2003.
[2] 陈磊．低压防爆变频器在煤矿的应用研究 [J]．科技资讯，2009 (6)：70.
[3] 许连丙．矿用防爆变频器电磁干扰抑制 [J]．装备制造技术，2014 (6)：253－255.
[4] 毛鑫．变频技术、防爆变频器的现状及发展 [J]．电气开关，2009 (6)：13－14.
[5] 傅林，黄文涛．矿用隔爆型变频器散热方式的选择 [J]．变频器世界，2009 (7)：80－81.
[6] 王正元．异步电动机的变频调速技术和变频调速系统 [J]．电力电子，2004 (2)：71－80.
[7] 张树国，李栋，胡竞．变频调速技术的原理及应用 [J]．节能技术，2009 (1)：85－88.
[8] 张承慧，程金．变频调速技术的发展及其在电力系统中的应用 [J]．热能动力工程，2003 (5)：3－8.
[9] 陆朱卫．变频器并联运行的研究 [D]．南京：南京理工大学，2008.
[10] 刘桂珍．变频器的原理和应用 [J]．科技风，2011 (10)：25－26.
[11] 张燕宾．变频器的整流和逆变 [J]．变频器世界，2013 (8)：60－62.

第五章　综掘工作面智能化技术

第一节　综掘工作面施工工艺及装备

国内外煤矿近现代巷道掘进施工方法主要有钻爆法和综合机械化掘进法（以下简称综掘法）两种，综掘法又可以分为以悬臂式掘进机为主的部分断面掘进法和全断面岩巷掘进机法两种方式。目前，煤和半煤岩巷掘进主要采用悬臂式掘进机法，少量采用钻爆法掘进，还有处于试验阶段的全断面煤巷掘进机法。岩巷掘进主要采用硬岩悬臂式掘进机法，钻爆法掘进使用较少，全断面岩巷掘进机法处于试验阶段。

综合机械化掘进方式主要有以下 4 种：

第一种是以悬臂式煤及半煤岩巷掘进机为主的综掘作业线，这种作业方式在我国广泛应用。

第二种是主要以连续采煤机和锚杆钻车配套的作业线，这种作业方式在我国神东、陕煤化神南等矿区及鄂尔多斯地区得到了推广应用，主要应用在煤巷掘进，掘进时需要多巷掘进，交叉换位施工。

第三种是主要采用掘锚联合机组的掘锚一体化掘进，这种作业方式仅在一些矿区使用，主要掘进机械为掘锚机组或基于悬臂式掘进机的掘进支护一体机，主要应用在煤巷掘进。

第四种是主要采用全断面掘进机掘进，全断面掘进机主要应用于各种隧道工程，尤其是大断面长距离硬岩隧道掘进。煤矿全断面煤巷、岩巷掘进机正处于试验阶段。

上述 4 种综合机械化掘进方法中，悬臂式掘进机法是国内外煤矿普遍采用的掘进技术。其主要设备——悬臂式掘进机是集采、装、运、行多功能于一体的大型煤矿井下机械设备，是一种机、电、液多学科领域知识比较集中的一体化产品。

一、悬臂式掘进机掘、支、锚连续平行作业一体化装备

我国大部分综掘工作面掘进与支护时间比例失调，支护工作量大，劳动强度高。掘、支不平衡一直是制约井下掘进机掘进速度的主要因素。目前大多数掘进巷道均采用人工支护锚固作业，尤其是较硬顶板支护时，人工作业劳动强度高，单体锚杆钻机效率低，锚杆支护时间占巷道掘进时间的 2/3。如何有效提高锚护作业效率是目前高产、高效矿井面临的技术难题。

基于解决掘、支失调问题，实现减人增效和安全生产的需求，实现半煤岩及岩石巷道快速掘进，当前国内开发的用于半煤岩巷及岩石巷道快速掘进的悬臂式掘进机（以下简称双锚掘进机），以及集锚护、运输功能于一体的煤矿用锚杆转载机组（也称为运

锚机)，解决了人工支护强度大、速度慢的问题，实现了掘、锚平行作业，提高了进尺效率。

图5-1为半煤岩巷及岩石巷道快速掘进系统。该系统由具有锚护功能的悬臂式掘进机、运锚机、桥式带式转载机、除尘系统等构成，其中双锚掘进机完成巷道快速掘进、出料及部分顶锚杆或帮锚杆支护；运锚机完成物料转运、滞后帮顶锚杆和锚索支护，并根据支护工艺，选定钻臂数量；桥式带式转载机、可伸缩带式输送机完成物料转运；除尘系统用于巷道粉尘的治理。

1—双锚掘进机；2—运锚机；3—桥式带式转载机；4—除尘系统

图5-1 半煤岩巷及岩石巷道快速掘进系统

(一) 适用条件

该系统可用于各种地质条件下半煤岩巷或岩石巷道的快速掘进和支护，适用于矩形、拱形、梯形、异形等巷道断面，宽度大于或等于4.5 m，高度大于或等于3 m。

(二) 技术参数

该装备主要应用技术参数见表5-1。

表5-1 主要应用技术参数

特 征	参 数	特 征	参 数
适应巷道宽度/m	4.5~6.0	系统总长/m	30~50
适应巷道高度/m	3.0~5.0	截割功率/kW	220、300
输送带搭接行程/m	20	供电电压/V	1140

(三) 系统特点

该系统的特点是：掘、锚、运平行作业，进尺单进水平高；集成除尘系统，创造健康的工作面作业环境；适应巷道断面范围广；系统配套完善，作业效率高。

(四) 分项设备

1. 双锚掘进机

图5-2为双锚掘进机，机身两侧各配置1套液压锚杆钻机，截割部上增加临时支护装置，完成巷道成形、截割、物料转运和巷道临时支护、永久支护。双锚掘进机可以根据巷道围岩情况和支护工艺要求，完成巷道全方位锚杆、锚索支护，主要用于半煤岩巷快速掘进和支护，实现掘锚平行作业，提高进尺效率。

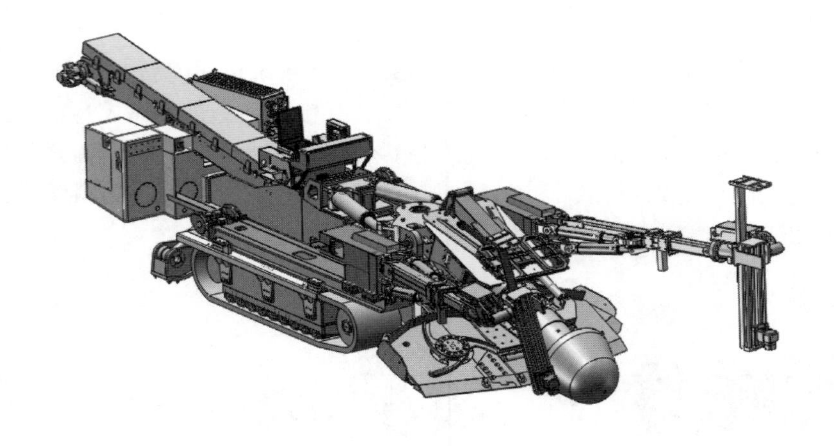

图5－2　双锚掘进机

1）主要技术特点

（1）可实现掘进、锚护连续作业。采用掘锚施工新工艺，将2套锚杆钻机装置布置在掘进机机身两侧，实现掘进机和锚杆钻机的有效集成与快速连续作业。该掘进机可有效缩短煤矿井下掘进、锚护顺序作业时间，提高掘进进尺；工人不需要来回搬动锚杆钻机与单体立柱，减轻了工人劳动强度。

（2）可伸缩截割机构。截割部伸缩行程500 mm，能够扩大掘进机定位截割范围，减少截割时设备的经常性调动，截割效率高。

（3）可伸缩扇形铲板。使用扇形伸缩型铲板后，铲板最大宽度增加，可以有效清理掘进巷道片帮、浮煤，达到物料一次性装载转运。机组调动时，伸缩装置缩回，方便调动行走，提高了装运效率。

（4）采用集成一体式液压油箱。掘进机机身集成了2套锚杆钻机装置，占用了整机大部分空间，在有效控制整机外形尺寸的前提下，充分考虑了整机的平衡和稳定性能。利用机身空间设计了集成一体式液压油箱，解决了空间不足的问题，保证了整机的平衡和截割稳定性。

（5）锚杆钻机采用遥控控制。锚杆钻机和钻臂动作全部采用遥控控制，操作简易，实现了锚杆钻机快速精确定位。

（6）临时支护装置。截割机构顶部增加临时支护装置，展开与收回操作简单，支护面积大，且收回时占用空间小，对整机影响小，提高了锚护作业的安全性。

2）主要技术参数

EBZ220型双锚掘进机主要技术参数见表5－2。

2. MZHB2－630/24型锚杆转载机组（运锚机）

图5－3为MZHB2－630/24型锚杆转载机组，它集成锚杆支护与转载功能，主要由输送机、底盘、左右锚护装置、液压系统和电气系统等组成。机载锚杆钻机及大范

围方位调整机构，可支护顶板、侧帮锚杆，主要应用于掘进工作面，实现工作面快速支护与连续运输平行作业，提高了巷道掘进施工效率。目前已经形成2臂、4臂、5臂多种系列化机型。

表5－2　EBZ220型双锚掘进机主要技术参数

特　征	参　数	特　征	参　数
外形尺寸($L\times W\times H$)/(m×m×m)	13.5×3.6×2.1	铲板宽度/m	3.6～4.3
机重/t	86	接地比压/MPa	0.16
截割功率/kW	220	适应巷道坡度/(°)	±16
可掘最大高度/m	4.8/5.2	供电电压/V	1140
可掘最大宽度/m	5.5/6.0	机载锚杆钻机/台	2
最小适应巷道高度/m	3.2	钻机最大转矩/(N·m)	450
最小适应巷道宽度/m	4.5	钻箱转速/($r\cdot min^{-1}$)	0～1000
经济截割硬度/MPa	≤80	钻箱工作最大行程/mm	2600

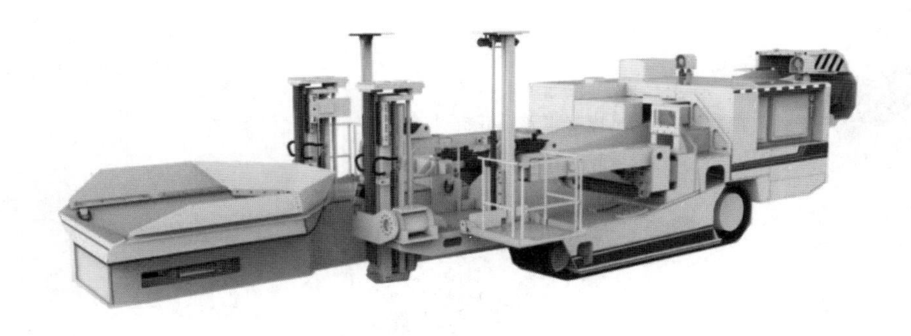

图5－3　MZHB2－630/24型锚杆转载机组

1）主要技术特点

（1）集转运和钻锚功能于一体。

（2）锚杆钻机可适应大断面、多类型巷道。左右对称布置了锚杆钻机，通过伸缩套筒和钻架升降机构来实现左右锚护钻架方位调整，调整灵活且调整范围大，可以适应大断面巷道，以及矩形、拱形和梯形巷道。2台锚杆钻机在装运的同时可对顶板和侧帮进行锚护，支护效率高。

（3）电气系统采用PLC控制，配有汉字显示装置，保护功能齐全。电气系统由PLC作为主控模块，对1台油泵电动机、1台运输电动机的起停，以及帮锚机的照明灯和语音报警器进行控制，并具有完善的整机及回路保护功能。

2）主要技术参数

MZHB2－630/24型锚杆转载机组主要技术参数见表5－3。

表5-3 MZHB2-630/24型锚杆转载机组主要技术参数

特　征	参　数	特　征	参　数
外形尺寸($L \times W \times H$)/(mm×mm×mm)	11000×2700×2200	功率/kW	90
机重/t	约36	运输能力/($t \cdot h^{-1}$)	630
钻臂数量/个	2	钻孔灭尘方式	湿式
行走速度/($m \cdot min^{-1}$)	0~9		

二、掘锚机（连采机）(组）高效快速掘进系统

掘锚机（连采机）(组）高效快速掘进系统分为2种配套形式：①掘锚机组高效快速掘进系统；②掘锚机组+履带行走式给料破碎机+桥式带式转载机+可伸缩带式输送机。2种配套形式能够满足不同的地质条件。下面介绍第一种配套形式。

图5-4为掘锚机组高效快速掘进系统配套设备，系统由掘锚机组、履带式转载破碎机、10臂锚杆钻车、可弯曲带式转载机、迈步式自移机尾等构成，并集成通风除尘、供电、控制通信等设备。在适宜的巷道围岩条件下，掘锚机只负责掘进，支护任务由10臂锚杆钻车一次集中完成，可大幅度提高作业效率。

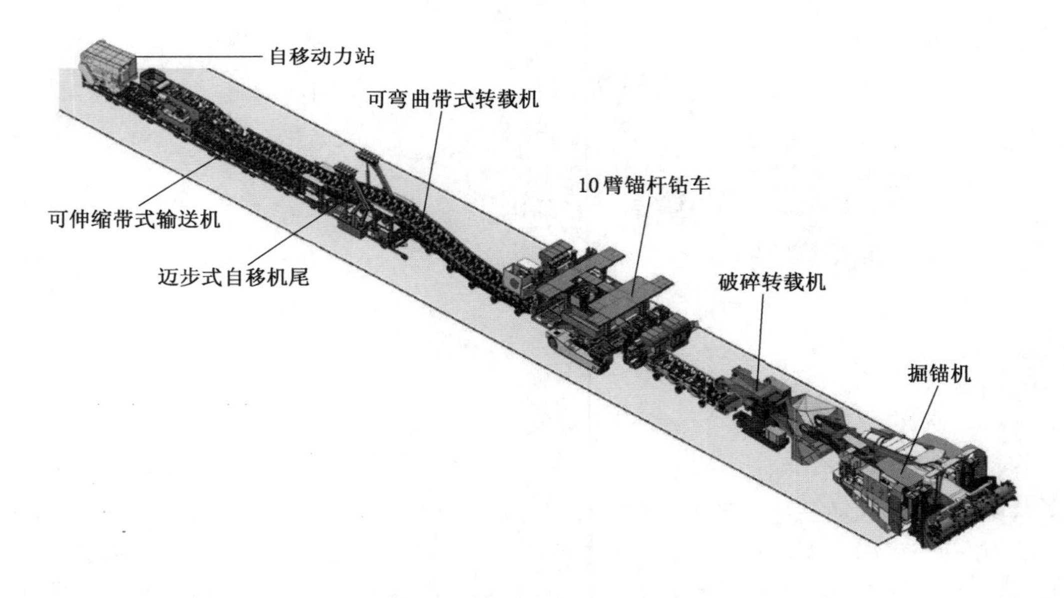

图5-4　掘锚机组高效快速掘进系统配套设备

（一）适用条件

（1）掘进区域属于中厚煤层，煤层结构相对简单，煤层产状为平缓单斜构造。

（2）上覆基岩较厚，无断层，顶板完整无离层、破碎，顶底板总体属于半坚硬岩石。

（3）巷道断面为矩形，宽度大于或等于5.4 m，高度大于或等于3.5 m。

（二）技术参数

掘锚机组高效快速掘进系统参数见表5－4。

表5－4　掘锚机组高效快速掘进系统参数

特　征	参　数	特　征	参　数
适应巷道宽度/m	5.4～6.0	系统总长/m	155
适应巷道高度/m	3.5～4.5	系统总重/t	420
输送带搭接行程/m	100（可调）	总装机功率/kW	1416

（三）技术特点

（1）以掘锚机组为龙头，巷道一次成形，掘进速度快。

（2）掘锚分离、平行作业，多排多臂同时锚护作业，实现掘锚匹配同步。

（3）采用可弯曲带式输送机技术，巷道适应性强，满足系统开掘联巷、开切眼的需求。

（4）带式转载机上下重叠搭接行程可达100 m以上，实现连续运输，增大了辅运空间。

（5）自移机尾采用“顶天立地”的迈步式自移机构，实现可伸缩带式输送机、设备列车的快速推进，极大地减少了掘进辅助工时，减轻了工人劳动强度。

（6）信息无线传输、远程操控，作业安全性高，作业环境好。

（7）采用统一的控制平台，依托设备高度自动化及系统集中协调控制功能，实现掘、锚、运多个作业单元联动，减少操作人员。

（四）分项设备

1. JM340型掘锚机组

图5－5是JM340型掘锚机组，主要由截割部、装载部、运输部、行走部、锚钻系统、电气系统、液压系统、集尘系统等组成。掘锚机组是快速掘进巷道的龙头设备，集落煤、运煤、履带行走、锚杆支护于一体。JM340型掘锚机组采用全宽的可伸缩截割滚筒，巷道一次成形，保障成巷速度与工程质量。机载6台锚杆钻臂，能在同一台设备上同步完成掘进和支护工艺。

1）主要技术特点

（1）截割、锚护同时作业。掘锚机截割时底盘静止，采用滑移式机架推进截割系统进行掏槽，有效地增大了截割推进力和减小了履带对地面的碾压破坏。截割的同时临时支护装置支撑顶板，为锚护等作业提供了稳固、安全的工作平台，实现了截割、锚护平行作业。

（2）巷道断面一次成形，效率高。截割系统采用可伸缩的横轴截割滚筒和采掘高度自动识别系统，通过滚筒伸缩和截割高度识别实现断面的一次成形，巷道断面成形精度高、误差小，大幅度降低了人工截割操作难度，提高了巷道成形质量标准化。

图5-5 JM340型掘锚机组

(3) 整机采用自动工况检测和故障诊断及显示技术。掘锚机工作环境恶劣，故障诊断困难，开发了掘锚机工况检测和故障诊断系统，使整机具有监控电流、电压、电机功率、油温、油位、油压等的自动监测、存储、显示、报警及故障提示等功能。

(4) 履带行走采用交流变频调速技术。掘锚机采用1140 V交流变频调速技术，该技术具有调速范围广、起动转矩大、过载能力强、功能保护全等优点。

2) 主要技术参数

JM340型掘锚机组主要技术参数见表5-5。

表5-5 JM340型掘锚机组主要技术参数

特征	参数	特征	参数
外形尺寸($L\times W\times H$)/(m×m×m)	11.6×4.9×2.6	机重/t	约98
截割/支护高度/m	2.8~4.5/2.8~3.8	截割宽度/m	5.0/5.4/6.0
总功率/kW	742	截割掏槽行程/m	10
截割功率/kW	2×170	顶板锚杆机/台	4
生产能力/($t\cdot min^{-1}$)	25	侧帮锚杆机/台	2
经济截割煤岩硬度/MPa	单向抗压强度小于或等于40	供电电压/V	1140

2. ZPL1200/207型履带式转载破碎机

图5-6是ZPL1200/207型履带式转载破碎机，主要由装载部、破碎部、输送机、底盘、电气系统、液压系统等组成。它具有缓冲、转载、破碎、牵引等功能，跟随掘锚机组前进并接收来自掘锚机的煤流，经缓冲破碎后将煤流转运到其后的可弯曲带式转载机上，同时作为可弯曲带式转载机的牵引头车，拖动可弯曲带式转载机移动。它有可伸缩铲板式装载部，可对底板浮煤进行清理，并集成滚筒式破碎机构，破碎粒度可调。

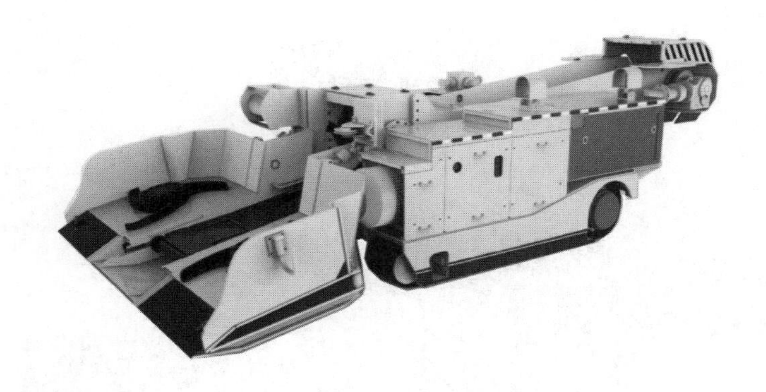

图 5-6　ZPL1200/207 型履带式转载破碎机

1）主要技术特点

（1）集破碎、转载、牵引等功能于一体。ZPL1200/207 型履带式转载破碎机将来自掘锚机截割下来的煤炭进行初级破碎，并均匀地转运至自适应带式转载机上，以满足自适应带式转载机对煤的块度的要求。它通过牵引装置牵引可弯曲带式转载机行走。它采用齿式破碎，破碎能力大；采用双驱动输送系统，运输能力大。

（2）装载部具有伸缩功能。装载部可伸缩，在提高巷道适应性的同时最大限度地提高装载能力，铲板可前后滑移装煤，减少破碎转载机和自适应带式转载机的工作循环次数，高效清理底板浮煤，有效地减轻了工人的劳动强度，改善了巷道的工作环境。

2）主要技术参数

ZPL1200/207 型履带式转载破碎机主要技术参数见表 5-6。

表 5-6　ZPL1200/207 型履带式转载破碎机主要技术参数

特　征	参　数	特　征	参　数
外形尺寸($L\times W\times H$)/(mm×mm×mm)	8200×3800×2150	行走速度/(m·min^{-1})	0~10
总功率/kW	207	接地比压/MPa	0.14
机重/t	40	破碎功率/kW	75
装载宽度/mm	3800/4500	破碎粒度/mm	200~300
转载能力/(t·h^{-1})	1200	泵站功率/kW	132

3. CMM10-30 型 10 臂锚杆钻车

图 5-7 是 CMM10-30 型 10 臂锚杆钻车，主要由顶锚钻臂、侧帮钻臂、锚钻除尘器、履带底盘、电气系统、液压系统等组成。机载 6 个顶板钻臂、4 个侧帮钻臂，10 个钻臂同时对顶板、侧帮进行全方位锚杆支护，其履带式底盘跨骑在可弯曲带式转载机上移动，实现掘、锚、运平行作业。10 臂锚杆钻车是整个系统的集控中心，掘锚机组和履带式转载破碎机的操作均位于 10 臂锚杆钻车之上。

图5-7　CMM10-30型10臂锚杆钻车

1）主要技术特点

（1）全断面一次支护，支护效率高、质量优。整机集成6套顶锚钻架和4套侧锚钻架，能够同时完成整个巷道的锚杆支护。钻机采用一人多机操作的布置方式，操作人员在互不干扰的情况下实现有序操作，从而提高了巷道支护效率和支护质量。整机中配备液压负载反馈系统，可实现各个钻架在任何情况下都可以独立完成锚护作业，同时钻架还配备独立的液压操作系统。

（2）锚钻采用干式除尘技术，保证巷道良好的工作环境。采用干式机械除尘机构，在设备上搭载有多级串联的不同形式的除尘器，通过多级分离、落尘、过滤形式使钻孔所产生的粉尘落在固定的容器中，从而达到除尘目的。干式除尘系统可减少对井下环境的污染和对底板的破坏，保证巷道良好的工作环境。

（3）创新的跨骑式底盘结构。整机跨骑于可弯曲带式转载机上，可弯曲带式转载机可以在锚杆机底盘下自由通过，锚杆机的锚护作业与掘进、运输工序互不影响，可实现掘、锚、运平行作业。

2）主要技术参数

CMM10-30型10臂锚杆钻车主要技术参数见表5-7。

表5-7　CMM10-30型10臂锚杆钻车主要技术参数

特　征	参　数	特　征	参　数
外形尺寸$(L\times W\times H)$/(mm×mm×mm)	10500×3700×3200	行走速度/$(m\cdot s^{-1})$	0~10
装机功率/kW	2×132	接地比压/MPa	0.16
机重/t	64	钻臂数量/个	10（6顶4侧）
钻孔适应岩层硬度	$f\leq7$	钻机除尘	干式

4. DZY100/160/135 型可弯曲带式转载机

图 5-8 是 DZY100/160/135 型可弯曲带式转载机，主要由装载部、卸料部、柔性段、输送带、动力站组成。它能够实现移动过程中的弯曲运输，满足系统变向掘进联巷、开切眼的需求。架体下方安装有胶轮油气悬挂装置，对底板适应能力强。输送带采用变频调速多点驱动，最大运力达 1600 t/h，并对起动、张紧过程进行自动控制。

图 5-8　DZY100/160/135 型可弯曲带式转载机

1）主要技术特点

（1）可实现定点弯曲，跟随掘锚机转弯，对底板适应能力强。相邻弯曲输送带架间采用关节轴承连接，每节弯曲输送带架之间可水平、垂直摆动一定幅度，使整机跟随掘锚机转弯，实现系统开掘联巷、硐室。弯曲输送带架体配置胶轮油气悬挂行走装置，行走支撑采用独立的油气悬挂，可适应巷道底板起伏等复杂底板条件。

（2）多点驱动，自动张紧。采用变频电动滚筒多点驱动，具有自动张紧功能。该自动张紧装置采用电气控制，通过压力传感器监测自动张紧油缸压力，根据起动、运转和停机等不同工况，对输送带进行自动张紧。

2）主要技术参数

DZY100/160/135 型可弯曲带式转载机主要技术参数见表 5-8。

表 5-8　DZY100/160/135 型可弯曲带式转载机主要技术参数

特　征	参　数	特　征	参　数
最大运输能力/$(t \cdot h^{-1})$	1600	驱动滚筒功率/kW	3×45
运输距离/m	130（搭接 100 m 时）	输送带宽度/m	1
带速/$(m \cdot s^{-1})$	0～4	弯曲半径/m	9

5. DWZY1000/2000 型迈步式自移机尾

图 5-9 是 DWZY1000/2000 型迈步式自移机尾，主要由稳定支撑部、机尾部、转载机导向部、刚性架、轨道、电气系统、液压系统等组成。采用马蒂尔式运动机构，能够实现可伸缩带式输送机快速延伸。自带刚性架，可与弯曲带式转载机长距离重叠搭接，并兼

做设备列车。采用自铺轨道技术，降低了刚性架移动过程中的移动阻力，移动效率高。具有左右调偏功能，采用遥控操作，能够极大地减小延伸输送带过程中的设备调动，降低人员劳动强度。

图5-9　DWZY1000/2000型迈步式自移机尾

1）主要技术特点

（1）与可弯曲带式转载机快速搭接。采用“顶天立地”的迈步式自移机构，移动效率高。与可弯曲带式转载机长距离重叠搭接，最大搭接行程可达150 m。

（2）刚性架可兼作设备列车。除尘系统、材料列车、移动变电站等设备均可跨骑在刚性架上，随着刚性架同步前移，减小了劳动强度并节省了大量时间。

（3）具有左右调偏功能。防止迈步式自移机尾在向前推进的过程中出现跑偏情况，在迈步尾架上设计了两组调偏机构。需要调偏时，通过调偏举升油缸先将迈步端头抬起，然后在调偏推移油缸的作用下实现迈步自移机尾左右摆动调偏。

2）主要技术参数

DWZY1000/2000迈步式自移机尾主要技术参数见表5-9。

表5-9　DWZY1000/2000迈步式自移机尾主要技术参数

特　征	参　数	特　征	参　数
总长度/m	120（搭接100 m时）	移动步距/m	2/1.5
机重/t	70	适应输送带宽度/mm	1000
泵站功率/kW	45	刚性架节距/mm	3000

掘锚机组高效快掘系统在神东大柳塔矿投入使用，平均月进尺2400 m。其中，小班最高进尺85 m，月最高进尺3088 m。

三、岩巷（硬岩）悬臂式掘进机

近年来，我国吸收、借鉴国外掘进机先进设计理念和制造技术，研究、设计、开发了

EBZ300、EBH300、EBH315、EBH350、EBH450 等型号的大功率硬岩掘进机。国产系列大功率岩巷掘进机的成功研制，代表了掘进机的发展趋势，为煤矿岩巷快速掘进提供了较为成熟的装备。EBH450 型智能化超重型岩巷掘进机可截割岩石单轴抗压强度达 124 MPa，采用截割转矩交流变频调速控制及动载荷识别技术，实现了截割转速自适应调节。基于视觉技术的掘进机位姿检测系统及稳定支撑机构，实现了机身姿态精确定位。开发了断面成形控制及状态监测系统，实现了巷道断面自动成形。

四、全断面煤巷、岩巷掘进机

（一）全断面煤巷掘进机

目前，由我国自主研发的全断面煤巷掘进机，系统总长可达 210 m，总重 630 t，总装机功率超过 2400 kW。主机由截割系统、装运系统、行走系统和临时支护系统 4 部分组成，后配套设备包括 10 臂锚杆钻机、可弯曲带式转载机、迈步式自移机尾和自移动力站 4 种设备。该掘进机的特点是巷道一次成形、掘支同步、连续作业，集全断面连续切割技术、自动定位、无线遥控技术、快速装运、机载除尘、机载锚杆钻机、调车等功能于一体。其外形及配套设备如图 5－10 所示。

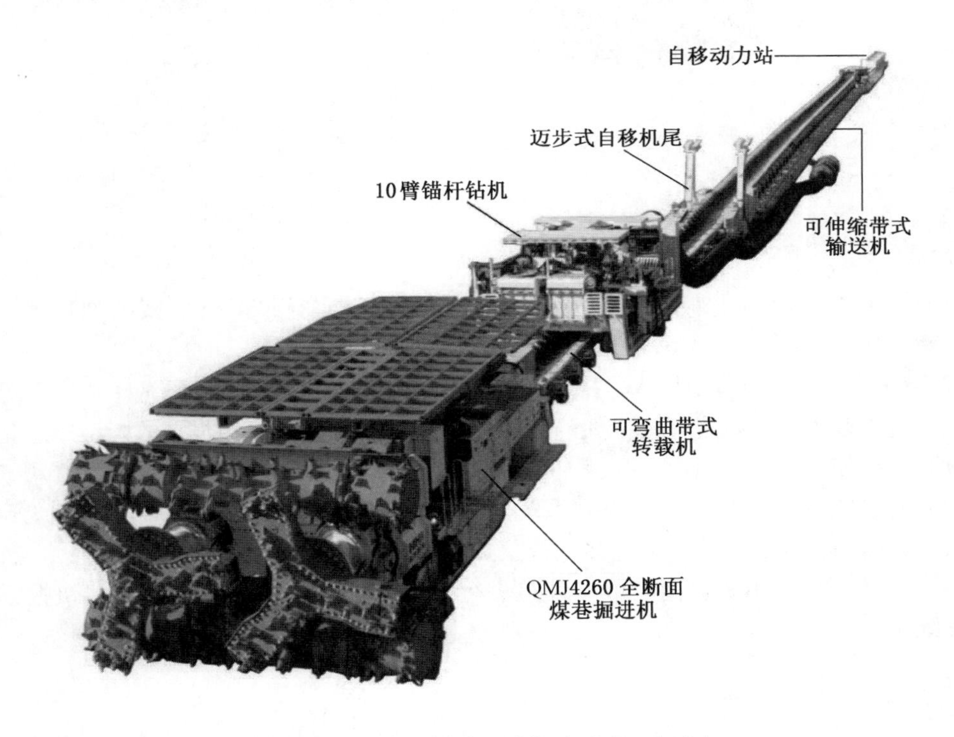

图 5－10　全断面煤巷掘进机外形及配套设备

（二）全断面岩巷掘进机

煤矿用全断面岩巷掘进机分为斜井和井下两类。目前，我国研发的全断面岩巷掘进机主要有双模式煤矿斜井 TBM（全断面岩石隧道掘进机）和立井井下全断面岩巷掘进机。

双模式煤矿斜井 TBM 可开挖直径达 7.62 m，总长 238 m，整台 TBM 设备由主机部分和 20 节后配套拖车组成，主机质量 556 t，总重超过 1200 t，可提升斜井贯通速度。岩巷全断面掘进机采用盘形滚刀破岩机理，利用全断面刀盘一次破岩成硐，将水平梁敞开式 TBM 掘进机与煤矿运输、防爆、支护等特殊施工要求相结合，集掘进、出碴、支护、除尘、通风、导向、防爆技术于一体，是高度机械化、自动化的煤矿岩巷施工设备。目前有不同断面大小的岩巷全断面掘进机，开挖直径可达 4.53 m，总长 50 m，整机质量 350 t，刀盘驱动功率 1440 kW，总推力 12000 kN。全断面岩巷掘进机如图 5－11 所示。

图 5－11　全断面岩巷掘进机

五、快速掘进系统的技术发展方向

（1）不断探索新型截割技术，不断扩大适用范围。研究、试验新型截割技术，尤其是硬岩截割技术；研究新型截割方式与硬岩截齿，扩展适用范围。

（2）大力发展自动控制技术。随着实用型新技术的发展，快掘系统自动化趋势越来越明显，主要表现为：推进智能导航、全功能遥控、智能监测、预报型故障诊断、记忆截割、数据远程传输等。

（3）多功能集成趋势明显。快掘系统成套装备集成锚钻系统、临时支护系统、高效除尘系统、前探物探系统等，通过多功能集成达到平行作业，提高单进目标。

（4）工作可靠性不断提高。可靠性是进行高效作业的根本保证。因此，快掘系统各设备系统匹配、结构形式、使用材质等都要建立在实践验证的基础上。

第二节　掘进装备智能化技术

如果将掘进机的功能结构部件视作其身体，控制和监测部分看作其神经和大脑，那么智能化软件系统就是掘进机的灵魂和思想。掘进机的主体结构使其具备开拓巷道的能力，智能化软件系统则赋予它可以根据具体工况自动调节工作状态，自主规划工作方式的能力。掘进机智能化关键技术主要包括掘进机定位导向及姿态调整、截割轨迹规划、地质条件识别及自适应截割、状态监测与故障诊断、与配套设备远程通信等功能。

一、机身定位定向技术

目前，掘进机的自动定位导航技术包括基于全站仪的技术、基于结构光激光指向仪的技术、基于光测角仪的技术、基于机器视觉的技术及基于惯性元件的技术等。

（一）基于全站仪的掘进机定位导航技术

基于全站仪的掘进机定位导航技术由固定在掘进装备后方巷道侧壁上的全站仪、全站仪后方固定的棱镜，以及掘进装备机身上若干个棱镜组成。全站仪需要具备自动识别和跟踪机身棱镜的功能，否则需要人工搜索棱镜定位。全站仪通过检测后方棱镜位置的方式确定自身基准，通过检测机身上若干个棱镜的空间位置计算机身的空间位置和姿态。优点是全站仪自身测距和测角精度较高且性能稳定。存在问题：一是对能见度和通视性要求高，机身上的棱镜需要保持清洁；二是测量过程中需要逐一扫描安装在掘进机机身上的若干个棱镜以检测其空间位置，每一点的检测及数据保存和处理时间均在 1 s 以上，在完成若干个棱镜空间位置检测过程中，机身应保持静止，否则会产生测量偏差，因此基于全站仪的检测方法原理只适用于机身静态空间位姿检测。

（二）基于结构光激光指向仪的技术

基于结构光激光指向仪的技术，由结构光激光指向仪、两轴倾角仪和安装在机身上的两列光敏元件及数据采集处理装置组成。掘进机后方巷道顶板上固定的结构光激光指向仪发出的结构光投影在机身的光敏元件上，不同位置的光敏元件输出不同信号，从而计算机身偏转角和偏移量。优点是结构简单，数据采集和处理由 PLC 完成，PLC 的优点是可靠性高，成本低。存在问题：结构光激光指向仪投射出的线形激光在穿过粉尘水雾和较远距离后，无法保证光强度，因此不能保证光敏元件能可靠接收到光信号；能见度和通视性要求高。机身上的两列光敏元件需要保持清洁，此外，无法检测机身相对巷道基准的高度差和距离。

（三）基于光测角仪的技术

基于光测角仪的技术，由激光指向仪和安装在机身上的具有透光特性的两块屏幕组成，内部用摄像机采集指向仪在屏幕上形成的光斑图像判断其位置，从而计算机身的空间位置和姿态。存在问题：能见度和通视性要求高，机身上的两块屏幕要求保持清洁。此外，要求指向仪光斑能够投影在屏幕上，因此对二者的相对位置有要求。

（四）基于惯性导航的技术

国内，早些年提出了基于惯性导航的技术并对该技术进行了部分理论研究。国外，澳大利亚在综采工作面上有应用此技术的报道，在掘进工作面上尚无应用此技术的报道。近年来，国内已有基于陀螺仪的技术用于巷道的定向掘进试验。

（五）基于机器视觉的掘进机定位导航技术

基于机器视觉的掘进机定位导航技术，属于摄影测量技术，由激光指向仪、摄像机、图像处理系统，以及光靶组成。系统组成如图 5－12 所示。

1. 系统结构

摄像机与激光指向仪刚性连接并固定在掘进机后方巷道顶板上，摄像机与激光指向仪

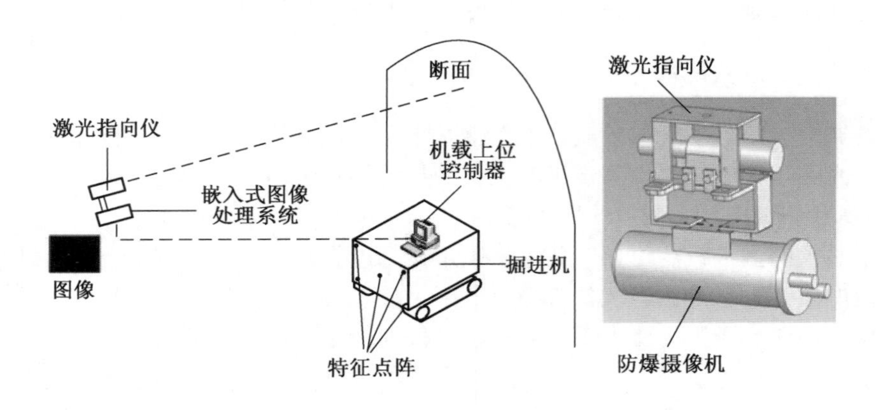

图 5-12　基于机器视觉的掘进机定位导航技术系统组成

之间的相对位姿事先精确标定，激光指向仪在指向确定后固定不动。光靶（即特征点阵）固定在机身上，表示掘进机的空间位姿，随掘进机一起保持动态的工作状态。摄像机采集光靶的图像，图像处理系统解算机身空间位置和姿态。对检测掘进机机身相对于巷道设计轴线（由激光指向仪指定）之间的偏转角和偏移距离等掘进机位姿参数进行研究，与掘进机悬臂位姿数据一起，能够实时给出掘进机截割部相对于巷道设计轴线及设计断面的位置。

2. 目标自动识别技术（ATR）

由于掘进机在空间中可能呈现任意姿态，从而在图像中，特征点阵也呈现各种不同的变形模式，采用模式识别等相关方法实现特征点的自动匹配。通常采用复杂背景光及高粉尘环境中可靠识别特征点的方法、动态识别不规则光斑中心的方法及动态图像中目标识别的方法。

3. 专用图像处理方法

针对井下环境的专用图像处理算法主要考虑现场环境的复杂性和对图像的不利影响，需要通过原始图像采集和分析采用相应的图像处理算法进行抑制。图像处理方法中最重要的一类是滤波，包括空间时域滤波和频域滤波两类。通过对井下光照环境的分析，选用形态学滤波和均值滤波两种方法进行图像处理。此外，为获得适合煤矿井下高粉尘和特定光照环境的高可靠性、实时性的专用算法，还进行了图像动态二值化和区域标记等处理。

4. 掘进机姿态求解算法

采用在成像系统线性模型的基础上进行畸变矫正的建模方法，采用平面模板标定和径向约束法（RAC）对成像模型进行标定。姿态求解算法与数学模型和标定方法密切相关，在模型标定完成后，通过矩阵变换方法即可解出掘进机姿态参数。

5. 摄像机与激光指向仪之间相对位姿的标定技术

因为机器视觉技术是在摄像机坐标系中进行目标（掘进机）空间位姿检测的技术，需要转换到以激光指向仪为基准的理论巷道坐标系中才可用于掘进机自动导向和定位。由于摄像机光轴、摄像机轴线和摄像机防爆壳轴线存在事实上的不一致，因此任何借助第三方仪器的标定方法都存在不同程度的误差。

6. 基于机器视觉技术的掘进机定位定向试验

机尾横向扭动距离控制的目标是通过控制掘进机机尾在截割过程中产生的横向偏移，使其尽可能保持在巷道中心位置附近，即“纠偏”，巷道中心位置则由激光指向仪给出。其实现机制为：基于机器视觉技术的掘进机空间位姿检测方法开发的定位导向装置固定在掘进机后方巷道顶板上，其位置和指向均被精确标定，定位导向装置采集掘进机图像，实时解算出掘进机的机尾横向扭动距离数据，无线传输至掘进机机载计算机，并用于机尾横向扭动距离控制。机尾横向扭动距离控制精度的验证，可以通过手工测量激光光斑与掘进机机尾铅垂中心线之间的横向距离完成。

利用定位导向装置检测机尾横向扭动距离，取决于工作面除尘效果和能见度，工作距离为 30 ~ 100 m，理论上机尾横向扭动距离检测分辨率为 5 ~ 20 mm。

二、工况检测及故障诊断技术

掘进机是集机械、电气、液压于一体的大型煤矿设备，其故障隐患具有很强的隐蔽性。掘进机工作环境恶劣、煤尘严重、振动大，因此设备发热（电机、齿轮箱、轴承发热等）成为掘进机常见故障。同时由于液压系统的液压油污染严重，液压系统故障也是掘进机的常见故障。

掘进机常见故障包括减速器故障、悬臂端轴承与花键故障、液压系统阀组故障。减速器故障主要是由于润滑油污染或油量不合适（过多、过少）、轴承或齿轮损坏、漏油引起抱轴故障。悬臂端轴承与花键故障主要是由于截割头截割过程中受力较大，导致轴承与花键磨损严重。液压系统阀组故障包括溢流阀压力过高、过低或者损坏、换向阀泄漏或者操作失灵、液压锁泄漏或者损坏。溢流阀压力过低或者损坏，容易造成原电动机功率下降、转速变慢。而溢流阀压力过高则会使液压泵的输出压力升高，加大液压泵的负荷，造成声音异常或温度升高等现象。通过压力检测定期调整溢流阀的整定值，使其保持在正常压力值。换向阀和液压阀泄漏或者损坏可能造成掘进机行走缓慢、喷雾泵内喷雾不动作、切割头和后支撑不运动等问题。如果掘进机出现这几种现象，应及时更换或者维修换向阀。另外，由于传动部件的密封圈和封口处通常是橡胶的，很容易在高压、高温的作用下变脆，产生颗粒状杂质，因此要定期检查液压油和传动部件的密封圈与封口，尽量避免因液压油混入杂质而造成液压系统工作失灵。

国外新推出的掘进机可以实现推进方向和断面监控、电机功率自动调节、离机遥控操作及工况监测和故障诊断等机电一体化功能。例如，ABM20 型掘锚机组电控系统有完善的保护和监控装置，通过微型电子计算机进行数据采集、处理显示、传输控制、健康监控、故障诊断查找等。KBⅡ型掘锚机组的电控系统同样也装有各种监控保护装置，机上各种传感信号通过可编程逻辑控制器处理控制和显示各种运行工况，并在发生故障的情况下使电控箱内的开关装置动作，关断各电动机。

由于掘进机的工况监测与故障诊断受空间狭小和环境恶劣的限制，目前国内掘进机的工况监测与故障诊断技术的发展远落后于现代采煤工业技术的发展，对掘进机的工况监测主要停留在对开停机状态、电流、电压的监测。国内的科研院所、学校、煤矿企业对掘进机的典型故障进行了研究，分析了掘进机的工作原理及常见故障（如齿轮故障、轴承故障等），探讨了专家系统在掘进机行走机构上的应用，并建立了一套基于振动量的掘进机齿轮箱轴承、齿轮、传动轴在线监测与故障诊断、预知维修局域网系统。对掘进机截割头主轴、传动齿轮箱、行走部部件轴承、齿轮、轴等关键零件的振动加速度信号、转速等信号进行实时采集与监测，定时给出轴承、齿轮、传动轴状态报表和趋势分析，随时全面地了解轴承、齿轮、传动轴运行状况，并能在轴承、齿轮、传动轴发生异常时报警并存储故障数据。此外，作为掘进机的重要组成部分——液压系统、喷雾除尘系统的工况监测与故障诊断的研究也取得了一定成果，建立了掘进机液压故障诊断与维修决策的专家系统。

目前对掘进机工况的监测大多数还停留在对相关参数进行监测和显示，缺乏对采集到的数据做进一步的分析、处理，相关内容如下。

（一）液压、润滑系统状态感知与采集装置

汇总现有压力与流量传感器现场使用中存在的问题，在考虑振动较大与现场安装方法的基础上，采用高可靠性压力传感器与流量传感器。根据掘进机润滑方式，以及监测参数种类与数量，建立综掘装备机载监测分站。汇总液压系统中泵、马达、关键阀组故障，根据掘进设备的运行状态及故障类型和部位，以实现状态信息准确及全面获取。

（二）机械传动易损部件特征识别与故障诊断

根据掘进机运行工况特点，采用振动信号时域指标、频谱分析等信号处理手段，分析故障信号特征。采用滤波方法提取减速器轴承齿轮故障特征，集成数字信号的振动峰值计算及频谱分析、包络谱分析及振动信号实时定量诊断分析等故障智能诊断算法，分析掘进机的运行状态。

（三）状态信息融合与故障预测

采集综掘装备压力、流量、油位、油质、温度、振动、电流、电压等状态参数，液压系统、电气系统、机械传动系统、润滑系统、冷却系统等主要故障之间的对应关系和推理机制，挖掘不同状态信息参数之间的变化规则，建立不同综掘装备的故障推理专家系统，克服目前综掘装备状态信息只是数据监测与报警，不能进行故障预测与维修指导的不足。

（四）综掘设备工况监测与故障诊断系统软件

综掘设备工况监测与故障诊断系统软件实现装备运行状态信息全面实时监测、故障预警预报、维修指导、全寿命运行周期跟踪、状态信息 Web 发布与共享等功能。通过局域网调用机电设备无线数据采集分析仪的实时处理结果，基于 Windows 操作系统，采用 EXTJS 系统的前台设计，用 Java 作为服务器端程序设计语言，SQL Server 数据库服务器，通过棒图、表格等控件显示设备信息和关联属性。报警状态分别用绿色、黄色、红色表示安全、警告、危险 3 种状态，系统设计人性化，功能丰富、用户操作简单。

（五）综掘装备远程监测诊断中心

远程监测诊断中心能够完成网络环境下的计算机协同专家会诊，远程故障诊断服务等功能。中心站点主要由数据库服务器、诊断服务器、远程故障诊断专家系统、计算机协同专家会诊平台组成。利用基于 Internet 的远程监测技术与网络信息共享技术，建立基于装备运行数据的远程管理平台、远程诊断和维护平台，以及远程信息沟通交流平台。通过访问远程监测中心网站就可以随时、随地、实时地得到所需要的设备管理信息及设备的运行状态数据，从而真正实现对设备的远程管理维护及远程专家会诊。

三、自适应截割技术

智能化截割控制系统通过使截割机构的工作状态与当前煤岩硬度相匹配，同时优化截割作业过程，达到有效降低累计截齿消耗的目标。智能化截割应结合动载荷识别，智能化截割控制系统根据动载荷识别装置给出的煤岩硬度识别结果，调节截割电机转速，使截割头的切割线速度与当前煤岩硬度相匹配。然后控制系统进一步调节截割机构摆动牵引油缸压力和截割头摆动牵引速度，使截割电机的输出转矩（或输出功率）达到最优匹配。

（一）截割电机转速调节

对大量截割实验数据的分析研究表明，针对不同的煤岩硬度，选择一个适当的截割头切割线速度能够有效降低截齿和齿座的磨损程度。因此，对于动载荷识别装置所能够获得的几类煤岩识别结果，通过实验可以分别确定对应的切割线速度。截割电机的输出转速可由下式计算：

$$n=\frac{60v_{\mathrm{h}}}{2\pi R_{\mathrm{h}}}j$$

式中　n——截割电机输出转速，r/min；

v_{h}——切割线速度，m/s；

R_{h}——截割头半径，m；

j——截割减速器减速比。

当动载荷识别装置得到当前煤岩硬度识别结果后，智能化截割控制专家系统将根据识别结果给出截割电机的转速调节指令，最后变频电机将稳态运行于期望的转速。然而，此时截割机构的其他参数，如摆动牵引速度、摆动油缸压力、截割电机输出转矩（功率）等，还未达到最优匹配，需要进一步调节。

（二）截割电机转矩/功率调节

当截割电机转速根据载荷识别结果调节到预设值后，为了合理利用截割电机优化截割作业过程，需进一步对截割电机的工作状态进行调节。首先考虑截割电机输入频率在基频以下的情况，即截割电机输出转速低于其额定转速。此时电机磁通保持不变，相同的电机电流对应相同的电磁转矩，这一范围内的调速过程称为恒转矩调速。因此宜选择截割电机的输出转矩为被调节参数，其期望值为电机额定转矩值。然后考虑截割电机输入频率在基频以上的情况，即截割电机输出转速高于其额定转速。此时由于输入电压的饱和作用，磁通随频率（转速）的不同而发生变化，从而相同的电机电流将对应不同的电磁转矩，但是将对应确定的电机功率，这一范围内的调速过程称为恒功率调速。这样，不宜再选择转矩作为被调节参数，而应选择截割电机的输出功率为被调节参数，其期望值为电机额定功率。

研究分析表明，掘进机截割机构单位时间内截割的煤岩量（体积）与截割电机的输出功率成正比，即满足关系式：

$$P_{\mathrm{m}}=T_{\mathrm{m}}\omega_{\mathrm{m}}=k_{\mathrm{p}}v_{\mathrm{c}}\delta_{\mathrm{c}}$$

式中　P_{m}——截割电机输出功率，W；

T_m——截割电机输出扭矩，N·m；

ω_m——截割电机输出角速度，rad/s；

k_p——比例系数；

v_c——截割头几何中心摆动牵引速度，m/s；

δ_c——截割头进刀量，m。

（三）负载压力反馈截割牵引调速控制技术

截割电动机电流、转速等参数的变化，最能直接和准确地反映负载的变化，并且反馈方式容易实现，控制精度高。截割牵引速度既可以由泵来调节，也可以用阀来调节。当掘进机外负载变化时，截割电机电流、转速等参数随之变化，利用传感器采集截割电机电流、转速等信号。在信号比较与可编程控制器的作用下，采用电液比例控制技术实现截割机构牵引速度的自适应调节，变量泵输出液压油经换向阀输往油缸，当截割阻力较小时，截割电动机所需的截割功率就小，这时电动机的电流、转速等参数发生变化，这些信号经处理器、信号比较器、信号转换和放大装置，通过比例阀作用于变量泵的流量调节机构，使变量泵的输出流量变大，这时油缸提供给截割机构较大的进给速度；当截割阻力较大时，这些变化的信号使变量泵的输出流量变小，这时油缸提供给截割机构较小的进给速度，可避免截割电机过载。这是能使液压功率与截割功率实现功率匹配的无级调速系统，因此能较好地减少液压功率损失，避免由于能量损耗而造成的油温过高现象。

掘进机截割头以给定转速钻切后，调节截割水平牵引速度 v_X 和垂直牵引速度 v_Y 大小，保证截割电动机安全可靠工作。采用电液比例阀和电流互感器，通过截割主机的电流 i 来控制阀口开度就可以控制流量 Q，达到控制 v_X 和 v_Y 的目的。控制框图如图 5-13 所示。

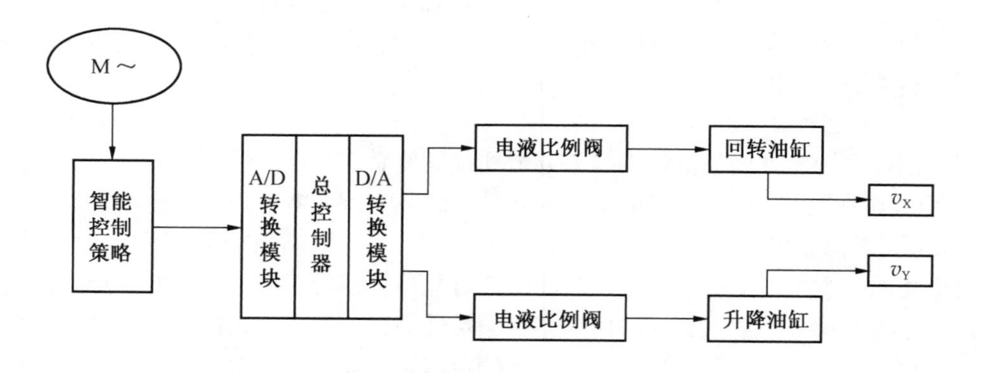

图 5-13　负载压力反馈截割调速控制框图

1. 垂直截割牵引调速控制方法

如图 5-14a 所示，当截割头所受阻力减小或增大时，掘进机外负载会发生相应变化，截割电机电流随之变化。通过采样器将变化的电流采集后送到总线控制器（掘进机本身带有的）中的比较控制器，与额定电流 i_0 进行比较，然后通过调节电液比例阀控制阀口开度，以调整上下截割油缸流量，达到调整截割牵引速度快慢的目的，维持电机安全可靠工作。

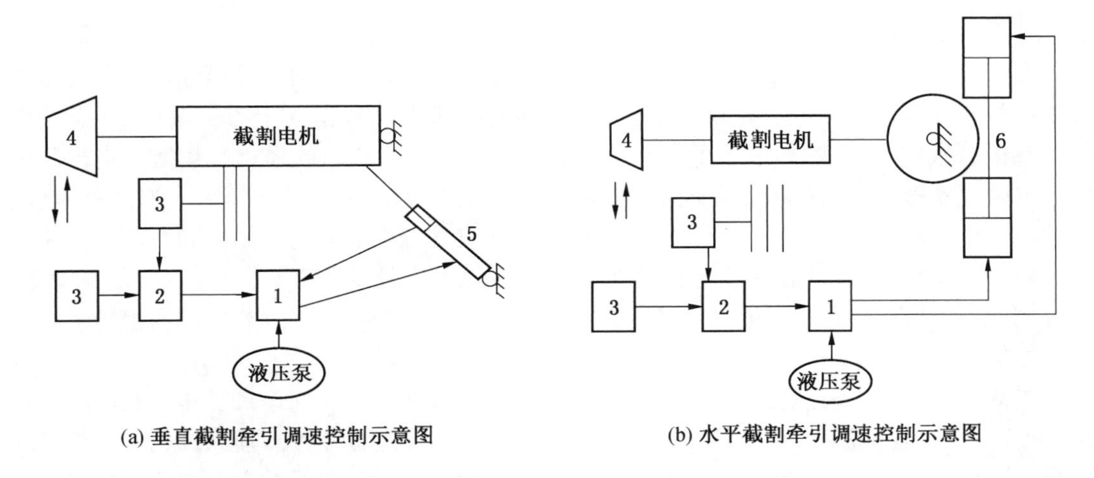

1—电液比例阀；2—智能控制策略；3—信号采样环节；4—工作机构；5—升降油缸；6—回转油缸

图 5-14　垂直、水平截割牵引调速控制示意图

2. 水平截割牵引调速控制方法

掘进机截割过程以水平横扫截割为主，水平摆动通过回转油缸带动齿轮齿条式回转机构或回转台实现截割部左右摆动，带动截割头完成截割工作，与垂直截割牵引调速控制方法一致，如图 5-14b 所示。

四、掘进装备远程可视化监控技术

掘进装备远程可视化监控技术主要包括掘进装备数据采集、视频监控、数据通信与远程集中控制。其系统示意如图 5-15 所示。在掘进装备本体配置一套数据采集控制装置，实现掘进机本体电气数据、环境数据、视频图像数据的采集处理，并将相关数据采用有线或无线通信方式传输到井下巷道远程监控中心，为掘进机遥控操作提供工况和视频图像依据。同时地面调度中心也可以通过光纤环网实现掘进装备远程状态监测。

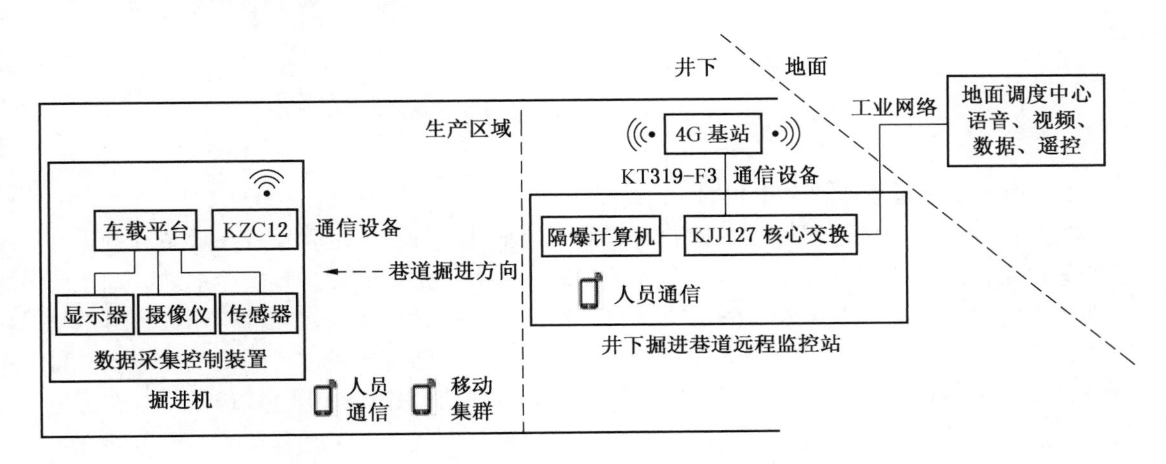

图 5-15　掘进装备远程可视化遥控系统示意图

（一）数据采集

在掘进装备上安装的数据采集控制装置包括车载平台、显示器、传感器等设备。数据采集控制装置通过与掘进机控制装置通信，实现掘进机电气数据（电流、电压）、保护数据（漏电、缺相、过载等）、各电磁阀工作状态、电机起停状态的采集；数据采集控制装置通过内置模拟量采集模块，实现掘进机外置传感器数据的采集，如压力、温度、速度、位移、油位、倾角、瓦斯浓度等；也可实现掘进机机身各类数据的采集，如截割头伸缩油缸行程、后支撑油缸行程、回转台油缸行程、截割头升降油缸行程等。

数据采集控制装置通过通信设备与远程控制中心通信，实现工况数据的远程传输。

（二）视频监控

在掘进机机身安装配套低照度自清洁除尘矿用摄像仪，实现掘进机工作状态的实时视频监控，对周围环境、截割头姿态、机身姿态等实时图像进行监控。辅助掘进机司机实现可视化远程遥控操作。掘进机视频监控示意如图 5－16 所示。在掘进机左侧部位安装一台本安摄像仪，实现机身左前方截割煤壁时，截割头姿态监视；在掘进机右侧部位安装一台本安摄像仪，实现机身右前方截割煤壁时，截割头姿态监视；在掘进机正方部位安装一台本安摄像仪，实现机身前方截割煤壁时，截割头姿态监视；在掘进机后方部位安装 2 台本安摄像仪，一台向后用来观察掘进机二运工作状态和掘进机相对巷道姿态情况，一台面向掘进方向用来观察掘进机定位激光线。

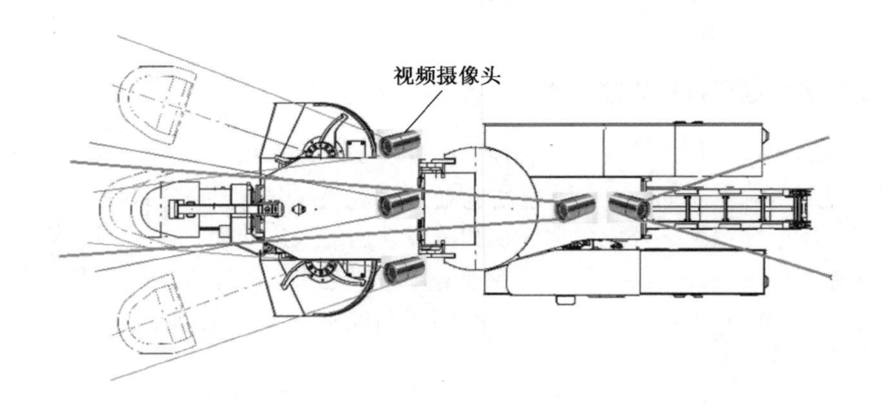

图 5－16　掘进机视频监控示意图

（三）数据通信与远程集中控制

掘进装备数据通信与远程集中控制系统主要包括井下掘进机远程监控站设备和掘进巷道通信设备。掘进机远程监控站设备布置于掘进巷道掘进工作面后方较安全的地方，主要由防爆电源、监控防爆服务器、隔爆交换机、掘进机遥控设备、监控软件等组成，可以使工作人员在监控台对掘进机进行远程操控。监控站设备可随着掘进进尺的推进而移动。掘进巷道通信设备根据巷道实际情况可采用有线或无线通信方式，由于有线通信缆线在掘进过程中容易被挂断，维护量大，建议采用无线宽带通信方式。井下远程监控站通过建立可靠的通信网络获取掘进装备运行数据、姿态数据、定位数据等，并通过视频图像对掘进装备进行远程遥控操作。其数据也可以通过无线或有线上传到地面监控中心，实现地面远程监控。

掘进装备远程监控功能主要有：

（1）通过统一的监控平台实现掘进设备的信息采集、显示、数据汇总、人机对话操作、远程管理。

（2）通过对掘进机姿态检测、工况监测、视频监控，实现掘进机远程可视化操作。

（3）通过建立统一的通信接口和规约，可与掘进机各配套子系统进行数据通信，实现高低速截割、油泵、二运、一运、锚杆机的起停控制和状态监测；对电机过载、短路、缺相、漏电、接地故障进行报警；实现设备之间的联动闭锁控制。

（4）通过在掘进机机身安装瓦斯传感器，实现瓦斯浓度监测，根据瓦斯浓度门限级别联动闭锁掘进机。

上述掘进机的远程监控技术结合锚护装备智能化技术、配套装备智能化技术可形成智能化远程遥控掘进工作面。随着井下设备定位技术的成熟与发展和装备智能化的提升，掘进作业将逐渐实现无人化开采。

第三节　锚护装备智能化技术

锚杆支护是一种快速、安全、经济的巷道支护方式，是目前巷道支护先进技术的代表，是煤矿巷道支护技术的发展方向，已经得到广泛应用。锚杆钻机是锚杆支护作业中专门用于实现钻凿锚杆孔、锚杆安装并紧固锚杆的设备，是煤矿开采和多巷掘进所必需的主要配套设备。

随着传感器技术、电气电子技术、电液比例控制技术的进步，以及用户对锚杆支护安全性和支护效率要求的不断提高，国外采矿设备制造商纷纷开展了自动锚杆支护设备的研制。国际上已推出全自动单臂岩巷锚杆钻车，目前已成功推广应用于一些非煤矿山。

国内锚杆钻车最早由神东集团于20世纪90年代从国外引进，国内科研院所也从21世纪初开始研究设计，目前已成功开发了4臂锚杆钻车。经过多年的推广应用，锚杆钻车已完全替代进口产品。

一、掘锚一体化技术

当前，国内机掘巷道的掘锚工艺和作业方式通常为掘进机配套单体锚杆钻机，实现“掘后即锚”，顺序完成截割、装运和锚护等工序。这种作业方式存在的主要问题是辅助作业时间长、占用人员多、掘进效率低、工作环境差、工人劳动强度大。

2007年，我国与国外液压锚杆机厂商合作开发了掘进机机载钻臂系统，并进行了井下工业性试验。系统采用两部1650型液压锚杆钻机，上下撑顶的临时支护，通过在原机型履带架中后部两侧焊接支撑架，支撑二级伸缩的伸缩梁。钻臂铰接在伸缩梁上，不工作时机器收回使钻臂位于机器中部，工作时推展至掘进工作面进行锚护，另一套回转机构完成其工作位置的调节。S150掘进机配套钻臂系统铰接在伸缩横梁上，可沿巷道宽度方向伸缩，通过一个伸展架铰接在掘进机截割悬臂两侧，形成稳定的刚性U型框架，由2组油缸推展至掘进工作面并调节钻臂的工作位置。

2008 年，在引进机载锚杆钻机的基础上，开发了滑轨式机载锚杆钻机，并配套 EBZ160 型掘进机进行了井下试验。该试验采用 1 部 1650 型液压锚杆钻机，通过摇臂连接于滑轨机构上，布置在掘进机机身上方，通过油缸链条倍增机构、伸缩机构和推展机构协调动作，使钻机对准锚眼，从而实现锚杆的打设，如图 5－17 所示。

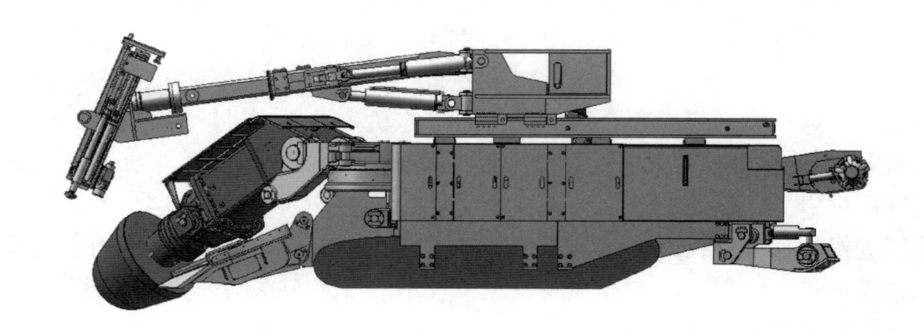

图 5－17　EBZ160 型掘进机机载锚杆钻机

2012 年，国内科研院所与煤矿企业合作开发了 EBZ300M 型岩巷掘进机机载锚杆钻机，如图 5－18 所示。经过掘进机结构创新和元部件集成化，开发了适用于岩巷拱形巷道使用的布置在掘进机一侧的机载液压锚杆钻臂系统。其系统组成同布置在机身上的方案基本一致，具有简单实用、安全高效的特点，避免了前面几种集成方案中的不足之处。该钻机主要技术特征：掘进机长 12. 8 m，宽 3. 2 m，高 2. 35 m，整机质量 95 t，截割功率 300 kW，最大可掘高度 4. 85 m，最大可掘宽度 6. 0 m，钻机定位可锚高度 4. 0 ~ 7. 0 m，钻机定位可锚宽度 5. 0 ~ 8. 0 m，钻机工作行程 2. 8 m，钻机扭矩 360 N · m。

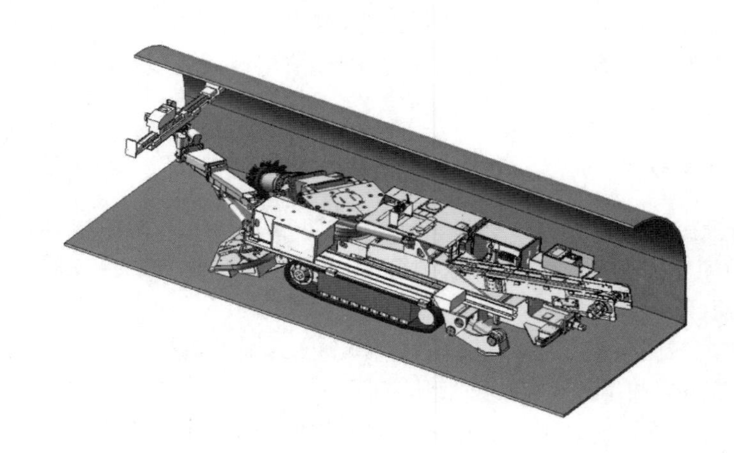

图 5－18　EBZ300M 型岩巷掘进机机载锚杆钻机

随着掘进机机载液压锚杆钻臂系统的研制及井下试验经验的不断积累，结合传统超前支护的配套方案，提出了新的单巷快速掘进配套思路（图5－19）。将悬臂式掘进机布置在超前支护系统下方，掘进机后方配套具有接料、物料转载和锚护功能于一体的运锚机，运锚机搭接桥式带式转载机，跨骑在可伸缩带式输送机上，组成一个连续的生产系统。掘进机完成一个掘进循环后，超前支护系统向前行走一个循环，由掘进机机载锚杆钻机打设巷道顶部3～5根锚杆，期间超前支护系统对顶板持续保持一定的支撑力，以确保顶板的支护安全。该工艺的关键在于：在综掘巷道进行掘锚作业时，锚杆和锚索作业分两步完成，即完成一个掘进循环后，应用机载钻臂系统打设部分顶锚杆，然后继续下一个掘进循环，剩余锚杆和锚索由料斗式2臂运锚机来打设。该工艺系统可在大部分煤矿井下掘进工作面推广使用，具有较好的适用性，可提高掘进机的开机率，提高了掘进效率和施工速度，减少了综掘工作面生产人员，减轻了工人劳动强度，改善了井下作业环境。

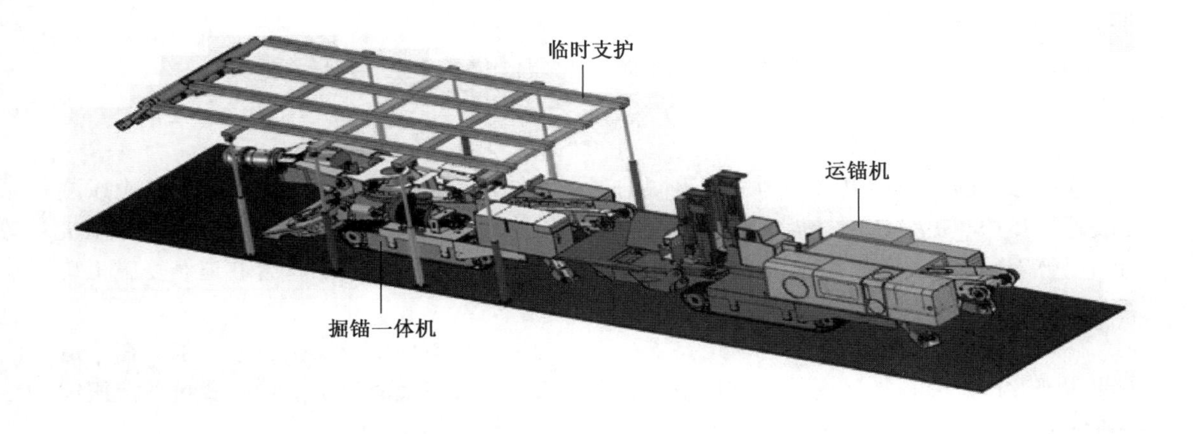

图5－19　悬臂式掘进机连续快速掘进系统组成

配套料斗式2臂运锚机主要技术特征如下：料斗式2臂运锚机设计质量32 t，液压泵站功率132 kW，配套2台1650型液压锚杆机，适合14～20 m^2 断面锚护作业，可在掘进机后面进行锚杆打设、物料转运等工作。

二、巷道修复技术

随着开采深度的增加，部分巷道变形严重，影响通风、运输和人员行走，不利于矿井安全生产，严重影响矿井生产效率。各大矿区主要采用手动风镐破碎扩巷、气动锚杆机支护、铁锹人工装载到矿车运输的方法修复。此方法效率低、安全性差，与巷道维修工程量大，维修频繁产生冲突。为取代人工风镐破碎－人工锚护－手工装运清理的巷道修复工艺，提高巷道修复效率及安全性，研制了专门用于修复井下变形巷道的多功能巷道修复机，图5－20为HXYL－120/90型煤矿用多功能巷道修复机，其具有履带行走、破碎扩巷、挖掘装载、转载运输及锚护等功能，与带式转载机和带式输送机配套，实现巷道修复机械化作业。

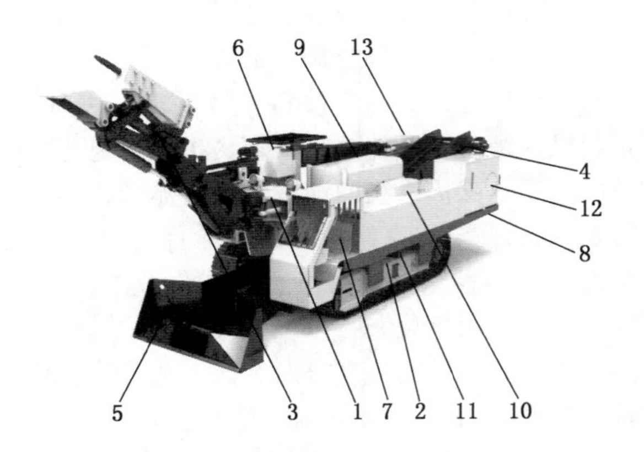

1—机架组件；2—行走部；3—反铲破碎装置；4—运输部；5—铲板组件；6—锚杆机总成；
7—驾驶室；8—后支撑；9—防护罩；10—电控系统；11—润滑系统；
12—液压系统；13—供水系统

图 5-20 HXYL-120/90 型煤矿用多功能巷道修复机

（一）主要技术特点

巷道修复施工环境复杂，为适应不同的工作条件，需要频繁更换工作装置，其中以液压破碎锤和挖斗更换使用最为频繁。为了满足巷道修复工艺及提高巷道修复效率，工作机构采用破碎锤与反铲挖斗集成结构。工作装置采用三节臂结构，更加符合巷道修复施工特点，提高了巷道修复时破碎挖掘范围。

在巷道修复工况下，一般控顶距要求很小，为了满足巷修锚杆支护工艺要求，在巷道扩巷达到设计尺寸且进尺到最大控顶距时，需要对巷道进行及时锚护。伸缩式机载液压锚杆机能实现及时支护，并可完成拱形和矩形巷道全断面支护作业。

（二）主要技术参数

该修复机适用于巷道高度 3600～4800 mm，宽度不小于 4000 mm，最大坡度 10°，岩石抗压强度小于 90 MPa。HXYL-120/90 型煤矿用多功能巷道修复机主要技术参数见表 5-10。

表 5-10 HXYL-120/90 型煤矿用多功能巷道修复机主要技术参数

特　征	参　数	特　征	参　数
适应巷道高度/mm	3600～4800	装机功率/kW	90
适应巷道宽度/mm	≤4200	破碎锤功率/kW	28
适应巷道断面/m^2	15～25	系统工作压力/MPa	25
整机质量/kg	约 36500	钻孔直径/mm	27～42
外形尺寸($L \times W \times H$)/(mm×mm×mm)	9900×2560×2930	适应岩石强度	$f \leq 9$
运输能力/($m^3 \cdot h^{-1}$)	120	除尘方式	湿式

三、顶板临时支护技术

目前，国外煤矿井下掘进工作面巷道支护多采用多排单体液压支柱加高强度工字钢棚梁支护法。国内大多数煤矿井下掘进工作面普遍使用的临时支护形式主要有：①吊挂环穿管式前探梁临时支护；②掘进机机载临时支护装置；③采用多排单体液压支柱加高强度工字钢棚梁支护法。这些方式虽然在一定程度上缓解了掘进工作面迎头支护压力，改善了工作面支护状况，但实际使用过程中还存在许多不足之处，仍然存在较大隐患。

随着掘进机械化程度和单产的快速提高，通风、运输和开采工艺对巷道断面尺寸要求越来越大，巷道宽度已经达到4500～6000 mm，高度已经达到3000～4500 mm，掘进机的功率也越来越大。传统的临时支护方式从支护能力、支护高度、支护速度、自动化程度、可操作性、安全性等方面都不能满足超前支护的要求，在很大程度上制约了高性能掘进设备高产高效能力的发挥。

较为先进的临时支护方式根据巷道掘进工作面地质条件，采用理论计算、工程类比，以及数值模拟三者相结合的方法，分析支护系统与围岩的相互作用关系，掌握掘进工作面矿压显现规律。在此基础上，确定临时支护合理的支护强度和范围。根据综掘工作面设备及巷道的地质条件，开发满足工况使用要求的快速临时支护装备，确定合理的架型结构及功能组成形式。

选择性能可靠的机载锚固钻机系统，将锚固钻机配置于临时支护设备，实现快掘快支、前掘后支的连续平行作业，缩短支护时间，提高掘进与支护速度，降低人员的劳动强度，维护人员与掘进设备的安全。

四、锚杆钻机自动钻锚技术

随着巷道掘进速度和采煤量的提高，对锚杆钻机的操作方式、工序时间，以及安全性提出了新要求。以目前普遍使用的车载锚杆钻机为例，尽管其钻孔、紧固动作已实现液控自动运行，但是拆、装钻杆，装药卷和锚杆等动作仍需人工手动作业，操作人员体力消耗较大。此外呼吸性粉尘、操作人员处于空顶区等危险因素严重威胁着人员的安全健康。采用智能锚护技术可实现锚杆作业工序（钻孔、上锚杆、紧固锚杆、锚杆连续供给等）的自动化、智能化，使操作人员在支护区实现远程锚杆支护，可以提高操作人员的安全性，降低劳动强度。

（一）智能锚杆钻架机械系统

采用自动对中、护杆行程长且对锚杆直径变化适应范围广的机械手动装置，对智能锚杆钻架自动钻孔、自动上锚杆、钻箱/锚箱自动切换等，以及对钻箱转速、进给速度检测、新型钻箱/锚箱等，具有良好的优化效果。大容量回转式锚杆仓可存储锚杆，通过智能锚杆钻架机械系统各部件的协调工作，保证智能锚杆钻架实现钻孔、上锚杆、紧固锚杆、锚杆连续供给等工序的全自动化。其主要技术参数见表5－11。

（二）智能锚杆钻架嵌入式控制系统及可视化控制站

采用扩展性强、结构紧凑的嵌入式控制器作为主控制器，通过多种功能模块组合和优

表 5-11 主要技术参数

特征	参数	特征	参数
外形尺寸($L\times W\times H$)/(mm×mm×mm)	约 1000×760×2800	进给速度/($m\cdot min^{-1}$)	0~20
质量/kg	约 1400	钻杆转速/($r\cdot min^{-1}$)	500±50
适应锚杆/mm	2200	锚钻时间/min	≤4
最大推进力/kN	28		

化的程序设计实现总体功能要求。通过现场总线传递信号，进行精准的电液控制，实现高可靠性的智能锚护、健康诊断、设备状况自检等主要功能。智能锚杆钻架具有自动锚钻、手动锚钻、调试、锚钻参数设置、自动复位、本机/遥控操作等功能。可视化控制站是智能锚杆钻架系统人机交互的接口，通过现场总线控制一个或多个模块，既可以执行操作人员的指令，还可以实时动态反馈系统状态，具有数据记录、查询、分析、诊断和预警功能。

第四节　综掘工作面配套装备智能化技术

掘进机配套后要保证在不影响其他设备功能的前提下，掘进机截割、煤运输、材料设备辅助运输、巷道支护、通风除尘、故障诊断等各个组成系统高效运行，最大限度地提高生产效率。

巷道掘进配套装备一般如下：掘进机、转载机、带式输送机、支架、锚杆机、激光指向仪、瓦斯断电仪、通风机、除尘器、辅助运输设备和供电等设备或系统。设备配套后形成一条以机械化作业线为基础的高效率、相互配合、自动化生产的掘进系统。

一、转载运输技术

根据运输设备不同，掘进作业线基本上分为 5 种类型：

(1) 掘进机、桥式带式转载机和可伸缩带式输送机作业线。

(2) 掘进机、桥式带式转载机和刮板输送机作业线。

(3) 掘进机、运锚机、桥式带式转载机和可伸缩带式输送机作业线，运锚机在截割过程中可以实现物料转运和锚杆打设。

(4) 掘进机和梭车作业线。

(5) 掘进机、吊挂式带式输送机和矿车作业线。

前 3 种作业线用于连续运输，用带式输送机时运输能力大，生产效率高；用刮板输送机时可适应巷道坡度变化大、长度较短的条件。后 2 种作业线属于间断装载，梭车与采掘机配合使用，矿车在小型矿井或在输送机运煤系统未建成之前使用。以上 5 种作业线，前 2 种作业线应用较多，使用效果较好，应优先考虑。但是，在选择和确定巷道配套运输方式的自动化时，不能只考虑一种配套运输方式。而应根据各矿的具体地质条件、工程条件和运输系统的自动化程度来选择。

二、综合除尘技术

目前，我国掘进工作面采用的除尘方式主要是喷雾除尘，除尘效率低，巷道污染严重。为了克服普通通风除尘系统的缺点，研制出 3 种高效通风除尘系统：①新一代机载湿式除尘系统；②湿式除尘系统；③干式除尘系统。

（一）机载湿式除尘器

机载湿式除尘器与掘进机高度集成，且不改变掘进机的整机外形尺寸，降尘效率高，是掘进机的理想配套设备，如图 5－21 所示。

1—湿式除尘器；2—水滴分离器；3—风机；4—出风口（连接排风筒）

图 5－21　机载湿式除尘器

（二）湿式除尘器

HCN 型湿式除尘器结构如图 5－22 所示，处理风量 100～1500 m^3/min。对于 10 μm 粉尘的除尘效率达到 99.4%。它安装在桥式带式转载机的行走小车上，并骑跨在可伸缩

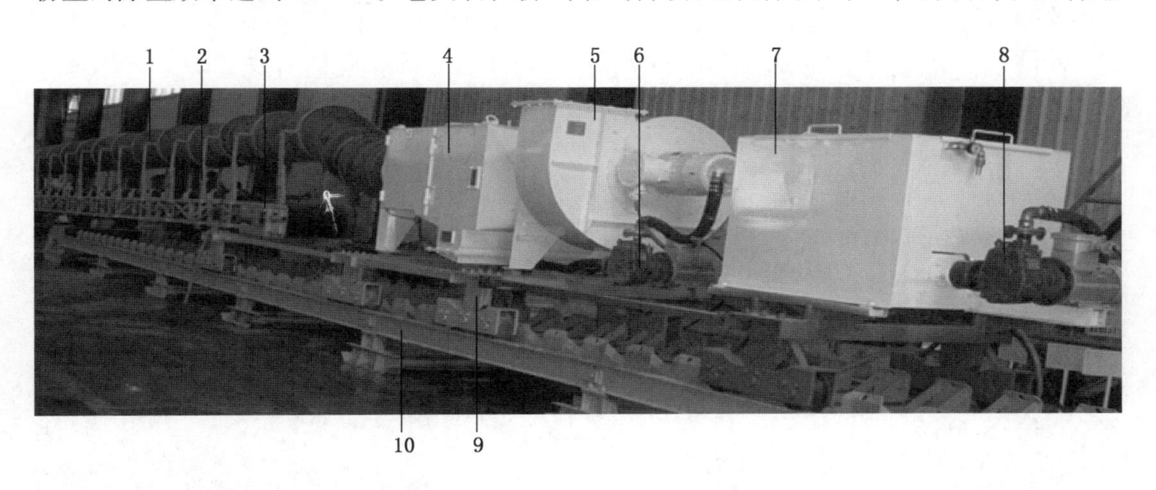

1—负压风筒；2—风筒支架；3—桥式带式转载机；4—HCN 型湿式除尘器；5—风机；6—排污泵；7—水箱；8—供水泵；9—行走小车；10—可伸缩带式输送机机尾

图 5－22　HCN 型湿式除尘器结构

带式输送机的机尾上，与掘进机随动。

图5－23为滑靴安装方式的标准湿式除尘器，也可以用单轨吊方式安装。

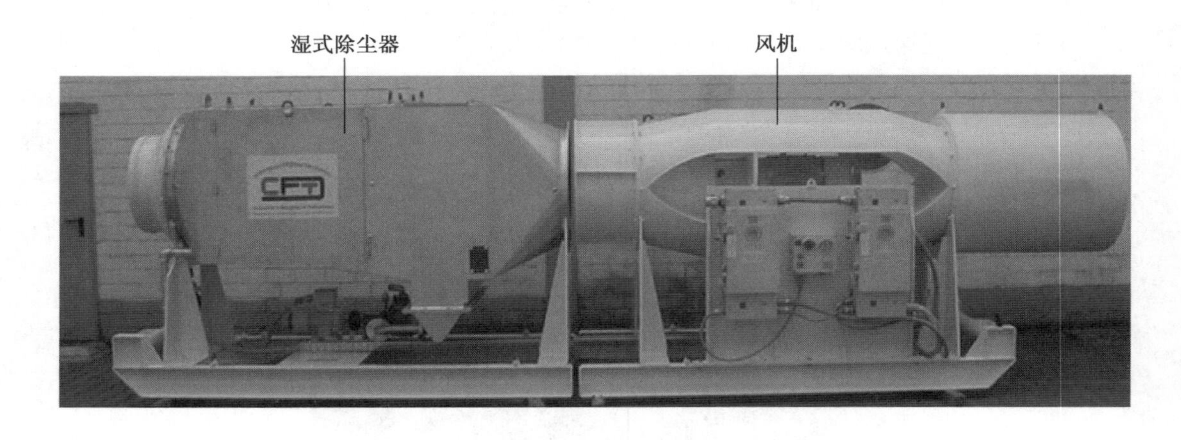

图5－23　滑靴安装方式的标准湿式除尘器

HCN型湿式除尘器具有除尘效率高、体积小、能耗低、维护方便等优点。其主要技术特点：①采用高频振动金属纤维过滤除尘技术，除尘效率高，滤网压力损失小，防堵能力强，除尘器除尘效率大于或等于99.4%；②采用独特结构设计的喷水系统，降低了用水量与用水压力，优化了与含尘气流接触效果；③采用具有自主技术的水滴分离器，水滴分离效果好，配用污水收集箱，可以实现循环用水。

（三）干式除尘器

HBKO型干式除尘器如图5－24所示。它是目前世界上技术最先进、除尘效率最高的矿用除尘器，经德国矿山技术研究院（DMT）检测除尘效率大于或等于99.997%，适合粉尘浓度高、粉尘二氧化硅含量高的巷道使用。该除尘器整体尺寸小，在相同处理风量的情况下，仅为一般干式除尘器体积的2/3。该除尘器采用履带移动小车安装方式。

图5－24　HBKO型干式除尘器

主要技术特点：①使用腹膜滤料高效表面过滤技术，除尘效率接近100%；②无水除尘，节约用水，避免造成巷道水污染；③采用脉冲喷吹清灰技术，实现自动清灰，操作简单，后期免维护，减少操作工劳动强度。

干式除尘相比湿式除尘具有以下优点：①除尘效率更高，达到99.997%，粉尘浓度高达2000 mg/m³ 以上，净化程度仍能满足相关法规要求；②对5 μm以下呼吸性粉尘捕集效率更高，满足煤矿呼吸性粉尘的治理要求；③便于回收粉尘，没有废水等二次污染。

KCG600（HBKO1/600）型干式除尘器在神东公司哈拉沟煤矿使用时除尘效果非常显著，整个巷道视线清晰，空气质量明显改善。经现场测试结果认定，该设备可降低工作面的粉尘浓度，使干式除尘效果优于湿式除尘系统。因此，干式除尘技术与装备是未来的发展方向。

为提高抽尘的收尘效果，进一步提高工作面降尘效率，系统采用了气流的附壁效应和气幕控尘原理，其原理如图5－25所示，需在供风筒处采用控尘装置，即附壁风筒。掘进生产时，关闭附壁风筒的风门，使供风筒中的新鲜风流经过附壁风筒时，沿附壁风筒侧面出风口旋转流出，即将压入工作面的轴向风流改变成沿巷道的旋转风流。向掘进工作面供风，在掘进机司机前方的进风口处建立空气屏幕（也称为风墙），控制悬浮粉尘向巷道后方扩散，使含尘气流只能沿布置在司机前方的进风口吸入除尘器。进入除尘器后，除尘器对含有粉尘的空气进行净化处理。掘进生产结束后，将附壁风筒的风门打开，供风筒向掘进工作面正常通风，可见附壁风筒的主要作用为控尘。该系统也称为长压短抽混合通风除尘方式，即长距离送风到掘进作业点，除尘器在掘进作业点除尘形成短距离抽风。

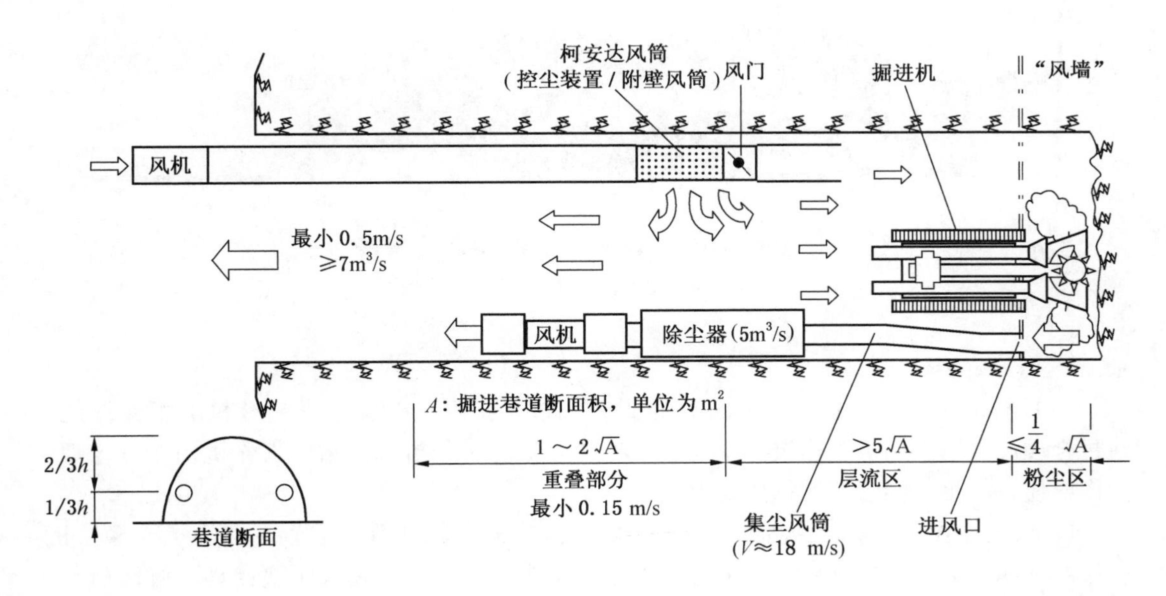

图5－25 通风除尘系统原理

三、超前探测技术

“有掘必探、先探后掘”是当今煤矿生产企业在巷道掘进过程中必须遵守的安全操作规程。目前国内煤矿井下巷道掘进使用的钻探设备，通常有以下几种模式：

（1）与掘进机独立的大功率钻机系统，采取与掘进机交替作业的方法。一般在煤巷的探测距离约为 200 m。首先利用钻机设备对工作面进行探测，根据探测到的物质进行相应处理，然后钻机撤出工作面，掘进机再进行巷道掘进。由于钻机体积庞大、质量大，将其搬运至掘进机前后部，在狭窄且高度低的巷道空间内十分不便。

（2）采用煤电钻或手持凿岩钻机进行小范围的钻探，由于钻探距离有限（≤20 m），噪声和粉尘污染较严重，并且无法满足巷道超前探测距离的需要。

（3）采用简易的中程孔钻机，通过改装掘进机，实现部分功能的机载。由于其结构简单，稳定性差，钻探距离一般小于或等于 30 m，且无法实现对顶底板的探测，也无法满足巷道超前探测距离的需要。

（4）集成在掘进机截割机构两侧的钻机，两个各自独立的钻机跨骑在掘进机两侧。钻机不工作时在掘进机机身中后部，钻机工作时伸缩到迎头进行探测，可以实现小角度摆动。但是不能实现大范围探测，适用性较差。

图 5－26 是掘进机机载超前勘探钻机，与掘进机集成，整体设计紧凑、结构合理、安全可靠、工作稳定性好、适应范围广。

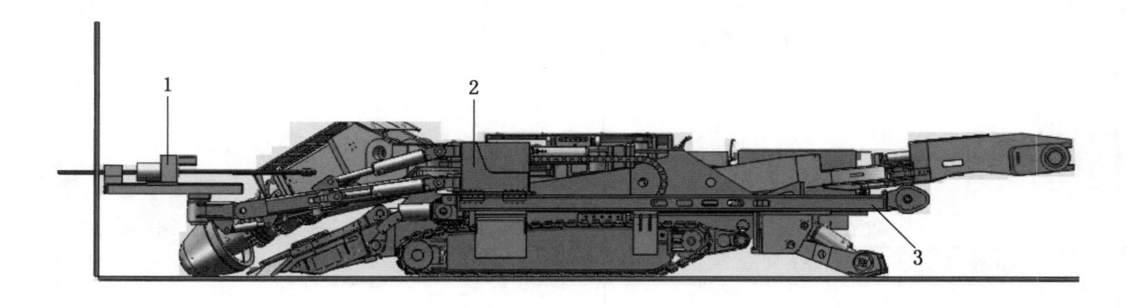

1—勘探钻机；2—勘探钻机行走驱动装置；3—滑轨

图 5－26　掘进机机载超前勘探钻机

（一）主要技术特点

（1）将勘探钻机与掘进机集成，布置在掘进机机身一侧，不影响整机的工作性能。通过合理设计勘探钻机工作机构及运动学和动力学仿真分析，使钻探工作机构布置合理、操作简便，满足不同位置的钻探要求。

（2）以马达、减速器、链轮、链条为传动机构的滑轨式驱动装置，实现了勘探钻机平稳前移和后退，工作可靠、稳定。采用该驱动机构，可以实现长距离传动，机构简单、维护方便。

（3）勘探钻机采用全液压驱动，与掘进机液压系统集成。掘进机液压系统与勘探钻机液压系统参数匹配合理，提高了液压系统的可靠性。掘进机各执行机构与勘探钻机各执行机构动作互锁，保证了整机的安全操作性能。

（4）采用全液压动力头式勘探钻机，适用于硬质合金钻进和冲击回转钻进，可用于地质勘探孔、瓦斯抽放孔、探放水孔、锚固支护孔等施工。回转器采用通孔结构，钻杆长度不受钻机结构尺寸的限制，回转速度采用液压无级调节，可提高钻机对不同钻进工艺的适应能力。转速与扭矩调整范围大，钻进工艺的适应能力强。卡盘、夹持器与油缸之间，回转器与夹持器之间可以联动操作，自动化程度高，工作效率高，操作简便，工人劳动强度小。油缸能够直接给进与起拔钻具，结构简单、安全可靠，给进、起拔能力大，提高了钻机处理事故的能力。操纵台集中操作，人员可远离孔口，有利于人身安全。配置复合式夹持器，与动力头配合实现钻杆的自动拧卸，结构紧凑合理，使用可靠。起下钻具速度快，在钻机反钻拧卸钻杆时，夹持力大，从而减轻了工人的劳动强度，提高了工作效率。

（二）主要技术参数

勘探钻机主要技术参数见表5-12。

表5-12　勘探钻机主要技术参数

特　征	参　数	特　征	参　数
钻杆长度/mm	1500 mm	额定转矩/(N·m)	650/320
钻杆直径/mm	42 mm	最大给进力/kN	25
钻头直径/mm	60 mm	进给速度/($m \cdot s^{-1}$)	0~0.43
钻孔硬度	$f \leq 8$		

第五节　掘进工作面智能化技术应用实例

下面以掘进机+桥式带式转载机+可伸缩带式输送机作业线为例，介绍掘进工作面智能化技术。

这种类型的作业线在我国煤矿巷道掘进中得到了较为广泛的应用，设备布置如图5-27所示。掘进机后面连接桥式带式转载机，桥式带式转载机与可伸缩带式输送机的机尾搭接，掘进机截割下的煤装上转载机，卸在带式输送机上运出。掘进过程中产生的粉尘，靠掘进机内外喷雾灭尘和干式除尘器抽尘净化处理。

当工作面采用双向带式输送机运煤时，下输送带同时向工作面运送材料，形成一个运输系统。可伸缩带式输送机输送带宽度一般选用800 mm，这样可与巷道安装的永久带式输送机输送带宽度保持一致。为了尽量缩短延长输送带的辅助时间，一般储存输送带长度为100 m。为了适应桥式带式转载机与可伸缩带式输送机搭接长度的要求，可伸缩带式输送机的机尾段长度必须延长至12~15 m。这种配套方案的主要特点是可实现煤矸连

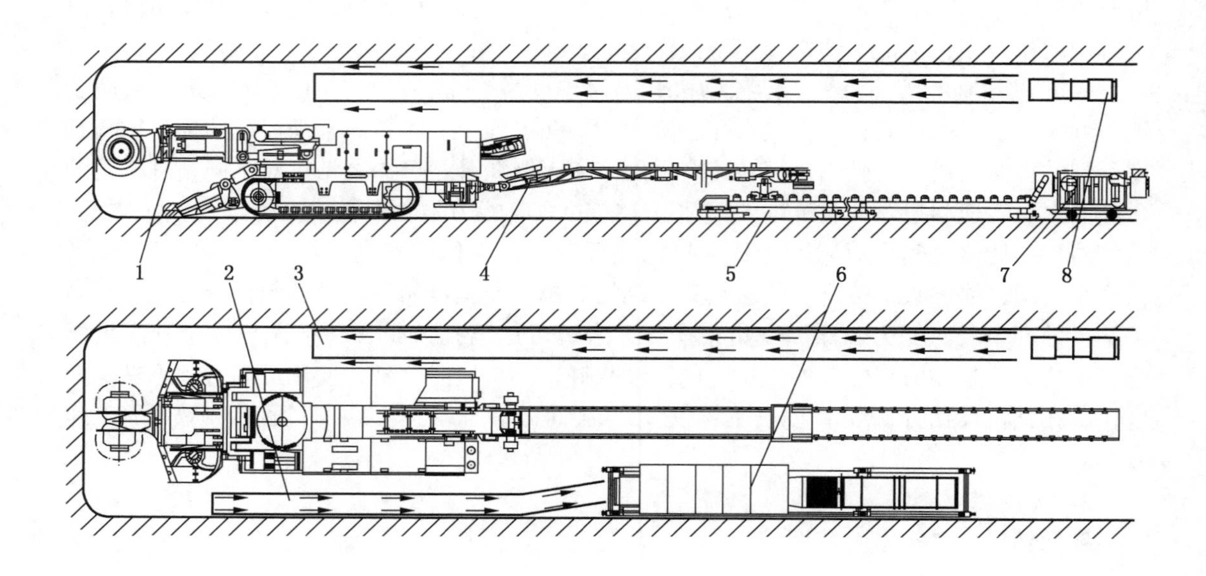

1—EBH450 型掘进机；2—负压风筒；3—供风风筒；4—桥式带式转载机；5—可伸缩带式输送机；
6—干式除尘风机；7—移动变电站；8—供风风机

图 5－27　掘进机＋桥式带式转载机＋可伸缩带式输送机布置图

续运输，能充分反映掘进机的生产效率，切割、装载、运输生产能力大，掘进速度快。上输送带出煤、下输送带运料，做到了一机多用，减少了辅助运料系统，特别是在巷道跨度较小的情况下，这一优点更为明显；输送带延长速度快，每延长 12 m 输送带仅需 30 min，并能利用伸缩输送带延长时间进行永久支架安设工作，有效地利用了掘进循环时间。

以阳煤集团山西新元煤炭有限责任公司南区 31009 回风巷作业线为例，施工巷道在 3 号煤层底板以下 11 m 处岩层中掘进，为全岩巷掘进，岩石硬度在 $f8 \sim f12$ 之间。顶板上部依次为 6.65 m 石灰岩、4.35 m 灰褐色粉砂质泥岩。

掘进工作面断面为矩形。顶部支护形式为钢筋钢带、锚索、锚杆、金属网支护，锚索上 14 号 B500 槽钢张拉预紧。顶部支护锚孔间距为 800 mm。每排 3 根 $\phi17.8$ mm × 6300 mm 锚索、4 根 $\phi20$ mm × 2400 mm 锚杆，锚索间距 800 mm，排距 900 mm。两帮支护为锚杆、钢筋钢带、金属网支护，帮锚杆每排 4 根，间距 900 mm，排距 900 mm。

岩石运输系统为：EBH450 型掘进机→800 mm 带式转载机→40 T 刮板输送机（2 部）→800 mm 可伸缩带式输送机→40 T 刮板输送机→800 mm 带式输送机→1.2 m 带式输送机→煤仓→选煤厂。

材料运输系统为：设备→8 t 防爆胶轮车→履带转运车→工作面。

掘进工作面配备有智能化 EBH450 型掘进机 1 台、EZQ800D 型桥式带式转载机 1 台、SGW－40 型刮板输送机 3 部、SJ－800 型带式输送机 2 部、对旋式风机 2 台、除尘系统 1 套。其智能截割控制系统空间排布如图 5－28 所示。

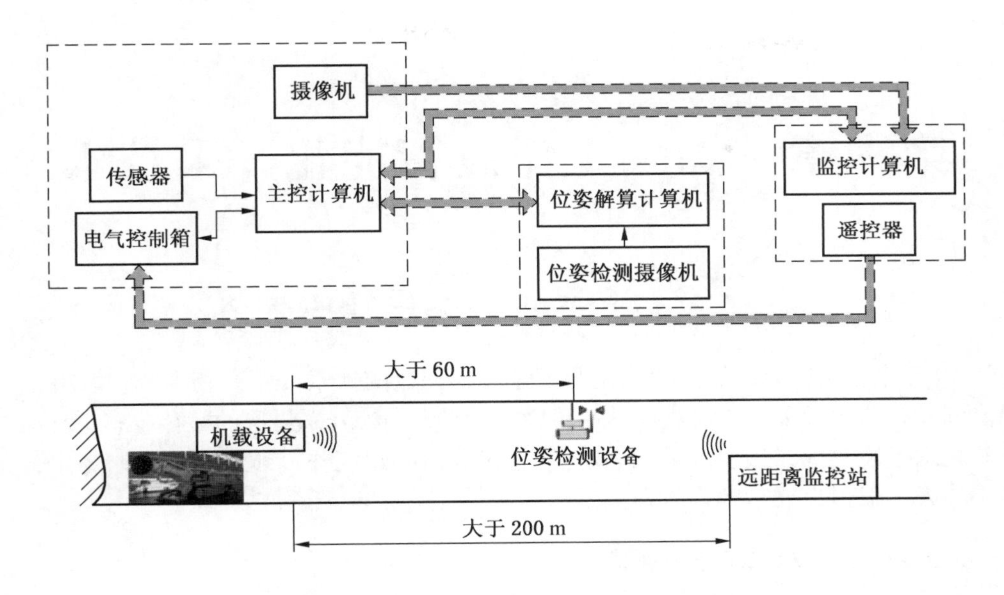

图 5－28　掘进机智能截割控制系统空间排布

智能化掘进作业线 3 个月试验期间，累计折合进尺 1027 m，在井下实际截割过程中，整机振动较小，截割稳定性好，巷道成形效果好。

第六章　综采工作面智能化开采技术

第一节　智能化综采工作面现状

近10年来，国内外对综采智能化开采进行了积极的探索、研究和实践，取得了一定成果。国外智能化开采主要通过提升地质勘探水平，描绘开采煤层的赋存分布，利用惯性导航等技术手段实现“透明开采”，我国则通过构建“以工作面装备自动控制为主，远程集控中心人工干预为辅”的智能开采模式。

一、国外智能化综采工作面现状

澳大利亚综采长壁工作面自动控制委员会（以下简称LASC）开展了煤矿综采智能化技术研究，采用高精度光纤陀螺仪和定制的定位导航算法，应用于综采工作面设备操控，取得了3项主要成果：采煤机三维精确定位（误差±10 cm）、工作面矫直系统（误差±50 cm）和工作面水平控制，实现了采煤机自动控制、煤流负荷平衡、巷道集中监控等。LASC系统在国外煤矿的应用，使矿井煤炭产量提高了5%～25%，提高了矿井安全水平。美国久益（JOY）公司推出了一种适用于长壁工作面的远程智能增值产品/服务系统（以下简称智能开采服务中心，IMSC），可实时监控煤矿设备运行，根据出现的报警故障信息，及时发布邮件或电话通知矿井工程师进行调整；智能化开采服务中心每日、周、月和季度向矿井提交运行分析报告，指导矿井提高运行管理水平，合理安排设备检修；同时，在澳大利亚的Anglo矿业公司总部设置总调度室，对所管辖的矿井进行实时监控，利用数据监测与分析系统，分析生产过程中设备的运行参数，指导矿井生产。

二、国内智能化综采工作面现状

国内随着煤炭工业的整体快速发展，在煤矿自动化与智能化建设方面取得了显著的成效。“十二五”期间，经过积极探索，大胆创新，研制出了具有自主知识产权的综采成套自动化控制系统。2007—2013年，研发了0.6～1.3 m复杂薄煤层自动化综采成套技术与装备，发明了基于滚筒采煤机的薄煤层无人自动化开采模式、生产方法，创新自动化控制系统、超大伸缩比薄煤层液压支架、犁式装煤和分段调斜多轮推溜、工作面智能视频和安全预警系统、综采工作面智能控制中心等关键技术，突破了最小高度制约，解决了设备小尺寸、大功率和自动跟机移架及斜切进刀割三角煤等自动化采煤工艺难题。

此外，我国也在1.4～2.2 m较薄中厚煤层无人开采、7 m超大采高综采成套技术和装备、8.2 m厚煤层一次采全高技术、特厚煤层大采高综放成套技术与装备、智能化控制系统等方面取得了多项技术突破，在单机装备智能化的基础上，实现了工作面“三机”（采煤机、刮板输送机、液压支架）的协调联动控制与可视化远程干预控制，形成了“以工作面自动控制为主，监控中心远程干预为辅”的工作面智能化生产模式，即：采煤机记忆截割，液压支架跟随采煤机跟机作业，运输设备自动化联动控制，人工可视化远程干预控制模式。实现了“无人跟机作业，有人安全巡视”的目标，使采煤技术发生了深刻变革，取得了一批先进科研成果和示范工程。

第二节　采煤机智能化技术

一、采煤机状态感知技术

（一）采煤机定位定姿技术

采煤机的行走轨迹是刮板输送机导轨空间走向，直接影响液压支架的自动调直控制，决定着工作面煤壁的截割直线度，也是截割滚筒自动调高的参考基准。因此，采煤机在地质空间的三维定位是实现智能综采工作面的关键技术。目前，可用于采煤机的定位原理包括：红外线定位、无线传感网定位、里程计定位、激光定位、超声波定位、惯性导航定位。

基于 GIS 的采煤机定位定姿的目标是将采煤机定位到工作面煤层中，确定采煤机及其截割滚筒与工作面煤层顶底板的位置关系。为了与工作面煤层数据库匹配，采煤机定位坐标系与工作面煤层数据库坐标系使用同一坐标系，即以开采起始点为原点的“东北天”坐标系，因此采煤机定位定姿算法要实时解算出采煤机机身、截割滚筒在“东北天”坐标系下的坐标。

图 6－1 为采煤机定位定姿技术方案与采煤机坐标系。该方案利用机载自动寻北功能的惯性导航装置测量采煤机机身的运行方位与姿态，利用安装于摇臂与机身铰接轴的轴编码器测量摇臂相对于采煤机机身的旋转角度，利用安装于采煤机行走部的轴编码器测量采煤机的行走速度与距离（标量，行走方向由惯性导航装置确定）。具体流程如图 6－2 所示。

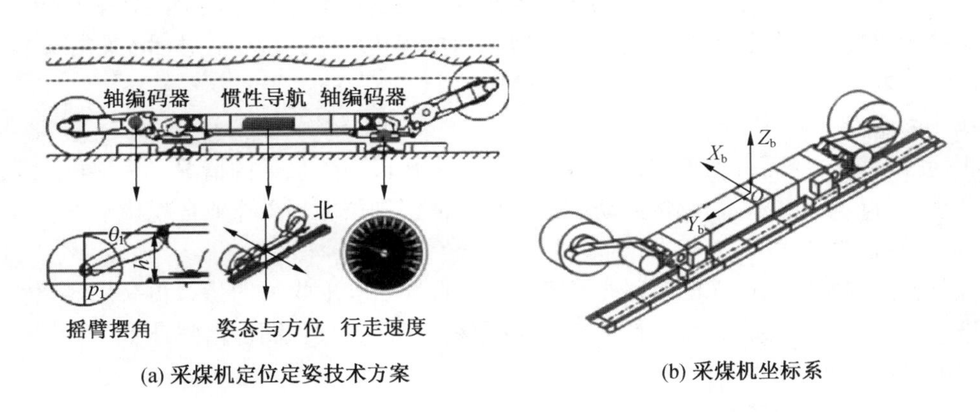

图 6－1　采煤机定位定姿技术方案与采煤机坐标系

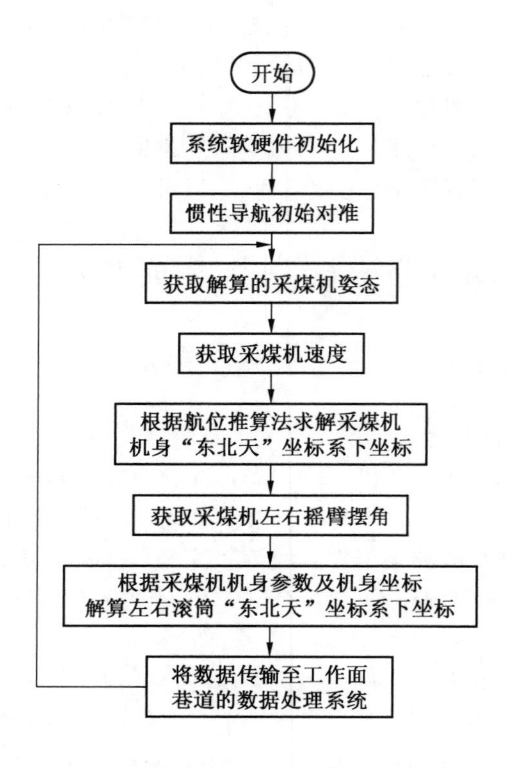

图6-2　采煤机定位定姿算法主要流程

（二）煤岩界面自动识别技术

煤岩界面自动识别技术是实现智能化综采工作面的关键技术之一，同时也是纳入国家能源科技“十二五”规划的重点技术。该技术通过提取煤岩特征，建立相应的识别系统，自动识别煤层与岩层；采煤机根据识别结果，自动调节滚筒高度，正常割煤，防止误割岩石，改善煤质，提高采煤效率与安全系数。

根据采煤机是否需截割岩石，将煤岩界面自动识别技术分为非接触式技术和接触式技术。非接触式技术，如机器视觉技术、探地雷达探测技术等；接触式技术，如振动探测技术、扭矩探测技术等。

1. 非接触识别技术

非接触式煤岩界面自动识别技术可应用于煤岩普氏系数接近的情况，采煤机无须截割岩层，具有刀具不易损坏、设备振动小等特点，但识别精度易受作业环境影响。

1）机器视觉技术

机器视觉技术即利用光源改善光照条件，工业相机获取煤岩图像，再采用各类特征提取方法和识别算法对煤岩界面进行识别。实现该技术的关键：图像增强技术、特征选择和提取技术以及图像识别算法。

2）探地雷达探测技术

探地雷达（Ground Penetrating Radar，GPR）探测技术是一种有效探测地下目标的无损探测技术，具有探测速度快、探测过程连续、分辨率高、操作方便灵活、探测费用低等优点，已广泛应用于煤矿探测领域。局限：①易受天线放大器溢出、数据解释方法不准确等影响识别精度；②计算复杂，存在时间域问题，影响识别速度。

3）声波探测技术

声波在煤层与岩层中具有不同的传播特性，采用声波收发仪采集声波回波的能量参数可识别煤层厚度。该技术可用于煤层断层等条件，适用范围广，抗干扰能力强，识别精度高，但识别系统不够成熟。

4）伽马射线探测技术

利用射线传感器提取射线强度信号来推测煤厚。伽马射线探测技术的优点：①适用于高瓦斯矿区，扩大了适用范围；②自然辐射法，不需要提供放射源；③射线探测范围较大，顶煤厚度可控制在500 mm内。局限：①要求顶底板必须含有放射性元素；②精确度易受矸石影响，若煤层夹矸太多，识别精度会随之降低；③要留有一定的顶煤厚度，回采率低。

2. 接触式技术

接触式煤岩界面自动识别技术可减小采煤作业环境对识别精度的影响，但在煤岩普氏系数相近时，识别精度低，且需截割岩石，易造成刀具损伤。

1）振动探测技术

振动探测技术即依据采煤机在截割岩石时的振动特征相比截割煤层明显，通过安装在滚筒上的振动传感器采集截割煤岩时的振动信号，来识别煤岩界面。

振动探测技术可避免光照、粉尘对识别精度的影响，但识别精度易受机械振动如自身抖动等影响。该技术需解决的关键问题：①提取参数过多，反应有迟滞性，识别速度慢；②对复杂工作面，如夹矸煤层等处理较难；③传感器抗干扰能力不强，影响识别精度；④机械振动影响识别精度。

2）声压探测技术

该技术采用声压传感器提取采煤机截割煤岩时的声压信号，通过计算机对信号进行数据处理后实现煤岩界面识别。需解决的关键问题：①获得有价值数据的速度慢；②对电气、生产作业等噪声处理不够成熟。

3）扭矩探测技术

煤岩普氏系数不同，截割煤岩时扭矩信号不同。采用主成分分析法提取扭矩信号的最大值、最小值、均值、方差参数以及该4个参数的融合参数，通过BP神经网络实现识别，可实现噪声消除和数据降维，减少运行时间。

4）温度检测技术

采煤机截割煤与岩石时，煤壁温度存在差异，温度检测技术即通过红外测温仪提取采煤机截割煤岩后煤壁温度数据来识别煤岩界面。优点：①原理简单，易于管理；②反应速度快，只需检测温度；③可穿透粉尘，温度变化范围为0.01 ℃。该技术的局限性是易受干扰因素如喷水除尘等影响。

（三）采煤机故障诊断技术

由于恶劣工作环境、超重负载工况和超长工作时间，使得采煤机在工作过程中故障频发，且故障类型呈现多样性和随机性的特点。传统的采煤机故障诊断方法一般依赖于现场维修人员的专业知识和经验，通常具有滞后性和不确定性。

1. 现有故障感知技术

1）参考故障历史记录诊断法

这种方法是依据采煤机的系统组成原理，从出现的故障明显部位着手，对该局部故障的所有依赖性元器件和系统进行分析排查，直至找出出现故障的症结。在采煤机发生故障后，对故障产生的过程进行细致排查，得出最终诊断结论，将这些结论有效地集中归纳后，便可以形成一个故障诊断集。当再次出现相同的故障现象后，便可通过查找上次的诊断路径对故障进行诊断和处理。这种方法纯粹地依赖历史诊断经验，优点是在故障现象相同的情况下能够比较快捷地定位；缺点是在故障出现的系统复杂、种类趋多情况下，对故障诊断的经验记录就过于庞杂，诊断效率低下。

2）温度、压力监测诊断法

利用轴承和齿轮传动箱等部位的温度、压力传感器，可以定点在线地监测采煤机相关部位的温度和压力参数。如当采煤机截割滚筒内轴承损坏发生严重摩擦，则滚筒温度会急剧上升，通过其上面的温度传感器监测便可显示出来，这样就可以准确快速地定位故障部位。连续地对这些部位进行监测并记录历史变化数据，能够快速、直观地反映采煤机的工况状态，还能及时发现故障和预测故障的状态和发展趋势。温度、压力的在线监测诊断法是一种普遍的监测诊断手段，它的优点是能正确、快速和灵敏地反映设备的工况状态；缺点是对于电气系统的故障诊断效果有些局限，且对传感器的设计和安装提出了很高的要求。

3）采煤机故障诊断专家系统

采煤机故障通常具有复杂性和隐蔽性，采用传统的诊断方法难以快速、准确地诊断。而专家系统能够综合运用领域专家的经验和专门知识，模拟专家的思维过程，对故障进行分析求解，得出可靠的诊断结论。

2. 采煤机故障诊断技术发展趋势

1）基于神经网络技术的专家系统

采用神经网络技术作为核心的专家系统由知识预处理模块、神经网络模块、知识后处理模块以及系统控制模块组成。在该专家系统中，诊断知识的存储和故障诊断过程中的推理过程均在神经网络模块中进行，神经网络模块接受由知识预处理模块送来的规范化证据，输出诊断结果由知识后处理模块进行表述转化，因此，知识处理模块相当于神经网络模块的“翻译”。系统的控制模块控制着系统的输入输出以及系统的整体运行。

2）模糊神经网络故障诊断系统

模糊逻辑与神经网络方法是一种集成的融合，从互补的观点看，模糊逻辑与神经网络的融合有助于模糊逻辑系统的自适应能力的提高，有利于神经网络系统的全局性能改善和可观测性的加强。这种融合可分为串联和并联两种结构。串联结构：用神经网络作为模糊逻辑的前端，以改善模糊逻辑系统的输入样本，或者在神经网络的输入或输出端加以模糊逻辑模块，以增强神经网络样本特征的提取或者改善神经网络的结果更为合理。并联结构：模糊逻辑与神经网络分别独立控制不同的对象或同一对象的不同参数，与神经网络的输出作为模糊推理系统输出的修正。

3）远程智能故障诊断系统

为了提高采煤机故障诊断的实时性和准确可靠性，克服地域障碍、实现多专家多系统协同诊断与诊断知识的重用，提高采煤机企业技术服务工作效率，一种非常有效的途径就是使智能诊断网络化，即远程智能故障诊断系统。该系统的核心模块——智能诊断模块是一个基于 Web 的远程诊断专家系统，采用 B/S 结构，在客户端浏览器上提供用户接口，基于网络数据库建立专家系统的知识库，在诊断中心的专家系统服务器上实现逻辑推理诊断。

二、采煤机智能截割技术

通过研发相应模块实现采煤机基于记忆截割的自动化工作，利用综采工作面的通信网络系统实现采煤机在顺槽和地面的远程监控，并通过顺槽集控中心控制系统实现采煤机与液压支架和刮板输送机的协同集中监控。为了实现采煤机工作状态的准确判断，需要对采煤机的工况参数进行采集，然后利用二次传感和融合技术，实现采煤机工作状态的准确判断，从而实现采煤机的可靠远程监控。

（一）记忆截割技术

自适应记忆截割控制流程主要包括路径记忆及数据处理、自适应调高和人工修正 3 个阶段。路径记忆和数据处理阶段实现截割参数的采集、记忆和处理。在自动截割阶段，采煤机根据记忆的工作路径进行自动行走和截割运动，当煤层地质条件发生变化，造成实际的煤层参数和记忆的截割参数不一致时，将基于人工免疫理论实现采煤机截割滚筒的自适应调高，以适应煤层地质条件的变化。为了保证安全生产，当煤层地质条件变化非常剧烈，采煤机无法正确地自适应处理时，操作人员可以远程引导采煤机的截割运动，对其运动轨迹进行人工修正。采煤机记录下本次修正结果，当再次运行到该位置时，将采用记忆的截割高度和截割参数进行工作。

在采煤机的记忆截割过程中，首先由操作工人操作采煤机沿工作面进行第 1 次截割，采煤机记忆行走路线以及相应位置的截割参数。采煤机根据记忆的工作位置以及相应的截割参数进行自动截割。在人工示教过程中，记忆位置被分为常规点和关键点，采煤机每隔 0.2～1 m 对各传感器采样 1 次，记录下相关信息并添加到记忆集中，这些位置被称为常规点。由于采煤机路径记忆过程中所采集的数据量大，因此不可能也没有必要记录截割路径中所有点的数据，而只是相隔一段距离采集 1 次数据，这些被采集的点称之为关键点。当操作人员发现采煤机截割到岩石时，必须采取相应的操作，升高或降低截割滚筒的高度，这些位置被定义为关键点。采取常规点和关键点相结合进行记忆的策略，可以提高记录的精度，为后续的记忆截割过程提供可靠的数据。

采集到的关键点都是离散的，必须处理为连续曲线以便于引导采煤机行走。因此就需要对采煤机的记忆路径进行拟合，并且要求该路径可以根据实际的运行情况进行修正。例如，图 6－3 中，采煤机按照记忆路径（实线表示）截割煤层，当采煤机运行到 A 点和 B 点时截割

图 6－3　采煤机记忆截割的关键点

到了岩层，因此需要降低摇臂的高度。此时，应根据新的离散点数据重新规划出采煤机的截割路径。

从采煤机的截割路径自动控制看，这是截割路径规划的一个优化问题。从自动控制系统角度看，截割路径规划是与变频牵引、液压调高、行走姿态控制、截割负载等单元相关的非线性系统控制模型，需要综合考虑牵引单元、液压调高机构、行走姿态和截割负载等方面的变化对截割路径规划的影响。

（二）自适应调高控制技术

1. 调高技术重要性

采煤机作为综采工作面的关键设备，采煤机的自动化一直是实现综采工作面自动化的重点和难点，而采煤机自动化的关键是实现截割滚筒的自动调高。国内外的学者提出利用小波神经网络、自适应 PID 控制以及模糊控制等实现采煤机滚筒的自动调高。滚筒自动调高的最大难题就是如何使采煤机滚筒自动适应煤层顶板的起伏变化。为了准确判断顶板煤层厚度或煤岩识别，国内外学者进行了大量研究，采用了人工 γ 射线、自然 γ 射线等方法对顶板煤层厚度进行测量，利用应力截齿分析、振动测试及雷达测试等方法进行煤岩界面识别。由于煤矿环境的复杂性以及缺少可靠的顶板煤层厚度测量和煤岩界面识别的传感器，测量顶、底板煤层厚度和煤岩识别成为技术难点。目前，为了实现采煤机截割滚筒的自动调高，国内外均选择具有记忆切割功能的采煤机作为技术突破口，该方法避免了顶板煤层厚度测量和煤岩识别的难题。

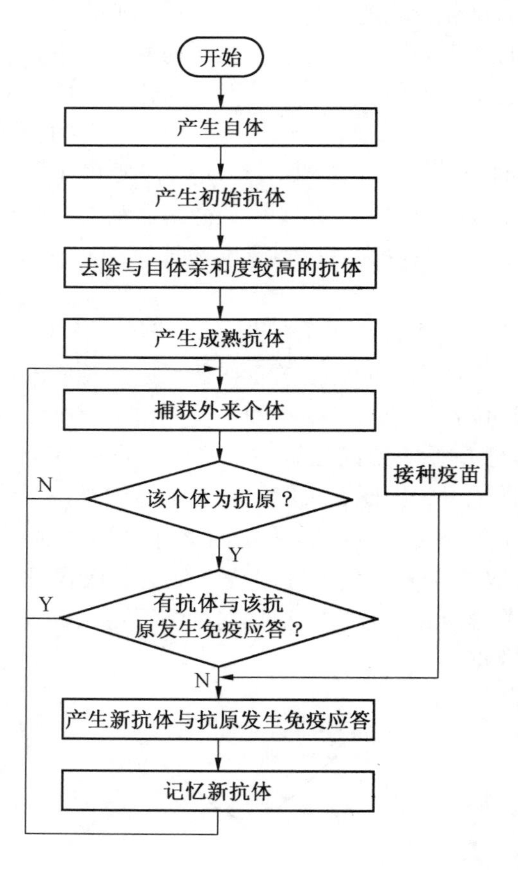

图6-4　基于人工免疫的自适应截割控制流程

2. 基于人工免疫的调高控制模型

基于人工免疫模型的采煤机截割滚筒自动调高技术，将人工免疫理论与记忆截割相结合，实现采煤机截割滚筒的自适应调高，其控制流程如图 6-4 所示。

在路径记忆与数据处理阶段，由人工操作采煤机沿工作面截割 1 次，采煤机在每个记录点处记录采煤机的当前位置、调高油缸位移、摇臂倾角、行走速度、左右截割电动机电流和温度、左右截割部行星头温度、左右牵引电动机电流和温度、左右牵引变频器温度、破碎电动机电流和温度以及泵电动机温度等传感器信息。

3. 调高控制实验

试验表明，基于人工免疫的滚筒调高控制能够较好地拟合所记忆的截割路径，当煤层条件发生变化时，能够自适应地调整截割滚筒高度。图 6-5 为在某矿综采工作面实际

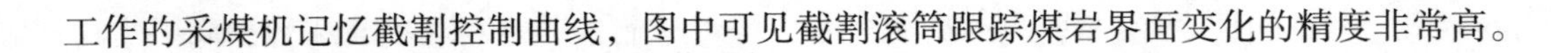

工作的采煤机记忆截割控制曲线，图中可见截割滚筒跟踪煤岩界面变化的精度非常高。

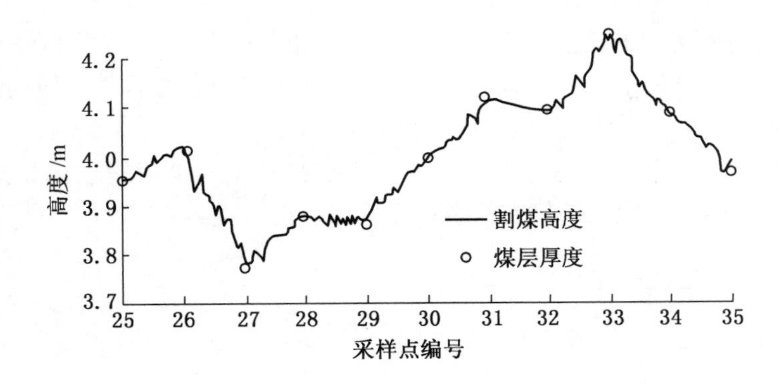

图6－5　采煤机记忆截割的工业性试验曲线

（三）自适应牵引控制技术

采煤机的自适应牵引控制是当截割环境、截割阻力或者截割状态发生变化时，通过自适应调节采煤机的牵引速度，使采煤机稳定工作，并保证滚筒有足够的时间和空间进行高度调节，从而更好地适应截割条件变化。

基于粒子群算法与T－S云推理相结合的采煤机自适应牵引控制方法，将采煤机左/右牵引电流、采煤机左/右截割电流、刮板输送机机头电流、刮板输送机机尾电流、采煤机运行状态等参数作为采煤机调速效果的指标，通过这种算法获得最优规划速度，如图6－6所示。

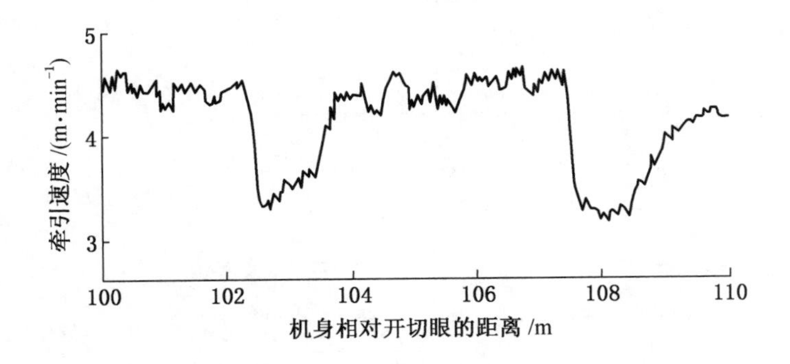

图6－6　最优牵引速度曲线

（四）采煤机自动纠偏技术

采煤机自动纠偏控制技术的步骤如下：

（1）建立局部地理坐标系下采煤机截割轨迹的数学模型与工作面煤层断层、褶皱等复杂地质构造的数学描述模型。

（2）利用3次样条曲线插值算法得到褶皱顶底板煤岩界面曲线，以获得的顶底板曲线为参照，利用循环坐标变换法对采煤机的截割路径进行规划，可以获得采煤机每一刀卧底量的调整量和俯仰采角度的计算方法。

（3）将断层地质构造的特征参数作为输入量，准确表示断层带的整体构造，以实现最大回采率和最少割岩量为目标，综合考虑设备的通过能力、前后 2 刀截割的连续性等约束条件，对采煤机截割轨迹进行规划。

（4）根据采煤工艺要求，建立基于插补算法和循环坐标变换算法的采煤机理论规划路径的修正方法，由此实现采煤机在复杂地质构造下的自动纠偏。

三、远程可视化监控技术

（一）采煤机远程控制系统

1. 采煤机远程控制的功能

采煤机远程控制功能包括：采煤机状态远程监测、行走电机与截割电机起停控制、采煤机参数化控制、截割路径规划、采煤机传感信息融合和本地远程控制器同步互锁等。远程监测功能实现各控制单元的运行参数、保护、报警事件的监测。

2. 远程控制的工作原理

采煤机远程控制原理如图 6－7 所示。机载控制层负责传感信息的采集、本地操作信号的响应、逻辑控制单元的操控、数据通信和同步互锁等工作。机载控制器通过工作面通信网络平台与远程控制系统及各传感器连接。

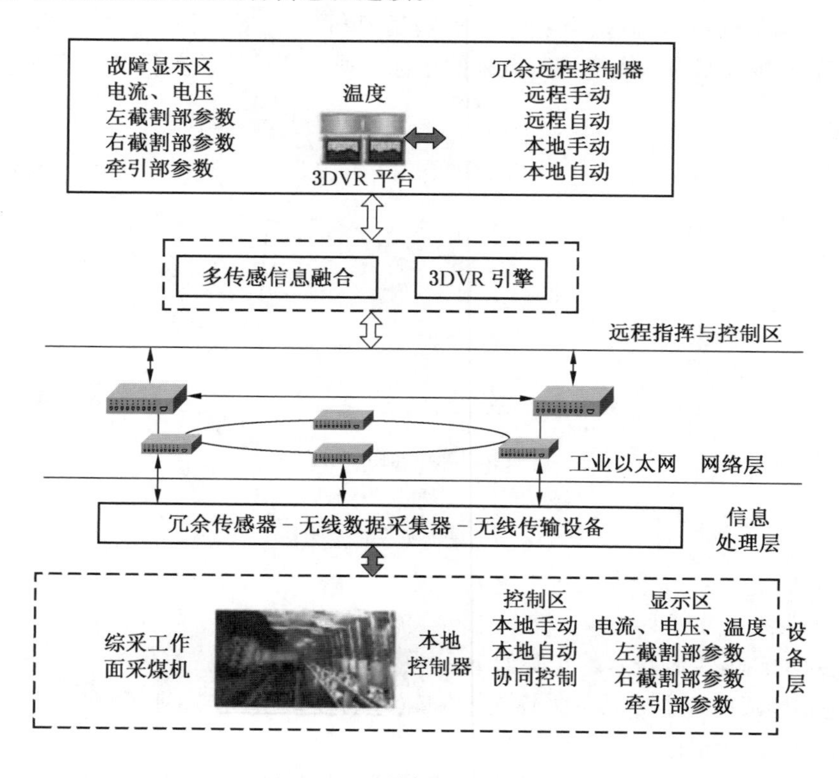

图 6－7　采煤机远程控制原理

工作面通信网络平台将采煤机的工作状态数据上传到顺槽集控中心，将顺槽集控中心的控制指令下发到采煤机机载控制器，将远程地面调度中心的设置参数和远程干预信息传输到采煤机控制系统，实现实时可靠的数据传输、信息互联互通。

顺槽集控中心监控系统提供远程人机操作交互界面，负责采煤机的远程操控、逻辑控制单元管理、截割路径执行、传感信息的融合与预警、报警故障事件信息响应、数据归档等功能。

（二）VR数字化平台技术

1. 远程控制可视化平台工作原理

为了真实再现采煤机的工作状态，基于3DVR技术的采煤机远程控制数字化平台，如图6－8所示。利用实时数据归档技术将采煤机的状态参数保存在归档数据库中，3DVR平台通过调用数据库中的采煤机参数，实现采煤机三维虚拟样机模型的实时驱动，并可以通过远程监控平台实现控制指令的下发，通过归档数据库、监控软件系统以及远程控制器，将控制指令传输到采煤机的本地控制器，实现采煤机的可视化远程控制。

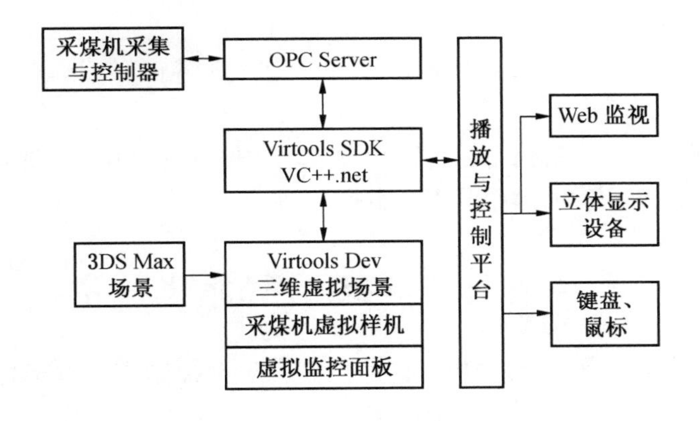

图6－8　采煤机远程控制可视化平台工作原理

2. 可视化平台界面

采煤机远程可视化监控界面如图6－9所示，它有4个功能区：采煤机工作状态真实再现区、工作参数显示区、采煤机远程控制区及故障显示区。真实再现区主要实现采煤机的虚拟现实场景，让操作者有身临其境的感觉；工作参数显示区主要显示采煤机位置、左右摇臂高度状态、滚筒转动状态、内部关键部位传动状态、油温、水温及其他辅助状态显示；远程控制区放置有不同作用的功能按钮及控制参数输入列表框，实现牵引部前进、后退，左右摇臂的上升、下降，以及检修、急停和故障报警等。

在可视化监控平台上再现的采煤机实时状态有：采煤机位置、采煤机沿工作面的直线行走、采煤机内部关键部位传动及左右滚筒旋转、采煤机摇臂连杆机构驱动、关键部位温度显示、落煤场景以及视频图像信息等。

视频图像监控作为远程可视化监控的重要组成部分，包括前端的除尘摄像机、通信网络和展示平台。系统以采煤机位置为坐标，实现对采煤机的视频自动跟踪切换，工作面视

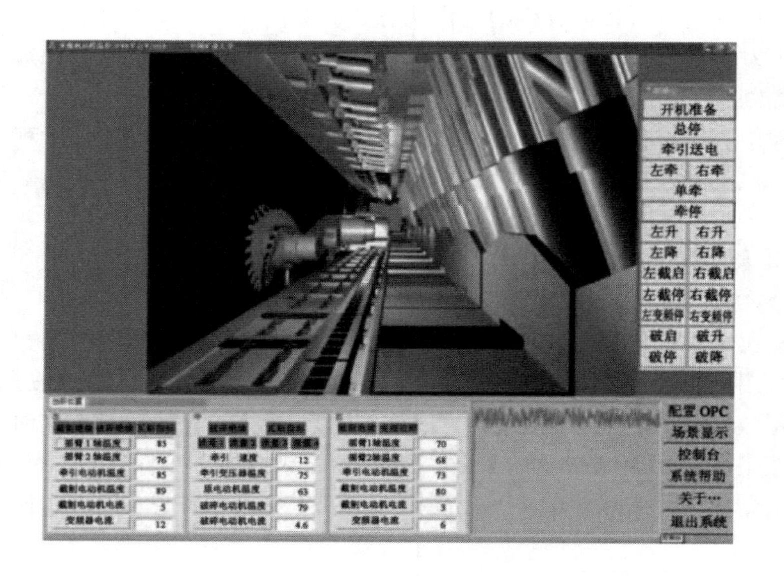

图6－9　采煤机远程可视化监控界面

频监控图像通过无线网络实现信息回传，视频展示软件具有单画面、多画面和全屏等多种显示方式，实现在地面调度的远程监视和数据存储。

第三节　液压支架智能化技术

液压支架控制方式分为手动控制、自动控制。手动控制有：本架控制、单向邻架控制、双向邻架控制等。手动控制支架推进速度慢，不能保证支架的额定初撑力，工人劳动强度高。自动控制有：分程序控制、先导式程序控制、遥控等。自动控制支架推进速度比手动控制提高了3～5倍，保证了支架的初撑力。自动控制明显改善了支架对顶板的支护效果，易于实现带压移架，降低了工人的劳动强度，改善劳动条件，实现了完全自动化综采工作面。

一、液压支架电液控制技术

液压支架电液控制技术是融合了计算机技术、检测技术、控制技术和液压技术等为一体的新技术，是近年来煤矿综采装备发展的重要方向之一。使用液压支架电液控制技术可以大大提高支架的动作速度、自动化程度和安全保障功能，同时减轻了操作人员的劳动量和劳动强度，提高了生产效率。其自主动作、实时监测等功能，避免了因操作人员的误动作而带来的不必要的人员和财产损失。

液压支架监控系统具有采集、显示和传输支架控制参数和各种传感器数据（包括立柱压力、推移行程、采煤机位置、动作状态）的功能，操作者可以在任何一个支架上查看到本支架的信息，同时可以对整个工作面的参数进行查看和修改。通过液压支架监控系统，用户可实现对液压支架本身和支架控制器运行状况的实时监控和远程控制，对控制器相关参数的设置，以及对各种历史数据的查询，同时具有信息共享及矿压分析功能。

（一）液压支架电液控制技术发展概况

1. 国外发展概况

国外液压支架电液控制技术起步较早，20 世纪 50 年代，英国就已经将液压支架遥控技术列入了研究计划，20 世纪 70 年代中期，英国煤炭局首先提出了电子控制液压支架。1981 年，澳大利亚的科里曼尔煤矿最先将电子控制的液压支架用于长壁综采工作面。1983 年底英国原道梯公司为美国坎赛尔煤矿制造了两按钮式微机控制的液压支架；1983 年 3 月英国原伽立克公司研制出“ELECTROLLEX”电液控制系统；1985 年底英国原道梯公司又研制出第二代全工作面电液控制系统。

20 世纪 80 年代，许多国家都开始大力发展液压支架电液控制技术，德国的维斯特伐利亚公司和西门子公司于 1978—1984 年合作，开发了德国第一套支架电子控制装置——PanermaticZE 系统。1986 年又研制出 PanerZ - maticZSS 支架电控系统。1987 年维斯特伐利亚公司与德国玛珂公司（MARCO）合作研制出 PMZ 电液控制系统，1990 年又研制出更为先进的 PM3 支架电液控制系统，并得到广泛推广应用。

目前，液压支架电液控制技术已日趋完善，德国、英国等国研制出了形式多样功能齐全的液压支架电液控制技术，并且得到了广泛应用，美国、澳大利亚、南非等国的煤矿新装备综采工作面几乎全部采用电液控制的液压支架。

2. 国内发展概况

我国液压支架控制技术发展大致可分为 4 个阶段。第一个阶段，中小流量手动液压控制阶段，时间为 20 世纪 70 年代至 1993 年以前，这个阶段主要是在大规模引进国外液压支架的基础上消化、吸收，自行研制出 125 L/min 换向阀、液控单向阀，以及 32 L/min 中流量安全阀等液压元件。一般支架立柱最大缸径为 280 mm，常用立柱缸径在 250 mm 以下，支架降移升循环工作时间为 25 ~ 35 s。第二个阶段（1993—2000 年），煤炭科学研究总院北京开采所率先开发了液压支架大流量手动快速移架系统，研制开发了 400 L/min 大流量换向阀和液控单向阀等大流量阀，研制使用了缸径为 320 mm 的立柱，快速移架系统支架降移升循环工作时间为 10 ~ 15 s，这种大流量手动快速移架系统自 1995 年一直被广泛应用。这一时期，国内有关单位分别进行了液压支架电液控制系统的研制，虽然研制出国内第一代液压支架电液控制系统的样机，并进行了井下工业性试验，但是由于关键技术可靠性没有突破，系统元件故障多，影响工作面正常生产。因此，这一阶段的液压支架电控系统攻关以失败告终。第三个阶段，引进电液控制系统，自 2000 年开始，一些高产高效矿井引进了德国、美国的液压支架及其电液控制系统。液压支架迅速向重型化发展，立柱最大缸径达到 500 mm，电液控制液压支架降移升循环工作时间达到 6 ~ 8 s。引进的液压支架电液控制系统的型号主要有：美国的 RS20（RS20S 为升级版），德国的 PM31、PM32，MP4 或 PMC，PRA - matic 和 ESG。第四个阶段，电液控制系统国产化，2007 年研发成功，2008 年投入运行，并取代了手动液压控制。

目前，国产液压支架电液控制系统使用性能稳定、可靠，故障率低，系统可靠性达到国外同类产品水平，支架电液控制系统能够满足我国煤矿井下工作面的使用要求。

（二）液压支架电液控制系统组成原理和网络系统

1. 单个液压支架电液控制系统组成原理

单个液压支架电液控制系统主要由本安型直流稳压电源（以下简称电源或电源箱）、支架控制器（也称为支架控制箱，以下简称架控箱）、电磁阀驱动器、电液控制阀、位移传感器、压力传感器、红外线接收传感器、倾角传感器（也称为姿态或角度传感器），以及连接电缆等组成，主要部件的连接及安装位置如图 6－10 所示。电磁阀驱动器是支架控制器的扩展附件，用一根 4 芯电缆与控制器相连（2 根电源线、2 根数据线）；用数根 4 芯电缆分别与相应的电磁阀相连，为电磁阀线圈提供电源。驱动器接受控制器的控制命令，实现对每个电磁线圈通/断的控制，使相对应的液控主阀通/断，实现支架的各个动作。驱动器带有“看门狗”系统，用来监测电源、驱动器、驱动器与控制器之间数据传输的工作状态。支架控制器、电磁阀驱动器、电液控制阀、红外线接收传感器安装在液压支架上的专用安装架上，位移传感器安装在推移千斤顶内，压力传感器安装在立柱下腔缸体外面，倾角传感器安装在顶梁、掩护梁和四连杆上。

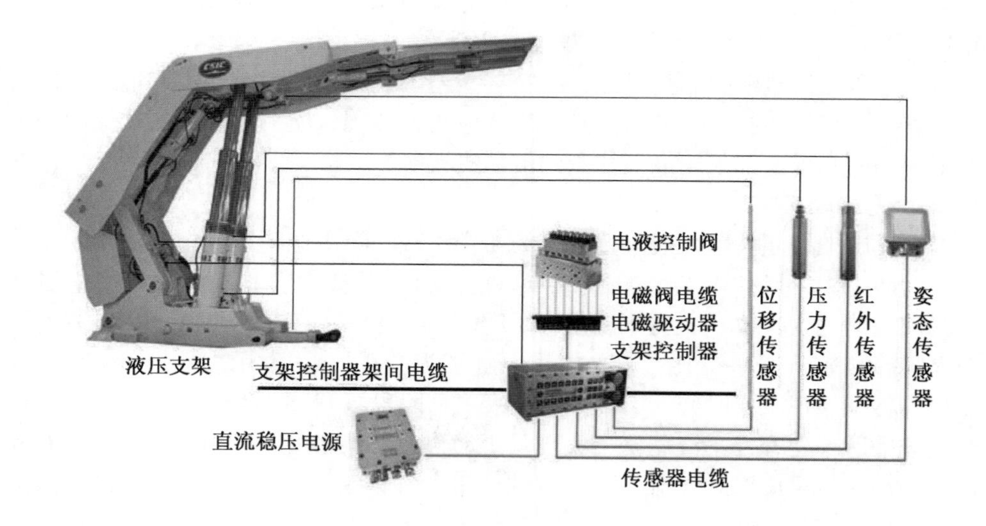

图 6－10　单个液压支架的电液控制系统主要部件

2. 工作面液压支架电液控制系统组成

图 6－11 为工作面液压支架电液控制系统组成和通信网络系统连接图。整个系统由工作面支架控制系统、巷道监控系统、地面数据分析与信息发布系统 3 个层次组成。各支架控制器通过电缆及电缆连接器串联，再通过服务器、网络转换器接入井下防爆计算机（监控主机），形成完整的网络系统。系统接入井下光纤交换机，通过光缆将工作面信息传输到地面监控站（计算机），实现地面集中管理。

服务器安装在靠近刮板输送机机头（或机尾）处，外观和支架控制器相同，其功能是处理工作面所有支架控制器的数据，并把数据通过网络转换器传输给井下防爆计算机。当工作面与井下防爆计算机断开时，服务器仍能保证工作面液压支架的控制不受影响。若

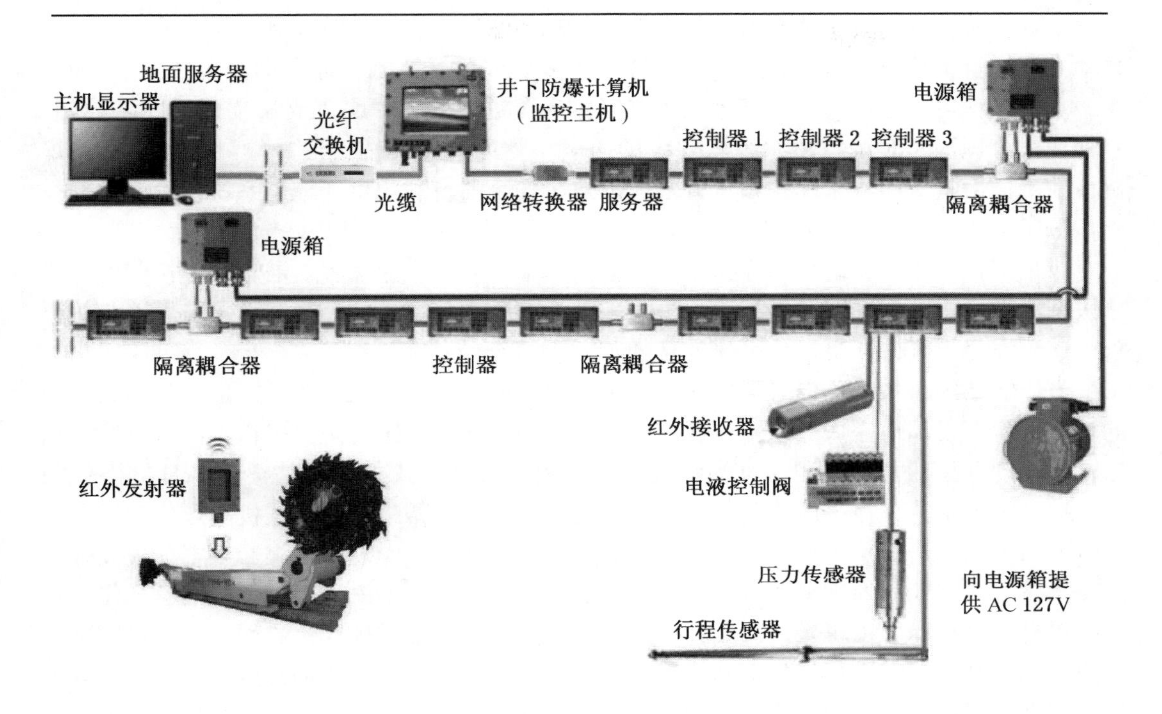

图 6－11　工作面液压支架电液控制系统组成和通信网络系统连接图

不配备井下防爆计算机，只设服务器，就形成了简易的电液控制系统。

网络转换器实现工作面端头服务器与顺槽集控中心防爆主机之间的数据通信，完成支架电液控制系统数据的上传、下达。由于端头支架到顺槽集控中心的设备不断移动，管线之间相互挤压、通信电缆防护难度大，经常造成线路故障，通信中断，因此逐渐由有线通信向无线通信过渡。

主控计算机也称为井下监控主机、井下防爆计算机，有本安和隔爆 2 种型式。本安主控计算机具有质量小、成本低、安全可靠等特点；隔爆主控计算机具有性能高的特点。主控计算机主要用来接收工作面网络变换器通过数据转换器传送的工作面支架电液控制系统数据，对工作面支架电液控制系统实施集中监测监控，并将工作面数据通过井下交换机传送到地面计算机。主控计算机是具备隔爆兼本安特性的工业控制计算机（以下简称工控机），其内部构造与普通 PC 机基本相同，除具有一般 PC 机的特点外，还具有优越的系统性能、灵活的扩展性及特殊的监控功能，使其普遍适用于各种工业场合，特别是对功能和操作可靠性有严格要求的场合。主控计算机主要技术指标有：防爆型式为隔爆兼本质安全型，采用 CAN、RS－485/422、USB、RS－232、以太网等接口，操作系统为 LINUX 或 WINDOWS。

支架控制器是硬件与软件兼备的微型计算机，是整个电液控制系统的核心部件，完成所有支架动作控制、数据采集等功能。每个支架控制器都有固定的网络地址，易于实现工作面通信。行程传感器、压力传感器等将工作环境等信息传输给计算机，进行数据分析与运算。计算机根据生产工艺要求，对支架控制器、电液控制阀进行控制，实现液压支架的自动推溜、自动放煤、自动移架、自动喷雾等多架或单台控制，即自动跟机技术。同时，支架动作过程可以通过压力、行程和角度等传感器进行监测，实现支架动作的闭环控制。各种动作管理及实时调度由系统软件中的内嵌操作系统来完成，通过检测装置定位采煤机，使工作面的液压支架动态跟进，形成高效、安全的自动化生产控制系统。

（三）液压支架跟机自动化采煤技术

综采工作面跟机自动化采煤技术是指依据回采工艺与作业规程，通过集中控制的方法来协调采煤机、液压支架和刮板输送机 3 种设备的动作关系，使之能够满足采煤工艺的要求，达到安全、高效、自动化采煤的目的。

液压支架跟机自动化以采煤机的位置和牵引方向为主要输入参数，输出参数则为支架的动作，从而自动地完成综采工作面液压支架和刮板输送机跟随采煤机行走的所有功能动作，如自动移架、自动推溜、自动收或伸护帮板、自动收或打出伸缩梁等。具体操作如下：按照采煤工艺，在采煤机前方收回煤壁支护的支架护帮板，使采煤机割煤，割煤后应及时伸出伸缩梁进行顶板支护，在采煤机后方应及时移架，实现对割煤后悬空顶板及煤壁的支护；完成移架后的支架，进行推移刮板输送机控制，为下一刀割煤做好准备工作。整个跟机自动化程序可以将操作人员在不同部位的操作动作形成标准化流程，编入程序进行支架自动控制，同时进行护帮板动作执行情况的跟踪，依据压力传感器控制支架降、升动作，依据行程传感器控制支架推移动作等。液压支架跟机自动化控制的目标是实现工作面采煤设备自动迁移，并保证采煤机与液压支架互不干涉，刮板输送机保持良好的运行姿态，并保证其直线度，对工作面顶板、煤壁进行有效管理，保证支护强度达到设定的初撑力。

跟机自动化关键元部件有：支架控制器、传感器（压力传感器、行程传感器、倾角传感器等）、采煤机位置检测装置（如红外传感器等）、电液控制阀等。

目前，我国液压支架跟机自动化功能仍然没有作为液压支架的主要操作方式持续使用。主要问题是跟机自动操作依赖的控制系统程序相对固定，机头机尾位置、采煤机进刀方式等难以满足现场使用要求。另外，智能化控制系统根据煤层地质条件、液压支架状态、泵站流量、采煤机速度、煤流系统、人员位置等自我调节能力较弱，传感器精度有待提高，工艺参数变化与系统响应速度存在矛盾。

（四）液压支架电液控制系统主要元部件结构形式及技术指标

液压压支架电液控制系统主要由电源箱、隔离耦合器、支架控制器、各类传感器、电液控制阀等组成，具体功能及要求如下：

1. 电源箱、隔离耦合器

受隔爆兼本安型电源箱供电能力的限制，电源箱对支架单元的供电方式采用分组形式，电源箱供电连接示意如图 6－12 所示。电源箱接入 AC 127 V 后，经过其内部 2 个独立的 AC/DC 胶封转换模块，输出 2 路独立的 DC 12 V/2.0 A 电源。1 个电源可以对工作面 6～10 架支架控制器供电，称为一个供电组。经隔离耦合器后（为电源引入提供通道），每一路对左/右 3～5 架支架控制器供电，这几架控制器称为一个控制器组。

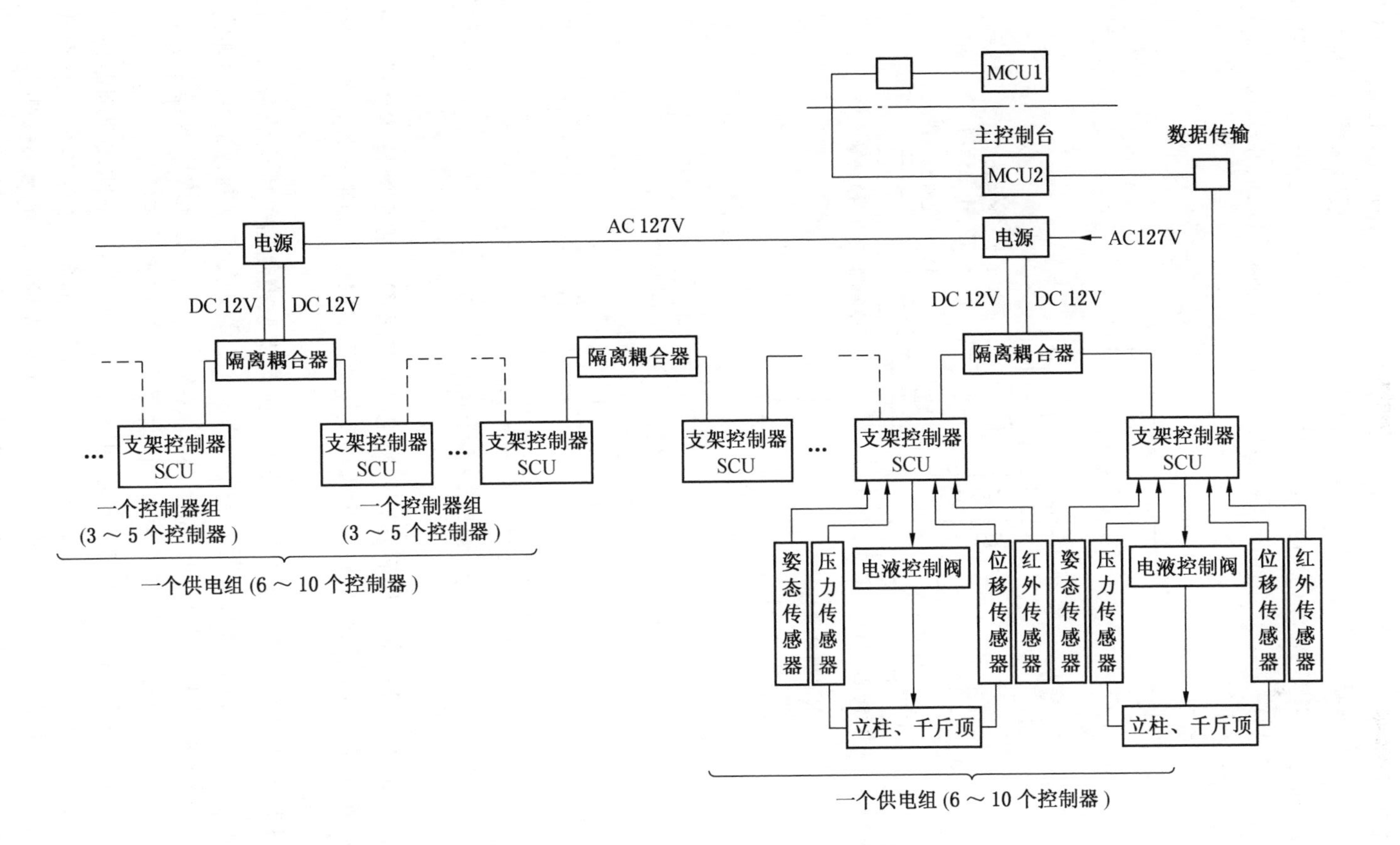

图6-12 电源箱供电连接示意图

隔离耦合器电路以单片机为核心器件，选择高速光电耦合器，其功能是隔断控制器组与控制器组间的电气连接，而通过光电耦合沟通数据信号。其工作原理如图 6－13 所示。控制器与控制器之间的连接电缆为 4 芯钢丝网屏蔽电缆，其中，2 根电源线、2 根信号线。来自电源箱 2 路独立的 DC12 V/2.0 A 电源经隔离耦合器后，每一路经 4 芯电缆中的 2 根电源线独立向左/右控制器组供电，而隔离耦合器使 2 个控制器组之间正常通信，这样整个工作面的控制器正常通信。

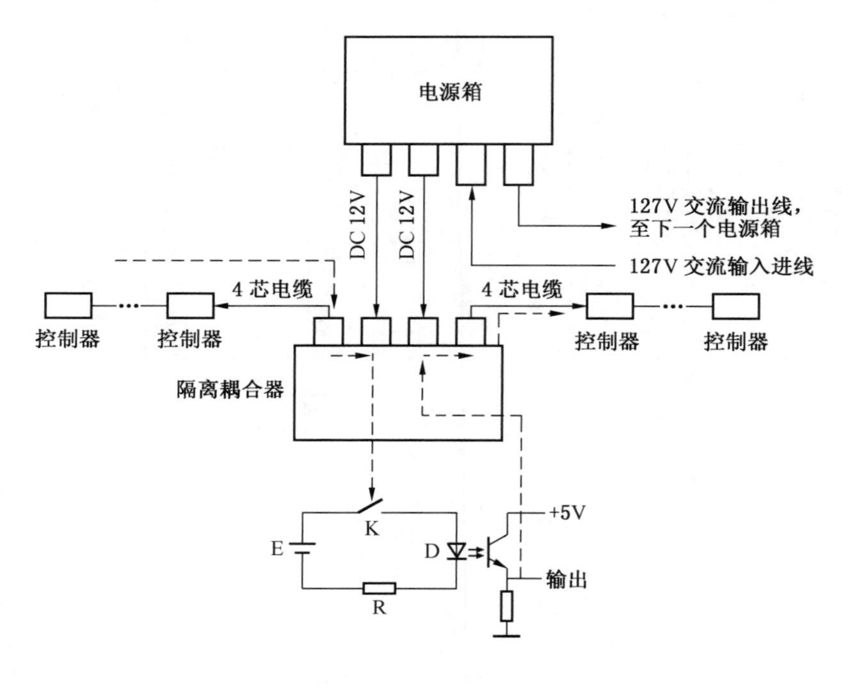

注：虚线表示数据传输

图 6－13　光电隔离耦合器工作原理

隔离耦合器上配置能耗检测专用芯片，检测电液控制系统电源组的整体功耗。其主要技术指标是：防爆型式为本质安全型，额定工作电压为 DC 12 V，额定工作电流为 60 mA。

2. 支架控制器

支架控制器是支架电液控制系统的核心部件。国产支架控制器采用橡胶密封、环氧树脂全灌封等措施，使支架控制器防护等级达到 IP68，提高了支架控制器的抗潮能力。控制器以最先进的 ARM 和 Z80 等芯片为核心，采用嵌入式技术，系统内嵌操作系统，提高了控制器的实时性能。控制器电路具有容量大、速度高、接口多等特点。

国产支架控制器在结构上主要分为一件式和两件式 2 种结构。一件式控制器将人机操作界面、传感器数据采集和电磁驱动集成为一体，具有结构简单、安装方便、成本低等优点。其缺点是当主阀与控制器安装位置距离较远时，电磁先导阀连接器因线缆较长不利于维护；同时当操作键盘等易损件出现故障时，将直接影响支架的动作控制。根据不同的需求对一件式结构进行了改进，两件式结构将人机界面和易损件操作键盘从控制器中分离出来，提高了控制器的可靠性。当人机界面出现故障时，可以对左右邻架进行操作，不会影响支架的动作。除了上述2种结构以外，有的厂家将电磁驱动从控制器中分离出来，便于驱动器的安装布置，缩短了驱动器与电磁先导阀的连线，便于支架电液控制系统功能的扩展。

支架控制器的主要技术指标是：防爆型式为本安型；额定工作电压为DC 12 V，额定工作电流小于130 mA；采用电磁驱动，20路开关量输出，驱动电流为100～120 mA；5路模拟量输入，其中电流型为12～110 mA，电压型为0.5～4.5 V；通信接口为双冗余型，CAN总线波特率为1912～3313 kbps；CPU为ARM7、Z80系列，主频大于或等于22 MB，FLASH内存大于或等于512 kB，SRAM内存大于或等于512 kB；防护等级为IP68。

3. 传感器

传感器对支架电液控制动作进行感知，实现支架动作的闭环控制。国产传感器技术已经成熟，基本能够满足支架电液控制系统的要求。传感器的各项性能指标已达到国外同类产品水平。

1）压力传感器

压力传感器用来检测支架相关腔体的压力，为支架控制器提供控制动作的依据，实现支架电液控制系统的闭环控制。

压力传感器主要技术指标是：防爆型式为本质安全型，额定工作电压为DC 12 V，额定工作电流为15 mA，有效测量范围为0～60 MPa，测量精度为0～0.5 MPa，模拟输出信号为DC 0.5～4.5 V。

2）行程传感器

行程传感器用来检测推移千斤顶的行程，为支架控制器提供推移动作控制的依据，实现支架电液控制系统的闭环控制。目前主要以干簧管原理的行程传感器为主导产品，国产行程传感器的技术性能指标达到国外同类产品水平。

液压支架推移油缸的主要功能是推溜和拉架，液压支架推移是否到位，决定采煤机和刮板输送机是否能够连续、可靠地工作。行程传感器实时测量推移油缸的位移，并将位移信号转换成电压信号传送至支架控制器。由于长期在井下工作，要求行程传感器不仅要具有较高的精度和线性度，而且要在恶劣的环境中保证其可靠性和稳定性。

行程传感器的主要技术指标是：防爆型式为本质安全型，额定工作电压为DC 12 V，额定工作电流为15 mA，有效测量范围为0～1200 mm，测量精度为3 mm，模拟输出信号为DC 0.5～4.5 V，0.2～1.0 mA。

3）倾角传感器

倾角传感器用来进行支架动作过程中的姿态控制和高度控制，实现支架平衡千斤顶动作过程的闭环控制和支架动作的高度控制。液压支架主要由顶梁、立柱、油缸、后掩护梁和底座组成。由于煤矿开采过程中，工作面不同及开采位置变化，需要对液压支架的顶升高度进行调节，而顶升高度与液压支架底座、顶梁的水平角度及立柱伸缩时的角度、长度有关。所以，在液压支架自动控制中，通过倾角传感器测量得到的顶梁、底座及立柱分别与水平面的夹角，得到它们之间的几何关系，并根据顶升高度计算出立柱所需伸缩的长度。最终，在确定了各部件角度后，便能通过液压系统调节立柱伸缩到指定长度，使液压支架处于不同的顶升高度状态。倾角传感器在调整液压支架姿态以维持最佳支撑状态方面发挥着重要作用。倾角传感器在煤矿支架电液控制系统中的应用刚起步，可对支架姿态和高度进行监测。

4）红外传感器

红外传感器的主要功能是监测采煤机的位置和方向，可以实现液压支架跟随采煤机自动控制，即跟机自动化。安装在采煤机机身上的红外发射器，不断发送红外线信号。当采煤机运行时，不同液压支架上的红外接收器会接收红外线信号，同时将此信号传送给支架控制器，支架控制器就可以确定采煤机的具体位置。

红外传感器的主要技术指标是：防爆型式为本质安全型，额定工作电压为 DC 12 V，额定工作电流为 50 mA，发送信号波长为 830 ~ 950 nm，信号发送角度范围为 40°，信号接收角度范围为 80°，传输距离为 5 m。

4. 电液控制阀

电液控制阀也称为电液换向阀，由电磁先导阀和液控主阀组成，如图 6 – 14 所示。

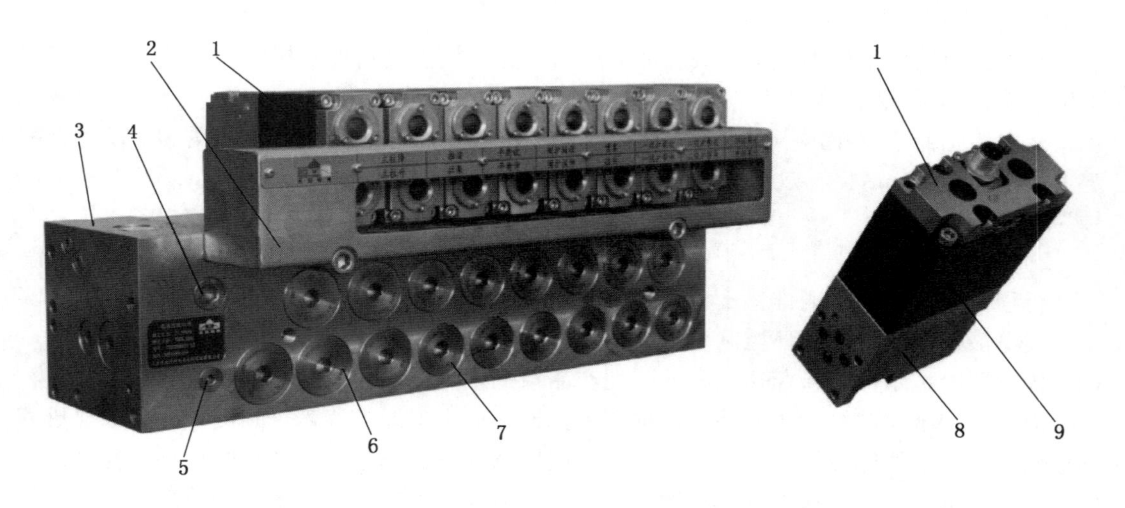

1—电磁先导阀；2—电磁先导阀防护罩；3—主阀阀体；4—先导阀过滤器；5—单向阀；
6—DN20 大阀芯；7—DN10 小阀芯；8—先导阀；9—电磁铁

图 6 – 14　电液控制阀

1）液控主阀

液控主阀是液压支架电液控制系统的关键部件，主流产品均采用整体插装式结构，便于维护和更换，所有金属零件均采用不锈钢或铜合金等防锈耐腐蚀材料。各国主要制造商分别开发出多种结构的液控主阀产品：金属 – 塑料密封、浮动回液阀座结构主阀，金属 – 塑料密封具有差动功能的插装式主阀，金属 – 塑料软密封滑阀结构的插装式直动控制主阀以及金属 – 金属硬密封对顶结构的插装式主阀，以上 4 种典型结构的液控主阀均已得到广泛应用，性能稳定。经过不断创新，根据不同的使用要求研发了 500 L/min 大流量整体插装式主阀，以及集控制器、支架过滤器、先导阀过滤器、主阀于一体的高集成超薄型主阀等系列化产品，分别解决了大采高、高工作阻力液压支架液控主阀强过液能力和薄煤层液压支架安装空间小的难题。液控主阀的主要技术指标是：公称压力为 31.5 MPa，最高工作压力为 35 MPa，公称流量为 320 ~ 500 L/min，采用液压控制方式，使用寿命超过 30000 次。

2）电磁先导阀

电磁先导阀由电磁铁和先导阀组成，是电液控制系统的核心元件，属本质安全型高水基介质阀。它在电液控制系统中的作用是将电信号转换为液信号，从而通过液控主阀来控制液压支架油缸，实现液压支架的有序动作。

电磁先导阀的主要技术指标是：公称压力为 31.5 MPa，公称流量为 0.4 ~ 1.0 L/min，工作电压为 DC 10 ~ 12 V，工作电流为 40 ~ 180 mA，单个电磁铁电阻值为 56 ~ 110 Ω，响应时间为 90 ~ 150 ms。

二、液压支架液压回路与泵站控制技术

（一）液压支架智能回路系统简介

图 6 - 15 为液压支架液压回路示意图。1 个电磁先导阀控制 1 个液控主阀，称为 1 功能。两组构成 1 个回路，称为 2 功能。当电磁阀 1 通电时，先导阀打开，控制油液通过控制口 K 打开大流量液控主阀 1，P 口高压液经主控阀 1 进入千斤顶上腔，下腔液体通过液控主阀 2 回到回油管路。

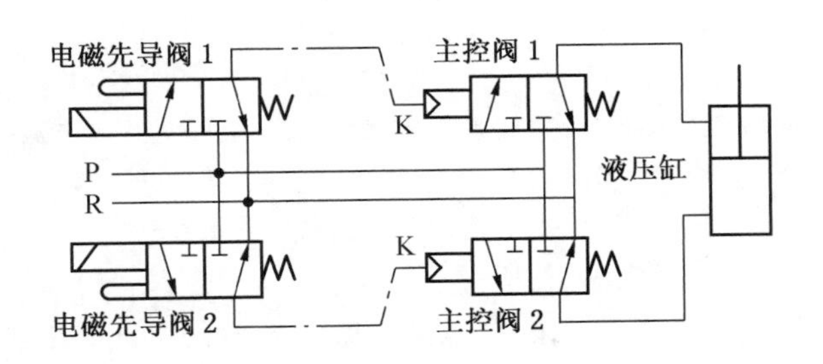

图 6 - 15　液压支架液压回路示意图

电液换向阀结构简图如图 6 - 16 所示，先导阀由 2 个球阀芯构成一个二位三通先导阀。换向阀是一个二位三通二级插装阀，由一级阀芯（也称为浮动活塞）和二级阀芯配合执行换向工作，系统额定压力为 31.5 MPa。

未工作状态下，即电磁铁未得电时，先导阀在其弹簧、顶杆的作用下，左球阀打开，右球阀关闭。

加载阶段：电磁铁得电，先导阀的左球阀关闭，右球阀打开。泵站的高压液经先导阀后，经控制口 K 进入液控主阀左端控制腔，控制腔压力上升直到能推动一级阀芯向右运动，首先关闭回油口 R，接着控制腔压力继续上升直到克服二级阀芯右端弹簧力和静压力，使二级阀芯开启，高压口 P 与工作口 A 相通，泵站的高压液经 P 口、A 口进入油缸，完成加载。

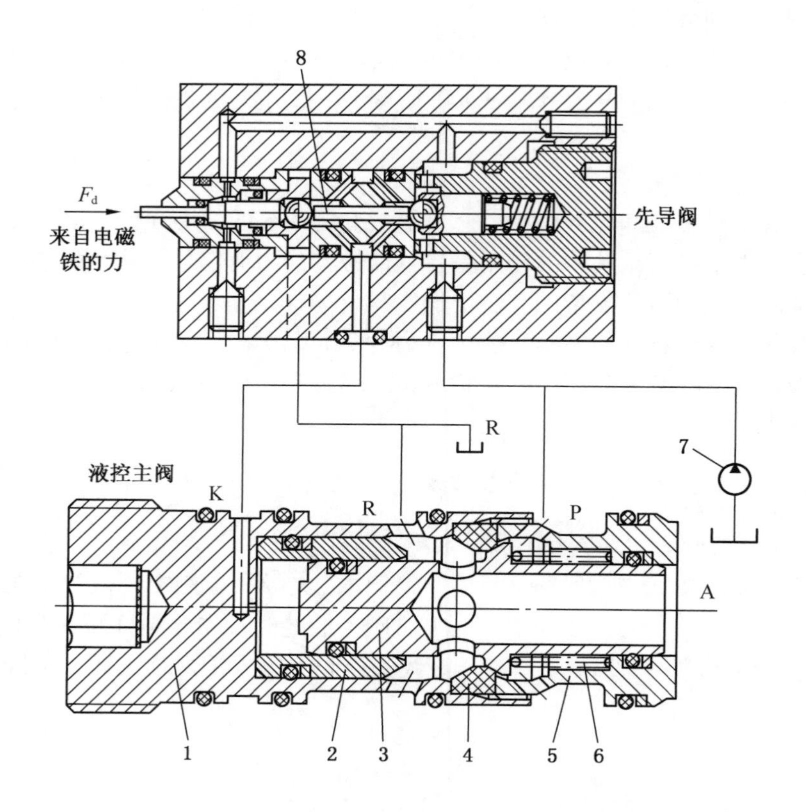

1—回液阀套（也称螺套）；2—一级阀芯；3—二级阀芯；4—阀座；
5—进液阀套（也称阀套）；6—弹簧；7—乳化液泵；8—顶杆

图6-16　电液换向阀结构简图

卸载阶段：电磁铁失电，先导阀的左球阀打开，右球阀关闭。液控主阀左端控制腔K经先导阀的左球阀与回液接通，其压力降为0，不足克服二级阀芯右端弹簧力，使得二级阀芯向左运动，P口关闭，接着左端控制腔的压力继续下降，低至一级阀芯右端压力时，一级阀芯开始向左运动，液体从A口流入R口，完成卸载。

电液换向阀性能要求见表6-1。

表6-1　电液换向阀性能要求

序号	项　目	要　　求
1	换向性能	操作换向时应动作灵活、换向准确、无蹩卡现象
2	操作力 （控制压力、控制电压）	1. 手动换向阀类的操作力应大于10 N且小于130 N 2. 在公称压力下，液控换向阀类控制压力为泵公称压力的30%～60% 3. 电控换向阀的控制电压或电流应满足设计要求
3	密封性能	在各位置上，换向阀类压力值在2 MPa到其公称压力范围内，不应有渗液
4	强度	换向阀类在关闭腔承受载荷压力达工作压力的1.5倍时，不应有渗液和损坏

表6-1（续）

序号	项　目	要　求
5	压力流量特性	当换向阀类流过公称流量时，压力流量特性满足下列要求： （1）公称流量小于或等于125 L/min的换向阀类，进回液压力损失应不大于5 MPa （2）公称流量大于125 L/min而小于250 L/min的换向阀类，进回液压力损失应不大于6 MPa （3）公称流量大于250 L/min的换向阀类，进回液压力损失应不大于7 MPa
6	背压安全性	在正常背压情况下换向阀类不应产生误动作
7	耐久性能	1. 换向阀类在经过15000次动作循环后，应满足正常使用要求 2. 属A类阀的换向阀类在经过30000次动作循环后，应满足正常使用要求

（二）乳化液泵站

乳化液泵站由乳化液泵、乳化液箱和电气控制部分组成，是液压支架的动力设备，为液压支架提供高压乳化液，使液压支架跟随采煤状态做相应的动作，如升柱、降柱、移架、推溜、伸护帮和收护帮等，各动作随采煤机位置顺序进行。乳化液泵站一般由2台乳化液泵、1个乳化液箱等组成，通常称为“两泵一箱”。其中，1台泵运转，另1台泵作为备用或进行轮换检修。当工作面液压支架等液压设备需要增加供液时，也可让两台泵并联工作，从而满足生产需要。根据液压支架的用液量需要，泵与液箱的组合方式还有“三泵一箱”“三泵两箱”“四泵两箱”等。

近年来，“自动化”和“智能化”成为综采工作面的发展趋势，这不仅要求综采工作面的采煤机和液压支架等关键设备协同作业，更需要乳化液泵站能够及时提供合理、稳定的动力。

1. 乳化液泵站技术

1）国外应用现状

目前，国内高端乳化液泵站市场主要被英国和德国的公司所垄断，引进的产品有：英国的雷波泵（RMI）、德国的卡玛特泵（KAMAMT）和豪辛柯泵（Hauhinco），其主要技术特点有以下几个方面：

（1）流量和压力参数方面。高压大流量乳化液泵的流量、压力分别提升到630 L/min和36 MPa以上，较好地满足了大采高工作面等复杂开采条件下对综采液压系统的要求。

（2）结构方面。在传动结构方面：①RMI S500、Hauhinco EPH400S泵站采用单侧斜齿轮传动结构，而KAMAMT K550和DAT HPD507泵站采用对称的斜齿轮传动结构；②曲轴采用多点支撑方式，如RMI S500和DAT HPD507乳化液泵站采用全支撑方式，KAMAMT K550泵站采用四点支撑方式。

在泵头结构方面：①高压大流量乳化液泵普遍由原来的三柱塞结构升级为五柱塞结构，以提供流量和压力；②采用高耐磨型陶瓷柱塞，并选用可靠的芳纶盘根或黑四氟芳纶在高压缸套内进行密封；③RMI S500泵头结构为竖直直通结构，吸、排液阀竖直放置在同一通道内，并采用锥型锥阀硬密封结构；KAMAMT K550泵头采用阶梯式结构，吸、排液阀放置在不同通道内，并采用平面硬密封结构；Hauhinco EHP400S泵头则采用水平直通型结构。

（3）变频驱动、过滤、配液方面。将变频控制技术、多级过滤体系、乳化液智能配比技术、高精端传感器检测技术集成应用于泵站系统中，从而形成了一整套综采工作面供液系统解决方案。例如，RMI S500 泵站采用 OBIN 变频智能控制系统，通过变频器控制泵站变频电动机的转速，达到变流量恒压供液。多级过滤体系通常是由 4 部分组成：进水反冲洗过滤器为主的一级过滤；液箱内过滤器所形成的二级过滤；由回液过滤器、进油过滤器、卸载阀过滤器等过滤元件所形成的功能过滤体系；高压过滤站的安全过滤。它通过油压、油温、油位等高精端传感器，实现泵站的在线检测和故障诊断。

（4）压力控制、智能控制方面。在压力控制方式上，RMI S500 泵站采用电磁卸荷阀和充氮安全阀结合的方式控制泵站的输出压力。RMI 电磁卸荷阀既可通过控制电磁先导阀的通断来控制泵站的增压卸荷，又可通过机械卸荷方式，作为电磁卸荷失效时的替补型压力控制方式，进一步增强泵站的可靠性。由于氮气弹簧具有非线性刚度，氮气安全阀比普通的螺旋弹簧安全阀具有更优良的动态响应特性，并且具有良好的高频减振特性、耐久性及抗锈蚀性。KAMAT K550 泵站采用电磁卸荷阀，其原理与 RMI 电磁先导阀相同，通过控制电磁先导阀来操纵两位三通阀组的阀芯，从而实现增压和卸荷过程，同时也能实现电液双控。

在智能控制方式上，RMI S500 泵站控制系统采用基于 CANBUS 总线的分布式控制方式，并配合 OBIN 智能控制软件，能够根据工作面的压力信号和液压支架移动信号，对泵站系统进行控制和监测，并能够实现多泵智能联动和电动机变频节能控制等功能。泵站控制系统同样采用分布式控制方式，并以 BUS 总线技术为基础；泵站控制系统则采用集中式的远程控制方式，管理设备起停和运转过程监测。

2）国内应用现状

国内的高压大流量乳化液泵站流量一般为 400 ~ 550 L/min，压力达到 37.5 MPa，近年来个别厂商已生产出流量 630 L/min、压力 40 MPa 的乳化液泵站。国产乳化液泵结构上较为相近，均采用五柱塞结构，并通过单侧斜齿轮减速，泵头多采用竖直直通结构，吸、排液阀采用锥型锥阀密封方式，柱塞应用耐磨防锈型金属，卸荷阀多为传统的机械式。在泵站系统方面，变频控制、多级过滤单元、乳化液自动配比已开始应用于国产泵站系统。在控制方式上，研发了泵站自动化控制核心元部件——泵站电磁卸荷阀，并推出了基于 PLC 的集中分布式控制的泵站控制系统。在泵站结构方面，在压力和流量不变的前提下，国内厂商开始研发结构紧凑式的三柱塞乳化液泵站，从而替代了沿用了十几年的结构复杂的五柱塞乳化液泵站，如 BRW500/31.5K 乳化液泵站和 TM－BRW400/37.5 乳化液泵站。

3）电磁卸荷阀、机械卸载阀性能

机械卸载阀的不足：调节速度慢，压力波动范围 70% ~75%，不能空载起停泵站。

电磁卸载技术的优势：调节速度快，压力波动范围为 90%，能空载起停泵站。提高了泵站的平均输出压力，从而提高立柱初撑力及移架速度。提高了泵站的供液效率，输出相同体积的高压乳化液的有效输出功提高了 10%，能够更快地从卸载状态转换到加载状态。

4）自动配比装置

目前最常用、最具代表性的两种自动配比装置是：文丘里式乳化液自动配比装置和Conflow机械式乳化液自动配比装置（图6－17）。文丘里式乳化液自动配比装置采用射流泵原理，高速水流由喷嘴喷出，形成高速射流，在吸油腔内产生负压；在大气压作用下将乳化油从油箱吸入吸油腔，与高速水流混合后从出液口流出；通过调节节流阀的开口量可以达到控制吸油速度、调节乳化液浓度的目的。Conflow机械式乳化液自动配比装置采用液压马达带动齿轮泵的工作方式，水进入自动配比装置，驱动水轮旋转，带动齿轮泵吸取乳化油，乳化油与水混合后从出液口流出。改变节流阀的开口量可以调节乳化液浓度。

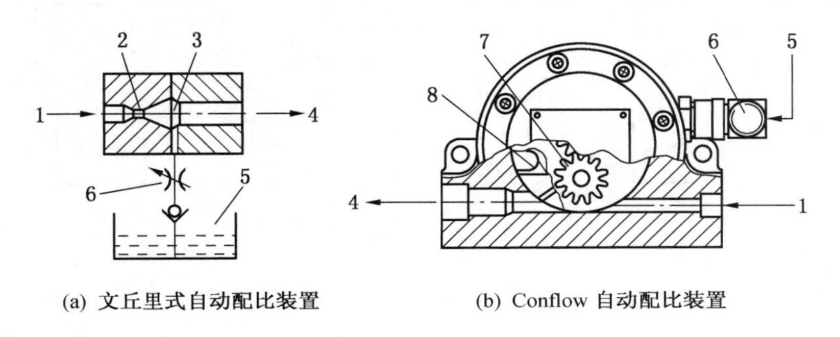

(a) 文丘里式自动配比装置　　(b) Conflow 自动配比装置

1—水；2—喷嘴；3—吸油腔；4—乳化液；5—乳化油；6—节流阀；7—齿轮泵；8—水轮

图6－17　常用乳化液自动配比装置

5）乳化液浓度在线检测技术

乳化液浓度在线检测方法主要有阻容法、电磁波法、超声波法和密度法4种（图6－18）。阻容法的基本原理是：通过测量乳化液的介电常数、电阻率来推算乳化液浓度，相对测试精度达到±8%，但阻容参数现场测量复杂，难以实现。电磁波法的基本原理是：基于不同浓度的乳化液对电磁波的衰减程度，或对可见光的透光程度和折射程度不同，通过测量乳化液对电磁波的衰减率，以及对可见光的透光率、折光率来计算乳化液浓度，分别称为电磁波衰减法、透光法、折光法。这一类方法中，以折光法测量效果最好，国内有该类产品推出。超声波法的基本原理是：基于不同浓度的乳化液对超声波的衰减率或传输速率不同，通过测量衰减率或传输速率来计算乳化液浓度，分别称为超声波衰减法和超声波声速法。其中超声波声速法测量效果更好，研究成果最多。密度法的基本原理是通过测量乳化液密度来推算乳化液浓度。

阻容法已被淘汰，电磁波法中的折光法及超声波法中的超声波声速法是研究热点。密度法是最新提出的方法，具有系统简洁、线性度好等优点。

2. 智能乳化液泵站系统

智能集成供液系统是集泵站、电磁卸载自动控制、PLC智能控制、变频控制、多级过滤、乳化液自动配比、系统运行状态记录与上传于一体的自动化设备，智能集中供液系统对提高泵站供液能力、降低泵站压力波动、降低工人劳动强度等具有重大意义。系统组成如图6－19所示。

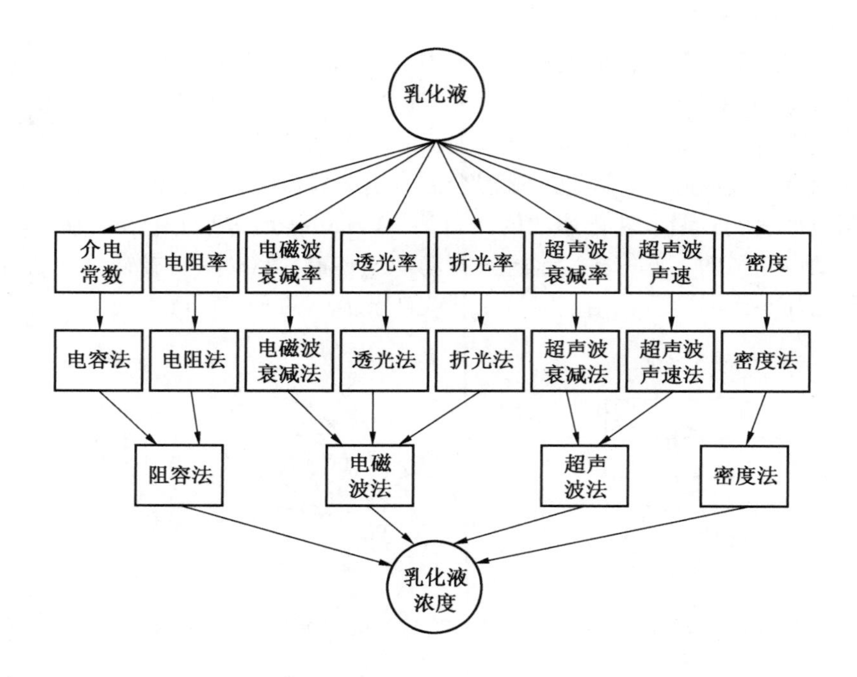

图 6-18　乳化液浓度在线检测方法体系

1）系统的特点

（1）高度集成化。充分考虑了各液压设备之间的相互关系，对各设备进行集成设计，各设备之间联系紧密。

（2）系统灵活，兼容性好。可以根据工作面实际情况及用户使用要求，配置不同流量等级、不同配置要求的供液系统。能够与不同型号的组合开关、变频器和供电电压兼容。

（3）采用模块化设计。各设备列车内部管路、电缆可在地面提前连好，设备列车之间的管路、电缆采用快速插接方式，便于安装、维护。

（4）多泵智能联动恒压控制。变频器采用直接转矩控制技术，与乳化液泵站压力变化率大相对应，变频器调节速率能够快于泵站压力的变化率，实现了压力恒定。能够根据系统压力、用液量多少自动控制泵站的起停：系统大量用液时能够自动开启变频泵来调整系统压力，保证供液流量；系统用液量较少时能够自动减少开泵数量，降低无功损耗。

（5）配备电磁卸载阀，具有电控卸载和机械卸载双功能，并能实现自动切换。

（6）完善的清洁度保障体系。系统配备了包括进水过滤站、过滤减压装置、回液过滤站在内的多级过滤系统，通过不同精度和不同流量过滤元件的组合，确保工作面液压介质的清洁和系统的稳定。

（7）乳化液配比稳定过滤及压力控制装置，使乳化液配比质量不受进水压力波动影响，提高了乳化油的利用率和乳化液的稳定性。

2）系统的功能

（1）通过泵站集中控制台可以实现对乳化液泵、喷雾泵的集中自动化控制。具有单

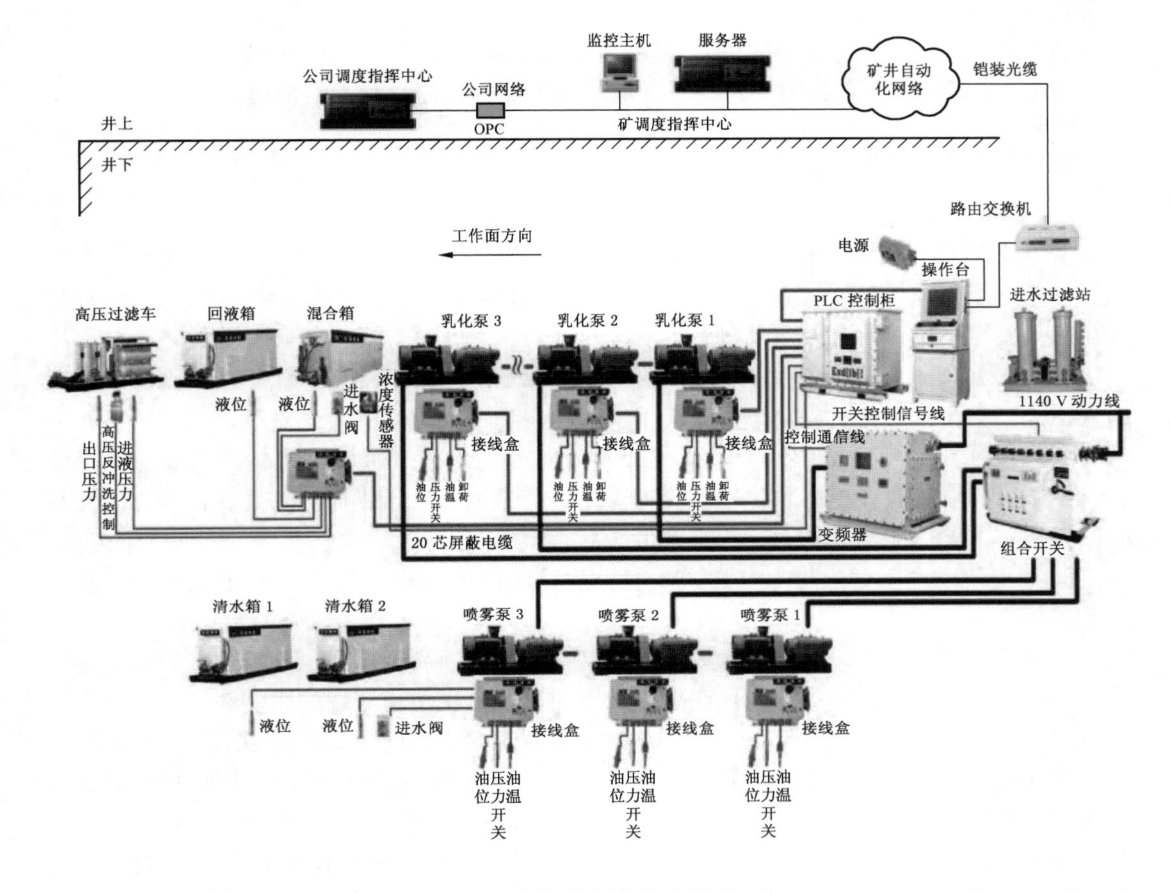

图 6－19　智能乳化液泵站系统组成

泵控制和多泵智能联动控制等多种模式控制，多泵智能联动控制模式下系统平均开泵数量较人工控制减少了约 20%。

（2）实现乳化液泵站的主泵变频控制，将乳化液泵站变频控制与电磁卸载结合，充分发挥优势，提高泵的有效利用率，降低功率损耗和磨损，实现节能高效。避免了普通泵站变频控制技术存在的低速重载、运动部件磨损剧烈等问题，提高了泵站的响应速度，能够根据工作面要求实现快速供液。

（3）具有泵站油温、油位、压力和乳化液箱液位、油位传感器，实现了主要设备状态检测、预警与保护。

（4）具备性能可靠的爆管保护系统。实施压力检测，当发现压力突降，系统压力低于 15 MPa，启动爆管保护系统停泵，确保井下设备及操作人员的安全。

（5）具有乳化液浓度实时在线显示监测功能，在主控计算机及 PLC 控制柜上显示。

（6）实现液位检测、自动补液（水）、乳化液自动配比功能。

（7）智能控制系统可对全系统进行自动检测、实时显示及控制。

（8）监控主机具有数据记录、保存及上传功能；可以查询泵站历史信息和运行信息，具有数据传输到工作面集控中心的接口。

（9）具有急停、闭锁保护功能，可以单泵闭锁及多台泵站的急停控制。

（10）实现液压系统封闭式管理，降低了系统配件、油脂和水的损耗。

三、液压支架姿态检测技术

（一）液压支架工作中姿态类型

液压支架的稳定性受很多复杂因素的影响，目前主要从横向和纵向两方面考虑。其稳定性是指支架在运动、承载时，支架结构与本身对称中心平面的垂直方向保持稳定的特性。支架姿态一般会出现以下几种：

（1）液压支架纵向姿态：液压支架底座可能处于水平、低头、抬头姿态；顶梁可能出现抬头、水平及低头状态。

（2）液压支架横向姿态：支架底座处于纵向水平而在横向发生倾斜时的姿态、支架底座处于纵向低头并在横向发生倾斜时的姿态、支架底座处于纵向抬头并在横向发生倾斜时的姿态。顶梁可能出现抬头、水平及低头状态。

（3）支架以底座对角线为中心线向其一边倾斜时的姿态，顶梁可能出现抬头、水平及低头状态。

大采高支架相对于一般支架来说，其侧向活动空间、高度调整范围较大，导致稳定性较差，所以在井下使用时更易出现倾倒。从重心高度对支架稳定性的影响来考虑：当支架采高为6 m时，支架重心不应超过2.5 m；当支架采高为5 m时，支架重心不应超过2.2 m；当支架采高为4 m时，支架重心不超过1.8 m。液压支架的稳定性控制应该从单个支架与相邻支架组之间这两方面考虑。如何提高支架的稳定性，应考虑如下几个方面：

（1）增加液压支架初撑力及工作阻力，降低底板比压，底板比压是指工作面液压支架的额定支护阻力与支架的底面积之比。比压过大，易造成支架底座陷入底板，移架困难等。

（2）为提高支架的工作阻力和初撑力，在支架设计时应尽量选用较大缸径的立柱，以便使支架的稳定性有效地提高。

（3）在井下运输及搬移等条件允许的情况下，应尽量加宽底座的面积。

（4）应选用可靠度高的密封件来提高稳定性。

（5）应选用高强度的钢板，以保证支架的强度，提高支架的稳定性。支架制造过程中应在受力集中的部位给予一定的加强。

（6）提高支架关键部件的加工精度，并处理好液压支架的横向间隙及其轴孔间隙。

在实际工作当中，一组液压支架往往会出现以上各种姿态，对液压支架姿态的监测和有效调整对采煤安全具有重要意义。

（二）液压支架姿态监测系统

综采工作面的液压支架是一组分布式支护机构，其单体支护稳定性须由液压支架控制器识别和调控，而群组液压支架的支护协同度及稳定性则由关联支架控制器决策和调控。因此，液压支架电液控制系统的智能化关键要素是液压支架支护动作和移步动作的自调适性、自组织性和自稳定性。目前，国内外主要研究液压支架四连杆机构优化以及液压支架参数化设计，电液控制系统实现了液压支架程序化的自动控制。但无人采煤工作面要求液压支架对复杂围岩支护具有自调整、自学习的强适应性，如何解决顶板岩层－支护机构－液压阻尼的耦合作用，建立液压支架运动稳定性控制方法，是智能化无人工作面围岩安全支护的关键问题。下面介绍了一种液压支架姿态监测系统。

采煤工作面环境恶劣，煤层复杂多变，对液压支架支护质量的监测是工作面日常生产的重要组成部分。液压支架姿态监测系统主要包括：液压支架姿态无线微功耗传感器、支架受力状态无线微功耗传感器、低功耗无线通信网络、姿态监测与预警分析软件4部分。该系统可实现对液压支架姿态显示和不合理及危险状况诊断预警；显示液压支架初撑力、循环末阻力、周期来压等受力状况。当出现危险预警时通过人工干预调整，避免事故发生。整个工作面所有支架姿态参数反映工作面支护状态。

1. 主要组成

该系统主要由矿用无线微功耗电池供电姿态传感器、压力传感器、多功能显示终端、监测主站、顺槽监控主机或上位机监控主机、姿态检测与分析软件等部分组成（图6－20）。

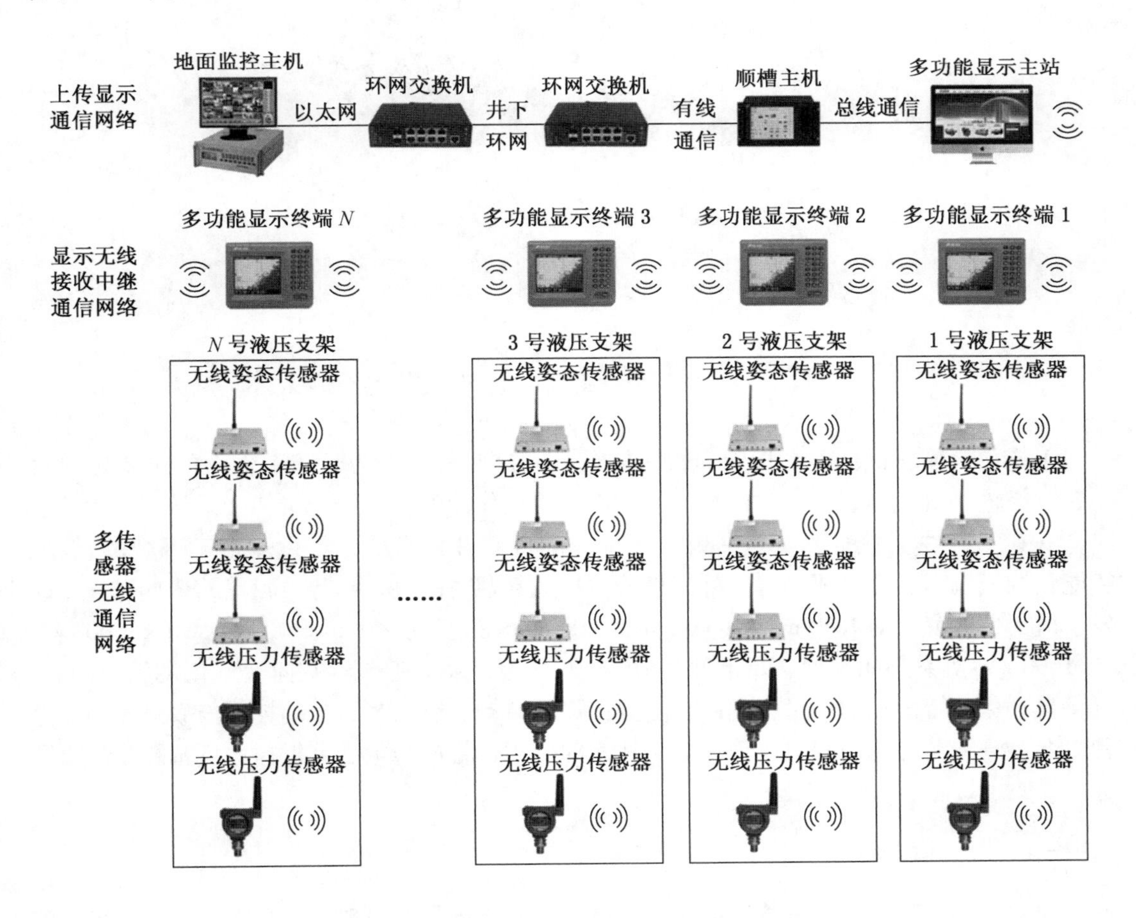

图6－20　液压支架姿态监测系统结构

2. 布置方式

矿用本质安全型多功能显示终端（站点）布置方式为间隔性布置，每隔一定数量的液压支架布置1套，完成对液压支架相关传感器数据的信息采集、处理、存储、显示和收发等。每套监控系统内安装3台矿用本质安全型无线兼有线微功耗自供电姿态传感器，完成对顶梁、掩护梁和底座前后及左右倾斜角度的测量。根据架型配套本质安全型无线兼有线微功耗自供电压力传感器，完成对支架压力数据的采集。液压支架姿态监测系统各无线传感器布置如图6－21所示。

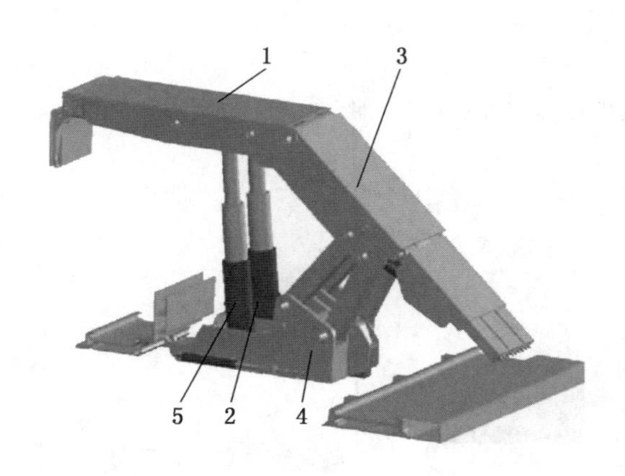

1—顶梁倾角传感器；2—压力传感器；3—掩护梁倾角传感器；
4—底座倾角传感器；5—ARM分站及无线收发

图6－21　液压支架姿态监测系统传感器布置图

第四节　工作面运输三机智能化技术

工作面运输三机包含刮板输送机、转载机和破碎机，作为长壁工作面的主要运输设备，刮板输送机成套装备的整体技术水平影响着工作面的安全、产量和开采效率。为了满足“一矿、一井、一面”安全高效年产千万吨矿井开采需要，年过煤量千万吨的重型、智能化刮板输送机已经成为国内外刮板输送机成套装备的发展趋势。目前，国内已自主研发了槽宽（内宽）为1350 mm、1400 mm、1500 mm，装机功率为3×1000 kW、3×1500 kW、3×1600 kW等系列的重型、超重型刮板输送机成套装备。但是，在向大型化发展的同时，设备自动化、智能化程度亟待提高。变频调速软启动、链条张力自动控制与故障诊断、远程工况监测诊断与控制等机电液一体化技术的应用，将成为重型刮板输送机智能化的重要标志。

一、软启动技术

大功率刮板输送机以带载启动为主，负载量大且运距长。现阶段刮板输送机系统面临的三大问题：停车随机、负载变化无规律等造成的启车问题；松弛状态刚性链启动瞬间造成的强烈机械冲击问题；堆煤、重载启动时，电网冲击大、设备易损坏等问题。基于此，刮板输送机软启动装置必须符合以下特点：电机无负载启动；使用多个驱动时，按照顺序进行启动；在多电机情况下，需使负载处于平衡状态，且具有快速平稳地建立扭矩、良好的防爆性能和较强的适应环境能力等特点。

近年来，刮板输送机向大功率、大运量方向发展，其驱动装置随着装机功率的增大，经历了由单机驱动、双机驱动到T型布置的多机驱动方式的发展阶段，驱动传动方式也由电动机直接驱动发展到电动机+限矩液力偶合器驱动（用于小功率刮板输送机）、双速电动机+摩擦限矩器（也称为限矩摩擦偶合器）驱动，2种传统驱动方式存在重载启动困难和多电动机负荷不均等问题。855 kW以下的刮板输送机多采用双速电动机+摩擦限矩器驱动方式，双速电机驱动解决了刮板输送机带载启动时电流过大、对设备和电网冲击大的问题，但当设备功率进一步增大时，双速电机驱动会出现无法重载启动的问题，软启动技术及装置则有效地解决了该问题。目前，已研制出的各种可控驱动装置解决了多机驱动刮板输送机启动及负荷均衡问题。重型刮板输送机应用的软启动方式主要有3种软启动技术：①电动机+CST（可控启动传输装置）；②电动机+TTT（阀控充液式液力偶合器）；③变频调速（变频器+电动机+减速器、变频一体机+减速器）。其他软启动系统还有基于电气控制原理的斩波调压软启动系统和可控硅软启动系统等。

（一）可控启动传输装置（CST）

可控启动传输装置CST是美国道奇公司和德国DBT公司研制出的产品。它是集启动、减速、离合、调速、液控、电控、冷却、运行监测及自诊断为一体的高科技产品。其外观如图6-22、图6-23所示，前者用于带式输送机，后者用于工作面刮板输送机。二者的工作原理相同，前者有垂直轴式（KR型）和平行轴式（K型），后者有垂直轴式（KP型）和直轴式（P型）。因综采工作面的工作环境恶劣、复杂，后者将所有的液压系统、润滑系统、冷却系统、部分电控系统均内置于机体内。

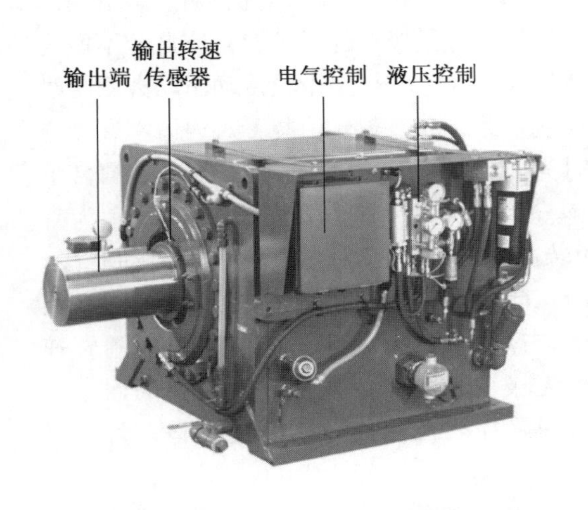

图6-22 用于带式输送机的CST（K型）

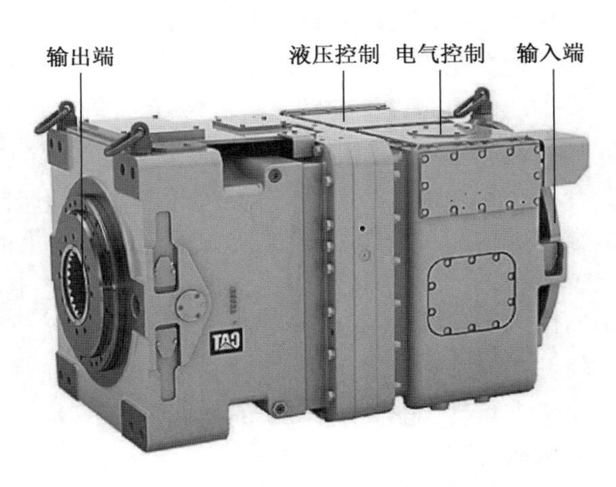

图6-23 用于工作面刮板输送机的CST（P型）

1. CST 的基本组成和工作原理

1）CST 的基本组成

CST 实质上是一个带有多片湿式摩擦离合器的差动轮系行星减速器，故也称为 CST 减速器，主要由齿轮减速器、多片湿式摩擦离合器和电液控制系统组成。带式输送机用 CST 的组成结构如图 6－24 所示。刮板输送机用 CST 的组成系统如图 6－25 所示，图中为垂直轴式，齿轮减速器由一级圆锥齿轮＋两级圆柱齿轮减速＋一级行星齿轮减速组成。直轴式齿轮减速器由两级行星齿轮减速组成。

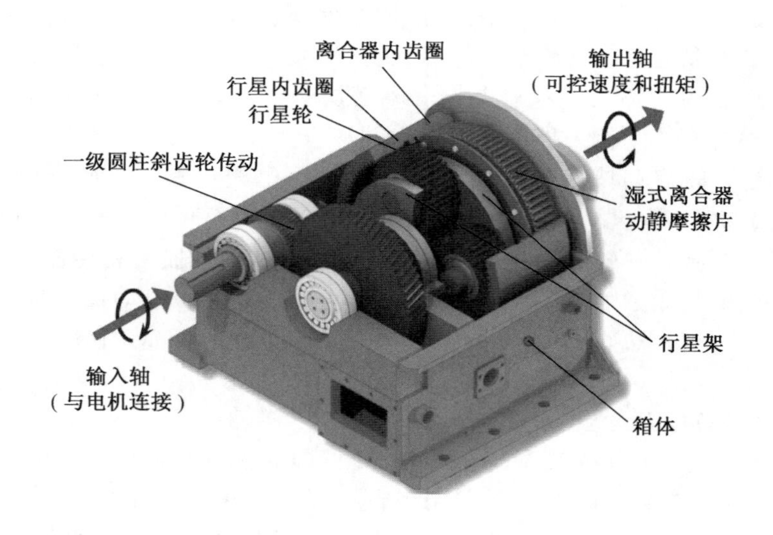

图 6－24　带式输送机用 CST 的组成结构（K 型）

2）CST 的工作原理

在行星轮系传动中，若内齿圈呈自由浮动状态，因行星架（也称为系杆、输出轴）与负载相连而临时不动，此时为定轴轮系。太阳轮带动行星架上的行星轮只作自转不做公转，行星轮带动内齿圈转动，此时内齿圈的转速最大，即电动机经齿轮传动驱动太阳轮时只带动内齿圈以最大转速自由转动，实现了电动机空载启动。若使用装置对内齿圈逐渐施加线性制动力矩，则内齿圈转速逐步下降，此时为差动轮系，行星架上的行星轮在自转下开始公转并带动行星架转动逐渐输出力矩和转速。因内齿圈转速与行星架转速之和为常数，即内齿圈降低的转速值就是行星架输出的转速值，此过程为刮板输送机启动阶段。若内齿圈的转速下降到零，即内齿圈固定不动，此时为常规的行星传动系统，行星架输出的力矩和转速最大，此时为刮板输送机额定运行工况。因此，用控制内齿圈转速的办法调节行星架输出转速，就可以实现可控无级变速，使负载得到所需要的启、制动速度特性，这就是 CST 的控制原理。对内齿圈施加线性制动力矩的装置是多片湿式摩擦离合器。

多片湿式摩擦离合器也称为液黏调速离合器（以下简称液黏离合器），属于液体的液黏传动。用于带式输送机软启动的液黏调速离合器的工作原理与其相同，结构与其相似。

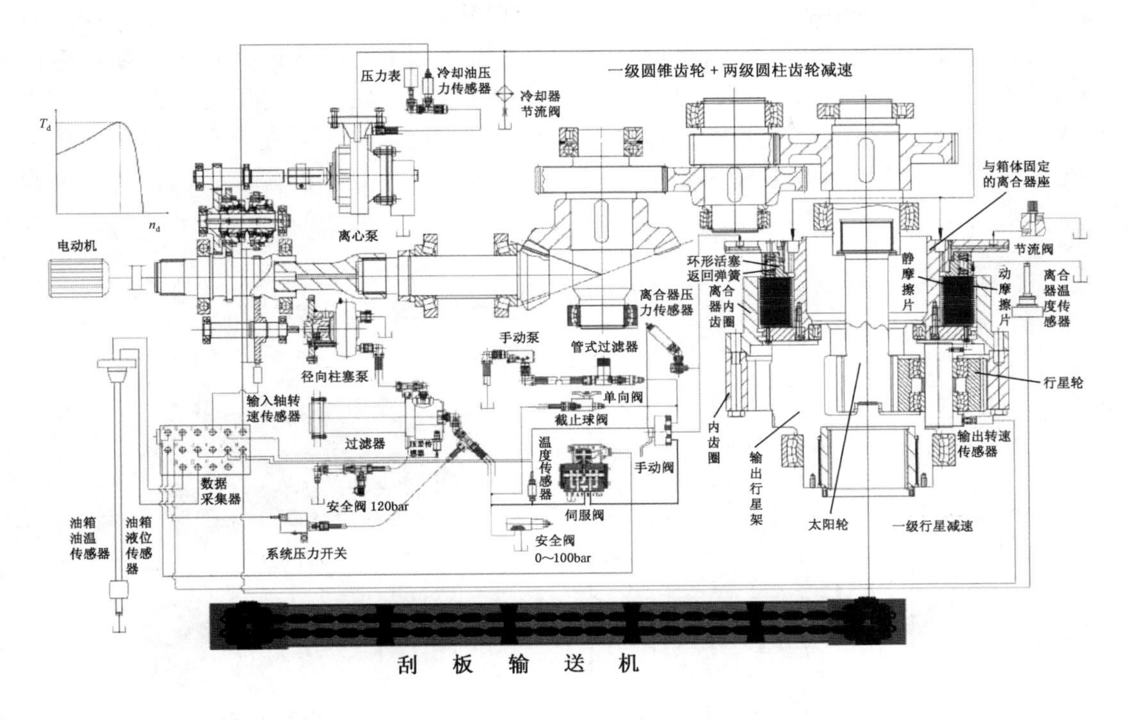

图 6－25　刮板输送机用 CST 的组成系统（垂直轴式）

多片湿式摩擦离合器是 CST 的主要部件，其结构原理如图 6－26 所示（此图是图 6－25 的局部放大）。它主要由离合器内齿圈、离合器座、环形活塞、动、静摩擦片组、返回弹簧等组成。离合器内齿圈 6 用螺栓 5 固定在行星内齿圈 4 上成为一体，圆环形动摩擦片与其圆周外花键，装于离合器内齿圈的内花键中并与之啮合，则动摩擦片与行星内齿圈同步旋转，并可沿花键的轴向方向在行星内齿圈中移动。圆环形静摩擦片与其圆周内花键，装在与箱体固定的带有外花键的离合器座上并与之啮合，则静摩擦片不能作圆周旋转运动，但可沿花键的轴向方向在离合器座上移动。动、静摩擦片交替放置，并由离心泵由里向外向动、静摩擦片提供形成油膜的工作压力油。此压力油一方面形成油膜，一方面经动摩擦片表面的菱形网状沟槽向外缘流动，流入减速器油池以带走油膜摩擦产生的热量，以保持工作油的黏温特性。流出的热油经冷却器冷却后循环使用。由径向柱塞泵经伺服阀（或比例阀）向环形活塞提供控制油压，使动、静摩擦片沿轴向移动并逐渐压紧，静摩擦片依靠与动摩擦片之间的油膜剪切力所形成的摩擦制动力矩阻止动摩擦片转动，即行星内齿圈转速下降，行星架转速上升。若将控制油压恒定一段时间，则行星内齿圈转速不变，就形成了均速延迟阶段，所以控制好环形活塞的控制油压就能实现“S”形速度启动曲线，此过程为刮板输送机启动阶段。动、静摩擦片之间的油膜剪切力所形成的摩擦制动力矩的大小与动、静摩擦片二者之间的间隙（即油膜厚度）成反比，即环形活塞的控制油压与摩擦制动力矩的大小成正比，所以调节控制环形活塞的油压，就能改变动、静摩擦片间的油膜厚度，从而控制输出力矩、输出速度的大小。当控制环形活塞的油压逐渐减小时，动、静摩擦片逐渐松开，油膜剪切力所形成的摩擦制动力矩逐渐减小，行星内齿圈转速上升，行星架转速下降，即输出速度下降。直至控制油压为零时，环形活塞在返回弹簧的作用下离开摩擦片，动、静摩擦片完全松开，二者之间没有阻力，此时行星内齿圈转速最大，行星架转速为零，即输出速度为零，此过程为减速停车阶段。下次启动电动机时，对环形活塞不施加控制油压，电动机只带动行星内齿圈转动，实现电动机空载启动。

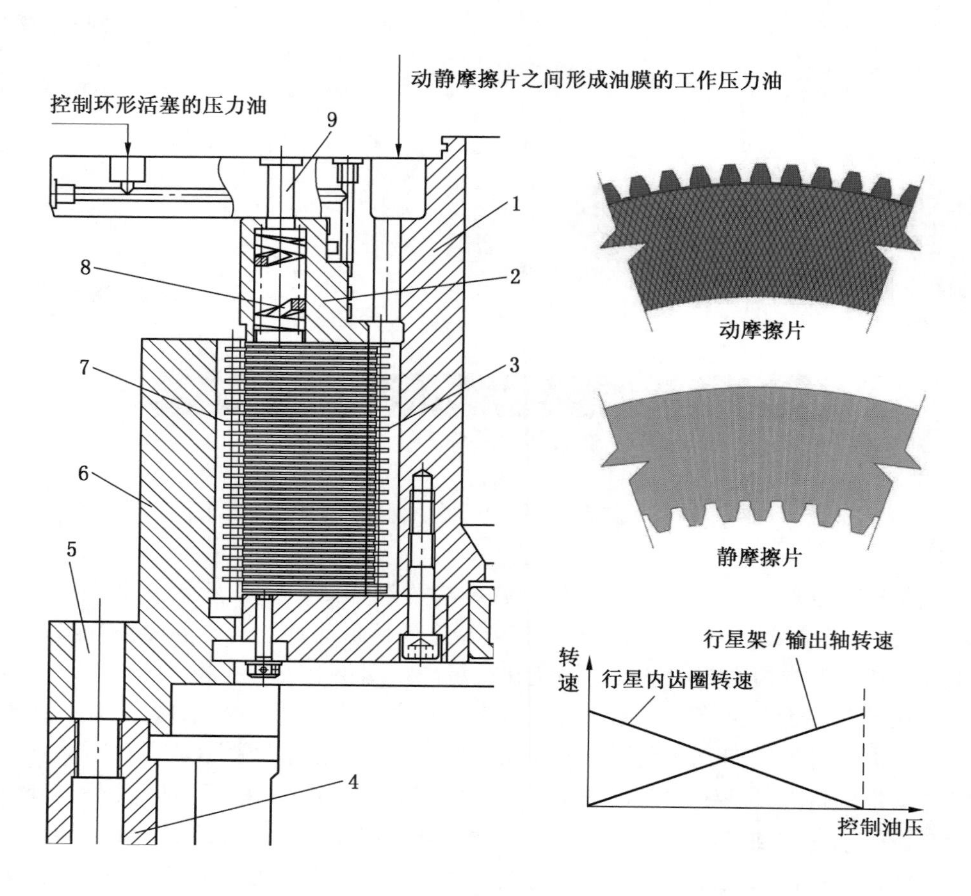

1—与箱体固定的离合器座；2—环形活塞；3—静摩擦片；4—行星减速器内齿圈；5—螺栓；6—离合器内齿圈；7—动摩擦片；8—环形活塞返回弹簧；9—固定返回弹簧的螺栓

图 6-26　多片湿式摩擦离合器的结构

2. CST 的主要功能

CST 具有电动机空载启动功能，可减少直接启动负荷对电网与电动机的冲击，实现输送机软启动、软停车；通过监控电动机的功率及电流，利用控制器算法调节使各台驱动部实现功率平衡；具有卡链过载保护，一旦出现卡链，CST 输出端转速反馈给控制器，通过算法调节液压控制系统压力使离合器脱开、内齿圈转动、链条及电动机受到保护等功能。

（二）阀控充液式液力偶合器

1. 液力偶合器的工作原理和功能特点

液体传动分为液压传动和液力传动，液压传动是利用液体压力进行能量传递，液力传动是利用液体动能进行能量传递。液力偶合器属于液力传动。液力偶合器分为 3 种基本型式：普通型（YOP）、限矩型（YOX，也称为恒充式）、调速型（YOT）。

液力偶合器的实质是离心泵与涡轮机的综合。主要由泵轮、涡轮、外壳以及输入轴、输出轴等构件组成，其工作原理如图 6－27 所示。外壳与泵轮用螺栓固定在一起并随泵轮一起转动，涡轮固定在输出轴上并置于外壳内，输出轴用轴承分别支承在泵轮和外壳上，也可以说泵轮及外壳支承在输出轴上，即泵轮与涡轮二者是互为支承的关系，可以相对自由转动。因此泵轮与涡轮间不存在刚性机械连接，二者靠腔内液体联系，即通过工作液体进行液力传递。泵轮为主动件，涡轮是从动件，泵轮和涡轮对称布置，中间保持一定间隙，各自轮内有几十片径向辐射的叶片，一般泵轮比涡轮多 1 ~3 个叶片，以避免流量脉动。轮内相邻的两个叶片之间形成一个轴向弧形径向槽，称为液道。泵轮、涡轮的液道相互吻合，形成若干个小环形、可使液体循环流动的工作腔。工作腔的最大直径叫作有效直径，是耦合器规格大小的标志。弹性联轴器通过螺栓连接在泵轮上。工作时工作腔加入工作介质（液体），电动机通过弹性联轴器带动泵轮旋转，工作腔中的工作液体在液道中：一方面在叶片的推动下随叶片旋转获得圆周速度（也称牵连速度），即液体的圆周运动是在泵轮的旋转作用下形成的。另一方面在离心力的作用下沿径向液道由泵轮内侧（进口）流向外缘（出口）同时形成高压高速液流，并沿涡轮外缘冲向涡轮中。液流中的圆周速度对涡轮叶片产生冲击力，并形成冲击力矩推动涡轮跟随泵轮作同向旋转。同时液流在涡轮中由外缘流向内侧的流动过程中被迫减压减速（因能量损失、涡轮旋转后也有离心力），然后再流入泵轮进口，如此连续循环。液流由泵轮流入涡轮，再由涡轮流入泵轮的这一连续循环过程，称为环流运动（也称为相对运动），即环流运动是在离心力的作用下

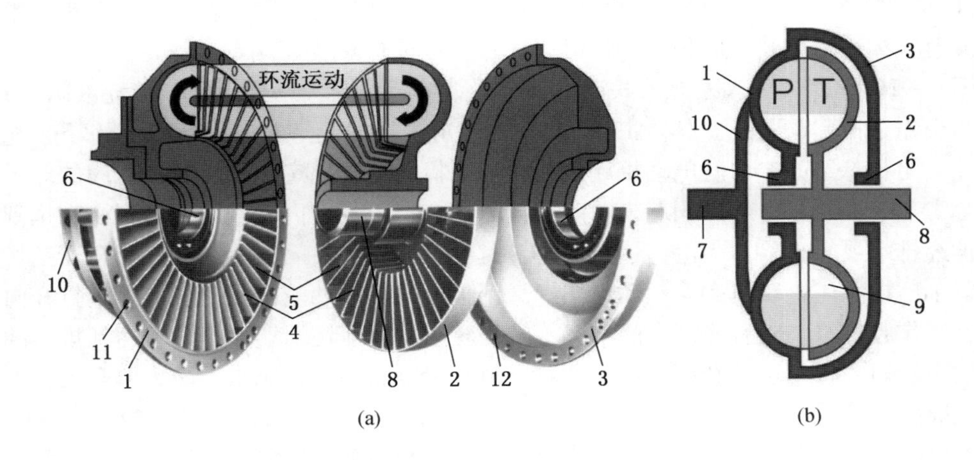

1—泵轮；2—涡轮；3—外壳；4—叶片；5—液道；6—轴承；7—输入轴；8—输出轴；
9—工作腔；10—弹性联轴器；11、12—泵轮、涡轮的连接螺栓孔

图 6－27　液力偶合器工作原理图

形成的。可见，工作液体质点既作圆周运动，又作环流运动，因而液体质点的绝对运动轨迹是螺管状的复合运动。所以工作液体进入涡轮后，靠液体与泵轮、涡轮的叶片相互作用产生动量矩的变化来传递扭矩。液量多传递扭矩大、液体容重大传递扭矩大，因此要按量按质加工作液。它的输出扭矩等于输入扭矩减去摩擦力矩，所以它的输出扭矩恒小于输入扭矩。

液力偶合器具有轻载启动、过载保护（由易熔塞实现）、减缓冲击、隔离扭振、协调多动力机均衡驱动（由调节液量实现）等特点。

2. 调速型液力偶合器的调速原理

液力偶合器的充液率对输出特性的影响是：在规定充液范围内充液量越多，传递功率越大，反之则小；当外载荷一定时，充液率越高，则转差率小，输出转速高，反之相反。根据这个特性，调速型液力偶合器的调速原理是：以人为方式改变工作腔中的充液量来调节输出转速。只要控制好充液量及充液时间，就可以实现输出速度缓慢线性输出，也可以实现力矩缓慢线性输出，从而实现软启动。

3. 阀控充液式液力偶合器

国内刮板输送机上使用引进的阀控充液式液力偶合器有 562DTPKWL2 型和 TTT（562DTPKW）型 2 种类型，它们都属于双涡轮传动偶合器。前者是德国的福伊特（VOITH）公司生产的产品，新系列型号为 CPC700/1000/1200/1600（chain protection couplings，链条保护型液力偶合器）。后者是德国的福伊特公司与美国久益（JOY）公司生产的产品，TTT（Turbo Technology Transmission system）即涡轮技术传动系统。562DTPKWL2 型泵轮悬臂安装在电动机轴伸端，电动机轴支撑泵轮组件的重量；涡轮由两套轴承支撑，与偶合器壳体组装，输出端通过弹性联轴器与减速器连接，这种支撑方式称为半自支撑型。TTT（562DTPKW）型的泵轮悬臂安装在电动机轴伸端，而输出端涡轮无轴承支撑，直接或通过中间轴与减速器的输入轴连接，减速器输入轴支撑涡轮的重量，这种支撑方式称为外部支撑型。外部支撑型最显著的特点是轴向长度最短，所需安装空间最小。半自支撑型或全支撑型，安装空间稍长，但可以比较快地进行安装。

图 6－28 为 CPC 型阀控充液式液力偶合器结构示意图（EV2140 NC 单充液阀式），图示为刮板输送机起动状态。具体工作过程是：①电机空载起动阶段。停机状态下，充液阀呈断电关闭状态不能充水。电动机起动后，当电机未达到额定转速时，离心阀的球形阀芯的离心力小于弹簧力，球形阀芯未关闭，液力偶合器工作腔内的残留水经离心阀排到壳体外，再经排水泵管排除。当电机达到额定转速时，离心阀关闭，此时液力偶合器工作腔内的残留水已排除。电动机空载起动完毕。②刮板输送机起动阶段。充液阀送电打开向液力偶合器工作腔充水，随着充液量的增多，输出转矩、转速逐渐增大，直至达到规定的充液量，输出转矩、转速也达到额定值，此时充液阀断电关闭停止充水，液力偶合器进入额定运行工况。③换水冷却阶段。运行期间若水温达到 55 ℃时，需进行换水冷却。此时充液阀送电打开向液力偶合器工作腔脉冲式添加冷水，腔内热水经泵轮溢流孔、溢流腔、排水泵管脉冲式排出。这样液力偶合器始终保持在额定充满状态，从而确保换水过程中仍以额定功率传递。④停机时，充液阀已处于断电关闭状态。电机转速下降低于额定转速，离心阀打开，液力偶合器工作腔内的水经离心阀排到壳体外，再经排水泵管排出。

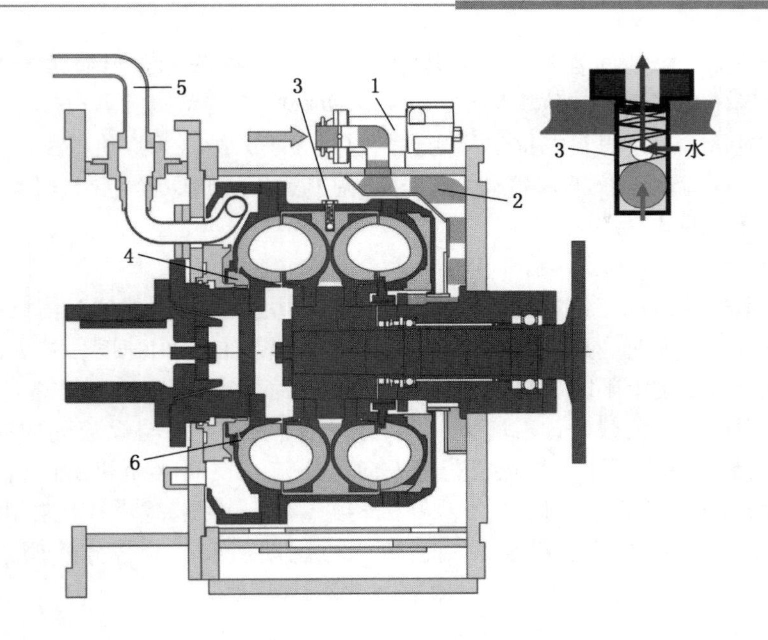

1—充液阀；2—水流；3—离心阀；4—溢流腔；5—排水泵管；6—泵轮溢流孔

图 6-28　CPC 型阀控充液式液力偶合器结构示意图

以上工作过程均通过具有智能控制的程序信号单元来完成，实现了空载起动电机从而保护电机和供电系统；驱动力矩从零平稳增大到启动力矩，减小了刮板输送机的冲击载荷、工作液体温度保护、传递动力过载保护等。

（三）变频调速软启动技术

CST、TTT 虽然能实现重载软启动，但对水质或油质的要求严格，维护使用成本高，基本没有节能功效，无法实现自动调速，且在功率平衡方面效果不佳。而在重型刮板输送机成套装备上应用变频调速软启动技术，能够真正实现带载软启动，多电动机功率平衡，低速与高速之间无级平滑任意调速，节约电能，减小设备磨损、提高设备寿命，降低维修费用和采煤综合成本，是重型刮板输送机成套装备重载启动的主流技术。

目前，刮板输送机的变频调速软启动技术有 2 种方案：①变频器 + 电动机 + 减速器；②变频一体机 + 减速器。前者也称为分体变频式，其中电动机有异步电动机和永磁同步电动机 2 种形式，该变频驱动方式在井下已部分使用。变频一体机是将变频器与电动机集成在一起，目前在井下已少量使用。

二、工作面运输系统均衡调节技术

在采煤生产过程中，工作面运输系统并不是时刻都需要满负荷运行，因此应根据不同的负荷情况自动调整运行速度，实现采煤机与刮板运输系统具备载荷联动，从而降低刮板输送机的磨损及功耗。目前有下面 2 种自动调速方式。

（一）煤量监测调速系统

煤量扫描仪由煤量监测传感器和主机组成。传感器安装在顺槽输送带入口的上方，在扫描范围内，监测每个断面各测量点与传感器的距离，据此计算出输送带上煤层断面面积，并得到外形轮廓和坐标定位等信息，再引入运行速度就可以计算出煤流的体积，从而得出实时的煤流量。通过煤量扫描仪检测到的煤量大小，结合采煤机的工况，调节采煤机的采煤量，工作面运输系统根据负荷大小自动调节运行速度，全范围连续长时间变速运转，实现节能降耗的效果。

（二）以电动机电流为主的自动调速

实时监测刮板输送机工作电流的状况，结合采煤机在工作面的位置信息、运行方向和工作状态，当负荷较大时，集控系统能够自动减慢采煤机的牵引速度，减少落煤量；当刮板输送机负荷超过设定上限时，自动停止并闭锁工作面采煤机。控制策略是电机电流大，输出功率大，则输送机负载大，需增大转速。采煤机行走方向与煤流同向时（由机尾向机头），此时电流应逐渐减小；采煤机行走方向与煤流相反时（由机头向机尾），此时电流应逐渐增大；采煤机截割速度越大，电机转速越大，反之越小。依据电机电流的变化曲线与采煤实际相结合，从而实现刮板输送机主动适应、分区分档调速的自主调速功能。

三、链条张力自动控制与故障诊断技术

采煤机往复割煤，刮板输送机的负载周期变化，有煤壁片帮时，刮板输送机的负荷瞬间增大，这 2 种情况均会导致链条张紧程度发生变化。链条过紧会加剧链条和压链板的磨损，过松会产生堆链，影响它与链轮的啮合，导致跳链、断链事故。合理控制链条的张紧力，可以减少磨损，提高使用寿命和可靠性。一旦链条发生断链、跳链等故障，必须及时采取相应措施，否则影响安全生产。国内外普遍采用自动伸缩机尾，根据负载的周期性变化，调整链条张紧程度，实现链条张力的自动控制。虽然也有相关学者研究了链条故障诊断方法，形成了相关专利，但尚未应用于井下。

（一）刮板链条张力调节控制

刮板链既是刮板输送机的牵引机构，又是最易磨损和损坏的部件。断链故障是刮板输送机最常见的故障之一，刮板链过松或过紧及刮板输送机的过载运行与启动，都是导致断链的直接原因。研制能监控链条运行工况，使链条张力可以随刮板输送机弯曲、载货多少，以及采煤机位置自动调节其张力值的自动调链装置，便能有效地改善链条的受力状态，提高整个刮板输送机的运载能力、运输效率及工作可靠性。20 世纪中后期，英国、德国等国的科研设计部门和生产厂家都致力于刮板输送机链条张力自动调节控制装置的研究。1988 年，德国 DDM 研究中心首先研制成功了自动紧链装置 AVK，美国 JOY 公司随后也研制了 ACTS 装置。这两种装置均采用可伸缩式机尾，以自动张紧或松弛链条，使之保持在给定的张力范围内。

两者均是通过液压缸推动活动机尾架及链轮轴水平移动的。在机头链轮下方设传感器以测底链松弛度及悬垂度，在机尾链轮前设传感器以测上链松紧度，并通过由微处理机控制的电液控制阀组，调节液压缸压力，以操纵机尾架的伸缩移动，保持链条的张紧力，避免了机头悬链和机尾堆链及链条过紧过松而造成的事故，使链条张力处于合理状态。

自动伸缩机尾原理如图 6－29 所示，自动伸缩机尾控制器采集油缸压力，与目标值进

行比较，通过阀组控制油缸动作，使活动的机尾移动，实现链条张力的自动调节。使用该自动伸缩机尾，首先必须设定空载和满载情况下油缸的压力数值，并根据实际运行状况人工定期修正，油缸压力不得超出该范围；其次要综合考虑电动机电流和采煤机位置等因素，合理确定油缸压力的目标值。由于难以准确确定空载、满载和反映链条合适张紧程度的油缸目标压力，该自动伸缩机尾的实际应用效果不佳。智能型链条通过在链条内部嵌入测量芯片，检测链条张力，通过无线传输至控制器，与推荐预张紧力作比较，控制活动机尾的动作，实现链条张力自动控制，这种方案值得尝试。

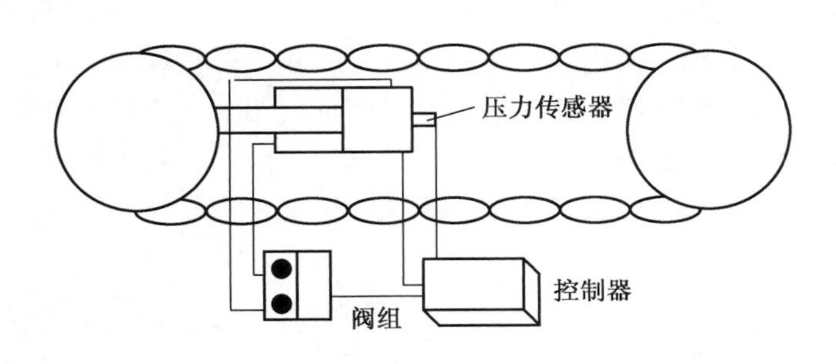

图 6－29　自动伸缩机尾原理示意图

（二）链条故障诊断技术

1. 链条疲劳裂纹的检测

链条疲劳裂纹检测主要使用无损检测技术，目前常用的无损检测技术有：渗透探伤、磁粉探伤和超声波探伤。

渗透探伤技术是早期采用的一种检测方法，它是利用毛细现象检查材料表面缺陷的一种无损检验方法。渗透探伤操作简单，缺陷显示直观，具有相当高的灵敏度，能发现宽度 1 μm 以下的缺陷。这种方法由于检验对象不受材料组织结构和化学成分的限制，因而可以很方便地应用于刮板输送机链条探伤检测，同时渗透探伤检测的缺点也很明显，就是只能检测表面开口性缺陷，对于内部裂纹无法检测。

磁粉探伤技术是将链条置于强磁场中，若链条表面或近表面附近有缺陷存在，由于缺陷是非铁磁性的，磁力线在这些缺陷附近会产生漏磁。当将磁粉施加在磁化后的链条上时，缺陷附近的漏磁场就会吸住磁粉堆积形成可见的磁粉痕迹，从而把缺陷显示出来。

超声波探伤技术是利用超声能透入链条深处，当超声波束自链条表面由探头通至金属内部，遇到缺陷或链条底面时就发生反射，在荧光屏上形成脉冲波形，根据这些脉冲波形来判断缺陷位置和大小。超声探伤检测链条的优点是可以检测链条内部缺陷，并对缺陷深度、大小做出判断；缺点是受链条形状和链条表面的限制，尤其是对圆环链检测和链条弯曲部分检测，容易造成漏检或误判。

2. 链条故障诊断方法

目前，主要有 2 种链条故障诊断方法，第 1 种链条故障诊断方法如图 6－30a 所示，正常情况下，经过链轮的刮板带动固定轴舌板绕固定轴不停地摆动。当固定轴舌板与霍尔传感器正对时，输出低电平，否则输出高电平。刮板输送机正常运行时，霍尔传感器会不断地输出标准脉冲信号。若发生断链或堵转故障，霍尔传感器将一直输出低电平。若发生断刮板故障，霍尔传感器将持续较长一段时间的低电平（时间大于一个标准脉冲周期）。若设备为双边链，可设置2个霍尔传感器，发生跳链故障时，2个霍尔传感器输出的脉冲信号将会产生一定的相位差。利用分析仪测量霍尔传感器输出脉冲信号，就可以判断刮板链是否发生断链、断刮板、堵转、跳链等故障。

第2种链条故障诊断方法如图6－30b所示，刮板在链条的带动下会均匀地通过摆轮，将摆轮压出推动弹簧板至接近霍尔开关，开关输出低电平。当刮板离开时，摆轮弹簧板复位，远离霍尔开关，开关输出高电平。正常情况下，霍尔开关输出标准脉冲信号。若发生断链、断刮板、堵转和跳链故障，输出脉冲信号特征同第1种方法。利用第1种方法开发出的链条故障诊断装置已在选煤厂的地面刮板输送机上应用，效果很好，但尚未见第2种方法在现场应用。

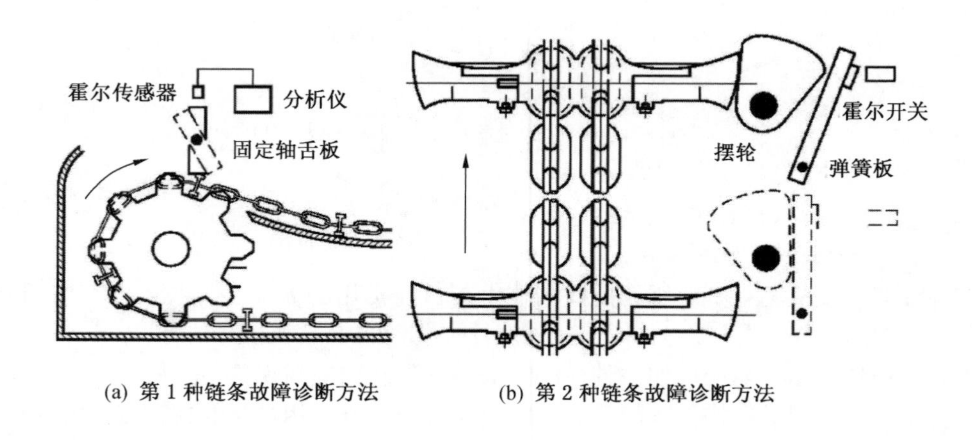

(a) 第1种链条故障诊断方法　　(b) 第2种链条故障诊断方法

图6－30　链条故障诊断方法

四、远程工况监测诊断与控制技术

远程工况监测诊断与控制系统由井下监控子系统、地面调度室集控平台和异地远程监控诊断平台组成（图6－31）。

（一）现场监控系统

井下监控由链条故障诊断装置、减速器监测装置、变频控制器、伸缩机尾控制器、视频采集装置、振动采集装置、巷道集控平台组成。其中：减速器监测装置实时采集减速器输入输出轴的温度，冷却水的压力、流量和温度，润滑油的液位、温度和污染度等级。巷道集控平台作为上位机，读取所有工况数据。电压、电流等电量参数可直接从开关读取。在工作面巷道集控平台上，可根据视频等信息操控成套输送设备的起停、推移刮板输送机、拉架等，实现工作面无人或少人。所有数据通过集控平台经工业以太网上传至地面，由调度室集控平台接收、处理。

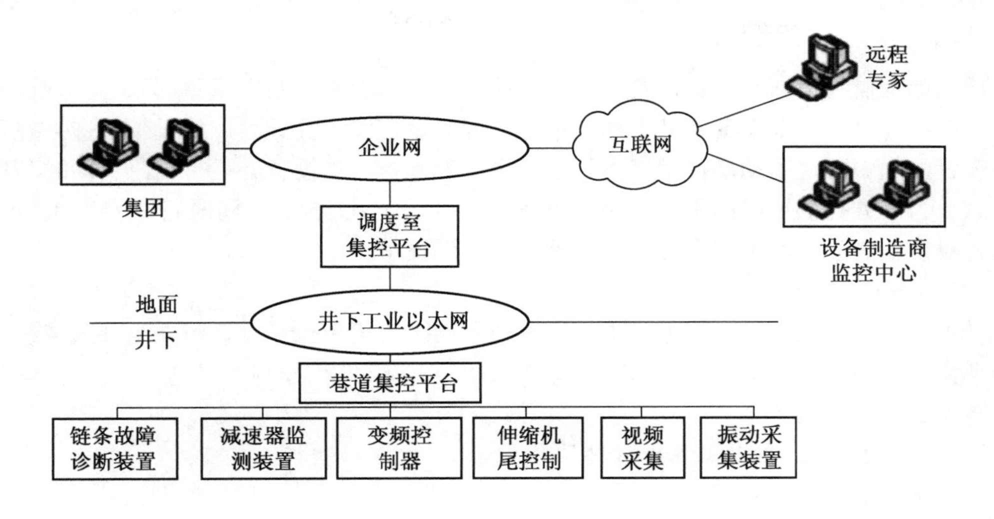

图6－31　远程工况检测诊断与控制系统结构示意图

1. 刮板输送机的运行工况监测与控制

刮板输送机的运行工况监测控制技术、重型刮板输送机的电动机和减速器运行参数的监测及控制技术是刮板输送机自动化、智能化控制领域中较为成熟的技术之一。该技术是将在线监测、数据采集及传输等技术结合起来，通过把各种电压、电流、速度及温度传感器安装于组合开关箱、电动机和减速器上，实现电压、电流、速度及电动机和减速器温升等在线监测及数据采集功能。通过现代化的数据对比分析及传输系统，将工作面刮板输送机的运行情况以模拟曲线或数字形式反馈至井下中央控制室和地面调度室的计算机上。

2. 减速器油质监测

减速器油质状况的监控被广泛采用的方法是在井下减速器内取样，离机检验。若能在减速器油路上安装在线油液监测传感器，则可实现油质的在线连续自动化、智能化监测。其工作原理是应用铁谱技术将由齿轮摩擦副产生的磨粒经过由高梯度的磁场装置和沉淀管、流量控制器及表面感应电容传感器等构成检测装置后，从润滑油中分离出来，分析大、小磨粒浓度及磨粒尺寸分布状况，判断减速器磨损和润滑油质情况。对减速器等传动机构振动的监测，可通过传感器采集振动信号并传输给控制器，由控制器对该信号进行分析判断。

3. 输送平衡控制技术

为达到采运平衡，需实时监测刮板输送机的煤流量，将输送系统的实时负荷传输给控制中心，控制中心经过实际负荷和理论负荷的比较，自动调节割煤速度以控制落煤量。

4. 多传感器融合技术的应用

尽管现有的测量方法可满足使用要求，但由于煤层赋存及井下环境的不确定性，以及智能化工作面的数据采集量大，导致某种传感器阶段性失效或者漂移率增加，因此有必要综合运用多传感器融合技术，建立可靠的优化模型，提高系统运行的冗余性能。

(二) 远程监控诊断平台

异地远程监控诊断平台将设备制造方、使用方和行业专家紧密联系起来，实现设备全寿命周期的管理，保证设备在井下稳定运行，保障煤矿安全高效生产。设备制造方在公司内部设置监测中心，主动掌握销售出的任 1 台成套刮板输送设备的运行信息，同时利用这些信息，为矿方提供更好的服务（及时准备易损件、技术服务）。同时行业专家也可利用该平台对设备健康状况进行会诊，及时诊断，辅助决策。

(三) 自动化软件平台

采用高速、高稳定性、抗电磁干扰能力强的网络通信传输平台，建立组件式或组态式软件平台，实现对工作面管理监控系统、数据库、采煤训练模拟系统等信息的管理及共享，避免出现信息化孤岛。

(四) 运输系统三机集控系统和协同作业

1. 运输系统三机集控系统

工作面运输三机易发生堵塞、断链等事故，必须对刮板输送机、转载机、破碎机构成的工作面运输系统进行实时的监控，保障系统平稳、可靠运行。其控制系统框图如图 6－32 所示，可对工作面破碎装置、自动伸缩机尾、输送带自移装置进行控制。对电动机、减速器、冷却水、链轮、链条等主要零部件的状态实时监测，全面感知设备运行工况。该控制系统具有智能软启动、智能调速、功率平衡、自动润滑、协同工作、数据存储、故障诊断及预警等功能。

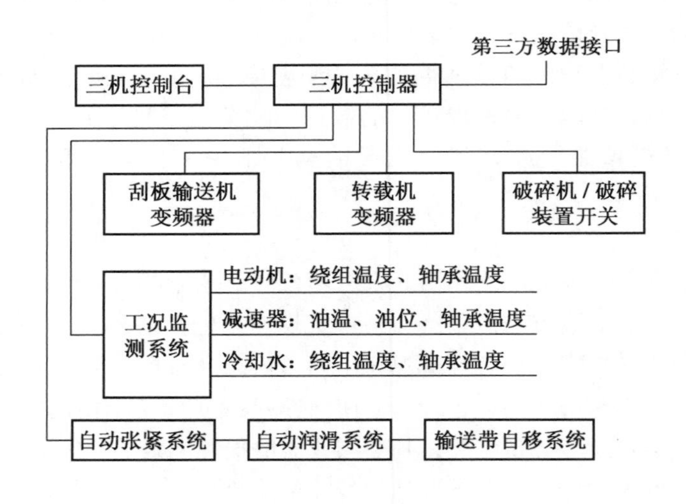

图 6－32 工作面运输三机控制系统框图

2. 采、运设备双向协同作业

采煤机、刮板输送机、转载机和带式输送机之间通过信息互通接口实时进行信息交换，下一级设备（依次为采煤机、刮板输送机、转载机和带式输送机）可以根据前级设备的工况（运行状态、向下级传递物料的量）调整自身运输能力或给出上下级设备运行建议，从而做到各级工作能力的匹配，使得采煤机在速度允许范围内达到最优控制，继而提高生产效率。

第五节　综采工作面通信网络平台

一、智能化综采工作面通信网络平台的要求

（1）通信带宽高。随着综采工作面智能化要求的不断提高，工作面需要视频监控的点不断增加，这就要求通信的带宽快速提升。通信平台不仅要满足每台设备数据采集与控制的要求，还要满足图像、语音的传输能力，因此要求有足够的带宽承载所有信息的传输。

（2）实时性强。智能化综采工作面具有远程遥控的功能，从集控中心发出的控制指令和设备执行的状态反馈信息，需要通信网络平台完成相应的数据传输，信息的延迟与滞后将使远程遥控无法完成，甚至会造成生产与安全事故。

（3）可靠性高。智能化综采工作面的生产作业是多个设备的协同作业，任何一台设备的通信中断，都会造成采煤作业的停止，甚至造成设备的失控，甚至造成安全事故或者设备的损坏，因此通信平台应具有很高的可靠性。

（4）抗干扰能力强。采煤机、刮板输送机电机功率的不断增大，以及广泛采用的变频调速技术，对电源和电缆周围的电磁干扰越来越强，只有提高通信平台的抗干扰能力，才能适应现场实际环境的应用。

（5）多网融合。智能化工作面不仅有图像信息，也有设备控制指令数据信息，还有压力、温度、姿态等低功耗传感器的物联网数据信息，这就需要宽带无线网络、窄带传感器无线自组网络与光纤骨干网实现多网融合，多种信息的一网传输。

（6）与矿山通信骨干环网系统无缝对接。综采工作面是矿山生产的重要工序，所有的生产与安全信息都需要上传到调度中心实现集中管控，智能化综采工作面的通信网络平台，要求与矿山的骨干环网实现互连互通，无缝对接。

（7）可维修性好。采煤过程中频繁停机会极大影响生产效率，通信设备或者链路一旦出现中断，导致故障停机，需要尽快修复，这就要求通信网络平台尽量缩短故障修复时间，可维修性好。

二、智能化综采工作面通信网络技术难点

综采工作面设备多，环境复杂，设备会随着工作面的推进而不断的移动，通信网络平台的建设受到多方面的影响，其技术难点主要体现在以下 5 个方面：

（1）信号电缆与通信设备防护难度大。综采工作面的采煤机、液压支架在行走与推移过程中，经常会造成通信线缆挤压受伤与断线。对于大采高的工作面，大块的偏帮煤有时也会砸坏通信设备与线缆，造成通信中断，因而通信线缆防护难度大。

（2）受空间限制安装与维护困难多。工作面的通信设备通常安装在采煤机与支架上，经过三机配套精确计算后的空间往往很有限，尤其是对薄煤层的工作面，通信设备和线缆往往会占用设备之间的有效空间，造成设备相互干涉，而且工作面空间狭小给设备的安装和维护带来诸多不便。

（3）煤尘大、淋水多，设备要求防护等级高。在采煤过程中，会产生较大的煤尘，为了降低煤尘，通常采用喷雾降尘的措施，这就导致工作面所有设备要求较高的防护等级，既要防尘还要防水。

（4）动力电缆和信号电缆空间距离近，电磁干扰强。采用电缆作为通信线，最容易受到电磁干扰的影响，因此往往将通信电缆和动力电缆分开敷设，并保持一定的安全距离。但是由于综采工作面实际环境的限制，通常将动力电缆和通信信号线沿着刮板输送机的电缆槽敷设，距离很近，无法避免电磁干扰的影响。

（5）综采工作面内的空间与设备姿态一直在动态变化，导致无线信号覆盖受影响。无线通信虽然对移动设备具有一定的优势，但是综采工作面内空间狭窄，在工作面推进的过程中，受地形变化、设备姿态变化和采煤机位置不同的影响，工作面的空间也一直跟着变化，安装在工作面内的天线角度也会跟着不断变化，使无线信号的覆盖效果变得不稳定，影响通信质量，同时周围金属支架、粉尘、水雾对无线电信号的影响也不容忽视。

三、智能化综采工作面常用的通信技术

在综采工作面的数据通信发展过程中，根据设备种类和业务需求的不同，多种通信技术被分别应用在不同的场所，主要包括以下通信技术。

（1）光纤以太网。随着可视化工作面的发展需求，监控摄像机应用越来越多，因此对通信带宽的要求也更高了。光纤由于其独有的抗干扰能力和通信带宽的优势被作为首选通信介质，近年来光纤以太网在工作面得到快速推广应用，通信带宽也由百兆提升到千兆。

（2）LTE－4G 无线宽带通信网络。LTE－4G 无线宽带通信网络是第四代移动通信技术，带宽高，通信速率达 100 Mbps，覆盖距离远，采用两个基站可覆盖 300 m 的工作面，实现对液压支架、采煤机、转载机的视频传输，语音通话、工作面设备数据无线采集、视频分发、远程监控、紧急报警等功能。

（3）Zigbee 自组网。Zigbee 技术是一种短距离、低功耗的无线通信技术，作为工作面低功耗的传感器网络，能够实现工作面设备温度、压力、倾角等数据的监测与传输。

（4）电力载波（PLC）通信。电力载波通信主要用于采煤机的远程遥控与数据采集，利用采煤机供电电源线作为通信电缆。

（5）CAN 总线。CAN 总线作为支架电液控制系统的数据总线，承担多个支架控制器的数据交换。

（6）4～20 mA 电流环通信。具有抗干扰能力强的特点，但是通信速率低，主要应用于刮板机端头、端未站之间的数据通信。

（7）WLAN 无线局域网。无线局域网作为工作面的无线覆盖网络，用于工作面的数据、语音、图像传输，单个基站覆盖距离短，一般在 30 m 左右，一个 300 m 的工作面需要十多个 WiFi 基站级联。

（8）红外线遥控。主要作为采煤机的无线遥控通信。

（9）泄漏电缆通信。泄漏电缆是一种专门用于泄漏通信的高频电缆，采用泄漏电缆作为工作面覆盖天线，实现在工作面无线信号的均匀覆盖。

四、LTE－4G 宽带无线通信技术在工作面的应用

目前矿用综采自动化工作面4G无线网络传输系统已在阳煤一矿S8310工作面成功应用，实现了综采工作面4G网络无线覆盖。通过数据传输分站实现工作面区域内视频数据、控制数据、监测数据的无线上传；通过4G智能手机终端实现了作业人员的可视化无线通信；4G智能手机终端还具有视频监控、视频对讲、集群对讲、广播、语音通信的多种功能，可实现工作面语音、视频、集群通信。在工作面机头、机尾、转载机等重点区域布控窄带无线网络，设备机身安装无线传感器，实现刮板输送机电机及减速器、破碎机电机及减速器、转载机电机及减速器工况数据的无线采集。该系统的投入使用，大大提高了矿井生产的信息化和自动化水平。

针对工作面的需求和设备不断推移的特殊环境，通信线缆越多，故障率越高，维护难度越大，因此有线通信网络有着无法克服的缺点。无线通信没有线缆的敷设，可有效避免工作面通信电缆造成的故障，因此无线通信将是综采工作面通信网络未来的主要发展方向。将光纤骨干网、宽带无线网络与窄带低功耗无线融合的异构网络，组成智能化工作面的通信网络平台，是未来的发展趋势。

第六节 综采工作面智能化协同控制技术与应用案例

煤矿综采工作面采煤工艺复杂、设备数量多，设备之间相互制约、相互协调，任何一个设备都无法脱离其他设备独立完成任务，同时这些设备的动作还受地质条件、环境条件的制约。智能化综采工作面要统筹规划，将综采工作面采煤机、液压支架、运输系统、供电系统、供液系统等单机设备统一管控，将综采工作面采煤装备看成是一个大型装备，每个单机设备都是这个大机器的一个部件，通过集控中心，实现对工作面各个单机设备的统一管控。集控系统按照控制权限和功能分为三级控制：

第一级为：本地跟机操作，采煤机司机手持红外遥控器，跟着采煤机前后移动而移动，在其视觉范围内，根据现场作业环境变化，结合自身经验，通过操作遥控器的按键开关，来控制采煤机完成采煤作业，这种模式具有最高操作权限。

第二级为：远程可视化操作，工作人员在顺槽集控中心，通过人机界面或者本安操作台结合采煤机数据信息和视频监控系统，完成对采煤机的远程可视化操作，控制权限仅次于本地跟机操作。

第三级为：智能化控制模式控制权限最低，顺槽集控中心根据采煤工艺段，将各个系统协调调度运行，在采煤工作过程中操作员可通过可视化远程或者本地手动干预运行。

智能化综采工作面控制系统由一个通信网络平台和多个子系统组成的，实现对工作面液压支架、采煤机、刮板输送机、转载机、破碎机、带式输送机、乳化液泵站、电力负荷系统的协调联动控制；对主要生产设备工况进行实时在线监测、及时发现故障隐患，提高设备开机率；先将工作面所有关键设备信息在传输到顺槽集控中心，再通过工业环网将数据上传地面分控中心，地面分控中心将数据融合到基于物联网技术的综采设备智能化管理系统，通过云平台方式发布到手机上，实现数据共享、远程管理和深度利用。

综采面集控中心是综采工作面智能化采煤的核心，如将整个智能控制成套装备看作是一个大型的采煤机器人，集控中心则是这台大型采煤机器人的大脑，是操作人员的人机接口与监控平台，通过建立统一的数据传输接口和通信规约，实现与各个子系统的数据通信。根据采煤工艺要求，将采煤工艺分为多个工艺段，如：端头斜切进刀、扫底煤、中间段割煤等，每个工艺段有着不同的作业要求，各个设备执行相应的动作。集控中心将工艺段信息、采煤机位置、采煤机的行走方向等信息传输给各个单机设备控制单元，采煤机、支架、刮板输送机等单机设备将自身的工作状态信息实时反馈到集控中心，实现采煤机与刮板输送机、液压支架的协调控制，完成采煤作业，当发生异常状况时，能够立即暂停当前采煤作业，并进行核心设备的保护性停机和系统停机。多机协同使得综采工作面各个相关设备之间建立联系，实现信息互通、共享；提高各个设备之间的自动协同能力，提高整个综采工作面的生产效率，实现节能降耗，安全生产。近几年在智能化工作面建设方面各地积极推进，有多个成功案例，在行业中起到示范和引领作用。

2007—2013 年，黄陵一号煤矿 1.4 ~2.2 m 较薄中厚煤层首次实现了工作面常态化 1 人巡视、地面调度中心或巷道集控中心监控的智能化开采，实现了煤炭无人开采技术的新突破。

2013—2014 年，在山西西山晋兴能源有限责任公司斜沟煤矿实施了国家智能制造专项——煤炭综采成套装备智能系统，由井下顺槽控制中心、综采工作面有线/无线全覆盖网络、设备远程控制与语音通信系统、工作面视频监控系统、数据采集存储系统、工作面设备姿态检测系统、转载机、破碎机、泵站以及带式输送机的连锁控制等组成了自动控制平台，实现了工作面液压支架、大型采煤机、刮板输送机的协调控制，完成了综采工作面生产过程的自动化控制功能，提高了生产效率。该系统可对主要生产设备工况实时在线监测，对工作面的相关信息进行分类整理，通过骨干环网将数据上传地面调度中心。

2018 年 3 月，神东煤炭集团世界首个智能超大采高 8.8 m 工作面在上湾煤矿投入试生产，并取得成功。工作面长 299.2 m，推进长度 5254.8 m，采高 8.6 m，可采储量 1754 万 t，采用国产化设备，并引入了数字化、智能化技术，目前，8.8 m 大采高综采工作面属世界最高的工作面。

第七节　综采面智能化技术未来发展方向

实现综采工作面智能控制，还需要对一些关键技术的突破，随着科学技术的发展，先进和适用的技术用于综采工作面成为智能控制的关键，以下列举了几种适用于综采工作面的关键技术。

一、煤矸自动识别及煤岩分界技术

1. 煤矸自动识别

采用放顶煤工艺的综采工作面，煤矸放落自动识别是实现整个工作面智能化的瓶颈，通过研究煤矸放落的数学模型和识别控制算法有望实现自动化放煤。

2. 煤岩分界技术

煤岩界面识别是实现智能截割的关键。目前已有了20余种煤岩分界传感机理和系统，诸如记忆程序控制系统、振动频谱传感系统、天然γ射线、测力截齿、同位素、噪声、红外线、紫外线、超声波、无线电波和雷达探测等。由于井下煤层和围岩条件十分复杂，难以准确、可靠地判断煤岩分界面，这些技术还都未成功地应用于实际生产，因此研制出工作可靠、有一定分辨率的煤岩分界识别传感器，是实现采煤机滚筒自动调高的关键。

二、刮板输送机直线度检测与控制

综采工作面是一个狭长的物理空间，受煤层的起伏变化和地质环境的限制，工作面所分布的设备相对位置成为非可视测量的技术难题，再加上粉尘的影响，常规的激光定位与测距技术都无法使用，在这种位置不断变化的恶劣环境中下，设备间相对角度定位精度要达到0.01°以上，这对测量定位技术提出了很高的要求，这就需要使用MEMS陀螺仪、高精度角度传感器等新型传感器技术，检测相邻液压支架或者相邻刮板输送机间的相对位置。在工作面连续推进过程中，使工作面在推进中不断地趋于平直，以达到实现工作面调直的目标。

三、可交互多视窗的可视化平台

可交互多视窗的可视化平台以综采工作面“三机”设备——采煤机、刮板输送机和液压支架为研究对象，为获得整个工作面的全景动态画面，工作面设备运行状态的远程动态监测、故障的预测预报以及“三机”远程同步自动控制，对综采工作面场景中所有的采集视频图像进行智能实时拼接，提升综采工作面系统的柔性生产能力和指挥调度系统的应变能力。围绕开采工艺流程分析及模型建立、生产过程决策及可视化控制、生产过程动态数据管理及分析、网络管理、视频控制等需求，平台未来的发展方向是：开发综采工作面智能控制软件，建立具有生产过程数据、语音数据、图像数据、3D数据、管理数据等功能的可视化平台。

四、虚拟现实技术

虚拟现实（Virtual Reality）系统是一种实时的对真实世界加以模拟的计算机系统，由硬件和软件两部分构成。硬件部分包括快速通用处理器、专用图像处理器、输入设备和输出设备。软件部分具有产生虚拟世界图像和目标处理的功能。虚拟现实技术为人们探索宏观世界和微观世界中由于种种原因不便于直接观察运动变化规律的事物，提供了极大的便利。近年来，随着虚拟现实技术的不断发展和其优点的愈加明显，也逐渐在煤矿开采中有所应用。

五、采煤机器人技术

随着智能化技术的发展，机器人被广泛应用在各行各业，但是煤矿井下特殊的作业环境，通用机器人无法满足现场生产需求，因此，需要开发适用于煤矿作业的特种矿用机器人，使其在综采工作面生产工艺复杂与地质条件多变的场合，通过多种不同功能的特种机器人的协同配合，代替采煤工人，完成采煤作业。同时提升采煤机、支架、刮板输送机等装备的单机智能化水平，单机装备朝着机器人化的方向迈进，集控平台利用其强大的计算资源，协调各个单机装备与机器人群的运行，全面实现综采工作面无人化生产。

参 考 文 献

[1] 付国军. 自动化综采工作面概念探讨 [J]. 工矿自动化, 2014, 40 (6): 26-30.

[2] 柏振军. 中国煤矿机械装备发展现状和“十二五”展望 [J]. 中国煤炭, 2011, 37 (4): 16-19, 44.

[3] 李首滨, 黄曾华, 王旭鸣, 等. 综采工作面装备远程控制技术进展报告 [J]. 科技资讯, 2016, 14 (12): 173-174.

[4] 符如康, 张长友, 张豪. 煤矿综采综掘设备智能感知与控制技术研究及展望 [J]. 煤炭科学技术, 2017, 45 (9): 72-78.

[5] 彭赐灯, 杜锋, 程敬义, 等. 美国长壁工作面自动化发展 [J]. 中国矿业大学学报, 2019, 48 (4): 693-703.

[6] 王国法. 煤矿综采自动化成套技术与装备创新和发展 [J]. 煤炭科学技术, 2013, 41 (11): 1-5, 9.

[7] 葛世荣, 苏忠水, 李昂, 等. 基于地理信息系统 (GIS) 的采煤机定位定姿技术研究 [J]. 煤炭学报, 2015, 40 (11): 2503-2508.

[8] Yang T M, Xiong S B. Application of wavelet neural network for automatic ranging cutting height of shearer [J]. Wavelet Analysis And Its Applications (Waa), Vols 1 And 2, 2003: 478-483.

[9] 王忠宾, 徐志鹏, 董晓军. 基于人工免疫和记忆切割的采煤机滚筒自适应调高 [J]. 煤炭学报, 2009, 34 (10): 1405-1409.

[10] 葛世荣, 王忠宾, 王世博. 互联网+采煤机智能化关键技术研究 [J]. 煤炭科学技术, 2016, 44 (7): 1-9.

[11] 王国法, 李占平, 张金虎. 互联网+大采高工作面智能化升级关键技术 [J]. 煤炭科学技术, 2016, 44 (7): 15-21.

[12] 董继先, 郭媛, 马安强. 综采液压支架发展回顾与前瞻 [J]. 煤矿机械, 2004 (12): 1-3.

[13] 尚言明, 于志辉, 何麟, 等. 煤矿井下液压支架电液控制系统专利技术综述 [J]. 矿山机械, 2015 (11): 1-7.

[14] 胡波. 液压支架智能控制系统研究 [D]. 太原: 太原理工大学, 2014.

[15] 牛剑峰. 综采液压支架跟机自动化智能化控制系统研究 [J]. 煤炭科学技术, 2015 (12): 85-91.

[16] 李首滨. 国产液压支架电液控制系统技术现状 [J]. 煤炭科学技术, 2010 (1): 53-56.

[17] 李首滨, 牛剑峰, 姜文峰, 等. 一种由单线 CAN 总线构成的支架控制器: 中国,

CN101078934 [P]. 2007-11-28.
[18] 牛世胜，梁崇山. 液压支架电液控制技术及改造实例 [J]. 矿业装备，2011 (10): 84-85.
[19] 李首滨. 矿用乳化液泵站控制系统的现状及发展趋势 [J]. 煤矿机械，2011，32 (6): 3-4.
[20] 李然. 矿用高压大流量乳化液泵站应用现状及发展趋势 [J]. 煤炭科学技术，2015，43 (7): 93-96.
[21] 向虎. SAP 型综采工作面智能集成供液系统的研制与应用 [J]. 煤矿机械，2013，34 (4): 177-178.
[22] 朱殿瑞. 掩护式液压支架姿态监测的理论与主要部件的有限元分析 [D]. 太原：太原理工大学，2012.
[23] 葛世荣. 智能化采煤装备的关键技术 [J]. 煤炭科学技术，2014，42 (9): 7-11.
[24] 任怀伟，杜毅博，侯刚. 综采工作面液压支架-围岩自适应支护控制方法 [J]. 煤炭科学技术，2018，46 (1): 150-155，191.
[25] 任怀伟. 我国煤矿综采装备技术的主要进展和发展趋势 [J]. 煤矿开采，2014，19 (6): 11-16.
[26] 陆文程，赵继云，张德生，等. 大功率刮板输送机软启动技术分析 [J]. 煤炭科学技术，2009，37 (10): 68-69，73.
[27] 孟国营，李国平，沃磊，等. 重型刮板输送机成套装备智能化关键技术 [J]. 煤炭科学技术，2014，42 (9): 57-60.
[28] 陈鹏. 刮板输送机链条的检测与故障诊断技术 [J]. 中国新技术新产品，2011 (16): 159.
[29] 王虹. 综采工作面智能化关键技术研究现状与发展方向 [J]. 煤炭科学技术，2014，42 (1): 60-64.
[30] 王金华，黄乐亭，李首滨，等. 综采工作面智能化技术与装备的发展 [J]. 煤炭学报，2014，39 (8): 1418-1423.
[31] 赵国梁. 综采工作面安全生产虚拟现实系统关键技术研究 [D]. 西安：西安科技大学，2012.
[32] 胡文辉. 综采自动化系统在阳煤一矿的应用 [J]. 机电工程技术，2015，44 (9): 153-155.

第七章　煤矿主运输系统智能化技术

第一节　煤矿主运输系统概述

煤矿主运输系统是煤矿生产的主要环节，在煤矿安全生产和运营管理中占有极其重要的地位。它的主要功能是通过各种运输设备将工作面开采的原煤安全高效地输送到地面指定煤仓，确保煤矿生产连续运行。煤矿主运输系统一般包括采区运输、主巷运输、提升运输和地面运输等运输环节。煤矿采区运输是指在矿井单水平或多水平采区中，从工作面到运输大巷这一运输环节。煤矿主巷运输是指在矿井已开拓成的主要运输水平或倾斜巷道（包括阶段、石门、水平运输大巷）的运输环节。煤矿提升运输是指立井和斜井开拓的矿井中，从立井（或斜井）井底到地面井口的运输环节。矿井地面运输是指煤矿主井井口到地面煤仓的运输环节。各运输环节相互衔接、搭载，与中间煤仓等共同构成了连续运输系统。在整个运输环节中，比较常见的运输形式和运输设备有刮板输送机、带式输送机、主提升机、矿车等设备。

1. 刮板输送机

刮板输送机是一种利用链传动的连续输送设备，主要用于煤矿的回采工作面等场所，主要部件包括：机头部（包括机头架、驱动装置、链轮组件等）、溜槽（分为中部槽、特殊槽、调节槽等）、刮板链、机尾部（包括机尾架、驱动装置、链轮组件等）、挡煤板、铲煤板、无链牵引装置等。

2. 带式输送机

带式输送机是一种以输送带作为动力牵引机构及物料承载机构的连续运输机械，具有运量大、运输距离长、可靠性高、可连续输送等优点。它是煤矿中应用最广泛的煤炭运输设备，在采区上下山、主斜井，以及平巷等倾斜和水平运输中，大部分采用带式输送机。带式输送机有多种类型，常用的有两种：一种是固定带式输送机，另一种是可伸缩带式输送机。固定带式输送机主要用于主运大巷、主斜井等位置固定的运输场所。可伸缩带式输送机主要用于采煤工作面运输巷或掘进巷等不断移动的场所。

3. 矿井提升机

煤矿一般为立井箕斗提升，提升机系统一般包括提升机、提升钢丝绳、提升容器、井架或井塔、天轮、导向轮，以及装、卸载设备。它主要担负井筒中的运输任务，也有部分小矿井使用斜井串车提升或斜井箕斗提升。

4. 矿车

矿车是输送煤、矿石和废石等散状物料的窄轨铁路运输车辆，矿车按结构和卸载方式不同，分为固定式、翻斗式、侧卸式、梭式等。矿车一般需用机车或绞车牵引，采用机车牵引时，机车又分为架线式电机车、蓄电池电机车。

随着矿井生产规模的不断扩大，煤矿主运输设备向长运距、高运速方向发展。这不仅要求装备单机控制实现智能化，同时要保证各设备之间高效协同，并与采掘系统有效衔接，对主运输系统进行优化管控，保证矿井安全、高效、节能生产。

煤矿主运输系统智能化技术的发展，体现在运输设备的电气传动技术、自动化控制技术、传感器智能检测保护技术、节能控制技术、基于物联网设备远程诊断与设备维护管理技术等各方面。煤矿主运输系统智能化技术的应用对主运输系统安全高效生产、实现无人值守具有重要意义。本章主要介绍带式输送机、矿井提升机智能化控制技术，对于刮板输送机智能化技术在第六章中已经详细介绍，对于矿车轨道运输智能化控制技术可参见第八章，本章不再赘述。

第二节　带式输送机智能化控制技术

一、带式输送机的结构及工作原理

带式输送机主要由输送带、机架、托辊、驱动装置（包括电动机、减速机、制动器、软起动装置、逆止器、联轴器、传动滚筒）、拉紧装置、清扫装置等组成。对于可伸缩带式输送机还有贮带装置、收放带装置和机尾拉紧装置。带式输送机结构示意如图 7－1 所示。

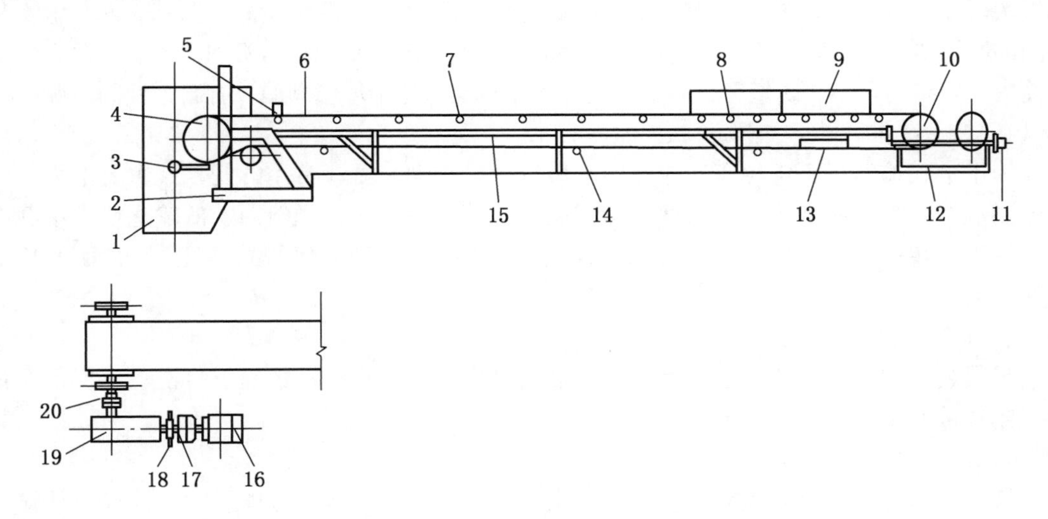

1—头部漏斗；2—机架；3—头部扫清器；4—传动滚筒；5—安全保护装置；6—输送带；7—承载托辊；8—缓冲托辊；9—导料槽；10—改向滚筒；11—拉紧装置；12—尾架；13—空段扫清器；14—回程托辊；15—中间架；16—电动机；17—液力偶合器；18—制动器；19—减速器；20—联轴器

图 7－1　带式输送机结构示意图

1. 输送带

输送带用来承载被运货物和传递牵引力，带式输送机所用的输送带有多种选择，如钢绳芯橡胶带、帆布芯带、尼龙带，以及聚酯带。由于钢绳芯橡胶带强度高、弹性小，在煤矿大运量、长距离的带式输送机上广泛使用。

2. 托辊

托辊的作用是支撑输送带和物料的质量，减少运行阻力，并使输送带垂直度不超限，保证输送带平稳运行，它是带式输送机的重要组成部分。按材质托辊分为金属托辊、陶瓷托辊、尼龙托辊、绝缘托辊等。按作用类型托辊主要分为平形托辊、槽型托辊、调心托辊及缓冲托辊等。使用时可根据不同的应用环境和要求进行选择。煤矿带式输送机上所用的承载托辊一般采用槽型托辊，不仅可以增加载货量，而且还能防止输送带跑偏防止物料向两边撒漏。

3. 驱动装置

带式输送机的驱动装置由电动机、联轴器或液力偶合器、减速器、传动滚筒等组成，有倾斜段的带式输送机还应根据需要设制动器或逆止器。驱动装置的作用是由传动滚筒通过摩擦将牵引力传递给输送带使其运动并输送货物。大多数带式输送机采用单滚筒驱动，但随着运量和运距的不断增大，要求传动滚筒传递的牵引力相应增加，因而出现了双滚筒及多滚筒驱动或多组驱动形式。

电动机用来提供动力，有直流电动机和交流电动机，由于电力拖动技术的发展，交流电动机已替代了直流电动机，煤矿带式输送机多采用交流电机驱动。减速器用来降低转速和增大转矩。在带式输送机系统中传动滚筒是传递动力的主要部件，借助其表面与输送带之间的摩擦传递牵引力。传动滚筒也有电动滚筒，电动滚筒是把电动机和减速装置放在传动滚筒内，其结构紧凑、质量轻、便于布置、操作安全，适于环境潮湿、有腐蚀性的工况。

4. 制动装置和逆止装置

为了带式输送机正常停车，应在驱动装置处设制动装置，常用的制动装置有电力液压鼓式制动器、盘式制动器、电力液压盘式制动器等。为了防止倾斜向上的输送机在带载停机时发生反转还应设置逆止器，常用的逆止器类型有 NF 型非接触式逆止器和 NJ 型接触式逆止器。

5. 张紧装置

张紧装置的作用是使输送带保持必要的初张力，以免在传动滚筒上打滑，并保证两托辊间输送带的垂度在规定范围内。

6. 改向装置

带式输送机采用改向滚筒或改向托辊组来改变输送带的运动方向。改向滚筒可使输送带方向发生 180°、90°或小于 45°的变化。一般布置在尾部的改向滚筒或垂直重锤式的张紧滚筒使输送带改向 180°，垂直重锤张紧装置上方滚筒改向 90°，而改向 45°以下一般用于增加输送带与传动滚筒间的围包角。

除上述主要部件外，带式输送机根据不同的应用环境还会设置一些辅助设备。

带式输送机的工作原理是：输送带经过机头传动滚筒（或多点驱动的传动滚筒）和机尾换向滚筒形成封闭环形，输送带的上、下两部分用托辊支撑，用张紧装置将其拉紧，传递正常运转的拉紧力。工作时，在电动机的驱动下，驱动滚筒通过它和输送带之间的摩擦力带动输送带运行，物料从装载点装到输送带上，到达机头后卸载，利用专门的卸载装置也可以在中间卸载，形成连续运输的物流，达到输送的目的。

二、带式输送机工艺控制要求

由于带式输送机具有连续、高效、大运量和可弯曲、大倾角、对地形适应能力强等特点，已成为煤矿连续运输系统的主要运输设备。由多台带式输送机相互搭接，并与中间煤仓、给煤机等其他设备构成煤矿带式输送机煤流运输系统。带式输送机工艺复杂，控制要求高。

1. 带式输送机起动与运行工艺要求

（1）保证恒定的起动力矩。带式输送机运行过程中，负载对驱动设备的运行阻力力矩只与自身负荷大小、驱动滚筒半径、滚筒与输送带间的摩擦力等因素有关，而与转速快慢无关，是典型的恒转矩负载。

（2）平滑起动（制动）。带式输送机的输送带是一种黏弹性体，要求在起动（制动）过程中减小冲击，平滑起动（制动）。

（3）带式输送机要保持必要的初张力。要求有较大的起动张力和相对恒定的运行张力，输送带的张力应保证输送带与滚筒之间不打滑。

2. 带式输送机的安全保护要求

带式输送机在运行过程中会出现输送带跑偏、打滑、撕裂、断带、燃烧、堆料及电机损坏、滚筒损坏、托辊损坏等故障，这些故障可能造成生产事故，需要配备可靠的安全保护系统。

3. 带式输送机运输系统起停工艺要求

为了保证带式输送机运输系统在起停过程中不堆煤，传统的带式输送机系统起停顺序是逆煤流起动，顺煤流停车。这样可以保证每一条带式输送机起动前其下游输送机已经运转起来，停车时，保证每一条带式输送机不留煤，可以有效地防止堆料事故的发生。但这种起停顺序也会造成多台带式输送机起动时较长时间的空转。随着检测技术的发展，目前可以采用顺煤流起动、顺煤流停车，实现工艺优化。

4. 带式输送机运输系统运行效率要求

带式输送机运输系统各设备存在一定的联锁关系，如各设备之间、各系统之间不能很好地相互衔接、相互配合，将会限制带式输送机运输系统运行效率和效益的发挥。所以通过工艺流程优化、设备协同控制对带式输送机运输系统的高效运行具有重要意义。

总之，带式输送机运输系统设备多、工艺复杂，随着带式输送机向大运量、长距离、高速度方向的发展，对智能化控制也提出了更高要求。其智能化技术包括带式输送机驱动技术、自动张紧技术、电气制动技术、控制与保护技术、带式输送机多级联动节能控制技术、无人值守控制技术等几个方面。

三、带式输送机驱动技术

根据运输距离长短、运煤量大小、输送带倾角和线路布置等不同情况，带式输送机传动装置可以分成单滚筒传动、双滚筒传动和多滚筒传动等不同传动形式，同样，其驱动装置分为单驱动、双驱动和多驱动（有时也称为多点驱动）。单驱动带式输送机在起动过程中，主要考虑选择合适的起动加速度和合理的张紧力，双驱动或以上的驱动单元在起动和正常工作中，应考虑电动机的起动顺序，起动时间和功率平衡。目前，煤矿用带式输送机常用的驱动方式有下面几种形式：

（1）电动滚筒驱动式（内装式和外装式）。

（2）电动机＋液力偶合器（限矩型或调速型，调速型又分为勺管式和阀控式）＋减速器。

（3）电动机＋液黏调速离合器（也称液黏软起动装置）＋减速器。

（4）电动机＋CST。

（5）电气软起动器＋电机＋减速器。

（6）变频器＋电动机＋减速器。

（7）变频一体机＋减速器。

（8）永磁同步电动机变频调速驱动。

上述驱动装置中：（1）属于直接起动，（2）、（3）、（4）三种方式属于机械软起动，（5）、（6）、（7）、（8）为电气软起动。（1）用于小型带式输送机，（2）、（3）、（4）、（5）、（6）、（7）、（8）用于大、中型带式输送机。其中主要驱动控制装置有：液力偶合器、可控起动CST、液黏软起动装置、可控硅软起动器、变频器、永磁同步电动机变频调速驱动。

（一）调速型液力偶合器的工作特性

液力偶合器主要部件有两个叶轮，分别称为泵轮和涡轮，二者相向安装，其间形成充满工作液的环形工作腔，输入转矩作用于泵轮及其叶片槽驱动工作液，在泵轮和涡轮叶片槽之间形成螺旋环流，带动涡轮产生一个与驱动力矩相等的输出转矩。

用于带式输送机的液力偶合器主要有限矩型、调速型液力偶合器。限矩型液力偶合器主要用于中小功率输送机软起动过程，由于其充液量不可控，不能实现多机功率平衡控制。在较大功率带式输送机中可采用调速型液力偶合器。常用的调速型液力偶合器有勺管式和阀控式两种，如图7－2、图7－3所示。

勺管式调速型液力偶合器在工作中，主要通过监测每台电动机的负荷电流来控制勺杆的位置，控制充液量大小，从而改变其输出力矩大小，达到对输送机实现软起动和无级调速，进而达到均衡功率的目的。

阀控式调速型液力偶合器在工作中，主要通过油管路上设置的比例电磁换向阀，控制主油路向工作腔供油和泄油，同时控制充液量大小，从而改变其输出力矩大小，实现输送机的软起动和无级调速。

液力偶合器是传统的软起动装置，它具有隔离扭振作用，能减缓冲击与振动，防止动力过载，保护电动机及传动部件。但正常工作时其调速范围小、调速精度低、调节控制反应慢，很难达到多电机驱动时理想的功率平衡。其主要用于不需要精确控制起动曲线及功率适中的带式输送机。

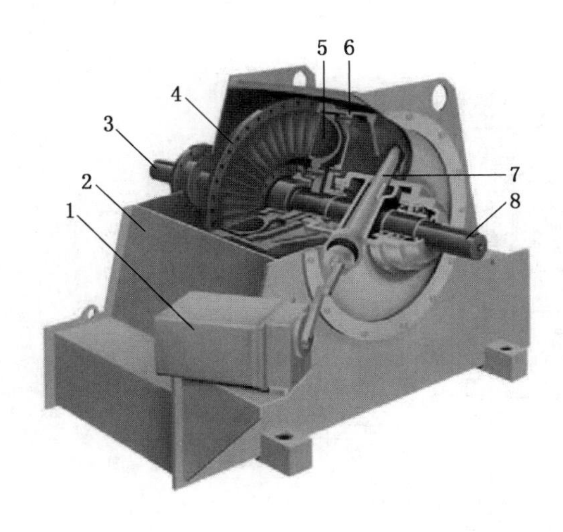

1—电动执行器；2—箱体；3—输入轴；4—泵轮；
5—涡轮；6—转动外壳；7—勺管；8—输出轴

图7-2　勺管式调速型液力偶合器

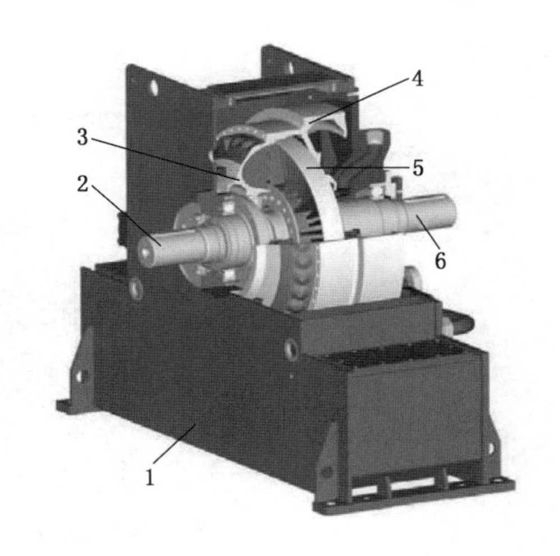

1—箱体；2—输入轴；3—泵轮；4—转动泵轮壳体；
5—涡轮；6—输出轴

图7-3　阀控式调速型液力偶合器

（二）可控起动装置CST、液黏调速离合器的工作特性

可控起动装置CST是由多级齿轮减速器加上湿式离合器及电液控制组成的系统，输出扭矩由液压系统控制，随着离合器上所加的液压压力而变化。

可控起动装置CST，设有速度、功率的反馈回路，相比调速型液力偶合器能较好地控制输送机的速度、功率输出，通过其内部的机械传动系统和电液控制系统，可以实现带式输送机的软起动和功率平衡。其空载起动功能，可以减少起动时对电网与设备的冲击，延长设备使用寿命。其多片湿式线性离合器提供对减速及负载的双向保护，既保护减速器免受带式输送机冲击负载的影响，又因限制了最大传递力矩而保护了带式输送机免受过大力矩的损害；但CST投资费用较大，维护较复杂。

液黏调速离合器也称为液黏软起动装置，是利用液体的黏性即油膜剪切力来传递扭矩的，属于黏性传动范畴，前述的CST也属于黏性传动。它主要由机械传动部分、液压控制和润滑系统、配套电控系统组成。机械传动部分结构示意如图7-4所示，其结构主体由主、从动轴，主、从动摩擦片，控制油缸，恢复弹簧，壳体及密封件等组成。当主动轴带动主动摩擦片旋转时，通过摩擦片之间的黏性流体形成油膜带动从动摩擦片旋转，通过电液比例调压阀改变控制油缸中的油压大小，可以调节主、从动摩擦片之间的油膜厚度，从而改变从动摩擦片输出转速和转矩的大小，实现带式输送机各项驱动要求和可控软起动功能。

（三）可控硅软起动器的工作特性

可控硅软起动器主要由3对反并联可控硅（每相1对）、阻容吸收保护回路、旁路接触器、电压互感器、电流互感器、高压熔断器、微机控制系统等组成。其基本控制原理如图7-5所示，电机电压控制是通过控制可控硅的相位角实现的。它可以与输送带控制设备（如PLC控制器）连接，实现运输设备的远程起动和上下级闭锁控制。

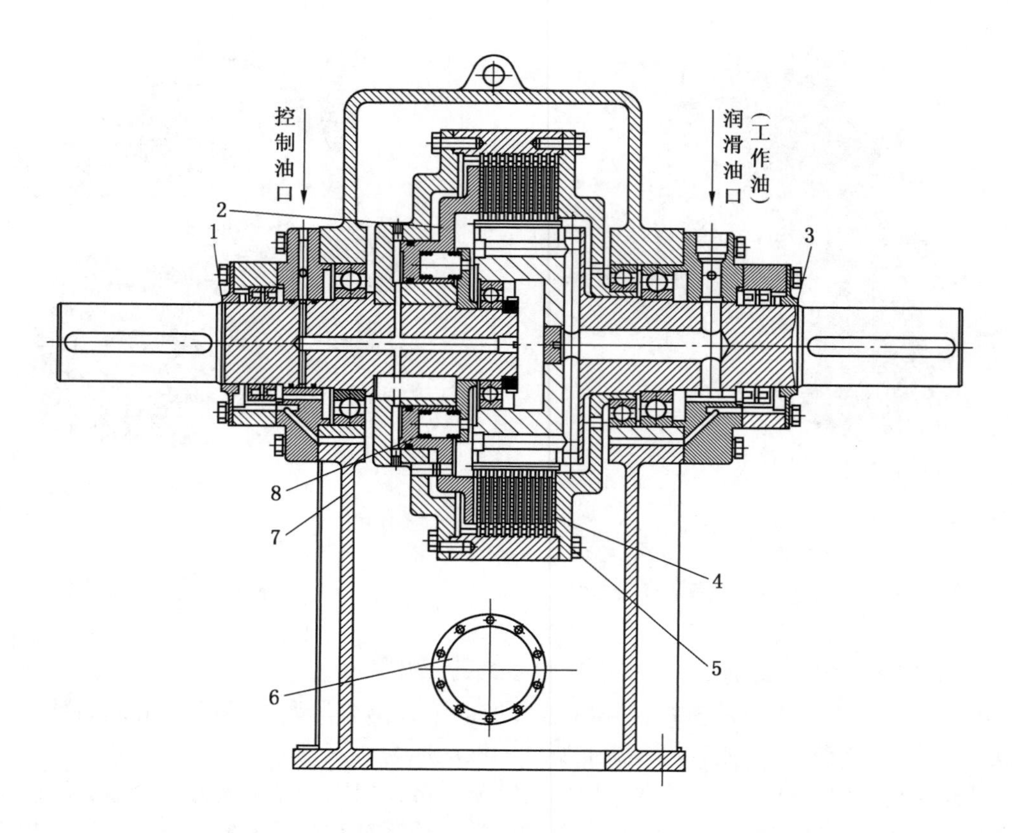

1—输入轴；2—控制油缸；3—输出轴；4—从动摩擦片；5—主动摩擦片；
6—回油口；7—壳体；8—恢复弹簧

图7-4　液黏可控机械传动部分结构示意图

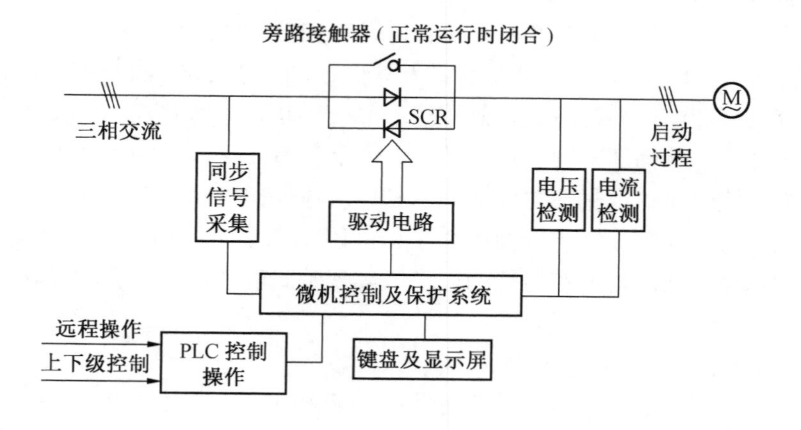

图7-5　可控硅软起动器基本控制原理

电动机在起动过程中，微机控制系统通过对起动电流、电压数据的检测，发出控制指令，控制可控硅的导通状态，实现对输出电压的控制，从而实现起动过程的调压调速和输出转矩的控制。在起动完成后，软起动自动控制旁路真空接触器吸合，切断可控硅，用旁路接触器实现电动机全压运行，降低晶闸管热损耗，延长软起动使用寿命。在正常停车时首先投入可控硅，切断旁路真空接触器，逐渐关断可控硅实现软停车。可控硅软起动器的起动特性为降压起动模式，起动转矩小，仅用于带式输送机空载起动控制。考虑到软起动器调压调速功率损耗大、效率低、谐波影响大等因素，软起动器容量选择一般按超出电动机额定功率30% ~50% 容量选择。

（四）变频调速驱动的工作特性

1. 异步电动机变频调速驱动

带式输送机的异步电动机变频调速驱动有 2 种形式：变频器 + 异步电动机 + 减速器、变频一体机（异步）+ 减速器。变频调速具有效率高、调速范围宽、调速平滑、控制精度高、响应速度快等优点，能够实现系统软起动与软停机，能提供理想的起、制动性能，能延长系统使用寿命，能实现带式输送机重载起动、低速验带等功能，具有很好的节能特性。变频调速已成为目前带式输送机调速节能的首选方法。变频调速在带式输送机驱动控制中有如下突出功能。

（1）优化的速度与加速度模型。带式输送机在运行过程中，具有明显的运动学和动力学特征，在起动加速、停车减速及张力变化过程中均呈现出复杂的运动学特征。运动学特征主要表现为横向振动、纵向振动，以及动态张力波在输送带中的传播和叠加，造成输送系统的不稳定，具体表现为输送带断裂、机械损害、局部谐振跳带、叠带、撒料等。

在传统起动控制过程中（采用串电阻直接起动、液力偶合器起动等），由于起动装置的起动性能差、非线性，起动加速度大，导致输送带可能持续波动、张力特性较差。传统起动控制过程中张力特征示意如图 7 –6 所示。

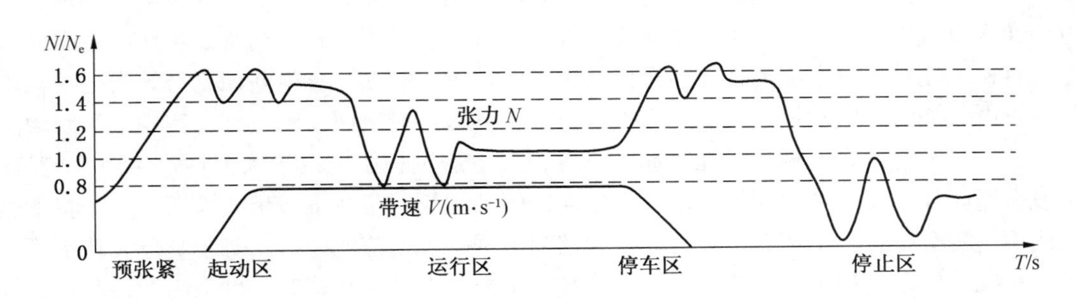

图 7 –6　传统起动控制过程中张力特性示意图

由于变频器在整个调速范围内，具有调速精度高、动态响应好，并具有极佳的低速性能，可实现优化的“S”形速度曲线跟随功能，如图 7 –7 所示。

在起动前设置一个低速预张紧过程，使长输送带内部的张力分布基本均匀后再按“S”曲线加速起动，要求驱动器具有低速起动性能。停车时也以“S”形速度曲线停车。图 7 –7 中 $t_0 \sim t_1$ 时间段为预张紧阶段，$t_1 \sim t_2$ 时间段为起动阶段。曲线①为起动速度曲线，相应的起动加速度曲线为②，曲线③为正常停车“S”形速度曲线，曲线④为自然停车曲线。该模型适用于长距离带式输送机驱动，设计要求特殊起动曲线。利用变频器良好的低速性能，并在多机驱动时采用适当的速度跟随控制策略，可取得理想的速度同步和功率平衡效果。

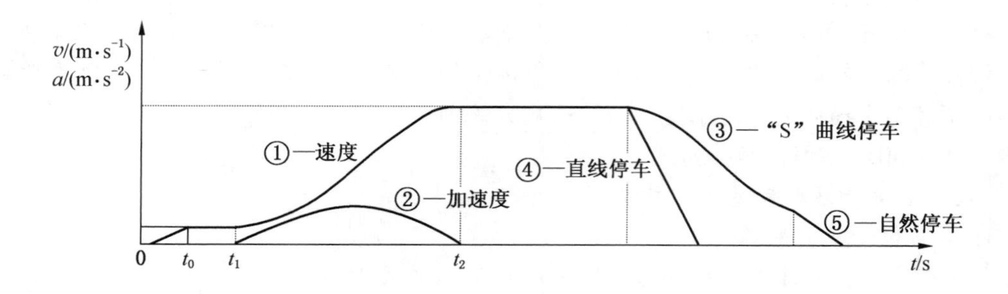

图 7-7 优化的“S”形速度曲线与加速度模型

（2）实现带式输送机的电气制动。在变频调速系统中，当电动机减速或者拖动位能负载下降时，异步电动机将处于再生发电状态，传动系统中所存储的机械能经异步电动机转化为电能。这种工作状态下，电动机处于再生制动状态，这种制动方式称为再生制动。在电动机处于再生发电状态时，逆变器将产生的电能回馈到直流侧，此时的逆变器处于整流状态，对于较大的惯性负载，这部分能量将导致中间回路的储电电容器的电压上升，变频器内的保护装置就会动作，对变频器进行过压保护，需要采取一定措施来吸收所产生的再生能量。变频器的电气制动就是要解决再生能量问题。变频器电气制动主要有 3 种方式：能耗制动、直流制动、再生回馈制动。能耗制动主要是在变频器直流回路中加入制动电阻。当变频器直流母线电压升高并超过设定上限值时，制动回路导通，制动电阻流过电流，从而将动能变成热能消耗在电阻中，实现电气制动。直流制动是在异步电动机定子绕组中通入直流电流，在定子中产生静止的恒定磁场，转动着的转子切割磁场而产生制动转矩，将机械能转换成电能消耗在转子回路中，实现电气制动。再生回馈制动，当电动机工作在发电状态时，电动机产生的再生能量通过变频器将能量回馈到电网，实现电气制动。

长距离大运量带式输送机在减速停车过程或下运过程中，由于大惯性产生较大能量，一般采用能耗制动与再生回馈制动。再生回馈制动主要应用在下运带式输送机上。将下运带式输送机运行过程中持续产生的能量回馈到电网，实现节能运行。对于其他大功率输送机，在减速停车过程中产生较大的再生能量，不能被电动机吸收时，可采用能耗制动的方式进行制动。

（3）实现带式输送机的功率平衡控制。由于带式输送机朝着大功率、长距离、大运量方向发展，单机驱动已不能满足这种设计要求，大部分采用多机驱动，多机驱动的主要问题是电动机的功率平衡控制。由于变频器具有很好的速度和力矩控制功能，能够实现复杂的功率平衡控制。

（4）实现带式输送机的智能调速。利用变频器平滑的速度调节功能，当带式输送机运量变化时，按照带速与运量的合理匹配关系，根据不同的运量，调整相应带速，可以达到节能运行、延长设备使用寿命的目的。

2. 永磁同步电动机变频调速驱动

近几年永磁同步电动机在煤矿井下得到了推广使用，主要用在刮板输送机和带式输送机上。永磁同步电动机变频调速驱动有 2 种驱动形式：专用变频器（也称同步智能伺服控制器）+永磁同步电动机与永磁同步变频一体机。与传统驱动装置相比省略了减速器、液力偶合器等部件，且减少了减速器、液力偶合器等部件的机械损失，降低了噪声，减少了驱动单元的维护量，故也称为永磁直驱系统。

永磁同步电动机是基于成熟的异步电动机和同步电动机开发出来的，与传统的异步电动机和电励磁同步电动机最大的不同在于使用了先进的转子结构，用高效的永磁材料替代了异步电动机的鼠笼转子或同步电动机的励磁绕组，有机地结合了传统异步电动机和同步电动机的主要优点。在结构上永磁同步电动机由绕组与永磁体两部分组成。定子绕组在通电后，同样激发了一个旋转磁场，安装有永磁体的转子会跟随定子磁场，一起旋转起来。只要转子的负载转矩不超过设计的最大电磁转矩，转子转速会和定子始终保持同步，位置也保持相对静止。电机工作所需的磁通主要由永磁体提供，所以其功率因数和效率明显高于异步电动机。设计永磁同步电动机时所受限制很少，可以定制任意转速、形状的电动机，并保持很好的性能指标。

永磁变频驱动系统将永磁同步电动机低转速、高转矩的特点与变频技术的优点相结合，简化了传动链，采用直驱、半直驱、传统等多种方式接入系统，应用于采煤机、掘进机、带式输送机、刮板输送机等设备中，充分发挥了永磁同步电动机功率密度大，布局紧凑，体积小等特点。永磁变频驱动系统在低速（或零速）满转矩输出方面性能优越。它在带式输送机、刮板输送机设备上的应用，可以很好地解决重载起动问题。

永磁同步电动机匹配直接转矩控制方式能恒定输出远大于额定负载转矩的起动转矩，而非变频传统驱动系统使用的异步电动机在同功率条件下的起动转矩小于额定负载，不能满足系统的正常起动。为使系统正常起动，需增大电动机容量来满足起动转矩。永磁同步电动机及异步电动机在带式输送机上的起动力矩曲线如图 7－8 所示。

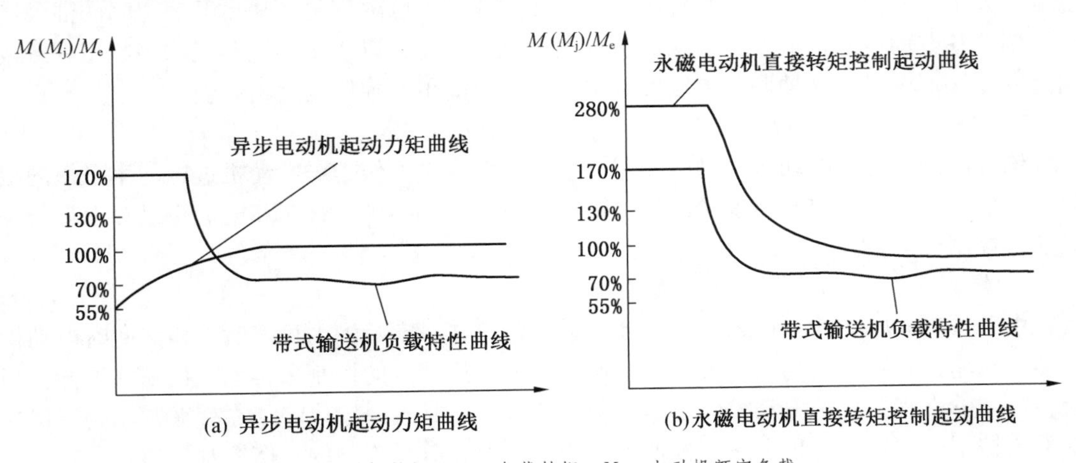

M—电动机转矩；M_j—负载转矩；M_e—电动机额定负载

图 7－8 起动力矩曲线

（五）多机驱动功率平衡控制技术

对于多机驱动的带式输送机控制系统来说，如果忽略各种外部和一些不可控因素的影响，各电动机在驱动负载的过程中，负载率应保持一致，即各驱动电机出力应保持平衡。输送带驱动力由所配置的电机功率决定。在理想情况下，功率分配比与驱动力分配比相同，但实际上相同规格的驱动电动机其实际机械特性存在差异，各驱动滚筒的实际直径存在偏差，再加上安装时的误差率、输送带伸长率、滚筒围包角、直径等静态因素和输送带张力变化、负载扰动等动态因素合力及其他环境因素的影响，各驱动电机或多或少地会偏离理想的功率分配比例，产生功率负载不平衡，严重时会使其中某电机超载运行甚至损坏。这会造成电机出力不均，减少驱动装置使用寿命，降低系统运行的安全性。因此，带式输送机系统电动机的功率平衡是保证其正常运行的必要条件。调节带式输送机功率平衡的常用驱动装置有变频调速驱动装置、CST 驱动装置、调速型液力偶合器驱动装置和液黏软起动装置等。

目前针对带式输送机多电机功率平衡问题的传统及新型智能控制策略较多，也各有优势，总体上，按照多机功率平衡策略控制的变量来分，基本可以概括为以下 3 种。

1. 电流控制功率平衡策略

由公式 $P=\sqrt{3}UI\cos\phi$ 可知，在电动机选型上，如果选取的电动机参数一致、特性曲线相同，当各电动机均工作在额定负载范围内，并采用相同电压供电时，功率因数 $\cos\phi$ 基本一致。此时电动机的功率与负载电流的大小正相关，可通过电流变送器来采集不同驱动电动机的负载电流值，经控制器执行算法比较计算之后，调整电动机的功率输出，从而实现多机协调功率平衡。但该方法不适合在需要经常调速的场合使用。

调速型液力偶合器和液体黏性传动装置的多机功率平衡控制一般采用电流控制平衡策略。调速型液力偶合器控制器通过检测各驱动电动机的电流值，再结合速度传感器获得的带式输送机运行速度值，然后经计算比较向伺服电动执行机构发出控制指令，控制液力偶合器勺杆位置，从而调节器输出扭矩大小，实现对驱动电动机功率的调节，达到多机功率平衡的效果。液体黏性传动装置通过改变所配用的液压伺服控制系统中各个电液比例阀中电流的大小，使液体黏性传动装置中的控制油压改变，以改变主、从动摩擦片间的油膜厚度，调节各电动机的负荷大小，从而改变电动机的电流，以使多台电动机功率趋于一致或相差在允许范围内。这种调节方法参数单一，调节简单，控制精度不高。

2. 转速－电流（$n-I$）平衡策略

该方法同时考虑电动机模型中转速和电流两个变量，作为对电动机进行功率平衡的根据，考虑得更全面，控制精度较高。但由于在电动机模型中，转速和电流也是存在耦合关系的，控制较复杂。

3. 转速－转矩（$n-T_e$）平衡策略

由公式 $P=T_en/9550$ 可知，当保证电动机转速在一定范围内稳定时，显然此时电动机的功率与输出转矩的大小正相关，可以通过对电动机转矩的控制来实现多机功率平衡。因为转矩能够直观地反映电动机的出力情况，故该方法具有一定优势。在变频驱动的多机功率平衡控制中多采用这种方法。根据不同的驱动形式分为不同的平衡控制策略。

（1）同轴刚性连接的主从控制模式。对于同轴刚性连接的驱动装置，如两台电动机驱动一个驱动滚筒，两套变频器分别驱动两台电动机。这种驱动方式的功率平衡一般采用主、从控制。设定其中一台电动机为主传动，另外一台为从传动。主传动采用闭环速度控制模式，从传动采用闭环力矩控制方式来实现输出转矩一致，速度同步。在这种控制方式下，主传动装置将力矩给定值发送给从机，以保证主从电动机之间的力矩平衡。同轴刚性连接主、从电动机控制示意如图 7－9 所示。

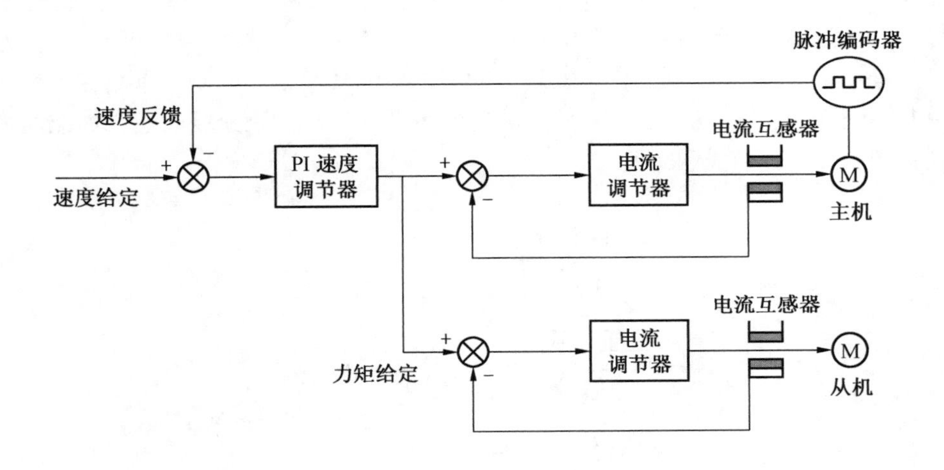

图 7－9　同轴刚性连接主、从电动机控制示意图

（2）非同轴柔性连接主、从控制模式。对于非同轴柔性连接的驱动装置，如带式输送机头、尾驱动，头、尾之间的互联属于传输带的柔性连接，设置其中一台为主机，另外一台为从机。主机为闭环速度控制模式，从机采取速度环饱和加转矩限幅的运行方式，从而保证头、尾驱动功率平衡。其主、从控制示意如图 7－10 所示。

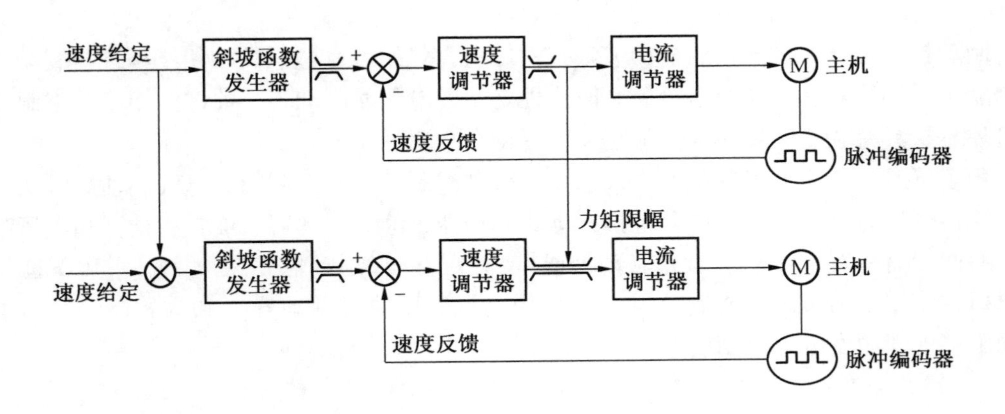

图 7－10　柔性连接主、从控制示意图

（3）下垂（droop）控制模式。上述两种模式通过变频器相互通信，实现功率平衡控

制，而下垂控制模式（droop）不需要变频器之间互相通信，而通过检测各自扭矩的变化，加入速度控制回路，实现闭环负载分配。下垂控制见于西门子变频器的调节方法，是实现闭环负载分配控制较简单的方法。

对于多点驱动带式输送机，由于输送带弹性形变及煤流分布不均匀，可能在不同驱动点造成一定的速度偏差和转矩偏差，该方法可以通过集中控制中心设定曲线并给定速度。每台变频器接收集控中心速度给定曲线，实现速度闭环控制，同时检测自身转矩变化情况，将其加入速度调节回路中，当负载扭矩增加时，转速设定值线性减少。从而使速度给定稳定时，转矩不会发生急剧变化，实现电动机之间的功率平衡控制。下垂控制调节示意如图 7－11 所示。该方法应用于不频繁加减速的情况下，对于频繁以高速在加减速之间切换的驱动，最好使用主、从驱动模式。

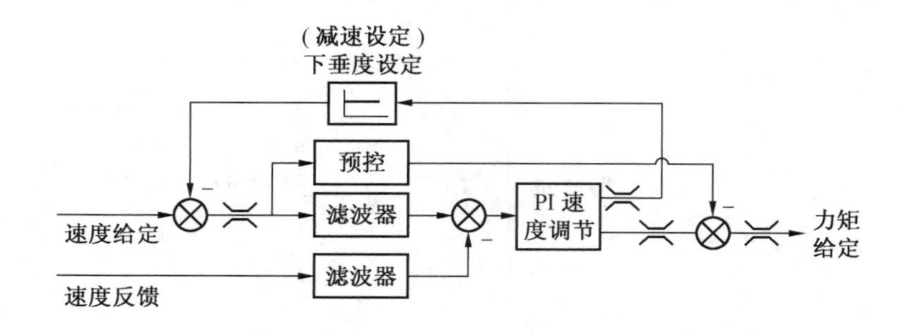

图 7－11　下垂控制调节示意图

上述方法是常用的采用变频器功率平衡负载分配方案，根据不同情况可以组合应用。目前也有更多的功率平衡调节方法，可以根据实际工况进行设计应用。

四、下运带式输送机制动控制技术

制动技术是下运带式输送机的关键技术之一，包括运行过程制动和停车过程制动。要求制动装置必须具有制动力矩可控、散热性好及停电可靠制动 3 个关键性能，其中制动力矩可控是指具有软制动功能，使加减速度保持在 0.05～0.3 m/s^2。

用于下运带式输送机的制动方式主要有机械闸制动、液力制动、电气制动等方式。采用的机械及液力制动器类型主要包括：盘式制动器、液黏制动器、液力制动器和液压制动器，后两者需配置机械闸（盘式制动器或电力液压鼓式制动器）来驻车。小型下运带式输送机常使用电力液压鼓式制动器（原称为电力液压块式制动器）和盘式制动器。电气制动更多地使用变频电气制动。

（一）自冷盘式可控制动器

自冷盘式可控制动器主要由机械制动系统、液压控制系统和电气控制系统组成。机械制动系统主要由制动盘和制动器组成，图 7－12 为 KZP 型防爆自冷盘式可控制动器组成。盘式（形）制动器的工作原理是利用液压油压缩碟形弹簧松闸，卸压后碟形弹簧产生压力施闸。

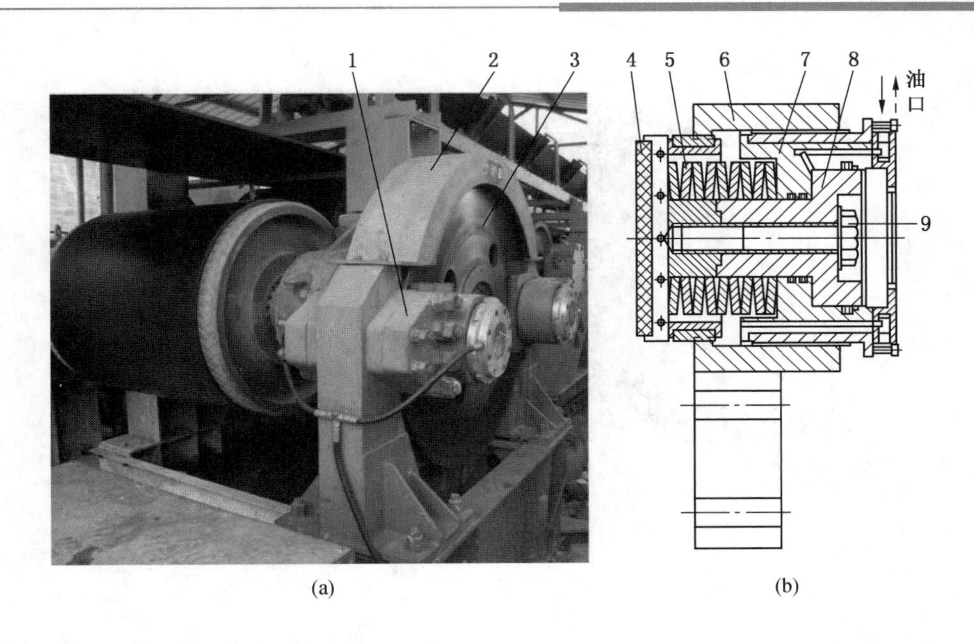

1—盘形制动器；2—护罩；3—制动盘；4—闸瓦；5—碟形弹簧；6—壳体；7—缸体；8—活塞；9—螺栓

图 7－12　KZP 型防爆自冷盘式可控制动器组成

制动力矩可控的实现：制动力矩的大小与液压控制系统的油压呈线性关系。微机控制器接收速度传感器信号并经运算比较后，自动调节电液比例阀，从而线性地控制进入缸体的油压。

散热的实现：所谓“自冷”是把制动盘设计成具有叶片、叶道的离心式风机叶轮结构形式，制动盘旋转时产生冷却风，对制动盘进行强制对流散热，使其温度不超过 150 ℃，制动时无火花产生，满足防爆要求。

停电可靠制动的实现：突然停电时，油泵电机、比例阀、电磁换向阀断电，系统通过溢流阀使油压降至调定值，制动闸立刻贴近制动盘，此后蓄能器的油液通过调速阀卸压，制动力矩逐渐增大，输送机减速停车，本身可实现驻车。

（二）液压调速制动器

图 7－13 为液压调速制动器结构。高压大流量变量轴向柱塞泵（也称为刹车泵）装在输送机减速器高速轴的另一侧或驱动电机的另一侧轴端上。

图 7－14 为某液压调速制动器液压系统图。其主要由 4 部分组成：①刹车变量泵，是产生制动力矩的执行部件；②加载部分，对两点式刹车变量泵进行加载产生制动力矩，包括电磁比例溢流阀、插装式电磁换向阀、过滤器等；③油箱（冷却散热、储存过滤）；④控制部分，包括 PLC 控制器、D/A 数模转换器和比例信号放大器等，实现制动器工作状态的在线检测、分析处理并发出控制命令。

液压调速制动器是利用液体节流耗能原理进行工作的，即油泵将机械能转换为液压能，然后在控制阀节流口上将液压能转换为热能，从而实现制动目的。

制动力矩可控的实现：输送机处于正常运转工况时，DT2 失电插装阀关闭，DT1 得电

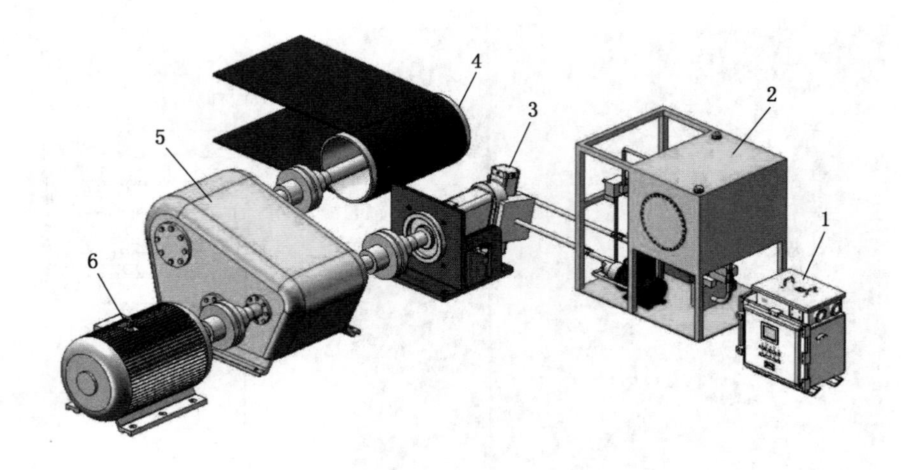

1—电控箱；2—液压站；3—变量轴向柱塞泵；4—主动滚筒；5—减速器；6—电动机

图7－13　液压调速制动器结构

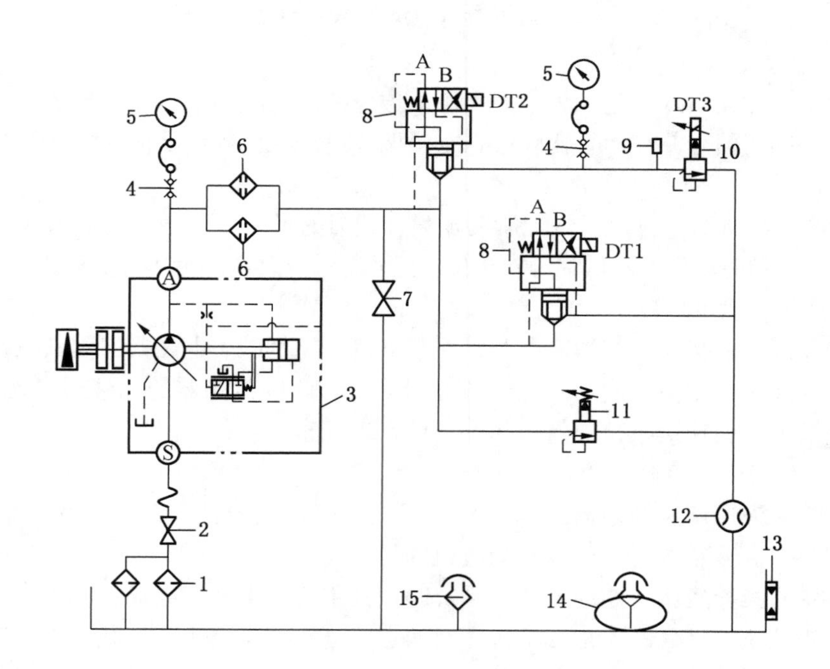

1—粗过滤器；2—球阀；3—两点式刹车变量泵；4—测压接头；5—压力表；6—高压过滤器；7—截止阀；8—插装式电磁换向阀；9—压力传感器；10—电磁比例溢流阀；11—安全阀；12—流量计；13—液位液温计；14—气囊；15—空气滤清器

图7－14　某液压调速制动器液压系统图

插装阀接通，同时电磁比例溢流阀呈最大开口状态。刹车泵通过联轴器随输送机的电动机（或减速器）小排量空载运行，油泵排出的油液经插装式电磁换向阀 DT1 回油箱，液压系统处于卸荷状态。输送机需要制动时，DT2 得电插装阀接通，稍后 DT1 失电插装阀关闭，同时 PLC 控制装置输出 4 ~ 20 mA 的电流信号，经过比例放大器来控制电磁比例溢流阀 DT3，其阀口开始从最大到最小逐步调节产生制动压力。当制动压力大于两点式刹车变量泵的变量压力（约 4 MPa，可调）时，刹车变量泵自动从小排量转入大排量运行工况，使刹车泵工作在高压力、大排量工况。PLC 控制装置通过实时检测输送机驱动电机的转速来间接检测输送机的实际减速度，并计算制动输送机所需要的制动力矩，从而使刹车泵所产生的制动力矩随输送带负载的变化而实时自动调整，即如果输送机运行速度超过系统设定的最大速度时，液压制动系统自动投入制动状态，当输送机运行速度降低到设定的最大允许速度以下时，制动退出，输送机恢复到正常速度运行。因此使输送机的制动减速度基本保持为一个恒定值，降低了在制动过程中对输送机造成的冲击，提高了设备的使用寿命。当输送机完全停止运行时，机械制动器投入实施驻车。

散热的实现：由于在输送机正常运行时处于卸载空转状态，发热量不大，采用自然冷却。

停电可靠制动的实现：由于制动系统内部配套了 UPS 电源，当突然停电时，系统利用 UPS 电源仍然能够自动反应实施应急保护制动，此时其制动工况与正常制动工况完全相同。

（三）液黏可控制动器

液黏可控制动器属于黏性传动。图 7 - 15 为国外某公司的 CSB（可控停车装置）结构示意图。其结构与第六章中 CST 的多片湿式线性摩擦离合器相似，原理一致。因为

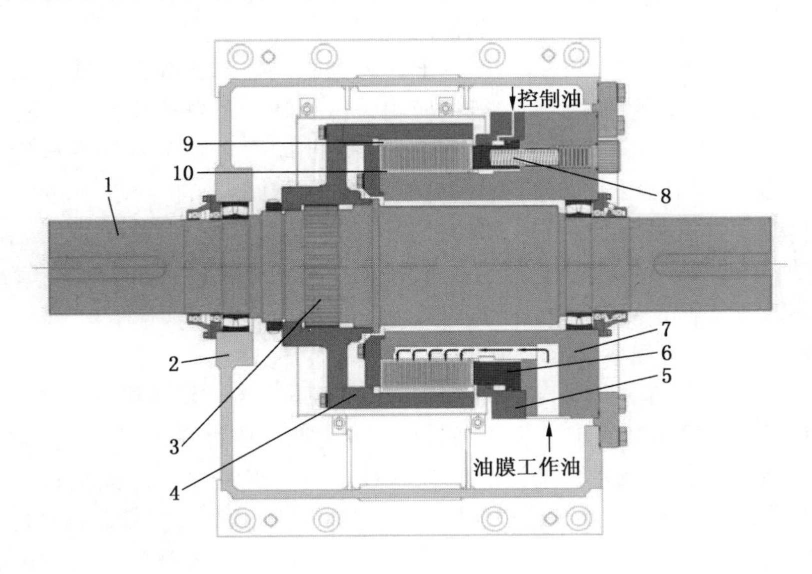

1—轴；2—壳体；3—花键；4—内齿圈；5—环形缸体；6—环形活塞；
7—制动器座；8—弹簧；9—动摩擦片；10—静摩擦片

图 7 - 15　CSB 结构示意图（俯视）

CSB 是制动器，与 CST 的不同之处是：环形活塞与弹簧安装位置正好相反，且弹簧刚性较大，数量为 18 个。输送机处于停机状态时，控制油压为零，弹簧通过环形活塞运动、静摩擦片压紧呈制动状态；在输送机起动、运行时，控制油压线性增加使环形活塞压缩弹簧松闸。制动时，控制油压逐渐降低使弹簧伸长制动。制动力矩可控由传感器、PLC 和比例阀控制环形活塞的控制油压来实现。油液的散热由外置冷却器完成。突然停电时，在备用电源的作用下，控制油压逐渐降为零，弹簧压紧动、静摩擦片制动。轴 1 为双端轴伸，可直接与主动滚筒连接，也可装在主动滚筒与 CST 之间。

国产液黏可控制动器的主轴一般是单轴伸，安装在减速器低速轴的非主动滚筒侧。

（四）液力制动器

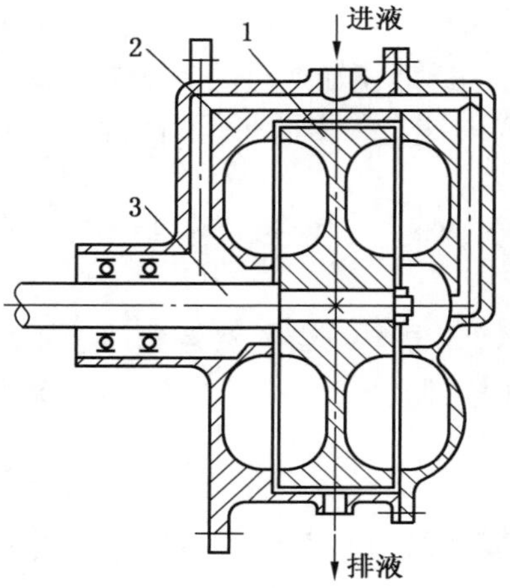

液力制动器工作原理如图 7－16 所示，它实质上是一种涡轮固定不动的特殊液力偶合器。利用降低液体动能实现制动。泵轮与带式输送机减速器的高速轴连接，输送机正常运行时，液力制动器不充油空转，不产生制动力；制动时，向工作腔内充液，固定涡轮叶片对泵轮产生的具有动能的工作液产生阻碍作用，因而工作液对泵轮产生与其转动方向相反的力矩，即制动力矩。调节充液量可以调节制动力的大小。该系统油液发热量需设置外部冷却装置。由于泵轮旋转速度低时制动力减小，即只能减速不能停机，故低速时制动和停车时需配置气动机械推杆制动器驻车。突然断电时，由配套的气动系统控制供液和刹车。

1—泵轮（转子）；2—涡轮（定子/外壳）；3—泵轮轴

图 7－16　液力制动器工作原理

上述各类制动技术在煤矿带式输送机上已得到普遍应用，特别是防爆自冷型盘式可控制动器，因其独特的超大制动力矩和可靠的安全性在带式输送机中得到了更为广泛的应用。但对于上述机械摩擦式制动器而言，在一些大型下运带式输送机制动过程中，由于制动能量大、制动过程长，有可能引起机械闸发热，制动力下降。对于油液制动系统，其液体过度受热后，有可能引起部分制动液汽化，在管路中形成气泡，严重影响液压传输，使制动效能降低。

（五）带式输送机多点驱动联合电气制动技术

带式输送机多点驱动联合电气制动技术是长距离下运带式输送机的新型多驱协调电气制动技术。它可以很好地解决上述机械闸制动和液力制动中存在的问题。多点驱动联合电气制动基于变频电气制动技术、电源监测控制技术、多点功率平衡控制技术，采用分体式、模块化构造，在不改变变频器原有结构的前提下，充分利用变频器的功能，针对下运带式输送机的特殊运行工况，无论是在正常下运过程中、正常停车过程中还是突然停电时，能使带式输送机更加可靠、安全地运行或停车制动。

其主要工作原理为：在正常运行期间，系统设计多点驱动协调控制软件，实现下运带式输送机多点功率平衡控制与电气制动节能运行；正常停车时，集中控制系统依据设计的停车曲线，协调各驱动变频器采用电气制动减速停车，电气制动可以采用能耗制动；电网突然断电时，配备后备直流电源并联到变频器直流母线，配置充电装置、控制单元、制动单元、制动电阻，维持变频器直流母线电压在正常范围，使变频器仍能正常工作，同时也配备后备 UPS 电源给控制单元供电，通过控制软件协调各驱动装置多点联合制动，从而实现带式输送机下运时的安全停车。

该技术已在一些煤矿的大型下运带式输送机成功应用。其系统控制框图如图 7－17 所示，长距离下运带式输送机一般都由两个及以上的驱动点组成。图 7－17 以两个驱动点为例，每个驱动点的两台电机分别由对应的变频器拖动，控制系统由带式输送机控制单元（内含控制软件与上位机）、断电监控模块（内含软件）、后备直流充电及监测模块、后备直流电源模块 4 部分组成。

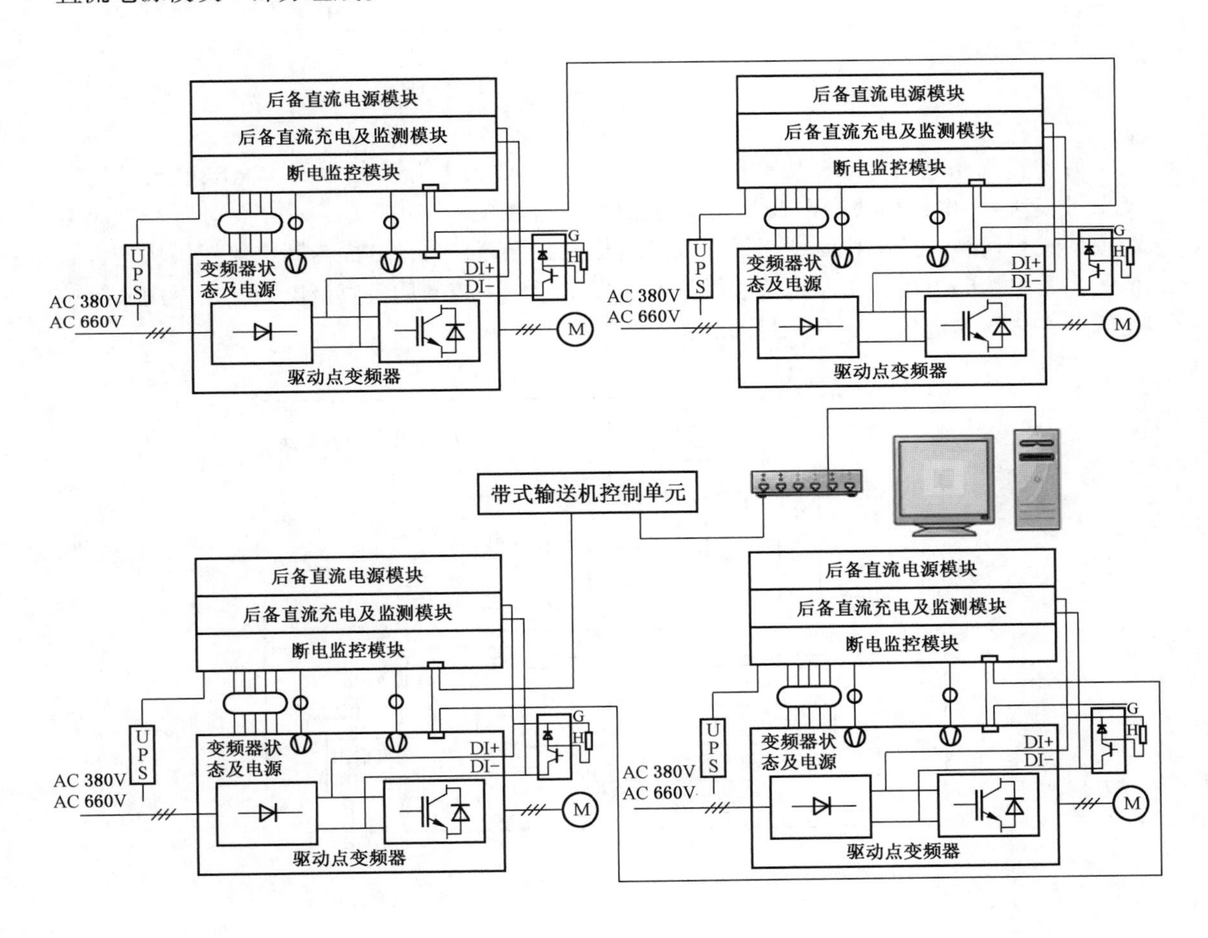

图 7－17　系统控制框图

断电监控模块是整个控制系统的关键部分，如图 7－18 所示。断电监控模块主要由电网掉电检测单元、核心处理单元 CPU、状态输入接口、输出控制单元组成。其主要作用是：① 对变频器进线的掉电判定；②控制变频器整流单元与后备直流充电模块输出间的切换；③配合带式输送机同步控制软件的协调控制。

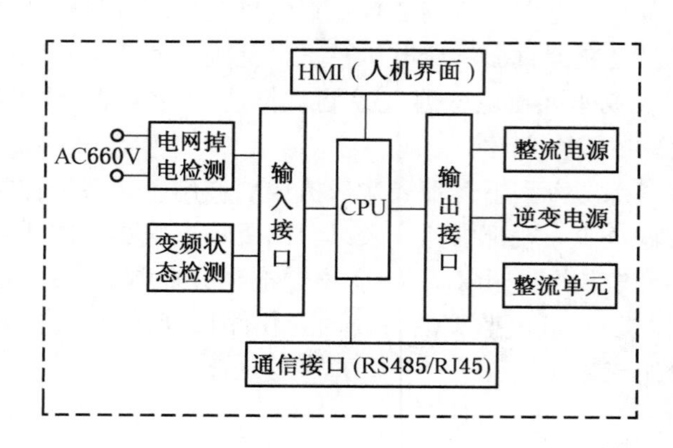

图 7－18 断电监控模块

后备直流充电及监测模块如图 7－19 所示，主要由电源控制单元、充电单元（充电及保护模块）、电源模块，以及其他外围元件组成。其主要功能为：一方面对后备直流电源模块进行运行、故障检测，以及对其进行均充、浮充；另一方面与断电监控模块进行通信，当主电源断电后，由断电监控模块对其发出指令，控制后备直流电源输出，用来维持变频器在进线失电后能够有充足的后备电源维持其正常运行。

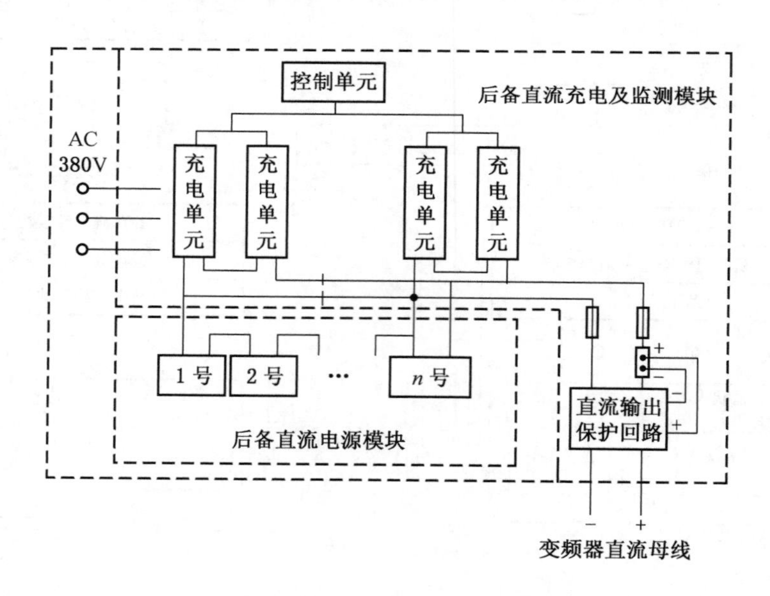

图 7－19 后备直流充电及监测模块

后备直流电源模块由储能元件串（并）联组成，图 7－19 主要为后备直流充电及监测模块。

带式输送机控制系统控制单元（内含控制软件与上位机）是该系统的控制核心，由控制器、人机界面（HMI）及协议转换模块组成，将变频器、后备直流电源有机地结合在一起，能够快速完成各种工况下带式输送机各驱动装置间的功率、力矩分配。有效地防止带式输送机振荡及在电网掉电时带式输送机产生二次故障。

该技术采用无摩擦损耗的大型下运带式输送机防飞车软件制动方法，解决了传统机械制动闸片磨损严重，制动力不足的难题；采用多扰动变量（张力、运量、带速、位置）均衡制动力的运算模型，保证随着下滑力的变化，制动力可调、可控；同时使制动力均匀地分配在各驱动电动机上，使大型下运带式输送机在突然停电情况下安全减速及停车。

五、大型带式输送机自动张紧技术

（一）张紧装置的作用、类型及特点

由于带式输送机的动力传动依靠驱动滚筒与输送带之间的摩擦来实现，因此张紧装置是带式输送机必不可少的重要组成部分。输送带张紧力的大小变化及适时调整决定了输送机的正常运行和输送带的使用寿命，因此张紧装置是影响带式输送机使用的关键设施，合理选择、布置和使用张紧装置将直接决定带式输送机的整体工作性能。

张紧装置的作用主要有：①保证输送带在主动滚筒分离点处具有适当的张力，以保证各种工况下有足够的牵引力，防止输送带与滚筒间打滑；②保证输送带上各点具有必要的张紧力，限制输送带的悬垂度，避免引起输送带运动不平稳或跑偏，减小运行阻力；③用于调整张紧滚筒的位置以补偿输送带的塑性伸长量和弹性伸长量；④当需要重新做接头时，为输送带提供必要的长度；⑤对于可伸缩式带式输送机，可用张紧装置来贮存多余的输送带。

张紧装置大致分为 3 类：重锤式、固定式和自动式。重锤式又分为垂直重锤式、重锤车式和重载车式。固定式有手动螺旋式、手动涡轮卷筒式（也称为手动磨盘式、手动绞车式）和固定电动绞车式。自动式有液压自动式（分为油缸式和液压绞车式）、自动电动绞车式和自动变频绞车式。

大型带式输送机在运行中对输送带的张力要求特别高，尤其是巷道输送机的自移机尾，要随时按需要自行移动完成输送机收缩作业，输送带需经常收缩和卷带，要求输送带张力能自动调节。

（二）液压油缸式自动张紧装置

按控制方法，国产油缸式自动液压张紧装置的发展经历了继电器控制、PLC 及比例控制 2 个阶段。

PLC 及比例控制的油缸式自动液压拉紧装置的液压系统如图 7－20 所示。通过压力传感器配合 PLC、比例控制系统对压力进行闭环控制，实现各张紧力控制点之间连续、平缓的变化，可对系统压力实现实时的、连续的监控，属于智能型无级控制，也称为动态自动张紧装置。其基本工作原理是：电磁换向阀 7 的右阀位工作，压力油进入拉紧油缸 10 的活塞杆腔进行拉紧。电磁球阀 13 接通，通过线性控制比例溢流阀 12 电磁线圈的供电电流就可以调整进入拉紧油缸 10 的油压，从而实现输送机起动工况、运行工况和停机工况等张紧力大小的调整，并且是连续、平缓的调整。其具有较高的张紧力控制精度。

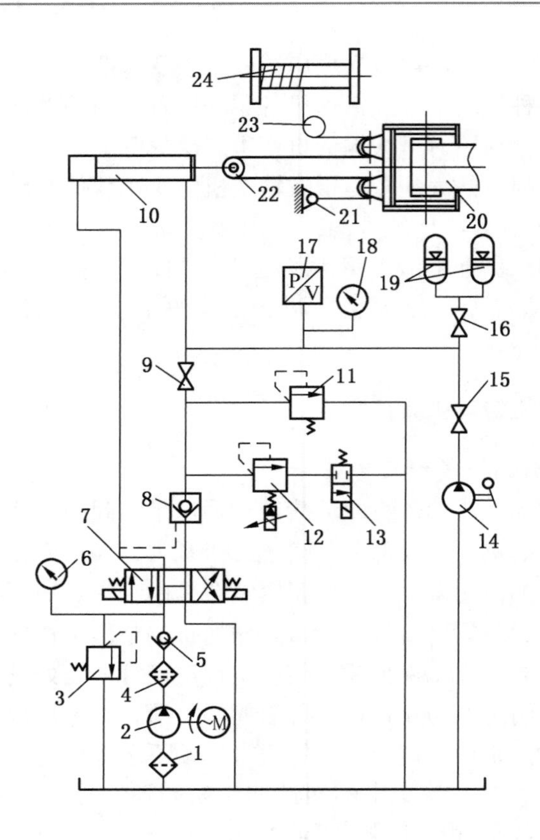

1—粗过滤器；2—油泵；3、11—溢流阀；4—精过滤器；5—单向阀；6、18—压力表；
7—电磁换向阀；8—液控单向阀；9、15、16—截止阀；10—拉紧油缸；12—比例溢流阀；
13—电磁球阀；14—手动泵；17—压力传感器；19—蓄能器；20—张紧小车；
21—固定绳座；22—动滑轮；23—定滑轮；24—电动或液压固定慢速绞车

图 7－20　油缸式自动液压拉紧装置的液压系统图

（三）液压绞车自动张紧装置

液压绞车自动张紧装置适用于长距离带式输送机的张紧。图 7－21 为国产某型号液压绞车自动张紧的液压系统图，主要由拉紧油缸、液压泵站、蓄能站、电气控制开关、张紧绞车和拉紧附件等部分组成。其中，油缸 7 和蓄能器 8 等构成缓冲功能块。液压马达 22 和电磁换向阀 18 等构成张紧功能块。其主要特点是：①改善工作时输送带的动态受力效果，特别是输送带受到突变载荷时效果尤其明显；②响应快。带式输送机起动时，输送带松边会突然松弛伸长，引起“打带”、冲击等现象。此时，拉紧装置能迅速收缩油缸，及时吸收输送带的伸长，从而缓和输送带的载荷冲击，使起动过程平稳，避免发生撕带、断带事故；③具有断带时自动提供断带信号的保护功能；④可与集控系统连接，实现整个系统的集中控制。

（四）自动变频绞车和自动电动绞车

自动变频绞车和自动电动绞车主要适用于长距离带式输送机的张紧，尤其是顺槽可伸缩带式输送机。自动变频绞车式和自动电动绞车式总控制策略是：张力传感器检测带式输

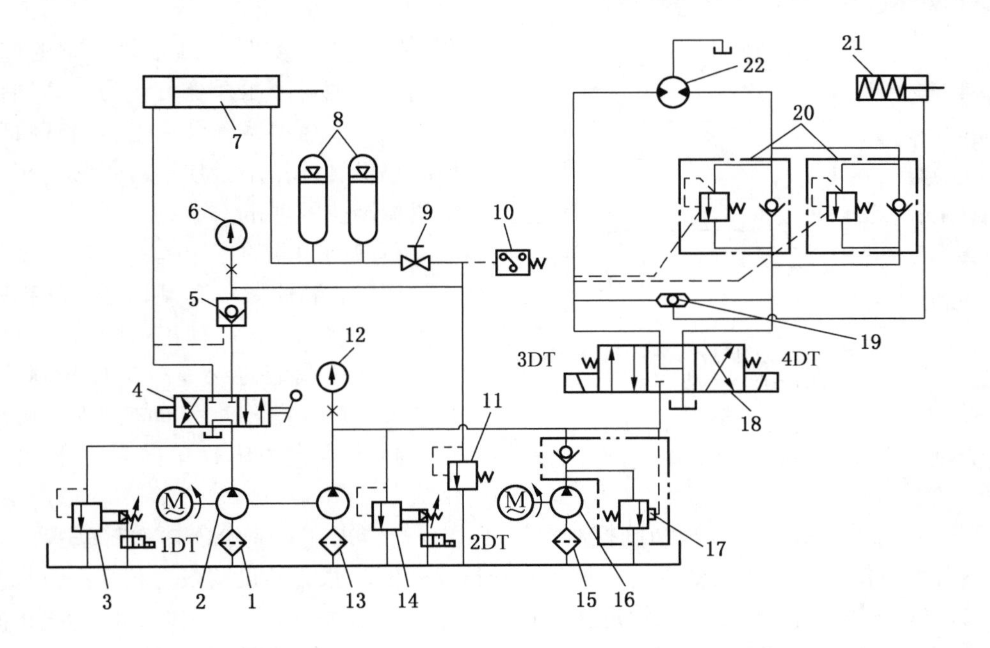

1、13、15—吸油滤油器；2—主电机泵组（双联泵）；3、14—电磁溢流阀；4—手动换向阀；5—液控单向阀；6、12—压力表；7—拉紧油缸；8—蓄能器；9—截止阀；10—压力继电器；11—溢流阀；16—副电机泵组；17—卸荷溢流阀；18—电液电磁换向阀；19—梭阀；20—平衡阀；21—制动器；22—液压马达

图 7－21 液压绞车自动张紧的液压系统图

送机张力信号，PLC 处理器处理张力信号，电动绞车或变频绞车执行处理器动作。

1. 自动变频绞车

图 7－22 为国产某型号自动变频张紧绞车的传动系统图，自动变频张紧绞车主要由张紧绞车、液压系统、变频控制箱、操作箱、缓冲装置及传感器等组成。操作箱可实现变频调速自动张紧装置的就地控制和数据监测。变频控制箱通过采集外部张力传感器和压力传

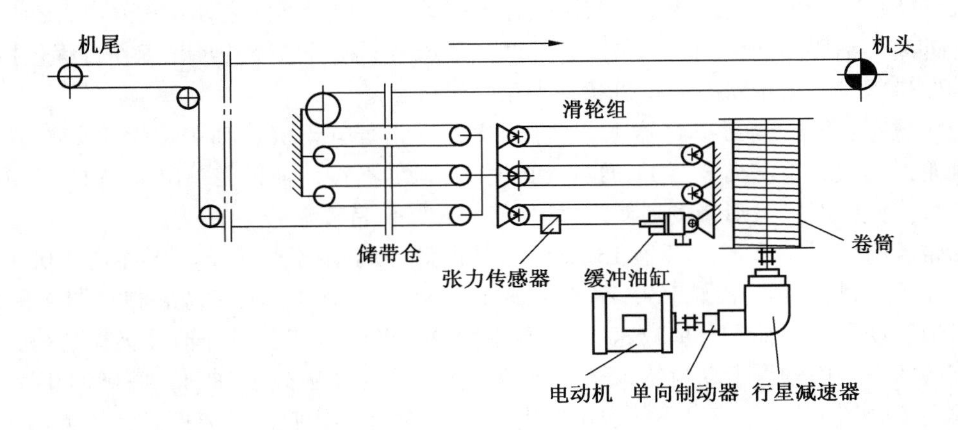

图 7－22 自动变频张紧绞车的传动系统图

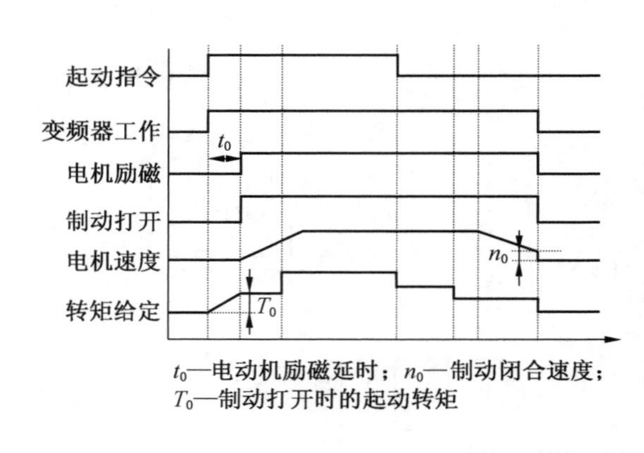

图7-23 绞车电动机在一个起停周期内的时序图

感器的数据，实时控制张紧绞车的起停、方向和速度。液压系统负责为制动器提供工作压力。缓冲系统可在张力出现瞬间峰值时提供缓冲作用，减小对张紧绞车和整个机械结构的冲击。

单向制动器的作用是：①当张紧装置不动作时，将张紧绞车制动住；②当张紧装置紧绳起动时，电动机可顺时针自由转动；③当张紧装置松绳时，打开制动器，张紧绞车可反向转动。单向制动器由湿式盘形制动器和楔块式单向离合器两部分组成。

通过可编程控制器PLC来精确控制电动机的运行转矩，对应给出输送带张紧的最大拉力，对张力传感器采集的数据进行比较和补偿，使实际张力与设定张力相互一致来实现带式输送机张力的适时调节。当设定张紧拉力大于带式输送机实际张力时，电动机正向缠进（紧带），直至带式输送机实际张力与设定张紧拉力接近静止平衡；当设定张紧拉力小于带式输送机实际拉力时，电动机被迫反向运行（松带），电动机处于发电状态，经变频器整流回馈单元，将多余的能量回馈到电网，直至带式输送机实际张力与设定张紧拉力接近静止平衡。当设定张紧拉力等于带式输送机实际张力时处于保持状态，张力可在一定范围内自动控制。

在电气上，为防止出现溜车现象，在绞车电动机起动时，必须先起动变频器对电动机励磁，直到电动机起动扭矩达到一定值后再打开制动器。图7-23为绞车电动机在一个起停周期内的时序图。

2. 自动电动绞车

自动电动绞车主要由电动机、湿式盘形离合器、防反转湿式盘形制动器、减速器、滚筒、测力传感器、保护系统、控制系统及司机操作箱组成。其传动系统和湿式盘形离合器结构如图7-24所示，其结构组成与湿式盘形制动器相似，不同之处：一是离合器是线性传动，即属于油膜剪切传动；二是内、外摩擦片压紧、松开状态相反。工作过程包括待机状态、紧带状态、松带状态，待机状态为张力保持状态。

待机状态：湿式盘形离合器13呈打开状态，此时电动机经轴Ⅰ、齿轮Z1、Z2、Z6传到轴Ⅲ，楔块式单向离合器11通过（此时齿轮Z7不转，轴Ⅳ无输出），轴Ⅲ空转带动油泵工作。此时湿式盘形制动器4、8均保持闭合，保持绞车张力。

紧带状态：湿式盘形离合器13闭合，湿式盘形制动器8打开。此时电动机由齿轮Z1、Z2传给轴Ⅱ，再由齿轮Z3、Z4传给轴Ⅳ，经联轴器3、湿式盘形制动器4的轴6、湿式盘形制动器8的轴、行星减速器10至卷筒9，实现紧带。同时轴Ⅲ仍保持待机状态时的旋转状态，而轴Ⅳ带动齿轮Z5使齿轮Z7旋转，但齿轮Z7和轴Ⅲ二者转向相反，故楔块式单向离合器11仍然通过不起逆止作用，对二者旋转不影响。油泵照常按原方向工作。

松带状态：湿式盘形离合器、湿式盘形制动器4、湿式盘形制动器8均打开。钢丝绳

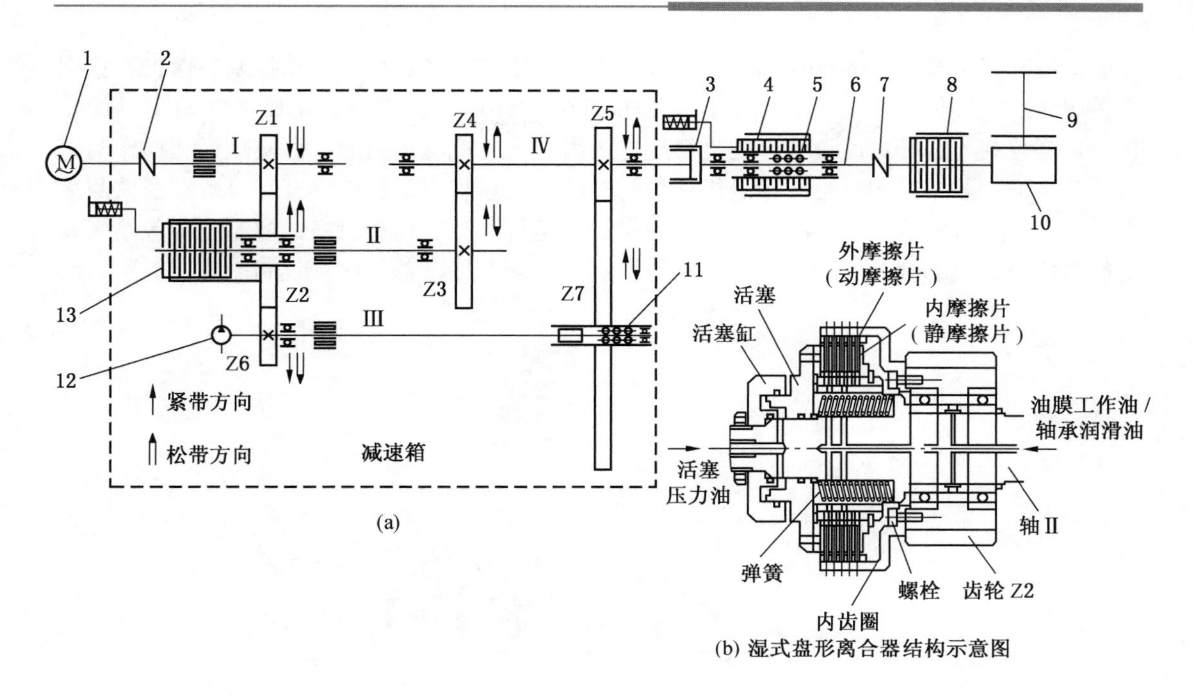

1—电动机；2、3、7—联轴器；4、8—湿式盘形制动器；5—楔块式单向离合器；6—轴；9—卷筒；10—行星减速器；11—楔块式单向离合器；12—油泵；13—湿式盘形离合器

图 7－24　APW 绞车的传动系统和湿式盘形离合器结构

的反作用力经卷筒 9、行星减速器 10、湿式盘形制动器 8 的轴、湿式盘形制动器 4 的轴 6、联轴器 3、轴Ⅳ，一方面使轴Ⅱ空转，另一方面使齿轮 Z7 旋转。而轴Ⅲ仍保持待机状态时的旋转状态，但此时齿轮 Z7 和轴Ⅲ二者转向相同均为顺时针方向（从左往右看）。当齿轮 Z7 转速小于轴Ⅲ转速时，楔块式单向离合器 11 仍然通过不起逆止作用，二者的转动和转速互不影响。当齿轮 Z7 转速大于轴Ⅲ转速时，楔块式单向离合器 11 起作用，齿轮 Z7 带动轴Ⅲ加速，使电动机超过同步转速呈发电状态并形成制动力矩，该制动力矩也恰好将放绳速度稳定在接近稍高于电动机同步转速的恒定数值上。同时为防止电动机过超速，PLC 控制器设置了电动机超速保护。

六、带式输送机的自动控制与安全保护技术

（一）带式输送机的自动控制

带式输送机的自动控制按照带式输送机的工艺控制要求实现每台带式输送机的可靠起动与停止、平滑调速、安全制动、运行保护等工艺控制功能。同时按煤流方向实现上、下游设备之间的集中联锁控制。

1. 带式输送机自动控制系统的构成

带式输送机自动控制系统如图 7－25 所示，主要包括上位机监控系统、现场控制站、电气传动系统、配电系统、带式输送机保护与在线监测系统、辅机设备的控制等。上位监控系统由计算机与网络通信设备组成，采用工业控制软件对控制设备进行实时在线监测。

现场主控制器主要由可编程控制设备组成，主要完成带式输送机的自动控制、保护和数据采集功能。电气传动系统主要由变频传动或其他软起动装置组成，完成带式输送机的软起、软停控制与运行速度调节。配电系统主要由高低压配电柜组成，可实现远程操作与电气自动保护、数据监测。带式输送机保护与在线监测系统由保护传感器和设备在线监测装置组成，实现带式输送机运行过程的故障保护与运行监测。辅机设备的控制主要包括张紧装置的控制、制动闸盘的控制，也包括给料机等相互衔接设备的连锁控制。

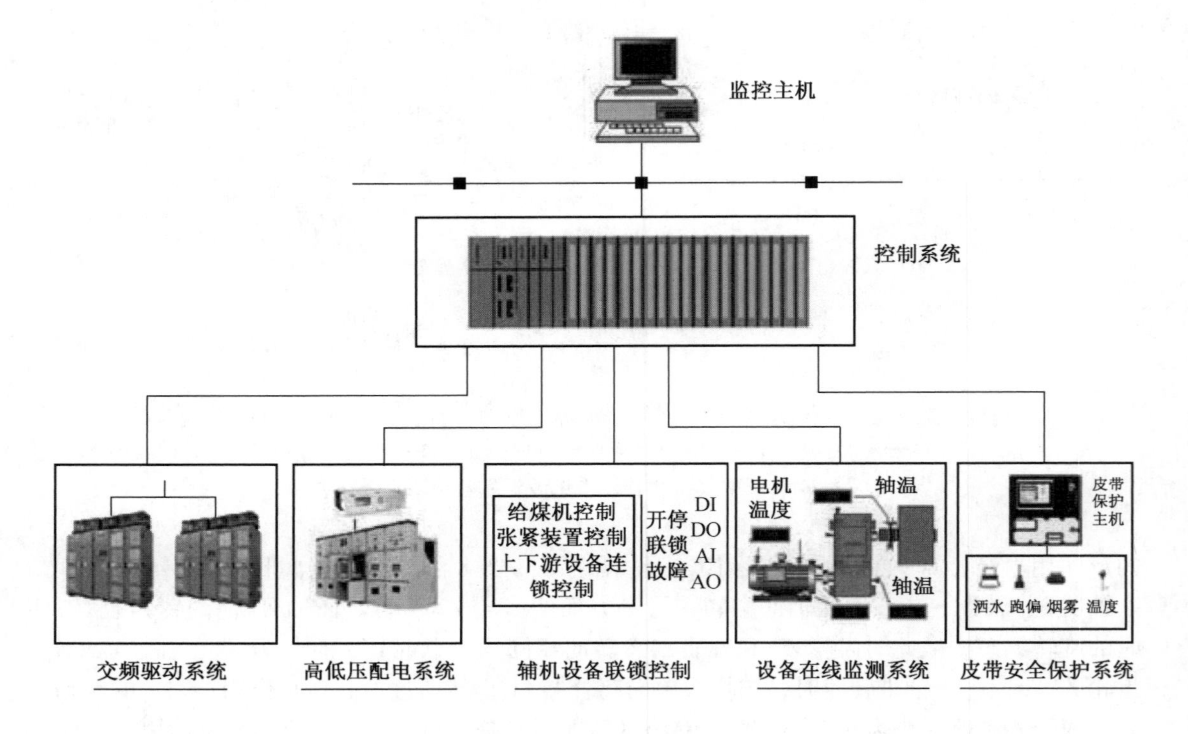

图 7-25　带式输送机自动控制系统

带式输送机自动控制系统是集供电、传动、控制、监测为一体的综合监测控制系统。

2. 带式输送机单机自动控制功能

1）数据采集

主控制器与各装置或系统通过通信接口或 I/O 接口实现数据采集，其主要监测内容为：①设备运行、故障等状态参数监测，如电压、电流、有功功率、无功功率、功率因数、频率、电动机转速等运行参数；②设备温度在线监测，如电动机绕组和前后轴承温度、减速器前后轴承温度等；③高、低配电柜状态参数（合闸、分闸、故障）；④辅助设备工作状态，即张紧装置工作状态、制动闸工作状态等；⑤带式输送机保护数据监测。

2）带式输送机工艺控制

控制系统根据带式输送机起停要求、工况特性，可以实现以下工艺控制功能：①对带式输送机进行软起、软停控制，实现带式输送机起动时的张力平衡，减少对电网和设备的冲击。在变频驱动情况下，可计算和自动生成最佳起动曲线。②对驱动装置故障进行检测；协调控制多台电动机的功率平衡和速度同步。③可实现速度给定与调速控制，可低速验带。④实现与辅助设备的协调控制，如与机械制动器的配合，与张紧装置的配合。⑤实现上、下级带式输送机联锁控制。⑥实现大运量下运带式输送机电气制动。⑦实现带式输送机保护控制功能。

3）带式输送机自动控制方式

带式输送机自动控制系统具有自动、手动、检修、就地操作控制模式。各工作方式下，需能保证上、下游设备之间的闭锁关系。

自动方式：自动工作方式下，采用控制器程序控制模式，操作员在远端通过通信或现场控制台一键完成带式输送机的起停控制。在运行过程中主控制器自动进行数据采集、在线监测、工艺过程控制。

手动控制：手动控制方式下，通过操作台上的起动按钮控制各个设备的单起、单停，并保证各个设备与带式输送机实现连锁功能。

就地控制：就地控制方式下，各个设备可实现单独控制。就地控制主要在现场操作台出现故障时应用。

检修方式：检修方式下，带式输送机可低速验带，以便于检修人员认真检查；各种保护可选择性地投入运行。

3. 带式输送机运输系统多机集中控制功能

带式输送机运输系统集中控制主要由运输系统远程集控中心对运输系统各带式输送机现场控制设备实现远程集中控制。其由运输系统远程集控中心和各带式输送机现场控制站组成。运输系统远程集控中心由数据服务器、上位工控机、显示器、不间断电源、通信网络和相应的系统软件、监控软件及组态软件组成。工控机采用主、从热备，实现双机控制，当其中一台工控机出现故障时，系统可自动切换到另一台工控机，以防止数据丢失或控制失效，可实现多条带式输送机集中控制和监测。各现场控制站主要完成单台带式输送机自动控制与保护功能。

1）集中监控功能

集控中心能够完成对运输系统带式输送机各种状态的监控，实时了解各带式输送机的工作状态、故障性质、故障地点、煤仓煤位、带式输送机速度等各种重要参数和信息。对整个带式输送机运输线上的设备进行全方位监控，可以对带式输送机运输系统的跑偏、堆料、断带、撕裂、拉绳、急停、温度、烟雾、电动机电压、电动机电流、带间联锁等状态进行监控，还可以对运输线的相关辅助设备进行联锁监控，包括给料机、除尘系统、洒水阀等；系统通过通信网络依次巡检各现场控制站，接收现场控制站采集的各种信息，并负责各台相关设备之间的联锁控制，发出远程控制指令。

2）集中控制方式

带式输送机的集中控制方式有远程集中控制、现场控制两种工作方式。

（1）远程集中控制模式：将工作方式设置为集中控制时，所有设备由集中控制中心控制，在集中控制中心能远程控制带式输送机、给煤机等设备的开、停，便于指挥和控制运输系统高效运行。集控方式用于正常生产，由集中控制中心按照煤流设备队列的闭锁关系，实现设备按逆煤流方向或者顺煤流方向成组或逐台顺序延时起车，按顺煤流方向成组或逐台顺序延时停车。设备起停的延时时间因设备而异，原则是运行时不堆煤，停车后不存煤。在集控方式下，通过选择不同的控制流程，起停不同的设备队列。

（2）现场控制模式：在现场控制模式下，现场根据实际情况选择不同的方式进行控制，可选择单机自动、手动、就地等不同方式。

此外，设备的禁起、故障急停均需符合设备之间的联锁要求。

（二）带式输送机安全保护技术

1. 带式输送机安全保护系统

《煤矿安全规程》规定：滚筒驱动带式输送机必须装设驱动滚筒防滑保护、烟雾保护、温度保护和堆煤保护装置；必须装设自动洒水装置和防跑偏装置；在主要巷道内使用的带式输送机还必须装设张力下降保护装置和防撕裂保护装置。因此带式输送机安全保护的主要内容是防打滑、防堆煤、防断带、防跑偏、温度报警、烟雾报警、自动洒水和沿线急停等，保护动作后有声光报警指示。沿线实现闭锁、通话、预警功能。目前我国煤矿井下许多在用的带式输送机保护装置为综合保护装置，图7－26为带式输送机综合保护装置系统图。系统由主控制器、电源箱、保护传感器、语音通信电话、通信设备等组成。系统采用工业嵌入式计算机控制和现场总线（CAN）技术，完成带式输送机保护所有传感器的数据采集与保护控制，不仅具有保护功能，而且可对设备状态进行监测，包括电机电压、电机电流、控制柜状态监测等；有的系统还具有远程通信与联网功能，实现在控制中心远程监控。

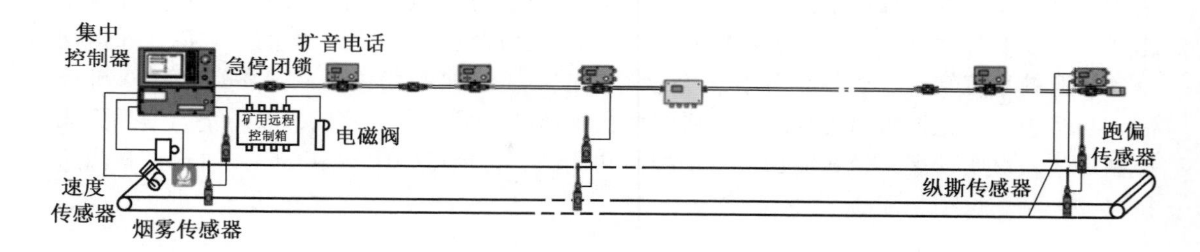

图7－26　带式输送机综合保护装置系统图

2. 带式输送机安全保护传感器检测技术

带式输送机安全保护系统的可靠性主要取决于传感器检测的可靠性，目前传感器检测也向着高可靠性、智能识别方向发展。各种传感器的检测技术如下。

1）跑偏检测

带式输送机在运行过程中输送带偏离输送机中心一定程度时，就会发生跑偏故障。带式输送机跑偏是一种常见故障，如不加以保护将会引起撒料、输送带断裂，并会增加输送机运行阻力。

跑偏故障的检测都是通过安装在输送带两侧的跑偏开关实现的。当带式输送机跑偏到一定程度时，输送带会挤压跑偏开关，跑偏开关触点闭合发出跑偏信号。一般分为两级保护，跑偏开关根据偏移角度不同分为一级跑偏和二级跑偏，一级跑偏为轻跑偏，二级跑偏为重跑偏。一级跑偏时，发出警告信号；二级跑偏时，发出停机报警信号。跑偏开关在带式输送机两侧成对安装，根据实际情况间隔一定距离安装一对，一般为间隔 100 m 或 200 m 安装一对。

2）打滑检测

当带式输送机传动滚筒的速度与输送带的速度出现不同步时，两者之间发生相对滑动，就会发生打滑故障。发生打滑故障时，输送带与滚筒之间的滑动摩擦使滚筒表面温度急剧升高，极易发生输送带着火，引起煤尘和瓦斯爆炸。

打滑故障检测是选取两个速度传感器分别测量输送带的速度和驱动滚筒的速度，然后将两者进行比较，当输送机正常工作时，两个检测速度基本一致，保护系统不输出信号。如果发生打滑故障，则两者速度有差值，保护系统输出信号，经延时后进行停机保护。速度检测方式采用霍尔传感器来实现，通过在输送带和滚筒上等距离设置若干检测点或采用旋转编码器来实现，根据单位时间内检测到的脉冲数量来计算速度，输出一般为频率信号或开关脉冲信号。

3）温度检测

带式输送机在运转过程中，由于摩擦或其他原因，可能引起滚筒、托辊等部件温度过高。即使用温度传感器检测输送机设备及周围环境的温度，一旦温度超过设定值，温度保护发出报警信息，保护停机并驱动洒水装置洒水降温。

输送带的温度故障主要是打滑导致摩擦生热产生的，因此，一般将处于最易打滑位置的驱动滚筒作为温度检测的被测对象。温度传感器有接触式温度传感器和非接触式温度传感器两种。接触式传感器采用热敏器件集成的感温探头检测设备温度，非接触式测量方法有红外线温度传感器，以物体的热辐射原理为理论依据，测量时不与被测物体接触，安装测量较方便。

4）烟雾检测

带式输送机的烟雾故障多是因机械摩擦而引起的，特别是滚筒打滑或托辊卡死时与输送带高速摩擦生热所致，一般伴随着温度故障产生。通过检测烟雾可以发现初期火情，保护装置能够及时报警、停止输送机运行并驱动洒水装置洒水，以免事故扩大，造成不可估量的损失。

检测烟雾采用烟雾传感器，一般多设置在输送带两端，其输出信号为触点信号。目前使用较多的烟雾传感器是离子烟雾传感器。

5）料位检测

料位传感器主要用于煤仓料位监测。当料位太低或太高时要进行提醒。检测料位有多种传感器，需要根据具体的使用环境加以选用。在料仓料位检测中，可以采用超声波料位计和雷达料位计，其输出为模拟量或通信数据；要求安装位置要合适，避开下料口，以免影响测量精度。有时也利用煤的导电性，采用电极式开关，在高、中、低 3 个料位处分别设置，其输出的是触点信号，可以进行固定位置料位检测。

6）输送带张力检测

输送带需要保持一定的张力来保证滚筒高效地带动输送带运输物料，输送带太松，容易在滚筒上打滑，太紧容易将输送带拉断。检测输送带松紧度，可通过检测输送带张紧器的油缸压力或钢丝绳张力来实现，传感器输出的为频率量信号和模拟量信号。

7）拉线急停开关

拉线急停开关主要为巡检维护人员配置，因带式输送机运输线较长，工作人员在两侧检查。在发生危险或出现故障需要紧急停机，立即控制系统动作，所以需要在带式输送机沿线布置急停开关，单侧或两侧设置。一般每 60 m 设置一个（对），其输出信号为触点信号。

8）堆煤检测

由于某些原因使输送机的卸载点物料堆积堵塞，不能实现正常运输，发生堆煤故障。一旦发生堆煤故障，如不能及时发现并停车，会造成输送机机头埋料，甚至超载堵转，严重时损坏设备，危及人员安全。

堆煤故障检测是由堆煤传感器实现的，目前常用的有带防漏环的煤电极式传感器、偏摆式堆煤传感器。

带防漏环的煤电极式传感器：置于煤仓或转载点某一高度处，将堆煤接点引出的电缆裸露于要检测的位置（该裸露头成为本安型煤电极），当煤堆到一定高度，煤电极与大地之间的煤电阻达到一定值时，输出堆煤故障信号。

偏摆式堆煤传感器：安装在两部带式输送机搭接处，传感器内部有一个钢球和延时开关，悬挂的传感器处于垂直状态时，钢球压在延时开关上。当煤位上升使传感器倾斜超过动作角度时，钢球滚开，开关延时动作发出堆煤故障信号。煤位下降后，传感器恢复垂直状态，钢球又压住延时开关使其复位。

上述传感器在使用过程中，存在可靠性低，故障频繁等问题，当工人误碰或者有大煤块经过时容易发生误报警现象，检测效果较差。所以很多厂商在研究更好的解决方法，目前有基于视频模式识别的堆煤监测技术。

针对上述问题，采用非接触式视频图像处理方法来实现堆煤状态检测。图像识别原理：根据带式输送机头部发生堆煤时，堆煤处的图像就会发生显著变化，在带式输送机头部落煤处斜上方合适位置安装矿用摄像机，对带式输送机头部堆煤事故发生前后的图像特征变换进行实时监控，利用发生堆煤时采集到的一帧图像与背景图像差分后，出现堆煤影像的现象来判断堆煤事故是否发生。

由于井下的运输环境较为恶劣，光线较为昏暗，所以摄像头应选用低照度、长寿命的摄像机。其安装地点也要符合煤矿安全生产的实用性，一般安装在带式输送机头部落煤点上方合适位置。摄像头采集到的图像实时上传至计算机，通过图像分析软件再采集到视频图像帧中，根据带式输送机落煤点处煤流大小及落煤点区域大小来人为地设置一个虚拟矩形检测区域。依据堆积的煤块占矩形区域面积是否超过设定的阈值，判断是否存在堆煤。当发生堆煤事故时，通过图像分析软件对摄像头采集到的图像进行识别并发出堆煤预警，或者控制硬件做出相应反应直接将带式输送机断电停机。

9）钢丝绳芯在线监测

钢丝绳芯在线监测属于断带事故前的主动预防。钢丝绳芯输送带工作时如果受到剧烈冲击，可能会导致钢丝绳断裂，然后经过长时间的摩擦、压迫、弯曲变形等，钢丝绳的断裂部分会穿透覆盖橡胶露出来。露出输送带橡胶的钢丝绳极易绞入滚筒或托辊，随着输送带的运行，钢丝绳被抽出，造成纵向撕裂。特别是在输送带接头处较容易发生断裂，因此使用前应做好接头的抗拉检验，使用中对其进行实时检测，以降低断带发生的概率。其检测方法有：X 射线探测法、电磁感应分析法。

（1）X 射线探测法。这是一种基于 X 射线投影成像及计算机图像处理的无损探伤技术。其原理是让扇形 X 射线束穿透以检修速度运行的钢芯带，由二维 X 射线光伏探测器接收，形成图像像素电信号，经采集转换、传送和处理，得到输送带的二维投影图像。根据投影图像分析带内钢丝绳芯的完好情况，而且能检测出绳芯断裂量及其所在位置。由于将图像转换为数据进行传输与处理，大量数据使得计算机实时处理较困难，同时 X 光机产生强力辐射，对人体造成危害，只能在低速下（输送带运行速度≤1.0 m/s）使用。

（2）磁感应式分析法。采用电磁感应原理进行检测，钢绳芯输送带内部沿纵向平行、等间距布置若干条细钢绳，钢绳是导磁体。若沿纵向对输送带内部的所有芯绳进行磁化，当其中的钢绳有断裂时，在断口附近必然产生超越输送带表面以外的漏磁场。漏磁场的强弱即可反映断绳量的多少。用磁检测器检测该漏磁场，便可得到相应的输出信号。将检测器的输出信号进行处理后，便可定量分析芯绳的断裂量，再根据断绳在输送带横向所处的位置，即能确定输送带的强度损失，提出输送带的剩余强度。磁感应式分析法较为简单，不能全面直观地看到输送带内钢丝绳芯的图像，只能看到一些曲线，有时需要专业人员对曲线进行分析判断才能得出结论。同时输送带钢丝绳疲劳破坏会影响漏磁检测结果；外界环境的电磁干扰，运输负载突然变化造成钢丝张力变化会导致漏磁变化，这些都将引起误判。

上述方法各有优劣，对输送带断带检测均有事先辅助分析作用。

10）输送带撕裂监测

输送带撕裂监测属于撕带事故后的检测，是指通过一定的方法检测输送带断裂后相关物理参数的变化来判断是否发生撕带故障。输送带撕裂的主要原因为输送带跑偏撕裂、纵向划伤撕裂、输送带抽芯撕裂等，因此，需要安装有效的撕裂检测保护装置，输送带一旦撕裂，保护装置需在最短的时间内检测出来，及时发出报警信号并停机，尽量降低撕裂长度，减少损失。

输送带撕裂监测具体方法有多种：输送带运动方向检测法、带速检测法、张力检测法、悬垂度检测法及磁场变化检测法。

目前常用的输送带纵向撕裂检测保护装置主要有撕裂压力检测器、漏料检测器等。

撕裂压力检测器：这种装置通过在托辊上安装传感器，当发生撕带时，输送带必定受到一个反向的附加压力，而这一附加压力会使输送带和托辊所受的压力显著增加，所以可以通过监测输送带在落料口处所受反向压力的大小及变化情况来诊断输送带纵向撕裂事故，发出报警信号或停机。缺点是落料口落下较大的煤块或矸石等引起的冲击压力而产生误报。

漏料检测器：它安装在上输送带受料点的下方，传统的结构由托盘、支点、平衡锤和开关等组成。当输送带被撕裂后，输送带上的物料通过裂口泄漏到托盘里，物料的重量克服平衡锤的重量，使整个装置绕支点转动，迫使限位开关动作。这种检测器结构简单，检查方便。但是，当输送带被撕裂后，只有输送带上有物料且输送带的裂口足以使物料泄漏时，此装置才能起到检测作用，否则就不起作用。另外，由于物料撒漏，使这种装置经常误报。若托盘上积聚的灰尘过多，可能会产生误动作。所以，需要经常检查并清理灰尘。目前，在一个接料板上安装几个传感器替代传统结构，称为撕裂传感器。物料落入接料板上的传感器上，这时传感器将信号送至控制箱，控制继电器动作，发出报警和停车信号，从而实现对带式输送机的保护作用。但在使用中仍存在着上述不足。

上述监测方法都存在一定问题，随着智能化技术的发展，视觉检测技术被用来对输送带撕裂进行监测。

撕裂的输送带表面必然存在明显裂缝、撕裂处弯曲变形、撕裂处输送带叠加，以及输送带跑偏等情况之一，与完好输送带表面特征存在明显差异。对于输送带撕裂视觉检测系统，主要任务是对输送带表面发生的撕裂故障特征进行及时、准确地提取。采用线激光辅助的输送带撕裂视觉检测技术，可对输送带表面撕裂特征的提取转移到对激光条纹特征的分析上来，能提高检测结果的准确性，降低系统的计算复杂度，增加了提取结果的准确度。基于线激光辅助视觉技术的输送带撕裂检测装置如图 7 – 27 所示，它由 3 个模块组成：图像获取模块、光学检测模块、保护补偿模块。

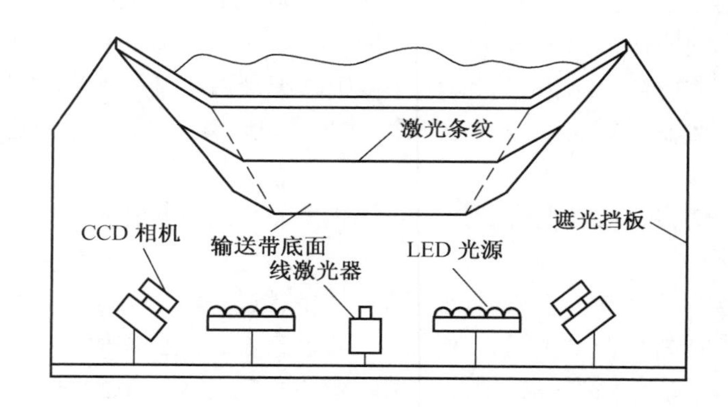

图 7 – 27　基于线激光辅助视觉技术的输送带撕裂检测装置

图像获取模块由激光器、取像装置和机台底座组成，其目的是将输送带底面的图像实时地传递给光学检测模块，用于撕裂特征的在线检测。

光学检测模块由撕裂检测控制计算机和图像采集卡组成。图像获取模块得到的图像经图像采集卡输入撕裂检测控制计算机。撕裂检测控制计算机对每帧图像分别进行处理，检测当前输送带表面是否存在纵向撕裂。当撕裂事故发生时，向操作室报警，同时在终端显示带有撕裂特征的原始图像便于操作人员确认。

保护补偿模块由 LED 光源、吹扫风机和带式输送机密封罩组成。通过 CCD 摄像机对快速运动的输送带获取清晰稳定的图像。使用带式输送机密封罩将其一部分进行封闭，同时采用 LED 光源向输送带底面均匀补光，这样既保证了稳定的光照条件，又避免了输送带运动时抓拍图像存在拖影，有效地抑制了粉尘、煤碴，以及水雾造成的影响。

利用该检测装置可以获取清晰稳定的输送带表面图像，要实现撕裂处的自动检测还需对获取的图像进行处理。输送带完好无撕裂的情况下，输送带底面激光条纹平滑、无局部跳跃、无断点；当输送带发生撕裂事故时，线激光条纹会受到撕裂位置的调制而出现跳跃、断点等现象。通过对检测图像中光条特征的提取和分析，实现对输送带撕裂事故的检测。

综合上述带式输送机的保护传感器大部分基于有线网络的传输，由于传感器数量越来越大，大量有线电缆会造成传感器安装不方便，故障率高。目前随着井下宽带无线网络的推广应用，带式输送机无线传感器也开始研发与应用，将给无人值守系统提供更为便捷的接入模式，提高在线监测的可靠性。

七、带式输送机多级联动节能优化控制技术

带式输送机运输系统是煤矿能耗较大的系统。目前，采用传统的生产控制工艺导致设备空转时间较长，系统能源消耗大，限制了带式输送机运输系统的运行效率。随着智能化技术的进步，通过改变传统的工艺控制模式和采用新技术、新产品实现运输系统优化节能运行，对运输系统减少能源消耗、降低运行成本、延长设备使用寿命具有重要意义。

带式输送机运输系统节能控制技术是建立在带式输送机整个系统多级联动智能化控制的基础上实现的节能优化控制（即建立在带式输送机自动监测保护、多机功率平衡控制、自动张力控制、无冲击煤流起动等自动控制基础上）。其控制系统包括节能控制软件平台、现场分布式智能控制设备、驱动设备、监测保护系统等。运输系统多级联动节能控制示意如图 7－28 所示。系统采用煤流智能检测技术、变频调速技术、视频识别技术、协同控制技术，通过节能控制软件平台实现集中优化控制。本节重点介绍两种节能优化控制方案：①采用顺煤流起停工艺实现节能优化控制；②与采煤量协同，根据输送物流载荷变化智能调节带式输送机运行速度，实现节能控制。

（一）顺煤流起停节能控制原理方法

在煤矿生产运输中，大部分采用多条带式输送机连续运输。输煤系统一般采用逆煤流起动，按逆煤流方向依次起动煤源设备。这种起动方式是传统的控制理念，虽然可以保证在每一条输送带起动前其下游输送带已经运转起来，可以有效地防止堆料事故的发生，但对于整套输煤系统而言，会造成多台带式输送机较长时间的空转，系统起动时间较长，从系统起动命令发出到物料真正开始运输会有较长时间的延迟。特别是对于距离较长的带式输送机运输系统，起动时间和设备空转时间会更长。

为了减少空转的磨损和能耗，通过改变逆煤流传统控制工艺，实现无空转起车，采用顺煤流起车方式。为了防止堆煤事故的发生，在每条带式输送机机尾处安装煤流检测装置。按煤流方向，首先起动煤源处第 1 条输送带，检测有煤在其上时，根据运行速度计算延时时间，延时到，起动第 2 条输送带，此时物料刚好达到第 2 条输送带。以此类推，顺序完成多部输送带的起动操作，若设某带式输送机安装的煤流传感器到机头的距离为 L，输送带运行速度为 v，则按顺煤流方向起动下一条输送带的延时时间 $t \leqslant L/v - t_i$（t_i 为沿煤流方向下一条带式输送机起动需要的时间）。下一条输送带起动，主要靠上一条输送带煤流检测结果判断，若无煤流通过，则下一条输送带不起车，从而避免了起动时的空转现

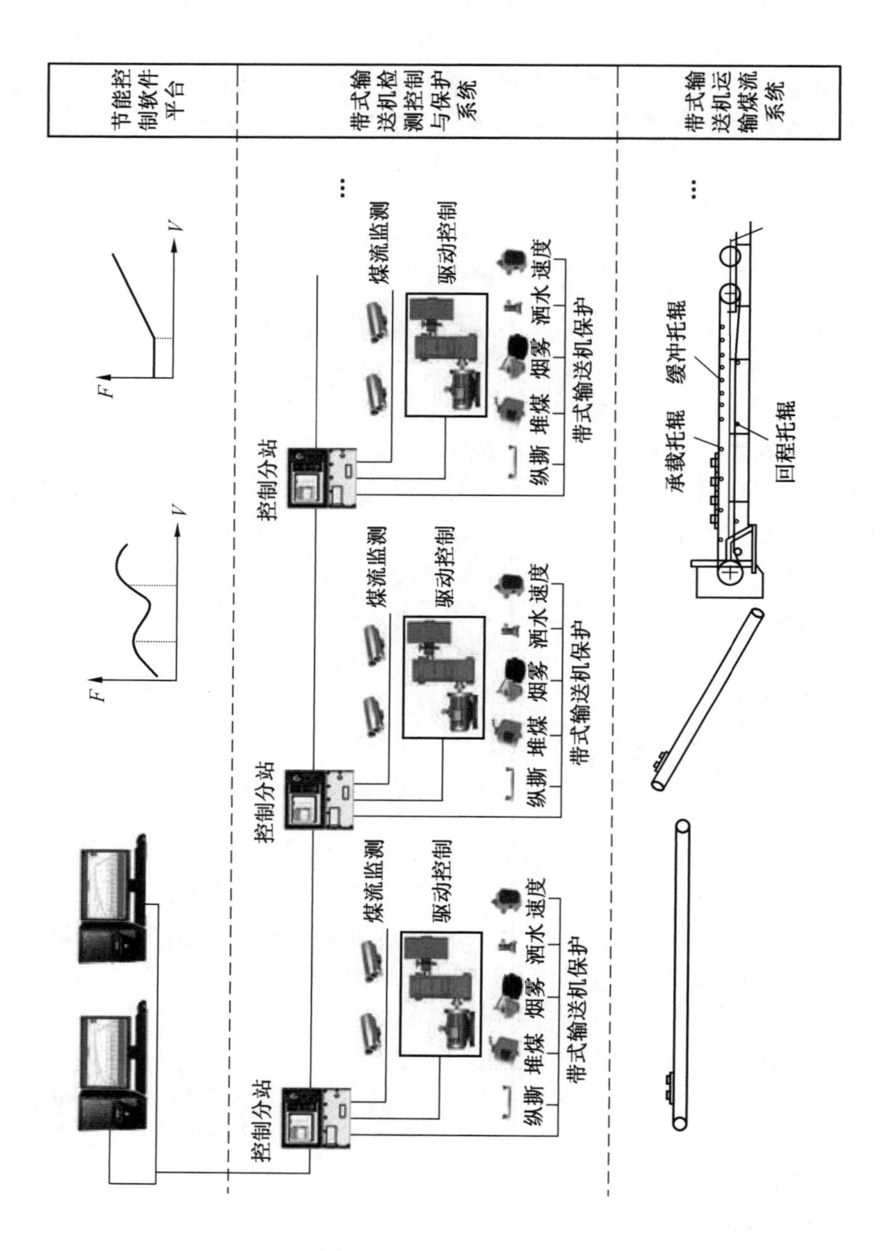

图 7-28 运输系统多级联动节能控制示意图

象。系统在正常运行过程中，也可以通过煤流检测装置检测上一条输送带较长时间没有煤时，停止本条输送带运行（停止时要确保上一条输送带无煤，本条输送带已无煤），直到检测到有煤时再按延时时间起动，达到较大的节能效果。系统在正常停机时，按照顺煤流方向依次停机。在整个过程中煤流检测装置必须可靠工作，为此，可采用冗余配置方式提高可靠性。

（二）根据物料运量智能调速的节能原理与方法

由于煤炭开采和井下环境的特殊性，无法保持带式输送机运煤量均匀，给煤不均匀，输送带上煤量分布变化不均匀，再加上输送机配置的机械及电气设备选型是按照煤矿生产的最大可能即一定的冗余系数确定的，其电动机一般都有 20% ~40% 的富余量，导致带式输送机经常处于轻载与空载状态，均造成了极大的电能浪费和设备空载磨损，影响了设备使用寿命，增加了系统运行成本。

为了减少空转的能耗，根据不同段物流载荷变化，实现自适应调速节能。对于带式输送机的总功率而言，有两个重要参数：输送带运量 Q 与运行速度 v，当输送带运量 Q 相同时，则带式输送机功率 P 与速度 v 成正比。当带式输送机工作，处于不同煤流量时，输送带运行速度 v 与功率 P 的关系如图 7－29 所示，如果输送带运行速度提高，则要损耗的总功率也随之升高。

为了减小带式输送机的输出功率，只有降低输送带运行速度才有可能降低带式输送机消耗的总功率，从而达到节能的效果。然而降低运行速度会导致物料线密度增加，必然受到输送带宽度和强度的约束。在安全要求的范围内，尽量选取较低运行速度达到节能效果。

如果 q_m 为带式输送机在工作状态可允许的最大物料线密度，则输送带运行速度 v 与运量 Q 可表示为

$$v = \frac{Q}{3.6q_m}$$

由上式可以得到：为了使带式输送机的输送带强度和输送带宽度在安全状态范围中，必须维持 q_m 不再变化。如果输送带运量 Q 发生改变，输送带运行速度 v 也相应发生变化，当运量 Q 降低为零时，输送带运行速度也相应地变为零。但在煤矿实际生产中，带式输送机不可能一直随时改变速度，随时起动和停止，所以，在煤流量比较小的情况下，输送带运行速度就取它的最小值即可满足要求。输送带运行速度 v 与输送带运量 Q 之间的变化关系可用图 7－30 表示。

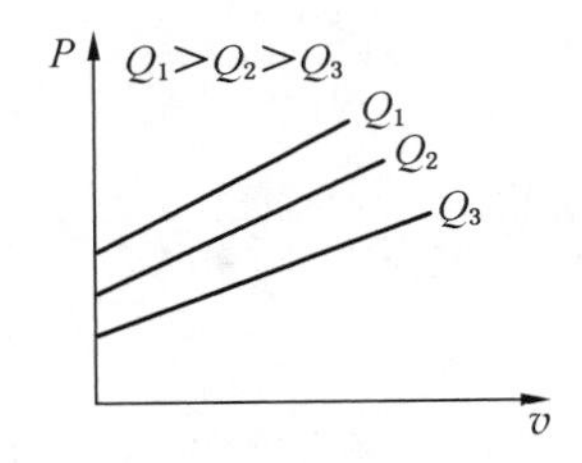

图 7－29　输送带运行速度 v 与功率 P 的关系

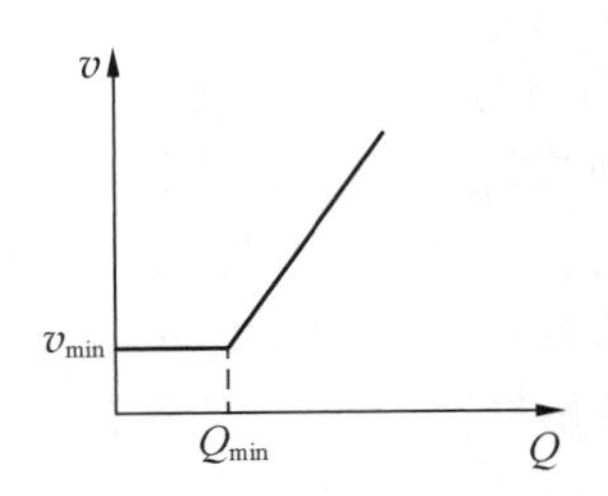

图 7－30　输送带运行速度 v 与输送带运量 Q 的关系

图 7-30 中的输送带运行速度 v 与运量 Q 之间的关系可表示为

$$\begin{cases} v = \dfrac{Q}{3.6q_m} & (Q > Q_{min}) \\ v = v_{min} & (Q \leqslant Q_{min}) \end{cases}$$

由以上分析得出：当运量 Q 较小时，通过减小变频器频率（即电动机转速）使速度 v 与运量 Q 相匹配，可以达到节能的目的。相应的运量 Q 增加时，速度 v 也相应增加，始终使速度 v 与运量 Q 保持最佳匹配关系，就可以达到有效节能的目的。

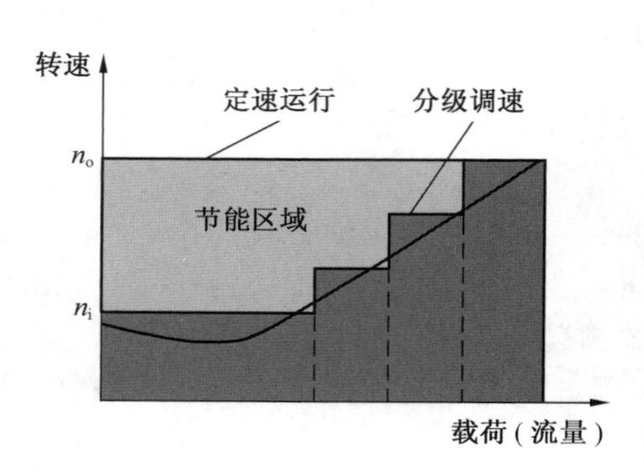

图 7-31　煤流量划分区间

采用自学习型智能煤流控制模型，查找和计算与实际原煤输送相关联系统的实际工作点，通过系统调节，使其运行在实际工作点上，从而使其降低能耗，减少设备耗损。自学习型智能煤流控制模型借助于神经网络算法和遗传算法建立参考模型，实现自寻优控制。通过现场样本数据测定和模型优化，得出煤流量和速度的最佳匹配值。通过系统控制设计，完成带式输送机智能调速节能控制。

在煤矿实际生产中，带式输送机在运行过程中煤流量时刻在变化，不可能固定为某一个值，要结合优化结果和生产实际，将煤流量划分区间，在不同区间进行优化匹配，实现带式输送机智能分段调速控制。煤流量划分区间如图 7-31 所示。

此外，实现上述原理方法，需要在各带式输送机合适位置上方安装煤流监测传感器进行煤流量实时检测，并采用变频调速装置实现带式输送机智能调速，从而达到多级联动的节能优化控制目标。

（三）煤流检测关键技术

在带式输送机节能控制系统中煤流检测是关键检测环节，传统的检测方法是在输送带上安装轮式料流传感器，有料时传感器抬起感应开关动作。这种传感器可靠性差、故障频繁，同时也不能实现料流大小的检测。目前有两种新技术可应用于煤流检测。

1. 视频图像煤流识别分析技术

采用视频识别与图像分析可判断输送带上煤量、瞬时断面煤量、输送带运行速度，建立计算模型，从而检测输送带上的来料与煤流分布的均匀性。将煤流量检测后的信号源全部接入控制主机，如图 7-32 所示。根据带式输送机的搭接关系、煤流量监测信号、输送机参数进行逻辑编程，控制带式输送机变频调速运行，达到最佳节能效果。

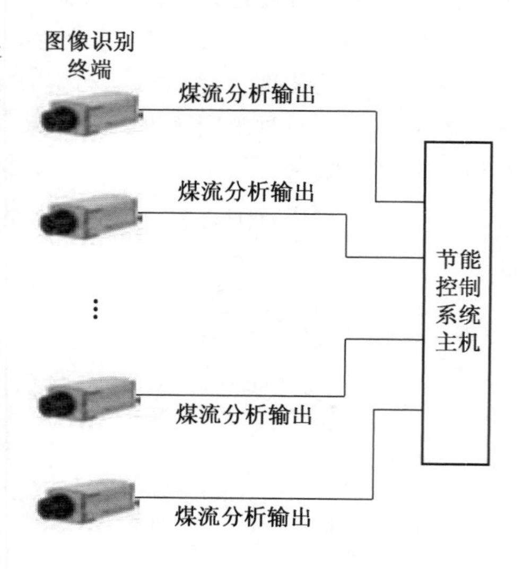

图 7-32　视频识别与控制原理

在视频中设定一个检测区域，如图7－33所示，煤流经过检测区域流量发生变化，根据设定的检测设备发出信号给控制主机，通过检测输送带有料或无料，对带式输送机进行起停控制；通过检测输送带料流情况，利用变频设备控制电机转速实现高、中、低速自动切换，达到节能控制的目的。

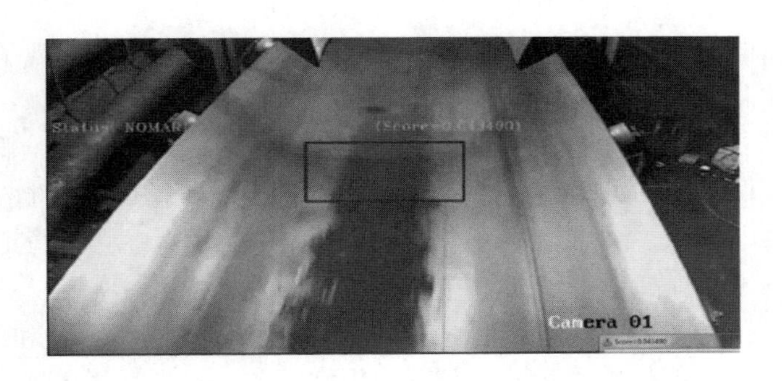

图7－33　视频煤流检测原理图

2. 煤流激光测量分析技术

采用激光测距原理，测算输送带某点实时煤位高低，根据输送带宽度，在输送带横向设定多点测量，从而勾画出煤流截面图形。煤流截面包络线如图7－34所示，由煤流截面包络线可计算出瞬时煤流截面积，并通过多个采样周期值，得出平均煤流截面积，反映当前煤量大小。可根据输送带调速分段要求，将测得的煤量大小划分不同区段，分别对应无煤、少煤、正常、多煤等，并显示在界面上，并由此控制输送带以不同速度运行。

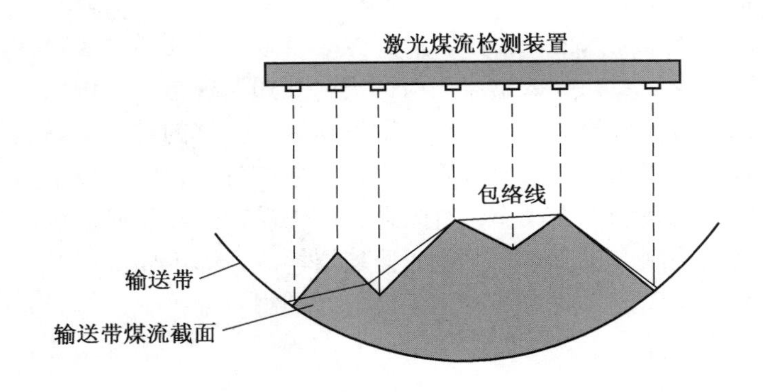

图7－34　煤流截面包络线

八、带式输送机运输系统无人值守控制技术

（一）带式输送机运输系统无人值守需要解决的主要问题

受矿井环境条件及人力成本增加的影响，煤矿生产通过无人值守智能化控制，达到安全生产、减人提效已成为煤矿企业发展的必然要求。一方面，无人值守控制技术采用了新

的控制理念和数据分析方法等，可以实现设备远程智能监测，设备全寿命周期管理，为煤矿提供更加便捷与精细化的管理模式。另一方面，针对安全生产，2015 年 6 月国家安全生产监督管理总局也发出了开展“机械化换人、自动化减人”科技强安专项行动的通知，对井下无人值守、智能化控制提出了具体要求。

带式输送机运输系统是煤矿用人较多、能耗较大的生产系统，是煤矿实现减人提效的主要环节。对于煤矿带式输送机运输系统智能化控制，目前国内已实现了多机联锁与保护运行、一键起停控制。但要实现无人值守需要解决以下几个方面的问题：

（1）要进一步提高带式输送机控制系统的整体可靠性。只有每个部件、每个系统稳定可靠才能提升整体系统的可靠性。特别是对于网络、电源、关键部件的可靠性设计，应具有稳定可靠的供电电源，防止意外停电影响带式输送机运行；具备稳定可靠的通信网络平台，保证通信畅通；提高现场传感器的精确判断与智能感知，实现设备全面在线监测与预警。

（2）解决关键监测部位的视频监控与图像识别问题，实现远程可视化监管。

（3）要求具备现场人员安全的智能防范措施。

（4）建立无人值守监控平台，实现多系统协作联动，包括生产过程的联动，故障时语音、视频报警联动。同时依据大数据分析平台，对存在的问题进行预先判断，对已出现的故障按应急预案进行安全处置。

（5）建立智能化巡检系统。

通过解决上述几个方面的问题，达到硬件结构可靠，运行稳定，故障前有可靠的监测保护环节，故障后有安全应急处置预案，正常运行期间有数据分析预警，实现预先维护，从而对设备进行全生命周期管理。

（二）带式输送机运输系统无人值守控制总体结构

带式输送机运输系统无人值守控制，以安全、高效、节能为主要目标。它是集智能控制、电气传动、网络通信、在线数据监测与保护、视频遥视与图像识别、音频采集，以及基于物联网的数据分析、故障预判、应急处置等功能于一体的控制系统。通过无人值守调度平台，实现设备的远程联锁与优化管控。它是建立在各种智能化技术基础之上的综合协同管控系统。最终实现现场无人操作，有人巡视。煤矿带式输送机运输系统无人值守控制由现场设备层、现场控制层、传输层、过程监控层构成，即主要由在线检测传感器、现场控制站、通信网络、无人值守监控平台及无人值守控制软件等组成。无人值守控制系统总体结构如图 7－35 所示。

1. 现场设备层

现场设备层主要由带式输送机现场各类在线监测传感器及各类信息处理装置组成，主要目标是建立一套可靠的在线监测与智能可视化综合分析系统，为无人值守提供可靠的分析依据。现场设备层是无人值守的基础，重点提高传感器检测的可靠性与精确判断功能，解决关键监测部位的智能识别问题。其监测的主要内容包括设备运行在线监测、带式输送机安全保护数据监测、视频监控与图像识别、设备巡检与安全边界防范等，主要功能是对带式输送机设备运行状态、运行环境、运行安全进行全面准确可靠的数据采集、分析、判断，实现系统的智能监测。监测手段采用传感器数据监测、视频图像监控与识别、现场音

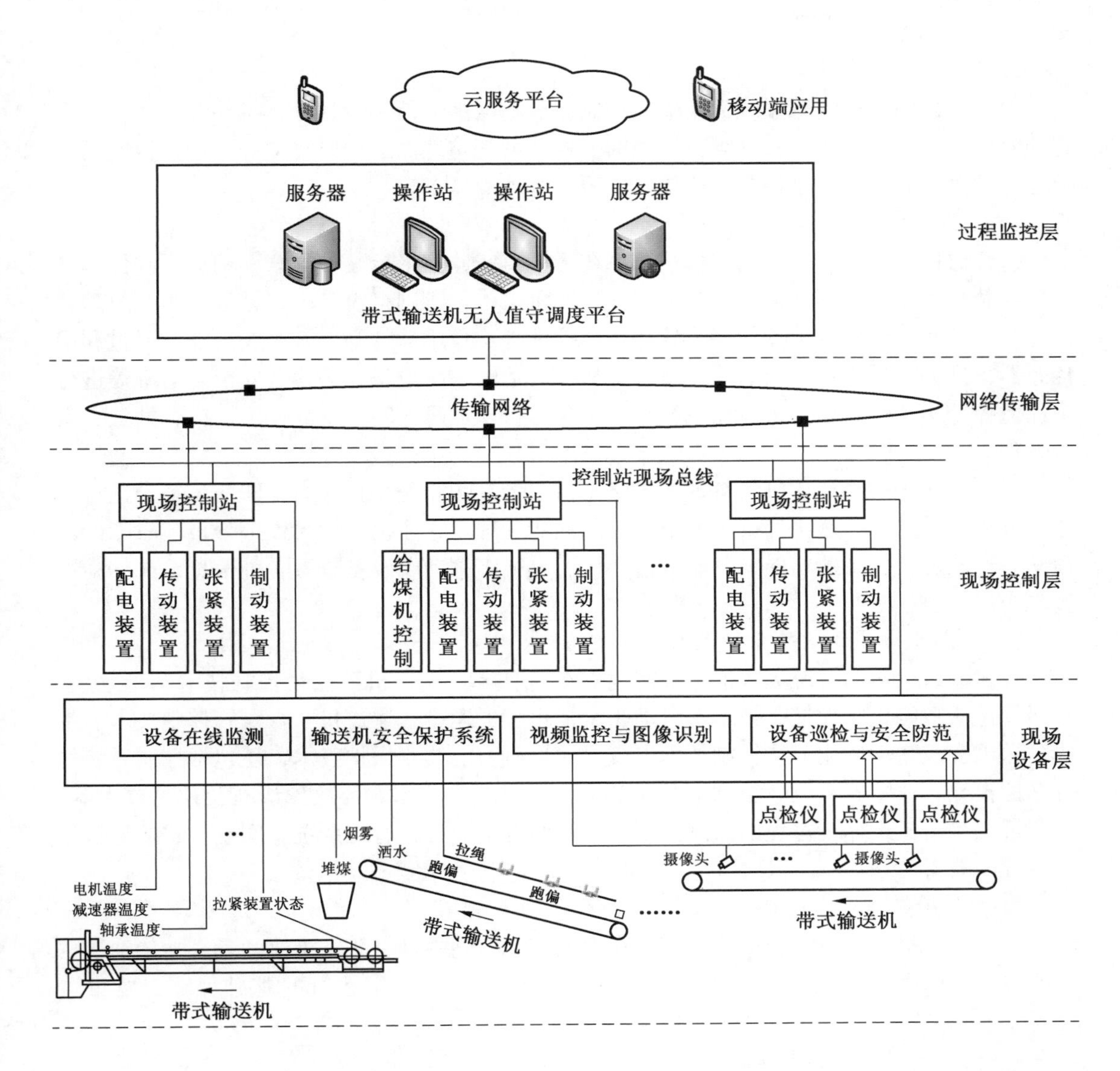

图 7－35 带式输送机运输系统无人值守控制系统总体结构

频再现等方法。采集方式有数字量输入、模拟量输入、RS－485 总线接口、以太网通信等方式。

2. 现场控制层

现场控制层是由多条带式输送机的现场控制站、智能控制装置（包括配电装置、变频驱动装置、张紧控制装置、给煤机控制装置等）、供电电源、现场通信设备等组成的。每个现场控制站具有独立的控制功能，可完成单条带式输送机控制任务，并可完成与其他控制站的上下游级联控制，满足煤流输送系统的集中控制要求。与无人值守监控平台通信，执行平台命令，完成控制系统的总体协调与优化处理。现场控制站能实现设备就地自动控制与远程控制。

3. 网络传输层

对于带式输送机运输系统无人值守控制，要求网络通信实时性好、可靠性高，要在确定的时间内完成信息传送，网络不能中断。控制系统与地面远程监控中心要构建稳定而冗余互备的网络系统，满足控制、通信、监视、管理等需求。

4. 过程监控层

过程监控层主要由带式输送机运输系统无人值守监控平台硬件与软件构成，硬件部分主要由数据存储服务器、多媒体服务器、计算机工作站、网络设备、报警设备等组成。软件部分包括数据库软件、操作系统软件、监控软件、应用软件等。其主要功能：通过利用传感器得到的数据进行智能运算、综合分析，对运输系统设备、环境、安全与运维等进行全面监控，实现带式输送机运输系统自动优化运行、故障诊断、事故预警、应急处置、安全管理。

无人值守监控平台还可将数据通过路由器上传到物联网平台，由物联网云平台进行大数据分析，对带式输送机设备进行全生命周期的管理。它还提供运行效率分析、故障诊断预警、专家决策分析等功能，并能通过手机、电脑等移动端设备查看各种信息，在移动端实现应用。

（三）带式输送机运输系统无人值守的关键技术

带式输送机运输系统无人值守控制建立在所有带式输送机智能化控制技术基础之上。它不仅包括智能化驱动控制技术、自动张紧技术、下运带式输送机联合电气控制技术、带式输送机多级联动优化节能控制技术、带式输送机智能监测保护技术，还包括控制系统的可靠性设计、故障安全应急控制策略、基于物联网的在线监测与故障诊断及预警技术等。构成带式输送机运输全过程的监测控制与地面调度中心远程管理系统，实现带式输送机运输系统的无人值守控制。

1. 控制系统的可靠性设计

带式输送机控制系统的可靠性设计在无人值守控制中具有非常重要的意义，特别是供电电源、通信网络以及核心控制部件的可靠设计是系统稳定运行的基础保障，要重点考虑。

1）供电电源可靠性要求

带式输送机动力电源一般采用双回路供电，并且具有智能保护和远程控制功能，可保证系统可靠供电。而对于控制系统，特别是主控制器、在线监测传感器、带式输送机保护与通信设备，要具备后备式不间断电源供电，在系统断电时仍能保证系统检测和通信环节正常，能在系统供电故障的情况下，实现故障在线监测与实时报警。

2）系统通信网络可靠性设计

带式输送机无人值守控制系统由多个现场控制站组成，各个控制站根据煤流工艺控制要求依靠通信网络实现联动控制，任意一个通信节点故障，都会影响其他设备的运行。因此，要构建稳定可靠的通信网络，在结构上采用冗余设计。在实际应用中可依托矿井自动化冗余环网、无线宽带专网，实现各控制站与监控平台的通信及各控制站之间的数据交换与联动控制。此外，通信网络的带宽要满足现场各类传感器与视频图像监控传输要求，并且具有较高的实时性，实现安全预警与应急控制。

此外，对于带式输送机的关键核心控制设备也要进行可靠性设计，任何关键部件出现问题，都会影响系统的安全运行。特别是各个输送机的主控单元，宜采用两套互备模式，提高整个系统的可靠性。

2. 无人值守应急控制技术

要实现无人值守，必须考虑特殊情况下的安全应急处置，在极端故障情况下的安全处理原则和方法。针对不同的故障，建立应急控制预案，根据不同的故障进行不同的应急处置。带式输送机在运行过程中均会出现输送带沿线保护类故障（如跑偏、打滑、烟雾、温度过高、输送带纵撕及断带等故障）、检测装置故障、控制装置故障、电气驱动装置故障、通信装置故障、机械装置故障、运行过程中人员越线闯入安全故障等。对于一般故障要按照通常的故障规则处理，对于较为特殊的故障，如电源故障，若为下运带式输送机，要建立其突然停电后安全制动控制模型。对于多机驱动装置故障，要建立多机驱动在某一装置故障时的力矩重新分配控制模型或减少给料控制模型；对于控制装置故障或通信系统故障要采用自动导入安全停车模式，避免失控。对于人员越线等安全故障，要紧急停车，保护人员安全。当发生轻故障时，原则上设备可继续运行，避免频繁停车，尽量不影响系统正常运行，但要提出预警并给出维修信息，并通知巡检或维护人员在指定时间完成检修或维护。通过创建带式输送机安全控制模型，并对故障进行应急处置，可避免极端情况下较大故障的发生。提高带式输送机运输系统无人值守运行的安全可靠性。

3. 在线监测、故障诊断与预警技术

为了保证带式输送机能够安全可靠地运行，防止故障停机，给煤矿造成经济损失，并避免安全事故的发生，对带式输送机运行过程进行实时故障检测与诊断，是非常重要的。特别是在无人值守的控制系统中，通过对带式输送机实时在线监测，测定出能反映故障隐患和趋向的参数，评价预测设备的可靠性。早期发现故障，从中得到预警信号，采取相应的维护措施，减少突发事故造成的停产损失，可防止对人员和设备造成安全威胁。

1）带式输送机在线监测的主要内容

（1）设备运行参数监测：①驱动装置运行数据监测，电动机电压、电流、电动机温度、减速器温度、轴承温度、设备振动等；②配电柜状态参数，合闸、分闸、故障；③辅助设备工作状态监测：闸盘油泵工作状态监测、张紧装置工作状态监测等。对上述参数进行监测主要实现带式输送机机电运行状态监测与故障分析。

（2）带式输送机故障保护数据监测：堆煤、打滑、纵撕、速度、烟雾、温度等，主要监测带式输送机运输过程中产生的故障。

（3）带式输送机重要位置视频图像监控：视频监控是无人值守可视化控制的重要补充，在运输系统沿线关键和重要位置，如带式输送机的机头、机尾、下料口、煤仓等处安装摄像仪，调度中心可以全面直观地了解井下各主要位置的环境情况、设备运行情况。同时采用图像识别技术，对带式输送机运行过程中出现的问题进行故障分析、异常预警。视频监控系统由多媒体服务器、监视设备、网络摄像仪、传输设备组成，摄像仪可根据实际需求选用云台式或固定式，对于粉尘较大的地点选用除尘摄像仪。

（4）设备巡检与人员安全监测：设备巡检是对无人值守的设备定期巡视，将巡视和检修数据通过巡检系统输入调度平台，实现数据的记录与分析。设备巡检可采用多种形式，通常包括手持式点检仪、手机点检软件等，巡检人员可以通过手持式点检终端对现场设备温度、振动等参数进行检测，同时记录巡视和检修过程中发现的各种问题，通过有线或无线方式将采集到的数据上传到监控平台。监控平台软件对采集数据进行统一归纳和整理，为管理人员提供指导。

人员安全监测主要是为了加强设备与人员的安全，在设备周围设定边界防范，有人员闯入时设定语音报警提示，避免人员伤亡，对于接触危险区域、危险设备的人员及闯入人员进行跟踪监控；并结合人员定位技术进行综合分析。

带式输送机在线监测系统主要由现场感知传感器、现场采集设备、信息处理平台构成。现场感知传感器主要负责现场设备的信号采集；现场采集设备主要负责信号的处理与传输；信息处理平台主要完成对现场数据的运行监测、故障诊断与异常预警。

2）带式输送机故障诊断与预警方法

带式输送机故障诊断与预防预警主要通过在线监测系统实现，其过程包括状态检测、分析诊断、预警预防 3 个环节。状态检测：通过在线监测系统对设备运行过程中的关键部位特征信号（如振动、温度等）进行采集、分析、处理、显示；对传感器输出的模拟信号进行转换、处理，获得设备运行状态的特征参数。分析诊断：利用分析软件对设备运行状态的特征参数进行变化、处理，得到能直观、明显反映设备状态的特征信息，如时域图、频谱图等。通过对特征参数阈值、趋势的分析，与典型故障信息进行比较，及早发现故障。对于较复杂的故障可通过专家系统或大数据分析手段进行综合分析，建立各类预警模型，预测故障的发展趋势，从而对故障进行准确诊断。预警与预防：根据故障诊断结果进行不同的预警，并通过决策系统提出预检预修或故障处理手段方法，保障设备安全可靠运行。

（四）无人值守调度平台功能

无人值守调度平台实现多条带式输送机的集中监测、故障诊断、优化控制，并对带式输送机沿线视频监控、语音调度、故障应急联动。带式输送机无人值守调度平台主要由数据服务器、主控机、网络通信设备、控制软件、调度系统等组成。该平台主要功能模块包括：工艺设备运行监控、可视化故障定位管理、视频监控、设备运维管理、异常报警、应急处理等。

1. 工艺设备运行监控

工艺设备运行监控主要监控带式输送机生产过程中设备运行数据、工艺过程数据、通信连接情况、供电保障情况等，可实时监测与显示当前带式输送机系统所有设备的运行状况，包括设备运行参数、状态及故障信息，将各种运行数据和故障形成标准的统计曲线和报表，并以文字、动画、图标等直观形式进行展示，通过人机交互方式进行查询。工艺设备运行监控可以超链接进入某个系统，实现分级别、分权限监测。

2. 可视化故障定位管理

建筑物、环境、设备三维监测采用三维或二维 GIS 图形进行分层显示，建立各带式输送机设备、建筑物之间的时空关系、环境安全、人机安全关系，方便远程专家、人员全面了解带式输送机的现状与运行情况。系统发生故障时，会自动快速定位相关联的故障设备、故障地点，便于维护与检修设备，便于远程故障诊断与处理。

3. 应急处理

系统对带式输送机性能参数、工况参数在线实时监测，及时发现设备的故障征兆，诊断故障产生的原因，提前预警，为生产和维修提供决策依据，实现设备运行状态的集中管理、集中分析。

故障发生时，系统会按照预先设定的控制策略自动处理。当出现特殊情况时，需要人为干预控制时，系统进入应急处置模式，系统自动弹出应急处置流程画面，由操作人员介入，判断选择采用哪种流程运行，进行选择并执行，帮助工作人员解决特殊故障下的复杂操作。

4. 异常报警

由于监控中心人员管理多个不同的子系统，系统应设专门的报警界面进行提醒。出现报警或故障时，自动弹窗、闪烁显示，醒目地展示给工作人员。同时其他各部分画面及视频系统同时集中显示故障具体情况，实现报警联动显示。

5. 视频监控

视频监控在现场无人值守的情况下，对现场环境设备进行远程监控，向远程管理人员提供现场图像显示。通过操作调取带式输送机运输系统各路视频信号，直观地观察现场实时画面，自动跟踪设定目标，在状态改变或出现异物时弹窗报警。故障发生时，实现与故障信号联动，显示故障设备或相关环境情况，掌握设备运行状况。

6. 设备运维管理

无人值守的控制系统集成了设备巡检系统。其中设备巡检数据上传到监控中心平台，与设备在线监测和工艺控制数据进行融合，构成设备运维管理系统。

设备运维功能：正常情况下对设备点检自动排程，按计划点检，方便管理。同时对点检过程进行记录，建立巡检点表，包括线路图、点检项目、点检数据、点检时间、点检人等。根据不同设备和不同点检要求，明确点检的具体方法；系统记录设备运维数据，当后台发现有设备问题时，会及时弹出窗口，提醒管理人员与检修人员。通过对设备点检数据与设备在线监测数据的综合分析，对设备健康状况进行预警，实现有计划的检修维护。

带式输送机无人值守调度平台可以接收煤矿安全生产信息化管控平台的信息，执行生产计划管理，实现跨系统的自动协调控制，有效提高生产效率。

（五）云服务平台的远程数据诊断与维护

无人值守控制平台的数据通过通信网络设备可以上传到云服务平台，通过云服务平台进行远程数据诊断与分析，结合移动端手机应用，实现维护人员的远程监控、故障查看、远程维护。

云服务平台远程诊断与维护主要由六大功能模块组成：运行在线监测、输送运输装备数据分析、预检预修决策、故障远程诊断、运行参数优化、程序远程升级。运行在线监测功能可通过移动端对运输装备的运行状况进行实时在线监测；运输装备数据分析功能自动分析装备运行数据，得出装备运行报告；预检预修决策功能根据装备运行数据，利用专家系统和大数据分析自动出具装备的预防性检修指导书，从而降低故障发生概率；运行参数优化功能是通过在线平台的分析，工程师可以对装备进行远程参数优化，提高装备的运行效率；程序远程升级功能是工程师对装备进行系统程序的在线升级，不断提升装备的智能化水平。

通过云服务平台的远程数据诊断与维护，可以实现设备维修保养预警、配件使用寿命预警、设备自动巡检状态预警与设备亚健康诊断，使设备未发生故障时即得到维护，保障运输系统的安全高效运行。

九、带式输送机运输系统智能化控制应用案例

中煤集团山西华昱能源有限公司201和202号带式输送机是长达15 km的远距离多驱动复杂应用环境的两条带式输送机。其中201带式输送机总长6066 m，有上坡段、下坡段，运行工况极为复杂。该带式输送机设计采用头部双滚筒三电机驱动，中部单滚筒双电机驱动，尾部单滚筒单电机驱动，功率配比2∶1+1∶1+1∶0，主要技术参数：$Q=2700$ t/h，$B=1400$ mm，$V=4.5$ m/s，$L=6066$ m，输送带强度St4000，功率$N=6\times710$ kW（690 V）。202带式输送机总长8503 m，其工况为下运带式输送机。该带式输送机设计采用头部双滚筒双电机驱动，尾部双滚筒双电机驱动，功率配比1∶1+1∶1，主要技术参数：$Q=2700$ t/h，$B=1400$ mm，$V=4.5$ m/s，$L=8503$ m，输送带强度St3150，功率$N=4\times710$ kW（690 V）。这两条带式输送机在投产后的运行过程中经常出现输送带颤动，无法正常运行，而且在带式输送机紧急停车或主回路突然断电时，无法制动，常造成堆煤甚至断带事故，致使停产。通过利用变频多机分组功率平衡控制数学模型，解决了长距离输送带运行振荡问题，满足了长距离带式输送机通常要求的重载起动、动态张力控制、速度同步及功率平衡、低速验带等工况要求。同时采用变频多点驱动联合电气制动技术解决了下运带式输送机断电飞车问题。

该项技术经中煤集团山西华昱能源有限公司，以及山西山阴县华夏煤业有限公司107、108两条下运带式输送机4年多的使用，系统运行稳定、停电停车制动可靠。该技术经专家鉴定达到国际先进水平。

第三节　矿井提升机智能控制技术

一、矿井提升机控制技术及其发展

（一）概述

矿井提升机系统是由矿井提升机、提升钢丝绳、提升容器、装卸载设备、井架或井塔、信号系统等电气控制设备及斜井、立井各种安全设备等提升设施组成的系统，是矿山大型固定设备之一，是井下与地面的主要运输工具。矿井提升系统主要担负井工矿井所有的矿物（煤、矿石）、设备、材料及人员的升降及运输，由电动机传动机械设备带动钢丝绳从而带动容器在井筒中升降，完成输送人员、材料、设备及矿物任务。矿井提升机系统是由原始的提水工具逐步发展演变而来的，现代的矿井提升系统提升量大，速度高，安全性高，已发展成为基于电子计算机控制的、全自动的，集机械、电力电子、液压控制、计算机监控、互联网通信于一体的数字化重型矿山机械。随着现代技术的进步及采矿工业的

发展，提升设备在机械结构、工艺、设计理论及方法、传动控制及安全监测等方面都有了很大发展，也成为矿山设备自动化技术及智能化技术发展较快的设备之一。

（二）矿井提升机控制技术的发展过程

矿井提升系统的类型很多，按被提升对象分为主井提升与副井提升；按井筒的提升巷道角度分为竖井提升和斜井提升；按矿山井上下位置分为防爆矿井提升与非防爆矿井提升；按提升容器分为箕斗提升与罐笼提升；按提升机类型分为单绳缠绕式提升、多绳缠绕式提升和多绳摩擦式提升等。目前，国内外经常使用的矿井提升机有单绳缠绕式和多绳摩擦式两种形式。单绳缠绕式提升机适用于浅井及中等深度矿井。深井及大载荷时，对钢丝绳直径和卷筒容绳量要求很大，这将导致提升机体积庞大，给制造、运输及使用带来一定不便，限制了单绳缠绕式提升机在深井条件下的使用，所以深井多使用多绳摩擦式提升机。当井深超过 1200 ~ 1500 m 时，由于钢丝绳不能保证长期安全使用，多绳摩擦式提升机的使用也受到限制，故推荐使用多绳缠绕式提升机。新结构的多绳缠绕式矿井提升机已开始在一些国家使用，它对深井开采有重要意义。

矿井提升机从最初的蒸汽机传动的单绳缠绕式提升机发展到今天的交 - 交变频直接传动的多绳摩擦式提升机，经历了 170 多年的发展历史。我国是采煤大国，也是矿山机电设备制造和使用大国。新中国成立后我国工业技术得到了迅速发展，建立了矿井提升机制造业。国产矿井提升机大致可分为仿苏、改进、欧洲设备引入及自行设计等 4 个阶段。20 世纪 90 年代经整顿优化后并经过国家矿山标准委员会制定的新结构、新标准 JK 系列单绳缠绕式提升机及 JKM、JKMD 系列多绳摩擦式提升机已生产至今，它们成为国内大部分提升机生产厂家的主导技术及产品。

单绳缠绕式矿井提升机的主要部件有电动机、主轴、卷筒、联轴器、调绳离合器、减速器、深度指示器、制动器、电控装置等。目前中国制造的卷筒直径一般为 2 ~ 6 m。在 20 世纪 60 年代单绳缠绕式矿井提升机使用较多，随着矿井深度和产量的增大，钢丝绳的长度和直径相应增加，因而卷筒的直径和宽度也要增大，故不适用于深井提升。因此近年来多绳摩擦式提升机得到了极大发展。

多绳摩擦式提升机的主要部件有电动机、主轴、主导轮、导向轮、车槽装置、减速器（可选）、深度指示器（可选）、制动装置、电控装置等。目前中国制造的卷筒直径一般为 1.85 ~ 6.5 m。主导轮表面装有带绳槽的摩擦衬垫，衬垫应具有较高的摩擦系数和耐磨、耐压性能，其材质的优劣直接影响提升机的生产能力、工作安全性及应用范围。

随着零部件设计中 CAD/CAM 及有限元法的应用，利用系统工程方法进行提升系统方案设计及改造、提升系统仿真都取得了较大成就。近几年的提升系统技术在机械部分无太大的变化，主要在电控系统及制动系统控制技术上有着飞速发展。先进的可编程控制技术代替了落后的继电器控制技术，无级变频调速代替了原来有级串接电阻的调速方式。可编程控制器构成的提升工艺控制、安全回路、监视回路、行程控制器、制动控制，以及井筒信号系统，数字电路、数字式深度指示器已广泛使用。可控硅动力制动、可控硅低频制动电阻传动，以及晶闸管整流的大功率低速直流直联电动机传动已发展成为交流变频器供电、同步电动机传动方式；操纵方式由机械杠杆式变为手柄操纵，手动操作变为半自动甚至全自动、微机控制操作；人工操作变为无人值守智能操作；运行监控显示由单一指针式发展为计算机多媒体数字、图形、指针综合显示；人工经验维修变为基于计算机互联网的远程数据采集分析及故障诊断专家平台系统；大型提升设备由低速直流电动机传动向交流同步电动机直联传动转变，甚至向永磁电动机直联或内装直联传动方向转变。世界上一些经济发达的国家，提升机的运行速度已超过 20 m/s，一次提升量已超过 50 t 以上，最大电动机容量已超过 10 MW。

(三) 矿井提升设备控制技术的发展趋势

目前我国可以成批生产各种现代化大型矿井提升机及各种配套设备，在设计、制造、自动控制等方面，我国生产的矿井提升设备正在跨入世界先进行列。2002—2012 年我国矿山十年的黄金发展时期，矿井生产规模越来越大、开采深度不断增加、提升系统安全可靠性不断提高，使矿井提升设备技术得到快速发展，各种新技术得到广泛使用，部分提升系统的装备水平已达到国际先进水平。提升系统自动化技术、智能化技术也得到大力发展。

1. 国内外特大型矿井提升设备现状及发展

目前生产大型摩擦式提升机的国外制造厂主要为德国的 SIEMAG 公司、瑞典的 ABB 公司、捷克的 INCO 公司。国内提升机根据《单绳缠绕式矿井提升机》(GB/T 20961—2018) 和《多绳摩擦式提升机》(GB/T 10599—2010) 进行设计及制造，标准中规定的塔式摩擦轮提升机最大规格为 JKM 5 ×6，落地式摩擦轮提升机最大规格为 JKMD 6 ×4。起初的提升机都是电动机通过减速机传动主导轮的系统，后来先后出现了直流低速大扭矩电动机和直流电动机悬臂安装直接传动提升机。20 世纪 70 年代西门子公司发明的矢量控制的交 - 交变频原理，标志着可以用同步电动机来代替直流电动机实现调速的技术时代已经到来。1981 年第一台用同步机悬臂传动的提升机在德国的 Monopl 矿问世。1988 年 9 月由 MANGHH 公司和西门子公司合作制造的机电一体的提升机（习惯上称为内装电动机式提升机）在德国的 Romberg 矿诞生，这是世界上第一台机械和电气融合成一体的同步电动机传动提升机。

2. 国内外特殊提升机设备及发展方向

1) 内装电动机式提升机

1988 年机电一体的提升机（习惯上称为内装电动机式提升机）在德国诞生了，这种提升机已不是简单地把电动机装到摩擦轮中，而是将机械和电气部分完全融合成一体，摩擦轮的壳体就是电动机转子的磁轭，摩擦轮的轴就是电动机定子的轴。目前国内矿山引进使用进口内装式提升机共 6 台，中国各厂家也在研发内装电动机提升机，但受限于电动机制造技术、卷筒应力变形及发热问题等技术瓶颈而处于研发阶段。目前，厂家研发的永磁电动机内置式 2 ~3. 5 m 单绳缠绕式矿井提升机已在矿山实际运行，虽然属于小型设备，但也向着实际应用方向前进了一步。

2) 布莱尔提升机

布莱尔提升机又叫作多绳缠绕式提升机，主要由德国生产，在井筒深度为 1200 ~3000 m 的深井中使用，国内没有此类成熟产品。随着国内矿井开采越来越深，如山东三山岛等地黄金资源探明矿物均在井下 2000 m 位置，单绳缠绕式及多绳摩擦式提升机已不能在这样的深井中使用，因此我国也加快了深井提升机的研发，以尽快满足矿山需求。

2016 年国家矿山标准委员会已将布莱尔提升机技术立项。

3）应急救援提升机

在井筒封闭的情况下，可以通过移动式应急救援提升机将井下巷道的人员运送到地面，满足应急提升任务，保证了人员安全。德国多年前就拥有这种技术。2017 年 4 月由山西煤炭地质局与太原理工大学联合自主研发的，由山西新富升机器制造有限公司、山西煤机厂等参与制造的移动式矿井垂直救援系统，通过专家评审验收。这套系统采用模块化设计，突破了救援仓、井架、井口救援平台、车载提升平台、生命探测等 5 项关键技术，能够在矿山发生事故后，结合大口径钻孔技术营救被困矿工，可为矿山安全生产提供保障。

4）带辅助传动装置的提升机

国外公司生产的带辅助传动装置的提升机，在提升机主传动装置故障或矿井停电的情况下，通过辅助传动装置将井筒内的重载箕斗或罐笼内的设备、人员慢速提升到井口，满足应急提升任务。国内大部分厂家也开始研发同类技术产品。

二、提升机电气传动技术

矿井提升机是矿山生产的大型关键设备，对其传动控制、提升工艺及安全保护均有特殊要求，提升机的安全、可靠、有效高速运行，直接关系到企业的生产状况和经济效益。矿井提升系统具有环节多、控制复杂、运行速度快、惯性大、运行特性复杂等特点，且工作状况经常交替转换。因此提升机的电气传动控制技术一直是国内外电气自动控制领域重点关注和研究的内容。

（一）提升机传动设备的性能要求

1. 提升机位能性恒转矩负载特点

提升机位能性恒转矩负载特点如图 7－36 所示。

（1）负载转矩恒定。

（2）负载转矩方向始终向下。

（3）特性曲线位于第一、第四象限。

（4）重物下放，存在能量回馈情况。

针对这种负载特性，无论什么工况的提升机设备，对于变频器和电动机构成的电气传动系统而言，最核心的两个问题就是：位能的处理和抱闸的控制。

2. 一般要求

提升机的电动机在 4 个象限内频繁起动、制动和反向运行，属于典型的重复短期恒转矩负载工作特性。传动设备应能满足提升机运行工艺、速度图、力图的要求，实现平滑的起动、运行、减速、爬行和停车，不造成机械冲击。起动加速度及制动减速度必须满足《煤矿安全规程》要求。提升机电动机具有电动传动运行及发电制动运行两种状态，其中减速及停车时负力运行控制是提

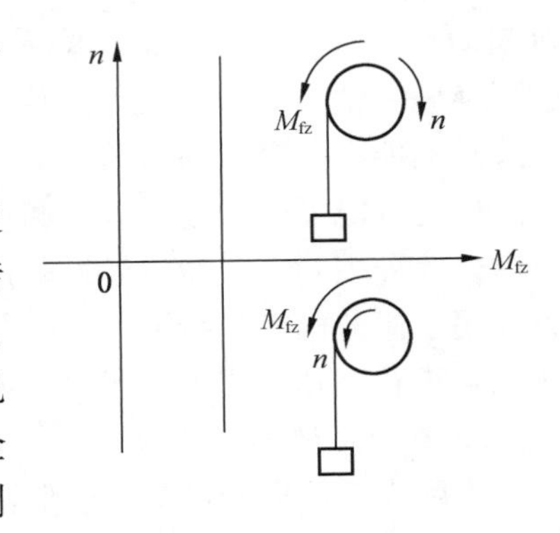

图 7－36　负载特点

升机电控中的一个关键技术难点。低速运行必须平稳可控，减速阶段为重点控制过程。

3. 特殊要求

1）重物下放过程中能量的转换过程

（1）重物下放时，重力势能转化为动能。

（2）重物通过钢丝绳、减速机等机械机构反拖电动机（电动机转子速度超过变频器输出速度），使电动机处于发电状态，重物所具有的动能转化成电能。

（3）电能通过变频器逆变桥中的二极管流向直流回路。

（4）由于直流环节的电容容量所限，电能不可能无限制地被吸收。

2）直流环节电能的处理

（1）如果变频器配备了制动单元和制动电阻，可以通过控制制动单元的开通将制动电阻接入，使电能转换成电阻发热的热能。

（2）如果变频器的整流桥具备能量回馈功能，可以通过控制整流单元，将能量回馈到电网。

（3）及时处理电动机回馈能量，确保变频器不发生过电压故障。

（4）直流环节的电能通过发热消耗掉或回馈电网再利用，需要综合考虑设备的工况和变频器的投入预算。

4. 提升机电气传动主要技术指标

1）调速范围

对于高压变频、直流传动电控设备调速范围应不小于30，对于中压变频传动电控设备调速范围应不小于50。

2）控制精度

在提升机等速段应小于1%，在加速段应小于5%，在爬行段绝对值应小于0.05 m/s。

3）能低速重载起动，有较强的过载能力

传动设备应满足提升机力矩的要求，输出电流不小于电动机额定电流的180%，可持续时间不小于30 s。传动设备在110%电动机额定功率下应能连续正常工作。

（二）矿井提升机电控调速技术发展过程

1. 交流电阻有级调速技术

20世纪50—60年代初，迫于当时的技术工艺水平，鼠笼型异步电动机很难满足提升机起动和调速性能的要求，这一阶段多采用“异步电动机+转子串电阻加速+高低压接触器换向+动力制动（或低频传动减速）+继电器控制”的交流有级调速方式。这种控制方式虽然能在一定范围内满足调速要求，也有较高的起动转矩，维护相对容易，价格低廉等，但是电能损耗较大，电气调速性差，不易频繁起动。随着变频器与PLC技术的快速发展，此种控制方式的劣势越来越明显。我国于2008年3月已经明令禁止该继电器控制方式用于提升机控制系统。2016年我国把采用串电阻调速提升机电控装置列入淘汰目录，这也意味着提升机使用最多的一种调速方式被淘汰。

2. 直流可逆调速技术

为解决上述提升机交流电阻调速的问题，尤其是大功率提升场合，特别是多绳提升场合，一般选用机械特性好、调速精度高的直流可逆调速方案。最初，我国传动容量

(1000～2000) kW 和提升速度大于 10 m/s 的矿井提升机一般均采用直流传动方式。20 世纪 60—70 年代，"F－D（发电机—电动机）系统＋继电器控制"的传动方式一直是较大容量矿井提升机的首选方案。但 F－D 系统存在设备庞杂、技术落后、耗电量大、噪声大、故障率高、维护困难等缺陷。20 世纪 80 年代，我国在容量较大、要求较高的矿井中，矿井提升机开始采用晶闸管变流装置供电的直流调速"SCR－D＋模拟调节＋继电器控制"的传动方式，这种方式具有运行效率高、节电效果显著、占地面积小、易安装等优点，但由于分立元件多，矿井提升机控制系统的构成极为庞大，不但现场调试工作量大，正常使用时维护量也较大，整个系统的可靠性也受到极大影响。20 世纪 90 年代，随着计算机技术的发展和控制理论的不断丰富和完善，全数字直流调速电控系统在我国矿井提升机 SCR－D 系统中开始应用。新型直流可逆调速有电枢换向和磁场换向两种方案，前者的电枢整流器由两组整流桥反向并联构成，具有转矩反向快的优点，但设备造价较磁场换向方案高。全数字新型方案具有硬件电路结构简单、控制精度高、故障诊断能力强、性价比高等优点，已成为直流调速技术的主流方案。

直流可逆调速方案具有调速连续、机械及电气冲击小、低速转矩大、机械特性优良等特点，但也存在因直流电动机受结构和制造工艺的制约。组成电气传动部分的设备数量多、控制设备复杂、维护量大、成本高、电动机效率低，系统在低速运行时，存在晶闸管导通角很小，功率因数低，谐波电流大等缺陷。目前，随着变频技术，尤其是直接转矩、矢量控制技术的日益成熟，交流电动机变频调速的性能指标日趋完善，该直流调速方案在矿井提升机领域的推广和应用已受到限制。现在交流变频调速取代了直流电动机调速，已成为矿井提升机控制的主流解决方案，并且，由于直流电动机调速系统一直存在换向难题，使直流电压最高只能达到 1000 V。与直流电动机相比，交流异步电动机转子绕组不需要与其他电源连接，无直流电动机换向器单元，具有结构简单、制造方便、运行可靠、质量小、成本低等优点。结构上的优点使交流电动机容易做成高转速、高电压、大电流、大容量的设备。因此，随着世界上电力半导体技术和交流同步电动机传动装置的开发和生产，矿井提升机传动装置又向交流传动方式发展。

3. 交流变频无级调速技术

目前，在矿井提升机领域应用较多的是异步电动机的交－直－交变频和大惯量低速同步电动机的交－交变频两大类。无论是普通交流电动机，还是大惯量低速同步电动机，与直流电动机相比，都具有结构简单、使用方便、维护量小、价格便宜的优点。随着控制理论和控制技术的不断发展，以及交流电动机应用范围的扩大，新型交流电动机控制方法也在不断涌现，目前在高性能交流变频调速领域主要有矢量控制和直接转矩控制两种。20 世纪 80 年代以来，以 IGBT、IGCT、IEGT 为代表的双极型复合自关断器件取得了长足进步，与此同时，高压大容量变流器技术也迅速发展起来，特别是多电平逆变器技术在提升机中的研究与应用日趋成为大功率变流器的研究热点。

1）高低压异步电动机的定子变频调速方案

我国矿井提升机大部分采用 315～2000 kW 交流电动机传动，具有不同的电压等级。目前，交流电动机变频调速已广泛应用于矿井提升机。低压变频调速系统适用于 380 V、660 V 及 1140 V 等级交流电动机，中压变频调速系统适用于 3.3 kV 等级交流电动机，高压变频调速系统适用于6 kV、10 kV等级交流电动机。低压变频多采用四象限能量回馈型矢量变频器，或两象限矢量变频器+制动单元+制动电阻的模式。高压变频在引进消化国外技术的条件下，采用技术成熟、性能优良的单元串联型变频技术、能量回馈技术和矢量控制技术，具有四象限运行和低速大转矩的输出特性，具有速度外环、电流内环的双闭环控制方式，满足了矿井提升机电气传动的要求。异步电动机的变频调速方案能够直接驱动鼠笼式异步电动机和转子短接后的绕线式异步电动机，矢量控制和回馈技术的应用使交流电动机获得与直流电动机相媲美的优良机械特性。由于直接驱动鼠笼式异步电动机和绕线式异步电动机具有电控设备数量少、调速连续、转矩特性优良、可靠性高、维护方便、成本相对低廉的优势，因此，变频调速是矿井提升机电气传动和控制的理想方案。

2）高压异步电动机的转子变频调速方案

转子变频调速方案即通过变频器接入电动机的转子来进行调速，该方式本质上是串级调速方式。这种方案多用于改造矿井，对电动机也有特定要求，使用较少。

3）同步电动机变频调速方案

大容量矿井提升机多采用大惯量、低速电动机直联传动方案，由于不需要减速器，使设备具有机械结构简单、占地面积小、效率高等优点，是提升机发展的趋势。另外，低速大转矩同步电动机相比同容量直流电动机，具有质量轻、体积小、效率高、飞轮转矩小、维护量小等优点，更适合提升机应用。

交-交变频调速方案具有驱动功率大、调速连续、效率高、输出机械特性优良的优点，适合特大容量低速提升场合。但由于同步电动机交-交变频调速技术难度大，以前，仅有SIEMENS、ABB等个别跨国公司能够提供产品，且价格较高，极大地制约了该技术的推广和应用。现在，随着国内同步电动机及同步变频器技术的成熟，国内也开始提供这方面的产品及服务。

4）提升机常用变频技术特点

目前矿井提升机使用的主要有两电平或三电平低压（380 V/660 V/1140 V）变频器、三电平中压（3.3 kV）变频器和功率单元串联式多电平高压（6 kV/10 kV）变频器，各种变频器的使用范围和特点如下。

（1）两电平或三电平低压（380 V/660 V/1140 V）变频器，采用正弦波脉宽调制，所用器件为IGBT，主要用于有减速器的斜井提升或小功率立井提升。经过交-直-交变换后，变频器输出的不是完全的正弦波形，而且有3次以上的谐波。通常二电平的结构为6脉波，其输入侧对电网的干扰比较大。

（2）三电平中压（3.3 kV）变频器，通过独特的二极管钳位（或者其他钳位）方法，可以使系统的输出电压增加一个电平，其每个电力电子器件所承受的耐压只有直流电压的一半。所用器件为IGBT、IGCT等，三电平变频器的整流电路标准配置为12脉波整流电路，其输入变压器为三绕组，二次侧采用D和Y接法，两组次绕组对应线电压之间的相位差为$\pi/6$，从而使整流后的电压波形具有12脉波，有效地降低了整流器产生的谐波电流。存在问题是在0~5 Hz时变频器出力只有额定出力的70%，要满足提升机起动加速的过载要求，一般需增加变频器容量。另外，需要增加去离子纯净水水冷却装置。目前国内也有双三电平的同步电动机变频调速系统。该系统主回路采用背靠背的双三电平结构，矢量控制器采用“DSP + FPGA”结构，可以实现速度及电流闭环控制、单位功率因数控制、转子磁链定向变频矢量控制和故障自诊断等功能。

（3）功率单元串联式多电平高压变频器是在输入端设置1台输入移相变压器，将输入高压交流电变成多组低压交流电，每组低压交流电分别输入一个功率单元，经整流滤波为直流电后，再经过逆变成为交流电，各功率单元输出的交流信号在逆变侧串联成为高压交流输出供给高压电动机。

为减小输入谐波，变压器的每个二次侧绕组的相位依次错开一个电角度，形成多脉波、多重化整流方式。其逆变输出采用多重PWM方式，输出谐波同样非常小。

通过对矿井提升机调速方案的比较可知，交流绕线式异步电动机转子回路串电阻调速方案由于存在调速性能差、能耗高、维护工作量大等问题，虽具有初期成本优势，但随着时间的推移已被逐步淘汰。直流调速方案虽获得了连续的调速性能，优于电动机转子回路串电阻调速方案，但无论是电动机本身还是电气控制方案，都较交流电动机调速复杂得多，因此，不会成为提升机调速的发展方向。随着变频技术的日益成熟，尤其是大功率高压变频技术的快速发展，使用变频调速技术，将成为矿井提升机调速的主流方案。对于大型矿井提升机，主要采用晶闸管变流器－直流电动机传动控制系统和同步电动机矢量控制交－交变频传动控制系统。这两种系统大都采用数字控制方式实现控制系统的高自动化运行，效率高，有准确的制动和定位功能，运行可靠性高。未来提升机传动发展的趋势就是交流技术替代直流技术，同步传动替代异步传动，永磁励磁技术替代他励励磁技术。

三、提升机电气控制技术

（一）矿井提升机工艺流程

1. 矿井提升机工作过程

矿井提升设备的主要组成部分是：提升容器、提升钢丝绳、提升机（包括机械及传动控制系统）、井架（或井塔）及装卸载设备等。图7－37是由这些设备构成的主井箕斗提升系统示意图。

井下生产的煤炭通过井下运输系统运到井底翻笼硐室，把煤卸入井底煤仓9内，再由装载设备装入位于井底的箕斗。同时位于井口的另一个箕斗，把煤卸入井口煤仓，上下两箕斗分别通过连接装置与两根钢丝绳相连接，绕过井架天轮后，以相反方向缠于提升机卷筒上，当提升机运转时，钢丝绳往返提升重箕斗和下放空箕斗，完成提升煤炭的任务。

2. 典型矿井提升机的传动与控制过程

图7－38为交流传动双箕斗提升系统常采用的速度图。它表达了提升容器在一个提升循环内的运动规律及运动学参数，该速度图包括六个阶段，故称为六阶段速度图。

（1）初加速阶段t_0。提升循环刚刚开始，井口箕斗尚在卸载曲轨内运行，为了减少容器通过卸载曲轨时对井架的冲击，限制容器加速度a_0及在卸载曲轨内的运动速度不得太大，一般限制速度v_0在0.5 m/s以下。

（2）主加速阶段t_1。箕斗已离开卸载曲轨，容器以较大的等加速度a_1运行，直至达到最大提升速度v_m。对于箕斗提升，$a_1(a_3)$不大于1.2 m/s^2。

（3）等速阶段t_2。容器以最大速度v_m运行，v_m应接近经济速度。

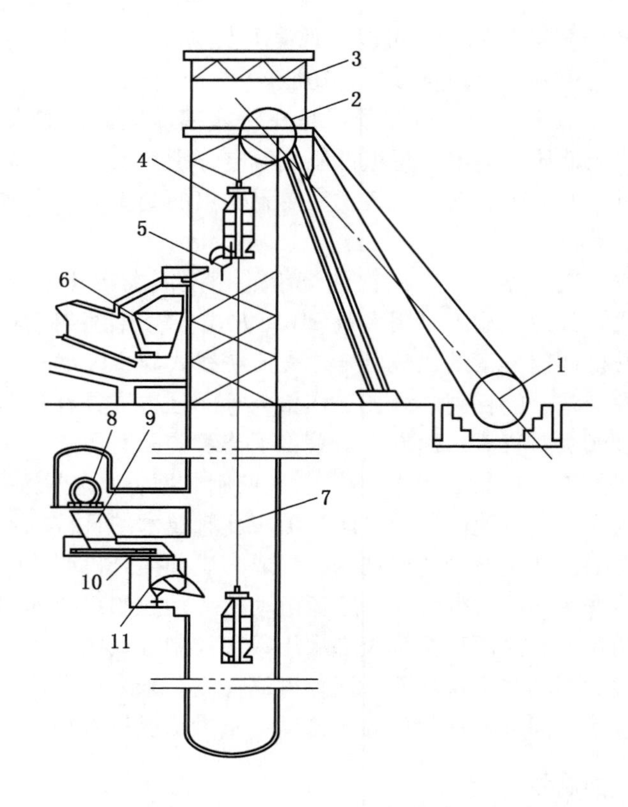

1—提升机；2—天轮；3—井架；4—箕斗；5—卸载曲轨；6—煤仓；7—钢丝绳；
8—翻笼；9—煤仓；10—给煤机；11—装载设备

图7-37 主井箕斗提升系统示意图

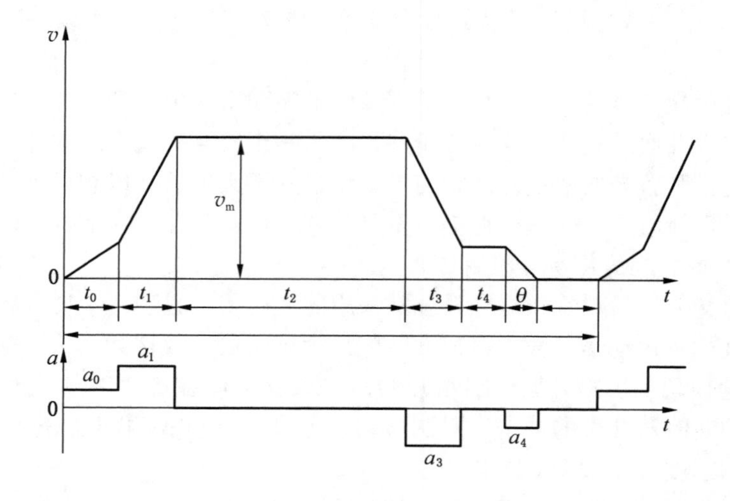

图7-38 六阶段速度示意图

（4）减速阶段 t_3。重载箕斗已接近井口，空箕斗接近装载点，容器以减速度 a_3 运行。

（5）爬行阶段 t_4。重载箕斗进入卸载曲轨，为减少冲击和便于准确停车，容器以 $v_4=0.4\sim0.5\ m/s$ 的低速爬行。爬行距离 $h_4=2.5\sim5\ m$。

（6）停车休止时间 θ。容器到达运行终点，提升机施闸停车，井底箕斗装载。

采用等加速的速度图形，在速度的转折点会产生力的冲击并造成电网尖峰负荷，这种速度图形不适用于采用晶闸管供电直流传动的大型摩擦式提升机。这是因为晶闸管供电的自动调节系统动态响应快，转矩的突变将立即通过晶闸管变流装置传至电网，引起对电网的冲击。对容量较小的电网这是难以承受的，其次是摩擦提升防滑要求减少力的冲击和突变，以避免钢丝绳振动所引起的滑绳。

为了减少电网的尖峰负荷，或使加速度不是由最大值瞬间变为零值，可采用抛物速度图，或在一定范围内给予一个变加速度值，使加速度逐渐变化，速度平稳上升为最大速度 v_m。若在加速阶段加速度以直线衰减时，该段速度图形就成为抛物线速度图。这时的冲击力矩和尖峰负荷都相应降低。

3. 矿井提升机对电控系统的要求

根据提升机的运行工艺及工作特点，矿井提升机对电控系统的要求如下。

1）安全可靠性

矿井提升机电控系统的可靠性，不仅关系到矿井的生产能力和生产计划管理，而且直接关系到井下每个矿工的安全，电控设备的任何故障都可能引起掉闸紧急停车或高速过卷等重大事故，会造成人身设备事故和整个矿井停产，因此对矿井提升机必须保证电气控制设备有很高的可靠性。在可能出现故障的关键环节应施加多道保护。《煤矿安全规程》第423条也对提升机安全保护做了详细规定，尤其规定了与速度有关的安全保护必须是相互独立的双线保护。

2）技术先进性

要求具有良好的品质即要求控制平稳且满足精度要求。

为了达到平滑运行的要求，提升机调速已从交流串电阻有级调速发展为交流变频无级调速或特性较硬的直流调速，调速范围越来越大，调速精度越来越高。控制系统也由继电器、磁放大器、测速发电机模拟控制系统发展为可编程控制器、旋转编码器、上位机数字控制系统。

由于现在的提升机大部分使用可编程与变频数字控制系统，使自动运行非常容易实现，实现起动和制动过程，实现加、减速度的自动控制；可实现半自动控制、自动控制、无人值守控制，以减轻工人的劳动强度，避免由于人工操作造成的事故，提高运行的安全性，充分发挥提升设备的能力。

3）经济性

一般情况下，交流变频传动控制调速性能更好，节能效果明显，比原有电阻调速设备节能30%左右，既创造了社会价值，又产生了经济效益，还满足了节能减排的要求，因此交流变频成为提升机电控的首选。

4）集控便捷性

现在的提升机配套电控普遍使用高端可编程控制器及上位机监控系统，使提升机便于实现网络通信，实现矿调度采集提升机运行参数状况及实现远程诊断控制。另外，视频监视系统在提升机中也得到了大量使用。

（二）提升机电气控制关键技术

目前，矿井提升机控制系统广泛采用工业级可编程控制器。可编程控制器（PLC）是目前工业控制最理想的机型，它是采用计算机技术，按照事先编好并储存在计算机内部的一段程序来完成设备的操作控制。采用 PLC 控制，硬件简洁、软件灵活性强、调试方便、维护量小，PLC 技术已经广泛应用于各种提升机控制，配合一些提升机专用电子模块组成的提升机控制设备，可供控制高低压变频传动系统。操作、监控和安全保护系统选用可编程控制器。提升机监控系统采用工业计算机为上位机，上位机采用组态画面对提升系统进行统一监测，系统具有良好的人机界面。从主机画面上可以直观地了解提升机运行的实时工况，故障时可自动弹出故障界面并有声光报警功能和声光报警解除功能。

1. 提升机控制方式

提升机应具有全自动、半自动、手动、应急、检修及主立井无人值守等控制方式。

1）全自动控制方式

主井提升机控制系统应能实现与装卸载系统有联锁关系的整个提升系统的全部自动化运行，应设有箕斗到位时驱动与制动信号闭锁、反转保护、防止重复装载保护，应设视频监视。

2）半自动控制方式

主井或副井提升机在操作人员按下起动按钮后，提升机按照可编程控制器程序给出的速度曲线自动加速、等速、减速、爬行运行一个提升循环。

3）手动控制方式

主井提升机箕斗在装载站和卸载站之间以司机操纵台上给出的给定速度运行，提升原煤等。副井提升机罐笼在井底轨面和井口轨面之间以司机操纵台给出的给定速度运行，提升人员、物料和设备等。手动控制方式应带有方向闭锁。

4）手动检修运行方式

主井提升机在箕斗顶部平台上检查井筒，或在井口验绳平台上检查钢丝绳速度为 0.5 m/s。副井提升机有罐笼换层运行方式，或在井口验绳平台上检查钢丝绳速度为 0.5 m/s。

5）应急开车方式

当控制设备出现局部故障时，在安全回路能合上的情况下，应能用手动应急方式实现低速开车（运行速度小于 2 m/s）。

6）无人值守运行方式

该方式是主立井提升机在提升机室无人操作及无人监控的情况下，设备自动运行的工作方式。

2. 控制技术

1）位置、速度、转矩三闭环控制技术

（1）位置控制：提升控制工艺中位置决定了速度，位置给定值决定了速度给定值。通过轴编码器反馈回来的实际位置信号，实时调整速度给定值，确保提升机完全按照设计的S形曲线运行。

(2) 速度控制：提升系统为全数字控制，闭环无级调速。应对加速度或冲击限制值进行控制，使在速度的拐点处实现S弧线，减少对钢丝绳和机械设备的冲击和磨损。速度的精确检测和闭环控制，能实现提升机在速度为零时施闸停车。

(3) 转矩控制：采用高性能的传动装置确保转矩的静态精度和动态响应。采用力矩预置功能，保证提升机起动时不会下坠或上蹿，保证起动平滑。采用力矩保持功能，保证零速停车施闸时提升机不会倒溜。采用三闭环的控制方式，可使系统能严格按照设计的S形曲线运行。全数字的闭环控制方式使停车位置准确，采用同步开关校正行程，不依赖停车开关停车，减少了故障点。

2) 安全控制技术

(1) 安全回路：故障发生后，提升机立即抱闸实施机械制动，提升机不能再起动，直至故障被复位。

(2) 电气停车回路：故障发生后，系统将立即实行电气减速并停车。之后，提升机将不能起动，直至故障被复位。

(3) 闭锁回路：故障发生后仍允许提升机继续完成本次提升。但在本周期完成之后，提升机将被闭锁，不能起动，直至故障被复位。

3) 冗余控制回路

控制设备至少应配置二套控制器，控制器应采用符合工业现场应用的可编程控制器(PLC)，一套控制器的主要功能为提升机运行控制，另一套控制器的主要功能为提升机运行监视。两套控制器之间应能相互校验，构成独立的安全回路，直接作用在硬件安全回路执行机构上。安全回路的执行机构应是继电器，且安全回路继电器应按断电施闸原则设置。安全回路继电器间应有动作监控及记录。电控系统采用双PLC控制，所有环节均是冗余的，能互为监视，互为备用。该冗余控制回路具有多条安全保护回路，关键环节采用三重或多重保护，满足《煤矿安全规程》规定的控制保护要求。控制、监测及安全系统采用数字式，具有足够的冗余，控制系统能与矿井计算机网络联网，实现远程故障诊断。

双PLC控制的主控、监控技术之间既有软件上的联锁，还有硬件上的联锁和看门狗电路，对PLC的运行进行监视，防止因为PLC死机或其他意外原因造成PLC故障时能及时监测并参与安全保护。主控PLC、监控PLC系统在工艺控制功能上实行双路独立信号采集、状态判断、实时运算、控制指令生成等，再进行互相比较，确保每步控制都安全。主控PLC应用软件能完成提升机手动、半自动、检修、换层、慢动、紧急控制开车等运行方式的控制要求，实现对调速系统行程速度给定的控制，采用三重以上自动减速保护，停车时抱闸停车。

控制系统与信号系统、操车系统之间的信号闭锁，完成提升机运行工艺要求的控制功能及各项安全保护。对于全程包络线超速、过卷、减速等安全保护具有多重独立保护。同时，还能完成定点速度监视、过负荷、欠电压、减速过速、等速过速、井筒开关监视、电动机温度检测、钢丝绳滑动检测、闸间隙、弹簧疲劳、信号联锁、尾绳扭结、摇台联锁、安全门联锁、衬垫磨损、风机风压、液压站油压及温度等监控与保护功能，并与安全回路或一次开车回路联锁、报警和自动保护。

4）传感器检测回路

电控设备应配置不少于两套完全独立的编码器分别接于两套控制器中，作为提升速度和容器位置的检测装置。全数字提升控制系统的精确控制必须以采集信号的准确、实时为前提，高性能的 PLC 为信号采集、传输、处理提供了保障。

（1）轴编码器。在滚筒轴端、导向轮轴等处设置双路输出的高精度编码器，信号分别进入主控和监控系统。各编码器反馈数据互相比较，确保每一次参与运算数据的准确性。

（2）井筒开关。井筒开关信号分别进入主控和监控系统，形成双路保护。

（三）提升机电气控制新技术

1. 提升机冲击限制控制技术

提升系统的全数字、闭环无级调速控制系统应采用冲击限制方法，即控制提升机的加加速度和减减速度（急动度）为 0.3～0.5 m/s^3，限制提升机变速时的弹性振动，提高罐笼内工人的乘坐舒适度和罐笼的平层准确度。

2. 闸失灵保护及零速电气安全制动技术

国内一些厂家针对极端情况下的液压制动失效，采用具备主动和被动安全保护相结合的多重保护措施。

主动安全保护手段是采用压力传感器，对液压系统的油路情况进行动态检测，在上位机上显示液压站回油情况，及时发现故障，消除安全隐患。

被动安全保护手段是当提升结束，发现液压站不回油时，在零速或低频电气安全制动的作用下，使重载提升容器做脉动式向下滑行，避免重箕斗或重罐笼坠落事故，最大限度地减小故障损失。

在液压制动系统没有任何制动力的情况下，电动机电流脉动调节，提升容器往重载方向做脉动式下滑，罐笼慢速 0～1 m/s 下放到井底。

3. 主立井提升无人值守运行技术

《煤矿安全规程》(2016 版）第四百二十八条中规定：主要提升装置应当配有正、副司机。自动化运行的专用于提升物料的箕斗提升机，可不配备司机值守，但应当设图像监视并定时巡检。因此箕斗提升的主立井实现无人值守需要具备 3 个条件。

（1）系统本身能实现自动化就地运行，具体表现为：

① 有完善的设备在线检测系统，能够对提升机各机、电、液相关部件的运行状况进行实时检测，有异常时能及时预警并根据程序与主机自动闭锁。

② 提升机能够根据打点信号的要求自动开停车。

③ 有自动装卸载系统并且与主机自动闭锁。

④ 有完善的闸控系统并且与主机自动联锁。

（2）系统有完善的音视频监控，能够对提升机的关键部位、提升机机房的关键场所做实时的音视频监控，有异常状态下音视频警示功能。

（3）在管理上有完善的人员巡检制度，对设备的日常维护、保养等有完善的后勤保障和管理办法。

能够达到以上要求的立井箕斗提升机便可以不配备司机，实现“无人值守”。

在非煤矿山，由于没有相关规程的约束，在不影响安全的基础上，也有部分矿山在立井多水平提升及斜井提料提升中提出相应的无人值守的要求，具体实施时也可以参照上述要求设计。

4. 远程诊断技术

该技术主要利用物联网和在线检测传感技术实现对提升机的远程、现场联合检测、故障预警处理。

四、提升机智能闸控技术

矿井提升机具有机械制动与电气制动两种制动方式。电气制动主要有直流制动、能耗制动、回馈制动等方式，电气制动主要用于调速时辅助工作制动，涉及安全制动及驻车停车还需要靠机械制动来实现。

（一）提升机闸控装置基本要求

提升机闸控装置由提升机制动闸、液压站及相应控制部分组成。

提升机机械制动装置的性能，必须符合下列要求。

（1）安全制动必须能自动、迅速和可靠地实现，制动器的空动时间（由安全保护回路断电时起到闸瓦接触到闸轮上的时间）盘式制动器不得超过 0.3 s，径向制动装置不得超过 0.5 s。

（2）盘式制动闸的闸瓦与制动盘之间的间隙应不大于 2 mm。

（3）制动力矩倍数必须符合下列要求：

① 提升机制动装置产生的制动力矩与实际提升最大载荷旋转力矩的比值不得小于 3。

② 对质量模数较小的提升机，上提重载保险闸的制动减速度超过相关规定时，数值可以适当降低，但不得小于 2。

③ 在调整双滚筒提升机滚筒旋转的相对位置时，制动装置在各滚筒闸轮上所产生的力矩，不得小于该滚筒所悬质量（钢丝绳质量与提升容器质量之和）形成的旋转力矩的 1.2 倍。

④ 计算制动力矩时，闸轮和闸瓦的摩擦系数应当根据实测确定，一般采用 0.30 ~ 0.35。

制动器的液压控制系统是同提升机的传动类型、自动化程度相配合的。在交流电阻调速传动系统中，机械闸还要参与提升机的速度控制，因此，要求制动力能在较宽的范围内进行调节。在直流传动及交流变频传动自动化程度较高的系统中，由于调速性能好，机械闸一般只在提升结束时起定车作用。

（4）制动液压站的作用如下：

① 按实际提升操作的需要，产生不同的工作油压，调节、控制盘闸的制动力矩，从而实现工作制动。

② 安全制动时能迅速自动回油，并实现二级制动。

③ 根据多水平提升换水平的需要及钢丝绳伸长后调绳的需要，控制双筒提升机游动卷筒的调绳离合器，同时闸住游动卷筒。

（二）提升机闸控系统作用

一是工作制动：提升机在正常运转过程中实现减速停车。

二是安全制动：提升机在运转过程中，安全回路跳闸，为避免出现安全事故迅速停车制动，实现安全制动的常见方式有两种，即恒力矩制动和恒减速制动。

恒力矩制动是提升机在安全制动时保持一个恒定不变的制动力矩，恒减速制动就是提升机在安全制动时，通过闭环系统，达到在不同载荷、不同速度、不同工况下同一制动过程中保持制动过程减速度恒定不变的制动方式。

（三）提升机闸控系统技术现状

闸控系统一直是矿井提升设备中最为重要的设备之一，目前，国内外使用的制动系统主要有恒力矩、恒减速和多通道恒减速制动系统。

恒力矩制动系统在制动过程中，制动力矩是恒定的，在上提重载、空运行和下放重载时，提升系统的紧急制动减速度是变化的。为满足系统的安全要求，一般采用二级制动系统。恒减速制动系统在制动过程中，从理论上来说上提重载、空运行和下放重载时紧急制动减速度是恒定的，为 $1.5 \sim 1.8\ m/s^2$，其制动力矩是变化的，可以减小空载和上提重载紧急制动减速度，减小制动过程中钢丝绳的动张力。多通道恒减速制动系统，其制动性能同恒减速系统，但对制动安全进一步加强。若采用“3+1”制动系统，在提升机运行过程中任一通道油管爆裂，不会因为制动力过大而造成提升机打滑；若任一通道油管堵塞，也不会因为没有制动力而造成提升机跑车，增加了提升系统的安全性。

1. 恒减速制动工作原理

提升机安全制动时，其制动减速度根据牛顿第二定律可知：

$$a = \frac{M_j \pm M_z}{\sum mR}$$

式中 M_j——静阻力矩；

M_z——制动力矩；

$\sum m$——提升系统总变位质量；

R——提升机卷筒半径。

由上式可知，影响制动减速度的主要因素是载荷和制动力矩。当载荷一定时制动减速度受制动力矩的控制，即 $a=f(M_z)$，而制动力矩又受制动油压(P)的控制，即恒值闭环恒减速制动原理 $M_z=f(p)$，换句话说，通过控制制动油压的变化可以使制动减速度在不同载荷、不同速度、不同工况下保持恒定。

另外，$a=dv/dt$ 即制动减速度是速度(v)对时间(t)的导数，若使 a 保持不变，那么速度(v)的曲线就是一条倾斜直线，它的斜率等于 a。从物理概念上讲，恒减速制动过程的表征就是通过电液控制使提升机钢丝绳在制动过程中做匀减速运动。

通常实现恒减速制动的一般方式是：确定一个符合《煤矿安全规程》要求的减速度值，在安全制动过程中，通过电液控制系统给定一条对应的速度曲线，再通过对速度反馈、压力反馈的控制调节，使实际速度按照给定的速度曲线变化，即可达到恒减速制动的目的。

2. 恒减速制动与恒力矩制动的比较

由图 7-39 及图 7-40 可知，恒减速制动与恒力矩制动的区别就是后者的制动减速度是变化的，而在恒减速制动过程中制动减速度保持不变，反映在提升机运行中，恒力矩制动有冲击、不平稳，恒减速制动连续、平稳、无冲击。

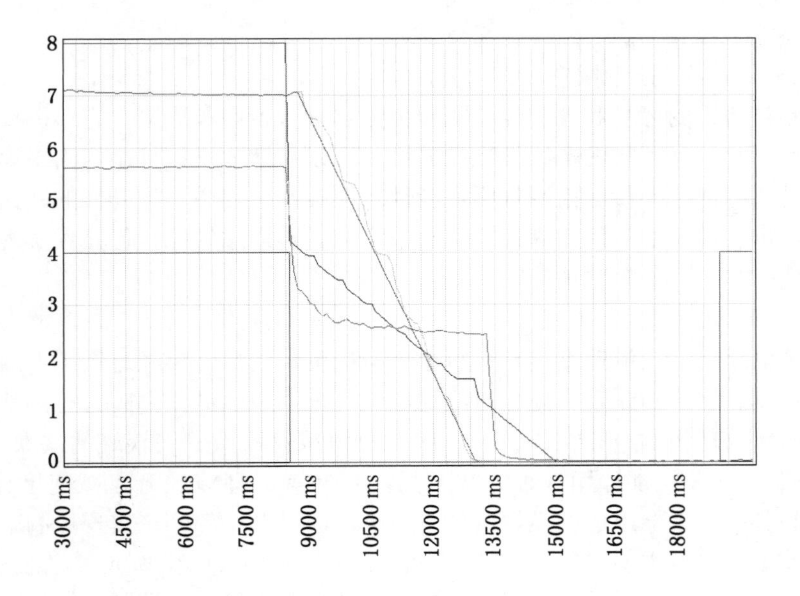

图 7－39　二级制动速度、减速度

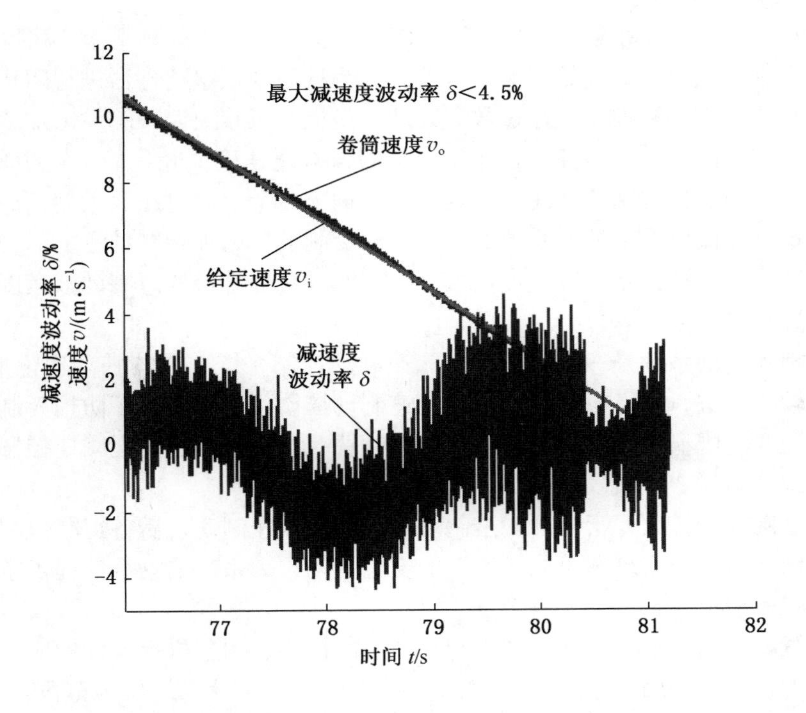

图 7－40　恒减速制动速度、减速度、速度波动率

（四）恒减速闸控系统功能

1. 恒减速制动控制方法

1）恒减速制动模糊控制方法

模糊控制是将人的思想和控制经验赋予控制器进行控制和决策，它不需要建立对象完整的数学模型，是一种理想的非线性控制方法，可以灵活地安排控制规则来满足不同的控制要求，具有良好的鲁棒性和控制规则灵活性。在控制过程中，提升机的减速度偏差及制动控制电流输出的计算控制用模糊控制算法来完成，再通过模拟执行元件实现制动力矩作用在闸盘上使矿井提升机恒减速停车。

2）恒减速制动模拟控制方法

采用模拟电路对测出的速度进行计算得出减速度控制量，再经过模拟电路实现减速度偏差的闭环控制，输出与制动力矩相对应的电流值来调节电液比例阀，控制油压。这种控制方法原理简单，动作响应直接、快速。国外在恒减速领域发展较好的瑞典的 ABB 公司和德国的 SIEMENS 公司都选用这种方法来控制恒减速，即将提升机减速度作为控制量，以阻容元件和各种放大器组成的模拟器件电路板，通过 PID 单环来实现控制减速度恒定的功能。而目前国内也有类似控制方法的恒减速制动装置，采用模拟元件组成控制电路板，由内环制动压力环和外环提升机速度环组成双闭环调节系统，使控制更加精确，动态效果更好。这种恒减速制动控制方法的运用已较成熟。

3）数字 PID 控制方法

选用“PLC + 以单片机为核心的闭环 PID 控制”，其中 PLC 完成计算和保护功能，用单片机设计一个恒减速的数字处理器。以单片机为核心的数字处理器进行闭环控制，提升机制动时的减速度作为被控量，通过数字处理器使提升机减速度跟踪设定加速度，从而达到恒减速制动的目的。通过与控制程序中设定的恒减速速度值相比较，产生偏差控制量。经过数字计算机内的控制算法程序调节处理后，输出一个控制电压放大器，后者输出一个电流，通过比例溢流阀调节液压系统的压力，改变制动器施加给制动盘上的制动力矩，从而使容器的减速度跟踪给定的减速度信号，进而实现对提升机紧急制动减速度的控制。

4）仿 ABS 控制法

汽车防抱死制动系统是一种典型的恒减速制动控制系统，它的基本理论形成得很早，控制方法也较为先进，所以矿井提升机恒减速制动控制可以借鉴汽车防抱死制动装置的先进技术，如逻辑门限值控制法和滑模变结构控制法，都是很先进的恒减速控制方法。

2. 恒减速制动系统功能

安全制动闸控系统设置了 4 种安全制动方式：恒减速制动、后备恒减速制动、二级制动、一级制动，以保证系统在不同情况下的安全制动，为系统的安全性提供了可靠保证。

1）恒减速制动

提升机恒减速闸控系统由液压站、制动器、闸控柜、测速机等器件构成，控制器及由滚筒驱动的测速发电机用于紧急制动时的恒减速控制。在设置的压力范围内（最大压力和最小压力），控制器将不受现有制动条件（净负荷、位置、方向及摩擦系数）的影响，将减速度控制在设置值。

调节系统主要为速度环、压力环双闭环调节系统。提升系统正常工作时，恒减速控制系统不起作用，处于封锁状态。当系统安全制动时，恒减速控制系统投入工作，速度环和压力环解除封锁参与系统控制。与此同时，“制动减速度给定环节”从与提升机运行速度成比例的电平信号开始，按照给定的减速度形成速度给定曲线，该给定值加到速度调节器，经过运算输出与制动力大小成比例的电压信号，经“油压形成环节”转换成油压给定值。该给定值送到“压力调节器”与压力反馈相比较后形成比例方向电流，进而控制制动力的大小，使提升机的速度随给定值变化并达到预期的减速度。

闸控系统在PLC程序内设置了监控方式，速度的实际值与给定值进行比较，当实际值大于或小于给定值一定范围时动作，系统退出恒减速功能，进入后备恒减速制动。

2）后备恒减速制动

当恒减速制动出现故障时，后备恒减速功能自动投入，此时在PLC内部经过对提升机速度和主电机电流的综合运算，计算此时所需制动力矩所对应的油压值。然后由PLC给出比例溢流阀所需的给定值，同时根据实际的速度反馈，与给定减速度相比较，监视压力是否合适，如制动速度慢，将自动增大制动力，直到满足相应的制动减速度。此时将保持制动油压，直到制动完成后，油压降为零，使提升机完全静止。在PLC内设有监控程序，当制动减速度与给定减速度偏差超过设定值时，系统会自动转入二级制动。

3）二级制动

二级制动是指在提升机事故状态下进行紧急制动，使制动油压很快降到预先调定的某一值，经过延时后，制动器的油压迅速回到零，使整个提升系统处于全制动状态，即停车状态。二级制动是恒减速制动的后备保护，当恒减速功能故障或失效时，系统自动切换到二级制动。

4）一级制动

一级制动是指在提升机事故状态下进行紧急制动，使制动油压立即回零。当提升容器接近井口或井底某一位置时，若发生紧急制动，则只能实行一级制动。解除二级制动是根据提升容器的位置而设定的。

（五）多通道冗余恒减速闸控技术

1. 多通道冗余恒减速闸控系统特点

（1）至少设置两条或三条以上独立的恒减速制动回路进行并联控制，实现安全制动。

（2）在任何情况下都能实现恒减速制动。

（3）所有的制动系统控制和监视均是通过不同的PLC实现的。

因此，与常规恒减速闸控系统技术相比，提升机安全制动工作可靠性得到了极大提高。

2. 多通道冗余恒减速工作原理

通过液压系统的三个节点间回路并联，以及压力闭环控制回路并联，每条独立的制动回路都是一个完整的、具有恒减速制动功能的独立控制回路，可独立完成提升机的恒减速制动过程。其中，三个独立的制动回路输入同一恒减速给定指令信号，并接收同一个速度传感器所检测的速度反馈信号。提升机卷筒（主导轮）实际速度反馈信号与恒减速给定指令信号比较差值，作为各独立制动回路的输入指令控制该恒减速制动回路。每条制动回路均独立输出液压介质至盘形制动器的油缸，即同步输出点多通道控制系统，实现在任一或多个单独制动回路工作时控制系统工作。

同步输出点多通道控制系统工作时，全部独立制动回路均处于工作状态。各独立制动回路既可单独完成控制系统的恒减速制动过程，又可在同一个恒减速给定值指令信号和同一个速度传感器所检测的速度反馈信号的控制下，共同同步控制盘形制动器的制动过程。当其中一条独立制动回路处于关闭状态时，其他任一条独立制动回路仍可以正常完成恒减速安全制动过程，实现在任一单独制动回路工作时控制系统工作。当其中一条独立制动回路出现全泄油故障时，即该独立制动回路液压系统处于泄油状态，处于通路状态，通过其他两条独立制动回路有效输出的补偿作用，整个控制系统仍可以正常完成恒减速安全制动过程，实现在多个单独制动回路工作时控制系统正常工作。

五、提升机无人值守控制技术

（一）实现提升系统无人值守控制的目的

（1）减少人员编制，降低人工成本，体现“无人则安，机械换人”的先进理念。

（2）减少操作人员误操作的可能性，提高提升系统的可靠性。

（3）实现矿井提升机智能控制，提高运行效率。

（二）实现提升机无人值守需要重点解决的问题

随着矿井提升机自动化技术的发展，通过采用智能化技术代替人员现场操作，避免人为操作的失误，将提高提升机的安全性和运行效率。但要实现无人值守需重点解决以下几个方面的问题。

（1）建立先进、可靠的矿井提升机控制系统集中监控终端，实现对矿井提升机运行全过程的动态监控、集中管理和统一控制。

（2）建立全数字化检测系统，提高数据检测精度。

（3）建立矿井提升机运行数据库系统，为事故分析、查询提供可靠的依据。

（4）可靠的数字化硬件设备。

（5）安全高效的软件环境。

（6）畅通安全的网络系统。

（7）清晰稳定的音频、视频监控系统。

（三）无人值守提升机控制系统的构成

无人值守提升机控制系统由智能配电系统、智能变频传动系统、可编程控制系统、传感器系统、上位监控系统、恒减速闸控系统、制动闸在线检测系统、钢丝绳在线检测系统、提升信号系统、自动装卸载系统、工业音视频监控系统、调度中心监控系统、远程诊断系统等组成，如图 7－41 所示。

（1）智能配电系统：满足双回路电源供电，智能断路器、电动机保护、综合保护、仪表等具备 Profinet 或 RS－485 通信功能，以便可编程控制系统采集相关数据。

（2）智能变频传动系统：采用全数字速度、电流、位置闭环控制使提升机在设定速度下运行稳定，可靠运行，高精度的直接力矩控制或矢量控制保证精确的电动机控制；实际速度紧跟预定速度变化，从等速段向减速段、减速段向爬行段过渡的平滑性好；具有很强的抗干扰能力，环境适应性强，谐波分量小，对电网无公害。

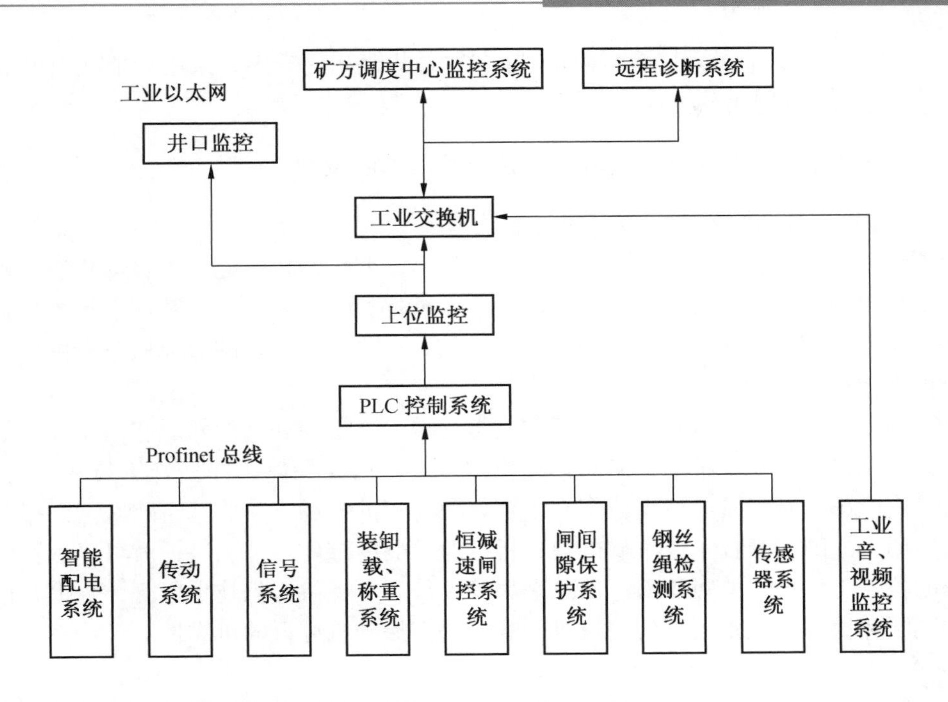

图 7－41　无人值守提升机控制系统示意图

（3）可编程控制系统：主控系统可编程软件实现软硬件控制的无扰切换，即在现场就地操作和调度中心操作之间切换没有断续和扰动。在运行过程中对人为误操作软件不响应，在就地或者调度中心（除急停功能外）均实现无人参与的自动提升。数字监控器具有自学习功能，根据实际运行速度、位置曲线自动生成一条全行程的速度、位置包络线，使提升机运行更加安全可靠。

（4）工业音视频监控系统：它是实现提升机安全运行必不可少的一部分，它能直观有效地提前发现问题，对系统运行故障有一定的预警能力，能实现人为的“闻、看、摸、听”功能。

（5）调度中心监控系统：调度中心通过实时数据趋势图和分析图，能实时在线了解整个提升机系统状况，易于提前发现问题，解决问题，实现快速的应急措施，合理决策。

（6）远程诊断系统：实现设备的工艺参数设置与调整、故障分析预警，以及系统维护。

（7）钢丝绳在线检测系统：从不同角度实时自动检测钢丝绳损坏情况，自动生成检测报告并报警。

（8）制动闸在线检测系统：由多个位移、压力及温度传感器对制动盘的正压力、偏摆、温度、闸间隙、油压及油温等各参数进行实时监控。

（9）恒减速闸控系统：实现提升机工作和安全制动，安全制动时能按设定的减速度平稳停车。

（10）传感器系统：全面有效的传感器布置，对周围环境、主机及辅助设备进行检测。

（11）自动装卸载与提升信号系统：在煤矿立井罐笼提升中，采用智能化自动装卸载与提升信号系统，实现信号的自动转发与装卸载控制。

六、基于物联网的提升机远程在线监测及故障诊断技术

（一）提升机远程在线监测及故障诊断技术

随着科学技术的发展及矿山工程的需要，很多矿井提升机已建立了自动化监测监控系统。但功能单一，仅限于现场管理，无法做到数据保存、故障追忆、数据上传等，且现场监测还会受到技术和现场条件两方面的严重制约，某些无法实现的故障监测会给矿山的正常生产带来严重影响。

物联网是利用网络技术建立的全新的技术领域。随着物联网的发展和信息技术的成熟运用，物联网技术的发展推动了矿山信息化的进步，同样促使矿井提升机与网络相结合，为矿山、安监部门及设备制造单位带来了管理及监管的便利。为此基于物联网的提升机远程在线监测及故障诊断技术成了矿山提升机行业发展的重要环节。这样就可以远程完成对提升机的监测、维护、故障诊断、信息采集等工作，并提供远程技术服务，为提升机疑难故障的判断和处理提供不可替代的技术优势，提高提升机运行的可靠性。

（二）矿井提升机常见故障

提升机故障有多种，有些故障容易被发现，而有些故障不易被发现。按照故障引起的后果来分，可以分为致命性故障、严重故障、一般性故障和轻微故障 4 个等级。

致命性故障是指可能引起人员伤亡或提升系统装备严重破坏的故障；严重故障是指造成严重伤害或提升机主系统损坏的故障；一般性故障是指造成轻伤或提升机次要系统损坏的故障；轻微故障是不会对人员造成伤害，系统也不会受损坏，只是影响提升机按规定要求运行的故障。

根据提升机测试及现场运行经验，提升机常见故障主要有以下几种。

（1）减速器部分：一般故障有齿轮声响和振动过大；严重故障有齿轮磨损过快、轴承损坏及轮齿折断等。

（2）主轴卷筒（主导轮）部分：轻微故障有机械异响；一般性故障有焊缝开裂、轮毂松动；严重故障有轴承过热、损坏；致命故障有主轴断裂。

（3）钢丝绳、天轮、提升容器部分：一般故障有钢丝绳锈蚀、磨损、断丝；严重故障有天轮轴承损坏、天轮偏摆超限；致命故障有钢丝绳断裂。

（4）制动系统常见故障相对比较多，而且制动系统的致命故障最多，一旦制动系统出现故障，会造成人员伤亡，或者提升设备严重破坏。因此，必须对提升机制动系统进行状态监测与故障诊断，做到在事故发生以前就以报警的形式告知提升机相关负责人，最大可能地减少由于制动系统故障而引起的事故。

（三）提升机故障检测内容

要实现提升机故障诊断及对提升设备的早期故障进行预报，除了对提升设备进行定期检测和维修外，更要实现提升设备的实时监测。

提升设备的实时监测是指在提升机运行过程中，利用传感器技术、信号采集技术和计算机技术对提升设备的某些特征量进行连续、实时地监测和处理，将实时参数显示给提升机人

员，以便在各种运行情况下对提升机的特征量进行连续记录，为后续的故障诊断做准备。

为确保制动系统安全可靠地运行，除了在设计计算时合理选择运行参数外，关键在于对制动系统实行状态在线监测。对制动系统进行监测，需要对制动力矩进行测量，以及对制动盘的故障情况进行判定。诊断系统或方法用到，如对液压力的测定，对制动油缸盘形弹簧力的测定，液压力本身大小及弹簧力大小等这几个监测量的相关性。所以，对制动系统进行监测，需要监测最大油压力、开闸油压、贴闸油压、残余压力 4 个量。

目前，对矿井提升系统其他工况的监测还包括：

（1）对钢丝绳的监测，主要有张力监测，断丝、绳径和润滑状态监测。主要监测方法有：磁监测、振动监测、电涡流监测、超声波监测等，其中，磁监测是目前使用最多的方法，许多基于磁监测原理的监测仪表已经在现场使用。

（2）对提升容器、井筒装备的监测，监测项目有：井筒罐道缺陷探测，停车开关，安全开关，主要机械零部件的裂纹、锈蚀、磨损、松动等，这些监测一般采取定期的人工监测方法及仪器探伤。

（3）对传动系统的监测，提升机传动系统是提升机电气设备的主要部分，提升机要实现除机械以外的电气设备的监测还要实现对传动系统的监测。对传动系统的监测主要包括：①传动系统整流单元同步电源检测，通过检测同步电压的幅值来确定同步电源是否缺相、是否欠压；②传动系统整流变压器温度检测，通过热敏电阻检测整流变压器的温度，用于超温报警和高温跳闸保护；③传动系统逆变单元故障检测，通过光纤通信方式实时检测逆变单元的逆变模块和电流电压及温升，若上述参数超出整定值则发出故障报警同时保护跳闸。另外中间直流部分的电容模组检测也很有必要，如电容的实时参数、温升等。

（四）提升机运行状态监测

在矿山生产过程中，提升机运行状态及其监测水平，将直接关系到矿山的生产效率和经济效益。提升机的运行参数如速度、方向，制动盘的左右偏摆将直接决定提升机的性能。

提升机的工况参数、工艺参数及运行参数很多，但作为实际上为诊断系统服务的监测系统来说，没有可能也没有必要对提升机的每一个运行参数都实行监测，只要能够抽取反映故障的特征量，再加上提升机的主要运行参数，即可把握提升机的运行状态，并对提升机的故障做出预测和诊断。研究表明，可以采集以下几个参数来监测提升机的运行状态：①速度监测，由速度可以求出提升机的上升、下降的加速度，提升机在井筒中的位置，提升机运行方向；②运行时间，据此判断提升机的位置和速度的关系是否合适（即是否存在减速滞后），是否超速；③过卷、过放、减速点失效状态；④提升机行程；⑤制动盘左右偏摆量，判定偏摆量是否超标；⑥滚筒主轴的振动监测；⑦减速器的振动监测；⑧电动机振动及温度监测等。

（五）基于物联网的矿井提升机在线检测与诊断系统

基于物联网的矿井提升机在线检测与诊断系统由感知层、传输层、应用层 3 层组成，如图 7－42 所示。感知层包括现场各种传感器、PLC 控制器及其他现场数据采集设备；传输层包括有线互联网和移动互联网，以及传输设备；应用层包括运行在云计算中心的人工智能分析软件。

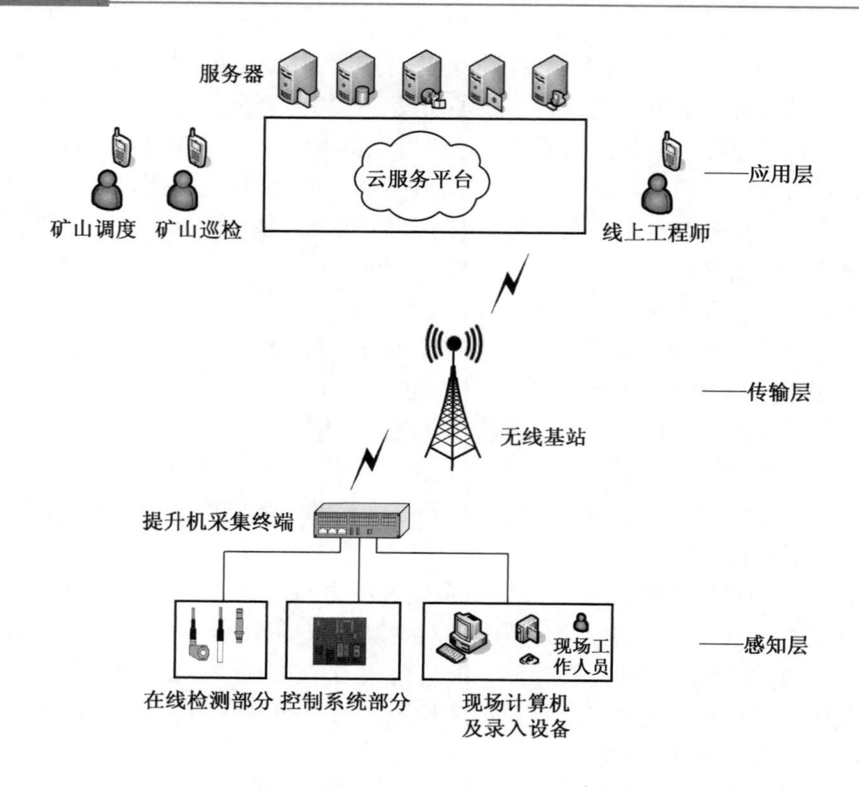

图 7-42　矿井提升机在线检测与诊断系统

1. 感知层的相关设备及功能

1）采集终端

采集终端是感知层的主要设备，它主要将传感器的数据、现场录入设备和信息、提升机控制设备主机数据进行分类汇总、加密和压缩。首先，使用专用的通信协议统一将数据通过网络层上传至应用层服务做统一的分析和部署；其次采集终端还具有现场分析和人员仿真训练功能，即对于一些直观故障给予报警和故障排除指导，以及日常仿真故障处理指导、操作仿真训练；最后采集终端实现与应用层调度平台或者矿山调度平台的语音、视频互通。

采集终端采集的数据主要有：

（1）通过传感器直接采集的数据：电动机的电量参数、电动机轴承温度、振动参数等；主轴的振动、偏摆等；天轮的振动、偏摆等；闸间隙及偏摆等；钢丝绳张力、摆动、断丝、锈蚀等。

（2）现场视频信息，现场录入的设备信息有：主机、电控、液压系统的基本信息；当前操作、值班和巡检人员信息；主要机电设备的技术参数和检修情况。

（3）通过提升机控制设备采集的信息有：故障内容、故障发生时间及对应的主机状态；操作状态记录；主机实时的在线数据及运行工况。

2）现场采集传感器

现场采集传感器主要作用有：通过通信与接触式、非接触式传感器为采集终端提供相应的数据。

通信协议常采用：Zigbee、TCP/IP、ModbusTCP、ModbusRTU、PPI、MPI、Profibus 等。

人员信息录入常采用的技术：视频录入、指纹识别、虹膜识别。

设备信息录入常采用的技术：二维码标签、RFID 标签和读写器、摄像头等。

涉及的传感器：PT100、振动传感器、位移传感器、加速度传感器等。

2. 传输层的相关设备及功能

对于提升机采集终端数据传输，可以采用无线网关上传或者通过有线光纤网络上传，要根据地域实际网络情况确定。

3. 应用层的相关功能

应用层主要由运行在线监测、装备数据分析、预检预修决策、故障远程诊断、运行参数优化、程序远程升级六大功能模块组成。

（1）运行在线监测：对提升机主要机电设备的运行状况进行在线监测。通过采集终端将现场机电设备上安装的传感器数据及其他音视频信息，以及提升机运行状态实时远传到监控中心，用户可以登录网页或者手机客户端观看运行数据。

（2）装备数据分析：数据管理平台将提升机运行数据进行自动分析，形成运行曲线，从而查找异常数据，得出装备运行报告。

（3）预检预修决策：根据提升机运行数据，系统会自动出具提升机的预防性检修指导书，从而降低故障发生概率。

（4）故障远程诊断：当提升机出现故障时，利用在线平台可以实时获取提升机的故障信息，根据提升机的运行工艺和维护资料，得出故障可能出现的原因，从而可以指导现场进行修理，以最快的速度解决现场故障。

（5）运行参数优化：提升机在运行过程中，伴随着提升机的老化和系统环境的变化，可能会出现提升机运行工况变差的情况；通过在线平台分析，提升机系统会自学习，并优化参数，系统会按照最优运行工况运行，同时平台工程师可以对提升机进行远程参数优化校正，提高运行效率。

（6）程序远程升级：随着提升机系统设计水平的提高，控制系统的软件控制需要逐步完善，通过在线平台，工程师可以对提升机进行系统程序的在线升级，提高其智能化水平。

随着物联网应用的普及和装备智能化技术的提升，通过平台的数据智能分析可以实现提升机运行工艺的优化，并对提升机进行全生命周期的管理，快速帮助使用者做出最优决策，将使提升机运行更加安全、高效。

第四节　主运输系统智能化技术展望

未来，煤矿主运输系统是一个高度协调、高度统一、高度智能化的集群控制系统，用地面调度中心的无人值守平台对整个系统进行智能化控制或通过云平台进行远程控制。整个系统达到最优控制，并与其他智能化系统有效衔接，一起构成矿井的管控一体化。通过上层 MES 系统，下达生产指令，生产运输系统接收生产计划指令，建立最优化控制模型，实现物料输送，并对生产计划、设备监控进行综合分析，从而对整个生产运输过程进行全面跟踪、调整，对设备进行全生命周期管理。

工作面刮板输送机根据采煤机的采煤速度和采煤量的大小自适应调速控制，带式输送机进行煤流自动监测，根据运载量智能调速运行，提升系统也根据煤仓信号和生产任务自动运行。运输系统沿线机器人巡检，系统在无人值守、无人操控的情况下，按照生产计划自动执行生产任务。系统具有智能感知能力、控制能力、执行能力、协同能力、学习能力、决策能力，通过物联网技术能使管理者全面掌握矿井运输系统的运行状况，控制系统充分实现网络化、远程化、自动化、无人化，其生产效率得到充分发挥。

参考文献

[1] 王涛．永磁直驱电机在带式输送机上的应用研究［J］．能源与环保，2018（4）：182－185.

[2] 李军霞，寇子明，俞晶．下运带式输送机液压调速软制动器特性分析及试验研究［J］．煤炭学报，2013，38（9）：1697－1702.

[3] 刘利飞．带式输送机变频调速自动张紧装置的电气设计［J］．煤矿机电，2017（4）：100－103

[4] 王建军．进口带式输送机楔块式单向离合器的应用［J］．矿山机械，2006，34（11）：85－86.

[5] 王忠阳．APW 液压绞车常见故障分析和排除方法［J］．工业技术，2013（6）：53－54

[6] 邹高．西门子 SINAMICS S120 变频器在带式输送机上的应用［G］//西门子（中国）有限公司．2014 西门子工业专家会议论文集（下册）．北京：机械工业出版社，2014：742－755.

[7] 张铁凌．煤矿主斜井传动带 GM150 四驱应用［G］//西门子（中国）有限公司．2014 西门子工业专家会议论文集（下册）．北京：机械工业出版社，2014：695－701.

[8] 魏臻，陆阳．矿井移动目标安全监控原理及关键技术［M］．北京：煤炭工业出版社，2011.

[9] 王中华．矿井煤流输送系统优化控制关键技术研究［D］．徐州：中国矿业大学，2014.

[10] 韩超超．矿用带式输送机多机驱动功率平衡与节能控制研究［D］．焦作：河南理工大学，2013.

[11] 李玉瑾．矿井提升系统的装备技术与展望［J］．煤炭工程，2014（10）：61－64.

第八章 煤矿辅助运输系统智能化技术

第一节 概 述

煤矿辅助运输系统承担着除原煤以外的人员、物料、设备等所有类别的运输，大致可分为轨道辅助运输系统和无轨辅助运输系统，轨道辅助运输是以铺设双轨或悬吊单轨为主要特征，采用架线电力、防爆柴油机、蓄电池和钢丝绳为牵引动力源；而无轨辅助运输则以胶轮或履带为行走机构，采用防爆柴油机、蓄电池等为牵引动力，完成井下相关运输工作。无轨胶轮运输装备是继轨道运输装备之后在我国高产高效矿井推行的一种新型辅助运输装备。相对于传统轨道运输，防爆无轨胶轮装备具有点对点高效运输、适应各种路况、机动灵活的特点。在煤矿开采过程中，可以根据不同的使用要求来选择合适的运输方式。

煤矿辅助运输是整个煤矿运输系统中不可缺少的重要环节，它的技术装备水平和智能化管理直接关系到辅助运输的效率和生产安全。近10年，我国辅助运输装备及其智能化技术取得了较快发展，表现在微机控制、嵌入式系统、通信技术等相关智能化技术的广泛应用中，我国已经开发了防爆电喷柴油发动机、防爆蓄电池动力电驱车辆，实现了车辆智能保护、车辆姿态监测和行车信息存储、自动灭火、智能防撞、车辆定位、车载无线通信、智能调度与管理等功能，推动了煤矿井下辅助运输智能化进程，既提高了运输效率，又提高了人员和设备的安全性，对煤矿安全高效生产起到了重要作用。

第二节 辅助运输装备智能化技术

煤矿辅助运输装备智能化技术主要针对设备本体采用先进的传感技术、微机处理技术、嵌入式等手段开发的车辆保护系统、监控系统、控制系统和管理系统，具体包含防爆柴油机技术、防爆蓄电池技术、防爆整机控制技术、防爆变频电动机牵引技术、无轨车辆智能测控技术及其他智能装备技术。该技术为辅助运输系统整体智能化提供了技术基础。

一、防爆柴油机技术

（一）防爆柴油机保护技术

矿用防爆柴油机是煤矿井下各种固定和移动设备的防爆动力装置，适用于无轨胶轮运输装备、单轨吊和齿轨车等辅助运输设备。其良好的动力性、耐久性、经济性在现代化矿井生产中起到了举足轻重的作用，但是，由于其特殊的使用环境，安全性能成为重中之重。柴油机的油压、转速、冷却、排气等性能参数需进行实时监控，以保证柴油机正常使用，由此，防爆柴油机保护技术便应运而生。

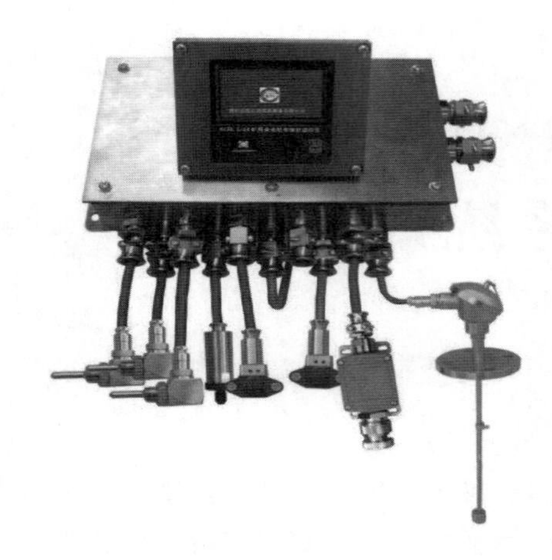

图 8－1　矿用柴油机自动保护装置

矿用柴油机自动保护装置如图 8－1 所示，主要用来对柴油机的排气管温度、转速等行车参数进行监测。当相关参数超过允许范围时，提供声光报警功能，而且可以将监控装置的开关量输出接至柴油机车油路上的电磁阀，以控制电磁阀的开合。

其工作系统如图 8－2 所示，监控装置的速度元件通过感应铁质齿盘产生脉冲，通过脉冲计数，来完成车速/转速的监测；通过监测液位开关和油压开关的开关状态完成对水箱水位和机油压力的监测；对于排气管温度、水箱温度和发动机表面温度的测量，均通过测量监控装置自带的铂热电阻的阻值来完成；通过甲烷变送器监测柴油机车周围的甲烷含量。在完成以上监测后将测量数据传输至显示器，显示器对数据进行显示和判断。当有监测量超过规定值时，显示器上的蜂鸣器发出响声，液晶显示器上显示报警内容，同时报警灯也闪烁，从而实现声光报警。当排气管温度超过一定值时，可以通过监控仪监控单元的继电器输出，控制电磁阀，停止发动机供油，强行停车。

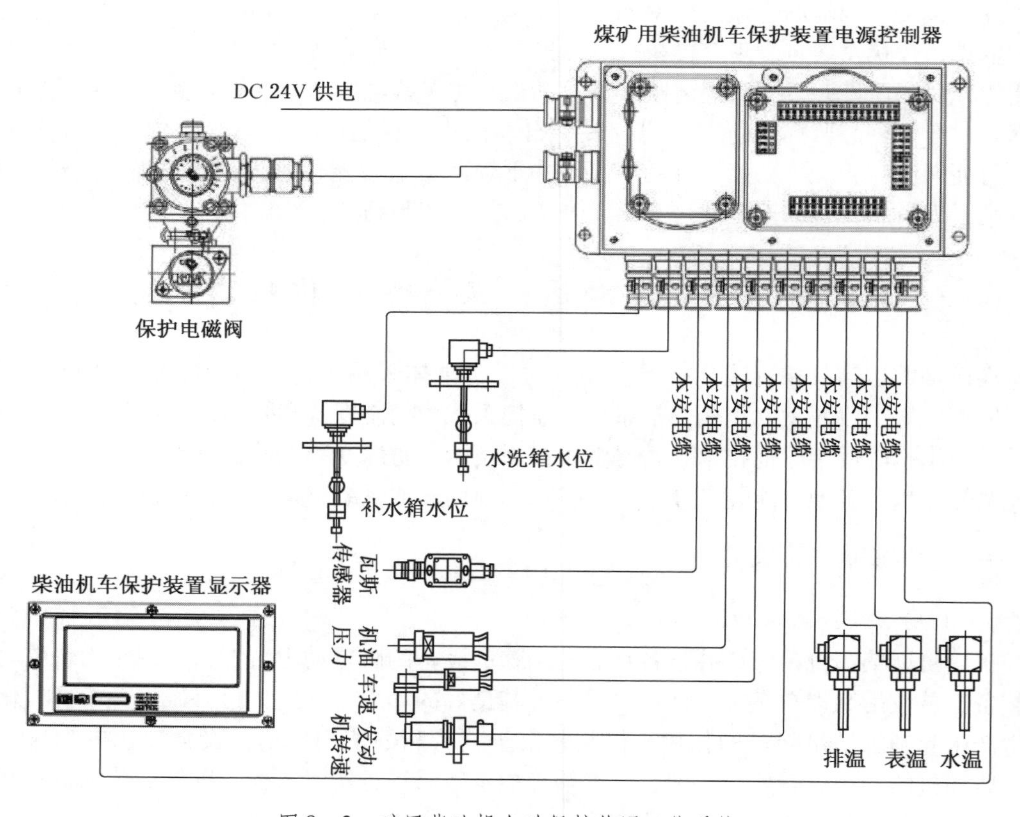

图 8－2　矿用柴油机自动保护装置工作系统

（二）防爆柴油机燃油电动喷射控制技术

矿用防爆柴油机作为煤矿井下各种固定和移动设备的防爆动力装置，其持续稳定的动力特性为煤矿生产做出了很大贡献。但是，由于以柴油为燃料，发动机排放的废气致使巷道中空气质量变差，狭窄封闭环境中的尾气排放也使发动机自身的进气条件变差，燃烧不充分、功率下降，造成燃油浪费，加剧了环境污染。同时，驾驶员和其他井下工作人员长期呼吸排放的气体，严重影响身体健康。为提高防爆发动机排放水平，满足中小型柴油发动机对排放、动力性、经济性等方面的需求，出现了防爆柴油机燃油电动喷射控制技术。

1. 单体泵电控燃油喷射系统工作原理

进气流通过空气滤清器、增压器、中冷器、空气关断阀和进气栅栏后进入符合防爆要求的主机系统中。电控单体泵与电磁阀（出油控制阀）配合工作，通过电磁阀直接控制柱塞泵腔内燃油压力的建立和泄流。柴油机工作时，ECU 控制单元如图 8－3 所示，将所收集到的柴油机传感器信息处理后，发出开启喷油指令，然后对电磁阀通电，控制阀杆闭合泄油回路，在回路中建立高压，高压燃油通过高压油管进入喷油器，然后喷入气缸内燃烧室；当电磁阀电流断开时，控制阀杆在弹簧的作用下开通泄油回路，高压燃油迅速经回油孔泄压，停止喷油。燃烧后的废气通过水冷排气管、软连接水冷排气管、废气处理箱和排气防爆栅栏实现降温、洗涤、消声，最后排到空气中。

图 8－3　ECU 控制单元

2. 电控燃油喷射系统总体结构

电控燃油喷射系统主要包括燃油控制主机、电磁阀和各种传感器，如图 8－4 所示。

根据煤矿生产安全要求，防爆柴油机各单机设备及由单机设备组成的柴油机车保护系统和燃油喷射控制系统均要符合防爆要求，即设备（系统）之间的电气连接本身符合防爆要求，并且这种连接不会破坏各设备（系统）自身的防爆性能。

（三）防爆柴油机后处理系统技术

1. 尾气处理箱

煤矿井下防爆柴油机尾气排放控制主要是水洗法，就是尾气排放到大气之前先经过废

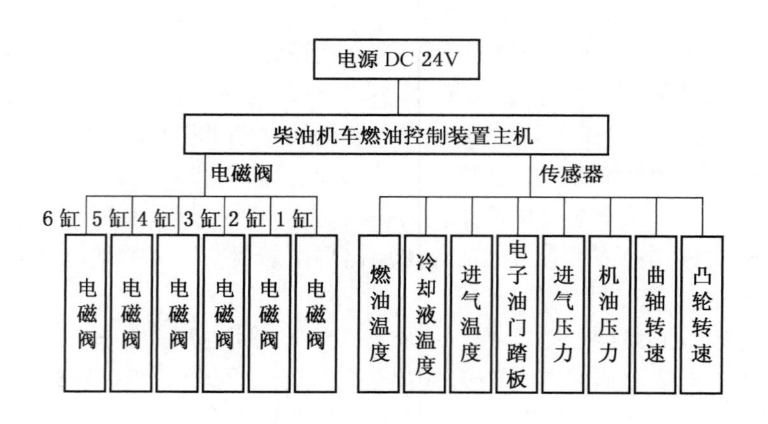

图 8-4　电控燃油喷射系统示意图

气水洗箱，水洗箱内有一定高度的水（或化学液），废气通过水洗后再排入大气中，达到气体净化的目的。因为 NO_X（氮氧化合物）易溶于水变成硝酸、亚硝酸和硫酸，并被废气处理箱中的水稀释，其次水对氢碳化合物也有净化作用；尾气中的颗粒物通过水后会漂浮在水中或者沉淀下来。

2. 柴油机尾气处理原理

柴油机尾气中的主要成分有二氧化碳（CO_2）、水蒸气（H_2O）、碳氢化合物（HC）、颗粒物（PM）和氮氧化合物（NO_X），其中有害气体主要是碳氢化合物（HC）、颗粒物（PM）和氮氧化合物（NO_X）。常规的柴油机尾气后处理技术是采用物理和化学手段去除污染物的方法。物理方法是指用过滤方法收集 PM，如柴油机颗粒捕集器（DPF）。而化学方法是指添加催化剂，使污染物发生化学反应而去除，如氧化催化器（DOC）、NO_X 选择催化还原（SCR）。DOC 多为陶瓷载体的通流式催化器，该装置主要降低尾气中的可燃气体和可溶性有机成分。DPF 工作原理是借助惯性碰撞、截留、扩散和重力沉降等机理将 PM 从气流中分离出来。SCR 技术的基本原理是以氨气作为还原剂，在催化剂的作用下将柴油机尾气中的有害成分 NO_X 转化为无害的氮气和水蒸气。SCR 控制单元功能复杂，具备 CAN 总线通信能力，能够和发动机交换数据，根据发动机工作情况智能调节自身参数。它采集各种传感器信号，通过控制高速电磁阀实现喷射，但成本较高、防爆复杂。柴油机尾气后处理系统原理如图 8-5 所示。

近几年，有研发人员提出了应用等离子体技术治理柴油机尾气的方法，但还集中在机理性研究，以及工程实用化研究等方面，在实验室已经取得了良好效果，但在实际应用中仍然存在一些问题，还未得到广泛应用。

3. 水冷防爆三元催化器装置

三元催化器是一种降低发动机尾气排放的装置。三元催化器中的贵金属成分为铂（Pt）、钯（Pd）及铑（Rh）。三元催化转化器中发生的化学反应是在催化剂表面催化层上发生的非均相反应。

煤矿要求防爆柴油机表面任一点的温度不能超过 150 ℃，因此催化器表面必须进行隔

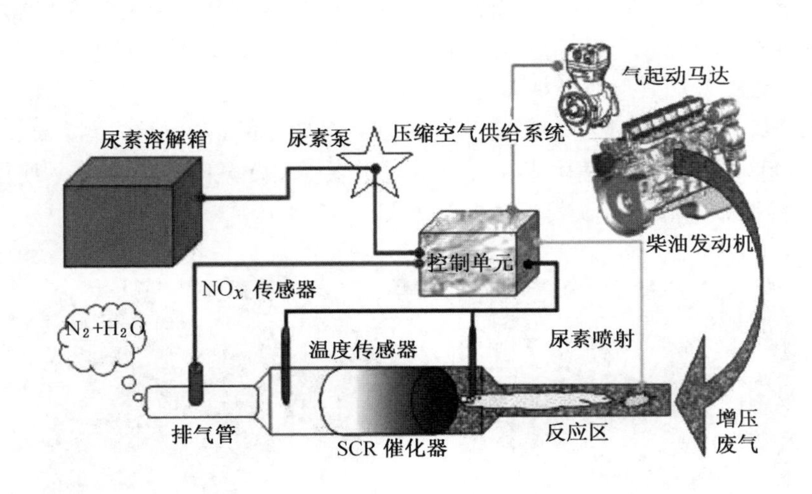

图 8－5　柴油机尾气后处理系统原理图

热处理，在气道外侧增加隔热层，保证该段的排气管温度在三元催化器的起燃温度以上。在隔热层外侧再加水套，不仅要避免隔热层表面冒青烟，而且要保证三元催化器的表面温度不超过 150 ℃，符合《矿用防爆柴油机通用技术条件》（MT 990—2006）的要求。

水冷式防爆三元催化器结构如图 8－6 所示。

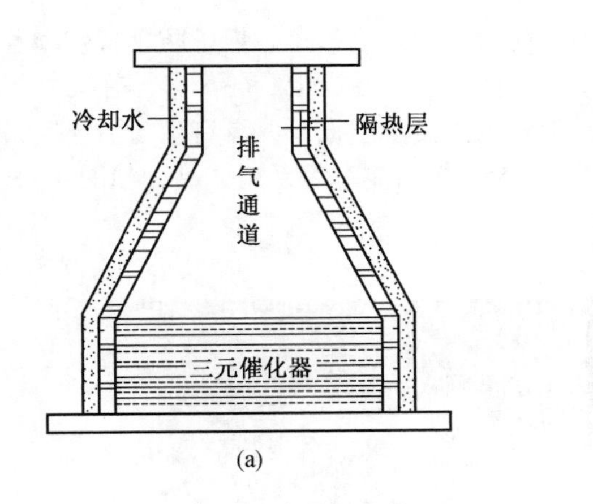

(a)

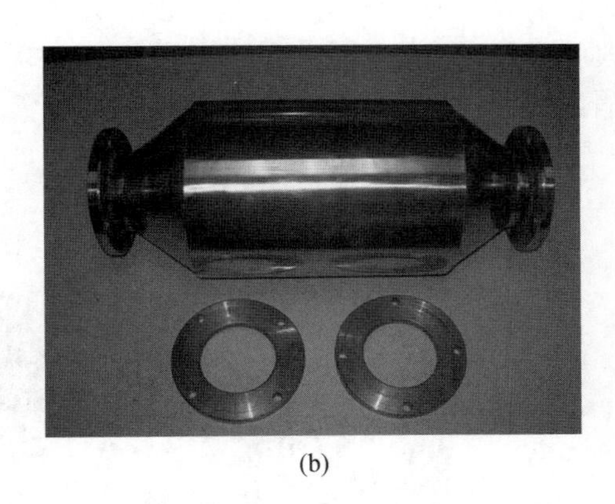

(b)

图 8－6　水冷式防爆三元催化器结构

二、防爆蓄电池技术

煤矿井下使用的蓄电池主要是煤矿铅酸蓄电池防爆特殊型电源装置、防爆磷酸铁锂离子电池装置、防爆镍氢蓄电池装置。煤矿铅酸蓄电池防爆特殊型电源装置应用于煤矿蓄电池电机车、单轨吊、卡轨车和重型无轨胶轮车，最大容量 2000 A・h；防爆磷酸铁锂离子电池装置容量较小，主要用于防爆无轨锂离子蓄电池车辆，目前最大允许容量 100 A·h；镍氢蓄电池装置通常用于井下备用电源，目前最大允许容量 18 A·h。

（一）煤矿铅酸蓄电池防爆特殊型电源装置

煤矿铅酸蓄电池防爆特殊型电源装置是依据《煤矿铅酸蓄电池防爆特殊型电源装置》（MT/T 334—2008）制造的，适用于在具有甲烷或煤尘爆炸危险的煤矿井下使用，煤矿铅酸蓄电池防爆特殊型电源装置及其单体电池如图 8-7 所示。

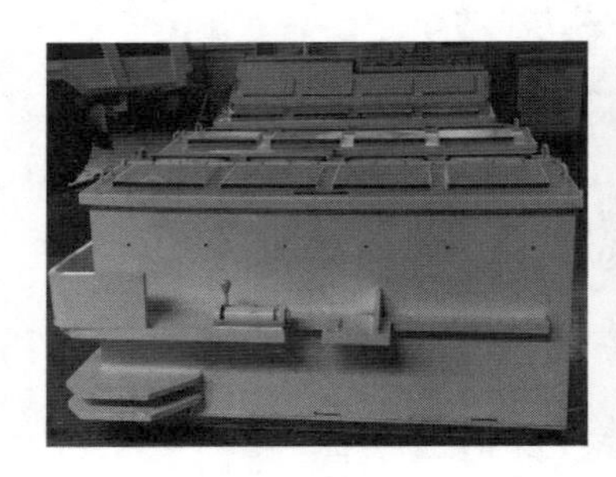

图 8-7　煤矿铅酸蓄电池防爆特殊型电源装置及其单体电池

煤矿铅酸蓄电池防爆特殊型电源装置通过电解液调节串联容量，具有自均衡的特点，需要及时、正确地给蓄电池充电，不仅可以恢复蓄电池容量使其处于良好的技术状态，而且可以有效地防止故障发生和延长蓄电池的使用寿命。

目前井下使用该电源装置的设备较多，包括防爆特殊型电机车、煤矿防爆特殊型蓄电池式胶套轮电机车、防爆特殊型蓄电池单轨吊车、防爆铅酸蓄电池胶轮车等。在无轨辅助运输系统中，主要用于防爆蓄电池铲车、蓄电池铲板车类重型设备，具有动力清洁、易维护、运行成本低等优点，目前扩展出 10 t、35 t 和 45 t 多功能车等系列产品，如图 8-8 所示。

(a)

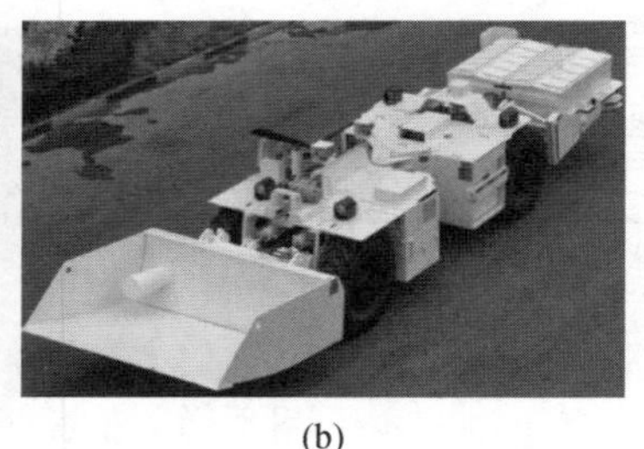

(b)

图 8-8　防爆铅酸蓄电池无轨辅助运输车辆

防爆蓄电池电机车已经在我国煤矿大量使用，并且已采用系列化、标准化设计。近几年，随着变频控制技术的发展和推广，矿用电机车也向交流电动机变频牵引控制和使用更加清洁、环保的锂离子电池方向发展，部分产品已经应用到井下，为防爆蓄电池电机车注入了新的动力。防爆磷酸铁锂离子电池电机车如图 8－9 所示。

图 8－9　防爆磷酸铁锂离子电池电机车

（二）防爆磷酸铁锂离子电池电源装置

锂离子电池从 2012 年开始逐渐在煤矿井下应用，主要应用于井下备用电源、电机车和电动无轨车辆大容量电源装置。根据国家矿用产品安全标志中心 2014 年 5 月发布的安标字〔2014〕34 号文件《矿用隔爆（兼本安）型锂离子蓄电池电源安全技术要求（试行）》《矿用隔爆（兼本安）型锂离子蓄电池电源安全标志管理方案（暂行）》规定，考虑到锂离子电池活性强、有燃烧爆炸的危险，煤矿井下锂离子电池目前仅限使用磷酸铁锂离子电池，并且超过 20 A・h 锂离子电池用于井下必须采用三腔隔爆结构，单个电源箱总容量不超过 100 A・h、总能量不超过 32 kW・h，目前该种电池还未形成行业正式标准，仍处于煤矿试用阶段，只能用于低瓦斯矿井。

矿用防爆电动无轨胶轮车和轨道电机车都开始使用磷酸铁锂离子电池，主要原因是磷酸铁锂离子电池在各类锂离子电池中具有不可比拟的优点：循环寿命相对较长、发热量较低、热稳定性好，以及良好的环境安全性。磷酸铁锂离子电池在 1000 ℃下不释放氧气的特征，相对钴酸锂、锰酸锂、三元材料的 300～500 ℃释放氧气的表现要稳定，安全性最高。经过理论分析和安全测试，磷酸铁锂离子电池在正常使用条件下是安全的，但当发生过充电现象时，电池内部气体为高浓度可燃气体，能够被明火点燃并持续燃烧，图 8－10 为磷酸铁锂离子蓄电池过充点燃试验。

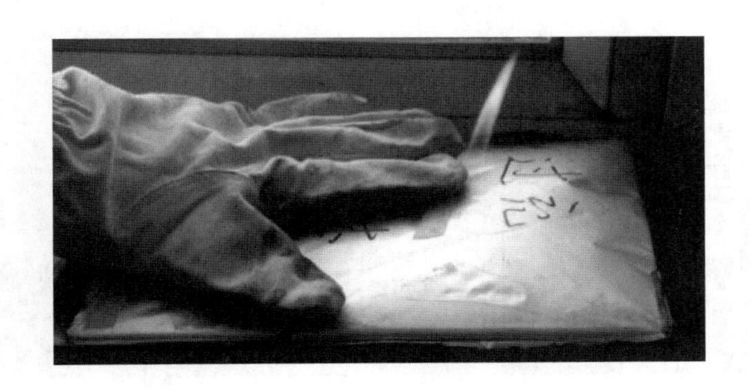

图 8－10　磷酸铁锂离子蓄电池过充点燃试验

为了防止锂离子电池过充电发生危险、过放电降低循环寿命、低温无法释放电能，必须使用电池管理系统对每个单体电池进行严格控制和保护。

电池管理系统的主要功能有：过压保护、过放报警、过放保护、过流报警、短路保护、过温报警、过温保护、估测电池组电池的荷电状态（即电池剩余电量）(State Of Charge，SOC)、对电池组中的单体电池进行均衡，以及与井口通信以实现远程监控和管理干预，如图 8－11 所示。

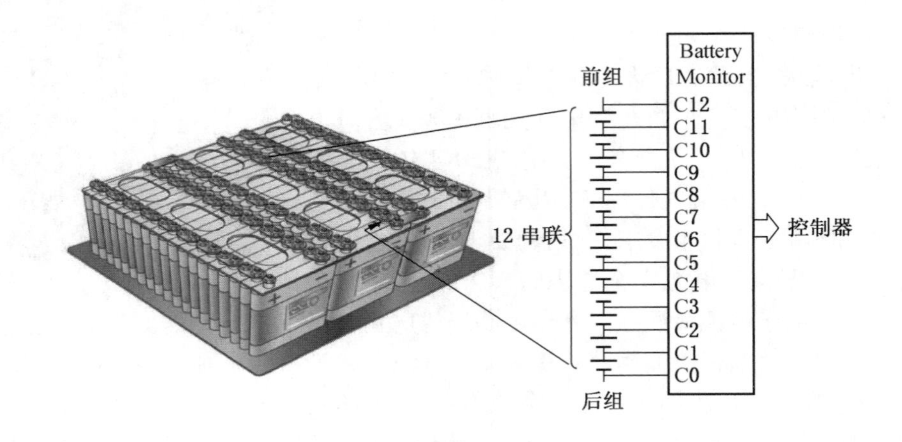

图 8－11　电池管理系统

磷酸铁锂离子电池管理系统按照均衡方式分为被动均衡和主动均衡两种。被动均衡采用电阻消耗充电过程中电压较高的电池能量；而主动均衡采用木桶算法，采用能量转移的方式，将能量从高能量电池转移到低能量电池，充电效率更高，并且在放电过程中也能充分发挥电池的性能，但是复杂程度大幅度提高，可靠性有所下降。

对锂离子蓄电池组的管理要求具备监控 12 路电池电压的能力和旁路电阻被动均衡控制的能力，配合其主动均衡芯片和 DC/DC 能量交换控制芯片，能够实现主动均衡。主动均衡技术涵盖了被动均衡技术，其原理如图 8－12 所示。

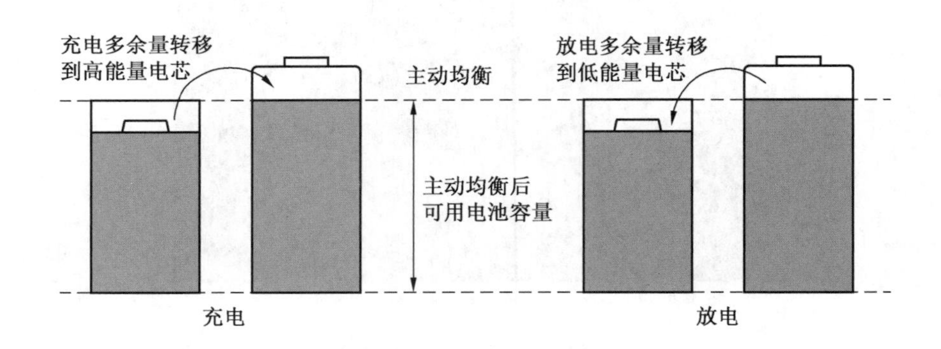

图 8－12　主动均衡原理图

采用主动均衡技术的电池管理系统，能够提高动力电池组放电深度，从而延长续航里程。随着电池技术的发展，电池成组过程控制更加精密，电池容量一致性更加整齐，使电池组循环寿命不再受限于某一节最差的电池或者昂贵的管理系统投入，因此主动管理技术和被动管理技术都能满足使用要求。图 8－13 为提升电池组一致性对循环寿命的影响。

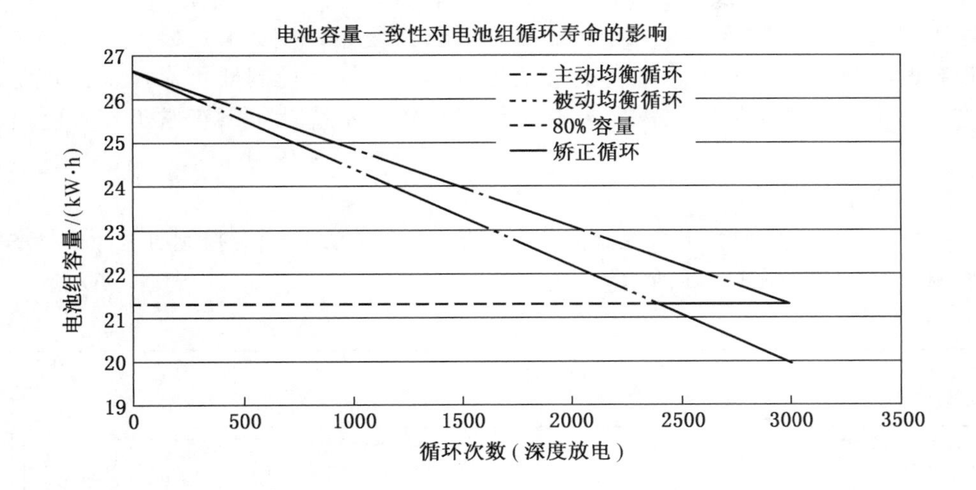

图 8－13　提升电池组一致性对循环寿命的影响

电池管理系统含有大量的电路、传感器、接头等元件，要求管理系统必须具有高可靠性、低功耗的硬件能力，以及智能分析、故障诊断等软件能力，是锂电池组可靠工作的关键技术。

（三）防爆镍氢电池

镍氢电池在煤矿应用，多数设计为直流 28 V 输出，当采用单腔隔爆结构时容量通常不超过 10 A · h，符合相关要求，主要用作备用电源为煤矿井下监控设备供应不间断电源。煤矿无轨辅助运输装备自 2011 年开始，受《爆炸性环境　第 1 部分：设备　通用要求》(GB 3836. 1—2010) 等新标准实施的影响，不能再使用隔爆型铅酸蓄电池装置，被镍氢电源箱取代，为车辆提供低压控制电源。图 8－14 为单腔隔爆型镍氢小容量蓄电池箱。

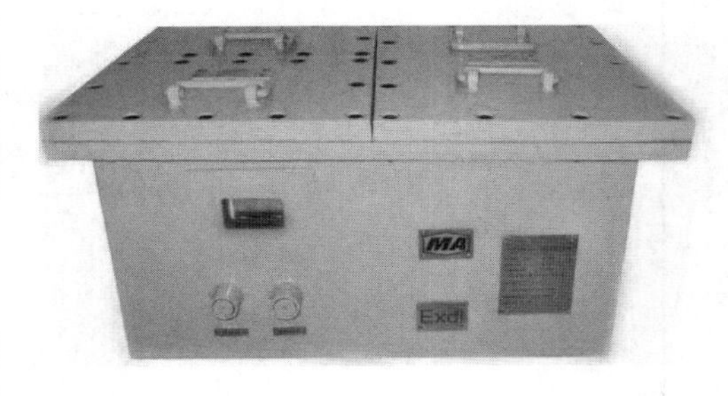

图 8－14　单腔隔爆型镍氢小容量蓄电池箱

三、防爆整机控制技术

防爆整机控制技术是基于已经确定的系统构型，采用合理的控制策略，实现整车的动力性与经济性指标，是防爆电动车辆的整车核心技术。控制策略的关键在于电池能量的管理和整车驱动的控制，合理的控制策略可以使电源和电驱发挥最优特性，进而保证整车的动力性和经济性。

控制部分通常包括整车控制器和各系统控制器，控制器之间一般采用 CAN 或 LIN 总线进行连接通信。整车电控可分解为多个功能模块，具体包括总控制装置、电源控制箱、电池管理模块、电机控制器、显示器模块、组合开关模块、照明灯、信号灯、电喇叭等，分别采用 CAN 总线和 LIN 总线连接各个部件。在整车采用总线线控技术以后，车辆控制电缆大幅度减少，内部接线压缩为 3～4 芯，接线复杂程度大幅度降低。当需要增加隔爆设备时，只需要开发各个部件的总线控制器，并保证控制器可靠、工作正常，就可以方便地进行总线扩展。只需要打开总线网络接入系统就可以正常工作，应用灵活方便。

1. 动力总成控制系统

动力总成控制系统包含多个控制器节点，基于一主多从的交互控制机制，设计的动力总成控制系统结构如图 8－15 所示。

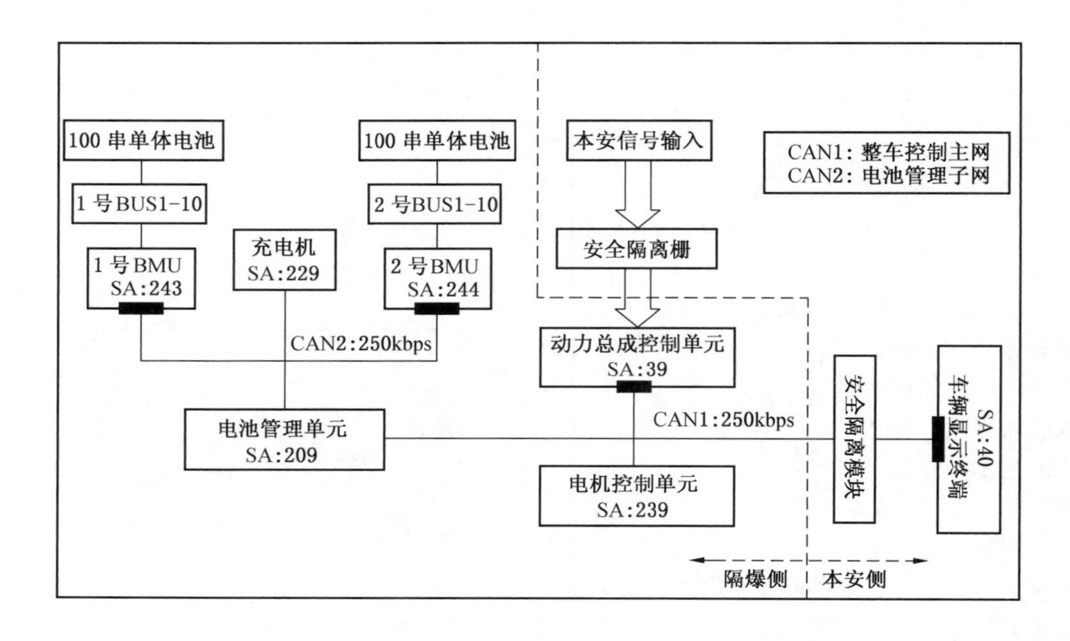

图 8－15 动力总成控制系统结构

动力总成控制单元作为系统主节点，接收各种信号输入，并对其他节点统一调度和管理。输入信号全部为本安输入，包括钥匙状态、加速踏板开度、制动踏板开度、灯光状态、瓦斯浓度及储能器压力等信号，经隔离电路处理后进入动力总成控制单元（非本安器件）。

电池管理单元作为动力总成控制主网和电池组系统子网的中间环节，主要负责电池组系统信息的选择性上传和主网信息的选择性下发，且信息的上传和下发通过独立的 CAN 口进行，实现了控制主网和电池子网的隔离，使主网总线负载率由 47% 下降至 29% 左右。

车辆显示终端主要负责系统信息的实时显示，显示参数大多从主网接收，少数信息为本地计算结果。显示器几乎不向主网外发信息，且本身为本安电路，由通信隔离电路实现与主网的隔离。

电机驱动单元从主网接收来自动力总成控制单元的控制指令，对驱动电机进行起停及出力和转速大小的控制，同时向主网反馈其自身状态信息。

2. 整车控制系统

整车运行状态定义包括动力总成控制单元状态定义、电机驱动单元状态定义及电池管理单元状态定义。状态定义必须做到不重不漏，否则出现一个状态在控制程序中无处对应或多处对应，将导致车辆失控。

1）动力总成控制单元状态定义

动力总成控制单元定义为7种状态，即上电唤醒、待机、预充、空挡使能、前进使能、后退使能及故障截止状态，该7种状态随着驾驶员指令、各子系统状态的变化而相互转化，如图8－16所示。

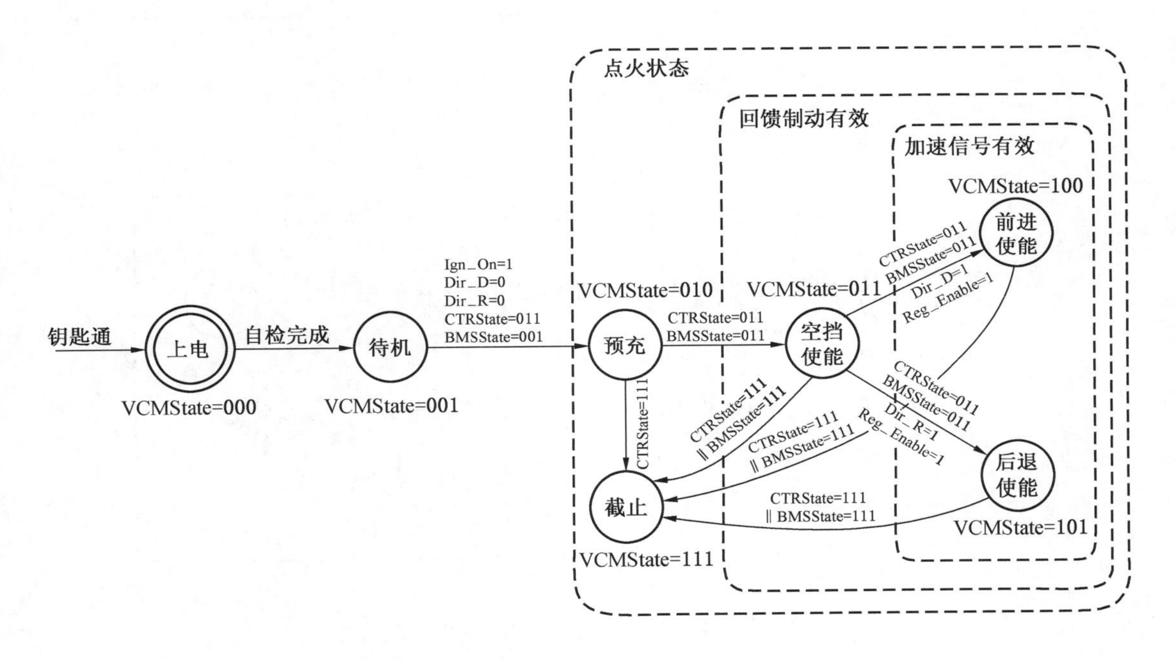

图8－16　动力总成状态控制及节点间的交互逻辑

2）电机驱动单元状态定义及电池管理单元状态定义

为实现动力总成各状态准确、顺利转换，必须将电机、电池状态的定义与动力总成各状态相对应。电机驱动系统状态定义为6种，分别为上电、待机、预充、高压接通、驱动/回馈和故障截止，如图8－17所示；电池管理系统状态定义为5种，分别为上电、待机、高压接通、放电/充电和故障截止，如图8－18所示。

3）动力总成控制单元和电机驱动单元、电池管理单元之间的交互逻辑定义

动力总成控制单元正常运行的流程为：上电唤醒——待机——预充——驱动使能（含空挡使能、前进使能、后退使能），在点火状态下，任何时候出现严重系统故障，都将进入故障截止状态。

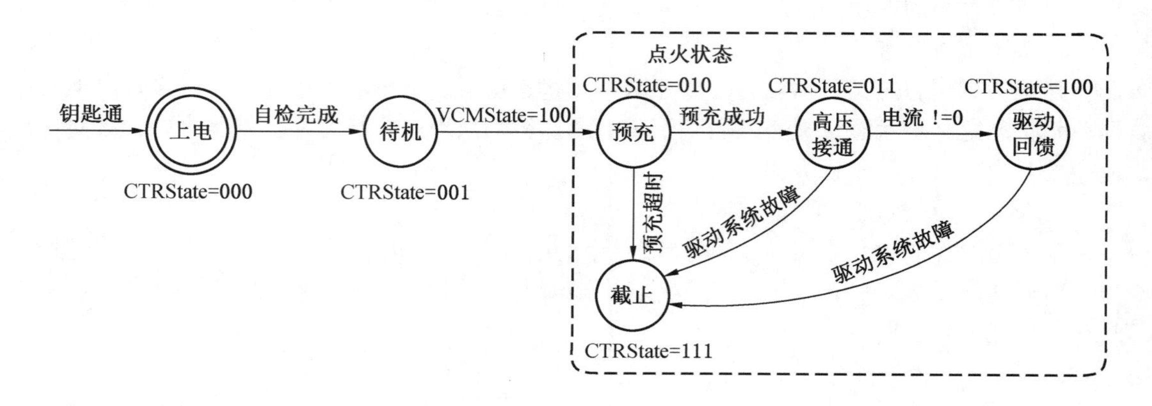

图 8－17　电机驱动单元状态控制及节点间的交互逻辑

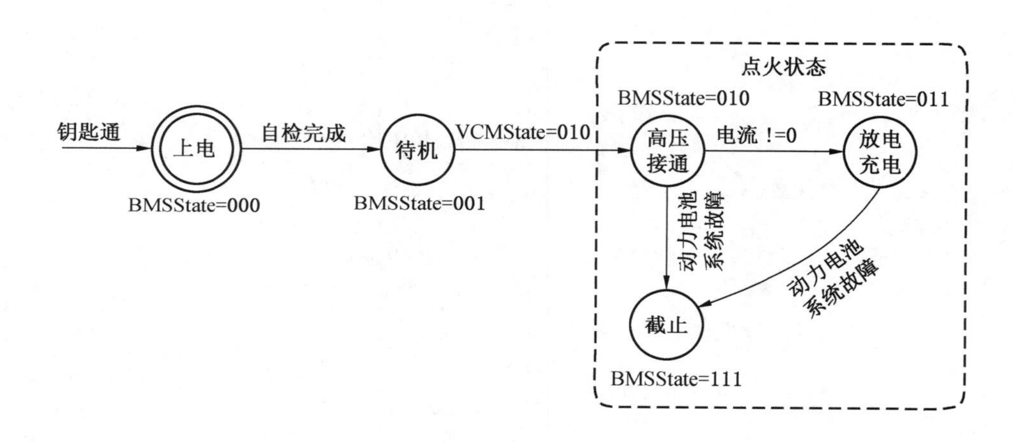

图 8－18　电池管理单元状态控制及节点间的交互逻辑

四、防爆变频电机牵引技术

防爆变频电机调速技术是煤矿自移动设备的关键技术，是一种电机和变频器相互配合的新型电机系统，具备更智能、灵活的控制策略。通过总线控制，调节变频器输出到电机的电压、电流、频率等参数，就能实现防爆变频电机的调速、调转矩或者调功率控制，以及多重模式间的智能切换。

（一）防爆高效永磁电机技术

防爆永磁电机依据电机的反电动势波形可分为两种：防爆无刷直流电机 BLDCM（方波永磁同步电机）与防爆永磁同步电机 PMSM（正弦波永磁同步电机），其结构大同小异，控制器结构也完全一致，区别主要在于电机位置传感器形式、电机 PWM 控制方式。无刷直流电机价格更低、控制算法更简单，通常更换编码器后可以改成永磁同步电机算法运行模式。此外，还有一种防爆永磁盘型电机，具有更短的轴向尺寸、更轻巧的结构。

1. 防爆永磁变频无刷直流电机

防爆永磁变频无刷直流电机是一种自控变频的梯形波永磁同步电机，就其基本组成结构而言，可以认为是由电力电子开关电路、永磁同步电动机和磁极位置检测电路组成的"电动机系统"，其中电子换相电路又由功率逆变器电路和脉冲生成电路构成。

电动机转子由输出轴、永磁体、固定架等组成，定子由定子铁芯、定子绕组、温度传感器等组成。电动机上安装有霍尔位置传感器，检测电动机内部磁极和绕组的位置关系，通过 IGBT 控制换向。永磁防爆轴向无刷直流电动机结构如图 8-19 所示。

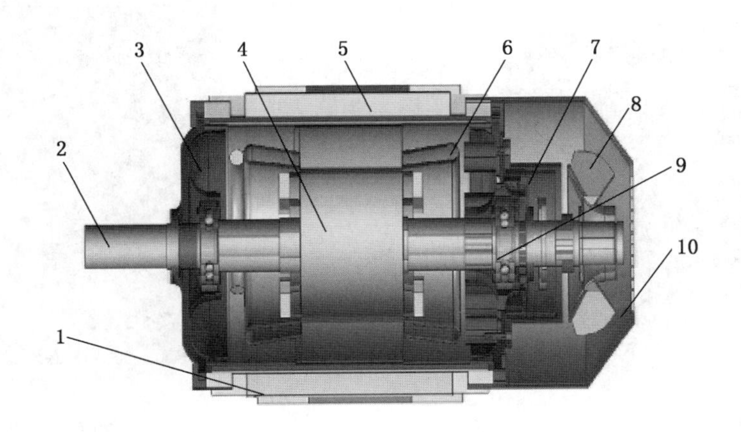

1—底座；2—输出轴；3—前端盖；4—转子和永磁铁；5—外壳；6—定子引线；
7—霍尔码盘；8—风扇叶；9—轴承；10—风扇罩

图 8-19　永磁防爆轴向无刷直流电动机结构

防爆永磁无刷直流电动机转子位置检测分为有位置传感器和无位置传感器两类，其中有位置传感器又分为霍尔原件内置定子、霍尔原件外部可调、旋转变压器、光电编码器等形式。

2. 防爆永磁同步电机

防爆永磁同步电机是由永磁体励磁产生同步旋转磁场的同步电机，永磁体作为转子产生旋转磁场，三相定子绕组在旋转磁场作用下通过电枢反映，感应三相对称电流。与防爆永磁无刷直流电机相比，其理论三相电波形为正弦曲线，没有永磁无刷直流电机的大量不规则杂波，同步运行更加平稳。

防爆永磁同步电机起动过程通常采用直流无刷电机的起动算法，通过变频器与电机转子位置传感器配合，输出方波起动电流，待电机进入同步转速后改为变频调速方式运行。

3. 防爆永磁盘型电机

防爆永磁盘型电机因其气隙是平面的，气隙磁场是轴向的，又称为轴向磁场电机。永磁盘型电机结构如图 8-20 所示，电动机外形呈扁平状，定子上粘有多块扇形按 N、S 极性交替排列的永磁磁极，并固定在电枢一侧。永磁体轴向磁化，从而在气隙中产生多极轴向磁场。电枢绕线采用叠绕组或者波绕组联结方式。由于电枢绕组直接放置在轴向气隙中，这种电机的气隙比圆柱式的大。

防爆永磁盘型电机的特点是轴向尺寸短，方便后期进行轮边驱动系统开发；不存在磁滞和涡流损耗，可达到较高的效率；电枢绕组电感小，具有良好的换向性能；电枢绕组两端面直接与气隙接触，有利于电枢绕组散热，可取较大的电流负荷；转子质量小，转动惯量小，具有优良的快速反应性能，可以用于频繁起动和回馈制动的场合。相对于普通圆柱永磁电机，永磁盘型电机具有轴向短、散热好、功率大、体积小、质量小等优点。22 kW 防爆永磁盘型电机如图 8－21 所示。

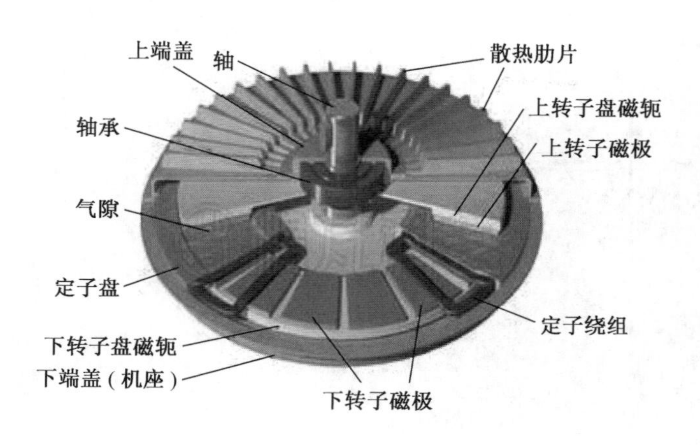

图 8－20　永磁盘型电机结构

图 8－21　22 kW 防爆永磁盘型电机

通过设计优化，防爆永磁盘型电机及其控制器，具有体积小、质量小、效率高的特点，提高了电机反电动势，减少了电机定子电流，减少发热，设计出自然冷却电机，并提高了防爆蓄电池轻型车辆的行驶里程及工作效率。

防爆永磁盘型电机用于车辆驱动时受整车控制器的监测与控制。整车控制器在行车过程中实时监测电机和电池的状态。当电机或电池的相关参数超出安全范围时，如果电机控制器过热，整车控制器则降低电机的输出功率，调节电机和电池的工作状态，促使故障消除。如果故障不能够自动消除，则记录故障现象并进入车辆跛行模式，将车安全行驶到检修地点进行检修。整车控制器通过串口将运行数据传送给高低压配电防爆箱上的液晶显示屏，维修人员可以通过红外遥控器选择查看电驱动系统的各个参数，方便故障判断和维修。

工作时，总线控制装置接受驾驶员的加速指令，并与有关传感器状态信号相比较，通过 CAN 总线通信，对电机调速装置发出运转指令，控制显示器实时显示处理车辆各类信息界面。总线控制装置还随驾驶员的指令，控制前照明信号灯、后照明信号灯、电喇叭的通断。本安电源向各本安型传感器供电，传感器的各类信息反馈给总线控制装置。

（二）防爆交流异步变频电机技术

防爆交流异步变频电机，由于其结构简单、运行可靠，被广泛应用于煤矿井下提升、运输、采掘设备。煤矿辅助运输系统重型车辆通常采取电池快速更换的方式，对整车质量、续航里程和电机效率要求不高，也通常采用交流异步电机。

防爆电动车辆牵引驱动系统主要由牵引电机和变速装置组成。其中，变速装置的选择相对较灵活，根据动力匹配情况选择合适的变速装置，使其能够与牵引电机完美融合，将电机的最优性能充分发挥，满足车辆行驶要求。而牵引电机的选择却要考虑许多因素，因为防爆电动车辆经常处于车辆起动、加减速换挡，以及刹车这3种工况下。牵引电机是电驱动车的动力源，电机的起动转矩、过载倍数、温升与效率、变频情况下的机械工作特性、四象限运行时的电流与转矩的微观状态等几个因素直接影响车辆的传动性能。

通用交流异步感应电机配合防爆低压DC/AC变频技术，用于防爆蓄电池车辆的变频牵引系统，通过转矩矢量变频牵引控制、大电流功率器件驱动和隔爆外壳散热等相关技术的试验和研究，将各种工作条件下车载变频器的运行温度都控制在工作范围内，消除发热对变频器的影响，保证变频器可靠运行。其优点是成本低、可靠性高，但是自身质量大、输出转矩过载能力低，适合用于防爆重型蓄电池车辆。DC低压大电流变频器如图8-22所示。

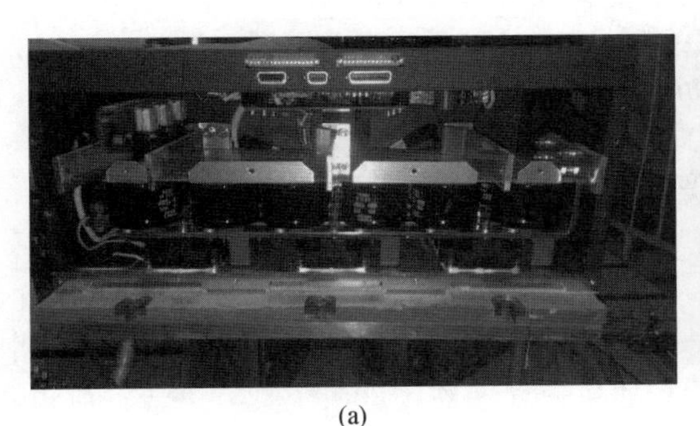

(a)

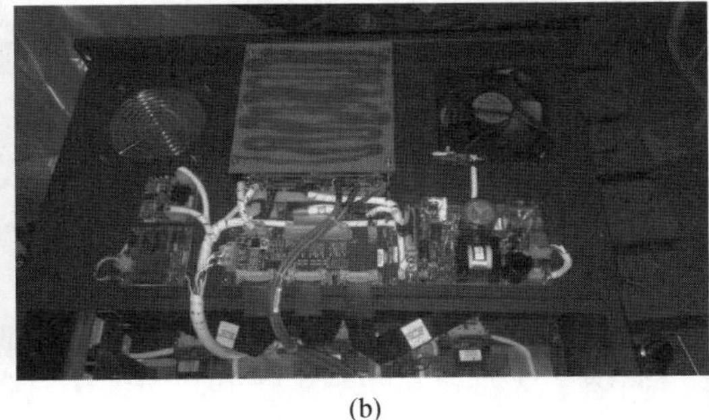

(b)

图8-22 DC低压大电流变频器

综上所述，这几种电机均有应用于防爆电动车辆的可行性，从续航里程和效率方面来说，永磁电机更加适用于轻型矿用蓄电池车辆，变频异步电机更适用于重型矿用蓄电池车辆。由锂电池供电的防爆电动车辆最常使用的是永磁无刷直流电机，由于电流波形为方波，控制相对简单，效率最高可达95%以上，而且体积小、质量小、供电电压宽、免维护。而特别强调可靠性的重型车辆，对体积、质量要求不高，更加适合使用变频调速异步电机，相对永磁电机能够大幅度降低成本和开发周期。

五、无轨车辆智能测控技术

无轨车辆智能测控技术是集规划决策、环境感知、辅助驾驶等功能于一体的系统化技术，其中运用了很多现代新技术，如计算机技术、现代传感技术、人工智能控制技术、现代信息通信技术等。智能化运输车辆是一个高科技技术的综合体，对智能化辅助运输系统的构建具有十分重要的意义。

（一）车载调度通信技术

地面交通、运输领域的车辆位置和身份识别的成熟应用，带动了井下车辆调度通信技术的发展。井下防爆车辆通过车载调度终端与调度中心进行通信。典型的车载调度通信系统如图 8－23 所示。

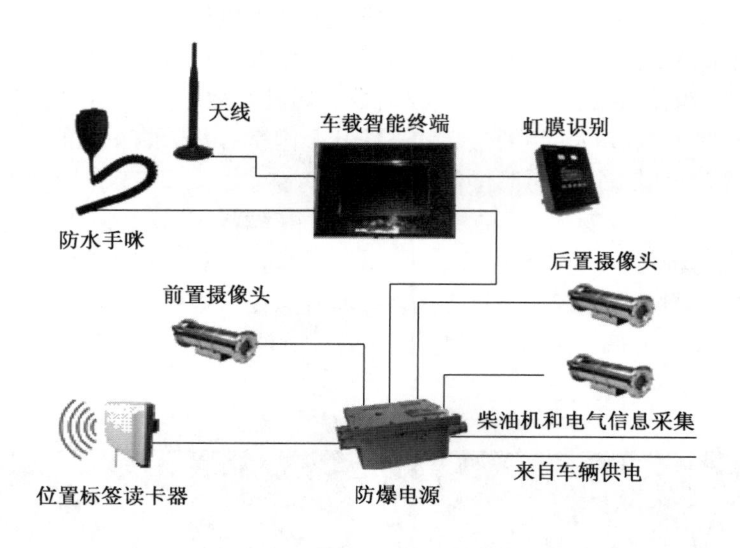

图 8－23　典型的车载调度通信系统

系统主要由智能车载终端、配套电源、车辆位置读卡器、人员身份识别设备（虹膜）、无线天线、视频摄像仪、语音对讲手咪等设备组成。其中智能车载终端是核心部件，选用了 Android 系统，采用低功耗、高性能的快速处理器。该系统具有语音、视频、虹膜识别通信接口，具有 CAN、RS－485、RS－232 扩展通信接口，并支持全网通、4G 专网通信、WiFi 通信。其主要功能是对车辆参数实时采集、驾驶员身份认证、视频通话对讲、行车视频监控、车辆位置实时显示、井下地图定位导航等。通过无线通信网络，司机可与调度人员视频语音通话、远程调度。

（二）防撞智能保护技术

煤矿井下特殊的工作环境，容易导致防爆车辆在运输过程中出现撞车、撞人等交通事故，严重时会出现人员伤亡，因此应用先进的探测感知技术实现车辆防撞预警，对井下车辆运输安全有着重要作用。目前井下车辆配备的防撞智能保护装置主要有倒车可视报警装置、前防撞毫米波雷达系统。

1. 倒车可视报警装置

倒车可视报警装置具有前后测距报警和倒车影像功能，可有效减小倒车盲区。倒车测距影像系统如图 8－24 所示，该装置由矿用控制器、矿用测距传感器、矿用摄像仪、矿用显示器及相关电缆组成，具有可靠性高、质量小、安装方便等优点。矿用摄像仪主要由防水外壳、摄像头组成，图像透过防水外壳玻璃面投影进摄像头，由摄像头内 CMOS 传感器转换为标准的模拟视频信号。通过选用星光级摄像仪在低照度环境下能够清晰摄像。倒车测距传感器测量的有效范围为 50～1500 mm，可以采用超声波或者红外线测距方式；前测距传感器使用红外线测距方式，有效测量范围为 1～5 m；目前前后测距精度可达 0.1 m。

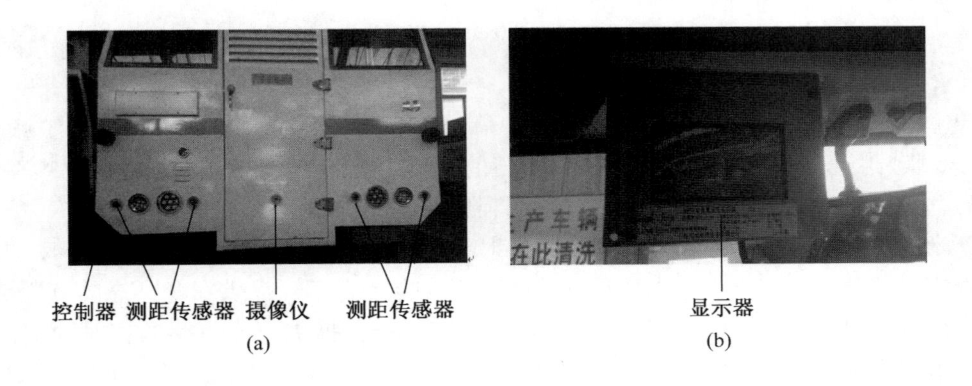

图 8－24　倒车测距影像系统

该装置已应用于运人车及材料运输车。支持车厢视频实时显示，便于司机实时观察车厢内情况，提高乘车安全性；具有行车记录功能，辅助监管人员查看行车轨迹及事故发生后的责任认定；支持倒车影像功能，辅助司机看清车厢后方人员活动及障碍物情况，避免碰撞，提高倒车安全性；具有夜视和红外补光功能，补光灯数量可以根据车型增减，满足红外光照强度；能同时录制倒车、车厢、行车三路视频信息，支持本地回放，可以通过 USB 和以太网接口拷贝存储视频。

2. 前防撞毫米波雷达系统

由于受到车辆前端传感器安装位置、测量角度等方面的限制，又由于车辆前进速度相对于后退速度较快，前防撞预警距离要求相对较长，所以车辆前防撞预警不同于倒车测距要求。目前可采用毫米波雷达传感技术实现前防撞预警。其毫米波雷达如图 8－25 所示。毫米波雷达包括：雷达传感器、信号处理模块、信号接口通信模块等，并与智能控制器和红外探头共同组建前防撞预警系统。

图 8－25　毫米波雷达

前防撞预警系统采用长距离测距传感器与毫米波雷达相结合的方式，可提高前防撞检测距离，使车头测量范围可达 1～30 m。结合嵌入式智能控制器，可进行智能决策、主动制动功能，提高行车安全性。

前防撞毫米波雷达系统控制原理如图 8－26 所示。

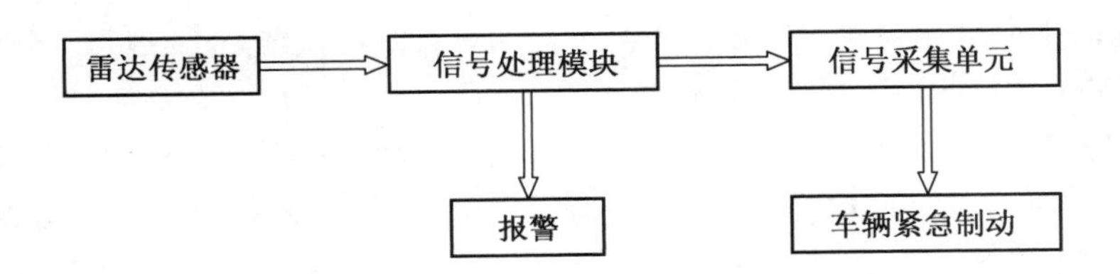

图 8－26　前防撞毫米波雷达系统控制原理

其测量技术通常采取线性调频测距和相位法测量角度两种方式，从而获得前方物体的距离、角度信息。

（1）线性调频测距。毫米波雷达采用 30～300 GHz 频域，通常前防撞系统频域在 80 GHz 频域附近，具有更好的指向性和更高的信号带宽。毫米波雷达通过线性频率调制（LFM）来获得大的时宽带宽积，以提高距离测量分辨率和较远的作用距离。

毫米波前防撞雷达通过相控阵天线对发射和接收信号进行比较，结合设备移动中的多普勒效应，综合计算前方静止和移动物品的距离信息，为车辆提供安全可靠的测距信息。通过内部嵌入式 DSP 不断计算并过滤静态和动态数据，提供前方目标的实时距离探测，并由嵌入式控制器实现分级报警。

（2）相位法测角度。相位法测角度是利用多个天线接收回波信号之间的相位差进行测角，两条线间收到的信号存在波程差而产生一相位差。通过测量前方目标的角度信息，可以实现对障碍物大范围的探测，提高车辆行驶过程中的安全性。

雷达传感器及信息处理模块等均进行了防爆处理，并与两组红外探头共同组建前防撞系统，保证车辆行驶安全。对雷达信号进行 LFMCW 频率、回波信号，以及差拍信号仿真分析，结果如图 8－27 所示。

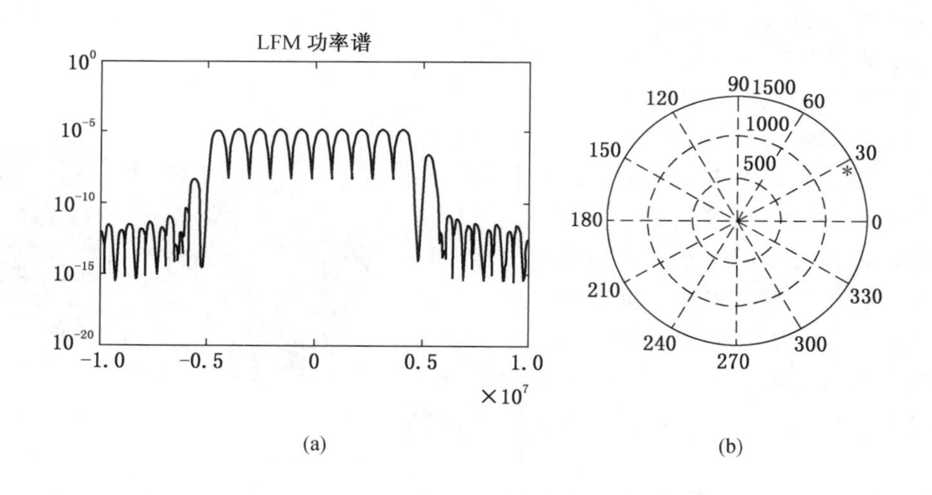

图 8－27　差拍信号仿真分析结果

毫米波雷达防撞已应用于生产指挥车上，最大探测范围可达 30 m，探测角度可达 120°。其中 30 m 内可精确探测前方车辆、弯道等障碍物信息，5 m 内可探测人员信息，如果驾驶员未及时采取减速与停车措施，车辆可自动触发制动，提高了人员、车辆的安全性。

（三）矿用近感探测系统和电子围栏

矿用近感探测系统用于探测其一定范围内存在的人员和机器，当预先设定的区域内有人员或机器进入时，系统可以自动发出预警信号，并使移动机械停止运动，或者提醒人员不得靠近，从而防止设备伤害人员，起到电子围栏的作用。电子围栏示意如图 8－28 所示。

矿用近感探测系统架构如图 8－29 所示。人员或者机器携带定位标识卡与车载探测器

图 8－28 电子围栏示意图

相互发射电磁波，由电磁波飞行时间和光速的乘积计算两者之间的精确距离。根据 3 个相对距离可以唯一确定定位标识卡的坐标位置，系统将识别坐标所在区域，并在探测器和定位标识卡上给出双向声光报警信息，并在需要时控制移动设备停机。

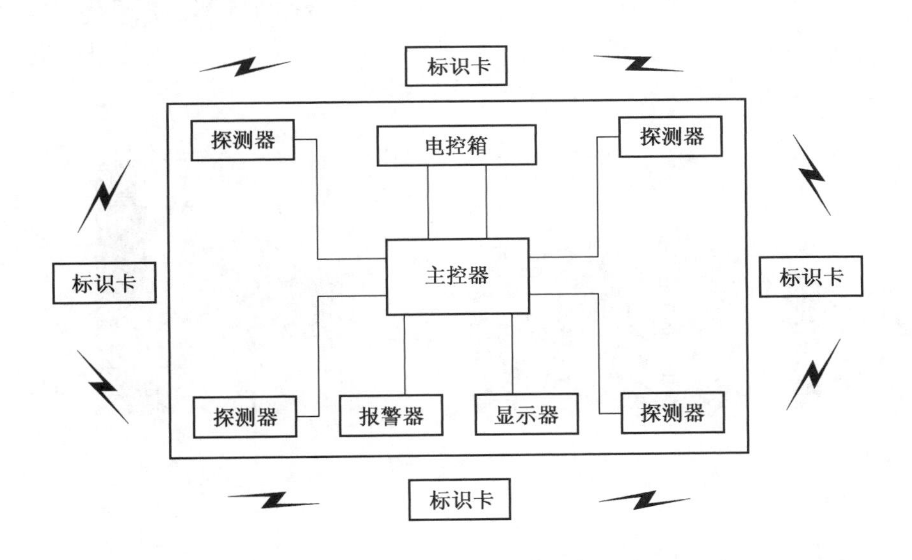

图 8－29 系统架构

该系统的主要功能包括：

（1）起机检测：停机区域存在人员或机器设备，不允许设备起机。

（2）自动停机：停机区域存在人员或机器设备，立即停机。

（3）双向报警：警告和停机区域存在人员或设备，双向声光报警。

（4）应急关机：近感探测装置故障后自动应急关机，不影响整机正常使用。

该系统的设备组成如图 8－30 所示。

(a) 电控箱　　(b) 主机探头　　(c) 主控器

图 8－30　设备组成

（四）防爆车辆自动灭火系统

辅助运输车辆作为入井运输人员及材料的主要交通工具，一旦发生火灾，可能引起煤矿瓦斯、煤尘爆炸等事故，防范火灾工作显得更为重要。

车辆自动灭火装置如图 8－31 所示，由红外线火灾探测器、主控器及控制程序、报警器、灭火器喷头、灭火器罐（带电磁阀）、蓄电池电源、连接电缆、导管等附件组成。其主要功能是主动探测车辆是否出现燃烧状况并能主动实施灭火。火灾探测器和灭火器喷头主要安装在发动机舱等车辆易燃、易高温的部位。该装置能在车辆出现燃烧初期的最佳灭火时间内，进行灭火操作，能有效控制车体燃烧，可以为驾驶员提供情报或进行灭火操作，有效地保障了驾驶员人身安全，减少了火灾损失。

图 8－31　车辆自动灭火装置

六、其他辅助运输装备智能化技术

（一）单轨吊

单轨吊是一套设备系统的总称，是将运送人员、物料等各种功能的吊挂车辆悬吊在巷道顶部特制工字钢单轨上，用牵引设备牵引，沿轨道运行的运输系统。其运行轨道采用工字型钢，由链条柔性地固定于巷道顶部，驱动轮及承载轮卡入工字钢两侧，产生牵引力和支撑吊挂车辆。单轨吊作为煤矿井下高效辅助运输设备，适用于煤矿井下人员、材料设备和矸石等的运输，可实现轻型液压支架的整体搬运。牵引类型分为绞车绳牵引、柴油机驱动和蓄电池电机驱动 3 种方式。单轨吊系统如图 8－32 所示。

图 8－32　单轨吊系统

单轨吊转载环节少、爬坡能力强、运输能力大、机动灵活、适应性强、不受底板和积水的影响，可实现远距离连续运输，但存在运行速度慢（最大 2.6 m/s），对巷道顶板特别是对支护的要求较高，超重设备运输困难等问题，限制了其在国内的推广使用范围。

引进单轨吊至今，主要智能化发展集中在定位调度管理上，使调度室能够及时掌握车辆的运行轨迹，及时分配生产任务，及时修理和提供服务。

单轨吊结合轨道上安装的传感器，定位更加准确，并且能实现单轨吊的智能调度。通过位置传感器、无线等技术，对车辆位置实时监测，提高运输效率，保障生产有序进行。提供电子化车辆、人员管理手段，对车辆、人员工作量报表信息化，并对车辆保养、维修提供科学的管理手段。

单轨吊主要技术的深入研发方向是：①在正常匀速运行、刹车、起动、起吊和落架时的最大载荷分析；②单轨吊悬吊的疲劳寿命分析；③工作制动、紧急制动性能分析；④采用先进的设计方法，提高整车的安全性、经济性。

（二）无极绳绞车

无极绳绞车是用钢丝绳牵引，直接利用井下现有轨道系统，实现不经转载的连续直达运输，适用于长距离、大倾角、多变坡、大吨位工况条件下的轨道运输，是一种经济、实用、安全、高效的新型辅助运输设备。无极绳绞车有电机调速和变频调速 2 种驱动方式，主要用于煤矿井下工作面顺槽、采区上下山、回风巷及集中轨道巷。该设备具有结构简单、布置灵活、运行费用低、安全高效、可实现巷道水平转弯运输及连续运输等优点，但只能在某一巷道实现点对点的往返运输，甩调车比较困难。无极绳绞车运输系统如图 8－33 所示。

目前无极绳绞车系统智能化采用微机电脑控制技术和变频调速技术，无极绳绞车操控更加稳定，能够自动进行必要的电气和机械保护，并且具备一定的故障诊断和显示功能。

无极绳绞车主要技术的深入研发方向是：①动力装置的控制与配套技术；②钢丝绳张紧技术；③大变坡压绳技术；④行走牵引装置的防掉道技术；⑤钢丝绳导向技术；⑥跑车制动保护装置；⑦运输系统可靠性、适应性和实用性。

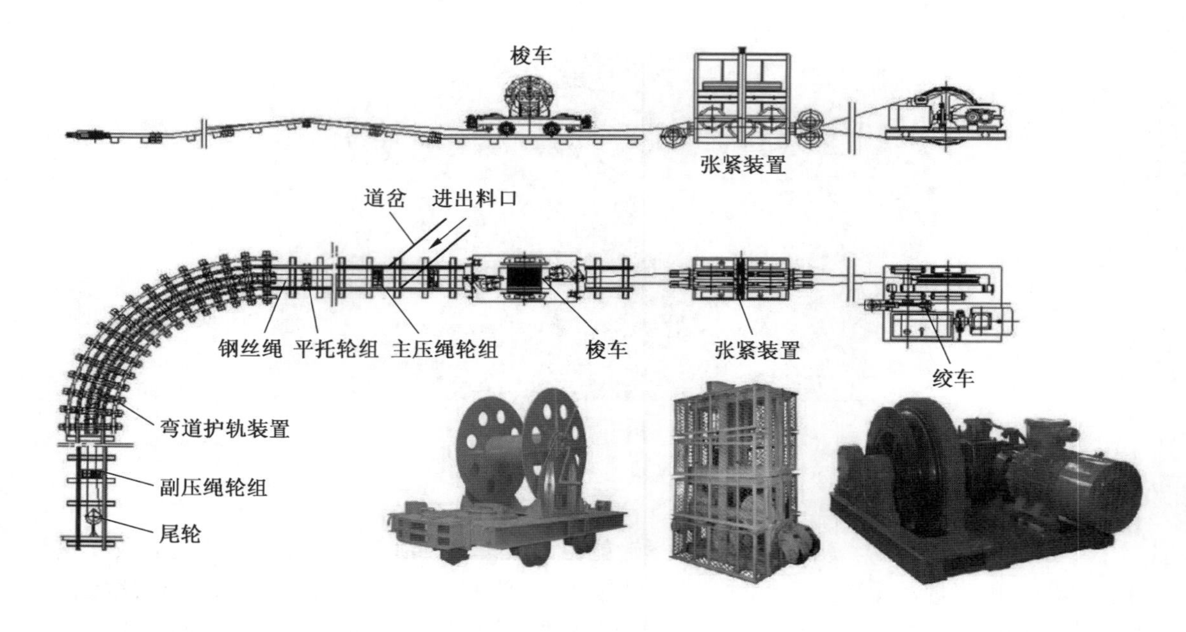

图 8－33　无极绳绞车运输系统

(三) 智能斜井防跑车装置

斜井轨道或者无轨运输，都存在跑车风险。一旦发生危险，将造成无可挽回的驾乘人员、移动设备、周边巷道综合损失，危害极大。近年来，不断发展的斜井防跑车装置，采用多传感器融合检测方法、多缆绳防护、嵌入式智能控制等多种措施，提高了拦阻可靠性。

智能斜井防跑车装置如图 8－34 所示。

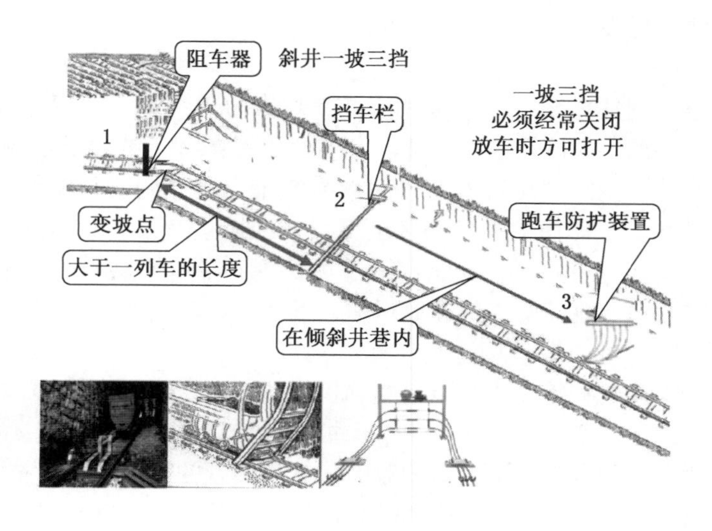

图 8－34　智能斜井防跑车装置

第三节　煤矿辅助运输智能化管理系统

煤矿辅助运输是煤矿安全生产管理的重要环节，由于井下空间有限、运输路线复杂、环境较差，给辅助运输造成较大的安全隐患。此外，开采的高效化、运输的多样化，井下运输设备数量的不断增加，也对辅助运输系统的自动化管理提出了更高要求。不仅要求对运输设备进行智能化控制，还要建立管控系统以提升运输效率，保证生产安全。

根据井下不同的开采和运输方式，井下辅助运输智能化管理系统也大致分为针对轨道运输的智能化管理系统和针对无轨运输的智能化管理系统。

一、井下轨道运输的智能化管理系统

（一）概述

煤矿井下轨道运输设备主要包括机车、单轨吊车、矿车、斜巷输送机，以及平巷输送机等设备。机车作为矿井轨道运输中提供动力的设备，是矿井运输中比较常用的轨道运输工具。井下轨道运输管理系统在井下安全与管理中起着重要作用。对各轨道机车进行监控调度，实现运行自动化管理，可以有效防止机车撞头、追尾、侧撞等事故，避免机车抢行、逆行、对行、超速、非正常占线等不安全行为，保障各类机车行车安全，提高机车运输效率。

煤矿井下轨道运输智能化管理系统也随着煤矿井下新技术的不断应用，逐步向智能化、可视化、无线化方向发展。机车的操控也向无人驾驶方向发展。

（二）煤矿轨道运输监控系统

1. 系统组成

煤矿井下轨道机车运输监控系统也称为井下机车“信、集、闭”系统，一般由列车位置传感器、机车编号传感器、信号机、转辙机、分站、电源、传输接口、控制台、主机等设备组成。它集成了信号指示、转辙机控制、车辆识别与检测、语音报警等功能。其中，信号机是根据运输线路而设置的信号装置，用来给出进路开放与闭锁信号。转辙机是由电信号控制的用来改变道岔开通方向并闭锁，同时反映道岔位置的设备。分站是接收机车位置、信号机状态、道岔位置等信号，并传送给传输接口到控制主机，同时，接收来自控制主机的命令，控制信号机和电动转辙机的设备。控制台是具有信号机状态、机车位置显示及调度、报警功能的信息处理平台。主机是负责系统信息管理与控制的设备。主机与控制台集成在综合调度管理平台。分站与主机的通信有现场总线型通信和工业以太网通信等方式。

如图 8－35 所示，监控系统分为 3 层结构，第一层为监控管理层；第二层为网络传输层；第三层为现场采集控制层。监控管理层主要负责数据存储、分析、显示、统计、打印、人机交互、网络发布等相关功能，通过系统软件实现列车的位置监控、机车调度、进路管理。网络传输层采用工业以太网 TCP/IP 作为传输协议负责监控主机与现场控制分站的数据传输；现场采集控制层由控制分站、执行设备和传感器组成。控制分站采用通信的方式或 I/O 接入的方式采集执行设备和传感器参数的状态，实现就地集中数据监测和设备

控制。控制分站对采集到的信息进行处理后，集中上传到监控主机，实现集中管理。系统后台通过网络将数据传输到综合自动化平台，实现数据共享与网络发布。

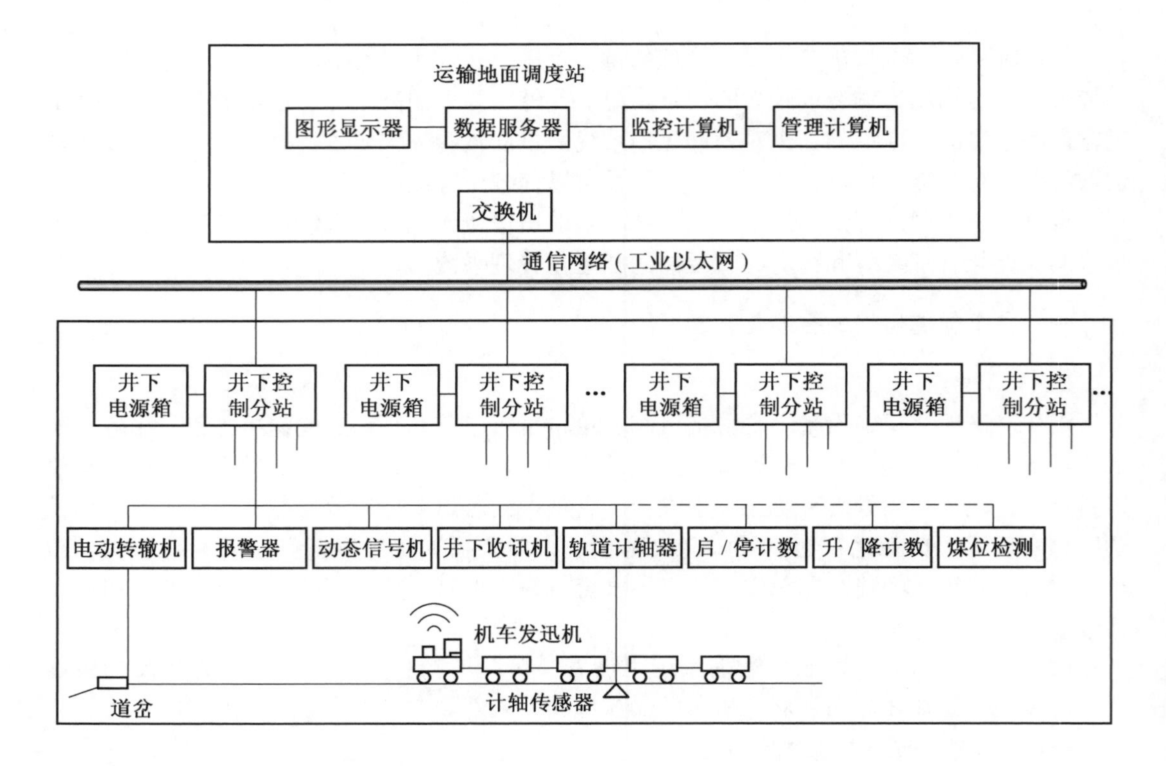

图 8－35　井下轨道机车运输监控系统

2. 系统功能

1）机车运行状态监测

系统可在地面主控室对矿井轨道运输实现监控，在调度终端实时显示井下各列车位置、车号及信号灯、道岔状态和区段占用情况。调度员可据此实时掌握机车运行状态，并操作系统自动进行分析调度，指挥列车安全、高效运行。系统记录运行过程数据，生成管理报表和列车循环图。

2）设备工作状态监测

系统随时反映全部设备和传感器的工作状态，且进行故障自动诊断、报警，如信号机的工作模式状态、系统供电状态、转辙机的位置状态等信息。

3）设备控制功能

一般情况下，通过远程调度或控制系统自动判断实现信号机状态控制和道岔位置控制，从而实现机车的行驶路径控制。在特殊情况下或系统检修时需要使用设备的手动控制功能。

4）信号闭锁功能

信号联锁功能具备区间闭锁、敌对进路闭锁、敌对信号灯闭锁，以及信号灯与转辙机联锁等信号联锁功能，可确保在有机车未按任务路线行驶，或闯红灯的情况下系统能安全运行，应符合下列要求：

（1）列车（包括单台机车，以下同）应按规定进路运行，每条进路只允许有一组列车，进路的最短距离应大于一列车长。

（2）防护进路的信号机开放前，应先满足进路与所有电动道岔位置正确、区段空闲、敌对进路未建立等条件。防护进路信号机开放时，应先闭锁敌对进路及进路内所有电动道岔，再开放信号机。

（3）进路区段解锁可采用一次解锁或分段解锁。进路应具有系统授权控制的人工解锁功能。

（4）列车进入信号机内方，应及时关闭信号，信号机关闭后，需经过进路办理后，才能再次开放；区间信号机可当整列列车进入信号机内方后，再关闭信号，但不应造成追尾事故；信号机发生故障时，应自动转为关闭状态，或故障指示状态。

5）自动调度功能

调度系统提供半自动和自动两种调度方式，在半自动方式下，调度员既可以指定任务计划，自动指挥机车安全运行，又可以根据机车运行情况，随时分区段和进路调度车辆。

自动调度时，在机车每次开始行驶时，由调度员输入本次行驶路线的起始地址和目的地址或执行的任务，然后监控系统便根据命令对机车的运行实行自动跟踪和自动开放进路。

6）信息化管理功能

系统对运行、操作的情况进行数据记录、存储，并能查询及重演回放，以便有利于事故分析、调度策略优化及业务学习培训。

应具备统计报表、生成历史报表功能，并能实现数据共享，从而提高企业管理信息化水平与工作效率。

具备报警功能，包含通信故障报警、闯红灯报警、设备故障报警、分站掉电报警，以及道岔位置异常报警等功能。报警方式有声音、光闪、屏幕提示等多种方式。

实时反映系统内设备和传感器的工作状态，自动诊断故障。当系统中的控制分站、转辙机控制箱、信号机等设备发生故障时，能及时报警并记录故障时间与故障设备。

（三）井下轨道电机车无人驾驶智能化管理系统

近年来，随着矿山人力成本的增加，以及安全要求的提高，井下电机车远程遥控和无人驾驶技术也受到普遍关注。一些非煤矿山在井下轨道运输无人驾驶技术方面做了部分尝试，也取得了一定效果。井下电机车无人驾驶采用变频驱动技术、计算机控制技术、物联网技术、井下精确定位技术、高带宽无线通信技术、巷道位置导航技术，结合生产作业调度优化模型，实现井下电机车远程遥控作业。在无人驾驶状态下，机车按集中控制室的指令起动后，可按照预先设定的程序自动运行。在地面可对井下电机车进行可控、可视的远程操作，运行状态通过无线通信实时显示于调度室内。运行中如出现故障，机车可自我诊断，诊断信息将集中反馈到控制室显示屏上，提示工作人员进行必要的人工处理。无人驾驶技术的应用提高了井下电机车运输安全水平和生产效率。

1. 系统组成

井下轨道电机车无人驾驶智能化管理系统由轨道运输调度管理平台（监控中心）、数据通信网络系统、轨道运输监控系统、视频监控系统、机车供电监测系统、机载无人驾驶控制系统、生产作业装卸载控制系统等组成。系统总体结构如图 8－36 所示。

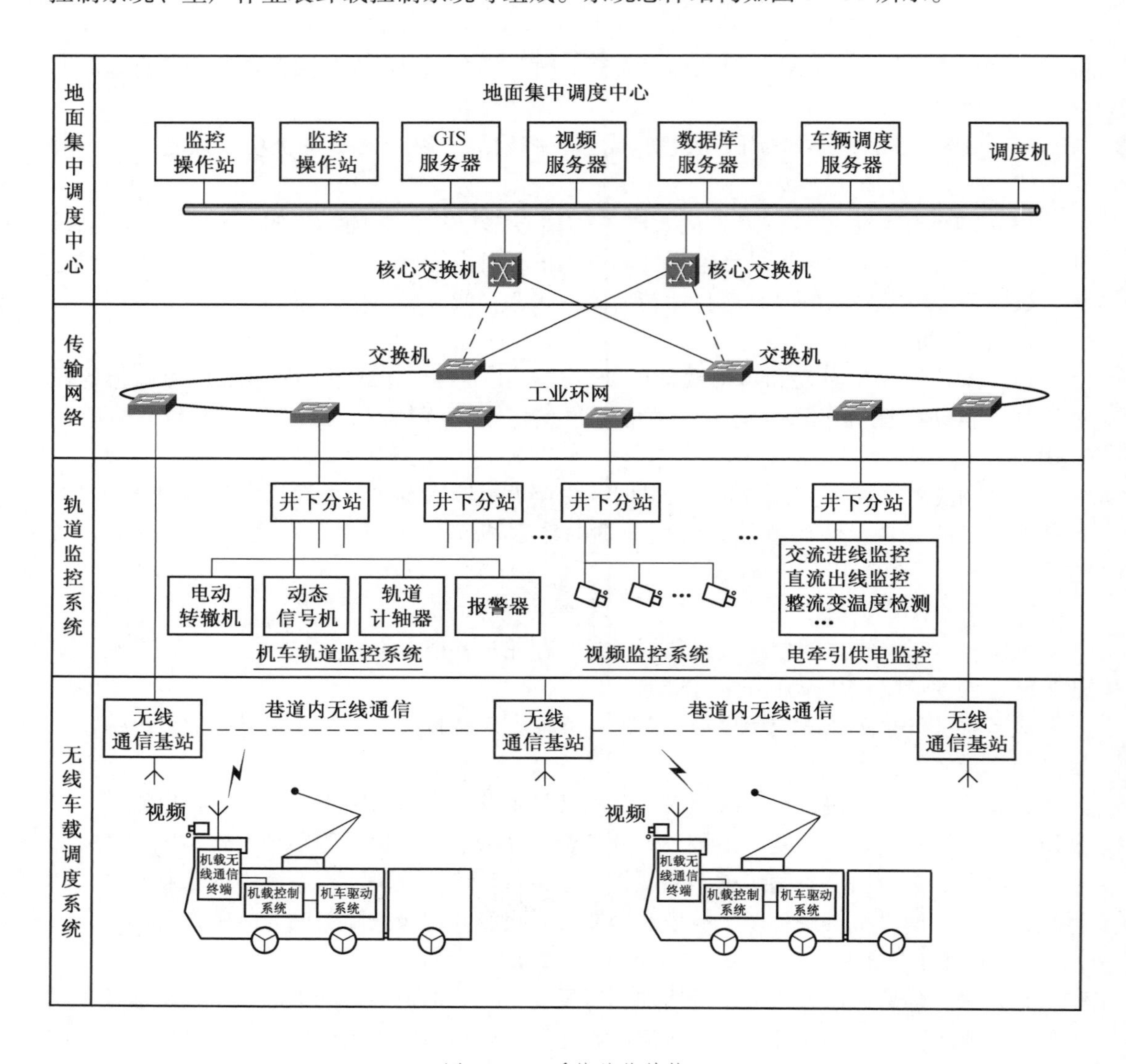

图 8－36　系统总体结构

监控中心主要由数据库服务器、调度管理服务器、多媒体服务器、显示大屏及控制器、调度台、遥控操作台、上位机监控软件等组成。轨道运输调度管理平台主要负责数据采集、汇聚、存储、分析、显示、统计、打印、人机交互、网络发布等相关功能，实现机车的远程遥控、调度与管理。

通信网络主要由核心交换机、主干网交换机、多功能网关、无线基站等组成。采用有线与无线相结合的组网模式，即以千兆或万兆工业以太网为有线骨干网，并在巷道覆盖移动无线宽带网络，实现系统的数据传输。对于固定位置的分站、定点安装的摄像仪、电力监控设备等采用有线方式接入环网。对于井下移动的设备、电机车或距离环网较远不方便接入环网的采集设备，采用无线宽带通信网络实现数据通信。

轨道运输监控系统主要有控制器、动态信号机、转辙机、计轴器等组成，实现车辆定位与识别、车辆运行信号指示、道岔控制等功能。对井下车辆的位置、车辆类型、行驶方向、运行轨迹等进行信息监控，显示信号灯状态、道岔状态，根据任务实现车辆调度与进路闭锁控制。

视频监控系统是井下轨道运输智能化管理的重要系统，实现井下轨道运输的可视化管理，车辆运行视频图像实时跟踪，对关键部位进行智能识别。在井下关键位置如道岔、弯道、变坡点、车场、复杂路口等固定位置安装视频监控，同时在电机车上安装移动机载视频，实现运输全过程监控，使井上工作人员对井下电机车的运行情况掌握得更加准确，提高调度的准确性。

机车供电监测系统主要针对架线电机车的供电开关、线路绝缘、分区开关状态进行监测。其主要监测内容包括：①交流进线电压、电流；②直流出线电压、电流；③整流变温度；④区分开关状态；⑤电机车运行电压、电流；⑥架空线路绝缘、线路故障。其主要功能是实现故障检测与线路保护，以及电网负荷流量控制。

机载无人驾驶控制系统主要由车载控制器、机载无线通信装置、机车调速驱动装置、人机接口、速度检测装置等组成。车载控制器主要负责车辆数据采集与控制，对车辆的运行速度进行实时采集、判断，实现不同区段的速度控制与安全驾驶。人机接口用于操作人员参数设定与画面操作。位置与速度检测通过在车辆上安装速度监测装置和车辆实时定位装置，实现车辆速度的实时采集和位置监控，为车辆自动巡航提供定位与速度信息。机载无线通信装置负责车辆数据与机载视频无线上传，同时接收调度指令实现电机车的远程控制。

生产作业装卸载自动控制系统主要由装卸载控制设备组成，当电机车接近装车点时，电机车按给定速度匀速运行，并与给料机联动控制装车。同时摄像头自动切换，可实现远程监控与手动干预装卸料。

2. 系统主要功能

1）实时监测

调度中心实时监测井下运输巷道的移动视频、定点视频，以及电机车的速度、电流、电压状态信息，同时还能以大巷缩略图的形式显示电机车的动态位置、轨道设备工作状态。对巷道的车辆数、车号、位置、速度、方向实时监控；对转辙机定位、反位、挤岔、信号状态、电源状态、通信状态、分站故障实时监测。

系统实时监测牵引整流变的开停状态、电压、故障等信号，远程控制架线分区开关并能检测开关的工作状态。

2）联锁控制

通过构建调度子系统，实现对运输区间闭锁，对敌对进路联锁，对信号机、计轴器和转辙机联锁控制，从而实现对多台电机车运输的安全有序调度。

3）遥控操作

远程操作人员可以通过调度遥控台对井下电机车进行起停控制，实现电机车远程遥控驾驶，根据工作模式设置，也可以就地操作驾驶。

4）电机车自动巡航控制

结合电机车位置反馈信息和作业计划，实现路径自动规划、道岔正确联动和自动巡航控制。

5）智能调度

进路管理：自动判断进路情况，根据电机车联合管控调度规则，实现进路开放与闭锁。

任务调度：按任务排程及检测到的电机车位置及轨道占用情况，按路径最近原则或安全原则实现生产作业的优化调度。

智能装载：针对物料运输车辆，实时检测物料信息，与装卸料口实现联动控制。

6）安全控制

车载控制器具有自诊断、路况分析和车距管理等安全防护功能，通过采集机车本身状态信息以及轨道信息及环境信息，对车辆运行状况进行全面诊断，对出现的安全问题实施安全保护控制。

7）生产计划与运营管理

系统可精确记录电机车的运行数据，记录生产任务完成情况，实现计划与运营管理。

3. 关键技术

1）无线宽带传输技术

对于电机车无人驾驶系统，其车辆信息必须能实时传输到调度中心，调度中心的控制命令也必须很快地传输到电机车。在整个行驶过程中井下电机车和地面调度管理人员必须时刻保持数据通信，要求在井下大巷中全面覆盖移动无线数据通信系统。通信系统要承载无线语音和图像服务功能，要求实时性高、带宽高、移动性好、响应快。目前，4G专网或5G通信技术在井下的成功应用，将给井下无人驾驶提供可能。

2）实时精确定位技术

在电机车无人驾驶系统工作过程中，为了获得更高的安全性，担负信号引导功能的电机车运输监控系统和担负自动驾驶功能的车载设备，都需要随时知道电机车所处的精确位置。电机车运输监控系统需要根据电机车的位置及时进行区段道路闭锁，根据电机车的位置切换信号与道岔。电机车需要根据位置进行起停控制，根据不同区段进行速度加减速控制。

采用传统的机车位置检测方式已不能满足无人驾驶要求。需要采用多种技术相结合的定位方法，才能达到一定的效果。较实用的方法是采用车载终端测速与关键位置检测相结合的定位方式。通过车载终端测速装置实时计算车辆的运行位置，并以轨道计轴传感器或其他位置检测传感器作为在关键点的位置校正，由此获得精确的位置信息，通过无线通信系统上传到监控中心，实现电机车的实时位置监控。这种方法需要以可靠的无线宽带网络覆盖为支撑。

3）无人驾驶安全控制技术

无人驾驶电机车相对于传统电机车，内部需要配置更高的智能化控制系统，不仅需要具备自动调速系统、制动系统、车载通信系统、车辆运行数据监测系统，而且需要具备自动驾驶算法和故障安全保护机制。

在电机车无人驾驶过程中，车辆需要按照调度分配的任务和路线自动行进，当道岔、信号设备出现故障，或者车载设备出现故障，或者无线通信中断，或者运输巷道中出现不可知因素，以及运行路线出现偏差时，可能涉及安全行车问题。这时电机车需要根据自主分析判断，自动进入安全模式，并发出报警信号。

4）轨道监控技术

在井下电机车无人驾驶过程中，电机车运输监控系统负责进路开放、联锁运算、道岔控制及车位检测等任务，对电机车无人驾驶起着“引导”作用。井下信号、道岔及其位置检测传感器等设备必须准确可靠，否则，将会造成较严重的安全事故，因此对电机车运输监控系统的可靠性提出了较高要求。

井下电机车无人驾驶是未来矿井电机车运输智能化发展的重要方向，对各种技术有较高要求。目前，一些关键技术已在实践中获得突破与应用，进一步推动了井下电机车无人驾驶的发展进程。

二、井下无轨胶轮车运输智能化管理系统

（一）概述

随着辅助运输装备技术的进步，我国矿井开始采用新型高效的无轨辅助运输。由于无轨胶轮车具有运输能力大、速度快、爬坡能力强、载重能力大、机动灵活、装卸方便等特点，其在井下的应用范围越来越广，应用数量也越来越多。但由于井下巷道宽度较窄，容车空间有限，光线较暗，容易引起车辆在某个区域内发生阻塞和碰撞，导致车辆运输效率低下或导致安全事故。特别是部分矿井缺乏有效的技术监管手段，主要靠驾驶员的自觉性和驾驶技术水平来管理，经常出现车辆超载、超速等情况，对井下交通造成很大的安全隐患。同时又由于井下车辆外形尺寸不同（有重型车、轻型车）、运输任务不同（有人车、材料车和设备车）、运输路况复杂（有十字路口、丁字路口、弯道、上坡、下坡、车场等复杂路口），使井下无轨胶轮车的运行管理存在一定的难度，对无轨胶轮车的运行管理提出了更高的要求。所以采用智能化技术手段进行规范化管理和安全调度，对提高运输效率、降低劳动强度，提升辅助运输系统的安全水平具有十分重要的意义。

（二）系统结构

井下无轨胶轮车智能化管理系统采用先进的电子技术、计算机技术、通信技术实现井下电机车交通运输的科学化管理。该系统主要包括路口信号灯管理、车辆违章管理、车辆调度、信息发布等，通过红绿灯控制实现车辆的有序管理，通过闯红灯及超速违章管理，避免交通事故的发生，提高交通运输能力及车辆与人员的安全。在车辆上安装无线数据采集设备，实现车辆轨迹状态远程监控与调度，提高了运输效率。通过采用 GIS 地图的方式实现井下车辆位置及行驶轨迹的重现，使井下车辆更直观地在调度中心展示，通过客户端软件完成车辆的任务排程优化，信息的远程发布等，使无轨胶轮车的运输管理实现智能化。

井下无轨胶轮车智能化管理系统结构分为 3 层，即调度层、通信层、控制层。其结构如图 8－37 所示。

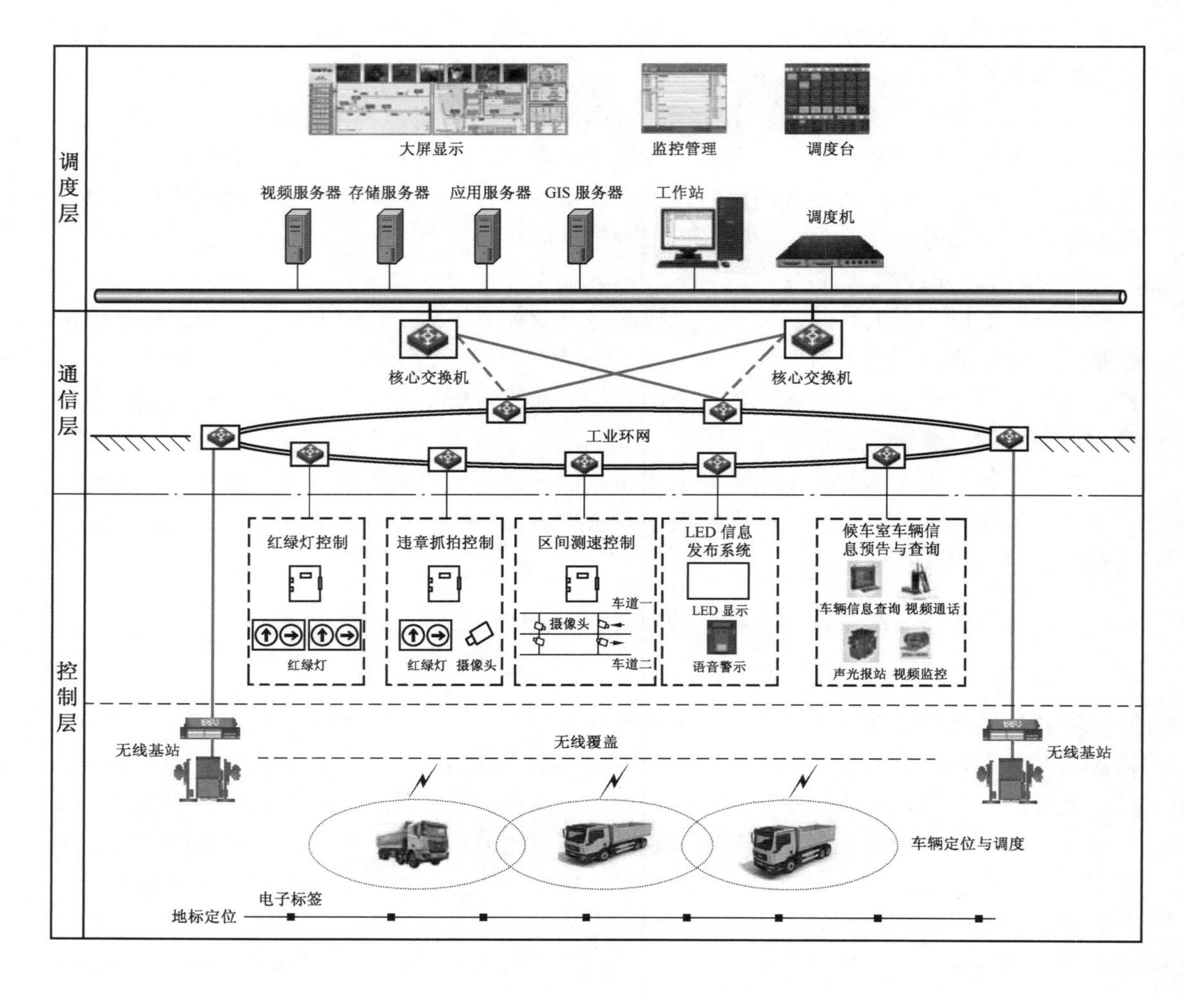

图 8-37　井下无轨胶轮车智能化管理系统结构

调度层主要由工作站、服务器、大屏显示、调度台等设备组成。调度层实现数据采集、数据处理、数据存储、数据服务与应用，对整个胶轮车运输管理系统进行联锁运算处理、人机交互、操作命令下发、实时接收设备状态并进行图形显示。数据采集与处理主要对各子系统设备的数据进行采集与分析，如车辆定位系统数据采集与分析、车辆超速数据测定、车辆运行数据分析、环境参数超限报警分析、信号灯控制等。数据服务主要提供 GIS 信息服务、视频通信服务、语音通信服务、数据存储服务、数据查询服务等。数据应用主要实现车辆状态监测及设备状态监测，如对车辆位置、车辆速度、车辆状态、任务进度、信号灯状态、设备状态、调度分站和读卡器通信状态进行实时监测；实现车辆调度与指挥，包括任务调度、信号调度、语音调度、设备管理、车辆管理、司机管理、任务回放等；实现辅助运输综合运营信息管理和车辆全生命周期管理，进行数据统计、报表生成、信息查询等。

通信层主要由通信设备和通信网络组成，对于整个系统的数据传输起着关键作用，不仅需要保证各类数据传输的实时性、稳定性、可靠性，还需要考虑针对移动目标的通信问题。所以，通信网络需要采用有线与无线相结合的组网模式。利用煤矿已有的工业以太网为有线传输网，并在巷道覆盖无线宽带网络，实现数据传输。对于固定位置的设备采用有线方式接入环网。对于井下移动的设备或不方便接入环网的设备采用无线宽带进行通信，实现无线数据、语音、视频远程调度与管理。由于车辆属于快速移动目标，具有在基站之间快速切换的要求，所以在无线网络选择上，应优先选用4G（5G）移动性好的无线宽带通信技术。

控制层主要由现场控制设备组成，主要包括井下交通信号灯控制系统（含闯红灯违章抓拍系统）、车辆定位与测速系统、智能车载调度系统、视频监控系统、沿巷交通信息发布系统（含候车室车辆信息查询系统）等。每个系统都由现场智能控制单元、显示单元、现场总线、现场测控设备、电源等组成。智能控制单元负责将其管辖的设备状态上传给调度层，同时根据接收到的命令驱动相应设备，实现就地设备的信息采集与控制。

（三）智能化管理子系统及其关键技术

1. 井下交通信号灯控制系统

1）组成及功能

井下巷道通常都有丁字路口、十字路口、上坡、下坡、弯道，还有更复杂的路口。特别是井底车场，车流量大，运输负荷大，很容易引起堵塞和安全事故。所以在各关键路口、地点安装信号灯进行指挥，实现车辆的有序控制。

井下交通信号灯控制系统由主控制器、车辆检测器、信号灯箱和就地控制器多个硬件设备构成，各设备与主控器之间采用CAN总线组网的方式，实现井下信号灯管控。主控制器、车辆检测器、信号灯箱和就地控制器安装至井下路口处。通过检测路口车辆信息，触发信号灯状态，采用自动控制与就地手动控制两种工作方式，实现路口信号灯的有序、有效管理，配合上位机软件实现井下路口信号灯的远程监控与调度管理。

主控制器用于对井下交通车辆检测器、信号灯箱、就地控制器进行组网控制，要求符合煤矿井下含有爆炸性气体的环境使用。主控制器具有CAN总线、以太网通信接口、I/O控制接口，可以接入就地设备，实现就地设备的显示控制；也可以接入工业环网，与监控中心联网，实现远程控制。其主要功能是用于拐弯路口、丁字路口和十字路口等不同路口的交通信号灯管理，并具有实时自动检测硬件故障的功能，可以实时将车辆定位器、车辆检测器、信号灯硬件的各种故障上报到监控中心，便于及时维护，保证整套系统运行的稳定性和可靠性。

车辆检测器主要用于井下车辆固定位置检测，有地磁型、地感型、电子标签型等各类不同的检测方式。当路口有车辆经过时，通过CAN总线向主控制器发送检测信息。主控制器获得车辆检测器发来的车辆信息，经综合判断后通过CAN总线下发指令给局域网中的红绿信号灯箱，指挥红绿信号灯箱变化颜色，完成路面交通的指挥。

井下交通信号灯由信号灯板和信号灯控制器组成，信号灯颜色主要有红、绿两色显示，也有红、绿、黄三色显示，现场根据具体需要进行选择。井下交通信号灯主要用于井下路口信号指挥。交通信号灯箱的“红、绿、黄”状态指示，可根据需要进行逻辑组合设计，指示灯的亮度可调节，利用CAN总线接收来自主控制器的命令，根据收到的指令变换灯的颜色达到指挥交通的目的。

就地控制器的主要功能是实现就地控制交通信号灯，具有 CAN 总线通信接口，带有 LED 显示屏，可以实时显示红绿信号灯运行状况和路口车辆数，通过操作按钮实现红绿灯的就地控制。

2）关键技术

（1）车辆位置检测技术。在井下交通信号灯控制系统中，车辆位置检测也是车辆定位的一种特殊方式，主要为了准确实现交通路口信号灯控制，要求可靠、准确、精度高、实时性好。针对井下车辆路口位置检测技术，目前有红外检测技术、地感线圈检测技术、地磁传感器检测技术、电子标签检测等多种方式。红外检测技术是在巷道检测位置上下或左右安装红外发射装置和红外接收装置，当车辆经过时会阻挡红外信号，使接收装置接收不到红外信号，从而判断车辆经过。这种技术易受粉尘影响，同时不能区分是车辆、人员还是其他物体存在误检测问题。电子标签检测是在车辆上安装电子标签，在巷道检测位置安装读卡基站，通过基站识别电子标签，判断车辆位置。由于电子标签与基站的通信距离为 15 ~ 50 m，检测位置误差较大，不适用于路口信号灯控制。目前应用较多的主要是地感线圈检测技术和地磁传感器检测技术。地感线圈检测的工作原理是通过埋于地表的电感线圈和电容组成振荡电路，振荡信号通过变换送到单片机组成的频率测量电路，检测振荡器的频率变化。当有大的金属物如汽车经过地表电感线圈时，由于空间介质发生变化引起了振荡频率的变化，通过检测振荡频率的变化达到检测车辆的目的。车辆检测反应时间小于 10 ms，感应距离为 1.2 m，线圈灵敏度多级可调，地感线圈检测相对快速准确、稳定，技术比较成熟，性价比高，但安装维护工作量较大。地磁传感器的基本原理是利用地球磁场在车辆等大型铁磁物体通过时的变化来达到检测车辆的目的。地磁传感器检测不仅快速准确，同时安装灵活方便，其应用也在逐渐增多。

（2）井下车辆信号调度控制策略。由于井下胶轮车的运行受巷道空间尺寸、环境视线、车辆大小种类、运输任务等因素的影响，导致胶轮车在巷道内避让点多、上下行车辆会车频繁，极容易发生堵塞、碰撞等影响行驶效率和安全的情况。因此，要求矿井胶轮车按照一定的调度规则运行，以实现合理、灵活的协调，使不同种类、不同任务权限的胶轮车有序运行，达到井下车辆运行“安全、高效”的目的。这也要求车辆安全调度控制策略及算法要考虑各种不同的因素，具有较强的适应性和智能性。在不同的矿井可能采用不同的调度算法。从总体上来说，需要考虑交岔路口信号调度策略、巷道区段容车调度策略、特殊任务权限控制策略等。

① 井下典型交岔路口信号灯控制原则。地面交通信号灯的控制是以时间控制为主要手段，定时时长需要根据车流量提前经过测算决定。而井下交通指挥具有特殊要求和规则，对于井下交通信号灯控制，主要以安全和提高效率为目标。其控制原则如下：

a）触发优先原则，先到路口先触发的车优先通行。

b）一次只允许一个方向的车辆通行，其他车辆禁止进入路口。

c）实行优先上行原则，两辆不同方向的车辆同时触发优先上行原则。

d）多个路口级联时，保证先入车辆离开最后一个路口之前没有其他车辆进入。

e）特殊情况下也可以实现就地交通管制，固定某一方向车辆优先通行。

井下典型交岔路口有十字路口、丁字路口等，图 8－38 为丁字路口信号灯控制示意图。主控制器安装于路口处，地感线圈安装在进入路口的地面以下，红绿信号灯箱安装于进入路口的巷道顶部，无遮挡标志“×”代表禁止通行，标志“⇦”“⇧”“⇨”代表允许通行。

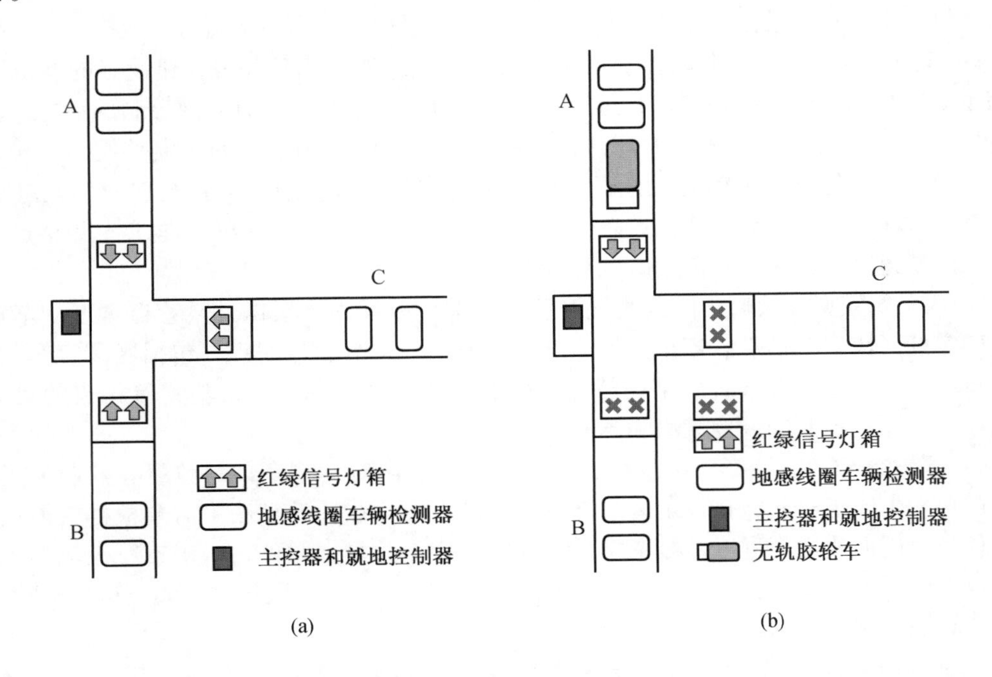

图 8－38 丁字路口信号灯控制示意图

如图 8－38 所示，在丁字路口 A、B、C 处各铺设一组地感线圈和车辆检测器，各安装一套红绿灯。图 8－38a 为平常无车时，A、B、C 端均亮绿灯；图 8－38b 为当有车从 A 端进入，经过地感线圈时，B 灯和 C 灯为红灯，当该车经过 B 端地感线圈或 C 端地感线圈时，B 端和 C 端红灯恢复为绿灯；当有车从 B 端进入，经过 B 端地感线圈时，A 端和 C 端亮红灯，当该车经过 A 端或 C 端地感线圈时，A 端和 C 端的红灯恢复为绿灯；当有车从 C 端进入，与上述同理。红绿灯显示设有自动复位功能。当有车进入该区域工作长时间不能出去时，60 s 后（时间可调）红灯均自动恢复为绿灯。当有 N 辆车通过 A 端地感线圈驶向 C 端时，C 端亮红灯，C 端地感线圈计数通过了 N 辆车驶出后，才恢复为绿灯。

上述信号控制采用了优先触发通行原则，每次只允许一个方向的车辆通行，其他方向闭锁。

② 多路口级联信号灯控制策略。井下交通信号灯控制系统还具有多个路口信号灯级联控制功能，如车场的一些复杂路口、三岔路口等。级联控制时，需要根据井下行车要求的逻辑建立控制模型，实现要求的控制策略。例如，具有主干巷道的所有路口级联控制，一般采用主干道优先通行原则。

a）次干道所有车辆避让主干道来车。

b）所有旁路车道都看作次干道，按丁字路口原则指挥。

c）次干道距离主干道需要保持10 m的缓冲区域。

当主干道有车辆行驶时，主干道方向信号灯均为绿灯，所有进入主干道的旁路信号灯均为红灯，直至车辆驶出主干道，达到级联控制的目的，提高主干道行车效率。

③ 双通道路口信号灯联动控制策略。在有些新的现代化矿井中，建设好的巷道已可以满足大型车辆双向通行的需求，这时井下红绿灯控制系统还具有双向控制的功能，通过对主控制器进行配置，实现路口信号灯的双向联动控制。红绿信号灯控制原则为：触发优先、双向通行，先触发车辆先入先行，同时也允许对向来车通行，直至双向车辆驶离路口，其他方向的车辆才允许进入路口。这种控制原则充分利用了巷道双向容车的特点，保证了双向通道高效利用，提高了车辆行驶效率。

④ 区段闭锁调度策略。区段闭锁调度是在关键路段内，根据区段巷道宽度、车辆种类所确定的区段容车信息、容车数量，以及其他条件进行信号闭锁，包括区段容车闭锁、上下行闭锁、权限闭锁（针对某类特殊权限的车辆保证效率优先行驶）等构成的对运行车辆在区间严格控制的调度策略和算法。

a）区段容车调度策略。该策略主要用于特定区段对运输车辆的数量有控制的场景，为了避免发生安全事故，在设定区间进行信号灯管控，在调度算法中需要根据巷道宽度、车辆种类、同向或逆向进行综合考虑，设定区间容车数量。此外，对于架线无轨电机车，还要求有电网负荷闭锁要求，要控制供电段内车辆，达到一定数量时，禁止车辆再驶入供电架空路段，避免电网超负荷。

b）区段其他调度策略。在区段不同方向进入的胶轮车需要考虑重车与轻车、上行与下行、车辆权限等不同情况，一般空车让重车，下坡车让上坡车，特殊优先权车辆先行，其他车辆避让。例如，在特定区域内，有时只允许一个方向的车辆运行，以防止拥堵。在实际应用中可以根据不同的矿井环境条件，建立不同的控制策略。

在胶轮车调度系统中，由于井下运输大巷是一个复杂的网络，各个矿井条件不同，其要求也不同，其调度算法也不尽相同。在运输调度中不但要考虑单个路口、单个区段的信号调度，而且要考虑多个路口、多个区段的联动调度策略，预防调度死锁情况，提升整个运输网络的综合效率。

2. 车辆定位系统

由于煤矿井下环境不同于地面，井下车辆位置管理需要建设专用的车辆定位系统。本书第十二章对井下车辆定位技术做了详细介绍，即无轨胶轮车在井下定位需要采用多种位置检测技术相结合的模式。常用模式有两种：一种是基于无线信号、磁感应传感器与视频图像识别技术相结合的定位方式；另一种是车载终端里程测量与地标校正相结合的定位方式。前者涉及UWB、Zigbee、Wifi、RFID等多种无线定位技术与车辆位置检测技术。其定位系统主要由定位基站、定位识别卡、车辆检测传感器、电源、现场分站、传输接口、监控主机、服务器、系统软件、网络接口等组成。车辆在大巷中的定位主要采用无线基站定位，定位精度根据所选定位技术与基站布置位置有关。车辆在关键路口的定位，采用车辆检测传感器，定位精度较高，可实现路口信号灯的控制。后者涉及里程定位技术，其定位系统主要由车载终端、里程测量传感器、地标定位卡和读卡器、无线传输网络、监控服务器、系统软件、网络接口等组成。其定位精度较高，但对网络传输的实时性要求也较高。在实际应用中，针对不同的场合及成本要求，选用不同的定位技术和定位系统。

车辆的运行速度是动态变化的，煤矿井下车辆定位精度，不仅决定于单一的定位传感器精度，而且与通信网络的传输时间、数据的分析处理能力有直接关系，需要各系统之间无缝衔接才能达到预期目标，为系统管理提供准确的车辆位置信息。选用高带宽通信网络进行数据传输，采用实时性好的数据采集与处理机制，从而缩短系统的延时时间，提高定位精度。

3. 车辆测速系统

由于井下巷道空间有限，光线较暗，路口较多，存在弯道、上下坡等复杂路况，车辆在运行过程中不允许超速行驶，需要进行限速管理。车辆测速可以分为 3 种情况，一种为区间测速，另一种为定点测速，还有一种是车载终端自动检测车辆运行速度，并通过无线网络上传到监控平台。区间测速主要是对于需要限速的巷道区段（如下坡、弯道）安装区间测速系统，进行超速管制。定点测速是对于需要限速的特定地点安装定点测速系统，进行超速管制。利用车载终端测速，可以全程实时监控车辆的运行速度。

煤矿井下区间测速目前采用两种技术，一种是采用射频识别技术，通过在车辆上安装射频识别卡（标签），在巷道区间两端安装识别分站。通过计算同一车辆进入巷道区间两端 A 点到 B 点的时间，用已知行程除时间获得车辆的平均行驶速度。这种检测方法，车辆速度较快时容易丢卡，另外在检测范围较大时误差较大。另一种是采用视频识别技术，利用视频检测中的目标检测算法和车牌识别算法，实时监测视频图像中的目标车辆，并提取目标的各种属性特征（如机动车属性，包括目标结构、车辆号牌、车牌颜色等），当目标进入抓拍识别区域时，自动记录特征图像和车牌号，并标记时间。系统软件通过记录同一车辆进入巷道区间两端 A 点到 B 点的时间和车牌号，用已知行程除时间获得车辆的平均行驶速度。

这种基于视频识别的区间测速系统主要由前端车牌识别防爆摄像仪、隔爆兼本安电源、补光灯、传输网络、地面服务器及后台测速管理软件等组成，前端车牌识别防爆摄像仪安装在测速区间两端（根据双行道和单行道，具有不同的配置），对车牌进行识别并记录车辆进出区间的时间，将数字识别信息和图像信息一起通过通信网络上传到地面服务器，经后台软件计算处理，实现井下区间测速管理。由于井下特殊的环境条件，需要做好摄像仪的位置安装调校工作，同时要做好补光工作。采用视频图像识别技术的主要优点是测速精度高，有图像取证作为依据。

井下定点测速方法，目前主要采用雷达测速与摄像仪图像抓拍取证方式，其系统组成原理与地面定点测速组成原理相同，但设备需要采用防爆兼本安型设备。由于其成本较高，推广应用受到限制。

车载测速系统主要由车载终端、行程测量编码器或霍尔传感器、无线传输网络、地面监控服务器、系统测速软件、网络接口等组成。通过在车辆上安装测速传感器，车载终端实时采集测速传感器速度信号，同时通过无线宽带网络上传到地面监控平台，监控平台可实时跟踪车辆运行轨迹和运行速度。采用车载测速系统，实时性好。

4. 智能车载调度系统

智能车载调度系统主要由地面调度中心车载调度服务平台与车内无线车载终端组成。智能车载调度系统构成如图8－39所示。

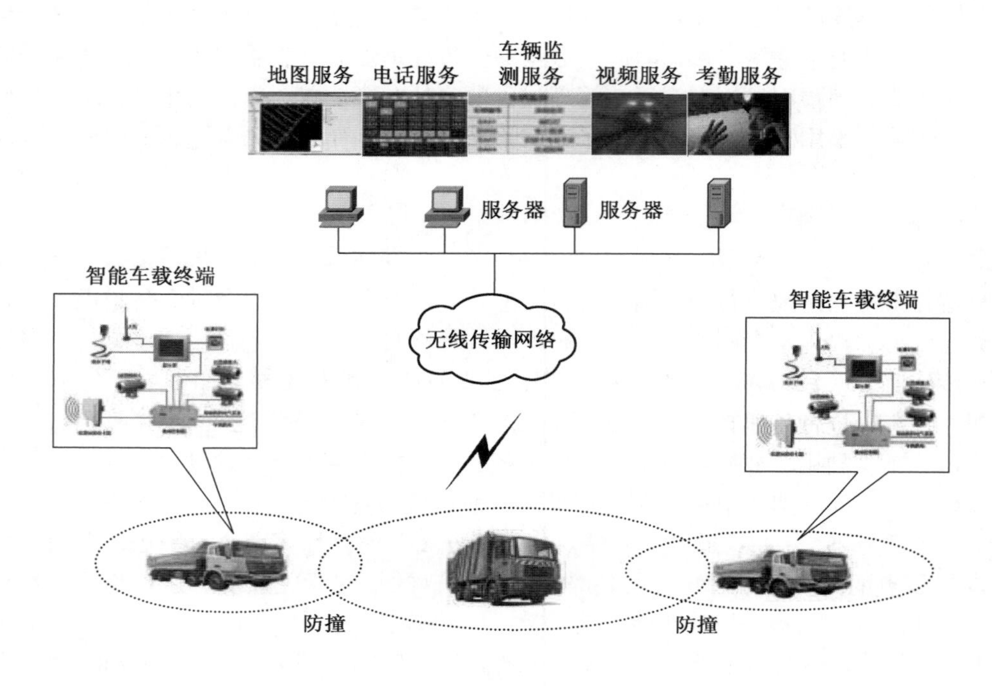

图8－39 智能车载调度系统构成

无线智能车载终端具有语音、视频等多种通信接口功能，可实现车辆参数的实时采集、司机身份识别、视频通话对讲、行车视频监控、车辆位置实时显示等功能，可实现车辆的远程调度。

车载调度服务平台与智能车载终端相互通信，具有地图定位服务、电话服务、车辆数据监测服务、视频服务、人员考勤服务等功能。地图定位服务的主要功能是车载终端定时上传定位信息到地图服务器，并从服务器获取以自身为第一视角的地图，同时周围一定范围内的车辆信息也会在地图上显示，对近距离车辆进行防撞预警。司机可依此来判断车距，保证驾驶安全；电话服务主要通过调度通话服务器、车载终端进行点呼或组呼，在通话界面，可拨打语音或视频电话。如选择组呼，则只能进行语音通话，在同一组中所有终端或手咪可进行语音交流，根据不同需要设置不同的组，可方便调度管理；视频服务主要实现行车监视和视频对讲，多路图像信息可根据实际需要进行动态切换显示。考勤服务用于司机考勤管理，通过虹膜识别，在车载终端人员身份的登录与登出信息，不仅显示在本地显示屏上，同时上传到后台考勤管理服务器，进行实时调度与人员考勤管理；车辆数据监测服务主要通过车载终端与柴油机保护器和电驱保护装置通信，可监测车辆的运行状态信息，如行驶速度、行驶里程、防爆柴油机水箱水位、排气温度、发动机表面温度、发动机转速、剩余油量、水量、机油压力、发动机运行时间、柴油机电喷参数等，还可监测电驱动电流、电压等参数。通过无线传输平台上传至地面监测服务器，实现车辆的状态检测、故障分析、远程预警。

5. 井下交通管理信息发布系统

井下交通管理信息发布系统主要用于车辆信息发布与井下交通信息引导，在车辆调度指挥中心的控制下，实现井下车辆的位置信息、车辆信息、井下路口红绿灯信息、路况信息的资源共享和智能化管理。利用矿用本安型显示屏或车载信息终端实时发布各种交管信息，并可在最短的时间内，完成安全指令信息的发布。

井下交通管理信息发布系统由井下交通管理中心计算机信息平台、通信网络、矿用本质安全型显示屏、车载信息显示终端、防爆计算机和大屏幕显示屏等组成综合信息发布系统，交通管理中心计算机通过通信网络向各个显示设备分发信息。通信网络采用有线或无线接入方式。井下交通管理信息发布系统示意如图 8－40 所示。

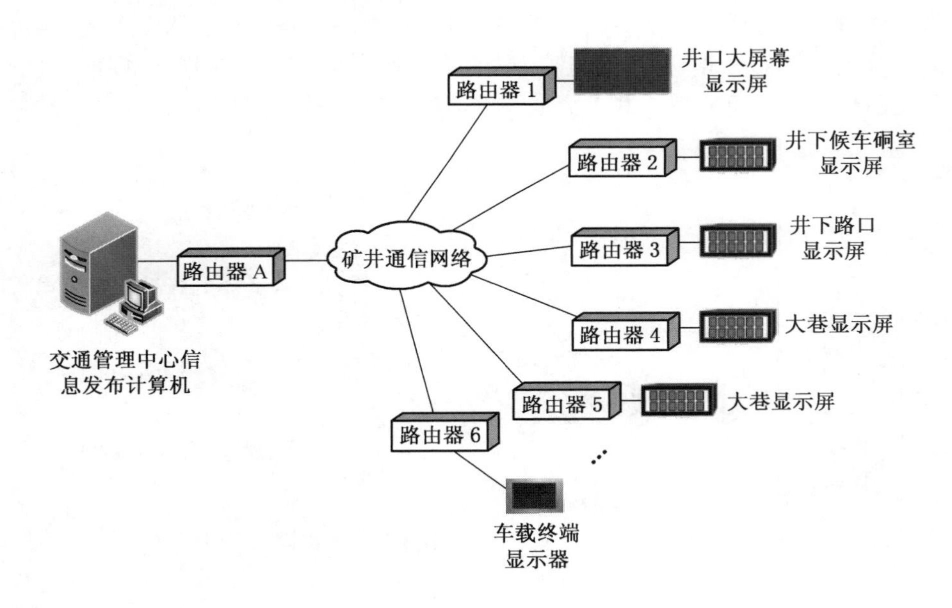

图 8－40　井下交通管理信息发布系统示意图

井下信息发布内容主要分为三大类：①固定信息：路标信息、指示信息、警示信息；②动态信息：车辆位置信息、车辆信息、当前井下车辆数量信息、车辆入井与出井时间信息、车辆调度信息、车辆违章信息等多种信息，以及车辆故障报警、车辆求救信息、超速提醒、事故通报、避灾路径；③安全教育宣传信息：国家政策、法规信息、安全生产、安全教育、煤矿各种指令性信息等。

信息显示主要设置在井下主巷道、交岔路口、三岔路口附近，以及人员相对集中的大型候车点等场所，形成沿巷 LED 信息发布系统与候车室车辆信息查询系统。在井下一些重要的巷道路口，除了设置有显示屏之外，还可以设置语音灯光告警装置辅助使用，提示车辆或行人遵章守纪，注意安全。例如，在井下沿巷重要路口、避让带或联巷口设置 LED 显示屏和语音报警装置，配合信号灯控制系统共同构成具有信号指示、文字显示、语音提示的多重信息自动声光指示系统。在井下人车混行联巷口，采用信息显示与语音告警的方法综合提示："有车行驶，行人注意安全"，避免发生安全事故；当有特种车辆在辅运大巷行驶时，沿途发布："特种车辆优先通行，其他车辆避让"，从而提高运输效率；在发生危险事故时，采用LED屏显示避灾路径，进行避灾信息引导。再例如，在井下候车硐室，配备显示屏和语音告警装置，显示列车时刻表，显示当前即将到站列车的具体位置，车辆到站时语音提示，以便于候车人员通过系统预先了解车辆到达时间及车辆位置、车辆行驶方向，同时通过语音报警提醒候车人员"有车辆到达，注意安全"。

6. 井下交通视频监控系统

井下交通视频监控点主要设置在井下车流量较大的重要路口、车场及盘区入口、事故多发地点、候车硐室等处，用于调度大屏实时显示各路口的人员及车辆情况，实现可视化调度指挥，通过视频存储，便于事故追溯。在候车点配备视频监控，调度人员可实时掌握候车点人员状况，按需派车，精准调度。对于集中候车硐室通过视频可了解井下人员情况，实现应急指挥和应急救援。井下交通视频监控系统如图8-41所示。

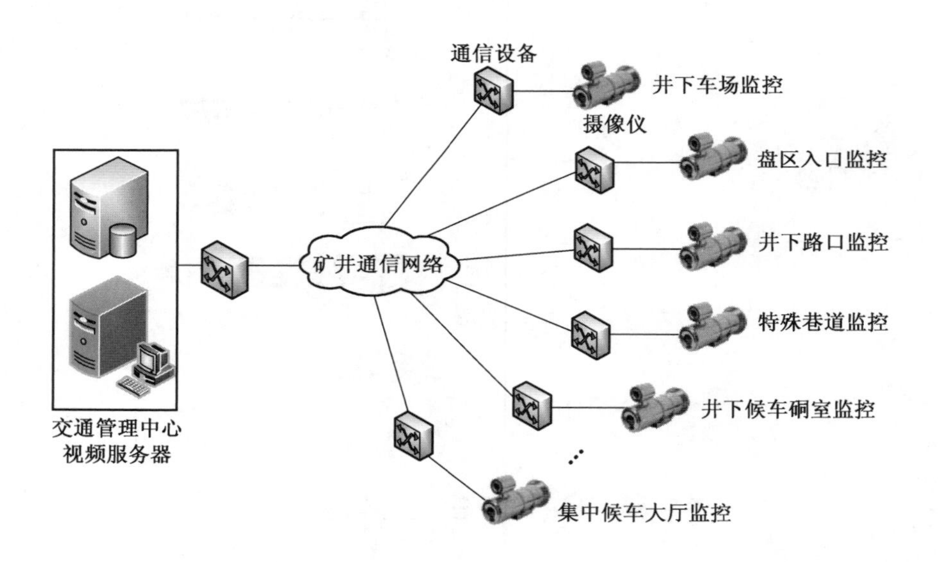

图8-41　井下交通视频监控系统

（四）智能化管理的主要功能

井下无轨胶轮车智能化管理是通过矿井调度中心管理软件实现的，其主要功能包括车辆调度管理、车辆管理、地理信息管理、设备管理、系统管理等几个子模块。每个子模块又包括多项功能。其功能层级如图8-42所示。

1. 车辆调度管理

井下车辆调度管理是整个系统运行的核心部分，包括信号管控、任务调度、任务排程、班次管理、排班管理、交车管理、候车大厅信息管理、候车硐室信息管理、车辆应急处突、车辆语音调度等功能。这部分功能主要用来控制当前的车辆使用、计划排班，以及

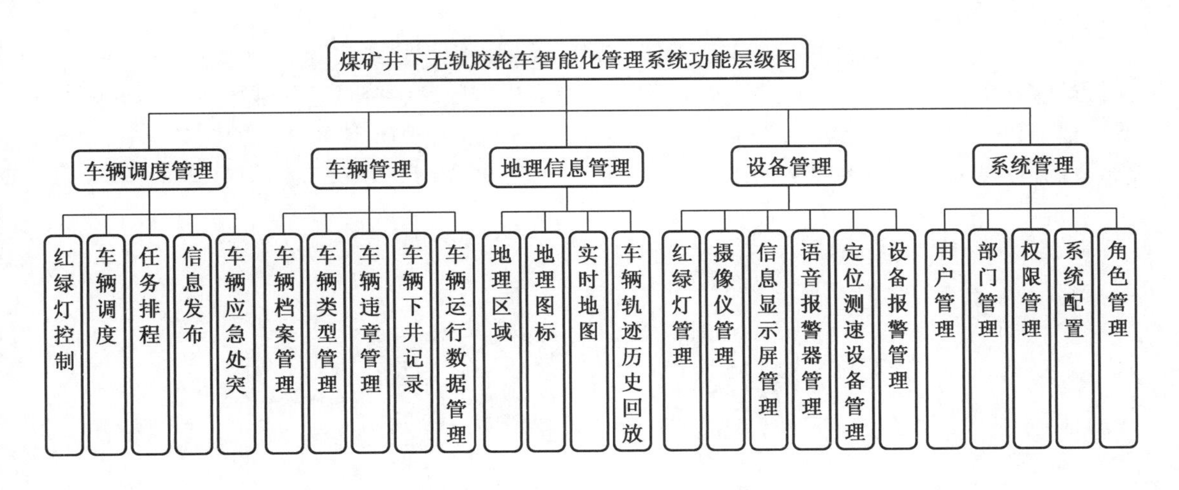

图 8－42　井下无轨胶轮车智能化管理系统功能层级

实时更新、实时查询最新动态，实现车辆的统筹管理与集中指挥，远程安排运输任务、行走路线、作业时间，使车辆调度达到自动化、智能化，提高工作效率。

1）信号灯控制

在调度管理软件中，具有对信号灯的远程监控功能，在井下巷道图中，显示全部信号灯的状态，信号灯用不同颜色标识不同状态：红色表示禁止前行；绿色表示允许通行；在通常情况下，信号灯按照一定的信号调度策略自动指示，在特殊情况下，可通过平台对井下的现场交通进行远程指挥，使用人工调度信号灯功能。信号灯远程控制如图 8－43 所示。

图 8－43　信号灯远程控制

2）任务调度

任务调度是调度平台的一个重要功能，调度员可以根据煤矿实际需要指派司机和车辆执行运输任务，使人员和车辆更高效地运行，提高生产效率，降低运行成本。车辆调度主要包括司机（或整个队组）、车辆、目的地、执行时间、预计完成时间、任务描述等信息。任务调度界面如图 8－44 所示。

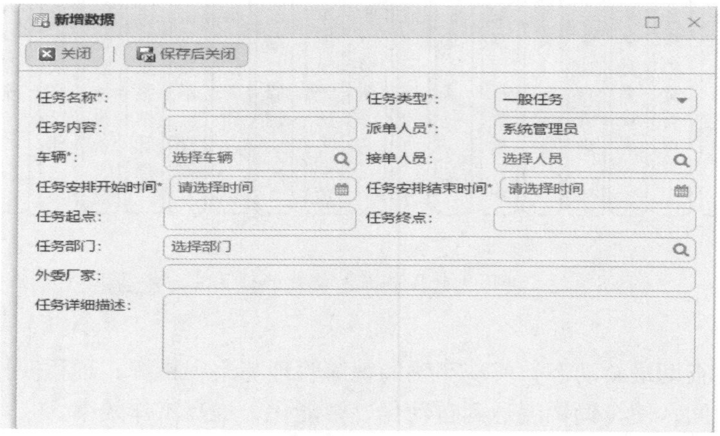

新增数据
关闭 | 保存后关闭
任务名称*：　任务类型*：一般任务
任务内容：　派单人员*：系统管理员
车辆*：选择车辆　接单人员：选择人员
任务安排开始时间*：请选择时间　任务安排结束时间*：请选择时间
任务起点：　任务终点：
任务部门：选择部门
外委厂家：
任务详细描述：

图 8－44　任务调度界面

3）任务排程

任务排程主要包括计划排程、排班管理、班次管理，给出优化的车辆任务排程表，供调度人员合理选择车辆，有效地减少车辆的空驶率，减少运输时间，提高运输效率，降低运输成本。任务排程界面如图 8－45 所示。

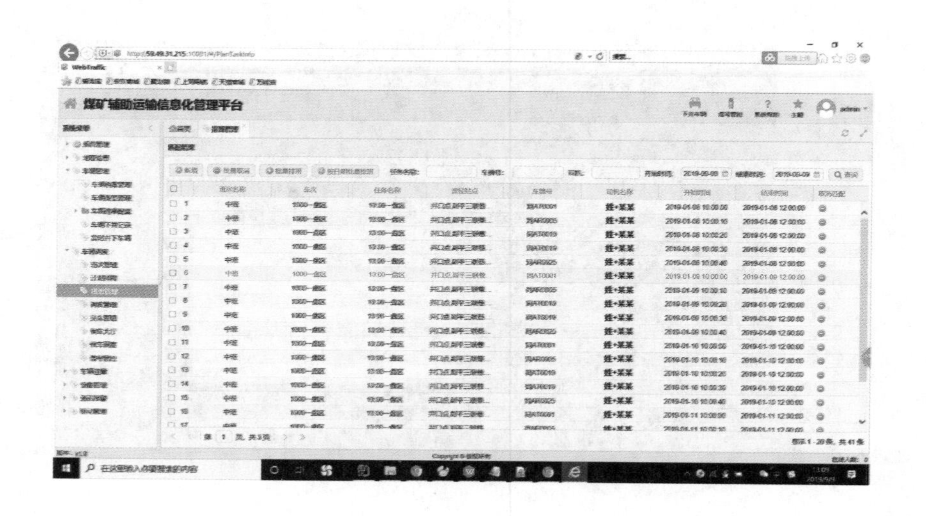

图 8－45　任务排程界面

4）信息发布

在重要路口、坡道、急转弯处、候车点、避难硐室安装 LED 显示屏和语音报警系统，可随时进行信息发布，利用通知、危险警示、车辆到站、堵车信息、车辆违章等信息进行随时提醒。图 8－46 为候车大厅车次信息发布界面。

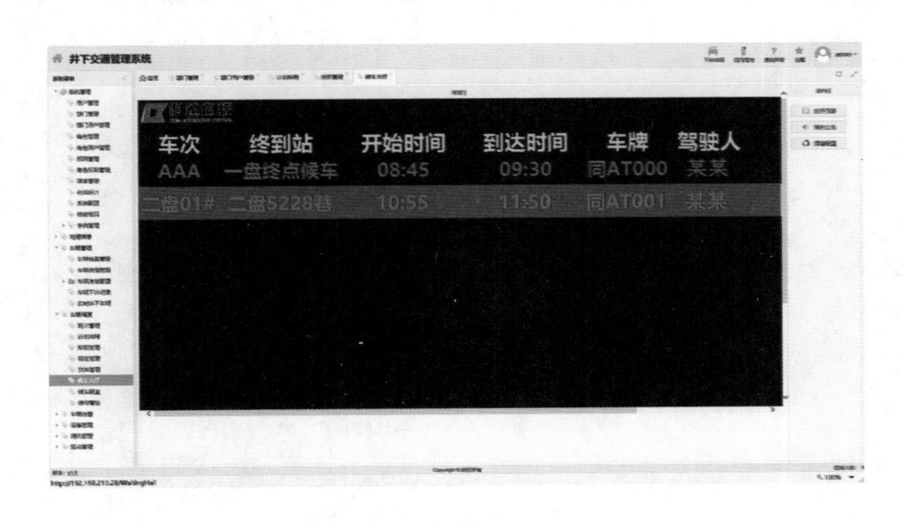

图 8－46　候车大厅车次信息发布界面

5）车辆应急处突管理

当应急事件发生时，触发车辆应急管理系统，实现应急车辆就近调度、应急路线规划、起动报警联动系统（巷道沿途声光报警联动、候车硐室、车载系统同时警示联动），实现应急远程处置。

2. 车辆管理

车辆管理主要用来记录车辆数据信息，配置车辆属性，实时更新与查询最新的车辆动态。车辆管理主要包括车辆档案管理、车辆违章管理、车辆下井记录、车辆运行数据管理。

1）车辆档案管理

车辆档案管理主要对已有车辆做详细统计，并为后面的调度及交通管理提供数据。其主要包括车辆名称、车型、车牌号、归属车队，以及其他属性（如采购时间、车辆状态（好、坏）或在修、待修、厂家、价格、大架号、系列号等）。图 8－47 为车辆档案管理界面。

2）车辆违章管理

车辆违章管理根据不同车辆类型在不同路段的速度限制情况进行配置，以便规范各车辆的交通状况。根据各监控点抓拍的数据，对超速车辆进行记录和处理，规范井下交通，提高安全性。图 8－48 为车辆违章记录与处理。

3）车辆下井记录

车辆下井记录统计井下的车辆，显示车辆下井的历史记录和实时状况，可以查询总结历史数据并进行分析和优化，可调整车辆下井频率，减少闲置车辆，实现任务排程。

车辆名称	车牌号	所属部门	车辆类型	驾驶员	标识方式	标识编码	车辆图标	负责人	是否下井
支架车同AT...	同AT0031	威龙公司	特种车-支架车		车牌号	同AT0031	车辆_支架车		否
支架车同AT...	同AT0030	威龙公司	特种车-铲运车		车牌号	同AT0030	车辆_铲运车1		否
支架车同AT...	同AT0029	威龙公司	特种车-支架车		车牌号	同AT0029	车辆_支架车		否
搅拌车	同AT0028	塔山煤矿	特种车-搅拌车		车牌号	同AT0028	车辆_搅拌车		是
搅拌车	同AT0027	塔山煤矿	特种车-搅拌车		车牌号	同AT0027	车辆_搅拌车		否
搅拌车	同AT0026	塔山煤矿	特种车-搅拌车		车牌号	同AT0026	车辆_搅拌车		是
50T支架车	同AT0025	塔山煤矿	特种车-50T支...		车牌号	同AT0025	车辆_支架车		是
5吨叉车	同AT0023	塔山煤矿	特种车-5吨叉车	曹荣	车牌号	同AT0023	车辆_5吨叉车		是
5吨叉车	同AT0022	塔山煤矿	特种车-5吨叉车		车牌号	同AT0022	车辆_5吨叉车		是
5吨叉车	同AT0021	塔山煤矿	特种车-5吨叉车		车牌号	同AT0021	车辆_5吨叉车		是
5吨叉车	同AT0020	塔山煤矿	特种车-5吨叉车		车牌号	同AT0020	车辆_5吨叉车		是
5吨叉车	同AT0019	塔山煤矿	特种车-5吨叉车		车牌号	同AT0019	车辆_5吨叉车		是
10吨叉车	同AT0017	塔山煤矿	特种车-10吨...		车牌号	同AT0017	车辆_10吨...		是

图 8-47　车辆档案管理界面

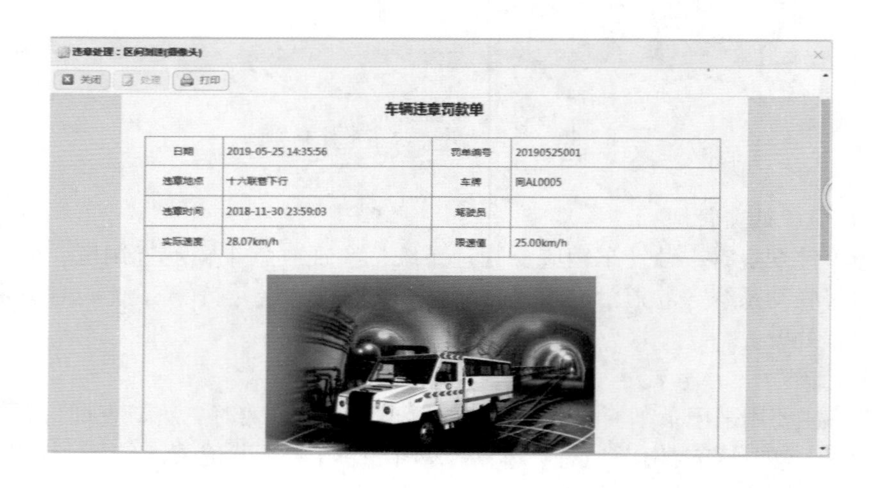
车辆违章罚款单

日期	2019-05-25 14:35:56	罚单编号	20190525001
违章地点	十六联巷下行	车牌	同AL0005
违章时间	2018-11-30 23:59:03	驾驶员	
实际速度	28.07km/h	限速值	25.00km/h

图 8-48　车辆违章记录与处理

4）车辆运行数据管理

车辆运行数据管理主要包括实时数据监测和历史数据查询。其包括以下几个方面：①车辆实时数据监测：主要对井下车辆动态运行数据实时显示，包括车型、车号、驾驶司机、车队、具体运行位置、速度、轴温、水温、排气管温度、发动机转速、瓦斯浓度、机油压力、行驶里程实时传输到系统中，实时显示。②车辆历史运行数据记录查询：主要对车辆历史运行数据进行记录与查询，包括车辆运行数据，如车辆位置、速度、公里数、油耗、出车时间、出车率、轴温、油量、水温、转数等，以及车辆违章记录（超速、闯红灯及相关司机、车辆的相应记录）等。③车辆故障显示与预警：车辆在运行过程中发生车辆故障时将自动弹出画面提醒管理人员。对于出故障的车辆记录其故障原因，显示故障情况，可供历史记录与查询。④车辆的效率统计：通过检测的车辆运行信息，如时间、里程、油耗，计算车辆的效率。

3. 地理信息管理

采用 GIS 技术实现井下巷道的实时模拟展示，集成车辆精确定位数据、信号灯数据、显示屏数据、任务信息，进行直观地可视化展示，结合视频数据、调度通话等，为调度提供方便快捷的操作功能。其具有区域配置、地图编辑及功能实体模块添加和实时查看路况信息、车辆历史轨迹回放等功能。通过对井下交通图纸的修改和发布，实现井下交通实时地图显示、定位、报警等，以整个井下地图为背景，上面显示各个关键设备的位置、状态，以及井下车辆的实时位置、井下车辆数目、区域车辆数目、是否有违章车辆等信息。井下实时地图管理如图 8－49 所示。

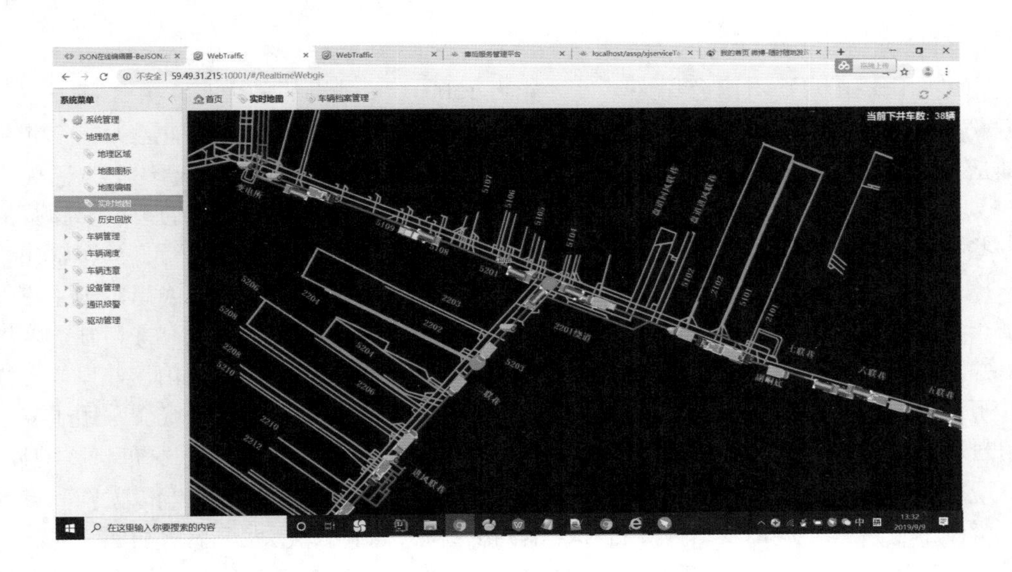

图 8－49 井下实时地图管理

4. 设备管理

设备管理作为系统软件与硬件的传输纽带，通过相应的配置，使系统的软件与硬件相匹配，包括红绿灯管理、摄像机管理、LED 屏管理、语音报警器、读卡设备管理、定点测速设备管理、电子围栏管理、语音播报计算机管理。

设备管理会对所管理的设备，如红绿灯、摄像机等，在系统中为其创建一个数据模型记录，提供基础数据以便操作，通过网络和驱动，可以使之与井下设备关联，实时查询各个具体设备的状态，修改其工作参数。

报警管理则对关联设备的状态进行记录，管理对应的报警记录，如设备故障报警、通信状态报警等。

5. 系统管理

系统管理由用户管理、部门管理、部门用户管理、角色管理、角色用户管理、权限管理、角色权限管理、菜单管理、在线管理、系统配置、修改密码组成。其中，用户管理不仅承担用户创建与管理功能，还承担权限分配功能。通过将用户管理与权限管理相融合，简化了系统管理员的负担。而数据字典管理系统中所有基础数据，如红绿灯管控方式、语音报警器动态数据等。整个软件平台都在系统管理的基础上安全有效地运行。

井下交通管理系统是基于物联网技术的管理系统，可以与装备云平台联网实现井下车辆的全生命周期管理。通过统计车辆使用过程中各项数据（如车辆档案信息、车辆运行数据、车辆日常保养记录、维修记录、故障记录等），分析车辆故障频率、配件使用、维修费用、车辆状态等，以便更好地为车辆安排任务，定期保养，延长使用寿命。

第四节　煤矿辅助运输智能化技术应用案例

1. 同煤大唐塔山煤矿有限公司井下智能交通管理系统

同煤大唐塔山煤矿有限公司为年设计能力1500万t煤炭的特大型矿井，井下主要辅运方式为无轨胶轮车运输，该矿巷道较长（有4条辅运大巷：副斜井辅运大巷、北一盘区辅运大巷、二盘区辅运大巷、西二盘区辅运大巷）、交岔路口多、车辆约199辆（人车57辆、料车125辆、特种车17辆）。井下主要行车巷道为双向车道（宽约5 m，高约5 m），在一些特殊路面，如宽度较窄弯道或者一些复杂路口仅够一辆车快速通行，当车辆出现会车、掉头等情况时，严重影响了车辆的通行效率，而且存在较大的安全隐患。为了更好地保证车辆运输的安全性及高效性，建设了井下智能交通管理系统，建设有井口辅运调度中心，井下路口红绿灯控制，井下车辆定位与测速，闯红灯与超速违章抓拍，井口候车大厅与井下候车硐室车辆信息发布，井下重要地点声、光、显多重指示等系统。采用了复杂路口信号联锁调度策略、车辆识别违章抓拍技术，以及基于物联网的信息发布与联动控制，有效地提升了井下人员和行车安全。井下各监测数据和车辆数据通过工业以太网和专网无线宽带网络上传到井口调度指挥平台和井上调度中心，利用调度大屏显示功能，对所有车辆进行动态跟踪，对驾驶员进行管理，自动形成车辆下井数量统计信息、运输任务统计信息、司机统计信息、违章信息、候车人员信息等多种汇总信息，使调度人员对整个运输系统的车辆人员情况一目了然，从而实现了实时调度、精准调度，提高了辅运系统的整体效率。同时可在煤矿井下险情发生时，能为抢险救援提供准确的井下车辆位置，通过LED显示屏为井下车辆人员提供避灾路径，实现救援指挥。图8－50为井口调度指挥大屏实时显示界面，图8－51为井下路口声光显系统。

2. 同煤国电同忻煤矿有限公司井下交通智能管理系统

同煤国电同忻煤矿有限公司为设计年产1000万t煤炭的大型矿井，井下主要的辅运方式为无轨胶轮车运输，该矿现有4条辅运大巷（副斜井辅运大巷、北一盘区辅运大巷、二盘区辅运大巷、西二盘区辅运大巷），长度约15000 m，车辆约150台。为了更高效地管理井下车辆，建成了先进的4G通信专网、智能车载调度系统、车辆里程测量与地标定位系统、路口信号指挥系统、车辆测速系统，实现了辅助运输系统全方位信息化管理。4G无线专网在井下巷道的全面覆盖，实现了井下所有移动车辆的实时快速通信；车辆安装的智能车载终端，具有视频语音调度、测速定位、防撞预警、驾驶员身份识别、地图定

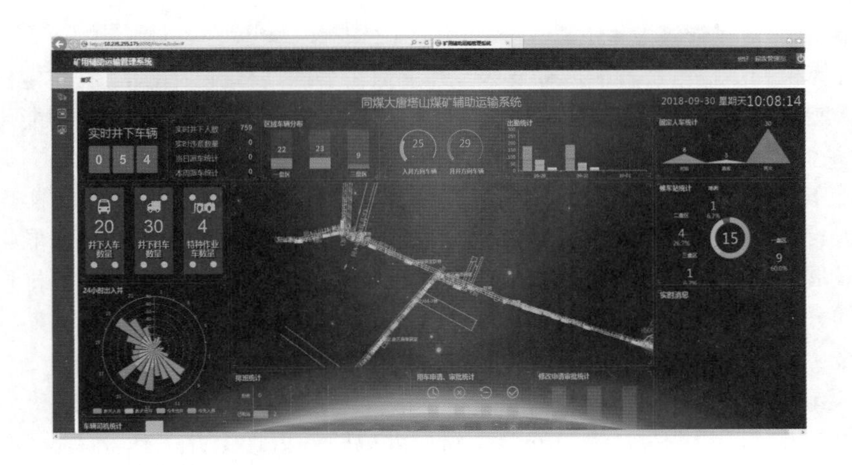

图 8－50　井口调度指挥大屏实时显示界面

图 8－51　井下路口声光显系统

位导航、4G 无线传输等功能，可及时准确地将井下各个区域的车辆动态分布情况反映到地面调度平台，使管理员能够随时掌握井下车辆的行驶轨迹，实现更加合理的调度管理。通过采用车辆里程测量与地标定位相结合的定位技术，提高了车辆定位精度。整个项目将移动车载与路口固定信号管理、车辆智能识别深度融合，实现了车辆实时可查可控，人员实时调度，有效地提高了矿井辅助运输效率和安全性。

第五节　煤矿辅助运输智能化技术发展趋势

现代化煤矿生产对矿井辅助运输系统的效率、安全、环境友好度等提出了更高要求，其智能化技术发展表现在以下几个方面。

1. 矿井辅助运输设备智能化

采用计算机控制技术、智能传感技术，井下运输车辆具有自我感知、自主定位、数据远程传输、智能监测及故障诊断等功能，以切实提高矿井辅助运输设备本体的智能化水平。

2. 矿井辅助运输系统网络化

采用井下光纤环网与无线宽带网络，并结合窄带传输，无线定位技术，实现井下车辆的互联互通，从而实现对煤矿井下运输的全面监控，促进煤矿井下运输的智能化、自动化和集成化发展。通过物联网远程数据监管，实现了远程任务调度、远程任务排程。通过对远程数据的分析诊断，对车辆运行状况、车辆健康状况实时掌握，并进行预期维护，实现了车辆的全生命周期管理。

3. 辅助运输车辆驾驶无人化

由于煤矿井下环境恶劣，人员安全受到很大威胁，再加上井下作业人员成本的增加，通过无人驾驶技术的应用，可减少辅助运输人员，实现矿山无人开采。

此外，采用现代物联网技术建立编码体系、智能化物流管控系统，针对物资从仓库出库到运输、交接、回收的全过程实施定位跟踪和流转管控，形成了针对运输过程的车辆与物资跟踪、任务调度指挥系统。对矿井物资储运实施全面、高效的一体化综合管控，达到保障运输安全，提高运输效率，量化运营成本的目的，实现矿井精益化管理。

参 考 文 献

[1] 王国法，刘峰，庞义辉，等．煤矿智能化：煤炭工业高质量发展的核心技术支撑［J］．煤炭学报，2019，44（2）：249－257.

[2] 葛世荣，鲍久圣，曹国华．采矿运输技术与装备［M］．北京：煤炭工业出版社，2015.

[3] 杨小凤．矿用防爆无轨胶轮车数据采集装置设计［J］．工矿自动化，2014，40（2）：102－104.

[4] 张文轩，柴敬．煤矿无轨胶轮车防跑车技术研究［J］．煤炭机械，2014，35（10）：70－73.

[5] 孙继征，靳继红．煤矿机车防撞预警系统的2种设计方案的对比研究［J］．煤矿机械，2012，33（4）：10－12.

[6] 韩雷．煤矿斜巷运输安全监测及管控技术研究及应用［J］．同煤科技，2018（6）：20－23.

[7] 霍东芝．试论新型井下轨道运输智能交通信集闭系统［J］．信息技术，2012，13（52）：121.

[8] 朱超．矿用智能转载点喷雾装置的应用［J］．电子世界，2013（4）：163－164.

[9] 薛玮玮．基于双目视觉的矿用电机车防撞预警系统设计［D］．河南：河南理工大学，2011.

[10] 徐子睿．基于工业互联网的井下车辆视频采集、定位与避障技术［D］．北京：北京交通大学，2017.

[11] 邓国华．实现井下局部区域信集闭的新途径［J］．煤，1996，5（5）：32－35.

[12] 路延秋．新型煤矿运输调度系统的研究 [J]. 煤炭技术，2014，33（7）：264-266.
[13] 薛保卫，李建．物联网架构下煤矿斜井轨道运输智能保护系统 [J]. 山东工业技术，2013（11）：103-107.
[14] 苏洋．矿井智能电车系统升级优化 [J]. 机械管理开发，2018（11）：236-237.
[15] 史向阳．煤矿智能辅助运输系统的设计与应用 [J]. 机械管理开发，2019，34（4）：199-200.
[16] 刘海霞，王鹏．智能式斜巷防跑车装置在煤矿中的应用 [J]. 山东煤炭科技，2008（3）：98-100.
[17] 赵明岗．矿用防爆柴油机三种自动保护装置型式的比较分析 [J]. 煤矿机电，2019，40（2）：52-54.
[18] 谭飞，鲍久圣，葛世荣，等．矿用防爆柴油机关键技术研究现状与展望 [J]. 煤炭科学技术，2018，46（9）：176-181.
[19] 秦燕．煤矿用特殊型铅酸蓄电池性能检验系统的研究与设计 [J]. 新观察，2014（20）：40.
[20] 刘冬生，陈宝林．磷酸铁锂电池的特性研究 [J]. 河南科技学院学报，2012，40（1）：65-68.
[21] 蒋新华．锂离子电池组管理系统研究 [D]. 上海：中国科学院研究生院，2007.
[22] 牛文斌，张艳．防爆特殊型蓄电池单轨吊车智能监测系统的研究 [J]. 信息技术，2011，10（21）：108.
[23] 夏西进，尹承山，张鹏．防爆蓄电池机车智能充电硐室实践应用 [J]. 中国高新技术企业，2015（27）：59-60.
[24] 王川．煤矿井下运输智能管理系统设计 [J]. 煤矿现代化，2019（3）：153-155.
[25] 范焱，王武斌，乔占明，等．CAN 总线智能节点在煤矿运输信、集、闭系统中的应用 [J]. 电脑开发与应用，2005，18（5）：34-35.
[26] 贾咏洁．基于 Android 平台的煤矿井下智能物流软件设计 [J]. 电子世界，2019（1）：189-190.
[27] 马忠元，张巨峰．基于小波分析的煤矿轨道上山矿车提升运输视觉智能系统的开发研究 [J]. 煤炭技术，2014，33（9）：325-328.
[28] 张鑫．蓄电池单轨吊车的智能控制研究 [D]. 安徽：安徽理工大学，2012.
[29] 梅军进，梅开乡．斜井矿山智能防跑系统的研制 [J]. 矿山机械，2008，36（9）：17-20.
[30] 王海君，翟学成，王传松，等．基于煤矿轨道运输的智能综合监控系统的设计与应用 [J]. 机电信息，2018，6（540）：92-93.
[31] 刘少杰，力省才，张生江．煤矿井下胶轮车运输智能控制与管理探索 [J]. 电脑开发与应用，2013，26（10）：7-10.
[32] 滕少朋，王恒，钟建宇．新型井下轨道运输智能交通信集闭系统研究及应用 [J]. 山东煤炭科技，2011（6）：86-87.
[33] 康少华，龚银河，杨恒青．煤矿井下信集闭系统远地智能分站的研究 [J]. 西安矿

业学院学报, 1995, 15 (4): 353 - 355.
[34] 王保德. 煤矿井下运输智能调度指挥系统 [J]. 工矿自动化, 2014, 40 (7): 87 - 89.
[35] 刘波. 煤矿井下胶轮车运输智能控制与管理 [J]. 机械管理开发, 2018 (6): 155 - 156.
[36] 刘明. 矿用架线电机车智能刹车系统研究 [D]. 山东: 山东科技大学, 2003.
[37] 匡立军, 刘元朋, 杨善明. 架线式电机车架空线分段供电智能控制技术的研究及应用 [J]. 山东煤炭科技, 2013 (4): 52 - 54.
[38] 付杰. 煤矿井下无轨胶轮车运输智能控制与管理 [J]. 科学管理, 2019 (11): 76 - 77.
[39] 王晓云. 智能红绿灯报警装置在井下的应用 [J]. 同煤科技, 2016 (1): 6 - 8.
[40] 王圣. 矿井地面道口的智能化 [J]. 江西煤炭科技, 2013 (2): 97 - 98.
[41] 郭欣, 宁建民. 全自动智能调度与装车系统的开发 [J]. 工矿自动化, 2012 (9): 9 - 12.
[42] 李进朝. 煤矿井下运输系统及控制系统研究与设计 [D]. 陕西: 西安科技大学, 2018.
[43] 韩振兴. 计算机智能监控系统在煤矿生产中的应用 [J]. 煤炭机械, 2014, 35 (12): 262 - 264.
[44] 张晓光, 张永忠, 林家骏. 新型矿机车智能速度里程表的研制 [J]. 煤炭科学技术, 2001, 29 (4): 6 - 9.
[45] 和建容. 井下胶带运输机的智能视频测速方法研究 [D]. 陕西: 西安科技大学, 2018.
[46] 毛会琼, 陈世海, 范建国, 等. 矿山架空乘人装置智能控制系统设计 [J]. 煤矿机械, 2009, 30 (10): 144 - 146.
[47] 谭章禄, 常金明, 刘浩. 基于物联网技术的煤矿运销调度管理信息系统的研究与设计 [J]. 中国煤炭, 2012, 38 (10): 67 - 70.
[48] 郑家宋, 孟玮. 基于物联网的煤矿智能仓储与物流运输管理系统设计与应用 [J]. 工矿自动化, 2015, 41 (8): 108 - 112.
[49] 卢全进. 绞车智能识别系统在炉峪口矿的应用 [J]. 中国高新技术企业, 2013 (33): 86 - 87.
[50] 袁晓明. 煤矿无轨辅助运输工艺和发展方向研究 [J]. 煤炭工程, 2019 (5): 1 - 5.
[51] 孙继平. 煤矿信息化自动化新技术与发展 [J]. 煤炭科学技术, 2016, 44 (1): 19 - 24.
[52] 魏臻, 陆阳. 矿井移动目标安全监控原理及关键技术 [M]. 北京: 煤炭工业出版社, 2011.
[53] 中国煤炭建设协会. GB 50388—2016 煤矿井下机车车辆运输信号设计规范 [S]. 北京: 中国计划出版社, 2017.

第九章　煤矿智能化供电技术

第一节　煤矿供电系统

一、概述

煤矿供电系统是煤矿生产系统中的重要一环，它负责向各生产环节安全、可靠、连续地配送电能，以满足煤矿正常生产的需要，因此，煤矿供电系统的安全性、可靠性和连续性直接影响着煤矿的安全高效生产。

煤矿供电系统由矿井地面供电系统和井下供电系统两部分组成。矿井地面供电系统常采用35 kV(110 kV)双电源供电，经地面变电所降压后，形成6 kV(10 kV)高压供电系统，进而为地面高压用电设备和井下中央变电所进行供电。井下供电系统的枢纽是井下中央变电站，它将来自于地面变电站的6 kV(10 kV)电能配送至井下各生产负荷中心。

(一) 煤矿企业对供电的基本要求

由于煤矿生产的特殊性，煤矿供电系统必须满足如下基本要求。

1. 可靠性

可靠性是指电力系统按可接受的质量标准和所需数量不间断地向电力用户提供电能的能力量度。为保证矿井供电系统的运行可靠性，《煤矿安全规程》规定：每一矿井应采用两回路电源线路供电，当任一回路发生故障停止供电时，另一回路应能担负全矿井的负荷。正常情况下，采用一回路运行，另一回路必须带电备用，以保证煤矿井下生产过程中供电的可靠性。

2. 安全性

安全性是指电力系统在发生故障情况下，系统能保证稳定运行和正常供电的风险程度。为保证矿井供电系统的运行安全性，煤矿井下必须采取防爆、防触电、防潮和过流保护等一系列安全技术措施，严格遵守《煤矿安全规程》中的相关规定。

3. 连续性

连续性是指在给定的时间内，电力系统不停电运行的持续时间。为保证矿井供电系统的运行连续性，按照《煤矿安全规程》的要求：对井下各水平中央变（配）电所和采（盘）区变（配）电所、主排水泵房和下山开采的采区排水泵房的供电线路，不得少于两回路。当任一回路停止供电时，另一回路应能担负全部负荷。主要通风机、提升人员的立井绞车、抽放瓦斯泵等主要设备，应各有两回路直接由变（配）电所馈出的供电线路；上述供电线路应来自各自的变压器和母线段，线路上不应分接任何负载。上述设备的控制回路和辅助设备，必须有与主要设备同等可靠的备用电源。

4. 供电质量

衡量供电质量的指标主要有两个，即电压和频率。它是指供电电压和频率偏离额定值的幅度不能超过规定的允许范围；否则，电气设备的运行性能就会显著恶化，甚至损坏电气设备。我国对供电质量的具体要求是频率偏差小于 ±0.5 Hz；电压偏差不超过 ±5%。

（二）电力负荷的分类

煤矿供电系统根据用电设备的重要性和中断供电后对人身安全的影响以及所造成的经济损失大小，将电力负荷分为一级负荷、二级负荷和三级负荷。不同等级的负荷其供电可靠性的要求不同。

1. 一级负荷

因供电突然中断，可造成人员伤亡或使重要设备损坏且难以修复，给煤矿企业造成巨大经济损失和不良政治影响的用户和用电设备，称为一级负荷。如矿井主通风机、井下主排水泵、升降人员的立井提升机、瓦斯抽放设备等。对这类负荷，要求使用两个独立电源进行供电。当任一电源发生故障时，另一电源应立即投入运行，从而保证一级负荷的不间断供电。

2. 二级负荷

因中断供电影响设备正常工作，可给矿井造成大量减产或造成较大经济损失的用户和用电设备，称为二级负荷。如井筒保温设备、空气压缩机站、矿灯充电设备、采区变电所和综采工作面的电气设备等。对于大型煤矿的二级负荷，一般采用两回路电源或专用线路供电。

3. 三级负荷

三级负荷是指除一、二级负荷以外的其他负荷。如地面机修厂、地面附属车间、职工生活用电等，一般采用单回路电源供电。

（三）煤矿供电系统的基本组成

典型矿井供电系统图如图 9－1 所示。

矿井地面变电所是全矿井的供电枢纽，它担负着煤矿各生产环节的供电、变电和配电的任务。矿井供电系统由地面供电线路、地面变电所、井下供电系统、风井变电所等组成。通常地面变电所由两个独立电源供电，分别来自电力系统两个不同区域的变电站或发电厂。矿井地面供电系统常采用 35 kV(110 kV) 双电源供电，经地面变电所降压之后，形成 6 kV(10 kV) 高压供电系统，分别向煤矿地面高压大功率设备、井下主变电所和其他负荷供电。

井下供电系统主要包括井下主变电所、采区变电所和工作面配电点三部分。井下主变电所是煤矿井下的供电枢纽，它一方面将来自地面变电所的 6 kV(10 kV) 电能经一定配电方式配送给采区变电所或者采区配电点以及附近的高压负荷，另一方面将 6 kV(10 kV) 的电能经所用变压器降压后配送给井底车场附近的低压负荷。

（四）煤矿供电系统的电压等级

1. 地面供电电压

煤矿地面变电所的供电电压为 35～110 kV，经地面变电站降为 6 kV(10 kV) 之后，一方面直接配送给地面高压大功率负荷，如主、副井提升机，主通风设备，空气压缩机设备等。另一方面将 6 kV(10 kV) 电能配送给井下中央变电所。

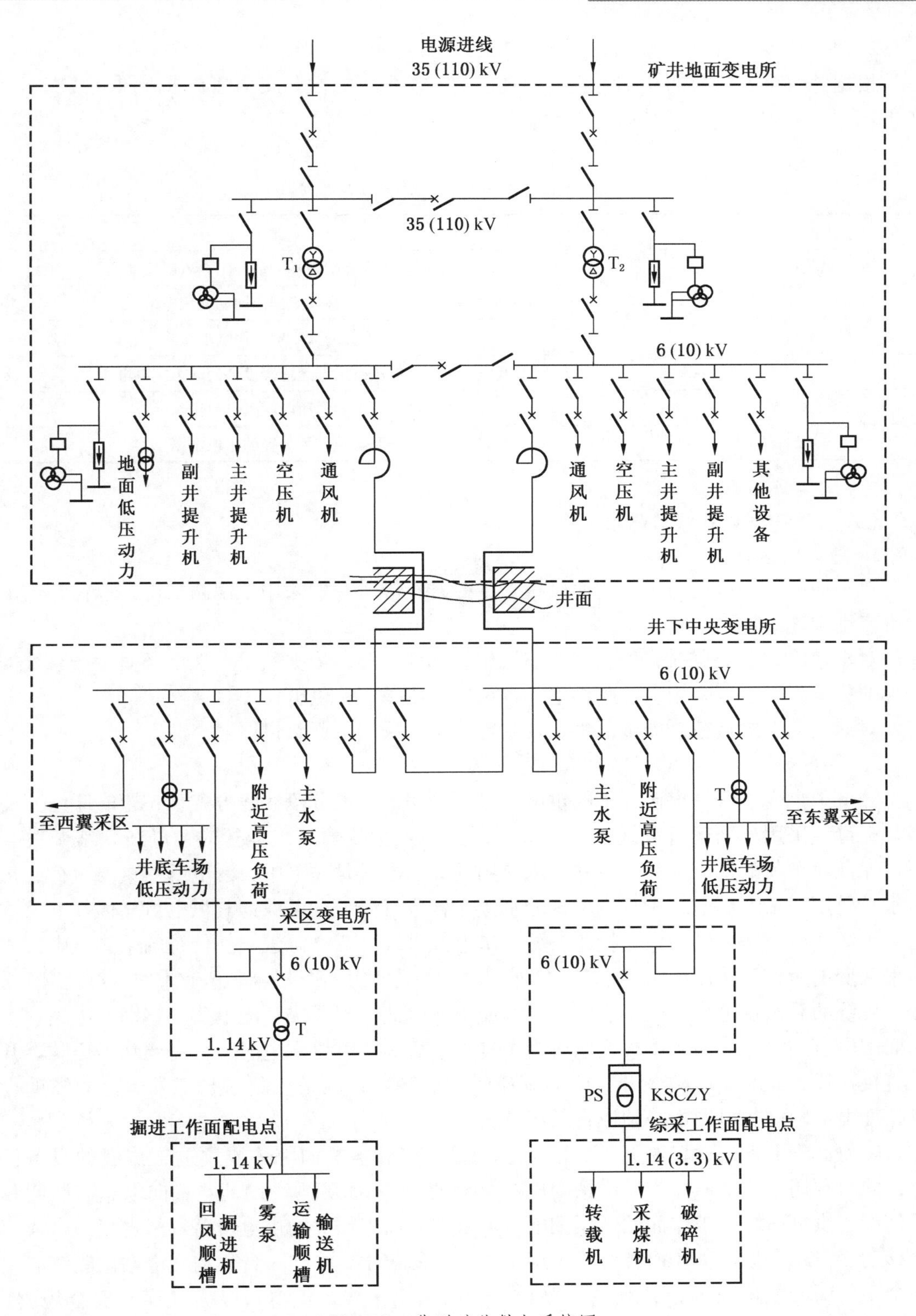

图 9-1 典型矿井供电系统图

2. 井下供电电压

根据井下生产负荷的功率大小、地理位置、供电可靠性和安全性要求不同，其供电电压也不同，常用的电压等级见表9－1。

表9－1 井下用电负荷常用电压等级

电压等级	用途
10(6) kV	下井输电电压及大型设备的动力用电电压
3.3 kV	大型综采工作面及高产高效工作面的动力用电电压
1140 V	一般综采工作面的常用动力用电电压
660 V	井下低压电网配电电压或采掘运输等设备的动力用电电压
380 V	小型矿井井下的低压电网配电电压
127 V	井下电钻、照明及信号装置的用电电压

（五）煤矿供电系统的供电方式

1. 地面负荷供电方式

对于地面的一级负荷，如主通风机、主提升机等，一般采用双回路供电，以保证供电的可靠性和连续性。

对于地面的二级负荷，如空气压缩机站、选煤厂等，依据其重要性以及对生产系统安全性的影响程度，可采用双回路供电，也可以采用单回路供电。

对地面的三级负荷，如生活楼、食堂等，一般采用单回路供电。

2. 井下负荷供电方式

井下中央变电所是煤矿井下的供电枢纽，采用单母线分段接线方式。正常时联络开关断开，母线采用分列运行方式；当某条下井电缆发生故障退出运行时，母线联络开关合闸，保证对负荷的供电。其中，井下水泵用的高压电机是井下中央变电所的重要负荷，每台水泵要用一根专用电缆进行供电，分别接在各段母线上，以保证其供电可靠性。

采区变电所是采区的供电枢纽，分为单电源进线和双电源进线。传统的采区供电方式是采区变电所—工作面配电点。随着采煤机械化程度的不断提高，采区供电容量不断增加，传统的采区供电方式已不能满足供电要求，因此出现了采区配电所—移动变电站—工作面配电点的供电方式。中央变电所为主排水泵房高压电机供电时，只需要从高压防爆开关直接接线，此时高压防爆开关应为高压磁力启动器，但是控制水泵正常运行的辅助设备，如电动闸阀的电源也必须取自低压开关。

工作面配电点通过控制开关、磁力启动器，用软电缆向综采或掘进工作面的设备供电，同时利用干式变压器或煤电钻变压器综合装置，将电压降为127 V，向电钻、照明和通信设备供电。综采工作面的低压配电，可根据采煤工作面的供电负荷容量选择一台或两台移动变电站，掘进工作面相对于采煤工作面负荷较小，往往一台移动变电站就能够满足一个工作面的配电需要，其供电线路长，一般属于干线式供电。根据《煤矿安全规程》的要求，采掘工作面的局部通风机必须是“三专”供电并能实现双风机双电源自动切换。

二、地面供电系统

地面供电系统主要由高压电源系统、地面变电所和地面用电负荷组成。

（一）高压电源系统

为了确保煤矿供电的可靠性，一般设计至少两路高压电源（35 kV 或 110 kV），分别来自上级不同的枢纽变电站或者同一枢纽变电站的不同母线段，当一回电源出现故障时，另一回电源能够保证矿井负荷的正常供电。

（二）地面变电所

煤矿地面变电所是全矿供电的总枢纽，担负着煤矿供电、变电和配电的任务。一般由供电系统、变电系统和配电系统组成。地面变电所的主接线系统如图 9－2 所示。

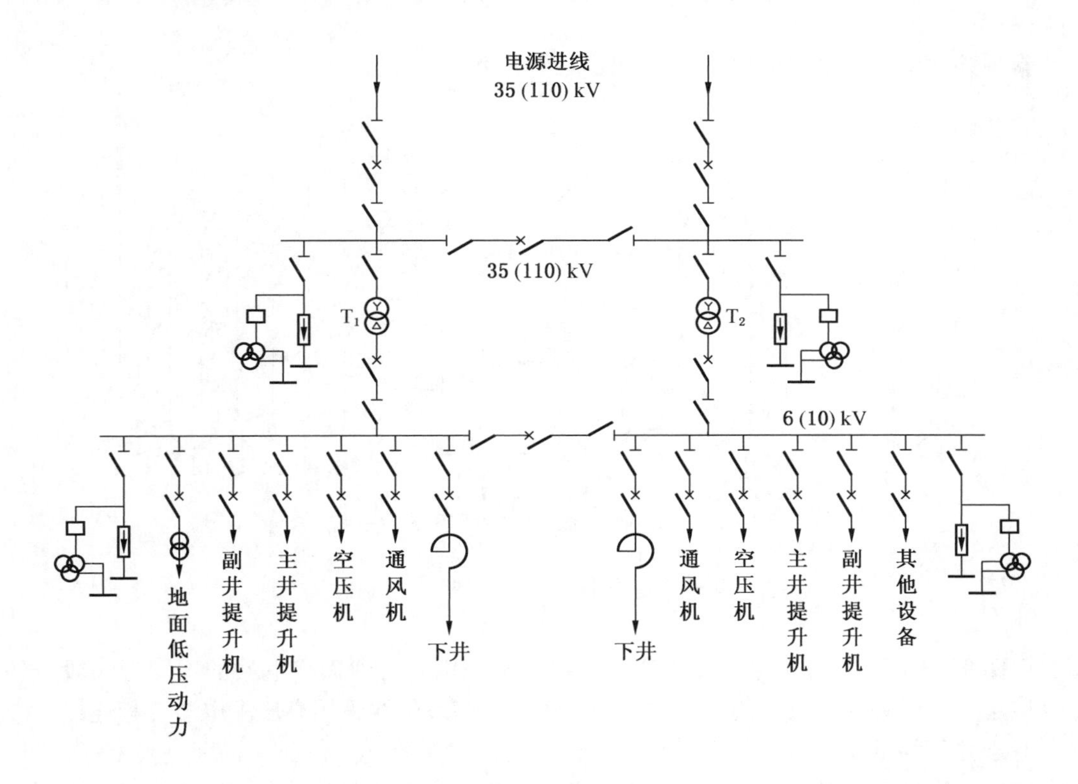

图 9－2　矿井地面变电所主接线图

1. 供电系统

两路高压电源一般采用桥型方式接入地面变电所，桥型接线不仅方便于切换主电源，保证供电的可靠性，还可以方便于切换变压器，确保主变压器检修的便利。

2. 变电系统

变电系统由两台主变压器组成，它们采用全桥方式接线，具有操作方便、检修灵活等特点。主变压器承担着煤矿供电系统的变电任务，为了保证煤矿供电的安全性，变压器副边中性点采用中性点经消弧线圈接地的供电方式，这样可以通过调节系统的电感来补偿供电系统接地故障时的电容电流，有效降低单相接地故障时接地点故障电流。

3. 配电系统

由图9-1可知，配电系统采用单母线分段接线方式。对于重要负荷，均采用双回路配电方式，每一回路配出线来自于不同母线段上，以确保重要负荷供电的可靠性和连续性。为了提高矿井供电系统的供电能力，降低线路损耗，配电系统要配备无功补偿实施，以提高供电系统功率因数。

三、井下供电系统

井下供电系统主要由井下中央变电站、采区变电站、工作面配电点组成，负责向掘进工作面、采煤工作面以及其他负荷供电。

（一）井下中央变电所

常规井下中央变电所的供电系统如图9-3所示。

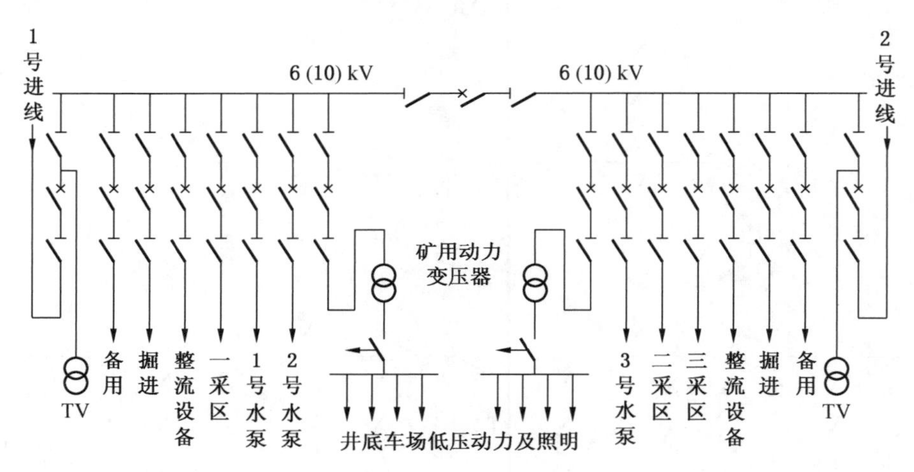

图9-3 井下中央变电所主接线系统图

由图9-3可知，井下中央变电所的两路电源分别来自地面变电站的不同母线段，并分别接于井下中央变电所分段母线的不同母线段，两段母线采用高压配电装置相连接。

对于井下的重要负荷，采用双回路供电模式，比如掘进工作面，特别是局部通风机，当一路电源出现故障时，另一路电源可以保证掘进工作面的正常供电，以消除因为计划停电停风所造成的瓦斯积聚安全隐患。对于主排水系统，一般都采用多水泵排水系统，但主水泵的供电电源来自不同的母线段，以保证主排水系统的供电可靠性。对采区负荷一般都采用采区变电站或采区配电点的供电模式。

（二）采区变电所

采区变电所是采区供电的枢纽，它接收来自中央变电所的高压电能，经单母线分段后，一部分直接配送给综采工作面配电点、综掘工作面配电点和运输系统配电点，一部分经变压器降压后，馈送给附近的低压负荷。典型的采区变电所供电系统如图9-4所示。

采区变电所是井下的第二级供电系统，它既可以节省高压供电电缆，还可以降低电能

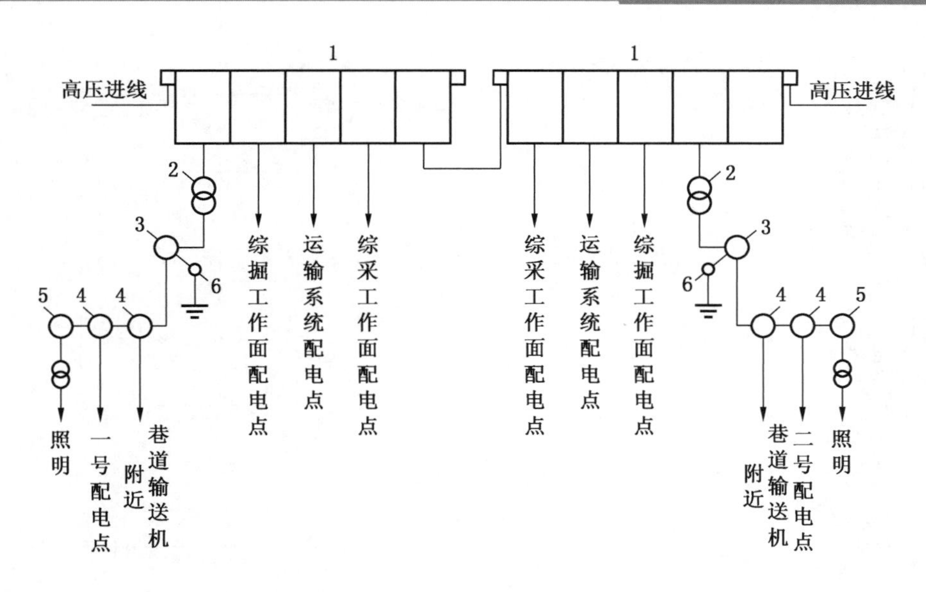

1—高压配电箱；2—矿用变压器；3—总馈电开关；4—馈电开关；
5—照明变压器综合装置；6—检漏继电器

图 9－4　井下中央变电所主接线系统图

损耗，提高供电质量，特别是对于长距离供电，设置二级供电系统可以保证井下供电系统各级变电站之间继电保护的时限配合，提高继电保护的动作可靠性。

（三）采区供电系统

煤矿井下采区配电系统由综采工作面配电系统、综掘工作面配电系统、生产运输配电系统及辅助配电系统 4 部分组成。

1. 综采工作面配电系统

综采工作面配电系统主要为采煤机、刮板输送机、转载机、破碎机、泵站、带式输送机、绞车及水泵等负荷提供电能。典型的综采工作面配电系统如图 9－5 所示。

综采工作面一般采用配电点供电模式，一般配电点设置在综采工作面顺槽距工作面较近的地方，这样高压就可以深入负荷中心。配电点布置有移动变电站和负荷控制中心，移动变电站和负荷控制中心的数量及容量依据工作面负荷大小决定。每台移动变电站或负荷中心的高压电源均来自采区变电所，对于重要负荷，比如工作面采煤机和刮板输送机，采用有备用的供电模式，也就是说，当一路高压电源出现故障时，另一路高压电源可以保证重要负荷正常供电。

根据综采工作面中负荷类型和负荷容量大小的不同，现代化综采工作面供电系统存在 3. 3 kV、1140 V、660 V 三种供电电压。3. 3 kV 供电电压适用于采煤机和刮板输送机等大型负荷的供电系统，而 1140 V 适用于转载机、破碎机、带式输送机等大中型负荷的供电系统，而 660 V 则适用于乳化液泵站、小水泵、绞车等小功率负荷的供电系统。

2. 综掘工作面供电系统

综掘工作面配电系统主要为掘进机、局部通风机及其辅助装置提供电能。典型的综掘工作面供电系统如图 9－6 和图 9－7 所示。其中图 9－6 为高瓦斯矿掘进工作面供电系统

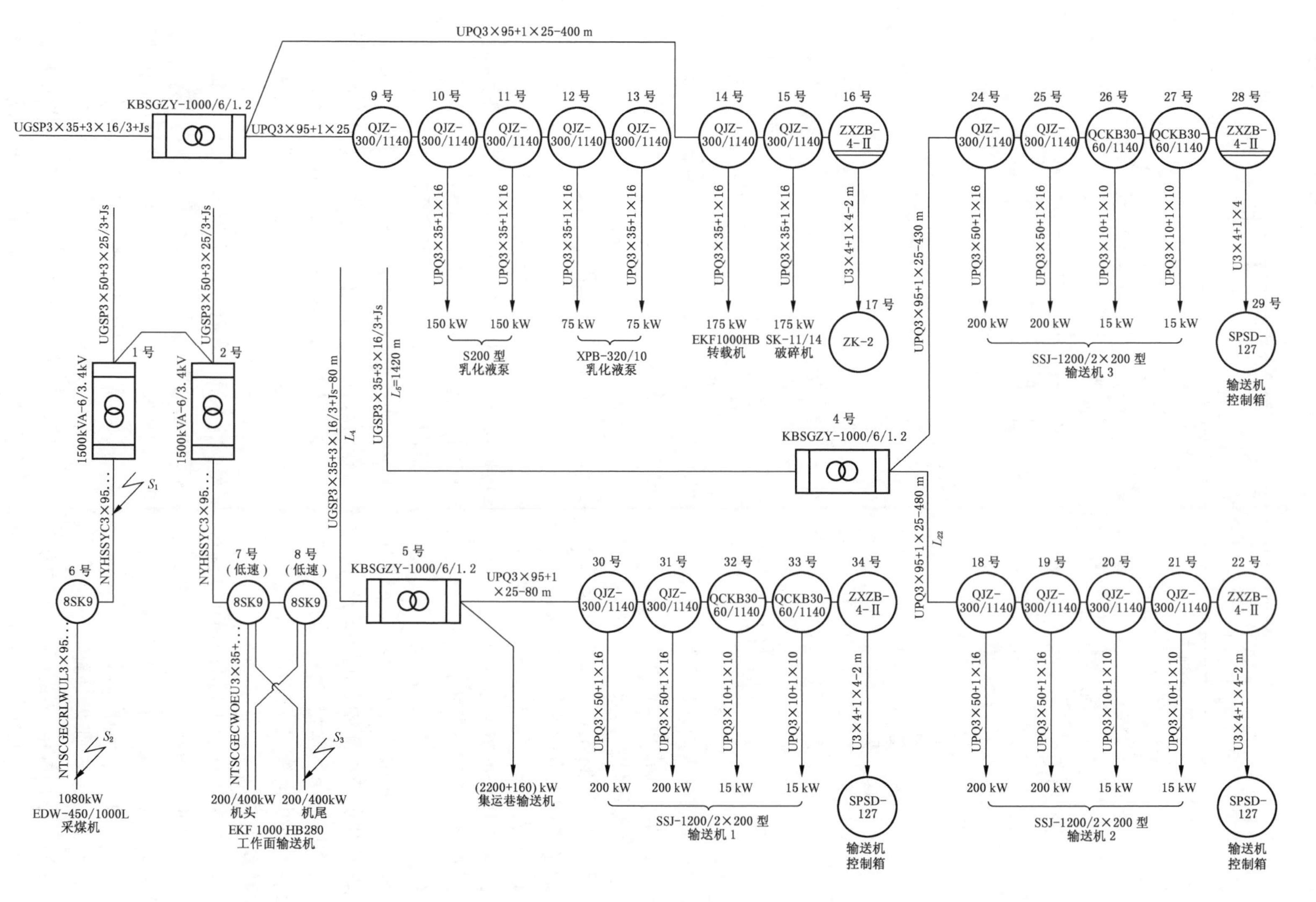

图 9-5 综采工作面供电系统

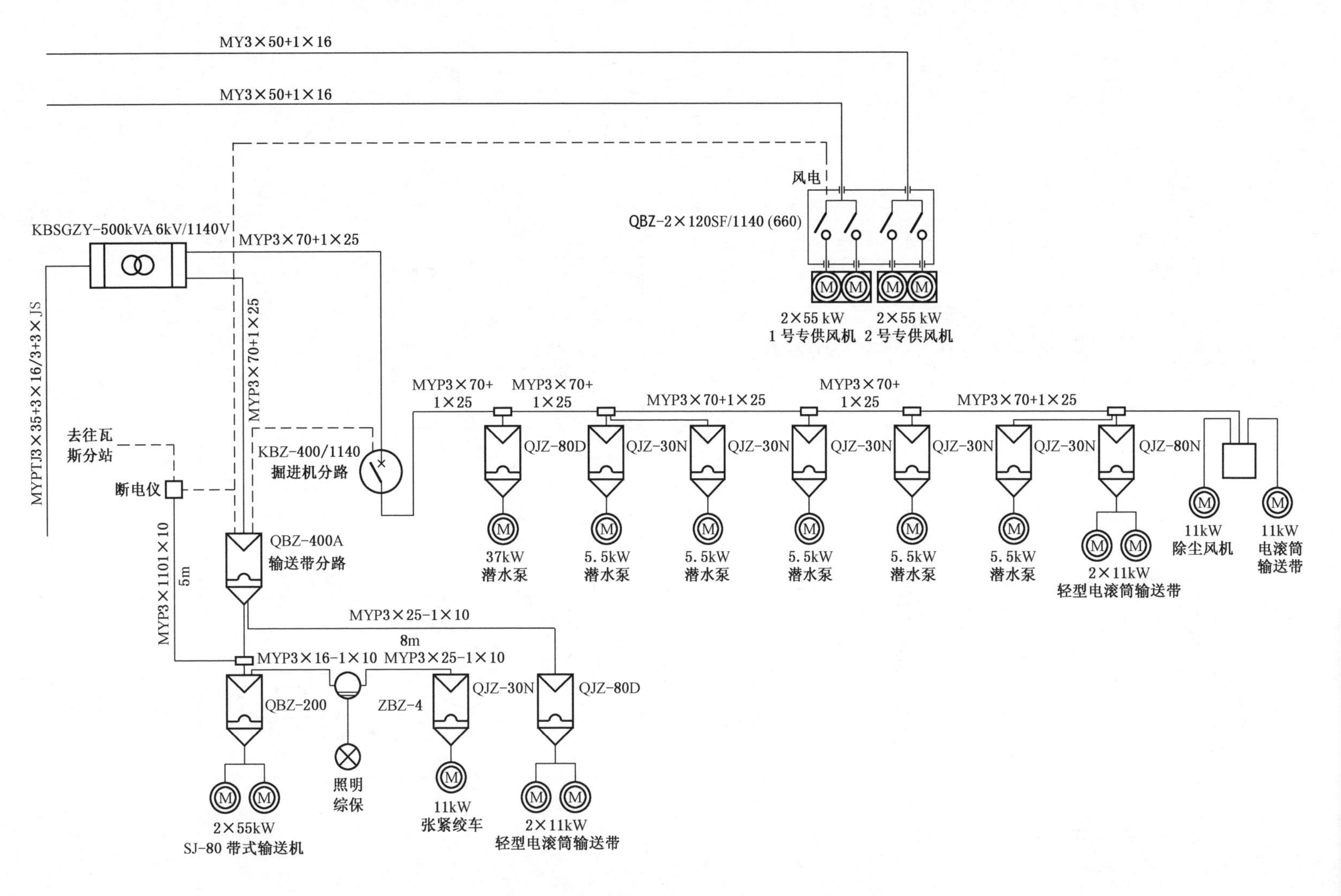

图9-6 高瓦斯综掘工作面供电系统

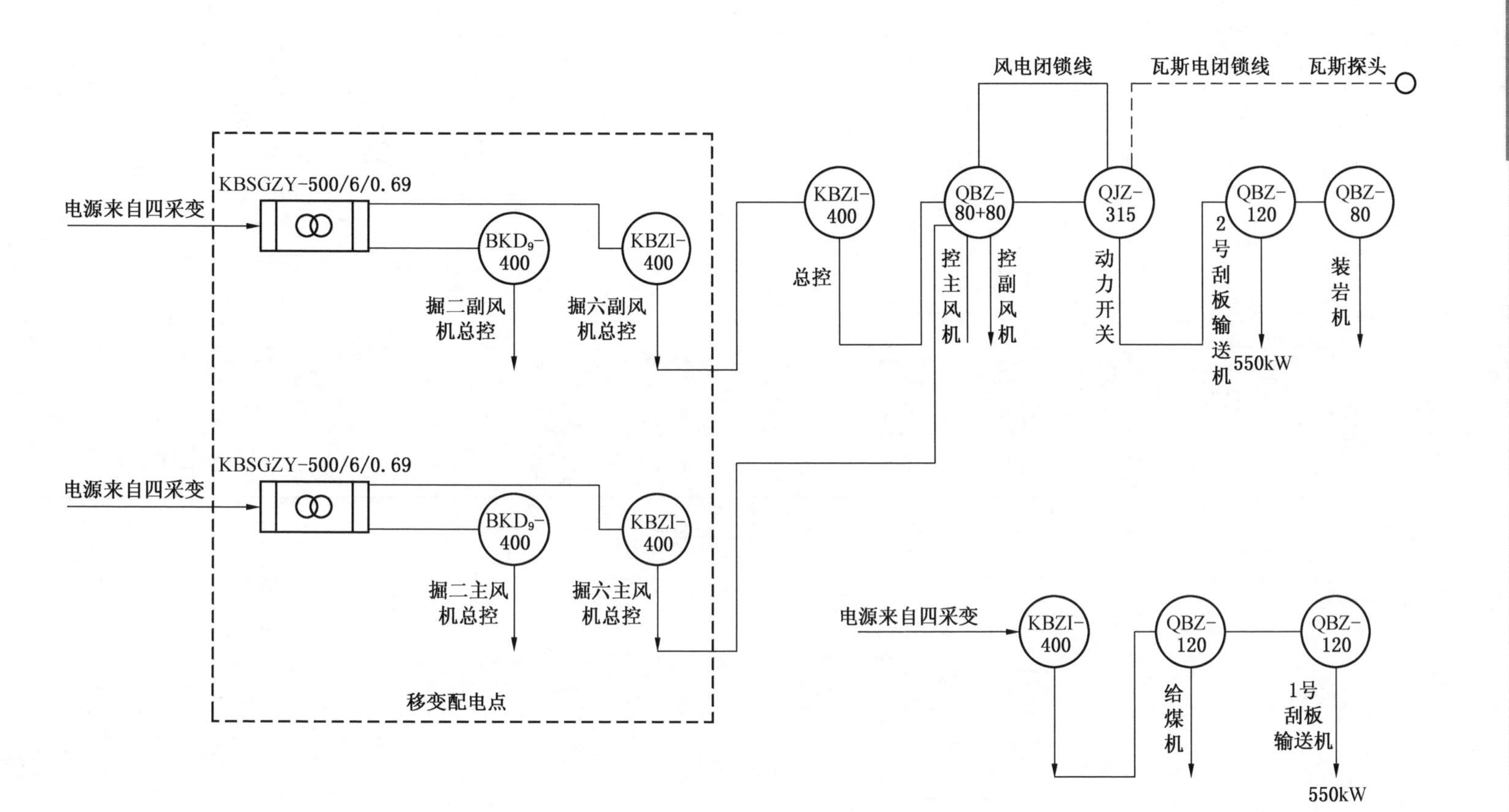

图9-7　低瓦斯综掘工作面供电系统

图，图9－7为低瓦斯矿掘进工作面供电系统图。从图中可以看出，掘进工作面供电系统不论在供电电源、供电方式，还是在保护类型和控制方式方面都存在差异。

1）供电电源及供电方式

对于高瓦斯综掘工作面供电系统，其供电电源来自采区变电所，三路6 kV电源分别由采区变电所配出，其中一路电源经移动变电站向掘进工作面的掘进负荷供电，另外两路分别经专用移动变电站向局部通风机供电，当一路电源出现故障时，另一路电源要能够确保局部通风机的正常供电。

对于低瓦斯综掘工作面供电系统，其供电电源也是来自采区变电所，采用两路6 kV电源供电，其中一路电源经移动变电站向掘进工作面的掘进负荷供电，同时还作为局部通风机的备用电源，当局部通风机的专用电源故障时，备用电源可确保局部通风机的可靠供电。另一路电源经专用移动变电站向局部通风机提供正常工作时的电能。

2）电压等级

综掘工作面的负荷都属于中小型负荷，所以供电电压一般有两种，分别是1140 V和660 V，对于大型掘进工作面一般采用1140 V供电，而对于中小型工作面一般采用660 V供电。

3）控制方式

掘进工作面作为独头巷，容易出现瓦斯聚集现象，而一旦遇到电火花或者机械火花，最易引起瓦斯爆炸。为了避免瓦斯积聚的安全隐患，局部通风机不但要采取“三专”供电方式，而且还要保证掘进工作面不管是电源、线路，还是开关、控制系统出现故障，都要保证局部通风机的可靠供电。这就需要可靠的控制系统和健全的闭锁措施。

（1）冗余控制。为了保证掘进工作面的连续供风，一般都采用双风机双电源的局部通风方式，这样当一路风机或者电源出现故障时，另一路风机可以保证掘进工作面的正常供风。这一功能的实现需要专用的局部通风机集控系统，它可以保证不论是电源、电路出现故障，还是开关、风机出现故障后，都可以依靠集控系统自动切换到备用系统，以保障掘进工作面通风的连续性。

（2）风—电闭锁。风—电闭锁是一种对局部通风机起动器和掘进机起动器进行连锁控制的方法。通过该控制方法可以实现局部通风机工作后，才允许向掘进机供电；局部通风机停转时立即自动切断掘进机的供电电源。

（3）瓦斯—电闭锁。瓦斯—电闭锁是一种通过监测掘进工作面瓦斯浓度实现掘进机供电的控制方法。当掘进机工作面瓦斯浓度超过设定值时，瓦斯—电闭锁自动切断掘进机的供电电源，确保掘进工作面的生产安全。

第二节　煤矿供电系统主要供配电设备

煤矿供配电系统主要由各种供、配、变电设备以及各种电压等级的供电电缆组成，供配变电设备主要包括高压配电装置、高压电磁启动器、低压配电装置、低压电磁启动器、移动变电站、负荷控制中心等，电气设备类型不同，所具有的功能和作用就不同。本章就供配变电设备的类型、构成、工作原理及技术性能指标进行介绍。

一、矿用高压配电装置

矿用高压配电装置是用于煤矿供电系统高压配电中起配电、控制和保护作用的电气设备。矿用高压配电装置以断路器为主体元件，由母线、隔离开关、负荷开关、熔断器、电流及电压互感器、继电器、计量仪表、保护装置和操作机构等元件组成，针对控制对象、使用场所及主要电气设备的技术要求，按一定的接线方式将相关的一、二次设备组合起来，装于封闭或敞开的金属柜内，并通过隔板分隔各功能单元。高压配电装置按其在煤矿中的使用场所分为三类，即地面变电站用高压配电装置、井下中央变电所用高压配电装置和井下采区变电所用高压配电装置。

（一）地面变电站用高压配电装置

地面变电站用高压配电装置的型号及其含义如下：

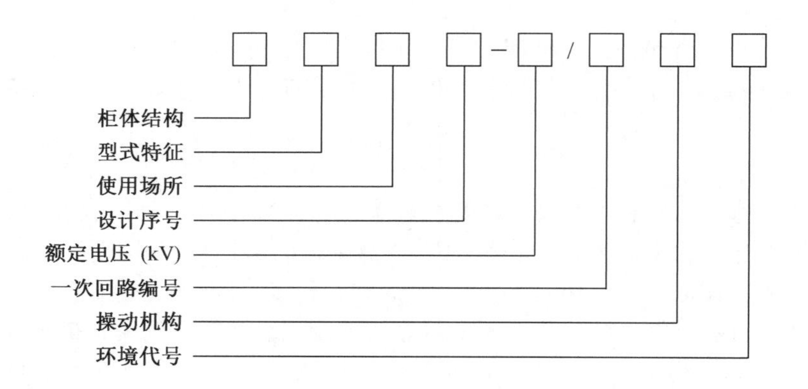

柜体结构分为间隔式（J）、铠装式（K）和箱体式（X）；型式特征分为固定式（G）和移开式（Y）；使用场所分为户内式（N）和户外式（W）；操动机构分为电磁式（D）、气动式（Q）、手动式（S）、弹簧式（T）和液压式（Y）；环境代号分为化学腐蚀场所式（F）、高海拔地区式（G）、高寒地区式（H）、干热带式（TA）和温热带式（TH）。高压配电装置主要电气元件都有其独立的隔室，由母线室、手车室、电缆室等功能单元隔室组成，用隔板互相分隔，本节以典型型号 KYN28 - 10 高压配电装置为例进行分析。

1. 结构特点

KYN28 - 10 高压配电装置由母线室、断路器手车室、电缆室和继电器仪表室 4 个隔室组成，各隔室由钢板弯制焊接而成，各隔室间用金属板分隔，螺栓连接。该配电装置属于铠装移开式的，铠装式指各室间用金属板隔离且接地，可以将故障电弧限制在电弧产生的隔室内；移开式指主要电气元件安装在可抽出的手车上，由于其良好的互换性，提高了供电的可靠性，其结构如图 9 - 8 所示。

手车在柜体内有断开位置、试验位置和工作位置。当手车在工作位置时，一次和二次回路接通；当手车在试验位置时，一次回路断开，二次回路接通；当手车在断开位置时，一次和二次回路断开。当手车从断开位置、试验位置向工作位置移动时，静触头盒上的活门与手车联动，同时打开；反向移动时活门则会自动关闭，形成有效隔离。母线室所有母

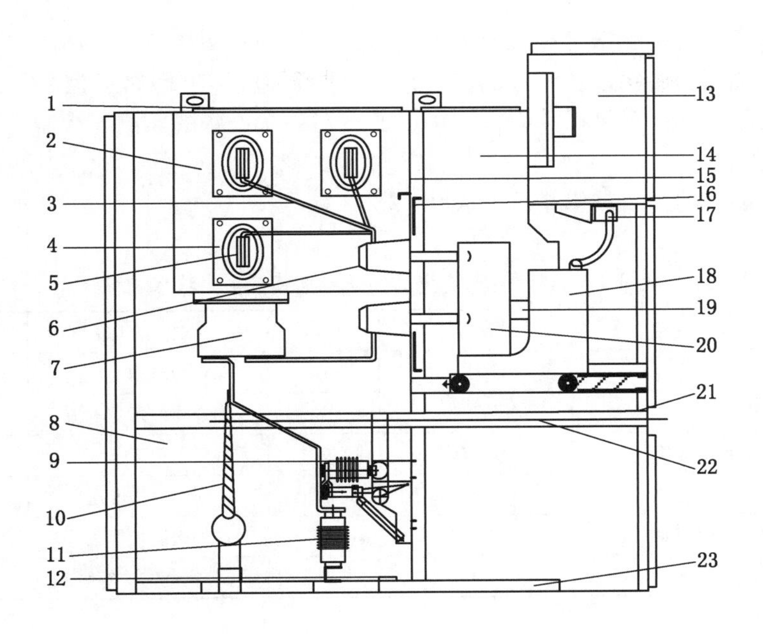

1—泄压装置；2—母线室；3—分支小母线；4—母线套管；5—主母线；6—静触头盒；7—电流互感器；8—电缆室；9—接地开关；10—电缆；11—避雷器；12—接地主母线；13—继电器仪表室；14—断路器手车室；15—装卸式隔板；16—隔板（活门）；17—二次插头；18—断路器手车；19—加热装置；20—断路器；21—可抽出式水平隔板；22—接地开关操作机构；23—底板

图9-8　KYN28-10高压配电装置结构图

线均用套管覆盖，母线连接处装有绝缘罩，母线通过绝缘套管从一个开关柜引至另一个开关柜，通过高强度的螺栓连接与分支母线固定。当母线发生燃弧故障时，隔板和柜间隔离套管可以防止故障电弧蔓延到其他隔室。电缆室装有电流互感器、接地开关、电压互感器、避雷器等元件，通过机构变化可以实现左右联络，并可装设电压互感器。继电器仪表室安装有综合控制保护装置和二次元件，实现对一次侧测量、控制和保护。继电器仪表室与高压隔室相对独立并完全隔离，底部装有减震器，可防止振动引起二次回路元件的误动作。此外，手车室和母线室都装有压力释放装置，使断路器或母线发生故障时可以释放压力或排泄气体，确保装置的安全。

2. 电路系统图

高压配电装置一次系统图也称为电气主接线图，反映了高压配电装置的具体配置方案及高压系统电能的传递过程。高压配电装置按照功能可分为进线柜、PT柜、计量柜、出线柜和隔离柜等。出线柜的一次系统如图9-9所示。出线柜是从母线分配电能的配电装置，将10 kV电能配送到高压负荷

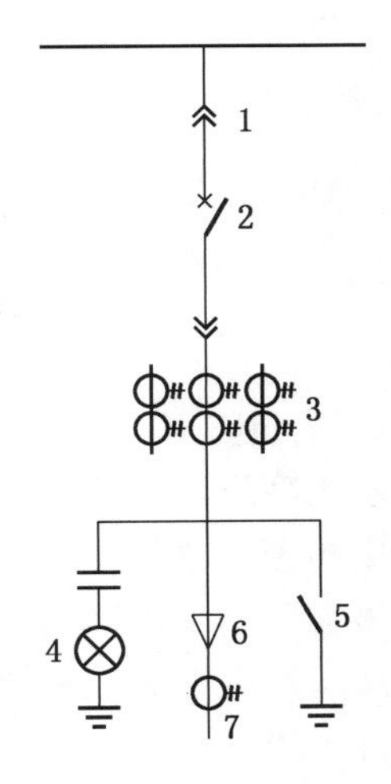

1—手车插头；2—断路器；3—电流互感器；4—带电显示器；5—接地开关；6—出线电缆头；7—零序电流互感器

图9-9　出线柜一次系统图

中心的变电站或者直接配送给高压负荷电控装置。除一次系统外，高压配电装置还有二次系统，二次系统指由二次设备组成的电气系统，主要包括 PT 回路、控制回路、加热照明回路、闭锁回路和外引联锁回路等，它可以实现对一次设备的监测、控制、调节和保护。

3. 技术指标

高压配电装置的主要技术指标见表 9－2。

表 9－2　煤矿地面变电站高压配电装置主要技术指标

序号	名　称	指　标	序号	名　称	指　标
1	额定电压	10(6) kV	7	额定短时耐受电流	31.5 kA/4 s
2	最高工作电压	12(7.2) kV	8	额定峰值耐受电流	40 kA
3	额定频率	50 Hz	9	工频耐压	42 kV
4	额定电流	630 A	10	雷电冲击电压	75 kV
5	主母线额定电流	1250 A	11	外壳防护等级	IP4X
6	分支母线额定电流	630 A	12	隔室间防护等级	IP2X

（二）井下中央变电站和采区变电站的高压配电装置

目前，煤矿井下常用的高压配电装置有 PBG、BGP、PJG 等系列，本节以 BGP 系列为例，其型号及其含义如下：

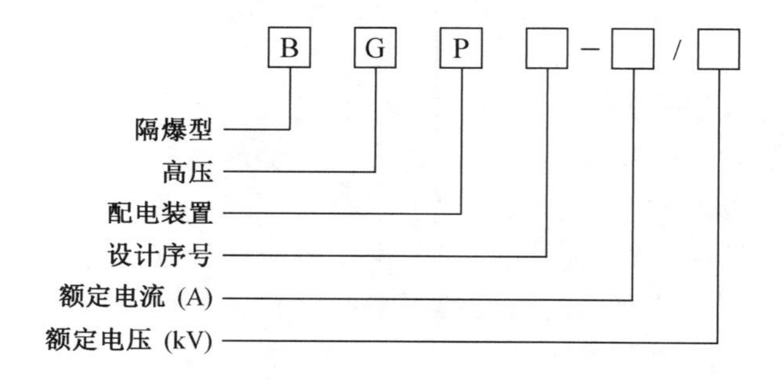

1. 结构特点

矿用高压配电装置是根据煤矿井下的特殊环境采用安全措施后用于井下馈送高压电能的矿用防爆型电气装备。按防爆结构不同，可分为增安型、隔爆型、本安型、特殊型等类型，最常用的是矿用隔爆型。隔爆型高压配电装置的隔爆外壳必须具有耐爆和隔爆性能，即在爆炸压力下无永久性变形或损坏，在隔爆接合面任何部分的间隙不应永久性的增大。隔爆性也称为不传爆性，即壳内爆炸产生的高温气体与火焰通过接合面时受到足够的冷却，不能将壳外爆炸性混合物点燃。隔爆性能主要由隔爆面长度、间隙厚度和隔爆面光洁度决定。

1）整体结构

图 9－10 所示为矿用井下隔爆型高压配电装置的结构示意图，分为隔爆箱和机芯两大部分。隔爆箱由箱体、箱门、后盖板（上下各一块）、接线腔、底架等主要部分组成。

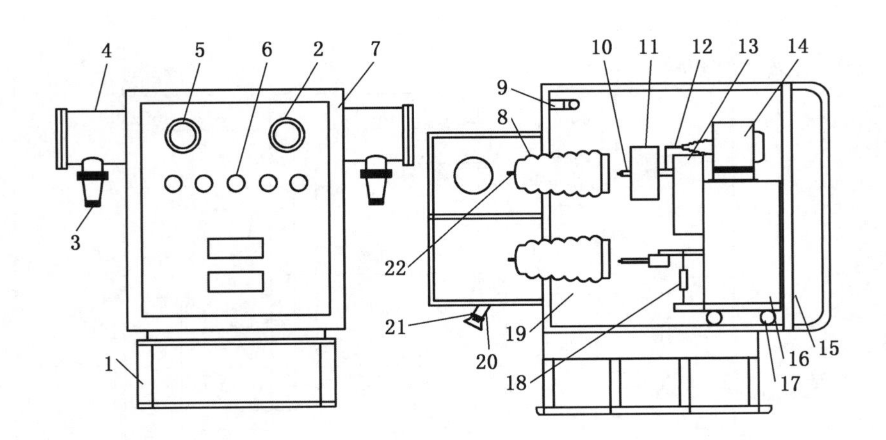

1—底架；2—电度表；3—铠装电缆引入装置；4—连接管；5—显示板；6—按钮；7—箱门；
8—接线端子；9—照明灯；10—隔离插销；11—电流互感器；12—高压熔断器；13—真空断路器；
14—电压互感器；15—托架；16—综合保护器；17—车轮；18—压敏电阻；19—箱体；
20—橡套电缆引入装置；21—零序电流互感器；22—接线箱

图 9－10　矿用隔爆型高压配电装置结构示意图

配电装置为活节螺栓压板式快开门结构，箱门上装有电度、电压、电流、合分故障显示器，有“确认”“移位”“漏电”按钮，“照明”“复位”接钮以及真空断路器电动分、合闸按钮。

机芯是本配电装置的心脏。机芯安装在小车上，由真空断路器、电压互感器、电流互感器、压敏电阻器、高压综合保护装置和上下两组高压隔离插销头组成。

2）配电装置的机械联锁

为保证安全，配电箱设有以下机械闭锁装置：

隔离开关与断路器的闭锁。断路器在合闸位置时，机芯隔离小车不能拉出或推进；小车被拉出或未推到位，断路器不能进行合闸操作。

隔离开关与箱门的闭锁。箱门在打开状态，机芯小车不能进行隔离开关合闸操作；机芯小车处于隔离开关合闸位置时，箱门不能打开。

2. 电路系统图

高压配电装置的电路系统如图 9－11 所示，它由一次回路和二次回路组成。

1）一次侧回路工作原理

一次侧电路由隔离插销、真空断路器等元件组成。10(6) kV 的三相电源从配电装置的电源接线盒引入，经上隔离插销、真空断路器和下隔离插销后，由后腔下室的弯形电缆口输出到负载。上、下隔离插销手动进行合闸和分闸；真空断路器既能电动合闸和分闸，也可以手动分闸。

2）二次侧回路工作原理

二次侧电路主要由电流互感器、零序电流互感器、电压互感器和综合保护器组成。电流互感器提供监测用电流信号；零序电流互感器提供馈电线路的绝缘状态信号；电压互感

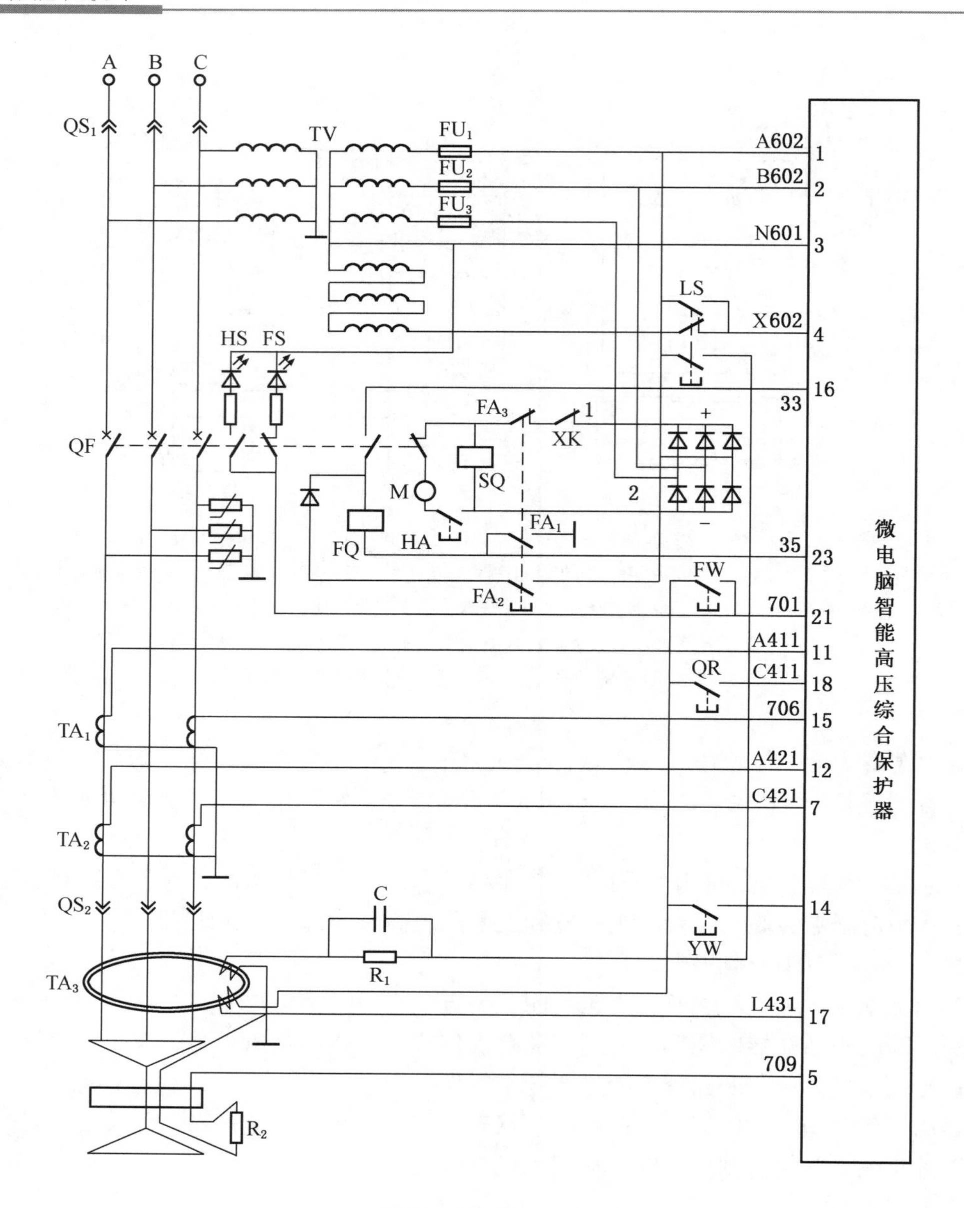

图 9－11　矿用隔爆型高压配电装置电气原理图

器为分合闸控制电路提供电源，同时为综合保护器提供监测电压信号；综合保护器负责高压配电装置的监测、控制和保护。

3. 电气构成

矿用隔爆型高压配电装置的主要电器元件包括：永磁式高压真空断路器、高压隔离开关、综合保护装置、电压互感器、电流互感器、氧化锌压敏电阻器。

1）永磁式高压真空断路器

配电装置选用矿用永磁机构真空断路器，它的最大特点是其本身具有电子保护功能。

永磁操动机构如图 9－12 所示。

永磁操动机构是一种新型电磁操动机构，主要由永久磁铁和分、合闸控制线圈等部件组成。当合闸控制线圈通电时，线圈所产生的电磁拉力吸引铁芯向下运动，然后由永久磁铁将动铁芯保持在合闸位置；当分闸控制线圈通电时，动铁芯反方向运动，同样由永久磁铁将动铁芯保持在分闸位置。

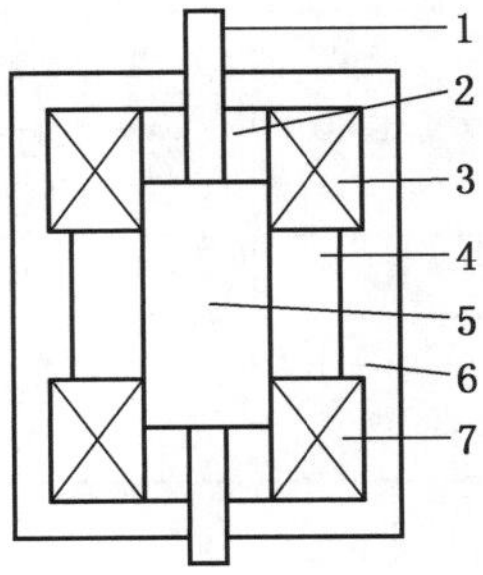

1—驱动杆；2—工作气隙 I；3—合闸线圈；4—永磁体；5—动铁芯；6—静铁芯；7—分闸线圈

图 9－12　永磁操动机构示意图

2）高压隔离开关

配电装置有两组高压隔离开关，一组安装在电源侧，一组安装在负荷侧。两组隔离插销是同时插入或分离的。隔离插销无灭弧装置，分闸速度和合闸速度依靠人工操作，所以隔离插销严禁带负荷操作。

3）综合保护装置

高压综合保护装置对传感器二次信号进行处理，除具有漏电、过载、短路、绝缘监视等保护功能外，还具有网络通信功能。

4）电压互感器

配电装置采用三相五柱式电压互感器，该电压互感器由一次绕组，主二次绕组、附加二次绕组构成。一次绕组和主二次绕组都是星形连接。主二次绕组为综合保护器以及合闸电机与失压线圈提供电压。附加二次绕组采用开口三角形接线，为综合保护器提供零序电压信号。

5）电流互感器

共有两组电流互感器，每组互感器有两个绕组，分别为信号绕组和电流源绕组；A 绕组为信号源绕组；B 绕组为供电保护复式电流源绕组。

6）高压氧化锌压敏电阻器

高压氧化锌压敏电阻再配瓷套管结构，作为过电压保护装置。

4. 技术指标

矿用隔爆型高压配电装置的技术指标见表 9－3。

表 9－3　矿用隔爆型高压配电装置技术指标

序号	名　称	指　标	序号	名　称	指　标
1	额定电压	6(10) kV	7	额定热稳定电流	12.5 kA
2	最高工作电压	12(7.2) kV	8	额定热稳定时间	2 s
3	额定电流	630 A	9	额定电流开断次数	30000 次
4	主母线额定电流	1250 A	10	机械寿命	<10000 次
5	分支母线额定电流	630 A	11	隔离插销机械寿命	2000 次
6	额定动稳定电流	31.5 kA	12	分闸时间	≤0.1 s

矿用隔爆型高压配电装置的额定绝缘水平见表 9－4。

表 9－4　矿用隔爆型高压配电装置额定绝缘水平　　kV

额定电压	1 min 工频耐压（有效值）			标准雷电冲击波（峰值）	
	对地、相间断路器断口间	隔离开关断口间	二次回路对地	对地、相间断路器断口间	隔离开关断口间
10	42	48	2	75	85
6	30	30	2	60	60
3.3	30	30	2	60	60

二、矿用高压电磁启动器

矿用高压电磁启动器是集测量、控制和保护于一体的电气设备，主要用于煤矿井下对6(10) kV 三相交流电动机以及变频器进行频繁启动、停止控制，并能直接测量相关电气参量，实现对电动机状态的监测和保护。在矿井生产系统中，采用高压电磁启动器控制的负荷主要有主通风机、主排水泵、主压风机、主提升机等。本文以 QBGZ 系列矿用隔爆智能高压真空电磁启动器为例进行分析。

（一）矿用高压电磁启动器结构

启动器总体结构如图 9－13 所示。它采用隔爆型结构，可分为隔爆箱和机芯小车两大部分，其隔爆箱由壳体、箱门、后盖（两块）、接线腔、底架等主要部分组成。壳体为长方体结构，中间装有隔板，将箱体分为前后腔，前腔装有机芯小车。车上装有真空接触器、三相电压互感器、母线穿心式电流互感器、压敏电阻器或过电压保护装置、隔离插销动触头等。

（二）高压电磁启动器电气系统及其组成

如图 9－14 所示高压电磁启动器电气系统主要由主回路、控制回路和智能保护系统组成。

1. 主回路

主回路由隔离开关 QS、电流互感器 TA1－3、真空接触器 CK、过电压保护器 TBP、零序电流互感器 TA0 组成。其中，隔离开关 QS 用于隔离电源，在无负荷电流情况下连通和切断机芯与高压主回路；电流互感器用于测试电动机的工作电流，为高压综合保护装置提供判断依据；真空接触器是电磁启动器的关键元件，在操作机构的控制下，用于闭合、切断电动机主电路，并能可靠熄灭工作和故障状态下电流所产生的电弧；过压保护器 TBP 具有高非线性、大电流、限制电压和高能量的特性，可起到限制瞬态过电压的作用。

2. 控制回路

控制回路主要由电压互感器 TV、熔断器 FU1－3、FU4－6、控制变压器 BK、继电器 J1、J2、远近程切换开关、中间继电器 ZJ1－3 组成。其中，电压互感器为控制回路提供电源以及为综合保护系统提供监测电压信号；熔断器用于保护控制回路短路故障；控制变压器 BK、继电器 J1、J2 和中间继电器 ZJ1－3 将综合保护装置的控制信号转换为对真空接触器操作机构的控制，从而实现对主回路通断的控制；远近程切换开关实现电磁启动器远程和就地控制的切换功能。

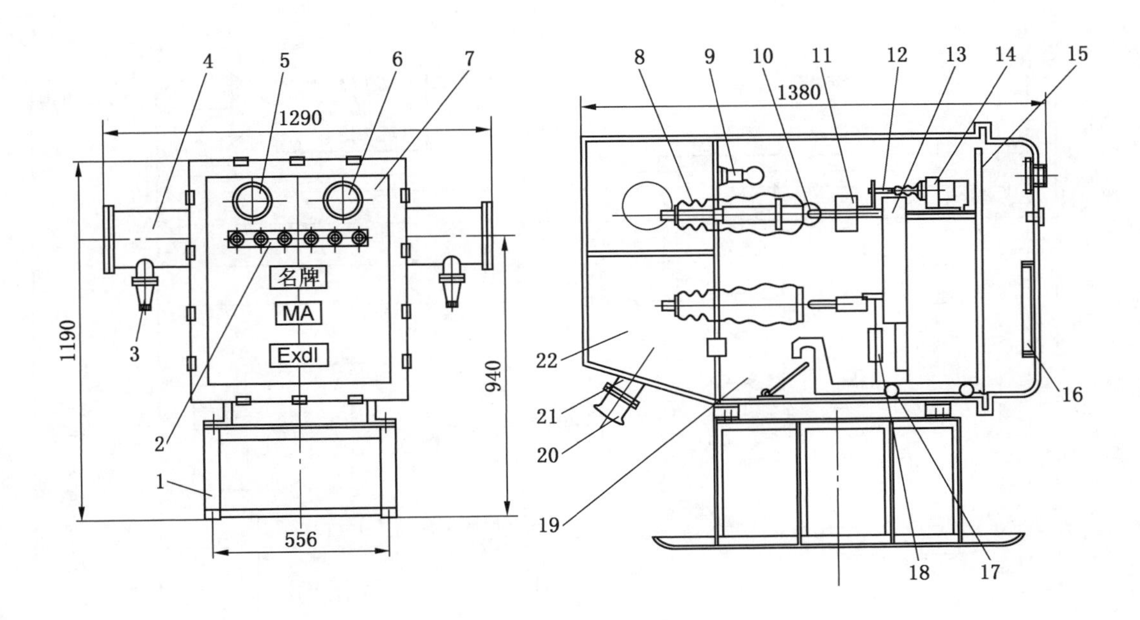

1—底架；2—按钮；3—电缆引入装置；4—连接管；5—显示板；6—电度表；7—箱门；
8—接线端子；9—照明灯；10—隔离插销；11—电流互感器；12—高压熔断器；
13—真空接触器；14—电压互感器；15—托架；16—综合保护器；17—车轮；
18—过压保护器；19—箱体；20—电缆引入装置；21—零序互感器；22—接线箱

图9-13　高压电磁启动器结构图

3. 智能高压综合保护系统

综合保护系统是集继电保护、综合测控、数据通信功能于一体的智能化系统，以PLC或DSP为核心，设计有RS485标准通信接口，可对供电线路各物理参量进行监测、计算、判断和处理，实现对电动机的控制与保护，具有过载、短路、漏电、欠压、过压、绝缘监视等保护功能。

（三）矿用高压电磁启动器功能及技术指标

1. 主要功能

（1）对额定频率为50 Hz，额定电压为6(10) kV，额定电流不超过630 A的变频器和高压电动机进行直接启动、停止和控制。

（2）具有对被控负荷的各种保护功能。

2. 主要技术指标

（1）防爆类型：[Exib] I。

（2）额定电压：6(10) kV。

（3）额定电流：160 A、200 A、400 A、500 A、630 A。

（4）额定工作频率：50 Hz。

（5）极限分断电流：1600 A/3 kV、9000 A/6 kV、7500 A/10 kV。

（6）速断保护动作时间：<100 ms。

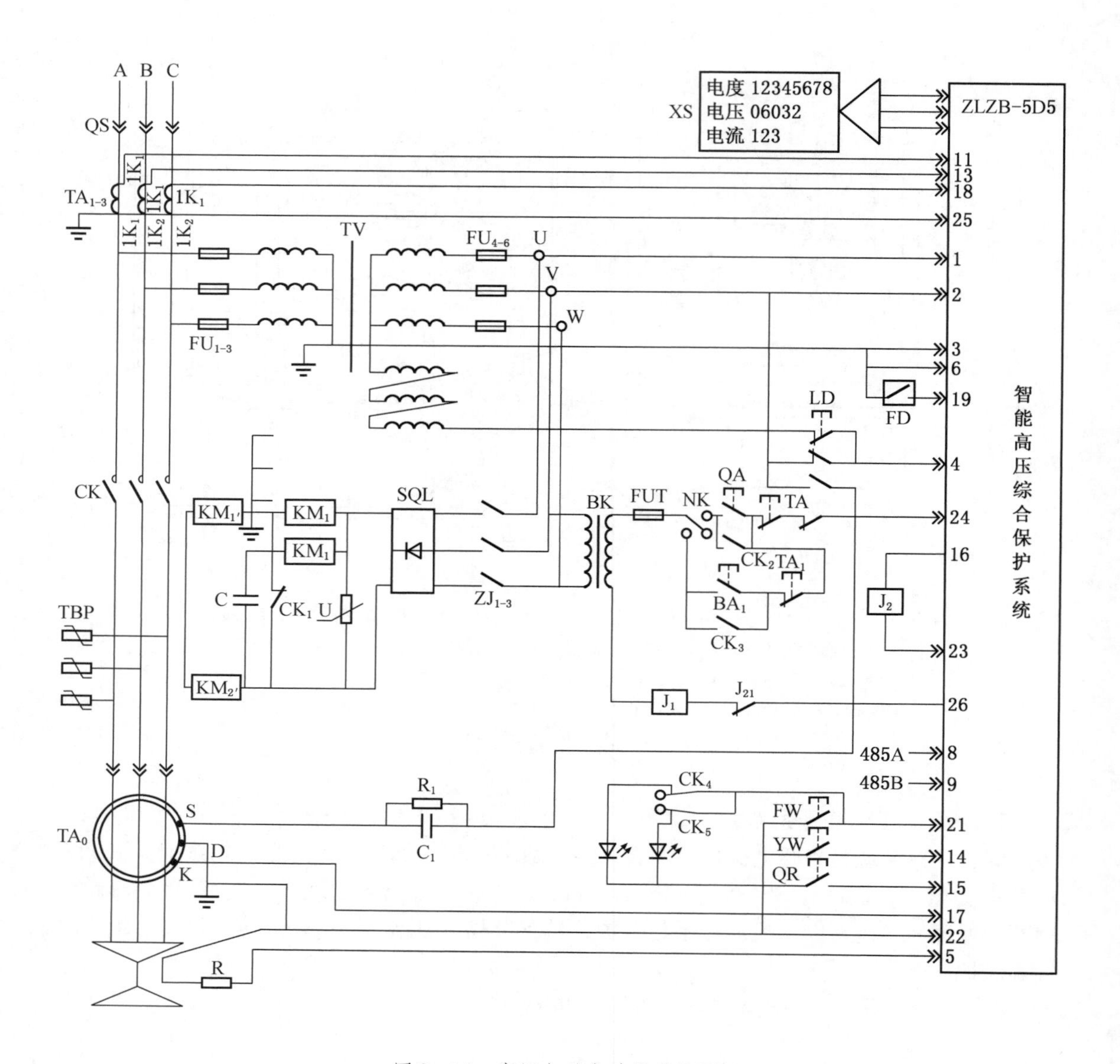

图 9－14　高压电磁启动器系统图

三、低压配电装置

低压配电装置是一种集隔离开关、断路器、保护组件和隔爆外壳于一体的组合电器。用于接收、馈送低压电能并能实现对所馈送线路的控制与保护。下文以 BKD－500、630－1140 矿用隔爆真空馈电开关为例进行分析。

（一）低压配电装置结构

低压配电装置总体结构如图 9－15 所示。馈电开关的隔爆外壳呈方形，分隔为上下两个空腔，即接线腔与主腔，接线腔在主腔的上方，它集中了全部主回路与控制回路的进出端子。接线腔两侧各有两只主回路进出线大喇叭嘴及两只控制电路进出线小喇叭嘴。主腔由主腔壳体与前门组成。开关前门关闭时，前门与壳体有上、下扣块与左右齿条扣住。

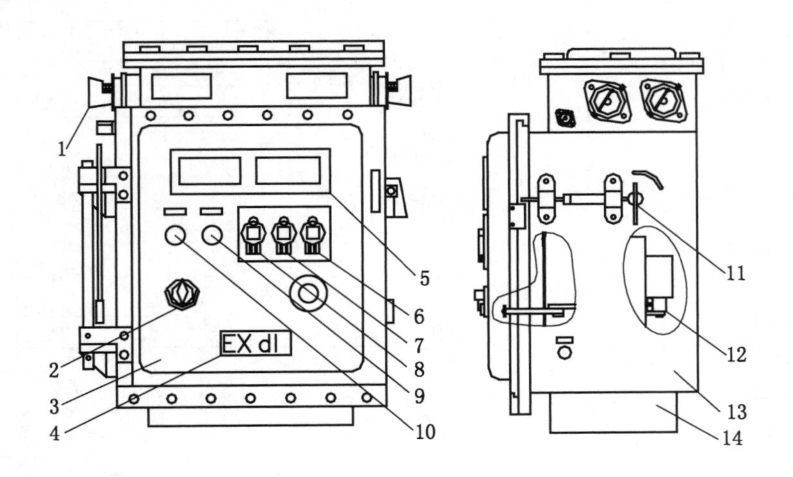

1—进出线喇叭口；2—电源开关；3—前盖；4—防爆标志；5—汉显液晶屏；6—设置/试漏键；7—下翻/复位键；8—上翻/复位键；9—分闸按钮；10—合闸按钮；11—联锁结构；12—真空断路器；13—防爆箱体；14—底座

图 9－15　低压配电装置结构图

（二）低压配电装置电气系统组成及工作模式

1. 电气系统组成

矿用隔爆真空馈电开关原理图如图 9－16 所示。由原理图可以看出，矿用隔爆真空馈电开关主要由低压真空断路器、电源开关、控制电路及辅助单元组成。

真空断路器用以接通与分断馈电线路，故障时能自动切断故障电路，断路器脱扣机构分欠压脱扣器 QY、分励脱扣器 FL 和手动脱扣机构三类。断路器上还装备有三只电流电压变换器（LA、LB、LC）、零序电流互感器 LX、一个辅助开关和三对常开触头及两对常闭触头。电源变压器 BT1 由控制开关 SW5 控制。控制电路由千伏级熔断器、绝缘检测继电器 LD、合闸中间继电器 HZ、保护继电器 BH、闭锁继电器 BS、控制变压器 BT1、三相电抗器 SK－100 和过电压吸收装置 RC 组成。

2. 低压配电装置工作模式

低压配电装置有主馈电/分馈电/单台馈电之分。馈电开关安装在配电系统的最前级，即为主馈电模式，做总馈电使用时，配电装置提供 DC48 V 附加电源，供系统进行绝缘电阻的检测，漏电发生后，若后续分支馈电在 100 ms 内未动作，主馈电立即动作；配电装置若安装在配电系统中主馈电之后，馈电装置即工作于分馈电模式。做分馈电使用时，应具有选择性漏电保护和相敏短路保护功能，漏电发生后，动作时间小于 30 ms；馈电开关未组成配电系统，而与启动器单独形成供电回路，馈电应设置为单台馈电模式；做单台馈电使用时，设备不但提供 DC48 V 附加电源，而且进行选择性漏电保护，漏电发生后，动作时间小于 50 ms，设备具有主馈电与分馈电的双重作用。

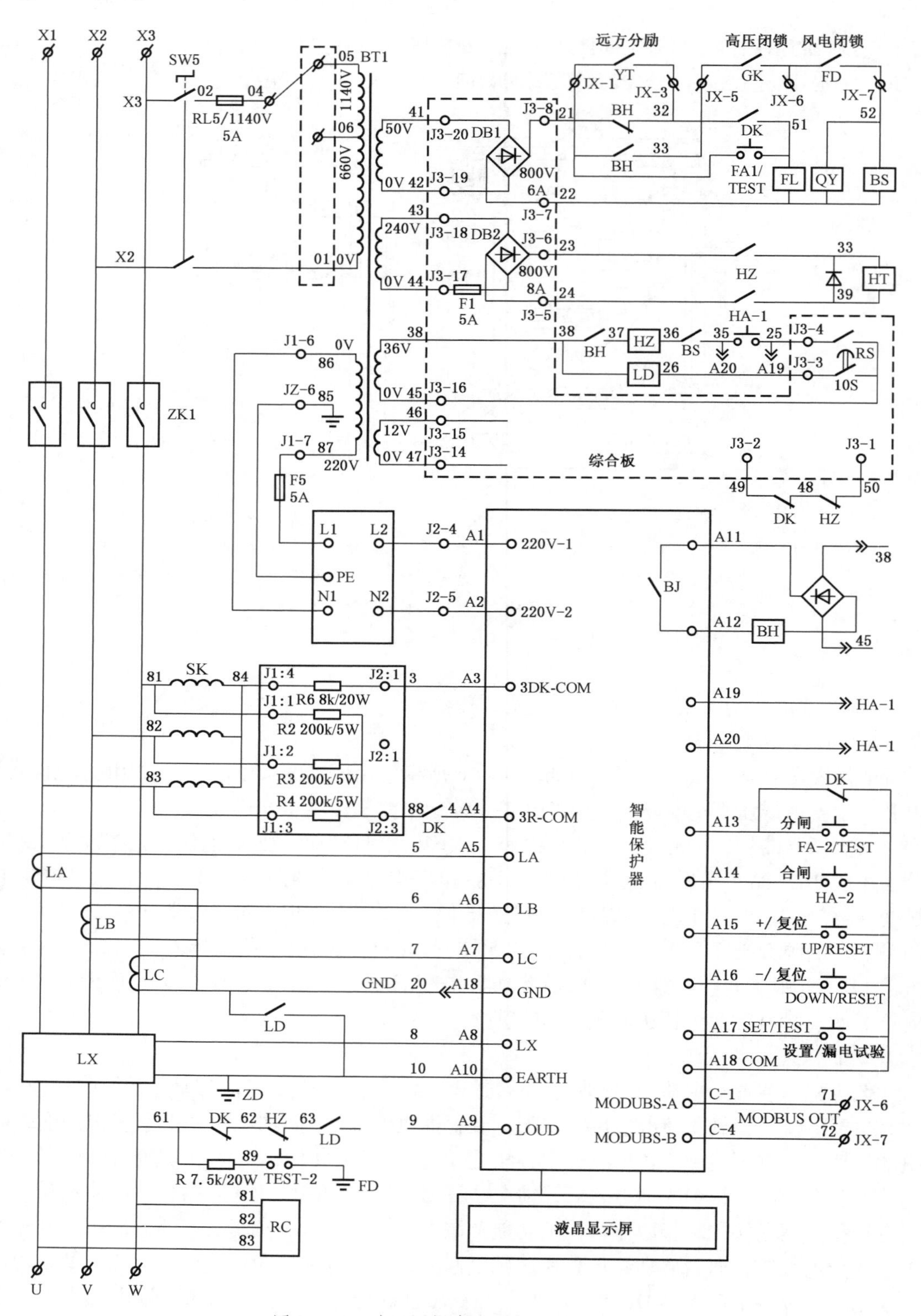

图 9-16　矿用隔爆真空馈电开关原理图

（三）低压配电装置功能及技术指标

1. 主要功能

BKD－500 矿用隔爆型真空馈电开关适用于交流 50 Hz，额定电压 1140 V 和 660 V、额定电流至 630 A（或 500 A）中性点不接地的矿井供电系统中，作为移动变电站开关用，或在配电系统中作为总馈电、分馈电或单支路配电用。当多台组成系统时能实现三级选择性漏电保护；当电路中出现过载、短路、漏电和过压、欠压故障时，馈电开关能自动切断故障线路。

2. 主要技术指标

（1）额定电压：AC1140 V 或 AC660 V。

（2）额定电流：630（500）A。

（3）额定工作制：不间断工作制。

（4）最大分断能力：660 V/15 kA；1140 V/12.5 kA。

（5）操作方式：电动合分闸。

（6）防爆标志：Exd I。

（7）污染等级：3 级。

四、低压电磁启动器

矿用隔爆型低压磁力启动器是集测量、控制和保护于一体的电气设备，主要用于矿井交流 50 Hz，电压 660 V、1140 V 的电路中作直接或远距离控制大容量的采掘运机械设备，具有欠压、过载、短路、过电压、断相和主电路漏电闭锁等保护功能，可以进行集中和联锁控制。下文以 QBZ 系列矿用隔爆智能低压真空电磁启动器为例进行分析。

（一）低压磁力启动器的分类

低压磁力启动器，按用途分为不可逆启动器、可逆启动器、多回路启动器、双速启动器和其他启动器；按灭弧介质分为空气式启动器和真空式启动器；按控制方式分为就地控制、远距离控制、程序控制和自动控制。

（二）低压磁力启动器的结构

启动器由装在撬行托架上的长方形隔爆外壳和本体组件组成。隔爆外壳分上、下腔两部分。上腔为接线腔，下腔为主腔，启动器的输出电缆和控制电缆的连接，均采用压盘式引入装置。外形结构如图 9－17 所示。

启动器的前门采用快开门结构。前门为平面止口式，正前方的左侧有一转动手把，抬起手把可以水平转动 90°左右，向左侧转动为开门，向右侧转动为关门，正前方的右侧设有联锁杆，右侧面为隔离换向开关手柄，开门时必须把手柄转到停止位置，推进联锁杆。

隔离开关手柄有正向、停止、反向三个位置。隔离开关与真空接触器之间的电气联锁，是通过停止按钮和隔离开关把手联锁，扳动隔离开关前必须先按下停止按钮，否则隔离开关无法操作。

启动器的电气组件均安在芯架上，控制按钮装在前门下方，启动器前门打开后，芯架可沿导轨拉出，以便安装和维修。

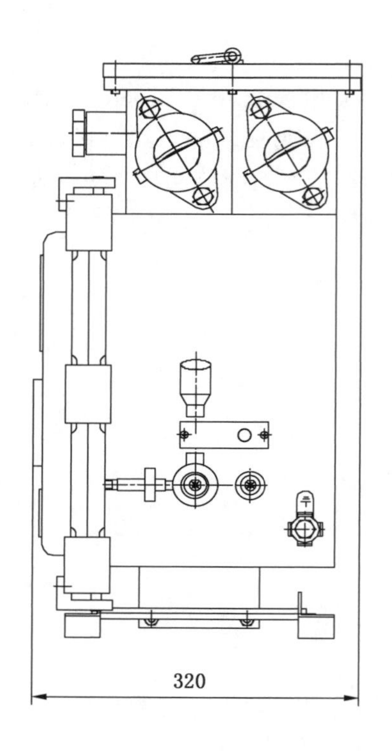

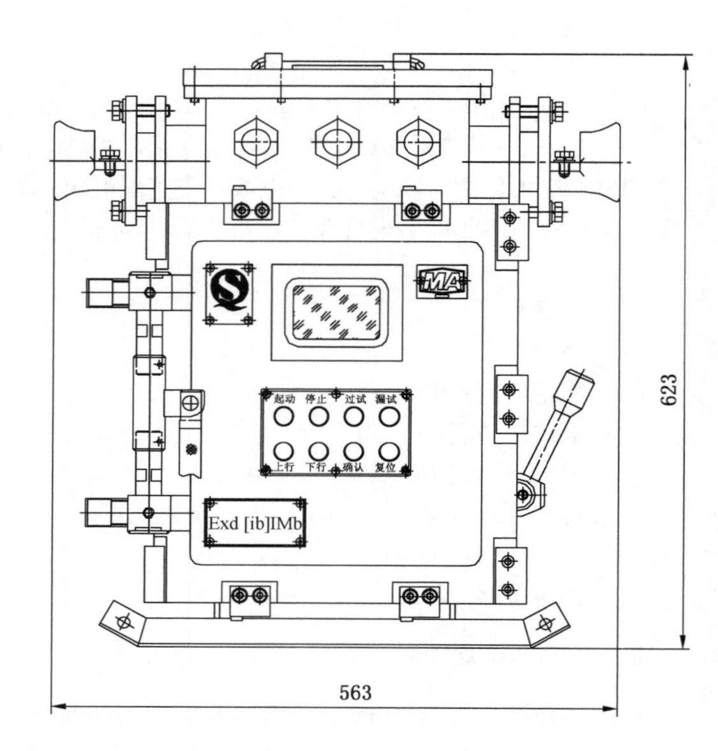

图 9－17　低压电磁启动器外形结构图

（三）低压磁力启动器的电气系统及其组成

如图 9－18 所示，低压电磁启动器电气系统主要由主回路、控制回路和智能低压电磁启动器保护控制系统组成。

1. 主回路

主回路由隔离换向开关 QS、真空接触器 K1、电流互感器 LH、阻容吸收装置 RC 等组成。其中，隔离开关 QS 有两个作用，一是 QS 在“停”位时起到隔离电源作用，保证检修人员安全；二是在空载时 QS 从“正”转位换到“反”转位改变被控电动机转向；真空接触器 K1 是利用真空灭弧室灭弧，用以频繁接通和切断电动机主电路；电流互感器 LH 用于检测电动机的工作电流，为智能保护控制系统提供判断依据；过电压吸收装置 RC 是防止真空开关在开通和关断电路时产生过电压，烧毁电动机和变压器等设备，起到保护设备的作用。

2. 控制回路

控制回路由一次回路熔断器 F1、二次回路熔断器 RD1，控制变压器 T，中间继电器 ZJ，“近控”启动按钮 QA、“近控”停止按钮 TA，“近/远”控制选择开关等组成。通过转换开关和起、停按钮可实现被控电动机的就地和远程控制。

3. 智能低压电磁启动器保护控制系统

智能低压电磁启动器保护控制系统是集控制、保护和数据通信于一体的智能化系统，

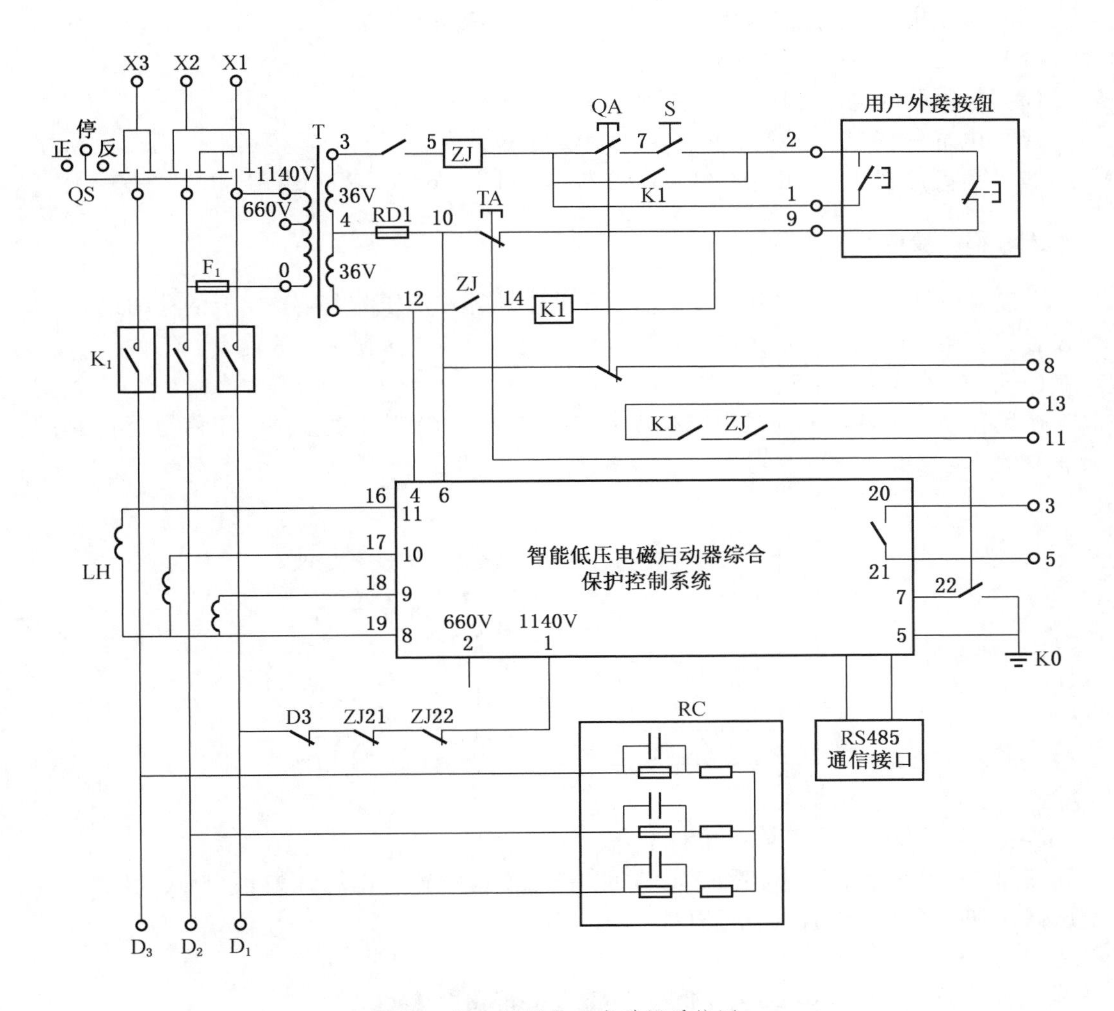

图 9－18　低压电磁启动器系统图

通常选用单片机或者 DSP 为控制核心，配以 RS485 通信接口，用于实现电动机的控制与保护，具有过载、过流、欠压、过压、欠流、短路、缺相、漏电、相位等保护功能。

（四）低压磁力启动器的功能及技术指标

1. 主要功能

（1）对额定频率 50 Hz，额定电压为 660 V、1140 V，额定电流不超过 400 A 的三相鼠笼异步电动机进行直接或远距离控制，并可在停止时进行换向。

（2）具有对被控负荷的各种保护功能。

（3）具有通信功能，可以采用协议方式传送控制系统所采集的状态参数。

2. 主要技术指标

（1）防爆类型：［Exib］I。

（2）额定电压：380 V、660 V、1140 V。

（3）额定电流：80 A、120 A、200 A、230 A、400 A。

（4）额定工作频率：50 Hz。

（5）极限分断电流：1600 A、4500 A。

（6）电寿命 AC 3：60 万次；电寿命 AC 4：6 万次。

（7）最大控制功率 AC4：98 kW/380 V、170 kW/660 V、290 kW/1140 V。

五、移动变电站

移动变电站是由矿用高压配电装置、干式变压器和低压配电装置组成的移动式成套电气设备，多用于向集中负荷供电，具有移动方便、可深入负荷中心等优点。

（一）矿用移动变电站的分类

矿用移动变电站可分为矿用车载式和矿用雪橇式两个基本类型。矿用移动变电站型号及含义为：

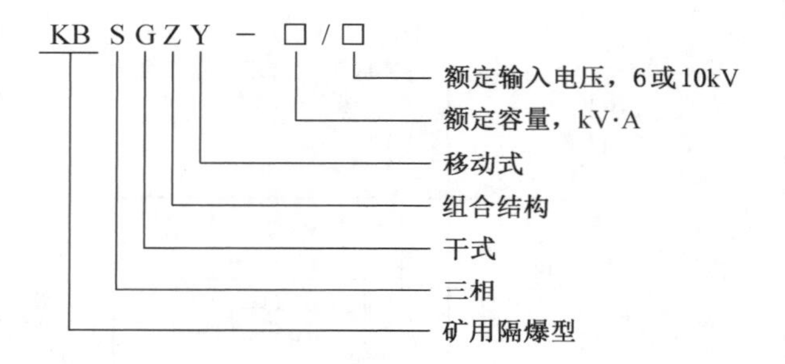

（二）矿用移动变电站的结构和组成

如图 9－19 所示，矿用移动变电站包含高压配电装置（高压开关）、干式变压器（主变压器）和低压配电装置（低压开关）三部分。

图 9－19　移动变电站结构组成图

1. 高压配电装置

高压配电装置通过高压侧电源接线室与主变压器连接，主要负责移动变电站主变压器一次侧高压电源的控制和保护。高压配电装置主要包括隔离开关、断路器、熔断器等。高压配电装置具有过载、短路、欠压、漏电保护功能，当低压侧检测出这些故障时，可以反馈到高压侧，高压侧能自动分断高压断路器，断路器同时具有电动合闸和手动合闸。

2. 干式变压器

在我国，移动式变电站的主体是干式变压器，早期的干式变压器为浸渍式，是将绕制好的线圈浸渍耐高温的绝缘漆，其价格昂贵、防潮性能不好、寿命短、损耗高、体积大，不适宜煤矿井下潮湿、淋水、易燃易爆气体、高温等恶劣的环境条件。20 世纪 70 年代，环氧树脂型干式变压器开始生产，至今经历了环氧树脂加填料浇注型、环氧树脂浇注型和环氧树脂绕包型三个阶段，其制造技术已趋成熟。环氧树脂型干式变压器机械强度高、质量稳定性好，但环保性能不理想，随着绝缘材料和制造技术的不断发展，20 世纪 90 年代中后期，新一代 Nomex 纸绝缘或玻璃纤维绝缘的真空浸渍式干式变压器开始生产，各项性能良好，是矿用移动变电站用干式变压器的理想选择。

矿用移动变电站大多采用的是矿用隔爆型干式变压器。矿用隔爆型干式变压器外壳为全波形，两边开盖式或上开盖式，具有机械强度高、温升低、散热效果好等优点。干式变压器的铁芯采用冷轧晶粒取向硅钢片，导磁性能好，采用 45°全斜多级接缝叠片方式，绝缘等级为 B 级或 H 级，空气自冷。铁芯采用无穿芯，拉带夹紧结构，有效降低空载损耗、空载电流及铁芯噪声。矿用隔爆型变压器主要结构特点是箱壳的全部接合面均按隔爆要求制作，能承受 0. 8 MPa 的内部压力。

3. 低压配电装置

低压配电装置通过低压侧接线室与主变压器连接，主要负责主变压器输出后，对负载电路的电压、电流以及绝缘状况进行检测并实现保护。保护分为漏电保护、短路保护、过载保护、欠压保护以及变压器差动保护和温度超限保护。保护应该能够快速地反映系统故障或不正常运行状态，并将故障部分切除，以保证系统无故障部分继续运行。低压侧没有断路器，当低压开关检测到以上故障时，会将该故障反馈到高压侧，通过切断高压侧的断路器而实现保护。

移动变电站的高、低压开关之间设有电气连锁。高压开关大盖与高压开关箱体之间有电气连锁；低压开关箱与大盖之间有机械连锁，以保证高压开关和低压开关箱盖未盖严时不能进行分合闸操作。

（三）矿用移动变电站的技术性能指标

1. 主要功能

矿用移动变电站的主要作用是向矿井下需要频繁移动的用电设备提供可持续电能。

2. 主要技术指标

（1）防爆类型：[Exib] I。

（2）额定容量主要有：50 kV · A、80 kV · A、100 kV · A、125 kV · A、160 kV · A、200 kV · A、250 kV · A、315 kV · A、400 kV · A、500 kV · A、630 kV · A、800 kV · A、1000 kV · A、1250 kV · A、1600 kV · A、2000 kV · A、2500 kV · A、3150 kV · A、4000 kV · A、5000 kV · A 和 6300 kV · A。

（3）一次侧额定电压：10 kV、6 kV。

（4）二次侧额定电压：3300 V、1140 V、660 V。

（5）额定频率：50 Hz。

（6）冷却方式：空气自冷。

（7）绝缘材料耐热等级：H级。

六、矿用负荷控制中心

随着我国煤矿综合机械化采煤工作面自动化技术的快速发展，工作面各种生产装备的供电和控制模式已经由独立变压器和独立控制开关的供控模式发展成为集高压配电装置、干式变压器、低压组合开关于一体的负荷控制中心供配控一体化模式，具有集成度高、安全、可靠、智能化等特点。这种负荷控制中心适用于综采、综掘工作面集中负荷的控制，可控制的主要负荷有采煤机、刮板输送机、转载机、破碎机、带式输送机等设备，而且能够按照设定的控制模式工作。负荷控制中心根据可控负荷的多少和电压等级的大小可分为多种类型，下文以KJZ系列矿用隔爆兼本质安全型矿用智能负荷控制中心为例进行分析。

（一）矿用负荷控制中心结构组成

矿用负荷控制中心位于煤矿井下综合机械化采煤工作面的运输顺槽内，其供电系统如图9－20所示。由图可见，负荷控制中心主要包括主回路、控制回路以及故障保护回路三部分。其中，主回路由矿用隔爆型移动变电站用高压真空配电装置（以下简称高压真空开关），矿用隔爆型干式变压器（以下简称干式变压器），以及矿用隔爆兼本质安全型低压组合开关（以下简称低压组合开关）组成。

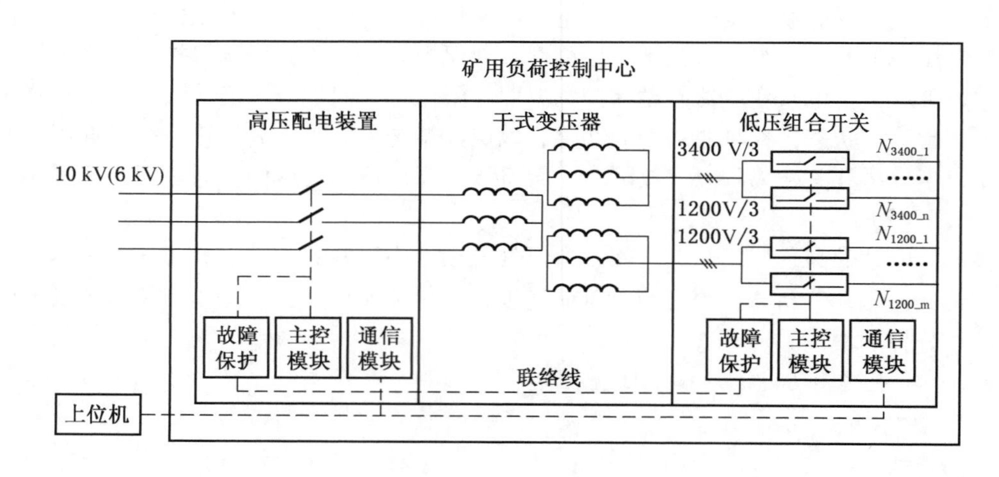

图9－20　负荷控制中心供电系统图

1. 主回路

高压真空开关：高压真空开关负责向干式变压器提供高压电能，可对干式变压器进行不频繁通、断操作并起保护作用，即当干式变压器及其出线部分出现过载、短路、欠压等故障时，能自动切断电路。

干式变压器：干式变压器为隔爆型变压器，采用空气绝缘，具有维护方便、工作可靠等特点。一般副边是低压绕组，可以单电压输出，也可以多电压输出，常用变压等级为10(6)/3.4/1.2 kV或10(6)/3.4 kV或10(6)/1.2 kV，接线为Dy11。主要功能是将来自于井下中央变电所的高压电能变换为 3.3 kV 或者 1140 V 低压电能向工作面用电设备供电。

低压组合开关：低压组合开关通过内置的多回路真空接触器将干式变压器提供的低压电能按照接线要求配送给相应的驱动装置，并且能够对多路负荷进行多种方式的控制和保护。

2. 控制回路

根据综合机械化采煤工作面转载机、破碎机、刮板输送机等负荷的控制要求，负荷控制中心设有多个控制回路，通过设定不同的组合方式和工作模式对被控负荷进行控制。根据被控对象的实际需求，可设计为单机手动方式、单机程控方式、单机双速方式、双机自动方式、双机程控方式、双机低速方式、双机高速方式和点动工作方式。八种控制方式基本可以满足煤矿井下主要负荷在各种情况下的控制要求，且只需要两个转换开关便可以灵活转换，非常适合煤矿井下工作面多负荷的集中控制。

3. 保护回路

保护回路包括高压侧保护装置和低压侧保护装置两部分。高压侧保护主要用来保护变压器内部及其低压侧出线的故障，由漏电保护模块、短路保护模块、过载保护模块、电压保护模块以及变压器差动保护模块和温度超限保护模块等组成。低压侧保护用来保护被控电动机及配电线路故障，由漏电保护模块、短路保护模块、过载保护模块、电压保护模块等组成。

（二）矿用负荷控制中心分类

根据综采工作面设备的不同需求，矿用负荷控制中心的类型也不同。可以根据工作面设备电压等级和设备容量来分类，具体分类情况如图 9－21 所示。

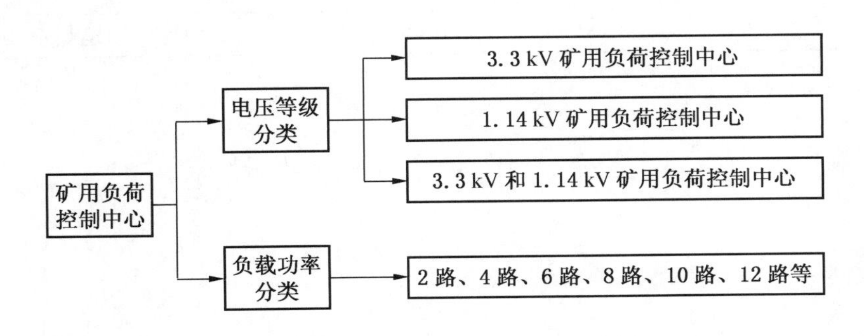

图 9－21　矿用负荷控制中心分类图

由图可知，根据工作面动力负荷的供电电压，负荷中心低压侧供电电压等级主要分为 3300 V、1140 V 两种，也可以同时输出两种电压等级，以供工作面不同电压等级的负荷。其中 3300 V 电压主要向大功率负荷供电，如采煤机、刮板输送机、转载机等；1140 V 电压主要向中功率负荷供电，如破碎机、乳化液泵、喷雾泵等。根据工作面负荷数量多少，常将其分为 2 回路、4 回路、6 回路、8 回路、10 回路、12 回路等负荷控制中心。这些回路之间相互组合，协同对设备进行供电和控制，保障生产的可靠性。

（三）矿用负荷控制中心技术参数

KJZ系列矿用隔爆兼本质安全型矿用智能负荷控制中心的技术参数见表9－5。

表9－5 负荷中心主要技术参数

设备	参数类型	KJZ－2400/3300/1140、KJZ－2400/3300、KJZ－2400/1140
高压真空开关	型号	PBG－400/6、PBG－200/6等
	额定电压/kV	6或10
	额定电流/A	400或200
	通信接口	RS485、以太网
	故障诊断	机械操作次数、触头电寿命、断路器真空度、隔离开关触头温度
干式变压器	型号	KSGZY－2500/6/3.45/1.2、KSGZY2－T－2000/6/3.45、KSGZY－1250/6/1.2等
	容量/(kV·A)	2500、2000、1250等
	一次额定电压/kV	6±5%或10±5%
	二次额定电压/V	3450或1200
	故障诊断	三相绕组温度、铁芯温度、铁芯泄漏电流、局部放电
	漏电保护	由漏电闭锁、漏电保护和高压绝缘检测相结合，可实现绝缘预警、漏电跳闸和绝缘在线监测
低压组合开关	型号	KJZ－2400/3300/1140、KJZ－2400/3300、KJZ－2400/1140
	额定电压/V	3300或1140
	输出回路	2、4、6、8、10、12路等
	控制方式	先导控制、程序控制、网络控制
	通信接口	RS－485、以太网、MODBUS、PROFIBUS等，支持用户自定义通信协议

第三节 煤矿智能供电技术

一、概述

信息化、工业化两化融合促进了智能化技术的发展，煤炭工业也不例外，煤矿的两化融合大大促进了数字化矿山的建设。随着我国煤炭生产机械化、自动化、信息化水平的不断提升，矿井供电系统作为煤炭生产系统中的重要一环，对其进行数字化、智能化改造已刻不容缓。

（一）煤矿供电系统现状

矿井供电系统的作用是向煤矿生产系统提供安全、可靠、绿色的电能，其工作可靠性直接影响着煤炭生产的安全性，长期以来受到管理人员和科技人员的高度重视，开发出了一系列数字化配电装置与系统，大大改善了供电系统的工作可靠性。但是，根据智能化供电技术的要求，目前还存在如下问题。

1. 继电保护技术落后

目前煤矿供电系统保护装置还主要采用基于单端电气量的电流保护，由于供电线路短，供电级数多，且上级供电部门已将煤矿供电系统进线保护的电流和时限定值限定，因此整定时限配合十分困难，继电保护选择性差。

2. 监测监控功能不健全

目前对于煤矿供电系统的在线监测还不完善，无法获取系统各节点的实时信息，因此不能对供电系统的安全可靠性进行综合分析，并制定有效的解决方案。

3. 故障综合分析能力不强

煤矿供电系统谐波影响大，电压波动范围大，采用电缆线路多，负荷较大时发热量也较高，谐波消除、无功补偿及电缆状态监测装置的智能化、实用化以及相互之间的协调配合还不完善，缺乏对供电系统绝缘故障的综合分析，无法确保供电安全。

4. 状态评估与寿命管理功能不完善

煤矿供电系统目前对供配电设备的健康状况评估功能有限，这不利于降低事故发生率。因此建立供配电设备状态估计与寿命预测系统，具有很高的应用价值和现实意义，既可满足智能化的发展要求，也可适应市场的迫切需要。

5. 通信网络架构不统一

当前的煤矿供电系统缺乏具有技术先进、扩展方便、相互兼容的通信网络架构以支持设备与设备之间、系统与系统之间信息的互联互通；缺乏对监测数据的深层次挖掘，以发现设备和系统中的故障特征，客观评价设备和系统的运行状态。因此构建煤矿供电系统统一网络构架，开发实时数据库，建立专家系统，实现煤矿供电系统和供配电设备的信息化管理非常必要。

（二）煤矿智能供电技术

煤矿供电智能化技术是指以低碳、环保的智能设备为基础单元，采用先进的计算机技术、通信技术及控制技术，以信息传输数字化、通信平台网络化、信息共享标准化为基本要求，自动完成信息采集、测量、控制、保护、监测、诊断等基本功能，并可根据需要支持供电系统实时自动控制、在线状态监测，系统故障诊断，装备寿命评估的控制技术。煤矿供电系统智能供电技术主要包括设备级智能化技术、系统级智能化技术和网络级智能化技术三个层面。

1. 设备级智能化技术

设备级智能化是指煤矿供电系统各类变配电设备的智能化，也就是使变配电设备具有测量数字化、控制网络化、状态可视化、功能一体化和信息互动化的特征，并且拥有控制系统，保护系统，监测系统，诊断系统和通信系统，其中保护系统是基于单片机、DSP、高端 CPU 以及 PLC 的集检测、处理、保护、控制、通信于一体的系统。煤矿井下供配电设备主要包括高压配电装置、高压电磁启动器、低压配电装置、低压电磁启动器等。

2. 系统级智能化技术

系统级智能化是指变电站内部组成变配电系统的智能化，也就是变电站智能化。智能变电站将智能化一次设备、网络化二次设备，根据通信规范分层构建，实现智能设备间的信息共享并可相互操作，解决了传统变电站自动化技术存在的信息不共享、互动不灵活等问题，它自动完成信息采集、测量、控制、保护、计量和监测等基本功能，并可根据需要支持系统实时自动控制、智能调节、在线分析决策、协同互动等高级功能。在煤矿供电系统中，系统级智能化主要包括移动变电、动力负荷控制中心、井下中央变电站等的智能化。

3. 网络级智能化技术

网络级智能化是指从井下到地面所有智能化供配电设备依据通信网络所建立的智能化供电系统。煤矿智能供电网络是指基于大数据、云计算、物联网等技术和煤矿智能化信息平台，借助矿井工业以太网，通过开发适合煤矿供电系统特征的大数据挖掘算法和分析方法，对大量监测数据进行挖掘分析，找出数据的内在规律，形成数据总结、分类、聚类、关联分析，对煤矿供电系统及其用电设备进行数据统计、计量管理、实时监测、故障预警及故障保护、状态评估与寿命管理。

二、智能化高压配电装置

矿用高压配电装置肩负着井下高压负荷的供配电和故障保护双重任务。该装置不仅要完成高压供电线路正常投切，还要保证当供电线路或电气设备发生故障时能实时保护，保证高压供电线路的正常运行。智能化高压配电装置主要由控制系统、保护系统、监测系统、通信系统和故障诊断系统组成。

(一) 智能化高压配电装置的控制系统

智能化配电装置的控制系统是集计算机控制技术、数字信号处理技术和传感器检测技术为一体来实现智能化配电。典型的智能化高压配电装置原理如图 9－22 所示。

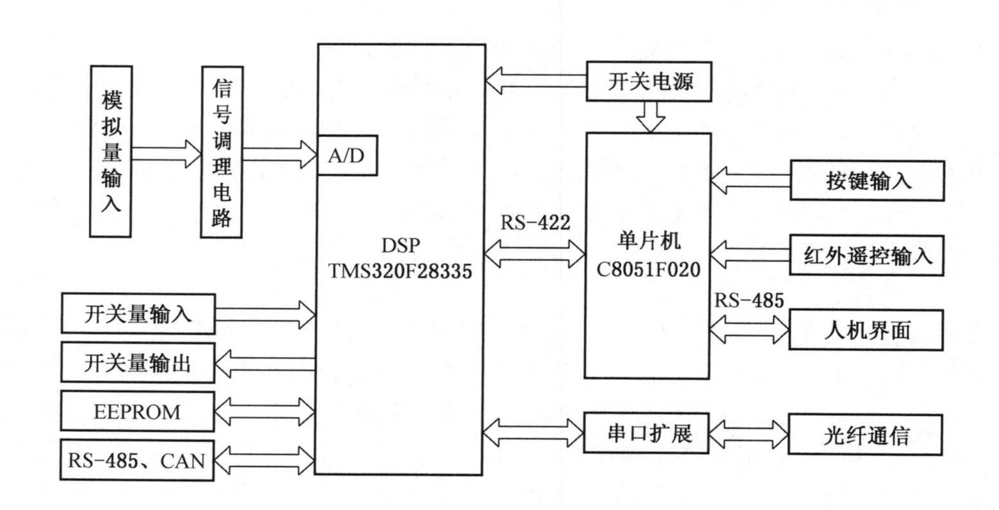

图 9－22 高压配电保护装置的原理框图

由图可见，智能化配电装置是以高端 DSP 或单片机为中央处理单元，再配置必要的信号检测单元、参数设置单元、人机界面、通信接口单元、输出控制单元和大数据存储单元，完成高压配电装置的信息获取、信息处理、信息交互、故障诊断和网络通信。

智能控制系统主要包括传感器信号检测模块、电源模块、驱动模块、人机交互、输入模块等，在 CPU 的控制下，完成对信号检测、参数输入、人机界面显示和驱动单元的控制。

（二）智能化高压配电装置的保护系统

智能化高压配电装置的保护系统用于保护配电线路及设备可能发生的电气故障，当故障发生时，要求保护系统能够准确、可靠、快速地切除故障，确保矿井生产安全。常见的电气故障保护有漏电保护、电流保护、电压保护、电缆绝缘监视保护、非电量保护等，每种故障的保护原理简述如下：

1. 漏电保护

漏电是线路对地绝缘阻抗下降到危险值而导致电网对地发生电能泄漏的一种现象。对于中性点不接地系统，发生单相接地故障时，单相接地的线路零序电流滞后零序电压 90°，据此，可采用零序电压启动，通过零序电流的方向判别是否漏电，也可设置为仅通过零序电流大小检测漏电故障。漏电保护的逻辑框图如图 9－23 所示。

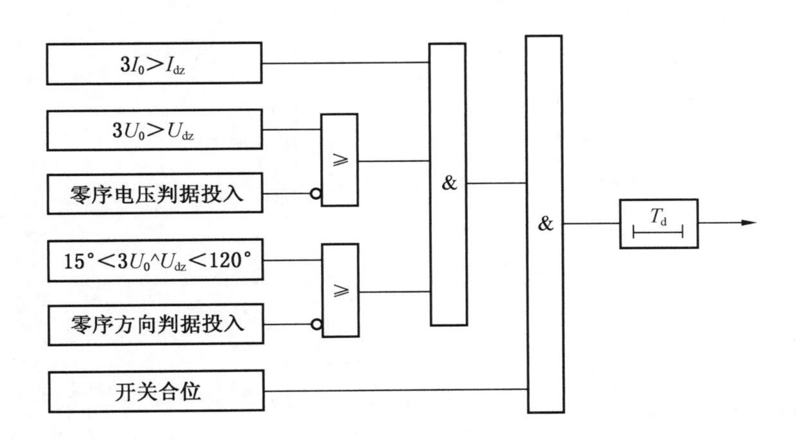

图 9－23　选择性漏电保护的逻辑框图

判定漏电保护是否动作的条件为：

$$\begin{cases}15°<3U_0\wedge 3I_0<120°\\3I_0>I_{dz}\\3U_0>U_{dz}\end{cases}$$

2. 电流保护

1）短路保护

矿井电网中一旦发生短路故障，负荷工作电流急剧增大，形成巨大的安全隐患。因此，三相短路故障保护对保护速动性要求很高。电流速断保护原理可选择鉴幅原理或相敏原理。鉴幅式保护和相敏式保护的逻辑框图如图 9－24 和图 9－25 所示。

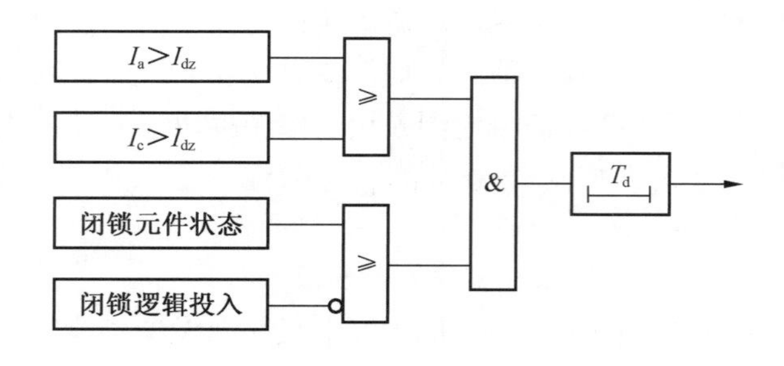

图9-24　鉴幅式保护方法逻辑框图

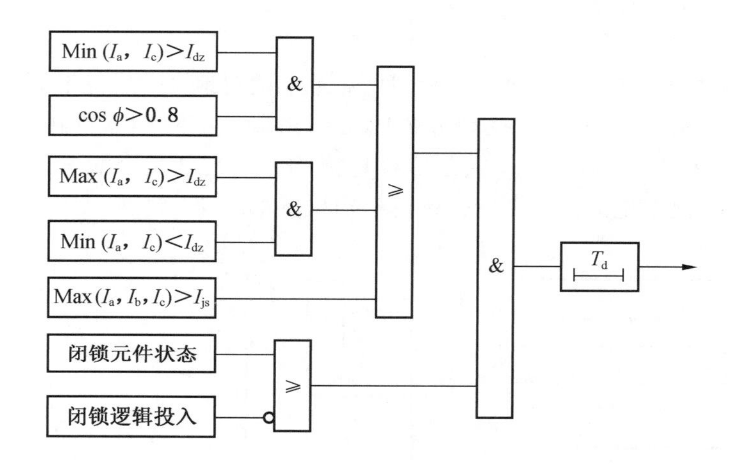

图9-25　过电流保护的逻辑框图

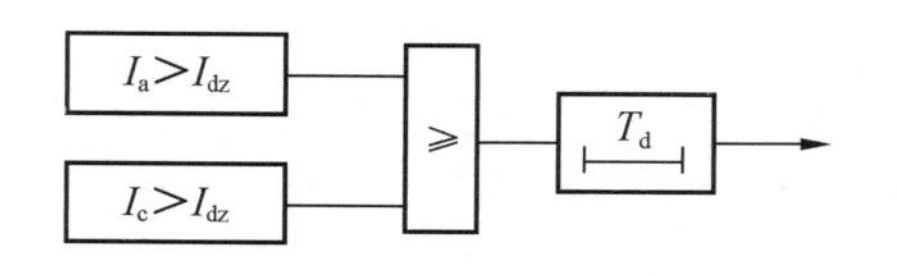

图9-26　定时限过载保护的逻辑框图

2）过载保护

过载保护是当配电线路电流大于其正常工作电流时的一种保护。过载保护主要采用两种保护原理：一种是定时限保护原理，保护动作时间与故障电流无关，其保护的逻辑框图如图9-26所示；另一种是反时限保护原理，动作时限与电流大小成反比。

反时限保护元件是动作时限与被保护线路中电流大小相配合的保护元件。保护装置提供一般、特殊、极端三种反时限曲线，可以通过整定控制字选择其中一种，构成反时限过流保护。反时限过载保护特性见表9-6。

表9-6　反时限过载保护特性

I/I_N	动作时间	I/I_N	动作时间
1.05	不动作	1.5	1.5 min
1.2	6 min	6.0	10 s

3）相不平衡保护

三相不平衡保护是对馈电线路三相不平衡运行状态或者一相断线故障时的保护，其保护原理是在 $\mathrm{Max}(I_a, I_b, I_c) > I_{dz}$ 时才投入判别，式中 I_{dz} 为不平衡保护启动电流。不平衡判别系数为最大相电流减最小相电流再除以最大相电流后的值，其逻辑框图如图 9－27 所示。

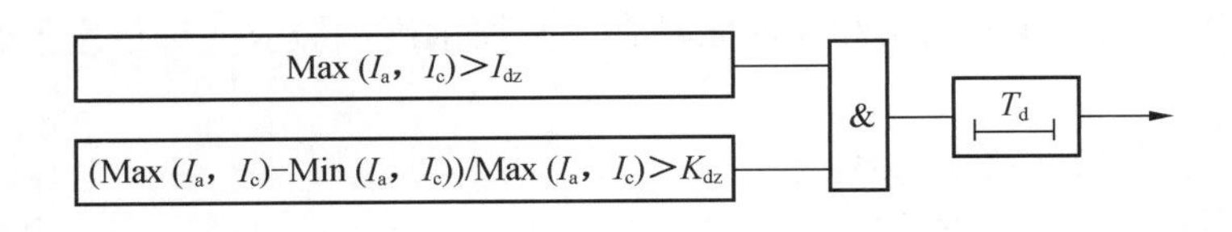

图 9－27 相不平衡保护逻辑框图

3. 电压保护

电压保护是对配电线路出现运行电压偏离额定电压时的一种保护，电压保护有欠压和过压保护两种，其中过压保护又分为暂态过压保护和稳态过压保护。稳态电压保护是指当线路处于欠压和过压不正常运行状态时，延时跳闸并发出报警信号，对线路进行保护。暂态电压保护是指对线路出现暂态过电压时的保护。矿井低压供电系统中暂态过电压是指操作过电压，常采用暂态电压吸收装置进行保护。稳态电压保护的逻辑框图如图 9－28 所示，图中 $U_{max} = \mathrm{Max}(U_{ab}, U_{bc}, U_{ca})$，$U_{gy}$ 为过电压定值；$U_{min} = \mathrm{Min}(U_{ab}, U_{bc}, U_{ca})$，$U_{dy}$ 为欠压保护低电压定值。

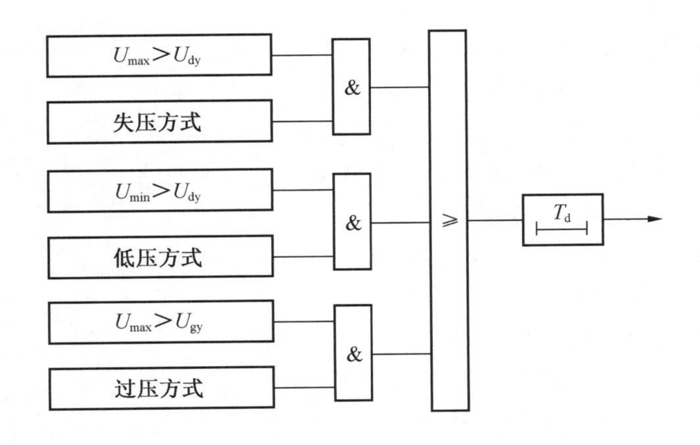

图 9－28 电压保护的逻辑框图

4. 电缆绝缘监视保护

高压电缆绝缘监视是对高压馈电电缆主绝缘状态进行实时监测，当绝缘电阻出现降低时，可对故障点进行实时切除。其检测原理是在电缆末段的监视芯线和监视地线之间接一

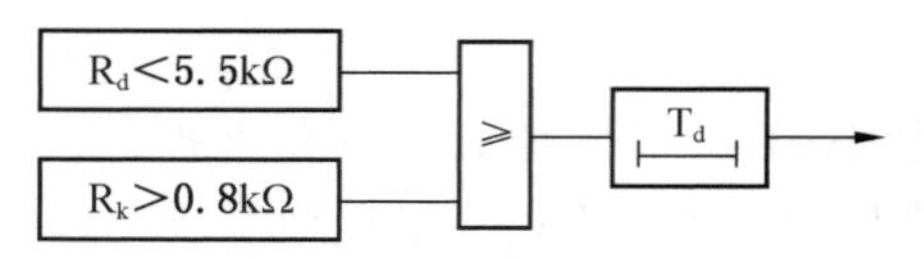

图9－29　电缆绝缘监视保护逻辑框图

个终端电阻，阻值为1 kΩ/1 W，电缆绝缘监视保护逻辑框图如图9－29所示。

5. 非电量保护

非电量保护是对高压电缆所处环境的极端状态进行保护，主要环境参数就是瓦斯浓度和风速，两个参数都会影响矿井的安全生产。高压配电装置设置非电量保护包括瓦斯闭锁和风电闭锁，当瓦斯浓度和风速达到设定值时，保护发出报警或跳闸信号。

（三）高压配电装置的监测系统

监测系统的任务是对配电装置及馈电线路的运行状态进行在线监测，采集并存储运行数据，为高压配电装置故障诊断、健康状态评估提供基本信息和基础数据。

高压配电装置状态在线监测的目标是：

（1）能够可靠地对高压配电装置进行长期连续监测，并对有关运行参量数据进行显示、记录、保存和处理。

（2）能够结合高压配电装置运行环境和历史数据信息，对高压配电装置运行状态做出客观评估和预测。

（3）建立高压配电装置专属数据库，实现对变电站所属高压配电装置进行统一管理。

（4）具备自检功能，以及在高压配电装置运行异常初期给出必要的预警信息和建议措施。

（5）具有较高灵敏度和较好抗干扰能力，适应高压配电装置的电磁环境，并且不影响高压配电装置正常工作。

高压配电装置状态监测系统监测内容主要有：

（1）高压断路器操动累计开断次数。

（2）高压断路器累计开断电流。

（3）高压断路器分、合闸时间，最大不同期性。

（4）高压断路器分、合闸线圈电流、线圈电压、线圈通路。

（5）高压隔离触头导电部位温度。

（6）高压断路器动触头行程、超程和开距。

（7）高压断路器动触头速度。

（8）高压配电装置内真空管真空度。

（9）高压断路器开、合闸振动。

该状态监测系统按功能划分可分为状态参数采集单元、监测主机和上位机。监测系统的结构组成框图如图9－30所示。

其中，现场参数监测单元是集传感器采集、信号调理、A/D转换、信号处理和信号分析于一体的多任务信息处理系统，其结构如图9－31所示。

（四）高压配电装置的故障诊断系统

高压配电装置的故障诊断系统是在监测参数的基础上，利用先进的数据处理方法对状态数据进行融合、分析、判断和处理，以诊断系统是否存在潜在故障并采取相应的策略进

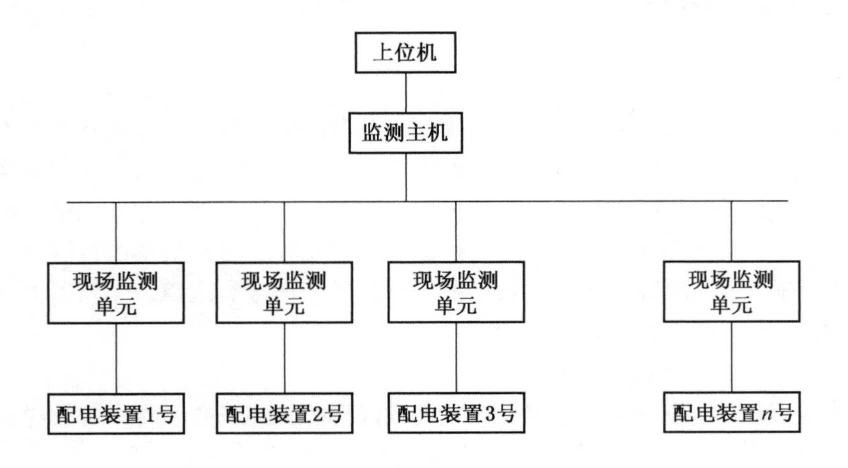

图9-30　监测系统的结构组成框图

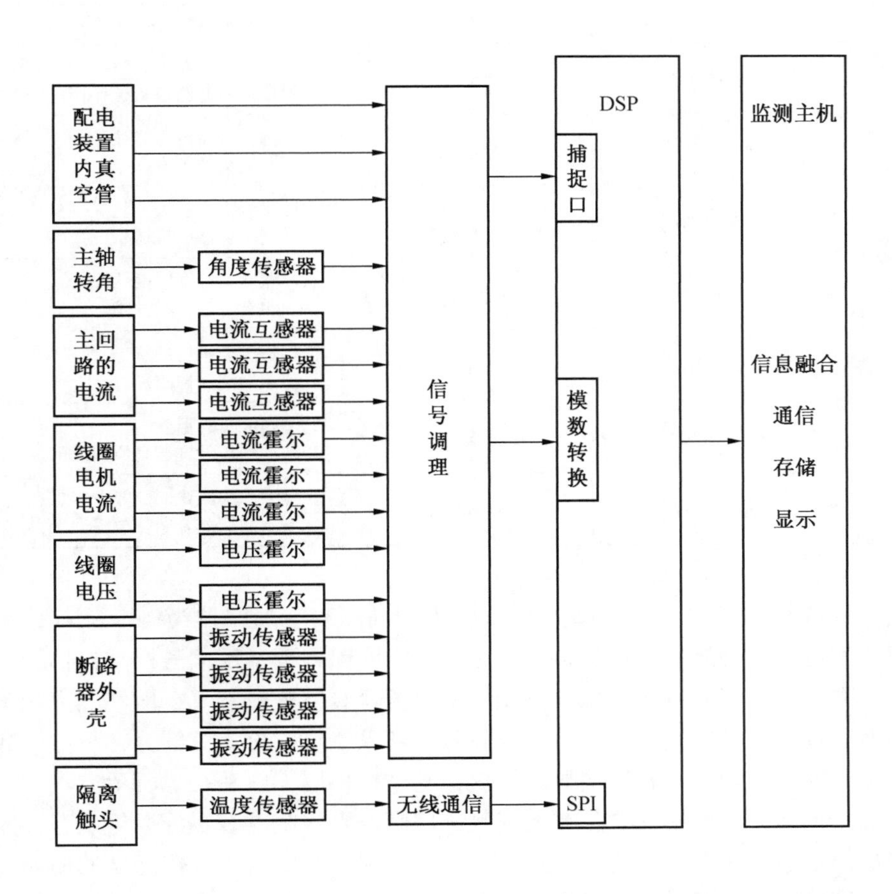

图9-31　监测系统现场参数监测单元结构框图

行处理。一个故障诊断系统一般包括信号采集、数据传输、数据处理、智能分析、数据存储等功能。

1. 高压配电装置常见故障

矿用高压配电装置的故障部位主要集中在断路器和隔离触头上，而断路器本体的故障主要是机械故障，电气故障居其次。机械故障也称操动机构故障，占断路器总故障的70% ~80% 。操动机构包括两部分，一是机械传动部分，二是控制部分。机械传动主要有铁芯卡涩、螺丝松动和部件变形等故障。控制部分包括合、分闸操作的控制回路和辅助回路，主要有线圈烧毁、电容老化、触点接触不良和触头烧毁等故障。断路器电气故障主要有真空管漏气、触头磨损等。

2. 高压配电装置故障特征参量选取

在真空配电装置故障分析的基础上，合理地选择能够反映故障特性的故障特征量至关重要，表9 -7 为常见的高压真空配电装置的故障与特征量的对应关系。

表9 -7　高压真空配电装置的故障及特征量的对应关系

序　号	故障检测对象	特　征　量	所反映高压配电装置状态或用途
1	分合闸线圈	电流	1. 检测二次回路的完整性 2. 间接判断断路器机械操作机构的情况
2	触头信息	三相电流	1. 检测预警载流截流故障 2. 预测触头的电寿命
3	断路器整机振动	振动时域波形 振动频域波形	1. 反映整机机械振动状况 2. 预测断路器的机械状况
4	真空灭弧室信息	真空度情况	1. 检测真空管真空度状况 2. 预测真空管密封故障
5	动触头动作信息	速度、位移等	1. 反映操动机构的状态 2. 预测操动机构故障
6	隔离触头信息	温度	1. 检测触头的温度 2. 预测触头温度过高所引发的烧毁事故
7	储能电容	电压	1. 检测二次回路的储能电容状态 2. 预测储能电容老化故障

下文以 ZNY1 -10(6)/630 -12.5 型永磁机构高压真空断路器为例，针对其常见的三大类故障，确定了七种故障检测量，分别是：真空断路器真空度信号及动作信号、二次回路分合闸线圈电流及储能电容电压、三相触头电流、真空灭弧室真空度和隔离触头温度。

矿用高压真空配电装置的状态监测及故障诊断系统可以分为三部分：下位机数据采集模块、上位机数据处理模块和终端显示模块，其结构框图如图 9 -32 所示。

下位机采集模块的作用主要是在线监测矿用高压真空配电装置的运行状态，并将采集的信息进行预处理。在下位机硬件装置中，由于防爆柜空间狭小，传感器的输入输出传输线占据了大量的空间，同时考虑隔离触头温度信号和真空灭弧室真空度信号的检测都位于高压侧，采用无线方式传送采集数据既可以隔离高压，又可以实时传送。下位机采集模块

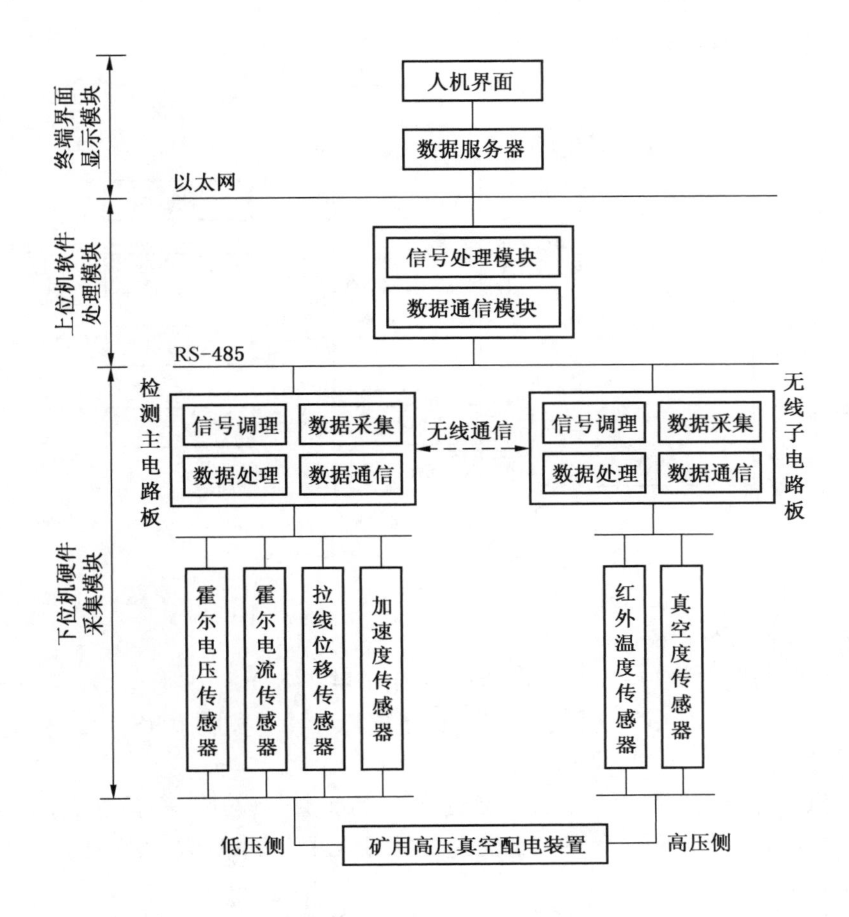

图9－32　故障检测系统结构框图

分为两个部分：无线传输电路和信号检测主电路。无线传输电路位于高压侧，连接的传感器为红外测温传感器和真空度传感器。检测电路中包括加速度传感器、拉线位移传感器、霍尔电流传感器和霍尔电压传感器。这些传感器在CPU的控制下，将采集数据经过预处理后通过通信网络上传给上位机。

上位机数据处理模块的作用是对下位机所采集的数据进行综合分析，采用智能处理技术，经过专家系统的诊断，对潜在的故障进行预警，实现真空配电装置的寿命评估。显示终端的作用是实时显示运行状态及状态变化情况，并将分析结果呈现给监测人员，同时还记录了历史数据和故障信息，方便工作人员查询。

（五）高压配电保护装置的通信系统

通信系统是实现高压配电保护装置智能化的必备条件，特别对于多CPU主从式结构的系统，先进通信模式是保证多CPU之间稳定、可靠工作的首要条件。下文以图9－33所示的高压配电保护装置的通信系统为例进行分析说明。

（1）保护系统采用了DSP芯片TMS320F28335和C8051F020单片机的双CPU结构，他们之间的数据交换采用RS422通信接口实现相互通信，RS－422总线采用差分信号传

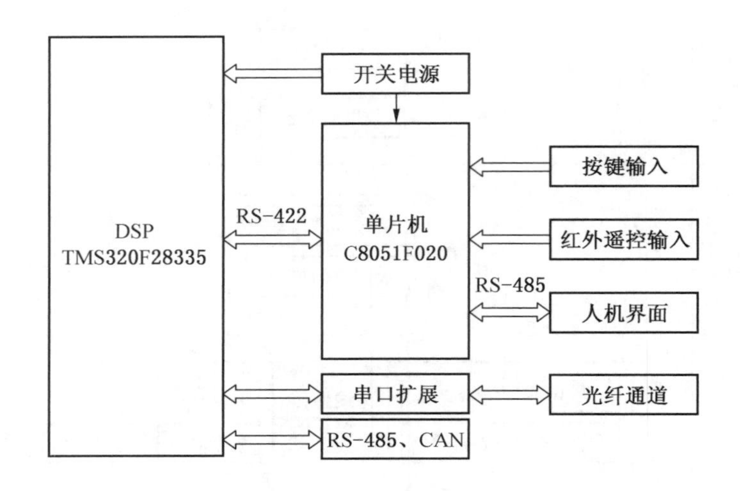

图9-33　高压配电保护装置的通信系统

输，具有较好的抗干扰性能。

（2）对于下位机与上位机之间的通信，采用了基于MODBUS通信协议的RS-485通信接口。RS-485是一种多发送器、半双工的电路标准，它扩展了RS-422性能，最多可接到32个设备。

（3）人机界面与高压配电装置之间通过RS-485通信模块进行数据交换。通过实时的数据传送，人机界面上可以显示丰富的系统状态信息，方便操作人员观察电网运行参数和高压开关工作状态。

（4）高压配电装置保护系统与上下级高压开关保护系统之间的通信采用光纤通信模式，即采用RS485或CAN与通信分站或其他设备进行通信，以实现遥测、遥信、遥控和遥调、网络对时、远程保护信息管理等功能。

三、智能化高压电磁启动器

智能化高压电磁启动器是用来控制和保护大容量采、掘、运等机械设备的驱动电动机。随着煤矿井下设备机械化和自动化水平的不断提高，采掘工作面的单机容量越来越大，因此要求高压电磁启动器不仅具有更大的电流控制能力和更加完善的控制和保护性能，而且要具有状态监测和故障诊断功能。

为了满足煤矿设备的机械化和自动化的要求，智能化高压电磁启动器集电子技术、计算机技术、传感器技术、网络技术、通信技术于一体，形成了机电一体化的智能控制和保护模式。智能化高压电磁启动器以单片机、PLC、DSP、高端CPU等为核心，配以性能优良的信号调理电路、功能强大的应用软件，集保护、监测、控制、诊断和通信于一体，实现了对高压电动机的实时控制和故障保护，对电机运行状态进行实时监测和显示，并解决了与上位机的通信问题，实现了遥测、遥控、遥调和遥信功能。

以QBGZ-400/10(6)Z矿用隔爆型智能高压电磁启动器为例，对其控制系统、保护系统、监测系统、通信系统和诊断系统进行分析说明。

（一）控制系统

智能化高压电磁启动器控制系统主要由主回路控制单元、辅助回路控制单元和参数设置单元组成。主回路控制单元主要由先导控制电路、控制模式设置电路等组成，可实现主回路的通断控制以及各种控制模式的设置。辅助回路控制单元主要由电源控制电路、分合闸线圈控制电路等组成，可实现控制电源的转换和分合闸线圈的控制。参数设置单元由显示屏和输入键盘组成，显示器可对被控电动机的工况参数和状态参数进行实时显示，键盘可实现控制参数的设置。显示器与键盘建立了良好的人机交互界面，便于操作人员及时掌握设备的工作情况和参数的设置，实现了系统与用户之间的实时互动。

（二）监测系统

智能化高压电磁启动器的监测系统通过传感器及信号调理电路对被控电动机的电流、电压、绝缘电阻、有功功率、无功功率、功率因数、零序电流、负序电流、零序电压、零序功率方向角、频率、电量等工况参数进行测量，并通过显示器进行实时显示。这些工况参数以固定的方式送入单片机系统，然后经过处理和计算，能够判别高压电磁启动器当前的运行状态，并为故障保护和健康状态评估提供监测数据。

（三）保护系统

智能化高压电磁启动器配备了高压综合保护器。综合保护器设有启动超时、过载、断相或不平衡、过流、漏电、欠压、过压、漏电闭锁等功能，使电动机在工作时不至于因为欠压、过压、欠载、过载、短路、堵转等原因而导致损坏。相比于传统的单一保护，微机综合保护器在功能、指标方面都有了很大提高，实现了对高压电动机的综合保护。

1. 短路保护

短路保护包括对称短路保护和不对称短路保护。在对称短路故障情况下，一般以电流作为判断依据，采用速断跳闸进行保护。在不对称短路故障情况下，三相电流是不对称的。对于单相接地短路故障，在电流中会出现零序分量，这是区别于其他非接地故障的根本特征，可作为最直接的有效判据；对于非接地不对称短路故障，电流中会包含负序分量，以此为判断依据实现不对称短路保护。短路故障判断可采用对称分量法，三相电流 $\dot{I}_A$、$\dot{I}_B$ 和 $\dot{I}_C$ 可分解为正序分量 $\dot{I}_1$、负序分量 $\dot{I}_2$ 和零序分量 $\dot{I}_0$，分别为

$$\dot{I}_1 = \frac{1}{3}(\dot{I}_A + a\,\dot{I}_B + a^2\dot{I}_C) \tag{9-1}$$

$$\dot{I}_2 = \frac{1}{3}(\dot{I}_A + a^2\dot{I}_B + a\,\dot{I}_C) \tag{9-2}$$

$$\dot{I}_0 = \frac{1}{3}(\dot{I}_A + \dot{I}_B + \dot{I}_C) \tag{9-3}$$

式中 $a = e^{j120°}$，则

$$\dot{I}_1 = \frac{1}{3}\dot{I}_A + \frac{1}{3}\left[-\frac{1}{2}(\dot{I}_B + \dot{I}_C) + j\frac{\sqrt{3}}{2}(\dot{I}_C - \dot{I}_B)\right] \tag{9-4}$$

$$\dot{I}_2 = \frac{1}{3}\dot{I}_A + \frac{1}{3}\left[-\frac{1}{2}(\dot{I}_B + \dot{I}_C) + j\frac{\sqrt{3}}{2}(\dot{I}_B - \dot{I}_C)\right] \tag{9-5}$$

利用式（9－4）和式（9－5）以软件算法来实现对称和不对称短路保护。

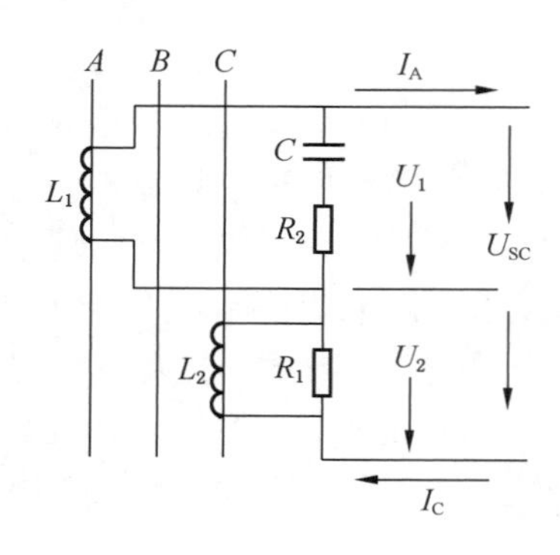

图9-34 负序电流滤序器的等效电路图

2. 断相或不平衡保护

当发生断相或不平衡运行时，也会引起三相电流的不平衡，在定子电流中会产生较大的负序电流，所以可将负序过电流作为断相或不平衡的主保护。为实现断相或不平衡的智能保护，负序电流滤序器的等效电路如图9-34所示。

滤序器的输出电压为

$$U_{SC}=U_1+U_2=I_A(R_2-jX_C)+I_CR_1=2I_CR_2+2I_AR_2e^{-j60^\circ} \tag{9-6}$$

由于系统正常运行时零序电流几乎为零，式（9-6）可整理为

$$U_{SC}=2R_2\sqrt{3}I_A-R_2e^{-j90^\circ} \tag{9-7}$$

式（9-7）表明滤序器输出电压只与负序电流有关。当电动机正常运行时，滤序器的输出电压为零，即 $U_{SC}=0$。当电动机发生断相或不平衡故障时，滤序器输出电压 $U_{SC}\neq 0$。因为只有在断相或不对称故障情况下才有负序分量，所以选取合适的电路参数和判断门限，可以使保护的灵敏度得到很大提高。

3. 温度保护

预埋在电机内部的热敏电阻PT100阻值随温度发生改变，当电机绕组温度达到135 ℃ ± 5 ℃时，温度检测模块检测到电机温度信号并传送给输入电路，控制器判断电机超温，发出电机超温故障指令，停止被控电机的运行，同时显示该电机超温，待电机冷却后自动复位。

4. 过载保护

当矿井高压电动机发生过载或堵转时，电动机的三相电流虽然对称但都会出现过电流，过电流的大小直接反映了过载程度。当发生堵转时采用短时限跳闸进行保护，并报警提示。过载一般采用反时限原理，反时限的特性一般根据具体的电动机进行设定。

5. 绝缘监视

绝缘监视是对高压电动机定子绕组和供电电缆绝缘水平进行在线监测，它主要采用附件直流检测原理，即给绝缘中注入一直流电流，根据直流电流的大小来判定绝缘水平的高低，当绝缘电阻降低到一定程度时，由计算机发出警示信号并显示绝缘电阻值。当绝电阻降低到设定值时，就发出跳闸信号，完成漏电保护功能。

6. 电压保护

电压保护包括欠压保护和过压保护。欠压保护根据设定的电压值进行动作，动作特性为速断。在对电网电压进行监测的过程中，一般设置为当电网电压低于额定电压的65%时综合保护系统动作。

过压保护也是根据设定的电压值进行动作，动作特性同样为速断。一般设置为电网电压高于额定电压120%左右时进行过压保护。

（四）故障诊断系统

高压电磁启动器的故障诊断系统不仅具有自诊断功能，对其所控制的设备也具有一定

的诊断能力。智能高压电磁启动器能够自动检测出本身硬件的异常部分，对电源三相不平衡、检测回路故障、CPU 故障、连线断开或接触不良、插件接触不良、触点磨损或粘焊等故障进行自我诊断，确保自身不带故障运行，大大提高了智能高压电磁启动器的可靠性和稳定性。智能高压电磁启动器自诊断的流程如图 9－35 所示。

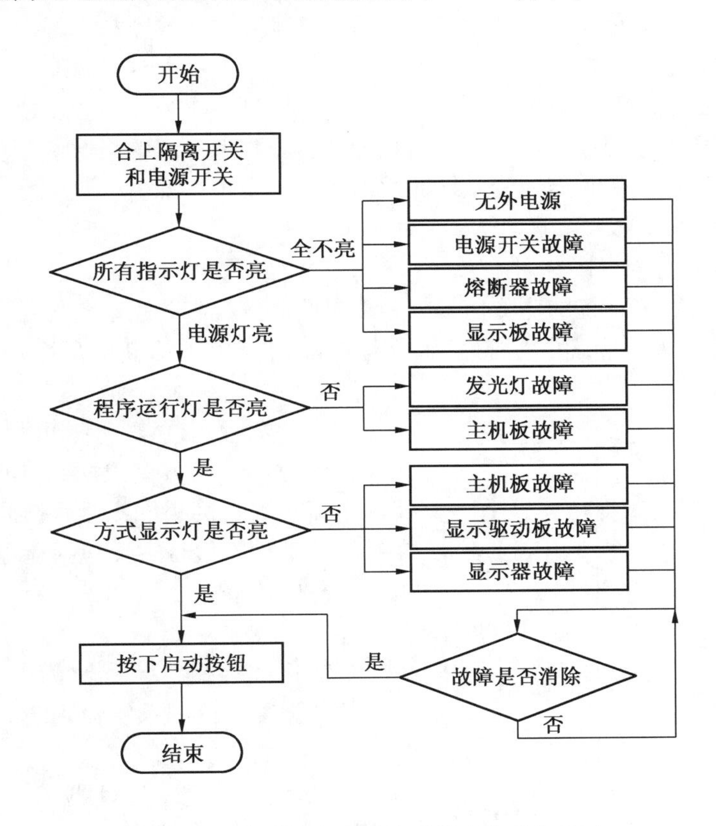

图 9－35　智能高压电磁启动器自诊断流程图

监测系统所测得的电压、电流、频率等信号将直接送入诊断系统，诊断系统自动提取所控高压电动机工况参数中的故障特征，使用人工神经网络根据已建立的故障诊断模型，采用智能算法对特征数据进行融合分析，综合判断，以实现对异步电机起动、运行及停机过程中的堵转、三相短路、匝间短路、定子缺相等故障进行诊断，大大提高了被控负荷工作的可靠性和连续性。

（五）通信系统

智能化高压电磁启动器的通信系统具备通信组网功能，通信方式主要有 RS485 和 CAN 总线通信。RS485 通信一般采用主从通信方式，CAN 总线是一种多主控的总线系统，具有更好的实时性，两种通信方式都能够与矿井供电系统监控网络相匹配。管理人员从上位机便可查询各运行参数，如当前电压、电流、有功功率、频率、电量及整定值等，并实现远程整定及遥控功能，如参数整定、时间整定、分机号整定、过流试验、漏电试验、监视试验、复位试验、电动分合闸等功能，同时能查询运行状态及故障信息。

四、智能化低压配电装置

智能化低压配电装置作为煤矿井下供电系统中的必备设备，其运行可靠性和稳定性直接影响着煤矿供电的安全性和可靠性。智能化低压配电装置是在传统配电装置的基础上将计算机控制技术、数字信号处理技术、网络通信技术和故障诊断技术融为一体，实现矿井低压供电系统的智能化配电。

智能化低压配电装置是以单片机、DSP、PLC 等 CPU 作为核心，以智能化的处理方法为手段，实现电压配电网的状态监测、信息融合、故障保护、网络通信等功能，主要包括监测系统、诊断系统、保护与控制系统、通信系统四个子系统。

（一）智能化低压配电装置的监测系统

1. 监测参数

低压配电装置监测系统的监测信号分为工况监测信号和故障诊断信号，工况监测信号用于监测低压配电装置的运行状态，而故障诊断信号用于诊断低压配电线路是否发生故障。

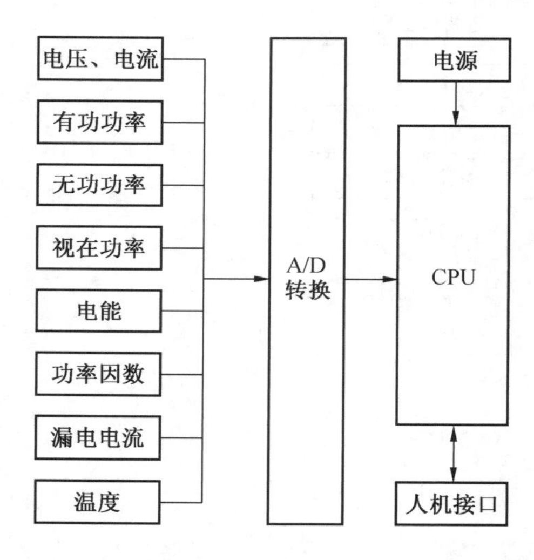

图 9－36　智能化低压配电装置的监测系统框图

工况监测信号主要包括电力基本参数：电压、电流、功率、功率因数、电能。其中，电压、电流可以直接测量，然后据此再计算出其他参数。故障诊断信号主要包括漏电电流、短路电流、过载电流等。

2. 监测系统组成

智能化低压配电装置监测系统是以 CPU 为核心的数据采集监测系统，系统的整体框图如图 9－36 所示。

CPU 单元包括微处理器 CPU、只读存储器（EPROM）、随机存取存储器（RAM）及定时器等。CPU 执行 EPROM 中的程序，对模拟量输入单元的数据进行采集、分析和处理。CPU 一般选择单片机、DSP、PLC 等，可根据实际应用需求进行相应的选择。

人机接口部分主要包括显示、键盘、各种面板开关等，其主要功能用于人机对话，如调试、定值调整、人机干预等。

电源部分提供装置所需要的工作电源，以保证整个装置的可靠供电。

（二）智能化低压配电装置的诊断系统

低压配电装置诊断系统主要针对监测系统采集到的各种数据，进行分析、归纳、整理、计算等二次加工，并根据现场实际需求进行工况分析、故障诊断、险情预测等。

故障诊断系统基于监测系统所采集到的各种参数，采用神经网络、支持向量机、模糊理论等智能算法进行分析，提取信号中的特征分量。根据所建立的故障特征库，分析故障类型，实现低压配电装置的故障诊断。低压配电装置的诊断系统框图如图 9－37 所示。

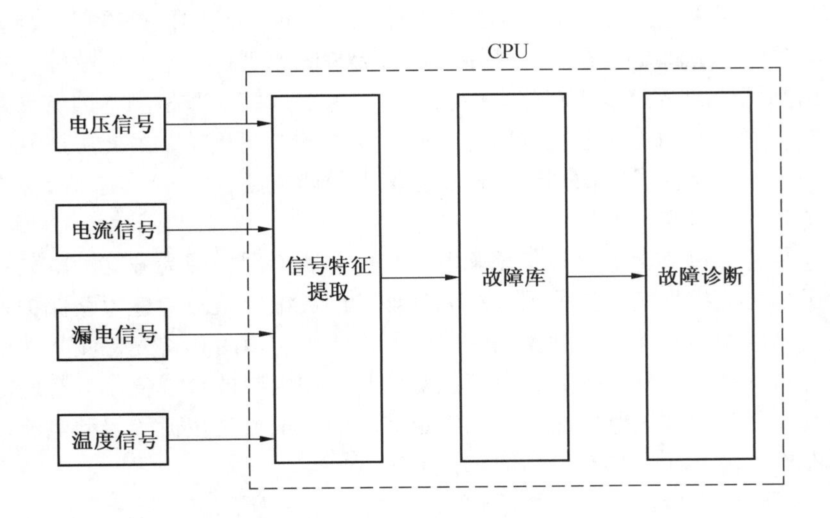

图9-37　智能化低压配电装置诊断系统框图

（三）智能化低压配电装置的控制与保护系统

低压智能化配电装置有多种控制模式，既可以就地控制，也可以远程控制或者集中控制。就地控制需要操作人员根据操作规程和负荷分布进行就地操作，这也是煤矿井下安全生产条例所要求的。远程控制是操作人员通过远程按钮对低压配电装置实行的一种控制模式，它可以在远方实现对低压配电装置的控制。集中控制是操作人员通过上级监控系统实现点对点的集控模式，它可以实现配电点的无人值守控制。

低压配电装置的保护范围是低压馈电线路，由于低压配电网是由多路配电线路组成，所以，低压配电装置有总配电装置和分支配电装置之分，一路总配电装置可以负责向多路分支配电装置配电，再由分支配电装置向各自的低压线路馈电，低压配电线路的传统模式如图9-4所示。由于配电装置所处的位置不同，作用和保护范围就不同，也就是说其保护功能和保护原理也不尽相同。

总馈电装置一般设置漏电闭锁、漏电保护、对称短路保护、不对称短路保护、过载保护、缺相保护、温度保护等。漏电闭锁和漏电保护均采用附加直流检测原理，只是漏电闭锁在配电装置未送电之前起作用，而漏电保护是在配电装置工作状态下起作用。对称短路保护采用鉴幅式检测原理，由于总配电装置保护范围短，可以有效提高总配电装置的动作速度，对于不对称短路故障和缺相故障，均采用负序电流检测原理，只是动作值不同而已，这可以有效区分两种故障状态。

分支配电装置的保护范围可以延伸到低压电网的配电点，配电点位置不同，各分支配电装置的保护范围也就不同。而且从低压配电的供电要求而言，各配电支路不能相互影响，也就是说一条支路出现漏电故障，不要影响到其他支路的正常供电。所以，分支配电装置的漏电闭锁仍然采用附件直流检测原理，这样可以保证动作值的稳定性。当配电支路的绝缘低值于闭锁值时，保护装置闭锁控制电路，禁止本支路送电，只有绝缘正常时，才允许正常合闸送电。为了避免各支路因绝缘故障而相互影响，分支配电装置采用选择性漏电保护原理，也就是采用附加直流检测结合零序电流方向判别的保护原理。当某一配电支路发生漏电故障时，总馈电装置首先采用附加直流检测原理检测到漏电故障，并向各分支馈电开关发出判别启动指令。所有分支馈电开关的保护系统同时检测本馈电支路的零序电流方向，只有故障支路的零序电流方向与非故障支路的方向相反，由此可以判别出故障支路并发出跳闸指令。这样可以做到选择性切除漏电故障支路，并不影响非故障支路的正常供电，保障了其他供电支路的连续性。

分支配电装置的短路保护原理与总配电装置也有所不同，因为分支配电装置的供电距离较长，为了尽可能扩大其保护范围，提高其保护的灵敏度，对称性短路保护采用基于功率因数检测的相敏型短路保护原理。当短路电流大于整定值时，首先检测其功率因数的大小，并以此为基础计算得到本支路的电流相对值与功率因数的合成值，只有此值位于保护范围时才能判定是对称性短路电流，否则判定此时的大电流是负荷的启动电流，这样不仅具有较宽的保护范围，而且具有较高的动作灵敏度。

智能化低压配电装置的保护系统原理框图如图 9－38 所示。

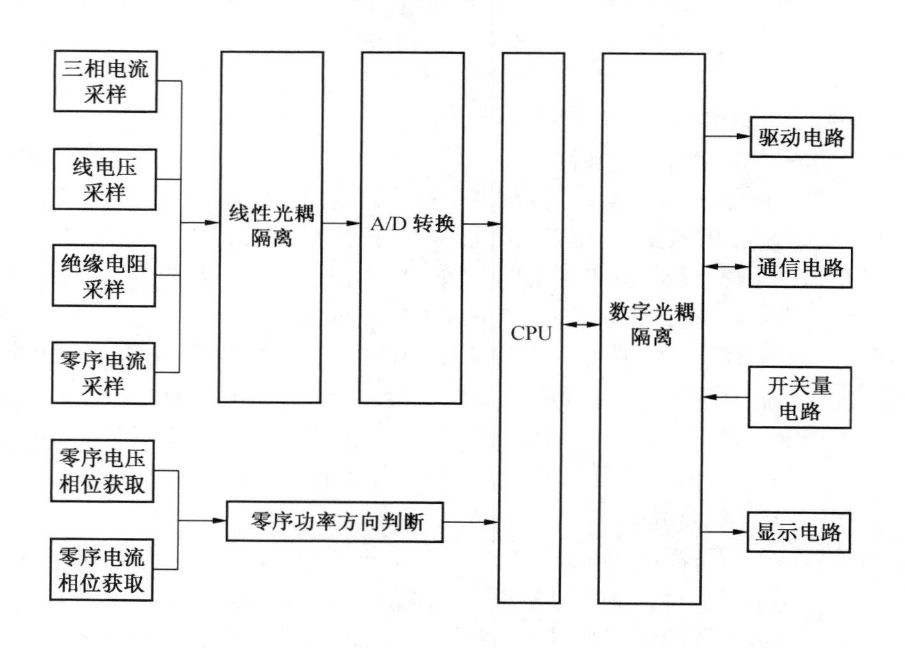

图 9－38　智能化低压配电装置保护系统框图

（四）智能化低压配电装置的通信系统

为了实现矿井智能化供电的目标，低压配电装置设置了三种通信模式，即总配电装置与各分支馈电装置之间的通信，总馈电开关与监测分站的通信以及分支馈电开关与监测分站的通信。总馈电开关与分支馈电开关之间的通信采用基于中断响应的硬件通信模式，总馈电开关、分支馈电开关与检测分站的通信采用 MODBUS 或 CAN 协议通信模式。

1. 中断式硬件通信模式

总馈电开关与分支馈电开关之间的通信主要用于选择性漏电保护。为了实现分支馈电开关之间的选择性漏电保护，并保证动作值的稳定性，利用总馈电开关的保护系统检测漏电故障发生的时刻，利用分支馈电开关的保护系统判断零序电流的方向。为了达到该目标，总馈电开关的输出控制信号与各分支馈电开关保护系统的最高级中断源相连接。一旦发生漏电故障，由总馈电开关向各分支馈电开关发出中断请求，分支馈电开关收到中断信号后，马上检测本支路的零序电流方向，确定漏电故障是否发生在本馈电支路，若是，直接发出跳闸信号，立即切断故障点，否则，退出中断，闭锁本支路漏电检测单元。

2. MODBUS 协议通信

MODBUS 协议支持传统的 RS－232、RS－422、RS－485 和以太网设备，在进行多级通信时，MODBUS 协议规定每个控制器需要知道它们的设备地址，识别按地址发来的数据，决定是否要产生动作，产生何种动作。如果需要回应，控制器将生成的反馈信息用 MODBUS 协议发送给询问方。

MODBUS 协议包括 ASCⅡ、RTU、TCP 等，并没有规定物理层。此协议定义了控制器能够认识和使用的消息结构，而不管它们是经过何种网络进行通信的。MODBUS 的 ASCⅡ、RTU 协议规定了消息、数据的结构、命令和应答的方式，数据通信采用 Maser/Slave 方式，Master 端发出数据请求消息，Slave 端接收到正确消息后就可以发送数据到 Master 端以响应请求。Master 端也可以直接发消息修改 Slave 端的数据，实现双向读写。

控制器通信使用主从技术，主设备可单独和从设备通信，也能以广播方式和所有从设备通信。如果单独通信，从设备返回消息作为回应，如果是以广播方式查询，则不作任何回应。MODBUS 协议建立了主设备查询的格式为设备地址、功能代码、所有要发送的数据、错误检测域。从设备回应消息也由 MODBUS 协议构成，包括确认要行动的域、要返回的数据和错误检测域。如果在数据接收过程中发生错误，或从设备不能执行其命令，从设备将建立错误消息并把它作为回应发送出去。

3. CAN 协议通信

CAN（Controller Area Network）即控制器区域网，主要用于各种设备检测及控制的一种网络。CAN 最初是由德国 Bosch 公司为汽车的监测、控制系统而设计的。CAN 具有独特的设计思想，良好的功能特性，极高的可靠性和很强的现场抗干扰能力。具体特点如下：

（1）通信方式灵活。可以多主机方式工作，网络上任意一个节点均可以在任意时刻主动地向网络上的其他节点发送信息。可以点对点、点对多点及全局广播方式发送和接收数据。网络上的节点信息根据 ID 号可分成不同的优先级，可以满足不同的实时要求。

（2）CAN 通信格式采用短帧格式，每帧字节数最多为 8 个，可满足通常工业领域中控制命令、工作状态及测试数据的一般要求。同时，8 个字节也不会占用总线时间过长，从而保证了通信的实时性。

（3）采用非破坏性总线仲裁技术。当两个节点同时向总线上发送数据时，优先级低的节点主动停止数据发送，而优先级高的节点可不受影响地继续传输数据，这大大地节省了总线仲裁冲突时间，在网络负载很重的情况下也不会出现网络瘫痪。

（4）直接通信距离最长可达 10 km（速率 5 kb/s 以下），最高通信速率可达 1 Mb/s（此时距离最长为 40 m）。节点数可达 110 个，通信介质可以是双绞线、同轴电缆或光导纤维。

五、智能化低压电磁启动器

低压电磁启动器是矿井供电系统中控制电动机的电控设备，其性能优劣直接关系着电动机运行的可靠性和安全性。长期以来，在我国煤矿井下供电系统中，常使用空气接触器作为低压电磁启动器，该设备断流能力小，保护简单，易造成电动机烧损事故。为了提高低压磁力启动器的可靠性，低压磁力启动器的集成化、智能化和网络化已经成为当今矿山供配电领域发展的趋势。

（一）智能化单体磁力启动器控制与保护技术

智能化单体磁力启动器是集保护、监测、控制和通信于一体的低压电磁启动装置，用于控制和保护单台电动机。其中，主控系统以单片机、DSP、高端 CPU 等为控制核心，对低压磁力启动器的起动过程、吸持过程及分断过程进行控制，实现对被控电动机短路、过压、欠压、堵转、过载、不平衡、断相等故障的保护。除此之外，该设备还能够实时显示电动机的电压、电流及其运行状态，在电动机发生故障时具有故障记忆和声光报警功能，并可以实现与主控计算机的双向通信。典型的智能化单体电磁启动器电压等级分 660 V、1140 V 和 3300 V 三种，额定电流范围为 30 ~ 500 A。

1. 监测系统

智能化单体磁力启动器设有监测系统，它能实时监测磁力启动器本身以及被控电动机的运行状态，为磁力启动器的故障诊断提供基础数据，其监测的主要内容有：

（1）电磁启动器的运行参数，包括工作电压、工作电流、运行温度等。

（2）远控开关、近控开关及试验开关的位置。

（3）接触器的开合次数。

（4）真空接触器真空管的真空度。

（5）周围环境瓦斯浓度。

（6）电动机的运行参数，如功率因数、电压、电流、绝缘电阻等。

计算机通过对所设置传感器信号的采集、分类、存储和管理，实现对各种状态的分析和判断。

2. 控制系统

根据煤矿井下的特殊环境和实际负荷运行需要，低压单体磁力启动器对电动机的启停控制有 4 种模式，即就地控制、远程控制、程序控制和集中控制。就地控制是指各个设备单独启停，设备之间没有必要的联锁关系，通过启动器外壳上的按钮实现电动机的控制；远程控制是通过远程控制电路来完成的，远程控制电路为本质安全型电路，通过远方控制按钮实现煤矿井下电动机的远距离控制；程序控制是指各个设备的启停具有一定的联锁关系，以多部带式输送机的启停控制为例，各部带式输送机的启停遵循逆煤流启动，顺煤流停止原则，即下一台设备不起车，上一台设备不能起车；当上一台设备不停车，下一台设备不能停车，所谓的上下指的是煤流的方向。集中控制是指启动器通过通信总线在计算机指挥下实现综采工作面多种电气设备的集中监测与控制。

3. 保护系统

为了保证被控电动机能安全可靠地运行，单体磁力启动器中设计有多种保护功能。比如漏电闭锁、短路保护、缺相保护、过载保护、过电压保护等，这些保护原理与高压电磁启动器基本相似。需要注意的是，低压电磁启动器还设置有真空管漏气保护、瓦斯超限闭锁、限制点动次数等保护功能，有效地保证了电动机的可靠运行。

另外智能化单体磁力启动器设有系统试验功能，包括漏电试验和短路试验。操作人员在合闸前可以对系统进行漏电和短路试验，以检测漏电检测回路、电流保护回路及程序的运行正常与否。

4. 通信系统

因为智能化电磁启动器在低压供电系统中，是最底层的电控设备，所以它的通信系统采用 RS485/RS232 通信接口来实现起动器与上级计算机的双向通信功能，并可以借助上位机与各单体磁力启动器形成通信网络，实现电磁启动器的信息共享。

（二）智能化组合式电磁启动器

智能化组合式电磁启动器是煤矿井下集中负荷控制的典型装备，它是由多个智能化单体磁力启动器组合而成，又称组合开关。该设备主要应用于煤矿井下综采、综掘、运输系统等成套设备的集中控制，完成对采煤机、刮板输送机、转载机、破碎机、乳化液泵、喷雾泵等设备的正常启停控制、顺序控制和联动控制，并能对供电线路和电动机的漏电、过压、欠压、过载、短路、断相等故障进行保护。

1. 组合式电磁启动器的控制系统

矿用低压智能化组合式电磁启动器通常按照工作电压可分为 3300 V、1140 V 和 660 V 三种，按照可控回路数最多可达 14 路，其中以 4 回路、6 回路及 9 回路最为常见。智能化组合式磁力启动器的中央控制单元以 PLC、DSP 及多 CPU 为主。由于 PLC 具有可靠性高、功能强、编程方便、模块组合灵活、性价比高、有优良的开发平台等特点，智能化组合式磁力启动器中多采用 PLC 为核心控制单元，按照不同的控制模式完成集中负荷的群控与保护。

1）控制模式

根据煤矿井下实际工作设备需求情况，组合式电磁启动器设置了六种控制方式，即手动控制、程序控制、双速手动控制、双速自动控制、双速低速运行和点动控制方式。

手动控制方式是指组合式电磁启动器的各单元之间相互独立，每一驱动单元可以驱动不同的负载，而且各个负载之间没有必然的联系。在这种运行方式下，可以随时通过远程控制按钮来控制电动机的启动和停止。

程序控制方式是指各驱动单元之间按照预先设定启停程序依次起动各自驱动电机，实现多驱动电动机的程序控制。这种控制模式适用于多部带式输送机、工作面生产设备等具有起停顺序要求的生产环节。采用这种控制模式可实现多设备之间的顺煤流停车和逆煤流起车。

双速手动控制模式是通过手动操作模式控制双速电动机，比如工作面转载机、刮板输送机等。当这类设备启动时，必须先启动电动机低速绕组，保证低转速大转矩运行稳定后，再启动电动机高速绕组，这种控制方式可防止电动机重载起动时烧毁。由于电动机低速运行时电流较大，必须增加时间限制条件，否则就会烧损电机。所以，即使是手动控制模式，PLC 同样参与控制，以避免电动机长时间低速运行。

双速自动控制模式有基于时间和电流两种控制原则。时间控制原则是指当前电动机低速启动之后，按照设定延迟时间，延迟时间条件满足后，会自动切换至高速绕组，使电动机高速运行。电流控制原则是指当前电动机低速绕组启动后，只有检测到负荷电流低于设定值后，自动切换到高速绕组，使电动机高速运行。这两种模式单独使用时都存在一定的局限性，时间控制原则存在重载时启动失败的隐患，电流控制原则则存在重载时绕组烧损的问题。所以还可以采用电流为主、时间为辅的控制原则，这样可以有效解决重载启动时存在的两大隐患。

双速低速运行方式是指工作面刮板输送机机头机尾两台电机一直运行于低速状态的模式，这种模式适用于重载下启动运行，但不能长时间这样运行，否则低速绕组就有可能烧损。

点动运行模式是指刮板输送机压煤时起动的控制模式，在压煤状态下，通过点动通电，使电动机低速绕组瞬时起动的一种启动方式，多次点动后，压煤可以被清除，此时再采用常规控制模式起动电动机。但是这种模式给电动机低压绕组带来的电动冲击是很大的，所以，点动次数必须加以限制。当然这种模式还可以用于刮板输送机紧链和带式输送机紧带控制。

2）控制系统

智能化组合式磁力启动器多采用高端 PLC 为核心控制器，以实现电动机的各种控制和保护功能。下文以四回路组合开关为例介绍其控制系统。图 9－39 为四回路组合开关控制系统结构框图。该系统包括本安远控模块、漏电检测模块、断相检测模块、电流电压模

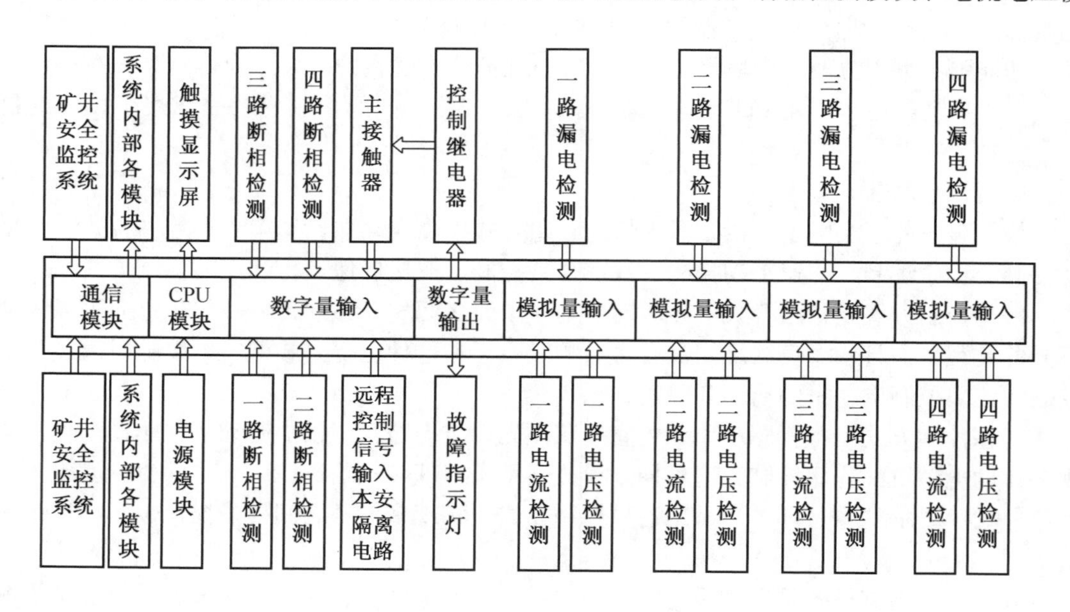

图 9－39 组合开关控制系统结构框图

拟量采集模块、人机界面（触摸屏）、报警模块及电源模块。可以实现4路负荷的实时控制，并对每一负荷的工况进行实时监控与保护。回路数量较多的组合开关控制系统还可采用多PLC分布式控制模式，主PLC与子PLC组成集散控制系统：主PLC控制程序完成硬件配置及参数设置、通信定义和用户程序的编写等；子PLC控制程序主要由信号采集模块、滤波模块、计算模块、保护输出模块组成，各子PLC独立工作。

2. 智能化组合式电磁启动器的保护系统

为保证煤矿井下电动机能安全可靠地运行，智能化组合式电磁启动器与单体磁力启动器一样设有漏电闭锁保护、电压保护、电流保护、瓦斯超限、真空管漏气、限点动和过热等保护，另外智能化组合式电磁启动器的保护系统还设有本安先导回路及整定电流匹配保护。

1）本安先导回路

本安先导回路是为防止远方控制时远控电缆因被砸或被挤压而发生短路或断线故障，产生自起动现象而设计的。它是控制主电路闭合、断开时最先接收指令信号的控制电路，其性能优劣关系到整个测控系统能否按照预定方式正确动作。因此对本质安全型先导电路的设计，在符合本质安全火花电路要求的同时，还必须保证在控制线路发生故障时，能自动停车，而且不产生自起动现象。

2）整定电流的匹配保护

为了确保电流互感器良好的线性度，根据所带电动机额定电流的大小可分为2挡：低挡电流整定范围为30～199 A，高挡电流整定范围为200～400 A。不同挡位对应不同的计算方程，只有整定电流值与对应挡位相匹配时，CPU才能正确计算电动机的参数，否则闭锁本回路的漏电检测功能，并由触摸屏显示“整定错误”。如该回路工作于非程控方式，仅闭锁本回路的启动；如该回路为程控方式，则闭锁所有程控回路的启动。

3. 智能化组合式电磁启动器的监测与诊断系统

智能化组合式电磁启动器监测与诊断系统除了具备单体电磁启动器的监测功能外，它还具备自诊断功能。自诊断可方便地检查本回路的控制和保护系统是否能正常运行。另外，每个功能子模块也有自诊断功能，可以通过程序设置每个子模块的自诊断功能及通过局域网实现各子模块的互诊断功能，这样就使得系统具有捕捉断续性和瞬间性故障的功能，同时处理模块采用故障安全保护措施，以确保控制的安全性。

4. 智能化组合式电磁启动器的通信系统

按照上述控制系统的设计，组合式电磁启动器的通信系统共包含三部分，即各回路CPU与CPU之间的通信，每回路CPU与上一级CPU之间的通信，以及每回路CPU与人机界面的通信。各回路CPU之间采用RS485通信模式，每回路CPU与上一级CPU之间采用Profibus现场总线通信模式，每回路CPU与人机界面之间也采用RS485通信模式。

（三）智能化多局部通风机集成控制系统

局部通风机是煤矿井下掘进工作面必不可少的通风设备，是保证矿井安全生产的重要举措，其工作可靠性直接影响着煤矿的生产安全和生产效益。多局部通风机集成控制系统适用于含有爆炸性气体和煤尘的矿井中，特别适用于多巷道掘进多局部通风机供风的掘进工作面，可对多台对旋式局部通风机的联合运行进行集中控制和保护，保障掘进工作面的不间断供风，降低无计划停电停风事故发生的概率。

多局部通风机集成控制系统多采用 PLC 为中央处理单元，配合相应的信号传感器、信号采集电路、功率出口电路等，可以对局部通风机实现控制、保护、监测及诊断功能，从而保证掘进工作面多局部通风机供风的连续性。

1. 多局部通风机的供电系统

早期国内掘进工作面局部通风机普遍采用单回路供电方式，电气故障经常影响掘进工作面的供风连续性。从 20 世纪 80 年代后期，国内推行掘进工作面“三专两闭锁”供电方式，它从一定程度上降低了掘进工作面“无计划”停电停风的次数，但供电系统中任何一个环节出现停电检修或发生局部通风机机械故障，都会影响所有局部通风机的工作。从 20 世纪 90 年代后期，国内一些特大型矿井开始使用双风机双电源的供风方式，这样从理论上讲可以降低“无计划”停电停风的概率。但经过几年的应用，局部通风机“无计划”停电停风造成瓦斯积聚乃至酿成瓦斯事故的情况仍屡有发生。在此背景下，智能化多局部通风机集中控制系统就应运而生。如图 9－40 所示为智能化三巷掘进工作面多局部通风机集成控制系统供电系统。图中 DY 为通风机电源；T1、T2 为干式变压器，其高压侧额定电压通常为 6 kV 或 10 kV，低压侧电压为 1140 V；KD 为馈电开关；GL 为隔离换相

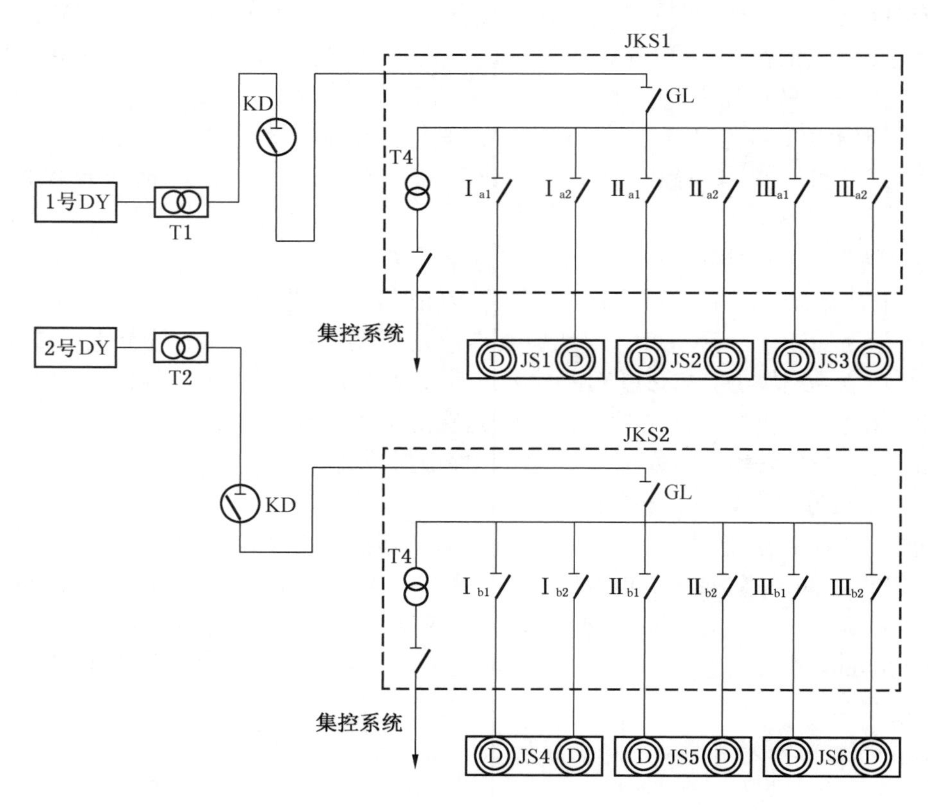

图 9－40　新型三巷掘进工作面多局部通风机集成控制系统供电系统图

开关；T3、T4 为变压器，它将 1140 V 交流电压转换为集控系统所需电压；JS 为通风机；$Ⅰ_{a1}$、$Ⅰ_{a2}$、$Ⅱ_{a1}$、$Ⅱ_{a2}$、$Ⅲ_{a1}$、$Ⅲ_{a2}$、$Ⅰ_{b1}$、$Ⅰ_{b2}$、$Ⅱ_{b1}$、$Ⅱ_{b2}$、$Ⅲ_{b1}$、$Ⅲ_{b2}$为磁力启动器，控制通风机的启停；JKS 为三巷掘进工作面多局部通风机集成控制系统。该供电系统以两台多局部通风机控制系统联合运行，一台工作、一台备用，不论工作台因故障跳闸还是因停电跳闸，备用台都会按顺序自动投入，并报警示意。

2. 多局部通风机的控制方式

根据煤矿井下多局部通风机供风的控制要求，多局部通风机集成控制系统设有四种控制模式，即多路程序自动控制、单路独立控制、多路程序手动控制和多路程序空载试验控制。

1）多路程序自动控制方式

该方式是多局部通风机控制系统最常用的控制方式，是长时工作制。下文以三巷掘进多局部通风机控制系统为例说明。如果三条巷道（Ⅰ、Ⅱ、Ⅲ）中主局部通风机中的 6 台电机编号分别为$Ⅰ_{a1}$、$Ⅰ_{a2}$、$Ⅱ_{a1}$、$Ⅱ_{a2}$、$Ⅲ_{a1}$、$Ⅲ_{a2}$，备用局部通风机中的 6 台电机编号分别为$Ⅰ_{b1}$、$Ⅰ_{b2}$、$Ⅱ_{b1}$、$Ⅱ_{b2}$、$Ⅲ_{b1}$、$Ⅲ_{b2}$，在这种控制方式下，按下工作台的起动按钮，三条巷道中的 6 台电机将按照$Ⅰ_{a1}\rightarrow Ⅱ_{a1}\rightarrow Ⅲ_{a1}\rightarrow Ⅰ_{a2}\rightarrow Ⅱ_{a2}\rightarrow Ⅲ_{a2}$的顺序间隔 Δt 依次起动。这样可以实现局部通风机风筒的有限软开启，防止风筒接口脱落，避免漏风现象发生。工作台正常运行后，备用台处于热备用状态，假如工作台所控制的局部通风机中任何一台电机出现故障跳闸，备用台控制的对应局部通风机的两台电机会按照整定时间间隔自动起动，同时发出报警信号。

2）多路程序手动控制方式

多路程序手动控制方式是针对两套集成控制系统同时失效时的情况设计的。当工作台所控制的局部通风机中任何一台电机出现故障跳闸后，备用台所控制的对应局部通风机的两台电机会按照整定时间间隔自动起动，此时若备用台起动失败，那么其中一条掘进巷道将面临停风的危险。为了保证多路程序自动控制失败后掘进工作面通风的连续性，此时可以转换为多路程序手动控制方式进行控制。在手动控制方式下，两套集成控制系统均不参与控制，只有手动控制系统参与控制，其控制过程与多路程序自动控制方式相同。但要注意的是，该控制方式是按短时工作制设计，维修人员必须尽快检修并恢复发生故障的集成控制系统，及时将手动控制运行方式转换到自动控制方式下运行。

3）单路独立控制方式

该方式用于对瓦斯超限巷道进行单回路瓦斯排放。在该控制方式下，操作人员可以通过路数选择开关选择需要起动的电动机，实现单台电动机的独立控制。瓦斯排放完毕后，局部通风机的停止与多路程序自动控制方式下相同。

4）多路程序空载试验控制方式

该方式是针对故障台检修后，检验修复效果而设计的。在该控制方式下，检修好的集控系统处于热备用状态，可在不影响工作台正常工作的情况下，执行各种模拟操作。

3. 多局部通风机的保护方式

多局部通风机集控系统一般具有漏电闭锁、过载、短路、断相、过压、欠压等保护功能，其保护模式与智能化组合式电磁启动器相同。

4. 多局部通风机集控系统的通信

随着煤矿自动化水平的提高，矿井设备联网已经成为一种趋势，多局部通风机集控系统是矿井掘进工作面的重要设备，也必须具备通信功能，以满足全矿安全监测监控的需要。多局部通风机集控系统的通信与智能化组合式电磁启动器的通信模式相同，其主要通过 RS485、工业以太网和现场总线来实现通信。

5. 多局部通风机集控系统的故障诊断

多局部通风机集控系统与智能化组合式电磁起动器一样具有自诊断和互诊断功能。它还可以对多局部通风机进行故障诊断，分析其故障原因。另外，由于多局部通风机的两个集控系统互为热备用，当一个系统在运行时，另一个系统需要对系统内部进行自诊断，以确保其能随时正常投入使用。

六、智能化移动变电站

移动变电站既是矿井负荷的供电枢纽，又是供电系统的电压转换单元，所以它的工作可靠性直接影响着供电系统的安全性，也影响着供电负荷的工作稳定性。智能化移动变电站是将高端计算机控制系统集成于移动变电站的高、低压配电装置中，集计算机控制技术、数字信号处理技术、故障诊断技术和网络通信技术于一体，完成生产负荷的智能化供电与控制。

（一）智能化移动变电站的控制系统

智能化移动变电站是由智能化高压配电装置、干式变压器和智能化低压配电装置组成，三者融为一体，相互关联，相互作用。高压配电装置既能实现对干式变压器的控制与保护，又能实现对干式变压器运行状态的监测与评估。而低压配电装置主要完成对低压配电线路的控制与保护。智能化高压配电装置和低压配电装置内部的控制方案前文已有介绍，这里仅就高低压配电装置之间的控制方案做简单叙述。

1. 高压配电装置与干式变压器之间的控制

高压配电装置的控制对象是干式变压器，正常情况下，高压配电装置负责干式变压器的停、送电控制；当变压器发生故障或者出现不正常运行状态时，高压配电装置根据智能化测控单元的判断结果，发出跳闸信号或者给出不正常运行状态警示。

2. 高低压配电装置之间的控制

从功能上看，高低压配电装置之间互不相关，实际上，两者之间存在着不可分割的依附关系。为了提高移动变电站对低压侧故障的分断能力，增强低压侧故障时控制系统的工作安全性和可靠性，现在广泛采用“低压检测，高压跳闸”的控制策略。也就是说，当低压侧发生故障时，低压配电装置的检测单元会向高压配电装置的控制单元发去跳闸信号，由高压断路器执行跳闸功能，这样可以有效地提高移动变电站的分断能力。

“低压检测，高压跳闸”这种控制方法一般有两种接线模式，分别如图 9－41、图 9－42 所示。图 9－41 是将低压检测单元的输出节点串接于高压跳闸电路之中，当低压侧发生故障时，低压控制单元经过分析判断，直接发出跳闸信号，由此来分断高压断路器。

图 9－42 是低压控制系统通过通信接口与高压控制器相连接，也就是通过网络实现高低压侧的信息交互，当低压侧发生故障时，低压控制器会通过通信网络发出跳闸信号，然后由高压控制器做出判断，实行跳闸操作。

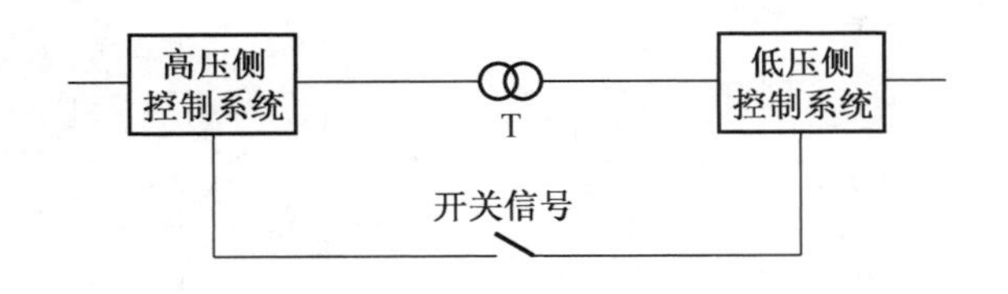

图 9－41　移动变电站高低压侧之间通过开关连接的接线图

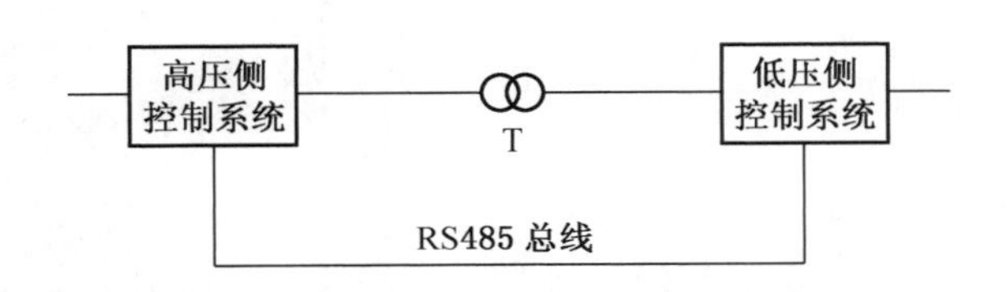

图 9－42　移动变电站高低压侧之间通过总线连接的接线图

（二）智能化移动变电站的保护系统

智能化移动变电站的保护系统由高压侧保护系统和低压侧保护系统组成。高压侧保护系统的保护对象是干式变压器，而低压侧保护系统的保护对象是低压配电线路。因为保护对象不同，故障类型及保护原理也不同。

1. 高压配电装置保护系统

高压配电装置保护系统的保护对象是干式变压器。变压器常见的故障有漏电、短路、过载、过热、过压等，对于漏电、短路、过载、过压故障，保护原理与前述高压配电装置雷同，这里仅就干式变压器特有的故障保护原理予以阐述。

1）变压器差动保护

差动保护是基于霍尔电流定律，反应于被保护元件的流入电流与流出电流之差而动作。电流差动保护能够准确区分干式变压器内外部故障，可以无延时的切除内外部故障，所以被广泛地作为变压器的主保护，变压器差动保护的原理如图 9－43 所示。变压器在正常工作状态下，如图 9－43a 所示，变压器的原副边会有成比例的电流通过，根据两电流互感器的同极性关联特性，流过继电器中的电流 $\dot{I}_j = \dot{I}_1 - \dot{I}_2$，如果选择一定比例的电流互感器，可使 $\dot{I}_j$ 为 0，继电器不动作。当变压器内部发生相间短路时，变压器两侧电流互感器的二次侧电流将不相等，如图 9－43b 所示，此时继电器动作，切除内部故障。如果变压器外部发生短路故障，如图 9－43c 所示，那么流过检测元件的电流 $\dot{I}_j$ 也为 0，所以，外部故障也不属于差动保护的保护范围。

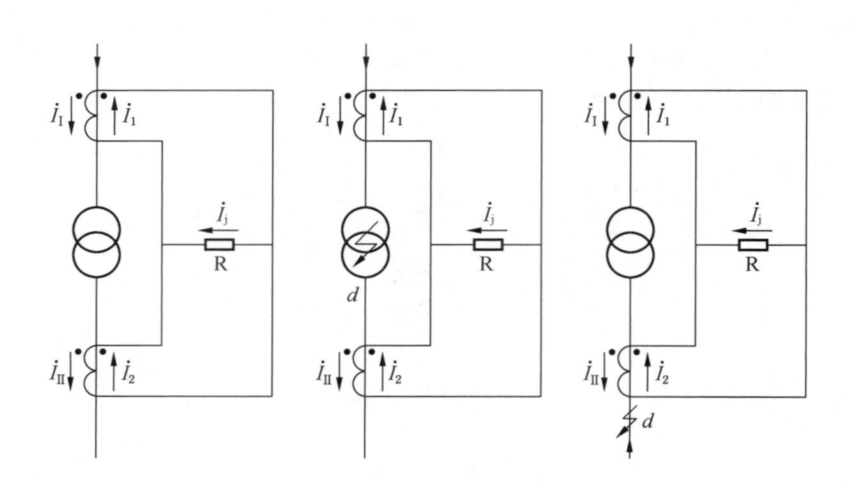

图9-43 变压器差动保护原理图

2）变压器温度保护

变压器在发生内部故障时会引起温度升高，容易导致变压器烧损，造成重大的经济损失。因此，通常在高压配电装置保护单元设置温度保护功能，它可以实时采集绕组的温度信号，当温度超过设定值时，CPU 输出跳闸信号切断高压电源。温度传感器配合差动保护可以精确检测变压器绕组温升发热现象，确保变压器始终工作在正常温度范围内。

2. 低压配电装置保护系统

低压配电装置保护系统的保护对象是低压配电线路，低压配电线路的故障类型及保护原理与前述智能化低压配电装置的保护原理雷同。

（三）移动变电站的监测系统

监测系统是保护系统正常运行的前提，负责实现状态数据采集功能，即实时采集电网的电流、电压、负序和漏电的模拟信号，为各种保护动作、状态监测以及故障判断提供依据。移动变电站的监测系统包含高压配电装置监测系统与低压配电装置监测系统。

1. 高压配电装置监测系统

（1）高压配电装置监测系统可实现电气参数的实时监测和显示，包括三相电压、三相电流、有功功率、无功功率、功率因数、零序电压、零序电流、电能等，同时还可以监测其工作状态并显示。

（2）干式变压器是移动变电站的核心环节，对其状态进行在线监测至关重要。通过状态监测可以分析特征参量及其变化速率，发现本体内部异常迹象及状态的变化趋势，预防变压器内部突发故障的发生。在线监测的运行状态有：

① 渐变电压。它可以反映干式变压器的绝缘老化状态。

② 运行电流。运行电流包括正常工作电流、过载电流和故障电流，它可以反映干式变压器的运行状态。

③ 温度。温度包括绕组温度和铁芯温度，绕组温度可以反映变压器绕组的过热情况，这是影响变压器绝缘的关键因素之一。铁芯温度可以反映变压器的漏磁情况，它是影响变压器使用寿命的主要因素。

④ 接地电流。它可以反映变压器内部的接地故障，特别是多点接地故障。

⑤ 局部放电。局部放电测量包括局部放电量、局部放电相位和局部放电次数的直接量监测，由此再按照计算模型计算出局部放电的统计参量，比如偏斜度、峭度、不对称度等，从而建立起他们随时间的变化规律，以判断绕组绝缘的运行状态。

干式变压器状态监测参量如图9-44所示，监测参量及获取方式见表9-8。

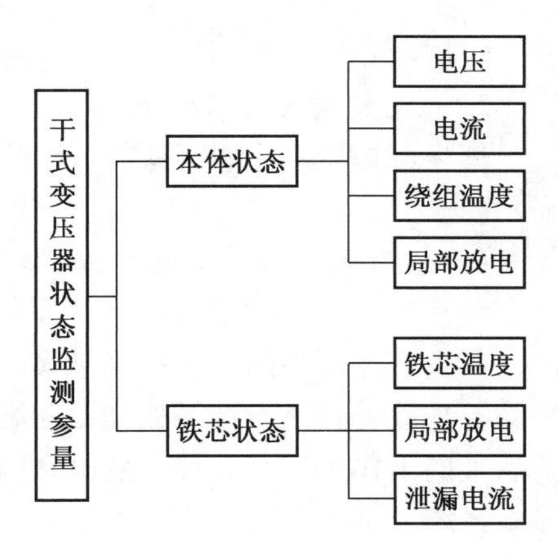

图9-44 干式变压器状态监测参量框图

表9-8 监测参量表

状态参量	特征值	通道数	传感器
三相运行电压	有效值	3	电压互感器
三相运行电流	有效值	3	电流互感器
三相绕组和铁芯温度	平均值	4	温度传感器
铁芯泄漏电流	有效值	1	电流传感器
三相绕组和铁芯局部放电	视在放电量 放电相位 放电次数	4	脉冲电流传感器

矿用隔爆型干式变压器状态在线监测系统要实现如下具体功能：

（1）应能自动、连续地对干式变压器状态参量进行在线监测、数据处理、数据存储和数据通信。

（2）具有较好的抗干扰能力和足够的监测灵敏度。

（3）监测结果有较好的重复性以及较高的准确度。

矿用隔爆型干式变压器状态监测系统应包括以下基本单元：

（1）信号变送。传感器从干式变压器上监测出反映绝缘状态的物理量，并将强电信号或非电信号转换为弱电信号，传送到后续单元。

（2）信号调理。对传感器变送过来的信号进行预处理，对混叠在信号中的噪声加以抑制，以提高信噪比。

（3）数据采集。对经过预处理后的信号进行采集、转换和储存。

（4）信号的传输。将采集到的信号传送到后续单元，传输单元需要对信号进行适当的变换和隔离。

（5）数据处理。对所采集到的数据进行分析和处理，例如进行数字滤波，特征值提取，时域和频域分析等。

2. 低压配电装置监测系统

低压配电装置监测系统可实现电气参数的实时检测和显示，合分闸控制及状态显示。

（四）智能化移动变电站的诊断系统

移动变电站的故障诊断系统是智能化的重要功能之一。随着矿井下供电系统日趋复杂，各种故障出现的概率越来越大，故障类型越来越多。智能化移动变电站在保留传统保护测控功能外，还设计了故障诊断和趋势预测功能，从而进一步提高了移动变电站保护测控装置的工作可靠性。移动变电站的诊断系统包含高压配电装置诊断系统与低压配电装置诊断系统，下文仅就高压配电装置中干式变压器部分的诊断系统进行叙述。

1. 干式变压器故障的发展过程

干式变压器故障的产生是由一个或多个故障诱因的集中效应而引起的。因此，需要明确状态参量的变化规律，确定引起故障的演变过程，以便能正确地找出故障产生的原因，这是故障诊断的前提。

1）过电压引发短路故障的过程

2）过负荷引发短路故障的过程

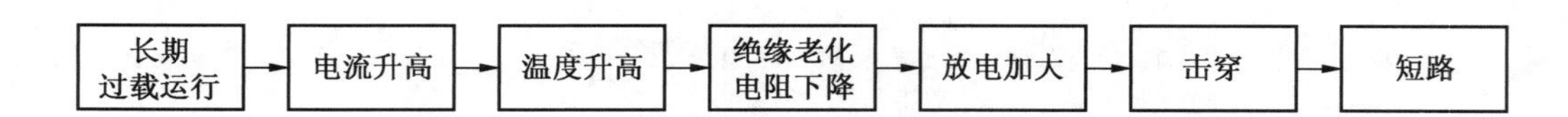

3）温度升高或温升过快引发短路故障的过程

4）铁芯多点接地引发短路故障的过程

5）局部放电变化引发短路故障的过程

2. 干式变压器故障诊断方法

干式变压器是一个复杂的非线性系统，因此其故障机理复杂，故障模式繁多，引发同一故障原因众多，故障现象与故障特征之间关系复杂，故障与故障之间耦合关系密切。另外矿用隔爆型干式变压器的工作环境特殊，导致诸多不确定因素，因此需要借助人工智能识别方法进行故障诊断。

1）故障树的建立

故障树是一种树状逻辑因果关系图，它规定了事件、逻辑门和其他符号，可以描述系统中各种事件之间的因果关系，即反映出来的故障类型是“果”，采集到的干式变压器运行信息是“因”，进而对“果”进行求取，找出故障的类型。

通过建立干式变压器故障树，形成故障模式，不仅可以对干式变压器做出可靠性分析，而且为故障诊断提供了理论依据。按照故障部位建立其故障树，如图9－45～图9－48所示。这些故障树可为系统描述知识和专家系统所需的知识库之间提供联系，且特别适用于专家系统知识库的扩展。

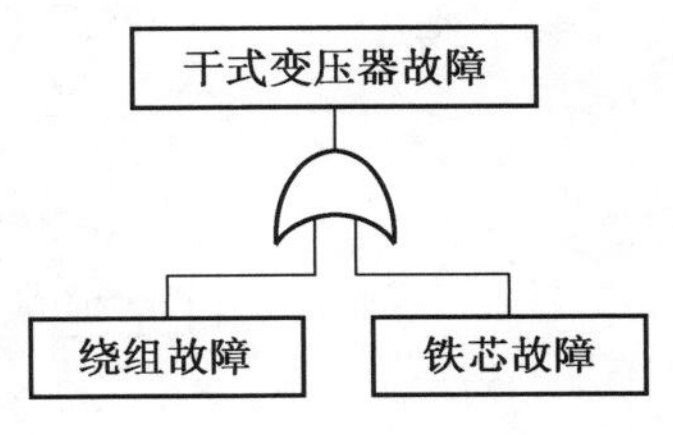

图9－45　干式变压器故障树

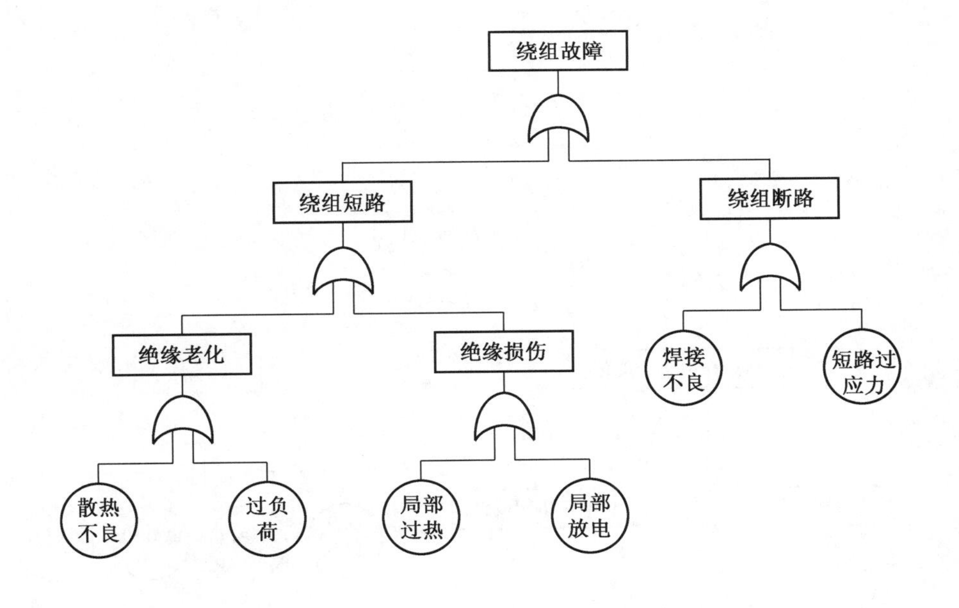

图9－46　绕组故障树

2）模糊推理

故障初期的诊断数据具有模糊属性，比如故障特征强弱、故障程度的严重性等。为此引入隶属度$\mu(x)$的概念以表示这种模糊属性，即事件发生的可能度，它满足$\mu(x)\in[0,1]$。当隶属度为0时，对故障特征而言表示无此特征，对状态而言表示无此故障状

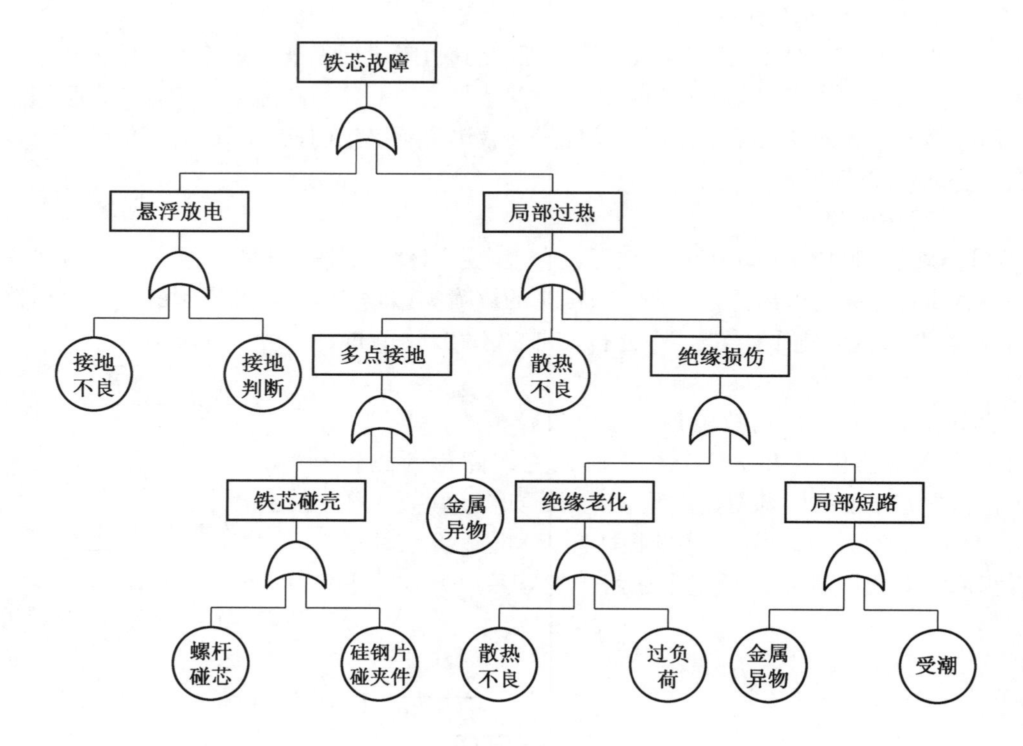

图 9-47　铁芯故障树

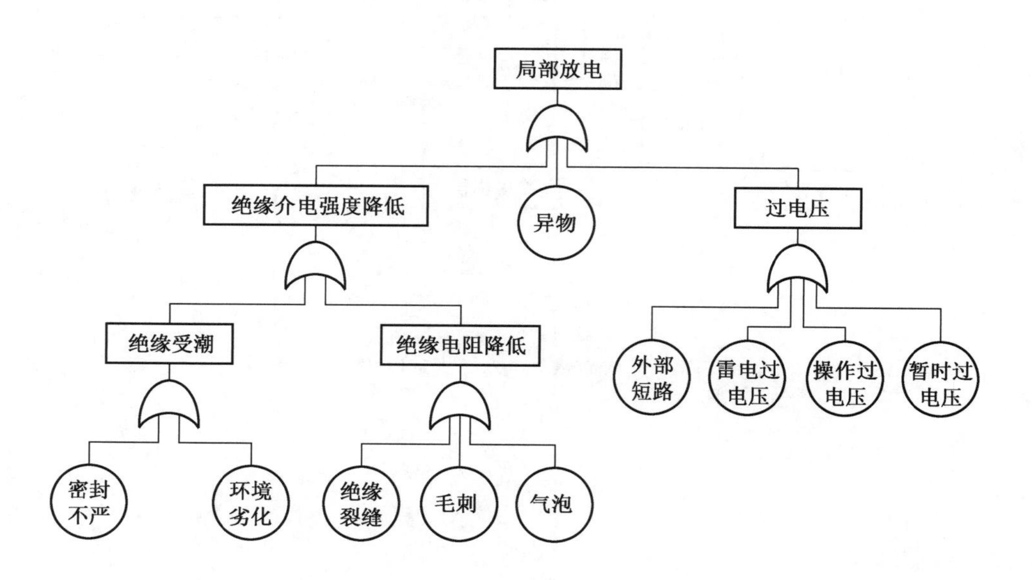

图 9-48　局部放电故障树

态；当隶属度为 1 时，对故障特征而言表示肯定有此特征，对状态而言表示肯定有此故障状态。

干式变压器故障诊断过程中会遇到信息（包括数据和知识）不完备、不明确的现象，所以将模糊理论引入变压器故障诊断中，同专家系统相结合，这样模糊性信息就能定量表示，可有效地解决专家系统知识获取、表达和推理等一系列模糊问题。

3）专家系统建立

故障诊断的任务是在系统发生故障时，根据监测量所表现出的与正常状态不同特性，发现故障特征并进行故障预测和甄别。它能够在干式变压器故障诊断领域模仿专家推理思维求解故障诊断这一复杂问题。

专家系统由知识库、推理机、综合数据库、解释接口和知识获取等五部分组成，其推理流程如图 9－49 所示。

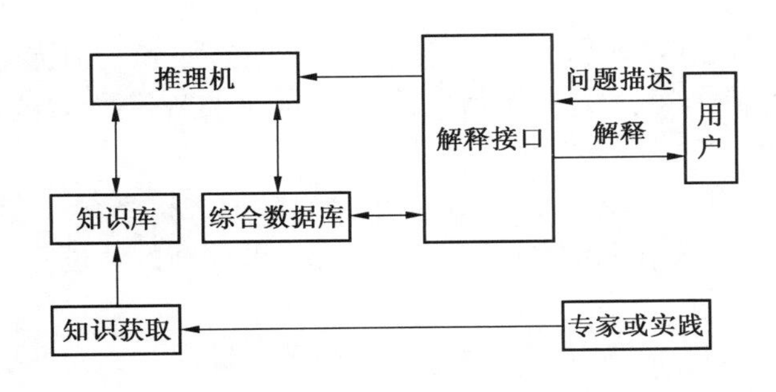

图 9－49　专家系统流程图

干式变压器主要是通过对监测系统获取的三相运行电压和电流、三相绕组温度、三相高压触头温度、三相低压触头温度和铁芯温度、铁芯泄漏电流及三绕组局部放电信号的特征量进行分析和处理。最后，通过专家系统实现故障的模式识别，并给出诊断结果。诊断系统基本功能包括：

（1）诊断干式变压器是否存在故障。系统运行后自动采集运行状态信息并且进行诊断，定期监测或人工输入监测信息，对设备状态做出评价，确定存在故障与否。

（2）判别故障发生的部位及原因。当系统怀疑设备存在内部故障时，则根据需要提示用户输入设备的其他试验数据、历史数据等，进一步证实故障，确定故障原因及部位等；当用户未知或无法取得某项参数时，可以回答不知道，系统可根据其他已知信息进行进一步推断。

（3）提出故障处理意见。例如是否立即停运检修、加强跟踪监测或正常运行等。干式变压器故障诊断专家系统总体结构包括以下几个部分：

（4）数据库。数据库由干式变压器的铭牌数据库和故障试验数据库两部分组成。

（5）铭牌数据库。该库内包含系统内 10 kV 及以上电压等级被监测干式变压器的全部铭牌参数。当新增需要监测的干式变压器要采用此铭牌库时，仅需把各自的变压器的铭牌参数像填表一样输入即可。

（6）故障试验数据库。试验数据库包括干式变压器代码库，绕组联结组别标号校核数据库，三相运行电压和电流、三相绕组、三相高压触头、三相低压触头和铁芯温度、铁芯泄漏电流及局部放电等参量特征量的实时值和变化趋势。该试验数据管理系统具有下列特点：

① 为干式变压器故障诊断提供试验数据。

② 具有数据输入、删除、查询及修改等多种功能。

③ 试验数据都与标准值进行比较，以得出是否合格的结论。如有某一项不合格，就进入缺陷库，以备查询。

（7）知识库。知识库由事实库和规则库组成，它集中了干式变压器的有关标准、规程及导则的规定，并收集了国内许多专家分析判断干式变压器故障的权威经验。随着标准、规程及导则中有关部分的变化，经验的不断积累和增加，知识库可以随时扩大、修改和更新。

知识库由三相运行电压和电流、三相绕组和铁芯温度、铁芯泄漏电流及局部放电等知识子库组成。知识库考虑了干式变压器的几乎全部可实现在线监测的项目及数据的标准值。

（8）推理机。推理机是实现干式变压器故障诊断的关键部分。专家系统能否得出正确的结论，决定于推理关系的准确性。干式变压器故障诊断的全过程，都是在推理机关联库的引导下完成的。

该专家系统以干式变压器常见的几类故障为分析判断对象，先列出进行诊断的推理逻辑关系，然后据此编制程序，形成推理关联库，实现干式变压器故障的诊断功能。专家系统的几类关联库为：三相运行电压超标或变化率超标；三相运行电流超标或变化率超标；三相绕组温度异常；铁芯温度异常；铁芯泄漏电流超标；局部放电视在放电量、放电相位和放电次数超标或变化率超标。

根据干式变压器故障性质及特点，利用专家系统进行推理。例如，10 kV 干式变压器铁芯温度高于 200 ℃，那么故障的原因可能是：①负载过大；②某相绕组内部短路；③铁芯多点接地；④铁芯片间短路或异物短路；⑤高压端进线短路。

然后根据这些可能的故障原因，借助其他特征量信息、历史数据、规章指标等，利用信息融合技术逐步核实。

（9）解释器。专家系统拥有一个十分直观的解释系统，它对全部几大类推理规则和几类知识进行了详细的解释说明。推理规则的解释主要以框图的形式给出，知识部分的解释主要以表格数据和文字的形式给出，并且用户可以进行修改和编辑。这个解释系统可以成为干式变压器故障诊断技术方面的参考。

（五）移动变电站的通信系统

移动变电站的通信系统包括高压配电装置的通信系统与低压配电装置的通信系统。高、低压配电装置的通信系统通常采用 RS－485 接口或 CAN 通信接口实现井下保护装置与井下通信分站的通信。但需要强调的是高压配电装置和低压配电装置通信系统除了与上位机能够可靠传输数据外，两者之间也应能够传输配电装置的故障信息与保护装置的动作信息，确保保护装置的可靠动作。

七、矿用负荷控制中心智能化控制与保护技术

矿用智能化负荷控制中心是向综采工作面生产设备提供电能的控制与保护中心，是集控制、通信、监测、保护和自诊断于一体的电气设备，属于矿用隔爆兼本质安全型智能化组合电器。它主要是由智能化高压配电装置、干式变压器和低压智能化组合式电磁启动器三部分组成，可实现对综采工作面采煤机、刮板输送机、转载机、破碎机和带式输送机的集中控制。随着高产高效自动化工作面采煤技术的不断进步，矿用智能负荷中心既要满足自动化控制的要求，还要满足矿井生产信息化、网络化和智能化的要求。

下面以 KXJZ1 -700/3.3 -6 型矿用隔爆兼本质型智能负荷控制中心为例进行详细介绍。

（一）智能化负荷控制中心的功能

KXJZ1 -700/3.3 -6 型智能负荷控制中心是以 PLC 作为控制核心，具有灵活的人机操作、灵敏的信号检测、安全的故障保护、完善的网络通信和可靠的故障诊断功能。

（1）人机操作平台。为了使操作人员及时了解被控负荷及井下电网的运行状态，负荷控制中心以大屏幕液晶显示系统作为人机操作平台，便于直观显示、查询装置状态和历史数据。

（2）信号监测功能。智能负荷控制中心可以采集被控对象和供电系统的电压、电流、功率因数、电缆绝缘状态等各项参量。采样信号应该准确可靠，能够反映系统实际状态，只有基于准确的采样信号，才能实现可靠的故障保护。

（3）故障保护功能。通过可靠的先导电路、功能互补的漏电保护、基于相敏检测电路的电流保护、基于幅值检测和定时限的电压保护，实现负荷控制中心的安全连续运行。

（4）通信功能。负荷控制中心是煤矿井下综采工作面的集控设备，必须具备稳定有效的通信功能，以满足全矿井安全监测监控的需要。

（5）故障诊断功能。可靠的故障诊断是负荷控制中心安全稳定运行的前提，也是负荷控制中心智能化的体现，既能实现系统内部故障的自诊断，又能实现外部故障的状态识别。

（二）智能负荷控制中心的控制模式

矿用智能负荷控制中心是综采工作面主要负荷的供电和控制核心，它需要根据不同生产的工艺需求，实现关键生产装备的多种智能化控制功能，保证综采工作面的高效安全生产。

表 9 -9 所示为 KXJZ1 -700/3.3 -6 型智能负荷控制中心的控制模式列表。

表 9 -9　智能负荷控制中心控制模式

控制模式		控制对象
单机模式	单机手动方式	单独控制负荷
	单机程控方试	顺序控制负荷
	单机双速方式	变极调速负荷

表9-9（续）

控制模式		控制对象
双机模式	双机自动方式	双速双回路电动机
	双机低速方式	双机低速运行电动机
	双机高速方式	双机高速直接启动电动机
点动模式		不频繁启动电动机

（1）单机手动方式。该方式下，负荷控制中心六组控制回路相互独立，可以单独控制六路负荷。采用耦合器进行远程启停控制，耦合器与负荷控制中心之间采用本质安全型先导电路连接。该方式可用于采煤机、破碎机、转载机及乳化液泵等负荷的单独控制。

（2）单机程控方式。该方式下，程控回路相互依存，协调工作，非程控回路仍然独立工作。将需要进行程序控制的电动机按顺序连接，控制时以逆煤流方向延时依次启动，顺煤流方向延时依次停止。该方式用于带式输送机、转载机、破碎机的程序控制，以保障综采工作面生产的连续性。

（3）单机双速方式。该方式是为实现双速电动机变极调速而设计的，适用于煤矿井下破碎机和转载机的启动，可提高其启动性能。

（4）双机自动方式。双机是指驱动刮板输送机的双速双回路电动机，所有双机工作方式均是为满足该电动机控制功能而设计的。"电流为主、时间为辅"是双机自动方式的控制原则，能够保证高速绕组不会在重载情况下强行工作，有效地保护了电动机，提高了低速绕组向高速绕组投切成功的概率。

（5）双机低速方式。该方式下，双速电动机将一直在低速状态下运行，不会投切高速。该方式用于当刮板输送机上积煤量过多时，双速电动机通过低速方式运行以甩掉重荷。但由于电动机低速绕组按短时运行设计，即低速绕组运行后，若在一段时间内未收到停止信号，PLC会自动发出跳闸信号用于检查故障。

（6）双机高速方式。在双速电动机低速出现故障且负载较轻时，可以用双机高速方式直接启动高速绕组，该方式可作为应急措施来保证煤矿生产连续性，提高生产效率。

（7）点动运行方式。该方式主要用于刮板输送机的紧链控制。该方式下，按下启动按钮，电动机启动，松开按钮，电动机停止。

（三）智能负荷控制中心的监测系统

完善的监测系统是实现智能负荷控制中心的保障，图9-50所示为KXJZ1-700/3.3-6型智能负荷控制中心监测系统框图。它以PLC为控制核心，通过模拟量和数字量扩展模块来实现多信号的采集、系统控制、保护和自诊断等功能。

其中，CPU226是系统中央处理器，是智能负荷控制中心的核心；EM235和EM232是模拟量扩展模块，用来处理系统模拟量；EM223是数字量扩展模块，用来处理高速数字量；EM277是通信扩展模块，用来实现基于Profibus的通信功能；HVB是高压检测单元，用来完成高压绝缘检测功能；VS是电压检测单元，用来提取稳态电压信号；FIS是功能信号输入单元，用来选择系统运行状态及电动机运行方式；DPS是BCD码拨盘输入单元，

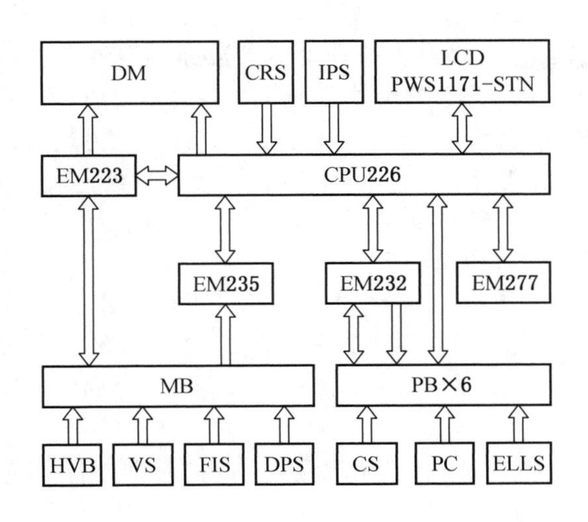

图9－50　智能负荷控制中心监测系统框图

用来输入系统额定运行参数；CS是电流检测单元，用来提取电流幅值信号；PC是先导控制信号，用来实现电动机的远程控制；ELLS是漏电闭锁单元，输出反映电缆绝缘状态的信号；MB是保护主板，完成稳态电压保护、BCD码拨盘读取等功能；PB×6是六回路负荷保护电路板，完成先导控制、漏电闭锁、电流保护和程序控制等功能；ELB是漏电板，用来完成漏电保护功能；DM是继电器驱动模块；CRS是主接触器返回信号，PLC根据该信号的有无来判断电动机的启停状态；IPS是隔离换相开关状态信号；PWS1711－STN是大屏幕液晶显示屏，用来直观显示系统工作/故障状态和参数。

（四）智能负荷控制中心的通信系统

通信系统是实现智能负荷控制中心控制、监测、保护和故障诊断的重要基础，是负荷控制中心与上位机进行数据交换的纽带。考虑煤矿井下特殊环境，综合数据传输的实时性、通信距离和抗干扰能力等关键指标，矿用智能负荷中心设计了一种基于RS485总线的主从式通信系统。

图9－51所示为智能负荷控制中心通信系统结构图。支路1至支路6分别表示6路控制回路的采集模块，用于采集各负荷的工作电压、电流及绝缘状态等信息，通过对这些信

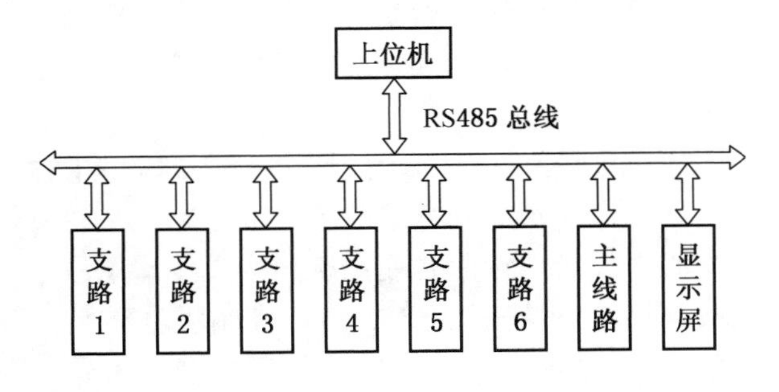

图9－51　智能负荷控制中心通信系统结构图

息进行数据融合分析，来控制电动机的启停。同时，将各回路的被控电动机状态，如通断状态、工作电流、漏电信息及故障状态等工作参数通过 RS485 总线传输至上位机系统。主线路表示负荷控制中心的主线路模块，负责采集控制系统电压、线路总电流、主线路电缆绝缘状态、隔离换相开关状态、电源相序等信息，并对信息进行判断和处理后上传给上位机。最后上位机系统将主线路及各支路上传的信息发送给显示屏进行显示，同时将屏幕设定的电动机运行方式、工作参数发送给对应支路，实现工作参数的下发。

（五）智能负荷控制中心的保护系统

矿用智能负荷控制中心的保护系统主要是通过对煤矿井下各种电网故障进行状态分析，并针对不同的故障采取相应的保护措施，以保证综采工作面高效生产的连续性。保护系统主要包括漏电保护、电流保护和电压保护，且应满足全面性、安全性、可靠性和灵敏性的要求，具体如下：

（1）全面性。保护系统的保护范围应涵盖负荷控制中心各个模块单元，对出现的漏电、过电压、过电流等故障均能起到有效保护。

（2）安全性。应保证操作人员的人身安全，即在出现漏电的情况下，保护装置应能保证从发生最严重的触电事故到电源被切除的时间与流经人体的电流的乘积应不超过 30 mA · s。

（3）可靠性。一方面保护装置的本身应该具有较高可靠性，另一方面保护性能要可靠，不能拒动和误动。

（4）灵敏性。保护装置在应对故障状态时应具备灵敏的反应能力。

上述故障的保护原理与前文智能化组合式电磁启动器的故障原理相似。

（六）智能负荷控制中心的故障诊断

智能负荷控制中心的故障诊断功能是对系统内部设备和保护单元进行状态监测和动态跟踪，通过数据挖掘和分析以识别故障信息。一方面要实现设备上电前的故障检查，即自诊断，实现系统运行前的故障排查；另一方面要对已经出现的故障进行定位和识别，通过从状态数据中提取故障特征量，采用智能模式识别技术来实现故障识别和可靠度分析。

1. 自诊断功能

智能负荷控制中心自诊断系统主要包括先导控制电路自诊断、短路保护自诊断和漏电保护自诊断，在系统运行前进行自诊断检查可最大限度地保证其工作可靠性，下面以漏电保护自诊断为例进行介绍。

漏电保护功能自诊断包括漏电闭锁自诊断、漏电保护自诊断和高压绝缘检测试验三部分。系统上电全面自诊断时要执行漏电闭锁和漏电保护自诊断，当系统要测试电缆绝缘状态时要执行高压绝缘检测试验。

漏电保护系统自诊断原理如图 9 – 52 所示。漏电闭锁试验继电器 K_{TEL}吸合后，其常开触点将漏电闭锁采样回路接地以模拟电网接地故障，通过判断是否有闭锁信号可判断漏电闭锁电路工作正常与否。漏电保护自诊断是使系统发生真正漏电故障，在电动机启动前后均可以执行该项功能。按下漏电试验按钮 SB_3，PLC 控制吸合漏电试验继电器 K_{TEL}，则三相电网通过 R_1 接地，发生漏电故障。若此时 PLC 检测到漏电信号，则说明漏电保护检测电路工作正常，否则存在问题。高压绝缘检测试验时，将高压控制继电器 K_{SHV}吸合，HVS

单元产生3000 V直流电压，然后选择试验回路。在保证K_{TELL}和漏电闭锁继电器K_{ELL}处于断开状态后，才可以控制PLC吸合高压绝缘检测试验继电器K_{THV}进行试验。

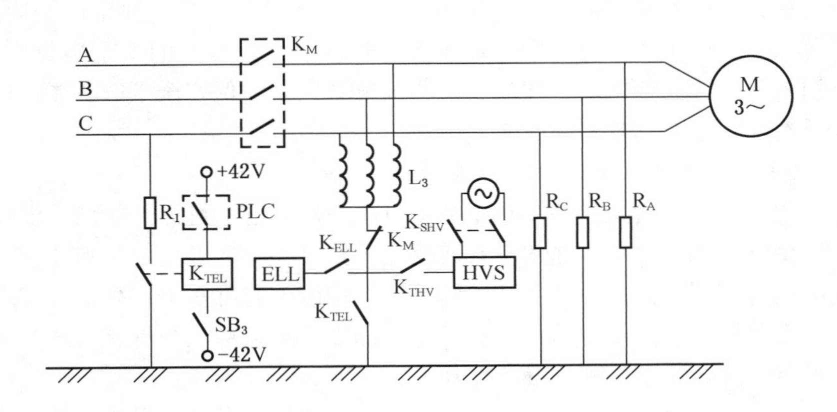

图9-52　漏电保护系统自诊断原理图

2. 故障诊断功能

故障诊断的智能算法主要有人工神经网络、模糊理论、遗传算法、专家系统、启发式搜索等，这些方法大致可分为故障恢复逻辑规则法、基于知识系统法和数学规划法三大类。针对智能负荷控制中心的高压配电装置，下文介绍一种基于支持向量机（SVM）增量学习的故障分类识别方法，具体步骤如下：

（1）通过监测网络，获取高压配电装置故障信息并进行特征量的提取，包括分/合闸线圈的电流信号、储能电容电压信号、接触器动作的位移状态信号、触头振动信号等。其中，通过滤波、参数寻优和准确性验证相结合的方法在时域范围内提取电信号和位移状态的特征量，通过小波包分解的方法提取振动信号的特征量。

（2）将每类故障下的特征数据分为模型训练数据、增量学习数据、模型验证数据3组。模型训练数据：用于训练数据分类模型的数据；增量学习数据：即新增的样本数据，它需要与训练好的数据相结合再进一步训练；模型验证数据：用于验证原始模型与增量学习模型的准确性。

（3）通过SVM方法，将故障特征量通过映射在更高维度寻找超平面，建立分类函数模型，使得平面距离最大，将特征数据有效分类。

（4）对样本数据进行反复训练，通过模型验证数据的比较，得出模型准确率最高时的故障分类结果。

这种将支持向量机分类算法与增量学习的思想相结合的方法，可将特征量数据映射到高维特征空间，泛化能力强，分类效果好；同时具有增量学习功能，可对后续数据进一步训练，丰富故障数据样本，提高故障分类和识别的准确率。

八、井下智能化中央变电站

井下中央变电站是煤矿井下供配电的中心，担负着向井下负荷供电的重要任务，它接受从地面变电站送来的高压电能后，分别向采区变电所及主排水泵等高压电气设备馈送电能，并通过变电所内的动力变压器降压后，再向井底车场附近的低压动力和照明供电。由此可见，井下中央变电所是煤矿生产系统的动力枢纽，担负着为矿井生产、通风、安保、照明等提供可靠电力的重大任务，它的可靠运行直接关系着煤矿的安全高效生产。因此，将智能组件引入井下中央变电所，建立智能化变电站，对确保安全生产、减员增效、提高设备利用率具有非常重要的现实意义。

（一）矿井智能化中央变电所的组成及特点

矿井智能化中央变电所是指在井下中央变电所采用先进、可靠、集成、低碳、环保的智能设备，以全站信息数字化、通信平台网络化、信息共享标准化为基本要求，自动完成信息采集、测量、控制、保护、计量和监测等基本功能，并可基于网络平台实现实时自动控制、在线状态监测、系统故障诊断、装备寿命评估等高级功能，具有信息数字化、功能集成化、结构紧凑化、状态可视化等主要技术特征。

矿井智能化中央变电所一般由过程层、间隔层、站控层三部分组成，其结构示意图如图 9－53 所示。

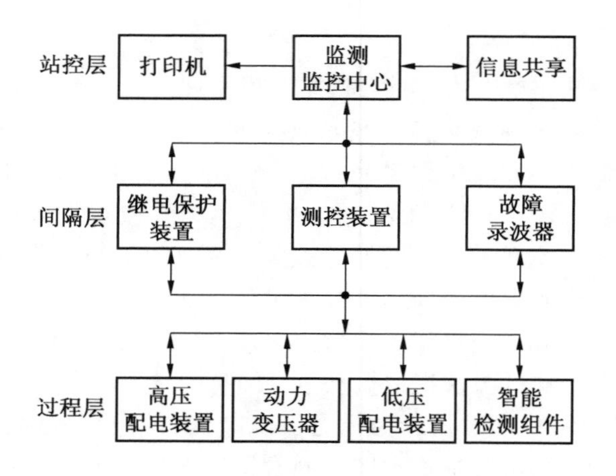

图 9－53　矿井智能化中央变电所总体结构示意图

过程层包括由高压配电装置、低压配电装置、动力变压器等一次设备和智能组件构成的智能设备、合并单元和智能终端，完成井下中央变电所电能分配、变换、传输及其测量、控制、保护、计量、状态监测等相关功能。智能组件包括测量单元、控制单元、保护单元、计量单元、监测单元等。由于煤矿井下环境的特殊性与复杂性，矿用智能组件一般置于井下的开关柜体中。

间隔层一般指继电保护装置、测控装置、故障录波等二次设备，对一次设备进行故障保护和信息测量，即与各种远端输入/输出、智能传感器和控制器通信，以实现保护和控制功能。此外，这里的间隔层是一个物理概念，一般设置于矿用开关柜内。

站控层一般位于矿井地面调度中心，包括站域控制系统、状态监测系统、故障诊断系统、寿命评估系统等子系统，通过对间隔层传输的数据进行处理，实现面向全站或一个以上一次设备的测量和控制功能，完成数据采集和监视控制、保护信息管理、系统故障诊断、装备寿命评估等相关功能，使地面对井下中央变电所各开关的状态、电量参数及故障性质一目了然，促进实现中央变电所无人值守。

（二）矿井智能化中央变电站监测监控系统

矿井智能化中央变电站监测监控系统主要由数据采集、数据通信、上位机管理系统组成。

1. 数据采集

矿井智能化中央变电站内的设备主要包括高压配电装置、低压配电装置、动力变压器、电压互感器、整流设备等。对于智能中央变电站，数据监测量主要包括变电站原始数据和变电站监测监控系统内部交换或采集数据两种。其中原始数据直接来自一次设备，如电压互感器、电流互感器的电压和电流信号、变压器温度以及断路器的辅助触点、一次设备状态信号。内部交换或采集信号如电能数据、保护动作信号等。

智能中央变电所的数据采集系统就是要针对上述设备的工况信息和状态信息进行全面感知和检测，并能够通过有效的通信网络将所有监测量可靠传输至上位机管理系统进行智能处理。由于所有的状态监测量需要由可靠的数据采集系统来完成采集，因此数据采集系统作为智能中央变电站的数据采集单元，是监测监控系统的重要组成部分。它是以 PLC、单片机或者高端 CPU 为处理核心，主要由模拟量/数字量采集单元、通信单元、数据存储单元和人机交互单元组成，是集数据采集、通信、处理和存储为一体的智能单元。智能数据采集单元结构框图如图 9-54 所示。

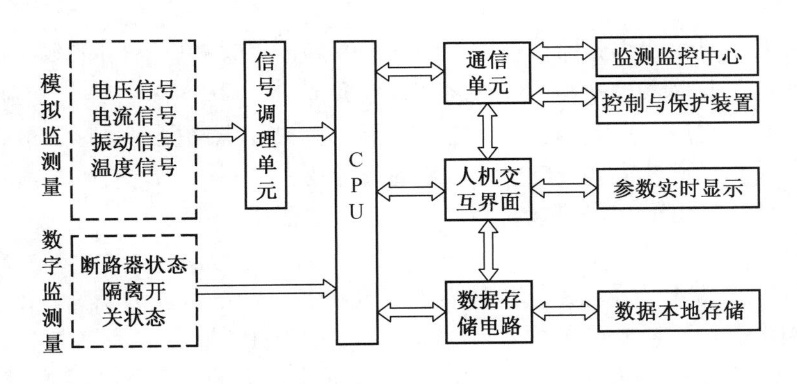

图 9-54　智能数据采集单元结构框图

通过多种传感器的信息采集，电压信号、电流信号、振动信号、温度信号等模拟监测量经过信号调理单元实时采集传输至 CPU，而断路器、隔离开关状态等数字监测量直接通过 CPU 数字量输入引脚实现数据采集。采集数据经过有效处理，通过通信单元，一方面，数据实时传输至控制与保护装置，实现对监测对象的远程控制与保护；另一方面，监测监控中心向下发送查询命令或者遥测命令，智能数据采集单元会根据对应命令将数据传输至上位机管理系统，进行数据深度处理，实现状态监测、故障诊断和寿命管理。此外，所有监测数据通过储存电路实现本地存储，同时与人机交互界面如显示屏进行数据的实时调用和查询。

下文以高压配电装置为例介绍矿井智能化中央变电所监测监控系统的数据采集。矿用隔爆型高压配电装置内的电气元件主要有断路器、隔离开关、电流互感器、电压互感器、零序电流互感器、继电器及辅助电器等。而根据高压配电装置的结构特征和故障统计分析，其故障主要表现为机械故障、电气故障和绝缘故障。针对上述三种主要故障，确定其状态监测量有位移信息、振动信息、线圈电流、储能电容电压、触头温度以及灭弧室内真空度。

根据高压真空配电装置的电气特征，通过测量线圈回路电流，可以反映出回路是否断线；测量回路中的电压，可以感知电源供电电压是否异常；同时结合回路电流与电压特征，可知储能电容的放电特性。将电流传感器串联在合闸线圈回路和分闸线圈回路中，同时将电压传感器并联于储能电容两端，即可以测量包括合闸线圈电流、分闸线圈电流与储能电容电压三种状态量。

考虑高压配电装置分合闸时的时间特性、行程特性、速度特性与振动特性，通过拉线位移传感器、振动传感器和温度传感器分别检测分合闸时机械触头的位移信息、振动信息和温度信息，即可获取每一种状态的特性。

而真空灭弧室作为高压配电装置的重要组成部分，在实际运行中由于受到材质、工况和工艺等因素影响，灭弧室真空度和绝缘会出现不同程度的劣化，进而影响其正常的动作执行。而灭弧室真空度与灭弧室内局部放电规律有关，因此通过监测局部放电强度可识别灭弧室真空度劣化程度。

2. 数据通信

监测监控系统是一个多路遥测遥控系统，涉及远距离监测与控制问题，也就是说监测监控系统的设计，除应考虑站控层设计之外，数据传输、网络结构、线路控制方法等属于远距离传输的问题也应重点考虑。由于矿井智能化中央变电站监控目标分散，且对象多，因而数据通信技术是矿井中央变电所智能化的关键技术之一。煤矿井下常用的通信方法通常包括 CAN 总线、PROFIBUS 现场总线、RS－485 通信总线等。

1）CAN 总线

CAN 总线主要应用于强电磁干扰环境下电气设备之间的数据通信。CAN 总线为多主工作方式，网络上的任意节点在任意时刻都可以主动地向其他节点发送信息，不分主从，方式灵活。CAN 总线以其可靠、实时、灵活、抗干扰性强的优异性能被广泛地应用于工业自动化、汽车、传感器、医疗设备、智能化大厦、电梯控制、环境控制等分布式实时系统。

2）PROFIBUS 现场总线

PROFIBUS 是过程现场总线（Process Field Bus）的简称，是一种国际化、开放式、不依赖于设备生产商的现场总线标准，广泛适用于制造业自动化、流程工业自动化和楼宇、交通电力等其他领域自动化。它也是一种用于工矿自动化站控层监控和现场设备层数据通信与控制的现场总线技术，可实现现场设备层到站控层监控的分散式数字控制和现场通信。

3）RS－485 通信总线

RS－485 串行总线标准一般采用半双工通信方式，在某一个时刻，一个设备只能进行发送数据或接收数据。RS－485 接口是采用平衡驱动器和差分接收器的组合，抗共模干扰能力强，即抗噪声干扰性好，最长通信距离约为 1219 m，最大传输速率为 10 Mbps。它有两线制和四线制两种接线方式，四线制只能实现点对点的通信方式，现很少采用，现在多采用的是两线制接线方式，这种接线方式为总线式拓扑结构，在同一总线上最多可以挂接 32 个节点。

4）千兆级光纤环网

过程层设备采用 CAN 总线、PROFIBUS、RS－485 现场总线，将大数据信息传递到站控层进行分布式环网组网，建立 1000 M/100 M 冗余工业光纤以太网环网，实现供电系统和设备的在线参数监测、远程操作控制、实时事故报警、电网扰动录波分析、运行安全保护、能效管理、故障预警与定位、大数据存储共享与统计分析、物联网设备寿命评估、语音视频和图形报表等多方位立体输出、智能 APP 远程终端及短信息告警等监控管理功能。千兆级光纤环网可以提供 1000 Mbps 数据带宽，灵活处理新应用和新数据类型。采用与 100 M 以太网一致的数据帧格式、帧结构、网络协议、流控模式和布线系统，可与 100 M 以太网配合工作。传统的光纤以太网采用主干形式，其网络安全性存在巨大隐患，而千兆级光纤环网通过建立点对点、链型网络、星型网络及冗余环网自愈保护等拓扑结构进行链路连接，构成闭合环网链路，使网络处于冗余模式，极大提高网络的安全性。

3. 上位机管理系统

矿井智能化中央变电站监控中心的上位机管理系统主体结构如图 9－55 所示。通过通信网络实时接收井下中央变电站智能数据采集单元发送的矿井变电站运行信息，并对各种信息进行可视化处理、实时监测报警、控制与保护、历史数据管理以及被监测设备的故障诊断与寿命管理。与完善的数据库连接，可以实现对中央变电所所有状态数据的记录存储、报表输出和历史数据管理等功能。同时，上位机管理系统通过以太网接口可以实现系统界面的网上发布，以及在互联网环境下任意一台计算机的远程监测监控。

矿井智能化中央变电站监测监控系统对整个井下供电系统能否正常供电，起着举足轻重的作用。为保证井下供电系统安全稳定运行，矿井智能化中央变电站上位机管理系统应具备以下功能：

（1）实时监测并显示工况参数和状态参数。电监测量：电网频率、各段母线电压、线路电压、电流、有功功率、无功功率，主变压器电流、有功功率和无功功率，功率因数等；非电监测量：变压器绕组温度、断路器触头温度和行程、开关分合闸状态、线路闭锁状态、灭弧室的真空度劣化信息等。状态监测界面是整个中央变电所状态数据最直观的窗口，通过实时显示被监测对象的状态信息，调度人员可以方便地了解中央变电所中所有设备的运行状态和故障信息。此外，完善的状态监测界面应具有实时性强和全面直观的特点。实时性强即监测数据为实时数据，这就要求强大的通信网络支持，能够将所有监测设备的数据可靠传输至上位机。全面直观是指由于井下中央变电站是由多种电气设备构成，状态监测数据应该全面，根据不同电气设备的特征应具有灵活的监测界面，既能显示变电站的接线图，又能显示所有的运行数据。

（2）现场运行设备的实时远程监控，实时显示井下变电站设备的工作状态，系统运

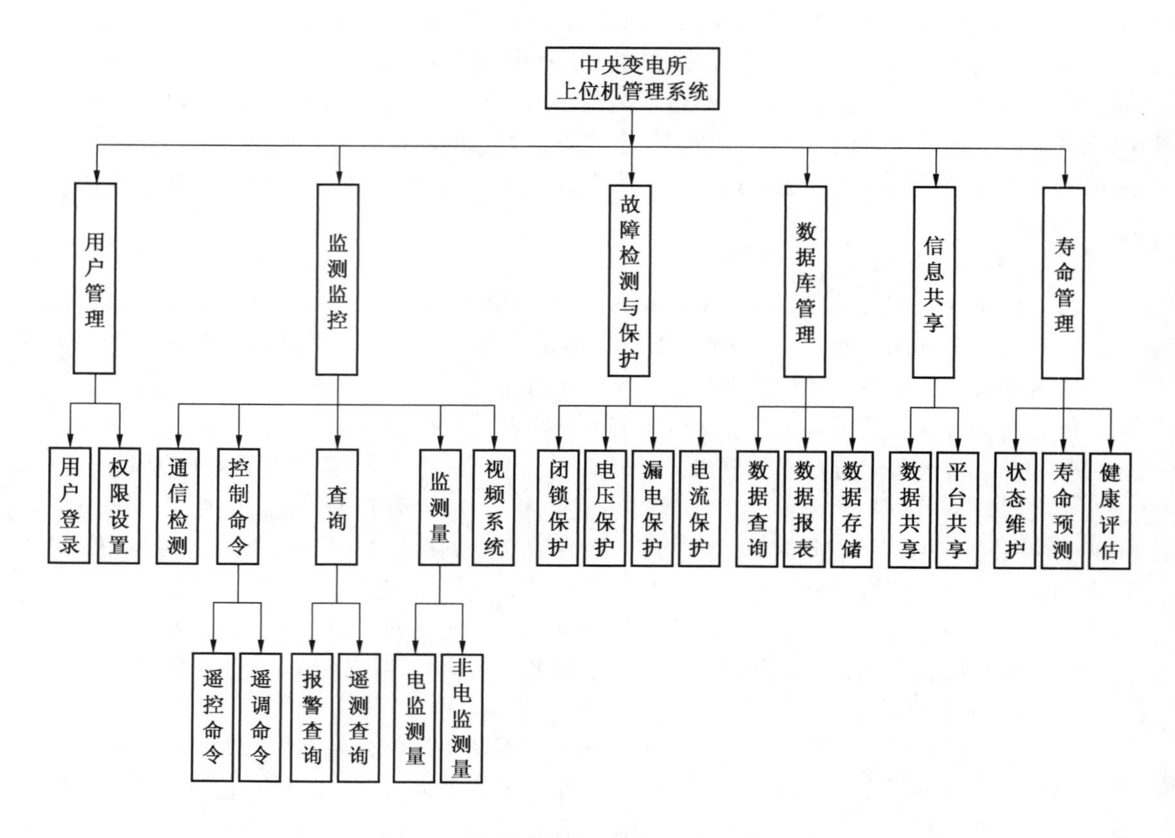

图 9-55　上位机管理系统主体结构示意图

行方式要直观明了。开关断路器的远程控制（遥控、遥调）通过逻辑识别，给出自动分、合闸控制指令，实现开关的分、合操作；通过设置参数即可修改开关整定值，而无须停电操作。

（3）故障定位和报警配有声光报警提示功能，能够精确显示井下故障设备的位置和故障性质，如过流、短路、漏电、监视、过压、欠压、断相等，便于快速分析和动作于继电保护装置，及时有效处理故障。

（4）利用数据库技术，实现数据记录功能：包括故障记录、事件记录、操作记录，并能对历史记录进行分析、处理和统计；查询功能：历史记录查询、开关报警记录查询、操作记录查询、登录记录查询等；报表功能：能够生成中央变电站每台开关和变电所的电量统计，包括日报表、月报表以及年报表，并具有打印报表功能，方便生产电耗统计。

（5）数据信息的共享。一方面，利用以太网通过网络发布技术，实现监测监控界面在互联网环境下的远程操作和控制；另一方面，利用自动化领域数据共享标准 OPC 技术，实现监测监控平台数据与其他系统的交互共享。OPC 服务器作为一个数据交换平台，具有通用的数据结构，只要服从 OPC 规定，不同的异构通信协议可以统一接入到 OPC 服务器上，实现信息交互。

（6）被监测设备的健康评估与寿命预测功能。智能化中央变电站监测监控系统中，在传统测控的基础上，应能够实现对中央变电所所有电气设备健康状态的评估和寿命预测。常用的预测模型有基于理化机理的剩余寿命预测模型、隐马尔可夫模型、神经网络模型、比例风险模型和状态空间模型。作为基于状态维修（CBM）和故障预测与健康管理（PHM）的重要内容，电气设备的健康状态和寿命预测是实施精确维修的前提和基础，可以为中央变电站维护保障的科学决策和精确化管理提供有效依据。

九、矿井地面智能变电站监测监控技术

（一）矿井地面智能变电站

矿井地面智能变电站是采用先进、可靠、集成、低碳、环保的智能设备，以全站信息数字化、通信平台网络化、信息共享标准化为基本要求，自动完成信息采集、测量、控制、保护、计量和监测等基本功能，并可根据用户需求支持电网实时自动控制、智能调节、在线分析决策、协同互动等高级功能的变电站。

矿井地面智能变电站是在传统变电站的基础上进行数字化、信息化和智能化改进而成的新型变电站。与传统变电站相比，矿井地面智能变电站以光纤代替了电缆，简化了二次接线，扩大了测控、保护的信息传输量，同时消除了电磁干扰的隐患；基本取消了硬接线，所有开关量、模拟量采集均就地完成，转换为数字量后通过标准规约进行网络传输；电压、电流互感器以电子式代替了电磁型互感器，避免了 CT 饱和、CT 开路、PT 短路铁磁谐振等问题，且具有绝缘结构简单，免维护等优点；在电气防误动作方面，以规则代替逻辑，提高了电气防误动作的准确性，保证了矿井地面变电站的连续可靠运行；在通信系统方面，采用了国际通用标准 IEC61850。

（二）矿井地面智能变电站的组成结构

矿井地面智能变电站采用分层分布式结构，即三层结构两级网络，具体结构如图 9-56 所示。

过程层主要由智能化电气设备组成，包括智能开关设备、智能互感器、智能化一体装置、智能终端、合并单元、过程层网络设备等。合并单元简称 MU，是指对一次互感器传输过来的电气量进行合并和同步处理，并将处理后的数字信号按照特定格式转发给间隔层设备使用的装置。过程层 MMS 或 GOOSE 网络按电压等级组网，多使用双网星型结构，实现间隔层与智能终端之间的信息交换、间隔层设备之间的信息交换。主变压器采用双重化保护，互感器、合并单元也应采用双重化配置。智能终端主要采集断路器设置、刀闸位置等开关量，利用电缆硬接线，就地采样并转化为数字量后采用光纤传输到 GOOSE 网，同时接受来自 GOOSE 网的控制命令。

间隔层设备主要由各配电支路继电保护装置、测控装置、故障录波装置、电能计量装置、集中式处理装置等二次设备组成。间隔层按照不同的电压等级和电气间隔单元，相对独立地分布在各个开关柜的保护室中，进行测控、保护及故障记录，并通过过程网络获取过程层设备的 MMS 或 GOOSE 信息，实现设备控制互锁及互操作功能。根据《智能变电站继电保护技术规范》要求，35 kV 及 10 kV 开关柜保护一般按常规跳闸方式设计，采用

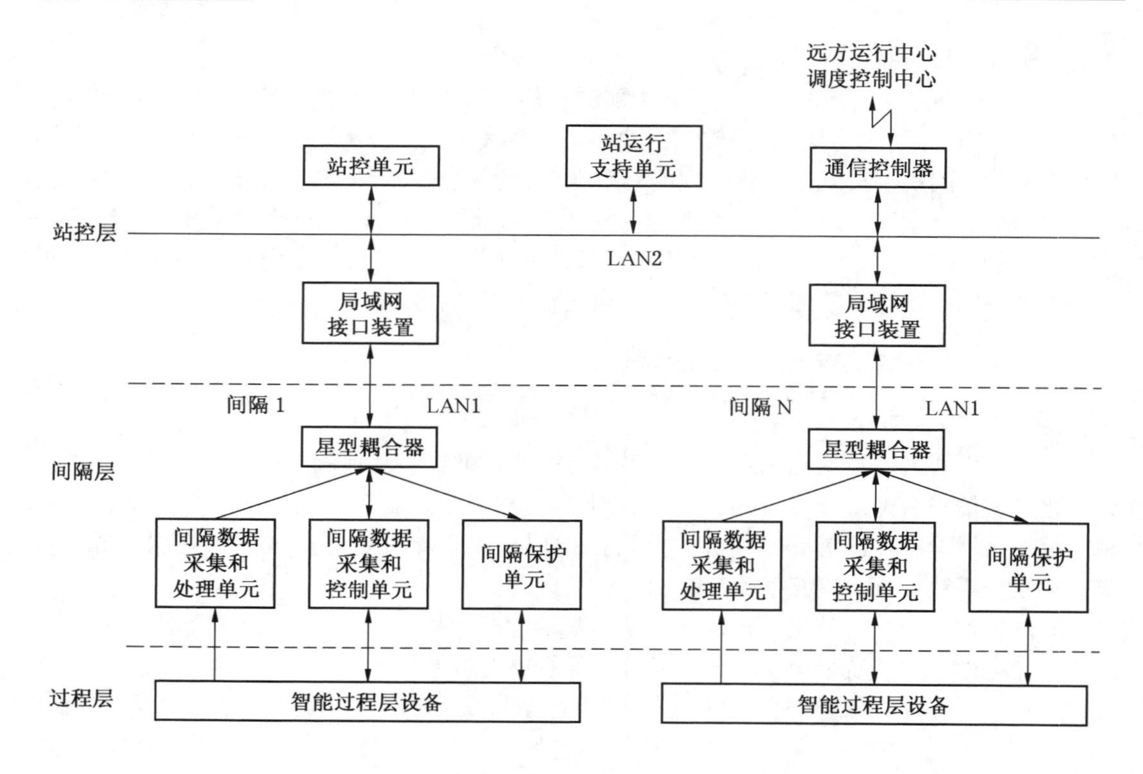

图 9－56　矿井地面智能变电站系统结构图

保护、测控单元一体化形成智能终端，站控层设备故障不影响间隔层保护动作。每套保护装置之间，保护柜之间，保护柜与其他设备之间，采用光电耦合和继电器接点进行连接，没有电的直接联系。保护装置具有在线自动监测功能，包括保护硬件损坏、功能失效、运行状态和二次回路异常等。主变压器单独配置故障录波装置，以网络方式或点对点方式接收采样数据及录波信息。

站控层是全站电气设备监视、测量、控制、管理、评估的中心，包含监控系统、远动系统和数据管理系统。矿井地面智能变电站站控层设备一般为双重化冗余配置，其主要设备一般包括系统服务器及监控工作站 2 台、远动工作站 1 台、网络设备、数据库、全站对时设备、防误闭锁装置、智能规约转换装置、音响报警等装置。站控层的通信也采用双重化冗余以太网络，是独立双星型的拓扑结构，可实现网络无缝切换，并能传输 MMS 报文和 GOOSE 报文。运行时通过监控工作站来完成对过程层一次设备隔离刀闸操作、变压器状态监视和本间隔及跨间隔的顺序控制，实现对全站设备的状态监视、故障诊断及时钟同步等。

（三）矿井地面智能变电站的智能设备

1. 矿井地面智能变电站一次设备智能化

智能变电站数据和信息采集的对象是一次电气设备，所以一次设备首先需要智能化。一次设备智能化通常是将一次设备本体与智能组件相结合，利用标准的信息接口，实现集测控保护、状态监测、信息通信于一体的一次设备综合信息化，可满足矿井地面智能变电站电力流、信息流及业务流一体化的需求。智能化一次设备主要包括以下几种：

（1）主变压器智能化。主要包括油中溶解气体在线监测、油中微水在线监测、温度负荷在线监测、局部放电在线监测等单元，实现对变压器油溶解气体、油中微水、局部放电、温度负荷趋势、风扇状态、油泵状态等的在线检测功能，其中根据油色谱可以区分是放电类型还是过热类型，根据微水检测可以鉴别油的受潮状态，根据局部放电监测可以反映电晕、沿面放电等多种缺陷。

变压器智能化的核心为专家诊断系统，通过积累大量的运行数据，挖掘大数据中的特征信息，评估变压器的运行状态，优化变压器的寿命模型，实现变压器的智能化管理。

（2）开关设备智能化。智能化开关设备是指在现有普通开关柜的基础上，配置在线监测系统（网络电力仪、智能配电监控/保护模块、网络I/O），通过其网络通信接口与中央控制室的计算机系统联网，从而实现对各供配电回路的电压、电流、功率、功率因数、频率等参数的监测，并能对断路器的分合闸状态、故障信息进行监视与控制，通过远程监控软件还可实现“遥控、遥测、遥信、遥调”功能。

（3）避雷器设备智能化。避雷器在线监测系统实现了避雷器的全电流、泄漏电流以及动作次数计数的在线监测功能。

（4）电容性设备智能化。容性设备状态监测系统主要实现介质损耗因数、电容量以及三相不平衡电流的监测，实时评估其绝缘状态。

（5）电缆监测智能化。电缆状态监测系统可以监测电缆的局部放电、介质损耗因数、直流分量等参量，实时了解其绝缘状态。

2. 矿井地面智能变电站二次设备智能化

矿井地面智能变电站二次设备主要包括主变压器保护装置、测控装置、一体化数字终端、集中计量装置、远动通信装置及规约转换器等。

（1）电子式互感器。电子式互感器是实现矿井地面智能变电站运行数据信息化和数字化的主要设备之一，它可以准确测量电力线路电流和电压，不仅能提高电力系统的自动化水平，还能提高继电保护的动作可靠性。

（2）主变压器保护系统。矿井地面智能变电站的变压器保护采用双冗余配置，即主保护和后备保护一体化的配置方式，并且后备保护也采取与测控装置一体化方式进行配置。当智能变电站的保护系统采用上述配置时，其各侧的一体化装置和智能终端也应采用双套配置方案。

（3）测控装置。测控装置是矿井地面智能变电站间隔层的装置，可接收设备层装置提供的符合IEC61850－9－2网络化要求的采样值和GOOSE信息，控制命令采用GOOSE机制，具有测量、控制、监视、记录、同期等功能。

（4）一体化数字终端。一体化数字终端可以适用于三相断路器间隔、分相断路器间隔、母线PT间隔以及变压器本体间隔等各种应用场合。具有开关量及其他一次设备在线监测量的采集和传输功能，响应间隔层装置的GOOSE跳合闸等命令。同时，该终端可提供直流量采集、开关量采集和开关量输出，通过逻辑组合可灵活实现非电量直接跳闸、分接头调挡、刀闸控制、五防控制、一次设备在线监测等组合功能。

（5）集中计量装置。煤矿地面智能变电站的电能计量系统与传统变电站的电能计量系统有所不同，其主要区别在于计量设备和通信网络。常规变电站主要是利用电磁式互感器将感应的电压、电流模拟量通过电缆传送到传统电能表中，经电能表对数据进行处理计算后，采用DLT645规约，通过串口以问答方式上传到传统的电能远方采集终端（ERTU），远方的电能系统主站再根据IEC60870－5－102规约召唤ERTU中的电能数据。而对于智能变电站，采用了电子式互感器＋一体化智能终端来完成电压、电流信号的数据采集、信号传送，然后基于IEC61850－9－2标准协议将过程层以太网数据传送给支持IEC61850标准的计量装置进行数据处理和计算，再经站控层MMS网络传送到计量装置终端。

（6）远动通信装置。远动通信装置用于收集全站测控单元、继电保护单元等符合IEC61850标准的智能电子设备信息，向调度端和集控站传送；同时接收调度端和集控站的控制命令，向变电站智能设备转发。

（7）规约转换器。规约转换器即可用于多种智能测控装置、智能继电保护单元，又能用于电气设备状态监测单元，它负责将传统规约的遥信、遥测、电度量和故障等信息转换为符合IEC61850标准后再进行上传；同时，完成主站控制命令等的下行转换和发送功能。

（四）矿井地面智能变电站一体化监控系统

矿井地面智能变电站一体化监控系统硬件结构由站控层、间隔层、过程层设备的监控单元及网络和安全防护设备组成，按照全站信息数字化、通信平台网络化、信息共享标准化的基本要求，通过系统集成优化，实现全站信息的统一接入、统一存储和统一展示，实现运行监测与监视、操作与控制、综合信息分析与智能报警、运行管理与维护、故障诊断与设备寿命评估等功能。

1. 监测与监视

通过可视化技术，实现对全站运行信息、保护信息、一、二次设备运行状态等信息的监视和显示。主要包括运行工况监视、设备状态监测、远程浏览等。

2. 操作与控制

监控系统可实现矿井地面智能变电站内各个设备就地和远程的操作与控制。包括顺序控制、无功优化控制、开关/刀闸操作、防误闭锁操作等。调度中心通过数据或图形通信网实现调度控制。

3. 分析与报警

监控系统通过对矿井地面智能变电站各种运行数据（站内实时/非实时运行数据、辅助应用信息、各种报警及事故信号等）的综合分析、判断与处理，提供分类告警、故障简报及故障分析报告等信息，其中包含站内数据辨识、故障分析决策、智能告警等。

4. 管理与维护

管理与维护包括源端维护、权限管理、设备管理、定值管理和检修管理。

5. 诊断与评估

诊断与评估的任务是将矿井地面智能变电站各个设备的运行数据（包括电流、电压、温度、局部放电及机械振动等信息）进行整合，并通过智能算法对其进行分析与处理，提取各类故障的特征参数，确定故障发生的可能性，对故障的状态进行判断并提出合理的故障处理方案。此外，通过对以上信息的综合分析，判断各设备的健康指数，实现对设备的提前维护或更换，以保证矿井地面智能变电站的安全运行。

第十章 “一通三防”智能化技术

第一节 矿井通风智能化技术

一、矿井通风系统的构成

矿井通风系统是矿井安全生产系统的主要组成部分，是矿井通风方式、通风方法和通风网络的总称。

1. 通风系统设施

煤矿井下常见的通风设施和通风构筑物有矿井主要通风机、局部通风机、风筒、风门、风窗、风桥、风墙、风硐、测风站等，由通风动力、通风设备与设施及各巷道可构成通风网络并对风流进行控制。煤矿通风系统对矿井的安全生产具有决定性作用，是安全生产的基础。

2. 通风方式

通风方式是指进风井（或平硐）和回风井（或平硐）的布置方式，即所谓中央式、对角式、区域式和混合式等。

（1）中央式：进、回风井均位于井田中央。根据进、回风井沿倾斜方向相对位置不同，又分为中央并列式和中央边界式（中央分列式）。

（2）对角式：进、回风井分别位于井田的两翼。进风井位于井田中央，回风井位于井田两翼（沿倾斜方向的浅部），称为两翼对角式；进、回风井分别位于井田的两翼称为单翼对角式；进风井位于井田走向的中央，在各采区开掘一个不深的小回风井，无总回风巷，称为分区对角式。

（3）区域式：在井田的每一个生产区域开凿进、回风井，分别构成独立的通风系统。

（4）混合式：由上述诸种方式混合组成。例如，中央分列与两翼对角混合式，中央并列与两翼对角混合式等。

3. 通风方法

通风方法是指产生通风动力的方法，根据风流获得动力的来源不同，可分为自然通风和机械通风，其中机械通风根据工作方式不同，又可分为抽出式、压入式和压抽混合式3种。《煤矿安全规程》规定，所有矿井都必须采用机械通风。

（1）抽出式通风是将矿井主要通风机安设在出风井一侧的地面上，新风经进风井流到井下各用风地点后，污风再通过风机排出地表的一种矿井通风方法。

（2）压入式通风是将矿井主要通风机安设在进风井一侧的地面上，新风经主要通风机加压后送入井下各用风地点，污风再经过回风井排出地表的一种矿井通风方法。

（3）压抽混合式通风是在进风井和回风井一侧都安设矿井主要通风机，新风经压入式主要通风机送入井下，污风经抽出式主要通风机排出井外的一种矿井通风方法。

4. 通风网络

一般把矿井或采区通风系统中风流分岔、汇合线路的结构形式和控制风流的通风构筑物统称为通风网络。矿井通风网络基本结构如下。

（1）串联网络指的是井下用风地点的回风再次进入其他用风地点，中间没有分支的风路。

（2）并联网络指的是两条或两条以上的通风巷道，在某一点分开后，又在另一点汇合，其中间没有交叉巷道时所构成的风路。

（3）角联网络指的是在并联风路间增加一条或多条风路与其相连通的风路。

5. 通风系统的任务

矿井通风系统的主要任务是在正常生产时期，利用各种动力向井下各用风地点提供足够的新鲜空气，稀释并排除瓦斯等有毒有害气体和粉尘，保证安全生产；调节井下气候，创造良好的工作环境，保证机械设备的正常运转，保障作业人员的健康和安全，最终达到安全生产的目的。当发生事故时，有效控制风流方向及风流大小，与其他措施相结合，防止灾害的扩大，达到消灭事故的目的。

矿井通风系统是煤矿安全的关键环节，因此建立稳定可靠的通风系统非常重要，煤矿生产的多变性决定了矿井通风系统的动态性，须采用高科技手段，建立智能化的监测控制系统，及时采集分析通风系统的运行信息，检查评估各项通风参数，拟定各个生产时期的最优化风流调整方案，预报通风系统远期运行状态，以提高矿井通风管理水平，运用专家系统和决策支持系统制定灾变时期风流调度。

矿井通风智能化技术是保证通风系统稳定、可靠、高效、安全运行的基础。矿井通风智能化技术包括了主要通风机、局部通风机的无人值守控制、风网智能解算、通风设施的智能调节等。

二、主要通风机无人值守控制技术

煤矿主要通风机是通风系统正常供风的主要动力设备，目前，我国常用的设备类型主要有离心式通风机、轴流式通风机、对旋式通风机，一般在通风机房配置相同的双套风机，一用一备，相互备份。主要通风机平稳、安全、可靠的运行对煤矿生产至关重要。其控制内容包括了风量的调节控制、风门的控制、双机切换操作，以及其他辅机设备的控制。传统的控制方式是现场操作人员根据反馈数据和运行情况现场操作按钮控制设备，实现风量调节、风机倒换。由于存在人为因素，可能导致调节精度低、误操作。而采用智能化技术实现通风机无人值守控制将大大改善其控制的可靠性和安全性，提高运行效率，实现减人增效、节能降耗。

（一）主要通风机无人值守控制系统的构成

主要通风机无人值守控制系统由智能控制系统、运行数据在线监测与故障诊断系统、环境与安全监测系统、设备巡检系统、数据传输网络、无人值守控制平台等部分组成，是集智能供电、传动控制、智能传感器、视频遥视与图像识别、音频采集、数据分析等功能于一体的控制系统。通过调度监控平台，实现设备的远程管理与遥控。其组成结构图如图 10－1 所示。

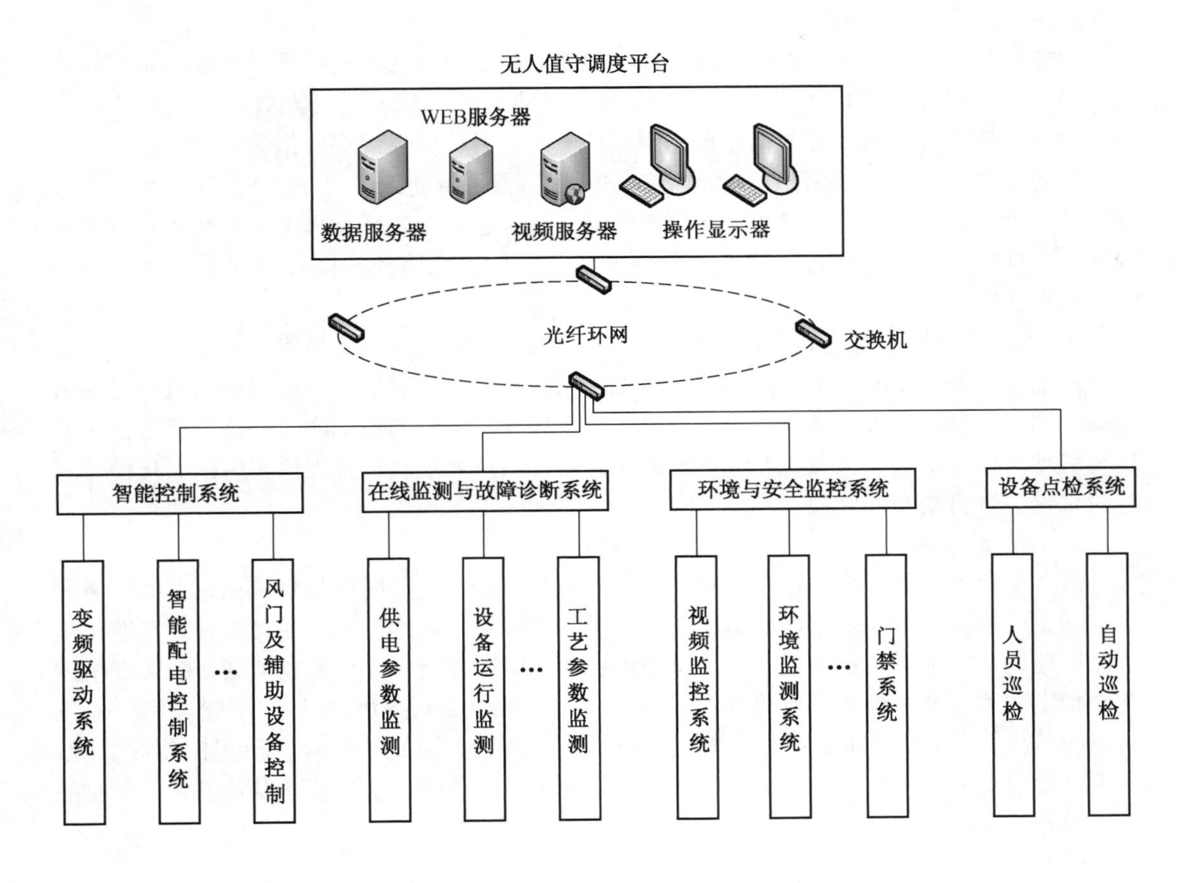

图 10－1 主要通风机无人值守系统组成结构图

1. 智能控制系统

智能控制系统由主控制器、计算机监控系统组成核心控制单元，并集成了智能配电系统、变频传动系统，采用双冗余的硬件配置与软件安全控制策略，对风机设备进行可靠控制，实现风机的自动运行、定期自动巡检、自动倒机切换、反风控制、风量自动调节。

2. 运行数据在线监测与故障诊断系统

运行数据在线监测与故障诊断系统是基于物联网的远程在线监测，主要由数据采集设备与智能传感器组成，对主要通风机系统相关设备进行数据采集、状态监测、趋势分析、故障诊断与预警，并将报警和故障信息反馈到控制系统，实现应急控制、预防检修。

3. 数据传输网络

数据传输网络利用矿井自动化环网，将现场数据上传到无人值守调度平台，实现远程监管和数据诊断。数据传输网络采用冗余环网，应确保线路故障或中断，不会影响风机的远程数据通信与控制。

4. 环境与安全监控系统

环境与安全监控系统主要由门禁系统、环境监测系统、视频监控系统、监控主机、UPS电源、交换机等组成。

门禁系统是在关键地点如机房大门和工区大门配置可视化智能门锁，其作用是禁止非法人员出入风机房重要设施场所，只允许被授权的管理人员、巡视人员进入，对非法闯入、门锁被破坏等情况出现时信息传输到监控中心，系统会发出实时报警。

环境监测主要是在控制室、配电室等房间配置烟感传感器、温度传感器、湿度传感器、拾音器，通过数据采集模块连接到服务器，远程感知现场环境情况，对环境参数出现异常，立即报警输出到后台环境监测软件，在三维可视化监控画面直观显示安全报警位置、报警数据等。

视频监控系统是在风机房各重要位置安装摄像头，监视风机房环境与各设备状态，主要监测点有变电所、配电所、控制室、风机、风门、蝶阀、润滑站、防爆门、风机院内出入口、周界防范区域等。视频监控系统与门禁系统、环境监测系统融为一体，当监控区域出现移动物体、烟雾、火灾、变形等现象时，通过图像处理软件，提供实时画面报警，对危险报警区域自动跟踪监视。

5. 设备巡检系统

设备巡检系统包括系统自动巡检和人员巡检两部分，自动巡检是系统在无人值守情况下控制系统根据巡检要求定期自检，主要针对备用风机定期的低频启动自检；人员巡检是按照巡检制度要求对设备进行点检。设备点检要依照巡检路线、日程、计划，配置点检设备到指定位置，并对设备进行检查、记录，或在手机上通过APP软件，配置各机房的设备点检填报管理画面，通过路线管理、参数填报管理、人员定位管理、上报回传等功能，实现点检信息的完整录入，并上传数据至服务器保存、分析，及早发现设备隐患，及时处理，避免较大事故的发生。

6. 无人值守调度平台

无人值守调度平台可设在矿调度中心，它是通风机数据汇聚点与控制的中心。其主要功能有：①实现工艺画面监控，如通风机工艺流程、供电系统、通信网络、实时曲线、历史曲线、报表等，实时显示当前风机运行情况及各部分数据分析等；②实现三维可视化监控，用于对风机房建筑物、设备、环境安全监测；当通风机及控制设备发生故障时，对设备故障进行地理定位，并显示故障位置与周围环境情况；③实现应急处置，主要是针对设备出现特殊故障时，系统根据实际情况自动给出应急处理流程，工作人员可以此进行故障处理操作；④实现异常报警功能，主要用于对风机房内设备故障、环境安全报警，实现自动弹窗、闪烁显示，醒目的展示给工作人员，并与三维可视化监控、视频监控联动显示；⑤实现设备健康诊断，主要针对设备运维数据进行连续分析，对设备健康状况进行早期诊断，从而实现无人值守的控制。

（二）主要通风机无人值守控制系统的关键技术

1. 控制系统的可靠性设计

主要通风机是煤矿重要的安全设备，要实现无人值守必须有可靠的硬件系统保障，主要通风机故障停机是最大的风险，所以要确保控制系统供电的可靠性、主控单元的可靠性、网络传输的可靠性。

（1）供电可靠性设计。大部分矿井主要通风机供电系统常用双回路供电、单母线分段式运行方式，但实际应用中还存在较多问题，具体表现在：第一，通风机采用冷备用方式，通风机在启动过程中有可能存在故障，其启动和挂网具有不确定性，导致每一次倒机都成为通风安全隐患；第二，供电系统采用单母线分段运行方式，一旦发生电源故障，需要通过切断故障电源的刀闸和断路器，闭合备用电源刀闸和断路器，闭合母联等一系列操作来完成供电电源的切换，该操作主要由人工完成，常常错失合闸最佳时机，延长停风时间，容易造成通风事故扩大化。针对上述情况，系统配置高压无扰快切装置，设定快切投入控制策略，控制两路进线与母联柜断路器切换，保证供电系统两路电源的快速切换。低压配电系统配置电源互投装置，实现低压供电电源自动切换。高压快切装置具有逻辑判断和智能选择等多种投切方式，以确保投切过程中主要通风机平稳运行。供电系统智能化设计如下：

① 高压采用单母线分段接线方式，正常情况两段母线均带电，一回运行，一回备用。高压微机综保具有通信端口或高压系统自带通信管理机，能将高压数据上传到远程管理平台，进行远程控制与管理。

② 低压也采用单母线分段接线方式，配电柜采用智能型断路器，满足智能远程操控和闭锁要求。

③ 高压系统配置变频切换柜系统，变频或电机出现故障后可以根据实际工况进行灵活多样的交叉拖动负载。

④ 控制系统采用不间断电源冗余配置，一号风机和二号风机独立使用，保证可靠运行。

（2）主控单元的冗余设计。为了提高通风机控制系统的可靠性，主控单元采用双机热备形式，正常情况下主机处于工作状态，备机处于监视状态，一旦备机发现主机异常，将会在很短的时间内接管控制权，代替主机控制设备正常运行。反之，当备机处于工作状态时，主机处于监视状态，发现备机异常时，快速接管备机控制权，控制设备正常运行，保证两套系统的无扰切换。

此外，控制系统传输网络也要采用冗余设计，确保线路故障或中断时，不会影响系统的控制。一般可利用煤矿光纤环网进行传输，确保系统数据传输的可靠性。

2. 主要通风机倒机切换控制技术

煤矿主要通风机需要定期将运转、备用通风机进行一次切换，或运转通风机故障时将运转通风机切换到备用风机，两台通风机的切换过程称为倒机操作。在倒机切换过程中因操作时间过长或设备故障等原因，会引起高瓦斯矿井瓦斯积聚或瓦斯超限问题；同时，也有可能发生备用通风机突然无法启动的问题，而此时运行通风机已经停转，很容易引发事故，即使迅速恢复原通风机的运行，也会造成倒机时间过长。对于倒机切换时间，《煤矿安全规程》有明确的规定，不允许超过 10 min。倒机控制是煤矿通风机控制的重要环节。

传统的主通风机切换采用手动完成，其切换程序为：首先关闭运转风机，待运转风机转速下降到一定程度，再关闭运转风机调节风门；然后打开备用风机调节风门，启动备用风机，使其达到额定运行状态。该方式主要用于早期风机控制系统，不具备调速控制和先进的风门控制功能。在切换过程中，会造成一定时间的停风状态，对操作过程有严格的要求，极易造成瓦斯积聚和安全隐患。矿井主通风机倒机切换的核心问题是控制通风系统的稳定，以保证井下瓦斯不超限。因而，在自动倒机切换过程中，主要从风机风量调节控制角度解决主要通风机的安全切换和倒机操作问题。目前主要有以下几种倒机切换方式：

1）风门开度调节的倒机切换方式

保持运转通风机在正常运行的状态下，开启备用通风机，通过调节两个风门的开度，使其达到良好配合，保证通风系统风量的稳定，使双机切换时通风系统能较为平稳过渡。这种方法是通过调节风门开度实现风阻的改变，其明显缺点是当风量低于正常风量30%时，会造成风机喘振，且风门带压的情况下，开闭调节较为困难。此外，风门开度的配合问题，在实际控制中难度较大。

2）风叶角度在线调节的倒机切换方式

将通风机叶片角度设为0°，启动通风机的电动机，启动成功后调节风叶角度，从而达到增加负压和风量的目的，此方案启动平滑且对电网冲击较小。但风叶为液压控制，对调节设备要求较高，且在启动备用通风机过程中会有短时风阻短路现象。

3）变频调节的倒机切换方式

矿井主要通风机电机采用变频驱动，通过变频调节改变通风机的转速来实现对矿井通风系统的风量调节，即在倒机切换过程中，控制运行通风机减速，备用风机的转速逐步增加，通过检测变频速度，配合风门控制，从而实现矿井通风系统风量和负压的平稳过渡。整个切换过程采用程序自动控制，这种方法使切换时间大为降低，是目前较多采用的切换方式，兼有风机节能调速和自动倒机切换功能。

4）采用对空旁路风门的不停风倒机切换方式

对空风门的不停风倒机方式是在主通风机原通风网络上增加对空旁路风门，然后通过风道上的风门实现风路切换。每台通风机风门由立式挂网风门、对空旁路风门、立式闸板风门组成，其设计结构及布置结构满足不停风倒机风道的需要；满足一台风机正常挂网运转，另一风机可进行热备、测试和进行维修维护的需要。其通风回路示意图如图10－2所示。为缩短风门开闭时间，对空旁路风门和立式挂网风门均采用自密式旋叶风门，其自密式旋叶风门如图10－3所示。

采用对空旁路风门的不停风倒机切换方式，在原运行的主通风机不停机的情况下先启动备用通风机，在备用通风机正常启动后再进行倒机切换，进而实现了通风机的热备用；如果备用通风机无法正常启动，则可以暂时停止倒机操作，先进行故障的排查和设备检修，这时候因为实质性的倒机过程还没有正式开始，因此不会影响到原来风机的正常运行，也不会对通风网络造成影响。

其不停风倒机控制过程如下：①运行风机正常挂网运行，开启备用风机对空风门，启动备用风机（此时风机处于空运转状态）实现热备用；②检查备用通风机运转正常后，关闭原运转风机挂网风门，开启对空风门，使原运转通风机处于空运转状态；③打开备用风机挂网风门，关闭备用风机对空风门，确认备用风机运行正常后，停止原运转风机，倒机切换完成。

在上述通风机倒机切换控制技术中，变频调节的倒机切换方式和采用对空风门的不停

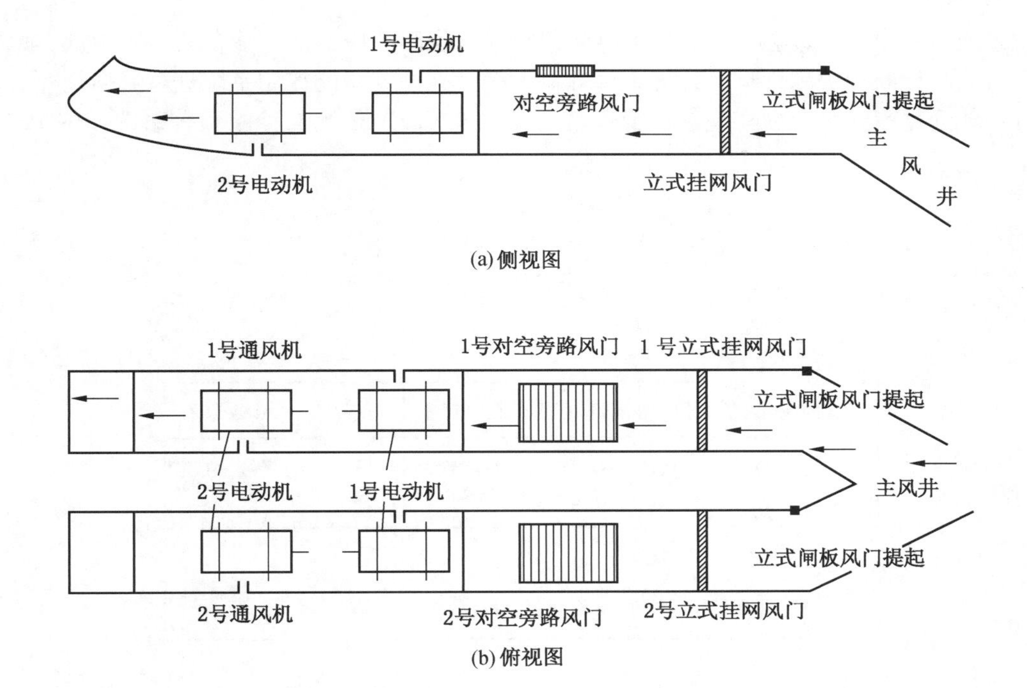

图 10－2　不停风倒机通风回路示意图

图 10－3　自密式旋叶风门

风倒机切换方式在实际应用中较容易实现自动化控制，切换过程也较安全可靠。在此特别指出，具有对空风门倒机切换功能的通风机再采用变频驱动进行风量调节和节能控制，可使通风机整体调控达到更好的效果。

3. 主要通风机故障监测与诊断预警技术

通过建立基于物联网的远程故障监测与诊断预警系统，可实时监控设备运行参量、状态及报警，对设备故障进行预先诊断，防止重大设备事故的发生；同时可以合理安排检修计划，不仅降低了设备运行和维护成本，更提升了设备整体管理水平。

1）风机故障监测与诊断预警系统

系统主要由现场传感器、智能数据采集终端、风机故障监测与诊断软件等组成，风机故障监测与诊断预警软件运行在无人值守调度平台，并与智能控制系统进行数据交互，数据可上传到远程云平台，实现远程管理与应用。风机故障监测与诊断预警系统如图 10－4 所示。

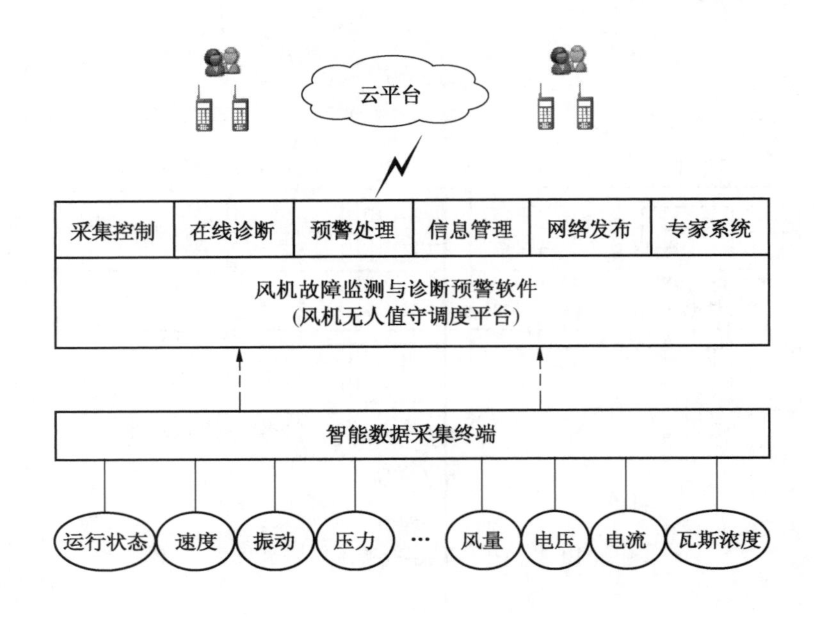

图 10－4　风机故障监测与诊断预警系统

智能数据采集终端接收现场传感器的采集信号，对信号进行转换、分析、判断，完成风机设备、润滑设备、风门设备、供电设备、通风工艺参数等数据的监测。通过通信网络将监测的参数和开关量状态传输到无人值守调度平台上，通过风机故障监测与诊断预警软件实现主要通风机的故障分析与诊断。

风机故障监测与诊断预警系统也可以将数据上传到云平台，实现系统更多扩展功能，达到资源共享、远程管理与诊断。支持远程客户端和移动客户端随时通过云平台掌握风机运行情况，便于维护管理。

2）风机在线故障诊断方法和预警处理技术

风机在线故障诊断与预警采用模块化设计，主要包括数据采集、在线故障诊断、预警处理、信息管理和网络发布等模块，对风机主要运行数据实时监测、诊断和预警处理。采用图形、动画的形式表达参数变化情况，并针对报警情况进行处理；对历史故障信息进行分析、存档，得出一定周期内的风机参数动态趋势。风机在线故障监测与诊断预警技术构成如图 10－5 所示。

（1）数据采集。为了实现在线故障监测与诊断预警处理功能，需对主要通风机运行系统进行数据采集，包括有模拟量、开关量数据采集。主要采集内容如下：

① 模拟量采集。

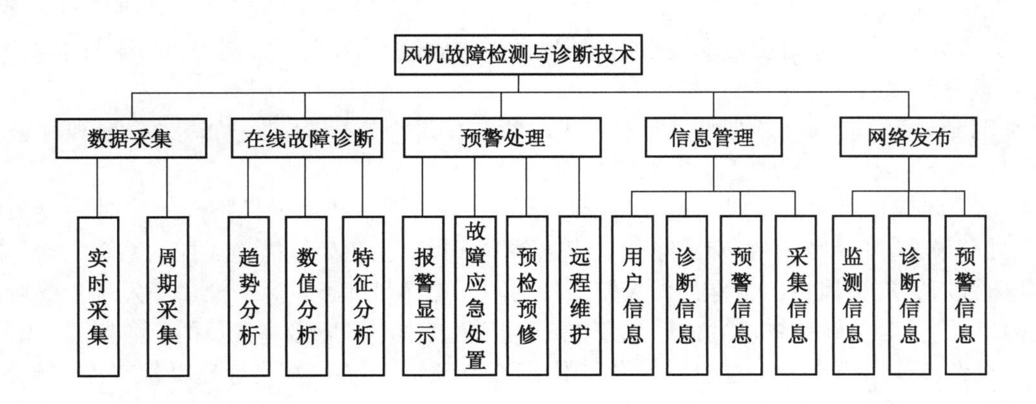

图 10-5 风机在线故障监测与诊断预警技术构成

a）负压值、风速：对负压值、风速两个模拟量的测量，通过计算以获得通风系统工作时的全压值和通风量值，以判定是否满足风机运行时能够克服通风阻力和所需最小风量的要求。

b）风机轴温、振动速度：通过对风机前后轴温、风机水平和垂直振动速度值进行监测，并设置相应的报警预警值，对风机健康状态进行监测。

c）电气参量：采集高压开关柜内电压 U_a、U_b、U_c、电流 I_a、I_b、I_c 的实际值，有功功率 P，无功功率 Q，功率因数 $\cos\phi$ 等数据，便于设备运行状况、能耗以及故障分析。

d）电机轴温：实时监测电机轴承温度变化、电机定子绕组温度、轴承振动等，对电机运行状况进行分析。

② 设备状态采集。对风机运行状态、风门开闭状态、其他辅助设备的运行状态实时监测，对变频运行状态、配电柜的分合闸状态等进行实时监测，对故障状态进行实时判断。

（2）在线故障诊断。在线故障诊断模块结合专家系统可对设备各监测点实时数据进行远程诊断，通过数值分析、趋势分析、特征分析，将各种数值与分析系统设定标准值相比较，得出各种故障发生时的状态及数值，实现常见故障在线分析诊断功能。

① 电气设备在线诊断。通过对电气设备参数的监测，可判断电气设备绝缘状况、短路、过流等故障情况；通过对供电电源多种电参量实时记录，对供电系统电压偏差、电流畸变、谐波等实时监测，对供电品质、供电设备进行全面评估。

② 电机在线诊断。通过对电机电流、电压、轴承温度、轴承振动实时测量，根据测量数据，对电机的电气和机械状况进行评估。诊断故障包含：转子断条故障、定子的电气劣化问题、动态偏心和静态偏心、轴承问题、不对中及不平衡问题、电机能效等。

③ 机械设备在线故障诊断。通过在风机本体上安装冲击脉冲传感器、振动传感器，捕捉冲击脉冲、振动传感器数据，结合设备有效运行参数信息，进行信号处理、分析设备故障、预警预报。充分监测风机在运行过程中的振动参数及有关性能参数动态变化，作出是否有故障、故障种类、故障部位、故障发展变化趋势等诊断结果。诊断故障包含：对振

动、温度、负压、风量、转速等信号异常情况报警；旋转设备机械变形、磨损、不平整、喘振、谐振、异物进入及碰撞、整流器外形磨损、紊流、装配不当或设计缺陷等故障。并对故障进行追踪。

（3）预警处理。预警处理将根据在线诊断的结果报告分析，进行声光报警和预警处置。主要分为故障应急处置、预检预修、远程维护。

① 故障应急处置。针对上述故障诊断结果，当出现主要通风机特殊故障时需要采取应急处置模式，需要针对特殊故障建立应急预案，提出应急处置措施。控制系统根据预定的应急预案完成通风机的特殊操作控制，最大限度地满足井下供风安全。当发生主要通风机停风时，及时给调度中心发出停风警报，便于调度中心采取撤离人员的应急措施。

② 设备预检预修。通过建立设备故障诊断与预警系统，对设备健康状态提前预警，预先提出检修计划，最大程度减少设备故障发生，从而实现设备预知维修。并通过专家系统诊断，精确诊断故障源，实现精密维修，缩短维修用时。最终目标是能有计划地实施检修，减少非计划停机和设备事故，实现通风系统的安全运行；同时降低检修费用，缩短维修时间或避免设备的欠修或过度维修，减少备件的仓储和人力资源。

③ 远程维护。远程维护是基于互联网技术的远程故障诊断，结合专家系统可对设备各测点实时数据进行远程分析，得出各种故障发生时的状态及参数，提高故障在线分析诊断处理能力。并及时做出维修方案与计划，各维护人员通过手机等互联网设备远程进行指导维护。

（4）信息管理。信息管理模块通过软件建立信息数据库，进行分项管理，数据库内分别建立关联型数据表，通过命令与数据库建立链接进行采样数据、用户信息、诊断信息、报警信息管理；建立系统配置文件，通过字段、关键字、值的格式管理参量阈值和系统信息。

（5）网络发布。网络发布模块是选取数据库中的关键信息利用多种网络手段发布至互联网云平台，方便远程监控功能的实现，可以利用云平台大数据，多样化管理，最终实现风机无人值守的目的。

三、局部通风机智能控制技术

局部通风机是煤矿安全生产的关键设备，局部通风机主要担负着抽排煤矿井下局部积聚的瓦斯，或与除尘装备联合使用排除工作面煤尘，改善工作环境的重要任务，达到保证人员及设备安全生产的目的。目前常见的局部通风机可以分为轴流式和离心式两大类，由于轴流式通风体积相对更小、操作简单方便并且能够更加轻松地实现设备串联，因此得到了更加广泛的应用。掘进工作面是瓦斯事故、煤尘爆炸事故的多发地点，因此局部通风机的管理是煤矿“一通三防”工作的重要环节，要求设施可靠、供风稳定。局部通风机智能化控制技术是保证掘进通风系统安全、高效、可靠的重要技术手段。随着各种智能化技术的不断应用，不仅井下局部通风机实现智能化控制，而且对于多个掘进工作面的局部通风机实现多级管控、集中管理、集中控制，实现现场无人值守。

煤矿智能化局部通风控制系统主要由供电设备、智能控制器、变频闭环调速装置、风速传感器、瓦斯传感器、一氧化碳传感器等构成。煤矿每个掘进工作面配套两台局部通风机，一用一备，每台局部通风机配套一台专用隔爆型变频器控制两台电机。智能控制器利用传感器反馈的参数（井下不同部位的瓦斯浓度、二氧化碳浓度、风速、温度、粉尘浓度等信号）确定风量设定值，通过变频器调整风机转速调整供风量，满足矿井通风需求和节能运行效果。当主工作局部通风机供风回路发生故障时，系统可自动将备用局部通风机投入运行，保障工作面不间断供风。

目前，智能化局部通风控制系统向集成化、网络化发展，例如“煤矿风机用隔爆兼本质安全型双电源双变频调速装置”集成了两台变频调速器、两套独立的智能控制系统、两套传感器采集、远程通信网络接口。实现了局部通风机双机热备切换、智能通风控制、远程控制与管理等多种功能。

（1）双机热备切换。为了提高安全生产系数，当前我国煤矿掘进工作面的局部通风系统都是采用“双机热备”的工作方式，即两台通风机互为备用或者一主一从。双机热备切换就是两套独立的变频控制系统通过通风机切换控制器实现双方之间控制与切换，当主工作局部通风机系统中任意环节出现故障时，可自动切换至备用局部通风机，主、备通风机功能一致。双机切换分为自动切换和手动切换。

① 自动切换模式：有两种切换方式，第一种为主从切换方式，调速装置工作在主从模式下，两套变频系统分别可设定为主机和从机。调速装置正常启动时，都是主机在运行，从机备用。只有在主机发生故障或断电的情况下，自动切换到从机运行，而在主机故障恢复或重新上电后，从机立即停机，自动切换回主机运行。第二种为“对等切换”方式，调速装置在设定为“对等切换”模式下工作时，两套变频控制系统不分主机、从机，互为备用。如果运行设备的通风系统发生故障，立即切换到备用系统工作。原运行设备检修好后，仍保持在备用系统工作，可在人机界面灵活控制主、备风机之间的切换。

② 手动切换模式：调速装置在“手动切换”工作状态下，两套变频控制系统相对完全独立，在特定工况下，必须通过人工方式控制主、备通风机之间的切换，才使用此种切换模式。

（2）智能通风控制。局部通风机控制系统具有自控通风、自控排放和手动控制三种运行方式。根据工作面瓦斯浓度范围，局部通风机调速装置自动运行在不同工作模式。调速装置在煤矿井下正常工作时，运行在自控通风模式，根据不同工况，进行自动调节运行，既保证工作面有充足的新鲜风流，又可以实现最大的节能效果；当瓦斯达到一定范围时，调速装置自动工作在自控排放模式，依据《煤矿安全规程》的规定，实现瓦斯智能排放运行。手动控制是在其他特殊情况需要人工控制调速装置运行时，可以使用“手动控制”模式。

智能控制系统还具有风电闭锁、瓦斯电闭锁、二氧化碳电闭锁、温度电闭锁、智能降尘等功能，并能对系统自身进行监测和故障诊断，能实现一键开机、自动并联运行的功能。

（3）远程控制与管理。局部通风机控制系统具有就地控制和远程控制等功能，当用户配置上位机单元时，风机所有操作均可在地面调度室远距离自动化控制，可进行参数设定、参数设定保护、声光报警和远程集中管理等功能。对于多个工作面的矿井，通过通信网络将不同区域的局部通风机进行集中控制、视频监控，对局部通风机集中管理，实现井下局部通风机无人值守控制。

四、井下风门自动控制与风窗调节技术

风门、风窗是矿井通风系统中的重要构筑物，可用来隔断巷道风流、调节巷道风量，风门也为行人和运输提供了方便。风门按照使用性质不同可分为控风风门、防火门、防爆门等；按照驱动方式又可分为电气驱动、压缩空气驱动、液压驱动、机械驱动或者是其中几种方式联合驱动等。普通控风风门按照结构又可分为平衡风门和对开结构风门。平衡风门也叫无压风门，这种风门适用于负压比较低的低瓦斯类矿井，其优点是结构简单，容易开启；对开结构风门关闭比较严密，漏风率小，但开启较为费力，这种风门目前有一种新技术，采用弧形门扇来有效减少风压带来的开启力度，也叫减压风门。风门的可靠性、稳定性和适应性是煤矿安全生产的基本要求，随着现代化矿井建设的不断推进，风门实现智能化控制成为“一通三防”的重要建设内容。风窗是安装在风门或其他通风设施上部可调节风量的窗口，调节风窗是采区内的主要通风设施，煤矿井下调节风窗，目前主要有无压全景调节风窗、可调式百叶门窗、调节通风窗、压风动力调节风窗和拔轮调节风窗等。通过改变窗口的开口流通面积实现风量调节。合理运用风窗进行风量调节可达到矿井良好的通风效果。风窗的智能化调节控制也已经成为现代化矿井安全基础设施建设的客观要求，也是井下风量智能化调节的重要内容。

（一）风门自动控制技术

矿用风门自动化控制系统主要由控制主机、操作控制设备、人车检测传感器、风门开闭状态传感器和声光报警器、电磁阀、通信设备等组成。控制主机安装在两道风门中间的巷道墙壁上。控制主机由可编程控制器、控制软件组成，能方便地与多种传感器、执行器配接，构成矿用风门控制系统，完成对各传感器的数据采集处理，并根据各传感器的返回信号，按照控制要求，对风门进行实时控制。风门开闭状态传感器安装在风门上，可以方便监控风门开闭状态，并把信号传到控制主机。风门开闭状态传感器一般采用磁控开关传感器，由内装干簧管电路和永久磁铁两部分组成，当门扇被打开时，干簧管远离磁铁而断开，当门扇被关闭时，干簧管接近磁铁而吸合，从而实现风门开闭位置检测。人车检测传感器安装在每道风门内外两侧，并把信号传到控制主机，控制主机根据程序要求，控制电磁阀动作，从而使气动或液动驱动装置动作，实现风门的自动开闭控制。人车检测传感器是决定风门可靠性、稳定性的关键因素，通常的检测方式主要有：光电感应、超声波检测、雷达微波检测、红外线检测、压力传感器检测、脉冲光源式光敏传感器等多种方式，实际应用中根据配套装置要求进行选择。矿井通信设备主要用于与地面调度中心的通信，将数据上传到地面调度中心，实现风门的远程控制。

矿用风门自动化控制系统的工作原理为：每个风门检测区域使用了 4 个人车检测传感器，分别对称布置在风门两侧，每个风门控制方法相同，因同一时刻只允许一个风门开启，因此入口多个信号有效时，采取竞争方法进行选择。设相互闭锁的两道风门为 A 门和 B 门，当行人或车辆由巷道的任一方向进入时，传感器自动检测，当检测到 A 门有车辆或行人接近时，传感器输出有效信号，系统控制执行机构开启 A 风门，在 A 门打开时，触发语音控制箱，使声光信号并发提示车辆可以安全通过，同时闭锁 B 门，以防止两扇门都打开形成短路风流，并以声光报警进行提示，禁止打开 B 门。当车辆和行人通过 A

门后，系统确认检测区域传感器无信号发出的情况下，延时一定时间后A门关闭，延时时间的长短可根据需要进行设定。确认A门关闭后打开B门，当车辆和行人通过B门后，系统确认检测区域传感器无信号发出的情况下，延时一定时间后可关闭B门。完成风门的自动控制。若车辆或人员从B门进入，其控制原理相同。

控制系统具有就地手动、自动控制功能。配置有工业环网通信接口，与远程计算机联网，实现远程遥控和远程自动化集中管理。

（二）风窗自动调节控制技术

风窗自动调节系统由可调式风窗、矿用隔爆兼本安型自动风窗电控装置、风速传感器、开度传感器等组成。其主要工作原理为：风速传感器安装于风窗附近且固定于巷道风流较稳定的地方，用于检测巷道风速；开度传感器安装在风窗上用于检测风窗开度大小；电控装置主要用于现场传感器数据采集和风窗开度控制。风窗自动调节系统具有联网通信接口，可将传感器的数据反馈到矿井通风系统集控平台，并接收集控平台矿井风量调节指令，控制风窗开度大小，进行风量的自动调控，实现风网中风量合理分配，保证各主要用风地点的风量需求，从而实现矿井风量的智能化调节。

井下风门、风窗调节在实现单体自动化控制的基础上，通过联网可实现全矿井风门的集中自动化控制，实现无人值守。同时根据风量解算结果，自动调节风窗，实现风网中风量合理分配，保证各主要用风地点的风量需求，实现全矿井风量的智能化调节。

五、矿井通风网络智能化调控技术

在煤矿生产过程中的不同阶段，其通风网络所要求的通风量也存在差异。特别是矿井初期开采阶段，风机设计的余量特别大，在相当长的时间内风机一直处在较轻负载下运行，形成较大的电能浪费。需要对井下风量在不同阶段进行调整，使井下风量达到预定的要求，避免“大马拉小车”现象。同时，煤矿通风过程中煤矿通风量的大小与井下生产、人员、瓦斯、环境等各种因素有关。通过对井下各区域的瓦斯粉尘等有害气体的实时安全监测，结合产量和人员情况动态解算通风量，从而优化通风设定值。通过矿井通风网络智能化调控，使井下各区域保持在安全通风范围内，同时也避免了通风量太大而造成能源浪费，实现最佳安全节能运行。

矿井通风网络是一个庞大的系统，包括巷道通风回路、通风设施、通风设备等，各通风回路具有较强的耦合性，使得矿井风量的调节较为复杂。采用单点单回路的调节方法达不到理想的效果，需建立综合的调控系统。

矿井通风网络智能化调控系统是采用全局调控的方法，通过建立矿井通风智能监测调控平台，对整个矿井通风状况进行全面监测，并对各风量调节设备进行集中控制。其主要功能有：通过对通风网络关键位置通风参数实时监测，结合通风网络自动解算模型，对通风网络进行稳定性判定和调风后的预估；根据判定结果，对主要通风机、局部通风机、风门、风窗等风网调节设备进行远程自动调控，达到合理通风要求；采用三维仿真软件，建立矿井三维通风系统动态模型，模拟各类工况下的通风状况，为风量调控提供依据。

矿井通风网络智能化调控技术集成了矿井通风网络综合监测、风量自动解算与评估、风量自动调控、三维仿真技术等。以煤矿通风安全监测数据为基础，根据通风网络自动解算的结果，实现风量的自动调节控制。

1. 通风网络综合监测技术

矿井通风量的需求大小与井下人员数量、生产产量、瓦斯涌出量、掘进推进、巷道断面与长度等因素有关。所以矿井通风网络综合监测是对所有通风地点风量、风速、压力、温度、相对湿度、瓦斯、人员等参数进行实时动态精确测定，同时对采煤工作面进、回风顺槽通风断面面积进行实时动态精确测定与评估，即对通风安全、环境、人员、产量的全面监测。各监测系统接入智能监测调控平台，进行通风数据融合分析，各监测点以三维GIS图形集中展示，自动绘制各监测点风速、风量、压力、温度、相对湿度、瓦斯等参数的变化曲线。当检测瓦斯、风量、风速、压力、温度、相对湿度等参数的变化幅度超出预设范围时进行多种报警显示，实现通风网络的综合在线监测。

2. 风量自动解算与评估技术

风量自动解算与评估是根据矿井通风网络有关参数，对矿井各用风点的需风量、矿井风阻值进行计算，自动进行通风网络解算。按照煤矿通风计算要求，分析出采掘工作面硐室和巷道的用风量，统计出全矿井总的需风量；根据给出的巷道断面面积、巷道长度、选择的支护方式，自动解算出巷道风阻值，即实时计算矿井通风阻力、矿井通风阻力分布情况、各条巷道及工作面的摩擦阻力系数等。通风网络解算部分采用通风优化算法，可对多个通风方案进行模拟、对比，从而得到最优的方案，确定矿井总风量、总风阻、各分支风量与风阻等。

风量自动解算也通过对井下各区域的瓦斯粉尘等有害气体的实时安全监测，综合分析各区域参数的安全通风状况，结合产量和人员情况，优化通风设定值，使各区域保持在安全通风范围内，同时也避免了通风量过大造成的浪费能源，实现安全节能运行。

风量自动解算与评估可应用于矿井生产能力的扩大与水平延伸中长期规划编制，以及生产矿井技术改造等技术工作中。分析并解算新井巷开掘贯通和旧井巷报废后的通风状况；分析并解算井巷断面增大减小，支护方式改变，局部堵塞的变化情况。风量自动解算与评估也可应用于矿井灾害预防与处理计划的编制辅助决策，通风系统可靠性评价及救灾预案分析，灾变时期矿井风流状态的分析及避灾路线优化。

风量自动解算与评估可采用三维GIS仿真技术对通风网络数据进行处理、解算，对通风过程进行动态模拟与分析评估。

3. 风量自动调控技术

风量自动调控技术主要是根据通风系统自动解算与分析评估结果，对风网系统进行远程自动调控，达到合理要求。调控的主要对象包括通风设施的自动调控（即风门、风窗的调控），以及对主要通风机、局部通风机的自动调控。对风门风窗设施的调控可以改变用风地点风阻，从而改变用风地点风量。对主要通风机调控可以改变矿井总供风量，合理调整风机运行工况点，达到节能高效运行。对局部通风机调控可以改变掘进面通风量，合理调整风机运行工况点，达到安全节能运行。

（1）通风设施的自动调控。通风设施的自动调节主要是针对各用风地点风量的合理调节，调控系统可以预设各用风地点的风量，自动计算预设风量与实测风量的差，当差值超出预设值时（预设值可调），自动调节通风设施开口大小，使预设风量与实测风量的差值在预设值范围之内；调控系统也可根据实测需风地点的甲烷、二氧化碳浓度、温度、风速、最多工作人数、局部通风机吸风量等参数自动计算需风量，并同步计算需风量与实测风量的差，当差值超出预设值时（预设值可调），自动调整通风设施（风窗）开口大小，使计算需风量与实测风量的差值在预设值范围之内。采煤工作面及其他全风压通风地点的风量计算要依据《煤矿安全规程》等国家或行业标准、规范。

通风设施的自动调控包括井下风门、阻断门的开关控制，以及调节风窗的自动控制。

（2）主要通风机的自动调控。调控系统根据主要通风机所担负通风任务区域的计算总需风量自动调节主要通风机工况点，使主要通风机实际通风量与计算需风量相匹配，也可通过预先设置主要通风机的供风量自动调节主要通风机工况点，使主要通风机实际通风量与预设风量相匹配。主要通风机反风时可预先设置主要通风机的反风风量，自动调节其反风运行工况点，使实际反风风量与预设的反风风量相匹配。主要通风机总需风量计算要依据《煤矿安全规程》《煤矿通风能力核定标准（AQ 1056—2008）》等国家或行业标准、规范。

主要通风机的风量调控方法主要有两种，第一种方式是机械调整方式，借助风门和前导叶调节及风机运行叶轮片安装角度的改变来调节煤矿主要通风机风量，其中，调节风门的方式本质上是增大了通风网络阻力，不够经济；而调整前导叶，其风量调节范围较小。第二种方式是管路的阻力特性保持不变，通过调节电机的转速来调节风量，目前主要采用变频调速控制实现风量调节。各种不同的调节效果如图 10－6 所示。由图 10－6 可以看出，变频调速控制是目前最有效的风量节能控制方法。对于通风机而言，其功率 N 与转速的三次方成正比，即当所需风量减少，风机转速降低时，其功率按转速的三次方下降。通过变频调节转速，节能效果非常明显。同时，电机运行效率与控制精度也会大大提升，确保电机转速工作处于最佳节能状态。

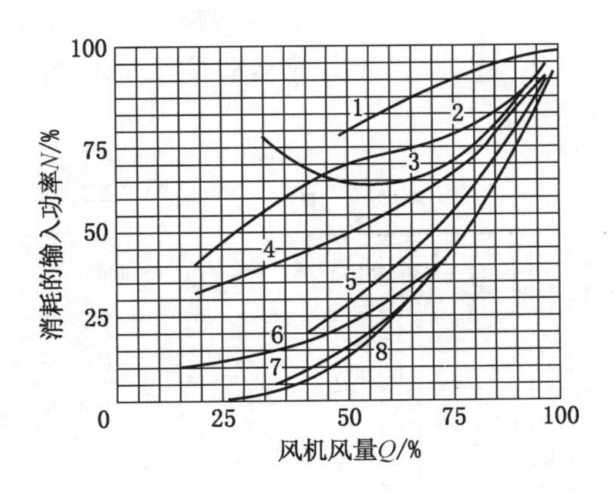

1—离心式通风机出口闸门调节；2—离心式通风机进口闸门调节；3—轴流式通风机导叶调节；4—离心式通风机前导器调节；5—液力偶合器调节；6—轴流式通风机叶片安装角调节；7—电动机变频调速；8—理想曲线

图 10－6　通风机在各种调节方式下的输入功率消耗

与其他调节方法相比较，变频调速技术便于实现自动化控制，能够灵活调节风机转速，改善功率因数，平稳启动风机，降低成本，确保了主要通风机工作的合理性与经济性。因此，在主要通风机风量调节中，可优先选用变频调速方式。

（3）局部通风机的自动调控。调控系统可通过预先设置局部通风机的供风量，局部通风机自动调节其转速，使实际供风量与预设的供风量相匹配。系统也可根据实测的需风地点的瓦斯、二氧化碳浓度、温度、风速及预设最多工作人数等参数自动计算需风量，根据计算需风量自动调节局部通风机转速，确定合理的局部通风机工况点，使局部通风机实际供风量与计算需风量相匹配。掘进工作面需风量计算要依据《煤矿安全规程》《煤矿通风能力核定标准（AQ 1056—2008）》等国家或行业标准、规范。

4. 三维可视化通风仿真技术

上述矿井通风网络智能化调控技术可采用三维仿真技术进行通风网络解算、通风调控、预警分析、应急处置。对通风过程进行动态模拟，从而为矿井管理人员和技术人员提供必要的数据支持，以辅助通风和生产决策。

三维可视化通风仿真技术对通风系统网络进行三维立体显示，直观掌握矿井通风系统状况。三维可视化通风仿真技术使用计算机图形技术建立矿井三维仿真通风网络模型，对巷道的断面、风阻以及通风构筑物等参数进行赋值，实现通风系统的数字化和三维可视化。采用三维可视化通风仿真技术，一方面可优化矿井通风系统设计，包括通风井巷断面最优化、矿井通风压力最优化、主要通风机选型最优化；另一方面可优化矿井通风系统的调节功能，包括矿井通风网络和主要通风机的调节最优化，使矿井通风系统达到并保持最佳的运行状态。其总体功能如下：

（1）基于 GIS 理念设计，矿井巷道按照 1∶1 进行建模，巷道的 X、Y、Z 坐标与软件中大地坐标一一对应，实现了真正的三维图形操作。

（2）在采掘工程平面图的巷道布置图上绘制通风系统图，可以在通风系统图上交互或自动标注节点。基于通风系统图可以实时显示监控系统数据（如风机开停等开关量数据和瓦斯、风速等模拟量数据）。

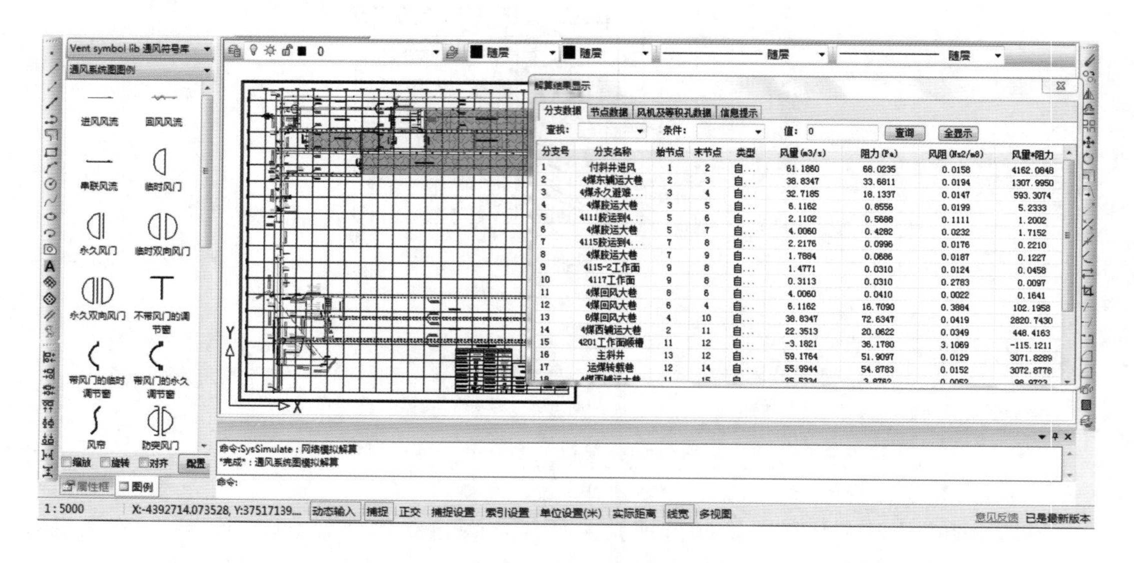

图 10－7　通风网络模拟解算结果显示

（3）基于通风系统图进行通风网络模拟解算，通风网络解算结果可以自动标注在通风系统图中的相应位置。生成的通风网络图具有美化、简化、编辑等功能。通风网络模拟解算结果可以用颜色分析法对通风数据进行管理，用颜色的深浅及明暗区间来区分参数区间，如颜色越亮风量越大、风速越高或风阻越大等，该方法更直观明了，使用者能快速分析巷道参数，找出问题根源。通风网络模拟解算结果显示如图 10－7 所示。通风网络模拟解算结果三维展示如图 10－8 所示。

图 10－8　通风网络模拟解算结果三维展示

（4）建立风网运行分析报告，用扇形统计图对井筒、大巷、风机等能量损失进行分析，并形成风网报告，其风网运行分析报告如图 10－9 所示。

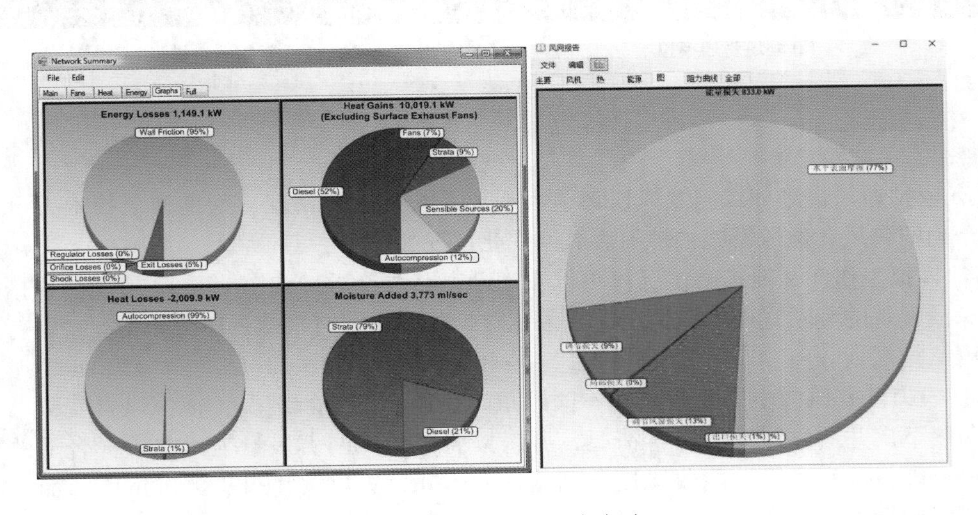

图 10－9　风网运行分析报告

（5）三维仿真模拟，能进行通风模拟、污染物模拟、热模拟、动态模拟、火灾模拟、循环风模拟及经济优化模拟等。

① 动态模拟风流方向，显示风路的断面、形状、摩擦阻力系数、风量、风压损失等基本参数，通风动态模拟仿真如图 10－10 所示。

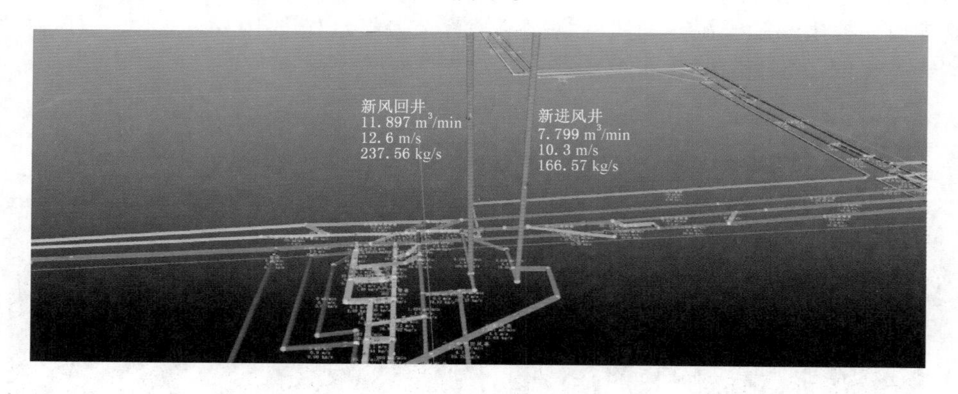

图 10－10　通风动态模拟仿真

② 模拟预测矿井开拓掘进巷道贯通后的通风情况，模拟新掘与废弃巷道后矿井通风系统的变化情况，模拟贯通巷道及新掘巷道通风系统变化如图 10－11 所示。通过颜色和显示风量数据说明贯通巷道及新掘巷道后通风系统的变化情况。

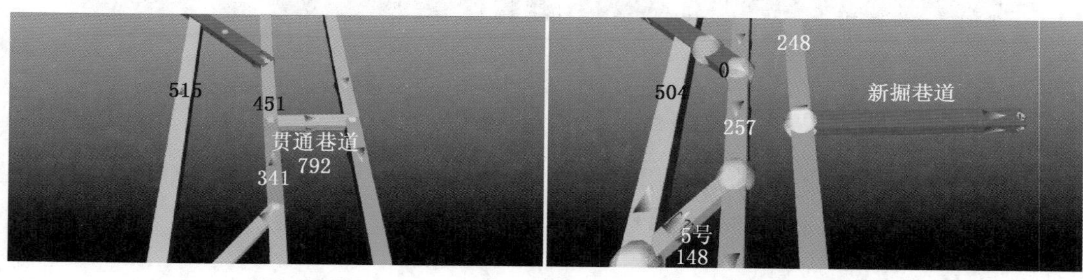

(a) 巷道贯通模拟　　(b) 新掘巷道模拟

图 10－11　模拟贯通巷道及新掘巷道通风系统变化

③ 模拟通风设施如风门及风窗调节后通风系统的变化情况，帮助通风技术人员实现快速精确的调风。通风设施去掉前后风网变化情况如图 10－12 所示。

④ 模拟工作面瓦斯扩散情况（可以实现动态路线分析）如图 10－13 所示。根据巷道颜色深浅直观的判断瓦斯扩散情况，并采用数据显示。同时根据瓦斯分布情况，进行人员的撤离路径规划。

⑤ 模拟矿井风网中主要通风机不同风量、负压下的运行情况，模拟风机变频、不同叶片角度下矿井通风网络的运行情况，可以按照矿井风网需风量为风井选择合适的通风机，也可以将已有风机性能曲线描绘到软件中，并计算风井入口、出口负压的额外损失量。风机运行工况点模拟如图 10－14 所示。

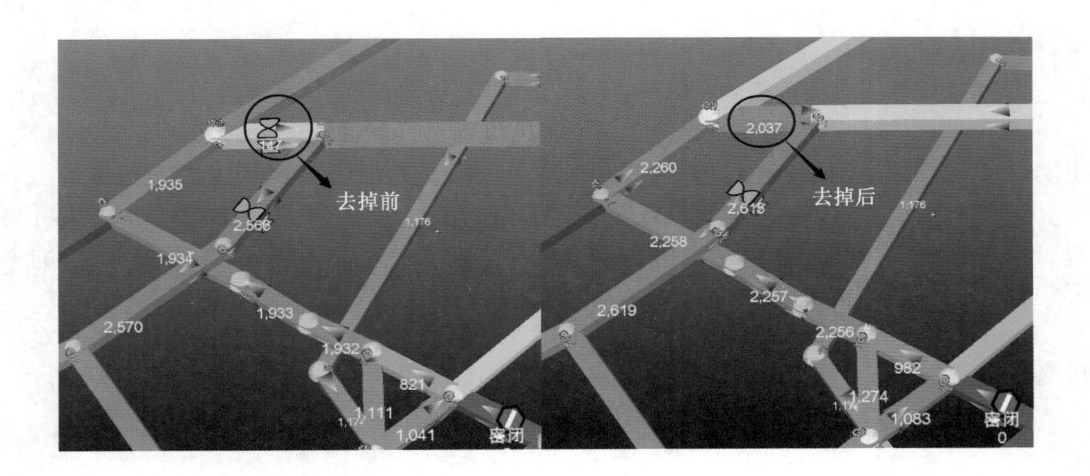

图 10－12　通风设施去掉前后风网变化情况

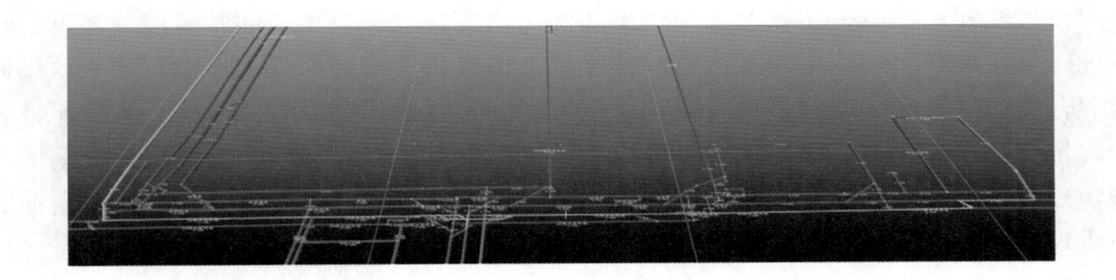

图 10－13　工作面瓦斯扩散情况

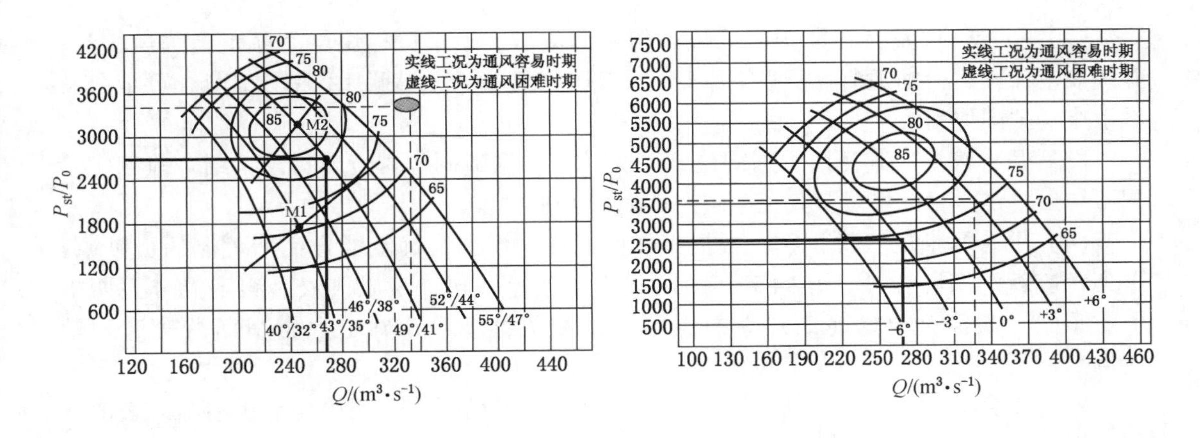

图 10－14　风机运行工况点模拟

⑥ 模拟局部通风机在掘进头中的运行情况，也可以在同一巷道中对多台局部通风机进行模拟。

⑦ 对矿山井下各种污染物、气体进行扩散模拟，并分析最佳撤离路线。

⑧ 可进行矿井反风演习动态模拟。按照风机反风性能曲线，对矿井进行反风模拟，可实时录像，记录模拟过程，也可将反风后各条风路及风机的通风参数生成反风报告。

⑨ 可根据矿井三维可视化通风系统模型分析采矿掘进成本、通风能耗成本、风机购置成本、矿井服务年限、折旧率。对矿井通风网络进行分析，找出影响矿井通风系统的主要矛盾，最终达到优化通风系统的目的。

通过三维可视化通风仿真软件系统的应用，对矿井通风系统进行实时风网解算、实时风网通风设施调节、实时通风设备控制，从而实现矿井通风系统的智能化调节与控制。

第二节　矿井瓦斯防治智能化技术

一、同位素法瓦斯来源分析技术

同位素法瓦斯来源分析技术以采煤工作面为研究对象，对工作面开采层、邻近层瓦斯气体进行采集取样，运用同位素质谱仪建立标准值，再通过对采煤工作面正常生产期间涌出的混合气体进行采集取样，分析对比，以准确、定量解析混合气体来源，为煤矿计算瓦斯抽采量、瓦斯渗透率、吸附性等参数提供可靠的基础数据，同时为今后煤矿瓦斯的预测与预防提供前提，为瓦斯地质理论的完善提供理论论据。因此该技术不仅在矿井地质、煤田地质理论上是一个补充，也是地球化学理论应用的扩展。

（一）主要分析内容

（1）不同矿井主采煤层煤层气成因类型。全面采集矿区不同主采煤层煤层气样品，运用同位素质谱仪，测定所有气体样品中碳、氢同位素值，结合天然气分类图解，确定研究区煤层气成因类型。

（2）目标煤层及其瓦斯中碳同位素值精细测试。采集目标煤层的原生新鲜煤样品，并按规范保存；根据瓦斯解析吸附原理，采用气相色谱－质谱联用仪测定瓦斯主要成分及其甲烷的碳同位素值。

（3）目标煤层及其瓦斯中碳同位素相关性。根据碳同位素分馏理论，结合前期实验测试结果，建立目标煤层及其瓦斯碳同位素相关性。

（4）混合瓦斯的气源识别。根据工作面瓦斯地质图，确定混合瓦斯可能的贡献源；采集相应新鲜煤层样品，并确定其碳同位素值；运用同位素质谱仪，测定混合瓦斯中甲烷碳同位素值；根据前期建立的碳同位素相关性模型，确定混合瓦斯的气源贡献比例。

（5）混合瓦斯中气源识别的影响因素。通过对采矿因素、地质构造运动等因素的详细分析，表明混合瓦斯中气源识别技术的主要影响。

（6）瓦斯气源识别方法的开发与应用。通过对抽采气体来源识别研究，提出矿井开采过程中气源识别方法，为今后可能的工作面突出瓦斯气源识别提出技术依据。

（二）采用的分析方法

（1）野外调查、资料收集。全面收集生产矿井的瓦斯地质图、井下上对照图、采掘工作面平面图等相关图件，并调研有关煤层气文献资料和科研报告。

（2）煤层气碳、氢同位素测试与分析。采集研究区内典型的、不同变质类型的煤岩样品，根据解析吸附原理，采用气相色谱－同位素质谱联用仪，测定煤岩中煤层气的主要成分及其碳、氢同位素值，进而确定煤层气成因类型。

（3）煤中碳同位素测试与分析。采集研究区主采煤层煤岩样品，根据煤中碳同位素测试规范，对所有煤岩样品进行预处理，运用同位素质谱仪测定给定样品的碳同位素值，并建立相应的数据库。

（4）目标煤层及其瓦斯碳同位素测试与分析。针对实际采掘工作面，采集到的混合瓦斯气体，在确定贡献源的基础上，采集相应的新鲜、纯净的煤岩样品，运用气相色谱－同位素质谱联用仪测定该样品中的碳同位素值；根据碳同位素分馏理论，确定煤与瓦斯碳同位素之间的相关性。

（5）混合瓦斯的气源识别分析。根据建立的煤与瓦斯碳同位素之间的相关性模型，确定混合瓦斯的气源贡献比例。采取的技术路线如图 10－15 所示。

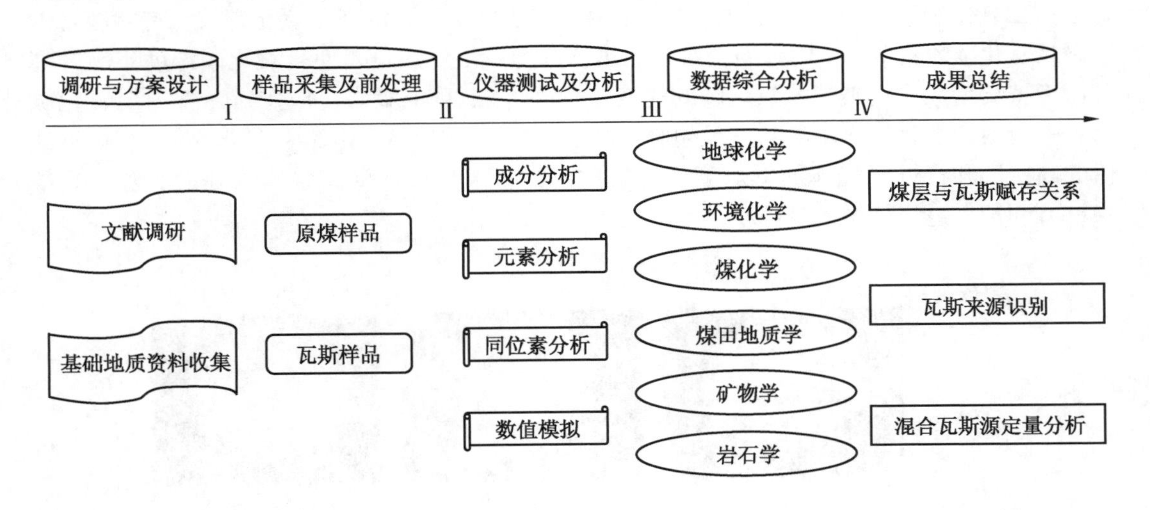

图 10－15　技术路线图

二、二氧化碳预裂煤层增透技术

目前，国内通常采用炸药预裂、水力压裂和水力冲孔等技术手段来增加煤层裂隙，提高煤层透气性，促使瓦斯更容易从煤层中解吸出来，从而提高瓦斯抽采效率，消除煤层的突出危险性。这些技术在治理矿井瓦斯工作中发挥了很好的作用，但仍存在一定的局限性：①炸药预裂爆破仍未根本解决长钻孔爆破的装药参数及封孔工艺，而且炸药审批困难，运输及储存受到严格管制；②水力压裂对封孔效果提出了更高的要求，且压裂方向不可控，易形成新的应力增高区；③水力冲孔容易引发巷道瓦斯超限，且对下向穿层钻孔煤层增透效果较弱。随着煤矿采深不断加大，煤层瓦斯含量及瓦斯压力不断增高，煤层透气性更差，导致传统煤层增透技术的局限性更为凸显。为了破解这些技术难题，研制出了新型煤层增透设备——二氧化碳致裂器，并在贵州贝勒煤矿进行现场试验，旨在实现低透气性煤层的瓦斯高效抽采，从而保证矿井的安全生产。

（一）二氧化碳致裂器的工作原理及特点

1. 二氧化碳致裂器的工作原理

二氧化碳致裂器由充装阀、发热装置、储液管、定压剪切片、密封垫、释放管等 6 个部分组成，其结构如图 10－16 所示。

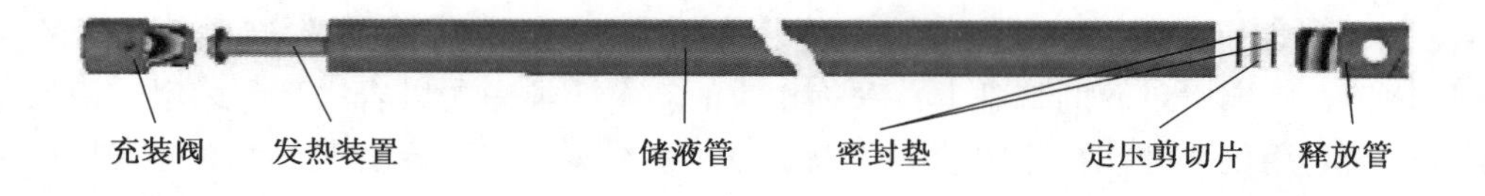

图 10－16　二氧化碳致裂器结构

在二氧化碳致裂器储液管内，利用专用的充装设备注入液态二氧化碳，保持储液管内液态二氧化碳压力为 8～10 MPa，启动加热装置产生足量热量，使二氧化碳温度不断升高且压力持续增大，突破了二氧化碳的气液变化临界点（31 ℃，7.4 MPa），管内二氧化碳由气—液两相转化为次临界状态及超临界状态（图 10－17）。超临界二氧化碳具有接近液体的高密度和接近于气体的低黏度、高扩散系数，极易渗透到煤岩体深处的孔隙、裂纹中，有利于促进煤体中的裂隙扩展。

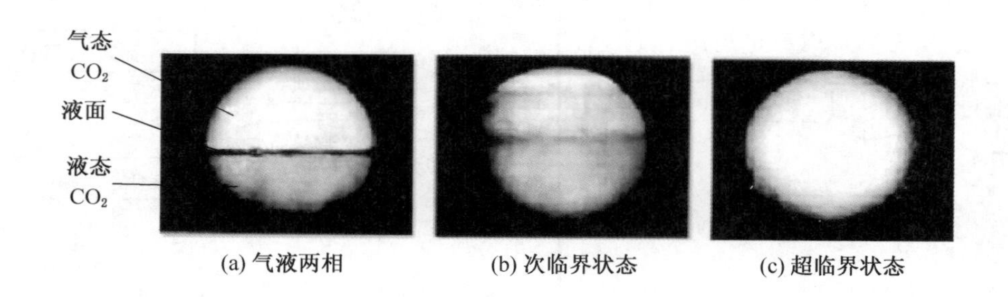

图 10－17　储液管内二氧化碳的状态转变

储液管内急剧升高的压力最终达到定压剪切片极限强度（可设定）时，高压二氧化碳冲破定压剪切片从释放管释放，瞬间喷出的超临界二氧化碳在煤体内产生了以应力波和爆生气体为主要动力的破煤能量。在应力波作用下，介质质点产生径向位移，由此在煤体中产生径向压缩和切向拉伸，当切向拉伸应力超过煤的动抗拉强度时会产生径向裂隙。在应力波向煤体深部传播的同时，爆生气体紧随其后迅速膨胀，进入由应力波产生的径向裂隙中，由于气体的尖劈作用，使裂隙继续扩展。随着裂隙的不断扩展，爆生气体压力迅速降低。当压力降到一定程度时，煤体开裂的应力因子小于煤体的断裂韧性裂隙停止扩展。最终，在钻孔周围形成一片透气性高、裂隙发育的区域，从而达到预裂爆破的目的。

2. 二氧化碳致裂器的主要特点

（1）安全性高，工作可靠。储液管采用高强度合金钢制造，能承受较高压力而不产生塑性变形；液态二氧化碳气化过程吸收热量，使周围温度降低；发热装置的电气性能指标满足国家标准规定，致裂器在体积分数为9%的可燃气中进行试验，不会产生任何明火或火花，不会引爆可燃气体；二氧化碳爆破致裂过程为物理过程，不同于炸药的化学爆炸，爆破压力释放过程中，不产生相互叠加的震荡波，降低了诱发瓦斯突出的概率。释放的二氧化碳体积约为0.6 m^3，不会引起二氧化碳超限。

（2）爆破能量可控。通过安装使用不同规格的定压剪切片，可以得到不同的释放压力，从而控制爆破能量。

（3）主要部件可重复使用。二氧化碳致裂器工作后，除发热装置、定压剪切片、密封垫外，其他部件可重复使用。

（4）操作简单方便。在需要进行预裂爆破的位置施工钻孔，成孔后利用钻机将致裂器送入孔中，实现预裂深度的精确定位，远距离爆破后再用钻机取出钻孔中的致裂器，整个过程只需3名工人约在2.5 h内即可完成。

（二）二氧化碳预裂煤层增透技术的应用前景及社会效应

（1）采用二氧化碳致裂器进行深孔预裂爆破操作过程安全，预裂后无炮烟，不产生一氧化碳、氮氧化物等有毒气体，不会引起二氧化碳超限，也不会对巷道稳定性产生影响，安全可靠。

（2）在低透气性煤层中进行二氧化碳预裂爆破，能使预裂孔周围煤体产生大量新的裂隙，并促使原生裂隙得到扩展，钻孔瓦斯流量增大3.8～6.7倍，钻孔瓦斯流量衰减系数由深孔预裂爆破前的0.6911d^{-1}降为0.0528 d^{-1}，煤层透气性系数比试验前提高了26倍，增透效果显著。

（3）通过现场试验与数值模拟相结合的方式，得到了预裂爆破的影响半径为4.5～5.7 m，抽采影响半径是试验前的4.55倍。为消除抽采钻孔之间的空白带，可按照8 m的孔间距布置爆破抽采孔，只需在770 m长的1603运输巷布置97个爆破孔，相对原先抽采设计的385个抽采孔，可节省75%的钻孔工程量，既减少了工程成本，又缩短了施工周期，同时抽采效果也好于预裂前的钻孔瓦斯抽采效果，为低透气性煤层的安全生产提供了保障，具有较高的经济效益和社会效益。

三、水力压裂割缝和压裂联合增透技术

随着煤矿开采逐渐向深部转移，煤层瓦斯压力、瓦斯含量都明显增大，特别是低透气性煤层瓦斯治理难度越来越大，必须采用强化措施来增加煤层的透气性才能有效地进行瓦斯抽采。常规采用的水力压裂和水力割缝方法可提高煤层透气性，消除煤层的突出危险性，但仍存在一定的局限性。针对白皎煤矿突出煤层构造应力高、透气性系数低、瓦斯抽采效果差等问题，提出水力割缝和压裂联合增透技术治理瓦斯的方法并进行试验，最后依据试验结果，与水力压裂技术和普通抽采技术进行抽采效果考察比较。

（一）高压水力割缝和压裂联合增透原理

水力割缝是通过钻孔向煤体里注入高压射流水对钻孔周围煤体进行切割并将煤岩屑沿钻孔排出，形成煤体裂缝孔洞（裂缝孔洞的大小直接影响煤层周围的卸压效果），增大单个钻孔有效影响半径，导致煤体原有的应力平衡被破坏，周围煤体向裂隙孔洞空间运移，煤层发生卸压、变形和膨胀，进一步产生更多裂缝，扩大煤体的塑性区。缝槽能够对周围压裂钻孔起到弱面的作用，高压压裂水进入裂缝以后，能够促使弱面裂缝继续起裂、扩展和延伸，弱面将会继续扩大，致使压裂孔和水力割缝孔之间的煤体裂隙充分发育，形成互相贯通的立体裂隙网络，有效解决非定向水力压裂时裂隙在煤体无序扩展、压裂后存在局部应力集中和卸压盲区等问题。

（二）高压水力割缝和压裂联合增透试验

1. 实验煤尘基本情况

白皎煤矿含煤地层为二叠系上统宣威组（P3 x）可采煤层及局部可采煤层共4层，分别为C1，B2，B3，B4煤层。本次选择的试验区域为238底板巷预抽B4煤层条带区域，该区域煤层距B4煤层23 m，煤层倾角16°，煤厚0.5～5.4 m，平均煤厚2.5 m，煤的坚固性系数$f=2\sim4$。B4煤层在该区域内稳定、全区可采，其顶板为炭质泥岩、泥质灰岩、细砂岩，厚5.87 m；底板为豁土岩、细粒砂岩，厚3.52 m。根据实测，该煤层原始瓦斯含量为18.41 m^3/t，煤层透气性系数为2.354743×10^{-9} m^2，为低透气性突出煤层。

2. 钻孔位置及参数设计

设计了3种方案，每种方案12个钻孔，每3个钻孔为一组，即每种方案4组钻孔，组间距为16 m。3种方案的钻孔布置如图10－18、图10－19所示。

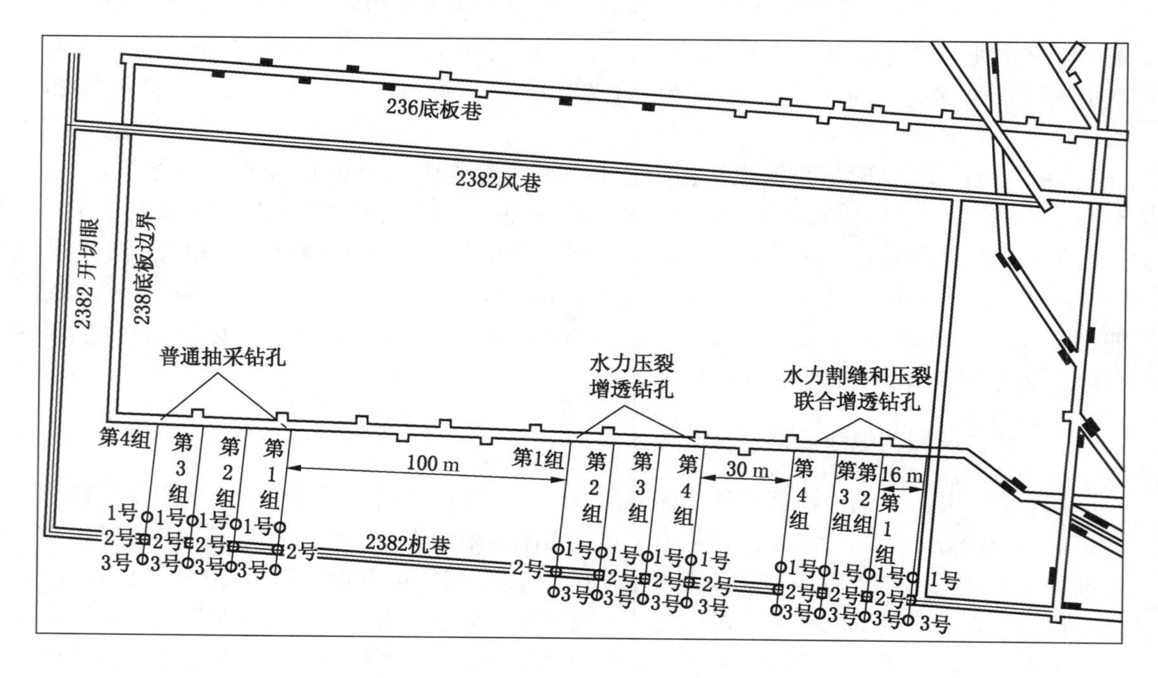

图10－18　238底板抽采巷试验钻孔平面布置示意图

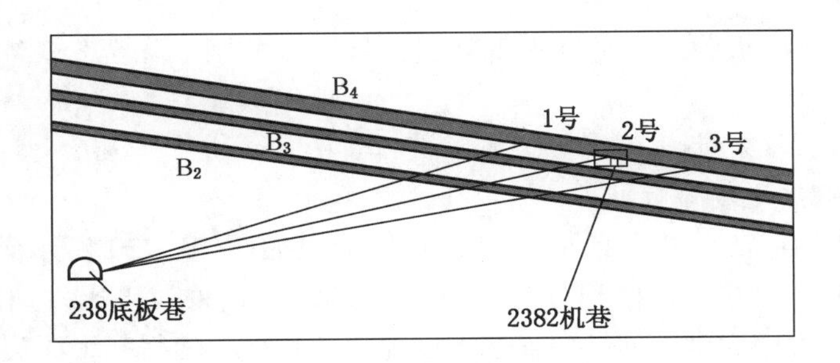

图 10－19　238 底板抽采巷试验钻孔剖面布置示意图

图 10－18 中 238 底板抽采巷右端 4 组为水力割缝和压裂联合增透试验钻孔（联合组）；中间 4 组为水力压裂增透钻孔（水力压裂组）；左端 4 组为普通抽采钻孔（普通抽采组）。选择其中联合第 1 组 2 号孔为联合增透试验孔，联合第 4 组 2 号孔为水力割缝孔，水力压裂第 1 组 2 号孔为水力压裂钻孔。钻孔设计参数见表 10－1。

表 10－1　水力割缝和压裂钻孔参数

试验钻孔编号	方位角/(°)	倾角/(°)	煤斜长/m	孔深/m
联合第 1 组 2 号	185	20	4.8	60
联合第 4 组 2 号	185	23	4.3	54
水力压裂第 1 组 2 号	185	25	4.1	51

3. 钻孔施工情况

采用 ϕ94 mm PDC 钻头开孔，终孔穿 B4 煤层底板 0.5 m，采用水力排渣。钻孔全部使用水泥砂浆封孔。严格做好钻孔施工记录。钻孔施工完毕以后，首先，对联合第 1 组 2 号孔和联合第 4 组 2 号孔进行水力割缝；然后，将 ϕ50 mm 压裂管和返浆管埋入联合第 1 组 2 号孔和压裂第 1 组 2 号孔；压裂管埋置穿过煤层顶板，前端 1.5 m 布置 80 mm 的塞管，注水管前端缠毛巾，其长度为 0.4 m 左右，用毛巾包裹住注水管，然后用铅丝在连接头前端将毛巾扎紧，并将前端的毛巾翻过来，再用铅丝扎紧，俗称“马尾巴”装置。毛巾的用量以“马尾巴”装置刚好能送入注水孔内为宜，注水钻孔后端采用的聚氨酯分 A、B 两种料，混合搅拌后发生化学反应，进而膨胀封孔；采用普通水泥与白水泥（配比为 3：1）的混合物封堵压裂钻孔中段，封至煤层底板处。

4. 试验现场

（1）水力割缝和压裂联合增透技术试验。采用 CBYL400 型压裂泵组进行压裂，初始注水压力由 0 逐渐升高至 22.3 MPa，压力稳定在 20.3～22.3 MPa；注水流量 45～47 m^3/h，经过 4 h 后发现导向水力割缝孔有大量的水流出，并且压力急剧下降至 10.5 MPa，此时停止压裂，共注入水量 181 t。

（2）水力压裂增透技术试验。泵组与水力割缝和压裂联合增透技术相同，初始注水压力由 0 逐渐升高至 23.6 MPa，压力稳定在 20.3～23.6 MPa；注水流量 45～48 m^3/h，压裂 3.5 h 后发现 238 底板巷有大量淋水现象，并且压力急剧下降至 8.3 MPa，此时停止压裂，共注入水量 175 t。

（三）实验结果与分析

1. 瓦斯抽采浓度比较分析

3 种抽采方案的初抽单孔瓦斯体积分数对比情况如图 10－20 所示。由图 10－20 可知，联合组钻孔初抽单孔瓦斯体积分数为 50% ~90% ，抽采效果比较理想；因水力割缝钻孔在水力压裂过程中起到定向导向作用，以免穿透顶板，使得整个压裂区域煤体产生大量的贯通裂隙。水力压裂组仅有 50% 抽采钻孔的初抽单孔瓦斯体积分数达到 50% ~90% ，在水力压裂过程中，高压压裂水流向煤岩体的弱面，随着压裂半径的增大，破坏了顶板，压裂效果越来越差。普通抽采钻孔初抽单孔瓦斯体积分数为 20% ~40% 。对比说明水力割缝和压裂联合增透技术能有效增加煤体的卸压范围和暴露面积，增大煤体变形和破坏，产生大量的裂隙通道，从而提高了压裂区域煤层透气性。

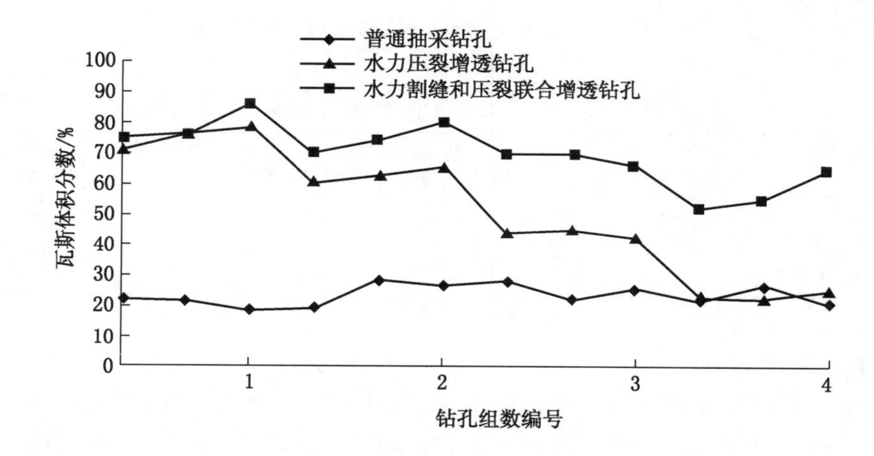

图 10－20　3 种抽采方案的初抽单孔瓦斯体积分数对比

2. 钻孔瓦斯高效抽采时间比较

通过测定钻孔汇总瓦斯体积分数的稳定性来反映抽采的高效性，每隔 5 d 对 3 种抽采方案的瓦斯抽采参数进行测定并统计。3 种抽采方案的汇总瓦斯体积分数衰减趋势如图 10－21 所示。

由图 10－21 可知，238 底板巷抽采 65 d，水力割缝和压裂联合增透钻孔汇总瓦斯体积分数基本无衰减，汇总瓦斯体积分数维持在 30% 以上；而水力压裂钻孔和普通抽采钻孔汇总瓦斯体积分数分别衰减了 6.1% 和 3.7% 。说明普通抽采钻孔瓦斯体积分数衰减更快，瓦斯抽采效果越来越差。

3. 瓦斯抽采纯量比较分析

3 种抽采方案累计瓦斯抽采纯量对比情况如图 10－22 所示。由图 10－22 可知，在抽采 65 d 后，水力割缝和压裂联合增透钻孔瓦斯抽采纯量为 12891 m^3，是水力压裂增透钻孔的 1.33 倍、普通抽采钻孔的 2.76 倍。并且瓦斯抽采纯量呈直线上升，说明钻孔瓦斯抽

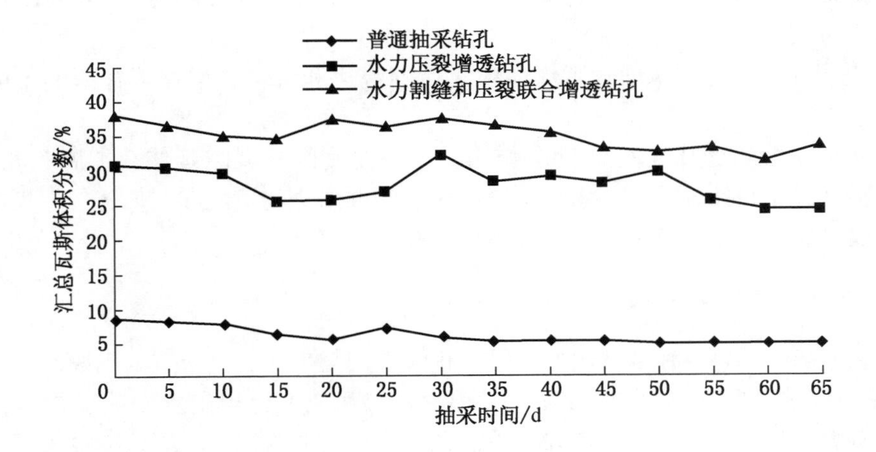

图 10－21 3 种抽采方案的汇总瓦斯体积分数衰减趋势

采纯量随着抽采时间的增加衰减程度较小；压裂增透钻孔累计瓦斯抽采纯量随着抽采时间的增加而减小；而普通抽采钻孔瓦斯抽采纯量始终较低，累计瓦斯抽采纯量随时间增加不多。

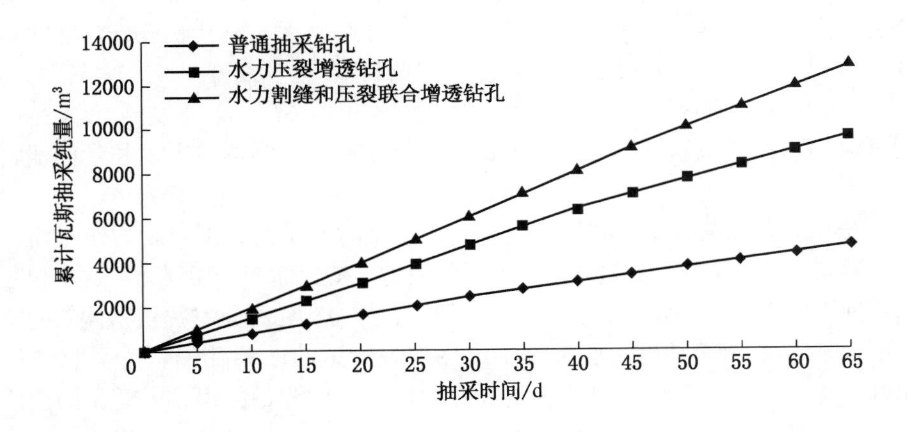

图 10－22 3 种抽采方案累计瓦斯抽采纯量对比

(四) 应用效果及发展前景

(1) 采用高压水力割缝和压裂联合增透技术，钻孔初次抽采瓦斯体积分数为 50% ～ 90%，分别比水力压裂钻孔和普通抽采钻孔提高了 7.6% ～29.6% 和 31.6% ～59.6%。抽采 65 d 以后，联合钻孔汇总瓦斯体积分数仍保持在 30% 以上，而水力压裂和普通抽采钻孔则分别衰减了 6.1% 和 3.7%，钻孔瓦斯浓度衰减明显。表明采用联合增透技术的煤层群其透气性显著增加，卸压范围增大，有效提高了瓦斯抽采浓度和抽采效果。

(2) 联合增透钻孔的累计瓦斯抽采纯量随时间增加几乎呈直线增长趋势，瓦斯抽采浓度几乎无衰减，抽采65 d的累计瓦斯纯量为12891 m^3，是水力压裂钻孔的1.33倍、普通抽采钻孔的2.76倍。

(3) 表明联合增透技术增大了煤体中瓦斯的流速和流量，增加了瓦斯涌出的强度和持续时间。

(4) 水力割缝可为压裂提供导向作用，压裂促使区域裂隙延伸、扩展和相互贯通，提高了煤层透气性和抽采效果；水力割缝和压裂联合增透技术能够在低透气性煤层瓦斯抽采过程中取得显著效果，可为类似矿井提供经验参考。

四、瓦斯抽采钻孔测斜技术

在煤矿生产中，煤与瓦斯突出始终是困扰煤矿安全生产的一个重要问题。为了防治瓦斯灾害和提高井下作业安全系数，我国《防治煤与瓦斯突出规定》中明确规定，煤矿特别是高瓦斯矿井和煤与瓦斯突出矿井，采前必须进行瓦斯治理。煤层瓦斯抽采是防治煤与瓦斯突出的主要技术措施之一。但是，在目前抽采钻孔实际施工的过程中，由于自然、技术以及人为因素的影响，实际的钻孔轨迹往往偏离设计轨迹，容易造成钻孔偏斜的现象。不能达到有效的预期抽放目的，这也成为当前必须解决的一项技术难题。

为了掌握与控制瓦斯抽采钻孔在煤岩中位置的变化，以便预防和纠正钻孔的偏斜，在钻孔实际施工的过程中，要实现对钻孔的动态测量，而达到这一目的最基本方法就是利用测斜仪对钻孔进行测斜，必须准确详细的记录钻孔在每一测点的数据参数，进而确定钻孔在煤岩中各测点的三维坐标，然后根据钻孔测点的三维坐标对钻孔轨迹进行空间定位，并绘制钻孔轨迹图，最后确定钻孔在不同方向上的偏斜量。

(一) 钻孔偏斜的原因

引起瓦斯抽采钻孔偏斜的因素是多方面的，但主要有力学弯曲因素和几何偏斜因素两大类。

(1) 力学弯曲是指粗径钻具在钻进过程中由于受力不平衡，受弯矩的作用而弯曲变形导致钻孔的偏斜。在施工钻孔的过程中，粗径钻具力矩变化而产生偏斜力，这为粗径钻具轴线偏离钻孔轴线提供动力，另外由于存在孔壁间隙，这也为粗径钻具提供了偏斜的空间。

(2) 几何偏斜是由于钻机定位过程中产生误差所造起的钻孔偏斜。引起定位误差的是指钻机在钻进过程中产生的角度改变量和在定位时角度测量的误差。常见的造成几何偏斜的因素主要有角度测量误差、钻机定位方法、钻机定位性能以及钻机作业环境。

(二) 钻孔偏斜的规律

(1) 不同岩层岩性的差异性越大，则钻孔偏斜度越大，偏斜的趋势总是与岩层面垂直。

(2) 在水平或近似水平的煤岩层中钻进垂直孔时，由于钻孔方位角变化不大，主要是钻孔倾角的变化，因此，即使岩石各向异性很强、软硬不均，钻孔也不会产生较大的偏斜。

(3) 钻孔碰到硬包裹体时，包裹体越硬偏斜越强烈，并且方向偏斜具有任意性。

(4) 按一般规律来说，在层理明显的变质岩地层中钻进较浅钻孔时，钻孔倾角呈下垂趋势；而钻孔的方位角偏斜往往与钻具回转的方向一致，只是在顶角接近于零的钻孔中，方位角变化才表现不定，钻孔顶角大时方位角变化小，顶角小时方位角变化大。

（三）实例分析

河南某矿为瓦斯突出矿井，为了消除突出危险性，需要施工穿层钻孔进行区域瓦斯治理。为了弄清穿层钻孔的偏斜情况，选取该矿3个穿层瓦斯抽采钻孔进行测斜试验。该矿测斜采用ZXC2000矿用钻孔测斜仪，该测斜仪主要适用于煤矿地质勘探孔、瓦斯抽放孔等钻孔轨迹的跟踪监测，可随钻测量钻孔孔深、方位角、倾角等主要参数，根据测点参数，通过相关公式可以求出各测点的理论值。三个钻孔相关数据见表10－2。

表10－2 实验钻孔数据

孔号	测点	深度/m	倾角/(°)	方位角/(°)	X/m	测量 Y/m	理论 Y/m	Y_0/m	测量 Z/m	理论 Z/m	Z_0/m
1	1	2	56.9	40.8	2	－0.71	－0.66	0.05	1.68	1.73	0.05
						…					
	9	18	60.8	47.8	18	－6.28	－5.94	0.34	15.56	15.57	0.01
2	1	2	57.9	35.8	2	－0.62	－0.59	0.03	1.69	1.73	0.04
						…					
	9	18	60.8	44.6	18	－5.66	－5.31	0.35	15.59	15.57	－0.02
3	1	2	58	12	2	－0.22	－0.21	0.01	1.7	1.73	0.03
						…					
	9	18	59.4	11.7	18	－1.65	－1.89	－0.24	15.42	15.57	0.15

1号钻孔，开孔设计倾角为60°，设计方位角为41°。在钻孔测斜过程中，每送进2 m进行一次采样，孔深为18 m，共采样9个点。将得到的理论值与实测值对比分析。发现实测所得数据和理论数据Y值最大偏差Y_0为0.34 m，Z值最大偏差Z_0为0.12 m。通过测得数据可以看到，该孔方位角从40.8°降到了47.8°，在左右偏移量上逐渐的增大，超出了理论值0.34 m。但该孔整体轨迹是符合规定的。

2号钻孔，开孔设计倾角为60°，设计方位角为36°。在钻孔测斜过程中，每送进2 m进行一次采样，该孔总深度为18 m，共采样9个点。将得到的理论值与实测值对比分析，发现实测所得数据和理论数据Y值最大偏差Y_0为0.35 m，Z值最大偏差Z_0为0.1 m。该钻孔在垂直方向上的轨迹几乎与理论值相吻合，没有存在偏差。左右最大偏差在0.35 m，比理论值小，该孔整体与理论值相符。

3号钻孔，开孔设计倾角为60°，设计方位角为12°。在钻孔测斜过程中，每送进2 m进行一次采样，该孔总深度为18 m，共采样9个点。将得到的理论值与实测值对比分析，发现实测所得数据和理论数据Y值最大偏差Y_0为0.24 m，Z值最大偏差Z_0为0.15 m。通过上述数据对比分析得出：该孔在垂直方向的偏移量基本和理论值相吻合，在左右方向上偏移量最大值达到了0.24 m，比理论值大0.03 m，超出了理论值偏差范围。再通过测得的数据来看，该孔方位角始终是存在变小的趋势，经分析造成偏移量大的主要原因是钻机左右发生了移动，钻机没有固定牢固。

（四）结论

（1）在钻孔钻进的过程中，影响钻孔偏斜的因素是多方面的，从而造成实钻轨迹与设计钻孔之间存在一定的误差。因此，需要对各种影响因素进行分析，研究弄清产生偏斜的原因，总结钻孔偏斜的规律，然后采取一定措施降低外界因素的干扰，以提高钻孔的合格率。

（2）钻孔轨迹绘制与偏差的计算是进行钻孔轨迹设计和控制的基础，为了提高钻孔轨迹的真实性和控制的准确性，要选择合适的描述方法与计算方法，增加测量点的密度，提高测点测量数据的精度。

（3）结合实例，运用 ZXC2000 矿用钻孔测斜仪进行瓦斯抽采钻孔的测斜，通过三组钻孔实验发现该仪器可直接测定钻孔的偏移轨迹，这对提高瓦斯的抽采率和了解煤层的赋存情况有重大的意义。

五、瓦斯流量智能化监测系统

瓦斯抽采是煤矿治理瓦斯的治本之策，是矿井瓦斯治理的最有效手段之一，对瓦斯抽采过程进行实时监测意义重大，它为评价煤矿瓦斯抽采效果，预防煤矿瓦斯突出、爆炸等恶性事故的发生提供可靠的监测数据和预警手段。其中，瓦斯抽采流量测量是瓦斯抽采监测的重要参数之一。由于煤矿工作环境复杂，瓦斯抽采管路内流量变化范围大，而且抽采瓦斯气体中含有大量的水汽和粉尘，而目前煤矿上常用的几种流量计，由于原理和结构方面的原因，在现场应用中都存在一定的局限性。

（1）孔板流量计。由于其采用的原理是节流原理，人为减小了抽放管道的直径，从而大大地增加阻力而影响抽放效果。孔板流量计还有一个突出的局限性，即量程比太小，一般为 3：1，用 1 台流量计不能克服流量变化范围大的问题。

（2）涡轮流量计。由于管道内的水汽和粉尘造成轴承磨损及卡住等问题，难以长期保持校准特性，需要定期校验，限制了其适用范围。

（3）涡街流量计。测量范围较大，一般 10：1，但测量下限受许多因素限制，一般在 5～6 m/s，对管道振动较敏感。

下面介绍一种适于煤矿瓦斯抽采监测计量的新型流量传感器——循环自激式流量计，它不受管道瓦斯气体水汽和粉尘的影响，具有准确性高、可靠性和稳定性好的特点，传感器量程比宽，即使管道内气体流速低于 1 m/s，也能准确测量。

（一）循环自激式流量计工作原理

在流体中设置一个涡流发生体，在涡流发生体的下游沿传感器测量腔体两侧设有 2 根涡流引出导管，涡流引出导管的另一端连接至信号检测元件。抽采管道内的气流首先通过传感器测量腔体的涡流发生体，从涡流发生体的下游会产生有规则的涡流，涡流将能量传递给传感器腔体两侧的涡流引出导管内的空气，涡流的动能使涡流引出导管内的空气产生双向涡流，交替推挽产生脉动，这些脉动信号会周期性通过涡流引出导管另一端的信号检测元件，使信号检测元件产生周期性变化的信号输出，它的变化频率和抽采管道内的气体流速有关。把检测元件输出的频率信号送入到信号调理电路中处理方波脉冲，然后由微控制处理器计算信号频率，通过软件拟合出频率与流量的对应关系，在流量计上实时显示流量数据，并上传至上位机，在上位机进行数据的显示、存储和报警，其工作原理如图 10－23 所示。

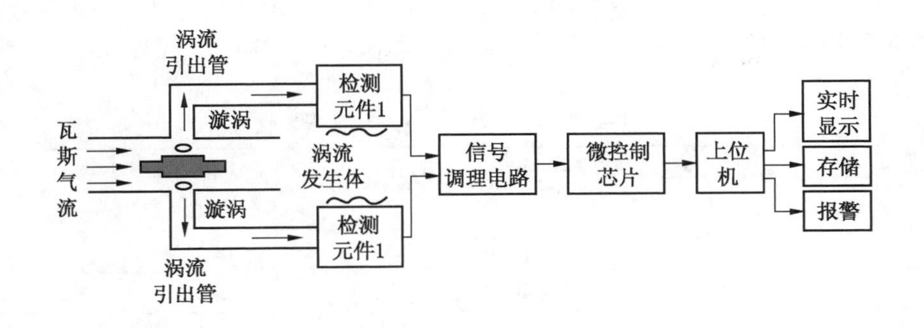

图 10-23 循环自激式流量计监测原理

在常见的物理量中，热量是最敏感的检测指标，因此即使有微小的气流通过，也有信号响应，可实现对流速在 1 m/s 的瓦斯流量准确检测；由于传感器电路检测的是热量的变化频率而不是热量的绝对值，并且热线的工作温度高于 100 ℃，即使有水汽通过，也会被高温蒸发，因此传感器不受水汽的影响。另外，由于采用的是循环自激的信号发生方式，传感器测量腔体两侧的 2 根金属引出导管内的空气并不和被测气流混合，抽采管道内的被测气流即使含有粉尘和水汽，也不会进入传感器金属引出导管内，因此，该传感器具有防尘防水的优点。

（二）CGWZ-100 流量计的主要技术性能

（1）传感器测量范围宽，量程比达 1：50。

（2）传感器阻力损失小，几乎为零，对瓦斯抽采系统压力没有任何影响，瓦斯泵工作效率大大提高，同时也节约了电能，这一点比差压式流量计有很大的优越性。

（3）传感器测定准确，数据可靠，测定准确度 ±1.0%，达到计量标准 1.0 级。

（4）传感器采用插入式结构，体积小、质量轻，现场安装方便，费用低，可满足不同管径、不同地点的流量测量。

（三）流量计在井下钻场瓦斯抽采流量监测的应用

目前煤矿井下钻场瓦斯抽采流量的测量，多数仍采取人工测量的方式，即皮托管 + U 型压差计的方法，需要花费大量的人力和时间，效率低，测量实时性差，难以为瓦斯抽放管理和危险区段监控提供实时有效的数据。

循环自激式流量计通过对钻场瓦斯抽采的实时监测，实时显示并统计钻场瓦斯抽采标准流量、浓度，分析瓦斯动态抽采量及瓦斯浓度的变化趋势，为评价监测点抽采措施的有效性，调整钻场钻孔，优化瓦斯抽放系统的抽放参数提供可靠的监测数据，从而提高矿井瓦斯抽放系统的抽放效果。当某监测点瓦斯抽采质量明显下降时，及时发出报警信号，以便查找分析原因，避免事故发生。

2011 年在龙煤集团某煤矿进行了应用，CGWZ-100 型流量计分别安装在井下某巷道的风门外侧 20 m（1 号监测点）及巷道内距风门 180 m 的 DN250 瓦斯抽采管道上（2 号监测点）。

为验证该流量计的优点，利用皮托管流量计进行了性能测试对比。具体性能测试方法是采取 CGWZ－100 型循环自激式流量计与皮托管＋U 型压差计测定方法，测试并记录同一地点、同一时刻的 DN250 管道内瓦斯抽放流量数据，测试数据见表 10－3。

表 10－3　2 种流量计流量测试数据比较

测量日期	监测点	CGWZ－100/($m^3 \cdot min^{-1}$)	皮托管/($m^3 \cdot min^{-1}$)	误差/%
3 月 1 日	1 号	16.30	16.12	1.10
	2 号	12.70	12.55	1.18
3 月 15 日	1 号	15.90	15.81	0.57
	2 号	12.30	12.19	0.89
4 月 2 日	1 号	15.20	15.12	0.53
	2 号	11.60	11.52	0.69
4 月 16 日	1 号	15.50	15.43	0.45
	2 号	11.90	11.84	0.50
5 月 2 日	1 号	16.20	16.11	0.56
	2 号	12.50	12.43	0.56
5 月 17 日	1 号	16.60	16.49	0.66
	2 号	12.90	12.81	0.70

注：表中误差是以 CGWZ－100 型循环自激式流量计测量结果为基础计算的。

从表 10－3 可以看出，2 种测量方法的测量数据基本吻合，相差百分比最大为 1.18%，因此 CGWZ－100 型循环自激式流量计的流量测量原理是可行的，测量结果是准确可信的。

循环自激式流量计各项技术指标先进，经各种环境下使用证明：该流量计性能稳定，测定数据准确可靠，无阻力损失，是目前国内瓦斯流量计量监测的理想仪器。

六、瓦斯动力灾害实时监测系统

瓦斯动力灾害实时监测系统具有高速智能、低功耗、多通道并行、数据处理及传输高速稳定等特点，具有声发射信号及瓦斯、应力（应变）等模拟量信号的实时采集、存储、传输，多通道信号同步，特征参数实时提取和分析，灾害预警，报表打印，数据查询等功能，即可采集全波形声发射信号又可直接作为参数型声发射系统使用，不仅可用于矿井动力灾害的实时在线监测预警（如采掘工作面的冲击地压、煤与瓦斯突出、冒顶等煤岩瓦斯动力灾害），也可以用于边坡、桥梁、隧道、大坝、地基等岩土类工程稳定性监测及地应力测试等方面，还可用于基础研究（如力学实验的信号采集、信号滤波及数据处理方法等）。

（一）瓦斯动力灾害实时监测系统工作原理

通过在线实时监测、采集、分析煤（岩）体内部的声发射信号，分析特征参数指标变化规律、趋势及灾害前兆特征，实现煤岩瓦斯动力灾害的连续预测预警。声发射监测技术原理和微震监测技术原理相同，所不同就是频谱范围的差异（图 10－24）。与传统技术相比，微震/声发射定位监测具有远距离、动态、三维、实时监测的特点，还可以根据震源情况进一步分析破裂尺度、强度和性质。

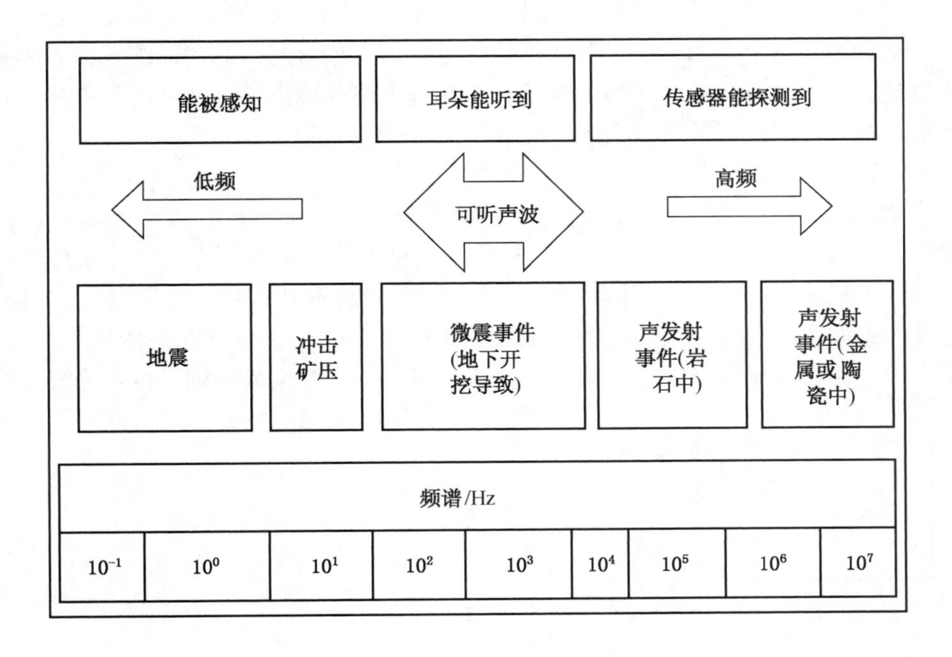

图 10-24　震动波频谱及声发射/微震技术的应用范围

（二）瓦斯动力灾害实时监测系统应用前景

矿山动力灾害发生的实质就是采掘活动导致煤岩体快速破裂失稳的灾变过程。声发射技术用于煤岩瓦斯复合动力灾害孕育过程的监测和灾变前兆辨识，极大地开阔了考察采动（扰动）煤岩体变形与损伤的视野，为深入理解煤岩瓦斯复合动力灾害致灾机理提供了新的途径。利用声发射监测设备，结合传统的接触式的应力、变形、钻屑量、瓦斯放散初速度、瓦斯压力和瓦斯含量测量方法，形成煤岩动力过程的多信号相应机理和时空相应规律，形成煤岩瓦斯复合动力灾变的分级预测预警体系。该研究具有重要的科学意义和广泛的工程应用前景。

七、矿井智能化瓦斯巡检系统

该系统由信息钮、巡检器、智能光瓦和管理软件四部分组成。通过将安全巡检的地点信息和巡检人员信息输入装有安全巡检管理软件的计算机和巡检器，巡检人员按照巡检计划确定的时间，定时、定人、定位对每个巡检地点进行检查。每到一个待检地点，用巡检器读取安装于该地点的信息钮，巡检器就会自动地记录此处的巡检时间，同时使用智能光瓦自动测定该地点的瓦斯浓度值，数据会自动保存在智能光瓦中。在巡检工作完成后，将巡检器和智能光瓦连接到计算机，通过系统软件读取巡检器和智能光瓦中的数据并进行处理，最后形成完整的安全巡检数据存入系统数据库，自动生成巡检报表。

煤矿智能化瓦斯巡检系统是集硬件技术和软件技术于一体的高科技技术。在硬件技术方面，本系统把电子数据技术加以充分应用，确保信息的准确、及时。

巡检数据自动存储在巡检器和智能光瓦中，摆脱了手工记录（或录入）模式，可以完全杜绝空班漏检现象。对巡检员和巡检地点进行信息钮对照，自动匹配巡检器和智能光瓦内的数据。可以进行高效快速的数据统计，对每个巡检地点某个时期内的数据变化进行独立分析，对每位巡检员的检查情况进行分析。

（一）瓦斯巡检技术软件设计方案

智能化瓦斯巡检仪软件框架图如图 10－25 所示，由 Linux 核心板作为整个巡检过程的主控单元，从 Linux 本地数据库调取巡检线路，再由单片机为核心的气体采样模块以固定时间间隔采集巡检路线中的气体浓度值，经过 MCU 数据处理后，将测量值实时显示在一体化软件界面上，同时形成历史数据报表和历史数据曲线，并可在一体化软件中查看，最后用报警算法实时比较环境参数值和预设报警值，一旦数据超限则进行声光报警。

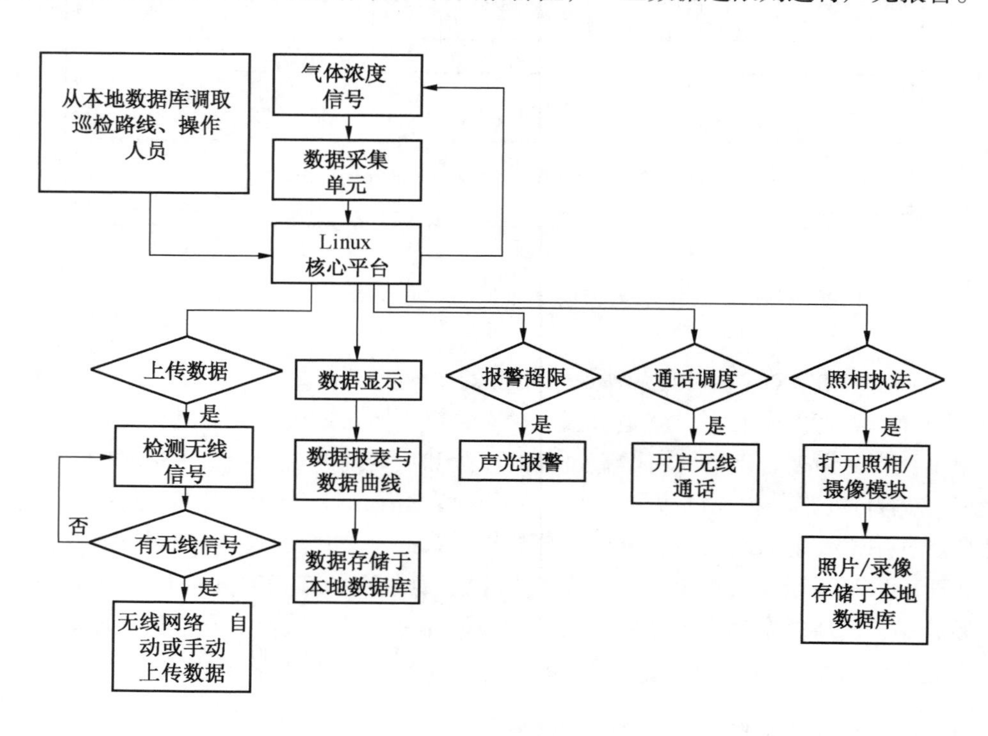

图 10－25　智能化瓦斯巡检仪软件框架图

当数据上传模块开启时，利用 Java 虚拟机在无线网络覆盖的区域自动或手动上传数据到井上服务器；若需要联线调度，则 Linux 平台自动开启无线模块进行通话调度；若需要拍照/摄像执法，则调用 Linux 平台的摄像头驱动程序进行照相或摄像，同时将照片或录像存储到本地数据库，以供查阅及导出。

（二）瓦斯巡检技术软件应用前景

矿井智能化瓦斯巡检系统通过利用现代信息技术和网络技术，可以方便快捷地掌握被检地点的瓦斯情况，及时追踪与考核巡查的时效，建立安全巡查的信息资料库，产生统计报表，进行综合分析。

矿井智能化瓦斯巡检系统将使矿井的瓦斯巡检管理提高到一个新的水平，该系统可以准确、及时地反映出待检区域的瓦斯数据，这对于保证瓦斯巡检工作的高效性，对于保证矿井的安全生产和国家财产的安全，以及对于保证井下矿工的生命安全都具有重要意义。

八、瓦斯抽采达标在线评价系统

我国的煤与瓦斯突出次数占到世界突出总次数的37%以上，瓦斯抽采是瓦斯治理的主要手段，但随着抽采系统的日益复杂，目前的管理机制逐渐不能满足煤矿瓦斯抽采的要求，管理工作量大、规范性差、效率较低仍然是矿井瓦斯抽采工作中的难题。现代通信技术、计算机技术和传感技术是防治瓦斯抽采管理的重要研究和发展方向之一，但现有的抽采监控系统或抽采管理系统却存在着功能单一、数据分散等问题。抽采监控系统缺乏数据统计和分析，抽采管理系统数据存在数据通过手工录入的情况，无法实现对抽采数据的有效分析，抽放效果的预测和评价仍然靠手工计算，这与现代化的抽采系统管理理念仍然有一定差距。因而构建一套以瓦斯抽采系统实时在线监控为基础，以抽采日常数据自动统计为前提，以智能评价为依托的三位一体式抽采监控智能评价管理系统势在必行。煤矿瓦斯抽采监控智能评价管理系统，以监测监控、日常信息自动化管理、辅助决策的流程化管理机制为依据，实现了抽采数据在线监控、抽采日常信息自动化管理、抽采智能评价的一体化流程式管理功能，并利用计算机系统及网络对各种抽采数据进行处理和综合管理，具备了较高的自动化水平和较好的数据共享性能。通过对各类抽采数据的有效整合分析以及规范化流程管理体系，进一步加强了抽采系统的管理水平，有力保障了抽采工作的平稳、安全、高效进行。

（一）实现原理

系统采用标准的C/S结构，其特点是界面友好、交互性及图形表现能力强、网络负载较低。由于瓦斯抽采监控智能评价管理系统承载的数据量较大，且对图形表现、用户操作有较高要求，故系统采用C/S模式构建。数据库要求访问速度快、网络访问效率高，有利于对抽放数据进行统一管理、集中维护。系统采用分布式数据库（DDB）存储结构，从而使数据库既便于使用又能尽量避免数据冗余和混乱。数据访问方式采用ADO. Net，其特点是技术成熟、性能稳定，在批量数据处理上有较好的性能，对于抽放系统大数据量甚至超大数据量的统计和分析能够起到良好的支持作用。

煤矿瓦斯抽采监控智能评价管理系统以规范的资料管理、通畅的信息共享为基础，因此首先需要构建瓦斯抽采监控智能评价管理数据库，存储矿井基本参数，抽放区域基本参数，抽放管路和设备基本参数以及日常抽放数据等信息。然后通过对井下抽采系统的无缝连接实时获取各抽采监测点的数据，在此基础上进行综合分析和计算后对抽采无效数据进行过滤形成标准化数据，存入数据库；煤矿瓦斯抽采监控智能评价管理系统服务器端程序，通过对已经进行过滤的标准数据进行访问，自动生成煤矿瓦斯抽采工作所需的日常报表及统计数据，最后根据统计数据、矿井基本参数、抽采区域基本参数、钻孔数据以及抽采评价模型对抽采系统进行实时的智能评价和预测。系统特点是数据自动采集发布，抽采报表自动统计，抽采评价自动生成。瓦斯抽采监控智能评价管理实现流程如图10-26所示。

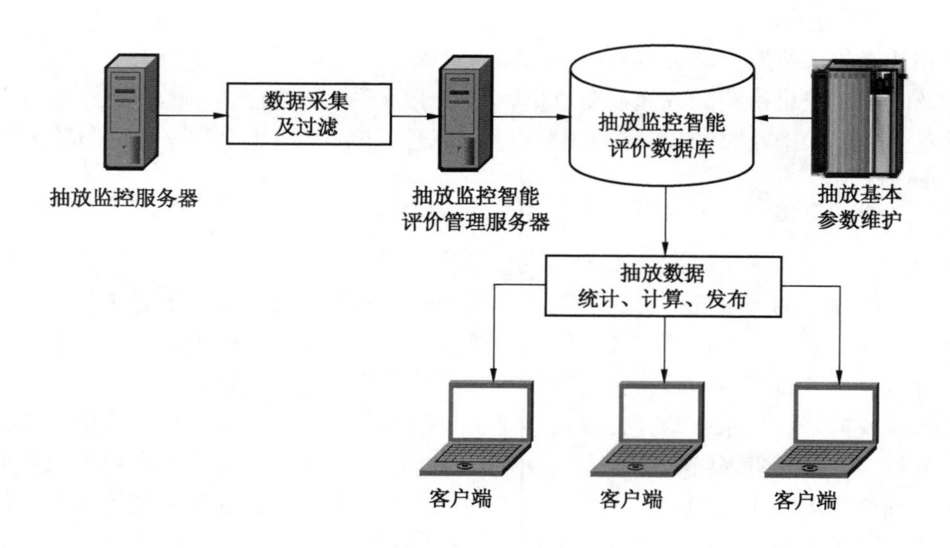

图 10－26　瓦斯抽采监控智能评价管理实现流程

（二）系统特点

（1）通过与抽采监控系统无缝连接，实现了抽采数据自动获取与处理，减少了抽采管理过程中人为数据记录，为抽采工作提供了准确的数据。

（2）实现了抽采所需日常信息的实时自动统计和计算，进一步促进了抽采管理工作的自动化、精细化、规范化。

（3）抽采系统的智能评价功能为抽采后续工作及抽采系统改进提供了决策参考，提高了抽采系统的工作效率。

（4）通过对抽采监控数据、抽采统计数据、抽采系统参数信息、抽采设备信息等数据进行统一管理，实现了资料管理的便捷性和资料的信息化。

（三）现场应用分析

以某矿突出危险工作面为例对抽采效果进行验证。该采煤面平均煤厚 4 m，倾角 8°。该工作面倾向长 188 m，瓦斯涌出量 90. 71 m^3/min，相对瓦斯涌出量 75. 1 m^3/t。总储量为 12. 8 万 t，吨煤瓦斯含量为 14. 5 m^3/t，总瓦斯含量 187 万 m^3。

通过在线监控获取到该工作面抽采纯量为 1. 7 m^3/min，煤矿瓦斯抽采监控智能评价管理系统通过参数对抽采系统进行分析和计算，最终得到对应的抽采系统钻孔设计。对该抽采系统进行预测评价，得出如瓦斯含量降到 8 m^3/t，则要抽采瓦斯 83 万 m^3，施工钻孔进尺 5112 m，抽放时间 342 d，经考察此工作面实际施工钻孔进尺 5255 m，抽放时间为 384 d，评价和预测结果较为符合实际结果，为抽采工作提供了有效的决策参考。

九、瓦斯地质智能预警系统

针对煤矿企业瓦斯地质资料缺乏有效管理、瓦斯地质图更新困难及利用率不高的现状，从瓦斯地质预警原理、数据库、平台结构、功能模块、关键技术、预警保障机制等方面介绍了一种矿井瓦斯地质智能预警平台建设方案。该平台采用GIS（地理信息系统）技术建立瓦斯地质空间数据库，实现了瓦斯地质相关数据的集中、有效管理及瓦斯地质图的自动更新；采用WCF技术实现了跨图形平台的瓦斯地质相关图件的数据共享；以瓦斯地质学理论为指导，形成了一套完整的瓦斯地质预警指标体系，综合分析工作面前方的瓦斯赋存、地质构造、煤层赋存等情况，实现了瓦斯地质的实时超前预警。应用结果表明，该平台各项预警结果与现场实测情况完全一致，效果良好。

（一）瓦斯地质预警的原理及规则

以瓦斯地质基础理论为指导，将矿井煤层赋存、瓦斯赋存、地质构造等相关的海量数据数字化入库，结合最新瓦斯地质实测参数综合、动态地分析矿井瓦斯赋存规律，预测工作面前方的瓦斯参数（压力、含量、涌出量）、煤层情况及地质构造影响情况。在事故理论、预警理论、瓦斯灾害防治理论指导下，自动采集工作面瓦斯监控数据并获取掘进过程中蕴含的瓦斯涌出及突出预兆信息，分析瓦斯涌出量、瓦斯含量、煤体结构等因素与突出的潜在关系，对工作面突出危险性进行实时预警。在区域上重点把控危险区，在局部对具有突出危险性的工作面当前所处的状态进行超前提醒和实时预警。最终将对工作面前方的瓦斯压力、含量、煤层状态、地质构造条件进行综合分析及预警，为防突工作开展提供参考。

在此理论基础上利用GIS技术建立瓦斯地质预警平台，可以实现工作面巷道掘进后，自动获取掘进的方向及距离，并对前方瓦斯地质危险区域、地质构造（断层、褶曲、陷落柱）影响区域、煤厚变化、瓦斯压力、瓦斯含量进行预测。当掘进工作面距离断层或危险区域小于设定的预警距离、煤厚变化率超过设定的预警值、压力超过0.74 MPa、瓦斯含量超过8 m^3/t等后，自动给用户发出预警提示。同时用户也可以查询每个掘进工作面的预警历史数据表，进行对比分析。

（二）瓦斯地质数据库建设

数据库是各种瓦斯地质信息和基础资料的存储载体，建立基础空间数据库、瓦斯地质数据库，是建立矿井基于瓦斯地质信息数字化平台的基础。

1. 基础空间数据库

根据空间数据的物理类型、用途差异，将其分为地面、井下非煤层、煤层三类，并据此建立基础空间数据库要素集。主要有如下内容：

（1）地面要素集：独立地物、交通线、地形等高线、境界线、水域、建（构）筑物等。

（2）井下非煤层要素集：井下测量点、井下地质探孔、综合煤层煤厚点、地质勘探钻孔、巷道注记、边界线、巷道边线、岩层巷道、地质勘探线、设计巷道、煤层巷道等。

（3）煤层要素集：突出事故点、煤层钻孔注记、地质构造线、煤层储量线、计划终采线、煤厚等值线、煤层底板等高线、采空区、地质带、回采工作面、煤层煤柱等。

2. 瓦斯地质数据库

瓦斯地质数据库主要存储瓦斯地质智能预警平台运行所需要的煤层赋存信息，地质勘探信息，瓦斯抽放信息以及生成的瓦斯压力、含量、涌出量等值线，突出危险区划分等信息。根据其几何属性以点、线、面图层的方式存储。

（三）瓦斯地质智能预警平台系统结构

瓦斯地质智能预警平台采用标准 C/S 系统结构，包括 GIS 数据库引擎、瓦斯地质智能预警服务、WCF 数据交换服务、AutoCAD 插件 4 个部分。WCF 数据交换服务基于 . NET Framework4. 0 框架开发可以实现跨平台的数据交换，多种制图软件都可以通过 WCF 服务提供的接口将瓦斯地质相关的图形数据传输到瓦斯地质空间数据库中。通过客户端可以录入瓦斯地质相关的瓦斯参数（含量、压力、涌出量）、瓦斯抽放基础参数（浓度、流量、衰减系数、抽采负压）等数据，对瓦斯地质图进行更新。当工作面推进后，客户端通过调用智能预警服务，借助 GIS 数据库引擎获取相关的数据，根据预警规则进行预警并发布。

上述方式不改变煤矿企业技术人员的作图习惯，预警平台不需要重新录入图形数据，避免重复工作，将预警处理工程以服务的方式与客户端进行分离保证了数据的可靠性。预警服务以 GIS 平台为基础具有强大的空间、几何、拓扑分析能力，通过 GIS 数据库引擎可以处理海量数据。

（四）预警保障机制

有效、可靠的瓦斯地质预警是以瓦斯地质基础数据为依据的。因此，该技术及系统的应用要求数据采集、分析和汇报要及时、准确，这必须要有严格的预警运行保障机制，即相关制度建设的配套。基础数据的采集与分析涉及地质测量、采掘生产、通风、防突等多个部门。根据实际情况，建立预警运行组织机构，并为各个部门和关键岗位制订预警数据采集与分析制度、预警计算机系统运行要求、突出预警上报与发布流程等各项规章制度，要求各个部门按照规定按一定周期定时录入基础数据，在有预警提示时上报相关领导，并制定相应措施保证预警的及时响应。

针对煤矿企业瓦斯地质资料缺乏有效管理、瓦斯地质图更新困难及利用率不高的现状，提出了一套规范化、精细化的瓦斯地质预警解决方案。利用 GIS 技术、WCF 技术建立了瓦斯地质智能预警平台，在瓦斯地质空间数据库的基础上，实现了瓦斯地质相关数据的数字化集中管理，实现了工作面前方瓦斯地质实时的智能化超前预警。并对预警效果进行了长时间的考察，各项结果与现场实测情况完全一致，应用效果良好。

十、煤与瓦斯突出灾害监控预警系统

煤与瓦斯突出（以下简称“突出”）灾害监控预警技术是国家“十一五”“十二五”重点研发项目，是集突出灾害防治工艺、突出灾害相关信息监测技术及装备、预警分析软件及联动控制平台、防突管理方法为一体的煤矿突出灾害治理成套技术，以高度信息化、自动化、智能化的安全信息监测装备及专业软件平台为载体和依托，实现了煤与瓦斯突出灾害在线监测、实时分析、智能预警与联动控制，以及突出灾害防治的精细化和规范化过程管控。

煤与瓦斯突出灾害监控预警技术基于两个“四位一体”防突体系，从区域危险性预测、区域防突措施设计、保护层开采、钻孔施工效果、瓦斯抽采达标等方面进行矿井突出危险“区域”宏观把控，并从工作面预测、局部措施、瓦斯涌出、隐患管理、通风异常等方面进行工作面“局部”突出危险性动态分析。监控预警的具体实现流程如图 10－27 所示，首先，通过矿井数字化建设，实现对矿井煤层赋存、瓦斯赋存、地质构造及井巷工程等信息的数字化入库，为监控预警提供基础信息平台；然后，以瓦斯传感器、风速风向传感器、激光测距仪、瓦斯突出参数测定仪、防爆智能手机等硬件为支撑，借助井下工业环网、办公网络及移动互联网，通过突出监控预警系统信息采集平台，实现瓦斯浓度、风速风向、工作面进尺、突出参数、安全隐患等信息的采集、传输及存储；最后，通过监控预警专业分析系统，对各种安全信息进行识别、分析和预警指标计算，根据预警规则对工作面突出危险程度进行判识，并以网络、短信、声光报警等多种形式发布预警结果，同时启动预警响应机制，实现与电力监控、人员定位等系统的联动控制。煤与瓦斯突出灾害监控预警系统框架如图 10－28 所示。

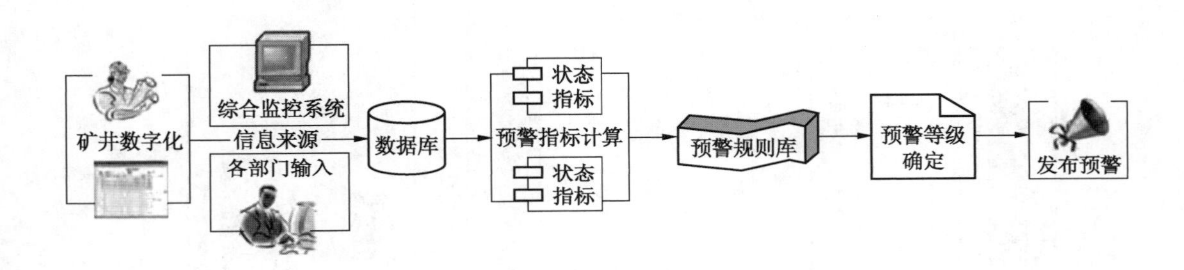

图 10－27 煤与瓦斯突出灾害监控预警实现流程

煤与瓦斯突出灾害监控预警软件系统采用组件式架构，由瓦斯地质四维分析系统、钻孔智能设计与轨迹在线监测分析系统、瓦斯抽采达标评价系统、防突动态管理与分析系统、瓦斯涌出特征动态分析系统、矿压监测特征分析系统、安全隐患管理与分析系统、智能通风系统及瓦斯灾害监控预警平台等多个专业分析子系统共同构成，每个子系统既可以单独运行，完成特定专业分析功能，又可以与其他子系统联合运行，实现防突综合管理和预警功能。

（一）技术特点

（1）自动化程度：实现了与突出灾害相关的瓦斯监测、突出参数预测、构造探测、声发射、采掘进度、钻孔轨迹、瓦斯抽采、矿压监测、安全隐患、通风参数等信息的动态监测及自动采集，确保了数据的及时性和可靠性。

（2）预警准确率高：实际考察 180 余对高瓦斯、突出矿井，跟踪 100 余万米采掘巷道，预警结果与实际危险性高度吻合，准确率达 85% 以上。

（3）技术与管理融合度高：工艺研究与平台建设并行、技术与管理相融合，实现了地质与瓦斯赋存、采掘部署、措施的设计与施工、措施监督与效果评价、预测预报与监测监控等突出灾害防治全过程控制。

（4）针对性强：根据实施矿井灾害严重程度以及安全管理模式，定制预警解决方案。

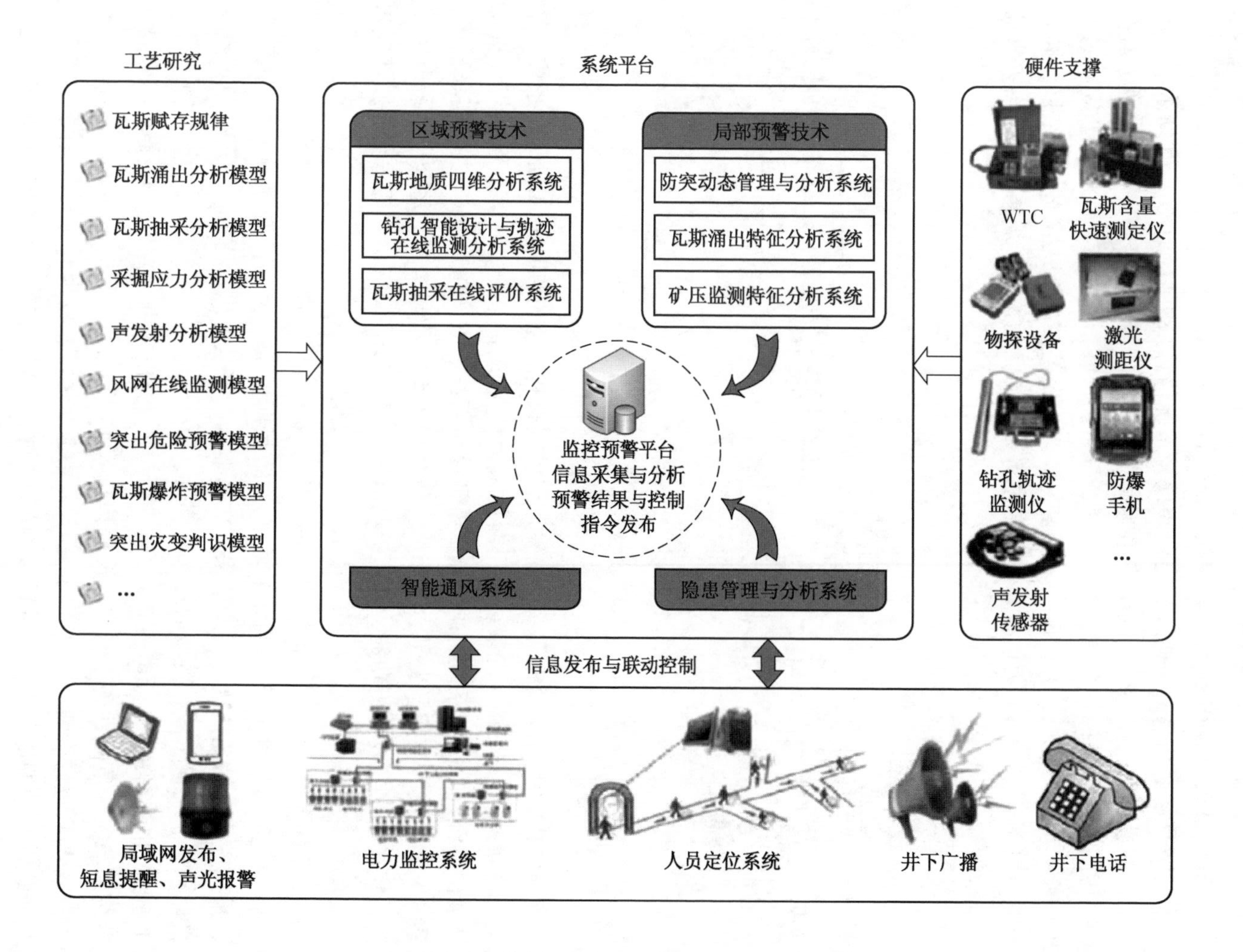

图10-28 煤与瓦斯突出灾害监控预警系统框架

（二）预警系统功能模块设计

1. 系统文件配置模块

系统文件配置模块包括预警参数设置、工作面设置、监控目录设置和数据库接口设置4个子模块。预警参数设置主要包括对监测工作面预警指标参数进行录入，在与基础指标相结合的情况下进行修改，以符合实际矿井的需要；工作面设置是在监测预警前对预警工作面参数进行设置，包括工作面基础信息录入和确定；监控目录设置是将监测数据所在位置进行确定；数据库接口设置是预警服务器信息与预警系统软件通过局域网相连接，以实现预警指标计算的监测数据以及基础瓦斯监测数据的存储。

2. 突出预警模块

突出预警模块是工作面突出预警系统的重点，在监测过程中会以趋势曲线形式反映在预警界面中。当预警指标信息随着瓦斯监测数据进行变化时，预警状态的综合指标信息也会随着各基础指标进行变化。当综合判定指标信息超出预警指标设定参数时，突出预警系统便会发出报警。在发出报警的同时，系统右侧备注栏也会提出相应的建议措施，以提供科学决策。

3. 监测数据分析模块

数据分析模块是在系统监测进行中或系统监测结束后，将数据库存储的基础数据以Excel格式导入，通过基础预警指标和综合指标的联合判定，对以往误判或漏判的监测数据进行分析，从而在整体的工作面推进过程中形成历史趋势图，在数据异常点和突出预警发出点进行具体分析。为方便人员使用和数据信息的直观显示，数据分析结束后会以报表形式呈现。

十一、千米定向钻机的应用

20世纪末以来，我国引进国外生产的近水平千米定向钻机，先后在晋城、西山、华晋、铁法、淮南、平顶山等煤炭集团公司使用，在高瓦斯、煤与瓦斯突出矿井瓦斯抽采中发挥了较大作用。近年来，我国煤矿井下近水平定向长孔钻机在国外引进的基础上快速发展，所开发的长距离定向钻孔系列产品，可随机测量定向，对钻孔轨迹可精确控制，并可实现多分支孔施工，具有钻井效率高，一孔多用，集中抽采等优点，大幅度地提高了瓦斯抽采的有效长度，实现了超前区域瓦斯抽采和底板注浆，并可准确探明煤层地质构造，取得了很好的应用效果。

（一）国内外定向钻进技术研发现状

定向钻进技术包括组合钻具定向钻进技术和孔底马达随钻测量定向钻进技术两个方面。先期开发应用的是稳定组合钻具定向技术，美、法、英、澳等国已有50余年历史。我国从20世纪末开始研发，起步较晚。稳定组合钻具定向钻进技术采用稳定组合钻具配套单点测斜仪来实现，具有成本低、结构简单、可操作性强、对冲洗介质要求低、钻孔直径大等优点。但缺点是不能控制钻孔方位，只能微量调整钻孔倾角变化，而单点测量系统不能进行随机测量，测量数据滞后不能适时，精度较差，对钻进设备机具的能力要求高，工人作业时间长、劳动强度大。

随着定向钻具钻孔弯曲测量技术的发展及微机技术的应用，20世纪末，美国和澳大利亚率先研发出了井下孔底马达随钻定向钻进技术。主要用于瓦斯抽采，创造了孔深1761 m的煤矿井下近水平定向钻孔世界纪录。我国从2005年起对定向钻进和孔底马达随钻测量进行系统研发，研发了大通孔中心通缆钻杆和随机测量系统装置，逐渐由单点测量发展为随机测量，由单一造斜发展为连续造斜，由单孔定向钻探发展为多分支钻孔钻探，实现了定向钻探的实时轨迹连续造斜、轨迹测量、精确控制钻孔倾角和方位角变化，瓦斯抽采钻孔最大深度达1212 m。

（二）定向钻进技术装备

定向钻进技术配套装备由定向钻机、随钻测量系统、孔底马达、配套钻具等组成。

1. 定向钻机

定向钻机的主要功能：

（1）钻进近水平钻孔时，可远距离操作，工作安全可靠。

（2）便于实现顺序动作和联动，拆卸钻具方便。

（3）自动化程度高，便于搬迁运输。

（4）可无级调速，通过油压表实时监视执行机构工作负载的大小，并及时调整，工艺适应性较强。

（5）外形尺寸紧凑，满足井下运输条件。

定向钻机的适应条件：

（1）适应于普氏系数$f \geqslant 1$的较完整煤层，不宜在煤层破碎或煤层陷落柱区域内布置定向钻孔。

（2）适应于普氏系数$f \leqslant 6$的岩层，不宜在裂隙发育带或炭质泥岩、砂质泥岩等遇水膨胀性的岩石内布置定向钻孔。

2. 随钻测量系统

随钻测量系统按信息传输介质的不同可分为有线随钻测量和无线随钻测量。目前无线随钻测量系统在地面石油和天然气钻探领域应用较多，相关技术比较成熟，主要有泥浆脉冲和电磁波两种传输方式。目前国内煤矿井下使用的随钻测量系统主要采用有线传输方式，利用安装在孔底马达后的测量探管在需要时测量钻孔轨迹参数和孔底马达状态参数，并通过特制的中心通缆钻杆传递测量信号和操作指令，实现孔内和孔口的双向通信，从而达到实时随钻测量和钻孔轨迹控制。

随钻测量系统由硬件系统和软件系统两部分组成。硬件系统是测量的基础，又可分为孔内设备、孔口设备和地面设备，其中孔内和孔口设备要在煤矿井下含有瓦斯气体的环境中使用，具有防爆功能，外壳防护等级为IP54。孔口设备可分为便携式或机载式两种结构，满足不同的生产条件需要。孔内设备主要为测量探管，一般由传感器、CPU控制器、数据采集单元、通信接口电路、本安电源控制电路等组成，根据供电方式的不同可分为孔底供电测量探管和孔口供电测量探管。地面设备主要用于系统调试及电池充电等。软件系统是数据处理和管理的关键，包括软件操作平台、测量软件和设计软件等。目前国内现有的煤矿井下随钻测量系统的型号有YHD1－1000、YHD1－1000（A）、YHD2－1000、DDM MECCA、YHD2－1000（A）。其井下仪器最大外径不大于45 mm，长度不大于2700 mm，耐水压力不小于12 MPa，倾角精度±0.2°，方位角精度和工具面向角精度均为±1.5°，工作时间不少于45 d。典型随钻测量系统连接如图10－29所示。

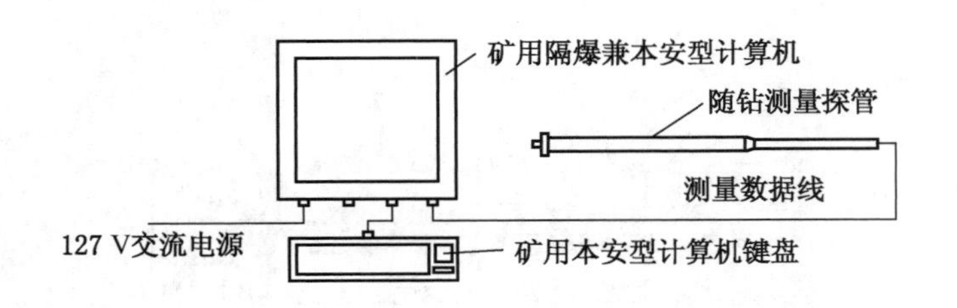

图10－29 典型随钻测量系统连接示意图

3. 孔底马达

孔底马达是定向钻进过程中钻头切削煤（岩）层的动力来源。目前用于煤矿井下定向钻进施工的孔底马达按弯角分为单弯孔底马达和可调式孔底马达，弯角介于0°～3°。按材料可分为无磁孔底马达和有磁孔底马达。孔底马达选取主要依据以下原则。

（1）根据施钻地层的性质和施工工艺要求选择不同弯角的孔底马达。在煤层中施工则采用弯角相对较大的孔底马达，试验证明在煤层中单独使用0.31°和0.62°的孔底马达纠斜效果差，不能克服因钻具自重而产生钻孔轨迹下斜的趋势。带稳定器的0.62°及0.93°弯角的孔底马达在煤层中钻进，钻孔倾角和方位变化较小，适合在较平缓的煤层中施工主钻孔，但不适合侧钻分支钻进。1.25°孔底马达造斜效果好，既可满足煤层中钻孔施工，又能满足分支钻孔施工。在岩石中则采用弯角相对较小的孔底马达，但如果要在岩石中施工分支钻孔，则需选择弯角相对较大的孔底马达。

（2）随钻测量系统中方位角测量是利用磁通门原理实现的，为避免孔底钻具影响测量结果，需在测量探管前后接入上、下无磁钻杆。如果配套钻具中没有下无磁钻杆或者下无磁钻杆很短时，应选择无磁孔底马达。

4. 配套钻具

（1）中心通缆钻杆。为了满足定向钻进施工需要，中心通缆钻杆应具有以下三个方面特点：①钻进过程中受到拉、压、弯、扭等多种作用，还会受到振动及冲击载荷的影响，钻杆的连接螺纹由于反复拧卸也会磨损，因此要求钻杆必须有足够的强度；②为了精确测量和控制钻孔轨迹，要求钻杆内部能可靠地进行电信号传输，因此要求其中心通缆结构既要具有良好的导电性能，也要具有良好的密封性；③中心通缆钻杆通缆结构和杆体之间存在环形空间，为了满足孔底马达钻进需要，且应尽量减少液体动能在传递过程中的管路损耗，要求钻杆内径必须足够大。

中心通缆钻杆的信号传导装置由中心通缆装置、绝缘装置和支撑装置三部分组成。中心通缆装置由锥接头、导线、柱接头和变径弹簧等组成，其作用是传递孔底与孔口设备之间的双向通信信号。绝缘装置由塑料公接头、线管和塑料母接头等组成，其作用是将中心传导装置与泥浆或其他压力介质隔离，保护中心传导装置的通信安全，防止传导过程中通信信号损失。支撑装置由定位挡圈和稳定器等组成，其目的主要是将塑料公母接头轴向定位，防止钻杆联接时中心传导装置和绝缘装置窜动，保证信号传递的可靠性。另外，稳定器能减少泥浆或其他介质对线管的扰动，避免因线管断裂而造成传导装置与钻孔介质导通。中心通缆钻杆结构如图 10－30 所示。

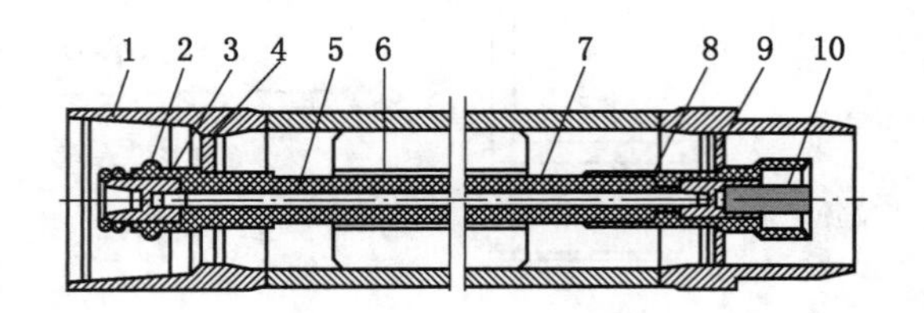

1—钻杆体；2—塑料公接头；3—锥接头；4—定位挡圈；5—线管；6—稳定器；
7—导线；8—塑料母接头；9—柱接头；10—变径弹簧

图 10－30　中心通缆钻杆结构

（2）中心通缆送水器。中心通缆送水器是随钻测量定向钻孔施工装备的重要配套钻具。在定向钻进系统中，中心通缆送水器连接在中心通缆钻杆和孔口计算机之间，并将钻杆输出的孔底信号传递给孔口计算机；与普通送水器一样，是冲洗介质流动通道的重要组成部分，是承接钻杆和泥浆泵的中间环节。所以，中心通缆送水器既适用于普通回转钻进，也能满足孔底马达定向钻进和复合钻进的需要。

（3）PDC 钻头。煤矿井下近水平定向钻进的钻孔施工，由于遇到的地层条件比较复杂，岩性种类也较多，因而对钻头的功能、时效和寿命提出更高的要求，定向钻头一般应满足以下要求：①钻进时具有较长的寿命，避免中途提钻换钻头；②适应岩性广，能满足煤层和顶底板岩层的钻进要求；③钻进效果好，能保证钻孔质量；④钻进效率高，具有较大的排粉通道；⑤具有侧向切削功能，能实现定向造斜钻进。

5. 定向钻进工艺

1）主孔成孔工艺

选用合适外径的孔底马达用于造斜钻进或正常定向钻进，通过调节孔底马达工具面向角方向，可达到不同的造斜效果。孔底马达能够进行定向钻进主要基于两个原因，一是孔底马达工作时钻头回转破碎岩石，而孔底马达外管及钻杆柱不回转；二是可以通过调节弯接头的方向来进行定向造斜钻进。在近水平孔钻进的孔底马达组合的特征是带有特殊的导向结构，如稳定器、垫块、弯壳体以及大角度的弯接头。只要保证正常钻进中孔底马达的方向不发生变化，就可使钻孔按预定方向延伸。用孔底马达造斜钻进的方法为：根据设计钻孔的轨迹状况，用带工具面向角的孔底马达，在孔口调节工具面向角的朝向，即调整工具面向角。当使用随钻测量仪器时，为避免磁场干扰，在孔底马达后面分别连接下无磁钻杆、测量仪器（其外管也为无磁钻杆）、上无磁钻杆。在钻进过程中，根据钻孔轨迹与设计轨迹的偏斜状况，连续调整工具面向角进行控制。

为了更好地控制实钻轨迹，需要熟悉工具面向角对倾角变化和方位控制的影响。工具面向角对倾角的影响如图 10－31a 所示：当工具面位于Ⅰ、Ⅳ区域时，其效应是增斜（增倾角）；当工具面位于Ⅱ、Ⅲ区域时，其效应为降斜（减倾角）。若工具面向角 $\Omega=0°$或 180°，则其效应是全力造斜上仰或全力降斜。工具面向角对方位角的影响如图 10－31b 所示：当工具面位于Ⅰ、Ⅱ区域时，其效应是增方位；当工具面位于Ⅲ、Ⅳ区域时，其效应为降方位。若工具面向角 $\Omega=90°$，为全力增方位；若 $\Omega=270°$，为全力降方位。要准确控制方位，重要的一点是定量控制工具面向角，但由于停泵才能对工具面向角进行测量，造成反扭角改变，使测量值与实际值出入较大。因此需对孔底马达反扭角进行定量计算或根据钻孔实际状况进行预测，这是定向钻进和方位控制的一个重要方面。

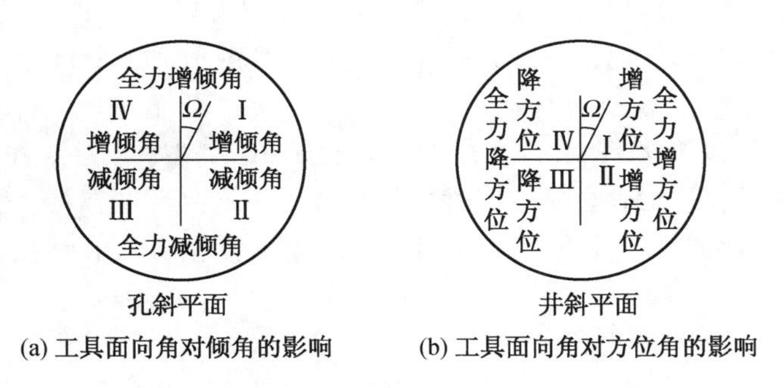

图 10-31 工具面向角对倾角和方位角的影响

2）分支孔成孔工艺

煤矿井下开分支孔常采用悬空侧钻的方法，悬空侧钻是直接将带工具面向角的孔底马达组成的导向钻具下至预开分支点以上 3 m 左右处，根据要求调整好工具面向角，以滑动方式缓慢钻进，直到开出新的分支孔。该技术施工工艺简单，易于实现，是目前煤矿井下最为常用的定向开分支孔方法。侧钻开出分支孔后，其倾角和方位角将和主孔有一定差别，这可作为判断开分支孔成功与否的依据。

在开分支孔钻进过程中应遵循以下原则：①要遵循轻压慢进的原则，严禁在钻进过程中提拉钻具；②时刻注意泥浆泵压力的变化，如泥浆泵压力变大，说明开分支孔成功，确定开分支成功后继续钻进 2～3 m 之后立即调整工具面向角使钻孔轨迹沿设计轨迹继续延伸；③注意观察孔口返水情况，沿煤层钻进开分支时，如果孔口返渣中煤颗粒逐渐增多，且返水颜色逐渐加深，表明开分支成功；④注意对比随钻测量仪器采集的测斜数据，如发现相同深度的测斜数据不同，则表明开分支成功。

（三）定向钻机应用及发展趋势

1. 应用现状

我国研制的煤矿井下近水平定向钻进技术自 2008 年试验成功以来，已在国内 30 多个矿井进行推广应用，在硬煤层钻进中最大主孔孔深 1212 m，最大分支孔孔深 915 m，累计施工钻孔进尺达数百万米。随着钻进工艺技术的不断完善，对煤层松软、瓦斯突出较为严重的矿井，已经研发出底板穿层钻孔和顶板小曲率梳状钻孔等钻进工艺方法。底板穿层钻孔一般从煤层底板专用巷道向煤层倾斜钻进，以达到释放瓦斯压力，减少煤与瓦斯突出危险的目的。在施工底板穿层钻孔时，可通过造斜延长钻孔在煤层孔段的长度，或在煤层孔段施工分支孔，提高瓦斯抽采效果。梳状钻孔施工是在煤层顶板岩层中布置水平高位定向长钻孔，并在水平定向孔中从内向外布置向下多分支梳状钻孔进行瓦斯抽采，可避免直接在松软突出煤层中施工钻孔出现坍塌、不成孔、效率低、深度受限等问题。梳状钻孔施工已在淮北朱仙庄矿和焦作九里山矿等矿推广应用，最大孔深达到603 m。在进行本煤层瓦斯抽采钻孔施工的同时，近水平定向钻进技术在高位瓦斯抽采孔、地质构造探测孔、定向工程孔、顶板定向梳状孔及底板注浆加固钻孔施工等方面也取得了显著进展。例如在煤层底板注浆加固方面，利用煤矿井下近水平定向钻进技术取代传统回转钻进的底板注浆加固方式，增加了近水平钻孔钻遇含水层的概率，并通过注浆加固实现了区域煤层底板的超前治理。该技术目前已在焦作赵固一矿进行了应用，最深钻孔达620 m。

2. 国产长孔钻机技术性能分析

目前，国产长孔钻机ZDY系列产品应用广泛，效果较好。但钻井能力、钻孔直径、额定扭矩、液压泵压、最大碎岩硬度等性能指标与引进产品性能指标尚有一定差距。国内典型产品ZDY6000LD型与国外典型产品VLD1000型（澳钻）长孔钻机性能指标比较见表10－4。

表10－4　国内外典型产品性能指标比较表

序　号	ZDY6000LD型产品指标	VYD1000型产品指标
1	整机长：3.38 m	整机长：4 m
	整机宽：1.45 m	整机宽：2 m
	整机高：1.82 m	整机高：1.6 m
	整机质量：5640 kg	整机质量：9800 kg
2	钻进方式：回转＋定向	钻进方式：定向
3	钻进能力	钻进能力
	1000 m（定向）	1000 m（定向）
	600 m（回转）	
4	钻孔直径	钻孔直径
	96 mm（定向）	114 mm
	150 mm（回转）	
5	额定扭矩	额定扭矩
	3000 N·m（定向）	2286～3048 N·m
	6000 N·m（回转）	
6	额定转速：50～190 r/min	额定转速：无级调速
		低速大扭矩200～600 r/min
		高速小扭矩600～1200 r/min
7	电机功率：90 kW	电机功率：90 kW
8	液压泵压：26 MPa	液压泵压：30 MPa

表 10-4（续）

序　号	ZDY6000LD 型产品指标	VYD1000 型产品指标
9	钻杆	钻杆
	高强度中心通缆钻杆	N 系列专用测量钻杆
	钻杆直径：73 mm	中心安装有永久电缆
10	给进能力：190 kN	给进能力：160 kN
11	起拔能力：190 kN	起拔能力：160 kN
12	最大起拔给进行程：1000 mm	最大起拔给进行程：1500 mm
13	推进速度：0～15 m/min	推进速度：0～20 m/min
14	主轴倾角：-10°～20°	主轴倾角：-10°～20°
15	最大碎石硬度：$f \leqslant 8$	最大碎石硬度：$f \leqslant 10$
16	钻具：螺杆钻具	钻具：EDGE 内马达
17	随钻测量系统	随钻测量系统
	YHD1-1000 随钻测量系统	DDMMECCA 检测系统 上下偏差 ±0.2° 水平偏差 ±0.5°
	钻孔倾角	
	±90°，精度 ±0.2°	
	钻孔方位角	
	±（0°～360°），精度 ±1.5°	
18	行走速度：3.5 km/h	行走速度：3.4 km/h
19	泥浆泵量：120～350 L/min	泥浆泵量：120～350 L/min
20	泥浆泵压：8 MPa	泥浆泵压：6.4 MPa

3. 发展趋势

目前，国内煤矿井下近水平定向钻进技术与装备尽管有了长足的进步，在某些应用方面处于国际领先水平，但与石油定向钻井、测井技术相比，还存在一定技术差距。近几年煤矿井下近水平定向钻进技术与装备将在以下 3 个方向取得新进展。

（1）在现有有线随钻测量的基础上，适用于煤矿井下条件的电磁波、泥浆脉冲等无线随钻测量技术与装备将会取得突破。

（2）借鉴和吸收国内外先进的石油和煤层气钻井新技术，开发适合我国煤矿井下的地质导向智能钻井系统，以便更有效地控制钻孔轨迹，使我国煤矿井下随钻测量定向钻进技术与装备的钻进能力达到 1500 m 以上，跨入国际领先行列。

（3）研究和探索与近水平定向长钻孔钻进过程相关的孔口加固、防喷、钻具打捞及事故处理等新技术与装备，进一步拓展定向长钻孔技术的适用性和配套性，更好地为煤矿安全生产服务。

十二、激光甲烷传感器的应用

激光甲烷传感器是一款应用于煤矿井下甲烷气体浓度监测的本安型检测仪器。它采用激光吸收光谱检测技术检测甲烷气体浓度，具有精度高、维护周期长、重复性好、全量程测量范围、寿命长、“指纹式”无干扰等优点。检测仪实时将浓度信号转换为频率信号输出至矿下分站，具有声光报警、断电信号输出、故障自检等功能，测试程序由人工智能微电脑控制，工作流程合理，简洁便利，功能齐全，具有多种自适应能力。仪器在硬件设计上采用高性能单片机和高性能集成数字化电路，结构简单、性能可靠，可通过红外遥控器对传感器进行各种参数设置。结合工矿企业工业环网，可实现区域多点分布式组网监测监控。

（一）工作原理

其工作原理是借助传感器特有的可调谐半导体激光吸收光谱气体技术测量甲烷气体浓度。根据朗伯－比尔定律，每种具有极性分子结构的气体都有对应的特征吸收波长，在光程和反射系数不变的情况下，气体浓度与吸收率具有符合朗－伯比尔定律公式的对应关系。

$$I_t = I_0 \exp[-pS(T)\phi(v)XL] = I_0 \exp[-\alpha(v)L]$$

式中　I_0——激光出射强度；

I_t——经过气体吸收后的激光强度；

$S(T)$——该气体特征谱线强度，只与气体的温度有关；

p——气体的压强；

L——激光在气体中传播的距离即测量光程；

X——气体体积浓度；

$\phi(v)$——线型函数。

理论分析表明甲烷气体的浓度和探测器输出信号的二次谐波分量呈比例关系，据此本传感器的系统原理框图如图 10－32 所示。

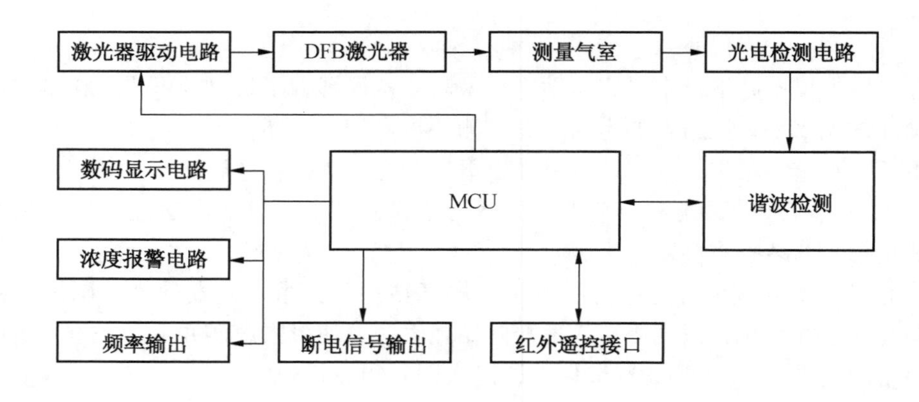

图 10－32　激光甲烷检测系统原理框图

（二）主要指标参数

激光甲烷传感器的主要指标参数见表10－5。

表10－5 激光甲烷传感器的主要指标参数

项 目	参 数
工作环境条件	环境温度：0～40 ℃
	湿度：≤98% RH（无冷凝）
	大气压力：(80～116)kPa
	风速：不大于8 m/s
	机械环境：无显著震动和冲击的场合
主要技术指标	工作电压范围：(9～24)V DC
	功耗：≤2.5 W
	测量范围：0～100%
	测量误差：0～1%，±0.06%
	＞1%，真值的±6%
	显示分辨率：0.01%
	响应时间：小于10 s
	报警值设置：0～100%之间任意值，精确到小数点后2位，默认值为1%
	报警方式：声光报警
	显示方式：4位红色高亮数码管
	频率输出方式：200 Hz～1000 Hz～2000 Hz（对应：0% CH_4～1% CH_4～100% CH_4）
	外形尺寸：286 mm×148 m×65 mm
	整机质量：≤2.0 kg
	外壳材料：304 L，不锈钢

（三）应用前景

低功耗全量程的激光甲烷传感器应用于煤矿瓦斯最为突出的工作面进行瓦斯监测，通过工业试验对比其与传统的催化燃烧式及红外式甲烷传感器的性能指标，证明其具有探头本质安全、长期免维护、精度高、稳定性好等优势。激光甲烷传感器对目前煤矿瓦斯监测、防治具有很高的应用价值，有巨大的应用潜力和市场前景。

第三节 矿井火灾防治智能化技术

一、采空区防自然发火综合预警系统

系统通过对采空区温度、煤层自然发火标志性气体（CO，CH_4，C_2H_2，C_2H_4，O_2等）进行原位在线监测分析以及采空区自然发火趋势综合判断监测，可以实时对工作面

开采安全，自然发火预警提供关键数据信息，对采空区煤层自燃隐患发生、发展趋势提供可靠技术支持。采空区防自然发火综合预警系统如图 10－33 所示，具有全光纤、原位监测、多参数、本质安全、可靠性高、检测量程大、传输距离远、响应速度快、抗电磁干扰等优点。采空区防自然发火综合预警系统适用于煤矿井下工作面、回风系统、进风系统、采空区等发火关键区域。

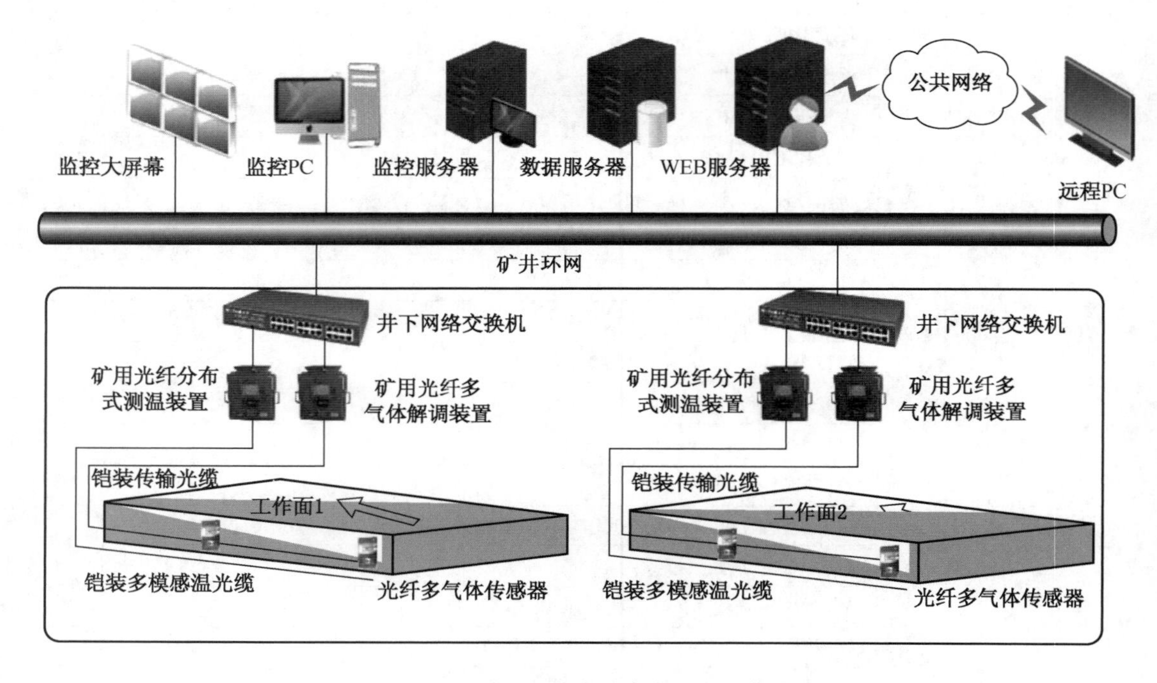

图 10－33　采空区防自然发火综合预警系统

二、束管监测系统在防灭火中的应用

JSG－7 束管监测系统控制束管检测路数有 16 路和 32 路，可监测 CO、CO_2、CH_4、C_2H_2、C_2H_6、C_2H_4、O_2 等气体，对矿井火灾早期预防和处理起到关键作用。JSG－7 束管监测系统能准确、及时分析矿井采空区、上隅角等气体情况，从而采取预防煤层自然发火的有效措施，避免煤炭自燃事故发生。

JSG－7 束管监测系统是基于微机分析与控制，在红外线连续分析、色谱高精度分析、束管负压运载气体这三项新技术基础上开发出来的新产品。系统工作时，先启动抽气泵，使束管内形成负压，即井下外部压力大于束管内压力，使井下气体被吸入束管，到达井上电磁阀前并处于等待检测状态，气相色谱仪达到稳定工作状态后，微机通过控制接口板输出一个开关量给驱动电路，驱动电路的继电器吸合，接通某一路束管的电磁阀，该路束管内的气体被分别送入红外线分析仪和色谱仪中，分析结果被送到微机内的数据采样接口板上，经过信号放大，模数转换，将模拟量变成数字量，然后由分析软件进行处理，形成谱图和分析结果，分别在屏幕和打印机上表现出来，完成某一路束管气体的检测分析过程。其综采工作面测点布置图如图 10－34 所示，采空区封闭后测点布置图如图 10－35 所示。

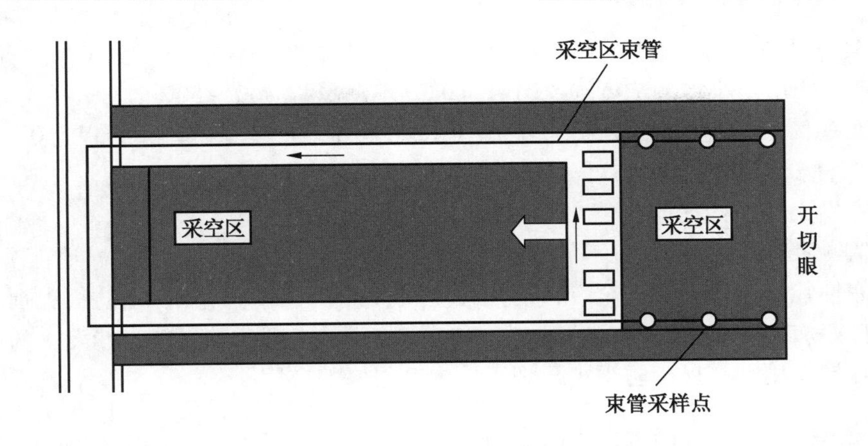

图 10-34 综采工作面测点布置图

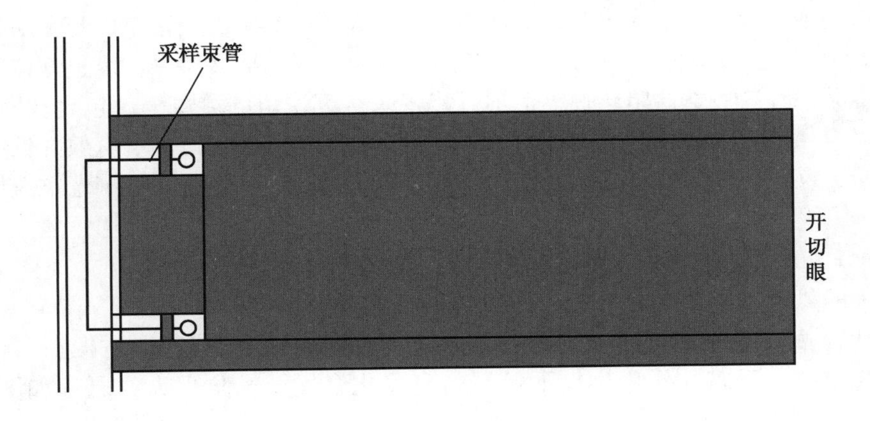

图 10-35 采空区封闭后测点布置图

（一）主要技术指标

（1）一次进样可完成对 O_2、N_2、CH_4、CO、CO_2、C_2H_4、C_2H_6、C_2H_2 等有害气体的全分析。

（2）最小检测浓度（各气体质量分数）。微量分析：$\leqslant 0.1\times10^{-6}$，常量分析：不大于0.01%。

（3）束管监测路数。不低于16路，可扩展至32路。

（4）井下管路最大采样距离不小于25 km。

（5）色谱仪拥有快速加热和降温能力的温控系统，减少开、关机的等待时间；色谱仪开机时间不大于30 min，关机时间不大于1 min。

（6）全组分分析时间不大于3 min。

（二）主要技术参数

（1）气相色谱仪主要指标。FID（氢火焰离子化检测器）检测器检测限：不大于 1×10^{-11} g/s；C_2H_4、C_2H_6、C_2H_2 最小检测浓度（质量分数）：0.1×10^{-6}，量程为0~10%。

（2）红外线气体分析仪主要指标。CO 最小检测浓度 $w(CO)=1\times10^{-6}$，量程：$0\sim5000\times10^{-6}$；CH_4 最小检测浓度 $w(CH_4)=0.01\%$，量程为 $0\sim50\%$；CO_2 最小检测浓度 $w(CO_2)=0.01\%$，量程为 $0\sim25\%$；O_2 最小检测浓度 $w(O_2)=0.01\%$，量程为 $0\sim25\%$。

（3）两种分析设备合起来可分析 CO、CO_2、CH_4、O_2、C_2H_4、C_2H_6、C_2H_2、N_2 等 8 种预报自然发火的指标气体。

束管监测系统能实现 24 h 不间断连续监测井下气体和通过井下取样地面分析化验。该系统具有性能稳定、功能齐全、自动化程度高、灵敏度高等优点，在防灭火预测预报方面得到了良好应用，对采空区、回风巷、采煤工作面及上隅角等可能自然发火的地点有很好的技术指导作用，在煤矿防灭火管理工作中有很好的应用前景。

三、注氮技术在矿井防灭火中的应用

注氮防灭火技术是向火区注入惰性气体氮气，达到防灭火的目的。氮气可充满整个空间，既能减弱或扑灭大的明火火灾，又能抑制隐蔽火源的燃烧。当采空区与上层采空区坍塌贯通后，上层老空火区、遗煤分布范围广且位置不明确，而多层采空区呈立体分布，无论是黄泥灌浆、注凝胶、注阻化剂，都不可能将采空区遗留的浮煤全部包裹，因此注浆、阻化防止其自燃难以实现，且成本巨大。采用向采空区注氮的方法，可有效降低漏风风流中的氧含量，甚至以注入的氮气替代漏风风流，阻隔漏风，从而起到抑制老空遗煤自燃的效果。

（一）注氮防灭火的原理及特点

空气中的氮气体积含量为 78.1%，氮气比空气略轻，在标准状态下，1 m^3 氮气的质量为 1.25 kg。氮气在常温常压下是无色、无味、无毒的不可燃气体，对振动、热、电火花等都是稳定的，无腐蚀作用，也不轻易与金属化合。氮气防灭火的原理如图 10－36 所示。

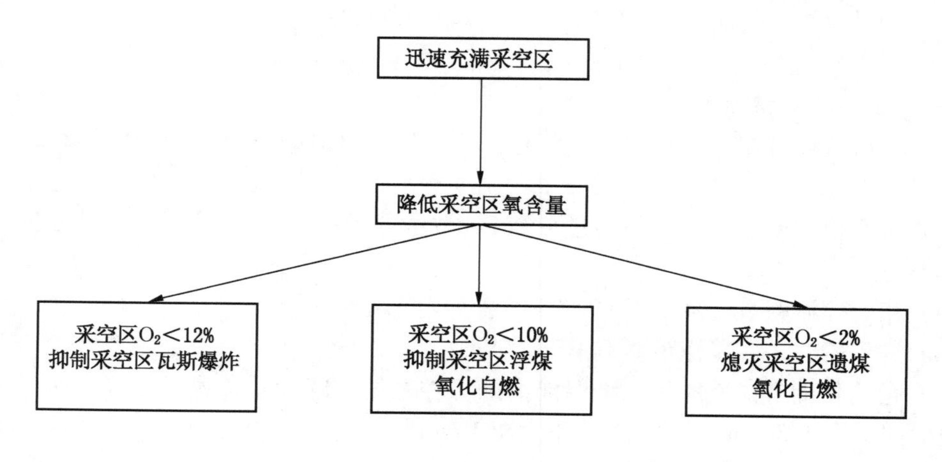

图 10－36　氮气防灭火原理

氮气防灭火的特点为：

（1）氮气比空气略轻，可以充满封闭范围内的所有空间，特别有利于综放面采空区上部和巷道冒顶区的防灭火。

（2）通过管道输送，不需用水，输送方便。

（3）灭火过程中不损坏井巷设备，使灾后恢复工作简单。

（4）氮气本身无毒，使用安全。

（5）使用方便，投入防灭火速度快，采空区有发火征兆时，只需开启阀门，便可迅速向采空区注入氮气。

（6）灭火速度快，能迅速降低封闭区的氧含量使火区窒熄。

（7）目标注氮时，能迅速降低巷道冒顶区的一氧化碳含量，保证灭火人员的安全。

（8）能提高火区内气体压力，减小火区漏风。

（9）火区漏风过多时效果下降，故氮气灭火时需一定程度的严密性。

（10）封闭注氮时对火源的降温效果较差，因此氮气灭火后或者将火源点甩入采空区窒熄带，或者进入封闭区内（巷道火灾）直接降温。

（二）注氮防灭火的基本原则及指标

氮气防灭火是一种方便、可靠的煤自燃预防方案，在工作面开采过程中，特别是采空区封闭时期，注氮是一种保障施工顺利进行，有效减少供氧、漏风的措施。按《煤矿安全规程》，采用氮气防灭火时，必须遵守下列规定：

（1）氮气源稳定可靠。

（2）注入的氮气浓度不小于97%。

（3）至少有1套专用的氮气输送管路系统及其附属安全设施。

（4）有能连续监测采空区气体成分变化的监测系统。

（5）有固定或者移动的温度观测站（点）和监测手段。

（6）有专人定期进行检测、分析和整理有关记录、发现问题及时报告处理等规章制度。

注氮方式：在不影响工作面的正常生产和人身安全时采用开放性注氮；火灾及火灾隐患影响区域，或突然性外因火灾，或瓦斯积聚区域达到爆炸界限时，采用封闭式注氮。

注氮防灭火方法：采用埋管方法对工作面采空区注氮。

堵漏措施：采用水泥砂浆、粉煤灰复合胶体、凝胶等对需要注氮区域进行封闭。

监测系统：地面建立束管监测室，采空区预埋束管监测探头，将注氮区域气体数据传至地面分析系统。

（三）应用前景

建立以注氮为主的预防措施，预防采空区的自燃，防止自燃火灾的蔓延；建立以预防为主，早期预报为先导的注氮防灭火技术，可提高矿井的抵抗火灾应变能力，减少资源浪费，延长矿井开采寿命；注氮技术能够为煤层自燃前期预报和火灾的快速控制提供有效的方法，特别是对自然发火矿井具有十分重要的意义及推广前景。采空区深部注氮能有效地降低采空区的氧浓度，对于正压通风矿井还能起到隔绝漏风的作用。

四、智能注浆监测系统在防灭火中的应用

为了提高煤矿企业自动化程度、完善井下注浆灭火工序、对注浆站注浆量进行合理分

配、提高矿井劳动成产率，提出了基于计算机远程监测的矿井注浆灭火系统，该系统能够将注浆站跑浆、漏浆问题进行实时处理并报警，对灭火过程中的注浆量进行了科学准确的统计和计算，保证井下的安全生产。

（一）智能注浆监测系统硬件结构

如图 10－37 所示，整个注浆流程是从地面注浆泵站向井下多个注浆点进行浆液运输的。因此，注浆系统有井下多个注浆分站系统和地面上位机系统组成。基于计算机远程监测系统需要在井下注浆点安设一个监测分站，在地面注浆站内安装一个监测分站，以此来监测井下注浆点用浆密度、注浆量，地面监测分站负责监测地面注浆站的浆液密度和用量。从监测分站的对应接口分别通过 RS485 煤矿专用总线和煤矿通信监测系统连接，将监测数据传输到地面控制中心进行处理。

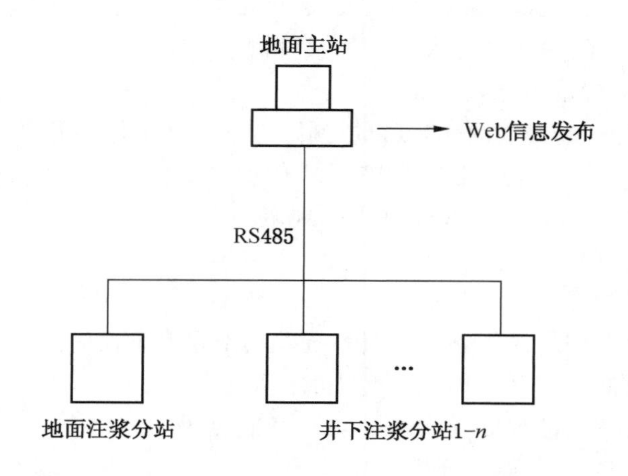

图 10－37　智能注浆监测系统示意图

（二）地面主站功能

收集处理井下监测分站输送的注浆密度和注浆量数据，建立查询、存储及报表打印机制。该主站最重要的处理功能为比对功能，将井下分站采集的数据和地面主站采集的数据进行比对，根据比对结果，计算机处理程序可以判断浆液输送管路是否出现阻塞、漏浆、跑浆等问题。此外，地面主站系统还具有 Web 发布功能，主站程序还能将比对结果实时的发送到煤矿企业局域网中，相关技术人员和管理者能够通过访问局域网相关内容完成对注浆站的健全性监测和分析。

（三）井下监测系统软、硬件设计

井下监测分站硬件结构如图 10－38 所示，注浆现场安装了井下监测分站，该设备能够及时地监测注浆液密度和注浆量。

井下监测分站的电路有：断电保护、键盘显示、时钟电路、A/D 转换电路及 CPU 电路，全部通过 RS485 总线连接到一起。单片机的内置时钟芯片电路可以实时的将注浆液泄漏时间和注浆液密度、流量记录下来。为了满足井下生产需求，分站信号变送器和流量传感器全部采用了本质安全型设备——矿用智能电磁流量计。

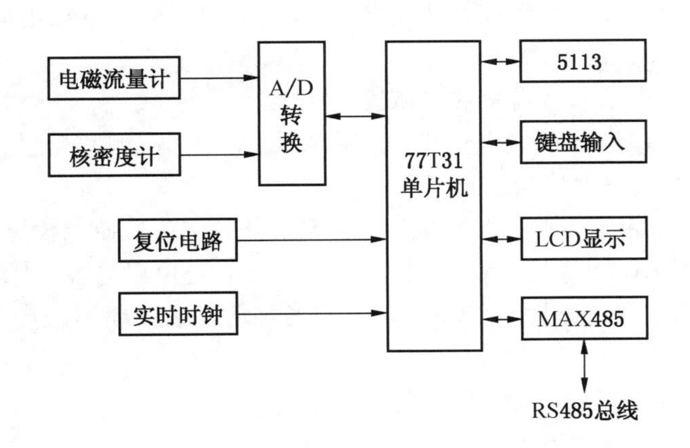

图 10－38 井下监测分站硬件结构

井下分站监测系统提供注浆全过程的监测，全天候储存注浆记录、注浆液浓度瞬间值、实时注浆量，对跑浆、漏浆问题实时报警。记录内容包括：注浆量累计值、设定时间段内的累计注浆量、注浆开始时间、注浆结束时间等。通过开发的组态软件程序完成注浆曲线绘制、报表生成及打印。

（四）技术优势及应用前景

矿井注浆灭火远程监测系统弥补了煤矿注浆站跑浆、漏浆的缺陷，对整个注浆灭火过程进行了实时的全程监测，及时发现问题及时处理，保证了整个注浆灭火防御体系的完整性和可靠性。该系统大大提高了煤矿火灾的扑救能力，增加了事故发生后的灭火效果，同时也降低了巡查工人的劳动强度，节省了煤矿企业人力资源。

第四节 矿井粉尘防治智能化技术

一、粉尘在线监测系统

煤矿粉尘，一方面严重危害工人的身体健康，致使工人患尘肺病；另一方面粉尘浓度过高还潜伏着爆炸的危险。每年因为粉尘灾害而造成的人员伤亡数量极大，也给国家造成了巨大的经济损失。目前，国家环保部和煤矿安全监察局对粉尘危害非常重视，对作业场所的粉尘排放浓度制订了相关标准，严格控制粉尘浓度，以减少粉尘危害。及时有效地对作业场所的粉尘浓度进行监测，能更好地掌握粉尘浓度状况，进行有效的除尘和降尘，对确保人身安全和提高环境质量发挥着极其重要的作用。

（一）在线式粉尘浓度监测系统简介

在线式粉尘浓度监测系统 LBT－FM 由粉尘浓度传感器、仪表、报警器、电源箱组成，实现作业现场的粉尘浓度在线检测，实时报警，企业可实时掌握作业现场的粉尘浓度。

（二）粉尘浓度传感器技术特点

（1）额定工作电流小，大大减轻了现场总电源的负担。

（2）输入电压范围宽，仪器在输入电压（12～24）V DC（本安电源）的范围内均能正常工作。

（3）可直读空气中粉尘颗粒物质量浓度。

（4）利用光散射原理对粉尘进行检测，由微处理器对检测数据进行运算，直接显示粉尘质量浓度并转换成数据信号输出。

（5）采用红外遥控调校传感器各参数，实现不开盖调节，使调校更加简单。

（6）可实现0～5 V、4～20 mA电流标准信号输出，还可以与各种标准的200～1000 Hz输入的二次仪表连接。实现远距离传输，及时准确测量现场的粉尘浓度，检测粉尘浓度趋势变化。

（三）粉尘浓度传感器主要技术参数

（1）测定原理：光散射原理。

（2）测定对象：含有瓦斯或煤尘爆炸危险的煤矿井下或其他粉尘作业场所的粉尘质量浓度。

（3）测量误差：≤±10%。

（4）总粉尘浓度测量范围：(0～1000)mg/m³（可定制(1～50000)μg/m³）。

（5）显示方式：四位LED数码管。

（6）信号输出：0～5 V、4～20 mA、(200～1000)Hz信号或RS485通信可选。

（7）工作电压：12～24 V DC（本安）。

（8）工作电流：≤56 mA。

（9）采样流量：2 L/min。

（四）系统在工作面的布置

粉尘浓度在线监测系统在工作面布置如图10－39所示，GCG500型粉尘浓度传感器安装在距工作面20～50 m处，用绳索固定在巷道顶上，进气口迎着风流方向，并保持固定。

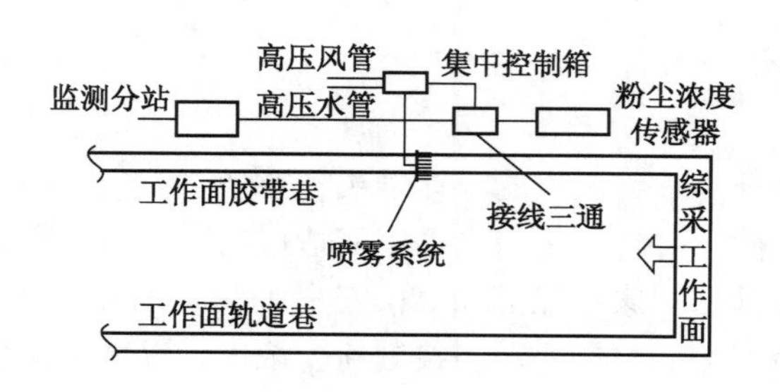

图10－39　粉尘浓度在线监测系统在工作面布置图

二、红外线自动净化水幕

红外线自动净化水幕除尘装置的主机内部采用模块化设计，具备液晶显示，人机交互等功能，通过与红外线传感器、触控传感器、红外热释传感器、循环定时控制模块的配套使用，形成了多种用途的矿用自动喷雾除尘装置，达到了一机多能的效果。适用于井下大巷、运输巷、回风巷、采煤机支架等地点。

红外线自动净化水幕除尘装置主要用于综采工作面，对采煤机采煤过程中产生的大量粉尘进行喷雾降尘，在整个综采工作面上设定若干个喷雾点（一般3～4个支架安装一道喷雾装置），采煤机移动到装有传感器的支架时，传感器接收到信号，打开电磁阀开始喷雾工作。

红外线自动净化水幕的应用效果：

（1）节约水资源，变常开为实时自动喷雾，克服了煤泥水横流，提高了水的利用率，使水的利用率提高了80%，同时节约矿井水资源。也确保了矿井文明生产和标准化作业。

（2）减少了人力和管理成本，实现无人操作和管理自动化，使用方便，各生产地点不再需要专人来进行开放和关停，从而节约了成本，也便于统一管理。

（3）净化了各作业地点空气环境，消除了煤尘所带来的安全隐患，减轻了安全工作的压力，对超前防范煤尘爆炸，起到了积极作用。减小了粉尘对工人的危害，大大降低了尘肺病的可能性。

三、煤体动压注水技术

煤体动压注水是通过钻孔将压力水和水溶液注入煤体，增加水分，以改变煤的物理力学性质，可减少煤尘的产生，还可减少冲击地压、煤与煤层气突出和自然发火。

（一）煤体动压注水降尘机理

煤是一种裂隙－孔隙介质，流体可以在其中流动，但煤中有大小不同的各种孔隙，大的直径可到数毫米，小的微孔直径小于100 nm。水在不同孔隙中的运动形式也不相同，渗透运动是在大的裂隙和孔隙中发生，毛细运动是在较小的孔隙中发生，而分子扩散运动则是在煤的超微结构的孔隙中发生。其中每一种形式，在空间和时间下都不是共存的。其搬运水分的速度也有很大的差别，当向煤体注水时，压差首先使水在裂隙和大孔隙中运动（它按渗透规律流动），高压虽然能使煤体发生破裂和松动，但渗透运动时间不长，范围不大，湿润效果不高，一般只能达到10%～40%；之后才在毛细力的作用下进入较小的空隙中，使煤体发生毛细管凝聚、表面吸着和湿润等；而在扩散作用下，水才可能更深地进入煤的微孔中，使煤层内无机的和有机的组分发生氧化或溶解。毛细作用和扩散作用是煤层湿润的主导作用，可以持续很长时间，并能使煤体均匀、充分地湿润，将湿润效果提高70%～80%。但毛细运动和扩散运动是在渗透运动已经波及的容积中进行，不会扩大润湿区的范围，只是使水分均匀分布。

利用动压注水可以在煤层中形成人工的空腔、槽缝和裂缝，或扩大已有的裂缝以及促使煤体发生位移，可以增加煤体的渗透性和润湿性。脉动注水方式的压力是周期性变化的，一方面不同的注水压力可以使水渗入不同的裂隙－孔隙中，增加煤体的润湿性，动压水可以使裂隙不断贯通、扩大，扩大润湿半径，最大范围地改变煤层的物理力学性质；另一方面通过周期性的脉动高压作用于煤体，在不同压力下煤体的裂隙－孔隙产生“膨胀－收缩－膨胀”反复作用，最大限度地使得煤体力学性质发生改变，使煤体中的裂隙－

孔隙得到进一步的拓展，增加煤体的润湿范围。另外，脉动高压水有利于游离高压瓦斯的排放，减少煤体中的瓦斯含量，起到卸压和排放瓦斯的作用，从而达到防止煤与瓦斯突出的效果，同时相应地减少水在煤体中的运动阻力，增加了煤体的吸水量。低压注水时使煤体得到相当均匀的湿润，降低煤体的强度和脆性，增加塑性，减少采煤时煤尘的生成量。同时将煤体中原生细尘黏结为较大的尘粒，使之失去飞扬能力，从而达到减少粉尘的目的。

1. 注水相关指标参数确定

单孔注水量：

$$Q = KhLSrn$$

式中 Q——单孔注水量，m^3；

K——重复浸润系数；

h——煤层厚度；

L——工作面长度；

S——注水孔间距；

r——煤的密度；

n——煤体注水后提高的含水率。

2. 单孔注水时间的确定

根据煤层的渗透特性和钻孔长度选择注水泵，选定注水泵后可确定每孔的注水时间：

$$T = \frac{Q}{q}$$

式中 Q——单孔注水量，m^3；

q——注水泵流量，m^3/h。

3. 注水压力的确定

注水压力的高低取决于煤层透水性的强弱和钻孔的注水流量。对于透水性弱的煤层，只有当注水压力达到一定数值时，煤体钻孔才开始进水，即有一明显的临界压力值，只有注水压力达到临界压力后，才能使水在煤体中渗流运动。适宜的注水压力，可以通过调节注水流量使其不超过地层压力而高于煤层的瓦斯压力。通过注水试验，根据国内外资料，整理出一个开采深度与注水压力的经验公式，即

$$P = 15.6 - \frac{7.8}{0.001H + 0.5}$$

式中 P——注水压力；

H——开采深度。

4. 注水系统

注水系统如图 10－40 所示。

（二）应用前景

利用动压注水可以增加煤体的渗透性和润湿性，在增加煤体的水分、降低粉尘浓度方面效果显著。另外，利于游离高压瓦斯的排放，减少煤体中的瓦斯含量，起到卸压和排放瓦斯的作用，从而达到防止煤与瓦斯突出的效果，同时相应地减小了水在煤体中的运动阻力，增加了煤体的吸水量。因此动压注水是未来煤层注水降尘的发展趋势和方向。

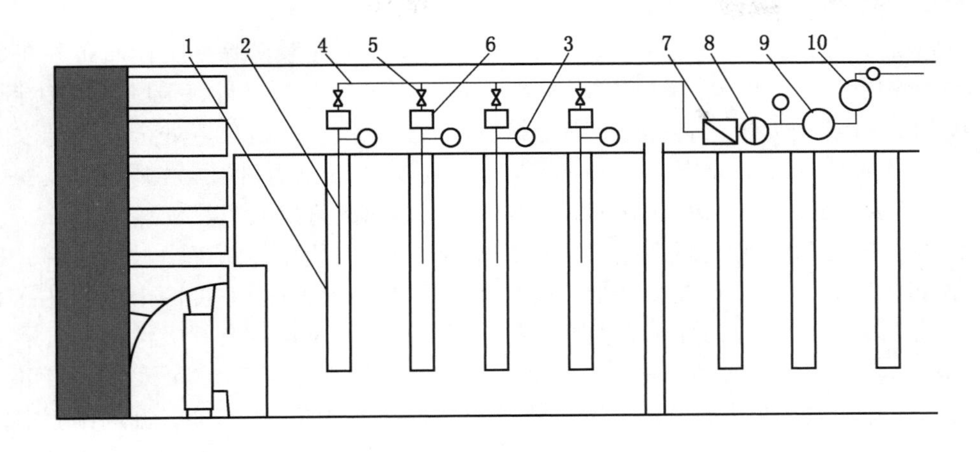

1—注水钻孔；2—注水管；3—压力表；4—高压胶管；5—高压闸阀；6—分流器；
7—单向阀；8—多功能水表；9—注水泵；10—自控水箱

图 10-40 动压注水系统示意图

四、新型降尘剂的应用

（一）新型降尘材料功能特点

清水喷雾的实际降尘效果受多个因素限制，尤其是粉尘的粒径、湿润性、荷电性等，致使清水喷雾对呼吸性粉尘的降尘效果更低，降尘效率常不足30%。为了提高喷雾降尘效果，研究人员认为添加降尘剂提高水雾颗粒与粉尘微粒结合能力是有效手段之一，先后研制出湿润剂、起泡剂、黏结剂等降尘材料，取得了一定效果。现有降尘材料仍然需要解决添加量大、成本高等问题。新型降尘材料具有抗静电性、润湿性、发泡性等多种功能性组分，在喷雾降尘过程其多功能性组分中能够发挥协同配合的综合作用，增强喷雾降尘效果。

（二）应用工艺及结果分析

设备安装与材料使用新型降尘材料添加量低，与防尘水的添加比例在0.08%以下，配套设备安装简便，首先，将降尘材料灌入新型材料添加控制模块的加液箱，新型降尘材料喷雾设备即可自动恒定比例添加。设备安装简单，将矿井自身防尘供水系统（或以综掘机喷雾系统为水源）与压风系统，通过矿用高压软管与喷雾降尘设备预留安装位置连接，风、水管路在作业人员附近预留开关，如此即可完成安装。作业人员可根据作业情况通过身边开关方便控制设备开、停。在水路中添加新型降尘材料，新型降尘材料与防尘水在液液混合模块内预混合后，混合液与风路通过流量控制模块进入气液混合模块，混合模块内降尘剂、防尘水与风流三者充分混合、破碎、泡沫化和初次雾化后，进入喷雾模块，经过喷雾模块二次破碎和雾化，形成细微气泡化水雾，以一定射程和角度喷出覆盖截割头产尘部位和工作面粉尘逸散部位，从而控制和降低粉尘质量浓度。

应用结果分析：新型降尘材料在河北、山东、四川等地煤矿井下综掘工作面应用，取得了良好降尘效果。应用过程中，采用直读式粉尘测试仪测量清水喷雾降尘在添加新型降尘材料前后 2 种状态粉尘质量浓度变化，结果如下：河北某矿综掘工作面布置在煤层中，煤层结构复杂，倾角 2°~6°，硬度系数为 3~5，含 2~3 层夹矸，最厚一层夹矸厚度为 5~0.2 m，工作进度快，应用新型降尘材料前后，综掘机司机位置处全尘质量浓度由 389 mg/m^3 降至 105 mg/m^3，比清水喷雾又降低了 73%，综掘面粉尘全尘质量浓度变化如图 10-41 所示。山东某矿综掘工作面属于半煤岩巷道，倾角 25°，煤层厚约 1.5 m，含夹矸 1~2 层，其中部夹一稳定的黏土岩夹矸，厚约 0.1 m。应用新型降尘材料前后，对综掘机操作司机后 10 m 左右处粉尘全尘质量浓度与呼吸性粉尘质量浓度两个指标进行了测定，结果如图 10-42 所示。添加新型降尘材料后，全尘质量浓度与呼吸性粉尘质量浓度分别降至 88.7 mg/m^3 和 26.5 mg/m^3，比清水喷雾又分别降低了 74% 和 90%。四川某矿 22405 综掘工作面属于半煤岩巷道，岩石硬度系数 2~8，倾角 9°~26°，掘进作业中，粉尘产尘量高，严重影响作业进度。应用过程中对综掘机操作司机位置处粉尘全尘质量浓度进行了测定，结果如图 10-43 所示。添加新型降尘材料后，粉尘全尘质量浓度又比清水喷雾时降低了 58%，降尘效果明显。

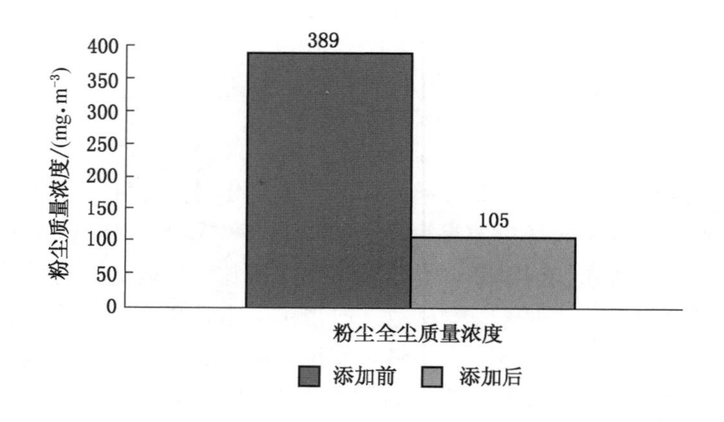

图 10-41　河北某矿综掘面粉尘全尘质量浓度变化

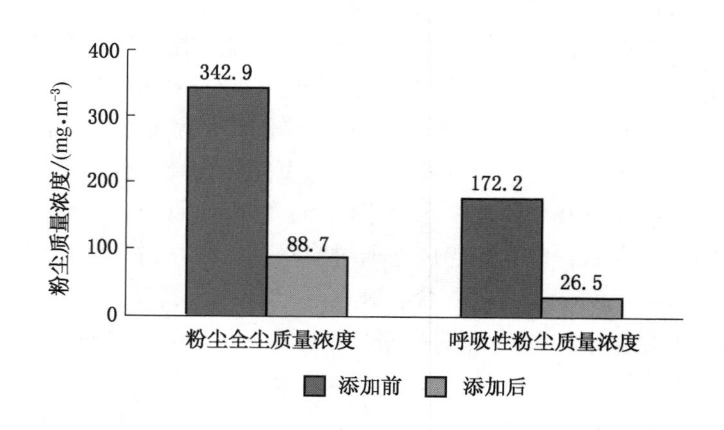

图 10-42　山东某矿综掘面粉尘全尘、呼尘质量浓度变化

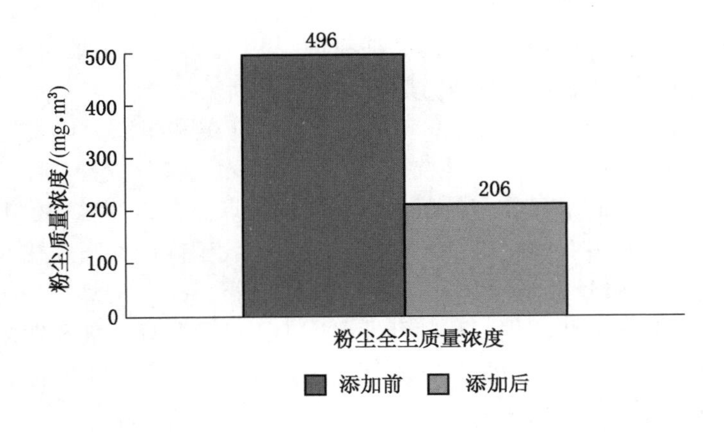

图10－43　四川某矿综掘面粉尘全尘质量浓度变化

新型降尘材料在各地矿井综掘面的应用取得了较好降尘效果，相比清水喷雾降尘，粉尘全尘质量浓度又降低了50%～75%，呼吸性粉尘降低了80%左右。新型降尘材料以气动喷雾为基础，通过使水表面改性、泡沫化水雾、降低水雾与粉尘静电排斥等作用，提高喷雾效果和降尘效率。

第五节　煤层气地面抽采技术及利用

一、煤层气抽采概述

我国煤层气资源丰富，继俄罗斯和加拿大之后居世界第三位，据最新一轮全国油气资源评价结果显示，我国42个聚煤盆地埋深2000 m以浅煤层气地质资源储量为36.8万亿m^3，与常规天然气相当。与煤炭开采相比，煤层气（瓦斯）抽采技术发展史相对较晚。1733年英国首先开始了井下瓦斯抽放和管道运输技术，直到1884年受井下瓦斯爆炸威胁才将抽放的瓦斯输送至地面；苏联尤索伏克的中央矿井于1912年发生大量瓦斯涌出，掘进头每天涌出量超过4000 m^3，工程师采用引导技术将其排放地面；同样的方法在1923年的日本北海道夕张煤矿得到应用，而真正意义上的工业化瓦斯抽采是在1943年的德国鲁尔煤田Mansfeld煤矿，在5个月时间内抽出瓦斯5.6×10^6 m^3，而英国在1957年进行了长钻孔瓦斯抽采技术试验，并取得成功；1964年美国结合煤层气地面开发技术，在匹斯堡地区率先采用地面直井＋井下水平长钻孔技术，借助定向钻孔施工技术实现了煤层气的高效开发，而苏联的巴顿斯和卡拉干达矿区率先提出交叉钻孔强化抽采瓦斯技术，这有效推动了瓦斯的抽采效率。在国内，20世纪30年代抚顺龙凤矿进行了瓦斯抽采的工业性试验，并于1952年最先建成我国第一座连续抽采的瓦斯泵站。最初的煤层瓦斯抽采技术是为了井下煤矿安全生产而被动发展的手段，当时被认定为开采技术的补充。据统计，中华人民共和国成立以来共发生过24起一次死亡百人以上的煤矿事故，其中19次是瓦斯灾害。后来随着煤层赋存特点和顶底板性质差异，结合煤矿开采工艺特征，发展了本煤层抽采、邻近层抽采和采空区抽采等几种典型的井下瓦斯抽采工艺。长期以来，井下瓦斯抽采是我国煤矿安全生产的技术保证之一，也是我国民用天然气的重要补充能源。截止到“十二五”末，我国煤层气抽采的主体仍是井下抽采瓦斯。

随着煤层气工业的发展，20 世纪 70 年代以来，以北美和澳洲为代表的煤层气地面井技术得到了蓬勃发展，直井技术、斜井技术、水平井技术、多分支井技术，以及 L 型、U 型、丛状井等抽采技术，代表了特定储层的抽采技术特点。自 20 世纪 80 年代开始，我国开始移植国外煤层气地面井技术，在一定程度上促进了我国煤层气开发技术的进步，但实践教训证实，移植国外的开发技术并不适合我国“三低一高”的煤层气储层赋存现状。由此迫使我国科研工作者和煤层气工程师开发出有中国特色的煤层气开发技术，例如井上下联合抽采技术、多靶点对接高效抽采技术等，这是煤层气抽采技术的标志性成果，并在我国山西省煤层气开发中得到应用。

以山西沁水盆地为代表的地面煤层气开发技术，实现了煤层气产量的稳步提升，同时，以阳泉矿区为代表的井下瓦斯抽采技术——“一个钻孔就是一个工程”为目标的瓦斯治理模式，使得煤层瓦斯抽采效率显著提升。山西煤层气抽采技术是我国煤层气抽采技术发展的一个缩影，记录了中国煤层气抽采的每一个阶段的技术进步。

二、地面煤层气抽采技术分类

地面开发煤层气的技术途径主要包括：开发未开采煤层中的煤层气（预抽井）、抽采生产煤层区内煤层气（采动井）和抽采煤矿采空区内煤层气（采空井）等 3 种开（抽）采技术途径。煤层气地面井排采技术选择，主要是煤层气井井型的选择。井型是根据钻井的地形、地质条件进行设计，如何使井型和地形、地质条件实现优化配置，将是达到高效抽采和工程经济合理的关键。地面煤层气井抽采技术主要分为垂直井技术、水平井技术 2 大类。另外，在具体的钻井实践过程中，根据地域、地质条件等不同因素，衍生出了多种井型的开发方法，如丛式井、洞穴井、径向井、水平羽状井、U 型井、V 型井等井型，其基本原理都是基于垂直井和水平井技术。

（一）垂直井技术

垂直井技术是最简单的煤层气开发技术，因其开发成本低、完井工艺简单、固井和后期维护难度低等诸多优点得到广泛应用。缺点是井场多、单井产气量小。为保证气体开发的稳定性和连续性，直井对煤阶要求不高，但对储层厚度有一定的需求。垂直井主要实施步骤：设计井位→布置井场→钻井→固井→测井→射孔→压裂→下入排采管柱→安装抽油机→排采→集输和处理→压缩、液化或管输。垂直井也是目前煤层气开发技术中最成功的井型。

设计井位：根据实际情况，在矿区采取小井网布井。

布置井场：确定井位后，修路、修井场。

钻井：利用车载钻机、煤田地质钻机和石油钻机进行钻井。钻孔直径一般为 8.5 英寸(215.9 mm)，钻穿至目标煤层下 40 ~ 50 m 终孔。

固井：在已完钻的井眼中下入合适的套管（通常为 139.7 mm），然后在套管和井眼形成的环空中注入水泥浆，从而永久保护钻孔井壁。

射孔：射孔是在目的层段下入聚能弹，利用聚能弹在瞬间产生的热能在套管上燃烧出直径约 1 cm 的孔眼。

压裂：压裂是指在地面将数台高压泵车并联起来，将事先准备好的压裂液快速注入井眼中，通过射孔孔眼在煤层段形成水平或垂直裂缝，然后注入携砂液将造出的裂缝支撑起来，作为煤层气生产的通道。和常规油气藏相比，煤层的渗透性非常低，开发实践证明，煤层气直井如果不进行压裂作业，煤层气井很难实现预期产量。通过压裂，可以改善井筒附近煤层的导流能力，提高气井的产量。

排采：排采是使用抽油机、整筒泵等设备将煤层中的地下水抽出，使得煤层压力降低，煤层气自然解吸出来的过程。一般一口煤层气井的排采期为 1 ~ 3 年，产气可达 10 ~ 15 年。

集输：气井生产出来的煤层气首先要通过气井之间的支管道输送到增压站增压后，输入主管道，进入中央集输站，经处理后输入管道。

输送：可采用管输气的方式通过管网送到用户；也可采用压缩气（CNG）的方式把通过增压站增压到 25 MPa 的高压气体压缩后装入槽车；还可采用液化气（LNG）的方式，在液化厂将温度降到 －163 ℃后装入罐车中。由公路运送至目标用户，再经过减压、气化至常态下使用。

（二）水平井技术

中国是最早应用水平井技术的国家。在“八五”与“九五”期间，我国常规油气井大规模开展了水平井研究，并取得了显著成效，受当时技术条件限制，所取得的经济效益并不理想。塔里木油田、胜利油田是国内应用水平井技术最大的油田，在长期发展中已经建立了一套完善的水平井地质设计技术。受煤层气开发工艺及基础条件限制，我国煤层气水平井技术一度陷入低速发展阶段，北美和澳洲水平井技术的发展，促使我国煤层气水平井技术快速推进。水平井是一项高效煤层气开发技术，是集钻井、完井与增产技术于一体的开发技术，特别适合于开采地质条件好和渗透率高的煤层。与常规垂直井相比，能够最大限度沟通煤层割理（微裂隙）和裂缝系统，增加井眼在煤层中的波及面积和泄气面积，降低煤层裂隙内两相流的流动阻力，大幅度提高单井产量，减少钻井数量。与常规垂直井相比，水平井抽采技术在开发煤层气资源时，具有单井产量大、抽采率高、经济效益好的优势。缺点是投资大、适用于地质条件好的煤层（无断层、无炭柱等地质构造）。

（三）其他多种井型技术

分支井表示从主井筒中钻出，回到主筒的水平或斜分支井筒的井。从形成上来看，分支井既可以是新井也可以通过老井侧钻形成。分支井最早应用于国外，技术较成熟的主要是法国、英国和美国等国家。受技术水平限制，分支井主要钻探煤层气藏为孤立区块、渗透率异性较强、垂相分布的储层。

多分支水平井技术应用于煤层气始于 20 世纪初，该技术在北美和澳洲地区取得了巨大的成功，对当地煤层气工业发展提供了强有力的技术支撑。多分支水平井，又称羽状水平井，是指一个或两个主水平井眼旁侧再侧钻出多个分支井，能够穿越更多的煤层割理裂缝系统，最大限度地沟通裂缝通道，增加泄气面积，使更多的气体进入主流道，提高单井产气量。煤层气多分支水平井一般由工程井和生产井组成一个翼，工程井包括直井段、造斜段和水平段，水平段包括主支和分支；生产井为直井，在煤层段造洞穴，并与水平段连通。在一个工程井中可以沿不同方向布置多个翼。该技术要求煤层机械强度较高，力学性质稳定；地质条件要求埋深适中，煤层厚度适中，横向连续稳定分布，煤层中夹矸不发育，构造稳定，避开断层和破碎带。其主要的优点表现在，单井产气量高、采收率高、生产周期短、井场占地面积少，气井产量稳定和连续，一般适用于中高阶煤层。

丛式井是指在一个井场有计划地钻出两口以上的井组（图 10－44）。丛式井在国内的长庆油田和延长油田大规模地应用于低渗储层的油气开发，同时在滩海和海上钻井平台也大规模使用。国内煤层气埋深普遍在 1200 m 以浅，使得丛式井技术在我国迅速发展，我国保德、韩城、贵州等地得到推广应用。该技术有显著的优势：①节约土地资源，成本低廉；②方便储层改造，减少工程搬家费；③有利于集约化管理和数据监测。但对于该技术的应用需要注意：①钻井轨迹控制难度较大；②施工监管和质量考核操作不便；③施工周期较长，系统调试工作量较大。同时布置钻孔数量需要结合煤层埋深和地质、地形条件决定。

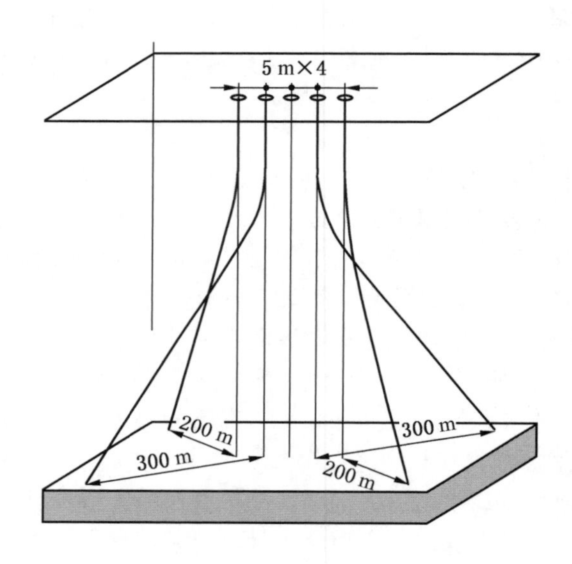

图 10－44　丛式煤层气井

受现场条件限制，几种井型的组合可能会实现高效抽采，如采动区综采工作面地面 L 型井与井下采空区抽采联合等已经在杨柳煤矿成功应用；地面直井抽采井下采空区瓦斯在晋城矿区得到推广；地面直井与井下长钻孔本煤层瓦斯抽采在沙曲矿得到成功应用。因此煤层气抽采技术的选择，需要因地制宜地选择和组合抽采方法，实现抽采技术优化配合，实现提质增效。

三、地面煤层气抽采智能监控

地面煤层气井监测技术主要采用直接法或间接法完成井下关键参数的监测监控。煤层气井关键数据监测，主要包括储层压力、井底流压、目标层温度，排采流体速率、储层渗透率（计算）等参数，测试的手段有多种，以煤层气压力、温度参数检测为例做以介绍。

1. 直接法关键参数测试

1）电子式煤层气井下温度压力监测系统

采用稳定性高的金属材料作传感器，是煤层气开发常用的井下温度压力传感设备，适用于试井、钻井、完井、固井、排水采气、压裂测井等各个环节的温度、压力监控。可准确、实时地反映井下压力和温度，以及压力梯度的变化，以便判断煤层气井间的连通情况、确定煤层分布的非均质性、得出各区域的压降情况，以及不同开发阶段的煤层中液体分布情况。煤层压力温度的监测是煤层气藏数值模拟的关键，为确定合理的排采方案提供基础，为安全开采和提高采收率提供有力保障。由于金属压力传感器耐脏污程度、耐腐蚀性、耐潮湿性强，可长期置于井下，避免了反复拆装，是一种经济实用的永置井下电子设备。在直井、斜井和水平井中均能够使用，安装成功率高。仪器安装灵活，可安装在托筒内，随同采气管一起下井，亦可单独下井，作业方便。该监测系统由高精度井下温度压力计、井下专用铠装电缆、井口数控单元组成。

功能和优势：安装操作简单、超低功耗设计、高抗干扰能力、数据储存与回放、精密的制造工艺防漏水现象发生。

2）光纤煤层气井下温度压力监测系统

采用光纤材料作为压力温度传感的元件，能实时准确地反映压力和温度的动态变化。由于光纤传感系统井下部分具有不含任何电子元件，温度适应性强，化学稳定，抗电磁干扰性等优点，因而具有适用性强，可应用于煤层气开采过程中试井、钻井、完井、固井、排水采气、压裂测井等各个环节的温度、压力监控，可准确、实时地反映井下压力和温度，以及压力梯度的变化，为安全开采和提高采出率提供有力的基础。

该监测系统由井下温度压力传感光纤、传输光缆、井口调制解调器、显示终端组成。由于瓦斯易燃易爆，而在该系统中光纤既是传感元件又是传输设备，系统结构简单，不引入电信号，保证了监测过程中的安全性。

功能和优势：高分辨率高精度、采样间隔可调、安装操作简单、超低功耗设计、高抗干扰能力、数据回放功能。

2. 间接法关键参数测试

毛细管压力监测技术是典型的间接法测试手段，如图 10－45 所示。整个系统可以分为地面部分和井下部分。地面部分主要由气源、动力设备、过滤设备、控制单元以及数据采集系统组成；井下部分由毛细管、安全保护装置、封隔器和传压筒组成。毛细管测压系统的基本原理是帕斯卡定理：加在密闭液体上的压强，能够大小不变地由液体向各个方向传递。高压气体通过毛细管注入传压筒，将内部气体置换成均一气体，在传压孔处与井底液体形成一个气－水等势面，该等势面的流压 P 就是测试所求。如果设定传压筒距离地面高度为 H，气体密度为 ρ，传感器压力示数为 P'，则 $P = P' + \rho g H$。改变传压筒的位置，可以测量井筒任意位置的压力。

毛细管测压技术的核心主要包括系统封闭性连接技术、压力传感技术、数据采集及控制技术。系统的封闭技术是实现毛细管压力测试高精度的前提。系统密闭性要求主要体现在毛细管与穿越器、封隔器和传压筒的衔接。

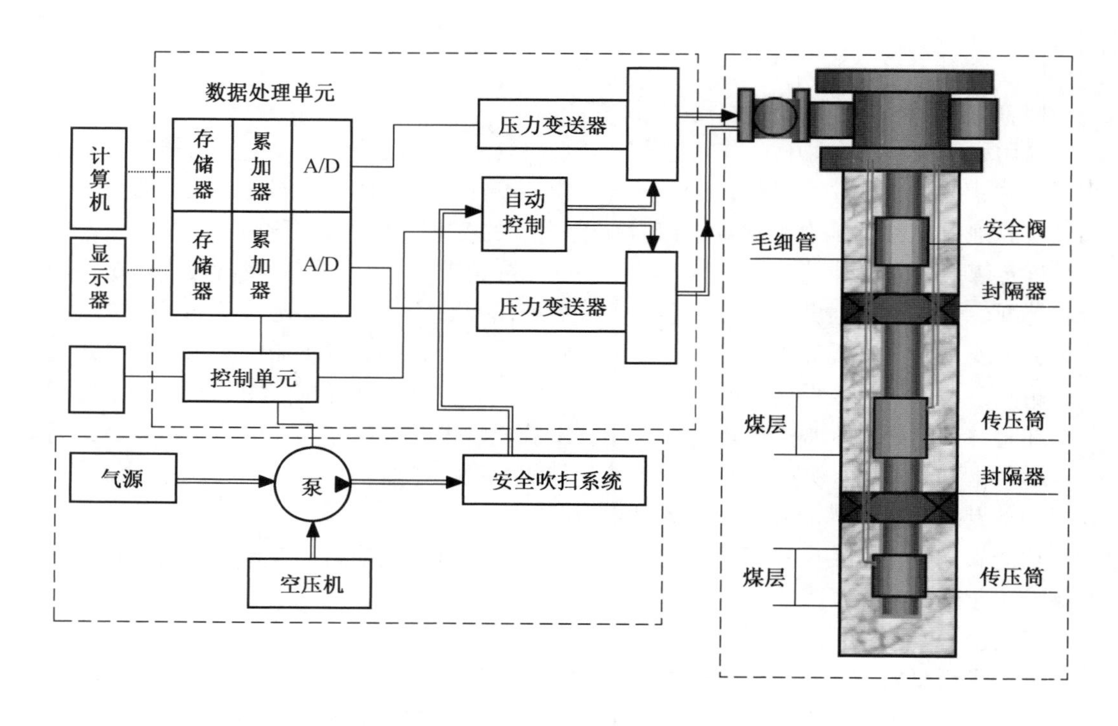

图 10－45　毛细管测压系统图

数据采集系统是毛细管测压结果记录和存储的工具，也是信息反馈的数据库。数据采集系统通过计算机与控制系统连接，更加有效地控制系统气体注入与吹扫，实现安全测试。

由于煤层气田中各参数监测点分布比较分散、距离远，因此多采用多点集中监控和综合化管理。通过无线数据采集、互联互通、集中控制、远程在线监测，实现井田监测集群化，达到无人值守监控。

四、国内外煤层气开发利用现状及技术比较

（一）煤层气开发利用现状

全球 30 多个主要采煤国家均开展了煤层气的开发利用，其中美国、加拿大、澳大利亚三国主要以地面开发为主；德国、英国等欧洲国家主要是井下抽采。

世界煤层气工业由美、加、澳等国主导，2012 年全球煤层气产量约 645 亿 m^3，其中美国 436 亿 m^3、加拿大 113 亿 m^3、澳大利亚 70 亿 m^3，中国 26 亿 m^3。

美国 48 个州 14 个含煤盆地煤层气原地资源量为 22.19 万亿 m^3，可采资源量为 3.1 万亿 m^3，探明储量 1 万亿 m^3。受《能源意外获利法》鼓励，借助技术发展，美国煤层气产业于 20 世纪 90 年代开始快速发展。2003—2011 年，年产量稳定在 500 亿 m^3 以上（生产井约 4 万口），占天然气总产量的 8% ~9%；2010 年以后，受页岩气大发展及气价影响，产量有所回落，2013 年产量 498 亿 m^3。

加拿大煤层气资源量22.87万亿m^3，主要分布在以阿尔伯达盆地为主体的西加拿大盆地群其中阿尔伯达盆地为18.07万亿m^3，占79.7%，少量分布在不列颠哥伦比亚盆地（2.38万亿m^3）及其他小型盆地。2012年煤层气井2.1万口，产量113亿m^3。

澳大利亚煤层气远景资源量8万亿~14万亿m^3，主要分布5个盆地，其中，鲍恩盆地：4.0万亿m^3；苏拉特盆地：0.9万亿m^3；悉尼盆地：4.0万亿m^3。2005年煤层气生产井数1300口，产量12亿m^3；2012年产量70亿m^3。

中国煤层气2000 m以浅资源量36.8万亿m^3，其中高、中、低煤阶约各占三分之一。1987年起，中石油、晋煤集团、中联公司等多家企业在国内30多个煤层气目标区开展前期评价。2003年，晋煤集团在潘庄开发成功，开展煤层气规模开发建设，截止2015年底，累计钻井超过1.5万口，2015年全国煤层气产量43.477亿m^3，利用量38.0705亿m^3。

（二）中国煤层气地质特征与技术

目前中国煤层气开发集中在高煤阶盆地，开发深度偏深，低渗透小于1毫达西、低饱和45%~90%。表10-6为国内外煤层气盆地地质条件对比表。中国煤层气地质特征主要表现为以下几点：

（1）晚石炭纪-早二叠纪、晚二叠纪、早中侏罗纪以及晚侏罗纪-早白垩纪是我国最主要的四个成煤期，占98%，中国煤层气吸附饱和度20%~91%，平均45%。

（2）煤岩结构不完整，断层多、构造发育、煤层气赋存状态复杂。

（3）中国煤层气的甲烷碳13同位素值的分布范围很宽，为-80‰~-6.6‰，显示出煤层气成因很复杂。

（4）多期次构造运动导致构造煤发育，结构破碎，开发困难。华北地区经历3次强烈构造运动：晚古生代近海平原-形成C、P煤层；中生代内陆湖盆-形成J煤层；新生代中部断陷-煤层气赋存定型。

沁水盆地3号煤底部普遍发育0.5 m构造煤。我国构造煤占总资源量的1/5，构造煤力学强度低，不确定因素多，钻井难度大。

（5）煤岩压实作用强烈，储层物性差，致密低渗。孔隙度一般不足5%，且连通性较差，割理多被矿物充填，渗透性差。

（6）中国煤层气试井渗透率普遍较低，介于0.002~16.17 md，平均为0.97 md，以0.1~1 md为主，小于0.1 md占35%，0.1~1 md的占37%。渗透率低是抑制煤层气产量的重要因素。

（7）普遍以山地、黄土塬为主，山高林密，沟壑众生。

中国煤层气技术发展可分2个阶段：到2010年前后，基本上全盘引进适宜高渗透煤层的美国技术体系，以钻井工程为主导，但未能取得理想的开发效果；针对这个煤层气地质特点（低渗透、高应力、断块型等），自主研发以地震识别与预测为先导、储层改造的开发技术体系，逐渐提高开发效果。

总体上，中国煤层气关键技术与美国存在较大差距，目前正在试验、探索阶段，局部地区取得了成功，但总体上没有取得突破。表10-7为国内外关键技术比较表。

表 10-6 国内外煤层气盆地地质条件对比表

国家	美国				澳大利亚	加拿大	中国					
盆地/地区	圣胡安	黑勇士	阿巴拉契亚	粉河	苏拉特	阿尔伯达	韩城	保德	沁水	晋城	吉县	宁武
煤层时代	K	C	C	E	K2-E	K	C-P	C-P	C-P	C-P	C-P	C-P
资源量/万亿 m^3	2.38	2.21	1.73	3.34	1.28	11.67	8.73	0.04	4.45	3.95	4.58	0.32
开采深度/m	500~800	500~1200	400~853	120~366	200~800	200~800	400~1000	300~1000	300~1500	200~1200	300~1200	300~1200
镜煤反射率/%	0.75~1.2	0.70~1.9	1.1~2.0	0.3~0.4	0.3~0.6	0.3~0.8	1.3~2	0.6~0.97	1.5~4.2	2.5~3.5	1.2~2.0	1.2~2.0
煤层厚/(m·层$^{-1}$)	9~30/1~5	4~8/5~15	2~6/5~10	12~30/2~5	10~30/5~10	10~25/5~10	1.5~8/3	6~13/2	3.65~18.5	5~10/3~4	10~18/3~5	15~18/2
含气量/($m^3 \cdot t^{-1}$)	8.5~20	10~17	11~22	1~5	3~9	2~14	9.78~11.23	2~11	13~22.63	10~35	10~25	10~20
渗透率/mD	1~50	1~25	1~15	10~20	2~10	20~30	1.5~2.5	2.4~8	0.5~1.6	0.5~10	0.1~0.5	0.86
压力梯度/(MPa/100 m)	0.8~1.36	0.88~0.95	0.86~0.95	0.70~0.97	0.90~1.0	0.90~1.0	0.7~0.9	0.5~0.9	0.76~0.93	0.9	0.9	0.96
单井日产气/万 m^3	0.7~5.0	0.28~0.33	0.28~0.3	0.2~0.4	0.21	0.25	0.1	>0.15	0.1~0.5	0.15~0.35	<0.15	<0.15

表10－7 国内外关键技术比较表

技 术	国际一流水平	国 内 水 平	差距分析
地震	2D、3D及HD－3D地震纵波叠后反演；AVO反演；叠前弹性阻抗反演及属性分析	2D、3D地震、AVO煤层气富集区预测	基本持平
钻井与装备	水平井、U型井、欠平衡钻井技术广泛使用；穿针工具广泛应用；旋转地质导向小规模应用	多采用直井；水平井、多分支井的技术优势未明显发挥；欠平衡钻井效果不理想；U型井、短半径水平井未开展；用于煤层气钻井的地质导向工具尚属空白	有一定差距
完井	广泛应用裸眼完井、套管完井、煤层段扩孔完井裸眼洞穴完井和筛管完井；	98%采用套管射孔压裂完井；裸眼完井、洞穴完井应用效果不佳；煤层段扩孔、多煤层完井技术未开展研究	有一定差距
压裂	连续油管分层压裂、清洁压裂液、活性水、泡沫压裂液推广应用	采用投球分层压裂技术和下桥塞分层压裂技术；凝胶、清洁压裂液得到推广；压裂添加剂只用于实验室	有一定差距
排采	井间干扰理论推广应用；螺杆泵、游梁式抽油泵和电潜泵采气广泛应用；排采自动采集与调控排采动态监测工业化	井间干扰理论推广应用；螺杆泵、游梁式抽油泵实现工业化；排采自动采集与调控排采动态监测还处于实验室研究阶段	有一定差距

针对煤层气开发，国家能源局制定了《突破煤层气勘探开发行动计划》，“十二五”期间建成沁水盆地、鄂尔多斯盆地地面煤层气产业基地，建成36个抽采量超过1亿m^3的煤矿区；“十三五”期间建成3～4个煤层气产业化基地，新增探明煤层气地质储量1万亿m^3；煤层气（煤矿瓦斯）抽采量400亿m^3，其中地面200亿m^3，井下200亿m^3。从资金、技术、价格、配套政策等多个方面给予了强有力支持。

总之，我国煤层气开发和利用已起步，但还存在很多矛盾和问题。从未来发展看，大力发展煤层气产业对保障煤矿安全生产，改善能源消费结构，缩小能源供需缺口，缓解我国能源紧张局面，为我国发展低碳经济，实现节能减排，提高城乡居民生活质量，都具有极其重要的意义。

第六节 煤矿“一通三防”智能化技术应用总结与展望

“一通三防”技术贯穿于煤矿生产的始终，近年来随着科学技术的进步，无论是安全专用装备还是安全监测仪表都得到了全面的开发和研究，所形成的系列灾害防治设备和灾害防治技术体系，基本上与我国的煤矿生产条件相适应，并广泛地应用于全国煤矿的生产作业中，有力地保障了煤矿的安全生产。

煤矿“一通三防”安全监测防治是一个相互关联的整体，未来将会依靠智慧矿山物联网技术对矿井瓦斯、火灾、粉尘等各类安全要素进行全面监测，通过地理信息系统、大数据分析手段完善事故发生的数学模型，对安全隐患和事故进行预警。例如，基于煤矿安全监控系统的数据，利用时间序列分析法进行瓦斯涌出预测，根据瓦斯涌出连续变化的规律性，运用历史数据建立描述瓦斯涌出量在一定时间和空间内变化发展的动态模型，预测工作面瓦斯涌出量，推测瓦斯涌出的趋势。针对火灾发生的外部环境，通过对二氧化碳、温度和烟雾等传感器数据进行分析，建立火灾预报模型，实现区域范围的火灾预警；针对煤的自燃，根据不同的煤自燃特征物理参量，利用多参数监测方法，提取有效、准确信息，建立煤自燃预警模型。建立通风系统安全稳定及经济运行分析评价模型，通过应用通风网络三维模拟仿真技术，结合瓦斯、粉尘、环境监测数据，可以对矿井风量进行智能调节及分配，避免井下瓦斯积聚形成事故，同时给井下创造良好的通风环境，达到了更科学、合理的风量调节，从而使通风系统更加安全、高效、节能运行。

结合煤矿生产和实际应用的要求，煤矿智能安全监测的进一步发展要通过大数据分析、完善预警模型，提升灾害预测准确率。

参考文献

[1] 葛世荣，黄盛初．卓越采矿工程师教程 [M]．北京：煤炭工业出版社，2017.

[2] 于励民，马小平，任中华，等．矿井主通风机不停风倒机控制的研究与实现 [J]．工矿自动化，2010 (9)：133－137.

[3] 胜团秀，王韬．矿井主通风机不停风切换方案研究 [J]．工矿自动化，2011 (9)：26－29.

[4] 张志峰，高波，贾华忠，等．矿井主要通风机无人值守自动控制系统 [P]．山西科达自控工程技术有限公司，2010.

[5] 侯秀杰．局部通风机智能控制系统研究 [D]．徐州：中国矿业大学，2016.

[6] 卢新明．矿井通风智能化技术研究现状与发展方向 [J]．煤炭科学技术，2016，44 (7)：47－52.

[7] 柴永兴，周伟．基于碳同位素的朱集煤矿首采工作面层瓦斯来源定量分析方法 [J]．煤矿安全，2019，50 (6)：176－180.

[8] 霍中刚．二氧化碳致裂器深孔预裂爆破煤层增透新技术 [J]．煤炭科学技术，2015，43 (2)：80－83.

[9] 李全贵，胡千庭，梁运培．一种利用拦截控制的顺层区域水力压裂方法 [P]．重庆大学，2017.

[10] 李宗福，孙大发，陈久福，等．水力压裂－水力割缝联合增透技术应用 [J]．煤炭科学技术，2015，43 (10)：72－76.

[11] 杨玉中．煤矿瓦斯重大灾害预警理论及应用 [M]．北京：北京师范大学出版社，2010.

[12] 谢文明．地质条件对煤与瓦斯突出的影响分析 [C] //中国煤炭学会 2001 年瓦斯地质专业委员会年会论文集．北京：中国煤炭学会，2001.

[13] 田兵．基于短信的煤矿瓦斯分级超限报警系统 [J]．数字技术与应用，2011 (8)：46－47.

[14] 孙继平．《煤矿安全规程》监控、通信与监视修订意见 [J]．工矿自动化，2014，40 (3)：1－6.

[15] 刘京威．煤矿井下多功能协议转换模块设计 [J]．煤矿安全，2015，46 (11)：100－103.

[16] 文光才，宁小亮，赵旭生．矿井煤与瓦斯突出预警技术及其应用 [J]．煤炭科学技术，2011，39 (2)：55 -58.
[17] 刘晋隆．预警管理机制在煤矿瓦斯治理过程中的应用 [J]．中国煤炭，2011，37 (9)：101 -103.
[18] 李明建，刁勇，张轶．基于双机热备的瓦斯灾害预警系统设计 [J]．工矿自动化，2013，39 (5)：19 -23.
[19] 梁运涛，王树刚，林琦，等．煤炭自然发火的介尺度现象分析及建模 [J]．中国矿业大学学报，2017，46 (5)：979 -987.
[20] 杜建华，陈永涛，孙勇．JSG5 自然发火束管监测系统在鲁西煤矿的应用 [J]．煤炭技术，2018，37 (8)：146 -149.
[21] 黄戈，张勋，王继仁，等．近距离煤层上覆采空区自燃形成机理及防控技术 [J]．煤炭科学技，2018，46 (8)：107 -113.
[22] 付建伟，肖立志，张元中．油气井永久性光纤传感器的应用及其进展 [J]．地球物理学进展，2004，19 (3)：515 -523.
[23] 杨明杰，齐景顺．一种应用于岩石渗透率测试的气体流量计量方法：节流毛细管法 [J]．现代测量与实验室管理，2005 (2)：5 -7.
[24] 王省德，李文彬，PRUETT. 7000 型毛细钢管试井测压装置在塔里木油田的应用 [J]．油气井测试，1995 (7)：62 -67.
[25] 张鹏，党瑞荣．毛细管油井测压的理论研究 [J]．石油仪器，2008 (4)：22 -26.
[26] 宫恒心，饶文艺，朱欢．毛细管测压系统简介 [J]．石油钻采工艺，1998，20 (1)：94 -97.
[27] 王志愿，黄淑荣，芦梅，等．毛细管测压技术在大港油田的用 [J]．油气井测试，2005，14 (1)：65 -70.
[28] 王民轩，王世杰，刘殿韬，等．毛细管测压技术及应用 [J]．石油钻采工艺，2008，20 (2)：72 -77.
[29] Mohammad Al - Asimi, George Butler, George Brown, et al. Advances in Well and Reservoir Surveillance [J]. Oilfield Review Winter, 2002/2003, 14 (4): 14 -35.
[30] 张子敏．瓦斯地质学 [M]．徐州：中国矿业大学出版社，2009.
[31] 张新民，庄军．中国煤层气地质与资源评价 [M]．北京：科学出版社，2000.
[32] MC LENNAN J D, SCHAFER P S, PRATT T J. A guide to determining coalbed gas content [M]. Chicago: US Gas ResearchInstitute, 1995.
[33] NANDI S P, WALKER P L. Activated diffusion of methane in coal [J]. Fuel, 1970, 49 (3): 309 -323.
[34] 刘永茜，刘曰武，苏中良，等．煤层气井毛细管测压技术研究 [J]．煤炭科学技术，2012，40 (10)：30 -33.
[35] Ali Sabir, Chalaturnyk R J. Adsorption characteristics of coal in constant pressure tests [J]. Can. Geotech. J. , 2009, 46: 1165 -1176.
[36] 葛家理．现代油藏渗流力学原理 [M]．北京：石油工业出版社，2006.

第十一章　煤矿防排水系统智能化技术

第一节　矿井水害与防治概述

一、矿井水文地质

煤炭是我国主要能源之一，安全高效的煤炭开采是关系到国民经济可持续发展的大事。而矿井水害一直是制约我国煤炭生产的重要因素之一，预防矿井水害需要全面了解矿井水文地质情况。

我国煤矿的水文地质条件非常复杂，从寒武纪石煤至第四纪泥炭沉积，共有 10 个聚煤期，其中，以石炭二叠纪和侏罗纪为主要聚煤期。大地构造运动形成了煤田的分布、成煤时期、沉积环境、构造特征，也形成了不同的水文地质条件。其中有天山—阴山纬向构造带以北的东北和内蒙古东部沉积早侏罗纪—晚白垩纪含煤地层；以南至昆仑山—祁连山纬向构造带以北，贺兰山经向构造带以东的广阔地区，沉积了海陆交互相的石炭—二叠纪含煤地层；昆仑山—祁连山纬向构造带以南，康黔古陆以东则沉积了晚二叠纪含煤地层；西北地区则在侏罗纪形成了一些大型陆相聚煤盆地；此外，云南—西藏及台湾在中生代和新生代分别沉积了含煤地层。以上聚煤区的地质和水文地质条件各不相同，在此基础上，结合矿井防治水的需要，可以将中国煤田划分为 6 个水文地质类型区，即东北侏罗纪孔隙—裂隙水类型区、华北石炭二叠纪孔隙—岩溶水类型区、西北侏罗纪裂隙水类型区、华南晚二叠纪岩溶水类型区、云南—西藏中生代裂隙水类型区及台湾第三纪裂隙—孔隙水类型区。其中，以华北石炭二叠纪煤田和华南晚二叠纪煤田的水文地质条件最为复杂，矿井水害威胁严重，是煤矿防治水研究的重点区域。该区域主要水文地质问题如下：华北煤系底盘中奥陶统马家沟灰岩水害问题、黄淮平原新生界松散层水害问题、华南煤系底盘下二叠统茅口灰岩水害问题及顶板上二叠统长兴灰岩水害问题。

随着煤矿开采向深部延深，以及废弃和关闭的大量不具备安全生产条件的各类煤矿对地下环境的破坏，煤矿开采的矿压和水文地质条件越来越复杂，水害隐患越来越严重。

二、矿井水害类型

我国煤矿的地质条件极为复杂，矿井突水与地质构造、采矿活动、地应力、地下水水力特征等因素有关。水害类型按照水源不同可以划分为：地表水、老空水、孔隙水、裂隙水、岩溶水；按照导水通道不同可以划分为：断层水、裂隙水、陷落柱水、钻孔水；按照与煤层的相对位置可以划分为：顶板水、底板水。

（一）地表水水害

在有地表水体（如常年有水的河流、湖泊、水库、水塘等）分布的地区，由于井下防隔水煤（岩）柱留设不当，当井下采掘工程发生冒顶或沿断层带坍塌、裂隙导水时，地表水将大量、迅速地灌入井下进而发生水害事故。尤其是在一些平时甚至长期无水的干河沟或低洼聚水区，多年来一直无事故，不易引起人们的注意和重视。突遇山洪暴发、洪水泛滥时，有些早已隐没不留痕迹的古井筒、隐蔽的岩溶漏斗、浅部采空塌陷裂缝甚至某些封闭不良的钻孔，由于洪水的长期侵蚀渗流就会突然陷落，造成地面洪水大量倒灌井下，从而造成水害事故。洪水有时可以冲毁工业广场，直接从生产井口倒灌井下，造成井下作业人员无法撤出。这种水害往往来势突然、迅猛，无法抗拒，有时可能造成重大损失。

（二）老空（窑）水水害

老空（窑）水主要是指采空区、老窑和已经报废井巷产生的大量积水。这种水贮集在采空区或与采空区相联系的煤岩或岩石巷道内，水体的赋存形态极不规则，水文地质资料不齐全、不准确，不断推进的生产矿井采掘工作面与这种水体的空间关系错综复杂，难以分析判断。而这种水体又十分集中，压力传递迅速，其流动与地表水流相同，不同于含水层中地下水的渗透，采掘工作面一旦接近便可突然溃出。事实表明，这种积水即使只有几立方米也可能发生透水事故，造成人员伤亡。这种水体不但存在于地下水资源丰富的矿区，也可能存在于干旱贫水的矿区，近几年老空透水是水害事故的主要类型。

（三）孔隙水水害

孔隙水是指松散岩层孔隙中的水。新生界第四系松散孔隙充水含水层，甚至古近系充水含水砂砾层往往呈不整合覆盖于煤系地层之上，直接接受大气降水和展布其上的河流、湖泊、水库等地表水的渗透补给，在剖面和平面上形成结构极其复杂的松散孔隙充水含水体。这些含水体长年累月不断地向其下伏煤层顶底板充水含水层及断层裂隙带渗透补给，其水力联系程度因彼此间接触关系的不同和隔水层厚度及分布范围的不同而变化，同时还会因各类钻孔封孔质量的好坏，引起上述水力联系发生变化。这些变化往往导致有关充水含水层的渗透性和采空区冒落裂缝带的导水强度难以真实判断，因而采掘工作面往往会发生涌水量突然增大的异常现象，情况严重时就会造成突水淹井事故。在一些特定条件下，甚至可能造成水与流砂同时溃入井下造成伤亡事故。

（四）裂隙水水害

裂隙水是指坚硬基岩裂隙中的水，可以分为风化裂隙水、成岩裂隙水和构造裂隙水。煤系中砂岩裂隙水的预防难度不大，如果没有动静储量补给，一般不会对煤矿安全构成较大威胁，但往往对煤矿生产有较大影响，主要采取超前疏放水措施来解决其影响生产的问题。对于动静储量丰富的裂隙水，在查明其补给水源和主要通道后，应采取有效的措施，如封堵后再进行有效的疏放水。

（五）岩溶水水害

岩溶水水害可分为北方薄层灰岩水害、厚层灰岩水害和南方厚层灰岩水害。北方石炭二叠纪煤系下部常含有数层灰岩，由于它们夹在几个可采煤层之间，或夹在煤层与奥陶系灰岩之间，在构造断裂作用下常发生突水事故，一般情况下对矿井不构成淹井威胁。北方石炭二叠纪煤系底部接近奥陶系灰岩，由于特定的水文地质条件富水性极好，地下水动静储量十分丰富，在我国煤矿开采历史上曾多次发生重大淹井事故，每次都造成严重损失。南方开采煤层底板以茅口灰岩为代表，顶板以长兴灰岩为代表，其特点是灰岩岩层厚，洞穴和暗河发育，其发育情况与当地侵蚀基准面的相对标高有关，水源主要来自地表降水和地表径流渗入。由于这类灰岩多赋存于主采煤层顶底板附近，与煤层之间几乎没有可利用的隔水保护层，矿井的开拓、开采根本无法摆脱其影响，因而常发生突水、突泥甚至暗河突水等灾害，具有极大的破坏力。

（六）钻孔水水害

钻孔水水害主要是指封闭不良钻孔导致的水害事故。井田内所有钻孔必须全部标注在采掘工程平面图上并建立台账。煤矿应根据钻孔台账记录逐孔排查，特别是对打穿多个含水层和煤层的钻孔的处理更要查清历史资料，无资料的必须在一定区域内采用相应的预防措施并落实到相关人员。

正在使用的观测孔，确保每个钻孔均按照规定要求安装孔口管并加盖封好；同时还要查找台账中的报废钻孔，报废前是否做专门的封孔工作及封孔质量是否可靠，确保地表水或含水层水不会沿钻孔灌入井下。

对于地面正在使用的观测孔、注浆孔、电缆孔、与井下或者含水层相通的其他钻孔，其孔口管的高程应高出当地最高洪水位高程；低于此规定的，应采取措施解决，以确保矿井安全。

三、水害防治技术现状

煤矿水害一直是威胁煤炭安全生产的主要灾害之一，国内外很多学者、研究机构、煤炭企业经过长期不断的研究实践，不仅在煤矿顶底板突水理论研究中取得了较大成果，而且探索出了一些适用不同条件和不同水害类型的探测、预防和治理方法。

在国外，由于许多国家如匈牙利、南斯拉夫、西班牙等，在煤矿开发中都不同程度地受到底板岩溶水的影响，因此对底板突水方面的研究较重视，至今已有 100 多年的历史。自 20 世纪 40 年代以来，人们开始用力学的观点探讨突水成因。匈牙利学者韦格·弗伦斯第一次提出了相对隔水层的概念，认识到煤层底板突水不仅与隔水层厚度有关，而且与水压有关。苏联学者 B·U·斯列沙辽夫以静力学理论为基础，研究了煤层底板在承压水作用下的破坏机制，将煤层底板视作两端固定的承受均布载荷作用的梁，并结合强度理论推导出底板理论安全水压值的计算公式。美国斯坦福大学学者利用地理信息系统进行水害预测。此后，国外研究人员仍以静力学理论为基础，强化了地质因素，在隔水层岩性和强度方面又做了进一步的研究，使其在底板岩体结构研究、防排水措施中积累了丰富的经验。

随着科学技术的发展，国外在岩溶探测技术方面也取得了很大进步，如美国生产的电法仪、连续电导率剖面仪，德国生产的槽波地震仪等，这些仪器能较准确地探查采前煤层底板岩溶发育特点及分布规律，超前探测构造的导水性，并且向“无损”探测技术发展。

在国内，由于半个多世纪以来，矿井突水事故频发，给安全生产带来不利因素，造成了较大的国民经济损失。为此，我国的科学工作者开展了广泛的科学研究和现场测试工作，综合防治水和勘探技术取得了较大进步，形成了我国目前的工作面顶底板突水预测预报、带压安全开采、水文地质探查、水害治理、水害监测预警等综合防治水技术，提高了我国水害防治的理论水平和实际能力。

在突水理论研究方面，我国于20世纪60年代开始研究突水规律，并提出了“突水系数法”的概念。所谓“突水系数”就是单位隔水层厚度承受的极限水压值，是一种突水预测方法。20世纪70—80年代，通过不断深入研究工作面矿山压力对底板破坏作用的影响，原煤炭科学研究总院西安分院对“突水系数”的表达式进行了两次修改。此后又提出了“安全系数”的概念，形成了“双系数法”，这种预测方法一直应用在生产实际中，取得了较好的效果。基于“突水系数”的改进，建立了带压安全开采的安全水压预测模型，并形成了带压开采工作面评价技术。

在水文地质探查方面，开发了基于物探、化探、钻探等煤矿防治水实用技术及设备，实现了对各种不同水文地质条件的探测，并应用在生产过程中，将各种防治水方法和设备分为用于采区（工作面）布置前、工作面掘进中、回采准备阶段、回采过程中和水患预处理、水害治理等不同阶段。对不同的水害类型和各个阶段也提出了具体相应的防治水探测方法与设备，也强调了工作面开采过程中井下水的动态监测方法。

在水害监测预警技术方面，针对矿井水文地质动态监测、煤层底板或防水煤（岩）柱突水监测、原位地应力监测等方面进行了研究，并采用多元信息融合技术，对矿井水害进行了监测预警，为水害预警提供了新方法。

通过多年的实践探索，我国的防治水技术不断发展，为我国煤矿水害防治发挥了重要的支撑作用。在水害综合治理技术方面，我国制定了“预测预报、有疑必探、先探后掘、先治后采”的16字原则，采取“防、堵、疏、排、截”5项综合治理措施，作为水害防治工作总的指导原则。但随着煤矿开采向深部延深，煤矿开采的矿压和水文地质条件越来越复杂，以及安全高效矿井对安全的要求，给矿井防治水提出了更高的要求。从技术发展的角度，还缺乏对煤矿井下水害早期准确预测的能力。在探测装备方面还存在检测仪器使用不便捷、参数设置复杂、水文地质监测传感器可靠性不高等问题，还需要进一步深入研究和实践。

第二节　矿井水文地质探测技术

矿井水文地质探测是煤矿水害防治的基础性工作，能够为矿井正常安全生产提供水文地质依据。经过多年的发展，矿井水文地质探测技术不仅从单一的钻探手段发展到采用物探、化探、钻探等技术进行综合探测，而且在探测精度、探测距离、信息解释等方面得到了较大提升。

一、矿井地球物理勘探技术

地球物理勘探（以下简称物探）技术是利用具有不同物理性质（如密度、磁性、电性、弹性波传播速度、放射性等）的岩层和煤层对地球物理场所产生的异常来寻找矿体，圈定含煤区域、推断地质构造及解决其他地质问题的一种技术手段。它具有无损、快捷、对场地适应能力强等特点，经过多年的基础理论研究、现场试验、探测对比和分析提高，矿井物探技术取得了长足发展，能够为建井设计、采场布置、工作面准备和回采过程等提供逐级深入的超前地质预测信息支持，在煤矿地质、水文地质条件探查中的地位和作用越来越明显。目前矿井物探主要有电磁法和地震法两大类。电磁法探测技术对含水低阻体敏感且具有方便、快捷的优势，在煤矿防治水领域得到了广泛应用，并取得了较好的应用效果。电磁法探测技术有瞬变电磁法、音频电穿透法、直流电法、无线电坑透法、地质雷达探测等技术；地震法探测技术成像精度高、勘探效果好，是目前地质构造高分辨探测有效的地球物理勘探技术。地震法探测技术有二维及三维地震勘探技术、地震槽波探测技术、瑞利波探测技术、微震监测技术等。

在上述各类探测技术中，矿井瞬变电磁法、矿井无线电坑透法、矿井直流电法、矿井音频电穿透法、矿井地震槽波探测法是目前煤矿常用的水文地质物探技术。

（一）矿井瞬变电磁法

瞬变电磁法（TEM）是利用不接地回线（大回线磁偶源）或接地线源（电偶源）向地下发送一次场，在一次场的间歇期间，测量地下介质的感应电磁场（二次场）电压随时间的变化。该二次场的大小及衰减速度与地下地质体有关，根据二次场衰减曲线的特征，就可以判断地下地质体的电性、规模、产状等。

矿井瞬变电磁法是利用不接地回线向巷道周围空间发射一次脉冲磁场，在一次脉冲磁场间歇期间，利用线圈观测二次涡流场的方法。其基本工作方法是在井下巷道内设置通以一定电流的发射线圈，从而在其周围空间产生一次电磁场，并在巷道周围导电岩矿体中产生感应电流，在电流断开之前，发射电流在回线周围的空间中建立一个稳定的磁场。在 $t=0$ 时刻，将电流突然断开，由该电流产生的磁场也立即消失。一次磁场的这一剧烈变化通过空气和地下导电介质传至回线周围的大地中，并在大地中激发出感应电流以维持发射电流断开之前存在的磁场，使空间的磁场不会即刻消失。由于介质的热损耗，这一感应电流将会迅速衰减，这种迅速衰减的磁场又在其周围的地下介质中感应出新的强度更弱的涡流，这一过程场继续下去，直至将能量消耗完为止。衰减过程一般分为早期、中期和晚期。早期的电磁场相当于频率域中的高频成分，衰减快，趋肤深度小；而晚期成分则相当于频率域中的低频成分，衰减慢，趋肤深度大。通过测量断电后各个时间段的二次场随时间变化的规律，可得到不同深度的地电特征。

由于电磁场在空气中传播的速度比在导电介质中传播的速度大得多，当一次电流断开时，一次磁场的剧烈变化首先传播到发射回线周围巷道顶底板和侧帮，因此，最初激发的感应电流局限于巷道附近岩层中。巷道附近各处感应电流的分布也是不均匀的，在紧靠发射回线一次磁场最强的巷道顶底板感应电流最强。随着时间的推移，巷道周围的感应电流便逐渐向外扩散，其强度也逐渐减弱，分布也趋于均匀。研究结果表明，任一时刻巷道顶底板导电岩层中涡旋电流在地表产生的磁场可以等效为一个水平环状线电流的磁场。在发射电流刚关断时，该环状线电流紧挨发射回线，与发射回线具有相同的形状。随着时间的推移，该电流环向下、向外扩散，并逐渐变形为圆形电流环。等效电流环好像从发射回线中“吹”出来的一系列“烟圈”，因此，将巷道顶底板导电岩层中涡旋电流向外扩散的过程称为“烟圈效应”，如图11－1所示。

矿井瞬变电磁法是在煤矿井下巷道内探查其周围空间不同位置、不同形态含水构造的矿井物探方法之一。瞬变电磁法具有可近距离观测、体积效应小、方向性强、分辨率高、对低阻区敏感、施工快速的优点，使用瞬变电磁技术能探测工作面顶底板及巷道掘进头前方平面上的低阻含水构造分布规律，同时可以发现垂直于地层方向上不同深度的地质构造问题。该方法可以有效地探测巷道周围100 m范围内的老空水。

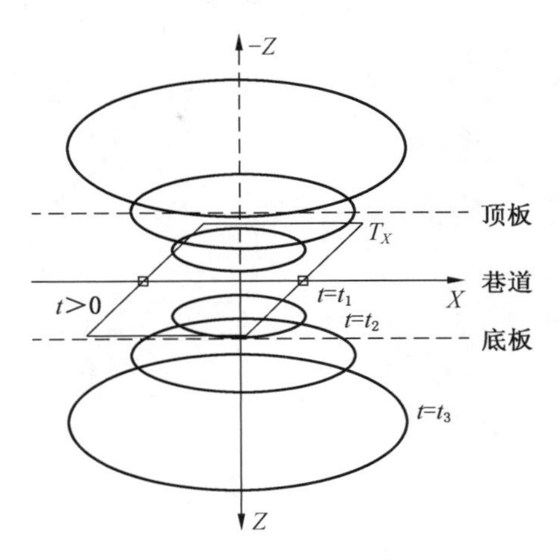

图11－1 巷道顶底板感应电流环分布示意图

（二）矿井无线电坑透法

矿井无线电坑透法也称为矿井无线电波透视法。其基本原理是电磁波在地下岩层中传播时，由于各种岩矿石电性不同，它们对电磁波能量吸收不同。低阻岩层对电磁波具有较强的吸收作用，当波前进方向遇到断裂构造所出现的界面时，电磁波将在界面上产生反射和折射作用，也造成电磁波能量损耗。因此，在矿井下，电磁波穿过煤层过程中，存在断层、陷落柱、富含水带、顶板垮塌和富集水的采空区、冲刷、煤层产状变化带、煤层厚度变化和煤层破坏软分层带等地质异常体时，接收到的电磁波能量就会明显减弱，这就会形成透视阴影（异常区）。研究采区煤层、各种构造及地质体对电磁波的影响所造成的各种无线电波透视异常，从而进行地质推断和解释。

矿井无线电波透视法一般在两巷道间进行，发射点和接收点可布置在回风巷、运输巷等易于通行和干扰小的地段。如果在回风巷布置发射点，向煤层中发射某一频率的电磁波，在运输巷安装接收机观测电磁场场强 H 信号，电磁波在煤层传播中遇到介质电性变化时，电磁波被吸收或屏蔽，接收信号显著减弱或收不到有效信号，如果沿巷道多点观测，则形成所谓的透视异常。

井下观测方法有同步法和定点法两种方式。同步法是发射天线和接收天线分别位于不同巷道中，同时等距离移动，逐点发射和接收。这种观测方法较少采用。定点法是发射机相对固定于某巷道事先确定好的发射点位置上，接收机在相邻巷道一定范围内逐点沿巷道观测场强值。该方法又称为定点交汇法。一般情况下，发射点距为50 m，接收点距为10 m。每一发射点，接收机可相应地观测11～21个点，如图11－2所示。

观测的基本步骤如下：

（1）观测前，预先安排好观测约定时间顺序，列出时间表格，发射和接收人员各持一份。

（2）观测时，严格按时间表执行，发射机天线应平行巷道，悬持成多边形，应保持发射信号稳定。

（3）接收天线环面对准发射机的方向，即观测最大值方向。

在观测过程中，发射电磁波频率的高低，直接影响透视的距离和分辨异常的能力。频

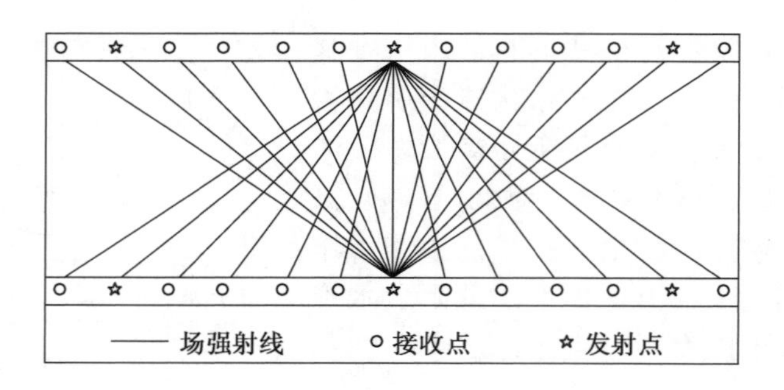

图 11－2　电波坑道透视定点法发射与接收范围示意图

率过高，即使是高阻岩石也会产生明显的吸收作用，结果很可能不能突出要寻找的地质异常体的“阴影”区。而地质异常体的围岩却形成了“阴影”区；如果频率过低，则由于一次绕射作用，使得要寻找的地质异常体可能被掩盖。实际工作时，为了得到明显的“阴影”区，通常根据所探测地质体的特点，选择合适的工作频率。

无线电波透视法通常采用场强对比法进行资料解释，即把各测点上实测的电磁波场强值 H，与各测点上按公式计算的理论场强值 H_0 进行对比，用衰减系数 η 表示二者的比值（$\eta = H/H_0$）。将被探测地质体两侧或更多方向巷道的解释成果综合绘制在平面图上，可圈定出异常地质体在平面上的位置、形态和大小。

无线电波透视技术因透视距离较大、探测效果显著、资料采集方便迅速、所需人员较少，成为综采工作面地质异常有效的物探方法之一。

（三）矿井直流电法

矿井直流电法属于全空间电法勘探。它以煤岩层的导电性差异为基础，与地面电法不同，在全空间条件下建场，在井下巷道中进行电法测量工作。将直流电源两端通过埋设地下的两个电极 A、B 向大地供电，在地面以下的导电半空间建立稳定电场，如图 11－3 所示。该稳定电场的分布状态决定了地下不同电阻率岩层（或矿体）的赋存状态。所以，从地面观察稳定电场的变化和分布，可以了解地下的地质情况，这就是直流电阻率法勘探的基本原理。直流电阻率法常简称直流电法。

为测定均匀大地的电阻率，通常在大地表面布置对称四极装置，即两个供电电极 A、B，两个测量电极 M、N，如图 11－4 所示。

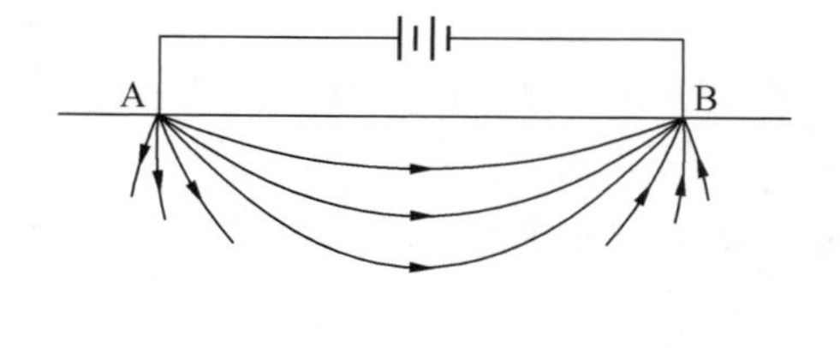

图 11－3　地下稳定电场

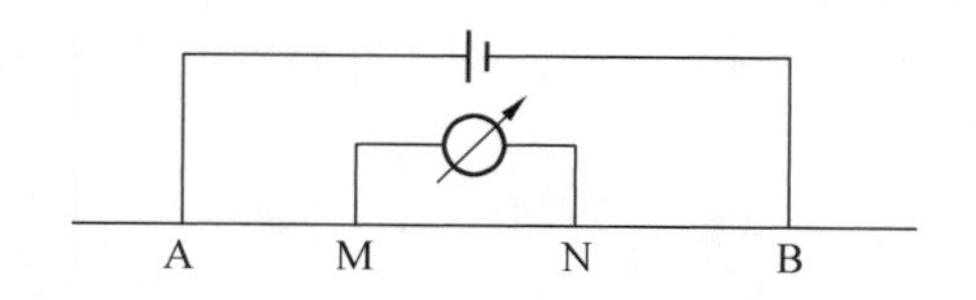

图 11－4　对称四极装置

当通过供电电极 A、B 向地下发送电流 I 时，就在地下电阻率为 ρ 的均匀半空间建立稳定电场。在 MN 处观测电位差 ΔU_{MN}。均匀大地电阻率计算公式为

$$\rho = K\frac{\Delta U_{MN}}{I} \tag{11-1}$$

式中　K——装置系数，m。

装置系数 K 的大小仅与供电电极 A、B 及测量电极 M、N 的相互位置有关。当电极位置固定时，K 值即可确定。

在均匀各向同性介质中，不论布极形式如何，根据测量结果，所计算的电阻率始终等于介质的真电阻率 ρ。这是由于布极形式改变，可使 K 和 I 及 ΔU_{MN} 也发生相应改变，从而使 ρ 保持不变。在实际工作中，常遇到的地电断面一般是不均匀和比较复杂的。当仍用四极装置进行电法勘探时，将不均匀的地电断面以等效均匀断面来替代，故仍然按式（11－1）计算地下介质的电阻率。这样得到的电阻率不等于某一岩层的真电阻率，而是该电场分布范围内，各种岩石电阻率综合影响的结果，称为视电阻率，并用 ρ_s 表示。因此视电阻率的表达式为

$$\rho_s = K\frac{\Delta U_{MN}}{I} \tag{11-2}$$

这是视电阻率法中最基本的计算公式。直流电法也称为视电阻率法，它是根据所测视电阻率的变化特点和规律发现和了解地下的电性不均匀体，揭示不同地电断面的情况，从而达到探查导水构造的目的。

总之，一旦存在断层等含水地质构造，都将打破地层电性在纵向和横向上的变化规律。这种变化特征的存在，为以电性差异为应用物理基础的直流电法探测技术的实施提供了良好的地球物理前提。该方法主要应用于掘进巷道超前探测，工作面顶底板富水性探测，老窑、采空区富水性探测等。

（四）矿井音频电穿透法

矿井音频电穿透技术是利用电场在空间中传播时，其电流强度随岩层电阻率大小而有规律变化的特性，进而计算空间各点视电阻率的相对关系，作出反映探测区域富水性强弱的视电阻率等直线平面图，为防治水提供参考依据。

音频电穿透技术实质上是低频交流近区场，与直流场等效，是直流电法勘探技术的一个特例。该技术可利用工作面现有的巷道开切眼等条件，对工作面顶底板及内部的含水构造进行空间定位；对巷道下方的含水层位置、界面形态进行探测；解决独头掘进巷道前方水文地质异常体探测问题。同时通过对采掘工作面薄弱区段隔水层厚度和完整性的探测，可指导探放水钻孔位置设计和检测注浆堵水效果等。

矿井音频电穿透技术采用音频信号发射、等频信号接收的原理，使含水构造的敏感性与抗干扰能力提高，适用于矿井复杂干扰条件与恶劣环境。其多频点的设置为解决采煤工作面顶底板内部含水构造埋深及立体形态问题提供了一种新的方法和手段。

（五）矿井地震槽波探测法

矿井地震槽波勘探主要运用发育在煤层中的特殊地震波－槽波进行地质探测，槽波具有能量强、传播距离远和对地质异常反应灵敏等特点。目前，地震槽波勘探方法是探测煤

层中地质异常体的有效探测方法，具有探测距离大、精度高、抗干扰能力强、波形特征较易识别等优点，至今，国内外很多学者陆续开展了地震槽波勘探的理论和应用研究，使得此方法逐渐成熟。煤矿井下槽波勘探方法已经广泛应用于德国、澳大利亚、中国、美国等国家，并取得了较大成功。

由于煤炭的密度等物理特性与围岩（顶底板）的物性有很大差别，在含煤地层中，地震波的传播速度小于其在围岩（顶底板）中的速度。因此，在地质剖面中，煤层是一个典型的低速夹层，在物理上构成了一个“波导”。当煤层中激发了地震体波，包括纵波与横波，激发的部分能量由于顶底板界面的多次全反射被禁锢在煤层及其邻近的岩石（以下简称煤槽）中，不向围岩辐射，在煤槽中相互叠加、相互干涉，形成一个强的干涉扰动，即槽波。在煤层中纵波（P 波）及垂直极化横波（SV 波）相互干涉形成瑞利型槽波；而水平极化横波（SH 波）相互干涉形成勒夫型槽波。干涉形成的槽波沿着煤槽（波导层）以柱状波向前扩散传播。其传播特性与地震体波有许多不同，并具有以下特性：

（1）在煤层中传播，带有煤层中的地质信息。

（2）能量损失少，在围岩内多次反射，很少泄漏出去，在煤层中传播的距离比较远。

（3）传播速度比一般的地震波低，易于分离和识别。

（4）具有频散特性，即不同频率的振动以不同的速度传播，使得槽波波列随传播而散开，在同一个煤层中，随着煤层厚度的变化，它的频率会发生很大变化。

槽波勘探方法包括透射槽波勘探法、反射槽波勘探法及联合槽波勘探法。具体方法分别如图 11－5、图 11－6 和图 11－7 所示。

（1）透射槽波勘探法是激发点（炮点）布置在工作面回风巷内煤壁深 2 m 的钻孔内，数据采集站连接的检波器布置在工作面的运输巷、连通巷及开切眼内的煤壁上，检波器接收来自炮点激发的地震透射波信息。

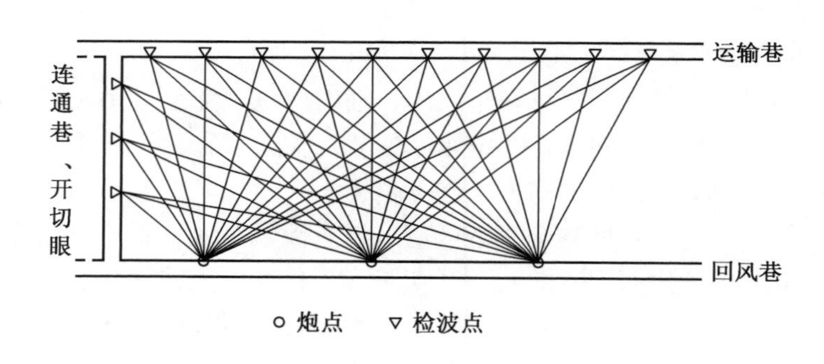

图 11－5　透射槽波勘探法示意图

（2）反射槽波勘探法是炮点与数据采集站布置在同一巷道内，采集站连接的检波器接收来自工作面内的地震反射波信息。

（3）联合槽波勘探法是炮点布置在工作面回风巷内煤壁深 2 m 的钻孔内，数据采集站连接的检波器布置在工作面的回风巷、运输巷和开切眼内的煤壁上，检波器接收地震透射和反射波信息。

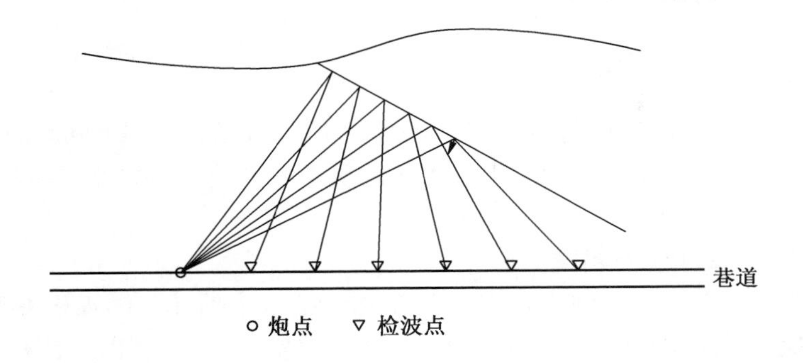

图 11－6　反射槽波勘探法示意图

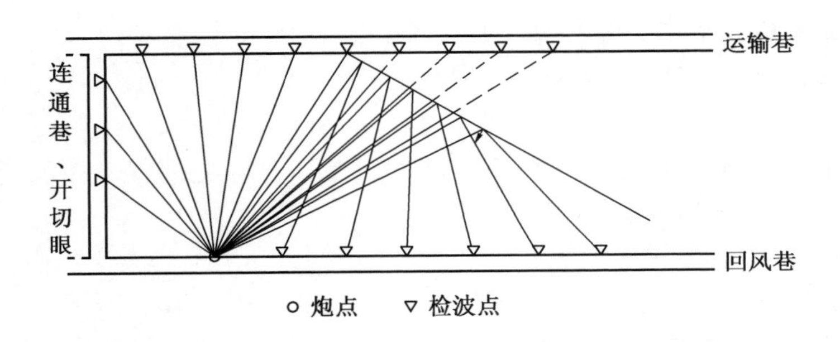

图 11－7　联合槽波勘探法示意图

通过合理设计观测系统，结合地质资料综合解释 CT 成像结果及地震反射叠加剖面，可有效地探测煤矿井下工作面内、采区内及掘进巷道前方的地质异常。

煤矿井下槽波勘探法主要用于工作面或采区内的断层、陷落柱、采空区的边界和位置、工作面或采区内的煤层厚度变化、矸石层分布等地质构造探测，评估煤层高地压带，并在掘进巷道中超前探测断层、陷落柱、采空区等地质异常。

上述几种物探方法及其应用范围见表 11－1。

表 11－1　常用矿井物探方法及其应用范围

探测方法名称	测量参数	应　用　范　围
矿井瞬变电磁法	感生电动势、磁场	采煤工作面内部及煤层顶底板岩层内部的富水异常区探测、巷道掘进迎头前方突水构造预测、含水陷落柱探测等
矿井无线电坑透法	磁场、吸收系数、视电阻率、介电常数	工作面内部的隐伏地质构造及其他不良地质体探测等
矿井直流电法	电位（差）、视电阻率	探测煤层顶底板隐伏断层破碎带、导水通道、含水层厚度、隔水层厚度、掘进巷道迎头前方含水构造、巷道侧帮地质异常体等
矿井音频电穿透法	电位（差）、视电阻率	采煤工作面顶底板内部的导水构造及含水层的富水性探测、底板注浆改造效果检测等
矿井槽波地震法	纵波、横波、槽波	工作面内部的小断层、陷落柱等隐伏地质构造及其他不良地质体探测，掘进巷道迎头前方地质构造超前探测等

二、矿井地球化学勘探技术

地球化学勘探技术主要通过水质化验、示踪实验等方法，利用不同时间、不同含水层的水质差异，确定突水水源，评价含水层水文地质条件，确定各含水层之间的水力联系。其主要技术包括以下几种。

（一）水化学快速检测技术

水化学快速检测技术用于地面水源（如泉水、抽放水钻孔、抽水机井等）和井下出水点（如井下突（涌）水点、井筒或巷道淋水点、采空区水等），以及钻孔水样水质的快速检测。

水化学分析检测内容可选择常量离子（其他化学组分）分析、微量元素分析、同位素及放射性元素分析。水化学检测项目主要有：

阴离子检测：Cl^-、SO_4^{2-}、HCO_3^-、CO_3^{2-}、NO_3^-、NO_2^-。

阳离子检测：Ca^{2+}、Mg^{2+}、Na^+、K^+、Fe^{2+}、Al^{3+}、NH^{4+}。

其他化学组分检测：pH 值、电导率、酸度、碱度、各类硬度、耗氧量（COD）、溶解氧、SiO_2、H_2S、干涸残余物、CO_2 等。

微量元素：F、Br、I、B、P 等。

同位素及放射性元素：D（氘）、^{18}O、^{3}H、^{34}S、^{14}C、U、Ra、Th、Rn 等。

上述各类项目的技术检测方法可参照煤矿水害防治的相关水化学分析检测方法规定。

（二）透（突）水水源快速识（判）别技术

赋存于岩石圈中的地下水不断与岩石发生化学反应，在与大气圈、水圈和生物圈进行水量交换的同时，交换化学成分。地下水中含有各种气体、离子、胶体、有机质，以及微生物。不同含水层的水化学特征存在显著差异，根据各含水层地下水化学的特征，建立一个水源数据库，获得水样水化学指标后与水源数据库进行比对，进而快速判别出水源类型。

矿井水源识别技术，是依据水化学检测数据判别矿井突水水源的方法。已从以往的简单水质类型对比分析、离子特征组分判别、总矿化度判别、温度和氧化还原电位（ORP）判别、同位素分析法等，逐渐发展到今天的数学理论分析法，包括多元统计学方法（聚类分析）和非线性分析方法（灰色系统理论、模糊数学、人工神经网络、可拓识别法等）多种方法相互补充验证。水源判别方法理论将日趋成熟。

（三）连通试验技术

连通试验技术用于探查矿区含水层中地下水的流向、流速和径流通道，不同含水层地下水连通程度及相互补给关系，断层的阻水、导水性能，协助确定水力传导系数、空隙度、边界条件和地下水量计算等。它对判断矿井充水水源，分析含水层之间的水力联系都具有很重要的意义。该方法是一种见效快、成本低的试验手段。

该技术原理是通过钻孔在目标含水层中投放示踪剂，在放水孔（突水点）取样检测示踪剂，根据接收到示踪剂的时间和浓度峰值分析研究地下水连通程度。理想的人工示踪剂主要有易溶盐碘化钾、溴化钠、氟化钠、钼酸铵等，其化学性质稳定，没有毒性，在被示踪地下水中不存在或含量极微；注入地下水中不改变水流的天然流向，不易被固体介质吸附；检测灵敏度高，分析、定量容易。

示踪试验的主要过程是采用简便、快速的分析测定方法，如比色法、离子选择电极法、荧光紫外分析法等进行现场分析；在示踪试验进行中和结束后，对获得的数据和资料进行处理和综合分析，并对地下水的运动状况和含水介质的结构和特性进行评价。

三、矿井钻探技术

钻探是查明水文地质条件及验证物探成果的主要手段，是通过在地面或者地下巷道内的钻孔以探测地质构造的方法，是一种最直接的探查技术。它具有直观性强和探测精度高等特点，可广泛应用于构造探测、老空区探测、探放水、瓦斯泄压，以及其他隐蔽致灾因素的探查，是最传统、有效的方法。通过钻孔可以直接采样到不同深度的地质样品，从而分析不同深度的地质构造特性。通过钻探还可以测出地下水水位，并可以反映含水量大小。在测定特殊地质构造如岩溶陷落柱、断层时，通过局部钻孔可以较为准确地测定它们的位置。

近年来，随着煤炭工业的发展，国内外钻探技术也取得了较快发展。钻机装备的钻进能力和性能均得到了较大提升。其定向钻进技术也随着随钻测量技术的进步逐步成熟。目前，不管是地面使用的定向钻机还是井下使用的定向坑道用钻机均可实现“随钻测斜、自动纠偏”功能。煤矿井下千米随钻测量定向钻进技术与装备可满足高精度定向瓦斯抽采孔、探放水孔、底板注浆加固钻孔、救灾钻孔的施工。通过注浆钻孔可实现对断层、裂隙带、采空区、含水层进行注浆加固；通过放水钻孔可实现断层、裂隙带、采空区、含水层的积水排放。随着更多先进技术的应用，如无线随钻测斜技术、钻孔成像技术等的应用，将更好地满足水文地质探查要求。

（一）无线随钻测斜技术

随钻测斜技术可以对钻孔施工过程中的钻孔倾角、方位角等参数进行监测，同时可实现钻孔参数、钻孔轨迹的即时显示。随钻测斜系统分为有线式随钻测斜和无线式随钻测斜。有线式随钻测斜系统采用特制的中心通缆钻杆实现信号传输，目前在井下应用较多。无线式随钻测斜系统是在有线随钻测斜仪的基础上发展起来的一种新型的随钻测量系统。无线式随钻测量按传输通道分为泥浆脉冲、电磁波和声波 3 种方式，其中泥浆脉冲式应用相对较多，主要适用于高难度定向井的井眼轨迹测量施工，特别适用于大斜度井和水平井，配合导向动力钻具组成导向钻井系统，其传输方法和系统组成如下。

1. 传输方法

泥浆脉冲式主要有 3 种传输方法：

（1）连续波方法：连续发生器的转子在泥浆的作用下产生正弦或余弦压力波，由井下探管编码的测量数据通过调制器系统控制的定子相对于转子的角位移使这种正弦或余弦压力波在时间上出现相位移，在地面连续检测这些相位移的变化，并通过译码转换成不同的测量数据。

（2）正脉冲方法：泥浆正脉冲发生器的针阀与小孔的相对位置能够改变泥浆流到此的截面积，从而引起钻柱内部的泥浆压力升高，针阀运动是由探管编码的测量数据通过调制器控制电路来实现的。在地面通过连续检测立管压力的变化，并通过译码转换成不同的测量数据。

（3）负脉冲方法：泥浆负脉冲发生器需要组装在专用的无磁钻铤中使用，开启泥浆负脉冲发生器的泄流阀，可使钻柱内的泥浆经泄流阀与无磁钻铤上的泄流孔流到井眼环空，从而引起钻柱内部的泥浆压力降低，泄流阀的动作是由探管编码的测量数据通过调制器控制电路来实现的。在地面通过连续地检测立管压力的变化，并通过译码转换成不同的测量数据。

2. 主要组成部分及功能

无线随钻测量仪器由地面部分（计算机、终端、波形记录仪、防爆箱、司钻阅读器、泥浆压力传感器、泵冲传感器）、井下部分（探管、下井外筒总成、脉冲发生器和涡轮发电机总成、无磁短节）及辅助工具、设备组成。

（1）计算机及软件处理系统：计算机是随钻测量仪器的地面数据处理设备，它接受来自泥浆压力传感器的测量信息，进行数据的处理、储存、显示、输出。

（2）司钻阅读器：为司钻提供工具面、井斜角、井斜方位角等信息的直观显示。

（3）波形记录仪：主要用来记录来自井下仪器的泥浆脉冲和来自泥浆泵的杂波，利用记录的泥浆脉冲图形，人工译码也可以得到一系列井下传输来的数据，也可以计算井下仪器的数据传输速度。

（4）防爆箱：是系统的保护装置，限制与它连接的其他设备的电压和电流，防止出现电火花，保证计算机、仪器设备的安全。

（5）泥浆压力传感器和泵冲传感器：分别安装在泥浆立管和泥浆泵上。

（6）探管：是装有磁性、重力测量元件和电子组件的井下测量仪器，它可以测量与井斜角、井斜方位角和工具面角有关的磁性和重力分量。它的测量方式有：短测量—全测量、高边工具面角—磁性工具面角、开泵测量—关泵测量。

（7）泥浆脉冲发生器和涡轮发电机总成：是无线随钻测斜仪的关键部件和关键技术，可满足不同的井眼条件和泥浆排量。

（8）钻杆滤清器：在钻杆内滤除大颗粒杂物，防止这些杂物流入脉冲发生器内损坏仪器。

（二）孔中观测技术

在矿井水文地质勘探中应用钻孔孔壁成像技术，可对所有的观测钻孔进行全方位、全柱面观测并成像，简单直接地观测地层岩性和岩体结构构造等；观测和定量分析煤层等矿体走向、厚度、倾向、倾角、层内夹矸及与顶板岩层的离层裂缝程度等；观测和定量分析含水断层、溶沟溶洞、岩层水流向等；观测和定量分析煤层顶板地质构造、煤层赋存、工作面前方断层构造、上覆岩层导水裂隙带等。

钻孔孔壁成像技术采用圆锥形导向镜反射环状图像法拍摄，光学探头中的信号源发射的光信号经井壁反射后，被摄像头接收，并形成一个像点，摄像头旋转一周采集到环状的井壁图像。探头在钻孔内连续进行，便可拍摄到一系列的图像环，系统将这一系列的图像环按顺序拼接后，得到钻孔孔壁的连续图像。

钻孔成像仪由主机、探头、线架及滑轮组合而成。机内精密传感器件包括（360°全景摄像头、深度计数器、电子罗盘等）。其体积小、质量轻、功能全面、全景展开静（动）态图像、可拍、可摄、可录，分析软件功能全面，并智能生成静态360°展开柱状图和动态影像。随机配套的分析软件可将保存在主机的数据提取到电脑上，可精准地判断图像方位、角度、宽度、大小尺寸、朝向等，最后打印存档。

1. 主要应用

（1）对钻孔进行全孔壁成像、录像，关键部位抓拍图片等。

（2）测量钻孔在空间的轨迹和钻孔的实际深度。

（3）观测断层裂隙产状及发育情况。

（4）观测含水断层、溶沟溶洞、含水层出水口位置等。

（5）观测和定量分析煤层等矿体的走向、厚度、倾向、倾角，层内夹矸及与顶板岩层的离层裂缝程度等。

（6）从成像平面图上量测地层或各种构造的厚度、宽度、走向、倾向和倾角等。

（7）区分矿体、岩体、煤层、夹矸、土层等各种地质结构体。

（8）特别适合煤矿顶板地质构造、煤层赋存、工作面前方断层构造、上覆岩层导水裂隙带等的探测。

（9）适用于各种形状和功能的钻孔的检测，如水平孔、垂直孔、倾斜孔等。

2. 技术特点

（1）高集成性：主机内系统控制、图像采集、显示与存储高度集成。

（2）易扩充性：同一主机硬件系统，配置不同功能的机内软件和探头，即可实现钻孔成像、钻孔窥视和钻孔轨迹测量等功能，实现一机多用。

（3）高智能性：主机内置双核处理器，图像处理速度为25 帧/s。同时获取图像数据、深度数据和探头所在位置空间数据，可保证全景图像实时自动采集，快速无缝拼接，同时自动角度和深度校正，全景视频图像实时呈现，图像清晰逼真。实现图像拼接、录像和截图同步进行。

（4）高可靠性：整机系统高度集成，稳定性好；仪器整机密封，防水防尘性好。

（5）高清晰度：摄像头为彩色低照度 700 Lines，0.1 Lux，130 万像素；光源强度可连续可调，从而保证对各种探测对象均可清晰成像。

（6）宽视角：摄像头视角宽，可实现水平 360°全景成像，无须调焦。

（7）便携性好：整机体积小巧、质量轻，方便携带。

（8）操作性好：整套系统连接简单，操作简便，初用者上手快；主机可作电脑的外接 U 盘使用，数据直接复制粘贴。

（9）三类显示灵活切换：分析软件可显示输出平面展开图、立体柱状图，立体柱状图可 360°连续旋转；也可同幅显示岩芯描述结果表和岩芯柱状图和展开图。

（10）直接进行岩芯描述：展开图上可直接进行岩芯描述，裂缝的倾向、倾角和宽度可直接自动计算提取，宽度精度可达 0.1 mm，方位角度可达 0.1°。

（11）图像可转换为多种格式：可将图像转换为 JPG、BMP 和 PDF 等多种格式文件。

综上所述，随着科学技术的进步，地质勘查技术也在不断发展，每一种探测技术都有其独特的技术优势，但也会受到应用条件的限制。物探技术是在全空间条件下观测特定的地球物理场，适合大范围探查，效率高，但有时也会造成误判。钻孔技术可以直接有效地命中设计靶域，但仅能反映该孔周围很小范围内的地质构造，如果要探测大范围区域的水文地质情况，钻孔工程量大。化探提供的是水文地质试验分析数据。目前采用“物探先行、化探跟进、钻探验证”的综合探测手段，各种技术相互配合，取长补短，达到较好的效果。此外，随着采煤深度的增加，煤矿水文地质条件会变得越来越复杂，采用各类新型实用的探测技术和方法将会在矿井防治水安全工作中起到更加有力的保障作用。

第三节　井下排水系统及无人值守控制技术

一、矿井排水系统概述

矿井排水系统是保证煤矿安全生产的重要环节。其主要任务是将矿井涌水及时排送至地面，为井下生产创造良好的工作环境，保证井下工作人员安全工作和机械、电气设备良好运转。

矿井排水的一般过程是，矿井内的水经排水沟或管路汇集到中央水仓，水仓中的水通过泵房中的水泵，经管子道，井筒中的水管集中排至地面，再经过污水处理后复用。由此构成矿井排水系统。但由于矿井井深、开拓方式、开采水平、涌水量大小的不同也形成了不同的井下排水系统。按开采水平不同，排水系统可分为单水平开采的排水系统和多水平开采的排水系统。

（一）单水平开采的排水系统

一个水平开采时，全矿涌水汇集于主排水设备的水仓中，由水泵直接排至地面。当矿井深度大于一台水泵所产生的压头时，可将水泵分别安装在上、下两处，分段排水，先将涌水排到中间转载水仓，然后再排至地面，这种情况下，上、下两处水泵工作互不影响，对排水设备强度无须特殊要求。

（二）多水平开采的排水系统

几个水平同时进行开采工作时，可采用不同形式的排水系统，在具体情况下，要根据工作安全可靠、费用消耗低等条件选择排水系统。

（1）各个水平分别设置排水设备将水排至地面，这种排水系统能保证各个水平的排水，而不受其他水平排水情况的影响。缺点是各个水平都设置有较大的排水设备，井筒中管道数目多，管理检修复杂。

（2）主排水设备设置在上水平，下水平的涌水由辅助排水设备排至上水平的水仓中，然后由主排水设备排至地面。优点是只有一个水平设置大型的排水设备，井筒中管道数目少；缺点是当主排水设备发生故障时会影响下一个水平的排水，这种排水系统一般在下水平涌水较少，开采下山时采用。

（3）上水平的引水引入下水平水仓中，由下水平主排水设备将水排至地面。其优点是排水系统简单，仅在下水平设置一套排水设备，基建及管理费用较少，而缺点是上水平的水流到下水平后再排上去，损失了位能，增加了电能消耗。这种排水系统，只有在上水平涌水很小，两水平的高度差不大时采用。

上述不同的排水系统，由不同的排水设施与排水设备构成。这些排水设施承担着不同的排水任务。其中央泵房的排水设备是主要的排水设备，负责将全矿的涌水或大部分涌水排至地面；辅助排水设备负责把下一开采水平的水排至主排水设备所在水平；转载排水设备负责把由于反向坡度不能自流集中到主排水设备的水，转载到主排水设备。

对于工作面涌水量较大的矿井，需要在积水坑设有水窝排水设备，先将积水排至水沟，再排至中央水仓，称为水窝排水。

另外，为了把掘进工作面或淹没坑道中的水排出，要求水泵随工作面前进或水位下降而移动，这种排水方式称为移动式排水。

此外，对于水文地质情况复杂、极复杂、有突水淹井危险的矿井，在正常排水系统的基础上另外安设地面直接供电控制，且排水能力不小于最大涌水量的潜水泵，即抗灾强排系统。

上述排水系统通常根据矿井实际情况进行不同的设计应用。本节将重点介绍中央泵房主排水、水窝排水、强排水系统智能化控制技术。

二、矿井排水设备

（一）矿井主排水设备

矿井主排水系统一般采用离心式排水设备，主要由离心式水泵、电动机、启动设备、仪表、管路及管路附件等组成。

（1）离心式水泵：是排水设备的主要组成部分，分为单级离心式水泵与多级离心式水泵。离心式水泵是依靠叶轮运转所产生的离心力而排水的。电动机驱动叶轮在泵壳内高速旋转，叶轮中的水以高速甩离叶轮，在泵壳内汇聚形成高压水流沿着排水管被扬升到高处。在排水的同时，叶轮进口处因为水流的排出而形成真空，于是水仓中的积水，在大气压的作用下被压入叶轮的进口，叶轮在电动机的带动下不断高速旋转，形成连续排水。

（2）滤水器和底阀：滤水器安装在吸水管下端。其作用是防止井底沉积的煤泥和杂物吸入泵内，以防水泵被堵塞或被磨损。在滤水器内装有舌型底阀，其作用是不使引水漏掉。这是采用灌水模式时使用的一种设备。

（3）闸阀：调节闸阀安装在靠近水泵排水管上方的排水管路上，位于逆止阀的下方。其功能为：①调节水泵的流量和扬程；②启动时将它完全关闭，以降低启动电流。放水闸阀安装在调节闸阀上方排水管路的放水管上，用于检修排水管路放水。

闸阀有手动闸阀和自动调节闸阀，常用的自动调节闸阀分为电动闸阀和电动液控闸阀两种。电动闸阀使用电能作为动力来接通电动执行机构驱动阀门，实现阀门的开关和调节动作，从而达到对管道介质的开关或调节。其可分为上、下两部分，上半部分为电动执行器，下半部分为阀门。电动闸阀由阀杆、阀体、阀盖、闸板、驱动装置及其他零件（紧固件、阀杆螺母、密封填料）组成。电动闸阀结构简单，易维护，且响应灵敏，安全可靠。

电动液压闸阀是采用液压动力启闭或调节阀门的驱动装置。它由控制机构、动力机构和执行机构三大部分组成。控制机构由压力控制阀、流量控制阀、方向控制阀和电气控制系统组成。动力机构由电动机或气动马达、液压泵、油箱等构成，动力机构把电动或气动马达旋转轴上的有效功率转变成液压传动的流体压力能。执行机构有两种：一种是液压缸执行机构，实现往复直线运动；另一种是液压马达执行机构，实现回转运动。

（4）逆止阀：逆止阀安装在调节闸阀上方，其作用是当水泵突然停止运转时，或者在未关闭调节闸阀的情况下停泵时，能自动关闭，切断水流，使水泵不致受到水力冲击而遭到损坏。

（5）灌引水漏斗、放气栓和旁通管：灌引水漏斗是在水泵初次启动时，向水泵和吸水管中灌引水。在向水泵和吸水管中灌引水时，要通过放气栓（又叫作气嘴）将水泵和吸水管中的空气放掉。当排水管中有存水时，也可通过旁通管向水泵和吸水管中灌引水，此时要将旁通管上的阀门打开。其主要用于有底阀灌水方式的设备上。

（6）射流泵或真空泵：离心式水泵在启动前必须将吸水管和泵腔内注满水才能进入运行状态，否则水泵转动时将无法吸水，形成“干烧”，严重影响水泵的使用寿命。在无底阀的排水系统中，水泵每次启动都要灌水，这一工作由抽真空设备完成，一般使用射流泵或真空泵。它们的工作原理不同，但都能在系统中使水泵工作腔达到一定的真空度，保证系统正常工作。

（7）电动机、启动设备：是水泵的电气驱动设备，用于控制水泵的启动、停止，以及正常运转。其是给水泵提供动力的装置，其功率选型要与水泵扬程相匹配。

此外，仪器仪表是排水系统重要的测量元件，由压力、水位、流量等仪表组成。

（二）矿井强排水和水窝排水设备

矿井强排系统是针对水文地质条件复杂、极复杂、有突水淹井危险的矿井，为了预防井下异常涌水引起重大事故，而另外建设的强行排水系统。矿井强排系统的主要设备包括矿用潜水泵、排水闸阀、排水管路等配套设备。矿用潜水泵有立式和卧式两种布置方式，可根据矿井实际安装环境条件、所配潜水泵数量及电动机功率等确定采用立式潜水泵还是卧式潜水泵。同时要根据矿井井深和涌水量确定潜水泵的扬程、流量等参数，其排水能力不小于矿井最大涌水量。强排系统排水管路应直接敷设至地面，强排管路应在水泵出水口安装逆止阀和手动闸阀，正常情况下强排泵排水管路上的控制闸阀应保持常开状态。强排泵电源须直接引自地面供电系统，水泵电动机引出电缆与入井电缆连接装置须同时满足防水、防爆要求。强排泵的运行受地面自动化系统的控制。

井下水窝排水系统主要是针对掘进工作面、回采巷道的涌水和淋水积聚，以及各种水管跑、冒、滴、漏等所造成的井下巷道积水而配备的排水装置。其主要功能是将积水坑内的水排出，经巷道水沟流入中央水仓。水窝排水设备主要采用潜水泵，将潜水泵置于积水坑内直立吊挂安装，水泵底座距离积水坑底板须留有一定的高度，便于及时清理淤积，防止水泵堵塞。水泵功率一般较小，排水管路单一，其启动控制工艺较为简单，通过判断积水坑高、低液位情况，控制潜水泵开停。

三、矿井主排水自动化无人值守控制系统

矿井主排水自动化无人值守控制系统是利用传感器监测技术、计算机控制技术、网络通信技术，实现井下各泵房数据自动监测、设备自动运行、现场无人值守的智能控制系统。它改变了传统的依赖人工判断压力、真空度、阀门状态及出口流量进行设备启停控制的手动操作模式，可提高设备控制的可靠性，有效降低工人劳动强度，减少井下操作人员，提高生产效率。

（一）系统组成

矿井主排水自动化无人值守控制系统主要由现场在线监测传感器、现场泵阀控制设备、现场通信与主控设备、通信网络、地面计算机监控平台等组成。在智能化控制的基础上，又融合了视频图像监控、安全门禁管理、设备点检等系统。其总体组成如图 11－8 所示。

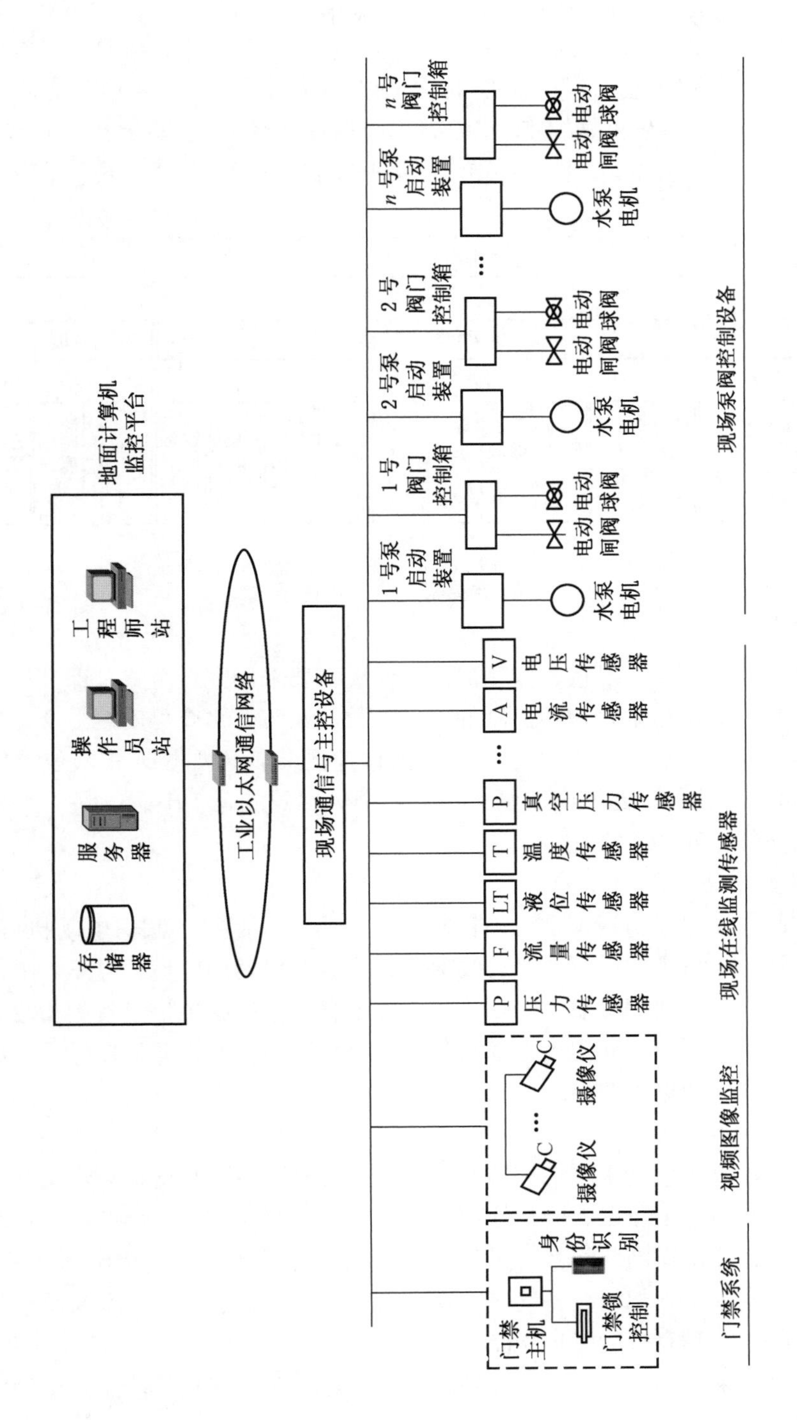

图11-8　矿井主排水自动化无人值守控制系统组成

1. 在线监测传感器

水泵房在线监测传感器由设备运行状态监测传感器、工艺数据监测传感器、环境监测传感器组成。泵房主控设备对各传感器进行数据采集，并将数据上传到地面计算机监控平台，对水泵房数据实时在线监测。其监测内容如图 11－9 所示。其主要功能是对设备状态、工艺控制、运行环境进行准确可靠的监测，实现系统的智能感知、数据分析、异常报警。传感器数据采集方式有数字量输入、模拟量输入、RS485 总线接口、以太网通信等方式。

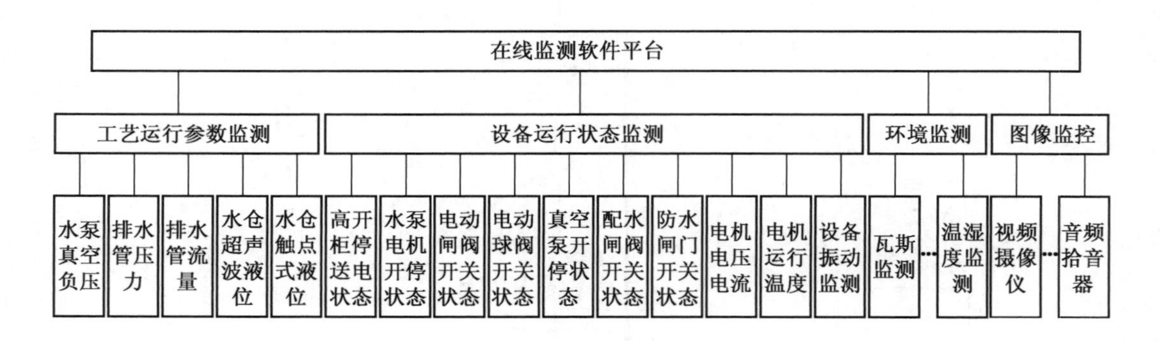

图 11－9　水泵房数据监测内容

为了提高监测的可靠性，对重要监测部位的传感器要采用冗余配置，保证检测环节可靠稳定。例如，水仓液位是水泵自动控制的重要参数，在每个水仓可安装一个无接触液位传感器（如超声波液位传感器）和一个投入式液位监测装置（如投入式液位传感器或浮球开关），实现水仓液位的双路冗余监测，任意一个传感器故障，不影响另一个传感器工作，提高了水仓液位监测的可靠性。

2. 现场泵阀控制设备

现场泵阀控制设备主要包括水泵启动控制装置、阀门控制箱、阀门电动执行机构等。水泵启动控制装置与泵房主控设备通过总线通信，将水泵启动的电流、电压、电量、有功功率、无功功率、功率因数等参数上传至泵房主控设备，并接收主控设备的指令，实现水泵的启停控制。阀门控制箱主要实现电动阀门的信号采集与控制，并将信号反馈给泵房主控设备，从而实现阀门的远程监控。

3. 现场通信与主控设备

现场通信与主控设备包括水泵集控箱与防爆交换机等设备。其担负采集关联设备运行信息、设备状态，并通过工业以太网与地面服务器通信、交换信息的任务，实现对各设备集中监控。集控箱通过传输网络将其所采集的水泵阀门等设备状态上传给地面监控平台，同时根据接收到的命令驱动相应设备动作。现场通信与主控设备能实现水泵就地自动控制与远程计算机控制，并具有智能保护功能。

水泵集控箱是水泵控制系统的核心设备，一旦故障，会造成整个控制系统瘫痪，特别是在无人值守的情况下，现场没有人员操作，在矿井涌水量大时，有可能延误了排水时间，造成事故。所以，要充分考虑其冗余性配置。目前有两种常用的配置方式：第一种是采用两套集控箱共同完成多台水泵的控制，两套集控箱控制单元相互冗余。当一套故障时，自动切换到另外一套继续工作，不影响排水系统的正常运行。第二种是采用单台集控箱对应单台水泵的控制模式，某台集控箱故障，不会影响其他水泵运行，各台水泵集控箱之间相互通信，实现每台水泵之间的信息交互，从而达到多泵联控要求。上述两种控制方式可提高系统的可靠性。

此外，控制系统应配置后备式（UPS）不间断电源，在系统断电时仍能保证系统控制、检测和通信环节的正常，在系统供电故障的情况下，实现故障在线监测与实时报警。

4. 传输网络

对于无人值守控制系统，要求网络通信实时性好、可靠性高。要在确定的时间内完成信息传送，网络不能中断。水泵控制系统与地面远程监控平台要构建稳定而冗余互备的网络系统。在建有工业冗余环网的矿井，水泵控制系统可就近接入环网交换机。

5. 视频图像监控

视频监控系统是水泵房无人值守控制的重要建设内容。在现场无人值守的情况下，可对现场环境设备进行远程监控，给远程管理人员提供现场图像显示。同时地面监控平台具有视频联动功能，能根据操作需要自动切换摄像头及坐标、焦距控制，实现水泵房全面的图像视频监控。系统具备完整的存储、录像、回放功能。

6. 设备点检与安全门禁管理

井下主排水泵房是煤矿关键的固定设施，在无人值守的情况下，需设置门禁管理系统，避免非相关人员闯入，正常巡视人员可通过相应的身份识别准入进行巡视；设备点检系统是为巡视人员配备的巡检设备，巡视人员采用点检设备对巡检结果进行记录上传，从而对设备的健康状况进行综合分析，实现有计划地检修、维护。

7. 地面计算机监控平台

地面计算机监控平台由地面监控平台硬件与软件构成，硬件部分主要包括数据存储服务器、视频服务器、计算机工作站、网络设备、报警设备等。软件部分融合了水泵监测各类数据，包括水泵控制、环境监测、设备点检与安全管理等方面的数据，主要功能是对水泵房运行状况进行综合监控，对采集数据进行智能运算、综合分析，实现水泵运行优化、故障诊断、提前预警、应急处置、安全管理。

地面数据监控平台还可将数据通过通信网络上传到远端物联网平台，由物联网平台通过大数据分析，对水泵房设备进行全生命周期的管理。该平台具有水泵运行效率分析、故障诊断预警、专家决策分析等功能，并能通过手机、笔记本电脑等移动端设备查看各种信息，实现在移动端信息化管理。

（二）无人值守控制功能

1. 工艺过程自动控制

水泵的工艺过程自动控制包括自动注水、闸阀控制、水位自动检测与控制、故障保护与报警，实现水泵的自动启动、停止，以及运行过程中的自动保护。

1）自动注水

启动前的注水是水泵工作的重要操作流程之一。对于有底阀的水泵，在启动前，以排水管路中的压力水为水源向泵体内灌水，只有在其叶轮完全淹没于水中的情况下，泵体内部才能形成必要的真空度实现正常排水。因此，在启动前，系统自动打开旁路电动球阀和排气电动球阀给水泵注水，当达到要求的真空度时，自动关闭旁路电动球阀和排气电动球阀，检测到球阀关闭后发出开泵命令。对于无底阀水泵，有两种注水方式，第一种为采用射流泵注水，第二种为采用真空泵注水。采用射流泵注水时，自动打开射流泵注水阀门，然后打开射流泵真空阀门，当从排水管引来的高压水由喷嘴高速射出时，它连续不断地带走了吸入室中的空气，使与吸入室相连的泵体内形成真空，当达到要求的真空度后，自动关闭射流泵的注水阀门和真空阀门，然后启动水泵。当采用真空泵注水时，打开真空阀门，开动真空泵抽出泵体内的空气，由于泵体上、下出口均已被水密封，因此，泵内的空气越来越稀薄，气压也越来越低，形成负压，当达到要求的真空度后自动关闭真空阀门，启动水泵。

2）闸阀控制

水泵启动时，闸阀处于关闭状态，水泵启动后打开闸阀正常排水，当水泵停止时，为了防止水锤，先关闭闸阀，待闸阀反馈关闭信号后，停止水泵运行。

水泵排水管网设有压力传感器及流量传感器，当水泵运行时监测排水管内压力及流量值，发现异常后及时停止水泵，从而有效地防止水泵空转。

3）故障保护与报警

（1）电气保护：监视水泵电动机欠压、过流、短路等故障，实现故障报警停机保护。

（2）水泵空转保护：运行时排水管内压力及流量值发生异常后及时停止水泵，从而有效地防止水泵空转。

（3）电动阀、闸阀故障保护：电动阀、闸阀故障时，实现报警并退出相应管路的水泵运行状态。

（4）水仓缺水保护与报警：水仓缺水时停止水泵运行。

2. 水泵合理调度与运行优化

煤矿井下主水泵房一般安装有运行泵、备用泵和检修泵，至少3台以上。井下自动化排水系统不仅要实现单台水泵的自动启停控制，而且要通过自动检测水仓水位及相关参数，对多台水泵进行合理调度、优化控制，包括根据矿井涌水量的合理投切、自动轮巡、节能优化，从而实现无人值守自动运行。

1）水泵的合理调度与自动投切

多台水泵联合调度运行，要以水仓液位或矿井涌水量优先原则，确定水泵运行台数，调度水泵合理投入，即采用水仓水位的变化率和正在工作的水泵数量来判断矿井涌水级别，或通过矿井水情监控系统获得矿井涌水信息，从而确定水泵的工作台数。其可实现高水位或涌水量大时多台水泵自动投入，在正常水位或低水位时进行节能优化与轮巡控制。

2）水泵的自动轮巡

在正常水位时，为了防止因备用泵及其电气设备、备用管路长期不用，而使设备锈蚀或受潮损坏，导致需要紧急投入时，不能及时投入，影响矿井排水。因此需要对水泵进行自动轮换运行。在实际控制中，通过对水泵启停次数、运行累计时间进行记录统计，按照均衡使用的原则，自动轮巡切换。

3）水泵的节能优化控制

当水仓液位在正常水位或低水位时，在矿井涌水量不大的情况下，利用电网的移峰填谷原则，在用电高峰期尽量减少水泵运行，在用电低谷时间段可多开水泵，以实现节能降耗。通过液位传感器监测水位变化情况，结合峰谷时间和峰谷电价，计算费用最低的水泵运行方案，实现经济运行。

4）水泵的故障切换

当某台水泵或所属阀门故障时，系统自动发出声光报警，同时将故障水泵或管路自动退出，切换到备用水泵继续工作。

3. 控制方式

系统分为自动、手动、检修3种控制方式，并具备远程、就地控制功能。

自动方式下，为无人值守的控制模式，系统无须人工干预，按照预定的程序自动调节、自动控制水泵及闸阀的开启。由液位传感器连续检测水仓水位，根据水仓液位及其矿井涌水量，合理调度水泵的开、停，自动轮换及节能运行，可运行在远程或就地控制模式。

手动方式下，操作人员根据水仓水位，确定开泵台数，并由人工手动开停水泵或通过操作上位机界面实现水泵的单台控制，可运行在远程或就地控制模式。

检修方式下，设备之间的闭锁关系解除，可就地对水泵、阀门单独进行检修操作。

4. 地面远程监控功能

地面远程监控平台是数据处理与存储的主要载体，集成了实时数据监控、视频图像监控、异常报警显示、可视化故障定位管理、故障应急处理、设备运维与安全门禁管理各项功能。其可全面实现水泵房远程监控、运行维护与安全管理。

1）实时数据监控

在监控中心平台设置的监控界面有工艺流程、供电系统、通信网络等，实时监测与显示当前排水系统所有设备的运行情况，显示实时设备运行参数、状态及故障信息，将各种运行数据和故障形成标准的统计曲线和报表。

2）视频图像监控

视频监控系统在现场无人值守的情况下，给远程管理人员提供现场图像显示。通过操作调取水泵房内各路视频信号，直观地观察现场实时画面，自动跟踪设定目标，在状态改变或出现异物时弹窗报警。故障发生时，实现与故障信号联动，显示故障设备或相关环境情况，掌握水泵房的设备运行状况。

3）异常报警显示

监控平台设专门的报警界面进行提醒。出现报警或故障时，自动弹窗、闪烁显示，醒目地展示给工作人员。同时其他各部分画面及视频系统同时集中显示故障具体情况。

4）可视化故障定位管理

采用三维立体展示技术，建立各设备、建筑物之间的时空关系，方便远程专家人员全面了解水泵房的现状与运行情况。系统发生故障时，会自动定位相关联故障设备、故障地点，便于故障点快速定位、故障诊断与处理。

5）故障应急处理

故障发生时，平台会按照预先设定的控制策略自动处理。当出现特殊情况时，需要人为干预控制时，系统进入应急处置模式，系统自动弹出应急处置流程画面，由操作人员介入，判断选择采用哪种流程运行。进行选择并执行，帮助工作人员解决特殊故障下的复杂操作。

6）设备运维与安全管理

无人值守的控制系统集成了设备点检和水泵房安全门禁系统。其中设备点检数据上传到监控中心平台，与设备在线监测和工艺控制数据进行融合，构成设备运维与安全管理功能。

设备运维功能：正常情况下对设备点检自动排程，按计划点检，方便管理。同时对点检过程进行记录，如建立巡检点表，包括线路图、点检项目、点检数据、点检时间、点检人等。系统记录设备运维数据，当后台发现有潜在故障问题时，会及时弹出窗口，提醒管理人员，实现有计划地检修、维护。

安全管理功能：系统安全管理包括用户登录安全管理与水泵房准入安全管理。用户登录安全管理可采用指纹、虹膜、人脸识别、账号验证等形式进行，并留有操作记录及操作人员信息。水泵房准入安全管理可在水泵房安装门禁系统，工作人员经授权方可开启门禁，进入水泵房，在地面集控室应能记录并监视水泵房进出人员情况。

四、矿井水窝排水自动化无人值守控制系统

在一些大型煤矿井下，水窝数量多，区域分布广，位置分散，管理难度大，适用于网络化的集中管理和无人值守控制，其自动系统总体结构如图 11－10 所示。

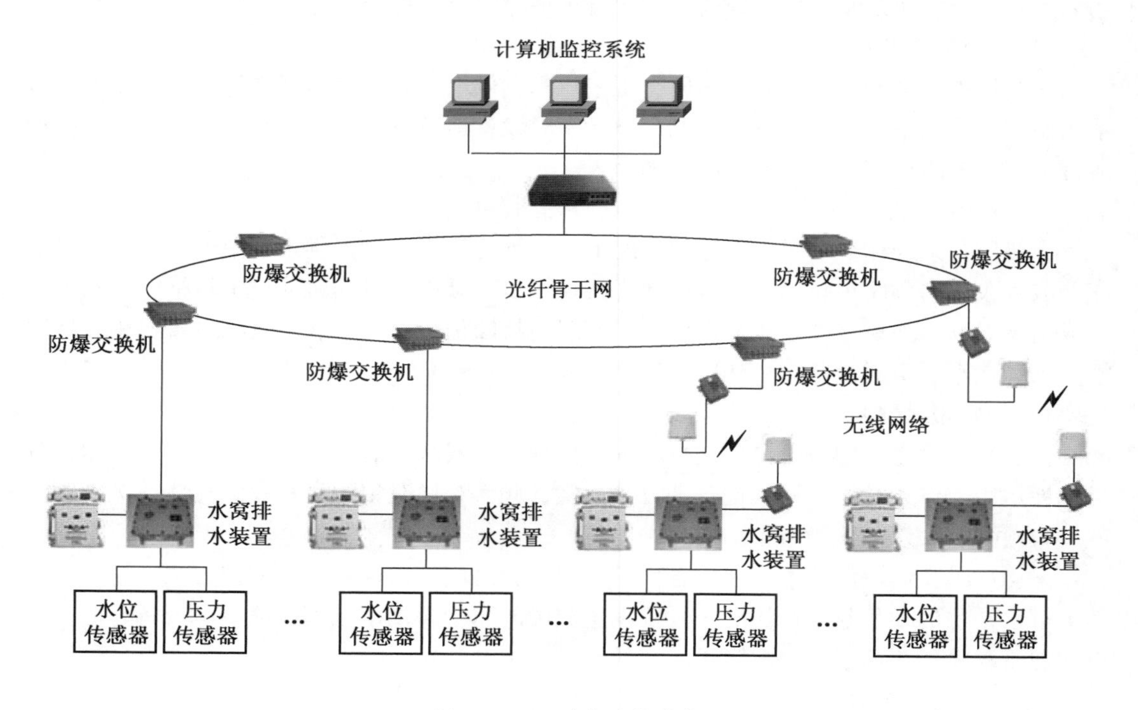

图 11－10　系统总体结构

每个水窝排水点由液位监测传感器、智能排水控制装置、通信接口等组成，适用于煤矿井下永久性或临时性水窝自动排水的场合，具有数据采集、控制、传输接口。液位传感器采用抗污耐腐蚀投入式传感器，或者浮球开关式液位传感器。有安装条件的选用超声波液位传感器，各类传感器应符合隔爆或本安要求。为了确保监测数据的可靠性，液位传感器可采用冗余设计。

所有水窝点的自动化控制装置可就近接入井下环网，距离环网较远的水窝点可通过无线4G专网或WiFi接入井下环网，上位机监控平台通过光纤与环网接入器相连，构成集自动化控制、数据通信、远程管理为一体的井下水窝无人值守控制系统。

其主要功能如下：

（1）数据采集与自动控制。水窝控制装置通过数据采集接口对当前水位状态、排水泵启停状态、故障状态进行实时采集。通过水位传感器对水仓水位的监测，实现对水泵的开、停控制。当高水位时水泵控制装置自动启动潜水泵，当低水位时水泵控制装置自动停止潜水泵。当发生故障时，系统自动保护停机，并通过网络上报调度中心。

（2）上位机远程监控。自动控制系统利用工业以太网（或无线通信网络等）将数据传送到地面计算机监控系统，可对水窝排水设备运行状态实时显示、远程控制及故障报警。同时，可根据水位上升速率和水泵排水量等检测矿井涌水量，实现各个水窝点、水窝点支线、区域的水量监测，为水情监控提供预警依据，与主排水系统实现联动控制。

五、矿井强排水自动化控制系统

强排系统是发生透水事故或矿井涌水淹没井下造成常规排水系统瘫痪时的应急排水系统。其自动化控制系统全部设在地面集中控制，主要包括配电系统、启动控制柜、控制系统及传感器等。

配电系统为启动控制柜提供两路专用电源。启动控制柜用于拖动井下潜水泵运行，可根据需要配备软启动装置。系统具有过流、欠压、漏电保护与报警功能。

控制系统设在应急强排配电室内，用于对配电装置、启动装置、强排水泵集中监测与控制。其主要功能是实时检测配电回路电压和电流、潜水泵电动机电流和电压、水泵开停状态，以及故障状态，采集地面强排管道出口压力、出口流量，以及井下水仓液位等信号。它同时具备调度室远控、配电室集控功能，实现就地启动或远程应急启动。此外，为防止强排系统长期搁置不用，导致相应的潜水泵机组出现机械故障或电气故障，使在出现紧急状况时，系统不能及时地投入使用，要定期巡检，保证系统正常运行。

在矿井地面总调度室通过工业以太网与强排控制系统通信，实时显示所有设备参数、状态及故障信息，管理人员可实时掌握强排系统的所有检测数据及工作状态，并根据矿井涌水信息，实现远程应急控制。

综上所述，井下排水系统是煤矿防治水的重要内容，通过智能化技术的应用，将进一步提升防治水技术水平。随着网络化、智能化技术的进步，井下排水自动化向多系统融合、集中远程控制、智能物联的方向发展。把各排水系统统一接入综合自动化网络平台实现集中管理、集中控制，通过信息融合、大数据分析，实现水情预警、系统联动。

第四节　矿井水文动态监测技术

一、矿井水文动态监测概述

随着矿井开采范围的不断扩大和开采深度的不断延深，矿井水文地质条件越来越复杂，矿井水文观测点不断增多且分布较远，人工观测任务繁重，且观测数据有限，不能完全反映矿井涌水量变化的真实情况。采用计算机技术、传感器技术、通信网络技术开展矿井水文动态实时监测和水害分析可以有效地指导矿井安全生产，在矿井水害防治、水文地质勘探方面起到重要作用。

矿井水文动态监测是在各水文观测点安装传感器，通过传感器准确采集地表水文孔的水位、温度，以及井下水文孔水压、水温、水仓液位、采空区积水液位、明渠流量、管道流量、底板应力等原始水文数据，结合矿区降雨量及气象监测，实时掌握矿井各个水文观测点的涌水变化情况。重点对涌水点、突水点、放水点实时监测。同时利用计算机分析处理，对水害的发生进行预警。

二、矿井水文动态监测系统组成

（一）系统总体架构

矿井水文动态监测系统采用现代化监测技术对矿井水文参数进行动态监测，其总体架构分为感知层、传输层、监控层3层结构，如图11－11所示。感知层由现场水文监测传感器、传感网络、采集分站组成，主要负责传感器数据采集，实现对矿井水文地质数据的

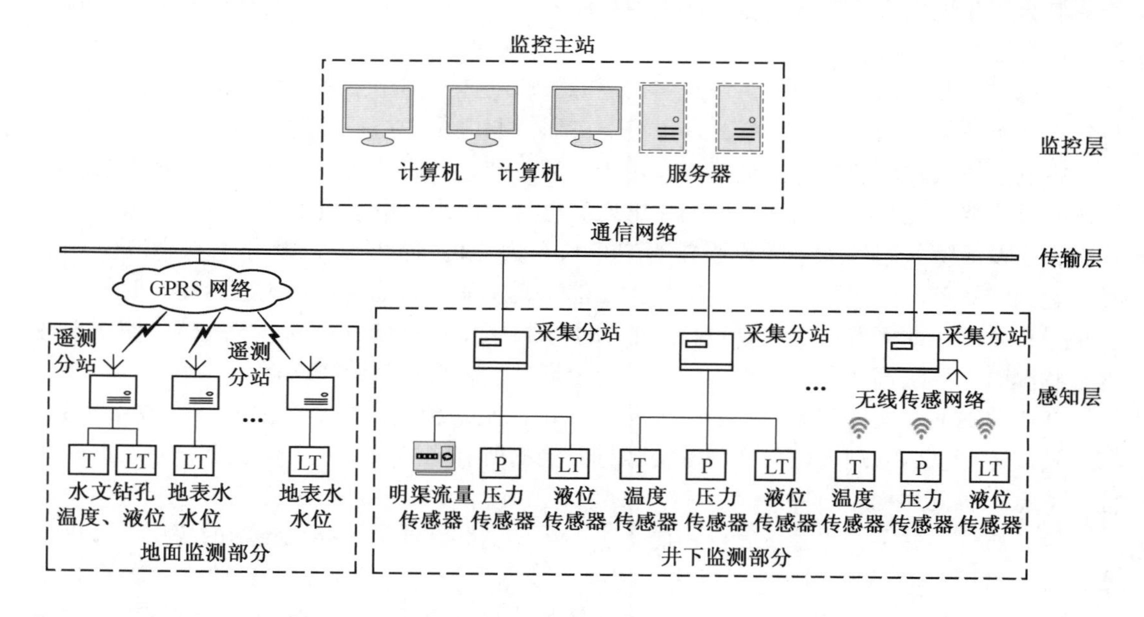

图11－11　矿井水文动态监测系统层级架构

全面准确感知；传输层主要负责将采集的数据实时可靠地上传到地面监控中心，根据实际情况可采用有线或无线等不同的组网传输方式。监控层主要负责数据的采集存储、分析处理、集中展示，实现矿井水文动态监测系统软件应用功能。通过3层架构建立基于物联网的矿井水文动态监测系统。

（二）系统组成

系统按照不同物理分区又可分为地面监测部分、井下监测部分、监控主站3部分。

地面监测部分主要实现地面水文钻孔、河道、湖泊等监测点水位、水温的采集测量，由现场传感器、遥测分站等组成。遥测分站内置通信模块、电池组，遥测分站主要完成现场传感器数据采集，并通过通信网络上传到监控主站。由于水文地质钻孔分布于野外分散的位置，架线困难，故采用无线遥测方式。无线遥测可采用GPRS或NB－Iot或LoRa等通信方式，其工作模式可设为主叫应答或定时自动上传两种方式（即监控主站通过通信模块发送指令呼叫，遥测分站应答发送数据；或预置遥测分站时钟定时自动发送数据）。遥测分站可通过这两种方式将测量数据发送至监控主站，实现集中显示、存储。

井下监测部分主要实现井下水文钻孔、水仓、排水沟和排水管道等水文观测点的数据采集测量。井下监测部分由现场传感器、井下数据采集分站等监测设备构成。数据采集分站内置数据通信单元，主要用于采集现场传感器数据，通过数据通信单元与地面监控主站通信，实现井下监测部分的数据采集传输。数据采集传输根据实际情况采用有线通信方式或无线通信方式。采用有线通信方式时，井下分站通过线缆接入传感器，采集传感器数据，并将测得的数据通过总线型通信或矿井工业以太网通信传送至监控主站处理；采用无线通信方式时，在采集分站和传感器之间建立ZigBee或LoRa低功耗无线传感网络，由采集分站负责将区域内若干传感器数据采集汇总，通过通信网关将收集的数据转发到主干网络，再上传到监控主站。随着矿井无线宽带网络的应用，采用无线宽带与无线窄带通信技术相结合，实现传感器数据的采集传输，将会达到更好的效果，即将低功耗无线传感网络采集的数据，通过无线LTE－4G(5G)通信网关，将数据转发到监控主站，实现数据无线传输。由于矿井水文监测传感器的安装环境较恶劣且位置较分散，采用无线通信技术将更方便地实现传感器的部署与数据采集，也特别适用于低功耗传感器的数据监测。采用无线传输技术也将减少井下线缆部署，提升系统的可靠性。

地面监控主站由硬件部分与软件部分构成，硬件部分主要由数据存储服务器、计算机工作站、网络设备、报警设备等组成。软件部分包括数据库软件、操作系统软件、监控软件、应用软件等，其主要功能是通过通信设备接收分站数据，进行数据存储、分析、处理，实现水文动态监测和水害预警。监控主站具有网络功能，可以通过局域网、互联网等多种形式，实现数据共享。

三、矿井水文动态监测系统功能

矿井水文动态监测系统集成了数据采集存储、实时监测、统计分析、水害预警、数据网络共享等功能。通过对各类矿井水文数据的采集，建立统一的数据管理。基于数据处理的结果，采用数据分析方法，绘制各种数据变化图表，对水文变化进行实时预警。

（一）数据采集存储功能

数据采集存储是数据处理与分析的基础。煤矿水文动态监测数据包括地面监测数据与井下监测数据，同时还包括气象数据、地质数据、水文观测孔基本资料、设备管理数据（包括设备位置、设备编号，以及采集的数据类型）等。通过设计和建立功能完善的统一的数据存储，打破信息孤岛，方便矿井水文信息数据管理和对煤矿突水信息的综合分析。根据数据特性不同，对所有监测数据进行预处理后分类存储，并提供数据库存储备份，监测数据应长期保存。数据库分为实时数据库和历史数据库，用于实时数据的查询和历史数据的查询。

（二）实时监测功能

通过地面中心站可以观察所有水文监测点的实时水压、水温、液位、涌水量情况，并以图形直观显示监测系统中的观测数据；显示各个监测点的瞬时值和历史记录值；显示各个监测点的超限报警；可以任意选定观测站进行重点监测。

矿井涌水量是水文动态监测的重要参数，要对矿井各观测点、各区域涌水量进行实时监测计量，通过监测自动化排水系统各水仓液位及工作面各积水点排水流量，按巷道不同支线、不同区域进行综合计量，从而分析与确定排水点、巷道支线、区域涌水量变化与异常情况。矿井涌水量监测如图 11－12 所示。

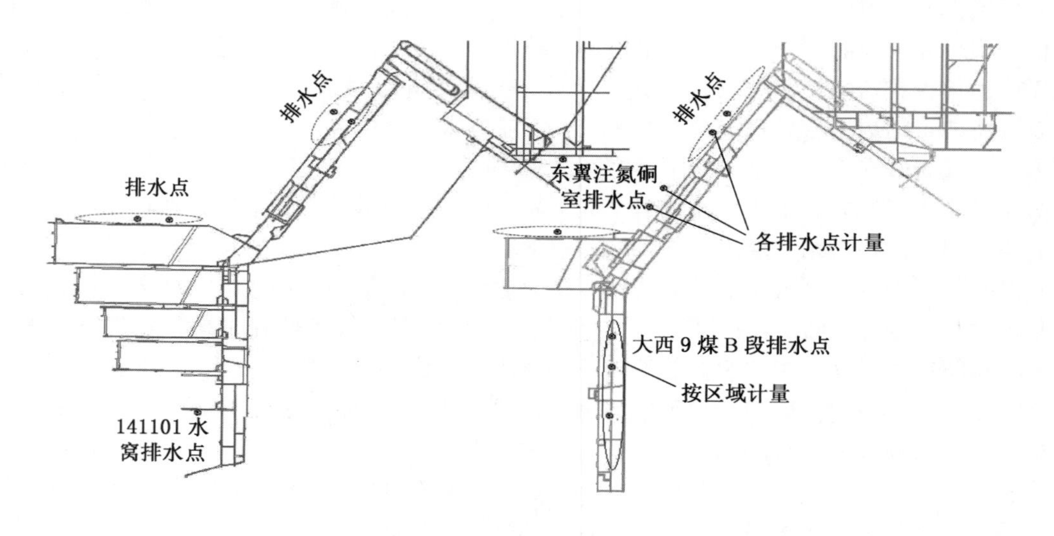

图 11－12　矿井涌水量监测示意图

矿井涌水量监测采用分级计量方式，实现各排水点计量、区域计量、综合计量等。

排水点计量：通过排水点的液位、水泵的开停时间和泵的流量计算排水点的日流量或规定时间内的出水量。

区域计量：将区域范围内各排水点的出水量进行统一计量，分析区域涌水量。

综合计量：对各排水点的出水量的总和进行计量。

通过多种计量方式，从不同维度反映涌水量的监测变化情况，为数据统计分析提供准确的依据。

（三）统计分析功能

通过对水文观测点数据的连续监测，形成统计数据与图表，实现监测点的年、月、日曲线显示和数据报表显示，自动生成系统中监测数据的对比报表、对比曲线，以及柱状对比图等各类统计分析图表。采用不同的数据分析手段对矿井水文监测数据进行分析。例如，通过对矿井各排水点的日、月、年涌水量进行同比、环比分析，对矿井不同区域的日、月、年涌水量进行同比、环比分析，对矿井涌水异常进行预警。

（四）预警功能

建立矿井水文监测预警模型，采用极值预警、趋势预警、综合超限预警等方法对各个监测点的水文参数进行实时超限预警显示、危险等级在线预报。对预警的变化范围进行管理，矿井不同的地理位置可能要求的报警阈值不同，将水文变化阈值与相应的地理位置进行关联，对不同的地理情况进行不同的预警处理。可以任意选定井下某个观测站进行重点监测，显示该监测点的危害等级。

（五）网络共享功能

系统通过网络互联、移动互联，实现信息资源共享。相关管理人员可以通过身份验证确定网络权限，利用手机、PC 机等各类移动终端浏览各测点的实时监测画面，进行实时数据查询、历史数据查询，并通过列表、曲线图、直方图的形式显示监测信息与超限报警信息。

目前，随着大数据、神经网络、多参数融合等分析方法的应用，结合 GIS 软件，将会给矿井水文地质监测和水害预警提供更多的分析方法。

第五节　水害预测技术与方法

水害预测预报，是煤矿防治水工作的重要研究课题之一。就其重要性而言，它是煤矿防治水决策的基础。就其复杂性而言，突水事故，尤其是底板突水事故的发生，是多因素影响的结果。各种影响因素之间的关系十分复杂。

对于水害的预测预报，国内外学者先后从研究突水机理出发进行了大量的探索，提出了一系列水害预测预报方法。同时也采用新技术不断地创新尝试，也取得了一定的效果。目前，水害预测方法主要有 Dempster - shafer 证据理论法（以下简称 D - S 证据理论法）和采用大数据分析方法的预测预警技术。

一、基于 D - S 证据理论的信息融合预测技术

信息融合是一种多元信息的融合处理技术，它通过对所获取的各类信息的分析合成，对被观测对象的性质进行估计，从而产生比单一信息源更为精确全面的判断。D - S 证据理论是实现信息融合的一种方法，该理论利用对观测对象的多个不精确判断和描述，对其中的一致性信息进行聚焦，排除和整合矛盾信息，最终给出被观测对象性质的判断。该理论可以将多个不确定信息的证据进行合成，并采取区间的方法，对不确定信息进行描述，在精确反映证据聚合程度方面表现出很大的灵活性。

信息融合不同层次对应不同的算法，信息融合层次分为像素级融合、特征级融合和决策级融合。在决策层信息融合中，D - S 证据理论是适合于多传感器目标识别的一种不精

确的推理方法，它满足比概率论更弱的公理体系，并且能够处理由未知引起的不确定性，从而把不确定和未知区分开。D－S证据理论采用信任函数而不是概率作为度量，通过对一些事件的概率加以约束以建立信任函数而不必说明精确的难以获得的概率。D－S证据理论提供了一定程度的不确定性，即证据可指定给相互重叠或互不相容的命题，这也是该理论能得到广泛应用的原因。

矿井突水是一种时间性很强的动态地质现象，一般是诸多因素，如老窑积水、煤层顶底板承压含水层、煤层顶底板孔隙水和裂隙水、地质结构和构造、人类开采活动等综合作用的结果。其突水因素具有多源性，在进行突水预测时，不应仅对一种特定的信息独立地做出处理或决策，而应将数据融合技术用于多源数据信息处理，有效地清除数据信息的不确定因素，从而提高监测结果的准确性。

（一）信息融合的体系结构

信息融合技术就是利用计算机技术，在一定的准则下对按时序获得的若干传感器的观测信息加以自动分析、综合，以完成所需的决策和统计任务而进行的信号处理过程。信息融合系统由各种传感器、处理机及相关设备与融合软件组成。因应用场合不同，其结构形式也不相同。根据传感器和融合中心的信息流关系，可以分为集中式、分布式、混合式融合结构和串联式融合结构。

在分布式融合结构中，每个传感器都有自己的处理器，进行一些预处理，然后把中间结果送到中心节点进行融合处理。这种结构因对信道容量要求较低，系统生命力强，工程易于实现而受到极大重视，并成为大多数融合研究的重点，其结构原理可以用图11－13所示的框图来表示。

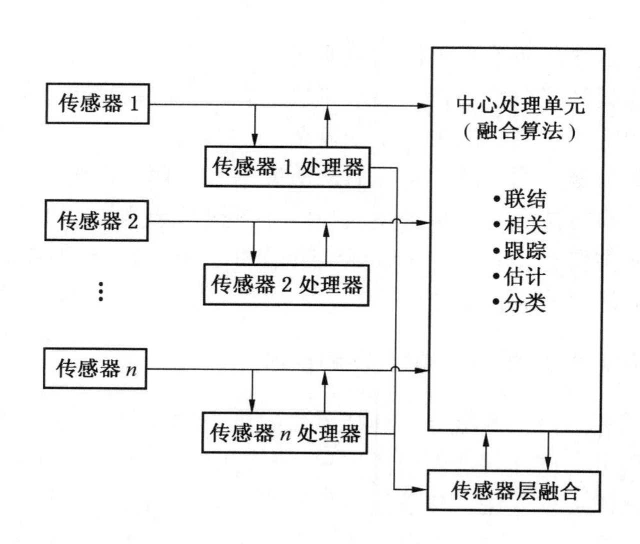

图11－13　分布式融合结构原理

（二）信息融合的一般方法

多传感器信息融合涉及多方面的理论和技术，如信号处理、估计理论、不确定性理论、模式识别、神经网络和人工智能等。

融合方法研究的内容是与信息融合有关的算法。信息在系统中由下至上的处理过程中，信息的表示形式在不断变化。此外，信息的不确定性可以是随机的、模糊的等有验前信息的形式，也可以是无验前信息的形式，针对不同的信息表示形式有不同的处理方法。

神经网络对融合大量的传感器信息，用于非线性和不确定性的场合颇具优势。D－S推理算法具有很强的处理不确定性信息的能力，它不需要先验信息，对不确定性信息的描述采用“区间估计”而不是“点估计”的方法，解决了关于“未知”即不确定性表达方法，在区分不知道与不确定方面，以及精确反映证据收集方面显示出很大的灵活性。

（三）神经网络和D－S证据理论两级融合算法

煤矿突水是由多种因素造成的，且各种因素之间很难用精确的数学模型表达出来。依据上述信息融合的一般方法，采用两级融合算法对煤矿井下突水进行预测。

由于煤矿井下所采集到的原始信号包含很多无用噪声，必须对原始信号进行降噪处理。为此，可选用人工神经网络的方法对传感器数据进行一致性检验，即剔除一些由于测量环境影响所产生的虚假数据。

根据对多传感器数据融合技术不同融合层次进行对比，确定采用决策级融合对煤矿井下采集到的各种传感器数据进行融合，并判断煤矿井下的安全状态，可选用D－S证据理论。

（四）整体设计方案

结合矿井水文地质动态监测，进行实时多数据融合解析，特别是在采掘条件下的水情演化规律及突出机理，建立井下水情评价模型和评价等级；配备集信息采集、传输、处理及预测、预报技术于一体的矿井水文自动监控系统；建立煤矿水害预警信息管理系统。多参数数据融合分析系统如图11－14所示。

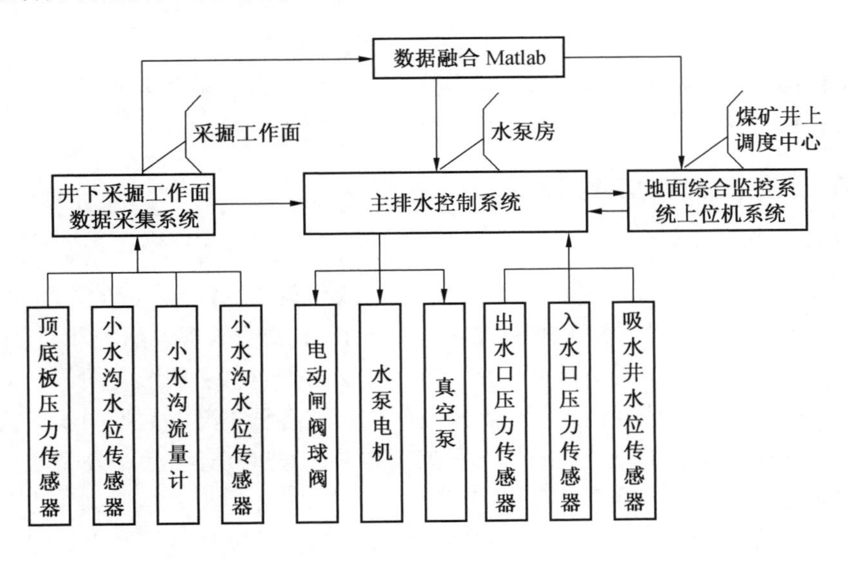

图11－14　多参数数据融合分析系统

数据采集系统由采集数据的传感器及信号传输设备组成。依据矿井水文动态监控进行传感器布置，从而进行水情多参数测量。同时，将采集到的数据进行处理，主要借助信息融合算法中的神经网络和 D－S 证据理论两级融合算法，最后得出关于煤矿井下工作面突水的安全等级。

（五）工作面突水动态评价模型设计

矿井突水是由多种因素引起的，且各因素之间有强烈的非线性关系。对矿井突水的评价客观上要求用一种具有自适应、自学习，以及动态的非线性处理方法。

人工神经网络具有自学习和自适应的能力，可以通过预先提供的一批相互对应的输入－输出数据，分析掌握两者之间潜在的规律，最终根据这些规律，用新的输入数据来推算输出结果。将人工神经网络技术用于矿井突水预报正是利用了其在非线性问题或非结构性问题解决方面的独特优势。对于突水预报神经网络而言，只要存在一定数量可供学习的突水范例，那么网络便可建立矿井突水与各种影响因素之间的映射关系，进而用于矿井突水预报。

由于单一的神经网络输出结果不稳定，输出结果有时候有偏差。因此，提出将 D－S 证据理论与 BP 神经网络相结合的融合方法应用于矿井突水系统评价模型中，即利用 BP 神经网络为 D－S 证据理论分配基本可信度，解决 D－S 证据理论基本概率分配函数难以获得的难题。煤矿工作面突水动态评价系统框图如图 11－15 所示。

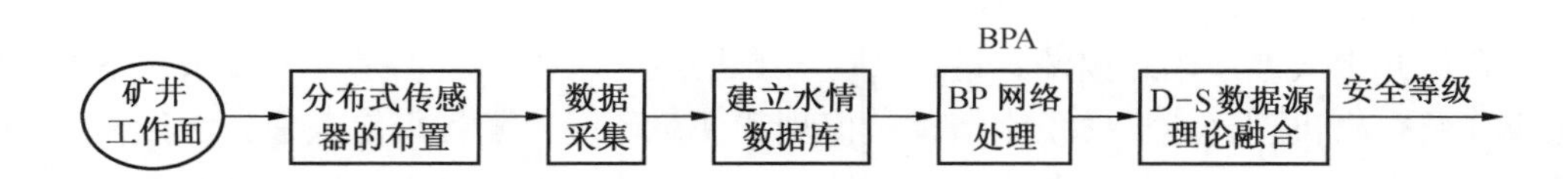

图 11－15　煤矿工作面突水动态评价系统框图

煤矿工作面突水的形成十分复杂，涉及水文、地质构造、采动影响等方面的因素，上述安全等级评价方法还需要在实际应用中不断地充实完善。

二、基于大数据分析的水害预测方法

大数据是一种基于大量信息解决问题的新方法。大数据具有“4V”特点，即 Volume（体量浩大）、Variety（模态繁多）、Velocity（生成快速）、Value（价值巨大但密度较低）。大数据是从大量看似不相关的数据中挖掘出的相关性数据，研究事件间的相关关系。其研究对象多样，数据类型繁多，涵盖数字、文字、语音、图形、图像，从监测数据到网络日志、视频、地理位置信息等。在短时间内可从各种类型的数据中快速获取有价值的信息。大数据技术描述了新一代的技术和架构体系，通过高速采集，发现或分析、提取各种各样的大量数据的经济价值。

水害是煤矿的主要灾害之一，煤矿水害的发生与煤层地质构造、充水水源、生产采动过程等各种因素相关，是多种因素综合作用的结果，突水机理复杂，采用传统的分析方法，较难实现水害事故的早期预警。但是，水害事故发生前，一般均会显示多种突水预兆，如煤岩壁发潮发暗、煤岩壁挂汗、巷道中气温降低煤壁变冷、顶板压力增大、淋水增加、底板鼓起有渗水、出现压力水流、煤壁出现挂红酸味大、有臭鸡蛋味等情况。同时矿井涌水量、水压、水位、水温、水质、环境温度、环境湿度、水文地质等都会发生变化。通过采用大数据分析方法研究各类数据的变化与水害事故的关系，提出突水预警模型，对水害早期预警具有重要价值。

目前，在矿井水害防治过程中，现场多种水文监测传感器、各类矿压监测传感器、采掘定位设备、采动岩体破坏监测设备产生了大量数据，为水害分析提供了基础数据。采用大数据的分析预测方法是经过对各类数据的采集、预处理、存储及管理，从这些海量数据中挖掘、发现与水害有关的内在的有价值的信息、规律和知识，建立突水预警模型，从而实现水害预警。将大数据分析方法应用于矿井水害防治具有重要的现实意义。

（一）水害防治数据的采集与预处理

矿井水害防治的有关数据主要来自安装在井下各个采集点的传感器发回的数据信息、煤矿日常生产运营系统的日志信息，以及和煤矿井下水害位置相关的地质勘探信息等。数据包括水文地质在线监测数据、水文地质探测数据、现场人员发现的异常征兆信息、矿井突水案例数据，以及其他矿井水害防治网络化分布式监测系统数据，形成了多个分布式数据集市。数据采集过程是通过对各类分布的数据源进行采集存储并进行预处理的。系统数据量大、类型多样，大多是多维的、异构的、时变的，有结构化数据、半结构化数据、非结构化数据。需要采用数据清洗、数据集成、数据变换和数据归约等方法，将数据降维、转换，选取并建立与水害产生相关的数据集合，如涌水量、水温、雾气、硫化氢气体含量等数据，然后从数据集合中滤掉一些无关的、偏差的或重复的数据，为数据挖掘提供基础。

（二）水害防治数据仓库的构建

数据仓库是决策支持系统和联机分析应用数据源的结构化数据环境，数据仓库是面向主题的、集成的、时变的、海量的空间和非空间数据集合，可看作由多个分布式数据集市和数据仓库组成的海量数据源。其目的是构建面向分析的集成化环境。数据仓库系统提供各类数据管理、数据分析和挖掘工具，实现数据的建模、预处理、决策分析。数据仓库中的数据是在对原有分散的数据库数据进行抽取、清理的基础上经过系统加工、汇总和整理得到的。

矿井水害防治数据仓库是面向水害分析而构建的，可分为地测、水文、物探、矿压、气象、突水案例、知识库等多个主题域。其数据存储过程是将矿山企业分布的、异构的、与水害相关的数据源中的数据抽取到临时中间层后进行清洗、转换，最后加载到数据仓库中分主题存放。在数据存储过程中可采用目前分布式文件系统、分布式数据库等技术实现数据的分布式存储与快速计算。

（三）水害分析与预测

基于大数据的水害分析与预测以数据仓库中的基本数据为对象，根据确定的主题和决策任务，分析相关的专业知识，设计相关的挖掘模型及算法，从水害防治数据仓库中分析、提取、挖掘所需的与水害预测相关的知识信息。其数据挖掘过程如图 11 - 16 所示。通过数据的反复挖掘，实现从“粗糙知识”到“智能知识”的提取。大数据挖掘技术包括：数据挖掘算法、预测性分析、语义引擎、机器学习、统计分析、自然语言处理、知识与推理等。

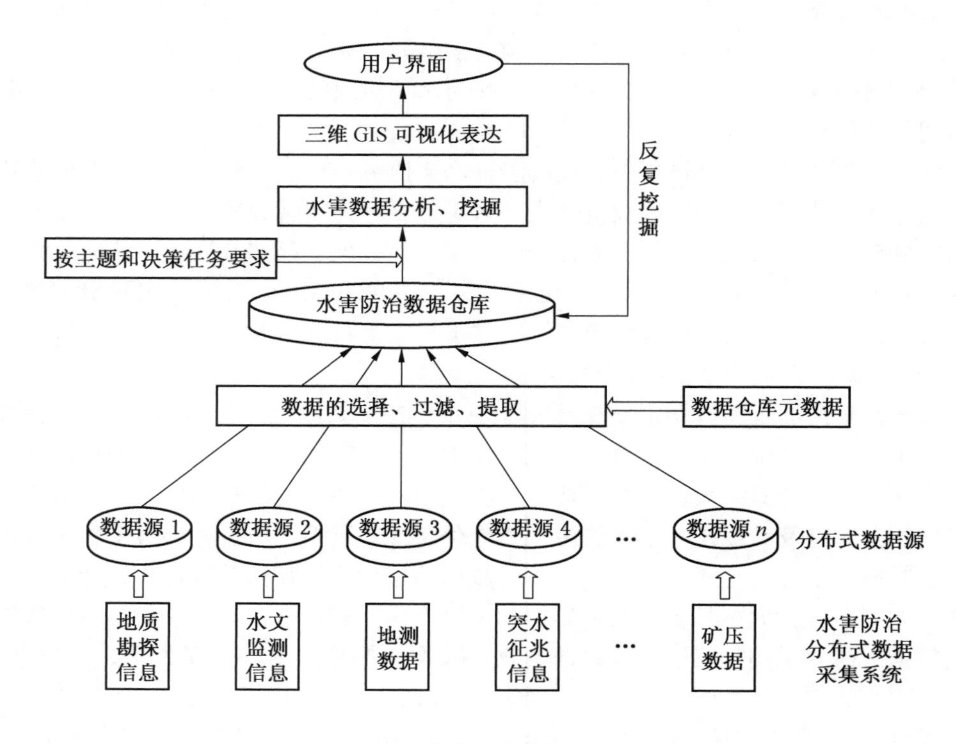

图 11－16　水害防治数据挖掘过程

基于大数据的水害分析与预测，需要运用多种大数据挖掘技术，结合煤矿水文地质、煤矿水害案例、专家知识经验等水害防治相关专业知识，挖掘涌水量、水压、水位、采掘位置、水质、环境温度、声音、水文地质和气象条件等多维度复杂的信息与水害事故之间的相关关系，建立水害预测模型。例如，根据不同水源的水化学、水温等指标差异，在预先采集化验多个水源样本的基础上，通过机器学习、模式识别等建立水源识别模型；在已开展的注水试验，应变监测、破坏深度动态观测、物理探测等成果的基础上，分析采动破坏在发育高度与矿压、岩层岩性、煤厚、采深等之间的关系，通过多元统计、回归分析、数值模拟等，建立底板破坏深度、覆岩冒落高度等采动破坏带预计模型；收集整理以往各类型突水案例，建立突水实例库，提取突水量与各指标量值的历史数据，划分突水量等级，利用水源（类型、厚度、水压）、通道（断层、陷落柱）、隔水层（厚度、岩性、力学强度）特征数据训练拟合突水量等级，建立突水量等级预测模型。采用多模型组合预警系统，预测突水发生概率和突水量等级。

（四）基于 GIS 的三维可视化表达

大数据挖掘所得知识需要采用易于理解的方式直观地表达出来，利用 GIS 三维可视化技术以 GIS 虚拟矿山为背景，叠加水害数据挖掘结果，以可视化影像生动、形象、逼真地呈现在管理者面前，为水害预防决策工作服务。

基于 GIS 的三维可视化水害监测系统，是将矿井水文地质离散的数据库和信息资源以地理信息系统为基础平台进行综合处理和应用，其主要功能为：①实现矿井水文地质的数字化管理；实现多层次、多方位直观的数据显示与空间分析功能。②系统通过高精度地质模型和巷道模型，利用空间距离预警技术，可以动态计算掘进头到相关危险源（包括构造、积水区、采空区、陷落柱等）的垂直距离，实现危险源空间预警。③通过建立煤矿突水三维仿真系统，根据巷道的突水点水量、巷道长度、坡度、断面形状、渗流情况等对突水进行可视化的三维过程表达，为合理制定水害避灾线路提供科学依据。

综合本章内容，矿井水害防治智能化技术在各方面取得了较大发展，对水害防治起到了重要作用。但防治水综合监测的设计与验证工作还基于理论与历史数据层面，虽然水文动态监测技术的应用为水害监测提供了数据基础，但基于突水机理研究的预测方法在应用过程中还没有达到解决多类型、多因素影响的复杂的水害预警问题。随着物联网技术、计算机技术的发展，人工智能、大数据的应用，把水文动态监测、井下排水、钻探水、地质库数据、环境安全数据等网络化监测数据进行多源融合，采用大数据分析手段，进行水害预警，是今后重点研究与推广应用的方向。

参 考 文 献

[1] 赵苏启．中国煤矿水害防治技术 [C] //赵铁锤．中国煤矿水害防治技术．徐州：中国矿业大学出版社，2011.

[2] 董书宁，靳德武，冯宏．煤矿防治水实用技术与装备 [J]．煤炭科学技术，2008，36 (3)：8－11.

[3] 孙广义．采煤概论 [M]．徐州：中国矿业大学出版社，2007.

[4] 张文泉．矿井（底板）突水灾害的动态机理及综合判断和预报软件开发研究 [D]．济南：山东科技大学，2004.

[5] 李萍．煤矿井下综合物探超前探测技术与应用 [J]．煤田地质与勘探，2012，40 (4)：75－78.

[6] 程居山，王昌田，李新平，等．矿山机械 [M]．徐州：中国矿业大学出版社，1997.

[7] 顾永辉，范延瓒．煤矿电工手册（修订本）：第三分册煤矿固定设备电力拖动 [M]．北京：煤炭工业出版社，1997.

[8] 武强，董书宁，张志龙．矿井水害防治 [M]．徐州：中国矿业大学出版社，2007.

[9] 宫学东，陈威，朱亚坤．煤矿强排自动控制系统设计 [J]．工矿自动化，2017，43 (5)：75－78.

[10] 闫光，王昕，纵鑫，等．煤矿分布式突水监测系统设计 [J]．工矿自动化，2015，41 (4)：5－8.

[11] 薄英强，欧阳明三，李业亮，等．基于 Zigbee 的矿井水文信息监测系统 [J]．工矿自动化，2014，40 (10)：84－87.

[12] 刘浩，文广超，谢洪波，等．大数据背景下矿井水害案例库系统建设 [J]．工矿自动化，2017，43 (1)：69－73.

[13] 孟磊，丁恩杰，吴立新．基于矿山物联网的矿井突水感知关键技术研究［J］．煤炭学报，2013，38（8）：1397－1403．
[14] 张英梅，程珍珍．D－S 证据理论在煤矿水害预测中的应用［J］．太原理工大学学报，2008，39（6）：589－591．
[15] 葛世荣，黄盛初．卓越采矿工程师教程［M］．北京：煤炭工业出版社，2017．
[16] 何利辉，陈超群．矿井突水预测理论及监测研究［C］//赵铁锤．中国煤矿水害防治技术．徐州：中国矿业大学出版社，2011．
[17] 王沙沙．保德煤矿奥灰富水性及11 煤底板突水危险性评价［D］．青岛：山东科技大学，2011．
[18] 孙晓光．煤层底板突水预测及防治研究［D］．徐州：中国矿业大学，2008．
[19] 魏红霞．煤矿井下多参数突水信息的动态评价方法及系统设计［D］．太原：太原理工大学，2010．
[20] 李明昉．矿井水害预测预报信息系统研究及应用［J］．中小企业管理与科技（下旬刊），2010（10）：301．
[21] 陈加胜．锚杆支护巷道随掘钻探一体化研究［D］．安徽：安徽理工大学，2012．
[22] 张伟东，黄金波．提升煤矿开采安全系数的地质勘测技术浅析［J］．中国科技纵横，2011（4）：1．
[23] 刘鑫明，刘树才，邢涛．矿井瞬变电磁法在海域煤矿富水性探测中的应用［J］．山东煤炭科技，2008（6）：66－67．
[24] 于景，刘志新．用瞬变电磁法探查综放工作面顶板水体的研究［D］．徐州：中国矿业大学，2007．
[25] 潘利洵，武俊文，卢海．无线电波透视在工作面探测中的应用［J］．工程地球物理学报，2010（6）：38－41．
[26] 魏启明，董伟．超前探测方法在羊场湾煤矿的应用［J］．价值工程，2012（14）：63－64．
[27] 陈娅鑫．深部煤层开采矿井防治水技术研究［D］．邯郸：河北工程大学，2011．
[28] 王广才，段琦，常永生．矿井水害防治中的水文地球化学探查方法［J］．中国地质灾害与防治学报，2000（1）：36－40．
[29] 马明．水平井钻井远程实时监控系统研究与设计［D］．成都：西南石油大学，2012．

第十二章　煤矿移动目标定位技术

第一节　煤矿移动目标的分类与特性

一、煤矿移动定位目标分类

煤矿生产作业中的移动目标种类较多，随着物联网在矿山的推广应用，移动目标的精准定位需求也越来越迫切。根据移动目标属性和功能的不同，可将煤矿移动定位目标大致分为人员、运输车辆和移动设备三大类。其中移动设备又可分为两种：一类是在工作过程中频繁移动的设备，如采煤机、掘进机等，其定位目的是实现自动化采煤生产过程中的协同控制；另一类是相对静止的设备，移动不频繁，其定位目的是进行设备虚拟仓储的管理。

二、煤矿移动目标的特性

煤矿移动目标的特性差异主要体现在以下几个方面：定位目标的移动速度不同、定位精度要求不同、目标的移动规律不同，因此采取的定位技术路线也不同。

1. 目标移动速度快慢差异大

移动性是煤矿移动目标最基本的特点。移动速度具有多样性，设备移动速度相对较慢，如采煤机的移动速度通常每分钟小于 20 m，人员的步行速度一般每分钟小于 100 m，车辆移动速度相对较快，车辆、胶轮车的正常运动速度可以达到 20 km/h 以上，在一些极端情况下，有些车辆运行速度能达到 50 km/h 以上。所以在进行各类移动目标的监控系统设计时，就应充分考虑各类移动目标的不同特点，针对不同情况进行分类设计，采用相应的定位检测技术。

2. 定位精度要求不同

在煤矿生产管理中，对于不同移动目标要求定位的精度不同，即使是同一种移动目标在不同的时间区段，不同的位置区域，要求的定位精度也是不同的。如车辆的定位在井下巷道的直线区段，由于车辆运行速度较快，每秒钟都会有十几米的移动距离，定位精度要求相对较低，能够确定在 10 m 范围内，即可以满足定位管理的要求，但是在关键路段、道岔口、红绿灯管理区域，定位精度要求就高些，需要定位到 1 m 的范围内。人员定位与设备定位也具有同样的特点，在平时井下作业人员考勤管理与调度作业中，仅需要知道人员的大致位置，实现合理调度作业即可，但是在事故救援过程中，则需要知道被救援人员的精准位置，便于救援工作的开展，提高救援效率。采煤机在刮板输送机上往复运动，对于采煤机等设备定位精度则需要精确到厘米级，因此定位精度需要根据不同的移动目标与场合有不同的要求。

3. 目标的移动规律不同

井下不同的移动目标，都具有一定的移动规律。有的移动目标是在一个限定区间内移动，范围较小；有的移动目标是在全矿井下移动，范围较大。如采煤机在一个工作面采煤作业的时候，仅限于在配套刮板输送机上往返移动；有轨机车在井下有轨的运输线路上运行，运行区域与路径受轨道的限制；无轨胶轮车则不受轨道的限制，可以在规定的运输线路上来回作业；井下作业人员也是根据岗位的不同，移动范围差别较大，在一个固定岗位的操作人员一般在工作区域的范围内移动，而安全检查和设备点检与巡视人员则在规定的关键检查与巡视区域移动。

三、移动目标定位的作用

煤矿中的各类生产人员作为煤矿生产中最重要的生产要素，通过对其精确定位，可以实现人员考勤作业，从而进行有效的组织管理，并合理指挥调度，提高作业效率。同时可实现人员位置实时动态跟踪与显示，一旦有人进入危险区域，可及时报警，避免安全事故的发生，并在事故发生后，及时给出逃生路线，根据受困人员位置信息进行有效的组织抢险救援工作，保护生命安全，减少财产损失。因此，人员的精确定位对于煤矿生产调度、安全监督管理及灾后救援具有重要意义。

通过设备合理定位，可在 GIS 平台上及时显示设备当前位置和分布状况，实现设备虚拟仓储管理，减少设备的人工统计与位置查询，提高管理水平，避免设备的丢失与闲置，实现设备资产有效监管。此外，针对采煤机、掘进机等与作业相关的移动设备，通过设备之间的精确定位，可实现设备之间协同作业，提高自动化水平，降低人员劳动强度，提高安全水平，提高生产效率。

通过车辆精准定位，能够及时、准确地将井下各个区域、各种类型车辆的动态情况反映到地面计算机系统，使管理人员能够随时掌握井下车辆的分布状况和每辆车的运动轨迹，实现车辆的科学调度与任务优化，提高车辆运行效率。同时也加强了对车辆的安全管理，避免超速行驶、闯红灯等违章作业，提高矿山交通运输安全。

煤矿生产作业过程中人员、车辆、设备都处于不断移动的过程中，通过移动目标定位信息，将人员、车辆、设备的位置信息在一个 GIS 平台上联系起来，可实现井下人员实时跟踪管理、车辆科学调度、设备高效监管利用。移动目标的位置信息是智慧矿山的重要信息组成，通过与其他多种信息的有效融合、实时监测，可进一步加强煤矿突发情况应急处理能力，提高煤矿安全生产水平。

第二节　煤矿移动目标定位技术

由于卫星定位信号不能到达煤矿井下，易燃易爆环境电气要求有防爆措施，加上巷道受地质条件的影响，无线电信号受巷道弯曲、起伏变化、断面形状、支护导体、空间设备等多种因素的影响，电磁波衰减严重。使得煤矿井下移动目标定位较为复杂，需要采用多种技术相结合。目前常用的技术有：无线电波、超声波、惯性导航、视觉、地磁、激光与红外等多种定位技术。

一、无线信号定位技术

（一）RFID 射频定位技术

RFID 是一种非接触式的自动识别技术，通过射频信号自动识别目标对象并获取相关数据。典型的无线射频识别系统由三部分组成：标签（Tag）、阅读器（Reader）和天线（Antenna）。每个电子标签具有唯一的 ID 号，当携带有电子标签的人员车辆经过阅读器的时候，阅读器与其进行无接触的信息交换，从而获得被测目标的身份码，再加上时间信息和阅读器的位置信息，形成一个完整的信息包并传至地面中心站，经分析处理，即可实现简单的定位功能和考勤统计、轨迹再现等辅助功能。电子标签与识别分站之间通过耦合元件实现射频信号的空间（无接触）耦合，在耦合通道内，根据时序关系，实现能量的传递、数据的交换。

RFID 技术只能实现当被测物体从读卡器附近经过时的检测，无法测量出被测物体的距离信息，因此无法计算出被测物体的准确位置信息，属于典型的区域定位。区域定位技术示意图如图 12－1 所示。

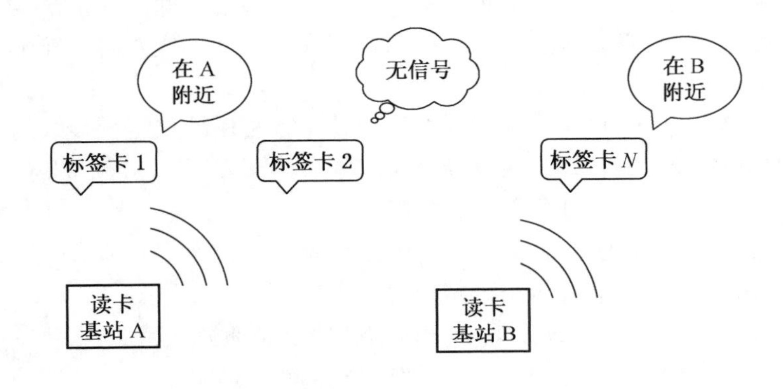

图 12－1　区域定位技术示意图

RFID 射频定位技术根据不同的方式，射频识别卡有以下几种分类：

（1）有源电子标签内装电池，工作的能量由电池提供，电池、内存与天线一起构成有源电子标签，不同于被动射频的激活方式，一直通过设定频段外发信息。采用有源标签有效识别范围有所扩大，但是识别精度降低，在关键位置无法满足实际使用的要求。

（2）半有源电子标签部分依靠电池工作。半有源 RFID 标签采用了低频激活器，只有被激活后才能正常工作。而低频激活器的激活距离短，小区域范围激活，在一个较大区域由远距离读写器识别读取信息。

（3）无源电子标签，无源射频标签不支持内装电池，采用跳频工作模式，用户可自定义读写标准数据，识读距离可达 15 m 以内，采用无源标签有效识别范围小，可以提高定位精度。

RFID 射频识别主要有以下几个方面的特点：

（1）读取方便快捷。与条形码和二维码相比，数据的读取不需要光源。有效识别距离更大，采用自带电池的主动标签时，煤矿井下平直巷道中有效识别距离可达到 80 m 以上。

（2）识别速度快。标签进入有效范围内，解读器就可以即时读取其中的信息，而且能够同时处理多个标签，实现批量识别。

（3）数据容量大。射频识别标签可以根据用户的需要扩充到数万个数字。

（4）使用寿命长，应用范围广。无线电通信方式，使其可以应用于粉尘、油污等高污染环境和放射性环境，而且封闭式包装使得其寿命大大超过印刷的条形码。

（5）标签数据可动态更改。利用编程器可以写入数据，从而赋予射频识别标签交互式便携数据文件的功能。

（6）更好的安全性。射频识别标签不仅可以嵌入或附着在不同形状、类型的产品上，而且可以为标签数据的读写设置密码保护，从而具有更高的安全性。

（7）动态实时通信。只要射频识别标签所附着的物体出现在读卡器的有效识别范围内，就可以对其位置进行动态的追踪和监控。

射频识别（RFID）技术是煤矿移动目标安全监控系统中的关键技术之一。RFID 减少了信号电缆的敷设，极大地提高了数据采集的速度和灵活性，同时也带来了无线通信固有的缺陷，如带宽有限、设备复杂、需要考虑防冲突和防碰撞、成本高、安全性等问题。

（二）UWB 定位技术

UWB（Ultra Wide band）是一种无载波通信技术，利用纳秒至微秒级的非正弦波窄脉冲传输数据。通过在较宽的频谱上传送极低功率的信号，FCC 规定 UWB 的频带为 3.1 ~ 10.6 GHz 和低于 41 dBm 发射功率。

UWB 超宽带系统与传统的窄带系统相比，具有穿透力强、功耗低、抗多径效果好、安全性高、系统复杂度低、能提供精确定位等优点。

（1）系统结构较简单。UWB 发射器直接用脉冲小型激励天线，采用非常低廉的宽带发射器，在接收端不需要中频处理，因此系统结构简单。

（2）高速的数据传输。UWB 不单独占用频率资源，而是共享其他无线技术使用的频带，以非常宽的频率带宽来换取高速的数据传输。

（3）功耗低。UWB 系统使用间歇的脉冲来发送数据，脉冲持续时间很短，一般为 0.20 ~ 1.5 ns，有很低的占空因数，在高速通信时系统的耗电量仅为几百微瓦至几十毫瓦，系统耗电很低。

（4）安全性高：UWB 把信号能量弥散在极宽的频带范围内，对一般通信系统，UWB 信号相当于白噪声信号，并且大多数情况下，UWB 信号的功率谱密度低于自然的电子噪声。采用编码对脉冲参数进行伪随机化后，脉冲的检测将更加困难，因此安全性大幅提高。

（5）多径分辨能力强。超宽带无线电发射的是持续时间极短的单周期脉冲且占空比极低，多径信号在时间上是可分离的。由于脉冲多径信号在时间上不重叠，很容易分离出多径分量以充分利用发射信号的能量。

（6）定位精确。冲激脉冲具有很高的定位精度，超宽带无线电具有极强的穿透能力，可在室内和地下进行精确定位，其定位精度可达厘米级。

（7）造价便宜。UWB 可全数字化实现。它只需要以一种数学方式产生脉冲，并对脉冲产生调制，可以被集成到一个芯片上，设备成本低。

UWB 采用 TDOA 和 AOA 的混合定位方式进行高精度定位，系统主要包括三个部分：活动标签、定位基站与平台软件。具有数据存储功能的活动标签，能够发送带有标识码的 UWB 信号；作为位置固定的信标节点的定位基站，接收并计算从活动标签发射出来的信号；平台软件能够获取、分析所有位置信息并传输信息给用户。其基本原理为：活动标签发射极短的 UWB 脉冲信号，包含 UWB 天线阵列的定位基站接收到此信号后，每个定位基站独立测定 UWB 信号的到达方向和角度 AOA，对于到达时差 TDOA 则由一对部署了时间同步线定位基站来测定，定位系统软件根据信号到达时间差和达到角度计算出标签的精确位置。定位基站按照蜂窝单元的组织形式设置，在每个定位单元中，主传定位基站与其他定位基站配合工作，并负责与标签进行通信，可以根据系统的覆盖范围增加附加定位基站数量。标签与定位基站之间支持双向标准射频通信，参数的动态修改。定位基站可以通过工业环网将标签位置发送到定位引擎，定位引擎将数据进行综合汇总，通过定位平台软件，实现可视化处理。采用 UWB 定位技术，可以满足煤矿未来无线精准定位的需求。

（三）基于 WSN 无线定位技术

无线传感器网络（Wireless Sensor Networks）作为一种分布式网络，传感器节点之间通过网络无线方式通信，网络设置灵活，可通过无线通信方式形成一个多跳自组网。一般由感知节点、目标节点、网关节点和上位机系统组成，感知节点是已知自身坐标位置的节点，目标节点是未知节点，这些数据通过网关节点传送给上位机系统，上位机系统接收相关信息。无线传感器网络拓扑结构通常分为集中式拓扑结构、传递式拓扑结构和分层式拓扑结构，煤矿井下是一个狭长的隧道，网络节点需要沿巷道两侧布置，因此，地下无线传感器网络拓扑结构一般为链式结构，网络节点信息也只能沿着唯一的路径依次传递。基于信号飞行时间的测距算法，即通过测量两个异步收发器之间信号往返的飞行时间来估计距离，如：TWR 双程测距方法、SDS - TWR 对称双边双程测距方法等，完成定位计算并动态显示未知移动节点的位置坐标。井下巷道环境网络节点布置图如图 12 - 2 所示。

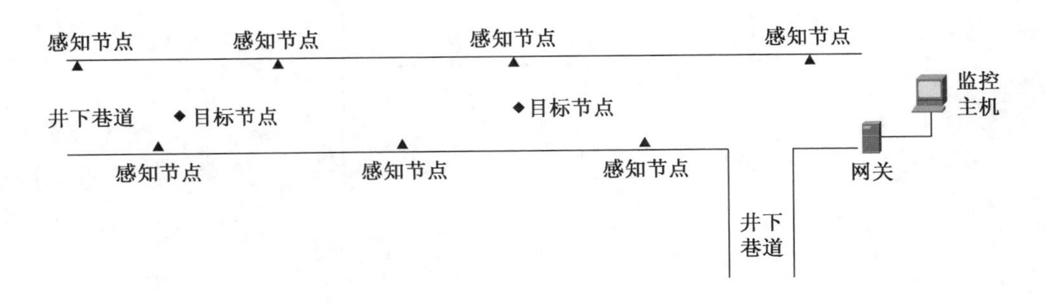

图 12 - 2　井下巷道环境网络节点布置图

煤矿井下是易燃易爆的特殊环境，无线传感器网络节点不仅要求可靠性高、功耗低，还应具备本质安全型特点。Zigbee 协议是基于 IEEE 802.15.4 标准的低功耗局域网协议，Zigbee 协议的体系结构分为四层：IEEE 802.15.4 物理层 2.4 GHz，IEEE 802.15.4 MAC 层，Zigbee 网络层，Zigbee 应用层。Zigbee 的传输速率低，发射功率仅为 1 mW 左右，而且具有休眠模式，功耗低，实现多跳与自组网功能，可以采用电池供电的方式，理想环境中定位精度可以达到 5 m 以内，在煤矿井下人员定位系统中得到了广泛应用。

（四）基于 WLAN 无线信号定位技术

WLAN（Wireless Local Area Networks）无线局域网，基于 IEEE802.11 标准的无线局域网 WiFi 技术，使用不必授权的 2.4 GHz 或 5 GHz 射频波段，在煤矿井下被广泛应用于数据通信。基于 WLAN 无线信号定位系统采用基于 RSSI 的指纹定位技术，通过 IEEE802.11 标准对矿井中的移动目标进行定位。系统主要包括 3 个部分：无线终端、定位基站 AP 和定位平台。在 WLAN 信号覆盖的区域内按照一定的距离和关键位置确定采样点，在每个采样点用终端扫描区域内各信道上的热点信号，接收 IEEE802.11 协议数据帧中的 MAC 地址，并记录信号强度值。将每个采样点检测到的全部可见热点的信号强度、MAC 地址及采样点的位置坐标信息作为记录保存在位置指纹数据库中。移动终端实时检测 WLAN 热点信号的强度信息，与位置指纹数据库中的数据比较，取信号相似度最大的采样点位置作为定位信息。目前还有将 WiFi 的无线信号变化与视频监控图像相结合的定位模式，可进一步提升了移动目标的定位精度。

二、煤矿无线测距定位方法

（一）基于 TOA 的测距定位方法

TOA（Time of Arrival）测距方法是通过计算无线信号在发射设备和接收设备之间的传输时间，乘以无线电波的传输速度 C，计算出无线基站和移动目标之间的距离。定位精度与信号传输时间有关，不受信号强度和衰减的影响，但是要求定位基站和定位卡之间时钟精准同步。该方法对移动目标定位卡和定位基站之间的时钟同步要求较高，这是影响估计精度的主要因素。一个定位基站测距工作原理如图 12－3 所示。

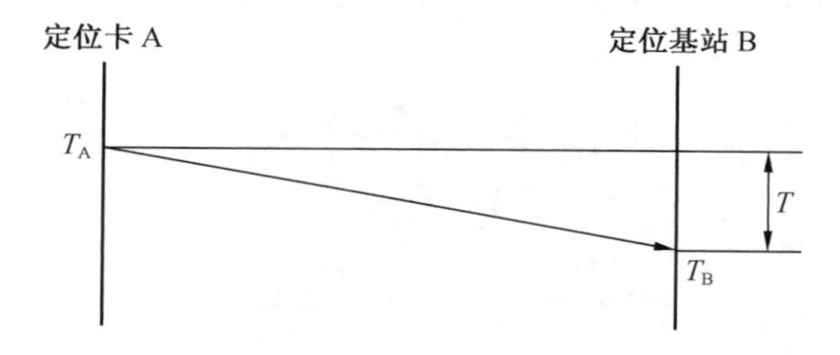

图 12－3　TOA 测距方法

根据移动目标定位卡发送信号时刻与定位基站接收信号时刻计算出信号在二者之间的传播时间，由下式计算出移动目标定位卡和定位基站之间距离：

$$L = CT = C(T_B - T_A) \tag{12-1}$$

式中　T_A——发射信号发送时刻；

T_B——接收信号接收时刻；

T——测距信号传播时间；

L——目标距离；

C——无线电波的传输速度；

移动目标定位原理如图 12－4 所示，将 3 个定位基站作为参考点，以每个参考点为圆心，以目标位置到各定位基站的距离为半径画圆，最终依据定位基站参考点坐标，确定移动目标的坐标位置。

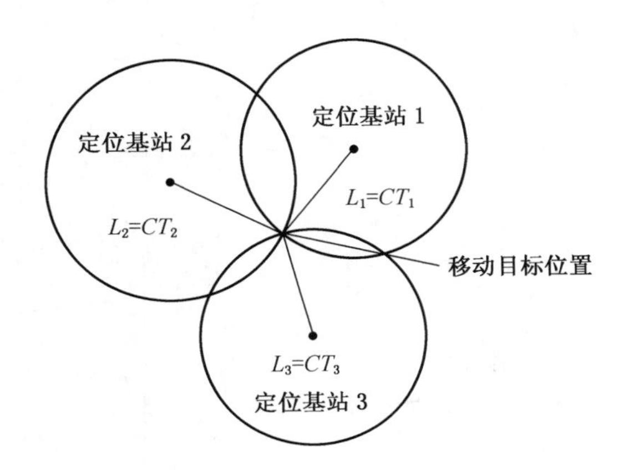

C—无线电波的传输速度；L_1—移动目标与定位基站 1 的距离；L_2—移动目标与定位基站 2 的距离；L_3—移动目标与定位基站 3 的距离；T_1—移动目标与定位基站 1 的信号传输时间；T_2—移动目标与定位基站 2 的信号传输时间；T_3—移动目标与定位基站 3 的信号传输时间

图 12－4　TOA 移动目标定位原理图

（二）基于 TDOA 的测距定位方法

TDOA（Time Difference of Arrival）达到时间差定位方法，是测量目标信号到达各接收端的时间差，需要两个以上定位基站同时覆盖，每个基站之间的距离已知，移动目标定位卡发送信号之后，每个定位基站接收到信号，分别记录信号到达时刻，通过计算到达时间差来计算移动目标与定位基站的距离差。TDOA 测距定位技术需要同步各定位基站之间的时钟，对定位基站和定位卡的时间同步要求较低。由时间差计算出距离差，任一距离差都可以形成一条双曲线，则几条双曲线的交点即为目标所在位置。采用 3 个定位基站的原理图如图 12－5 所示。

针对煤矿巷道的限定空间，定位基站只能在巷道内安装，移动目标只能在巷道内移动，因此通常采用两个定位基站就可确定移动目标的位置，巷道内采用两个定位基站原理图如图 12－6 所示（$d_{1,2}$为移动目标到定位基站 1 和定位基站 2 的距离差双曲线）。

（三）基于 TWR 测距定位方法

TWR 测距方法亦即双程测距方法（Two－Way Ranging），通过定位基站与定位卡之间的双向信号传输实现测距，保留了 TOA 定位方法的优点，定位精度不受信号发射功率、接收灵敏度和信号传输衰减的影响，解决了 TOA 定位需要定位基站和定位卡时钟同步的难题，降低了设备成本。其工作原理如图 12－7 所示。

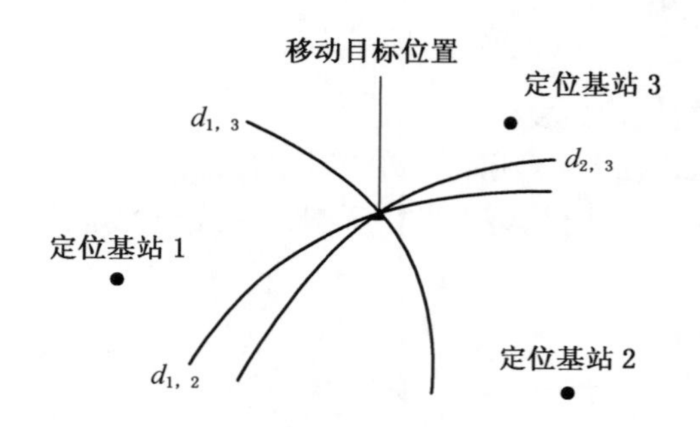

图 12－5　3 个定位基站的原理图

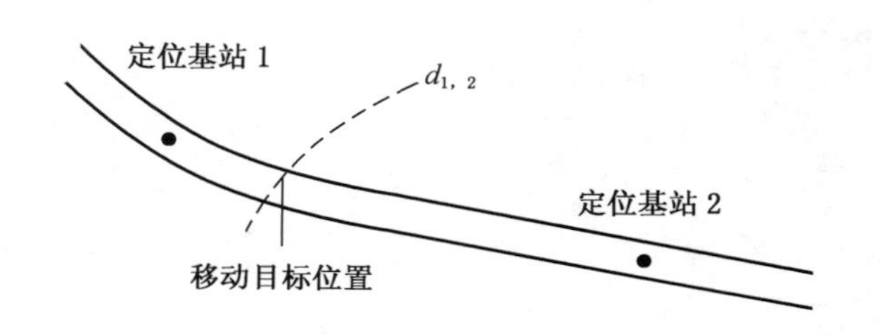

图 12－6　巷道两个定位基站原理图

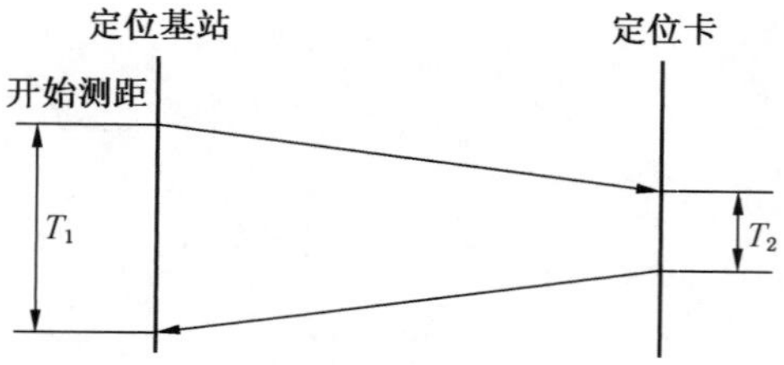

图 12－7　TWR 测距方法工作原理

移动目标与定位基站距离的计算公司如下：

$$T_1 = 2T + T_2 \tag{12-2}$$

$$L = CT = \frac{C \times (T_1 - T_2)}{2} \tag{12-3}$$

式中　T_1——定位基站发送测距信号到定位卡反馈信号的时间；

T_2——定位卡从接收到测距信号到反馈信号的延迟时间；

T——测距信号传播时间；

L——目标距离；

C——无线电波的传输速度。

TWR 定位方法不要求信号发射设备与接收设备时钟严格同步，降低了系统的复杂度和成本，但定位精度受定位分站和定位卡的时钟误差影响。

（四）基于 SDS－TWR 测距定位方法

SDS－TWR 测距方法为对称双边双程测距方法（Symmetrie Double Two Way Ranging），是利用无线通信中电磁波的传播延时来测量两点之间的距离，保留了 TOA 定位方法的优点，定位精度不受信号发射功率、接收灵敏度和信号传输衰减的影响，采用两次测量不仅能够消除时钟不同步造成的测距影响，而且消除了两个定位基站时钟漂移误差造成的测距影响，提高了测距精度（图 12－8）。

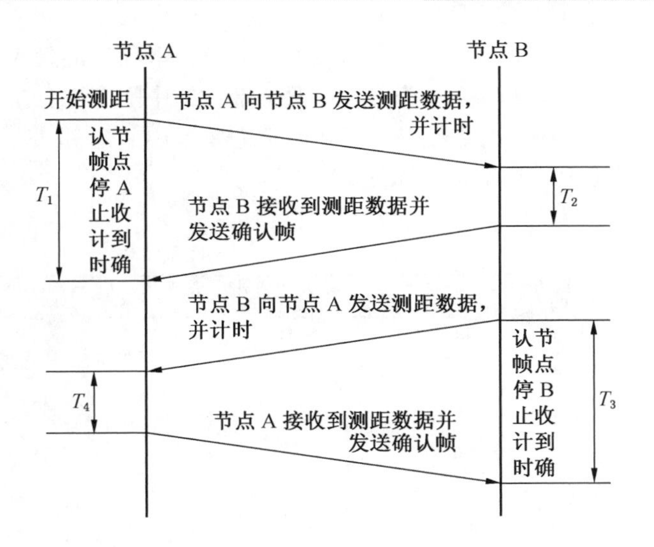

图 12－8 双边双程测距示意图

SDS－TWR 定位方法目标距离计算公式如下：

$$T_1 = 2T + T_2 \tag{12-4}$$

$$T_3 = 2T + T_4 \tag{12-5}$$

$$L = \frac{C(T_1 - T_2 + T_3 - T_4)}{4} \tag{12-6}$$

式中 T——测距信号传播时间；

L——目标距离；

C——光传输速度。

SDS－TWR 定位方法不要求信号发射设备与接收设备时钟严格同步，降低了分站和定位卡的时钟误差对定位精度的影响，但定位精度仍受定位分站和定位卡的时钟误差影响。

（五）基于 WiFi 在 RSSI 测距定位

信号强度 RSSI 作为测距的依据，信号强度 RSSI 与距离符合一定的传播模型。基于 WiFi 在煤矿井下的广泛应用，依据无线基站信号定位一般采用“近邻法”判断和 RSSI 场强定位的方式，“近邻法”即最靠近哪个热点或基站，即认为处在什么位置，如附近有两个基站，可以采用“直线双向定位法”，如果超过两个以上的基站，则可以通过交叉定位“三边定位”，提高定位精度。其在人员定位方面主要用于实现区域定位和 RSSI 场强定位，WiFi 热点受到周围环境的影响会比较大，定位精度相对较低，一般为 80～100 m。

RSSI 的定位技术是基于信号传播模型的距离估算方法，是利用几何原理估计用户位置的定位方法，通过已知发射节点发射信号强度，接收 WiFi 的信号强度，通过接收到的信号强弱测定信号点与接收点的距离，进而根据相应数据进行定位计算的一种定位技术。基于 RSSI 的定位是通过信标节点和未知节点的信号强度值，计算出传播损耗，利用符合实际环境的信号传播模型将传播损耗转化为距离，从而计算出未知节点的位置。

在煤矿巷道中，WiFi 基站在巷道内沿着巷道分段布置，通常不仅仅作为定位的单一功能，还用于无线信号的传输，实现语音和数据的通信，多项功能融为一体。为了节省投资，大部分区域内是单个基站的信号覆盖，在两个基站的中间有部分重叠覆盖区域，还有少数重点区域是两个以上基站重叠覆盖。因此通常需要采用“近邻法”“直线双向定位法”与“三边定位”配合使用。基站布置如图 12 -9 所示。

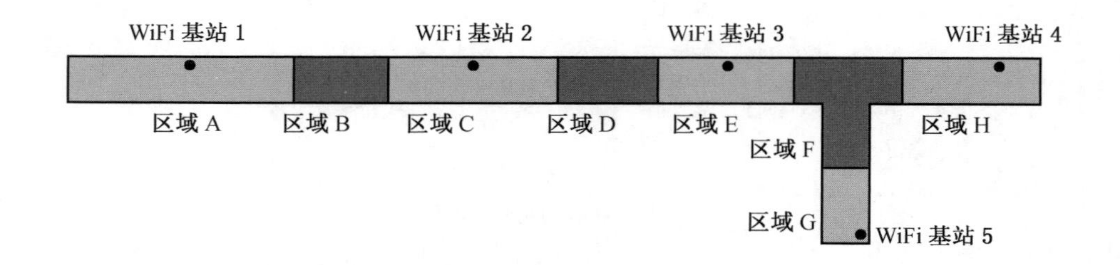

图 12 -9　基站布置

在区域 A 的范围内，只有一个基站信号覆盖，只能通过 WiFi 基站 1 的信号定位，同样在区域 C、区域 E、区域 H、区域 G、分别通过基站 2、基站 3、基站 4、基站 5 的信号定位；在区域 B 有基站 1 和基站 2 的信号重叠覆盖，通过两个基站“直线双向定位法”定位，同样在区域 D 有基站 2 和基站 3 的信号重叠覆盖，通过两个基站“直线双向定位法”定位；在区域 F 通过基站 3、4、5 采用“三边定位”进行定位。

1. 单基站 RSSI 测距定位法

对于定位精度要求不高的场合，采用“近邻法”定位，在哪个 WiFi 基站覆盖范围之内，即认为处在什么位置，再根据信号接收强度，计算传输衰减和传输距离，如图 12 -10 所示。由于 WiFi 基站只是根据信号接收强度来判断距离，无法识别移动目标的方位，如果将巷道看作一条近似的直线，移动目标可能在基站的左边距离 L_1 的位置，也可能在基站的右边距离 L 的位置，会产生两个坐标位置，其中一个是虚假目标，影响移动目标位置的识别，因此在算法中要结合目标的移动轨迹来判断，除去虚假目标，识别出真正的目标位置。

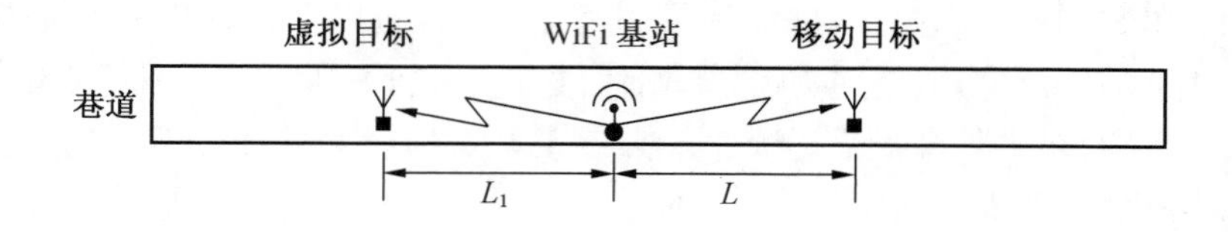

图 12 -10　单基站 RSSI 测距定位法定位

由于巷道宽度通常不超过 5 m，移动目标的定位坐标就沿着巷道走向来标定，在没有拐弯的巷道内，假设将沿巷道方向设为横轴，纵坐标设为 0，定位基站的横坐标为（X_1，0），移动目标的横坐标为（X，0）。定位方程组如下：

$$X = X_1 + L \tag{12-7}$$

或者

$$X = X_1 - L_1 \tag{12-8}$$

2. 双基站“直线双向定位法”定位

若获知移动目标到两个定位基站间的距离，则可利用图 12－11 所示的方法确定移动目标的位置坐标。

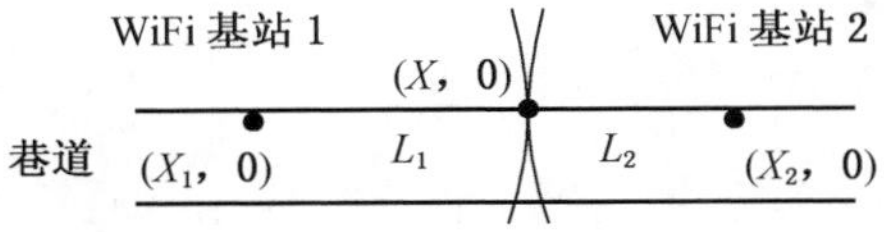

图 12－11　双基站“直线双向定位法”定位

由于巷道宽度可以忽略不计，移动目标的定位坐标就沿着巷道走向来标定，在平直巷道内，假设将沿巷道方向设为横轴，纵坐标设为 0，两个定位基站的横坐标分别为（X_1，0）和（X_2，0），移动目标的横坐标为（X，0）。按照理想情况，接收信号随距离增大呈对数衰减，距离两个 WiFi 定位基站测量曲线会交于一点，进而计算出未知节点的位置。

定位方程组如下：

$$X = X_1 + L_1 \tag{12-9}$$

或者

$$X = X_2 - L_2 \tag{12-10}$$

然而在实际情况下，由于测量误差的影响，距离两个 WiFi 定位基站的测量曲线并不会交于一点，而是出现两种不同的情况，如图 12－12 所示。

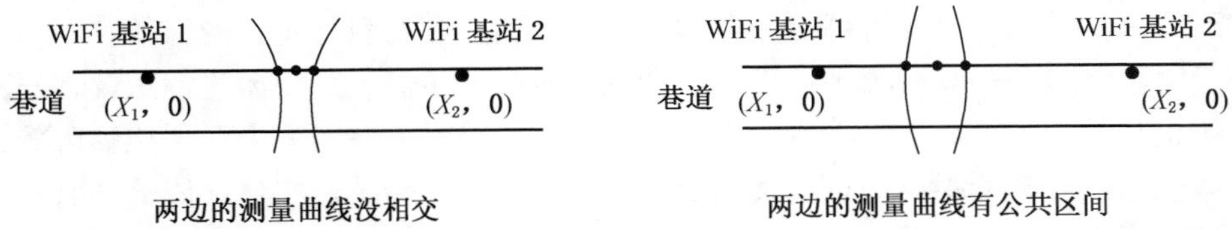

图 12－12　双基站“直线双向定位法”实际定位图

对于没有相交的区间会出现定位盲区；对有公共区域的部分，可以采用按平均分配和按照左右 WiFi 定位基站的距离比例分配的方式进行估算。

在实际环境中，煤矿井下传播环境复杂，电磁波的传输受到巷道分支、弯曲、断面、围岩介质、支护导体等环境影响，还有电机车、胶轮车、带式输送机、移动变电站等设备和作业人员的干扰，出现非视距传输和多径效应，传播规律与理论模型存在一定偏差，需要建立相应的经验模型，将监测数据代入模型中进行计算，减小定位误差。

针对煤矿井下巷道实际情况，巷道的宽度通常是 5 m 左右，不会对目标的位置产生太多的影响，因此往往将局部巷道看作一条弯曲度不大的曲线，与定位基站在巷道内的覆盖距离相结合，基站位置设置尽可能在巷道平直的区段内，移动目标到基站之间的距离，也是按照直线或者折线距离计算，因此，在一个一维空间内的定位，有两个接收机对一个移动目标的交叉覆盖，即可满足定位需求。但由于矿井巷道属于限定空间，无线电信号的传播路径会存在大量的由于巷道墙壁、采掘机等障碍物引起的反射、绕射等问题。所以最终到达接收机的信号往往不是由单一直射波组成，而是来自多个路径、多个方向及多次反射、绕射和散射后的大量传播波形合成的接收波，对于定位信号会形成多种干扰。因此，在实际应用过程中需对因多径效应等原因产生的移动目标位置坐标进行预处理，提高定位精度。

三、传感器定位技术

在矿井生产作业中各种位置检测传感器被广泛应用，通常分为4种不同的类型，有些通过测距传感器来检测移动目标与确定位置的距离，有些通过传感器检测目标本身的特定属性来检测目标存在的确定位置，有些通过位置编码和脉冲计数与主控器相结合来检测移动目标位置，还有些根据惯性导航来检测设备的位置，以上根据应用场景的不同，可单独使用或者组合使用来实现目标定位。下面就几种类型的检测传感器分别介绍。

（一）测距传感器定位技术

通过测距传感器检测移动目标位置的定位技术，均是目标到传感器检测点的相对位置，需要再将检测数据通过与参考点相计算，转换为矿井的坐标体系中的坐标位置。可以根据测距目标的距离远近、测量精度、环境位置的不同选用不同类型的传感器。下面对几种常用的传感器做介绍。

1. 激光测距定位技术

激光定位系统的基本原理就是利用光斑定位器件将目标位置的变化调制成光斑位置的改变，从而达到对目标进行遥测和非接触式位置测量的目的。该系统主要由光斑定位器件和信号处理单元组成。它将目标的位置信号调制成光斑在系统定位器件的敏感面上的位置，然后通过信号处理单元解算出光斑的位置，从而达到对目标定位的目的。

激光距离测量技术具有很多优点，特别是有较高的精度，所以激光测距仪在测距定位中的应用也日益增多。通过二维或三维扫描激光束或光平面，激光测距仪能够以较高的频率提供大量的、准确的距离信息。激光测距仪与其他距离传感器相比，能够同时考虑精度要求和速度要求。此外，激光雷达不仅可以在有光环境下工作，也可以在黑暗中工作，而且在黑暗中测量效果更好，通常使用在远距离测量场合。

2. 超声波测距定位

一般声频高于20 kHz以上的机械波称为超声波，超声波在空气中的传播速度为340 m/s。超声波传感器是利用超声波直线传播的特性，具有发送和接收声波的双重作用，超声波传感器在发射状态将超声波发射出去后就把自己转换成接收状态等待接收从测量物体返回来的超声波，通过接收自身发射的超声波反射信号，根据超声波的发出和接收回波的时间差及传播速度，计算出传播距离，从而得到目标的距离信息。因此超声测距是通过检测超声波从发射器发射到碰到障碍物反射回接收器的时间来测距的。超声波传感器检测有以下两种不同的方式：

（1）穿透式检测方式。判断在发送器和接收器之间检测是不是有物体遮挡，但是一般检测距离较近，被检查目标也需要一定的截面积的要求，目标不能太小。

（2）限定距离式检测方式：发送超声波波速到被检测目标物，检测设定距离内反射波，从而判断在设定距离内有无物体通过。

可以利用超声波传感器检测掘进机机身到煤壁的距离远近，检测掘进机机身是不是平行于煤壁，调整设备工作的姿态。

3. 雷达测距定位

雷达测距是利用窄波束向前发射电磁波信号，当发射信号遇到目标时，反射波被同一天线接收，经过混频放大处理，计算雷达与目标的距离。微波的频率为 300 MHz ~ 3000 GHz，波长在 1 m（不含 1 m）到 0.1 mm 之间，是分米波、厘米波、毫米波和亚毫米波的统称。作为新型测距传感器，其工作原理与超声波传感器相同，角度分辨率高于超声波和红外传感器，低于激光传感器，距离分辨率略高于超声波传感器。目前最大探测距离介于超声波和激光测距之间，最小探测盲区距离略小于超声波传感器。微波雷达的优点是因目标的颜色、材质等不同而引起的反射率变化小，对物体的透过率高，受灰尘、雾和雨的影响小，在各种目标和气候条件下都能比较稳定地进行探测。

（二）磁敏定位传感器

1. 计轴传感器

计轴传感器为最常用的传感器。计轴传感器采用电涡流式无接触传感方式，敏感头为一匝通以高频交变电流的线圈，在其周围产生交变磁场的作用，由电磁感应定律，在导体中会产生感应电动势，形成电涡流。根据楞次定律，电涡流所产生的磁场将阻碍原磁场的变化，对原磁场产生去磁作用，这样将会引起线圈的等效电阻增加，发生电感变化，等效值下降，并且会引起计轴器振荡频率和幅度的变化，变化程度与该导体的几何尺寸、材料及与线圈间距等因素有关。车轮是良导体，作为计轴器动作的感应体，经后续电路检出上述参数的变化，就可以判断有无车轴通过计轴器的敏感头，再经输出电路整形后送往分站检测计数，断定运行方向及车速。计轴传感器的检测过程为非接触式，适用于各种类型的矿车和机车，具有可以检测机车的运行方向、车轮数、车速的功能。

2. 地磁传感器

地磁传感器就是利用地球磁场的变化，将磁场的变化变为电信号，识别目标是否存在，地球磁场的强度为 0.5 ~ 0.6 Gs，地球磁场在很广阔的区域内（大约几千米）其强度是一定的。当一个铁磁性物体，如汽车或者大型金属部件置身于磁场中，它会使磁场扰动，放置于其附近的地磁传感器能测量出地磁场强度的变化，从而对目标的存在性进行识别，通常用于车辆的检测。

3. 地感线圈检测传感器

地感线圈检测传感器是通过埋于地表的电感线圈和电容组成振荡电路。振荡信号通过变换送到单片机组成的频率测量电路，检测振荡器的频率变化。当有大的金属物如汽车经过地表电感线圈时，由于空间介质发生变化引起了振荡频率的变化，通过检测振荡频率的变化达到检测车辆的目的。车辆检测反应时间小于 10 ms，感应距离为 1.2 m 范围，线圈灵敏度多级可调，地感线圈检测相对快速准确、稳定，技术比较成熟，性价比高，但安装维护工作量较大。

（三）编码器定位技术

旋转编码器根据工作原理的不同可以分为光电式、磁电式、感应式和电容式。其中光电式和磁电式应用较为广泛，光电式编码器通过光电转换将输出轴上的机械几何位移量转换成脉冲或数字量，是由一个中心有轴的光电码盘，其上有环形通、暗的刻线，有光电发射和接收器件读取并获得信号。磁电式编码器通过磁感应器件、利用磁场的变化来产生和提供转子的绝对位置。旋转编码器根据内部结构不同可以分为绝对值编码器和增量型编码器，绝对值编码器能够记忆设备的绝对位置，角度和圈数。位置是由输出代码的读数来确定的，在一转内每个位置的读数是唯一的，具有位置记忆功能，当电源断开后，绝对值编码器不会丢失实际位置，绝对值编码器量程内所有位置的预先与原点位置的绝对对应，是不依赖于内部及外部的计数累加而独立、唯一的绝对编码。增量型编码器输出两个A、B脉冲信号和一个Z(L)零位信号，A、B脉冲互差90°相位角，通过脉冲计数可以知道位置，角度和圈数不断增加，通过A，B脉冲信号超前或滞后可以知道正反转，没有记忆功能，断电后，必须从参考的基准重新开始计数。通过编码器可以检测设备运行的速度、位置、角度，移动的距离。可以应用在采煤机定位、机车车辆里程计数等多个场合。

（四）惯性导航定位技术

惯性导航的核心器件是陀螺仪和加速度计，主要利用终端惯性传感器采集的运动数据，如加速度传感器、陀螺仪等测量物体的速度、方向、加速度等信息，经过各种运算得到物体的位置信息。在基于惯性传感器环境定位系统中，需要外界给惯性导航系统提供初始位置及速度信息。惯性导航系统利用惯性传感器测量的各信息进行整合计算，不断更新当前位置及速度，从而达到定位导航的效果。惯性导航系统误差会随着时间累计，所以需要不断修正，消除累计误差。采煤机导航包含高精度惯性导航和工作面矫直数据分析两项核心技术，通过对惯性导航仪记录的采煤机空间位置进行分析，确定当前工作面的直线度，可对工作面直线度进行动态调整。

（五）激光雷达

激光雷达（LiDAR）作为无人驾驶系统中重要传感器之一。激光雷达按有无机械旋转部件分为机械激光雷达和固态激光雷达，根据线束数量的多少，激光雷达又可分为单线束激光雷达与多线束激光雷达。它是通过发射激光束来探测目标位置、速度等特征量的雷达系统，通过在三维立体的空间中建模、检测静态物体、精确测距。具有测量精度高、方向性好等优点。由于激光雷达可以形成精度高达厘米级的3D环境地图，因此在未来井下无人驾驶系统中将发挥重要作用。

激光雷达通过透镜、激光发射及接收装置，基于TOF飞行时间获得目标物体位置、移动速度等，并将其传输给数据处理器，计算目标与自己的相对距离。激光光束可以准确测量视场中物体轮廓边沿与目标间的相对距离，精度可达到厘米级别，从而提高测量精度。通过激光雷达在井下交通车载系统中的应用，可以有效提高井下车辆交通的安全性能。

第三节　移动目标定位技术在煤矿的应用

一、采煤机的定位技术

在综采工作面自动化采煤作业中，需要对采煤机的位置进行精准定位，实现采煤机的记忆截割、追机拉架等控制功能，这些功能全部要依靠采煤机在工作面的位置为坐标，因此采煤机的位置检测是非常重要，目前典型的定位方式有：基于编码器的里程定位方式、红外线对射位置检测装置、惯性导航定位方式几种。

（一）红外线对射定位

这是目前在支架电液控制系统中被广泛采用的定位方式，实现采煤机与支架之间的相对位置的确定。它是在采煤机特定位置安装红外线发射装置，在支架上安装红外线检测传感器，当红外线发射装置发出的红外线信号，被对应的红外线检测传感器接收到，并将此信息传达给相连的支架控制器，判断此时采煤机的位置在本支架对应位置。系统根据采煤机的位置和运行方向实现自动追机拉架等控制。这种位置检测方式也存在较大的局限性，主要表现在以下 3 个方面：

（1）定位精度低。这种定位方式一般定位精度为 1.5 ~ 2 m，一般是和支架宽度相对应。

（2）有漏检的现象。受地板起伏变化和环境粉尘影响，由于采煤工作面存在一定的坡度，起伏变化不可避免，而红外线发射装置受发射广角的限制，在定位过程中有时会出现检测不到的现象。而且工作面粉尘很大，经过一段时间的运行，发射端和检测段都会存在煤尘积聚的情况，红外线光不能有效穿透，信号逐渐变弱，甚至失效，因此需要经常清洁，否则会影响系统的运行。

（3）安装的数量多，成本高，维护难度大。这种方式由于每个支架都需要安装一个红外线检测传感器，由于工作面一般会有 100 ~ 200 个支架，每个支架需要安装一套传感器，因此一百多个传感器的维护就会给工作面带来很大的工作量。

（二）采煤机绝对值编码器定位

这是目前在自动化工作面中被逐渐采用的一种精确定位方式。它是通过安装在采煤机传动轴的绝对值编码器来确定采煤机在刮板输送机上的相对位置。这种定位方式的优点是检测精度高，成本低，而且可以同时检测采煤机运行速度和运行方向，一个传感器检测多个功能参数，不受外部环境粉尘和地板起伏变化的影响。缺点是传感器出现故障后更换难度较大，传感器的抗震要求高，传感器检测的数据需要传输给控制系统，对于通信网络的依赖性较高。

（三）采煤机惯性导航定位技术

基于惯性导航与轴编码器组合的采煤机惯性导航定位技术，通过惯性导航提供姿态角参数，轴编码器提供速度参数，解算出东北天坐标系下的位置坐标。这种定位方式的优点主要体现以下 3 个方面：

（1）测量参数多，不仅可以检测采煤机的位置，还可以检测采煤机的三维姿态，通过控制器可以计算采煤机的运行方向和运行速度。

（2）偏差范围小，工作面检测水平位置偏差小于 0.5 m。

（3）安装简单，安装于采煤机内，并提供配套电源和相应的通信接口。

不足之处在于两个方面：

（1）对导航仪技术要求苛刻，需要采用军工级的检测传感器，价格昂贵，不具备大面积推广的条件。

（2）需要不断地修正数据。导航解算时以惯性导航装置坐标系代表采煤机坐标系，此定位方法误差主要集中在高度方向及垂直于采煤机运动方向。如采煤机的行走速度为 5 ~ 15 m/min，我国煤矿大部分长壁工作面长度为 100 ~ 300 m，从工作面的一端到另一端需 10 ~ 60 min，要求陀螺仪零点漂移不能超过 0.01°/h。另外，采掘设备生产时与煤岩相互作用产生的振动很大，有时振动加速度会超过 100 *g*（*g* 为重力加速度），对于单纯的惯性导航产生较大的偏移。

二、连采（综掘）工作面的定位技术

（一）连采工作面定位技术

连采工作面为双巷掘进工作面，主要设备有：连采机、梭车、锚杆机、破碎机、铲车、顺槽带式输送机及两部顺槽局部通风机等皆属于移动目标，连续采煤机通过“切槽”和“采垛”工序来完成巷道的掘进，锚杆机通过与连采机循环换位完成巷道支护工作，梭车在连采机与破碎机之间往复运行完成运煤工作，最终破碎机将煤装载至顺槽带式输送机。多个设备之间协同作业，相互之间的位置检测、避障都非常重要。如何有效地实现连采工作面的远程控制，将操作人员从工作面高粉尘的恶劣环境中解放出来，一直是人们积极探索的热点问题。连采机工作面的远程遥控作业与自动化控制已经成为煤矿采掘作业的主要发展方向。目前在井下巷道掘进过程中，设备推进的方向需要根据安装在巷道后方的点激光指向仪发射至巷道前方岩壁的激光斑的位置，由司机控制连采机的掘进方向。远程遥控之后，连采机司机离开了掘进面的最前方，无法用肉眼看到激光的指向光斑，因此对连采机的位置坐标、机身姿态、前进方向、移动距离与巷道壁的相对位置，就需要通过传感器的准确检测数据，并将检测数据经过计算机处理与预先设定参数进行比较，并把处理结果反馈给掘进机的控制系统，为掘进机远程遥控与自动掘进控制提供参考依据。连采工作面工作示意图如图 12 – 13 所示。

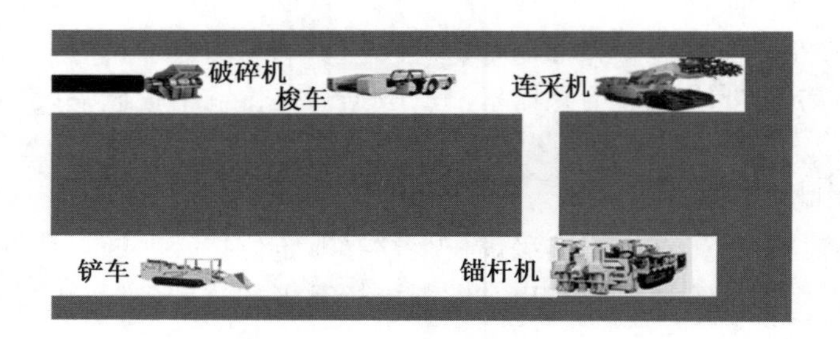

图 12 – 13　连采工作面工作示意图

连采工作面设备虽然属于移动的车辆，但是和其他运输车辆还有一定的差别，移动速度相对较慢，位置区间相对固定，设备之间需要配合作业，所处的环境粉尘大、照度低、能见度低，而且区域内还有作业人员，很容易造成相互干涉与碰撞。因此对于相互之间的位置检测和身份识别非常重要。由于彼此之间距离较近，对于每台车辆的四周关键位置都需要安装检测传感器，判断相互之间的距离与身份，以及与煤壁的距离。通常在距离远近不同的位置采用两种传感器配套使用，近距离采用多个雷达、超声波等非接触测距传感器来检测距离，距离较远的时候采用有源卡和读卡器来识别身份，同时检测大致距离，实现设备之间的接近定位与报警。

在连采生产作业过程中，梭车要完成自动装卸煤工作，既要与连采机对接装煤，也要与破碎机对接卸煤，设备间的相对定位准确才能实现有效对接而不干涉碰撞，这就需要信息交互并且彼此身份识别，通常采用多种不同检测原理的传感器相互结合使用，避免一种同类型的传感器在相似环境同时动作，造成误判。如：由非接触的近距离磁感应接近传感器来检测到位信号，由射频卡读卡设备来完成身份识别。二者相互配合，两种传感器信号同时有效时认为设备到位，可以进行下一步动作。如果只有一个传感器信号触发，也可能是其他物体接近，不能进行下一步的操作。

（二）掘进工作面定位技术

掘进是煤矿巷道的开采与挖掘作业，巷道掘进施工是一个复杂的多工序交替进行的过程，快速掘进是煤矿保证矿井高产稳产的关键技术措施，综掘机是一种集合掘进、装岩、运煤甚至支护、钉道多种功能为一体的综合机械化设备，在现代煤矿掘进机械化生产中，是掘进工作面的关键设备。在综掘机远程遥控作业过程中，要测量综掘机与前方煤壁的距离，判断截割头与前方煤壁的相对位置，控制向前移动的步距；判断机身是不是与巷道平行，监测综掘机与左右煤壁的距离；检测机身的俯仰角与翻滚角变化，控制机身的姿态变化。采用高精度两轴倾角传感器和三维电子罗盘，超声波与雷达测距传感器等。通过采用先进的检测技术与控制技术等，使掘进机具备了精准定位、远程遥控、姿态调整、断面自动截割技术等功能。综掘机作业时工作环境恶劣，尤其是工作中产生的粉尘严重影响激光的传输，超声波或者雷达测距比光学系统在粉尘大的环境测距有着明显的优势，采用超声波或者雷达传感器测量机身与煤壁之间的距离是掘进机实现定位的有效手段。综掘机身姿位置如图 12－14 所示。

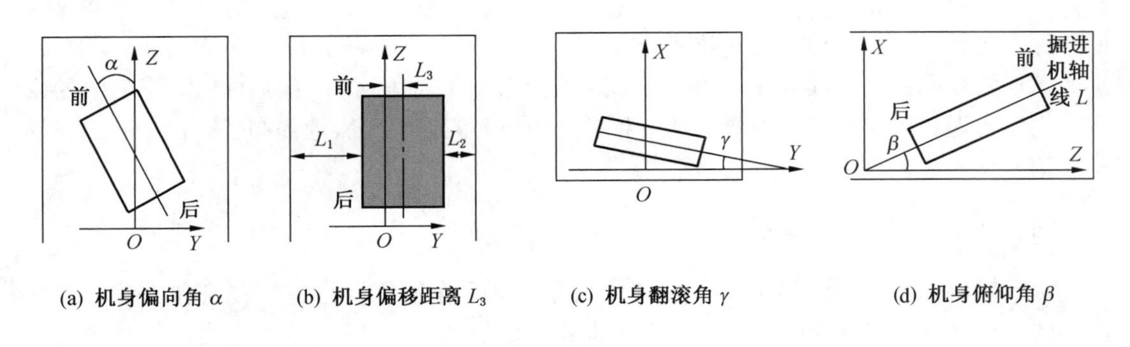

图 12－14 综掘机身姿位置图

（三）连采（掘）工作面前进方向指向关键技术

目前大多数的巷道掘进施工都是采用人工的方式，即人工操纵掘进设备。激光指向技术是使用激光测距仪和一些其他设备对综掘机进行定位，使掘进方向与激光指向仪的方向保持一致。激光指向的方法目前在巷道掘进导向方面仍在广泛使用。但是随着自动化控制和远程遥控需求不断提升，新的导向技术被不断推出，如：基于图像识别激光光斑位置识别技术，通过在掘进机或连采机等移动目标机身安装激光靶、监控摄像机、图像识别计算机等智能化装置，将激光指向仪的激光斑点在靶上的位置作为偏移的检测依据，判断机身是否偏离设定方向。自动全站仪检测技术，在掘进机上设置目标棱镜，对目标进行连续、实时监测，并把采集的数据传回中央控制室，在控制屏上实时显示掘进机轴线与设计轴线的偏差。

三、煤矿设备定位与仓储管理技术

煤矿生产有地面部分，也有井下作业场所，设备位置分布相对广泛，而且经常随着搬家倒面，设备位置跟着开采作业的推进不断移动，往往设备从地面库房出库之后，一旦应用到现场就无法实现有效管理，造成固定资产流失或者重复采购等不必要的浪费。煤矿虚拟仓储管理系统主要用于集中反映煤矿设备活动状况的虚拟综合场所，通过完善的设备管理体系，采用先进的管理模式，实现全方位的设备资源管理，对促进煤矿生产、提高生产效率发挥着至关重要的作用。煤矿虚拟仓储管理系统集设备定位、设备的在线监测以及区域管理于一体。将所有的设备实现精准定位，全部纳入库存管理的范畴。

利用 RFID 标签以及读卡器基站等相关技术和设备，在每个设备上嵌入一个 RFID 电子标签，能够实现对设备的监测和定位，以电子化的方式获取货品的信息，并通过计算机网络，无线自组织网络等通信方式将信息自动输入货品数据库系统中；实现对井上库房、维修站、煤矿大门口以及煤矿井口设备的区域管理，也可对井下实现片区管理，其主要片区有连采工作面、综采工作面、井下变电所与水泵房、皮带集控室以及其他辅助设备区域。在计算机管理软件技术的支持下，实现对仓库各个作业环节的数字化信息采集，并通过仓库信息管理系统对其进行集中监控和管理，从货品入库、货品上架、货位管理、货品出库及货品盘点等各个环节都实现了信息的数字化管理。设备信息可及时更新，可以准确掌握设备的动态分布以及移动轨迹，避免设备闲置、重复采购，降低库存消耗，并将这些信息保存到数据库中，提高管理效率。

基于物联网技术的煤炭企业设备仓储管理系统很好地解决了传统的仓储管理中的入库、出库错误，入库、出库的效率低下和设备积压等问题，极大地提高了仓储中心的自动化、信息化、智能化水平。

四、井下车辆定位关键技术

由于煤矿井下收不到北斗和 GPS 定位信号，井下车辆需要考虑其他定位方式。矿井车辆的运行速度一般在 40 km/h 以下，平直巷道定位通常在 20 m 范围之内，但是在交通路口、避车硐室等信号管控的区域，定位精度需小于 1 m。根据矿井车辆的行走速度和不同区域定位精度需求，需要采用多种技术相结合的定位方法，实现井下车辆的位置监测。通常采用的检测方式有：无线信号定位、雷达测距传感器定位、磁敏传感器定位、视频图像识别定位等多种技术。目前井下的运输车辆主要分为无轨胶轮车和有轨电机车，由于工作方式的不同，定位技术也有较大的差别。

（一）无轨胶轮车定位技术

无轨胶轮车在巷道中运行时没有固定的轨道，需要在运输巷道、交叉路口、井底车场、关键区域等不同的行进路段进行定位。由于不同的路段或区域定位精度要求不同，所采用的定位方式、技术路线也不同。因此，无轨胶轮车在井下定位需要采用多种位置检测技术相结合的模式。目前常用的定位方式主要有以下两种。

1. 无线信号、磁感应传感器与视频图像识别技术相结合的定位方式

井下无轨胶轮车在不同的区段位置采用不同的定位传感器检测技术，在巷道中主要采取无线信号的定位方式，在交叉路口、拐弯处、停车场等采取磁感应传感器与视频图像识别的定位方式。车辆在井下大巷中行驶，通常速度较快，通过在巷道中布设 Zigbee 或 WiFi 或 UWB 无线定位基站，采用场强定位（RSSI）或飞行时间（TOF）定位或信号到达时间（TOA）定位以及时间差（TDOA）定位等多种模式实现车辆的位置检测，这种定位方式要将车辆定位范围和巷道的具体情况相结合，根据基站无线信号覆盖范围确定定位基站的敷设间距，对于精度要求较高的区域需要有多个定位基站无线信号交叉覆盖。但是这种定位方式受多径效应和网络延迟等多种干扰因素的影响，定位精度相对较低，无法满足车辆在交叉路口、错车点等关键位置的定位精度要求。由于井下巷道空间狭窄，车辆更容易拥堵，因此在交叉路口的信号灯管控就显得更为重要，为了实现车辆的有效管控，需要在每个路口、弯道、错车硐室等关键路段实现车辆的精准定位，通常采用磁敏传感器检测技术，如地磁传感器、地感线圈等检测方式。在车辆的停车线前方埋设传感器，当车辆进入传感器检测范围之内，传感器动作输出开关量信号，检测精度一般小于 2 m，还可以根据传感器的前后布置，判断车辆的行走方向，通过控制器的逻辑判断，控制红绿信号灯的自动变化，指挥车辆的通行。随着矿车数量的不断增加，超速、闯红灯现象时有发生。为了有效识别违章车辆，将基于图像识别的监控技术应用在井下的车辆定位管理中，通过车牌识别技术，对进入监控区域的车辆进行身份识别和定位，实现车辆的位置调度与管理。

2. 车载终端里程测量与地标校正相结合的定位方式

主要由智能车载终端通过嵌入式微处理器，采集编码传感器或者霍尔传感器检测的脉冲信号，完成车辆移动速度、行驶方向与累积行走里程的计算，并将计算结果上传给上位机平台软件进行分析显示。由于车辆在行驶过程中会产生累积测量误差，为了消除累积误差，在入井口、出井口、车辆的行走沿线、交叉路口、拐弯处、停车场等关键位置设置地标器，机车每次路过地标定位传感器，智能车载终端读取地标定位传感器信息，对位置坐标进行自动修正校准，再通过无线网络将车辆的位置信息上传到集控中心。这种定位方式采用了高精度编码器测量和地标修正技术，随着定位传感器布设的密度加大，修正的次数也就越频繁，定位的精度也就越高。但它对通信网络的依赖性较高，在所有车辆经过的行走巷道需要实现全部无线网络覆盖，网络传输要稳定可靠，网络传输延时要小，并且有足够的传输带宽，网络通信要满足快速移动目标稳定通信要求。目前矿井宽带无线 LTE - 4G 是一种可行的通信网络平台，可以满足车辆快速移动和快带传输要求。

（二）有轨机车的定位技术

有轨机车在轨道上运行，其定位方式和无轨胶轮车有一定的区别，通常采用以下 3 种定位方式。

1. 基于无线信号检测与轨道计轴器检测相结合的定位方式

这种方式是在机车上安装有一个定位标识卡，在巷道中布设 Zigbee 或 WiFi 或 UWB 无线定位基站，定位基站接收到标识卡信息后发给调度计算机，通过计算机软件判断机车的位置。通常采用信号强度（RSSI）或飞行时间（TOF）或信号到达时间（TOA）或时间差（TDOA）等不同的定位方法实现车辆的位置检测。为了配合机车运行关键位置的精确检测，在相应位置安装轨道计轴器对经过列车的车轮进行检测，从而确定列车的位置与区段占用情况、空闲情况，可实现过车机车车皮数、速度、方向的测量。以上两种方式相结合，是矿井下有轨机车常用的定位检测方法。

2. 基于无线覆盖环境下车载终端测速与轨道计轴检测相结合的定位方式

由安装在机车上的车载终端，接收机车行程编码器或者霍尔传感器的检测信号，计算机车运行速度，再以行驶速度、运行方向和运行时间来计算机车运行距离，并通过计轴器位置检测作为关键点校正，实现有轨机车的精确定位，并通过无线通信系统上传到监控中心。这种方式定位精度高，但需依赖于全巷道的可靠无线通信覆盖和可靠低延时通信技术作为支撑。可应用于井下电机车无人驾驶技术领域。

3. 车载终端读取地标卡位置通过无线网络实时发送位置信息的定位方式

这种方式要求整个巷道有稳定可靠的无线网络覆盖，在车上安装 RFID 读卡设备，沿运行轨道间隔布置有源或者无源 RFID 地标定位卡，通过读入的定位卡位置实现车辆定位，并实时将接收到的位置信息通过无线网络发送到系统平台。其定位精度受到沿巷位置标识卡的疏密布置和读卡距离的影响。

（三）车辆定位误差影响因素分析

井下车辆定位系统，是由多个环节组成，由于车辆运行速度较快，受定位检测传感器精度和延时的影响，定位精度总会有一定的偏差。造成偏差的主要因素包括：车辆位置传感器检测误差、车辆的移动速度、信号传输的延时误差等，几种因素相互叠加，使车辆在某一时刻的实际位置和操作员接收到的位置信息存在一定的偏差。

在上述 3 个因素中，车辆位置传感器检测误差与所选传感器不同而有较大差别，对于无线信号定位也会因为检测技术不同而差异较大。但由于受环境条件的限制、投资成本的制约，在实际应用中要根据具体需求，采用多种传感器检测技术相结合，不同区域采用不同的检测传感器，以满足定位精度和投资成本的要求，使定位误差控制在预定的范围内；对于车辆运行速度、信号传输与计算处理的延时时间两种因素是相关联的，这两个参数的乘积是累计误差的结果，即系统延时时间 t(s) 和车辆的行驶速度 v(m/s) 的乘积 $d=tv$ 是车辆的真实位置与显示位置的偏差值。这也是造成定位偏差的主要原因。在一个位置检测处理过程中通常分为以下 4 步：①车辆位置检测；②位置坐标的数据传输；③位置数据的计算处理；④电子地图上刷新显示。每一个过程都需要占用时间，所造成系统的延迟，将影响位置显示的实时性。所以缩短系统检测延时时间也是提高定位精度的关键因素。

根据上述车辆位置检测过程分析，设系统延时时间为 t，网络数据传输延迟时间为 t_1，计算机位置数据的计算处理时间为 t_2，电子地图上刷新显示时间为 t_3，则 $t=t_1+t_2+t_3$。网络的传输时间 t_1 随着网络的带宽以及数据采集方式不同而有很大的区别。一般情况下，通信带宽越高延迟越小。数据采集方式分为中心站分时轮询采集分站和分站主动上发中心站两种方式，采用分时轮询的采集方式，延时时间会随着从站的数量增加而增加；而采用分站主动上发的方式实时性会提高。计算机位置数据的计算处理时间 t_2 随着计算机性能的提升而缩短。电子地图刷新显示时间 t_3 可以根据系统软件参数设置缩短刷新时间。由此可最大限度地减少系统延时。

综合以上几种情况，将几种因素相结合，在提高传感器检测精度和缩短系统延迟时间的同时，还可以将当时车辆的运行速度作为计算参数，在行进路线固定的情况下加上时间标签，忽略车辆速度的短时间变化，根据机车的当前具体位置、行驶速度以及行驶方向等信息对车辆位置做一定的预算修正补偿，提高矿井车辆的定位精度。

五、煤矿人员定位技术

（一）煤矿人员定位的重要意义

随着国家对煤矿安全的日益重视和监管力度的不断加强，煤矿人员定位系统也是煤矿重点建设内容。由于煤矿企业自身的特点决定工人经常需要井下作业，当矿工下井工作时，地面监控指挥部门需要准确掌握谁在井下、到过哪里、正在哪里，需要对工作人员进行精确的定位，从而进行有效的组织管理。通过人员定位管理，能够有效遏制超定员生产、防止人员进入危险区域、发现超时作业人员，并进一步加强特种作业人员与干部下井管理，实现入井考勤管理和持证上岗管理等。在矿难发生时，当通信系统全部遭到破坏，导致地面与井下通信不畅时，通过人员定位管理系统可立即从监控计算机上查询事故现场中人员位置的分布情况、被困人员数量以及遇险人员撤退线路等信息，在第一时间为事故抢险救援提供全面翔实的第一手资料。提升煤矿安全生产管理水平，提高应急救援工作效率，为事故调查提供重要的参考数据。

煤矿人员管理系统作为煤矿安全避险“六大系统”之一，是实现煤矿安全生产的重要保证。井下人员定位是矿井人员管理系统的重要组成部分，在煤矿安全生产方面有着重要作用。

（二）煤矿人员定位技术

井下人员移动主要有两种方式，一种是人员行走，另一种是人员乘坐着车辆移动。人员在步行的情况下，移动速度较慢，目前常用的人员定位技术有 RFID 射频技术、ZigBee 定位技术、WiFi 定位技术以及 UWB 定位技术等，其定位原理和方法本章前面章节已详细描述，在此不再赘述；在乘坐车辆移动的情况下，人员和车辆同时移动，移动速度较快，要将移动车辆和乘客的信息相结合，将车辆的位置作为乘客的位置信息同步变化，因此需要对乘车人员变化的信息实时动态反馈到系统平台。

（三）煤矿人员定位管理系统

1. 煤矿人员定位系统组成

煤矿人员定位系统采用分布式管理系统，同时作为一个子系统接入煤矿安全生产综合监控系统中，如图 12－15 所示。

煤矿井下人员定位系统一般由定位基站、标识卡、电源箱（可与分站一体化）、传输接口、主机（含显示器）、服务器、系统软件、打印机、大屏幕、UPS 电源、远程终端、

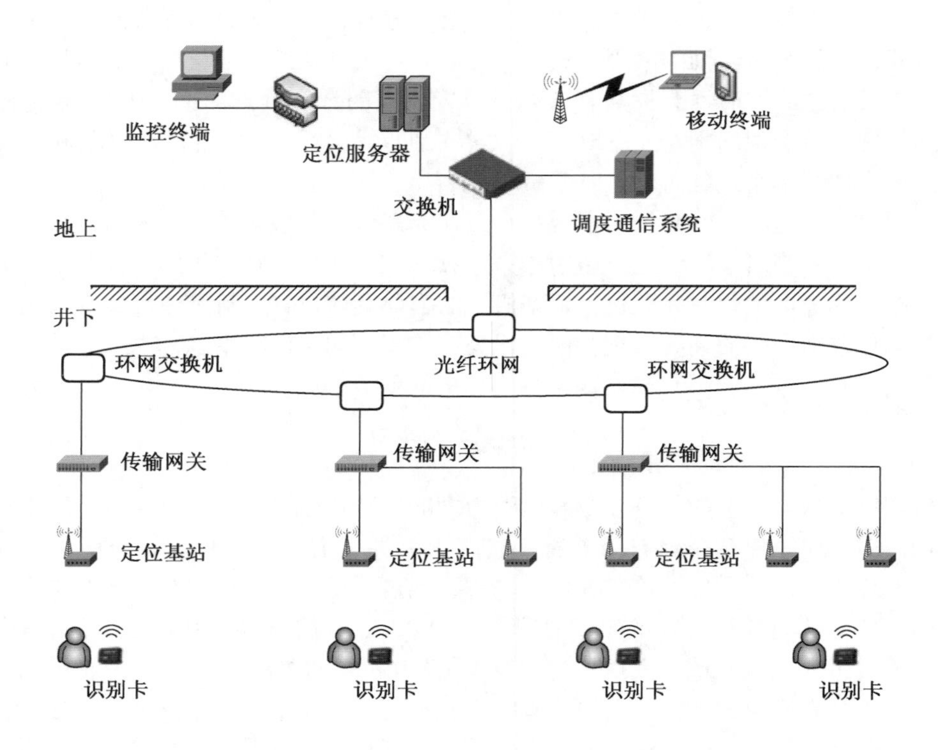

图 12-15　煤矿人员定位管理系统结构图

网络接口、电缆和接线盒等组成。

定位基站中读卡模块是采集射频标识卡的关键部件，通常采用微处理器控制，读卡模块内部集成了无线接收电路及发生基波信号的功率输出电路。它将接收到的标识卡发来的识别码信息在其内部经读卡模块的解调、带通滤波整形后由输出电路输出序列串行信号。通过转换模块实现与主控机之间的信息交流。地面主机在收到来自分站的人员信息后，通过平台软件，在巷道布置图上实时显示人员动态分布，使井下情况生动形象、一目了然。同时，还将下井人员的下井时间、单位、姓名等形成报表，生成劳资部门需要的考勤表等。

定位识别卡按其结构可分类为帽卡、胸卡、腰卡、腕卡和矿灯卡等类型；按供电方式可分为无源卡和有源卡；按信号传输方向可分为单向式、半双工式和全双工式；按工作频率可分为低频卡和高频卡。可按照不同的定位需求和环境条件进行不同的选择。定位识别卡需符合矿用本安型要求，主要是下井人员佩戴，当井下人员入井后，只要在井下网络覆盖范围内，在任何时刻任意地点，基站都可以感应到信号，并上传到服务器，实现井下所有人员的定位管理。

2. 定位基站位置设置

系统根据定位的精度不同，可选用 RFID 射频技术、ZigBee 定位技术、WiFi 定位技术以及 UWB 定位技术，不同的定位基站覆盖的范围不同，布置位置和设置数量也不相同。

如果采用RFID射频定位技术或WiFi定位技术，定位精度较低，可在井下需要进行人员跟踪的区域和巷道中，根据现场具体需要放置一定数量的读卡分站，它将不断地通过天线发出载波信号（寻找信号），当带有标识卡的人员通过分站附近时，基站发出的电磁场将同标识卡芯片里的谐振电路产生共振，标识卡芯片即被唤醒，原本处于“休眠状态”的芯片被激活，并将含有自身种类识别码标志的信息代码调制到载波上经卡内天线发射出去，经基站接收后上传到软件系统，实现人员定位管理。定位基站的位置设置直接影响到系统的检测性能和统计精度。通常在入井口、岔道口、重点区域、限制区域等关键位置布置定位基站，如图12－16和图12－17所示。在入井口和井底各布置定位基站，主要用来监测人员及移动设备的出入井情况；在重点区域（工作区域）成对布置定位基站，用于监测该区域的人员数量和运动方向；在岔道口布置识别分站用于监测井下人员出入巷道分支的情况。在限制区域的入口且向后延伸一段的位置布置识别分站，用来监测井下人员是否进入该区域。

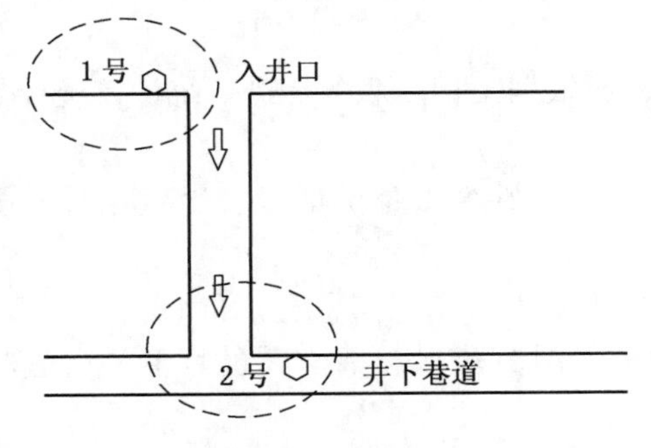

(a) 入井口定位基站位置设计示意图

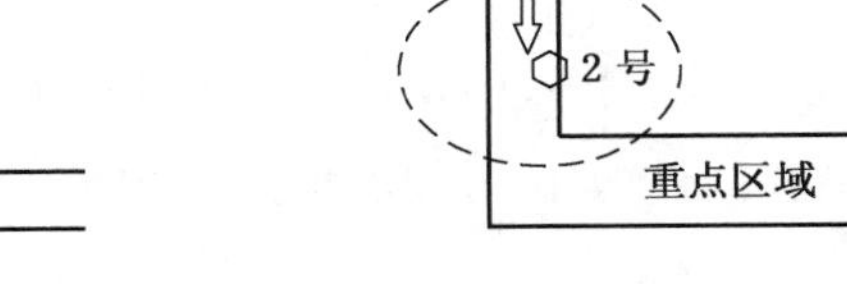

(b) 重点区域定位基站位置设计示意图

图12－16　定位基站示意图（一）

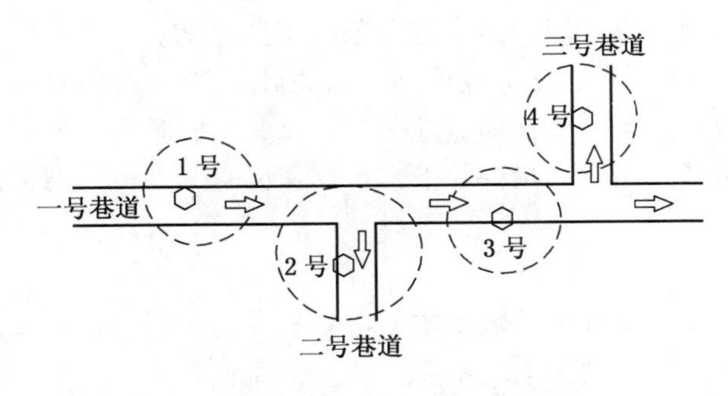

(a) 岔道口定位基站位置设计示意图

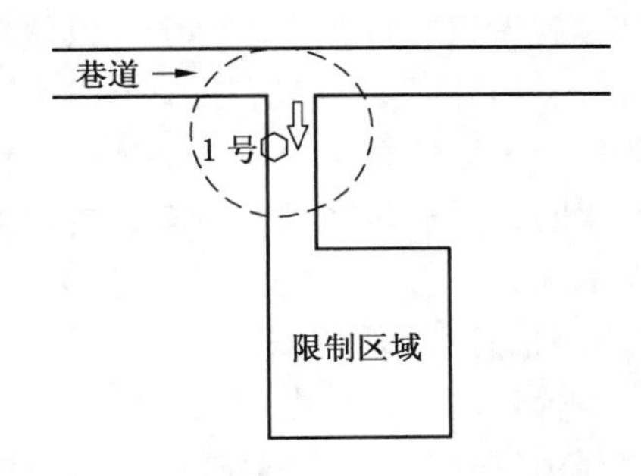

(b) 限制区域定位基站位置设计示意图

图12－17　定位基站示意图（二）

如果采用ZigBee、UWB定位技术，定位精度较高。采用ZigBee定位技术，常规巷道每隔 600 m 布置一台定位基站，采用 UWB 定位技术，需 300 m 布置一台定位基站。由于井下实际巷道贯通较复杂，井下作业人员的行走路线也比较多样，如果实现全巷道覆盖，定位基站数量较多。实际应用中根据需求不同，可以将大巷、工作面、掘进面定为重点区域，以分流人员路线轨迹为设计重点实现重点区域全覆盖，主要覆盖区域除了井口、主要巷道外，同时兼顾到各辅助巷道，以及检修作业人员的途经路线，实时监控井下人员移动及人员分布信息。

3. 煤矿人员定位系统主要功能

1）人员位置实时监测

人员位置实时监测，重点区域人员实时监测，自动识别乘车人员，在车辆进入监测区域后，可自动完成乘车人员定位功能。

2）人员位置实时跟踪与历史轨迹回放

可对人员活动路线进行实时跟踪，描绘出当前运动轨迹，或对其历史轨迹进行回放，掌握其详细工作路线和时间，在进行救援或事故分析时可提供有效的线索或证据。

3）考勤管理与信息统计

对煤矿个人、班组、部门进行考勤统计，或根据工种、职务等进行统计，统计信息和内容如下：

（1）携卡人员个人基本信息，主要包括卡号、姓名、身份证号、出生年月、职务或工种、所在部门或区队班组。

（2）携卡人员出入井总数统计，重点区域携卡人员基本信息及分布。

（3）携卡个人下井工作时间、地点及出入井时刻信息；携卡人员月下井次数与时间信息统计。

（4）携卡异常人员基本信息及分布。

（5）统计信息可按部门、区域、时间、分站（读卡器）、人员等分类查询。

4）异常报警与救援指挥

（1）可以对下井人员限制出入时间及地点，如果超过授权时间或进入未经授权的地点都会触发报警设备发出警示，以便调度人员迅速做出反应，采取安全措施。

（2）井下人员或设备出现异常情况时，可通过定位卡向系统发出报警求救信号，地面监控界面立即显示出报警提示，对警报发出人所在地点准确定位，并实施救援。当有灾害发生时，可通过系统向所有人员发出紧急指令，指挥井下人员迅速撤离，并可动态掌握撤离情况，进行精确搜救。

5）信息存储与检索

系统软件可自动生成人员信息数据库，实现各类数据快速检索与查询。同时井下人员定位基站也具有数据存储功能，当与地面中心站失去联系后，基站仍能独立工作，自动存储人员监测数据，当通信恢复后监控主机可提取数据自动完成数据修复。

总之，移动目标定位技术被广泛应用于煤矿安全与生产管理的多个环节，随着煤矿物联网技术的推广，矿井智能化技术水平的提升，移动目标定位精度的要求将进一步提高。将为井下车辆的无人驾驶，设备的远程遥控，特种机器人的协同作业提供技术支撑。

参 考 文 献

[1] 胡青松，张申. 矿井动目标精确定位新技术［M］. 徐州：中国矿业大学出版社，2016.
[2] 陈光柱，沈春丰，周莉娟，等. 地下无线传感器网络定位方法及应用［M］. 北京：电子工业出版社，2017.
[3] 徐小龙. 物联网室内定位技术［M］. 北京：电子工业出版社，2017.
[4] 魏臻，陆阳. 矿井移动目标安全监控原理及关键技术［M］. 北京：煤炭工业出版社，2011.

第十三章　煤矿安全生产管控一体化平台

第一节　煤矿安全生产管控一体化平台概述

建设智慧矿山是煤矿发展的必由之路。煤矿安全生产管控一体化平台是智慧矿山建设的核心内容，是煤矿企业在煤矿安全生产环节实现“集中控制、集中管理、信息共享”的平台。它是采用数字化、虚拟化、大数据、物联网、云计算等各类新技术，对煤矿生产过程、安全管理环节的大量信息进行存储、表达、挖掘、分析和决策利用，实现煤炭企业生产过程的实时监视、智能决策、统一管控和资源共享。对煤矿安全、高效、绿色开采以及灾害预测具有重要作用。对提高企业经济效益和核心竞争力具有重要意义。

一、煤矿安全生产管控一体化平台架构

煤矿安全生产管控一体化平台是在各子系统智能化建设的基础上，以集成化、数字化、智能化手段解决安全生产的综合问题，提供各类软件功能服务。其总体架构分为基础服务层、平台服务层、平台应用层三层架构，如图 13－1 所示。

基础服务层主要通过物理资源池化、资源整合，采用虚拟化技术，按需提供计算服务、存储服务、运维管理等，从而提高资源利用率。同时提供基础软件、数据通信接口等基础类服务。

平台服务层是基于工业组态、GIS 地理信息系统、三维建模、数据管理、大数据分析等技术，提供开放的数据采集、存储、计算、分析、可视化展示、信息共享、统一认证等各类服务。支持数据仓库管理、边缘计算、数据建模、智能（AI）分析、智能 APP 等各类技术应用。

平台应用层是以安全生产为核心，集成了智能生产管理、智能安全管理、应急救援管理等业务功能，并提供决策支持服务。通过对全矿井数据全面集成与有机融合，为安全、生产管理提供综合分析和智能诊断，为企业安全生产、降本提效、节能运行提供科学依据和保障措施。

煤矿安全生产管控一体化平台在网络安全保障基础上可与煤矿经营管理层进行数据交换，为经营决策层提供决策依据，同时接受煤矿经营管理层指令，实现生产计划执行与调度管理。

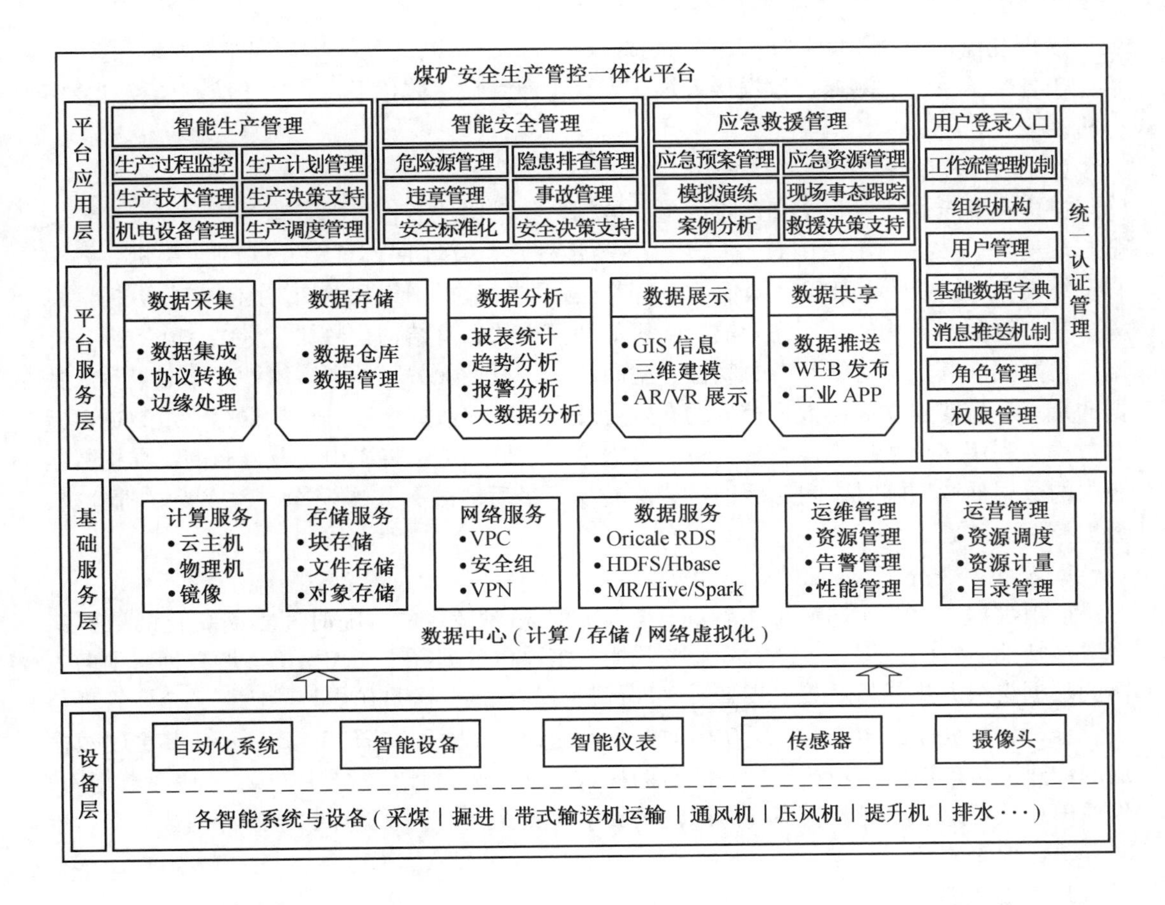

图 13－1　煤矿安全生产管控一体化平台总体架构

二、煤矿安全生产管控一体化平台功能

煤矿安全生产管控一体化平台主要功能是通过对煤矿安全生产数据进行采集、传输、存储、展示、分析、优化、共享，实现煤矿生产工艺的自动优化与无人值守控制，实现安全生产的分析决策与统一调度管理，达到安全生产管控一体化。要求管控平台具有统一的数据接口规范、统一的数据编码标准、统一的数据存储管理、统一的地理信息显示，从而对安全生产各子系统进行有效集成与数据融合。

（一）数据采集

数据采集主要完成煤矿生产中各类监测传感器、仪表和自动化监测控制子系统数据采集，解决系统之间的互联和互操作问题，解决各类设备、子系统间的接口、协议与系统平台、应用软件等的数据集成问题，在这些不同类型数据采集与传输过程中，一方面数据采集需要形成统一的数据交互接口标准，方便不同子系统数据的接入；另一方面为了保证同一类型不同对象编码的唯一性，对于每一类型对象必须定义一个编码规则，编码规则自动建立统一编码和编码对照表，并自动存放用于联网的实时数据，便于提取、追溯和查询。

数据接入过程中通过 FTP、OPC、WebService、XML、SIP、ONVIF 等不同的协议和技术，将煤矿各个子系统监测监控数据接入煤矿安全生产管控一体化平台，用于统一监控和决策分析。

（二）数据存储与处理

矿山在安全生产过程中会产生大量的数据，如矿山地测、采掘工程、通风、运输、安全与调度等，数据来源范围日益广泛，各类传感器、互联网、移动互联网（手机、各类移动终端）、物联网（RFID、摄像仪）等都是重要的数据采集和感知来源。矿山数据信息大多是多维的、异构的、不完全的、随机的和模糊的，有结构化数据、半结构化数据、非结构化数据。其数据特征具有时间性、空间性、海量性、关联性和多源性，同时具有大数据的特点。需要建立面向数据挖掘的有效合理的统一的数据仓库进行数据存储。数据存储的过程为利用多个数据库接收来自不同数据源的数据，负责将矿山企业分布的、异构数据源中的数据抽取到临时中间层后进行清洗转换，最后加载到数据仓库中，成为联机分析、数据挖掘的基础。

1. 矿山数据仓库

矿山数据仓库是面向矿山主题的、集成的、相对稳定的、随时间不断变化的数据集合。包括地质空间数据、生产管理业务数据、多媒体数据等不同类型的专题数据。面向主题的数据组织方式，是对数据较高层次进行归类的标准，满足矿山智能监控、企业管理与决策分析、数据库的访问要求。矿山数据仓库的结构示意图如图 13－2 所示。其主题数据层的构建可包括地形地貌数据库、地质勘探数据库、储量评价数据库、数字地面数据库、地质模型数据库、实时数据库、生产技术数据库、安全信息数据库、生产计划数据库、生产经营数据库等。

2. 数据处理

针对矿山数据的不确定性，表现为高维、多变、强随机性等，必须对获取的大量数据进行辨析、抽取、清洗、转换、加载等。

数据抽取：针对获取数据具有多种结构和类型的特点，通过数据抽取过程可以将这些复杂的数据转化为单一的或者便于处理的构型，以达到快速分析处理的目的。数据抽取是数据仓库按分析主题从业务数据仓库抽取相关数据的过程。现有的数据仓库产品几乎都提供关系型数据接口，提供抽取引擎以从关系数据库抽取数据。

数据清洗：针对大数据价值稀释、偏离用户关注内容甚至是错误性的干扰项，对数据进行过滤“去噪”从而提取出有效数据。在数据放入数据仓库之前将错误的、不一致的数据予以更正或剔除，以免影响决策支持系统的决策正确性。

数据转换：由于不同数据库产品可能提供的数据类型不同，需要将不同格式的数据转换成统一的数据格式，称为数据转换。

数据加载：数据加载是指把清洗后的数据装入数据仓库的过程，包括数据加载周期和数据追加策略。数据加载周期要综合考虑经营分析需求和系统加载的代价，对不同业务系统的数据采用不同的加载周期，必须保持同一时刻业务数据的完整性和一致性。

（三）数据分析

数据分析是煤矿安全生产管控一体化平台的核心功能，是通过计算、统计、分析形成

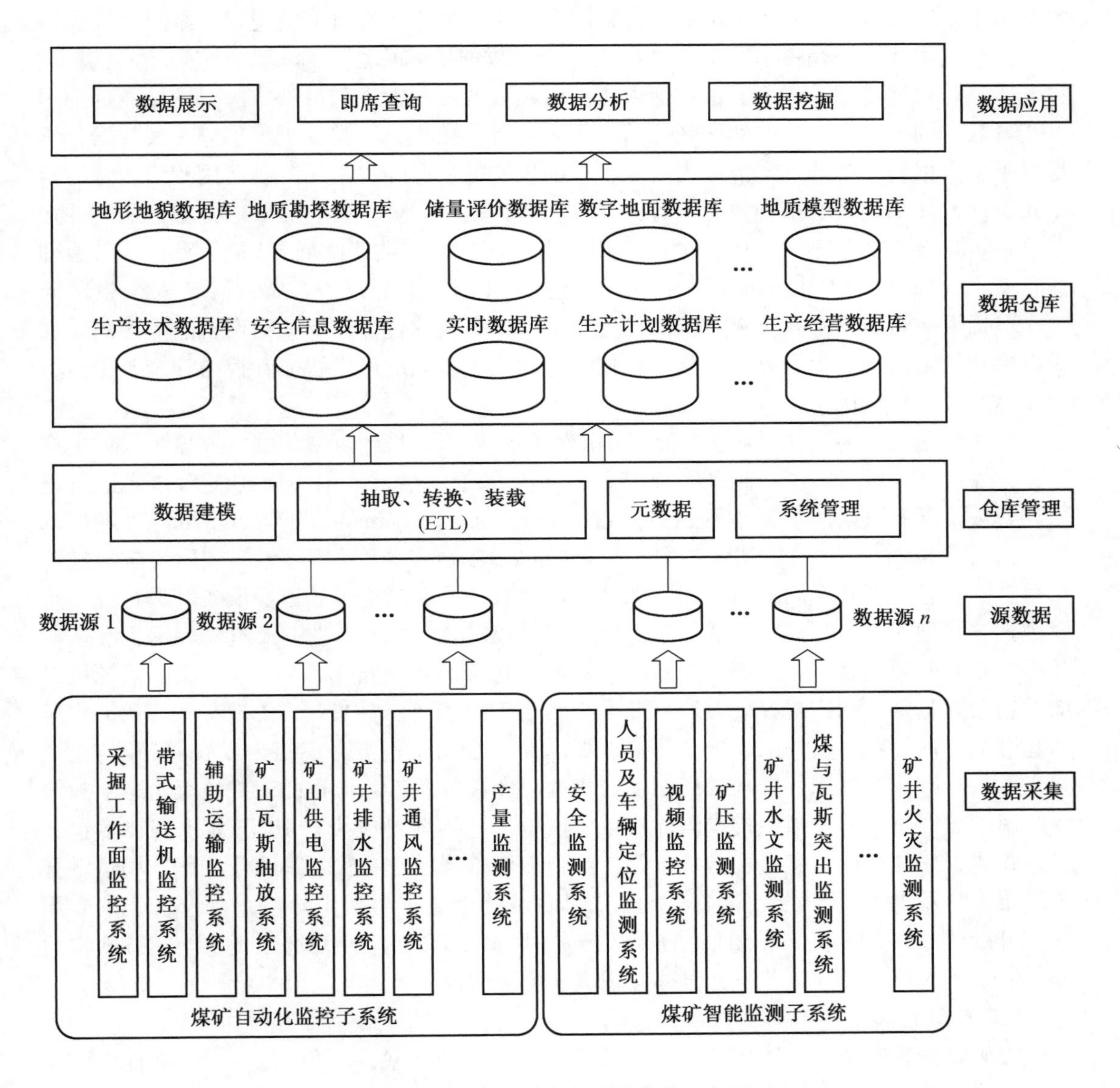

图 13－2 矿山数据仓库的结构示意图

曲线、报表、报警信息，完成对数据的分析应用。例如，通过将煤矿企业生产过程数据转化为趋势信息，可分析生产过程中各种关键指标的历史变化趋势；通过将生产过程数据转化为统计信息，可以为煤矿企业统计某日的投入、产出、物耗和能耗信息，结合计算模型，完成班组生产成本考核，同时通过数据对比分析，可找出“最佳实践”，即找出投入、产出及成本最优化的数据模型。通过数据分析结果，可以辅助煤矿管理人员进行更为科学和合理的决策。

在数据分析应用中，随着数据量的增长、数据的流动性和数据结构的多样化，大数据分析技术在煤矿数据应用中将起到更加突出的作用，成为提升煤矿安全生产水平的核心技术手段。采用大数据分析，可以揭示煤矿隐含的未知的更为有价值的规律和结果。大数据分析需要运用数据挖掘技术，包括可视化分析、数据挖掘算法、预测性分析、语义引擎、数据质量和数据管理等方面，也包括人工智能领域的各种知识与推理方法。通过数据挖掘可实现数据的分类描述、时间序列分析、关联分析、预测、聚类分析等。煤矿大数据分析是以煤矿数据仓库中的基本数据为对象，根据确定的主题和决策任务，运用矿山领域的专业知识，设计出相关的挖掘模型及算法，从煤矿数据仓库中分析、提取、挖掘出所需的知识信息。是将数据仓库（DW）、联机分析处理（OLAP）、数据挖掘（DM）等技术与地理信息系统（GIS）结合起来应用于煤矿安全生产管理的实际过程，解决煤矿安全生产问题，包括煤矿瓦斯、水害、火灾、冲击地压等重大灾害预警、重要关键设备故障诊断、煤炭产量和价格预测、生产过程优化、采掘工艺优化等，完成矿山智能管控与安全预警。

（四）数据展示

煤矿数据展示为面向煤矿生产企业的应用场景展示，采用可视化的方式显示煤矿生产过程、煤矿开采环境、矿山地质模型等，并将数据分析结果采用不同的展示方式进行显示。其数据展示可采用煤矿地理信息系统（Geographic Information System，GIS）、虚拟现实（Virtual Reality，VR）、增强现实（Augmented Reality，AR）等技术。利用煤矿地理信息系统的信息管理和空间分析功能，在计算机上对井下建筑物、巷道、设备等进行三维建模仿真，并创建煤矿不同专业的专题图层，实现煤矿统一的 GIS “一张图” 展示，实现矿井不同专业的协同管理；VR、AR 是近年来发展起来的新型技术，VR 虚拟现实系统可以煤矿场景为基础，利用虚拟现实展示技术与数字矿山相结合。在对煤矿现有系统数据集成的基础上，提供对矿山井上井下全景模拟展示与安全信息检测、巷道内设备管理与查看、巷道人员分布情况监测、安全生产调度与指挥、各种生产工艺流程的三维仿真、避险救灾线路演示、通风流向模拟、排水流向模拟、设备拆解训练等应用；AR 增强现实技术包含了多媒体、三维建模、实时视频显示及控制、多传感器融合、实时跟踪及注册、场景融合等新技术与新手段，增强现实技术目前在国内还处于研发与起步阶段，在未来煤矿应用中，可以通过 AR 技术实现地面远程采煤。采用 AR、VR 技术实现增强现实与虚拟现实功能，使地面人员无须到达井下便可体会现场的实际情况。

（五）信息共享

煤矿安全生产管控一体化平台通过网络互联、移动互联，实现信息共享、信息分发，可通过建立云服务平台依托云计算对信息进行集中处理，解决异构系统的融合、访问、服务等问题，实现煤矿安全生产过程的数据联动功能，实现面向多类型群动态协作的数据交换服务。与不同层级的云服务平台，共同形成煤矿企业、集团和国家的行业数据共享机制，能够提供高可靠、高扩展、高存取性能的煤矿大数据。实现煤矿安全生产信息的跨区域、实时远程监测的共享服务。利用大数据分析，实现生产决策优化、煤矿灾害预警、设备故障诊断。采用移动终端可以随时随地了解煤矿生产安全态势，并可实现远程运维服务。基于云服务平台的远程运维服务是通过信息共享，充分运用云服务平台的数据在线监测和大数据分析功能，实现设备的维护与管理。同时结合人员管理以及 ITSS 运维服务管理体系，实现线上线下相结合的 O2O 管理。煤矿安全生产管控一体化平台的共享服务对煤矿智能生产管理、智能安全管理、应急救援、远程维护起到了重要支撑作用。

第二节　煤矿数据中心

煤矿数据中心承载着煤矿安全生产的各类信息与业务。随着煤矿企业信息化建设的不断深入，安全生产数据越来越多，信息化业务系统规模日益增长，对数据中心功能、整体性能，以及集中化管理提出了更高的要求。通过数据中心建设，实现业务互联及数据共享，实现统一的资源管理、运维管理、服务管理，提供完善的容灾、备份能力，为生产调度、决策指挥提供有力保证，为矿井预防和处理各类突发事故和自然灾害提供有效手段。

煤矿数据中心主要设备包括服务器、网络交换机、存储系统、灾备系统、软件系统。网络交换系统为数据中心各类应用服务器与企业局域网提供高速可靠的连接。服务器主要承载数据采集、数据存储、数据应用与管理业务，包括数据库服务器、采集服务器、应用类服务器、Web 服务器、网络管理服务器、防病毒服务器以及备份服务器等。存储系统实现数据集中管理与共享，根据煤炭企业数据中心业务特点，采用集中存储方案，可根据需求选 DAS（Direct Attached Storage）、NAS（Network Attached Storage）、SAN（Storage Area Network）或云存储系统。

一、数据中心架构

随着信息化技术的不断发展，推动了传统 IT 系统向云计算平台的演进，云计算为 IT 技术发展提供了新的技术手段和业务模式。为了进一步加强煤矿企业对业务系统的承载能力，满足业务发展的要求，煤矿企业数据中心总体架构采用云技术架构，利用云数据中心统一资源管理，统一运维管理。煤矿企业数据中心架构如图 13－3 所示。主要由基础设施层、资源池层、服务层和管理层组成。

基础设施层主要包括服务器、存储、网络等物理基础设施，构成融合资源池的基础架构。

资源池层提供基础的计算、存储和网络虚拟化的能力，通过虚拟化软件，对计算、存储、网络等物理资源进行虚拟化，提供统一的计算、存储、网络资源池。

服务层是基于资源池提供按需分配的资源服务，提供计算服务、存储服务、网络服务、数据服务、灾备服务及应用部署服务。同时，还提供 VDC（虚拟数据中心）的自运维服务，将全局统一资源池内的资源灵活分配给不同部门或业务域。VDC 服务包含计算、存储、网络资源的打包分配，服务用户等同于获得了一个独立的 DC（数据中心）。

管理层分为运营管理和运维管理，提供全局级别的运营、运维管理能力。运营管理包括资源管理、用户管理、资源调度、资源计量、服务目录管理等。运维管理为基础设施层提供基础设施的运维管理，为虚拟化层提供虚拟资源的运维管理，为服务层提供服务的运维管理。包括资源管理、告警管理、拓扑管理、性能管理以及健康度管理等。

基于云架构的煤矿企业数据中心可以更加高效地承载各类信息化业务。同时提高了资源利用率，具体如下：

（1）精简 IT 资源，降低运维成本。利用云数据中心统一的资源管理，统一的运维管理平台，降低维护成本。

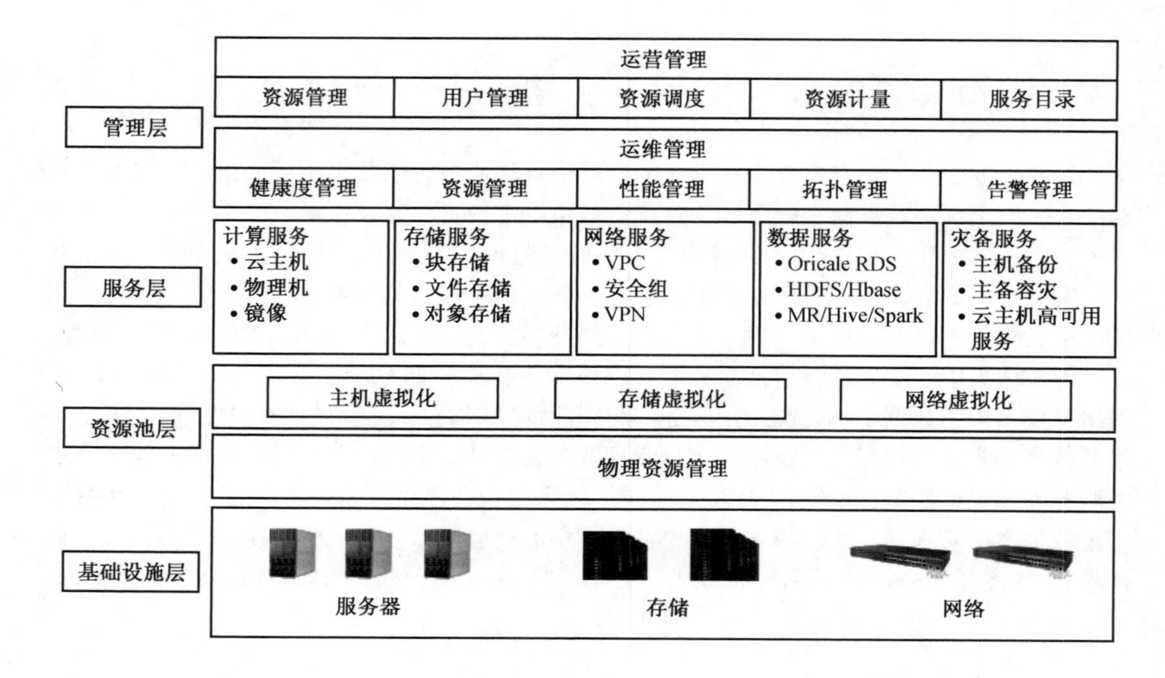

图 13-3　煤矿企业数据中心架构

（2）灵活应对业务和 IT 的需要，缩短业务上线周期。云数据中心一次规划，多次（按需）部署，降低规划难度，规避投资风险，便利的扩减容机制，可随时调整以匹配业务或 IT 的变化等。

（3）利用云计算的高可靠性，确保核心业务的连续性。通过云计算热迁移功能，能够有效减少设备的故障时间，确保核心业务的连续性，避免传统 IT，单点故障导致的业务不可用。

（4）优化资源利用，建设绿色 IT。云计算易扩展、设备易替换，提高资源复用率，避免传统 IT 资源利用率低的现状，能够有效地实现节能减排。

二、数据中心物理环境条件

煤矿企业数据中心物理环境条件要符合机房建设的高可靠、高安全、可扩展、可管理建设目标。数据中心的位置及设备布置、环境要求、建筑与结构、空气调节、供配电、电磁屏蔽、给排水、消防、监控与安全防范、布线等设计，应根据煤矿企业机房的使用性质、管理要求及其在经济和社会中的重要性，一般按电子信息机房 C 级以上进行设计建设。

数据中心建设可考虑采用一体化的模块化机房解决方案。模块化机房具备模块化、结构冗余、自动无人值守、绿色节能、快速部署等特点，符合机房建设的高可靠、高安全、可扩展、可管理建设目标。模块化机房包括：①结构子系统；②电气子系统；③监控子系统；④冷却子系统；⑤接地子系统；⑥综合布线子系统；⑦消防子系统；⑧机房总配电柜。

模块化机房优势：①部署周期短；②绿色节能，结合高效的刀片解决方案、先进的列间空调冷却技术和精准送风技术，实现节能目标；③扩展灵活，模块化系统各部件制造符合通用的工业标准，扩展方便灵活；④安全可靠，双路配电和机架级的冗余电源、门禁、监控及多种监测设备，最大化保证模块化机房的无故障运行；⑤智能管控，支持微模块数据中心、集装箱数据中心和传统数据中心的管理。

三、数据中心虚拟化技术

数据中心虚拟化技术是一种资源管理技术，是将数据中心各种实体资源，如服务器、网络、内存及存储等资源池化，打破实体结构间的不可切割的障碍，建立一套弹性的 IT 基础设施，构建共享资源池，实现资源灵活调度，提升 IT 基础设施整体灵活性。针对煤矿企业数据中心，通过采用虚拟化技术可建立煤矿云数据中心。数据中心虚拟化技术是基于云数据中心基本技术。

虚拟化技术包括服务器虚拟化、存储虚拟化、网络虚拟化、安全虚拟化等。

服务器虚拟化：能够实现将物理服务器资源池化，让用户自由创建虚拟机。

存储虚拟化：支持将服务器本地硬盘资源进行存储资源整合，通过多种技术构建分布式存储系统。

网络虚拟化：支持 VXLAN 技术，实现虚拟化环境下业务系统隔离；支持分布式虚拟交换机、虚拟路由器、虚拟化防火墙、虚拟化负载均衡等功能。

安全虚拟化：支持将传统数据中心的网络安全进行虚拟化。包括虚拟化防火墙等技术。

（一）虚拟化管理

虚拟化管理主要指采用虚拟化技术进行计算和存储资源的分配，以减少独立服务器数量，对现场计算和存储资源实行统一管理，通过自定义方式或基于模板创建虚拟机，并对集群资源进行管理，包括资源自行动态调度（包含负载均衡和动态节能）、虚拟机管理（包括创建、删除、启动、关闭、重启、休眠、唤醒虚拟机）、存储资源管理（包含系统盘、用户盘和共享盘的管理）、虚拟机安全管理（包括自定义 vlan 和使用安全组），此外还可以根据业务负载灵活调整虚拟机的 QoS（包括 CPU QoS 和内存 QoS）。

1. 虚拟机资源管理

虚拟机资源管理是根据业务负载灵活调整虚拟机状态，根据业务管理系统请求定义虚拟机规格（VCPU、内存大小、盘大小）、镜像要求、网络要求等，选择合适的物理资源创建虚拟机。可以根据使用需求随时停止、重启甚至删除自己的虚拟机。同时当业务处于低负载量运行时，可以只保留部分虚拟机满足业务需求，将其他空闲虚拟机批量休眠，以降低物理服务器的能耗，当需要业务高负载运行时，再将虚拟机批量唤醒，以满足高负载业务量正常运行需求，以此提高系统的资源利用率。

2. 虚拟机的 QoS 服务质量（Quality of Service，QoS）管理

虚拟机的 QoS 管理包括虚拟机的 CPU QoS 管理和虚拟机内存 QoS 管理。虚拟机的 CPU QoS 管理主要用于保证虚拟机的计算资源分配，隔离虚拟机间由于业务不同而导致的计算能力相互影响，从而满足不同业务对虚拟机计算性能的要求，最大限度复用资源，降

低成本。主要体现在计算能力的最低保障和资源分配的优先级。虚拟机内存 QoS 将物理内存虚拟出更多的虚拟内存供虚拟机使用，每个虚拟机都能完全使用分配的虚拟内存，可最大程度地复用内存资源。

3. 虚拟资源动态复用

在虚拟化管理中，虚拟机空闲时可自动根据设置的条件，将其部分内存、CPU 等资源释放，并归还到虚拟资源池，以供系统分配给其他虚拟机使用，并对虚拟机磁盘资源使用情况进行报表统计。

4. 资源扩容

资源扩容可实现物理资源的扩容和虚拟机的扩容管理，当物理资源成为瓶颈时，可增加物理服务器的数量，将物理服务器添加到原有的虚拟化资源池中，对虚拟化进行扩容。还可实现虚拟机资源动态调整，即根据需要增加或者减少虚拟机的 VCPU 数目；根据需要增加或者减少虚拟机的内存容量；根据需要挂载或卸载虚拟网卡，以满足业务对网卡数量的需求。根据需要可以挂载虚拟磁盘，在不中断用户业务的情况下增加虚拟机的存储容量，实现存储资源的灵活使用。

5. 资源均衡调度

资源均衡调度指对所提供的各种虚拟化资源池包括计算资源、磁存储资源、虚拟网络、虚拟防火墙等根据不同的负载进行智能调度与合理分配，达到系统各种资源的负载均衡，在保证整个系统高可靠性、高可用性的同时，提高数据中心资源利用率，其有如下两种调度模式：

（1）负载均衡。在一个集群内，对计算服务器和虚拟机运行状态进行监控，如集群中计算服务器的业务负载超过设置的阈值时，根据管理员预先制定的负载均衡策略，进行虚拟机迁移，使各计算服务器的 CPU 及内存等资源利用率相对均衡。

（2）动态节能调度：在一个集群内，如果发现集群内业务量减少，系统将业务集中到少数计算服务器上，并自动将剩余的计算服务器关机，如果发现集群内业务量增加，系统将自动唤醒计算服务器并分担业务。

（二）虚拟化应用

1. 虚拟数据中心（Virtual Data Center）

虚拟数据中心是一种逻辑隔离的技术，是将物理资源池化后，按组织、业务需要灵活分配、构建的一个逻辑的数据中心，包括数据中心需要的计算、存储和网络资源，向最终用户提供一个虚拟的数据中心。针对煤矿企业构建 VDC（虚拟数据中心）服务能力是针对每个业务部门或业务系统，分别部署一个独立的 VDC，各个 VDC 之间实现安全隔离，VDC 内部独立进行 IP 地址等网络规划；每个 VDC 独立进行自服务运营和运维管理，实现分权分域管理，减轻集中管理的压力。

2. 虚拟云桌面应用

桌面虚拟化以服务器虚拟化为基础，允许多个用户桌面以虚拟机的形式独立运行，同时共享 CPU、内存、网络连接和存储器等底层物理硬件资源。这种架构将虚拟机彼此隔离开来，同时可以实现精确的资源分配，并能保护用户免受由其他用户活动所造成的应用程序崩溃和操作系统故障的影响。在桌面云中心，利用虚拟化技术把服务器与存储虚拟成多个弹性的虚拟主机，基于虚拟机级别的隔离，每个桌面都有单独的系统盘，安全性高，个性化强，与传统 PC 机一致。虚拟机系统盘采用服务器的本地存储，高度集成。用户如果需要扩展存储空间，可弹性增加 SAN 或 NAS 存储。

数据中心虚拟化技术的应用，可以实现设备资源池化，共享资源，提高资源利用率；同时使资源自动分配缩短，实现业务快速部署；此外虚拟化技术应具有良好的开放性，可自由互联互通，推动数据中心计算平台的标准化。

四、数据中心信息安全

煤矿安全生产管控一体化平台是企业信息化系统与工业控制系统结合点，在信息安全的建设方面既要注重传统网络的信息安全，也要做好工业控制系统的信息安全。根据煤炭企业在国家安全、经济建设、社会生活中的重要程度，根据《信息安全技术信息系统安全等级保护定级指南》(GB/T 22240—2008)、《信息安全技术工业控制系统安全控制应用指南》(GB/T 32919—2016)、《信息安全技术工业控制系统安全管理基本要求》(GB/T 36323—2018)、《信息安全技术网络安全等级保护基本要求》(GB/T 22239—2019) 等文件要求，工业控制信息安全保护主要包括技术要求和管理要求两类。其中技术要求包括：物理安全、网络安全、主机安全、应用安全、数据安全 5 个方面内容。管理要求包括：安全策略和管理制度、安全管理机构和人员、安全建设管理、安全运维管理 4 个方面。本节主要对技术要求进行简要说明。

（一）物理安全

物理环境安全策略是保护网络中计算机网络通信有一个良好的电磁兼容工作环境，并防止非法用户进入计算机控制室和各种偷窃、破坏活动的发生。主要指机房选址、机房管理、机房环境、设备与介质管理等方面的安全设计与配套设施及管理。

（二）网络安全

网络安全防护包括结构安全、访问控制、安全审计、边界完整性检查、入侵防御、网络设备防护等 6 个部分。

(1) 结构安全：主要考虑网络设备的冗余能力，满足业务高峰期需要；采用路由控制建立安全的访问路径；通过网段划分避免将重要网段部署在网络边界；指定带宽分配优先级别，保证在网络发生拥堵的时候优先保护重要主机。

(2) 访问控制：是在网络关键位置部署防火墙安全设备，实现访问控制。对数据网的内外部访问服务进行全面的保护与控制，同时该防火墙可与 IDS 入侵检测系统 (Intruston detection system，简称“IDS”)、漏洞扫描系统实现联动。

(3) 安全审计：通过安全审计可以了解到网络系统中的网络设备运行状况、网络流量、用户行为等进行日志记录。形成审计信息，根据审计数据进行安全分析。

(4) 边界完整性检查：是在网络中心节点的网络设备上为服务器划分独立 VLAN，并制定严格的策略，检查并阻断非授权设备 VLAN 的访问。

(5) 入侵防御：是采用入侵防御系统对开放的 HTTP、FTP、SQL 等应用服务进行深度过滤，侦测和阻挡应用层攻击。针对 TCP/IP 的各种网络行为进行实时检测，有效防止各种攻击和欺骗，同时对恶意代码进行检测和清除。

（6）网络设备防护：是对登录网络设备的用户进行身份鉴别，对网络设备的管理员登录地址进行限制。

（三）主机安全

主机安全防护包括身份鉴别、访问控制、安全审计、剩余信息保护、入侵防范、恶意代码防范、资源控制等内容。主要针对主机的操作访问进行的安全防护。

（1）身份鉴别：主要是对登录操作系统和数据库系统的用户进行身份标识和鉴别、配置用户名/口令、限制非法登录次数，采用 SSH 等管理方式，加密管理数据，防止被网络窃听。

（2）访问控制：主要是依据安全策略控制用户对资源的访问；根据管理用户的角色分配权限；同时实现操作系统和数据库系统特权用户的权限分离；严格限制默认账户的访问权限。

（3）安全审计：通过部署安全管理平台，启用主机审计功能，实现对主机监控、审计和系统管理等。

（4）剩余信息保护：是对操作系统和数据库系统用户的鉴别信息所在的存储空间，被释放或再分配给其他用户前得到完全清除。

（5）入侵防御：主要是针对主机的入侵防御，部署漏洞扫描进行系统安全性检测；部署防病毒系统可以起到防止病毒入侵和清除病毒的功能。

（6）恶意代码防范：在所有终端主机和服务器上部署网络防病毒系统，通过定期进行病毒库升级和全面杀毒，确保服务器具有良好的防病毒能力。

（7）资源控制：是部署网络安全审计系统，进行资产收集和管理，终端服务进程管理、网络准入控制、检查网络非法外联等方面的功能。限制非法的网络连接。

（四）应用安全

应用安全防护包括身份鉴别、访问控制、安全审计、剩余信息保护、通信完整性和保密性、抗抵赖、软件控制以及资源控制等 8 个部分内容。

（1）身份鉴别：是部署一套 CA 身份认证系统，对登录用户进行身份标识和鉴别，且保证用户名的唯一性，配置用户名/口令，限制非法登录次数和自动退出等措施。

（2）访问控制：是制定严格的访问控制安全策略，根据策略控制用户对应用系统的访问，实行权限控制与账号管理。

（3）安全审计：是通过部署数据库审计系统对用户行为、用户事件及系统状态加以审计，范围覆盖到每个用户，从而把握数据库系统的整体安全。

（4）剩余信息保护：对剩余信息保护，具备清除进程的剩余信息功能。

（5）通信完整性、保密性：是采用密码技术保证通信过程中数据的完整性。采用加密技术来实现。在通信双方建立连接之前，应用系统应利用密码技术进行会话初始化验证；在链路建立时，采用 SSL VPN 三层技术来实现链路的安全性。

（6）抗抵赖：是采用数字签名技术，通过数字签名及签名验证技术，可以判断数据的发送方是真实存在的用户。利用 CA 认证系统，来是实现数据的抗抵赖性。

（7）软件控制：是提供足够的冗余信息和算法程序，使系统在实际运行时能够及时发现程序设计错误，采取补救措施，以提高软件可靠性，在故障发生时，应用系统应能够自动保存当前所有状态，确保系统能够进行恢复。

（8）资源控制：根据安全策略对最大并发会话连接数进行限制；对单个账户的多重并发会话进行限制；进程占用的资源分配提供服务优先级，根据优先级分配系统资源。

（五）数据安全及备份

数据安全主要指数据完整性和保密性，采用消息摘要机制来确保完整性校验，在传输过程中主要依靠 SSL VPN 技术和数据加密技术来保障数据包的数据完整性、保密性、可用性。备份与恢复主要包含两方面内容，首先是指数据备份与恢复，另外一方面是关键网络设备、线路以及服务器等硬件设备的冗余。

第三节　煤矿智能生产管理系统

智能生产管理系统是煤矿安全生产管控一体化平台的主要内容，是以安全生产为核心、以管控集成为手段、以提高矿井生产效率为目标，实现对各类生产自动化系统集中远程监控、智能调度、优化运行的管控系统。其主要功能（任务）是应用智能化技术和信息化手段，集成矿井生产作业过程人、机、环等各类相关信息，围绕生产计划目标，实现生产过程的智能化控制，并为各级管理层提供多角度生产综合信息与统计分析，辅助管理人员发现问题、跟踪落实、优化作业过程。该系统包括生产计划管理、生产过程监控、生产调度管理、生产技术管理、机电设备管理等各生产管理模块。

一、生产计划管理

生产计划是企业生产管理的重要依据，煤矿生产计划包括采掘接续长远规划、年度生产经营计划、季度生产经营计划、月度生产经营计划、周生产计划、重点工程计划等。下面主要介绍采掘接续长远规划和年度生产经营计划。

1. 采掘接续长远规划

在长远规划中，要对矿井开采的采区转换、采煤工作面的更替、采区开拓工程、工作面掘进工程、采掘设备的配备和辅助系统工作等做合理规划。从整个矿井可持续发展考虑，要对矿井的年度产量、开拓工程量、综合掘进工程量做总体规划，使矿井生产在时间上和空间上达到采掘平衡，并且有一定的合理储备。

2. 年度生产经营计划

年度生产经营计划要根据矿井长远规划、生产能力、安全生产状况和其他实际情况制定，对全年的各项生产、安全和经营性指标做全面分析，对辅助系统改造、材料设备的购置更新和重点工程的时间安排以及安全隐患排查等工作进行详细计划。明确了全年原煤产量目标、安全目标和经营目标、质量目标，根据年度计划统筹安排矿井采掘、辅助系统以及更新改造工程。

生产计划信息化管理，通过各种参数的自动计算和资源优化，以矿井生产能力和条件为基础，在保证安全生产的前提下，辅助生产管理人员根据企业的经营目标、地质勘测、煤层储量等信息制定出最佳的企业生产计划，从而满足煤矿最大产量和经济效益要求。系统可自动形成采掘计划网络报表和进度计划图件，为生产组织与调度管理提供依据。在计划制定过程中达到多部门、多角色、多人协同操作，易于计划的编制、修改、审批、汇总和查询。其计划编制和审批结果进入数据仓库的计划管理数据库供查询和调用，并与项目管理与生产调度连接，用于实时调度与生产过程控制。

煤矿生产计划信息化管理在采掘接续平衡、辅助系统、安全状况和经营指标的制定方面起着重要作用，是煤矿组织协调生产的重要环节。

二、生产过程监控

煤矿生产过程监控是将集成的各生产子系统数据统一到安全生产管控一体化平台，对现场生产设备、生产辅助、安全监控各子系统设备的运行状态、工艺数据、环境参数、生产过程进行集中监测与无人值守控制。通过对生产过程全面监控和信息反馈，有效组织和指挥生产，落实生产计划的执行。

煤矿生产过程监控内容包括煤流系统监控、风流系统监控、水流系统监控、供电系统监控等各生产子系统，同时也包括与生产过程相关的环境监测、人员定位等各安全监控子系统。监控信息包括现场数据、视频、语音以及设备、人员、材料等各种要素。各系统通过三维或二维 GIS 图形进行分层显示。图 13－4 所示为基于 GIS 的煤矿综合监控示意图。生产工况过程监控以文字、动画、图标等直观形式，展示全矿井的生产概况，包括井上下主要系统和设备及运行工况。可以超链接进入某个系统，实时查看详细实时工况，包括运行报警和故障；安全监控系统采用多网多系统融合，报警发生时，自动与生产控制系统联动，实现生产过程的安全控制。

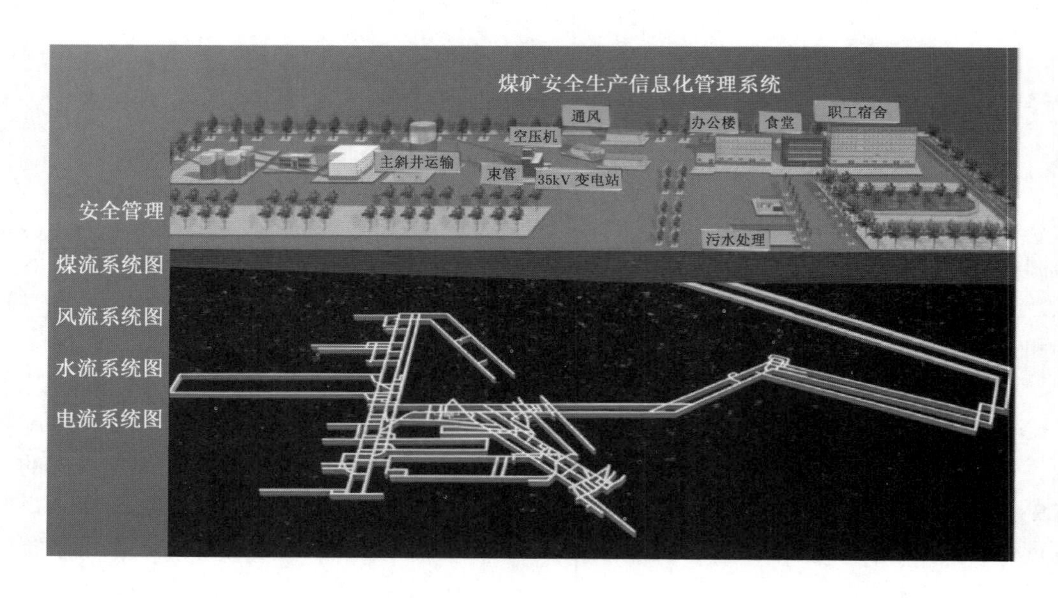

图 13－4　基于 GIS 的煤矿综合监控示意图

通过上述生产过程监控，为生产调度提供全面可视化数据监控，掌握实时生产运行状态。满足生产调度日常生产调节控制需要，进一步优化生产控制，更好地实现生产计划目标。

三、生产调度管理

生产调度管理是煤矿管理工作的重点内容，其主要任务是：①根据生产目标与生产计划协调组织与指挥生产，全面监测生产过程，根据生产现场的实际情况及时合理调配组织人员、设备、材料等资源，协调采掘衔接与生产准备工作，达到生产有序进行；②全面掌握生产安全的情况，进行安全生产监督管理，落实安全措施的执行情况。当有重大事故发生时，调度指挥现场救援与排除险情。

生产调度信息化管理模块是基于矿山自动化调度管理对井下各采煤、掘进等生产情况进行实时监测显示与联动报警，当发现偏差与异常情况时，及时发出调度指令进行生产协调管控，以保证生产系统连续、有效、安全地运行。煤矿生产调度管理主要内容包括基础数据管理、日常生产计划管理、日常调度管理、生产考核管理、生产综合统计分析等信息化管理内容。

1. 基础数据管理

基础数据管理主要包含矿井资料、煤种信息、巷道信息、采煤工作面信息、班次信息等内容。辅助生产管理人员划分并定义相应生产管理基础数据，建立基础信息数据字典，为实现煤矿生产管理的电子化、规范化提供支持。软件信息化管理模块可对各类基础信息进行增加、删除、修改、查询等操作。

2. 日常生产计划管理

日常生产计划管理主要实现对原煤产量、掘进进尺、开拓进尺、品种煤产量、各队组生产情况计划安排的记录与管理。通过软件平台实现生产计划指标的下发，以及日常生产计划的增加、修改、编辑、删除等功能。

3. 日常调度管理

日常调度管理主要实现对回采、掘进、开拓、品种煤、外运销量、库存、人员、事故等日常生产情况的记录与管理，落实生产计划（产量、进尺计划）执行、管理协调、资源合理分配，记录每日、每班生产进度，形成生产日报。通过对生产计划和生产进度情况进行对比分析，形成相应数据报表，如掘进生产情况报表，主要包括掘进计划日进尺、当日进尺、月累进尺、年累进尺；当日产量、月累产量、年累产量等，为各级管理者全面、及时了解生产状况并进行生产控制提供决策依据。软件平台可对各种生产管理信息进行添加、删除、修改、记录、查询等。

4. 生产考核管理

生产考核管理主要包含出勤管理、值班带班管理、生产考核管理等功能；生产考核分为日常考核和月考核，以验收数据为准来对生产区队进行考核，及时将验收数据录入系统，方便相关人员进行查询，同时也为生产报表自动生成提供依据。

5. 生产综合统计分析

生产综合统计分析主要包含信息自动汇总、事故汇报分析功能。主要有原煤产量台账统计、品种煤产量台账统计、品种煤销量及库存统计、开拓进尺统计、掘进进尺统计、人员下井统计、调度值班统计、矿井事故汇总、日常生产维护检修问题汇总等功能，并根据所制定年度、月度计划指标进行对比分析，进一步合理调度和指挥生产。

四、生产技术管理

生产技术管理是整个煤矿管理系统的重要分支，生产技术管理具有规程措施编制、技术资料管理、专业图纸设计、采掘生产衔接跟踪、工程进度跟踪等无纸化管理功能。

1. 规程措施编制

编制相关技术管理规程，通过网络共享与分发，专题数据库保存。生产技术管理模块具有规程编辑、修改、删除、查询等功能。

2. 技术资料管理

构建服务于生产技术人员的地测、通风、安全、生产技术、调度、机电、运输等专业技术资料管理平台，实现多部门多层次技术数据共享和决策分析，支持专业设计资料管理、技术资料查询和发布。软件平台对生产技术资料的管理实现上传、下载并能快速查阅各类生产技术资料。

3. 专业图纸设计

采用基于三维地理信息系统的采矿协同设计软件可以完成包括巷道布置、岩移预计、保护矿柱（煤柱）计算、支护选型以及采、掘、机、运、通等各类设计，并生成相关文件。当进行矿建、采掘工程辅助设计时，系统可以根据设计人员输入的参数自动完成巷道的断面设计、交叉点设计、炮眼布置图、采区变电所等矿建实施方案设计、工程量的计算和图纸的设计等。

（1）图纸数据管理。通过地质部门和测量部门提供的地质数据和测量数据，建立煤矿的地质数据库和测量数据库。将煤矿的地层数据、地面钻孔数据、煤层数据、断层数据、勘探线数据等输入数据库，巷道的导线点的高程和经纬度根据巷道的采区、水平、工作地点、工作面、导线级别分类后录入数据库管理保存。将地质剖面图、采掘工程平面图、井上井下对照图、煤层储量计算图等进行矢量化、分层、添加属性后再进行保存，实现对图纸数据的管理。

（2）图纸的自动生成。可从数据库中提取的原始数据（如导线点数据、钻孔数据等）自动生成各类图纸，并可动态修改。如生成采掘工程平面图、地质勘探线剖面图、储量计算图、工作面地质说明书、底板等高线、任意剖面的切割图等；生成的图纸修改方便快捷，可以修改、放大、缩小、移动、旋转、复制、删除等。实现图纸的在线浏览、查询、上传、下载。

4. 采掘生产衔接跟踪

实现矿井生产计划跟踪，自动计算产量、进尺，判断采掘平衡关系，汇总生成生产计划；以生产接续计划为基础，辅助编制设备、材料、人员等相关计划；动态跟踪计划执行，以图形、图表的形式分析计划完成情况，生成相关的计划报表。

5. 工程进度跟踪

实现项目工程进度跟踪记录，根据工程进度编制设备、人员、材料等相关工程实施计划，生成工程进度报表。通过软件平台进行工程项目创建、工程计划编制、工程进度跟踪记录与工程项目查询等功能。

五、机电设备管理

煤矿机电设备信息化管理是将煤矿各机电设备的参数数据（包括性能、状况、位置等）在煤矿“一张图”GIS平台上进行数据的共享处理，通过系统平台将设备管理系统与地理信息系统进行无缝嵌套。主要实现机电设备技术管理、机电设备全生命周期管理（设备使用、库存、回收、维修、报废）、设备安标信息管理、检修维护流程管理的信息化、网络化功能。

1. 机电设备技术管理

采用信息化手段对机电设备布置图、供电系统图纸、机电设备设计图纸、机电设备技术档案进行集中管理，通过人机交互方式，在信息化平台可实时查看机电设备的相关技术参数与指标。指导生产优化设计与设备维修。

2. 机电设备全生命周期管理

实现对设备的各种静态、动态信息进行全面有效的管理，实现对不同生产现场的设备状态及分布进行动态跟踪，实现机电设备采购、运输、仓储、使用、维护等全过程的跟踪管理，实现矿用机电设备的优化采购和库存管控。机电设备管理者随时可以查询设备从到货开始在企业中的所有周转过程信息，同时了解所有设备的状况（完好、备用、待修、在修等）。设备的采购计划、维修计划、维修鉴定、维修后验收、设备交接、设备故障检查与记录、设备报废等业务过程均可借助于信息化的手段进行管理和控制。

3. 设备安标信息管理

通过信息化平台对矿用安全标志产品进行管控，采集产品的标准信息编码、授权数据、安标参数，实现矿用产品的跟踪追溯管理，加强矿用安标产品的监管。

4. 检修维护流程管理

通过信息化平台实现工作票管理，使停送电和设备检修操作更加规范，便于管理。每个工作票的信息包含：工作票编号、标题、工作票种类、工作位置、工作内容、班组、工作负责人、计划开始时间、计划结束时间、允许开始时间、执行状态（作废，未执行，已执行，执行中）、附件。工作票提交申请，不能删除，保留记录。具有检修工作票创建、编辑、修改、审批、查询等功能。

通过建立标准化、智能化的设备管理体系。建立高效、可控、闭环的设备现场运行、维护保障机制。通过设备预防性维护保养，有效提升设备效率，提高生产的连续性。自动获得设备综合效率（OEE）、完好率等真实准确的设备信息。建立大数据支持的设备运行监测、故障诊断与分析系统。有效指导现场作业。

第四节　煤矿智能安全管理系统

我国煤矿煤层赋存条件复杂多变，特别是随着开采深度的不断增加，导致开采条件更趋复杂。存在瓦斯煤层爆炸、煤与瓦斯突出、冲击地压、顶板灾害、水害、火灾等多种灾害，同时由于井下空间狭小，作业环境恶劣，各系统交叉作业，人、机、环相互耦合，隐蔽致灾因素极为复杂，给安全管理带来极大的难度。采用智能化技术与信息化手段对煤矿生产进行安全管理意义重大。

煤矿智能安全管理系统是煤矿安全生产管控一体化平台的重要组成部分，采用环境智能感知、安全数据实时监控、大数据分析预警等先进技术，通过信息化管控手段对矿井人员、设备、环境等进行管理、调节、控制，提高煤炭企业安全生产能力。其基本依据是根据风险、隐患、事故之间的关系，针对煤矿事故灾害的特点和规律，实现风险分级管控，将安全事故的关口前移；同时根据事故预防理论“海因里希法则”实现隐患排查治理，对煤矿的隐患加强管理并落实到位，提前做好各种应急预案应对各种突发事件，对发生的事故追查到底，找出事故原因，持续改进各种安全问题，使整个安全体系按照 PDCA（美国质量管理专家休哈特博士首先提出的，一个循环分为 4 个阶段，即计划 plan、执行 do、检查 check、处置 Act）的闭环管理模式进行良性运转；当事故发生时，加强应急救援的工作，同时对事故情况进行登记、调查、分析、研究。杜绝同类事故的发生，教育广大职工注意安全知识的学习，做到煤矿安全生产。

煤矿智能安全管理系统功能模块包括安全风险管控、安全隐患排查、安全生产标准化管理、安全事故分析预警等模块。是以煤矿瓦斯、束管、水文、人员、矿压等各类安全监测系统数据为基础，以煤矿安全生产标准化管理为内容，运用计算机技术、软件技术、数据库技术、图形技术，对数据进行统计分析、分类汇总、综合查询，自动生成各类安全分析图表。以计算机、移动智能终端为载体，实现井下拍照取证、资料查询、消息提醒、风险预警等功能，为煤矿现场考评、监督管理提供依据，实现煤矿井下现场全过程安全管控。

一、风险分级管控

根据生产过程和伤亡事故的国家标准不同，企业安全风险类别有两种分类方法。第一，根据《生产过程危险和有害因素分类与代码》(GB/T 13861—2009) 的规定，将生产过程的危险因素和危害因素分为 4 类：人的因素、物的因素、环境因素、管理因素。第二，参照《企业职工伤亡事故分类标准》(GB 6441—1986)，综合考虑起因物、引起事故的先发的诱导性原因、致害物、伤害方式等，将风险因素分为以下 20 类：物体打击、车辆伤害、机械伤害、起重伤害、触电、淹溺、灼烫、火灾、高处坠落、坍塌、冒顶片帮、透水、爆破、火药爆炸、瓦斯爆炸、锅炉爆炸、容器爆炸、其他爆炸、中毒和窒息、其他伤害。其中包括了煤矿各类风险因素。

针对煤矿企业存在的各类风险因素，其安全风险管控程序依照风险辨识、风险评估、风险控制 3 个阶段形成如图 13－5 所示的管控功能模块，包括风险区域责任管理、风险辨识、风险评估、风险审核、风险跟踪、风险查询、风险公告、风险统计与分析等功能模块。

（一）风险区域责任管理

风险区域责任管理模块主要规划区域内的安全风险由工作在该区域的工作单位进行管理，系统对该区域进行责任规划，各单位登录系统可以显示各单位所有工作的区域，并且对各个工作区的风险负责。风险区域责任管理界面如图 13－6 所示。

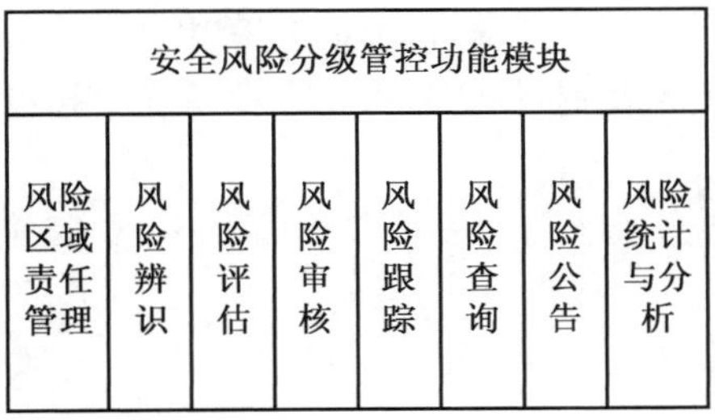

安全风险分级管控功能模块							
风险区域责任管理	风险辨识	风险评估	风险审核	风险跟踪	风险查询	风险公告	风险统计与分析

图 13－5　安全风险分级管控功能模块

煤矿安全事故预防预警管理系统 v1.0

我的工作台　安全风险分级管控　事故隐患排查治理　三违管理　系统管理

安全风险分级管控

风险区域责任管理
风险辨识
风险评估
风险审核
风险跟踪
风险修改
风险公告
风险查询
风险统计分析

区域名称：　查询　重置

	区域名称	部门名称	操作
1	106配电点	机电科,,瓦抽队,机电队,运转队,监控中心,通风科,皮带队	
2	2号煤皮带机尾	安监科,机电科,瓦抽队,机电队,运转队,监控中心,皮带队	
3	2号煤辅运大巷	安监科,矿领导办公室,辅底队,辅运队,地测科,生产技术科,调度室,瓦抽队,机电队,运转队,监控中心,...	
4	2号煤回风大巷	瓦抽队,机电队	
5	2号煤胶带大巷	瓦抽队,机电队	
6	2号煤皮带机头	机电科,生产技术科,调度室,瓦抽队,机电队,运转队,监控中心,皮带队	
7	20101回风巷	安监科,综掘四队,辅运队,地测科,生产技术科,调度室,机电队,瓦抽队,运转队,监控中心,皮带队	
8	20101胶带巷	安监科,辅运队,地测科,生产技术科,调度室,巷修队,综掘四队,瓦抽队,机电队,运转队,监控中心,皮带队	
9	20101联巷	安监科,巷修队,综掘四队,辅运队,地测科,生产技术科,调度室,瓦抽队,机电队,运转队,监控中心,皮带队	
10	20101切眼	安监科,安监一科,安监队	
11	20102回风巷...	辅运队,生产技术科,调度室,瓦抽队	
12	20102胶带巷...	安监科,辅运队,生产技术科,瓦抽队	
13	20102联巷	安监科,生产技术科,瓦抽队	
14	20103回风巷...	安监科,调度室,瓦抽队	
15	20103胶带巷...	安监科,调度室,瓦抽队	
16	20104回风巷...	安监科,生产技术科,瓦抽队	
17	20104胶带巷...	安监科,生产技术科,瓦抽队	
18	20105回风巷...	安监科,生产技术科,调度室,瓦抽队	
19	20105胶带巷...	安监科,生产技术科,调度室,瓦抽队	
20	20106工作面	安监科,综采二队,辅运队,地测科,生产技术科,调度室,辅底队,巷修队,机电队,瓦抽队,运转队,监控中...	

图 13－6　风险区域责任管理界面

（二）风险辨识

安全风险辨识的目的是通过对系统的分析，界定系统中哪些部分、区域存在危险因素，并确定危险性质、危险程度、存在状况、危险源能量与物质转化为事故的转化过程规律、转化条件、触发因素等，以便有效地控制能量和物质的转化，使危险因素不至于转化成事故。煤矿风险预控的风险辨识采用1＋4的辨识模式，“1”是指1次年度辨识；“4”是指4次专项辨识，即年度辨识、采区采面设计前专项辨识、系统工艺等重大变化前专项辨识、启封火区等高危作业前专项辨识、出现事故和重大隐患后专项辨识。其详细内容如下。

1. 年度安全风险辨识

（1）每年底矿长组织开展年度安全风险辨识。

（2）重点对煤矿重大灾害及提升运输系统等容易导致群死群伤事故的危险因素开展安全风险辨识。

（3）根据辨识评估结果指导有关生产计划、年度安全工作重点和规程措施编制等。

（4）编制年度安全风险辨识评估报告，建立重大安全风险清单，制定相应的管控措施。

2. 采区采面设计前专项辨识

（1）总工程师组织业务科室展开辨识。

（2）重点辨识地质条件和重大灾害因素等方面存在的安全风险。

（3）补充完善重大安全风险清单并制定相应管控措施。

（4）结果用于完善设计方案、指导工艺选择、生产系统布置、设备选型、劳动组织等。

3. 系统工艺等重大变化前专项辨识

（1）分管负责人组织有关业务科室进行辨识。

（2）重点辨识作业环境、重大灾害因素等方面的安全风险。

（3）补充完善重大安全风险清单并制定相应的管控措施。

（4）辨识评估结果用于指导重新编制或修订完善作业规程和操作规程。

4. 启封火区等高危作业前专项辨识

（1）分管负责人组织有关业务科室、生产组织单位进行辨识。

（2）重点辨识作业环境、工程技术、设备设施、现场操作等方面的安全风险。

（3）补充完善重大安全风险清单并制定相应的管控措施。

（4）辨识评估结果作为编制安全技术措施的依据。

5. 出现事故和重大隐患后专项辨识

（1）专项辨识由矿长组织分管负责人和业务科室进行辨识。

（2）识别安全风险辨识结果及管控措施是否存在漏洞和盲区。

（3）补充完善重大安全风险清单并制定相应的管控措施。

6. 其他辨识

各单位结合本单位实际情况开展的其他专项的风险辨识。

风险辨识模块是各单位风险预控责任人员登录系统软件，根据区域责任规划，对各单位所在的工作场所进行风险辨识，即区域责任到队组，队组责任到责任人，从工艺流程和风险类别进行辨识，工艺流程按照工作情况逐渐辨识，风险类型按照人、机、环、管4个要素进行辨识，辨识完成后录入系统。包括日期时间、风险区域、风险类型、事故类型、主管部门、风险描述、辨析人员等信息，新增风险辨识如图13－7所示。

年度风险辨识主要实现每年底对年度安全风险辨识信息进行管理，对所有辨识出的危险源逐一进行风险评估。专项辨识模块主要实现对专项风险辨识信息进行管理，对所有辨识出的危险源逐一进行风险评估，具有风险信息查询与记录功能。

图 13－7　新增风险辨识

（三）风险评估

安全风险辨识评估的方法有很多种，目前煤矿上较多采用风险矩阵法和作业条件危险性分析法（LEC）。以风险矩阵法为例说明，风险的数学表达式为

$$R = LS$$

式中　R——风险值；

L——发生伤害的可能性；

S——发生伤害后果的严重程度。

风险级别根据风险值的大小进行划分，主要包括低风险、一般风险、中等风险、重大风险、特别重大风险。风险矩阵表如图 13－8 所示。

风险评估的流程是煤矿风险负责人对各科室辨识的风险进行评估，评估风险发生的可能性和该风险发生后的严重程度，根据矩阵评估方法评估风险的等级，确定责任单位、责任人和风险存在期限。风险评估内容有：风险区域、日期、评估机构、风险源类别、风险发生的可能性、风险发生的后果、风险等级等。风险评估内容如图 13－9 所示。

（四）风险审核

煤矿风险审核主要用于管理部门对填报的风险进行审核，审核通过即确认一条风险。风险审核软件界面主要包括所填报的风险内容及其审核状态。

（五）风险跟踪

生成风险后由风险管理人员对该风险按照评估的内容进行跟踪，跟踪管控措施是否有效，加强该风险管理；如果管控失效，则对该风险进行预警。管理软件需要对跟踪时间、管控效果、是否消除进行填报。主要实现对风险检查出的问题进行跟踪分析，完善管控措施，对问题处理情况进行登记。风险跟踪填报如图 13－10 所示。

	风险矩阵	中等风险（Ⅲ级）	重大风险（Ⅳ级）		特别重大风险（Ⅴ级）		有效类别	赋值	损失	
									人员伤害程度及范围	由于伤害估算的损失
一般风险（Ⅱ级）	6	12	18	24	30	36	A	6	多人死亡	500万元以上
一般风险（Ⅱ级）	5	10	15	20	25	30	B	5	一人死亡	100万～500万元
一般风险（Ⅱ级）	4	8	12	16	20	24	C	4	多人受严重伤害	10万～100万元
一般风险（Ⅱ级）	3	6	9	12	15	18	D	3	一人受严重伤害	1万～10万元
低风险（Ⅰ级）	2	4	6	8	10	12	E	2	一人受到伤害，需要急诊；或多人受轻微伤害	2000元～1万元
低风险（Ⅰ级）	1	2	3	4	5	6	F	1	一人受轻微伤害	0～2000元
	L	K	J	I	H	G	有效类别			
	1	2	3	4	5	6	赋值			
	不可能	很少	很可能	可能发生	能发生	时有发生	发生的可能性			
	估计从不发生	10年以上可能发生一次	10年内可能发生一次	5年内可能发生一次	每年可能发生一次	1年内能发生10次或以上	发生可能性的衡量（发生频率）			
	1/100	1/40年	1/10年	1/5年	1/1年	≥10/1	发生频率量			

图13－8　风险矩阵表

（六）风险查询

风险查询是按照检查时间、风险区域、专业、风险等级、风险类型、责任单位、责任人、消除状态、存在时限、跟踪情况和管控效果进行查询。各部门根据实际情况可以查询各部门相关的风险。

（七）风险公告

风险公告主要实现对煤矿到期未处理的重大安全风险信息进行公告警示，督查相关责任人及时处理。主要功能有：公告信息发布功能、公告信息查询功能、公告信息导出功能、公告信息关闭功能。公告信息发布功能主要按照企业审批流程，对重大风险信息进行公告发布。公告信息关闭功能主要实现对已处理的风险进行手动关闭功能。

（八）风险统计与分析

风险统计与分析主要根据不同权限实现对各个责任区域安全风险分布情况、安全风险等级分布情况以图形方式进行统计展示。例如安全风险区域统计以柱状图的形式展示各风险等级的统计情况，安全风险等级统计以饼状图的形式展示4个风险等级占比情况。

风险评估

风险描述*	风险描述		
管理措施*	建立完善的管理措施		
风险评估类型*	年度评估	评估时间*	2019-09-26
风险发生的可能性*	1|可能性小完全意外	露于危险环境的频繁程度*	2|每月一次
产生的后果*	7|严重、重伤		
风险值	14	风险等级	低风险
责任单位*	机电科	责任人*	刘XX
存在时限起*	2019-09-23	存在时限止*	2019-11-30
区域作业人数上限*	23人		

通过　取消

图 13－9　风险评估内容填报

风险跟踪

风险评估类型*	年度评估	评估时间*	2019-09-04
风险发生的可能性*	1|可能性小完全意外	露于危险环境的频繁程度*	2|每月一次
产生的后果*	7|严重、重伤		
风险值	14	风险等级	低风险
责任单位*	调度室	责任人*	王X
存在时限起	2019-09-27	存在时限止	2019-11-30
区域作业人数上限*	32		

历史跟踪情况

跟踪时间*	2019-09-30	跟踪情况*	措施落实到位	引入上次跟踪情况
管控效果*	效果可靠		是否消除	
备注*	继续跟踪			

确定　取消

图 13－10　风险跟踪填报

图 13－11 所示为煤矿安全风险等级统计饼状图。

信息化管理系统还可对在档的重大安全风险信息进行管理，支持多条件筛选重大风险信息，并可根据筛选出的风险信息生成重大安全风险清单。具有风险信息检索、重大安全风险清单生成、报表导出功能。

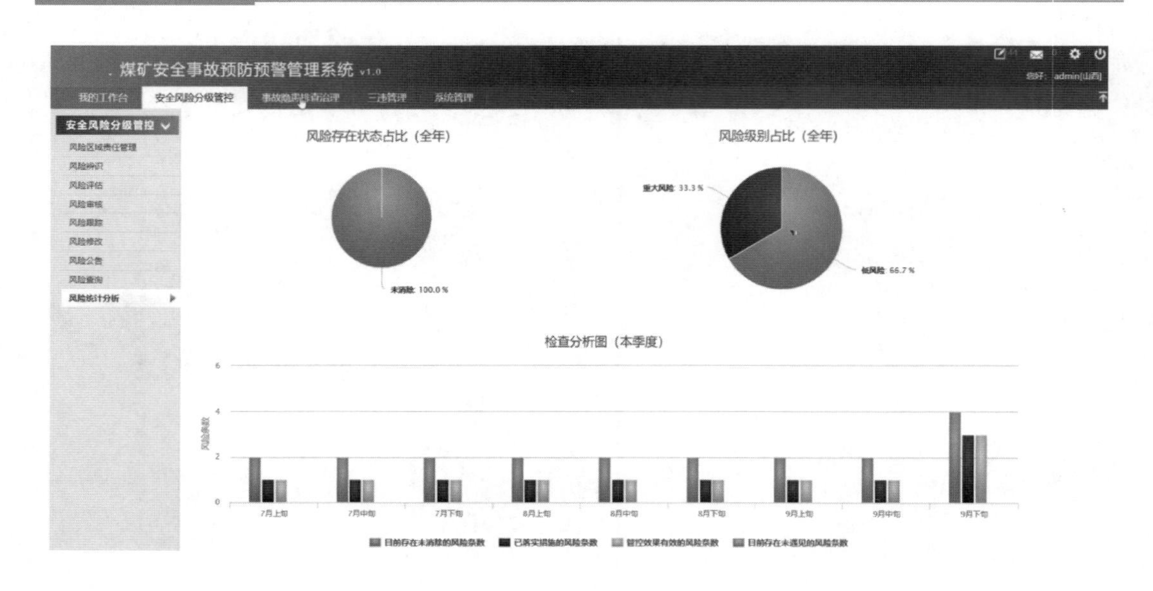

图 13－11　煤矿安全风险等级统计饼状图

二、隐患排查

煤矿安全隐患排查是根据国家《安全生产法》、国务院《关于预防煤矿生产安全事故的特别规定》、原国家安监总局《安全生产事故隐患排查治理暂行规定》、《煤矿安全规程》等有关法律法规和标准为依据，结合煤矿实际情况，制定煤矿安全隐患排查治理体系方案，采用信息手段进行管理。

隐患排查管理是企业安全管理的重要组成部分，是针对人们在生产过程中的安全问题，进行有关决策、计划、组织和控制等活动，实现生产过程中人与机器设备、物料、环境的和谐，减少和控制危害及事故，尽量避免生产过程中由于事故所造成的人身伤害、财产损失、环境污染和损失，达到安全生产的目的。隐患排查主要依据海因里希法则，又称“1：29：300 法则”，是 1941 年美国的海因里希根据统计许多灾害后得出的。当时，海因里希统计了 55 万件机械事故，其中死亡、重伤事故 1666 件，轻伤 48334 件，其余则为无伤害事故。从而得出一个重要结论，即在机械事故中，死亡、重伤、轻伤和无伤害事故的比例为 1：29：300，国际上把这一法则叫事故法则。这个法则说明，在机械生产过程中，每发生 330 起意外事件，有 300 件未产生人员伤害，29 件造成人员轻伤，1 件导致重伤或死亡。通过隐患排查治理体系消除和减少生产过程中的各种隐患，从而避免大的事故发生。隐患排查的功能模块主要包括：隐患填报、隐患审核、隐患“五定”、隐患整改、隐患复查以及“三违”管理（图 13－12）。

图 13－12　隐患排查的功能模块

（一）隐患填报

根据煤矿安全隐患排查的管理制度，全矿各部门对各专业的隐患进行填报，一般隐患根据分类主要有：现场整改的隐患、本部门整改的隐患、需要其他部门解决或协助解决的隐患、需要协调全矿解决的隐患、需要寻求外援解决的隐患，根据隐患的不同分类填报煤矿存在的各种隐患；根据国家规定的标准，如果发生重大隐患，立即停止生产，填报系统处理该重大隐患。隐患填报系统如图 13－13 所示。填报内容包括隐患地点、隐患检查时间、检查人、隐患级别、隐患标准、隐患描述、现场整改情况等内容。通过隐患填报，建立隐患台账，并对其实施监测治理。

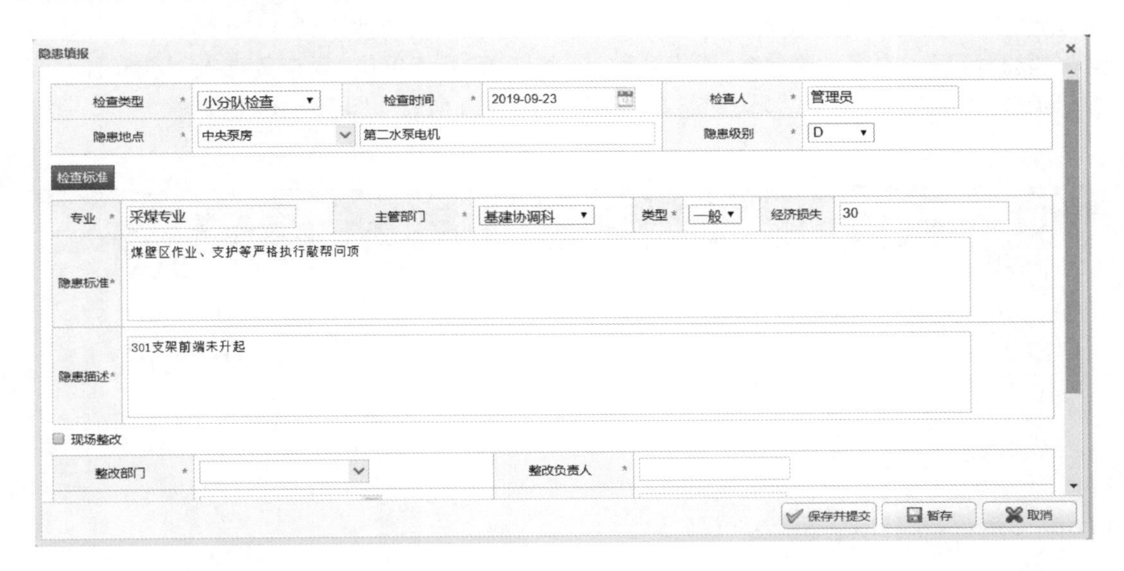

图 13－13　隐患填报系统

（二）隐患审核

煤矿每个部门存在的隐患需要多个部门协助解决，针对需要本部门解决的隐患本部门队组的负责人可以直接分配工作解决，无须上层领导审批；但需要其他部门解决或协助解决的隐患需要本科室的领导审批，分配该任务到其他队组或者协调其他队组协助解决；若需要协调全矿解决或需要寻求外援解决的隐患，需矿领导审批，由矿领导协调全矿资源或其他外部资源协助解决。其软件功能是在隐患填报内容的基础上进行隐患审核上报。

（三）隐患“五定”

隐患“五定”主要是对出现的隐患明确责任部门、责任人、整改期限、整改措施、整改资金。通过信息化软件系统填报责任部门、责任人、整改期限、整改措施、整改资金，也称为安全隐患五落实原则。相应的责任单位必须按照软件系统指定的落实条件落实到工作中，按期整改完成。

（四）隐患整改

工作队组接收到分配的隐患整改任务后，根据实际情况展开整改工作，在规定的时间内完成隐患整改，如果对整改的隐患有异议，可以要求领导重新“五定”或延期，但是必须经领导审核同意后才可以生效，在不同意更改和通过审批前均应按照原计划整改。整改完成后，汇报整改情况，提出验收。隐患整改内容包括：隐患名称、隐患地点、隐患状态、排查日期、整改时间、整改负责人、整改记录、整改问题验证人等。主要实现对“整改中”和“复查未通过”的隐患信息进行隐患整改记录的管理。

（五）隐患复查

隐患复查主要实现对“已整改”的隐患进行复查，负责复查的部门人员现场逐条逐项对照进行复查。对符合标准的已经整改的隐患进行闭合，隐患整改不符合标准的，要求责任单位重新整改，并对整改责任单位进行绩效考核。复查已确认通过的，隐患状态则变为“已复查”；经复查未整改或整改未达到要求的，系统会给整改责任人进行提醒，继续进入整改、复查流程。内容主要包含：隐患名称、排查日期、复查单位、复查负责人、复查时间、复查记录、复查意见书、复查结果、复查人员等。隐患复查列表如图 13－14 所示。

图 13－14　隐患复查列表

（六）隐患查询

主要根据时间、检查类型、区域、专业、部门、整改单位、隐患级别和状态进行查询。

（七）违章管理

违章管理主要是指“三违”管理，“三违”就是违章作业、违章指挥和违反劳动纪律，“三违”管理就是对这些“三违”行为进行登记、处理和分析。查询人员“三违”情况，分析“三违”出现的队组、“三违”类型、班组“三违”情况，通过“三违”分析，强化现场安全管理，有效杜绝“三违”现象，确保安全生产形势的稳定。主要包括“三违”管理、“三违”查询、“三违”统计。

1. “三违”管理

对在工作场所的“三违”情况进行检查记录，确认、处罚并纠正其“三违”情况，将“三违”内容录入系统，对员工当月的“三违”情况进行统计分析和绩效考核。

2. “三违”查询

“三违”数据对员工开放，员工登录系统可以方便查询各自的“三违”情况，核实各个时间段的“三违”情况，不仅可以查询员工的“三违”情况和处罚金额，还可以警示教育和监督员工，增强员工的安全意识。

3. “三违”统计

对“三违”情况按照班次、“三违”类型、队组进行统计，分析班次、队组的“三违”情况。明确“三违”类型在时间域上的分布情况，加强“三违”类型的宣传教育；根据统计分析，针对“三违”情况较多的班组，针对性地做好检查工作，最大限度地杜绝员工的“三违”行为。“三违”统计报表如图 13－15 所示。

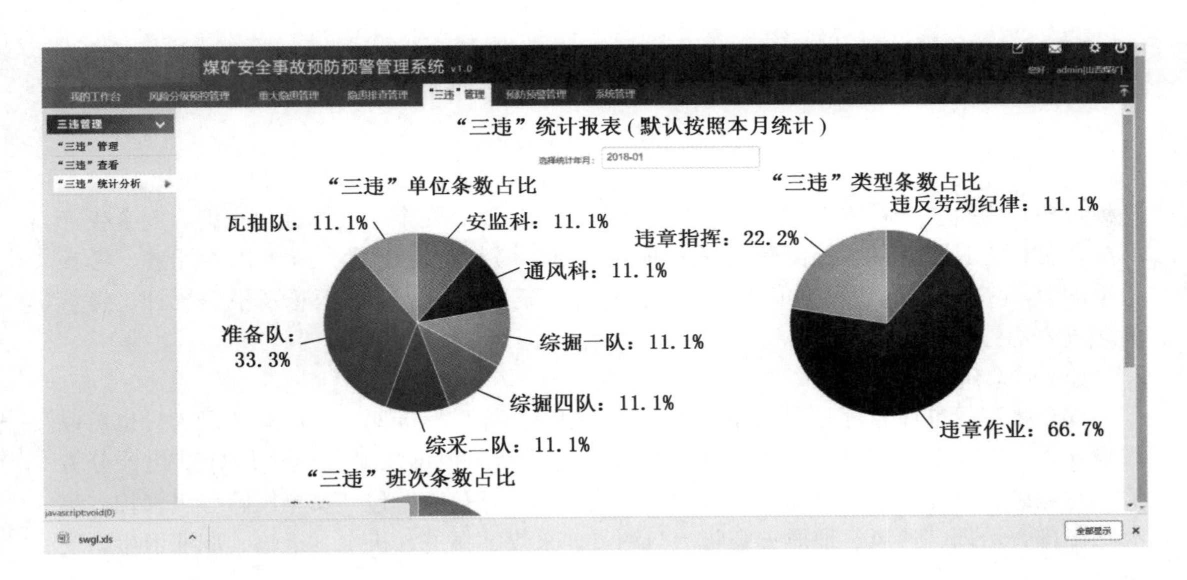

图 13－15　“三违”统计报表

三、安全事故分析预警

安全事故分析预警是建立在对煤矿隐患和风险的综合统计分析对比的基础上，对煤矿安全生产进行综合预警。通过月度、季度、年度隐患数、隐患整改情况进行统计分析，并对一般隐患和重大隐患的发生数量进行对比分析，根据隐患数量和隐患类型进行安全预警。图 13－16 所示为重大隐患预警。同时根据煤矿填写的各种风险和隐患，对发生的风险和隐患进行经济损失评估，根据评估的经济损失值，参照国家事故等级经济指标，确定该矿的安全事故预警等级。

四、安全生产标准化管理

安全生产标准化管理主要针对煤矿安全检查、安全考核进行标准化管理。其信息化管

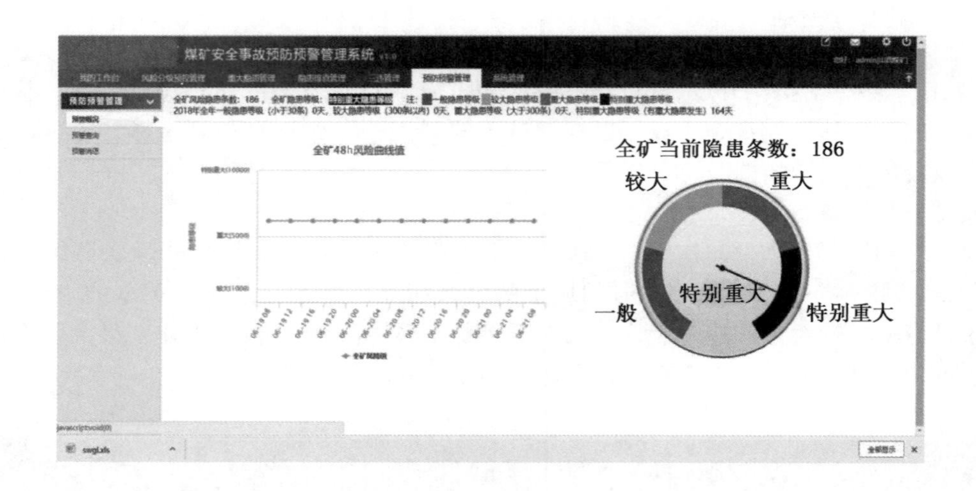

图 13-16　重大隐患预警

理模块包括安全生产标准库管理、安全生产标准化检查、安全生产标准化查询、安全生产标准化分析。具有基础数据配置（考核项目配置、考核标准配置、考核机构配置、考核权重配置、考核配置）、标准库录入、考核登记、记录查询、成绩汇总及报表统计、考核问题进入隐患库等功能。

（一）安全生产标准库管理

安全生产标准库管理是根据煤矿专业建立相应的煤矿标准库，可以单条录入，也可以批量导入。有新增、删除、修改、查询和导出的功能。根据煤矿安全生产标准化评分方法，对煤矿各个专业的评分标准分值和权重建立标准评分库。包括安全风险分级管控、事故隐患排查治理、通风、地质灾害防治与测量、采煤、掘进、机电、运输、职业卫生、安全培训和应急管理、调度和地面设施。

（二）安全生产标准化检查

安全生产标准化检查是根据煤矿安全生产检查的结果在系统中进行打分，每个专业检查各自专业的内容，并根据各专业的实际检查结果进行打分。系统自动计算各专业得分，汇总所有得分，给出该煤矿的安全生产标准化总分。系统根据安全生产标准化库自动生成某个时间段的安全生产检查表，登录用户根据安全生产检查表的内容进行检查，对检查的结果填入检查表，填报完成后生成本专业的检查表。各专业完成所有的检查表的填报后，系统自动给出该时间段的检查结果，并生成各专业的检查报表和汇总报表。

（三）安全生产标准化查询

对安全生产标准化的内容按照时间、专业、项目、内容、标准分值和得分进行查询，可以查询各专业和全矿的检查情况，也可以查询到各专业和全矿的不合格项的内容。

（四）安全生产标准化分析

按照安全生产检查情况自动生成各专业的分析直方图，明确显示各专业得分情况和失分情况，对失分情况按照专业自动生成饼图，为各专业不合格情况提供数据支撑。

第五节 煤矿应急救援管理系统

煤矿应急救援管理系统的主要目标是为生产矿井提供预案编制指导、应急救援日常工作组织以及应急救援指挥演练方面的服务，为煤矿提升应急组织能力、保障生产安全提供全面的指导。可以实现生产安全事故预警、信息报告、辅助决策、资源调度、预案管理、培训演练、应急评估和监督管理等主要功能，为实现快速、准确、有序、高效地进行煤矿事故应急救援工作和日常管理工作提供信息化保障。

煤矿应急救援管理系统是应急救援业务管理的综合性软件，通过应急救援空间可视化分析、相似事故案例匹配分析、事故预警分析，建立实施预案管理与演练、救灾机构与人员物资的管理、救灾指令与应急响应。

应急救援管理系统主要包括的功能模块有：应急基础资料管理、应急救援辅助决策管理、应急救援资源管理、应急救援预案管理、应急救援演练、应急救援指挥、应急救援统计与分析等。其应急救援管理系统框图如图 13－17 所示。

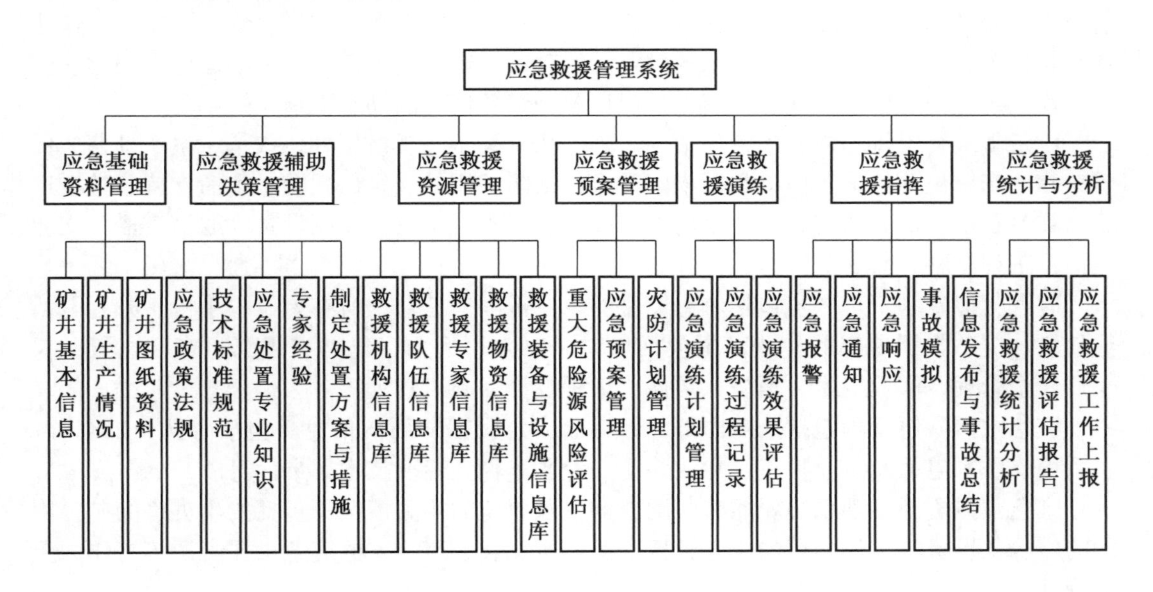

图 13－17 应急救援管理系统框图

一、应急基础资料管理

应急基础资料管理包括矿井的基本信息（各级领导、组织架构、职工组成、地理位置、交通方式等）、生产情况（井巷布置、地质资料、重点危险源分布情况、生产系统部署、年月日生产情况等）、相关资料图纸（采掘、机电、运输、通风、排水、通信、安全监测等系统的全部图纸）。当矿井发生重大灾害事故后，系统能够全面地提供应急救援工作所需要的全部基础资料。功能模块包含资料库类型管理和资料库管理，支持多层级类型管理。

二、应急救援辅助决策管理

应急救援辅助决策管理主要实现应急政策法规、技术标准规范、应急处置专业知识及专家经验、事故应急救援案例的存贮和检索，在事故应急处置中，能够针对当前灾情，通过调用以上相关数据,并结合基础资料、应急预案、应急资源模块,进行综合研判,研究制定相应处置方案和措施,实现应急救援的辅助决策,提升应急救援决策科学化和高效化水平。

三、应急救援资源管理

应急救援资源管理主要实现各种救援资源信息管理，即对煤矿企业应急机构及人员、应急救援队伍及装备、救援专家、储备救援物资和设施装备、相关通信方式的填报导入、统计、存贮、查询运用和动态管理。在事故应急处置时，通过该模块迅速检索和调集相关救援资源，实现高效救援保障。

信息化软件需要建立救援机构信息库、救援队伍信息库、救援专家信息库、救援物资信息库、避难场所信息库等各类资源信息库，实现对各类信息的添加、修改、删除、快速查询和显示，并在 GIS 图形上显示各类资源的分布。针对各种资源要定期巡检，要建立软件巡检系统，记录巡检日期、负责人，保证各种资源情况的动态更新。

应急救援物资管理内容包括物资的名称、物资类型、规格型号、数量、生产日期、保质期和生产单位等信息。应急救援物资类型包括防护用品、生命救助、生命支持、救援运载、临时食宿、污染清理、动力燃料、工程设备、器材工具、照明设备、通信广播、交通运输、工程材料、其他等。

应急救援专家管理内容包括应急专家的专业范围、姓名、所在单位、手机、办公电话等信息。应急救援专家的专业范围包括煤矿、电力、冶金、建材和化工生产、电气、仪表、安全管理、职业卫生、消防、环保、工程设计、施工管理等。

应急救援队伍管理包括企业内部外部专业应急救援队伍的信息，包括各队伍的名称、联系人、联系电话、专业特色、专业装备、专业车辆、专业技术人员信息。

应急救援资源管理系统要能够联网查询关联单位的相关情况，包括发生灾害的矿井周围的应急救援资源，母公司的应急救援资源，所在县、市、省的应急救援资源等，作为上级管理部门制定应急救援指挥方案的依据。

四、应急救援预案管理

应急救援预案管理是对矿井重大危险源进行风险评估；实施矿井灾害预防和处理计划的编制、审批、发布、存贮、查询运用和动态管理；在事故发生时，通过该模块迅速启动应急救援预案开展应急救援工作。

应急救援预案管理模块提供应急救援预案在线编制或修改预案的功能，制定预案审核流程，按流程进行评审。预案可以与应急救援资源管理系统的数据相结合，预览所关联的矿井资料图纸、生产设施分布、救援物资装备分布、救援路线图等信息，在应急救援预案启动后，提供紧急避险动态路线生成的方法。应急救援预案是事故处理中的核心信息，在应急演练和事故救援中起核心的指导作用。

五、应急救援演练

应急救援演练是针对突发、具有破坏力的紧急事件采取预防、预备、响应和恢复的演练计划与行动。软件模块主要功能是对应急救援演练计划和方案、培训情况、演练评估总结进行编制、统计、存贮、上报和查询，能够设计和存贮各类事故演练情景，结合应急预案、应急资源等模块开展模拟演练。提供流程标准化功能，结合具体的灾害事故种类及预案内容，对救援指挥过程进行准确的操作指导。演练过程会自动关联应急救援资源管理系统，根据灾害事故类型，自动准备相关资料与人员信息、装备信息，在演练过程自动进行演练记录，演练结束后，自动生成演练成果评估报告。其主要内容包括应急演练计划管理、演练过程记录和演练评估。

1. 应急演练计划管理

煤矿企业需要将编制的年度演练计划录入到系统中，进行演练计划上报，可进行必要的修改、删除操作，可随时进行查询。上级管理部门对演练计划进行审批，审批后不可修改删除。演练计划内容包括演练科目、类型、方式、时间、规模、地点、目的、组织部门、资金投入、演练规则、保障措施等项目。演练计划是应急救援演练的开始阶段，实现对应急模拟演练方案的综合控制管理。系统提供应急演练计划与方案上传、下载功能。

2. 演练过程记录

通过文本、图像、音视频等多媒体形式记录演练全过程信息，实现信息的录入或自动获取，并能够对演练记录进行修改、分类、汇总等维护操作，为演练过程回放、演练效果评估储存资料。

3. 演练效果评估

应急演练结束后，应进行演练评价总结，并编制演练评价报告。通过演练过程的查询、回放、讨论，对演练过程、效率、效果进行评估，总结成功经验、失败教训、建议意见，为成功实战提供有价值的信息。对于评估结果，能够进行查询。应急救援预案演练结果可以通过以下方面对预案进行检验：人员配置的合理性、充分性，参与人员的反应能力与处理能力、应急预案的可操作性、应急救援设备的可用性与有效性、应急救援预案的组织协调性、外部机构响应的及时性等。

六、应急救援指挥

应急救援指挥管理模块主要是启动应急响应流程，把救援过程中所涉及的预案资料、事故措施及指挥救援人员的信息、装备信息以及各种文档资料融合在统一的系统界面下，方便应急救援指挥。主要功能包括应急报警、应急通知、应急响应、事故模拟、信息发布、事故总结报告。

1. 应急报警

提供应急报警的录入功能，可以录入事故的发生地点、时间、事故类型、事发单位、人员伤亡情况、严重程度、已采取措施等相关信息，并自动生成事故报表上报。

2. 应急通知

应急指挥中心在接到事故通知后，启动相应事故通知程序，采用包括短信、语音电话方式，对通知程序中的单位和个人逐个或批量进行通知，通知完成后形成通知记录，对于已回执的短信通知，标记为已回执。应急救援领导组对事故情况进行分析，确定应急响应级别，快速启动应急响应。

3. 应急响应

启动应急救援后，系统自动提取并以 GIS 方式集成显示相应的应急预案、应急通信、矿井图纸、灾防计划、应急物资、瓦斯监测数据、人员位置数据、工业视频、救援队伍信息、专家信息等。联动各种地面井下应急救援通信设施、井下移动目标精确定位系统、环境与生命体征感知系统、机器人救援系统等，通过三维展示事故发生地点周围的避难场所位置、应急资源情况，以及当前井下人员位置等，为应急救援指挥提供辅助支持。领导可在指挥界面方便地查询浏览各类信息，进行指挥决策，并灵活部署应急逃生路线，实时联动三维场景，直观展现人员逃生路径，图 13－18 所示为井下避灾路线图。

图 13－18　井下避灾路线图

应急响应子模块主要功能为实现应急事件发生后应急响应流程自动化、处置进展与现场动态的跟踪反馈、资源调度、处置方案制定与处置指令下发等。包括应急启动、现场动态记录跟踪、应急处置、应急报告、应急终止、资源调度等功能，该模块为应急指挥系统的核心模块。

4. 事故模拟

以煤矿 GIS 地图为基础，结合环境（温度、风向、风力、压力、湿度）与地理空间等条件，预测事故对周边设施和人员的破坏区域和影响范围，模拟事故发展趋势，通过电子地理信息可视化技术，在地图上进行展示，为人员疏散及事故处理，提供决策支持。

5. 信息发布

系统可作为对媒体和对内部发布信息的窗口，可指定信息的发布对象，生成对媒体发布的信息以及对内部员工发布的信息。其软件功能为用户可选择要发布的事故进展，形成需发布的信息，指定发布对象，进行发布。经具有审批权限的用户审批后完成发布。

6. 事故总结

事故救援结束后，系统依据特定的格式生成事故总结报告。对救援进行评审后，生成救援评审报告。

七、应急救援统计与分析

应急救援统计与分析主要实现煤矿事故及应急救援处置统计分析、评估和上报，对救援队伍训练、预防性安全检查、安全技术服务和应急救援工作等情况的统计、分析与上报。

第六节　煤矿安全生产数据融合与信息联动

煤矿安全生产数据融合与信息联动是煤矿安全生产管控一体化平台的重要内容。通过对生产过程各类数据高度集成、深度融合与知识发现，结合煤矿生产的特点，建立煤矿数据关联模型，解决各子系统数据割裂、无法联动等关键问题，实现采、掘、运、通等多个系统的信息联动和自动化协同运行。为煤矿安全生产提供辅助决策分析，进一步保障安全、节能降耗、绿色高效。

一、煤矿安全生产系统关联模型

煤矿生产是在特定的井下环境中进行的，由人、机、环等若干要素在时空上的结合，形成以安全为保障、以采掘生产为目的、多种要素相关联的综合系统。煤矿安全生产系统关联模型如图 13－19 所示。

煤矿各生产系统彼此独立，又相互依赖。煤矿安全生产系统关联模型包含了“煤流、水流、风流、人流、车流、电流、物流”各生产系统信息，通过通信网络平台实现了安全系统和生产系统之间，以及各生产系统之间的数据融合。构成煤矿生产过程人与人、人与物、物与物相关联系统。

二、煤矿安全生产数据融合分析

在煤矿实际生产过程中数据庞杂、信息离散，根据煤矿安全生产系统关联模型，围绕矿山人、环境、设备等的管理活动，对全矿井传感器的感知数据与各种人工记录数据，进行汇聚统计与数据集成，建立不同主题数据库，采用聚类、时序、关联分析等数据挖掘方法，对各子系统进行单项分析和对生产指标进行综合分析，对生产安全管理目标与任务进行时空分解、执行、追踪、记录、查询等，从而对生产进行科学指导。例如对采掘生产数据分析可进行煤炭产量预测、采掘平衡协调；对煤矿机电设备故障率、负荷率、健康状况、运行能耗、经济效益等有关数据分析可实现煤矿重大设备故障预警、健康管理、有计划维修，为生产提供可靠的设备安全保障。对通风系统巷道与工作面风量、瓦斯、温度等

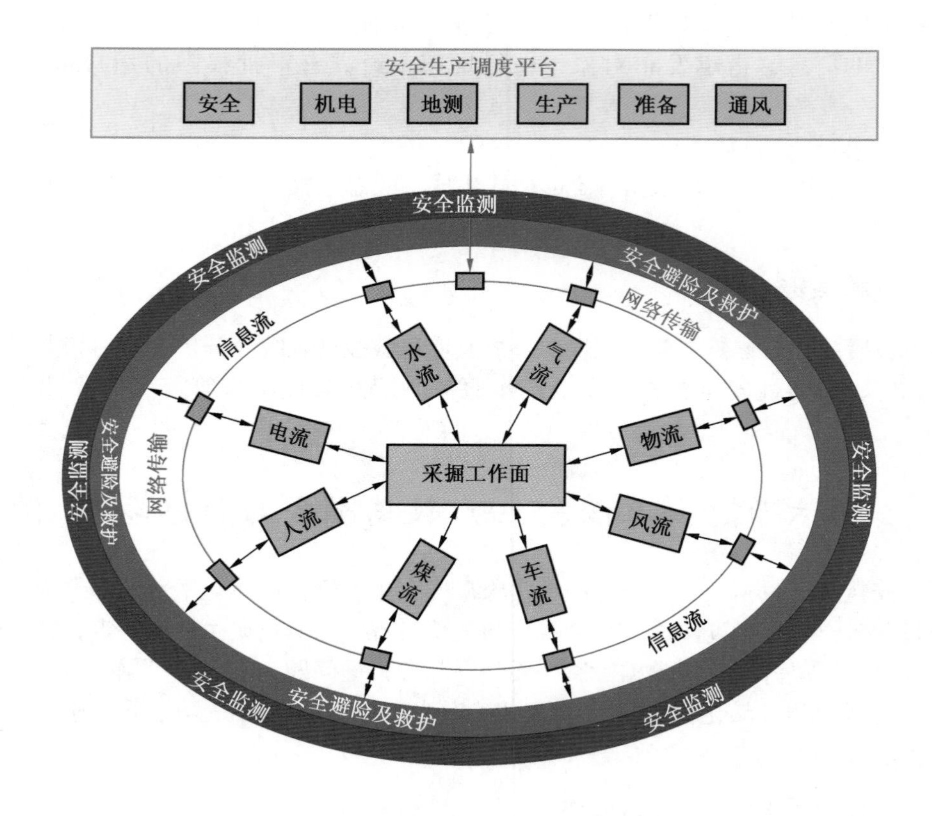

图 13－19　煤矿安全生产系统关联模型图

数据进行综合分析，实现矿井风量智能调节。通过实时监测环境及生产数据的变化，结合隐患排查的数据，形成基于大数据的煤与瓦斯突出、冲击地压、水害、火灾、重大设备故障分析预警方法，实现各类灾害预警。

三、煤矿安全生产信息联动

煤矿安全生产信息联动根据对象的业务关系和空间位置，把附近的、相关联的设备、视频、通信及各类传感器监测参数等对象相互关系抽取出来，分类聚合，完成系统操作显示与数据分析以及报警联动。

对于数据操作、显示、查询分析，将图纸资料信息、煤矿地理信息、生产实时数据相融合，各子系统数据相融合，根据安全生产系统关联模型，动态抽取有关信息，让业务人员能够同时查询、操作多种相关联信息，改变以往多个信息系统条块分割的情况，可直观、高效、一站式完成信息管理业务。实现多维度、穿透式查询，为安全生产提供高效率的查询管理与信息共享。

对于信息报警联动，通过建立各系统之间的预警、报警联动机制，可自定义组态煤矿各类联动功能。例如：瓦斯、电、视频、人员信息的联动，当瓦斯浓度超限后，安全监控系统将对附近机电设备断电，综合监控联动预警功能将同时自动推出工业视频系统中的附近视频图像信息、电力监控系统中的设备供电信息、附近区域的人员信息，实现跨系统联动。

通过数据融合分析构建面向业务操作层、管理决策层，并服务于各管理部门的信息查询、数据分析，分析结果采用三维地理信息系统“一张图”多维度地综合展示。实现动态监测、信息联动与安全预警。

综合本章内容，煤矿安全生产管控一体化平台通过智能生产管理、智能安全管理、应急救援管理等模块功能的应用，可实现煤矿安全生产管控一体化以及安全生产信息的互联互通与资源共享，全面提高安全、生产管理的信息化、科学化水平。随着物联网、大数据、云计算、移动互联等技术的不断深入应用，煤矿安全生产管控一体化平台将进一步提升智能决策水平，对煤矿生产过程进行动态优化、远程遥控、合理调度，对煤矿安全风险进行科学管控，对灾害进行准确预报。未来，随着新技术的不断发展，安全生产信息化管控平台作为智慧矿山的“大脑”与“指挥中心”，会承载更多的AI新技术、新应用，对煤矿安全生产各子系统实现全面的自动化协同运行，实现煤矿智能化少人、无人开采。

参 考 文 献

[1] 葛世荣，黄盛初．卓越采矿工程师教程［M］．北京：煤炭工业出版社，2017.

[2] 全国信息技术标准化技术委员会．GB/T 34679—2017 智慧矿山信息系统通用技术规范［S］．北京：中国标准出版社，2017.

[3] 中国煤炭建设协会．GB/T 51272—2018 煤炭工业智能化矿井设计标准［S］．北京：中国计划出版社，2018.

[4] 魏臻，陆阳．矿井移动目标安全监控原理及关键技术［M］．北京：煤炭工业出版社，2011.

[5] 全国信息安全标准化技术委员会．GB/T 22240—2008 信息安全技术信息系统安全等级保护定级指南［S］．北京：中国标准出版社，2008.

[6] 全国信息安全标准化技术委员会．GB/T 32919—2016 信息安全技术工业控制系统安全控制应用指南［S］．北京：中国标准出版社，2016.

[7] 全国信息安全标准化技术委员会．GB/T 36323—2018 信息安全技术工业控制系统安全管理基本要求［S］．北京：中国标准出版社，2018.

[8] 全国信息安全标准化技术委员会．GB/T 22239—2019 信息安全技术网络安全等级保护基本要求［S］．北京：中国标准出版社，2019.

[9] 国家安全生产监督管理总局信息研究院．煤矿信息化平台建设［M］．北京：煤炭工业出版社，2014.

[10] 项泽亮．煤矿生产计划的编制和作用［J］．能源技术与管理，2013（3）：193－194.

[11] 卢新明，尹红．数字矿山的定义、内涵与进展［J］．煤炭科学技术，2010（1）：53－57.

[12] 蔡晓明．基于地理信息系统的煤矿瓦斯突出预测研究［D］．昆明：昆明理工大学，2006.

[13] 王年松，曹维运．煤矿企业信息化建设概述［J］．科技信息（科学教研），2007(13)：420-420.
[14] 刘杰．非煤露天矿山安全标准化建设与评价研究［D］．重庆：重庆大学，2016.
[15] 王磊．大柳塔煤矿安全风险分级管理经验浅谈［J］．内蒙古煤炭经济，2018（15）：2-2.

第十四章　露天煤矿智能化管理系统

近年来，计算机技术、现代通信技术、电子信息技术、全球卫星定位技术、系统工程理论和最优化技术等广泛应用到露天开采的各个领域，从矿床勘探、地质模型的建立到矿山设计，从矿山的生产作业、调度管理到设备故障监测等，智能化技术都在不断提升，多种开采工艺综合应用已经成为大型露天矿开采的发展模式。

第一节　露天采矿方法与工艺

中国露天煤矿开采工艺从 1914 年至今已经历了从人力开采、运输到机械化的过程，机械开采也从单一的单斗－铁道发展到目前的单斗－卡车工艺、单斗－卡车－半固定（半移动）破碎站工艺、轮斗连续工艺、自移式破碎机半连续工艺、拉斗铲倒堆工艺及综合开采工艺系统的高效、现代化局面。随着开采工艺及技术的变革，各露天煤矿根据自身条件，采用先进爆破技术，调整开采程序，优化开拓运输系统，合理设计工作线长度，各工艺系统高效协调运行,从而使国内露天煤矿单矿产量屡次突破纪录,开创了煤炭工业科学采矿的新纪元。

一、露天煤矿开采方法

近代机械化露天采矿方法主要根据矿体赋存状态、地形地貌条件以及剥离物堆放的位置和数量等特征加以区分，同时还受到可供选择的开采工艺系统及设备制造能力、国家、行业相关法律、法规等诸多因素影响。露天采矿方法因矿山的自然条件不同，选择的方法也不尽相同。例如美国露天煤矿因其条件变化复杂，设备制造能力强，所以开采方法形式多样，较多使用的是条区倒堆开采法、掘坑开采法、移山填谷开采法等；澳大利亚露天煤矿开采方法根据地形条件主要分为条区倒堆开采法、台阶式开采法或梯田式露天开采法；德国露天煤矿主要采用掘坑式露天采矿方法。金属矿山因其矿体赋存状态及地形地貌条件的特殊性，多采用掘坑开采法。

关于露天开采方法，各国分类也不尽相同，常用分类有以下几种：

（1）根据开采程序可分为：①全境界开采法；②陡帮开采法；③并段开采法；④分期开采法；⑤分区开采法；⑥分区分期开采法。

（2）按工作线的布置方式可分为：①纵向布置采剥法；②横向布置采剥法；③扇形布置采剥法；④环形布置采剥法。

二、露天煤矿开采工艺及环节

（一）露天煤矿开采工艺

露天开采工艺是指完成采掘、运输、排卸 3 个工艺环节的机械设备和作业方式的总称。根据开采的物料流是否连续进行可以划分为3种开采工艺：间断式开采工艺、连续式开采工艺和半连续式开采工艺。根据开采工艺的主要环节（采掘、运输、排卸）是否由不同设备完成分为两类开采工艺系统：独立式开采工艺系统与合并式开采工艺系统。露天开采工艺系统综合分类见表14－1。

表14－1　露天开采工艺系统综合分类

<table>
<tr><th colspan="2">分类依据</th><th rowspan="2">工艺类型示例</th></tr>
<tr><th>依据采掘、运输、排卸主要环节的设备类型和所形成的物料流的连续性分类</th><th>依据采掘、运输、排卸主要环节的设备状况分类</th></tr>
<tr><td rowspan="2">间断式开采工艺系统</td><td>独立式</td><td>单斗挖掘机—卡车开采工艺系统
单斗挖掘机—铁道开采工艺系统
露天采矿机—卡车开采工艺系统</td></tr>
<tr><td>合并式</td><td>拉斗铲剥离倒堆开采工艺系统
长臂机械挖掘机剥离倒堆开采工艺系统</td></tr>
<tr><td>半连续式开采工艺系统</td><td>独立式</td><td>轮斗挖掘机—卡车（或铁道）开采工艺系统
单斗挖掘机—自移式破碎机—带式输送机开采工艺系统
单斗挖掘机—卡车—半移动（半固定）破碎站—带式输送机开采工艺系统
露天采矿机—卡车—半移动（半固定）破碎站—带式输送机开采工艺系统</td></tr>
<tr><td rowspan="2">连续式开采工艺系统</td><td rowspan="2">独立式</td><td>轮斗挖掘机—带式输送机—排土机开采工艺系统
露天采矿（煤）机—转载机—带式输送机开采工艺系统</td></tr>
<tr><td>轮斗（或链斗）挖掘机—运输排土机开采工艺系统
轮斗（或链斗）挖掘机—悬臂排土机开采工艺系统</td></tr>
</table>

20世纪80年代以前，国内露天煤矿主要以单斗—铁道间断式开采工艺为主。80年代中期之后，单斗—卡车间断式开采工艺逐步普及。进入90年代，轮斗连续式开采工艺、单斗—卡车—半移动（半固定）破碎站半连续式开采工艺得到推广。进入21世纪以来，拉斗铲倒堆开采工艺和单斗—自移式破碎机半连续式开采工艺成功投用。目前国内千万吨级露天煤矿常用的开采工艺有单斗—卡车间断式开采工艺、单斗—卡车—半移动（半固定）破碎站—带式输送机—排土机半连续式开采工艺、单斗—自移式破碎机—带式输送机—排土机半连续式开采工艺、轮斗连续式开采工艺和拉斗铲无运输倒堆开采工艺。

1. 间断式开采工艺

间断式开采工艺在采装、运输和排弃各个环节都存在断点。采装设备主要为电驱动单斗挖掘机（以下简称电铲）、油压驱动液压挖掘机（以下简称液压铲）和前装机等。间断式开采工艺使用最主要的设备为单斗挖掘机。间断式开采工艺根据运输设备不同主要分为单斗—铁道间断式开采工艺和单斗—卡车间断式开采工艺。

单斗—铁道间断式开采工艺由单斗挖掘机采装、铁道机车运输，使用排土犁、电铲等设备排土。该工艺设备效率低，不适用于推进强度较大的露天煤矿。

单斗—卡车间断式开采工艺由单斗挖掘机采装、自卸卡车运输、推土机排土，工艺机动灵活，适用于各种复杂煤岩赋存条件和恶劣的自然条件。该工艺是世界上应用较广泛的开采工艺。

2. 半连续式开采工艺

半连续式开采工艺通常有两种典型类型，即：单斗—卡车—半移动（半固定）破碎站—带式输送机—排土机半连续式开采工艺和单斗—自移式破碎机—带式输送机—排土机（储煤场）半连续式开采工艺。半连续式开采工艺是目前国内、国外露天煤矿常用的开采工艺。

半连续式开采工艺综合了间断工艺适应性强、机动灵活的优点和连续工艺运输效率高、运输成本低的优点。国内露天煤矿常用的半移动破碎站已经形成成套设备系列，理论生产能力 1000 ~ 12000 t/h 规格的半移动破碎站均有应用，相应的单斗挖掘机、自卸卡车、带式输送机、排土机也均有成熟的配套设备。如国内平朔安家岭露天煤矿原煤运输系统采用的两套生产能力为 2500 t/h 的半连续式工艺系统；准格尔哈尔乌素露天煤矿采用的两套生产能力为 3500 t/h 的半连续式工艺系统；霍林河露天煤矿剥离使用的两套生产能力为 7600 t/h 的半连续式工艺系统。

自移式破碎机半连续式开采工艺技术正在逐渐成熟，应用逐渐增多。该工艺与半移动破碎站半连续式工艺相比，减少卡车运输环节，虽然生产作业的灵活性和适应性有所降低，但运输成本低、环保优势明显。近年来，大型自移式破碎机取得了较大的突破。2007 年在华能伊敏露天煤矿投用的一套理论生产能力为 3000 t/h 的自移式破碎机剥离半连续式开采工艺系统，应用效果良好，是该工艺在国内首次成功应用，随后，在大唐胜利东二号露天煤矿、中电投白音华二号露天煤矿、白音华三号露天煤矿、平朔东露天煤矿设计中均采用了理论生产能力为 6000 ~ 9000 t/h 的自移式破碎机剥离半连续式开采工艺系统。根据国内露天煤矿矿岩赋存条件，多数露天煤矿剥离系统的地质条件均适合采用单斗—自移式破碎机半连续式开采工艺。

3. 连续式开采工艺

轮斗连续式开采工艺是露天煤矿典型的开采工艺之一，是由轮斗挖掘机采掘、带式输送机运输，通过排土机排弃剥离物的连续性生产工艺，在软岩露天煤矿应用较为广泛。

轮斗连续式开采工艺具有高效率、低成本的优点。但其初期投资较大，对剥离物的赋存稳定性要求相对较高，同时受物料硬度等影响较大。

4. 无运输倒堆开采工艺

拉斗铲无运输倒堆开采工艺是一种先进的、高效的露天开采工艺，属于间断式开采工艺范畴。它集采掘、运输和排土 3 个主要工艺环节于一体，将剥离物直接排弃于采空区的内排土场中，工艺流程简单，生产成本低。该工艺对煤层赋存要求比较严格，适用于煤层赋存近水平，煤层单一，煤层厚度不宜超过 40 m。工艺生产能力大、作业效率高，经济性好，技术成熟、可靠。

5. 综合开采工艺

综合开采工艺是指露天煤矿同时使用两种或两种以上工艺的组合开采工艺。国内露天煤矿经过几十年的生产实践证明，露天煤矿采用单一开采工艺模式限制了生产规模及经济效益的提高。根据露天煤矿煤层赋存条件，对于矿床开采条件复杂的露天煤矿，因地制宜，综合考虑各工艺特征，采用多种工艺组成的综合开采工艺，可以获得较好的经济效益。各工艺优缺点及应用见表14－2，国内综合开采工艺组合的方式见表14－3。

表14－2　各工艺优缺点及应用

名称	优点	缺点	应用
单斗—铁道开采工艺	初期投资小、作业成本低	基建工程量大、生产效率低、推进强度小	是20世纪50—70年代中期的主导工艺
单斗—卡车开采工艺	作业机动灵活，可以较早实现内排，占地面积少，对露天煤矿规模适应性强，建设速度快，投资相对较低	卡车运输成本高、柴油消耗量大、需增设破碎设备、设备维修费用高、卡车服务年限短	20世纪70年代中期，0.3 Mt/a及以上年生产能力的露天煤矿有8座采用单斗—卡车开采工艺，80年代至今大部分露天煤矿均使用该工艺
单斗—卡车—半移动式(半固定式)破碎站—带式输送机半连续开采工艺	可扩大开采规模，提高挖掘机效率25%～30%，降低成本	初期投资大，需增加破碎机，费用增大	1984年，抚顺西露天矿首次采用半连续开采工艺，20世纪80年代末期至今，大型、特大型露天煤矿设计均采用半连续开采工艺
单斗—自移式破碎机—带式输送机半连续工艺	开采成本低，生产能力大	初期投资大，系统复杂	2007年，伊敏河露天煤矿首次投用一套克虏伯自移式破碎系统，随后在新设计露天煤矿大量使用，目前国内已投用（完成组装）的自移式破碎系统有6套左右
轮斗—带式输送机排土机连续开采工艺	高效率、低成本，在软岩中得到广泛应用	开采过程中需配备转载机辅助作业，有效生产能力利用率降低	1986年7月，设计年生产能力为0.6 Mt/a的云南小龙潭露天煤矿剥离系统投产，首先采用了小型轮斗挖掘机连续开采工艺，此后，云南小龙潭布昭坝露天煤矿采用中型轮斗挖掘机连续开采工艺，目前已有5个露天煤矿采用该工艺
拉斗铲无运输倒堆开采工艺	生产能力大、作业效率高、环节少、设备少、生产成本低、生产可靠性高	投资高、要求有较大的工作线长度，在很大程度上限制采煤工艺的作业空间和坑内储备煤量，要求有很高的管理和维修水平	黑岱沟2007年采用了拉斗铲倒堆剥离工艺，年剥离量超过2000万m^3，年产原煤超过3000万t，工效达到141 t/工
综合开采工艺	露天煤矿几十年的生产实践证明，单一开采工艺模式限制了生产规模，限制了经济效益的提高，根据露天煤矿煤层赋存条件，对于矿床开采条件复杂的露天煤矿，其技术经济指标趋于恶化，因此要求采用联合开采工艺，以赢得高生产效率的最佳经济效益		霍林河、黑岱沟、安太堡等露天煤矿等均因地制宜，采用不同工艺组成联合开采工艺，取得了很好的综合经济效益

表14-3 中国露天综合开采工艺

序号	工艺组合方式
1	上部松散层：轮斗连续工艺 中部岩石：单斗—卡车间断工艺 下部岩石：拉斗铲倒堆工艺 煤层开采：单斗—卡车—半固定破碎站半连续工艺
2	上部松散层：轮斗连续工艺 中下部岩石：单斗—卡车—半固定破碎站半连续工艺和单斗—卡车间断工艺 煤层开采：单斗—卡车—半固定破碎站半连续工艺
3	岩土剥离：单斗—卡车间断工艺 煤层开采：单斗—卡车—半固定破碎站半连续工艺和单斗—卡车间断工艺
4	岩土剥离：单斗—卡车间断工艺 煤层开采：单斗—自移式破碎机半连续工艺和单斗—卡车—半固定破碎站半连续工艺
5	上部岩土：单斗—卡车间断工艺 中部岩石：单斗—自移式破碎机半连续工艺 煤层开采：单斗—卡车—半固定破碎站半连续工艺和单斗—卡车间断工艺
6	上部岩土：单斗—卡车间断工艺 中部岩石：单斗—自移式破碎机半连续工艺 煤层开采：单斗—卡车—半固定破碎站半连续工艺和单斗—自移式破碎机半连续工艺
7	上部岩土：单斗—卡车间断工艺 中部岩石：单斗—卡车—半固定破碎站半连续工艺 煤层开采：单斗—卡车—半固定破碎站半连续工艺
8	上部松散层：轮斗连续开采工艺 中部岩石：单斗—卡车—半固定破碎站半连续工艺 煤层开采：单斗—卡车—半固定破碎站半连续工艺

（二）露天煤矿开采环节

生产系统主要有整备、穿爆、采装、运输和排卸等环节。

1. 整备环节

整备环节是露天开采的前期准备及生产辅助环节，主要设备由履带式推土机、平路机、电缆车、油罐车、平板车和发电车等组成。主要工作有：

（1）形成坑下主要运输干道、坡道。

（2）清理穿孔平盘。

（3）形成与维护矿坑外围道路、场地（包括供电道路）。

（4）按生产指令铺设及收起全矿电铲、钻机的供电电缆；发电车对矿坑内电铲、钻机的移动提供临时供电。

（5）加油车负责履带式设备、坑下不便移动设备或临时性加油需求的燃油加注工作。

（6）坑下抽水及相关的防排水工作。

2. 穿爆环节

穿爆环节即穿孔与爆破的总称。前者是后者的准备，是为爆破穿凿出一定规格的装药炮孔。主要设备由各类型钻机组成。

穿孔和爆破作业在穿孔区和爆破区进行，根据岩性、开采参数，确定采用穿孔和爆破方法。

3. 采装环节

采装工作,是指用一定的采掘设备将矿岩从整体或爆堆中采出,并装入运输或转载设备,或直接卸载于指定地点。它在露天矿各生产环节中居主导地位。主要由各种型号挖掘机组成。

根据岩性、煤岩分采要求、采掘设备规格和采掘方式，确定采掘带宽度。

4. 运输环节

露天煤矿运输工作的任务，是将采场采出的矿石运送到选矿厂、破碎站或贮矿场，把剥离土岩运送到排土场，将生产过程中所需的人员、设备和材料运送到作业地点。完成上述任务的运输网络构成了露天煤矿的运输系统。

运输工作在露天矿各生产环节中起着“动脉”和“纽带”的作用，生产环节和管理工作中的各种问题，往往在运输环节中得到集中反映。

5. 排卸环节

露天煤矿排卸是指从露天采场将矿石和剥离物排入指定场地（排土场或原煤破碎口）的作业。根据不同工艺采用履带推土机排土方式或排土机排土方式。

三、露天采矿设备

随着我国煤炭行业对资源回收和安全要求的不断提高，露天煤矿行业呈现出了快速发展的趋势，露天产能占比也迅速提高，露天开采设备趋于大型化、自动化和智能化。

（一）采装设备

目前国内露天煤矿中装备的采装设备主要有电铲、轮斗挖掘机、拉斗铲、反铲以及装载机。

电铲是目前发展比较成熟的一种采装设备，在全国的应用率占 85% 以上，尤其是开采规模较大的露天矿，几乎全部采用电铲采装，目前单斗电铲斗容已经由 20 世纪的 3 ~ 10 m^3 发展到 55 ~ 76.5 m^3，装载量超过 100 t。

轮斗挖掘机目前在国内的准格尔黑岱沟露天煤矿、元宝山露天煤矿和小龙潭露天煤矿均有应用，目前黑岱沟露天煤矿的轮斗挖掘机单台套能力已达到 900 万 m^3。新建的露天煤矿中，轮斗因开采条件限制和经济因素等没有使用。

目前国内仅有准格尔黑岱沟露天煤矿采用拉斗铲，其设备斗容为 90 m^3，工作半径为 100 m，设计年剥离能力为 2611 万 m^3（包括有效抛掷爆破量、推土机有效推弃量和拉斗铲每年倒堆量），生产效率较高。

反铲及装载机在小型露天煤矿作为主要生产设备，在大型露天矿仅作为辅助生产设备。

（二）运输设备

目前国内露天煤矿中运输设备主要以卡车和带式输送机为主。大型露天矿卡车载重量也由 170 t 上升到 220 t，最大已达 363 t，同时借助于全球定位系统和高性能的数据通信网络技术，对各种设备进行自动化智能化控制管理。带式输送机具有运输成本低、运量大等优点，近年来发展速度较快，露天煤矿带式输送机目前已形成系列，带宽可达 3.2 m，带速达 7.5 m/s，输送量达 30000 m^3/h 以上。

四、露天煤矿技术、装备发展趋势

（一）设备大型化与开采集中化

露天煤矿生产的核心任务就是土石方的大规模开挖、移运，世界采矿技术的发展主要以设备的大型化为特征。实践证明，采用大型开采设备可以大量减少煤矿一线作业人员数量，显著提高矿山产量与经济效益。近年来，生产能力达到 30 Mt/a 屡见不鲜，且随着现代化、智能化大型装备的应用，从业人员数量大幅压减，国内的大型露天煤矿从业人员数量与传统煤矿相比，规模仅为传统矿井的几十分之一，人工效率是传统露天煤矿的近百倍。

（二）开采工艺的连续化

最具代表性的连续工艺是轮斗挖掘机—带式输送机—排土机，采用这种工艺可以实现环保、高效、低成本。但国内大部分矿山覆盖层岩石硬度较大，连续工艺设备难以直接采装，使其应用范围受到较大的限制。为了解决硬质砂岩物料的有效运输，近 40 ~ 50 年中，破碎设备的大型化使得露天矿以单斗采装、经破碎环节破碎物料后采用带式输送机运输的半连续工艺即单斗—移动破碎机—带式输送机—排土机工艺系统的应用越来越广泛。

（三）生产环节的合并与开采工艺的简化

露天开采的基本生产环节有采装、运输与排土，条件适宜时可采用适当的开采设备，实现两个甚至三个生产环节的合并，以简化开采过程并降低开采成本。巨型拉斗铲倒堆剥离就是一种典型的把采装和运输环节合并的工艺形式。

（四）开采工艺的综合化

随着露天煤矿开采规模的大型化、集中化发展，单个露天矿的开采范围和开采深度日益增加，开采境界内煤层赋存条件往往复杂多变。针对这种情况，传统的单一开采工艺难以适应复杂多变的地质条件，因此，多种开采工艺综合应用已经成为大型露天开采的一种发展模式。国内具有代表性的有：准格尔黑岱沟露天煤矿，表土剥离采用轮斗挖掘机—带式输送机—排土机连续工艺，硬岩剥离采用单斗—卡车间断工艺和拉斗铲倒堆工艺，采煤采用单斗电铲—卡车—半固定破碎机—带式输送机半连续工艺。生产实践证明，露天矿通过合理选择综合工艺系统，使得各种工艺发挥所长，可以取得较好的综合经济效益。

第二节　露天煤矿生产技术智能化

一、概述

国内露天煤矿信息化系统从大类上可分为：地理信息系统、管理信息系统、决策分析系统、矿床地质模型系统。上述系统已经在国内大部分露天煤矿投入使用，应用效果良好，对矿山的日常生产、管理起到了极为重要的作用。

二、露天煤矿矿山信息技术智能化

（一）地理信息系统

露天煤矿地理信息系统是在地理信息系统（GIS）的基础上建立的矿区综合管理信息系统，将空间信息集成到 GIS 统一的平台下，并结合矿区的实际情况有针对性地开发相应的功能，为矿区管理提供空间技术支持和服务。国内露天煤矿开发的地理信息系统有如下特点：

1. 平台一体化

整合已有软件和数字测图、地质制图、矿图制图、坐标转换、GPS 平差计算等测绘软件，将其统一到一个工作环境下，并实现成果数据在多媒体地理信息系统 MGIS（Multi-media Geographical Information System）下测绘、管理、制图一体化。

2. 数据标准化

完成现有各种比例尺地形图、矿图、地质图的数字化，遥感影像的正射，实现多源数据的统一管理，建立基于 MGIS 格式数据管理系统，方便露天煤矿各个部门的查询、调阅、制图输出等日常工作。

3. 信息共享化

建立网络数据库，实现了网络应用平台，奠定整个系统基于网络管理的在线管理、发布工作模式，为各级管理及决策者提供翔实的科学依据，提高办公自动化水平。

4. 模型三维化

将地形图成果数据转换为 MGIS 的数据格式，输入各种地物一般属性数据，建立矿区基于 MGIS 下的海量无缝矢量基础地理信息系统数据库。在其基础上可便利地实现矿区的数字高程模型、空间地物三维可视化、空间分析等。

5. 信息更新动态化

通过网络在线管理和发布系统，使得空间信息及专题信息可以实时地通过网络传送与发布，节省大量的人力物力，并且动态更新现有的空间信息和专题信息，满足生产的实时需要。

（二）管理信息系统

管理信息系统（MIS）是集计算机技术、网络通信技术、数据库技术等于一体的信息系统工程，采用先进、适用、有效的企业管理体制，运用于企业管理的各个环节和层次，可以改善企业的经营环境、降低经营生产成本，提高企业的竞争力；在企业内部改善商流、物流、资金流、信息流的通畅程度，使得企业的运行数据更加准确、及时、全面、翔实，同时通过对各种信息的进一步加工，使企业领导层的生产、经营决策依据更加充分，更具科学性，能更好地把握商机，创造更多的发展机会；有利于企业科学化、合理化、制度化、规范化的管理，使企业的管理水平跨上新台阶，为企业持续、健康、稳定地发展打下基础。

随着市场经济的发展，企业信息系统建设与信息管理也进入了一个新的阶段。越来越多的露天煤矿已经认识到，生产经营不但要有优秀的管理模式，完善的后勤保障，还要有高效的工作效率和出色的管理方案。MIS 系统的应用带给我国煤矿很高的工作效率，通过计算机处理大量繁杂的数据，从而减轻了工作人员的繁重劳动。20 多年的发展，国内露天煤矿 MIS 系统及时跟踪计算机软硬件最先进技术，集合生产经营的特征，不断完善系统功能，简化操作，并与生产安全系统保持无缝衔接，呈现以下特点：

（1）采用现代资源管理理论，兼顾传统资源管理政策，参照众多大型集团公司的 ERP 资源管理情况进行设计，可以满足煤矿企业的各个角度的需求。

（2）纯浏览器/服务器模式，将系统功能实现的核心部分集中到服务器上，简化了系统的开发、维护和使用。

（3）共性模块的自发展特性和个性模块的定制特性有机结合，保证系统单项的技术进步和整体系统配合的无缝衔接。

（4）集中数据管理、分布式应用。采用全面的网络工作模式，实现信息的全面共享，提供最新的企业资源信息。

（5）支持组织机构经常的、迅速的变化特性。系统充分考虑到了企业组织机构经常随市场环境改变而变化的特点，采用完全可定制的组织机构设计工具。可迅速对市场需求的变化做出反应。

（6）自助式员工培训系统。系统为企业的员工提供一个自助式的学习和培训平台，可以充分激发员工创造力，提高绩效。

（7）企业文化的传播者。系统提供基于 Internet/Intranet 的员工虚拟社区系统，方便露天煤矿新闻的发布、员工间的技术交流，为安全生产、企业文化、经营理念的传播提供了一个方便、快捷、友好的交流方式。

（8）基于浏览器的操作方式，简化系统安装和维护，方便员工快速掌握。使信息快速传递和高度共享在企业资源管理中的作用充分发挥。

（9）严格的信息安全管理机制。系统一般采用安全规则和特权并用的方式实现基本信息的安全管理，提供操作审计功能，对重要的安全事件可以报警，有效地保证了系统的安全。

（10）灵活、方便的信息录入方式。系统基于网络输入数据，在大数据量的环境下，系统采用可扩展标记语言技术批量录入，界面和常规应用软件相似。

（11）灵活、便利的查询和打印方式。工作页面都有简要的操作指导。

（12）良好的扩展性。系统充分考虑用户露天煤矿的特征，采用全开放式设计，符合通用的数据库接口标准，可以与露天煤矿原有的各种企业管理数据库软件进行通信和连接。

国内露天煤矿建设的 MIS 系统涵盖了生产经营的各个方面，无论从基层的采掘、剥离、疏干、爆破，到地质、水文、采矿、测量等生产技术，还是生产调度、物资供应、安全管理及煤炭外销、煤质化验等无处不发挥着重要作用。国内露天煤矿典型的 MIS 系统主要功能如图 14-1 所示。

（三）决策支持系统

决策支持系统是一种以计算机为工具，应用决策科学及有关学科的理论与方法，以人机交互方式辅助决策者解决半结构化和非结构化决策问题的信息系统。

决策支持系统的概念是 20 世纪 70 年代提出的，并且在 80 年代得到发展。决策支持

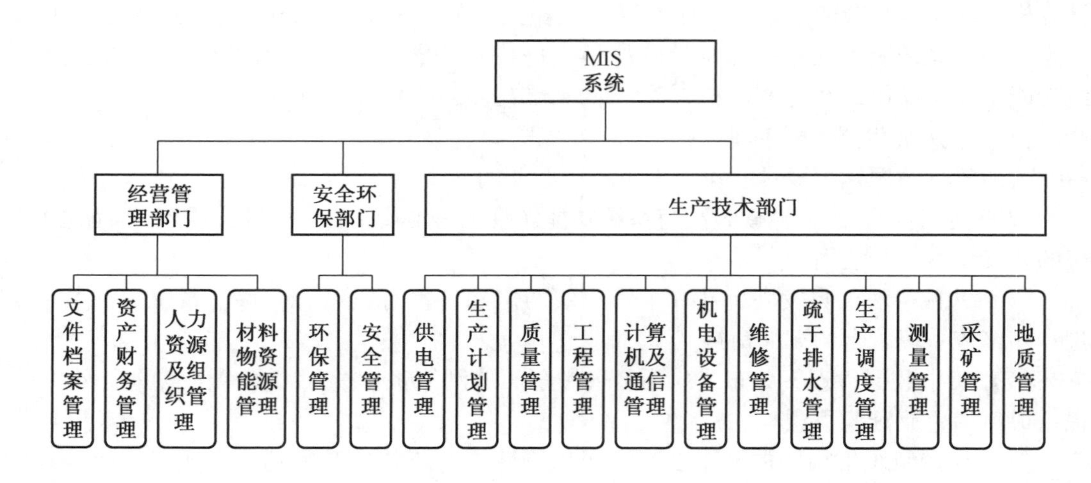

图 14-1　露天煤矿 MIS 系统主要功能

系统主要是在管理信息系统和运筹学的基础上发展起来的。管理信息系统重点对海量数据进行处理，运筹学则主要在于运用数学模型进行辅助决策。人们对信息处理规律的认识不断提高，面对不断变化的环境需求，要求更高层次的系统来直接支持决策；计算机应用技术的发展为决策支持系统提供了物质基础。

露天煤矿决策支持系统通过对煤矿管理信息系统、工业监控系统等解决方案和数据结构的深入分析，结合国内外数据处理和数据挖掘技术的最新进展和国内露天煤矿的实际情况，经过提取、过滤和加载等步骤，确立数据预处理机制并建立统一的专题数据库。在此基础上完成生产管理直接相关数据的查询、分析、预测和优化，提升矿山管理决策的指导和可预见性。其主要功能如下：

（1）实时、自动提取、清理、集成和规约，完成露天煤矿现有数据库的转换，形成决策分析专题数据库。

（2）建立简单、友好、稳定、安全的决策分析解决框架应用系统。

（3）决策分析软件具备数据查询汇总，预测、分析模型建立，方案评价等功能。

（四）矿床地质模型系统

露天煤矿地质模型是对露天煤矿地质信息资料的数字化，主要用于露天煤矿地质数据分析、储量管理、地质预报、资源开采条件的分析评价，是进行露天煤矿规划、开采设计、生产计划编制、测量验收等日常生产技术工作的基础模型，也是实现数字化露天煤矿建设的空间信息平台。国内露天矿床地质模型注重数据真实性、准确性、实用性、快捷方便性与及时性。以地质报告、补充勘探和写实为基础，重点考虑与露天煤矿生产相结合，为露天煤矿生产提供所需的地质信息。

中国露天煤矿煤层赋存条件复杂，断层较多，涉及基岩冲刷带的处理。根据国内露天煤矿的具体条件和后期使用的要求，结合不同建模方法的特点，目前我国露天煤矿三维实体矿床地质模型建立方法有体模型、面模型、网格模型相结合的综合建模方法。其中：地形模型、基岩底板模型、断层模型均采用面模型，矿体模型采用体模型、面模型、网格模型，煤质模型采用网格模型。

随着生产地质勘探、地质写实等工作的进行，对矿产资源的控制和掌握更加准确，就需要根据新的地质信息对已建立的模型及时地进行动态更新。地质模型更新的主要数据来源是地质补勘钻孔数据和生产揭露的写实数据。根据更新数据的平面坐标自动判断模型需要更新的范围，提取影响范围内的建模数据点，采用适宜的方法对这些点进行重新赋值，采用隐含定位技术对模型进行动态更新。

国内露天煤矿矿床地质模型应用较晚。20 世纪 80 年代，一些科研机构和露天煤矿合作开发了适应单矿煤层赋存的地质模型，但由于数据更新困难、准确度差、操作界面复杂等原因，模型仅用于科研和生产技术优化，在露天煤矿应用极少。1986 年，安太堡露天煤矿开始引入国际上先进的矿床地质模型软件，用于煤矿生产计划设计。国内相关领域工作者通过对此系统的研究，结合已有理论实践，逐步形成了矿床地质模型的基本技术。

2000 年以后，计算机技术快速发展，国内外矿用软件企业在三维显示、可视化、智能化方面对原有软件进行改进，大大提高了软件的实用性，使露天煤矿生产技术人员得以便捷操作和进行生产计划制定。

三、露天煤矿生产设计智能化

（一）生产过程模拟系统

露天煤矿生产计划通常分为长期计划（年计划）、短期计划（月计划）和日常作业计划 3 种。年计划以长远开采设计方案为基础，结合矿山当前的实际情况，确定矿山全年生产目标与开采顺序；月计划以年计划为指导，并充分考虑设备出动、短期配矿、开拓运输系统布置等更为具体的约束条件，确定每月的生产方案；日常作业计划则主要根据设备、现场条件等进行生产组织。短期计划应以长期计划为指导，以免造成采剥失调，损害矿山的总体经济效益。为了保证矿山长期生产目标的实现，短期开采计划与长期开采计划之间的偏差应尽可能小。而露天煤矿的空间发展与时间关系密不可分，特别是在月采剥不平衡、采空区内部排土的情况下，内排利用、矿山运距运量受采剥时空发展影响极大，在此情况下做出的年计划及计算出的运距与各月的累计结果相差很大，难以有效达到指导生产、提高生产效率、降低生产成本的目的。采矿模拟系统的出现有效地解决了以上问题，使矿山工程衔接更加合理。

目前，国内生产过程模拟系统里有分时段建立露天煤矿短期计划整数规划模型和运距运量优化的线性规划模型的优化方法，实现了自动制作多时段露天煤矿短期计划和运距运量优化，达到了检验长远计划时空发展是否合理的目的，并可以形象直观的方式进行模拟显示。

（二）采矿设计辅助系统

国内目前应用的三维矿业工程软件按照国际先进的建模方法构架软件三维空间平台基础，在三维空间平台基础上进行矿床建模、储量估算、采矿设计、矿山生产、打印制图等工作，是为矿山企业打造的三维矿业 Office。集空间建模、储量计算、打印制图为一体，不同于一般的二维制图软件（AutoCAD）和GIS类软件。能够清楚地将矿床在空间的位置形态表达出来，并能够在已有勘探的基础上指示找矿探矿的位置和方向。

1. 露天采场设计

根据参数自动生成坑内公路、平台和台阶，并且可根据设定在不同位置自动执行不同的坡面角、平台宽度。

2. 露天生产设计

各种斜坡道与开段沟、排土场、最优运输路径的设计与计算。

3. 中短期生产计划

并段式与非并段式采掘条带设计与计算，鼠标划定区域后，自动计算方量。如挂接地质模型，还可自动计算矿量和岩量、平均品位/煤质，并可实现分矿种、分台阶单独计算与汇总。

4. 中长期生产计划

结合地质模型，可以在三维模型上直接进行剥离与采矿预演，并同时自动生成图形与数值结果。

5. 露天采矿中的刀量计算功能

自动VP曲线功能，自动生成自然剥采比曲线、任意调整均衡剥采比曲线，并联动自动计算超欠挖量。

6. 露天境界优化结合地质模型

输入经济与技术参数，经过大规模计算，生成最优化境界模型及相应图形与数值结果。

7. 矿区公路设计

路面设计、坡度设计、土方工程量计算（图14－2）。

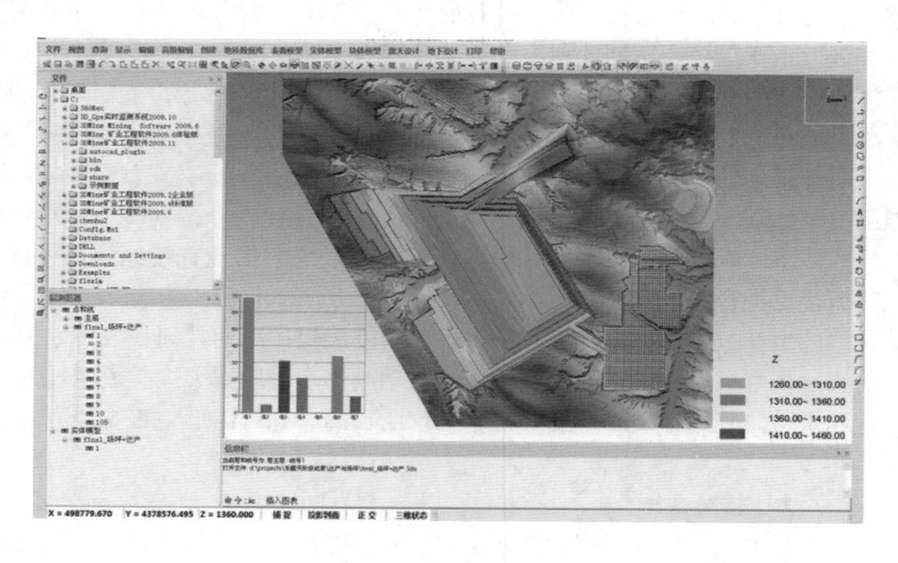

图14－2　某大型露天煤矿移交采场设计（2000万t/a）

8. 地质建模

采用当今最先进的三角网建模技术，可针对煤层、矸石和煤层缺失等不同情况进行建模。这些方法有常规的煤层顶底板建模、Voronoi 分区建模以及多煤层标志建模等技术，特别是多层煤层自动建模技术，在实际工作中得到众多用户的验证和认可（图 14－3、图 14－4）。

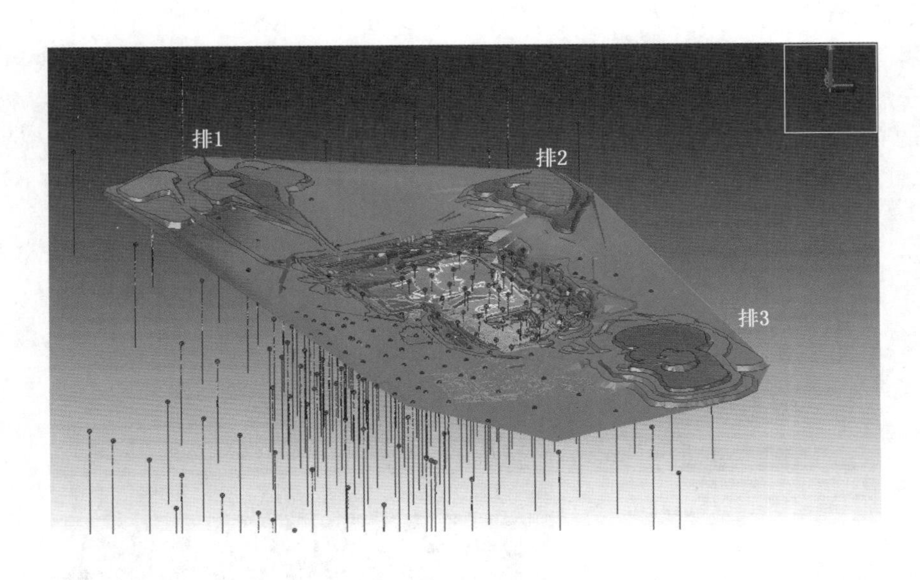

图 14－3 勘探数据库与地形的三维显示

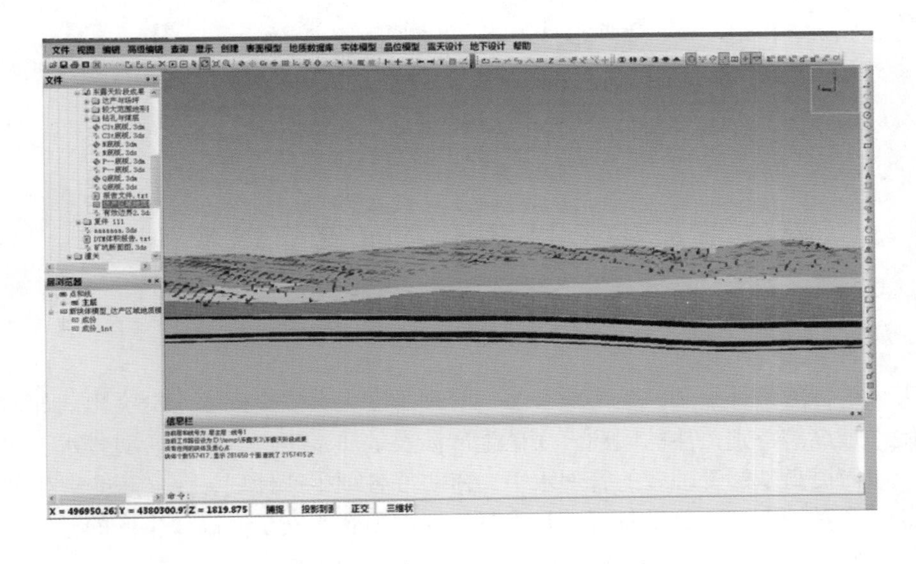

图 14－4 煤层块体模型（煤质分布图）

三维矿业工程软件在软件中集成了传统储量计算方法（块段法、断面法）和国际通用的地质统计学储量计算方法（包括距离幂次反比法和克里格法），通过块体模型的方式显示不同煤质的分布和质量。

9. 测量验收

三维矿业工程软件可导入全站仪、GPS 等设备或南方 CASS 格式的测量数据，自动生成地形、采场现状等表面建模。空间的任意点、线可以自由落在模型表面，如勘探线落在地表模型上。对于 AutoCAD，MapGIS 档，可以直接拖入软件界面，利用其点线和属性数据构建三维表面模型。其表面模型还可以应用于工程量的验收计算，通过任意两个面或面与实体的交并布尔运算，精确计算其封闭体的体积和表面积。如，计算排土场的体积，计算填方，挖方工程量（图 14－5）。

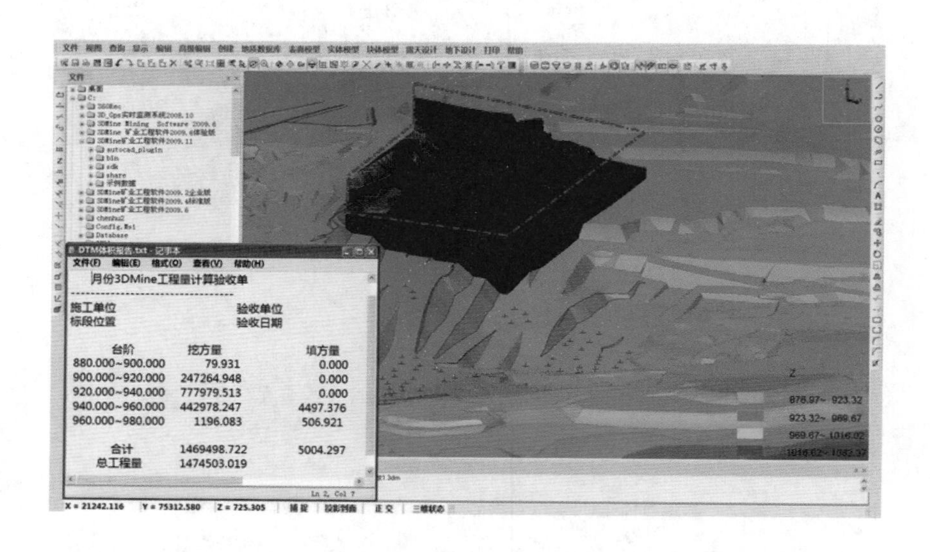

图 14－5　工程量验收模型

第三节　露天煤矿生产组织管理智能化

一、概述

露天煤矿自然条件复杂，生产环节多，管理难度大，安全问题十分突出。如何保障安全生产始终是煤矿特别关注的问题。煤矿生产涉及地质、生产、边坡、防排水、机电等多种作业，如何提高基层管理者的管理水平，落实好各项生产计划，是实现企业生产目标的首要任务。同时，煤矿企业设备资产越来越重要，是企业安全、高效生产的基本保证，如何保护好设备投资，发挥设备效能是企业越来越重视的工作。

在企业信息化建设中，由于多种原因，导致企业信息系统林立，特别是底层生产系统与上层应用系统之间脱节，没有实现紧密的信息集成，不能快速获取当前生产信息，管理及调度不能有效发挥作用。

另外，单系统自动化和阶段性综合自动化已基本成熟，如何使综合自动化和管理信息化融合，完成监测、管理、控制一体化是当前要解决的问题。

上述问题需要一种综合生产管理系统，为煤炭企业提供统一的、全方位的生产管理系统来提高企业管理效率。

二、露天煤矿生产信息管理与调度智能化技术

（一）MES 系统

MES（Manufacturing Execution System）即制造企业生产过程执行系统，是一套面向制造企业车间执行层的生产信息化管理系统。露天矿 MES 系统可以为企业提供包括制造数据管理、计划排程管理、生产调度管理、库存管理、质量管理、人力资源管理、工作中心/设备管理、工具工装管理、采购管理、成本管理、项目管理、生产过程控制、底层数据集成分析、上层数据集成分解等管理模块，为企业打造一个扎实、可靠、全面、可行的制造协同管理平台。MES 系统解决了露天矿企业计划层与过程控制层之间的信息“断层”问题。实现了管理层与执行层的衔接。

（二）生产调度系统

露天煤矿生产调度系统以满足总调度室和生产单位调度室日常管理为目标，提供灵活报表管理功能，采用信息化手段，实现矿及职能部门管理的有机衔接，使得企业的生产经营调度信息有效整合，系统涵盖各厂、矿安全管理、生产指挥、经营管理的各个方面，通过该系统可直观地、全面地掌握全公司的生产、经营状况。为企业生产经营决策提供及时、准确的信息支持，并辅助调度室调度管理人员的日常安全生产管理与应急指挥。其主要功能如下。

1. 透明的、可视化的调度指挥

实现基层单位各类安全信息、生产过程数据、生产业务数据（包括生产计划、生产调度、综合统计、图纸资料管理、采掘衔接管理、自动化办公）在公司总部的有效集成及综合利用。

2. 高效快捷的应急指挥

建立煤矿事故应急预案，在紧急情况下实现应急救灾指挥，通过事前计划和应急措施，充分利用一切可能的力量，在煤矿重大事故发生后，迅速得知现场的各类数据，控制事故发展并尽可能排除事故，保护现场人员和场外人员的安全，将事故对人员、财产和环境造成的损失降至最低程度。

3. 充分发挥数据资源共享

公司主要领导、相关的业务部门都能及时通过计算机、手机查阅所有生产信息，实现信息共享。

4. 智能化集中会诊

对各设备进行远程数据监控，对各超限数据进行自动会诊，对设备及生产过程故障进行综合分析，为领导调度指挥提供依据。

三、生产集中监控及自动化系统

（一）智能化调度系统

随着露天煤矿产量规模的不断扩大及设备大型化、机械化、自动化程度的不断提高，单斗－卡车工艺的采运成本占矿山生产成本的比例也越来越高，采运费用占整个露天煤矿生产费用的60%以上。为此，许多从事露天采矿的设计、生产、研究人员一直在研究影响采运费用的因素，并寻求解决的对策。

卡车智能化调度系统是间断工艺的关键技术之一。智能化卡车调度系统相比人工调度有如下优点：①可以高效解决由于生产规模扩大、矿生产品种类繁多以及复杂的现场环境所带来的生产指挥调度难题；②可以解决由于设备资源浪费（铲和车无法达到满负荷运转）导致的高维护成本和高消耗的问题；③较好地满足数字化、信息化对生产数据实时性要求，实现对矿山的实时监控；④降低生产指挥人员数量和投入；⑤避免工作人员联合作弊，解决司机偷懒、偷油、偷矿等导致资产流失的问题；⑥及时了解设备运转情况，减少矿车待铲、电铲待车，提高设备运行效率；⑦可以自动生成车辆运载产量、车辆日运行运距、月运行运距、周转量等数据的统计报表。

国外从20世纪70年代开始实施计算机辅助调度系统，进入80年代，开始实施路标定位式卡车自动化调度系统。90年代中期开始采用全球卫星定位方式，卡车智能化调度系统进入飞速发展阶段。国内最早使用卡车调度系统的是霍林河露天煤矿。1994年开发完成计算机控制卡车调度系统。1997年，伊敏河露天煤矿投入露天煤矿卡车电铲优化调度系统。2000年以后，使用单斗—卡车工艺的露天煤矿逐渐增多，单个露天煤矿同时使用多种载重级别和型号的卡车，生产调度难度加大。各矿针对实际情况，与国内外信息化企业合作研发了多种智能化卡车调度系统。

露天煤矿车辆智能调度及管理系统（卡调系统），主要由中心服务系统、无线网络通信系统、移动车载终端系统、调度中心系统组成。

中心服务系统是整套调度系统的核心，集成了数据库中心，定位算法和调度算法等，协调整个智能调度系统的整体运转和数据存储。

无线通信系统在露天矿应用较多的有4G无线通信技术和WiFi无线通信技术。根据不同的通信网络在移动车台上配套相应无线通信设备，车辆在行使作业时，能够无缝接入到网络中，实现车辆无线调度。

移动车载终端系统安装在车辆上，采集当前设备的卫星定位信号、状态信号等，将数据通过无线通信设备传输到中心服务系统进行处理，同时接收中心服务系统下达的指令、信息等数据。

调度中心系统设置在调度室，是调度人员指挥调度生产的工作平台，系统包括了监视系统、报警系统、调度指挥控制系统和维修调度管理系统等。

露天煤矿车辆智能调度及管理系统（卡调系统）具有智能调度、自动计量、地图管理、历史回放、故障维修管理、钻机钻孔导航、报表统计、安全管理等功能，可以真实、全面、及时地反映生产现状，最大限度地发挥设备能力，提高生产效率，降低消耗，实现产量最大化。

1. 智能调度

系统根据 GPS（北斗）信号跟踪和标注设备位置，实时监控，自动统计电铲能力和卡车各个运输周期的数据，统筹规划所有的生产资源（电铲、卡车、物料、破碎站等），在满足各种制约条件的情况下，为每台空车指派最合适的装载目标，为每台重车指派最合适的卸载目标，从而提高设备效率。

2. 自动计量

司机在接班后登录卡调系统，系统为卡车下达装载指令，电铲同时收到即将到来的卡车信息，卡车到达指定电铲装载结束后，系统下达卸载指令，卡车重载到达卸载地点，卸载结束后，调度系统为卡车下达新的装载指令，卡车、电铲、卸载点同时自动记录一车产量。所有车数都公开透明，避免人为计量，减少验收虚量的人为因素，调动了员工的积极性。

3. 地图管理

地图管理是露天矿车辆智能调度系统的基本功能，系统以矿山地理信息图方式显示矿山的工程位置，以动态示意图方式将设备的位置、状态、物料等信息显示在矿山地理信息图上（图 14－6）。

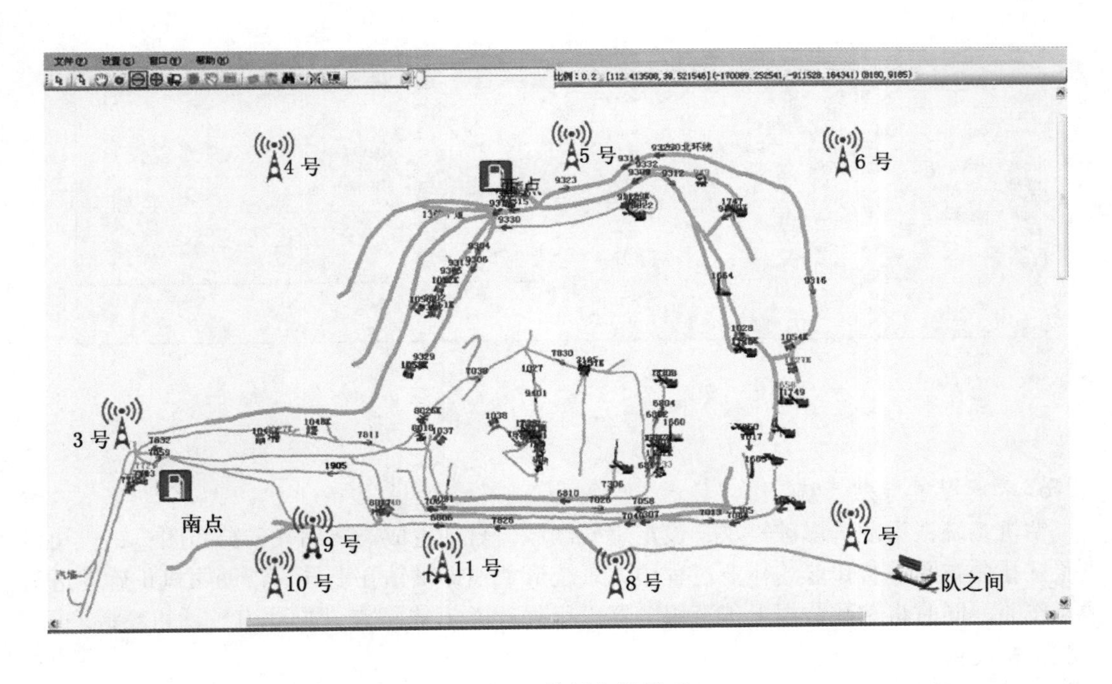

图 14－6　地图监视界面

对图形显示范围进行放大、缩小、平移等，可控制设备的图例，可以对设备进行分类型、分设备号、分物料显示，可在图形上对指定设备或装卸点进行实时查询（如卡车的车号、司机、状态、产量、调度目标等），可实时观察某一路段的车流大小。

4. 历史回放

历史回放功能可以再现过去的任意时刻、任何设备的运行状态。为露天矿设备管理、安全管理和现场管理提供后续分析的依据。

5. 故障维修管理

车辆智能调度系统中的故障维修管理系统采用统一的故障编码，司机通过 GPS（北斗）终端上报故障信息，生产调度确认后，调度指令自动改变。维修调度接受处理后进入设备维修管理系统，并第一时间通知维修人员。这样减少了司机报工长的环节，系统对故障设备的维修状况进行记录、跟踪，提高设备的利用率。可用率、故障率、实动率等设备状态数据自动统计生成。一是节省了时间，二是减少了传话过程中的错误，三是增加全过程的透明度，不会出现遗漏（图 14－7）。

电铲&卡车&钻机 | 辅助设备 | 交班情况查询

设备1	状态1	位置1	设备2	状态2	位置2	设备3	状态3	位置3	设备4	状态4	位置4	设备5	状态5	位置5
		卡车117台	7050			7827			9331			1664		
1902			7058	气压低	1737铲\...	7828			9332			1665		
1903			7059			7830			9333			1672		
1904			7062			7831					装载设备2...			
1905			7063			7832			901					
1906	漏机油	车间	7065			7833			905					
1907			7077			7834	水温高	车间	906					
1908			7078			7836			907					
1909			7081			9301			908					
1910	悬挂偏	车间	7084			9302			909	档位时有时无				
1911			7089			9303			1730					
1912			7090			9304			1732					
1913			7091			9305			1733					
1915			7094			9306			1734	大修				
1916			7097			9307			1735					
1917			7102			9308			1736					
6801	发动机抖	1735铲\...	7105			9309			1737					
6802			7106			9310			1738	接地故障,无扣				
6803	风扇皮带断	车间	7301			9311			1739					
6804			7302			9312			1741	回转有异音				
6805			7303			9313			1742					
6806	平台活动	车间	7304			9314			1746					
6807			7305			9315			1747					
6808			7306			9316	动态自动投入	西加油点	1748					
6810			7307	空调坏	1732铲\...	9317			1749					

上班记录情况： 本班记录情况： 确定

图 14－7　故障维修界面

6. 钻机钻孔导航系统

钻机系统根据现场爆破需求，设定爆破区域，自动生成需要钻孔的分布图；钻机司机依照钻孔分布图进行作业，作业过程中，系统形象地提供钻孔引导，帮助司机正确地进行钻孔作业。同时将钻孔数据上传至服务器进行保存并形成报表。自动引导钻机精确布孔、导航，精度可达到 5 cm。

根据高于海平面的固定海拔进行钻孔，避免了钻孔过深或者过浅，杜绝了由于非水平开凿导致的台阶不平整。

布孔工作人员再也不用在采场摆放石头作为钻孔的标记了，尤其在风雨雪天显得更为实用，钻机司机避免了在夜间找孔不准的错误。

（二）电铲运行参数监测系统

该系统为电铲设备检修、设备故障分析提供了有效的技术和数据支持。系统由一个集中监测主站和多个监测分站组成。主站和分站之间采用无线数据通信方式实现信息交换，监测主站轮询每个监测分站，监测分站应答主站的访问，把相应的信息反馈给主站。检修人员通过统计数据可分析出设备的运行状态，便于设备维修。

（三）供电监测系统

变电站自动化系统是以计算机为核心，采用各类控制器、通信、传感器和自动控制技术，对变电站现场状态进行实时监测和控制，将站内间隔层设备（包括微机继电保护及自动装置、测控、直流系统等）以网络的方式与远程主机实现数据交换与处理，并对数据信息进行科学、统一管理，形成全分散、全数字化和可操作的自动控制系统，提高变电所运行、管理水平，使设备安全运行。

我国露天煤矿移动变电站远程监控系统，秉承开放式思想设计，集监视、控制、保护、仿真、诊断等功能为一体，目前共实现采掘、疏干、生产系统等多个移动变电站的远程自动监控，应用效果良好。

（四）生产系统集中控制

生产集中控制系统在主控室设控制主站；在其他各配电点设现场分站。主站与现场分站之间通过总线相连。控制采用集中控制和就地控制两种方式。生产系统集控及网络结构如图 14－8 所示。

1. 集中控制系统功能

（1）集中自动运行。接收来自主站的起车和停车指令，自动按顺序完成起动、运行、联锁与保护、停车全过程的控制和监测。该工作方式作为正常生产时的主要操作方式。

起车：起车前有预告延时，所选信号点的预告信号在起车过程中分段解除。预告延时时间（10～20 s）可调。正常起车实现逆煤流方向设备逐台闭锁，延时顺序起车。各台设备的起车时间可调。预告和起车过程中可有禁起功能，现场按禁起按钮自动使警报终止，停止起车。已起车设备照常运行，禁起后有灯光显示。

停车：正常停车实现顺煤流方向设备逐台闭锁，延时顺序停车。各台设备的停车时间可调。

紧急停车运行功能：按紧急停车按钮，所有设备瞬间停车。

事故：运行中某台设备故障停车，则从故障点开始逆煤流依次停到首台设备。

（2）单机自动运行。根据生产要求，发出开、停车指令。仍保留集中运行的全部功能，同时将信息传给煤流监控系统的主站。可作为正常生产时的操作方式。

（3）现场单机手动运行。此功能可通过现场设备附近设置的就地操作控制箱来人工手动操作。

（4）检修。用户可在现场通过面板上的键盘对程序或参数进行修改。不需闭锁，主要用于检修试车之用。

（5）显示与报警。

① 各故障的显示及报警，故障性质与位置的识别。

② 模拟量信号显示与超限报警，如电压、电流、带速、温度及张力等。

③ 文字显示可显示各故障信息或系统信息，并且语音报警。

④ 信号系统设置生产联系信号、启动预告信号、设备运行信号和事故声光报警信号。

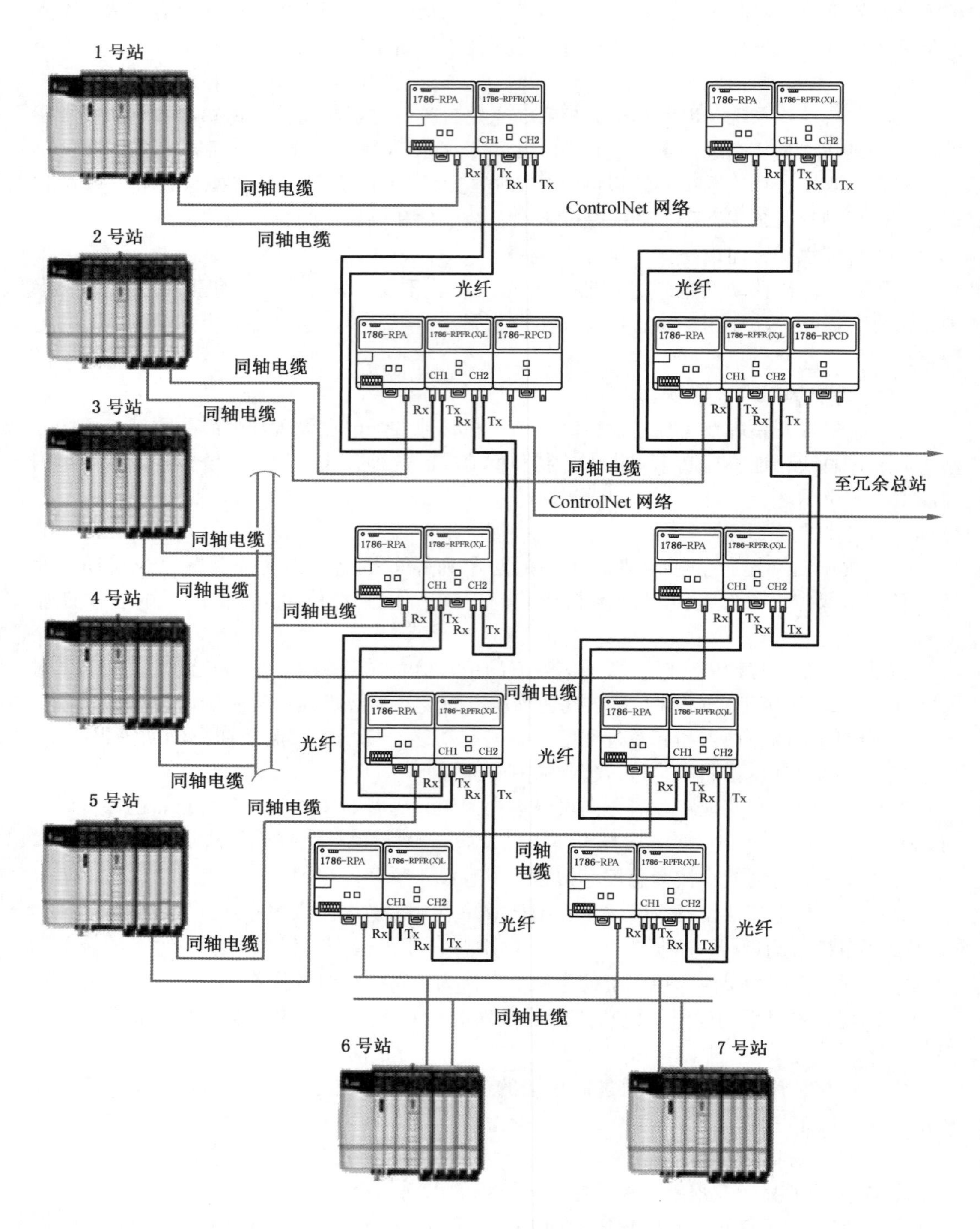

图 14-8　生产系统集控及网络结构

2. 控制设备选型

集控系统选用大型 PLC 可编程控制系统为集控主机，完成系统的集中控制，以稳定产品质量，提高效率。

选用两台工业计算机以及工业动态图形监控系统组成智能式监控显示操作平台，采集的数据通过工业动态图形监控系统进行动态显示，实时显示设备运行工况及各系统运行参数。

3. 集中控制系统配置

在破碎站、驱动机房、圆筒仓仓上、圆筒仓仓下、临时转载站、地销煤场配电室分别设 1 个远程 I/O 分站，在区队办公楼主控室设两台主站，互为冗余。除对设备的控制开关量进行处理外，对电量参数及设备温度等模拟量参数进行采集。控制分站与现场 I/O 智能分站之间通过现场总线相连。其各种模拟量参数信息的传输通过控制层专用控制网络。

（五）工业视频监视系统

露天矿选用一套工业视频监视系统，该系统主要由摄像头，传输光纤，光纤收发器，视频服务器，监控服务器，监视终端（包括大屏幕显示器）等组成。

在调度室设工业视频监视中心站，该系统包括监视终端、大屏幕显示系统和视频会议终端。

现场监测点传来的视频传号，通过视频服务器和数据采集卡，将视频信号转换成数字信号，通过光纤网络传至监视中心站，在中心站可实时监视到各点的工作和运行情况。

在中心站设大屏幕显示单元，设置视频会议终端，与公司视频系统及电信公网汇接，信号传输借助光纤通信网络，形成现代化视频网络系统。

摄像机主要装置在采掘进出口处，排土场、破碎站，带式输送机各转载点、机头及油脂库、炸药库等场所。

（六）测量验收系统

国内大部分露天煤矿测量验收采用了 GPS 测量手段，工作精度高、处理时间短，以三维软件系统为平台，根据外业测量点套用地质模型，在三维环境下快速计算采剥工程量，并自动更新采矿工程位置平面图。目前国内露天煤矿应用的测量验收系统一般都整合在地质建模软件系统里，从而使地质模型及时更新，准确反映采场测量验收系统。

1. 验收测量基本原理

测量验收的主要目的是计算采动范围内的煤岩工程量，并更新采剥工程位置图。无论采用什么方法，计算采动范围内的煤岩工程量都必须具备两个基本条件：采动范围的空间位置和采动范围内的煤层赋存情况。

工程量计算可分为两种方法：

（1）根据采动前后的形态，形成封闭的采动实体，与煤层的体模型进行交并运算，分别得到采动范围内的煤实体和岩实体，通过矿床地质模型软件基本的实体体积运算功能即可快速得到采动范围内的煤岩工程量。

（2）采动前后矿坑的 TIN 模型和煤层的 Grid 模型相结合，计算采动范围内的煤岩工程量。

第一种方法体积量计算精确，但在采动范围几何形态复杂的情况下自动形成封闭的采动实体较为困难，矿床地质模型软件在复杂实体之间进行交并运算的功能尚不完善。第二种方法计算方法简单、速度快，计算体积量时虽存在一定误差，但通过适当调整 Grid 模型的网格参数，完全可以保证工程量计算精度。因此采用第二种方法进行采剥工程量计算。

2. 地面模型的建立

地面起伏状况在计算机中的准确描述就是通常所说的数字地面（DTM），根据数据采集方式的不同，有很多建模方法，如沿等高线、规则格网、不规则三角网等。

3. 体积量计算

手工算量方法有断面法和平面法，算量速度慢而且不精确。在矿床地质模型软件三维环境下，可以用实体算量工具来计算工程量，但并不是所有的推进区块都能形成实体，因此采用网格方法算量。在推进区域内形成网格，分别投落到顶面和底面，然后进行算量。计算公式为

$$V = \sum_{i=1}^{N} (h_{i1} - h_{i2}) \div N \times S$$

式中 V——体积；

h_{i1}——顶部高程；

h_{i2}——底部高程；

S——推进区域面积；

N——网格点个数。

针对三维实体模型建立复杂、更新困难、用户难以掌握的实际情况，提出了“平面法建立矿体包络面模型”的方法，该方法建模科学合理、自动化程度高、动态更新方便、通用性和实用性强。为后续储量计算、生产地质管理、矿山优化设计、采矿计划模拟等工作奠定了坚实可靠的基础。

（七）其他子系统

另外露天矿综合自动控制系统还可以集成以下各专业子系统，如：锅炉热工监控、消防报警及给水、露天矿水处理系统等系统，各系统均留有通信接口，可实现全矿综合自动化。

第四节　露天煤矿安全生产智能化

一、概述

露天煤矿安全生产智能化集边坡监测管理系统、采空区及火区探测技术、疏干排水集控系统、车辆运行安全预警系统于一体，将露天矿的生产经营与安全管理有机地结合起来，保障露天煤矿的安全高效生产。

二、边坡监测管理系统

边坡变形监测是露天煤矿安全工作的重要内容，随着采剥生产的深入，便会打破岩体

原来保持的自然应力平衡状态。台阶边坡坡度的大小、季节降雨和地下水对边坡岩体的冲刷和浸泡、边坡岩体的物理力学性质、边坡岩体中的各种地质构造、软弱岩层以及开采方法等诸多因素，都会影响边坡的稳定性，导致边坡变形运动。如果对这种变形运动不及时采取治理措施，势必威胁生产及人员、设备的安全。因此，进行边坡变形量观测研究，揭示边坡变形运动的规律，对指导和保证露天煤矿生产有着极其重要的意义。

目前，国内边坡变形监测方法主要采用简易观测法、设站观测法（代表方法：GPS和北斗监测）、仪表观测法和远程监测法（代表方法：雷达监测）等。GPS和北斗定位技术的发展和广泛应用，为露天煤矿高陡边坡的实时动态监测和安全预警技术的研究开辟了新的有效途径。

三、采空区及火区探测技术

采空区和火区的灾害不仅会造成设备的损坏，威胁着各类工作人员的生命安全，而且还会造成煤炭资源的浪费。因此，开展采空区及火区探测，可以从根本上消除安全隐患，保障安全生产，提高露天煤矿的生产效率。

（一）采空区探测方法

采空区探测通常以钻探为主，但随着科学技术的发展，探测方法逐渐形成以物探方法为主、钻探为辅。物探主要有重力勘探、电磁勘探、三维地震勘探、放射性测量等几种方法。部分物探技术在第十一章已有详细说明，本节仅做简要介绍。

1. 重力勘探

采空区因开采形成质量亏损，从而形成低重力异常。重力勘探方法是利用地质体质量亏损或盈余，在地表观测它们引起的重力异常,从而确定地下地质体的分布、大小、边界等。

2. 电磁勘探

电磁勘探主要有高密度电法、瞬变电磁法、探地雷达等方法。

1）高密度电法

高密度电法是一种自动的（半自动的）阵列勘探方法，也称自动电阻率系统，是直流电法的发展。通过观测和研究人工建立的地下稳定电场的分布规律来解决矿产资源、环境和工程地质问题。高密度电法采用直流供电，不易受高压线和井下设备的干扰，对地质异常的反应明显，但该方法探测效果易受地形起伏的影响，探测深度较浅（一般不超过150 m），同时为保证探测深度，测线必须延伸一定的长度（至少为测深的6倍），数据边缘损失较大，一般适用于老巷探测。

2）瞬变电磁法

通常情况下采空区的电阻率会高于正常岩层，在电阻率剖面图上呈相对的高阻异常；若煤层存在采空区且采空区充水时，采空区电阻率通常会低于正常岩层，在电阻率剖面图上呈相对的低阻异常。

瞬变电磁法是在地表敷设不接地线框或接地电极，输入阶跃电流，当回线中电流突然断开时，测量地下介质的感应电磁场（二次场）变化情况，用以研究浅层至中深层的地电结构，由于是在没有一次场背景的情形下观测纯二次场异常，因而异常更直接、探测效果更明显、原始数据的保真度更高。

瞬变电磁法具有分辨能力强、穿透力强、受地形影响小、纯二次场观测以及对低阻体敏感、测量简单、工作效率高、探测深度大，且对含水体反映更为敏感等优势，正迅速发展成为应用广泛的物探方法。

3）探地雷达

探地雷达是利用高频电磁波在传播时，其强度与波形将随所通过介质的电性质及几何形态而变化。探地雷达具有适用面较广、探测分辨率高的特点，适用于探测深度较浅的采空区。

3. 三维地震勘探

地震勘探以介质弹性差异为基础，研究波场变化规律的方法称之为地震勘探。反射地震以地下介质存在波阻抗差异为基础，完整的煤层在反射地震剖面上通常呈现为连续的强反射同相轴，在煤层采空区域，同相轴发生错动，不再是连续的反射，表现为不规则的反射、绕射和散射，地震波同相轴凌乱或消失。因此通过观察和分析地震剖面可以较可靠地圈定煤层遭破坏的区域。反射地震分辨率较高，对目标体深度控制也较准确，但容易受到多次反射波的影响，干扰数据分析，其受地形影响大，也无法确定地质体是否含水。

4. 放射性测量

在采空区探测中常用的放射性方法是氡气测量，其在采空区实际探测中有良好的应用效果。氡是天然放射性铀系气体元素，由于团族迁移、接力传递、扩散、对流、抽吸等作用，其表现出很强的迁移作用，容易从深部向上扩散并进入土壤中。因此，在铀镭富集地段、地质构造破碎带上方、采空区上方都可形成氡的富集，而在其附近地段氡含量明显减少。

由于氡气测量方法对测试场地的适应性较强，而且不受地电、地磁影响，探测深度较大，目前该方法在山西多个煤矿采空区及火区探测工作应用较多，控制的采空区及火区较为准确，收到了很好的效果。

（二）火区探测方法

目前，国内外煤矿自燃火区火源探测方法主要有：磁探法、电阻率法、遥感法、气体测量法、红外探测法、温度法、同位素测氡法、无线电法、地质雷达法和计算机数值模拟法。以上各种方法都有自己的优缺点和适用范围。磁探法、电阻率法、遥感法主要适用于煤田自然发火区且火源温度较高时。气体测量法能确定高温区域的温度，但不能准确确定高温区域位置和发展变化速度。红外探测法主要应用于较近距离自燃火源的探测。温度法在判断煤炭自燃的燃烧程度和范围时，具有最直接和准确的指标，受外部因素影响小，只要确定某处煤炭的温度及其分布，就能分析给定煤的自燃程度和范围。而同位素测氡法近几年来通过应用于百余个矿井自燃火灾火源的探测，证实了它不但能够准确识别火源中心位置、火区范围以及火源的发展情况（准确率超过90%），而且具备探测和数据处理速度快、成本低等优势，最大探测深度可达到500～800 m，是目前较为理想的地下火源探测技术。采用温度测定法和同位素测氡法对露天矿可能存在的火区进行探测，可取得较好效果。对于无线电法、地质雷达法和计算机模拟法目前仍在试验阶段。

我国露天煤矿采空区及火区一般采用的探测方法为：物探（高密度电法＋温度探测

法+同位素测氡法)——探孔验证——三维激光扫描。

物探能较为准确地控制采空区及火区的大体范围及深度，在物探疑似区打探孔进行验证，如果确实存在采空区则用激光扫描仪进行扫描。该方法探测效果较好，在多数露天煤矿得到了成功的应用。

1. 物探

1）高密度电法

前已述及。

2）温度探测法

利用测温传感器与相关仪表相结合测取煤或围岩温度的温度测定法。温度测定法根据测定位置不同分为地面温度测定和井下温度测定。

（1）地面温度测定法。在自燃火区的上部利用仪器探测热流量或利用布置在测温钻孔内的传感器测定温度，根据测取的温度场用温度反演法来确定自燃火区火源的位置。

（2）井下温度测定法。此种方法是把测温传感器预埋或通过钻孔布置在易自燃发火区域（采空区和煤层内），根据传感器的温度变化来确定高温点的位置、发展变化速度等火源情况。

3）同位素测氡法

当地下煤层发生氧化升温或自燃时，其周围及上覆岩层中天然放射性元素氡的析出率增大，由于氡衰变时的离子交换作用使其反映到地表而形成放射性异常，该异常可作为反映温度的信息而被检测出来，即是同位素测氡法探测煤层火区的原理。

同位素测氡法操作简单、成本低、精度高、抗干扰能力强，对探测火区火源是一种有效的方法。目前的探测深度可达 500 m，理论研究表明可达 800 ~ 1200 m。但是地质构造复杂，火区火源赋存较深，多煤层自燃时，还必须做进一步的分析和研究。

2. 三维激光扫描

三维激光扫描仪进入钻孔后，通过 360°球形激光对空区进行扫描，通过发射激光来扫描获取被测物体表面三维坐标，经后期数据处理后可生成空区三维模型。三维激光扫描仪在我国露天矿探测采空区空间分布中有较多的应用，利用三维激光扫描仪对初步确定的采空区进行三维空间扫描，在实际应用中均取得了较好的效果。

四、疏干排水集控系统

疏干排水工程一直是各露天矿安全生产工作的重点，基于传统的人工操作排水，自动化程度低，应急能力差，不能实现根据水位自动启停水泵，且每个泵站都需要安排人员值守，造成人员的浪费，并且对露天矿安全生产造成很大隐患。建立智能化无人值守的露天矿疏干排水集控系统，实现对各个疏干泵站进行实时监控及远程无线控制，降低了人员成本，很大程度提高了露天矿的安全系数和工作效率。能够直观准确地根据 GIS 数据实时操控泵站，实时远程无线监测监控泵站的运转情况。

系统也可以直接联入互联网，使监控集控站方式更加灵活，在任何有网络的地方都可以实时监测监控工程运行状况。并且除电脑监控终端外，还可以连接智能手机，通过手机网络访问中心服务器的数据，便于在不同时间、不同地点实时掌握泵站的运行信息。不仅可以实时监控与操作外，还可以查询原始数据信息，订制报表，实现智能化无人值守。

系统工作原理如下：

集控柜完成泵站三相电流、电压、零序电流、电动机负载率、相不平衡率、开关量输入状态、过负荷、启动超时、接地（漏电）保护、低电流、低/过电压、转子堵塞、相不平衡/缺相、接触器故障、启动越时等保护的基本数据的采集与信息发送，无线通信链路完成信息的交互，中心服务器完成与集控柜及集控站的连接及数据存储，集控站完成对泵站的实时监控与实时操控，系统的总体结构如图 14－9 所示。

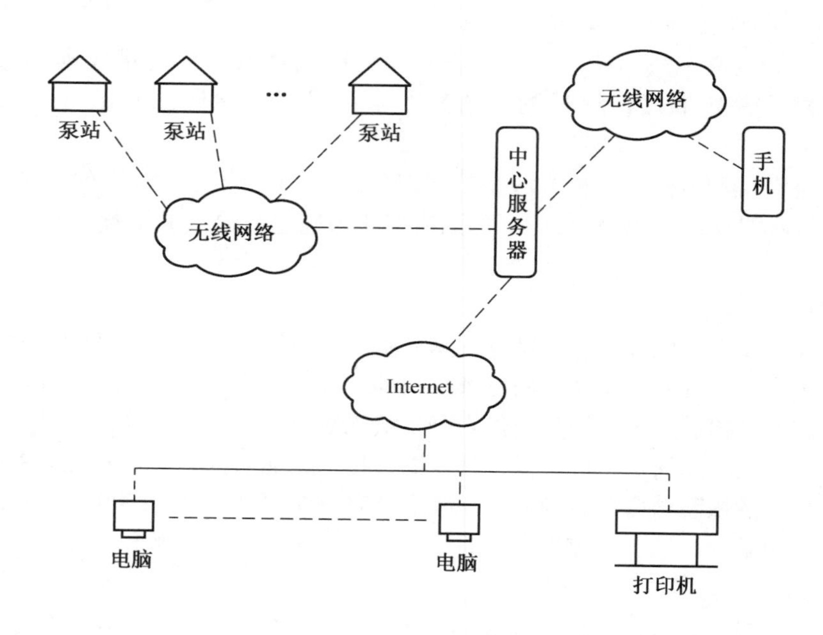

图 14－9　系统总体结构图

集控站通过 Internet 网络访问中心服务器，获得集控柜实时上传的数据，将数据以图形、文字等方式显示到监控界面上，同时集控站可以实时更改水泵的启停信息，将此信息通过中心服务器下发到集控柜，集控柜根据指令完成水泵的启动与停止操作。同时针对泵站运转出现故障等紧急情况时，能够根据集控站设置的电话号码，及时发送短信息，便于决策层实时掌握泵站情况，做出正确批示。

集控站除了包括电脑监控终端外，还可以连接智能手机访问中心服务器的数据，便于在不同时间、不同地点实时掌握泵站的运行信息。集控站除了进行实时监控与操作外，还可以查询原始数据信息，订制报表。

五、车辆运行安全预警系统

近年来国内露天矿运输设备逐渐向大型化、现代化发展，主要生产运输卡车相对于现场指挥车而言大小差距悬殊，卡车司机有效视距受车身体积过大的影响，视野不开阔，存在视觉盲区，因此存在运输安全问题隐患，结合电铲、卡车自动化调度系统，通过防碰撞预警技术，可以有效预防运输过程中的交通事故。

车辆运行安全预警系统采用卫星定位技术、无线通信技术、智能车载技术实现车辆位置检测、数据传输、车载显示与防撞预警。其主要功能如下：

（1）采用 GPS 或北斗卫星定位车载终端，实现自身车辆定位。

（2）利用无线通信网络，实现车辆之间位置信息的传输，可检测本身车辆附近区域内其他车辆位置。

（3）采用车辆自主导航功能，结合车辆运行路线，预计车辆通过交叉路口的时间，对具有碰撞危险的车辆进行语音报警提示，避免碰撞事故的发生。

（4）安全预警系统同矿山电子地图结合，有效地增加预报的准确性，减小误报率。

（5）安全预警系统可有效地记录碰撞前后的车辆行驶信息，并可通过卡车智能调度系统的回放功能，再现当时事故发生时车辆运行情况，对事故进行追溯。

第五节　露天矿智能化技术应用案例

一、边坡信息化监测系统应用案例

近年来，随着信息化监测技术的不断进步，中煤平朔集团有限公司逐步建立了露天矿雷达监测系统以及 GPS 自动化监测系统等信息化监测系统。边坡信息化监测系统的成功运用标志着边坡监测技术实现了从传统测绘向信息化测绘的转变。

（一）安太堡矿雷达监测系统应用

安太堡矿南帮采用了国外引进的雷达监测系统。该系统利用真实孔径雷达技术，沿整个岩壁表面进行连续的、次毫米精度的测量，且无须与岩壁发生任何接触，也不受雨水、灰尘或烟雾的影响，监测精度可达 ±0.1 mm，并可 24 h 监测，监测范围为 30 ~ 2800 m。监测结果认为安太堡矿南帮基本稳定。

（二）安家岭和东露天矿雷达监测系统应用

安家岭北帮和东露天矿采用了国内 IBIS – M 雷达监测系统，是一种基于微波干涉技术的高级远程监控系统。它将步进频率连续波技术（SF – CW）、合成孔径雷达技术（SAR）、干涉测量技术，以及永久散射体技术相结合，能够广泛应用于露天矿边坡、尾矿库、大坝坝体、山体、地表、建筑和桥梁等微小位移变化的监测。系统的主要特点：①可获得雷达波覆盖范围内的所有信息，雷达是通过将目标区域划分成一个个社区域来实现对整个区域的变形监测的，空间分辨率最高：0.5 × 4.3 m@1km（每 1 km 范围内：距离变化量为 0.5 m；角度变化量为 4.3 mrad）；②测量位移精度可达 0.1 mm，监测距离：最远可达 4 km；③可昼夜连续观测，全自动采集，可实现无人值守采集，无须接近观测目标，可以将设备架设在距目标一定距离处工作；④通过高级环境干扰校正可以得到最可靠的结果，不受环境因素影响；⑤数据采集间隔短：可在 5 ~ 10 min 内采集一次完整数据；⑥地类编码能力，标准数据输出，数据可以跟其他地理系统数据结合，实现 3D 视图，可与数字地形模型结合。

安家岭露天矿生产规模为 20.00 Mt/a，在经历 20 余年的开采后，露天矿已形成深约 150～200 m 的矿坑，矿坑北帮随着采区转向过渡，形成凸边坡，该区域边坡红黏土比较发育，并且边坡下部采空区较多。因此，对安家岭露天煤矿北帮长约 1400 m，高约 230 m 的不稳定区域用边坡雷达监测系统进行全天候实时监测。2012 年 2 月、2012 年 9 月、2013 年 1 月成功对较大变形进行了预警预报，预警预报位置如图 14－10～图 14－12 所示，避免了边坡地质灾害的发生。

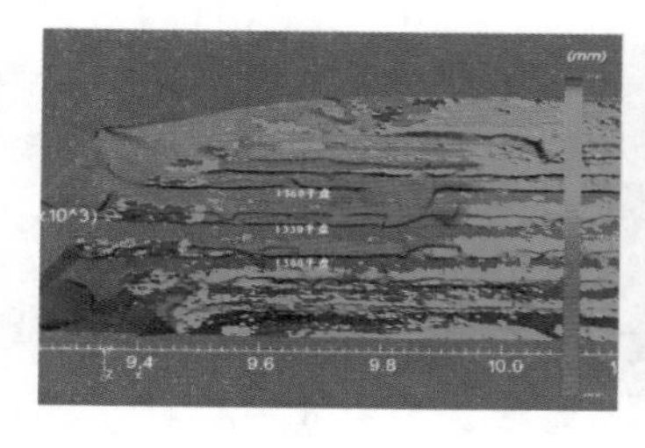

图 14－10　2012 年 2 月监测影响区域

图 14－11　2012 年 9 月监测影响区域

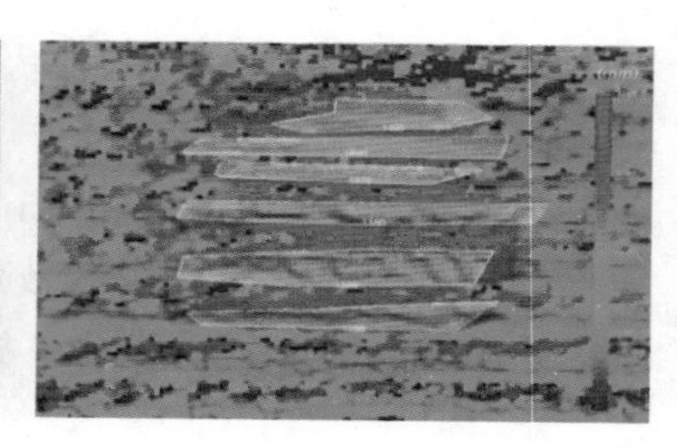

图 14－12　2013 年 1 月监测影响区域

东露天矿边坡雷达监测系统安置于东露天矿南帮，主要监测范围为东北帮。2013 年雨季，通过对东露天矿雷达监测数据进行分析，发现东露天矿东北帮多处出现较大变形（图 14－13）。

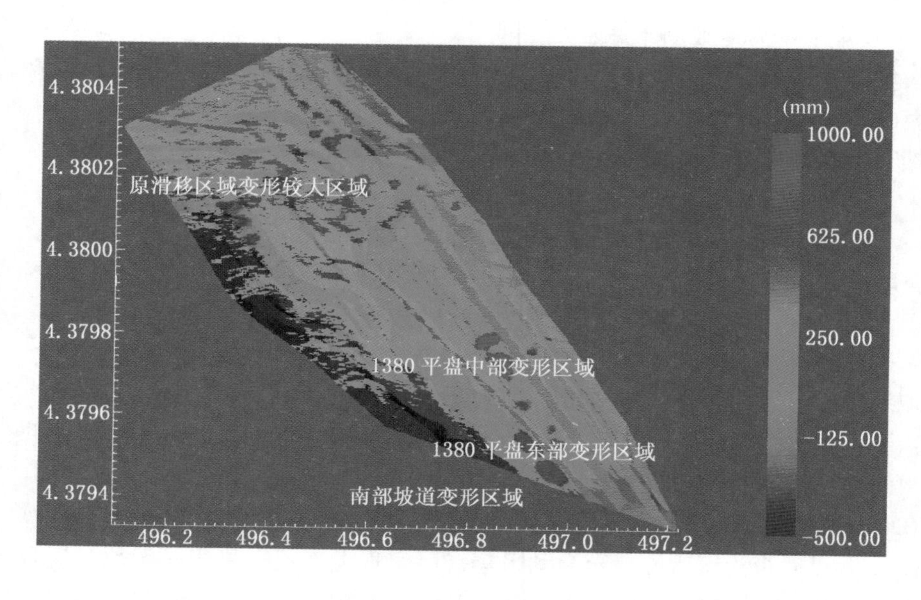

图 14－13　2013 年雨季东北帮变形较大区域分布图

结合现场巡视情况，煤质地测部共5次向公司领导及相关部门发送边坡专项监测报告，对东露天矿东北帮边坡的变形情况进行预警预报，并总结了东露天矿东北帮边坡的预警预报级别和阈值（表14－4）。

表14－4　东露天矿东北帮边坡预警预报级别和阈值

变形速率	预警级别	形 变 情 况
$V \geq 6$ mm/h	四级预警	该区域危险，可能会发生滑坡或片帮，到达此值要立即给所有领导发送红色预警信息，并电话通知相关领导，建议撤出在危险区域作业的一切人员和设备
4 mm/h $\leq V <$ 6 mm/h	三级预警	该区域位移速度和位移量已达到中度危险值，要每日去实地观测，向相关领导发送橙色预警短信，根据变化情况随时向领导汇报情况，建议设备和人员离开此区域
2 mm/h $\leq V <$ 4 mm/h	二级预警	该区域位移速度和位移量达到设置最低预警值，要每日实地观察，建议夜间贵重设备可不在此区域作业
$V <$ 2 mm/h	一级预警	该区域比较安全，每隔2～3 h观看数据即可

（三）GPS自动化监测系统

2012年，平朔公司建成了GPS自动化监测系统，该系统集GPS卫星定位、网络通信传输、数据处理与管理、分析计算等技术于一体，整个系统包括数据采集、数据通信、数据分析和处理等模块，能实现自动、实时、连续的监测和报警。系统共包括30套GPS观测站，用于矿区不稳定区域的自动化监测，监测数据实时传送至信息监控室，利用分析软件进行自动分析预警。

边坡监测系统的建立，一是可降低边坡巡视人员的工作强度，之前边坡巡视人员每天对全矿边坡全面巡视一次，现在只需每周巡视两次，且能根据边坡雷达监测出的异常区域进行重点巡查；二是提高边坡预警准确度，之前夜间主要由现场人员来巡视边坡，受视线影响，边坡巡查不够仔细，存在死角，而边坡雷达则不受影响，可全天候提供准确的预警信息；三是实时监测边坡，提升安全保障能力，之前人工巡视边坡即使周期再短、也是间断的，现在借助于边坡雷达，可实时监测重点区域边坡稳定情况，并能根据监测到的变形情况发出预警，便于及时做出科学决策。

二、基于无线4G宽带通信的安全生产调度系统应用案例

4G无线调度通信系统采用LTE专业宽带集群专网方案，该技术基于OFDM、MIMO等多种TD－LTE先进技术以及定制的专业宽带集群技术，可以在一个网络内同时实现专业语音集群通信、高可靠性和高实时性数据传输以及多媒体视频调度；与有线网络深度融合，实现语音调度指挥、视频监控、卡调业务数据承载、生产辅助监控监测等功能，提高生产效率、降低生产成本。

神华神延西湾露天煤矿于2015年开始建设，2017年试运营，矿安全生产调度系统采用了4G无线宽带集群技术，该系统是4G宽带无线技术在露天矿的首次应用，不仅代替

了传统露天矿窄带集群，而且实现了有线网络和无线网络的整合。为露天矿安全生产、车辆调度、人员管理、设备集控提供了可靠的全覆盖解决方案（图 14－14）。

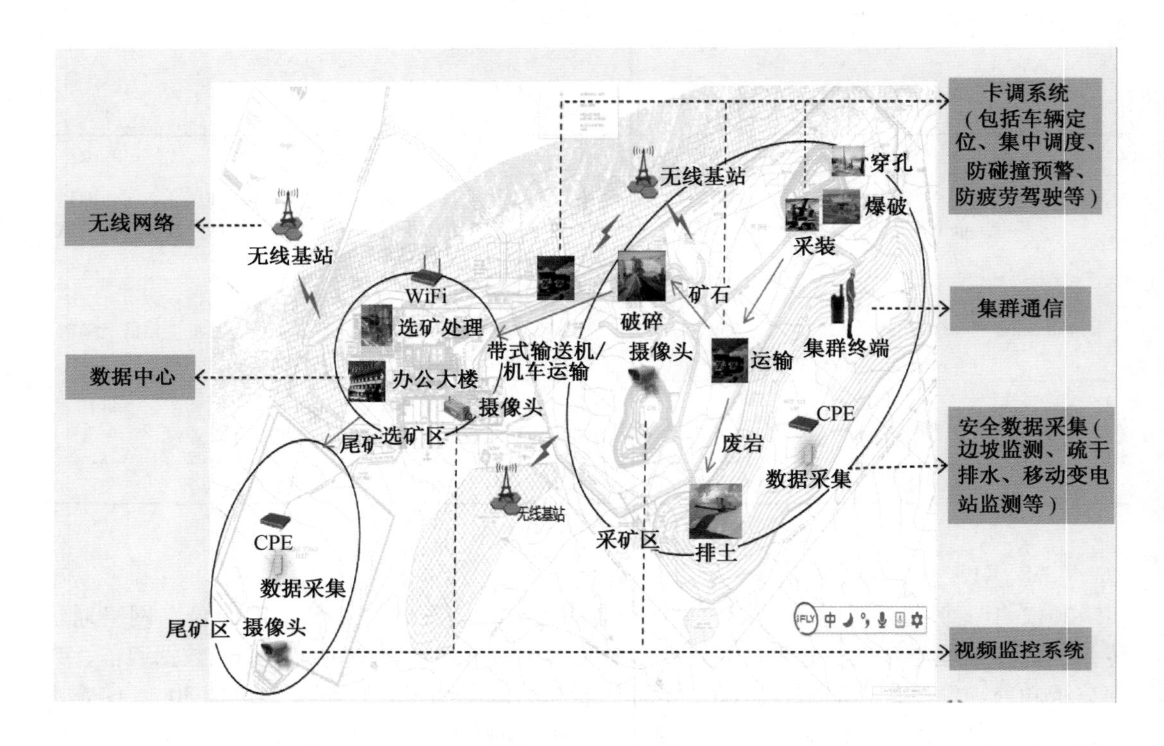

图 14－14　露天矿 4G 无线通信总体解决方案

（一）系统特点

（1）充分利用 TDD－LTE 4G 专网优势，矿方在管理调度上具备完全的自主权，频段采用国家政策支持的 1.8G 专网频段，网络建设兼顾发展和投资。

（2）宽带集群功能强大，不仅解决集群通信调度，而且无线网络可以承载无线视频、自动化控制、车载平台等多种应用，一张网络承载多种通信需求，从根本上解决以前多张无线网络重复建设的问题。

（3）单站覆盖半径 3 km 的区域，至少 3 台基站就实现全矿及坑底的覆盖，高绕射能力解决了通信盲区问题，实现单站对采区的覆盖。有效地减少了传统无线基站数量多，建设及维护工作量大的状况。

（4）语音、数据、视频一网承载，具备数据的跨网络整合能力，通过与工业网络的对接，有线、无线数据都可以在移动终端上显示及操作。具备多样化的应用拓展和技术开发整合能力。

（二）系统应用

1. 宽带无线卡调系统

（1）卡调系统主要是实现电铲、矿车等实时定位及轨迹回放，进行合理调度和安全监测，基于4G无线通信的智能卡调系统如图14－15所示。

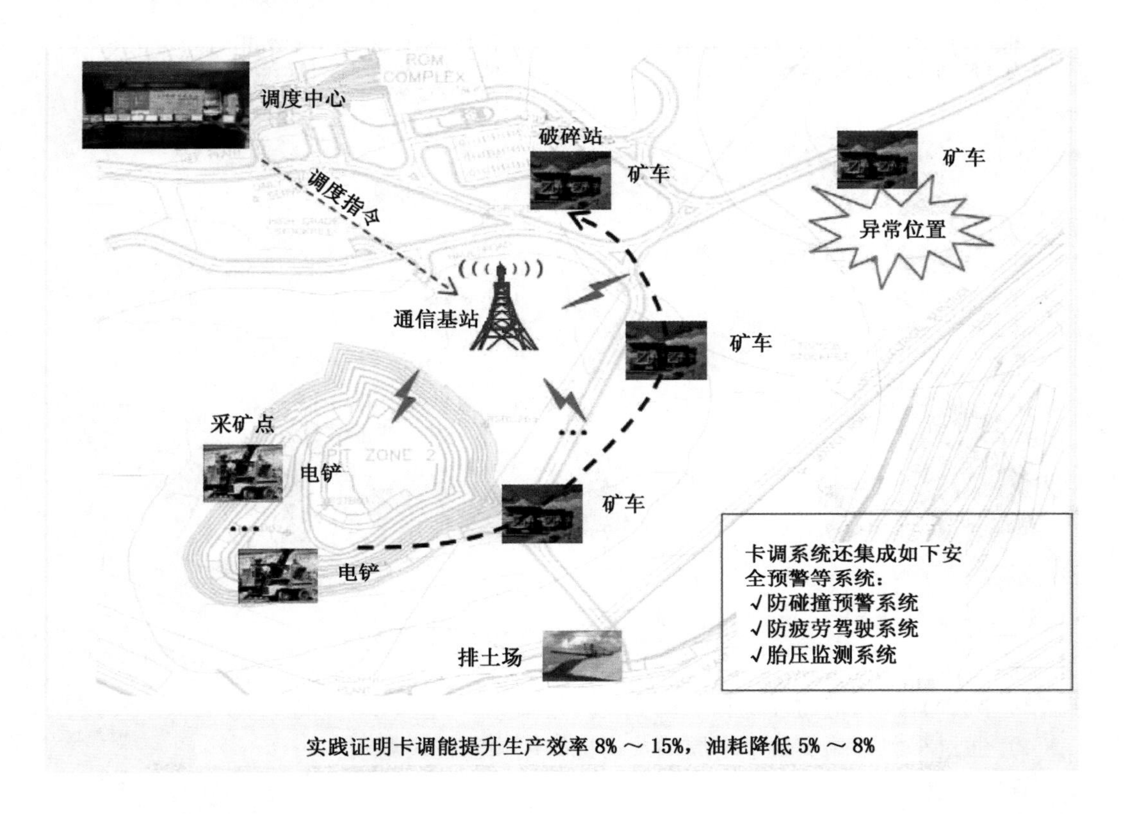

图14－15　基于4G无线通信的智能卡调系统

① 调度电铲、卡车能力，保证最佳生产率。

② 合理规划矿车路线减少行驶路程及无效等待时间。

③ 统一调度其他钻机、炸药、加油车、洒水车（粉尘控制）等辅助设备、物资。

（2）实时跟踪监控各设备位置及作业状态，出现异常或事故时及时进行处理。

（3）实时监控统计各设备、车队相关生产数据，按要求提供工作报表以便定期优化。

2. 班组集群通信

图14－16所示为基于4G无线通信的集群通信系统，总体功能如下。

（1）不同的作业小组设置不同的群组，互不干扰；各组间通过调度中心互通，保证各组业务间配合及时衔接。

（2）视频和语音融合通信，现场情况一目了然，事故时可更加有效的沟通。

3. 无线视频监控

图14－17所示为无线视频监控系统，其总体功能如下：

（1）监控中心能够实时查看关键区域现场情况。

（2）监控视频能实时录制和回放。

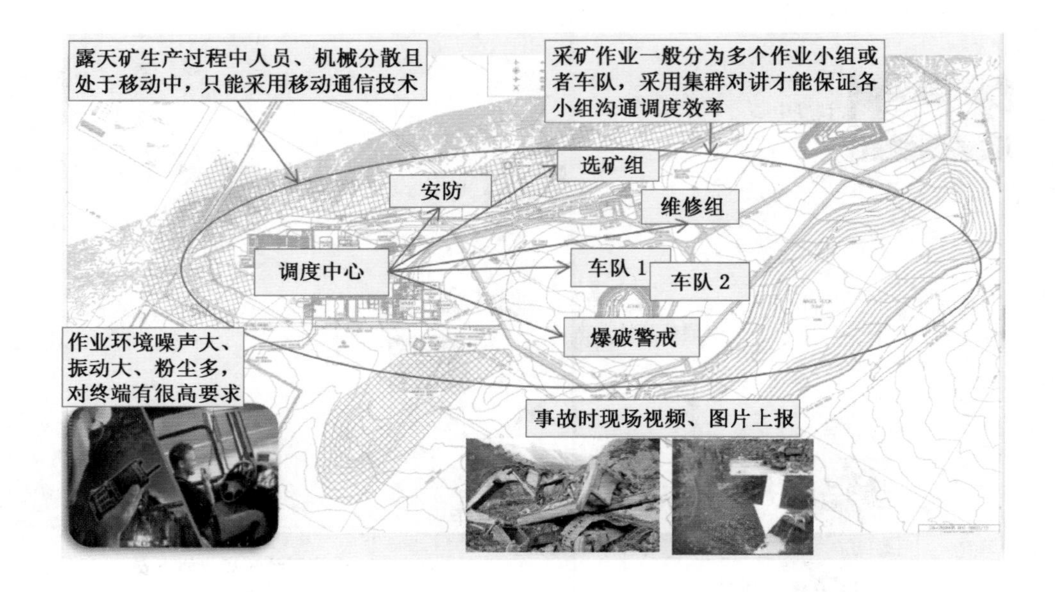

图 14－16　基于4G无线通信的集群通信系统

（3）减少有线光缆的投入和维护工作。

（4）通过车载终端实现卡车周围及司机的视频监控及调阅。

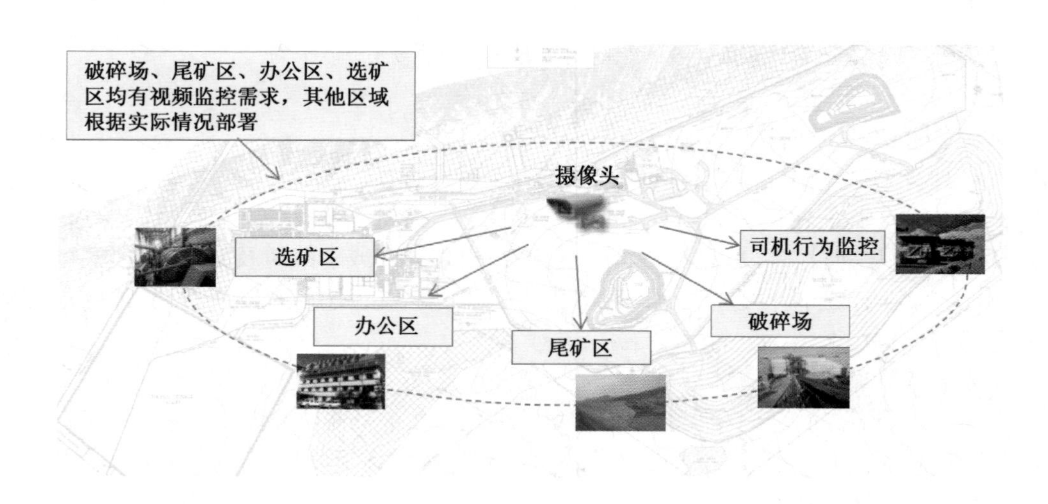

图 14－17　无线视频监控系统

4. 生产辅助监控监测

图 14－18 所示为生产辅助监测监控系统，主要功能如下：

（1）实现边坡监测和预警、移动变电站监测、疏干排水监控，保障露天煤矿生产安全，提高信息化管理水平。

（2）由于各系统监控点位置偏僻，且随着开采进度需要随之调整，采用无线监控能够提高生产效率。

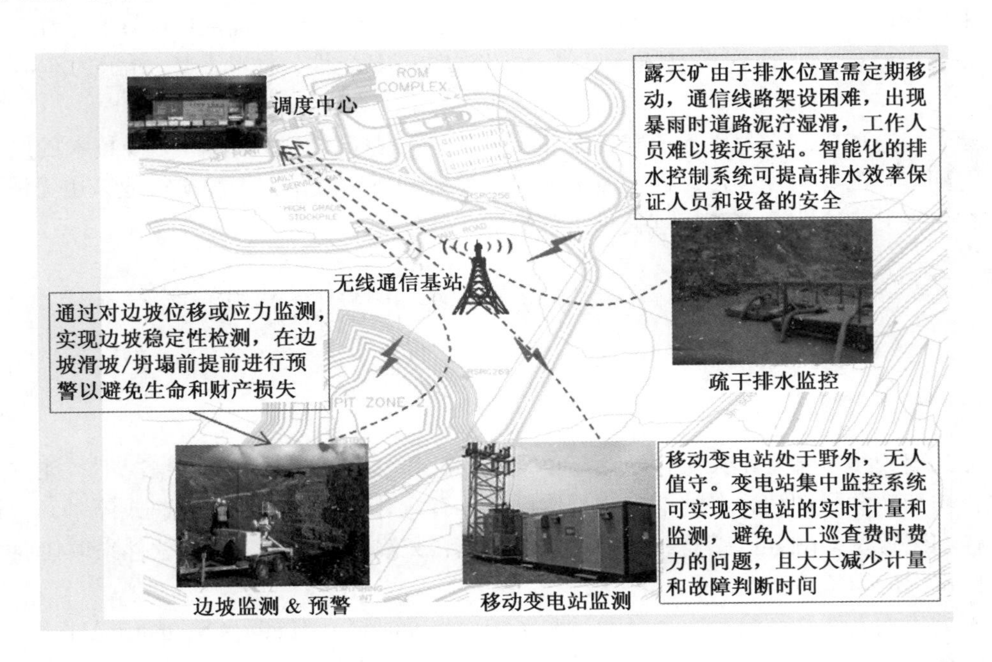

图 14－18　生产辅助监测监控系统

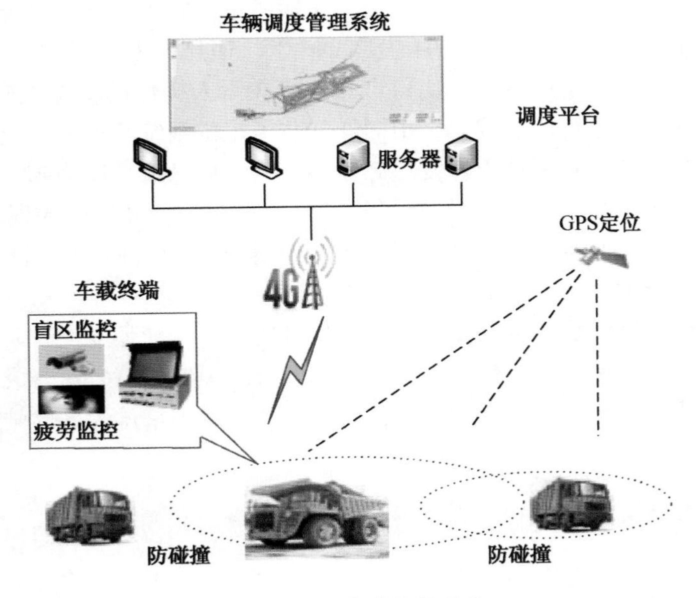

图 14－19　车载监控系统

5. 多功能无线车载平台的应用

露天矿无线车载平台集成了卡车调度、防疲劳提醒、防撞预警、远程视频调度、盲区视频监控、车辆数据采集、4G 无线通信等功能，能实时采集车辆设备的位置、运行状态、车辆周围信息等，同时，可通过无线网发送到中控室，并接收中控室发送的调度信息和指令，来实现露天矿山对装、运、卸的全程监控与管理，能为员工提供生产导航功能，辅助员工完成生产任务，达到提高露天矿山生产效率和安全性。图 4 - 19 所示为车载监控系统。

随着智慧矿山建设及无人值守安全生产的需求日益高涨，4G 宽带无线技术的应用越来越得到客户的认可和关注。西湾露天矿无线系统的成功应用，为煤矿行业采用无线宽带通信技术提升安全生产调度管理提供了宝贵的实践经验。

第六节　露天矿智能化技术展望

一、无人驾驶技术

无人驾驶技术将是露天矿自动化卡车发展的趋势。在无驾驶人员的情况下，能按特定路线行驶和装载、卸载，自动地完成工作循环，有意外情况时能自动减速或停车，它是用智能控制装置及多融合传感器、GPS 或北斗导航、无线通信技术和智能软件来取代原来坐在驾驶室内的司机。

露天矿无人驾驶系统是一个自动运输系统（Autonomous Haulage System，AHS），也是一个综合性的矿山车队管理系统。此系统下每一台卡车都安装有车辆控制器、一个高精度定位系统、一个障碍物侦测系统和一个无线网络系统，由一个装备了高精度定位能力的车队监测中心管理，为每辆车指定运输目的地，车辆通过接收无线指令以合适的速度按照目标路线运行，卡车由定位系统、控制中心无线指令（信息）和其他导引装置来确定车辆在矿山的准确坐标以及周围的情况，使得自卸车能在无人操作的情况下实现复杂的装载、运输和卸载循环的自动运行。装载时，由同样安装了定位系统的挖掘机或装载机来计算并引导卡车至正确的位置，监控计算机发送卸载点的路线信息保证准确卸载。安全方面，此系统可避免与在矿山内工作的其他卡车、平地机、推土机、服务车和别的设备相撞，在 AHS 运行下，如果障碍物侦测系统发现行走路线上有其他车辆或人，就会马上减速或停车，实现主动安全行驶。

露天矿受地域环境影响，生活及作业条件相对较差，劳动强度大，采用无人驾驶系统将大大减少恶劣工作环境下的工作人员数量，降低劳动强度，节省运营成本。同时，高效的系统运行技术还可节约能源和减少二氧化碳的排放。露天采矿无人驾驶技术，将使露天采矿进入新的技术高度。

二、无人机航空摄影技术

无人机航空摄影测量是以无人驾驶飞机作为空中平台，飞机结构分为固定翼和旋翼两种，主要以搭载 CCD 高分辨数码相机，地面进行垂直摄影，获取航摄像片或数字影像，并利用计算机自动进行数据处理，可形成三维点云信息、正射影像图等资料。其作业方法：无人机按照设计的航线飞行，按照规范每隔一定间距拍摄一张照片，通过数据处理软件将照片拼接起来，之后人工在地面选取一定数量的特征点并实测出坐标作为相控点，通过相控点控制整幅图，使图上地物的位置保持正确，输出各类成果。无人机测绘具有作业效率高、安全风险小、不受地形影响、成果准确丰富等常规测绘不具备的优势。露天矿无人机航测技术主要应用在以下几个方面：

（1）矿山生产组织。利用航测生产的高清数字影像图及真三维点云模型，一方面可直观掌握设备位置和生产情况，便于及时进行生产调整，提高设计与生产组织的对接程度；另一方面可通过叠加煤层矿模，实现三维状态下的采剥工程设计，合理规划采剥施工，达到降低剥采比、提高产品煤量的目的；另外还可通过定期巡检，及时发现偷排私挖情况，提高现场整体管控能力。

（2）露天矿采剥工程量验收。采用航测无人机进行采剥工程量验收，一是利用无人机航测代替人员现场测量，大大提高了作业效率，消除大部分现场作业安全风险；二是数据自动化处理生成的点间距三维模型有效弥补了传统测量方式中特征点选取不合理及散点密度低等缺点，且有效规避了人为参与存在的廉洁风险；三是利用三维模型进行采剥工程量计算，可真实、有效、直观地反映作业工作面的实际工作量，有效提高了计量准确度。

（3）边坡开挖监督。对于露天矿而言，最大的地质灾害就是滑坡。发生滑坡的原因之一就是不严格按照设计组织施工。基于航测产生的露天矿真三维模型，可清晰地确定边坡区域坡顶、底线位置及帮坡角，可直观发现边坡超欠挖情况，及时指导现场施工，保障矿区边坡稳定安全。

（4）应急测绘。露天矿作业范围大，涉及的灾害有滑坡、水害、泥石流等，一旦发生灾情，利用无人机可以安全快速地获取该区域的影像资料和地形模型，及时准确对灾害程度及次生灾害发生概率进行评估，合理制订救援计划。

参考文献

[1] 中华人民共和国住房和城乡建设部，GB 50197—2015 煤炭工业露天矿设计规范［S］. 北京：中国计划出版社，2015.

[2] 骆中洲. 露天采矿学［上册］［M］. 徐州：中国矿业大学出版社，1986.

[3] 姬长生. 露天采矿方法［M］. 徐州：中国矿业大学出版社，2014.

[4] 李文峰，李文娟，王斌. 露天矿信息化建设［M］. 北京：煤炭工业出版社，2016.

[5] 王祥生. 论露天矿信息化管理系统的实际应用［J］. 露天采矿技术，2012（2）：52-54.

[6] 张瑞新，赵红泽. 中国露天矿山信息化现状及发展趋势［J］. 露天采矿技术，2014（9）：27-30.

[7] 高淑娟，王凯，赵德伟，等. 生产自动化调度系统在安家岭露天矿的应用［J］. 露天采矿技术，2013（1）：43-47.

[8] 杜培军，唐宏. 地理信息系统在露天矿的应用展望［J］. 露天采煤技术，1999（4）：

30-32.
[9] 王熙宗，魏东英，王崇倡．露天矿基础地理信息系统的建立［J］．辽宁工程技术大学学报（自然科学版），2008（S1）：40-42.
[10] 刘谊兵．有色金属矿山MIS系统的开发应用［J］．甘肃科学学报，2002（S1）：27-31.
[11] 董卫军．矿山生产计划智能决策计算机系统［J］．金属矿山，2002（3）：10-12+16.
[12] 李冰，聂辉成．决策支持系统在矿山设计中的应用［J］．世界采矿快报，1993（27）：7-9.
[13] 王国强．基于三维地质建模的露天采矿设计分析［J］．建材与装饰，2017（51）：220-221.
[14] 陈虎维．露天煤矿采场三维模型构建与应用研究［D］．辽宁工程技术大学，2012.
[15] 王学平，张晓军，刘颖，等．基于Surpac矿山地质数据库创建与应用［J］．地质科技情报，2018，37（6）：232-238.
[16] 王伟，赵艳军，赵立瑰，等．基于3DMine三维可视化的矿山开拓系统布置研究初探［J］．西部资源，2019（3）：195-196.
[17] 王珂，钱建平，周永宁，等．基于3Dmine技术建立三维地质模型及储量估算［J］．云南地质，2019，38（1）：145-150.
[18] 张迎平，宁浩，何帅，等．无线Mesh技术在平朔东露天矿卡车调度系统中的应用［J］．露天采矿技术，2017，32（9）：70-72+75.
[19] 王威．矿山GPS卡车智能调度系统研究［J］．设备管理与维修，2019（6）：122-124.
[20] 杨志勇．防碰撞预警技术在GPS卡车调度系统中的应用［J］．煤炭科学技术，2018，46（S1）：161-163.
[21] 王劲松，詹杰，张浩．基于GPRS的矿用电铲远程监控系统设计［J］．矿业工程研究，2015，30（4）：56-62.
[22] 张铁毅．露天矿供配电方式及供电系统设计［J］．露天采矿技术，2011（5）：92-93+95.
[23] B. A. 戈卢别夫，马骍德，钟刚．矿山供电系统的改进［J］．国外金属矿山，1993（3）：87-92.
[24] 王森，何群，刘善军，等．基于地面三维激光扫描的露天矿采剥工程量计算方法［J］．金属矿山，2018（12）：134-139.
[25] 吴清海．基于CASS绘图软件的露天矿采剥工程量计算［J］．矿冶工程，2008，28（6）：22-23.
[26] 罗亦泳，张立亭，杨伟，等．露天矿采剥工程量计算与可视化新方法研究［J］．黄金，2008（5）：30-33.
[27] 贺继军．八驱转矩平衡变频器在露天矿带式输送机的应用［J］．露天采矿技术，2018，33（2）：68-70+74.

[28] 秦占新，薛弘．浅谈视频监控系统的发展以及在东露天矿的应用［J］．科技风，2014（4）：68．
[29] 陈勇，兰卫华．基于MES的生产管理研究与应用［J］．计算机产品与流通，2019（1）：164+245．
[30] 王怀宇．露天矿边坡监测信息管理系统［D］．辽宁工程技术大学，2012．
[31] 贾长亮．露天矿采空区及火区的探测技术［B］．内蒙古煤炭经济，2006，20（2）：141-155．
[32] 刘博文，王振伟，李伟，等．露天矿地下采空区探测与治理技术应用与实践［J］．中国煤炭，2017，43（11）：42-46+59．
[33] 中煤平朔集团有限公司东露天矿采空区（空洞）综合勘察与治理研究报告［R］．2014．
[34] 戴前伟．瞬变电磁法及EH-4在钼矿采空区探测中的应用［J］．地球物理学进展，2013，13．
[35] 王正辉．采用地面测氡法探测井下火区分布实践［J］．矿业安全与环保，2010，13．
[36] 徐圣集．冯家塔矿易自燃煤层采空区火区火源探测研究［J］．低温建筑技术，2007，6．
[37] 何帅，刘建宇．基于GPRS/GIS的露天矿疏干排水集控系统［J］．现代矿业，2014，30（8）：181-182．

第十五章 选煤智能化技术

第一节 选煤智能化技术基础

选煤的目的是除去原煤中的杂质，排除大量矸石，减少无效运输；降低灰分和硫分，提高煤炭质量；生产出质量等级不同且品种多样的煤炭产品以适应用户需要，减少燃煤对大气的污染，合理有效地利用煤炭资源。

选煤是洁净煤技术的基础和前提，选煤方法可以分为重力选煤、浮游选煤、风力分选和特殊选煤等。重介和跳汰分选是我国主要的分选方法，重介质选煤技术以其对煤质适应能力强、入选粒度范围宽、分选效率高、易于实现自动控制、单机处理能力大等优点，近年来得到了大力推广应用，已超过跳汰选煤所占比例，成为主导选煤方法。此外风力分选也正逐渐成为我国尤其是缺水地区重要的分选方法之一，本章以重介选煤方法为主介绍选煤智能化技术。

我国煤炭洗选比例已达到65%以上，伴随着选煤处理能力的提升，我国的选煤自动化和智能化程度也取得了长足的进步，在选煤厂集中控制、选煤过程控制、选煤厂机电设备在线检测与故障诊断、选煤厂节能监控等方面均取得了较好的应用效果。

一、智能化选煤技术的软硬件基础

选煤智能化以自动化控制技术为基础，依托现代化信息技术、计算机及网络技术，构建选煤厂智能管控系统，实现生产控制、生产管理、应用分析、决策支持、设备运行维护及过程质量管理的数字化，实现生产过程的实时监控和智能化管理。其智能化软硬件基础包括可编程控制系统、工业控制计算机、工业自动化监控软件SCADA系统、智能传感器及执行机构、变频及软启动等电气驱动装置、选煤智能工艺设备以及基于物联网、云计算的大数据分析决策系统。

（一）可编程控制系统和工业控制计算机

PLC控制系统和工业控制计算机是选煤智能控制的常用设备，具有数据采集、处理、网络通信等功能，与智能传感器和执行装置一起构成选煤智能化控制系统。PLC控制系统由PLC主机及与其连接的I/O模块组成，在现代化的选煤工业生产中，采用可编程控制系统实现浓度、压力、流量、灰分、水分等数据采集以及选煤过程的复杂工艺过程控制，在选煤厂建设时要根据选煤厂实际情况、设备数量、控制需求确定PLC的类型以及模块数量，满足选煤控制规模、网络通信、响应速度等要求；工业控制计算机具有数据处理、存储、展示等功能，通过组态软件实现选煤厂所有设备的集中控制与显示。

（二）工业自动化监控软件

工业自动化监控软件SCADA系统包括工控组态软件、数据库软件、选煤厂应用软件。工控组态软件提供二次开发平台，工程人员可在软件平台上根据选煤工艺进行画面组态、项目管理，实现选煤作业过程的集中监控与管理。现有的组态软件支持多种语言，支持各种主流工控设备和标准通信协议，提供分布式数据管理和网络功能。利用组态软件二次开发功能，可快速构建适合选煤厂工艺的应用系统。数据库软件有实时数据库软件和关系型数据库软件，实时历史数据库软件具有高性能的存储与查询速度，实现选煤厂数据的实时采集存储，与Oracle、SQL Server等关系型数据库一起构建选煤生产信息化的数据库平台，为数据分析、展示、事故追忆提供可靠的历史数据信息。

（三）智能传感器及其执行机构

智能传感器和执行机构是智能化选煤实现的关键部件。选煤厂常选用的传感器有：①煤位检测传感器——煤位检测主要用于原煤仓、产品仓、矸石仓等料位检测，为了不受粉尘、入料噪声及风送料时产生的空气涡流等因素的影响，常用雷达料位计进行检测；②重介悬浮液密度检测——重介悬浮液密度传感器是选煤的专用传感器，常选用同位素密度计和差压式密度传感器，由于同位素密度计具有放射性，逐步被差压式密度传感器取代；③压力传感器——用于旋流器入口管路压力监测，要求测量精度高、抗过载能力强、密封性能好、响应速度快、可靠性好、高度稳定性、安装简易；④液位检测传感器——对各种介质桶、煤泥桶、循环水池和清水池等处进行液位检测，常规的有超声波液位计、压力变送器类液位计、静压式液位计；⑤电参数检测传感器——用于对机电设备电压电流进行检测，通过与电机综合保护器通信的方式进行数据采集；⑥磁性物含量计——主要对重介悬浮液中磁铁粉的含量进行检测，要求测量数据准确、精度高、可靠方便；⑦设备振动和温度检测传感器——用于机电设备监测，通过专用的采集仪进行采集，并通过网络传入集中控制系统中。

选煤用执行机构包括电机、各种阀门、液压执行机构等，阀门又包括有电控气动阀、电控液动阀、电动调节阀等，气源充足的可以选用电控气动阀，适用于密控系统等智能控制系统的补水环节；电控液动阀是采用小流量、小能量的电控元件（电磁阀）促使大流量、大能量的液控元件起作用的调节阀，用于选煤厂的闸板控制、煤流调整流向等场合；没有气源或气源质量不好的情形，可采用电动调节阀，适用于密控系统的分流阀自动控制。

上述各类传感器均要适应选煤工况要求，要适用于强粉尘的工业环境，满足测量精度要求。

（四）基于物联网、云计算的大数据分析决策系统

随着物联网、云计算、大数据等新一代技术的发展，建立选煤物联网、云计算、大数据平台，用于选煤生产、管理和销售的智能决策，从而不断提升选煤生产的智能化水平。在选煤厂传统自动化控制的基础上，利用物联网和移动互联网技术可实现选煤机电装备远程在线监测、故障诊断与远程维护，使设备提前预检预修，避免较大事故的发生。利用云计算和大数据分析技术，可建立选煤厂优化控制模型，从而实现节能减排、高效生产、无人值守控制。

（五）智能化选煤其他软硬件基础

除了上述的软硬件基础外，选煤厂装备智能化水平，比如粗煤泥分选机、浮选机、压滤机、加压过滤机智能装备是智能化选煤的基础节点，也是智能化选煤的重要内容之一。此外，变频器、软启动器等电气驱动装置都是构成选煤厂智能化的基础部件，其在选煤厂的广泛采用，进一步提升了选煤厂智能化水平。

二、选煤厂智能控制系统结构

智能化选煤系统一般为三层结构形式，如图 15－1 所示，具体描述如下：

（1）第一层：现场控制层。现场控制层由现场仪表、传感器及控制元器件组成。传感器和仪表用于采集现场的信号，上传到上位机监控系统，实现数据集中监控与管理。执行机构可执行上位操作者发出的指令，实现远程控制。

（2）第二层：逻辑控制层。逻辑控制层由 PLC 及执行机构等组成。PLC 根据现场反馈的信号和数据进行逻辑运算，按照工艺要求自动控制执行机构动作，实现选煤自动化过程控制。同时与上位机监控中心进行数据交换，执行远程调度中心指令，实现远程调度操作。

（3）第三层：上位监控层。上位监控层主要由工业以太网交换机、监控操作站（上位机）、打印机、视频服务器、视频控制器、工业电视监控系统、DLP 大屏幕显示系统、调度电话系统等构成。通过上位机与 PLC 通信，实时监视现场设备状态并实现控制，工业电视显示现场实际设备运行情况，通过上位机界面与工业电视了解实际情况，根据实际需要通过调度电话对生产进行调度，从而实现集中监控与管理。

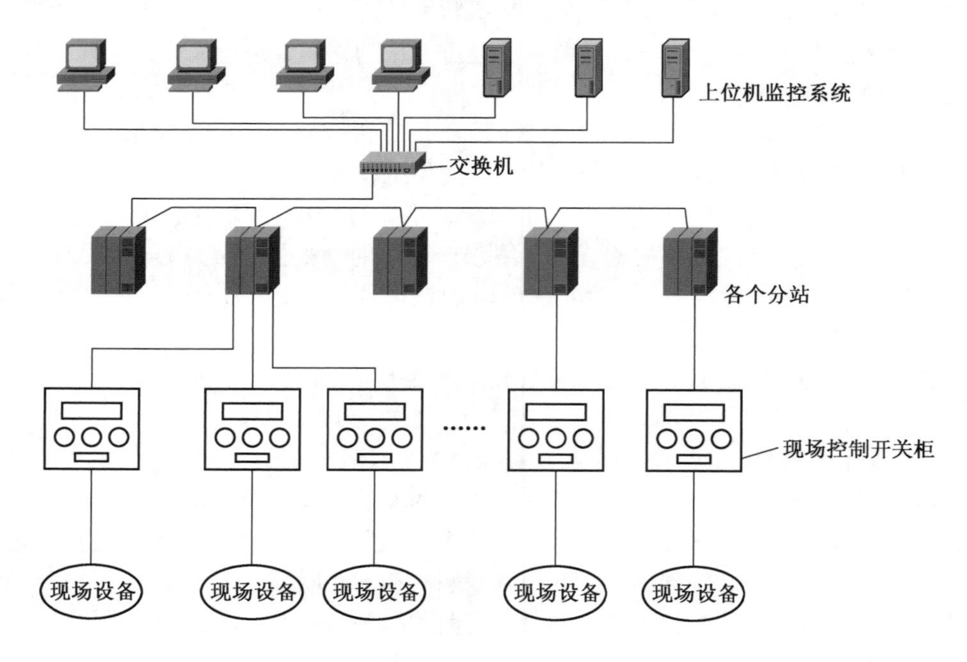

图 15－1　选煤厂自动控制系统拓扑图

三、选煤智能化控制主要功能

(一)设备集中控制功能

选煤集中控制也是智能化选煤的技术基础。其主要内容包括设备的集中启停控制、运行闭锁、工艺参数控制等。采用选煤厂集中控制不仅可以实现选煤设备的自动控制和生产工艺参数的自动调节，使设备运转在最佳状态下，充分发挥其效能、确保产品质量、数量和其他工艺指标的稳定，提高精煤的回收率，达到最佳控制目的；而且可以利用计算机网络技术的优势，综合分析企业经营过程中遇到的问题，及时为企业管理者提供获取最大经济效益的措施，实现全厂设备的集中控制、自动监视、自动保护或报警以及生产工艺参数的自动检测和调节。

(二)选煤过程控制功能

选煤过程控制是选煤智能化的核心，是选煤提高效益的根本所在，涉及的过程控制主要包括以下几种控制功能：

(1)重介分选智能控制。重介分选过程是选煤中重要的分选过程之一，重介分选智能控制的核心是重介悬浮液密度的智能控制，对于重介旋流器而言，还包括了重介旋流器入口压力控制及合介桶、稀介桶的桶位控制。

(2)粗煤泥分选智能控制。粗煤泥分选作为选煤中一个重要的分选环节正日益受到重视，其核心控制模式也是分选密度的控制，此外顶水压力、流量自动控制也是外围必须的控制手段。

(3)浮选智能控制。浮选过程是细粒煤分选的主导方法之一，浮选过程涉及煤质变化、工况波动，浮选过程复杂，控制涉及液位、泡沫层厚，难度相对较大。

(4)煤泥水运行智能控制。煤泥水处理是通过浓缩与压滤完成煤泥水中微粒的固液分离。其智能控制是浓缩机絮凝剂与压滤机助滤剂之间药剂添加的协同优化控制，在保证煤泥水的处理速度、处理效果的前提下，使药剂消耗量最低。

(5)桶位自动控制。其主要控制手段为采用压力变送器测量桶底部压力，转换为桶位信号输入 PLC 的 PID 控制模块，与设定液位值比较，其差值转换为电信号反馈给桶上部的加水阀或分水阀(气动调节阀)信号接收端，调节加清水量或分流量，控制各桶位的稳定。

(三)生产管理功能

实时监控选煤厂生产状况，对主要工艺参数进行统计和分析，自动形成各主要参数的变化趋势和历史曲线，辅助生产决策，实现科学管理。

集控系统将记录、累计所有设备的运行时间并在操作员站上显示。通过各个称重传感器的数据自动计算并记录系统利用率、产量等有关生产数据。这些数据将被用来计算全厂每班运行时间及该年度截至目前的生产产量等，用于生产运行管理。

生产过程信息以组画面、趋势图、流程图及报警画面等形式在操作员站上显示并被操作。流程图画面实时显示全厂工况信息；组画面用来显示 PID 回路状态及进行模拟量信号监视；趋势图画面用来显示液位、旋流器压力、称重传感器累积值以及灰分仪数据的监视。画面可由操作员在任何时候、在线进行修改。

此外，选煤生产监控系统还可以与汽车装车站、火车装车站自动化控制系统进行网络连接，实现各子系统数据的信息共享，形成生产及经营管理一体化监控系统。

（四）设备运行监控功能

采用组态监控画面对设备运行进行监控，监控软件支持图形组态、动画技术、图形缩放技术、多级窗口技术等，具有数据、曲线实时显示功能，并进行多画面切换。在监控画面上显示各个工艺段设备运行状态、报警状态。操作人员对现场设备及各工艺参数进行操控，使整个控制系统操作简单、灵活方便。支持全面的报警监测及管理，当出现异常状况时，可为操作员提供及时正确的报警提示。报警被自动记录并在操作员画面上的专用报警栏和报警总貌画面中显示。设备运行监控对设备状况进行数据分析，实现对设备的预先检修，避免较大故障的发生。

（五）视频监控功能

视频监控是智能化选煤的有效监控手段，使管理者及生产操作人员对现场设备运行情况有直观的了解。利用远程 Web 的视频监控系统，管理者能够通过网络随时、随地了解选煤厂的实时生产情况、设备运行状况、可能出现的生产问题等。

第二节　选煤厂集中控制系统

一、选煤集中控制系统概述

选煤过程属于典型的流程工业，选煤生产采用了大量的机械设备，生产工艺环节多，生产程序比较复杂，从原煤入厂到生产出合格的产品，需经过准备、筛分、分选、脱水、运输等环节，而且这些设备必须保证可靠高效运转才能完成分选过程。在整个生产过程中，各种设备须按照一定的工艺流程进行运转，并需要监视其运行状态；同时对各种工艺参数及时检测，并调整到一定的范围内。采用人工就地操作和监控，岗位人员多，劳动强度大、劳动生产率低，设备也很难达到安全运转和合理运行，不能充分发挥设备的效能，难以获得预期的生产工艺指标和理想的经济效益。选煤厂集中控制是通过上位软件对全厂设备按规定的流程进行远程控制、监视、保护、报警、工艺自动调节，不仅可以实现选煤生产工艺过程优化，而且可大大提高设备运行效率、减少岗位人员，减少生产事故、节约电能消耗，对高效选煤具有十分重要的意义。

二、选煤厂集中控制系统设计原则

选煤厂工艺流程的连续性使生产设备之间的制约性很强，一般为连续生产，不能单独启动某一台设备进行生产。在贮存及缓冲装置设备之后的任何一台设备的突然停车，都将会造成堆煤、压设备、跑煤和跑水等现象，引起事故范围扩大。选煤厂集中控制系统根据选煤工艺流程、设备工况等限制条件进行设计、选型、操作等，具体如下：

（1）工艺限制条件：根据选煤厂工艺的特点，设备启停有其规定的流程。各设备按照工艺流程要形成一定的闭锁关系。

（2）电流限制条件：由于电动机起动瞬间电流较大，自动起车时前后两个设备须间隔一定时间，避免多台设备同时起动时电流过大造成超载跳闸。

(3) 设备限制条件：停车时要考虑停留在设备上的煤通过设备所需的时间，如果是输送带运输，停车延时时间为输送带运行一周所需时间比较合适。

选煤厂集中控制系统设计应遵循的原则：

(一) 起动、停车顺序

选煤厂生产工艺流程的连续性要求选煤厂设备的起动、停车必须严格按顺序进行。

1. 起动顺序

原则上为逆煤流逐台延时起动，以避开前台电动机起动时的冲击电流，减小对电网的冲击。逆煤流逐台延时起动的优点是在生产机械未带负荷之前能够对生产机械的运行情况进行检查，待所有其他设备运转正常后起动给煤设备，可以避免因某台设备故障而造成压煤等现象。这种传统的逆煤流起动方式会造成设备空转时间较长，随着煤流检测技术的成熟应用，目前也可采用顺煤流起动方式实现节能运行，减少机械磨损。

2. 停车顺序

正常时，按照顺煤流方向逐台延时停车，延长时间为该台设备上的煤全部被转运到下台设备所需的时间；故障时，应在最短的时间内停掉全部设备或故障设备至给煤设备之间的所有设备。

(二) 闭锁关系

集中控制系统应有严格的闭锁关系，以确保某台设备故障时不至于引起事故范围的扩大，同时还应能方便地解锁。

(三) 控制方式的转换

集中控制应能方便地转换成单机就地手动控制，以确保集中控制系统故障时不至于影响生产。一般在选煤厂集中控制室的集中控制台上装有控制方式转换开关。

(四) 工艺流程及设备的选择

当生产系统有并行流程或多台并行设备时，集中控制系统应具有对并行流程或并行设备选择的功能，以满足不同情况的工艺要求。

(五) 信号系统

1. 预告信号

在启动前，集中控制室应发出启动预告信号，提醒现场操作人员回到各自工作岗位，靠近设备的人员远离即将开车的设备，有关操作人员应检查设备，向集控室发出允许启动的应答信号（应答制）或禁启信号（禁启制），以保障起动前人员和设备的安全。同样，在停车前也应当发出停车预选信号。

2. 事故报警信号

当运行中某台设备发生故障时，集控系统应能够及时发出报警信号提醒工作人员注意。

三、典型选煤厂集中控制应用

(一) 典型选煤厂工艺环节集控流程

以典型重介分选工艺为例，工艺流程采用有压三产品重介旋流器 + TBS 分选 + 浮选联合工艺流程。各个典型工艺环节严格按照逆煤流顺序起动、顺煤流顺序停止的控制逻辑，具体逻辑如下：

（1）原煤系统控制流程。以某选煤厂原煤部分设备起动顺序为例：启动脱泥筛→输送皮带→破碎机→手选皮带；同时输送皮带→原煤振动分级筛→带式输送机→给煤机（视生产情况选择开启）。

停车过程逆序同理。

（2）重介系统控制流程。设备按照煤流逆序起动，顺序停止，相邻设备间互为闭锁。以旋流器为分界点，分为精煤、中煤、矸石和煤泥四个部分。

（3）浮选系统控制流程。由浮选入料池开始进入浮选系统，包括浮选、压滤、浓缩，这部分设备对煤流线影响很小，进行单车起停，须保证设备间的连锁关系。主要实现加药泵自动化控制、加压过滤机控制、风机控制等。

（二）典型选煤厂集中控制系统总体要求

根据工艺生产要求，原煤部分和主洗及产品储运部分等的控制方式分为集中联锁与就地解锁两种。在正常生产情况下，采用集中联锁控制方式；在调试或检修时采取就地解锁控制方式。在集中联锁方式下正常起车时，设备按逆煤流方向逐台顺序起动；正常停车时设备按顺煤流方向延时逐台停车，停车后设备上不留有剩煤。当系统运行中某台设备发生故障时，故障设备及其至煤源方向设备应迅速停车，以免使故障范围扩大。

为确保安全生产，系统具有起/停车预告功能，复位功能和对故障、禁起、停车的解除功能，采用现场节拍鸣笛，集控室多媒体语音方式。系统需具备紧急情况下的急停功能，且优先级最高。设备故障时，必须具有向上逆煤流闭锁。系统集控时，所有参加集控的设备的操作权均交由集中控制室。当皮带保护动作时，集控室操作台上有声光显示。现场和控制室实时显示合格介质、浓介质密度、合格介质桶的液位。

系统实现原煤量、成品煤量、水、电、料位、液位等数据的采集和数据库的建立。具有报警显示、记录和打印以及班、月报表显示和打印等功能。

系统数据信息管理层具备数据交换通信网络。控制室内设两台工控机作为上位机，其中一台作为操作机，一台作为管理机。工控机既能同时使用又能互为热备用。

（三）选煤集控系统设计

整个自动化控制系统由一个中心控制站和一个远程 I/O 站组成。中心控制站包括两个控制柜，设置在选煤厂主厂房控制室内，远程 I/O 站设置在筛分破碎车间。中心控制站配套 PLC 主站，主要负责主厂房设备的集中控制、介质密度和液位的控制以及各自动化仪表的信号采集和输出。其中主站 PLC 中央处理单元选用大中规模的 CPU，通过现场总线接口，可以建立分站式 I/O 结构和大规模 I/O 配置，主站其他硬件包括电源、接口模块、数字量输入、输出模块以及模拟量输入输出模块。远程 I/O 分站的 PLC 硬件包括电源、接口模块、数字量输入、输出模块以及模拟量输入模块。整个系统构成了分布式 I/O 控制系统。

此外，在生产设备附近设置就地控制及信号箱，在煤尘较大、易有瓦斯积聚的原煤系统，选用防爆型信号箱。

（四）集中控制系统上位监控软件开发

1. 监控系统配置

监控系统的功能是由上位监控计算机来完成的，系统设两台配置相同的工业控制计算机作为操作计算机，它们互为备用，主要用于生产操作控制。两台工控机既可同时工作，互为冗余热备，也可一台工作，一台备用。冗余热备用时，当出现硬件或软件故障时，主备机自动无扰动切换。

2. 监控系统开发及功能描述

（1）操作、控制功能。系统采用两套上位机操作站完成选煤厂的集中监控与管理，当自动控制系统处于集中控制模式时，上位机操作站实现整个选煤系统的设备逆煤流起车，顺煤流停车控制，并通过上位机还能控制设备的单起单停或部分设备的运转。当自动控制系统处于现场就地模式时，上位监控系统将不再参与控制。上位机操作站还具有编程和组态功能，工程师可在软件平台上对工艺画面进行修改，实现工艺参数的变更。

（2）图形显示功能。上位监控系统以填充、趋势曲线、窗口弹出、旋转、闪烁、颜色变化等多种形式进行实时动态显示。当监控参数越限报警、控制对象故障或状态变化时，自动在当前画面以不同颜色进行显示，并有声音提示。显示内容包括选煤厂的工艺流程、全厂设备运行状态、入洗原煤量、精煤产率、液位、原煤预处理系统画面、重介分选系统等主要系统画面等。

（3）历史数据存储打印。对各工艺参数进行存储、制表、打印，并能动态显示选煤厂主要设备运行状况，对各种报警自动进行记录。

（4）设备故障自动识别。当设备处于集中监控状态下时，整个车间的选煤设备正常与否均能在监控画面上形象地显示。如果某台设备故障，监控画面上将会自动报警，并弹窗显示。

（五）生产调度广播通信与工业电视系统

调度广播通信系统为全厂生产指挥提供有效的调度手段，使指挥中心具备较强的应急组织能力和完善的应急指挥能力。为确保选煤厂全厂生产正常运转，采用一套数字程控主机系统，调度台设在集中控制室内，统一指挥调度全厂生产。

工业电视系统通过对选煤厂房、关键设备、原煤场等重点区域进行严密的 24 h 监控，不仅能在第一时间对事件做出反应，还能提供事件发生前后一定时间内的历史资料；同时也减轻了管理人员工作的压力，提高管理的效率和质量。工业电视系统设计选用硬盘录像机及高清显示器为主机，一体化摄像机、球形云台及解码器为前端机，组成工业电视系统，完成监控任务。主机设在集控室，前端机设在主厂房相关地点。系统具有网络传输功能和报警输出功能，用户可以远程监控。

上述应用案例中，通过采用集中控制技术，大幅度降低了起车时间，提升了效率，此外集控系统依据选煤工艺的闭锁关系较好地解决了设备和人员安全问题，同时也减少了人员数量，减少了故障停车导致的堆煤、堵煤现象，极大降低了工人劳动强度，为整个选煤厂智能化奠定了基础。

第三节　重介过程智能分选

重介分选在我国的选煤方法中占据越来越重要的比例和地位，特别是对于大型选煤厂，几乎无一例外地采用重介分选技术，严格意义上讲，重介分选包括浅槽分选和重介旋流器分选两部分，分别处理块煤分选和末煤分选两个粒度级别的煤炭，从智能控制技术上讲，均采用重介悬浮液密度智能控制的方法，因此对于悬浮液密度的智能控制就成为智能化的重要内容。

一、重介悬浮液智能控制的意义

重介选煤作为重要的分选技术获得了空前广泛的应用，悬浮液密度自动控制系统的良好运行则是保障重介分选产品质量、降低介质消耗的重要保证。完整的密度自动控制系统应该是由补水、分流和补介三个不可分割的部分组成，共同服务于悬浮液密度自动控制系统。然而重介选煤过程现有的情况是，通过合介管道上安装的补水阀可以实现自动控制，因为浓介制备过程尚需要人工参与，再加上补介过程一般来讲可以在生产前一次完成，故人工实现被实践证明是行之有效的，因此补介过程可以不考虑自动控制实现，但分流却在所有的选煤厂都是集控手动，这样无疑削弱了密度自动控制系统的功能，并导致分流不及时而产生密度、产品质量波动、介耗增加及调度和岗位司机工作强度的增加。

重介选煤属于耗水、耗介的过程，正常工况下消耗水要比消耗介质更多一些，具体表现在合介桶的悬浮液液位缓慢下降，密度缓慢上升，要保证进入重选设备如三产品旋流器或重介浅槽内悬浮液密度恒定，需要通过补水来维持，现有的执行机构——补水阀安装在合介泵入口管道上，通过调节补水阀开度调节进水量来调节密度，由于补水过程的控制对象是从执行机构到密度计所在管道范围内这一部分很少量的悬浮液，通过经典的PID控制算法完全可以实现。

然而重介选煤工业实践中还存在这样一类工况，即原煤带水量大，导致合介桶液位在上升，而悬浮液密度在降低，在这种情况下，就不能通过补水阀加水来保持密度恒定，而是需要通过合格介质的分流来实现。分流介质首先进入稀介桶，然后用泵打到磁选机进行分选，磁选机分选后的精矿即浓介返回到合介桶用来提高悬浮液密度。这种流程控制的实质是：分流控制对象是包含合介桶、稀介桶、磁选机在内的所涉及悬浮液，这是一个典型的大惯性、大滞后过程控制，采用传统PID控制不可避免要出现超调和振荡现象，控制难度大大增加；此外分流又是调整悬浮液内煤泥含量的手段，依据重介选煤理论，适中的煤泥量是保证旋流器或浅槽等分选设备分选精度的重要条件，这样合格悬浮液分流的作用就是双重的，相当于控制分流的输入是多项输入，这也是传统PID算法不适应分流控制的重要原因，因此现场只能采用手动调整，无法实现自动控制。重介选煤的最初，重介密度自动控制系统就属于大惯性、大滞后过程，后来将补水由直接往合介桶添加改为在合介泵入口处添加，其实质就是改变了控制对象，从而消除了大惯性和大滞后，这也是目前补水自动控制取得成功的根本原因。当把分流作为密度自动控制的重要组成部分时，大惯性、大滞后特性就十分明显，控制难度极大增加。大惯性和大滞后过程自动控制在过程控制界也属于难题与热点。

悬浮液的稳定性是悬浮液维持自身密度不变的性质。由于悬浮液中的重介质受自身重力作用始终有向下沉降的趋势，从而使上下层密度发生变化。显然重介质的沉降速度直接影响悬浮液的稳定性，因此通常用重介质在悬浮液中的沉降速度 V 的倒数表示稳定性的大小，称作稳定性指标 Z(s/cm)，即 $Z=1/V$。Z 越大，表示悬浮液的稳定性越好，分选越容易进行。

从选煤生产的角度来看，配制的重介悬浮液不仅应达到分选要求的密度，而且应考虑其黏度及稳定性。对于一般炼焦煤选煤厂，当悬浮液密度在 1.45 g/cm^3 左右时，在固体体积浓度 30% 的范围内，煤泥含量可以从 0 变化到接近 50%，保持密度的稳定。要想保证重介分选效果，必须以体积浓度作为最终的衡量指标，从而为密度控制提供了理论基础。炼焦煤悬浮液密度为 1.45 g/cm^3 时，磁性物含量理论计算见表 15 - 1。

表 15 - 1 悬浮液各参数关系表

磁性物含量/%	煤泥含量/%	固体平均密度/(g · mL^{-1})	固体物浓度/(g · L^{-1})	固体体积浓度/%	磁性物含量/(g · L^{-1})
0	100	1.550	1268.182	81.818	0.000
5	95	1.603	1196.854	74.685	59.843
10	90	1.659	1133.123	68.312	113.312
15	85	1.719	1075.835	62.584	161.375
20	80	1.784	1024.062	57.406	204.812
25	75	1.854	977.043	52.704	244.261
30	70	1.929	934.152	48.415	280.246
35	65	2.012	894.868	44.487	313.204
40	60	2.101	858.755	40.876	343.502
45	55	2.199	825.444	37.544	371.450
50	50	2.306	794.620	34.462	397.310
55	45	2.424	766.016	31.602	421.309
60	40	2.555	739.399	28.940	443.640
65	35	2.701	714.570	26.457	464.471
70	30	2.864	691.355	24.135	483.948
75	25	3.049	669.600	21.960	502.200
80	20	3.259	649.173	19.917	519.338
85	15	3.501	629.955	17.995	535.462
90	10	3.780	611.842	16.184	550.658
95	5	4.109	594.742	14.474	565.005
100	0	4.500	578.571	12.857	578.571

通过分选理论中对悬浮液性质要求可知，保持稳定的密度的同时必须要保证煤泥含量在合理的范围，炼焦煤分选所需的悬浮液密度一般在 1.45 g/cm^3 左右，所以煤泥含量一般可以达到50%，对于1.45 g/cm^3 的悬浮液密度，保证煤泥含量在50%时的磁性物含量在 397 g/L。

对于煤泥含量的控制，实质上控制磁性物含量也是一样的，以往的控制系统仅仅考虑悬浮液密度而不考虑磁性物含量就十分片面，甚至导致重介分选设备分选精度下降直至精煤损失这样严重的后果。智能控制以重介悬浮液理论为指导，通过合理的传感器布置、选型、执行机构的优化设计和智能控制算法的合理运用，全面解决重介分选悬浮液密度自动控制这一选煤关键过程的支撑技术。

二、重介悬浮液智能控制系统耦合特性

常规的重介悬浮液密度控制系统依据正常工况（即合介桶密度在增高，液位在缓慢下降的基本假设和条件下）进行管道补水，并且采用了可靠成熟的 PID 控制算法取得了很好的控制效果。

重介悬浮液密度自动控制是重介选煤过程自动化最为关键的技术之一，目前国内外重介悬浮液密度自动控制已经获得成熟应用，传感器采用同位素密度计，执行机构采用了电控气动蝶阀、闸板阀、分流箱等，控制算法均采用 PID 控制算法。

重介分选过程是一个复杂的过程，实现重介悬浮液的密度控制的同时需要考虑介质中悬浮液实时密度、磁性物含量（煤泥含量）、合介桶液位、补水量、分流量等并且各个变量之间具有一定的耦合性，通过对悬浮液密度磁性物含量（或煤泥含量）、合介桶液位、自动补水阀和分流的关系深入分析，找出它们之间的必然联系，确立了密度控制系统模型切换的切入点，通过分析它们之间的耦合关系，制定控制策略。

（一）悬浮液中煤泥含量（磁性物含量）的作用与耦合特性

在各种工艺条件处于优化状态的前提下，悬浮液中煤泥含量直接影响其黏度。悬浮液的黏度成为重介选煤精确分选的重要条件。

由于悬浮液是由水、加重剂和煤泥三种物质组成的，而加重剂磁铁矿粉又是磁性物质，可用电磁感应式测量仪表测出，即目前所使用的磁性物含量测量仪。密度计可测出悬浮液密度，磁性物含量测量仪又可测出悬浮液中的磁性物含量，通过数学推导，可得出煤泥含量与密度、磁性物含量的数学关系，通过计算机便可实现在线计算。

在磁铁矿粉密度和干煤泥密度一定的情况下，悬浮液中的煤泥含量成为影响固体体积浓度的关键因素，可推导出固体体积浓度与煤泥含量的对应关系式：

$$e=\frac{(d-1)[100\rho_2+(\rho_1-\rho_2)\gamma_2]}{100\rho_1\rho_2-100\rho_2-(\rho_1-\rho_2)\gamma_2} \quad (15-1)$$

式中 e——悬浮液固体体积浓度，%；

d——悬浮液密度，g/cm^3；

γ_2——悬浮液中煤泥的含量，%；

ρ_1、ρ_2——磁铁矿粉，干煤泥的密度，g/cm^3。

将密度拟1.45、1.60、1.80分别代入式（15－1）并分别用曲线表示，可以得到一簇

曲线，如图 15－2 所示。

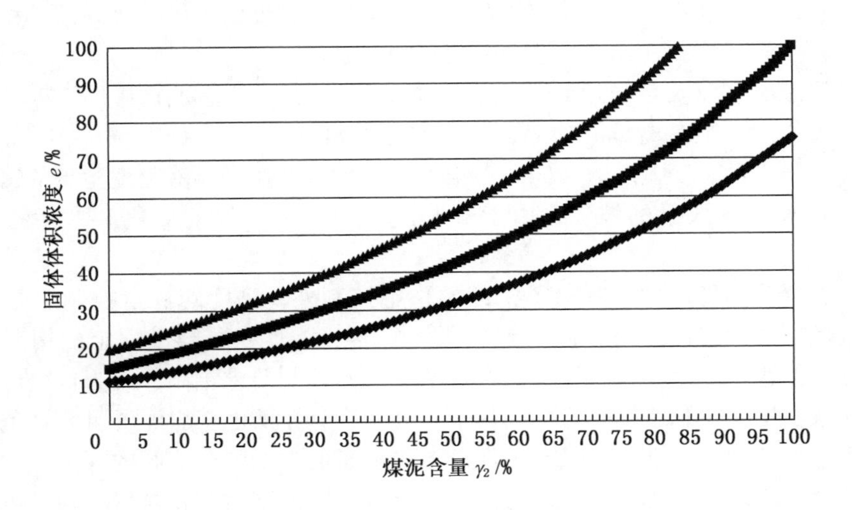

图 15－2　不同密度条件下重介悬浮液煤泥含量与固体体积浓度的关系

在图 15－2 中，三条曲线从上到下分别对应的密度为 1.45 g/cm³、1.60 g/cm³、1.80 g/cm³ 时，固体体积浓度与悬浮液中煤泥含量的对应关系。从图 15－2 中可以看出，对于利用同一种磁铁矿粉配置的悬浮液而言：

（1）每条曲线都代表一个固定的分选密度值，在同一密度值下，煤泥的含量的区别会很大。

对于炼焦煤选煤厂，当悬浮液密度为 1.45 g/cm³ 时，在固体体积浓度低于 30% 的范围内，煤泥含量可以在 0～50% 区间变化；而对于动力煤的分选，悬浮液密度为 1.8 g/cm³ 左右时，煤泥含量只能在 0～20% 区间变化，波动范围比较小。这表示，在重介选煤过程中，仅仅测量悬浮液的密度值并不能涵盖悬浮液的所有性质，仅保证悬浮液密度值的稳定并不能说明悬浮液中固体体积浓度是稳定的，有时候会出现由于煤泥含量过高导致固体体积浓度过高，而悬浮液中磁性物含量低的情况。尤其在不脱泥分选工艺中，分流量控制不及时，会使悬浮液黏滞性增强，从而使分选精度大大降低。反之，如果煤泥含量过低，悬浮液稳定性会变差，同样分选精度会受到影响。因此，对一个固定的分选密度而言，存在一个最佳煤泥含量值，目前传统的控制方法是保证悬浮液的固体体积浓度不大于 30%。

（2）不同分选密度时，在同等固体体积浓度下，分选密度越高，悬浮液煤泥含量变化的范围越小。以固体体积浓度不高于 30% 为例，悬浮液密度为 1.45 g/cm³ 时煤泥含量的范围为 0～48%，而当悬浮液密度为 1.60 g/cm³ 时，煤泥含量的范围为 0～36%，急剧降低了 12%；当悬浮液密度为 1.8 g/cm³ 时，煤泥含量的范围为 0～18%。可以看出，在选煤厂重介悬浮液密度自动控制系统中应同时考虑采用磁性物含量计来控制悬浮液中煤泥含量。不同的分选密度所要控制的煤泥含量的范围也不同，而密度、煤泥含量都能准确控制的情况下，悬浮液的固体体积浓度实际上也就得到了控制。

在生产过程中，悬浮液密度的稳定的状体是一直在变化的，这涉及悬浮液的各种成分以及合介质桶的液位、管道的补水量、分流量等参数。重介分选过程中悬浮液的稳定性除了悬浮液自身维持密度不变外，还应该存在一个最佳的黏度值来维持悬浮液的稳定，因此应控制得当，使悬浮液黏度在0到这个数值范围内波动。

由于悬浮液中重介质自身形状、粒度、质量的作用，在重力作用下有向下沉降的趋势，在离心力作用下则有离析的趋势，从而使分选机内上、下（内、外）层密度发生变化，致使密度稳定性有变差趋势。同时，根据上述分析，在悬浮液密度稳定的情况下，黏度的波动会带来分选效果的波动，由于分选过程中各种条件的变化，黏度的波动可以很大。

因此，悬浮液的稳定性控制除了密度的稳定控制外，黏度的稳定控制也是十分重要的，而控制黏度的稳定性即在介质（包括煤泥）密度、形状、粒度一定的情况下，控制固体体积浓度的稳定。高密度悬浮液对黏度的稳定性控制要求更高，因为低密度悬浮液和高密度悬浮液在固体体积浓度一定的前提下，高密度悬浮液由于煤泥含量允许范围很小。

控制重介悬浮液的磁性物含量或煤泥的方法就是通过调整分流阀的开度，这是分流阀动作的第一个原因。同时可以看出，通过调整分流，在提高磁性物含量、降低煤泥含量的同时，密度也增加了，可见分流实现降低煤泥含量的同时和密度控制又具有耦合特性。

（二）合介桶液位在密度控制中的作用与耦合特性

在正常重介选煤生产过程中，合介桶内液面应该保持在中等部位。也就是说，对合介桶的液位应有高低限位。当悬浮液密度达到规定值的要求时，一般情况下合格介质桶内的液面的高低取决于系统中磁铁矿粉的总量。

在重介选煤自动控制系统中，还要控制悬浮液的总量，即介质桶液位的测控。合格介质桶的液位是生产过程中的重要参数。

液位高于设定的高液位 H，说明合格悬浮液的密度变小而变成不合格，且当停止生产时由于管道和分选器中的介质回流，会引起介质桶溢流，造成介质损失，应加大分流量，使之浓缩。液位低于设定的低液位 L，说明磁铁矿粉总量过少，同时也会使合介输送到分选器时压力难以保证，影响正常生产，应添加新的磁铁矿粉或者补加一定的浓介。

在正常生产过程中，合格介质桶的液位应是比较平稳的、缓慢的逐渐下降过程。但是对于异常工况，则表现为合格介质桶的液位在上升，这表明系统有多余的水补进来，为了使分选过程得以正常进行，需要通过分流的方式来平衡多进入合格介质桶的水量，这就产生了第二个分流阀动作的原因。同时可以看出，通过调整分流，在降低合介桶液位的同时，密度也增加了，可见分流实现降低液位的同时和密度控制也具有耦合特性。

（三）自动补水阀的作用与耦合特性

在整个自动控制系统中，通过自动补水阀的阀位信号的分析可以看出，当阀位处于较小开度时，表明合格介质桶内的悬浮液密度已经比较低，可考虑提前进行分流，以维持合格介质桶内较高的密度值，维持自动补水的PID控制器的正常动作。反之，当自动补水阀阀位处于较大开度时，表明合介桶内的密度值处于较高值，此时可减少分流阀的开度，从而减少系统的补水量，这个相当于预测控制的思想，提前动作，同时使系统具有较好的控制环境，这也是第三个分流阀动作的原因。同时可以看出，通过调整分流，在控制补水阀开度的同时，密度也发生了变化，可见分流实现预先控制密度的同时和密度控制也具有耦合特性。

从上述分析可以看出，实现自动分流主要考虑降低煤泥含量、维持合介桶合理液位、调整自动补水阀开度三个因素，同时这三个因素带来了和密度自动控制的耦合特性，因此，在自动补水和自动分流之间达到平衡，必须采用解耦技术才是合理的解决途径。同时自动分流实质上控制对象又是一个大惯性与大滞后特性，因此寻求合理的控制算法，解决大惯性和大滞后控制对象特性，解耦成为解决问题的关键。

三、重介分选密度智能控制的算法与原理

本控制对象重介悬浮液密度系统是一个集密度、磁性物含量、液位控制和阀位控制的典型的大惯性、大滞后和参数时变的不确定过程。在实际系统中存在以下问题：

（1）由于本控制对象的工业过程是非常复杂的，如它的补水装置安装在离斜轮分选机较近的管道上，它的动作能够较快影响到分选密度；而分流的装置的动作距离比较长远，过程缓慢滞后。这样就很难准确地描述这些过程的状态方程。

（2）为了数学处理上的方便而简化数学模型，降低其阶次，以牺牲准确性来换取处理上的方便。而把一个高阶系统简化为低阶数学模型来描述系统时，其结果往往是不能令人满意的，甚至还会产生错误的结论。

（3）由于此过程控制系统的时变性和复杂性，所建立的数学模型不可能与实际系统完全吻合，也就得不到精确的数学模型，而只是一种近似。

通过对密度控制系统的深入分析可以看出，密度控制系统是一个多输入（密度给定、磁性物含量给定、液位给定和自动补水阀开度给定）和多输出（自动补水阀和自动分流箱）系统，采用一个单纯的 PID 控制器是解决不了问题的。模糊控制也必须采用多变量模糊控制器，多变量模糊控制器是指控制器的输入和输出都是多个物理变量。由于各变量之间还存在着耦合特性，因此要直接设计一个多变量模糊控制器是非常困难的。由于模糊控制器本身具有解耦性质，利用模糊关系方程的分解，在控制器结构上进行解耦，可以将一个多输入多输出（MIMO）模糊控制器分解成若干个多输入单输出（MISO）模糊控制器，这样就可以使多输入多输出模糊控制器在设计和实现上得到解决。图 15－3 所示为重介悬浮液密度自动控制系统框图，在这个控制系统中需要通过密度计、液位计、磁性物含量及电动补水阀开度的阀位信号来综合判断，从而控制各个执行机构（如补水阀、分流箱及加水阀）的相应动作来进行控制，以达到密度和黏度的双重稳定控制。

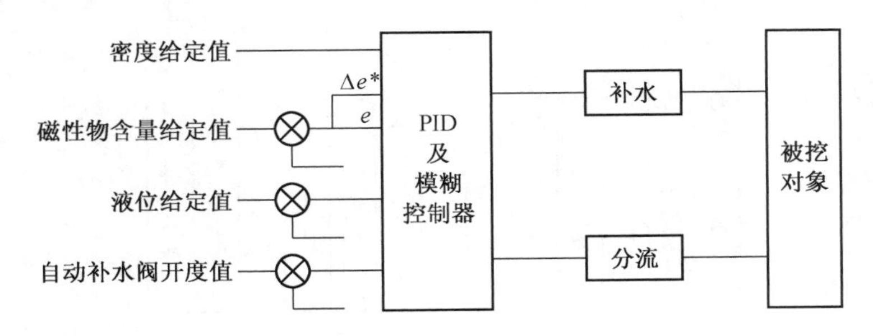

图 15－3　重介悬浮液密度自动控制系统框图

四、重介悬浮液密度智能控制应用实例及效果

以某选煤厂进行选前脱泥技术改造为例：存在的问题是进入重介系统的水量明显增加，脱泥筛甚至出现跑水现象，这时重介悬浮液密度降低，这种情况下通过控制补水阀开度来实现控制密度已无法满足现场工况，因而需要通过大分流来提高重介悬浮液密度，同时降低系统煤泥含量。系统改造前，一直采用人工手动控制分流阀开度，大分流操作使得分流阀一直处于较大开度，通过大分流量来保证重介悬浮液密度高于设定值，然后采用控制补水阀开度来实现密度控制，进入系统的水量也增加，实质上是一种过平衡现象。同时过大分流量会造成磁选机高负荷甚至超负荷工作，降低磁选回收率，介耗上升。

针对出现的工况，提出了采用重介悬浮液密度智能控制方法来解决上述难题，经对选煤厂进行调研，制定了如下方案：

（一）控制系统硬件组成

1. 传感器、执行机构与安装位置的优化配置研究

依据密度自动控制系统特点，结合选煤厂的实际工况，进行了传感器和执行器的选型、设计和优化配置。现将优化配置简述如下：

本项目控制系统同位素密度计两个，在密度计相邻处增加磁性物含量仪各一台，压力型液位计分别用于检测合格介质桶的液位，用于协同密度自动控制系统的实现。

2. 执行机构

方案以电动调节蝶阀来执行密度控制之分流，分流用电动调节阀 2 个，用于调整稀介桶进入磁选机的调节阀 1 个。

图 15－4 是重介悬浮液密度控制系统的组成，它包括工业监控计算机、PLC 控制系统、两个合介桶液位和密度监测、执行机构包括四个合介桶附近的补水阀、分流阀、合介桶上加水阀。

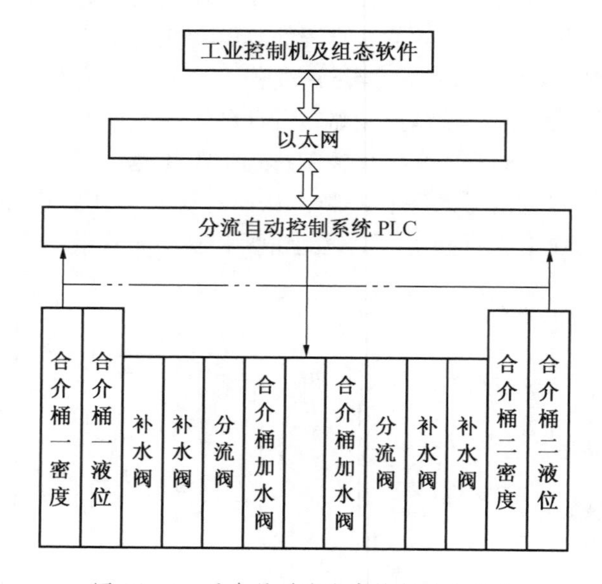

图 15－4　重介悬浮液密度控制系统组成

（二）控制模型确定

结合选煤厂脱泥重介分选工艺，采用了上节提出的 PID + 模糊控制器。此外合理选定了密度计、液位计、磁性物含量仪、电动调节阀等部件，从而控制各个执行机构（如补水阀、分流阀及加水阀）的相应动作来进行控制，以达到密度和黏度的双重稳定控制。

新型重介悬浮液密度控制系统的特点：

（1）采用新型重介悬浮液密度控制系统取得了良好的分选效果，其分选效果明显优于常规重介密度控制系统。

（2）设备运行稳定可靠，操作简单，指标波动小。

（3）自动补水和自动分流可无扰切换，也可按常规密度控制系统使用，只控制密度，不控制分流。

（三）应用效果分析

采用合理可靠的传感器、执行器和控制器后，对选煤厂控制系统进行了优化设计，并进行了基于 PID + 模糊控制器算法的悬浮液密度智能控制系统开发并成功投入使用。试验结果表明，系统很好地适应了选煤厂的煤质波动和工况波动，实现了自动分流和自动补水的无扰切换，目前该系统已经进入工业应用阶段。

1. 控制精度

对原有补水阀 PID 控制 + 分流阀人工手动控制与改造后新型重介旋流器分选密度智能控制系统使用效果对比可知：

当补水阀开度采用 PID 控制，而分流阀开度采用人工手动时，密度波动较大，当设定密度在 1.46 g/cm^3 时，实时密度在 1.448 ~ 1.472 区间波动，波动范围为 ±0.012 g/cm^3，分选密度的波动会直接影响到重介旋流器的分选效果。使用新型的重介悬浮液密度智能控制系统之后，重介悬浮液密度波动明显减小，设定密度为 1.47 g/cm^3 时，密度波动范围为 ±0.005 g/cm^3，较改造前悬浮液密度稳定性明显提高。

工业性试验结果同时也表明，系统很好地适应了选煤厂的煤质波动和工况波动，实现了自动分流和自动补水的无扰切换，取得了控制精度为 ±0.005 g/cm^3 的良好控制效果。

2. 改造后系统介耗分析

改造前后选煤厂水耗、介耗数据对比分析见表 15－2。

表 15－2　选煤厂改造前后介耗、水耗对比分析表　　kg/t

月份	改造前/(2013 年)介耗	改造后/(2014 年)介耗
1	1.86	1.44
2	1.79	1.66
3	1.77	1.44
4	1.88	1.49
5	1.83	1.56
6	1.76	1.61
7	1.83	1.53

表 15-2（续） kg/t

月份	改造前/(2013 年)介耗	改造后/(2014 年)介耗
8	1.62	1.46
9	1.7	1.48
10	1.53	1.51
11	1.66	1.48
12	1.59	1.57
平均	1.735	1.519

从表 15-2 明显可以看出，改造前洗煤厂平均介耗为 1.735 kg/t 原煤，改造后，选煤厂 1～12 月平均介耗为 1.519 kg/t 原煤，通过对比可以发现，改造后吨原煤介耗下降了 0.216 kg。

3. 项目经济效益分析

通过项目实施，选煤厂重介一期和重介二期均实现了分流自动控制，稳定了磁选机工况，吨原煤介耗由原来的 1.735 kg/t 降到 1.519 kg/t，按选煤厂年处理量 400 万 t，介质 1100 元/t 计算，则每年可节约 400×(1.735－1.519)/1000×1100＝95.04 万元；同时改造后精煤回收率比改造前提高了 0.22%，精煤按每吨 400 元计算，则每年可多创造经济效益 420×400×0.22%＝369.6 万元，二者合计每年为选煤厂创造 464.64 万元。同时项目的实施对于减少因灰分超标造成煤质事故，降低职工劳动强度将起到重要作用。

第四节　浮选过程智能控制

一、浮选过程控制概述

煤泥浮选则是选煤过程的重要环节，因此实现煤泥浮选过程的控制与优化属于选煤智能化的重要内容。由于浮选过程是在固、液、气三相中完成的，是一个极为复杂的物理化学过程，影响浮选工艺效果因素众多且因素之间又存在耦合现象，使得它们的作用机理更加复杂。除此之外，浮选过程具有非线性特点，药剂添加量与浮选精煤灰分之间、入浮浓度与产品灰分之间存在强烈的非线性关系。浮选过程还是一个大时滞系统，工艺参数的调整往往严重滞后于干扰的变化和波动。

目前国内大部分选煤厂浮选环节多采用人工手动控制，同时由于关键工艺过程参数如浮选入料流量、入料浓度、充气量、泡沫层厚度、药剂添加量等未实现在线检测，因而无法对具体的浮选工况进行数据量化判断，浮选司机根据肉眼观察当前工况，只能依据长期积累的操作经验对主要操作变量进行调整，存在较大的滞后性和随意性。因而导致浮选精煤和尾煤灰分波动较大，药剂消耗量高等问题。对于部分实现了浮选过程自动化的选煤厂而言，控制策略也往往略显简单，大都处于稳定控制阶段，即定值控制。实现浮选过程的稳定控制能够在一定程度上降低药剂消耗，提高浮选产品质量。

目前，国内采用的浮选控制策略主要是前馈控制，即测取浮选入料的浓度和流量，计算干煤泥量，然后在此基础上，通过实验验证吨干煤泥量应该添加的浮选药剂比例，从而实现煤泥浮选自动加药。但是由于仅仅根据干煤泥量进行前馈控制的加药，其依据变量较为单一，因为对于浮选过程的影响因素不仅仅是基于干煤泥量的药剂制度，同时其他一些浮选工艺参数如流量、浓度、浮选充气量、循环矿浆压力、液位、泡沫层厚度等都对浮选产品质量的好坏起着重要的作用，原煤皮带秤、原煤灰分以及皮带秤运行信号对于煤质波动的预判具有重要作用。因而对于工艺参数的实时采集、记录和实时调整就成为一个关键因素，通过分析这些数据找出影响浮选药剂制度的主要因素并及时调整工艺参数，保证浮选过程处于最优状态和分选过程的稳定性。

由于采用前馈控制，这种控制策略存在的问题是，无法实时获知浮选精煤产品的质量指标即浮选精煤灰分，因此仅靠吨干煤泥量加药是无法保证精煤灰分指标的。国外因为有用于煤浆的测灰仪，在美国、德国和澳大利亚已经开始由定值控制转入使用在线测灰装置的优化控制。20 世纪 90 年代末由中国矿业大学和清华大学联合开发了煤浆测灰仪，同时开发了基于在线煤浆测灰仪的煤泥浮选优化控制系统。

现场生产实践表明，有经验的浮选司机能够很好地控制浮选机的自动加药，并很好地控制浮选产品质量，专家控制的原理即为将专家经验通过合理规则化实现控制，因此专家控制理论为浮选过程药剂自动添加提供了新思路。

浮选过程智能控制严格的来讲可分为稳定控制和智能（最优）控制，其中稳定控制是基础和前提。实现了浮选柱的稳定控制，浮选柱的浮选产品数量、质量均能达标。在此基础上，通过智能（最优）控制以达到满足产品质量卡边的前提下回收率最高、药剂消耗最低的目标。

稳定控制涉及液位控制、入料浓度控制，稳定控制相对来说容易实现，智能（最优）控制则为药剂智能添加，目前可行的方法是基于专家系统的药剂自动添加。

二、专家系统理论与结构研究

专家系统是计算机程序系统，具备像人类专家解决问题的能力。它运用系统知识库中包含的知识，模拟人类专家的思路，进行推理判断，处理解决复杂问题。构建专家系统涉及知识的获取、知识的组织管理、知识库的建立和维护及知识的利用等。研制专家系统的目的是为了使计算机在特定领域中能够起到像人类专家一样的作用。同人类专家一样，系统解决问题的能力取决于系统中存储的知识多少和质量。专家系统要想像人类专家一样处理问题，首先必须像人类专家一样获得该领域知识，然后将知识存储到知识库以便利用。知识库是以适当形式存贮或记忆各种知识的集合，是组成专家系统的核心部分，将各种传感器采集到的数据录入专家系统，它们以产生式规则表示，所有的规则组成规则库。一条产生式规则的一般形式为 Aand B→ C，或者为 If A and B ThenC。其中 A、B 表示前提或状态，C 表示结论或动作，其含义是“如果前提 A 和 B 同时满足，那么则可以推出结论 C。在煤泥浮选过程中，通过数据分析找到的对浮选过程影响的几个因素和引起煤质波动的原因就可以作为规则产生的条件 A 或 B，药剂添加量和液位调节等则作为动作 C 来执行，这样不但可以解决由于煤质波动引起的药剂制度改变问题，同时在药剂制度和矿浆液位调节对煤泥浮选分选效果的耦合作用问题也能得以初步解决。

近年来，专家系统得到广泛应用，运用系统知识库中包含的知识，模拟人类专家的思路，进行推理判断，处理解决复杂问题。

专家系统的结构是指专家系统的各个组成部分和各组成部分的联系。由于系统要完成的任务不一样，不同专家系统可能具有不同的结构，专家系统结构如图 15－5 所示。一般情况，专家系统包括人机接口、解释接口、推理机、数据库、知识库、知识获取六个部分。

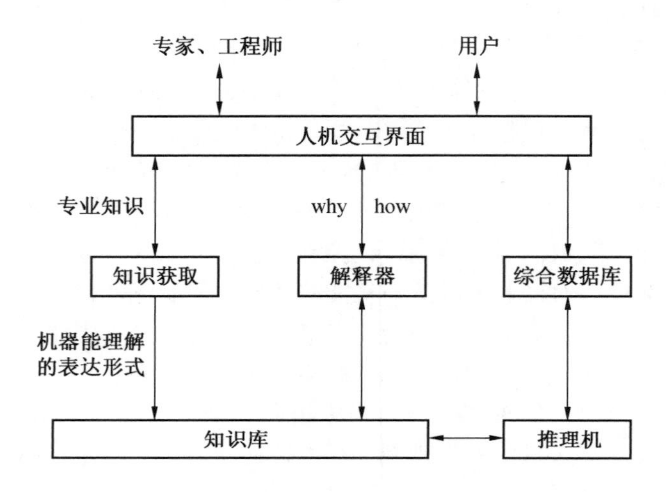

图 15－5　专家系统结构

人机交互接口是人类专家和普通用户间与专家系统的交流界面，它的基本任务是进行数据、信息、命令的录入，运行结果输出和显示等。人机交互接口是使用者、领域专家以及系统开发维护者与专家系统进行交流的通道。

解释接口是一组计算机程序，基本任务是跟踪并记录推理过程，对推理给出必要的解释，回答用户提出的问题。同时有利于系统的调试、维护及完善。

推理机是构成专家系统的核心部分，是专家系统的“大脑”。在专家系统中，推理机根据用户提供的事实，利用知识库的知识，按照一定的推理方法和求解策略进行推理，求出问题的解。

知识库用来存储专家经验、知识及已知的事实。知识库中知识的质量是决定专家系统性能和求解能力的最为重要的因素。

综合数据库用于存放用户提供的初始事实、问题描述以及系统运行过程中得到的中间结果、最终结果、运行信息。

知识获取过程可以看作是专业知识到知识库之间的转移过程，知识获取机构是由一组程序组成，其任务是从某些知识源中搜索、提炼专家系统问题求解所需的专门知识，并把知识输入库中，建立性能良好的知识库。知识获取方式一般有人工、半自动和自动获取三种。专家系统的知识获取一般由知识工程师与专家系统知识获取机构共同完成。

现场实践表明，经验丰富的浮选司机可以依据煤质的变化通过手工调整加药量，获得良好的控制效果，这正是专家系统的核心所在。因此通过咨询浮选司机（这里可以称为专家）的操作经验、询问现场技术人员的意见建议，应用专家系统的理论、技术和方法，进行合理的专家系统设计，同时根据采集回来的原煤皮带秤信号、皮带运行信号、原煤灰分信号等对煤质波动进行提前预判，及时改变药剂制度，实现浮选自动加药，进而为软测量的实现创造条件，使之成为一条现实可行、经济高效的技术途径。

三、浮选自动控制系统应用实例及效果

某矿选煤厂现役浮选柱稳定控制包括的内容：浮选入料浓度和浮选柱矿浆液位，在此基础上设计浮选柱药剂添加专家系统，通过专家系统的推理判断得到在当前工况条件下捕收剂和起泡剂的最优加药量。通过 PLC 控制变频器输出频率从而控制螺杆泵的输送量，实现捕收剂和起泡剂药剂量的自动添加。

（一）系统硬件组成

1. 流量计

采用分体式电磁流量计 IFC300。

2. 浓度计

采用 LLH24－LH2000 型同位素密度计，具体的密度计算浓度的公式如下：

$$q=\frac{1000\delta(\rho-1)}{\delta-1} \tag{15-2}$$

式中　q——浮选入料浓度，g/L；

δ——煤泥真密度，g/cm^3，该洗煤厂取 1.69 g/cm^3；

ρ——煤泥水密度，g/cm^3。

设备安装在浮选柱自动控制现场矿浆预处理器的进料管道上，其补加清水的电控气动阀门安装在补水管路上。

3. 液位计

液位计安装在浮选柱尾矿排料口上方，通过测量浮选柱液位间接测量泡沫层厚度，一般洗煤厂常用的液位计有压力型液位计和超声波液位计。考虑到安装方便、测量精确度等因素，选用一体化超声波液位计。

4. 压力变送器

浮选柱循环矿浆压力可以间接地反映其充气量，在浮选柱循环矿浆管道上安装压力变送器，实时监测浮选柱循环矿浆压力。

5. 给药机构

药剂添加制度是影响煤泥浮选效果的重要因素，加药装置从控制系统划分属于执行机构，目前的煤泥浮选药剂添加系统常用电磁阀和隔膜计量泵作为执行机构，从现场实践来看，无法满足现场的恶劣条件。根据现场调研发现，浮选用药剂通常含有一些杂质，经常发生的现象是：电磁阀阀前导阀孔堵塞或也可使阀座粘附脏物而不能正常关闭，或使隔膜计量泵的进口和出口的两个球阀不能正常关闭而使其不能正常工作。鉴于此，浮选加药系统首先要解决加药执行机构的问题。

螺杆泵是一种新型的输送液体的机械，具有结构简单、工作安全可靠、使用维修方便、出液连续均匀、压力稳定等优点。螺杆泵可以输送润滑油、输送燃油、输送各种油类及高分子聚合物，用于输送黏稠液体，适合输送含有杂质的液体。螺杆泵的转速同输送量有严格的对应关系，通过控制螺杆泵的转速而达到控制输送量的要求。本系统采用了进口精密螺杆计量泵，通过程序控制高速脉冲输出，从而控制变频器输出，精确向煤泥水添加药剂。起泡剂螺杆泵与捕收剂螺杆泵均采用精密计量螺杆泵。

6. 浮选柱液位调节执行机构

传统浮选柱液位控制系统执行机构为手动旋转螺杆提升或者电动阀门。手动旋转螺杆为手动操作，不能进行自动控制；而电动阀门控制则会因为其响应速度过快，造成浮选柱本身分选系统稳定性降低，系统产生震荡，分选环境变差，从而影响分选效率。本系统选用执行机构为电控液动推杆，电液推杆是一种机、电、液一体化的新型柔性传动机构，它以执行机构（油缸）、控制机构（液压控制阀组）和动力源（油泵电机）组成。浮选加药控制系统工艺流程示意图如图 15 – 6 所示。

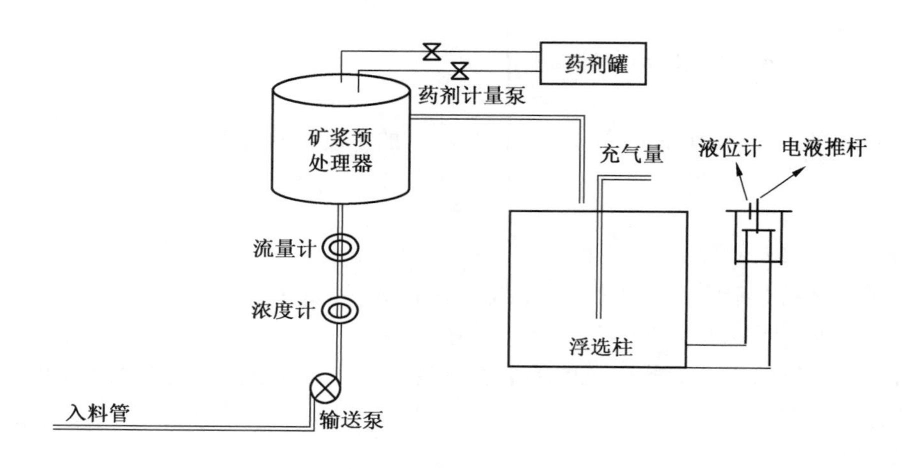

图 15 – 6　浮选加药控制系统工艺流程示意图

（二）浮选入料浓度控制

本控制系统实施前，洗煤厂浮选柱入料浓度波动剧烈，正常工作情况下，最低浓度可达 20 g/L，最高可达 120 g/L。剧烈波动造成浮选柱分选环境不稳定，浮选司机只能根据经验尽量及时地调整药剂量来保证正常生产，这样一来，不但增加了药剂消耗量，而且仅仅依靠浮选司机的目测和经验往往难以保证产品质量，因而进行浮选入料浓度的自动控制就很有必要。

浮选入料浓度自动控制采用 PID 闭环控制法，由理论和实践可知保证入料浓度的稳定对分选效果有着重要作用，同时对于不同质量的入浮原矿浆都有一个最佳的入浮浓度，在这一浓度下分选将得到合格的产品和较高的产率。自动控制系统的任务是通过不断检测入浮浓度值，并将检测值和设定值进行比较，通过控制电控气动阀门的开度调节补加水量从而稳定这个最佳入浮浓度值。入料浓度自动控制系统如图 15 – 7 所示。

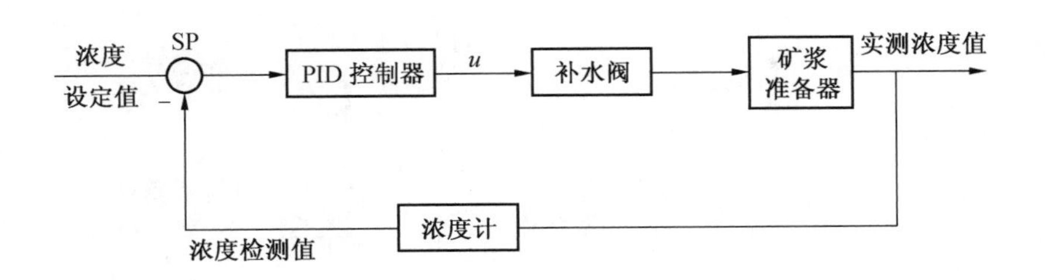

图 15－7　入料浓度自动控制系统

（三）浮选柱矿浆液位控制

选煤厂浮选柱液位高度闭环控制系统框图如图 15－8 所示。

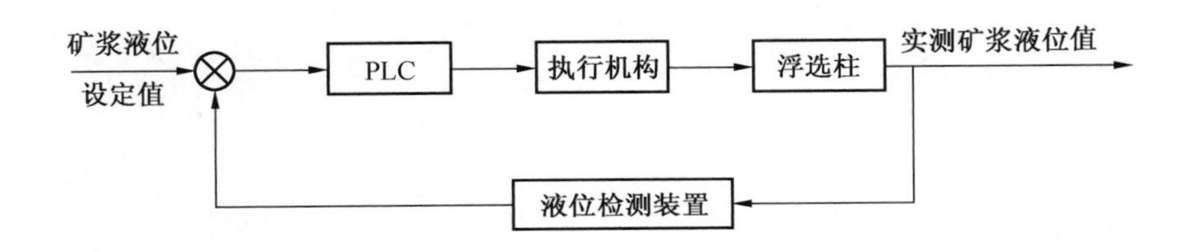

图 15－8　浮选柱液位高度闭环控制系统框图

将测量浮选矿浆的液位超声波液位计安装在尾矿箱上，在浮选柱上检测液位，就省去了考虑泡沫层对检测液位精度的干扰，但是在浮选柱的泡沫层上检测液位不仅会影响测量元件的精度，而且由于泡沫层中含有捕收剂、起泡剂等药剂，会使测量元件受到污染。从尾矿箱测量浮选柱液位，如果用非接触式测量仪器，将测量元件安装到尾矿箱顶部，通过测量尾矿箱液位得到液位信号，克服了传统液位测试的缺点。超声探头到浮选柱底的距离在安装好超声探头时是固定不变的，用这个固定距离减去超声探头到尾矿箱液面的距离得到尾矿箱液面到浮选柱体底部的距离，这个距离值就是浮选柱的液位高度值，超声波液位计安装固定后，液位计底部到浮选柱溢流堰的距离是固定的，用超声波液位计测得的液位计距离液面的距离减去液位计距离溢流堰的距离即为浮选柱泡沫层厚度。这种测量方法测量精度高，稳定可靠，同时可避免元件受到污染，液位测量系统示意如图 15－9 所示。

由图 15－9 易知：

$$H_1 = H_2 - H_3$$

$$H_5 = H_3 - H_4$$

式中　H_1——浮选柱实际液位；

H_2——超声波液位计探头距浮选柱底部实际距离（安装后固定不变）；

H_3——超声波液位计显示距离，即超声波液位计探头距尾矿排放口距离；

H_4——超声波液位计探头距浮选柱溢流堰垂直距离（安装后固定不变）；

H_5——泡沫层厚度。

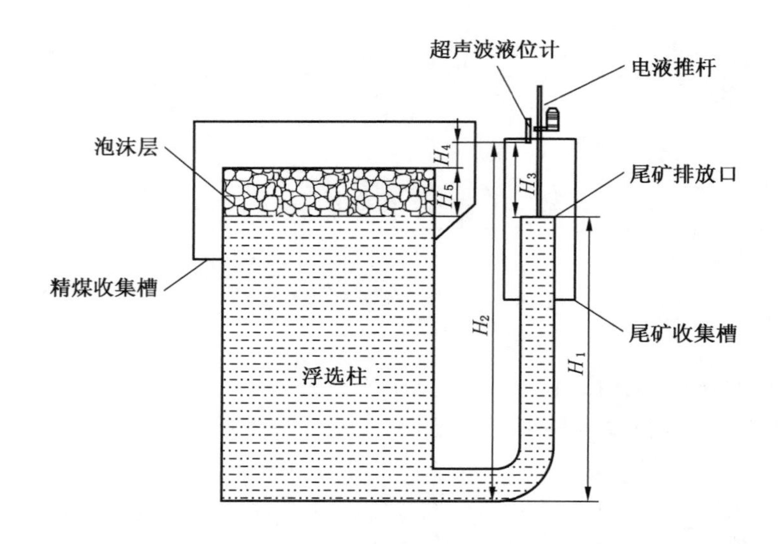

图 15－9　液位测量系统示意图

（四）药剂添加自动控制

煤泥浮选加药专家系统从结构上讲，采用了标准结构形式，包括人机交互接口（通过 Winccflexible 实现）、推理机、综合数据库（通过 SQL 来实现）、知识库（通过数据表来实现）以及知识获取（传感器数据采集和人工收集相结合来获取）五部分，专家系统从分类上讲属于基于规则的专家系统，采用了正向推理策略，搜索策略采用了基于规则的专家表形式，冲突消减策略则采用针对不同煤种、不同配比和煤质设立分表以消除冲突的策略，煤泥浮选加药专家系统的开发基本遵循了专家系统开发的标准步骤。

专家控制规则是系统的核心，获取专家系统所需的领域知识并构建知识库具体做法如下：

（1）通过实验室实验确立煤泥的可浮性，通过正交试验获得影响精煤产率和精煤灰分的因素顺序。影响精煤产率的主次因素依次为起泡剂＞浓度＞充气量＞捕收剂；影响精煤灰分的主次因素依次为浓度＞起泡剂＞充气量＞捕收剂，结合现场实际因素和条件，确定了专家系统中使用的知识之一的来源是浓度和干煤泥量（浓度和流量的乘积），也是后续专家表的主要变量。

（2）正交试验确立了现场条件下对数据采集的变量和要求。通过药剂制度优化实验，获得初步的起泡剂和捕收剂用量的基础模型，即在浓度从 60～80 g/L 变化范围内，浮选柱捕收剂用量为 31 g/L，起泡剂最佳加药范围是 25 g/L 的最优加药制度，为浮选实现基于专家系统控制提供了最基本的领域知识。

（3）针对现场提出的工况变化，提出在起车和停车等异常阶段，采用基于吨干煤泥量的添加药剂原则，此后逐步过渡到浮选加药专家系统上去。同时液位也进行调整与药剂制度配合优化浮选过程。

（4）针对现场煤质波动频繁的现象，设计了依据数据驱动的煤质自动选择功能，系统自动根据原煤皮带秤信号、皮带运行信号、灰分仪灰分信号对煤质的改变进行判断，从而及时改变专家规则表以适应煤质的变化。

（5）通过走访现场浮选司机和技术人员，掌握现场处理浮选加药的处理问题的方法及思路；对现场实际采用的量化指标和实验室条件下的添加量进行比较，进行领域模型的修正（实验室条件主要提供加药的变化规律，但在具体的加药量上，需要现场的进一步确认和修正）。建立煤泥浮选加药领域概念模型，并请领域专家审查确定。

（6）领域知识库扩充。知识库是以适当形式存贮或记忆各种知识的集合，是组成专家系统的核心部分，它和推理机构构成了专家控制系统的主体。其中，一部分知识为传感器的实测数据，通过浓度、流量、充气量、捕收剂和起泡剂药剂添加量的执行机构来获得；另一部分知识为人工化验数据，包括原煤煤种、配比、精煤化验的灰分、产率等通过人机界面录入专家系统，它们以产生式规则表示，所有的规则组成规则库。

（五）浮选柱智能控制使用效果分析

（1）单机检查结果表明，智能控制模式下工况良好，泡沫层稳定，溢流速度适中，尾矿带煤较少，各项指标均优于浮选司机人工操作，系统能实现连续稳定运行。在浮精灰分降低 1.52% 的情况下，浮精产率仍提高了 2.06%，且可燃体回收率以及浮选完善度指标等均优于手动加药方式，说明通过浮选智能控制系统设计及采用开放式专家规则调整机制，利用了现场浮选司机（专家）的操作经验作为加药的主要原则并与先进的参数检测手段相结合，能够达到更好的浮选效果。

（2）浮选连续生产考察表明，使用浮选智能控制系统时，浮精灰分整体稳定，波动较小，浮精灰分均值为 10.88，比未使用时降低了 0.86%，同时标准偏差减少了 0.88，尾矿灰分则提高了 8.93%，浮选效果得到显著改善。

（3）药剂耗量分析。浮选过程智能控制模式下达到相同生产效果时药剂消耗量是手动加药方式的 86%，节约了 14% 的浮选药剂，究其原因主要是因为智能控制系统减少了调整时滞，提高了加药准确合理性，此外药剂自动添加也避免了浮选工和药剂的直接接触，保障了员工身体健康，减小了劳动强度，综合效益明显。

第五节　基于药剂智能协同添加的煤泥水运行健康保障系统

一、煤泥水运行特点及要求

煤泥水在湿法选煤生产工艺中是一个必然产物，浓缩与压滤是煤泥水处理过程的两个关键过程，其主要目的是为了完成煤泥水中微粒的固液分离。浓缩环节中加入有机高分子絮凝剂——聚丙烯酰胺（PAM）用于提高浓缩的效果与效率，该类高分子絮凝剂在溶于水后，发生电离反应，并产生静电键合、共价键合等作用，对周围的煤泥微粒产生吸附作用，同时 PAM 又具有线性的链状结构，吸附的微粒与链状结构形成絮团，从而达到加速浓缩的目的。在压滤的环节中，为防止因煤泥微粒细小产生的易堵塞滤孔、压滤周期较长、煤泥饼水分含量较高等问题，特在此环节中加入助滤剂，抵消煤泥悬浮液的分散特性，改善压滤的效果，提高处理能力。

目前，大多数选煤厂在煤泥水处理控制环节都实现了药剂自动制备，而在药剂的自动添加方面尚处于人工手动设定添加量或者是针对浓缩或压滤单独进行絮凝剂或助滤剂的自动加药系统。虽然针对单个环节的自动加药装置在很大程度上减少了工人的劳动强度，相对减少了药剂的浪费，提高了煤泥水的处理速率。但是浓缩与压滤是煤泥水处理相互关联的环节，单独考虑其中一个环节进行加药量的设定或者通过试验决定两者药剂的添加量，均无法保证两环节的配合达到最优，药剂添加量达到最佳，不能够更好地适应复杂的煤泥水工况的要求。因此，煤泥水处理过程中，实现浓缩机絮凝剂与压滤机助滤剂之间药剂添加的协同优化，在保证煤泥水的处理速度、处理效果的前提下，使药剂消耗量最低，经济效益最佳，具有十分深远的意义。

二、煤泥水运行协同控制原理

实现煤泥水运行过程中药剂协同控制，需要在实时获取煤泥水处理过程中各种参数的基础上，运用人工智能算法推导计算，输出实时药剂需要值。随着科技的飞速发展，自动控制技术智能化日渐成熟，诞生了一系列的智能优化算法，使得煤泥水处理药剂协同控制成为可能。较为成熟的优化算法主要有遗传算法、粒子群算法、模拟退火算法、蚁群算法、引力搜索算法、最小二乘支持向量机、神经网络算法等。每种算法使用环境不同，应用效果也不尽相同，针对煤泥水运行过程特点，可以考虑采用基于 BP 神经网络建模与 APSO 算法优化药剂协同添加量的控制策略。

BP 神经网络分为输入层（Input Layer）、隐含层（Hidden Layer）、输出层（Output Layer）。BP 人工神经网络在训练过程中利用误差反向传递学习，在不断的迭代过程中，通过对网络间的权重值进行调整，最终使网络输出值尽可能地接近期望值，不断减小预测的误差。在 BP 神经网络模型中以入料浓度、入料流量、溢流浓度、底流浓度作为输入层输入变量，同时以絮凝剂添加量作为输出层变量；以底流浓度、压滤周期与煤泥滤饼水分作为输入层输入变量，以助滤剂添加量作为输出层变量，通过选择合适的隐含层神经元节点数，实现煤泥水处理过程中药剂添加量预测输出。

APSO 算法是凭借对鸟群觅食行为的分析，模拟鸟类的觅食过程，实现信息分享与团体合作的群体智能策略。在觅食初期，鸟群中的个体的飞翔方向与位置是随机的，共同寻觅食物，在飞翔过程中，通过记忆与信息的分享，逐渐趋向食物存在的位置，最终让鸟群集中在食物附近，即找寻到目标值。粒子群算法的基本数学模型：假设有 M 个粒子在 D 维的约束空间范围内，通过对粒子的位置与速度进行不断的迭代更新，实现对最优解的搜索，达到求解最优值的目的。絮凝剂与助滤剂添加量是首先通过 BP 神经网络预测一个药剂量添加的初值，该初值却不一定是经济最优量，需要应用 APSO 算法实现煤泥水处理过程药剂协同最优控制。通过建立入料浓度、入料流量、溢流浓度、底流浓度、压滤周期与煤泥滤饼水约束条件，确定适应度函数，经过迭代寻优最终输出煤泥水运行协同控制的絮凝剂与助滤剂最优解。

三、药剂添加协同控制系统架构及实现过程

（一）药剂协同优化系统架构

为了实现浓缩机与压滤机药剂协同添加量的在线优化及添加控制，首先要建立煤泥水运行药剂添加协同控制系统的架构，其整体架构如图 15－10 所示。

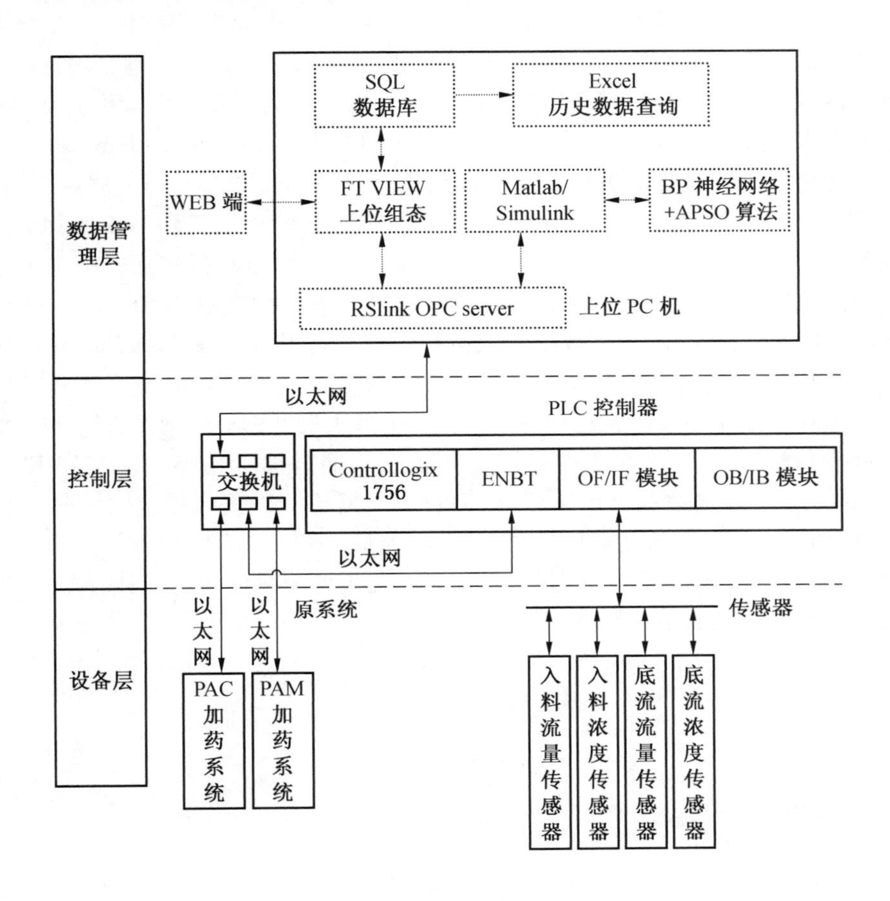

图 15－10　药剂协同控制系统架构图

药剂添加协同控制系统分为设备层、控制层与数据管理层三部分。各层之间通过以太网进行数据交互，由于压滤车间、浓缩车间以及集控室之间的距离较远，为防止信号传输失真以及外界干扰，系统采用光纤来实现以太网通信。

（1）设备层：主要包括 PAM 药剂添加系统、PAC 药剂添加系统、入料与底流浓度传感器、入料与底流流量传感器。在整个系统中，PAM 与 PAC 药剂添加系统主要负责药剂溶液的制备以及药剂的自动添加，属于执行机构。入料浓度与流量传感器负责对入料管道煤泥水浓度与流量的检测。

（2）控制层：主要包括 PLC 与交换机。PLC 主要用于原有系统之间的数据通信以及传感器信号的采集。交换机实现各个系统以及上位与下位数据的交汇。

（3）智能管控优化层：主要用于人机界面的可视化操作，APSO 优化算法对协同药剂添加量的在线求解，同时还具有通过 SQL 数据库的数据记录储存功能，WEB 端浏览器功能和 EXCEL 进行历史数据查询功能。

（二）协同优化控制实现过程

药剂协同优化控制系统通过传感器对浓缩机入料管道的煤泥水浓度与流量信号进行检测，基于煤泥水处理过程的大滞后特征以及 APSO 算法对最优量求解时间的综合考虑，表征煤泥水工况的入料浓度与流量信号不应实时的向数据管理层进行传输。根据煤泥水处理系统的特征以及絮凝剂与助滤剂药物反应时间，并综合现场工人经验，系统设计每 10 min 将工况数据信号向数据管理层传输一次。为了准确表征煤泥水在 10 min 内数据的变化，PLC 引入统计量的概念对数据进行处理。利用样本平均值［具体公式见式（15－3）］来估计总体数据的大小，将此均值 10 min 经以太网向数据管理层传输一次数据。Matlab 完成算法的实现，因此需要建立 PLC 与 Matlab/Simulink 之间的数据交互，在本书中需要借助 OPC 通用接口技术完成数据的通信、交换。来自控制层的数据在 RSLink OPC Server 内作为地址的映射，之后分别与 FT VIEW 上位机组态软件及 Matlab/Simulink 建立数据的链接通道。FT VIEW 通过人机交互界面来直观显示数据量的变化以及设备的运行状态、报警信号等。Matlab/Simulink 根据建立的 APSO 优化算法模型，对当前工况下的最优药剂协同添加量进行求解计算，然后将絮凝剂与助滤剂药剂添加量输出，反馈到 RSLink OPC Server 相应的变量中，之后数据传达到协同 PLC，PLC 经光纤将数据分别传递到 PAC 加药系统与 PAM 加药系统，完成指令的下达。原有加药系统根据接收的药剂优化添加量信号按照式（15－4）、式（15－5）分别转化为 PAM 变频加药泵的运行转速信号与 PAC 加药泵的启动运行时间，完成系统指令的执行。

$$\overline{X} = \frac{1}{n}\sum_{i=1}^{n} x_i \tag{15-3}$$

$$N = \lambda_1 \frac{Q_1 C_1 t_1}{k_1} \times d_1 \tag{15-4}$$

$$T = \lambda_2 \frac{Q_2 C_2 t_2}{k_2} \times d_2 \tag{15-5}$$

式中　N——PAM 变频加药泵转速，转/s；
T——PAC 加药泵启动运行时间，s；
λ_1、λ_2——调整比例系数；
Q_1、Q_2——入料流量与底流流量，m^3/h；
C_1、C_2——入料浓度与底流浓度，g/L；
t_1、t_2——入料泵与底流泵运行时间，s；
d_1、d_2——絮凝剂与助滤剂药剂优化添加量，kg/t；
k_1——加药泵每转添加的药剂量，kg/转；
k_2——加药泵每秒添加的药剂量，kg/s。

四、药剂添加协同控制系统应用实例及效果

煤泥水药剂协同控制系统在选煤厂获得了良好应用，如山西晋煤集团某矿选煤厂就采

用了该系统。众所周知任何一个控制系统的运行都离不开硬件的支持，硬件部分是系统运行的载体。本章所述的药剂添加协同控制系统也需要硬件的支撑，考虑选煤厂现场实际情况，其硬件结构主要由交换机、电磁流量计、压差式浓度计、PAM 与 PAC 加药执行系统、协同控制器以及研华工业监控计算机组成，具体如图 15 - 11 所示。

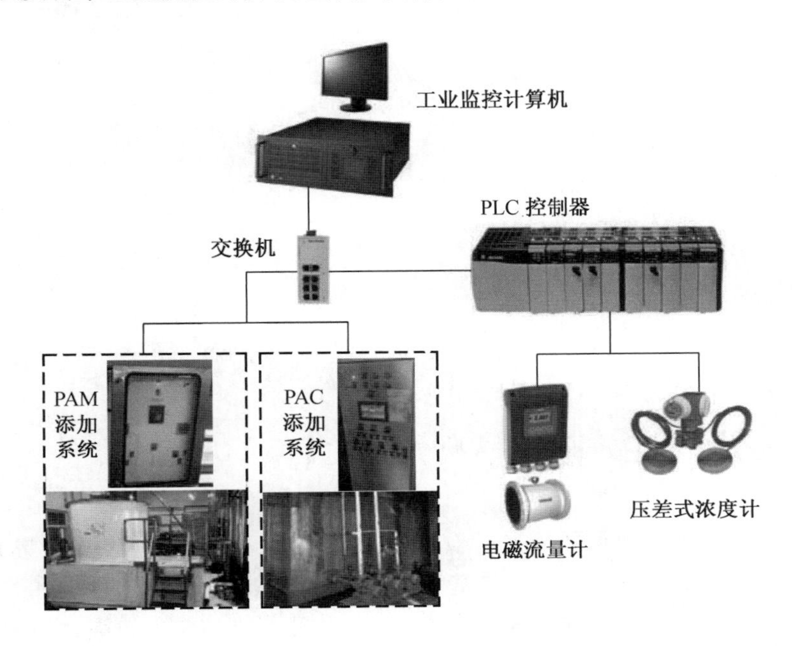

图 15 - 11　药剂协同控制系统硬件组成图

（一）控制器选型

考虑到选煤厂规模及原有控制系统，采用大型 PLC 控制系统，模块化结构设计，具有 CPU 处理单元、模拟量输入模块、数字量输入模块、数字量输出模块、通信模块等，具有先进的 I/O 扩展与兼容各类通信功能，适用于安全、驱动、运动及过程控制，处理能力强，支持 DeviceNet、ControlNet、EtherNet/IP 等多种通信方式。模拟量输入模块用于系统对入料浓度、入料流量、底流浓度、底流流量信号的采集，支持电压及电流信号制式的输入。数字量输入模块用于对入料泵以及底流泵的启停动作的采集。数字量输出模块用于系统报警信号的输出以及设备启停的控制。同时，系统在模块选取时，通道数量上都有冗余，便于以后系统功能的扩展与丰富。

工业以太网交换机主要实现各设备间通过存储转换交换的方式实现数据的交互，通信速率较普通交换机更高，抗干扰性能更强，能够保障以太网在工业现场复杂环境中的稳定运行。通过工业以太网交换机实现系统中各个子系统间数据的交汇，互相通信。

（二）传感器选型

1. 浓度计

控制系统采用智能压差式变送器对入料浓度与底流浓度进行测量，由传感器与变送器两部分组成，传感器采用新型隔膜差压式结构，较传统方式更加稳定可靠，适用范围更广，安装方式为垂直管架安装。

变送器采集的信号为压强差值信号，为了获取煤泥水介质的浓度信号，还需要控制系统对采集到的压强信号进行转换，具体换算公式见式（15－6）、式（15－7），其中式（15－4）为压强与密度换算公式，式（15－7）为密度与浓度换算公式。

$$P=\rho gh \tag{15-6}$$

$$q=1000\sigma\frac{\rho-1}{\sigma-1} \tag{15-7}$$

式中 P——压强差，Pa；

h——传感器两安装法兰高度差；

g——重力加速度，kg·m/s^2；

q——浮选入料浓度，g/L；

ρ——煤泥水密度，g/cm^3；

σ——煤泥真密度，g/cm^3，成庄矿选煤厂取1.69 g/cm^3。

由式（15－6）、式（15－7）得

$$q=1000\sigma\frac{P-gh}{gh(\sigma-1)} \tag{15-8}$$

2. 流量计

流量计的种类很多，常见的流量计有涡流式、电磁式、流体振荡式、差压式与容积式。电磁流量计为光滑直管式测量，是基于法拉第电磁感应定律的原理设计的，不易堵塞且性能稳定，不受介质温度与湿度等因素的影响。由于煤泥水浓度较高、浊度较大，因此采用电磁式流量计。

（三）上位机监控系统

工业监控系统位于选煤厂集控室内，采用工业监控计算机及相关软件，主要实现数据存储、算法优化、运行监控与管理等功能。

工业监控计算机采用高强度钢材质设计，冷却系统采用先进的双风扇冷却，具有性能稳定、处理速度快、可适应恶劣的工业现场环境、防尘防沙、耐冲击震动等特点。

工业监控系统软件包括数据库软件、数据处理软件、上位机组态软件、编程软件等。数据库软件用于数据的记录与存储；数据处理软件用于APSO优化算法的在线求解运算；编程软件用于控制器的配置以及程序编写；上位机组态软件用于HMI应用项目的组态。

1. 系统内通信设计

通信是为了实现数据信息间的交互。本系统内涉及的通信主要有：原药剂添加系统与协同PLC的通信；PLC与上位组态软件间的通信；PLC与Matlab间的通信。

原药剂添加系统与协同PLC间的通信目的是为了获取原药剂添加系统内的传感器数据以及相关数据，同时将优化求解的协同药剂添加量数据传递给原有系统，通过原药剂添加装置完成药剂的添加，减少经济的投入。药剂添加系统使用的PLC为小型PLC，协同PLC为大型PLC，二者通过TCP/IP协议完成数据的传输。为了避免电磁干扰，系统采用光纤介质完成两系统间数据的交互。

协同PLC与上位组态软件的通信采用OPC协议进行通信。OPC技术是在工业过程控制中对嵌入技术与对象链接应用的一种通用技术标准，它要求硬件设备厂家按照 OPC 规范标准开发相应设备的 OPC Sever，并发布符合通用 OPC 协议的接口程序，供其他设备按统一标准进行访问。

PLC 控制器与 Matlab 间的通信采用 OPC 技术实现数据通信。Matlab/Simulink 作为 APSO 算法的运行平台，为实现数据的在线求解，需要 PLC 与 Matlab 之间实现数据的交换，系统通过 Simulink 实现算法的在线求解，通过 OPC Configuration 模块完成对 PLC OPC Server 的配置，利用 OPC Write 与 OPC Read 模块接口完成与 PLC 内地址的映射，完成数据的交互。

2. 系统组态画面

为了方便药剂协同控制系统中设备运行状况的实时远程监测监控以及人机交互的直观可视化，同时方便数据的记录与保存，系统通过组态软件进行上位机组态的开发操作，主要涉及主画面的流程、数据记录统计画面以及历史数据的曲线画面等。系统组态主画面如图 15 - 12 所示。

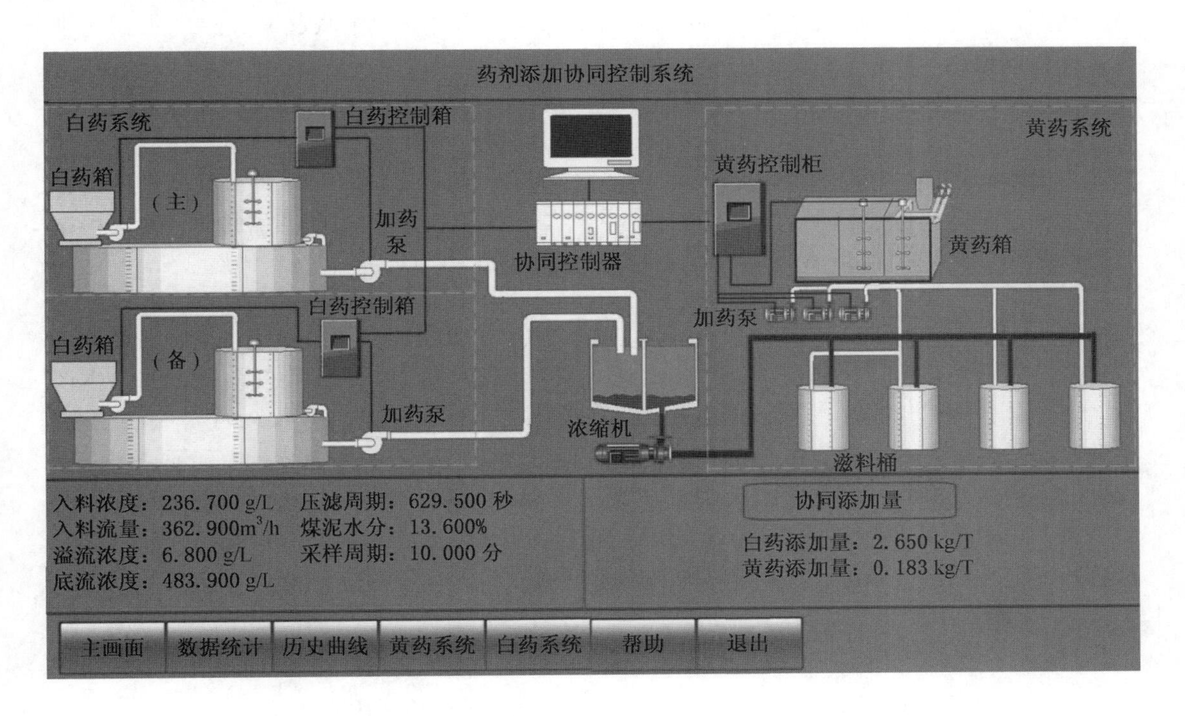

图 15 - 12　系统组态主画面

本系统在运行模式上分为手动模式与自动模式。在自动模式下，协同药剂添加量通过系统自动运行优化算法求解得到。在手动模式下，药剂添加量由现场工作人员手动输入得到，目的是为了应对一些异常工况或者系统优化求解功能出现问题的情况下，保证厂区的正常运转。

系统除了具备手动与自动、对设备运行监控等基本功能外，为了方便现场人员对系统运行情况的远程且随时随地的监控，便于历史数据的查询，对本系统进行了 Web 端浏览器发布设计与 Excel 对数据库进行访问、历史数据查询的功能。

3. WEB 浏览器设计

WEB 浏览器就是利用互联网技术通过 Internet 浏览器对远程服务器进行数据的访问，实现数据的交互。组态软件的 Web 发布功能是本地组态程序的扩展与丰富，能够使工作人员随时随地监控工业现场的设备状况与运行数据，在获取一定的权限后可以进行设备的操作控制，极大地延展了工人的工作范围。组态软件通过功能组件进行组态画面的 Web 发布。

4. 通过 Excel 对数据库的访问

为了能够对药剂协同控制系统中涉及的变量数据历史信息进行查询与分析，本系统通过组态软件中的数据记录模型与 SQL Server 2008 数据库进行链接，将数据信息按设定频率记录到数据库内，存储下来，在对记录频率的设定时，考虑到一些数据变化频率，分别建立不同的数据记录模型，设定的记录存储间隔分别有 10 s、10 min、2 h。为了便于人员对数据库内信息进行查询，将数据库内对应的数据表与 Excel 关联起来，建立数据透视表，在查询数据时方便、直观。

通过上述的实际应用，在运行阶段系统稳定可靠。通过对现场生产运行记录表数据的统计与分析，对系统运行前后三个月的药剂消耗量以及煤泥饼生产量数据进行了对比，并计算出平均吨煤泥滤饼药剂消耗量，见式（15 -9）。系统运行前，对药剂添加量的确定由工人依据自身经验进行手动输入。系统运行后，由控制系统通过传感器采集信息，根据工况的不同，利用 Matlab 平台运行的 APSO 算法在线对药剂量进行求解计算。

$$\text{平均吨煤泥饼药剂消耗} = \frac{\text{药剂消耗总量}}{\text{生产的煤泥饼总量} } \tag{15-9}$$

系统运行前后三个月数据的统计主要记录 PAC 药剂消耗、PAM 药剂消耗、滤饼生产量。由统计数据可以得出，在系统运行的前三个月生产滤饼总质量为 63994 t，系统运行后的三个月生产量为 70476 t，较前三个月产量增加 6482 t，表明系统运行后保证了煤泥水处理的生产效率并且还有提高。在保证煤泥水处理生产效率的前提下，吨煤泥 PAC 药耗由 2. 453 kg/t 降到 2. 341 kg/t，吨煤泥 PAC 药耗由 0. 182 kg/t 降到 0. 172 kg/t。F 值是表示着药剂消耗的经济指标，其由 4. 119 降到 3. 914。减少百分比如下所示。

$$\text{吨煤泥 PAC 药剂消耗降低百分比} = \frac{2.453 - 2.341}{2.453} \times 100\% \approx 4.57\%$$

$$\text{吨煤泥 PAM 药剂消耗降低百分比} = \frac{0.182 - 0.172}{0.182} \times 100\% \approx 5.49\%$$

$$\text{吨煤泥 } F \text{ 值降低百分比} = \frac{4.119 - 3.914}{4.119} \times 100\% \approx 4.98\%$$

通过数据对比可以看出，本智能控制系统在保证煤泥水处理效率的前提下，通过对药剂量的在线优化求解，吨煤泥 PAC 药剂消耗量降低 4. 57% ，吨煤泥 PAM 药剂消耗量降低了 5. 49% ，有效降低药剂经济开支 4. 98% ，降低了选煤厂的药剂开支，避免了药剂的浪费，更为关键的是保证了煤泥水的澄清，实现了清水洗煤，保证了选煤产品质量，降低了介质消耗，同时避免了压耙的恶性事故，保证了压滤环节的负荷均衡，因此该药剂协同添加系统对煤泥水运行具有重要的保障作用。

第六节　选煤机电设备在线检测与故障诊断

一、选煤机电设备检测及故障诊断的意义

大型选煤厂一般都有上百台机电设备，作为连续作业的生产线，这些机电设备是否可靠运转直接关系到选煤是否可以正常生产，因此迫切需要采用机电设备在线检测与故障诊断技术提高机电设备的管理水平。同时选煤厂机电设备存在大量高能耗设备，如何有效降低能耗，已成为选煤工业可持续发展的重要因素。在选煤厂开展机电设备工况监测、定期维护与节能管理不仅可以有效提高设备智能管理水平，而且还可以指导选煤厂合理有效使用能源，为选煤厂正常运行与低耗发展提供技术支撑。

二、选煤机电设备在线检测与故障诊断系统的组成、结构与功能

（一）选煤机电设备在线检测与诊断系统的组成

选煤机电设备在线诊断系统由现场设备机械与电气部分感知元件（加速度传感器、温度传感器、电流、电压传感器等）、智能数据采集器（或电机综合保护器）、中心服务器、网络交换机、在线监测系统软件等组成。

设备在线检测系统通过采集设备振动、温度等信号，通过一系列征兆提取手段，获取设备的部件敏感参数如转子各倍频（$<1X$，$1X$，$2X$，…）分量，滚动轴承、齿轮信号的包络解调值以及烈度、峭度等指标，通过对这些指标的信息融合，对设备状态进行综合评价，并对设备早期故障进行预报，可有效地在故障早期排除隐患，保障设备安全、高效、长期、可靠地运行。

设备相关电气在线检测则通过电机综合保护器来实现，可实现对电机运行中出现的过载、失衡、缺相、反序、漏电、欠压等故障进行保护和报警。同时现场或上位机可随时查询最新电机故障记录及每条记录下电机故障时的参数，将电机及关联设备累计运行时间、单次运行时间和运行次数等参数作为电机及关联设备定期维护的参照，当设备达到需要维修、更换配件、添加润滑油等条件时，上位组态界面会自动弹出窗口提示，维护人员可根据提示对设备进行维护和保养；同时工作人员也可手动查询各个设备在线数据，对设备运行状况做出预判后进行维护。采集设备电能消耗值并通过上位组态界面显示，显示设备总电耗及吨煤电耗，根据设备电耗情况做出相应的节能分析并降低电耗。

（二）选煤机电设备在线检测与诊断系统的网络结构

选煤机电设备在线检测与诊断是选煤机电设备管理的重要内容，系统主要由智能数据采集器、工程师监测站、中心服务器、远程诊断平台和数据通信网络组成。

智能数据采集器：通过振动数据采集模块实现选煤厂关键设备振动信号的数据采集、特征参数计算与提取，并通过以太网络将主辅机设备状态数据传送至全厂振动数据服务器。

工程师监测站：系统配置一台工程师监测站，与智能数据采集器、中心服务器组成内

部局域网，浏览采集器对数据的收集、计算、存储与管理，提供在线监测、振动分析及网络数据服务功能。工程师监测站可满足现场工程师振动监测和分析需要。

中心服务器：基于 MySQL/SQL Server/Oracle 数据库管理系统，建立全厂关键设备长期状态数据库，集中存储设备工况状态数据，并为选煤设备状态监测、报警、分析、诊断等提供数据接口及网络发布等服务。

远程诊断平台数据通信：为更好地实现设备故障分析与诊断，系统基于振动特征计算及特征数据压缩/恢复技术，借助专用网或公网通道，实现关键设备振动状态数据实时远程传输，可接入远程监测与诊断平台。

该系统拓扑结构如图 15 – 13 所示。

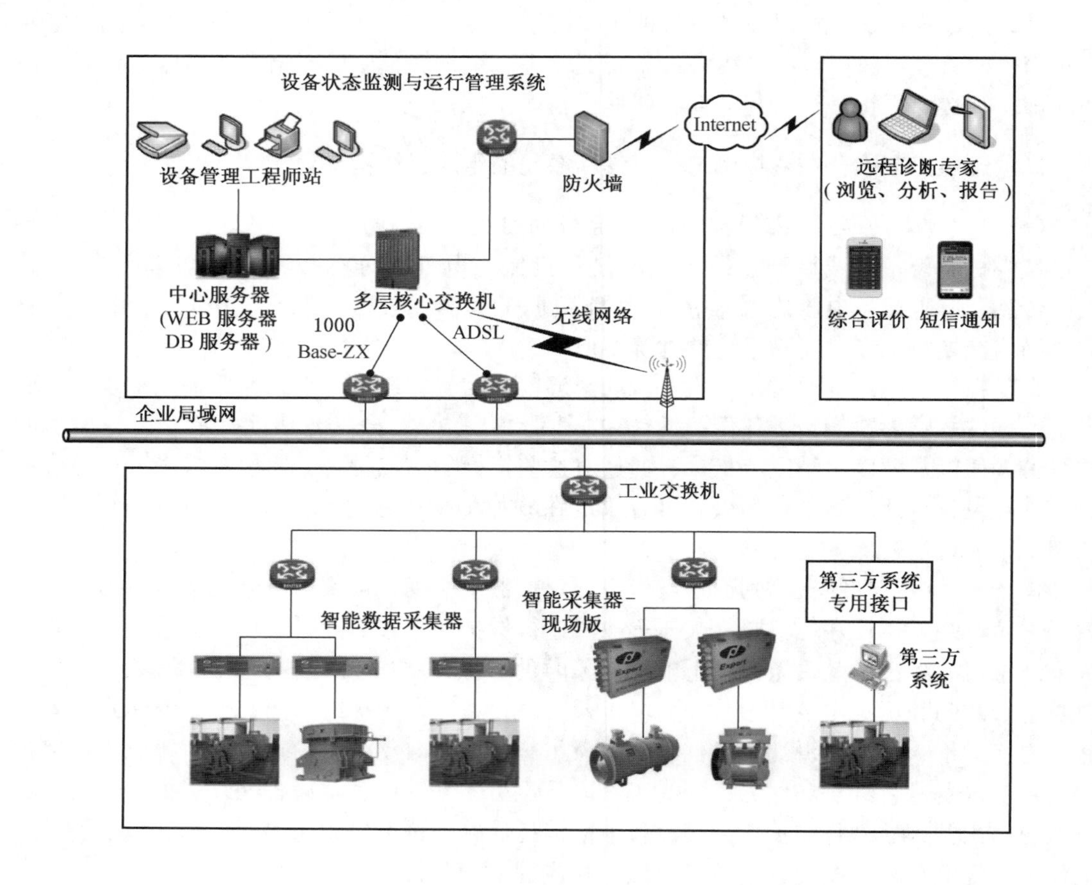

图 15 – 13　系统拓扑结构图

如图 15 – 13 所示，所有反映设备状态的参数（振动、温度等）均通过智能数据采集器获取。所有模拟信号在智能数据采集器中经相应的信号预处理后通过网络传输至系统中心服务器的数据库中。

系统中心服务器兼有数据库服务器、Web 发布服务器和应用程序服务器 3 类功能，在企业网内凡经授权用户均可进行全功能浏览，在服务器被赋予外部固定 IP 地址条件下，授权用户可在 Internet 网内进行全功能浏览。

系统提供了移动网页终端，手机用户可以通过手机查看，查询机组监测状态。经系统设置后，系统可自动向设备管理用户发送短信息，及时告知设备状态。

系统可以根据现场情况设置不同的存储方案，按照存储要求配套存储容量。

（三）选煤机电设备在线检测与诊断系统的功能

1. 设备监测功能

针对选煤设备振动、温度实时测量值进行列表显示、棒图显示、动画监测展示。通过各类监测画面和图表可实现：

（1）动、静画面分别表示设备开机、停机。

（2）自定义各参数指标在总貌图中的显示方式，如位置、显示隐藏等特性。

（3）自动根据阈值判别各参数报警状况。

（4）通过棒图查看当前值以及报警设置。

（5）通过列表方式查看当前值和报警状态。

（6）关键信息展示。

2. 多维智能报警

在传统监测参数基础上建立自定义参量，对这些参量进行历史数据管理，进行综合趋势分析，既支持多维报警方式，也支持多种报警类型：

（1）振动统计量报警，如振动烈度、峭度、峰值指标等，此报警类型可以对转子、轴承、齿轮等部件一般性问题进行早期预警。

（2）振动各（分数）倍频分量或相位报警，如 0.5X、1X、2X 等，1、2 倍频相位等。此报警类型可以对转子不平衡、不对中、油膜涡动等故障进行早期预警。

（3）振动信号频段能量值报警，指定频段的包络值报警，此报警可以较好地对滚动轴承、齿轮的早期故障进行预警。

（4）各种自定义参数进行报警。

（5）报警类型包括超上限、超下限、区间外、区间内报警等。

三、选煤机电设备在线检测与诊断应用实例及效果

某选煤厂为提高机电设备可靠性，提出了对机电设备进行在线检测与故障诊断的需求并力求提高智能化程度，考虑到在线安装振动和温度传感器带来的管理不便和容易损坏等客观事实，选煤厂提出了采用移动智能巡检设备进行机械设备在线检测，同时采用现场已有的电机综保器采集电气电流和电压信号，用于分析电气参数与故障，此外通过记录关联设备运行时间，为设备配件更换提供了依据。

（一）设备智能巡检

针对以往巡检仪的巡检结果需要通过人工在集控室进行有线连接，手动进行数据上传、任务下载，其缺点是传输不及时、设备维修成本大、维修盲目性大、人力资源浪费较大。选煤厂采用了智能巡检仪最大的优势是实现了无线通信，实现了无线实时下载任务、上传任务和信息上传等功能。采集设备的振动和温度等数据通过无线网络上传至集控室服务器，建立巡检数据管理平台，根据传回的数据，提取有效的信息，如检测位置、设备编

号、振动数据、温度数据、采集时间、巡检员信息等，进行整理分析并绘制曲线，然后依据相应的算法实现故障诊断和预测。智能巡检仪与数据流向分别如图 15－14、图 15－15 所示。

图 15－14　智能巡检设备

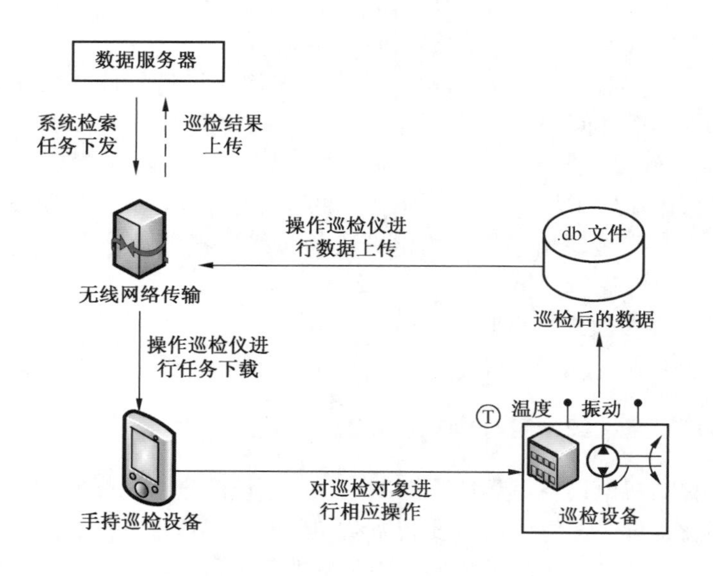

图 15－15　智能巡检设备数据流向

具体实现过程：首先在车间各楼层安装工业级无线 AP 路由器网桥，各个网桥与集控室集中交换机由线连接，建立选煤车间无线覆盖网络。无线网桥的安装位置保证该楼层无线网络全覆盖，信号无死角。在此基础上建立巡检设备管理平台，巡检设备检测的数据通过基站发送到管理平台，通过管理平台实现数据的处理。平台的功能主要包括标准化管理（运行巡检标准和专业巡检标准）、工作管理（点检任务管理、点检记录查询、点检日志、点检考核统计）。选煤设备振动与温度数据管理平台如图 15－16 所示。

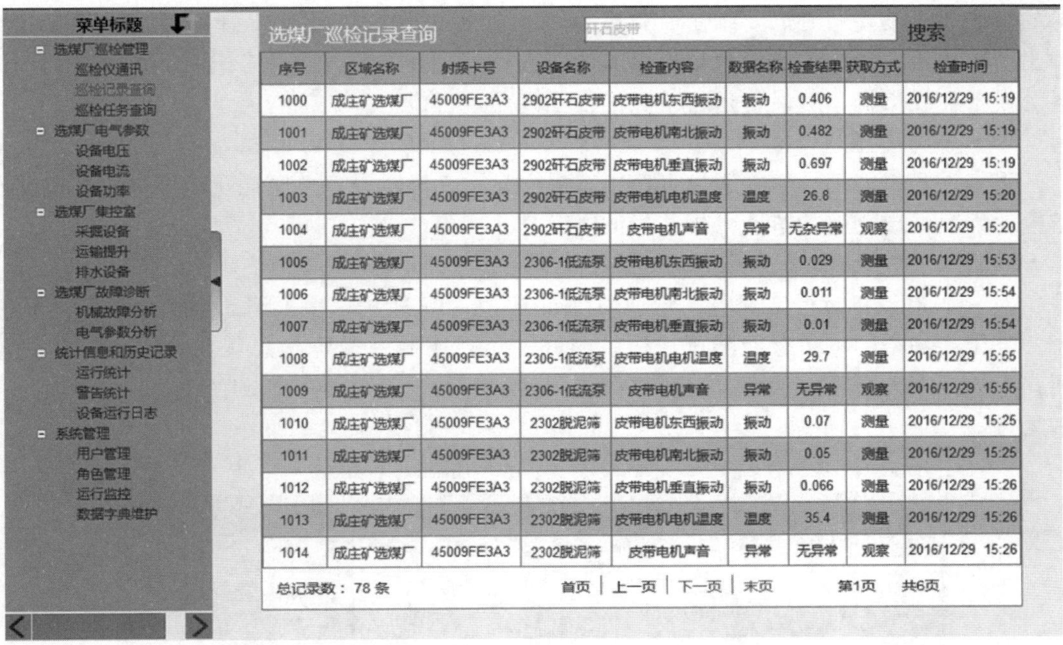

菜单标题

- 选煤厂巡检管理
  - 巡检仪通讯
  - 巡检记录查询
  - 巡检任务查询
- 选煤厂电气参数
  - 设备电压
  - 设备电流
  - 设备功率
- 选煤厂集控室
  - 采掘设备
  - 运输提升
  - 排水设备
- 选煤厂故障诊断
  - 机械故障分析
  - 电气参数分析
- 统计信息和历史记录
  - 运行统计
  - 警告统计
  - 设备运行日志
- 系统管理
  - 用户管理
  - 角色管理
  - 运行监控
  - 数据字典维护

选煤厂巡检记录查询　　矸石皮带　　搜索

序号	区域名称	射频卡号	设备名称	检查内容	数据名称	检查结果	获取方式	检查时间
1000	成庄矿选煤厂	45009FE3A3	2902矸石皮带	皮带电机东西振动	振动	0.406	测量	2016/12/29 15:19
1001	成庄矿选煤厂	45009FE3A3	2902矸石皮带	皮带电机南北振动	振动	0.482	测量	2016/12/29 15:19
1002	成庄矿选煤厂	45009FE3A3	2902矸石皮带	皮带电机垂直振动	振动	0.697	测量	2016/12/29 15:19
1003	成庄矿选煤厂	45009FE3A3	2902矸石皮带	皮带电机电机温度	温度	26.8	测量	2016/12/29 15:20
1004	成庄矿选煤厂	45009FE3A3	2902矸石皮带	皮带电机声音	异常	无杂异常	观察	2016/12/29 15:20
1005	成庄矿选煤厂	45009FE3A3	2306-1低流泵	皮带电机东西振动	振动	0.029	测量	2016/12/29 15:53
1006	成庄矿选煤厂	45009FE3A3	2306-1低流泵	皮带电机南北振动	振动	0.011	测量	2016/12/29 15:54
1007	成庄矿选煤厂	45009FE3A3	2306-1低流泵	皮带电机垂直振动	振动	0.01	测量	2016/12/29 15:54
1008	成庄矿选煤厂	45009FE3A3	2306-1低流泵	皮带电机电机温度	温度	29.7	测量	2016/12/29 15:55
1009	成庄矿选煤厂	45009FE3A3	2306-1低流泵	皮带电机声音	异常	无异常	观察	2016/12/29 15:55
1010	成庄矿选煤厂	45009FE3A3	2302脱泥筛	皮带电机东西振动	振动	0.07	测量	2016/12/29 15:25
1011	成庄矿选煤厂	45009FE3A3	2302脱泥筛	皮带电机南北振动	振动	0.05	测量	2016/12/29 15:25
1012	成庄矿选煤厂	45009FE3A3	2302脱泥筛	皮带电机垂直振动	振动	0.066	测量	2016/12/29 15:26
1013	成庄矿选煤厂	45009FE3A3	2302脱泥筛	皮带电机电机温度	温度	35.4	测量	2016/12/29 15:26
1014	成庄矿选煤厂	45009FE3A3	2302脱泥筛	皮带电机声音	异常	无异常	观察	2016/12/29 15:26

总记录数：78 条　　首页 | 上一页 | 下一页 | 末页　　第1页　共6页

图 15-16　选煤设备振动与温度数据管理平台

（二）电气及设备定期维护系统

基于电机综保和 PLC 编程构建电气及设备维护系统，系统硬件包括电机综合保护智能监控器、PLC、以太网模块、上位机等。通信方面：选取电机综合保护监控器的通信模式；选取合适的 PLC 通信模式；上位机通过 OPC 工业标准实现组态。

该系统软件部分包含以下三个子系统：①机电设备运行工况监测管理系统——监测各个机电设备的运行工况，在线了解设备运行信息，及时处理设备异常情况，避免设备亚健康运行；②机电设备定期维护保养管理系统——提示管理人员对设备定期维护和保养，这样不仅可以保障生产，降低机电设备的事故发生率，而且还能延长机电设备的使用寿命；③机电设备电能消耗统计管理系统——获取机电设备电能消耗情况，判断设备电能使用状况，挖掘节能潜力。

1. 电机保护报警及工况监测

电机保护监测及故障查询：采用电机综合保护监控器实现对电机运行中出现的过载、失衡、缺相、反序、漏电、欠压等故障进行保护和报警。同时现场或上位机可随时查询最新电机故障记录及每条记录下的电机故障时的参数，包括故障代码、故障时三相电流、电压、故障电流与额定电流的比值、故障时刻。上位工况监测：上位机可显示监测电机运行电压、电流、单相及三相功率计量（有功、无功、功率因数）、电机设备累计运行时间、电机单次运行时间和电机运行次数等参数。

2. 电机及设备定期维护

将电机设备累计运行时间、电机单次运行时间和电机运行次数等参数作为电机定期维护的参照，当设备达到需要维修、更换配件、添加润滑油等条件时，上位组态界面会自动弹出窗口提示，工作人员可根据提示对设备进行维护和保养；同时工作人员也可手动查询各个设备在线数据，对设备运行状况做出预判后进行维护。

3. 电耗节能管理

采集设备电能消耗值并通过上位组态界面显示，显示设备总电耗及吨煤电耗，根据设备电耗情况做出相应的节能分析并降低电耗。

（三）选煤机电设备系统实施效果

（1）机电设备运行工况监测管理系统如图 15－17 所示，上位组态界面中显示电机电流、电压、功率因数、有功功率、运行时间、运行次数及故障信息等参数，其中运行时间、次数可人工清零。这样可以及时在线监测设备运行工况和查询故障信息，保障设备正常运行。

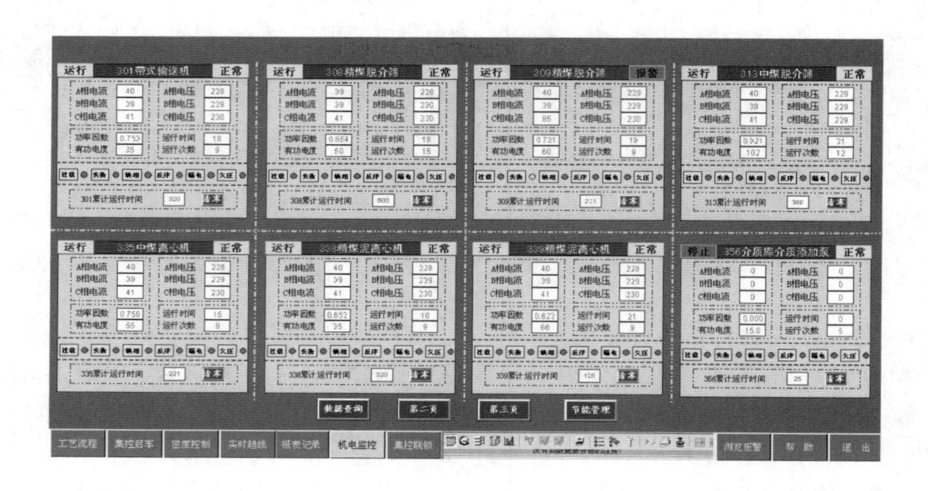

图 15－17　机电设备运行工况监测管理系统

（2）机电设备定期维护保养管理系统如图 15－18 所示，上位组态界面以设备运行时间为参照，通过设备运行时间条和亮灯提示的形式对设备定期维护和保养做出提示，包括定期检修、添加润滑油、更换配件等。当设备达到维护条件，系统窗口会自动弹出，以提示进行维护保养；也可手动调出该窗口，通过设备运行时间预判设备维护状况。当对设备正常维护后，可在界面人工清零，为下次维护计算提供基点。系统不仅可以提示设备维护，而且通过时间条可以预判设备维护状态。

（3）机电设备电能消耗统计管理系统如图 15－19 所示，组态界面显示单台电机的电能数据，对各个设备单台电能消耗、总电能消耗以及吨煤电能消耗进行汇总，这样可以方便快捷地了解到电能消耗情况，从而制定出合理的使用能源方案，做到节能降耗，进一步促进了企业的可持续发展。

依据选煤厂实际需求开发的选煤厂机电设备在线检测，定期维护和能耗监测系统保障

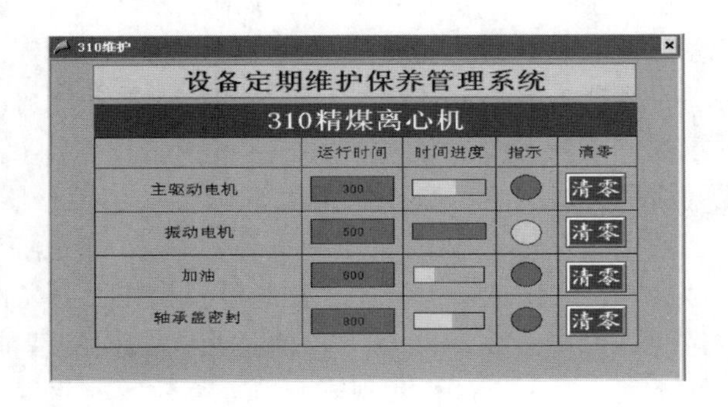

图 15－18　机电设备定期维护保养管理系统

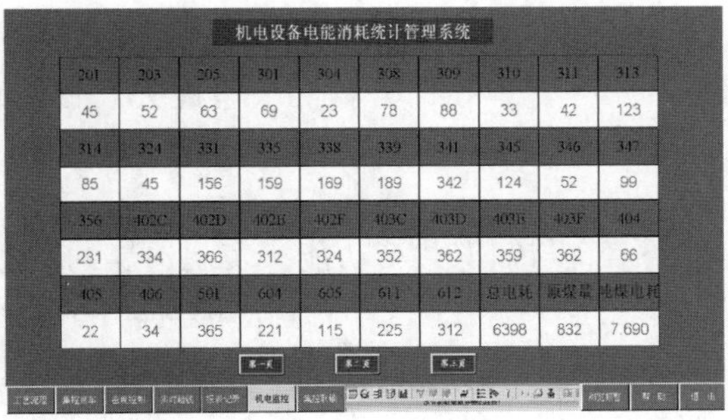

机电设备电能消耗统计管理系统

201	203	205	301	304	308	309	310	311	313
45	52	63	69	23	78	88	33	42	123
314	324	331	335	338	339	341	345	346	347
85	45	156	159	169	189	342	124	52	99
356	402C	402D	402E	402F	403C	403D	403E	403F	404
231	334	366	312	324	352	362	359	362	66
405	406	501	604	605	611	612	总电耗	原煤量	吨煤电耗
22	34	365	221	115	225	312	6398	832	7.690

图 15－19　机电设备电能消耗统计管理系统

了选煤厂机电设备维护制度高效、安全和合理运行。

机电设备健康保障技术是选煤可靠连续生产的保障技术，属于智能化选煤的重要组成部分。选煤厂可依据设备重要程度，实现在线检测和点检系统相结合的设备监控模式。在线检测主要是在线安装振动传感器、温度仪、数据采集仪，移动点检硬件部分包括点检仪（含振动和温度检测）和 RFID 标示卡。机电设备运行的振动、温度、电流、电压、设备检修 KPI 数据为实现设备智能监控与远程故障诊断与运维提供了数据支撑，结合移动智能终端，远端的专家诊断建议实时推送至现场人员，为选煤生产保驾护航。

第七节　智能化选煤技术展望

一、智能化选煤功能与特点

在德国“工业 4.0”、美国“工业互联网”和我国“中国制造 2025”战略目标的国际国内大背景下，选煤工业正处在从机械化、自动化、信息化向智能化选煤发展的进程中。当今选煤装备大型化、生产工艺优化、选煤生产集中控制、选煤关键生产过程自动化、生产管理信息化已初具规模，伴随着物联网、移动互联网、云计算、大数据、人工智能等技术和选煤工业的深度融合、未来选煤的发展必将是智慧选煤、智能生产。

展望智能化选煤厂的前景，其必定具有如下鲜明的特点与功能：

（1）具备完整的选煤网络平台。智能化选煤建有完整的三层网络平台，即基于物联网（传输可采用有线网络和无线网络，数据采集可来源于数字传感器、RFID及智能传感器等智能节点）的底层平台，基于大型智能控制平台，基于大数据和云计算的选煤信息网络平台，上述平台为实现智能化选煤生产、维护和经营提供了必备的网络支撑。

（2）具备完善的选煤智能决策系统。基于云计算与大数据的智能决策是智能选煤的重要特征，智能决策系统使选煤生产过程实现安全可靠高效智能化生产、机电装备实现全寿命健康管理、生产管理实现信息化管理、经营与销售实现智能决策。

（3）具备灵活的选煤柔性生产和定制生产加工能力。智能化选煤可以依据市场和客户实时需求和个性化需求，通过智能决策系统协同选煤生产、消耗、控制、和管理，以最小成本、最灵活生产方式，最大化效益进行定制生产，满足客户需求。

（4）具备完善的材料、库存管理和销售智能决策能力。智能化选煤从选煤生产、设备供应、材料库存管理到生产经营与销售决策，均在数据驱动模式下实现，实现真正的智能化管控。

（5）具备选煤全流程的信息与知识共享功能，实现选煤的专业化管理和精细化管理。智能化选煤将消除单机设备之间、独立工艺单元和局部自动化系统之间的信息孤岛，同时云计算与大数据平台也消除了选煤厂之间的信息隔离，具备从上到下、从左至右的网格状链接的能力，从而实现选煤全流程的数据共享，在人工智能算法的基础上实现选煤信息和知识共享，真正实现选煤生产的精细化管理和专业化管理。

选煤智能化建设的本质是通过生产设备的互联互通（即构建CPS信息物理系统），利用自动化、信息化通信技术，基于大数据和人工智能分析的智能决策支持，实现选煤生产管理的深刻变革和管理模式再造，达到提质增效，提升企业竞争力的目的。

二、智能化选煤特点与架构

以选煤智能装备为基础，以自动化技术、信息化技术、网络通信技术，云平台和大数据技术、人工智能技术为依托，兼顾生产、管理与销售，共同构成了智能化选煤的完整框架，智能化选煤系统总体架构如图15－20所示。

三、智能化选煤关键技术展望

智能化选煤首先是选煤行业自身的技术进步，包括了关键分选设备、分选工艺的突破等。其次是物联网技术的不断成熟，如RFID、嵌入式芯片、智能传感器以及NB－IOT、4G/5G技术等物联网技术的快速发展和应用推广。再次是云平台和大数据技术，云平台包括有公有云和私有云技术等；对于选煤大数据而言包括了数据采集、存储、可视化和发布等，大数据技术为数据处理和智能化提供了支撑。最后是人工智能技术，以深度学习为代表的机器学习正在成为人工智能新的热点并深远的影响到选煤行业。

特别要提出的是，移动互联网技术对选煤工业的渗透，出现了分布移动式智能监控终

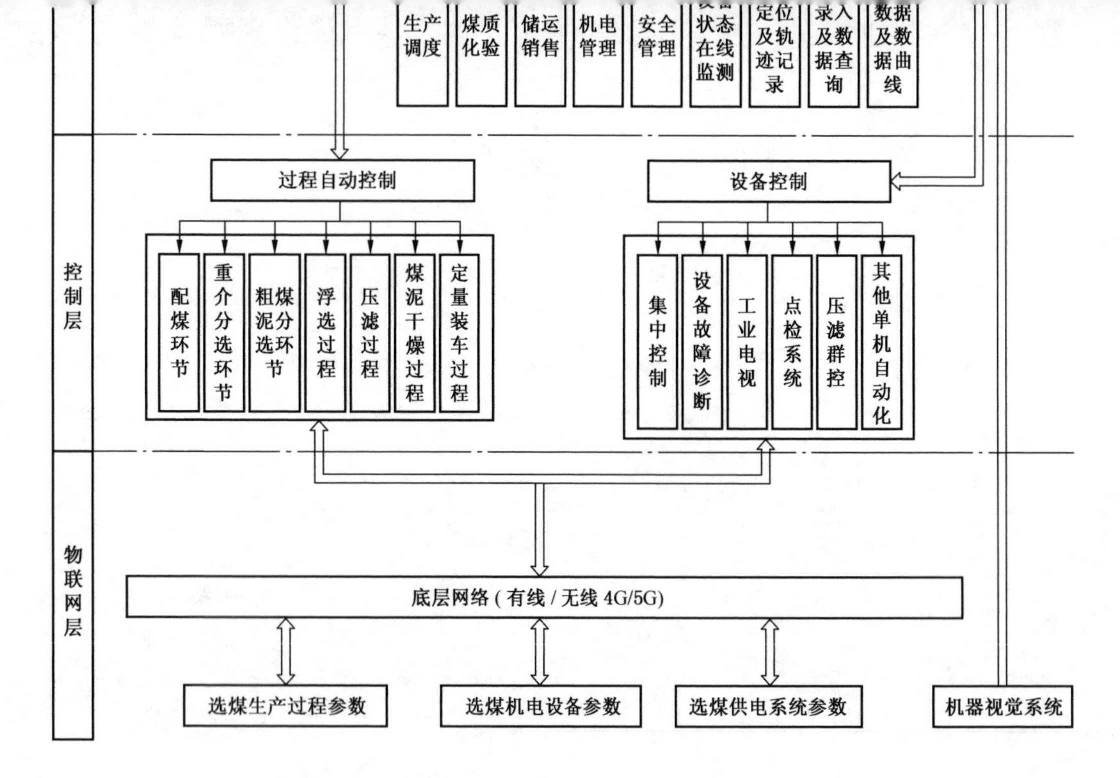

图 15-20　智能化选煤系统总体架构

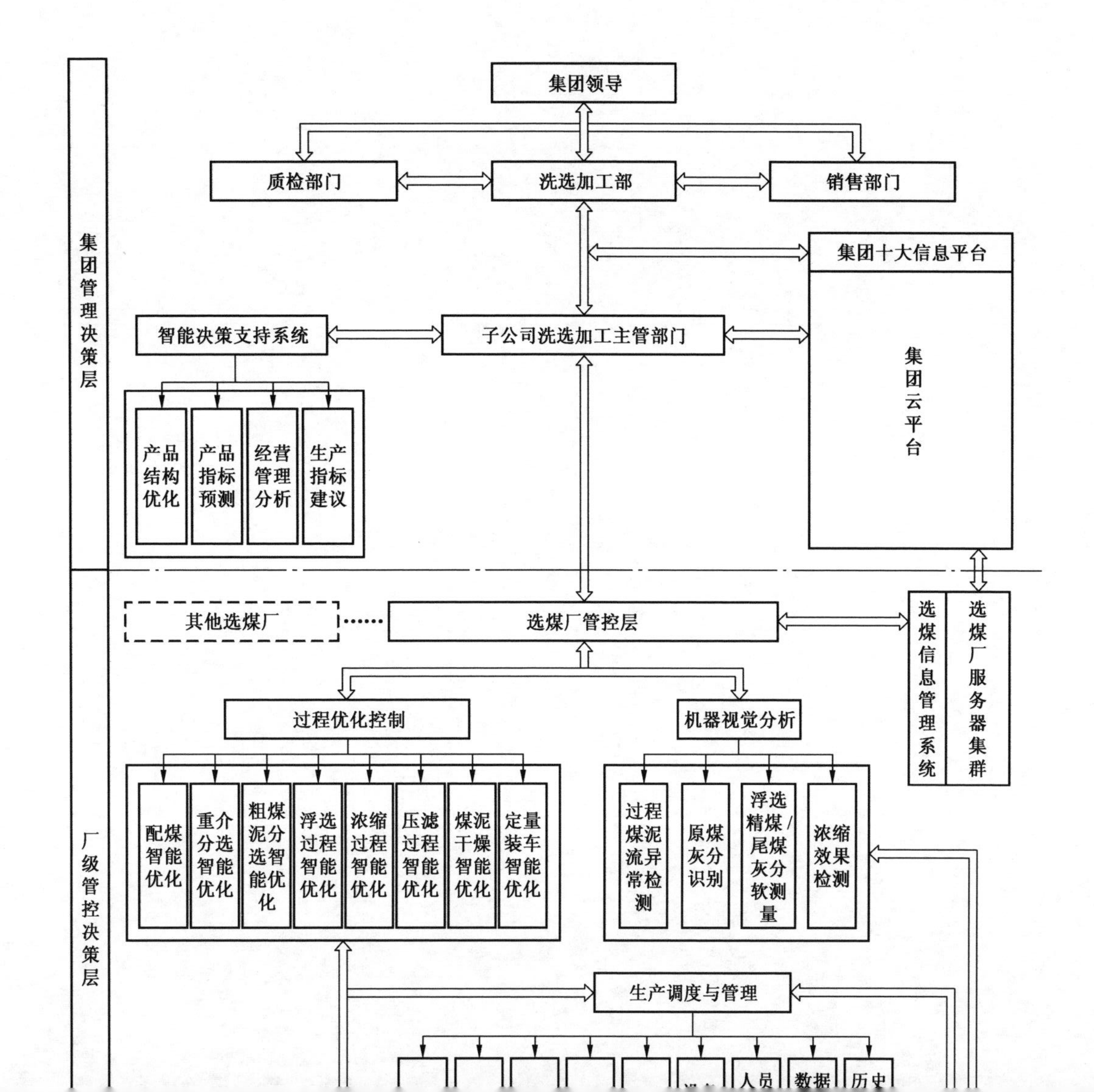

集团管理决策层
厂级管控决策层
集团领导
质检部门
洗选加工部
销售部门
集团十大信息平台
集团云平台
智能决策支持系统
子公司洗选加工主管部门
产品结构优化
产品指标预测
经营管理分析
生产指标建议
其他选煤厂
选煤厂管控层
选煤信息管理系统
选煤厂服务器集群
过程优化控制
机器视觉分析
配煤智能优化
重介分选智能优化
粗煤泥分选智能优化
浮选过程智能优化
浓缩过程智能优化
压滤过程智能优化
煤泥干燥智能优化
定量装车智能优化
过程煤泥流异常检测
原煤灰分识别
浮选精煤/尾煤灰分软测量
浓缩效果检测
生产调度与管理
人员
数据
历史

端（智能手机 APP），并已经逐步渗透到选煤的智能化生产中，终将改变现有的选煤厂集中控制格局，智能化选煤建设的关键技术包括：

（一）基于物联网 + 控制网 + 云平台三层智能选煤网络平台

选煤厂智能化的重要特征是基于物联网、控制层、云平台和大数据为特征的网络架构，只有建立上述网络架构，才能实现资源共享、信息共享、知识共享，以此为基础，通过云平台和大数据以及人工智能技术的应用，实现选煤的智能生产、减人提效、节能降耗、定制生产等智能化功能。其核心技术内容包括：

（1）选煤底层物联网构建。既包括机电设备运行时振动、温度、电流、电压等机电参数，同时也包括每台设备自身的 RFID 信息，还包括浓度、流量、液位、仓位、压力、灰分、水分、发热量、硫分等过程变量和原煤、产品的数质量参数，这些关键变量检测的传感器共同构成选煤底层物联网平台的数据节点，为智能选煤提供基础数据。

（2）数据采集、有线传输和无线传输、存储技术及相关数据库构建技术。

（3）大型双冗余功能的控制平台构建技术。

（4）本地数据库软硬件构建技术。

（5）公有云或私有云平台构建技术，安全网闸和隔离技术。

（6）大数据清洗、存储和数据发布技术。

（二）智能化选煤生产分布式控制技术

选煤生产区域点多面广，原有选煤集控系统只有集控员通过调度室上位机查看了解设备运行情况及报警信息，受众范围小、沟通效率低。构建移动互联的可视化协作移动平台，现场生产人员能够利用该手持移动设备在地面全厂生产和辅助生产区域内随时随地查看全厂生产设备的实时状态，如压力、密度、桶位、电流等各类参数，历史趋势及操作记录，授权人员可利用移动终端操作设备启停、调节设备频率、阀门开度、分选密度等。授权的管理人员可通过互联网接入系统，随时掌握生产信息，实现对选煤过程进行实时、动态、严格的工艺控制，确保产品生产过程完全受控。技术关键点有：

（1）智能移动终端的开发（选煤手机 APP，可按专业、岗位形成不同种类的 APP 应用商店供不同专业使用）。

（2）发挥不同专业的协同，分布式控制的优点带来了工艺、机电、电气、通信、自动化和信息等不同专业之间的高效协同。

（3）授予不同权限，实现分布式有序监控，需要对不同岗位进行授权，以实现有序基础上的安全性要求。

（三）选煤机电设备智能监控与远程运维技术

机电设备健康保障技术是选煤可靠连续生产的保障技术，属于智能化选煤的重要组成部分。设备智能监控与故障诊断包括在线检测和点检系统。选煤厂可依据设备重要程度，实现在线检测和点检系统相结合的设备监控模式。技术关键点包括：

（1）构建选煤厂机电设备运行工况检测、定期维护与能耗监测系统。

（2）关键装备在线故障诊断技术与设备劣化趋势预警技术。

（3）结合云计算与大数据技术进行远程专家和人工智能分析、诊断与预测，实现数据远端分析、远程运维、远程推送，并通过移动智能终端进行显示和相关操作。

煤矿机电设备远程运维需要专家参与并贡献他们的智慧，选煤机电装备远程运维作为智能化选煤厂建设的重要组成部分，通过和专业高校、科研院所及专业设备厂家建立广泛联系，形成合理、高效的远程运维及提效降耗的服务团队与机制，发挥专家和专业队伍的智力优势，通过合理的运维和提效方案，实现选煤厂盈利的最大化。

（四）选煤过程智能控制技术

选煤过程是指选煤生产中的重介分选过程、粗煤泥分选过程、浮选过程及煤泥水过程。选煤过程智能控制技术是实现降本增效的关键技术，有别于现有过程控制的第三层知识显示和交互平台，智能化选煤过程控制是真正的三层架构，智能过程控制更注重优化层的算法设计与程序实现，典型选煤过程三层架构如图 15－21 所示，其所涉及的技术关键点包括：

（1）增加数据发布功能，实现不同选煤厂相同生产过程的互联互通（横向网络）。

（2）各种优化算法和智能决策算法的研究与开发。

（3）炼焦煤智能重介分选技术。

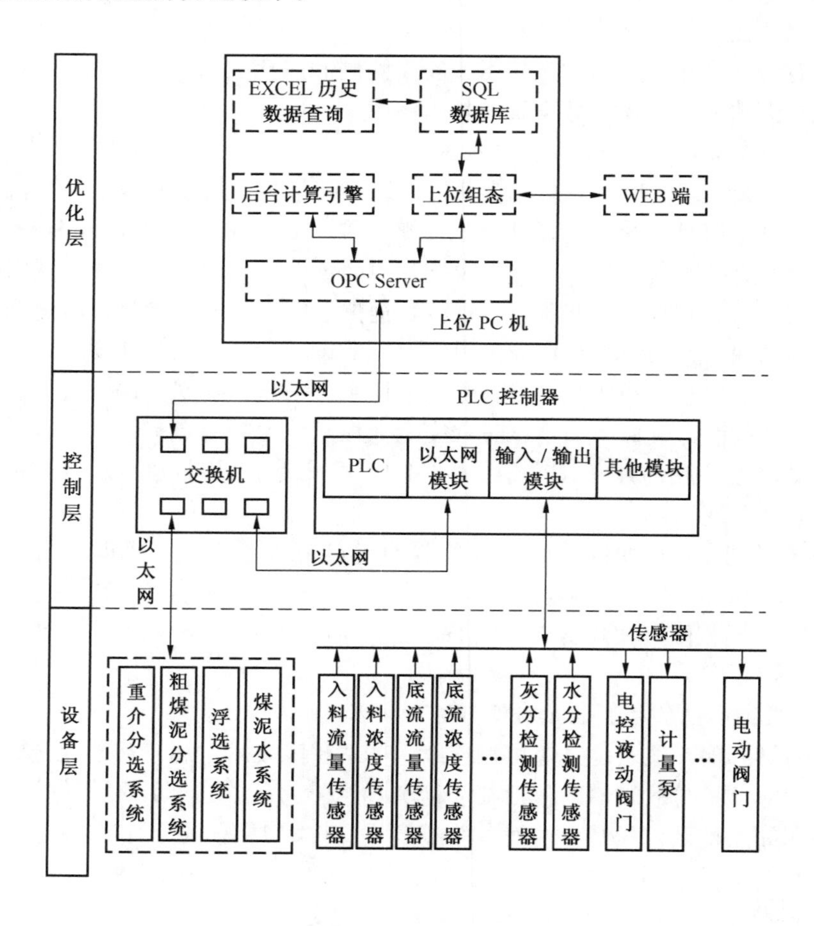

图 15－21　典型选煤过程三层架构

（4）智能浮选控制技术。

（5）基于最大效益原则的重选、粗煤泥分选、浮选质量匹配技术。

（6）基于选煤过程保障技术的煤泥水系统优化控制技术。

（五）基于机器视觉的选煤过程智能分析技术与系统

现有选煤厂仅仅建立了工业电视系统，该系统尽管配置了云台，但只能监视且必须由操作人员参与，随着图像处理和机器视觉技术的不断进步，智能机器视觉系统在选煤厂将大有所为。机器视觉系统可以分为两种检测、监控模式：第一种模式为对传统工业电视系统的初步改造，实现视频故障画面和故障联动操作，可以快速定位故障点，为监控质量提升创造条件；第二种模式则需要运用智能视频分析设备的数据处理功能，采用机器视觉的各种算法对视频画面进行深入分析，实现煤流生产异常、溜槽堵煤、厂区无人值守、重点区域非法闯入等场景的图像识别，预防或及时终止非正常事件及生产责任事故的发生，节省人力物力消耗，降低成本，提高效率。技术关键点包括：

（1）生产煤流异常、溜槽堵塞等异常生产工况机器视觉识别技术。

（2）浮选过程尾矿信息机器视觉监测与浮选过程智能控制技术。

（3）机器人排矸、除杂机器视觉识别与控制技术。

（4）厂区实现无人值守的机器视觉识别技术。

（5）重点区域非法闯入视频智能识别技术。

（六）基于能量系统优化的选煤过程节能降耗技术

选煤生产不仅需要生产出满足市场要求的产品，同时要通过节能降耗实现降本增效，这是选煤生产中必须关注的重点技术，过程能量系统优化技术作为节能重点技术必须在选煤生产中得到重视和应用。图 15－22 所示为选煤过程能量系统优化系统框图，按照能量系统优化技术得到炼焦煤选煤生产过程中能量流入、流出、转化的全过程，在选煤生产过程的各个环节设计原煤、燃油、电、水和介质消耗，通过该技术分析能源消耗、转化的路径，掌握能源消耗的重点和节能途径，通过采取合理的设备、工艺与技术，实现选煤过程的节能降耗，减本增效，提高选煤厂经济效益。

技术关键点：

（1）能量系统优化的理论与技术。

（2）能量入口设计和出口设计。

（3）能量转换、循环和利用。

（4）包含电、介质、药剂和水的能源消耗监测监控技术。

（5）工序能耗、吨煤能耗、能耗重点、节能分析技术。

（6）不同种类选煤厂能量系统优化模型的共性与差异性。

（七）选煤智能信息管理平台构建技术

在建立了完整的选煤物联网和本地数据库后，大量的生产、机电、煤质、运输、材料、能源、人员、环境等数据将被大量采集，建立选煤信息管理平台成为必然。利用选煤智能信息管理平台实现生产数质量数据录入、整理、分析、发布和定向推送，对生产过程中形成的选煤过程数据、机电运行数据、能源消耗数据、煤炭数质量数据进行自动整理与分析，如智能生产状况分析、机电运行状况分析、能源消耗分析、生产质量台账及周报、

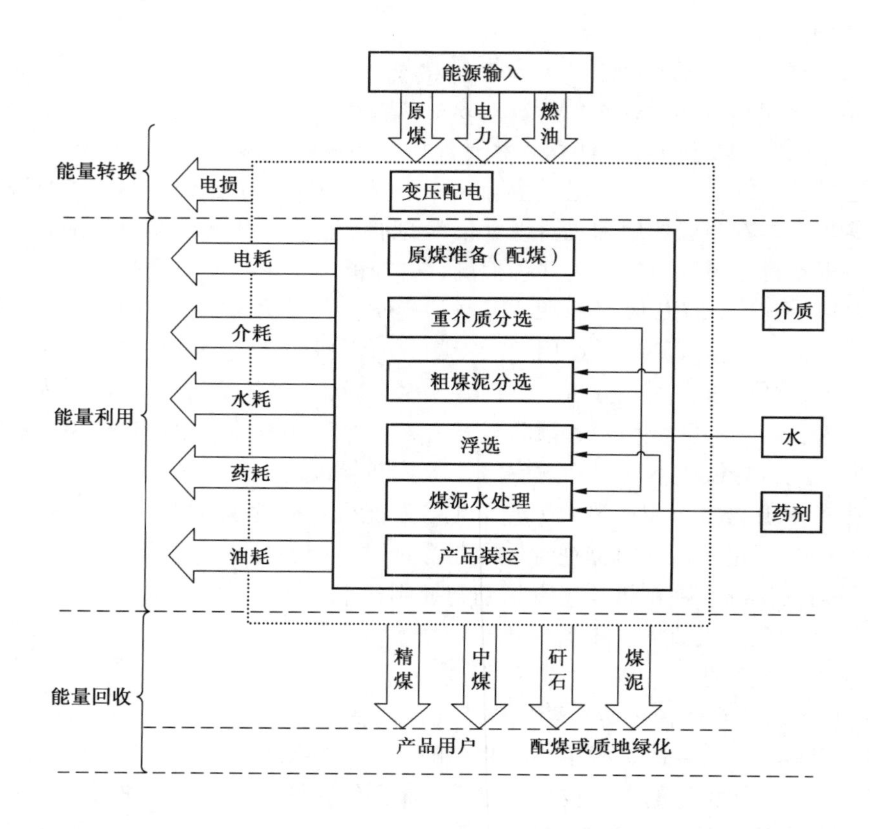

图 15-22　选煤过程能量系统优化系统框图

月报等智能报表、历史记录及趋势曲线，在此基础上，根据管理人员要求定制重点关注的生产数据，并通过各种智能终端，或通过微信等方式定向推送。同时平台可自动生成各种可视化的统计、分析图表，如计划制订和执行情况、质量情况、库存情况、设备情况等。技术关键点包括：

（1）数据库构建技术。

（2）选煤数据分类及数据表达技术。

（3）数据可视化、统计分析与智能推送技术。

（八）基于大数据的选煤智能决策技术

基于大数据的智能决策支持，是实现选煤厂自动化、信息化、智能化的终极表现模式。构建物联网、选煤信息管理平台实现了从下到上的数据采集、传输与分析，基于云计算和大数据技术，同时实现了选煤厂集群之间的数据共享、信息共享和知识共享。以纵横交错的网格网络为基础，可获得更多数据支持，同类选煤设备、工艺流程、运行方式、能源消耗为选煤智能化提供了更客观、可类比的信息。基于云计算、大数据和人工智能的选煤智能决策系统包括选煤生产、管理、经营与销售三类智能决策。

在选煤生产过程中，基于大数据分析和人工智能的智能决策系统通过实时收集生产过程中产生的大数据，能对生产过程、设备运行、能耗、质量事故等方面进行智能分析与预测，能够及时发现生产过程中的问题，从而优化生产过程。

在选煤信息管理过程中，基于大数据分析和人工智能的智能决策系统通过纳入煤质数质量信息，构建原煤煤质模型，纳入生产运行综合信息，构建生产组织与调度模型，纳入材料消耗信息，构建设备元器件、材料库存、维护模型，合理安排检修、优化库存，优化生产组织与管理。

在选煤经营销售过程中，基于大数据分析和人工智能的智能决策系统通过打通产品市场渠道，包括不同规格产品价格、市场需求量等信息，综合选煤厂的生产条件（煤种、煤质、生产方式等），建立产品结构优化模型。通过模拟运算分析，按经济效益最大化原则智能推荐最优生产方式，实现煤炭企业效益最大化。图 15－23 所示为选煤厂智能决策系统平台与架构。

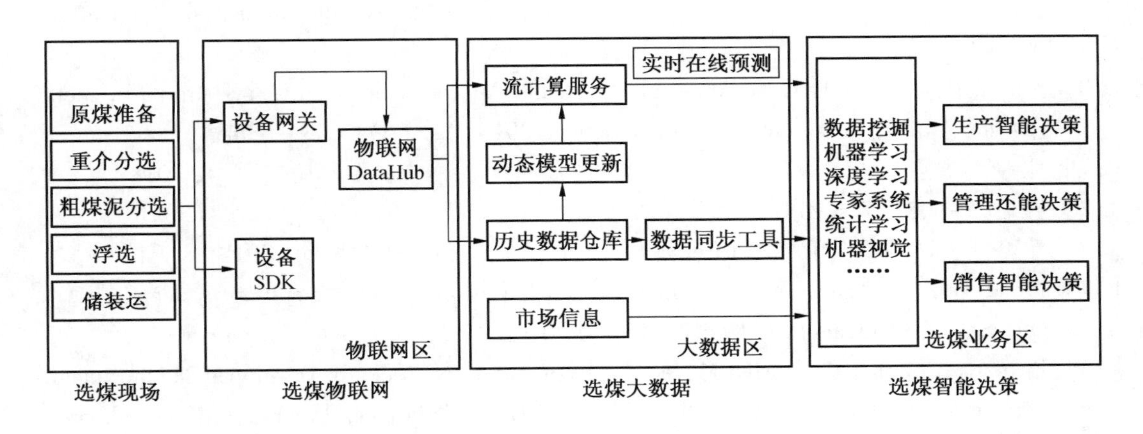

图 15－23　选煤厂智能决策系统平台与架构

核心技术包括：

（1）基于云计算和大数据的选煤厂集群网络互连与知识共享技术。

（2）基于大数据的选煤厂智能决策人工智能技术。

（3）选煤生产智能决策技术。

（4）选煤信息管理智能决策技术。

（5）选煤经营与销售智能决策技术。

减人提效、节能降耗、效益最大化是智能化选煤的目标，通过物联网、云计算、大数据、移动互联网、人工智能等迅猛发展的技术同选煤生产的深入融合，实现选煤生产、信息管理和销售的智能化决策，最终实现无人化生产、柔性生产和定制生产。智能化选煤是选煤工业发展的必由之路，智能化选煤建设必将进一步带动选煤产业的技术进步和转型升级。

参 考 文 献

［1］工业和信息化部，国家标准化管理委员会．国家智能制造标准体系建设指南（2018

年版)[R]. 北京: 工业信息化部, 2018.
[2] 李太友. 选煤行业新技术浪潮下的智能化选煤厂 [J]. 选煤技术, 2019 (1).
[3] 杨建国, 周游. 中国选煤研究热点与技术需求分析 [J]. 选煤技术, 2018 (1): 1-7.
[4] 匡亚丽. 智能化选煤厂建设的内涵与框架 [J]. 选煤技术, 2018, 2 (1).
[5] 杨大村. 基于 iHistorian 的选煤厂 MES 系统设备智能化管理 [J]. 煤炭加工与综合利用, 2017 (5).
[6] 黄健华. 选煤过程智能化总体构想初探 [J]. 煤炭加工与综合利用 [J], 2017 (5).
[7] 王碧清. 选煤厂智能化管理系统研究 [J]. 技术创新与管理, 2018, 39 (2).
[8] 张世懂. 选煤厂煤泥压滤自动控制系统 [D]. 徐州: 中国矿业大学, 2015.
[9] A Fadaei, K Salahshoor. Design and implementation of a new fuzzy PID controller for networked control systems [J]. Department of Instrumentation and Industrial Automation, 2008, 3.
[10] Nowak P, Czeczot J. Observer-based cascade control of the heating system [J]. Methods and Models in Automation and Robotics, 2013, 25 (6): 633-638.
[11] 张骎. 选煤厂生产系统智能化研究与设计 [D]. 淮南: 安徽理工大学, 2018.
[12] 吴涛. 一种浮选机智能移动终端的设计与开发 [J]. 矿冶, 2018, 27 (2).
[13] 重介质旋流器智能化系统的开发与工业性试验 [J]. 选煤技术, 2018, 8 (4).
[14] Wood C J. A performance model for coal washing dense medium cyclones [D]. Queensland: University of Queensland, 1990.
[15] Firth B, Holtham P, Obrien M, et al. Investigation of Recently Developed Monitoring Instruments for DMC Circuits at New Acland [C]. Mathewson D (Eds), Proceedings of 14th Australian Coal Preparation Conference, 2012.
[16] US G, Firth B. Prediction of Operating Performance of Dense Medium Cyclones from Medium Densities [C]. Atkinson B&S (Eds), Proceedings of 13th Australian Coal Preparation Conference, 2010.
[17] 吴翠平, 杨小平, 许德平, 等. 在线煤浆灰分测量的煤泥浮选优化控制系统研究 [J]. 高技术通讯, 2003 (8): 85-90.
[18] 史纪录, 朱正军. 浮选自动加药装置的研制与应用 [J]. 选煤技术, 2014 (3): 68-71.
[19] 周开军, 阳春华, 牟学民, 等. 一种基于图像特征提取的浮选回收率预测算法 [J]. 高技术通讯, 2009, 19 (9): 957-963.
[20] 李建奇, 阳春华, 曹斌芳, 等. 面向参数测量的改进分水岭浮选泡沫图像分割方法 [J]. 仪器仪表学报, 2013, 34 (6): 34-41.
[21] 桂卫华, 阳春华, 谢永芳, 等. 矿物浮选泡沫图像处理与过程监测技术 [M]. 中南大学出版社, 2013.
[22] 刘文礼, 路迈西, 王凡, 等. 煤泥浮选泡沫图像纹理特征的提取及泡沫状态的识别 [J]. 化工学报, 2003 (6): 830-835.
[23] 平翠霞. 铝土矿浮选泡沫尺寸分布特征与浮选药剂添加量关系模型 [D]. 长沙: 中

南大学，2012.
[24] 董志勇，王然风，樊民强，等．基于 PSO－LSSVM 的煤泥浮选药剂自动添加系统研究［J］．煤炭工程，2017，49（2）：117－120.
[25] 唐朝晖，王伟，刘金平，等．基于泡沫尺寸 PDF 模型的铜粗选过程加药量预测控制［J］．中南大学学报（自然科学版），2015，46（3）：856－863.
[26] 刘恒．铜浮选泡沫图像监控系统的构件化软件设计［D］．长沙：中南大学，2013.
[27] 欧阳长恒．基于 matlab 的煤泥浮选泡沫图像分析方法研究［D］．徐州：中国矿业大学，2017.
[28] 林小竹，谷莹莹，赵国庆．煤泥浮选泡沫图像分割与特征提取［J］．煤炭学报，2007（3）：304－308.
[29] 赵铭，金大权，张艳，等．基于 EM 和 GMM 的朴素贝叶斯岩性识别［J］．计算机系统应用，2019，28（6）：38－44.
[30] 王民，张鑫，贠卫国，等．基于核模糊 C－均值和 EM 混合聚类算法的遥感图像分割［J］．液晶与显示，2017，32（12）：999－1005.
[31] 程子曌．我国煤炭洗选加工和煤质现状及“十三五”展望［J］．煤炭加工与综合利用，2017（5）：17－20.
[32] 郭冬梅．天宏选煤厂丁戊庚组煤配煤入选的探索与应用［J］．煤炭工程，2018，50（2）：84－86.
[33] 孙景丹，杜新伟，李哲．基于线性规划法的配煤入选试验［J］．洁净煤技术，2014（2）：1－4.
[34] 刘敏，闵凡飞．选配煤中心配煤入选提高低值煤经济效益的实践［J］．选煤技术，2018（5）：83－85.
[35] 彭娟，程健，韩仿仿，等．基于粒子群算法的自动配煤系统多目标优化［J］．工矿自动化，2009（10）：25－28.
[36] 孔繁苗，徐康，陈浙锐，等．基于模糊控制的重介质悬浮液密度控制方法［J］．工矿自动化，2018，44（6）：101－104.
[37] 郭西进，邵宏清，杨春宝，等．重介悬浮液密度与液位 PFC－PID 控制算法研究［J］．工矿自动化，2018，44（1）：89－95.
[38] 薛东彪，杨洁明．QP－DMC 算法在重介液密度控制中的应用［J］．机械设计与制造，2017（4）：169－172.
[39] 赵春祥，叶桂森．重介质选煤过程控制模型及控制算法的研究［J］．煤炭学报，2000，25（增刊 1）：196－200.
[40] 董志勇，王然风，樊民强，等．重介分选过程分流自动控制系统设计［J］．工矿自动化，2017，43（7）：23－27.
[41] 李停．基于无模型自适应的重介悬浮液密度控制［D］．徐州：中国矿业大学，2016.
[42] 曹珍贯．重介选煤过程中重介质的密度预测控制研究［D］．徐州：中国矿业大学，2014.
[43] 付翔．重介选煤灰分自动控制系统的设计与实现［D］．太原：太原理工大学，2012.

[44] 王波，张致维，王然风．重介悬浮液密度自动控制系统的设计 [J]．控制工程，2011，18（增刊1）：67-69.

[45] 郭西进，高警卫，岳广礼，等．重介选煤工艺多参数模糊控制方法研究 [J]．工矿自动化，2012，38（9）：1-4.

[46] 王功鹏，段萌，牛常勇．基于卷积神经网络的随机梯度下降算法 [J]．计算机工程与设计，2018，39（2）：441-445.

[47] 张晋晶．基于随机梯度下降的神经网络权重优化算法 [D]．重庆：西南大学，2018.

[48] 梁斌昌，赵建章，田树丹，等．基于 BP 神经网络的循环介质密度控制系统设计 [J]．选煤技术，2017（2）：62-66.

第十六章　煤炭物流智能化

第一节　我国煤炭运输体系

煤炭是我国工业不可替代的主要能源，需求量控制在45亿吨左右。我国煤炭调运格局主要由供需地在地理上的不一致性导致。根据我国各区煤炭供需平衡情况及煤炭流向，将不同区域划分为三类：煤炭调出区、煤炭调入区、煤炭自给区。晋陕蒙宁等煤炭调出区资源条件好，煤炭产量较大，除满足本地区煤炭需求外，大部分外运至缺煤省区。煤炭调入区煤炭资源条件一般或匮乏，本地煤炭生产远远不能满足当地需求，需要从本地区之外大量调入，主要包括京津冀、东北、华东、中南四个区域。煤炭自给区以满足本地区煤炭需求为主，适当外运部分煤炭，主要包括西南地区、新疆和青海。因此，我国煤炭调运格局为“西煤东运、北煤南运”。随着近年来，“三西”煤炭基地的核心地位逐渐确立，东、南走向的扇形运输网络基本形成。铁路是我国煤炭运输的主要方式，水路与公路仅为辅助，三类运输方式的优势各不相同，相辅相成，不可或缺。

铁路煤炭运输的优势在于运价低、运力大、能耗小、速度快，在专线铁路的配合下能够实现用户间的无中转运输。近年来，我国铁路煤炭运输量在20亿吨左右，同时，煤炭始终保持着铁路货运比例的首位，远高于水泥、钢材、化肥等。

水路煤炭运输可分为沿海运输和内河运输；运价低、运力大、能耗小，配合煤炭专用码头，同样可实现无中转运输。内河运输是我国长江、淮河、珠江、京杭运河等内河流域主要的煤炭运输方式。近些年，我国水路煤炭运输量在7亿吨左右。

公路煤炭运输是铁路与水路运输集成以及短途中转必不可少的方式，特别是在省际煤炭调运中，公路运输充分显示出了方便、灵活的优势，发挥重要的运输保障作用。近年来，我国公路煤炭运输量在28亿吨左右。

一、煤炭调运基本格局

1. 煤炭调出、调入分析

1）煤炭调出分析

山西、陕西、内蒙古西部、宁夏和甘肃是我国主要的煤炭调出省区。2015年，全国煤炭产量约为37亿吨，其中山西、陕西和内蒙古的产量分别为9.7亿吨、5.3亿吨、9.1亿吨，三省合计占全国煤炭总产量约64%。三省在2015年的合计调出煤炭量占全国各省市煤炭调出总量的81.5%。

晋陕蒙三省历年煤炭净调出量及调出比例。2005—2012年，三省调出总量持续增长；2013—2015年，总量基本持平；2015年净调出量为10.32亿吨。2008年之前山西每年净调出量位居第一，约占三省净调出总量的60%。2008年之后，内蒙古净调出量比例增长迅速，2009年超过山西成为第一大煤炭调出省。

虽然“三西”地区煤炭资源丰富，开采条件好，煤炭坑口价格有巨大优势，但外运通道运力不足，无法充分发挥资源优势。陕西北部地区仅有包西铁路一条干线，内蒙古地区既有铁路建设时间早，技术标准低，无法适应大规模煤炭外运需求，山西铁路煤炭运输网络建设相对完善，但影响其他货物运输。

2）煤炭调入分析

2008—2015年，山东、江苏、河南三省的煤炭调入量最大，均超过2亿吨，山东接近3亿吨，三省煤炭调入量之和在2015年占全国各省煤炭调入总量（除香港、澳门、台湾、西藏地区外）的36%，相当于东北地区总和的3倍。此外，河南、湖北、广东、河北的煤炭调入量增长迅速，目前也已超过或者接近亿吨，其中黑龙江煤炭调入量增长最快，2015年调入量是2008年的7.86倍。

山东和江苏是两个最大的调入省，华东地区因而成为四个主要煤炭调入区中煤炭调入量最多地区，2015年调入量占全国各省煤炭调入总量的41%。其次为中南地区、京津冀和东北地区，2015年煤炭调入量占全国各区域煤炭调入总量的比例分别为22%、13%和13%。2015年各区煤炭净调入总量为21.05亿吨，四个地区总调入量占全国的88%。

2. 煤炭调运流向

我国煤炭生产主要集中在山西、陕西、内蒙古等中西部省区，2015年晋陕蒙三省外调量分别为21020万吨、29652万吨、52612万吨，合计103284万吨。而煤炭消费则主要分布在河北、山东、江苏、浙江、广东等中东部地区，2015年京津冀、华东、中南、东北四个地区的煤炭调入量分别为27574万吨、85440万吨、46448万吨、26626万吨，共计186088万吨。由于煤炭产消地差异，我国形成了以“三西”地区为核心，向东南呈扇状分布的运输结构。山西的煤炭一部分由铁路直接运往辽宁、北京、天津、山东、河南、江苏、安徽，另一部分由铁路运至北方港口之后水运至江苏、浙江、福建、广东等中南沿海地区。陕西的煤炭通过铁路及公路主要调往山东、江苏、湖北及周边省区。内蒙古的煤炭主要调往东北三省和京津地区，也有一部分在北方港下水。另外，贵州、云南、宁夏、新疆等地区也有少量煤炭外调至邻近省区。

3. 主要煤炭运输通道

我国目前已经形成了以铁路和铁水联运为主要形式的基本格局，根据我国煤炭运输铁、路、港、航的流向，可将我国煤炭运输分为“三西”煤炭外运通道、东北煤炭运输通道、中南煤炭运输通道、东南沿海煤炭运输通道、西北煤炭运输通道、西南煤炭运输通道等六大通道。

1）“三西”煤运通道

“三西”煤运通道以铁路为主体，以北方主要下水港口为中转节点，以公路为补充，主要承担晋陕蒙宁地区煤炭基地的煤炭外运任务，是全国煤炭运输的主要通道。其中，“三西”煤炭铁路外运系统又可分为北、中、南三个通道，主要由大秦线、神朔黄线、侯月线、石太线、邯长线等12条铁路干线组成，承担40%以上的全国铁路煤炭运输任务。“三西”煤炭外运下水港口主要包括秦皇岛、唐山、天津、黄骅、青岛、日照、连云港等北方七港。2015 年，“三西”煤炭外运通道，陆路累计外运煤炭量 10.53 亿吨，而铁路运输比例占运输总量的 73.98%。

相对于其他煤炭运输通道而言，“三西”煤炭外运通道更为重要，是其他煤炭运输通道的主要供给通道。2015 年，“三西”通道中的铁路通道，煤炭运量占全国铁路煤炭运输总量的 44.7%；公路通道煤炭运输量占全国公路省际调运总量的 62.8%；通过“三西”地区下水的北方七港，煤炭下水量占全国沿海煤炭出港总量的 85.3%。

2）中南煤运通道

中南煤炭运输通道以铁路为主，由内河水路及省际公路为辅。铁路通道以南北方向为主，由京广、京九、京沪、焦柳、宁西、汉丹、武九、石长、沪昆等线路组成，承担冀中、河南、鲁西、两淮基地煤炭向中南、华东部分地区的煤炭运输任务。水路运输通道主要由长江水系和大运河组成，主要承担来自长江上游的川渝地区和“海进江”的上水煤炭接卸以及铁路煤炭的内河水运中转，重点港口包括九江港、武汉港、岳阳城陵矶港、枝城港、长沙港、徐州港等。2015 年，中南煤炭运输通道陆路煤炭调入总量 1 亿吨，其中，铁路通道承担运量比例 72.73%；水路通道煤炭调入总量 1.81 亿吨，其中，沿海港口承担运量比例 57.46%。2015 年，中南煤炭运输通道中铁路通道，煤炭运量占全国铁路煤炭运输总量的 5.4%；公路通道煤炭运输量占全国公路省际调运总量的 7.5%；对应沿海港口煤炭进港量占全国沿海港口的 31.2%，内河港口煤炭进口量占全国内河港口的 7.7%。

3）东南沿海煤运通道

东南沿海煤炭运输通道以水运为主，铁路、公路作为补充。东南沿海煤炭运输通道中的重要沿海港口包括上海港，浙江宁波舟山港与温州港，福建福州港和厦门港，广东广州港、汕头港、虎门港及珠海港，广西防城港等。内河港口主要包括江苏南京港、镇江港、苏州港及江阴港，浙江杭州港，广东佛山港、肇庆港等。东南沿海煤运通道的主要疏运铁路包括黎湛线、京广线（南段）、京九线（南段）、赣龙线、鹰厦线、峰福线、向甫线、杭甬线、沪昆线等线路。近几年，我国煤炭消费规模快速增长，受煤炭运输通道运力不足的影响，中南地区煤炭调运严峻，因此，进口煤炭有从东南沿海向内地辐射的趋势。2015 年，东南煤炭运输通道陆路煤炭调入总量 2.71 亿吨，其中，铁路通道运量比例为 67.53%；水路通道煤炭调入总量 3.65 亿吨，其中，沿海港口承担运量比例的 56.44%。2015 年，东南煤炭通道中铁路通道，煤炭运量占全国铁路煤炭运输总量的 10.3%；公路通道煤炭运输量占全国公路省际调运总量的 18.4%；对应沿海港口煤炭进港量占全国沿海港口的 61.7%，内河港口煤炭进口量占全国内河港口的 89.6%。

4）西北煤运通道

西北煤炭运输通道的组成以铁路为主，以公路为辅。铁路主要由兰新线、陇海线、包兰线、兰青线、干武线、西平线、太中银线等线路组成，承担新疆、黄陇、宁东基地煤炭调出及区内煤炭调运。

5）东北煤运通道

东北煤炭运输通道组成以铁路为主，省级公路及沿海港口为辅，主要完成蒙东和“三西”地区煤炭向东北地区调入、区内煤炭调运和沿海水路的煤炭运输。铁路主要由集通、沈山、京通、滨州、牡佳、哈大、通霍等线路组成，水路运输主要港口包括丹东、大连、营口、锦州等4港。一方面承担“三西”和蒙东煤炭的调入，另一方面承担煤炭由黑龙江向吉、辽地区的调运。2015年，东北煤炭运输通道陆路煤炭调入总量1.40亿吨，其中，铁路通道承担运量比例为65.71%；水路通道沿海港口煤炭出港量0.25亿吨，进港量0.21亿吨。2015年，东北煤炭运输通道中的铁路通道，煤炭运量占全国铁路煤炭运输总量的7.6%；公路通道，煤炭运输量占全国公路省际调运总量的9.9%；对应沿海港口煤炭吞吐量占全国沿海港口煤炭吞吐量的5.2%。

6）西南煤运通道

西南煤炭运输通道构成以铁路为主，公路和水路为辅，承担云贵川渝地区的煤炭运输。铁路主要由黔桂线、湘黔线、渝怀线等线路组成。水路通道包括川渝境内的长江上游航道和港口，长江航道是川渝向长江下游调出煤炭的重要方式。另外，公路在西南煤炭调运中也发挥着重要作用。

此外，2019年9月浩吉铁路的开通，成为纵贯南北的“直达线”——将“产煤大户”蒙陕甘宁的能源直接送往“用煤大户”鄂湘赣等地区，大大减少了运输成本和周期，提高了煤炭运力。

二、煤炭通道运输特点

以煤炭为主体的能源消费结构及煤炭消费与生产的不平衡分布，对煤炭运输通道影响深远，在其交互作用下，我国煤炭运输通道特征可总结为以下几个方面：

（1）通道负担重。由前述运量分析可知，2015年，四大煤炭运输通道中的各种运输方式，其累计完成煤炭运输量占全国的总体比例均超过半数以上，其中公路及沿海港口的完成比例更高，达90%以上；过高的运输比例表明我国当前煤炭运输通道的负荷过重，可使用的扩容空间较小，换言之，我国煤炭运输通道弹性较小，无法应对突发增加的煤炭运输。

（2）平均运距长。近年来，煤炭运输平均运距不断增长，四大煤炭运输通道平均运距达到1000 km左右；2008年，铁路原煤运输平均运距达到622 km，焦炭运输平均运距达到980 km，到2015年累计增长55 km和111 km。公路平均运距及水路平均运距也持续增加，2015年，分别达到179 km与1255 km。

（3）多种方式共存。我国煤炭运输平均距离增加，使我国煤炭运输的跨区域可能性大大增加，加之我国地域辽阔，地理环境多变，促使我国煤炭运输需要根据不同的运输环境因地制宜，最终形成多种运输方式共存的运输格局。我国煤炭运输通道中，铁路、公路和水路三通道并存，以铁路为主，水路为辅，公路补充，三者相辅相成，缺一不可。此外，不同运输方式相结合的联合运输也较为普遍，如铁路—水路联运、铁路—公路联运、公路—水路联运等。

（4）运输重心偏移。随着“三西”煤炭基地的核心地位不断加强，发达地区，特别是华东及中南地区对煤炭基地的依赖性持续增加，不仅“三西”煤炭基地的运输重心进一步西移，东北煤炭运输通道重心也逐渐向内蒙古东部偏移。

三、煤炭运输方式及结构

我国煤炭的运输方式包括铁路、公路、水路及多式联运。我国既有的煤炭调运体系以铁路运输和铁水联运为主，公路运输为辅，实行“西煤东运、北煤南运、铁海联运”的发展战略。

1. 铁路煤炭运输

铁路具有成本低、运力大、速度快等特点，非常适合煤炭运输。在我国，煤炭是铁路货运的主要货种。2016 年，铁路煤炭运量为 13. 2 亿吨。煤炭占全部铁路货运量的比例在 2005 年及 2016 年分别为 46. 4% 和 49. 7%，这些数据表明虽然铁路货运量有变动，但煤炭运输占总运量的比例基本保持在 45% ~50%，较为平稳。图 16 – 1 所示为煤炭铁路年货运量。

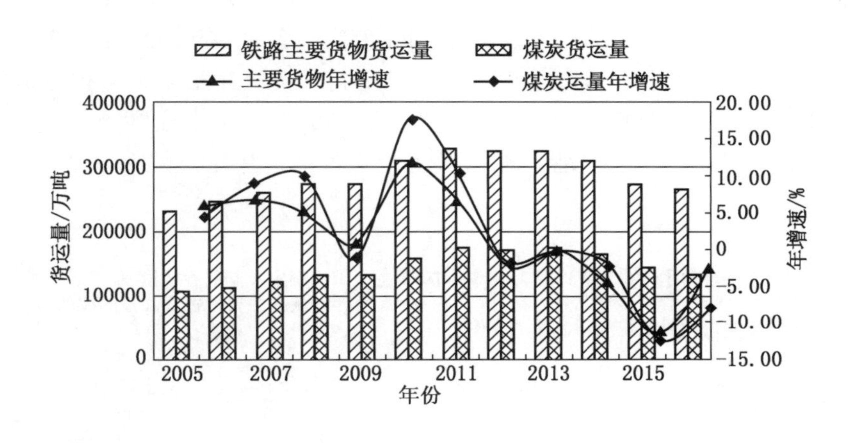

图 16 – 1　煤炭铁路年货运量

“三西”煤炭外运通道中以铁路为主。按照当前的煤炭铁路运输通道布局，“三西”地区煤炭铁路运输通道布局由三大横向通路和四大纵向通路组成。三大横向通路中，北通路包括大秦铁路、朔黄铁路、丰沙大铁路、集通铁路和京原铁路，约承担西煤东运总运量的 66%；中通路包括石太铁路、石德铁路、邯长铁路、胶济铁路和太焦铁路，约承担西煤东运总运量的 14%；南通路包括陇海铁路、侯月铁路、新焦铁路、新菏铁路、西康铁路和襄渝铁路，约承担西煤东运总运量的 20%；四大纵向通路主要由焦柳铁路、京九铁路、京广铁路和包西铁路组成。

大秦铁路西起山西大同，东至河北秦皇岛，全长约 653 km。在 2002 年运量达到 1 亿吨设计能力，年实际运力达 4 亿吨，是我国西煤东运第一大通道。2013 年，完成煤炭运量超过 4. 45 亿吨，2014 年，完成煤炭运量 4. 54 亿吨，2015 年，煤炭运量 4 亿吨，主要运输大同、平朔、准格尔和东胜等矿区的煤炭。

朔黄铁路西起山西省神池县神池南站，与神朔铁路相连，东至河北省黄骅市，正线长近 600 km。设计能力为近期 3. 5 亿吨，远期 4. 5 亿吨，是我国西煤东运第二大通道。2013 年，完成运量近 2. 4 亿吨，主要运输神木、东胜及榆林矿区的煤炭。

侯月铁路北起山西侯马，南至河南月山，全线长 252 km。侯月铁路与陇海铁路平行，可减轻陇海铁路负担。2014 年，完成煤炭运量 1. 9 亿吨，2015 年，完成煤炭运量 1. 7 亿吨，同比下降 11. 7%。

从煤炭调出看，以陕西省榆林市为例，2014 年，榆林市煤炭铁路流向主要是黄骅港、天津港和秦皇岛港，主要依托神延线、包神线和神朔线，2014 年，神延线、包神线发送量 7000 多万吨，神朔线发送量 8700 万吨，分别占煤炭外运的 18.9% 和 23.5%，铁路运量占煤炭外运的 42.4%。从煤炭调入看，以湖北省为例，2013 年煤炭通过铁路调入量 5545 万吨，占煤炭总调入量的 42%，但该比例在下降。

2. 港口煤炭运输

水路运输以其大运量、低成本优势成为煤炭运输中一种重要的补充方式，很大程度上为铁路运输提供替代运力，缓解了铁路运输的压力。2005—2016 年，我国水路货物运输发展态势良好，全国规模以上港口主要货物吞吐量不断提高，从 2005 年的 29.3 亿吨增至 2016 年的 81.1 亿吨。2016 年我国规模以上港口完成煤炭及其制品货物吞吐量为 13.9 亿吨。2011—2015 年，全国规模以上港口煤炭及其制品的吞吐量小幅度增长。由于 2013 年后全国宏观经济增速下降，中国港口煤炭发运量基本保持稳定。图 16-2 为港口煤炭吞吐量。

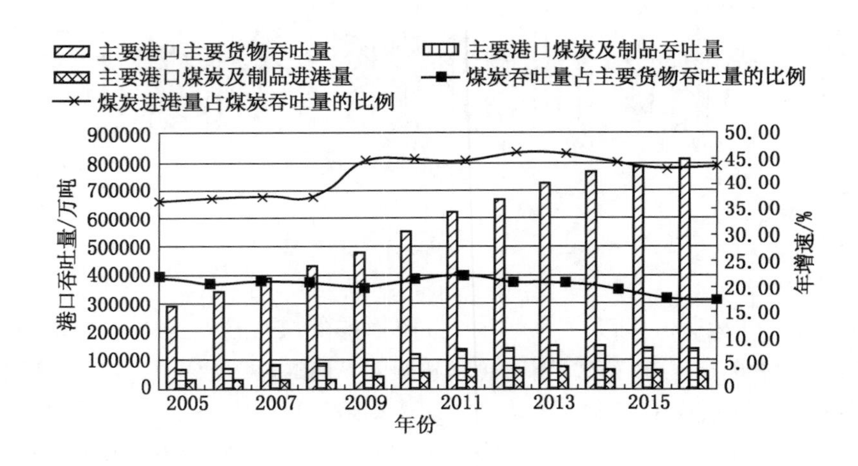

图 16-2　港口煤炭吞吐量

1）海路运输

煤炭水路运输包括海路运输和内河运输。海路运输通过铁路或公路将煤炭从“三西”等生产基地运输至北方沿海中转港口并集结下水，通过海运抵达东部沿海港口上水后再运达用户。结合南北向铁路布局，目前基本形成以天津港、秦皇岛港、黄骅港、唐山港为主，日照港、连云港、青岛港以及营口港、锦州港、烟台港等沿海港口为辅的北煤下水港体系。

2015 年，北方的 11 个运煤港口共发送煤炭 6.15 亿吨。环渤海六大港口（天津、秦皇岛、黄骅、京唐、国投京唐、国投曹妃甸）的煤炭下水量为 5.67 亿吨，占到北煤南运的 92.2%。其中，天津港和京唐港的煤炭发送量增长较为明显，分别完成煤炭吞吐量 9459 万吨、3675 万吨，分别增加了 1622 万吨和 734 万吨；而黄骅、秦皇岛、国投曹妃甸等港口煤炭发送量均出现大幅下滑，国投京唐港出现小幅下滑，与上一年相比，这四个港合计减少的煤炭发送量达 6667 万吨。图 16-3 为 2015 年北方运煤港口煤炭发送量。

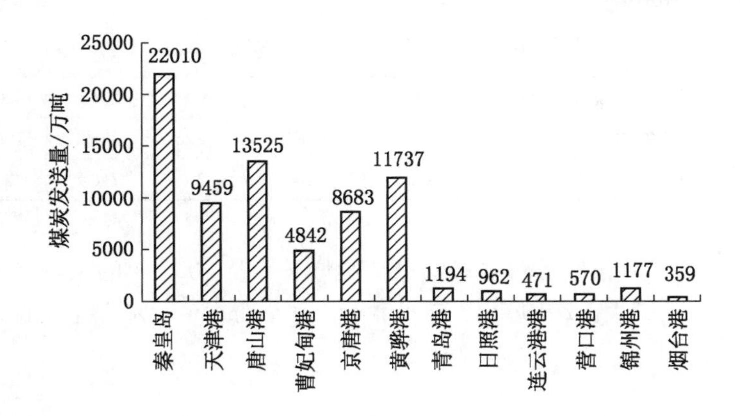

图16－3　2015年北方运煤港口煤炭发送量

秦皇岛港占据我国北煤南运下水量的半壁江山，是北煤南运、西煤东调大通道上的主枢纽港。唐山港是国家“西煤东运”第二条大通道的主要出海口，也是我国继秦皇岛港之后的第二大煤炭输出港，2015年煤炭发运量达13525万吨。

2015年10月，全国港口煤炭发运量4948万吨，其中北方七港煤炭发运量4530万吨，占全国主要港口煤炭发运量的91.55%。其中秦皇岛港1582万吨，黄骅港928万吨，天津港864万吨，占全国主要港口煤炭发送量平均比重分别为31.97%、18.76%和17.46%。

与北方沿海水运运输港口相对应的是江苏、上海、浙江、福建、广东等沿海地区以电厂等大型用煤企业自建的专用码头和公用码头组成的煤炭接卸港，主要接卸港包括上海港、宁波港、广州港，占接卸量的50%以上。

2）内河运输

内河煤炭运输是指利用我国主要的内河水系（长江水系和京杭运河等）进行煤炭运输。长江沿线港口包括武汉港、宜昌港、芜湖港和南京港；京杭大运河港口主要包括徐州港。

以鄂湘赣3省为例，这三个省所处的两湖一江地区一直是我国重点的煤炭调入区域。其中，湖北省距离煤炭产地最近，岸线资源好，且内河港口众多。2010—2013年，湖北省煤炭调运中水运占比由9%上升至25%；湖南省较湖北省来说，距煤炭产地更远，调入区域重叠，湘江内河航道开发尚待完善，2011—2014年，煤炭水运占比由26%上升至38%，有约10%的铁路煤炭运量转为水运；江西省是3个省中距煤炭产地最远的省份，2013—2015年江西省煤炭调运中水运占比逐年上升，由24%上升至32%。

3. 公路煤炭运输

公路运输具有方便、可“门到门”等优点，在煤炭运输中主要承担产煤地和周边省份的短途运输，或铁路、港口煤炭集疏运输。尽管长距离进行大宗煤炭运输不属于公路运输的优势范畴，但当铁路运力存在不足时，客观存在的煤炭运输需求也部分转向公路运输。长距离跨地区公路煤炭运输主要集结在陕西、内蒙古等地区。部分煤炭运距短，铁路装不上车，因而成为铁路运输的“盲区”，基本由公路“拾漏补缺”。表16－1为公路煤炭历年运输量。

表16－1　公路煤炭历年运输量

年　份	2005	2006	2007	2008	2009	2010	2011	2012
公路煤炭运输量/万吨	97620	110815	117800	126097	137826	147533	150784	157621
年增长率/%	11	13.52	6.30	7.04	9.30	7.04	2.20	4.53

从表中可以看出，我国公路煤炭运输量持续增长，从2005年的9.8亿吨发展到2012年的15.8亿吨，规模庞大。2010年以前，年增长率大部分在7%以上。此后公路煤炭运输量增速放缓。

第二节　现代煤炭物流的信息化建设

我国是煤炭生产大国，煤炭物流在整个物流体系中占有较大的比重，推进我国煤炭物流信息化建设具有重要意义。在电商经济时代，信息化建设是企业开展业务的核心支撑平台，信息化程度的高低已然成为评价一个企业实力的重要指标。物流信息化是指物流企业运用现代信息技术搜集、分析和控制物流信息，以实现对货物流动过程中信息流的管理和控制，同时达到对物资流和资金流的有效管理。通过提高煤炭物流运作过程的标准化、自动化程度以及物流决策的水平，达到合理配置煤炭资源、降低物流成本、提高服务水平的目的。

一、我国煤炭物流信息化现状

1. 信息化基础性建设现状

基础设施建设是物流信息化建设的基础，先进的信息技术是物流信息化建设的支撑，是提高企业信息能力的保障。企业信息能力基础性建设能力体现在信息基础设施、信息管理机构和信息人员的建设方面。基础设施建设包括各种信息技术的应用，煤炭物流信息化基础建设技术落后，具体表现在非行业化的流程系统软件应用上。由于非行业化信息系统无法针对专业的煤炭物流过程进行专业的技术支持，缺乏一个公共平台，造成信息流的断层和滞后，信息交流肤浅，最终导致信息传统通道受阻。信息管理机构是统筹规划整个信息能力建设的主导者，信息管理机构的缺失或者能力低下，从源头上影响着整个信息能力的建设。在中国煤炭物流行业，信息管理机构碎片化比较严重，多以区域性的信息机构为主，各区域性信息管理机构之间缺乏信息的连接及沟通。而全国性的煤炭信息管理机构对煤炭物流方面涉及的又比较浅显。整体来说，在中国煤炭物流领域缺乏一个能引领全国煤炭物流发展的综合性信息平台。在一个需要快速的信息交换才能换得生产力的时代，综合性信息平台的缺失已成为阻碍中国煤炭行业发展的关键因素。至于信息人员方面，正由于公共信息平台的缺失，信息技术的落后，影响了整个物流信息行业的发展。根据人才建设的驱动力因素分析，行业发展落后，本身就说明人才能力的不足，再加上由于行业发展的落后更难吸引到专业化的人才。从而进入行业发展与人才发展的恶性循环中。

2. 信息应用能力的现状

信息应用能力体现在信息资源管理能力、业务流程信息化能力和信息创新能力三个方面。信息资源的管理能力是指在面对庞大的信息量时企业能通过对大量信息的搜集、筛选、加工后在部门与部门之间、企业与客户之间以及企业与上下游的利益相关者之间进行高效的、及时的传递。业务流程信息化能力是指企业利用信息技术整合企业职能，使企业流程优化，组织结构优化，提升企业管理水平，降低产品成本的一种基于信息技术的管理能力。信息创新能力是指在现有技术基础上，根据现实情况的变化，实时地将业务流程和工作标准以及软件本身融为一体，开发出实用的信息技术或信息软件，以适应现实的需要。如今，我国不少煤炭企业常常面临沟通不畅，信息无法及时获得，管理效率低下，资源和资源之间各自为政，难以统一管理和协调的现状。这是因为随着企业规模的增加，业务量的增多，以及业务流程的日益复杂，企业需要统筹的信息量与日俱增，这就更需要企业打破各种沟通和管理的屏障，实现对管理和运营各环节的掌控、调配和协作。面对这种现状，由于信息技术和信息平台的缺失，各种信息的搜集、传递、加工能力跟不上管理的需求，从而在信息的时效性上大打折扣。

二、煤炭物流信息化建设目标

现代物流配送中心信息系统的建设应能充分体现现代化管理的思想与方法、先进信息技术的综合应用，应能充分实现信息资源的共享和企业资源的集成，具有良好的开放系统结构，能够连接外部系统并且安全可靠。其建设的具体目标有：

1. 服务应是物流信息化的核心

物流信息化已成为部分发达国家企业，如美国企业用以降低物流成本、提高客户服务水平、提高自身竞争力的基本工具，并成为物流企业提供第三方物流服务的前提。他们采取客户需求作为物流信息系统建设的出发点，通过先进的信息技术，实现与供应链合作伙伴的信息沟通和共享。特别是物流企业利用信息系统建设的重要基础，为客户提供信息服务。然而，在中国虽然大多数企业已经认识到物流信息化建设的战略性意义，但真正投入使用的却寥寥无几。因此，我们需要采取以服务为核心的物流信息服务战略，提供更好地符合客户服务需求的物流管理模式和操作流程。在该业务需求的基础上，建立一个合格的物流信息系统。

发达国家企业物流信息的最大特点是有效地在物流业务领域里应用先进的信息技术。首先，他们广泛使用互联网建立物流信息平台，再加上互联网的发展、规范化管理、安全软件、技术设备的发展，这些先进技术的应用为物流信息化建设创造了一个良好的环境。其次，他们将优化的物流运营过程集成为软件信息系统化，并形成一个相对成熟的标准化和模块化的物流过程以及供应链软件产品，从而为物流信息系统的建设提供技术支持。再次，公共物流信息平台的发展加强了企业内部以及企业之间的沟通；ASP（Application Service Provider）模式的使用，减少了物流企业的信息成本。近年来，从政府到企业，我们对物流信息化重要性的认识不断提高。我们与他们的差距主要表现在应用程序上。中国目前物流信息系统的建设主要是在特殊的线上，无法促进信息网络之间的连接。此外，由于可靠的成熟物流软件在实际应用中的缺乏，企业不敢在物流信息系统的建设上投入太多。此外，起点低和周期长也成为制约其发展的主要因素。更重要的是，缺乏公共物流信息平台使企业物流信息系统成为信息孤岛，从而加大了中小企业信息化建设的困难。因此，推动我们的物流信息化的关键是创造一个良好的应用环境，并更好地将其应用。

2. 标准化构成物流信息化建设的基础

物流活动包括运输、仓储、包装、配送、流通、加工等各个环节。如果物流信息系统已连接到整个供应链中的所有合作伙伴以及各个部门，由于缺乏基本的信息标准，以及不同的信息系统接口所要求的信息技术发展的限制，势必会造成各部门各企业之间数据交换的困难。将编码、文件格式、日期界面、电子数据交换、全球定位系统及其他相关法规进行规范化、标准化以消除不同企业之间信息沟通的障碍将成为必要的基础工作。美国行业协会在建立物流标准方面发挥了重要作用。如他们对条形码、信息交换接口的标准化，极大地促进了物流企业与客户、分包商、供应商之间的沟通，更有针对性地为他们提供服务。同时，文件、程序以及其他相关数据的工业标准化已经融入物流软件中了，为企业物流信息系统建设创造了一个良好的环境。

3. 集成化是煤炭物流信息化建设的延伸

物流配送服务项目之间的集成除了传统的储存、运输、包装、流通加工等服务外，在外延上可扩展至市场调查与预测、采购及订单处理、向下延伸至物流配送咨询、物流配送方案的选择与规划、库存控制策略建议、货款回收与结算、教育培训等增值服务。在内涵上提高了以上服务对决策的支持作用。物流配送功能集成化包括物流渠道与商流渠道的集成、物流渠道之间的集成、物流功能的集成、物流环节与制造环节的集成等，即信息流、工作流、资金流的集成以及目标之间的集成。从系统角度统筹规划整体的各种物流配送活动，处理好物流配送活动与商流活动及公司目标之间、物流配送活动与物流配送活动之间的关系，不求单个活动的最优化，但求整体活动的最优化。

三、煤炭物流信息化建设原则

1. 与企业的物流战略相匹配

煤炭物流信息化建设虽然是提升企业运作效率和竞争力的强劲推手，但如果企业不顾内部发展的需求盲目投资，很有可能会造成投资浪费或过度投资，不仅不能发挥信息化的优势为企业发展注入动力，反而因为盲目跟风而增加企业的负担。所以，信息化建设的前提条件一定是企业对其有真正的需求。

2. 具有整体性的系统结构

物流信息系统的规划和实现是一个“自顶向下规划，自下向上实现”的过程。在物流信息系统规划阶段，采用自上向下的规划方法和自下向上的实现路径，可以保证系统结构的完整性和信息的一致性。在整个物流管理系统中物流信息系统起着承接的作用，在遵循公司整个战略计划的前提下，应兼顾其他管理层、作业层的需求。在规划阶段，考虑问题不宜过细，应主要考虑战略层和管理层的需求，但同时也要兼顾作业层的信息需求，将低层的操作问题提炼和升华为高层管理问题。从规划和实现两个方面把握信息系统的整体性建设。

3. 具有可行性

可行性包括技术可行性和经济可行性。技术可行性是根据现有的技术条件能否达到所提出的要求，项目涉及的关键技术是否已经成熟，是否还存在着重大的技术风险，所需的物理资源是否具备。尤其要考虑到信息系统开发成员中是否有人掌握这种技术。不能一味地追求最新、最先进的技术。信息化建设的优势有目共睹，对信息化建设的意识也日益深入。但信息化建设是一个投入比较大的项目，在信息化建设时应对其成本/效益进行分析，当总收入大于总成本时才值得投资开发，不可盲目跟风的开展信息化建设。

4. 具有稳定性与安全性

煤炭物流公共信息平台是一个基于互联网技术，面向用户的、开放的物流管理信息系统。因此，首先必须具备一定的稳定性，保障系统在运行时数据库和网络通信系统等不能瘫痪；其次平台必须具有一定的安全性，具备抵御各种病毒、黑客攻击、预防信息和数据泄露、篡改等安全防范措施。

四、煤炭物流信息化平台建设

（一）煤炭物流公共信息平台的内涵

物流信息化多以公共信息平台的形式表现。在全国物流信息管理标准化技术委员会（CLISC）牵头制定的《物流公共信息平台应用开发指南》(GB/T 22263.8—2010）中将物流公共信息平台定义为“物流公共信息平台是以物流信息系统为基础，运用现代的信息与网络技术、计算机技术，整合行业内外、区域的信息资源，系统化地采集、挖掘、加工、存储、发布、共享行业内外的物流信息与数据，为平台用户提供全方位的物流信息服务、辅助决策和相关业务办理，从而达到对供应链的计划、协同、执行、监控的有效和同步管理”。平台以专业、全面、简易、自助为标准，内容涉及物流行业的方方面面，其丰富的内容和强大的功能能够满足物流行业及周边人员实现物流及相关资料查询，将带来物流行业网络信息的聚集，通过信息共享机制实现一站式满足所有物流人需求。平台的建设是物流行业发展的基础，可满足政府对行业宏观调控的需要，通过平台实现政府与政府之间、企业与政府之间的信息传递功能。通过平台还可实现对运输计划制定支持功能、车辆运行管理支持功能、物流服务需求信息发布功能和支持行业规范管理。除此之外，还有货物跟踪管理、货物交易管理、交易信任认证管理和撮合物流业务合作的增值性功能，最后，通过数据的综合分析可提供物流业务发展宏观规划和决策分析功能。

针对物流信息化的平台化发展模式，煤炭物流以物流公共信息交换平台开展对物流供应链的综合管理。通过运用互联网的电子商务手段解决传统煤炭供应链的问题，创新煤炭行业新业态，综合物流信息平台的构建一般可划分为企业级的物流信息平台和区域性物流信息平台以及全国性的物流信息平台三个层次。

（二）煤炭物流公共信息平台总体架构设计

网络通信结构模式常见的有客户机/服务器模式（Client/Server，C/S）和浏览器/服务器模式（Browser/Server，B/S)。而作为煤炭物流公共信息平台设计中采用浏览器/服务器（B/S）模式作为平台设计的体系结构。其特点是客户端统一通过浏览器向 Web 服务器提出申请，由 Web 服务器对数据库进行操作，并将结果传回客户端。用户通过电脑、手机等终端可以应用系统提供的功能。系统功能实现的核心部分集中在服务器上，这样简化了客户电脑的载荷，实现了客户端零维护。此结构具有开发简单、共享性强、响应速度快、业务扩展简单、系统升级和维护工作量小、成本低等优点，还具有分布式特点，可以随时进行查询、浏览。

煤炭物流公共信息平台实际上是一个复杂的系统工程，就是将现有的、分散的、异构的各物流信息系统考虑进去，应用现代信息技术将一系列硬件、软件组合在一起，实现各种应用服务的集合。煤炭物流信息系统的框架模型由四个层次组成——技术层、应用层、信息层、业务层，它们相互联系和支撑，其中安全防护层贯穿平台的整体结构之中。

（1）技术层。煤炭物流公共信息平台功能的实现需要各种技术支持，基础设施包括支持物流信息系统运行的软硬件平台，另外还有信息系统单元技术，包括数据自动采集、空间数据管理和电子数据交换等。

（2）应用层。应用层对应着面向最终用户的各种应用程序和具体实现方式的结构化描述。目的是建立一个功能性框架，为信息化投资合理判断提供决策支持，也为应用系统的重用提供机会和机制。

（3）信息层。信息层是主要面向用户的，在对业务层的需求分析中能够得出一些与煤炭物流管理业务密切相关的信息，包括各种表格、报表、合同、文件等。此外还包括对数据进行处理，将收集、加工的物流信息以数据库的形式加以存储，方便用户进行相关信息的查询、搜集和使用，为整个物流信息系统提供支持。

（4）业务层。在煤炭物流管理过程中包括订单管理、库存管理、运输管理、配送中心管理四个作业环节，通过相应的应用软件对各作业环节进行计划、选择、管理，提高作业效率。

（三）煤炭物流公共信息平台的整体运行途径

煤炭物流公共信息平台的整体运行途径是客户通过信息平台发布服务请求，并将客户信息披露在信息平台上，方便物流企业根据自身的能力主动与服务请求进行匹配；同时物流企业也可通过物流信息平台发布企业的各种信息以及服务能力。在信息平台内部有包括物流作业系统、客户管理系统、财务核算系统等其他系统在内的应用层子系统。通过数据转换与信息平台进行双向的信息传递；在物流作业系统中包括订单管理系统、库存管理系统、运输管理系统和配送管理系统。通过与物流作业系统之间数据的双向传递最终实现与信息平台之间的双向信息传递功能。

第三节　煤炭物流园区建设

一、煤炭物流园区发展历程

我国煤炭产销呈逆向分布，同时作为大宗散货商品，煤炭需要大量的运力和不同运输方式的衔接，煤炭物流园区在其中发挥着重要作用。实际上，我国煤炭物流园区早已产生，只要有煤炭流通中的转运点，就有物流园区，只不过在作业设施、规模上有所不同，典型的就是铁路的煤炭发运站和煤炭转运港口。这些节点承担着煤炭转运、装卸、堆存的职能，但是这些园区的特点是简单粗放、作业工具简单、作业效率低、计划性差，与其说是物流园区，不如说只是煤炭装卸点，此时园区最大的作用就是作为煤炭的一个中转点，即将一种运输方式换成另一种运输方式。此外园区的服务意识、效率意识、市场意识、环保意思都很淡薄，尤其是在煤炭发展的黄金十年，园区甚至成为煤炭运力之后的第二瓶颈（如港口园区的装卸能力有限）。煤炭物流园区长期处于粗放式发展中，其中虽然有社会整体服务意识、环保意识落后等原因，但主要与我国煤炭市场长期的供不应求状态有关。我国能源结构以煤炭为主，持续高速的经济增长使得煤炭长期处于供不应求的状态，市场消费主体关注的是煤炭产品，而中间流通中的铁路、港口、园区等多数具有国有垄断性质，致使我国煤炭供应链长期处于粗放式状态，煤炭物流园区的发展因此也相对落后。

2008 年以后，煤炭市场进入变革期，首先是国家煤炭政策不断调整，一是一系列制约煤炭市场化的政策取消，如煤炭“两证”取消、煤炭价格双轨制取消，二是煤炭储配基地、煤炭交易市场等煤炭产业规划政策出台。其次是煤炭市场供不应求的状态开始转变，受国际金融危机影响，我国经济增速放缓，尤其是 2012 年，整体市场的煤炭需求不旺，加上煤炭产能集中释放等因素，煤炭市场开始改变，由卖方市场变为买方市场，煤炭交易由过去的“预付款订购”变为“赊购”或“货到付款”，而且煤炭价格也随着煤炭产能的释放而逐步下降。因此，煤炭流通效率问题凸显，煤炭供应链问题开始受到重视，市场各利益相关方开始关注如何提升煤炭供应链效率、降低煤炭流通成本以及如何提升煤炭价值等问题。煤炭物流园区也由此进入一个新的发展阶段，多数规划和新建园区不仅包含煤炭装卸、堆存等功能，而且还增加了煤炭加工功能以及其他增值服务，同时园区作业采用现代化的信息网络技术，其在功能、作用、运营方式、运营水平等方面与传统的煤炭物流园区有明显的区别，我们称之为煤炭智能物流园区。

二、煤炭物流园区类型

长期以来，我国煤炭物流园区只是简单地进行煤炭装卸、堆存，随着近年来科技信息水平的提升和市场环境的变化，煤炭物流园区的服务项目和水平在逐步提升。现阶段我国煤炭物流园区处于新建与转型并存、先进与落后并存、单一功能与多种功能并存的阶段，诸多园区处在建设和转型过程中，要界定一个园区属于哪种类型并非易事。但是，从供应链角度分析，物流园区是供应链中的一个节点，是供应链的重要组成部分，煤炭物流园区也是如此。

煤炭物流园区解决的是煤炭产品的运输问题，煤炭从生产到消费的流通过程中，一般需要经过产地、中转地、消费地三个节点。根据在煤炭流转中所处的节点位置，可以将煤炭智能物流园区分为产地型煤炭智能物流园区、中转地型煤炭智能物流园区和消费地型煤炭智能物流园区。

1. 产地型煤炭物流园区

产地型煤炭物流园位于煤炭生产集中地，位于煤炭供应链的上游，主要是通过汽运将周边煤矿的煤炭运至园区，进行堆存、破碎、洗选、混配，然后通过汽运或铁路等运输方式发运出去。

产地型煤炭物流园区的核心优势是依托靠近煤炭产地形成的资源集聚性，在供应链中发挥的功能包括集中转运、提高质量等。其中，煤炭集中主要依靠汽运，由于汽运成本限制，经济辐射半径一般为 50 ~ 70 km。从空间分布上看，“三西”地区是我国大部分产地型煤炭物流园区的集中地，并且绝大多数是依托铁路线路而建。

这类物流园区的建设和发展的关键点是充足的煤炭资源和铁路、汽运等运力条件。其中，因为我国煤炭外运主要依靠铁路，铁路运力是影响产地型煤炭智能物流园区建设和发展的最重要因素。具体来说，此类物流园区建设的要点有：

（1）要有可靠的铁路运力。产地型煤炭智能物流园区重点在对煤矿的原煤进行集运加工处理并外运至煤炭消费商处，对铁路的依赖性很强。因此，此类型的煤炭智能物流园区最好建在铁路主干线上或周边，但是必须得到铁道部的认可与支持，以确保煤炭能按时通过铁路运出，提高煤炭智能物流园区的声誉与可靠性。

（2）要有充足煤源。产地型煤炭物流园区旨在对原煤进行综合加工处理，形成标准化和个性化的成品煤。如果仅仅是这个界定，那么与大型煤矿的煤炭综合加工处理设施并没有区别。实际上，产地型煤炭智能物流园区可看作是多个煤矿共同建设的煤炭综合加工处理基地。因此，产地型煤炭物流园区最好建在多个中小煤矿的中心区域，与诸多煤矿的公路运距不超过 50 km，从而建立起园区与煤矿较强的联系与依赖。

（3）具备煤炭集运加工等多种功能。产地型煤炭物流园区必须具备煤炭集运加工等多种功能，产地型煤炭物流园区煤源相对集中，煤质差异较小，其加工处理的主要工序是蹄分与洗选，生产出品质稳定的标准化成品煤，继而通过铁路运至煤炭消费商手中。

在该类型园区中，集运而至的是质量有所差异、不同煤矿的原煤和质量较稳定的洗选煤，经过园区的加工处理，装运出去的是单品种质量稳定的标准成品煤和少品种质量稳定的标准成品煤。

产地型煤炭物流园区通过对原煤或少量洗选煤的加工处理，生产出品种少、质量稳定的标准化成品煤。产地型煤炭物流园区的核心价值在于聚少成多的集聚性与产品标准化和质量的稳定性，充分发挥单品种或少品种大批量的规模经济，尽可能减少配煤品种的多样性，毕竟这只是煤炭流通环节的起点，距离煤炭消费企业还较远，难以满足煤炭消费企业的产品个性化需求。

2. 中转地型煤炭物流园区

中转地煤炭物流园区是指位于煤炭供应链的中间环节，在煤炭流通中间环节不同运输方式连接处的物流园区，其依托煤炭物流的便利性，对从多个煤矿或产地型煤炭物流园区运来的煤炭进行加工处理，再运往多个煤炭消费地或消费型煤炭物流园区。我国煤炭产销不对称，煤炭供应链环节较多，从煤炭生产到消费需要经过多种不同的运输方式，如煤炭从山西到湖北，一般经过铁路、海路、内河、汽运等运输方式，不同运输方式之间的转运就会产生煤炭的装卸、堆存，由此便在运输连接地形成中转地型物流园区。根据我国煤炭运输的特点，其主要位于沿海、沿河的港口，较为典型的中转地型物流园区有秦皇岛港、曹妃甸港、广州港等港口煤炭物流园区。

这类园区选址与建设也应至少注意两点：

（1）具备枢纽港口的战略地位。这类园区所备选的港口往往位于国内重要的海运港口，多是煤炭下水或海港，也可是国际煤炭进口的上水海港，具备良好的铁水联运能力，有较大规模的年吞吐量，码头煤炭装卸设施先进，在国内煤炭流通业中具有较大的影响力。

（2）园区除了正常的加工处理能力外尽可能具备较大的储备能力，以便可兼作国家或区域级的煤炭储备中心。中转地型煤炭智能物流园区在煤炭流通环节中承接着上游煤源并连接着下游煤炭用户，对煤炭流通上下游企业都能够发挥或大或小的影响，因此，这类园区建设规模尽可能大些，煤炭年吞吐量超过3000万吨较为理想，能对煤炭上下游企业发挥较大的影响。另外，这类园区在战略定位与功能设计中，除了必要的煤炭集运、洗选配、发运功能外，还要设计必要的空间作为煤炭储备库之用，既可作为上游煤炭企业的缓冲库又可作为下游煤炭用户的应急库，进而作为国家或区域级的煤炭应急储备库。

中转地型煤炭物流园区的入园煤炭资源丰富，可配煤的选择性强，可以配置出多品种的标准煤，也可配置出个性化的成品煤，不过中转地型煤炭物流园区距煤炭消费商还有一定的距离，因此，这类园区运出的煤炭还是以多品种标准配煤为主，兼顾少量的单品种配煤，尽可能少的个性化配煤，主要获得规模经济与一定的范围经济。

3. *消费地型煤炭物流园区*

消费地型煤炭物流园区是指靠近煤炭消费地而建的园区多位于煤炭消费用户较为集中的地点，接近煤炭流通环节的终端，是为煤炭用户提供及时化与个性化服务的园区。园区煤炭可以直接服务于煤炭消费企业，如武汉煤炭物流配送中心、北企（宁波）物流园区。这类园区要求周边（一般为100 km范围内）有诸多煤炭消费企业，包括电厂、冶炼厂等。这类园区的选址与建设一般应注意以下三点：

（1）煤炭用户较多并相对集中。消费地型煤炭物流园区是为众多煤炭消费企业提供集中服务的场所，因此，园区周边在100 km范围内至少有不低于5家煤炭用户，而且这些用户的煤炭年度消费煤炭总量达到500万吨以上，否则就失去建立园区的意义。

（2）具有良好的运输条件。这类园区可以位于重要的海港、沿江与内河码头，也可以位于有铁路直达的内陆地区，通过水运或铁运把多方煤炭运入，在园区加工混配后，再通过汽运或内河水运把个性化配煤运往煤炭用户处。

（3）智能化程度高。消费地型的煤炭智能物流园区是多家煤炭用户共用的煤炭混配与储备库，必须与各家煤炭用户的信息系统对接，掌握用户煤炭消费即时信息。另外，园区的配煤加工能力较强，尤其能够根据用户的需求配制个性化成品煤，实现煤炭供应链管理的延迟制造，为煤炭用户提供优质的个性化服务。再有，园区必须具备较大的库存空间，可以储备一定数量的煤炭。

消费地型的煤炭物流园区临近煤炭用户，可以为用户配送个性化成品煤，这类园区的煤炭输出以个性配煤为主，通过个性化配煤实现了煤炭供应链管理的延迟制造，即在煤炭流通的客户端根据用户的实际情况配送个性化产品。当然，这类园区也可配送一定比例的多品种的标准配煤以及少量的单品种配煤，从而满足煤炭用户的需要。

三、煤炭物流园区的主要特征

煤炭物流园区既具有一般性物流园区的特征，也具有自身的独特特征，结合煤炭物流园区发展趋势，从煤炭供应链相关理论的角度，对煤炭物流园区应具备的特征给出了详细而系统的阐述。煤炭物流园区的特点可以概括为“五性四化”。

1. “五性”

“五性”是指服务性、多功能性、综合性、集散性和集结性。

（1）服务性。煤炭物流园区看似煤炭加工厂，但它是煤炭供应链的一个节点，是煤炭供应链管理的一个环节，而煤炭供应链管理是一种服务，煤炭智能物流园区输出的产品不仅仅是煤炭，还包括以煤炭为核心的多种服务。煤炭智能物流园区的服务性决定了园区本身是服务的载体，收取各项服务费，本身不占有煤炭物权，即不涉及煤炭贸易。

（2）多功能性。煤炭物流园区虽然有不同类型，其功能也不尽相同，但均非单一功能，在堆存、装卸、运输等基本功能之外，还包括煤炭洗选配等增值服务、咨询管理、方案设计等附加服务以及酒店、餐饮等配套服务。煤炭智能物流园区是多功能的集合体。

（3）综合性。煤炭供应链包含实物流、资金流、商业流和信息流四个价值流。综合性即是指煤炭物流园区既有煤炭的实物流，也有伴随实物流而进行的商业流、资金流和信息流。

（4）集散性。煤炭物流园区既是多方向、多煤种煤炭的集中地，也是多方向、多煤种煤炭的分散地。物流园区的集散性表明，煤炭物流园区的煤炭来源与煤炭产品的去向必须多样化，如果煤炭来源单一或去向单一园区的意义就大为降低。这一特性体现出一般物流园区集聚性的特点，煤炭物流园区不是一个煤炭企业内部的业务节点，而是多家市场相关方的聚集地，必须保证园区的开放性和进出煤炭的多样化，这样才能称之为煤炭物流园区，才能发挥其应有的作用。

（5）集结性。煤炭供应链涉及多种资源类型，如煤炭采购、运输、煤炭供应链金融等，这些资源往往掌握在不同主体手中。在实际运营中，园区是集结而不是整合这些资源，通过集结形成利益共同体，共同完成园区的多种功能，实现“价值共创、收益共享”。

2. “四化”

“四化”是指主题园区化、加工增值化、业务智能化和环境友好化。

（1）主题园区化。指煤炭物流园区是以煤炭流通这一主题而建设的，与之无关的产品不应纳入其中。这些业务必须围绕特定地点开展，并非泛泛而谈。另外，煤炭园区也有一定的规模要求。园区的占地面积不可少于500亩，煤炭年加工处理量应不低于1000万吨。

（2）加工增值化。指煤炭物流园区要围绕煤炭加工和增值服务开展，积极引入利于煤炭增值的服务或业务，包括直接和间接，有助于煤炭加工增值的业务就可纳入其间，而无助于煤炭增值的业务和服务，则应放弃引进或者清理。但是要注意具体问题具体分析，有些间接有助于煤炭的加工升值的业务也需纳入其中。

（3）业务智能化。指煤炭物流园区要建立在先进的信息技术基础上、有高效的信息技术支撑，包括智能化、数字化的操作设备和先进的信息传递、处理技术，实现煤炭洗选配的数字化、煤炭实物流的可视化、信息传输的即时化。同时，园区的运行辅以智能化设备，可根据情况的变化进行智能化调整。

（4）环境友好化。煤炭属于大宗散货商品，在装卸、运输作业中伴随着大量的粉尘污染、土地污染，煤炭物流园区要实现作业的封闭化，解决煤炭储、配、运过程中的环境污染问题。

四、煤炭智能化物流园区建设情况

1. 山西煤炭进出口集团长子煤炭物流园区

该项目位于长子县大堡头镇，与晋豫鲁铁路通道长子南站接轨，总投资23亿元，占地1540亩。所兴建的物流园区是集煤炭物流、加工销售、配套服务为一体的多功能、综合性产业园区，建成后，园区可以实现路企直通、直进直出、整列到发，年可吞吐货物1500万吨，实现产值150亿元。

2. 内蒙古大红城物流园区与红进塔物流园区

该项目位于内蒙古和林格尔县境内，年煤炭发运量可达1200万吨左右，项目接轨太原局管辖的大准铁路。在准朔铁路，建设内蒙红进塔物流园区项目。红进塔物流园区项目位于蒙西煤炭资源最优、产量最大的鄂尔多斯地区，周边煤田具有“一高三低”（低灰、低磷、低硫、高发热量）的特点，年煤炭发运量达2000万吨，项目接轨太原局管辖的准朔铁路。

3. 安徽宪湖裕溪口煤炭物流园区

裕溪口是我国内河最大的机械化煤港，与汉口、浦口、枝城并称为长江煤运“三口一枝”，主要担负着安徽省内淮南、淮北、皖北、新集四大煤矿以及山西、河南等部分省外煤矿的煤炭堆存、中转和运输，是安徽省最大的能源输出港。2009年，淮南矿业决定在此打造煤炭物流基地，在之前功能的基础上，增加选配、交易等服务功能，目前已经初步建成，园区吸引了山东、山西、上海、江苏、江西、四川、陕西等省市的客户。

4. 靖江数字化配煤基地

该基地位于江苏省靖江市的长江北岸，主要从事煤炭转运、储存、配煤及提供煤炭交易平台和信息等服务。码头和后方基地建好后，将从秦皇岛运输煤炭到靖江储备、中转、交易等。项目一期占地424亩，投资11.96亿元，年煤炭中转量达660万吨。整体项目建成后，总规模可实现年接卸、中转2200万吨煤炭的能力。

5. 宁波北企外贸煤炭中转配送基地

该基地位于北仑穿山港区，依托光明码头建设，是我国煤炭进出口的港口之一，特点是“水水中转”，即海运和河运的衔接处。基地提供中转、堆存、配煤等服务。

6. 曹妃甸数字化配煤基地

项目位于曹妃甸煤炭码头二、三期陆侧，总占地面积1481亩，总投资27.1亿元，建成后可达到煤炭流通量5000万吨/年、动态库存416万吨的能力。主要建设内容包括铁路来煤系统、蹄分系统、储煤系统、初级配煤系统、精确配煤系统、装船系统、地销煤系统、生产集控及调度系统等，留有铁路外运的接口，并相应配套部分生产辅助设施。目标是成为“煤炭沃尔玛”。

7. 孝龙煤炭综合物流园区

该园区位于孝义市梧桐镇南姚村与西董屯村交界处，占地面积1162亩，以满足用户需求为目标，是集流通、加工、运输、仓储、堆存、配送、包装、信息等服务为一体的物流体系。其中，原煤堆场进行全封闭地下储存，经选、配后的产品通过全封闭输送带运送至发运站台或装车点进行密闭储存。建设项目包括交易大厅与物流配送中心、选煤厂、配煤厂、铁路专用线、天然气加气站与综合服务区、天然气专用车4S店、综合检查站七大功能区。

8. 日照煤炭储配物流园

该项目位于山东省日照市，项目的依托是中南出海大通道和日照港的煤炭集港运输能力。园区的主要功能包括煤炭加工、煤炭储配、物流配送等。该项目的设计能力为年吞吐量1500万吨，投资规模为25亿元。

9. 福建可门港数字化煤炭储配基地

该项目位于福州市连江县罗源湾南岸。项目总投资16.6亿元，设计中的4号泊位年吞吐能力2000万吨，5号泊位年吞吐能力1000万吨。

除以上园区之外，还有多地也在建设煤炭智能物流园区，这里不再一一列举。通过以上园区可以看出，煤炭智能物流园区具有投资大、规模大、服务功能多、技术先进等特点。但同时也能看到，煤炭智能物流园区是建设中居多，而投入运营的少，说明我国物流园区尚处于起步和探索阶段。

第四节　煤炭交易市场建设

煤炭产运销运行体制，要求我们必须符合中国特色市场经济发展要求并遵循价值规律，而煤炭产运销过程中的各项经济活动，不是放任自流和盲目竞争的，而是一个受国家宏观调控的有秩序的过程。从总体上看，应当融会贯通于煤炭生产、交易、运输、需求各个环节和整个过程。

一、煤炭交易市场建设的必要性

（一）煤炭交易市场建设的必要性

近年来，以市场为龙头，推进和引深整个煤炭产运销体制改革的较理想选择，就是有计划、有步骤地建立具有中国特色的各类煤炭交易市场。其建立将使整个煤炭产业发生深刻的变化。

（1）有助于促进煤炭生产企业经营机制的转换，使市场在规范煤炭企业行为中发挥重要作用，推动煤炭企业改革取得实质性进展。

（2）有助于减少国家作为利益分配主体而引发的各种利益冲突和矛盾瓜葛。将一年一度的全国煤炭订货会议代之以经常性的、规范化的煤炭市场交易来进行，可理顺各方面的利益关系。

（3）有助于在较短的时间内理顺煤炭价格。鉴于我国国情，在煤炭市场上可实行国家指导下的议价制度，生产者、消费者都可以通过市场实现对价格的预期和实现，从而将价格波动带来的风险降到最低。价格随市场供求状况发生的波动就会规则得多，就会在一定的振幅内既可大致符合其价值，又可基本反映供求，从而实现理顺价格的目的。

（4）有助于降低煤炭流通费用。煤炭市场的建立，使生产者、消费者都可以直接或间接进入市场交易，从而大大减少了煤炭流通的中介环节，节约了流通费用，直接提高了生产者和消费者的经济效益。

（5）辅助煤炭生产企业完善内部经营管理，促进市场竞争，提高企业素质。进入市场的煤炭企业，其产品质量、规格、交货日期都必须按照市场合同的规定予以保证，否则企业将遭受利益损失，这就为进一步约束和规范企业经营管理行为，完善企业经营管理机制增加了压力，提供了动力。

（6）有助于煤炭产运销各环节协调运行。煤炭市场中的合同应当具有相应的运力做保障，因此，煤炭生产单位的生产计划就必须与运力保障联系在一起通盘考虑，从而使产运销脱节的现象得以扭转。

（二）煤炭交易市场建设的基本条件

煤炭市场建设的地理位置选择需要考虑一系列的经济地理条件。根据国外生产资料市场建设的经验和煤炭产运销的基本特点，一般需考虑的因素有以下几个方面：①历史形成的煤炭集散和贸易中心；②具有充裕可靠的货源和较大仓储发运能力；③优良的交通运输条件；④较高的经营管理水平和具有多方面开发潜力的人才队伍；⑤充足的金融实力和良好的金融服务条件。

国外同类市场建设的一般规律是，由于农产品和矿产品的市场交易与生产量的大小直接相关，因此市场一般都建在产地中心，而其他商品由于与消费量密切相关，则建在消费地和商业中心。从煤炭产运销的基本特点来看，将市场建在产地，而不是建在消费地，一方面是因为煤炭作为大宗散装的集中运输物资，要求市场必须具有较大的仓储加工能力和发运能力，尽可能地减少中间流通环节；另一方面，由于煤炭产销之间的关系大多呈长期稳定的合作关系，大宗长期产销直供是其产运销的基本特征。因此，在产地建立市场易沟通产销关系，降低流通费用。

二、煤炭交易市场建设现状

（一）煤炭现货交易市场

1. 煤炭现货交易市场的分类

在已建成的煤炭现货交易市场中，市场的建设主体有地方政府主导建设和企业自发自主建设两类；交易的资源有国内资源和进口资源。

目前全国现有的煤炭现货交易市场可划分为产地型、流通集散地型、主消费地型三种。

产地型交易市场是依托煤炭主产区资源和运输优势，拥有较大的市场规模和配套的金融服务体系的煤炭输出型交易市场，主要包括中国（太原）煤炭交易中心、内蒙古煤炭交易中心、陕西煤炭交易中心等。

流通集散地型交易市场是具有较好的市场基础条件，发达的物流条件，便于煤炭实物交割，位于主要港口的煤炭中转型交易市场，分为平仓港口和接卸港口两类。徐州华东煤炭交易市场、秦皇岛海运煤炭交易市场、天津天保大宗煤炭交易市场属于平仓港口型交易市场；广州华南煤炭交易中心、镇海煤炭交易市场、宁波（进口）煤炭交易中心等属于接卸港口型交易市场。

消费地型交易市场是能够辐射煤炭主要消费地区，拥有大规模煤炭消费者的输入型煤炭交易市场。主要有沈阳煤炭交易中心、鲁中煤炭交易中心、湖北华中煤炭交易中心、河南华中煤炭交易市场、兰州煤炭交易市场、广西贵港的西南煤炭交易中心等。

2. 煤炭现货交易市场现状

1）国家制定产业政策促进煤炭产业市场化进程

为了深化煤炭市场化改革，2005 年 6 月，国务院印发的《关于促进煤炭工业健康发展的若干意见》中明确提出："要深化煤炭流通体制改革，继续推进煤炭订货方式改革，鼓励供需双方自主衔接、签订长期供货合同""加快建立以全国煤炭交易市场为主体，以区域市场为补充，以网络技术为平台，有利于政府宏观调控、市场主体自由交易的现代化煤炭交易体系"。2006 年，国务院发展研究中心提出了我国煤炭市场体系建设的基本结构：以全国煤炭交易市场为主导，以区域煤炭交易市场为辅助，以地方煤炭市场为补充，以供需双方长期购销合同为基础，以电子商务等现代交易技术为手段。2009 年，取消产运需衔接会后，国家发改委明确将煤炭供需双方集中衔接的做法调整为由企业在规定时间自主选择适当方式，分散进行衔接，政府将淡出整个衔接的所有环节，变干预产运需衔接为指导产运需衔接。

2）建立煤炭交易市场支持煤炭产运需衔接

煤炭是我国的基础能源，煤炭产业在经历了长期的计划经济时期后，1993 年对部分煤炭价格进行市场化改革，煤炭价格双轨制形成，全国煤炭订货会议也从计划经济时期延续下来。认识到价格双轨制的问题后，2006 年，国家发改委将煤炭订货会改为煤炭产运需衔接会。因促进作用不佳，产运需衔接会在 2009 年被终止，煤炭产运需衔接进入空白阶段。之后全国很多地区纷纷建设煤炭交易市场，有的依托煤炭产地、有的依托煤炭消费地、有的依托煤炭集散地，但都不是很成功，全国性煤炭交易市场尚未成立。

3）煤炭市场交易平台

过去几年中，在国家深化煤炭交易市场化改革，加快推进全国煤炭交易市场体系建设以及政府大力推动移动互联网、云计算、大数据、物联网等与传统工业结合，促进电子商务、工业互联网和互联网金融健康发展的背景下，各大煤炭企业集团和主要产地的地方政府纷纷筹建了以煤炭、煤化品以及产业链相关产品的大宗商品在线交易平台，以期实现煤炭及其他大宗工业品交易由传统模式向信息化、网络化现代电子交易新模式转变。这些平台普遍采用电子商务界的先进技术，集成领先的电子支付、现代物流管理，通过各种交易模式为客户及贸易商打造了便捷、安全的电子交易平台，并拓展到电子单据、供应链金融等电子商务配套设施，建立了以客户为中心的服务型电子商务平台。但实际效果很差，原因就是煤炭交易市场借用了快消品电商平台经验，而煤炭本身就是非标产品，种类繁多，交叉运输频繁，造成了煤炭交易市场不规则，交易模式多样化，煤炭交易市场发展畸形。现在煤炭交易市场仍需要进一步规范和完善。

4）发展需求

煤炭交易市场是集煤炭现货交易、煤炭资讯、物流配送、金融结算、加工检验为一体的服务平台。通过建立规范、公正、方便快捷的第三方煤炭交易平台，带动行业发展，建立全新的市场供应链体系，打造市场交易诚信体系，为贸易参与者提供多层次的供销渠道。与区域煤炭市场合作，有针对性地解决地方煤炭供需矛盾，形成区域煤炭标准化，从流通领域入手调整产、运、销、需各方利益，加快产业发展，降低产品交易成本，减少流通环节，引领行业新的增长点，形成规范有序的市场秩序，保障行业可持续发展，需要从信息、交易、金融、物流、检测、加工、政府职能等方面提供服务支持。

（1）信息服务。为会员提供及时、全面、权威信息及咨询服务，内容包括行业信息、企业信息、价格信息、交易信息、到货信息、结算信息、会员信息、运力信息、教育培训信息等。国内外及时、深度的大宗产品资讯和海量的财经行业新闻，实时、准确的煤炭现货价格，从煤炭行业着手，以客观、及时、准确反映市场变化为准则，为国内外上下游煤炭企业客户提供深度市场分析，理性预测市场发展变化，指导客户更好地把握商机，实现交易。

（2）交易服务。根据交易市场业务的发展需要，交易服务将提供现货交易、中远期交易等交易模式，制定规范的交易制度，为使平台能及时上线，前期可选择较容易操作的订单交易、现货挂牌交易、竞买（保证金）、竞卖（仓单）4 种交易模式，以此迅速扩大交易市场的影响力。煤炭交易商在平台上选择适合自身要求的交易模式，并找到满意的产品后，买卖双方可通过交易市场达成交易。

（3）金融服务。在煤炭和金融结合方面，煤炭交易市场平台不仅要满足煤炭保证金划转和交易结算等功能需求，还需开发出煤炭交易的金融衍生品，使煤炭与金融有机结合，实现煤炭交易产品的金融化。煤炭金融服务是在煤炭交易市场的交易量达到一定规模，交易商会员对金融增值服务需求比较大时，可以陆续开展的交易市场系列增值服务之一。交易市场与合作银行、交割库三方合作，可以为交易商会员提供全流程在线即时金融服务，服务类型包括交易结算、仓单质押融资、订单质押融资、动产质押监管服务等。

（4）物流服务。基于交易商对物流服务的需求，通过交易市场的运输资源和仓储基地，为交易商提供一站式的物流服务。交易市场建立动态库存，解决煤质损耗、场地占用、资金占用等问题，满足降低成本、保障供给的需求。交易市场保证客户输入煤炭和输出煤炭的产品品质一致性，并约定产品差异的补偿条款和拒收条件。交易商可以根据交易市场库存网络情况选择所需的存货地和交货地。

（5）检测服务。根据交易商对化验检测的需求，交易市场引入权威质检机构，并代其委托质检机构完成化验检测服务，提供权威检验检测报告。针对各地区煤炭指标的不同需求，设计、生产各种不同指标、不同规格的煤炭产品，解决煤炭产品质量不稳定的问题，满足不同客户的煤源需求，促进产业链上下游标准对接。同时，根据不同需求方的需求特性设计完善的交易标的数据模型并以交易市场自有品牌标识，能有效区分各不同种类、不同属性、不同质量标准的煤炭交易品种，提高供需对接效率，促进交易市场品牌传播。

（6）加工服务。通过煤炭贸易逐步增加洗煤厂，实现煤炭产业链的延伸，在供应链环节加强管理，对煤炭进行分筛、洗选和加工，分类销售，实现煤炭的价值增值。根据供需对接标准，以最科学的方式解决产品的差异化需求，最合理的利用煤炭资源，对供应发电企业的电煤、供应冶金企业的燃煤、供应化工企业的原料煤进行科学化的数字化配煤，降低产品的成本，发现和提高煤炭资源的附加值。在供应链环节中，将有效地降低煤炭的供应成本，使煤炭贸易又增加了一个全新的利润增长点。在取得国家煤化工生产许可证后，可提供煤化工服务。

（7）政府职能。政府职能服务于各级政府部门，提供政府对煤炭相关政策信息发布，煤炭生产、销售企业网上申报，政府网上票据服务、统计报表等功能。实现税费、产量、国家储备基地调度的控制，有利于准确掌握境内煤炭产量、存量和流通方向。

5）交易模式探寻

（1）订单交易模式。订单交易是指买卖双方在本平台分别发出买入和卖出报价，交易系统按价格优先、时间优先的原则自动对买卖指令匹配成交，并生成电子合同，随后买卖双方按照合同规定的交收日期，在指定交收仓库完成现货交收的一种交易模式。

在订单交易模式中，卖方如果有直接符合标准的煤炭产品可以直接按照交易规则进行交易，如果不能提供标准化煤炭产品可以委托平台进行配煤业务，通过配煤操作生产出符合标准的产品，随后发布交易信息。

（2）现货挂牌交易模式。现货挂牌电子交易是指卖方会员通过本市场现货挂牌电子交易平台将包含产品热值、煤种、成分含量、质量等级、销售价格等信息的标的商品挂牌出售，买方会员在挂牌出售信息中选择所要采购的标的商品进行买入，成交后即视为买卖双方签订现货购销合同的一种现货交易模式。挂牌交易可以满足交易商对煤炭种类较多、质量差距较大等多样化的需求。卖方在系统中将可供产品的主要属性和规格、交货地点、交货时间、数量、价格、支付方式等信息自主对外发布挂牌，买方一旦接受挂牌即签订订货合同。在应约过程中，买卖双方通过系统可就价格、交易数量、运输方式等进行协商。挂牌交易为不可转让交易，买卖成交后，必须进行货物与货款交收。

挂牌交易模式灵活方便，不仅适用于自营的煤炭业务同时广泛吸纳社会上煤炭贸易的各参与方，减少中间环节，降低交易成本，减少商品库存和资金占用，促进煤炭贸易和流通。挂牌交易可以满足以下多种参与方的煤炭贸易。

a）煤炭加工企业使用网上订购。煤炭加工企业根据市场预测和生产计划，通过电子订货交易方式，在价格较低时提前预购，保证有充足数量煤炭供给生产，同时减少购买成本、存储成本，锁定利润，有效地组织生产和经营活动。

b）煤炭经销企业网上调货和销售。煤炭经销商根据市场预测，通过电子订货交易方式，在价格较低时，提前预购，在煤炭价格升高后，通过市场卖出或者交割，从而获得利润价差。

c）煤炭生产企业网上销售。煤炭生产企业根据煤炭产量和市场预测，在合适的月份提前卖出煤炭，在交割月交割，保证了煤炭的销售，同时获得更好的利润。

d）第三方网上统购代销。煤炭行业有其自身的特点，一些产品掌握在部分企业手中，出现了相对垄断的局面，而这种产品的保存期又较短，不利于存放，企业对这种商品的需求很强劲，买方向卖方讨价还价的能力差，基本上属于卖方市场。在这种情况下，可以围绕这种商品，开办第三方统购代销业务，即把经销商、下游需求厂家的业务订单组合起来，统一向生产厂家订货，以总量得到生产厂家更大的折扣，并以多种服务产品包括但不限于金融、仓储、物流等进行服务和支持，以第四方物流的规划来使成本最低，效益最大。以会员制的形式广泛发展会员，提高订单量，促进业务发展。

现货挂牌交易模式具有价格由市场自发形成、透明、买卖操作方便容易、过程简单、买卖双方直接对接、交易效率高、交收时间短、回款快的特点。

（3）竞买（保证金）模式。在线竞买是指某供货商（卖方）将一定数量的商品作为标的，通过本市场交易系统发布竞买要约，买方在交易市场指定的银行账户存入一定的履约保证金才能进行竞买操作，在竞买过程中，由买方以向上出价方式进行公开竞价，最后满足卖方销售数量的一个或多个报价按由高到低的顺序排序，由位列前列的买方拍得标的商品，并签订电子合同的一种交易模式。

（4）竞卖（仓单）模式。在线竞卖是指某购货商（买方）将需采购一定数量商品的需求作为标的，通过本市场交易系统发布竞卖要约，卖方必须在交易市场有注册仓单才能进行竞卖操作，在竞卖过程中，由卖方以向下出价方式进行公开竞价，最后满足买方订货数量的一个或多个报价按由低到高的顺序排序，由位列前列的卖方拍得标的需求，并签订电子合同的一种交易模式。

（二）煤炭期货交易市场

煤炭产业是中国的基础产业，也是最为重要的战略产业。煤炭市场的稳定对国民经济的稳定健康发展作用重大。中国的煤炭资源优势，必然要求积极争取国际煤炭市场定价话语权，因此，有必要进一步完善中国煤炭交易市场的价格形成机制。探索建立煤炭期货市场，健全煤炭市场体系，形成统一有序的价格体系，促进煤炭产业的可持续发展。

1. 我国建立煤炭期货交易市场的必要性

由于我国煤炭价格实行“双轨制”，我国煤炭的现货市场不能反映真实的供需情况，不能形成合理的价格。由于期货市场的参与者来自全国各地，数量众多，市场供求信息来源渠道多种多样，因此其形成的价格具有广泛的代表性和权威性。而且，期货的价格还具有一定程度上的超前性。通常来说，在煤炭现货市场疲态尚未出现的时候，期货就已经呈现出下跌的趋势，反之亦然，在现货市场仍然处于低迷的时期，期货也会提前接收到行业好转的信号，呈现上升的趋势。根据期货价格可以预测煤炭的供需形势和价格走势，预测未来的市场供求状况，通过建立煤炭期货市场有利于政府宏观调控和微观决策；有利于优化资源配置，保障国家能源安全；对于健全煤炭市场体系，形成统一有序的价格体系，保障相关企业利益等方面都具有不可忽视的作用和意义。煤炭期货交易市场的必要性主要表现为以下几个方面：

（1）建立煤炭期货交易市场是保障国家经济安全的重要方式。由于我国缺乏对大宗原材料的国际定价话语权，屡次受到国际投机势力的冲击。这不仅耗费了大量的资金，加剧了国际市场供求矛盾，而且使我国资源供给受制于人，严重威胁我国的经济和金融安全。当前，探索建立煤炭期货交易市场，可依托我国的煤炭资源优势，借助期货市场价格发现、套期保值功能，建立能够主导国际市场煤炭价格的煤炭定价机制，规避由国际价格变动带来的风险，有利于我国能源产业的安全发展。

（2）建立煤炭期货交易市场是争夺国际定价权的重要途径。目前，对国际煤价走势有重要影响的价格指数主要是澳大利亚 BP 煤炭现货指数，但是仍然缺乏全球有影响力的期货品种，国际几大交易所正在争夺煤炭期货的定价权。包括纽约商业期货交易所、洲际交易所（ICE）、澳大利亚证券交易所（ASX）等。中国作为全球第一大煤炭生产国，第五大煤炭出口国，第三大煤炭进口国，应当积极参与煤炭国际定价权的竞争，扩大对煤炭定价权的影响力。因此，加快建立煤炭期货交易市场，就成为当前一项紧迫的任务。

（3）建立煤炭期货交易市场是完善市场体系的重要举措。完善的市场体系是资源优化配置的根本保证。由于没有煤炭期货市场作为价格预测和规避风险的机制，我国煤炭的现货市场还不能完全反映真实的煤炭供需情况。加快建立煤炭期货交易市场，有利于完善市场体系，拓展市场的深度和层次，提升市场运行效能，更好地平滑经济的波动性。

（4）规避风险、减少资金占用。企业通过期货套期保值来规避现货市场或价格带来的风险。套期保值是指，生产方或采购方在期货市场上买进/卖出与现货市场数量相等、交割期相近但交易方向相反的货物，使两个市场的盈亏相抵，从而保证生产利润，规避现货市场价格波动带来的风险。对于煤炭生产企业来讲，可以通过卖方套期保值，即卖出期货合约，来锁定未来计划要生产的煤炭的售价，将风险转嫁给投资者；而用煤企业则可以通过买方套期保值，即买进期货合约来实现套期保值，抵消季节性的成本波动。

同时，企业通过煤炭期货市场交易可减少资金占用，一般来说，从现货市场购入大量煤炭需要短时间内支付巨额的购煤费用，会占用企业大量资金，不利于资金流通。期货交易则只需要向交易所预先支付少量交易保证金，即可进行大宗期货合约交易，这样既能保证以后正常生产经营的需要，又能避免大量资金占用和煤炭库存，加快了资金周转。

迄今为止，煤炭期货已在降低煤炭价格波动风险、锁定相关生产企业利润和增加煤炭市场流动性方面具有不可替代的作用。据 GLOBALCOAL 估算，约有 50% 的煤炭交易是通过在期货市场上的并行运作实现对价格波动风险的控制。对参与煤炭期货的交易者来说，煤炭期货可以消除市场上的信用风险，降低交易者的资金限制，并方便新的投资者进入煤炭市场。煤炭期货交易带来的大量市场流动性为市场参与者带来了福音。

2. 我国煤炭期货交易市场现状

在 20 世纪末之前，由于煤炭在世界主要工业化国家能源结构中的地位没有原油和天然气重要，国际贸易量有限，产煤国的煤炭主要满足本国需求，因此，煤炭期货开发落后于原油、天然气等能源品种。其次，煤炭属于大宗散装货物，种类与等级繁多，对于动力煤这样的大类而言，质量等级划分上存在一定的模糊性。虽然一些更细分的子类可以划分得更明确，但由于产量小，国外开展的期货交易的需求不是特别大。此外，煤炭保存期限过长存在自燃风险。这些因素给期货品种的设计带来一定困难，推迟了煤炭期货的开发。

国外煤炭期货发展比我国早了很多年，目前，国际上已经有三家期货交易所开展了煤炭期货交易，分别是纽约商业交易所（NYMEX）推出的中部阿巴拉契亚（CAPP）煤炭期货，洲际交易所欧洲期货市场（ICE Futures Europe）推出的鹿特丹港煤炭期货、南非理查兹港煤炭期货和 ICE GlobalCoal 纽卡斯尔煤炭期货，以及澳大利亚证券交易所（ASX）推出的动力煤期货。其中，澳大利亚煤炭期货至今仍未成交，目前真正有影响力的是 NYMEX 和 ICE 两家交易所上市的煤炭期货合约。

目前，国内已经上市进行交易的煤炭相关期货品种主要有三种，分别是大连商品交易所的焦炭期货、焦煤期货以及郑州商品交易所的动力煤期货。

（1）焦炭期货。焦炭是钢铁工业的“基本食粮”，由于近年来价格波动较大、市场风险较为显著，产业链条较长、参与企业众多、影响的范围较广。为了完善焦炭价格形成机制，为现货企业提供有效的避险工具，2011 年 4 月 15 日，焦炭期货在大连商品交易所挂牌交易。它是我国最早上市的煤炭相关合约，同时也是世界上第一个焦炭合约。焦炭期货自从上市之后，市场呈现出爆炸性增长的态势，成交量、持仓量大幅增长。

（2）焦煤期货。焦煤是焦炭生产中不可或缺的基础原材料，近年来，随着国内经济的快速发展，钢铁工业产能快速扩张，焦炭的产量逐年提高，对焦煤的需求也逐年增加。焦煤期货的推出，与原有的焦炭、钢铁期货共同完善了炼焦和钢铁行业的期货品种体系，为相关企业提供了一个功能更加齐全的风险规避工具。焦煤期货 2013 年上市之后即引发现货贸易商的强烈关注，成交活跃。

（3）动力煤期货。在我国，煤炭消费占一次能源消费的 70% 以上，其中动力煤占据了煤炭消费的七成以上，涉及电力、冶金、化工、建材等多个行业领域。作为最大的煤炭品种，动力煤长期以来却没有相应的期货市场，缺少有效的风险规避工具，成为影响相关行业和煤炭产业链企业持续、稳定、健康发展的重要因素之一。随着煤炭行业市场化改革向纵深推进以及动力煤价格的放开，动力煤期货上市的时机成熟。2013 年 1 月，动力煤上市的立项申请获得中国证监会的批准，并于 9 月 26 日在郑州商品交易所正式上市。动力煤期货上市以来，运行较为平稳。

我国煤炭期货未来将呈现出煤炭期货品种多样化、仓单融资、期货定价的趋势。

三、煤炭交易市场发展趋势

1. 突出交易核心

（1）模式市场化。逐步扩大主要煤炭生产企业纯市场化交易的份额，积极引导和吸纳省外供需企业进入平台交易参与招标、拍卖、挂牌交易，推动供需主体直接进入市场交易。

（2）手段现代化。以信息化统领现代市场体系建设、运营和管理，促进市场现代化。加强信息基础设施建设，着力发展互联网、大数据、物联网、云计算、云平台等信息化基础设施，形成现代市场体系技术支撑。

（3）品种多样化。在煤炭现货交易的基础上，逐步开展焦炭、煤层气、煤化工以及电力等能源商品现货及场外交易，积极争取期货交易。

（4）交易规模化。发挥交易中心具有的全国影响力、广泛辐射力、核心竞争力和持续发展力，为交易商提供更多个性化的交易服务，努力推动煤炭现货交易规模化发展。

（5）机构专业化。以忻州交易处和临汾交易处为试点，逐步将煤炭交易各项协调服务机能延伸至全国的主要煤炭生产地、中转地和消费地建设交易分支机构，形成产运需有效衔接、市场相互贯通的专业化煤炭交易分支机构。

2. 夯实信息服务基础

（1）完善产品种类。针对不同客户的需求，有针对性地提供个性化信息产品。以满足用户个性化需求为目的的全方位信息产品亟待开发，权威性信息产品和平台的培育壮大亟待加强。

（2）提高产品质量。增强运载媒体的实用性，与专业研究机构和业内专家形成长效合作机制，分类专项研究煤炭市场及关联领域长远性、前瞻性、重要性课题，持久占领话语权高地，以适时、实用、优质的专题报告吸引交易商。

（3）优化价格指数。以大量的信息资源为基础，以提升准确度和精确度为目标，优化价格指数，突出煤炭现货定价功能，结合煤炭升贴水标准，使之具有各煤种各品种价格指导作用，逐步增强指数的品牌影响力，提升煤炭定价权和话语权。

（4）建立大数据中心。通过信息的采集汇总和数据的整理挖掘，依托煤炭监管信息平台和第三方公共煤炭物流服务网络，实现煤炭产、销、存、储、装、运、价的信息集聚，建设煤炭大数据中心，实施数据传输和共享机制，为企业经营和政府决策提供参考和依据，为实施事中、事后监管提供抓手。

（5）畅通发布渠道。加快构建纸质与电子、网络 PC 与移动互联各种模式共融互通的立体化服务体系，畅通纸媒到网媒再到新媒体全方位立体化的信息发布渠道，加强信息产品的包装和推介，通过市场分级和合理定价扩大应用范围。

3. 强化物流服务保障

（1）打造物流支撑体系。建设基于交易的煤炭交易和物流配送网络。遵循辐射范围广、应急能力强、储备成本低、环境污染小、运输方便等原则，以网络技术为平台，依托重点煤炭企业物流资源和铁路、公路物流集运体系，加强煤炭交收库建设。以点带面，逐步引申，在全国主要煤炭中转地和消费地建设集洗选、储配、集散为一体的煤炭现货交易物流仓储交割库，形成产运需有效衔接、省内外市场相互贯通，生产、运输、储配相互支撑的煤炭交易和物流配送网络。

（2）引入物流服务企业。积极吸纳大型物流企业、铁路物流经营公司、公路运输车辆等，构建物流服务体系。

（3）联合相关物流机构。与铁路运输部门、公路煤炭运输企业、交通部门及有关平台公司等开展战略合作，设定煤炭物流企业入市条件，尝试将运力资源引入电子交易平台进行交易。

（4）实现物流技术创新。加快车联网等物流技术的借鉴、研发与运用。

4. 实现金融服务延伸

（1）创新服务模式。充分运用新型移动互联网创新交易模式。运用 B2B、B2C、C2C 等新型电子商务模式，通过手机客户端、微信等新媒体手段，将线下的商务机会与线上的互联网技术进一步融合，高效连接煤炭供应链和价值链多方相关利益市场主体，培育专业化的煤炭做市商、煤炭物流商和煤炭金融商，共建开放、分享、高效、环保的移动互联网煤炭商业模式。

（2）增加服务产品。为交易商提供银行存贷款业务、资金管理、票据管理等金融产品。今后将在为大中型企业提供服务的同时，强化推出对小微企业的金融服务产品。

（3）扩大融资规模。探索设立煤炭专项基金，使煤炭动态战略储备体系和煤炭交易体系建设融为一体，实现交易平台供应链融资以及煤炭物流和储备的金融化，加大金融创新吸引客户上线交易、结算的力度。

（4）控制金融风险。通过构建第三方支付服务平台，打通银行通道，优化支付结算系统，创新支付结算模式，提高支付结算效率、提升平台融资能力，为企业提供供应链融资、套期保值等金融服务，做到供应链的不间断融资和风险管控。

第五节　煤炭物流智能化展望

煤炭行业转型升级经过多年“两化融合”的实践，“互联网+煤炭”的网络共同体发展模式已有一定基础，感知矿山、数字矿山、智慧矿山成为传统煤炭行业转型升级建设的重要内容；运营数据的智能分析、无人值守、远程监控和在线技术指导等服务，则提升了煤炭行业的运营效率，节省了人力、管理、生产、维护等运营成本。在当前的市场环境下，“买方市场+客户需求+电商技术”正使煤炭电商进入最佳发展期。一些较早向电商转型的煤炭贸易企业已积累了一定资源，占据一些优势。如在煤炭价格交易市场，国内已有中国（太原）煤炭交易中心、内蒙古煤炭交易中心、陕西煤炭交易中心等多个煤炭网上交易平台，通过这些网上煤炭现货平台的及时报价，各地区煤炭市场的价格形成机制更加透明及时。虽然煤炭电商起步较晚，发展相比钢铁等其他大宗商品较为滞后，但是，煤炭与互联网结合已成功迈出了第一步。通过电商平台，产销双方直接在平台上交易，交易成功后，物流直接配送，取消了中间环节，降低了交易成本，节省大量人力、物力。在煤炭电商快速发展的同时，还应致力于对“互联网+”功能进行纵深层面的挖掘——通过“大数据”或“云计算”等方式实现煤炭行业的“深度触网”，深化拓展“互联网+煤炭”的内涵与应用，从煤炭全产业链资源高效整合角度出发，突破传统的生产与销售视角，转向提供物流、金融、仓储、质检等整体服务。目前，国内煤炭电商平台盈利模式大同小异，业务涵盖资讯信息、物流配送、支付结算、供应链金融等内容。简而言之，就是提供信息资讯服务，撮合交易并安排物流配送。然而，煤炭行业景气度持续下滑，煤价跌势延续导致整个行业现金流状况恶化，煤炭行业资金需求十分强烈，供应链金融借机迅猛发展。煤炭行业对传统信贷过度依赖、缺乏结构化融资思维、融资成本居高不下是目前煤炭企业融资难的主要原因。煤炭行业面临转型，着力拓展融资渠道，降低融资成本，是企业运用创新金融手段支持煤炭行业发展的现实选择。

煤炭电商平台作为行业信息交汇的节点，依托互联网优势，将在线供应链金融服务和互联网金融服务深度融合，把线上流量引入线下开展供应链金融业务具有得天独厚的优势。随着金融领域的不断开放，未来煤炭电商平台朝着互联网金融服务平台转化是大势所趋。以健全的风险管控体系为基础，通过对煤炭电商交易，货物流通数据进行信用评估，还可以为煤炭行业客户提供包括货权质押、未来货权质押等综合性金融服务，推动行业商业模式从贸易差价向综合服务能力转变。由此，各电商平台之间的竞争是形成以服务在线交易为核心，整合线上线下资源为支撑，互联网金融为手段的创新型在线供应链金融融资模式，把竞争的焦点聚集在两方面：一是力争将以前线下的交易搬到线上来做；二是通过开放平台吸引更多的买卖方企业加入。此举目的在于通过大量的交易沉淀两类非常有价值的要素——资金和“大数据”。资金可以为供应链金融业务的展开补充廉价资金，而数据一方面可以为平台用户提供信息资讯服务，另一方面还可以完善整个平台的征信体系，为供应链金融业务的展开提供风控支持。在此基础上，通过多元的资金渠道，全方位的金融服务，将电商平台打造为互联网金融平台。由此可见，“互联网+煤炭”网络共同体发展模式可以搭建起以交易服务为核心、信息服务为基础、物流服务为保障、金融服务为延伸的"一核三系，四位一体"交易综合服务体系，实现了煤炭行业的发展模式创新、营销方式创新和融资模式创新。

"互联网+"是"一条煤炭通向春天的高速公路"，通过互联网科技和传统产业紧密融合，为煤炭行业带来重大变革。交易中心开展的线上交易、线下配送和基于产、运、销、资金"大数据"基础上的"云服务产品"，能为产供销企业提供精准的生产和采购指导，为供需企业提供个性化的"订单式"服务，从而有效降低企业运营成本，助力供需双方利润增长。

参考文献

[1] 张政．多式联运下我国煤炭调运问题的实证研究［D］．北京：北京交通大学，2018.
[2] 姜广君．我国能源运输通道体系综合评价及优化研究［D］．北京：中国矿业大学，2011.
[3] 李宏．"十二五"我国煤炭运输发展形势分析［J］．综合运输，2011（3）：15－20.
[4] 郭欣旺，张祥．"三西"地区煤炭铁路外运通道研究［J］．中国煤炭，2014（12）：26－30.
[5] 田立霞．基于GPRs网络的煤炭港口传输路径优化研究［D］．北京：华北电力大学，2013.
[6] 蒋伶俐．构建中国现代煤炭物流体系的研究［D］．北京：中国地质大学，2013.
[7] 陈佳．山西煤炭物流公共信息平台规划及评价［D］．太原：太原理工大学，2011.
[8] 李敏．煤炭供应链管理的创价系统研究［D］．北京：中国地质大学，2009.
[9] 温琳．煤炭智能物流园区平台运营模式研究［D］．北京：中国地质大学，2013.
[10] 张莲莲．积极培育和发展山西能源市场体系［J］．中国能源，2000（8）：12－15.
[11] 汤振朋．煤炭供需企业稳定匹配交易机制研究［D］．徐州：中国矿业大学，2017.
[12] 张俭．煤炭运销升级［J］．中国物流与采购，2007（15）：34－37.
[13] 施骋．我国煤炭价格形成机制及其影响因素研究［D］．北京：北京交通大学，2015.
[14] 时如义．双边匹配视角下煤电交易机制及其算法设计［D］．徐州：中国矿业大学，2017.
[15] 刘芳，展学平．论我国建立煤炭期货市场的必要性和可行性［J］．市场论坛，2005（12）：41－42.
[16] 王佳丽．中国煤炭期货交易模式发展与展望［J］．能源，2014（8）：84－93.
[17] 安亚林．我国煤炭期货品种选择与合约设计［D］．青岛：中国海洋大学，2007.
[18] 县祥．互联网+：新常态下煤炭转型升级的战略选择［J］．工业经济论坛，2016（1）：8－8.

第十七章　我国煤矿智能化技术发展前景与展望

近年来，我国煤矿生产效率大幅提高，煤矿安全也得到很大改善，但是煤矿井下恶劣的自然环境一直是煤矿安全生产面临的巨大挑战，瓦斯、水害、冒顶、火灾等多种灾害一直威胁着职工生命安全。随着科技的不断进步，物联网、大数据、云计算、人工智能等新技术在生产与安全中发挥着越来越重要的作用，很多艰苦环境的工作逐渐都被机器人取代。未来，这些技术将彻底改变目前煤矿生产的作业模式，将以人为中心的管理变成以计算机为中心的分析判断与决策系统。智慧矿山的建设将会取得长足的发展，下面介绍的多项技术对矿山的智能化发展起到引领作用。

1. 微功耗的传感器技术实现矿山信息全面感知

随着矿山物联网技术的不断发展，针对矿山的全面感知越来越迫切。煤矿井下特殊的环境，充满各种危险的易燃易爆和有毒有害气体，随着采煤作业和掘进作业的进行，矿压也在不断发生变化。井下的各种设备随着运行时间的积累，磨损也在不断加大，这些信息我们都需要大量的微功耗传感器监测，将这些信息采集转换为数字信息，通过网络传输到系统平台。随着光纤传感器、MEMS 传感器、超声波传感器等微功耗传感器的广泛应用，在井下布设大量的各种不同功能的传感器，这些低成本、微功耗的传感器分布在各关键位置，随时监测各种环境参数、地质参数和设备状态参数，不再需要人工去监测观察与记录，全面实时准确地反映着矿山环境变化、矿山灾害风险和设备健康状态，使矿山建设各个环节得到全面感知。

2. 宽带通信网络搭起智慧矿山的信息高速公路

随着通信技术的更新换代，从目前 LTE－4G 网络到即将推出的 LTE－5G 网络，将来通信网络技术的不断演进，通信速率快速提升，可实现煤矿井下的无线宽带全覆盖。无线通信网络将成为主要的通信方式，可以更好地适应井下移动设备的工作。通信的带宽越来越高，通信延迟时间会越来越小，通信的覆盖也会越来越好，更好的通信可保证矿井物联网信息的可靠传输，是矿井物联网建设重要基础；通过煤矿井下与地面所有信息有效融合，满足采煤设备远程遥控的可靠性和实时性要求，为智慧矿山的无人化采煤提供信息高速公路。5G 通信还承载着数据、图像或者影像、声音等多重多媒体信息的相互传递，可真正实现煤矿井下信息的无缝与无处不在的通信，任何人之间、任何事物之间、任何时候都可实现可靠通信。通信技术改变着煤矿的生产方式，可全面提升矿山的信息化水平。

3. 矿井物探技术使矿产资源赋存透明化

2009 年 6 月，中国科学院发布系列报告，为人们描绘了我国面向 2050 年的科技发展路线图，其中一项是“中国地下4000 m透明计划”。该计划力争到2040年，使我国主要区域地下4000 m以内变得“透明”，为寻找深部矿产资源提供基础资料。目前地球物探还是通过打钻孔取出岩芯了解地下煤层与岩层的分布，但这只不过是“一孔之见”。虽然通过科学取点能够具有一定的代表性，但是由于地下煤层分布与变化还存在起伏与不均匀的情况，无法获得全面的数据。随着矿井物探技术的不断发展，新的钻探技术、航空重力梯度测量、电磁法、同位素跟踪、地下水化学研究等技术的进步，将地面物探、井测、矿井物探多种勘探技术相结合，获得精准的数据，提高测量分辨率与成像精度，实现地质资料的三维可视化，全数字、高精度成像，能够“透视”地下煤层的分布，实现煤层厚度的准确检测，煤与瓦斯突出灾害带的精确识别，煤层顶底板参数的准确估算，顶底板岩体富水区及导水断层的精准预测。在新的矿井建设中，为采区规划设计和先期采区设计提供详细的地质依据；在生产过程中，为井巷道工程合理布置和采煤工艺的选择中提供详细的地质资料，也为以后无人开采提供技术支撑。随着地球物理勘探技术的发展，深层煤炭资源开采也得到快速推进，煤矿开采将进入1000～1500 m的深度，这将为智慧矿山奠定坚实的基础。

4. 视觉识别让摄像机代替了煤矿工人值班

图像识别技术将人从枯燥图像观测工作中解放出来，目前在矿井中安装了大量摄像机，主要用于人员对现场工作情况的远程监控，现场情况正常与否需要操作人员依靠经验分析和识别。虽然部分摄像机也有一些简单的识别功能，由于识别率低，实时性不强，远远不能满足实际生产的需要。随着图像识别技术的不断提高，逐渐到达并且超过了人眼能够识别的水平，现场的每一台摄像机都好比一个现场管理人员，24 h不知疲倦的工作，而且摄像机还可以监控到人们肉眼看不到的红外光，获得更为丰富的信息，实现对皮带撕裂、跑偏、设备倾斜、人员进入危险区等各种故障诊断与异常情况报警，及时发现异常，就好像有成百上千的兢兢业业的值班人员工作在现场第一线，一旦出现异常马上报警，极大地降低了现场作业人员的工作强度。

5. 煤矿灾害事故将逐渐成为历史

随着大数据、物联网、智能化、云计算等技术的不断发展，新技术将在煤矿开采中得到广泛地推广应用。通过对瓦斯涌出量、环境温度变化、地压、电磁辐射、瓦斯含量、瓦斯压力、采掘位置、赋存条件、地质构造等相关数据的检测，实现煤与瓦斯突出、冲击地压灾害的超前预报；监测监控涌水量变化、声音、水压、水质、水温、环境温度、环境湿度、水文地质、气象环境等多种与水害有关的数据，实现水害的超前预报；通过对环境温度、气味、链烷比、烯烷比、氧气、C_2H_2、C_2H_4等气体含量的连续监测，并与煤种、采煤工艺、通风情况相结合，实现火灾的超前预报；将大数据用于煤与瓦斯突出、冲击地压、水害、火灾等煤矿事故分析，实现煤矿重大灾害超前预测预报。在事故发生之前，就可以采取有效的防范措施，制定科学的应急预案，将风险降到最低，使灾害得到有效控制，煤矿生产将不再是高危行业。

6. 精确定位提升安全生产管理水平

在煤矿井下的作业现场，有很多目标位置是不断移动的，如人员、车辆、采煤机、掘进机等设备，通过精确的定位坐标，实现车辆、人员、设备的有效管理。通过井下人员准确定位，给发生矿难后营救工作带来很大的便利，可节省抢救时间，减少人员伤亡；对车辆的精准定位，可实现车辆科学调度；对设备的精确定位，可以远程遥控作业生产，优化采煤机的作业，遥控掘进机作业；也可以对巷道壁的变形等变化实现精准的测量。提高煤矿的生产效率，提升安全管理水平。

7. 办公室里完成采煤作业将成为现实

虚拟现实可生成一种逼真的视觉、听觉、触觉和动感等感觉的虚拟环境，使办公室作业人员如同置身于煤矿生产的实际场景。虚拟现实技术被应用到煤矿生产的各个环节，将对煤矿采煤作业进行一场前所未有的变革，身处千里之外的办公室如同置身煤矿井下实际环境中一样，给操作人员身临其境的感觉。作业人员拿着遥控器，实现对井下环境实际设备的各种操作与指挥，真正用于指挥生产，使采煤作业变得省力。同样，应急演练和救援是煤炭行业生产作业的重要内容，虚拟现实为应急演练提供了一种全新模式，将煤炭灾害的事故现场模拟到虚拟场景中去，通过仿真各种灾害情况，组织参演人员做出正确响应。降低了投入成本，提高实训时间，打破空间的限制，进行针对性训练，保证了作业人员面对事故灾害时的应对技能。

8. 矿井特种机器人被广泛应用

随着人工智能技术的不断发展，机器人具有的智能化水平不断提高，在煤矿井下作业的工人逐渐被各种不同功能的机器人所取代。煤矿井下机器人得到了普遍应用，主要包括四大类：①掘进机器人，如钻孔机器人、掘挖机器人、锚装机器人、掘锚机器人、喷浆机器人；②采煤机器人，如割煤机器人、支架机器人、装载机器人；③运输机器人，如机器人化提升机、机器人化输送机、无人驾驶轨道车；④应急救援机器人，如探测机器人、巡检机器人、清障机器人等。采煤工作面的采煤作业由采煤机器人、支护机器人、装载机器人相互协作完成采煤、掘进、支护、转运一体化作业。井下的运输车辆实现了无人驾驶、自动导航。机器人可根据环境和工艺的变化自动调整作业程序，实现自动感知、远程遥控、自动导航与精准定位等能力，机器人之间通过通信网络协同工作，机器人将采煤工人在艰苦作业环境中解放出来。

9. 实现煤炭全领域精准调度

煤炭从生产到运输再到用户是一个多环节的流程，截至 2017 年底，全国生产和建设煤矿 4980 处，产能达 43.6 亿吨，除了山西、陕西、内蒙古、宁夏四个主要产煤区，还有安徽、河南、山东、贵州、四川、新疆等多个产煤省份，分布范围广，此外还有从越南等不同国家的进口煤炭，煤种有电煤、焦煤、无烟煤等。在运输领域全国有 7000 多个煤炭货运装车点、2000 多个运煤站、100 多个重要煤炭中转港口，再加上汽车运输，客户分布在全国各地，是一个庞大的运输系统。依靠大数据与物联网技术，使用户需求和产煤企业实现时空上最短距离的对接，实现最经济与最快捷的运输调度，降低运输成本、缩短运输时间，提高运输效率。通过煤矿物联网和大数据，监控煤矿的煤炭产量、煤种、煤质和库存数据，铁路、船舶、公路等运输资源，发电厂、焦化厂、热源厂等煤炭用户煤炭库存和用量，科学调度，减少煤炭产品的积压。通过煤炭市场交易数据、供需企业经营数据、运输资源数据、大宗商品市场数据、宏观经济及下游行业运行数据等，结合市场变化趋势，预测市场走势，提前预测客户需求信息，实现有计划的生产，科学调度，达到供需平衡。

图书在版编目（CIP）数据

煤矿智能化技术/赵文才，付国军主编．--北京：煤炭工业出版社，2020

ISBN 978-7-5020-7331-2

Ⅰ．①煤…　Ⅱ．①赵…　②付…　Ⅲ．①智能技术—应用—煤矿开采—研究　Ⅳ．①TD82-39

中国版本图书馆 CIP 数据核字（2019）第 054820 号

煤矿智能化技术

主　　编　赵文才　付国军
责任编辑　徐　武　赵金园　尹燕华　杨晓艳
编　　辑　杜　秋
责任校对　赵　盼　李新荣
封面设计　王　滨

出版发行　应急管理出版社（北京市朝阳区芍药居 35 号　100029）
电　　话　010-84657898（总编室）　010-84657880（读者服务部）
网　　址　www. cciph. com. cn
印　　刷　海森印刷（天津）有限公司
经　　销　全国新华书店

开　　本　787mm×1092mm 1/16　**印张**　41　**插页**　1　**字数**　981 千字
版　　次　2020 年 4 月第 1 版　2020 年 4 月第 1 次印刷
社内编号　20181325　　**定价**　260. 00 元